Die Hochspannungs-Freileitungen

Von

Dr. Ing. **Karl Girkmann** und Dr. **Erwin Königshofer**

o. Prof. an der Technischen Hochschule in Wien

Ingenieur d. Oesterr. Siemens-Schuckert-Werke

Mit 493 Abbildungen im Text und 67 Zahlentafeln

Springer-Verlag
Berlin Heidelberg GmbH

1938

Ursprünglich erschienen bei Julius Springer in Vienna 1938
Softcover reprint of the hardcover 1st edition 1938

ISBN 978-3-7091-5983-5 ISBN 978-3-7091-3018-6 (eBook)
DOI 10.1007/978-3-7091-3018-6

Vorwort.

Der Freileitungsbau stellt ein Sondergebiet technischen Schaffens dar, das ein Ineinandergreifen zahlreicher, dem Wesen nach ganz verschiedener Arbeiten zur Voraussetzung hat. Die mit der Planung und Durchführung dieser Teilarbeiten zusammenhängenden Ingenieuraufgaben erstrecken sich über die Fachgebiete der Elektrotechnik und des Bauwesens sowie der Technologie, des Seilbaues, der Keramik usw., wobei aber die Fragen der elektrischen und mechanischen Festigkeit überwiegen.

Die übliche Auffassung, den Freileitungsbau in den Aufgabenkreis des Elektroingenieurs einzubeziehen, ist gerechtfertigt, soweit dieser Aufgabenkreis auch die Fragen der elektrischen Kraftübertragung — Festlegung der Übertragungsspannung und der Systemzahl, Beurteilung der Übertragungsverhältnisse, der Kraftwerksstabilität und des Parallellaufes — umfaßt. Werden jedoch, wie bei der Abfassung dieses Buches vorausgesetzt, diese Aufgaben ausgeschieden, so erscheint es ebenso gerechtfertigt, den Freileitungsbau dem Aufgabenkreis des Bauingenieurs zuzuweisen.

Ein Buch über den Freileitungsbau kann daher nur dann einen vollständigen Überblick vermitteln und den zu stellenden Anforderungen entsprechen, wenn es alle diese verschiedenen Teilaufgaben in gleichem Maße eingehend behandelt. Die Voraussetzung hierfür ist wohl nur gegeben, wenn sich, wie im Falle dieses Buches, der Bauingenieur und der Elektroingenieur in die Abfassung teilen.

Das Buch wendet sich an die Freileitungsingenieure und -techniker beider Fachrichtungen, um ihnen die jeweils ergänzenden Kenntnisse zu vermitteln und sie auch mit den Problemen des anderen Fachgebietes vertraut zu machen. Es ist ferner dazu bestimmt, jenen Ingenieuren, die sich erst dem Freileitungsbau widmen wollen, die hierzu erforderlichen Sonderkenntnisse zu vermitteln. Dieser Aufgabe des Buches dürfte um so größere Bedeutung zukommen, als einerseits die Sonderkenntnisse über den Freileitungsbau an den Hochschulen, bei der Fülle des in kurzer Zeit zu bewältigenden Stoffes, kaum im erforderlichen Ausmaße erworben werden können und anderseits der Leitungsbau eben jetzt vor neue und große Aufgaben gestellt wird, da zufolge des Vierjahresplanes und des Anschlusses der Ostmark an das Reich eine gesteigerte Ausnützung der naturgegebenen Wasserkräfte in den Vordergrund des Interesses getreten ist.

Das Buch ist in vier Abschnitte unterteilt, welche die Entwurfsarbeiten, die Vorarbeiten im Gelände, die Baudurchführung und die Betriebsfragen behandeln.

Diese Unterteilung des Stoffes wurde von Dr. Königshofer in Vorschlag gebracht; von ihm wurde vorerst der elektrotechnische Teil des Buches bearbeitet. Die Kapitel „Der Mastbau“ und „Die Gründung der Maste“ (Seite 103 bis 374) sowie „Das Aufrichten der Maste“ und „Herstellung der Betonfundamente“ (Seite 428 bis 450) haben Dr. Girkmann zum Verfasser. Die übrigen Teile des Buches, die ebenfalls Fragen der Mechanik und des Bauwesens behandeln, wurden wieder von Dr. Königshofer verfaßt; als Unterlagen standen ihm hierbei auch einige Abschnitte der von Dr. Girkmann an der Technischen Hochschule in Wien gehaltenen Vorlesungen über „Freileitungsbau“ zur Verfügung.

Als ein an erster Stelle für den Praktiker bestimmtes Buch weist dessen elektrotechnischer Teil hauptsächlich die Wege zur numerischen Erfassung der Kennwerte einer Freileitung — mittels Nomogrammen — und der quantitativen Beurteilung der elektrischen Vorgänge (Beeinflussung der Schwach- und Starkstromleitungen durch Hochspannungsleitungen), ohne sich weitergehend, als durch die Lösung der Aufgaben der Praxis bedingt, mit diesen Fragen theoretisch zu befassen. Der Abschnitt über die Nachrichtenübermittlung innerhalb der Freileitungsanlage zählt nur die hierfür verfügbaren Mittel auf, ohne deren Wirkungsweise theoretisch zu erläutern. Die Beschreibung der Leiter und der Bauteile der Kopfausrüstung der Maste (Isolatoren und Armaturen) gibt einen Überblick über die vorwiegend angewandten Ausführungsarten, unter besonderer Berücksichtigung der in Deutschland genormten Bauformen. Das Kapitel Mechanische Berechnung der Leiter behandelt die Eigenschaften der Leiter sowie die auf die letzteren einwirkenden äußeren Einflüsse; es werden die gebräuchlichen Berechnungsverfahren erläutert und Behelfe zur Lösung der Aufgaben der Praxis bereitgestellt. Darüber hinaus gelangen auch Sonderprobleme der Leiterberechnung und deren Lösungswege zur Erörterung.

Im Kapitel Mastbau wird — wohl erstmalig — die Berechnung und bauliche Durchbildung von Masten aller, hauptsächlich in Frage kommenden Baustoffe und Bauweisen zusammenfassend behandelt. Den Bedürfnissen der Praxis Rechnung tragend, werden auch die Baustoffe eingehender besprochen; auf die einschlägigen deutschen Vorschriften und Normen wird allenthalben Bezug genommen. Besonderes Augenmerk wurde einer leicht faßlichen Darlegung der Berechnung von Stahl- und Holzmasten zugewendet, da diese vielfach von fachfremden Ingenieuren und Technikern entworfen werden; auf eine kurzgefaßte Wiedergabe der theoretischen Grundlagen konnte hierbei nicht verzichtet werden. Die verschiedenen Hilfstafeln zur Bemessung der Stahlbauteile und ihrer Anschlüsse, die in das Buch aufgenommen wurden, sollen die Entwurfsarbeiten vereinfachen. Die Eisenbetonmaste wurden mehr vom Standpunkte des überprüfenden Ingenieurs aus behandelt, da die Planung dieser Maste fast ausnahmslos nur von Fachleuten des Eisenbetonbaues besorgt wird. Mit Rücksicht auf den Umfang des Buches mußte u. a. von der Wiedergabe der einigermaßen umständlichen Berechnung beweglicher Querträger, einiger vorbereiteter Mastberechnungsbeispiele sowie eines besonderen Abrisses über die Anlage von Kreuzungen abgesehen werden. Im Kapitel Gründung der Maste werden die häufigeren Gründungsarten besprochen und die gebräuchlichen Berechnungsweisen kurz wiedergegeben; eine Übersicht über die theoretischen Arbeiten dieses Fachgebietes zeigt die Mängel der verschiedenen Rechnungswege auf und gewährt Einblick in die Bestrebungen, zu brauchbaren Berechnungsverfahren für Mastfundamente zu gelangen.

Schließlich werden die grundsätzlichen Gesichtspunkte für die Bestimmung des Mastbildes und der Spannweite und ferner auch für die Wahl der Trasse dargelegt, die Durchführung der Trassierungsarbeiten und der Montage nach erfolgter Beschreibung der Behelfe besprochen und die mit der Überwachung des Betriebes der Freileitung zusammenhängenden Aufgaben erörtert.

Um dem Praktiker den Weg für ein tieferes Eindringen in die Fragen des Freileitungsbaues und -betriebes zu weisen, wurde jedem Kapitel ein Literaturverzeichnis beigefügt, in welchem die wichtigeren einschlägigen Arbeiten des jeweiligen Fachgebietes angeführt sind.

Der Anhang enthält eine Zusammenstellung der Vorschriften einiger Staaten für die Errichtung von Freileitungen mit dem Stichtage 1. Juni 1938.

Gerade in der Zeit der Abfassung und Drucklegung des Manuskriptes haben die Deutschen Bauvorschriften, vor allem die Leitungsbauvorschriften des VDE (s. Anhang) mehrfache, zum Teil sehr einschneidende Änderungen erfahren. Sie sind im Buche bereits berücksichtigt; nur den Änderungen VDE 0210a/1937 zum § 24 konnte vor dem Abdrucke des Kapitels V des ersten Abschnittes nicht mehr Rechnung getragen werden, da hierzu weitgehende Satzkorrekturen notwendig gewesen wären. Daher wurde ein besonderer Nachtrag (Seite 503) verfaßt, in welchem diese Änderungen wiedergegeben und ihre Auswirkungen besprochen sind.

Wir danken allen Industrie- und Stromerzeugungsunternehmungen, die uns durch Beistellung von Beschreibungen, Bildern, Betriebserfahrungen usw. ihre Unterstützung zuteil werden ließen.

Wien, im Oktober 1938.

Dr. Girkmann, Dr. Königshofer.

Inhaltsverzeichnis.

Zweiter Abschnitt.

Die Vorarbeiten im Gelände.

Dritter Abschnitt.

Die Montage der Freileitungen.

Vierter Abschnitt.

Die Freileitungen im Betrieb.

Anhang.

Einleitung.

Liegt die Aufgabe vor, für die Übertragung einer gegebenen elektrischen Leistung eine Freileitung zu entwerfen, deren Länge vorerst nur annähernd bekannt ist, so müssen dem Entwurfe dieser Leitung Berechnungen vorausgehen, welche Übertragungsspannung, Werkstoff und Leiterquerschnitt sowie Systemzahl (Einfach- oder Doppelleitung usw.) festlegen.[1–5] Handelt es sich um eine Konsumentenleitung, so werden, ausgehend von der bekannt vorausgesetzten, am Ende der Leitung abzunehmenden Leistung, dem dort zu erwartenden, durch den Charakter des Konsums bedingten Leistungsfaktor und der annähernd bekannten Länge der Leitung, für genormte, bzw. gebräuchliche Übertragungsspannungen und Leiterquerschnitte (s. Anhang), einerseits der Wirkungsgrad der Übertragung errechnet, anderseits die Spannungsschwankungen bei geänderter Leistungsabnahme beurteilt. Der Wirkungsgrad der Übertragung wird durch die Wirkverluste — Ohmsche und Glimmverluste — beeinflußt. Die ersteren können durch die Wahl einer höheren Übertragungsspannung, bzw. durch Verwendung von Leitern größerer Leitfähigkeit herabgesetzt, die letzteren durch Vergrößerung des Leiterdurchmessers und der Leiterabstände verringert, bzw. vermieden werden. Die in der Leitung auftretenden Spannungsverluste dürfen bei den zu erwartenden Lastschwankungen den durch den geordneten Betrieb bedingten Prozentsatz nicht überschreiten. Der Wirkungsgrad der Übertragung und die Spannungsverhältnisse können im Falle solcher Leitungen durch die Verwendung von Phasenkompensationseinrichtungen beeinflußt werden, welche die Leitung vom Blindstrom entlasten und die dem Quadrat des Stromes proportionalen Wirkverluste, bzw. die Spannungsabfälle herabsetzen. Wesentlich umständlicher ist die Beurteilung des elektrischen Verhaltens einer Ausgleichsleitung zwischen Kraftwerken, durch welche die Wirk- und Blindstromverteilung zwischen allen zusammengeschlossenen Werken beeinflußt wird. Im Falle solcher Leitungen sind eingehende Überlegungen anzustellen, ob die hinzukommende Leitung betriebstechnisch günstige Voraussetzungen für die Kraftwerksspannungen und die zwischen diesen auftretenden Phasenwinkel schafft, und ob sie den für die angestrebten Werte erforderlichen Blindstrom in vernünftigen Grenzen auftreten läßt.[6] Das Verhalten solcher Leitungen kann durch geeignete Kompensierungseinrichtungen beeinflußt werden.

Alle diese, dem Entwurf der Freileitung vorangehenden Berechnungen werden unter der Annahme von Mittelwerten für die Kenngrößen der Freileitung, insbesondere für die Selbstinduktivität und die Betriebskapazität durchgeführt, die mit dem freigewählten Widerstand des Leiters die Leistungsfähigkeit einer Leitung bestimmen. Bei den üblichen Bauformen der Freileitungen erweisen sich diese zu schätzenden Leitungskonstanten als Konstanten im wahren Sinne. Ihre genaue Ermittlung kann erst nach endgültigem Entwurf der Leitung erfolgen und die Übertragungsverhältnisse erst auf Grund der nach durchgeführter Trassierung bekannten Leitungslänge genau beurteilt werden. Ein Umstoßen der in Aussicht genommenen Ausführung der Leitung infolge Abweichens der genauen Kennwerte von den geschätzten, bzw. der wirklichen Leitungslänge von der angenommenen, ist hierbei nicht zu erwarten.

Führen diese Berechnungen zu keiner eindeutigen Entscheidung über Übertragungsspannung, Leiteranzahl und -querschnitt, so haben sich die Entwurfsarbeiten auf die mehrfachen Ausführungsmöglichkeiten der geplanten Freileitung zu erstrecken.

Durch die Errichtung im Freien sind die Freileitungen besonderen Beanspruchungen und Gefährdungen, einerseits durch die Überspannungen atmosphärischen Ursprunges, anderseits durch Naturgewalten, wie Eisbildung, Winddruck usw., ausgesetzt. Die Tatsache, daß die elektrischen Fernübertragungsleitungen so gut wie ausschließlich als Freileitungen ausgeführt werden und daß — von kurzen Leitungsteilen in eng besiedelten Gebieten, in Gewässern usw., abgesehen — auf deren Ausführung als Kabelleitungen, bei welchen diese besonderen Beanspruchungen nicht auftreten, verzichtet wird, ist nur auf die wesentlich höheren Anschaffungskosten der letzteren zurückzuführen und keinesfalls durch die Höhe der angewandten Übertragungsspannungen bedingt, mit welchen die Kabeltechnik Schritt hält, indem sie bereits Kabel für 200 kV erzeugte. Dieser Verzicht beinhaltet auch den fallweisen Verzicht auf Vorteile der Energiefortleitung: wird nach Rüdenberg[7] die natürliche Leistung als Kriterium für die Leistungsfähigkeit eines Übertragungsmittels herangezogen, so erweisen sich bei gleicher Übertragungsspannung und Querschnitt die Kabelleitungen als etwa zehnmal leistungsfähiger als die Freileitungen, sie bilden kein Ziel für Fliegerangriffe usw. Eine fühlbare Überlegenheit der Freileitungen ergibt sich nur beim Zusammenschluß von Kraftwerken: sollen, wie allgemein angestrebt, deren Spannungen gleichgehalten werden, so bedingen die Freileitungen das Auftreten wesentlich kleinerer Blindströme zwischen den Kraftwerken als die Kabelleitungen; außerdem treten hierbei kleinere Phasendifferenzen der Spannungen der gekuppelten Kraftwerke auf, wodurch die Stabilität des Betriebes erhöht wird.

Im ersten Abschnitt werden die Bauteile der Freileitung (Leiter, Isolatoren, Armaturen, Maste und Gründungen) besprochen und die Entwurfsarbeiten, die, wie im Vorwort erwähnt, die Zusammenarbeit des Elektroingenieurs und des Bauingenieurs erfordern, behandelt. Dieser Teil vermittelt schließlich die genaue Kenntnis der elektrischen Kennwerte einer entworfenen Leitung.

Der zweite Abschnitt behandelt die im Gelände durchzuführenden Trassierungsarbeiten und die daraus abzuleitenden Einzelheiten der Ausführung und Materialmenge.

Der dritte Abschnitt behandelt die Errichtung der Freileitungen und die mit dieser zusammenhängenden Aufgaben organisatorischen Wesens.

Der vierte Abschnitt behandelt die Betriebsfragen, welche eine vorgegebene Leitung stellt. Im Anschluß an die Aufzählung der die Leitung gefährdenden Kräfte werden die Mittel zu deren Beherrschung erläutert und die dem Betriebsfachmann zur Verfügung stehenden Behelfe zur Überwachung der Leitungsanlage besprochen.

Der Anhang bringt schließlich einen Auszug aus den dermalen in Deutschland, Polen, in der Schweiz und Tschechoslowakei in Kraft stehenden Vorschriften für die Errichtung von Hochspannungsfreileitungen.

Literaturverzeichnis.

1. Burger: Berechnung von Drehstrom-Kraftübertragungen. Berlin: Julius Springer. 1931.
2. Roeßler: Fernleitung von Wechselströmen. Berlin: Julius Springer. 1905.
3. Fraenckel: Theorie der Wechselströme. Berlin: Julius Springer. 1930.
4. Markt: Energieübertragung auf große Entfernung. E. u. M. 1928, H. 25, S. 605.
5. Oberdorfer: Zur Kraftübertragung auf langen Höchstspannungsleitungen. ETZ 1927, H. 46, S. 1691.
6. Rüdenberg: Das Verhalten elektrischer Kraftwerke und Netze beim Zusammenschluß. ETZ 1929, H. 27, S. 970.
7. Rüdenberg: Elektrische Hochleistungsübertragung auf weite Entfernung. Berlin: Julius Springer. 1932.

Erster Abschnitt.

Konstruktion und Berechnung der Freileitungen.

I. Allgemeiner Aufbau; die mechanischen Kräfte.

Wichtige Hochspannungsleitungen werden meistens als Stahlmast- oder Eisenbetonmastleitungen, Leitungen minderer Wichtigkeit und geringerer Spannung (etwa bis 20 kV) als Holzmastleitungen ausgeführt. Die Stahlmaste (Abb. 1), bzw. Eisenbetonmaste besitzen Ausleger (*1*), an welchen die die Kraftübertragung bewirkenden Arbeits- oder Übertragungsleiter (*2*) unter Zuhilfenahme der Isolatorenketten (*3*) befestigt werden, wobei die letzteren eine der Betriebsspannung entsprechende elektrische Festigkeit aufweisen müssen. Die Verbindung zwischen Isolatorenketten und Arbeitsleitern erfolgt durch Armaturteile (*4*), zu welchen auch die Teile für die Verbindung der Glieder einer Kette untereinander, für die Befestigung der Kette am Ausleger und für die Verbindung der Leiterenden zu zählen sind. Zum Schutze der Leitungsanlage gegen Blitzeinwirkungen werden oberhalb der Arbeitsleiter ein oder zwei, seltener drei Blitzseile (*5*) geführt. Die Stahlmaste werden gewöhnlich mehrschüssig gebaut, wodurch sich Stoßstellen (*6*) ergeben. Aus Gründen der Betriebssicherheit müssen Stahl- und Eisenbetonmaste geerdet werden (*7*). Das Fundament (*8*) überträgt die auf den Mast wirkenden Kräfte auf den Baugrund. Wesentlich einfacher ist der Aufbau der Holzmastleitungen, die entweder hölzerne oder eiserne Querträger für die geraden Stützen der Deltaisolatoren, bzw. für die Hängeketten oder nur gebogene Hakenstützen mit Holzgewinde für die Stützenisolatoren erhalten.

Nach der Anzahl der verlegten Stromsysteme werden Einfach- und Mehrfachleitungen unterschieden.

Die Zugkräfte S in den Leitern, die bei den Hochspannungsleitungen im allgemeinen fest abgespannt sind, und deren Durchhang f (Abb. 1) sind durch Temperaturschwankungen, bzw. durch die fallweise auftretenden Schnee- und Eislasten Änderungen unterworfen. Vorschriften legen die Temperaturen und Zusatzlasten fest, bei welchen vorgeschriebene Mindestwerte der Abstände h der Leiter vom Erdboden einzuhalten sind. Diese und die Durchhänge f ergeben die kleinste Aufhängehöhe des untersten Leiters, aus welcher sich unter Berücksichtigung der Länge der Isolatorenkette die Höhe des untersten Querarmes ergibt. Mindestwerte der Abstände d der Leiter untereinander liegen durch Vorschriften als Funktion des Durchhanges, der Übertragungsspannung und des

Werkstoffes fest. Aus diesen lassen sich die Länge der Ausleger, deren Abstände und die Masthöhe bestimmen. Die durch die Anordnung der Arbeitsleiter und der Blitzseile am Mast geschaffene geometrische Figur wird als Mastkopfbild bezeichnet und bestimmt die Selbstinduktionserscheinungen in der Leitung, bzw. unter Berücksichtigung des Abstandes vom Erdboden die Netzkapazität der Leitung, bzw. die Schutzwirkung der Blitzseile.

Die in den Leitern auftretenden Züge dürfen vorgeschriebene Höchstwerte bei festgelegten Tiefsttemperaturen und Zusatzlasten nicht überschreiten. Das Verlegen bei beliebigen Temperaturen erfordert eingehende Kenntnisse der gegenseitigen Abhängigkeit des Zuges im Leiter, der Temperatur und der Zusatzlast. Die Isolatoren, bzw. Ketten werden durch das Gewicht der vereisten Leiter belastet. Liegt der Mast in der Leitungsflucht und ändern sich die Leiterzüge in den angrenzenden Feldern in gleicher Weise, so üben diese keine Wirkung auf die Isolatorenkette aus. Im Gegenfalle — bei Ungleichheit der angrenzenden Spannfelder, bzw. deren Zusatzlasten — treten Differenzzüge auf und bewirken das Schiefstellen der Ketten. Die Ausleger werden durch das Gewicht der vereisten Leiter und der Isolatorenketten beansprucht. Der Mast wird durch die Gewichte aller Leiter, Isolatoren, Ausleger und durch sein Eigengewicht beansprucht; diese Gewichte ergeben die im Fundament auftretende Druckkraft. Außer durch diese senkrechten Kräfte werden Ausleger, Mast und Gründung durch die Winddrücke W_m auf den Mast samt Auslegern, W_l auf die Leiter und W_i auf die Isolatoren beansprucht. Befindet sich der Mast in einem Winkelpunkt der Trasse, so ist der Berechnung aller dieser Teile noch die durch die resultierenden Leiterzüge hervorgerufene Belastung zugrunde zu legen. Endmaste müssen den vollen Leiterzug aufnehmen können.

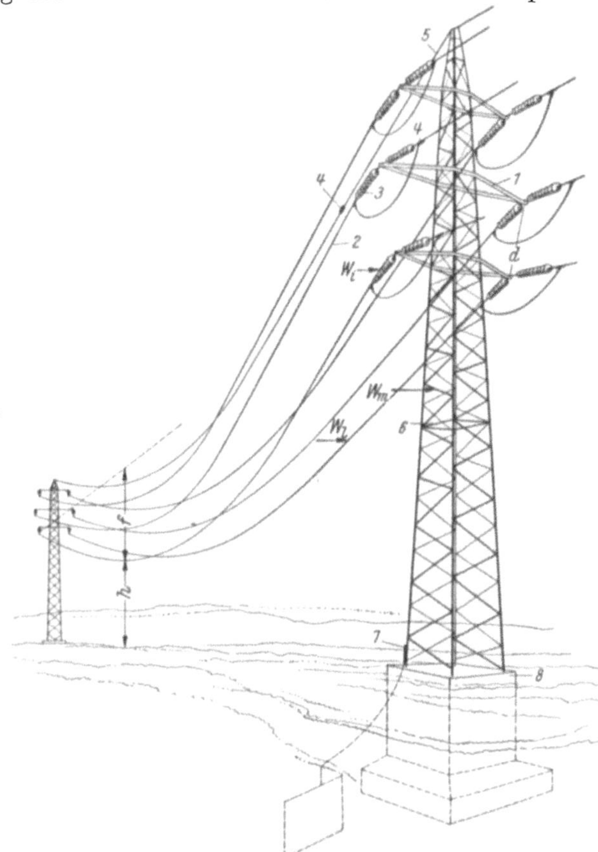

Abb. 1. Allgemeiner Aufbau einer Hochspannungsfreileitung.

II. Die Bauteile der Mastausrüstung, deren Eigenschaften und Beanspruchungen.

A. Die Leiter.

Die nachfolgenden Betrachtungen umfassen sämtliche am Gestänge verlegten Leiter, also sowohl Übertragungsleiter wie auch Blitzseile und Fernsprechleiter.

1. Bauformen.

Als solche sind Drähte, Vollseile und Hohlseile, bzw. Sonderbauarten zu unterscheiden. Die in Betracht gezogenen Freileitungsvorschriften lassen nur blanke Leiter zu. Als solche sind auch die mit einem Schutzanstrich gegen chemische Einwirkungen versehenen Leiter aufzufassen.

Für Drähte und Vollseile wurden die Querschnitte genormt (s. Anhang). Die dort angeführten Querschnittsbezeichnungen (die Nennquerschnitte) weichen um ein geringes Maß nach hinauf oder nach hinunter vom wirklichen Querschnitt (dem Sollwert) ab. Die Vorschriften schreiben Mindestquerschnitte vor

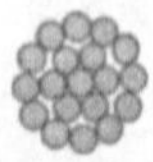

Abb. 2. Vollseil mit Kerndraht 50 mm² (1 : 1).

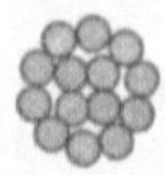

Abb. 3. Vollseil ohne Kerndraht 50 mm² (1 : 1).

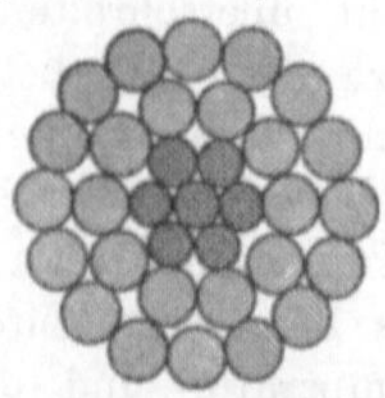

Abb. 4. Stahlaluminiumseil 300 (1 : 1).

(s. Anhang); geringere als die dort aufgezählten werden nur für die Fernsprechleiter des Hochspannungsgestänges zugelassen (s. Anhang). Die Verwendung der Drähte beschränkt sich auf die kleinen Querschnitte (s. Anhang). Die Zweimetalldrähte haben keine praktische Bedeutung für den Freileitungsbau erlangt.

Die Vollseile werden als Ein- oder Zweimetalleiter ausgeführt.

Der VDE hat die Ausführung der Einmetallvollseile nach Abb. 2, d. h. mit einem Kerndraht, um welchen 1—4 Lagen von 6, 18, 36 oder 60 Litzen verseilt werden, wie folgt festgelegt (Din VDE 8201):

Zahlentafel 1.

Nennquerschnitt mm²	Sollwert mm²	Drähte		Seil Ø mm	Gewicht in kg/km	
		Zahl	Ø mm		Cu	Al
10	10	7	1,35	4,1	84— 99	—
16	15,9	7	1,7	5,1	135— 155	41— 47
25	24,2	7	2,1	6,3	206— 235	63— 72
35	34	7	2,5	7,5	295— 330	91—101
50	49	7	3	9	430— 475	132—145
	48	19	1,8	9	413— 470	127—143
70	66	19	2,1	10,5	562— 644	170—195
95	93	19	2,5	12,5	802— 905	245—275
120	117	19	2,8	14	1018—1130	310—340
150	147	37	2,25	15,8	1265—1435	385—440
185	182	37	2,5	17,5	1570—1765	480—535
240	228	37	2,8	19,6	1975—2200	605—670
	243	61	2,25	20,3	2080—2360	635—720
300	299	61	2,5	22,5	2590—2900	790—885

Hierbei beträgt die Schlaglänge den 11—14fachen Seildurchmesser, die Schlagrichtung ist außen rechtsgängig.

Nach den ehemaligen österreichischen Vorschriften ist auch die Ausführung ohne Kerndraht zulässig gewesen (Abb. 3), die Seile bestehen bei Querschnitten bis einschließlich 35 mm² aus 4—5 Litzen, bei stärkeren Querschnitten aus einem 4litzigen Kernseil. Diese Ausführung ergibt größere Außendurchmesser.

Der gebräuchlichste Zweimetalleiter ist das Stahlaluminiumseil, das aus einer Stahlseele und einem Mantel aus Reinaluminium besteht (Abb. 4). In letzter Zeit werden auch Seile aus Stahl und einer Aluminiumlegierung hergestellt. Der VDE hat die Ausführung der Stahlaluminiumseile wie folgt genormt, wobei die Bezeichnung des Seiles nach dem Nennquerschnitt des Aluminiummantels erfolgt (Din VDE 8204):

Zahlentafel 2.

Bezeichnung	Al-Soll-Querschnitt mm²	Gesamtquerschnitt mm²	Seildurchmesser mm	Gewicht kg/km	Querschnittsverhältnis Al/Stahl	Leitwertgleicher Cu-Querschnitt	Stahlkern				Al-Mantel		
							Drähte		Seil		Drähte		Seil
							Anzahl	Ø	Ø	Querschnitt	Anzahl	Ø	Drahtlagenzahl
16	15,3	17,8	5,4	58— 68	6	9,5	1	1,8	1,8	2,55	6	1,8	1
25	23,8	27,8	6,8	90— 105	6	14,8	1	2,25	2,25	4	6	2,25	1
35	34,3	40,0	8,1	132— 149	6	21,3	1	2,7	2,7	5,7	6	2,7	1
50	48,3	56,3	9,6	186— 202	6	30	1	3,2	3,2	8	6	3,2	1
70	66,2	77,8	11,6	253— 302	5,72	41,2	7	1,45	4,35	11,6	26	1,8	2
95	90	105	13,4	340— 405	6,02	56	7	1,65	4,95	15	26	2,1	2
120	122,6	143,5	15,7	474— 549	5,86	76,2	7	1,95	5,85	20,9	26	2,45	2
150	148,9	174,3	17,3	579— 664	5,86	93	7	2,15	6,45	25,4	26	2,7	2
185	183,8	215,5	19,2	722— 816	5,80	114	7	2,4	7,2	31,7	26	3	2
210	209,1	244,9	20,5	815— 931	5,85	130	7	2,55	7,65	35,8	26	3,2	2
240	236	276,1	21,7	921—1047	5,89	147	7	2,7	8,1	40,1	26	3,4	2
300	294,9	344,4	24,2	1153—1293	5,96	183	7	3,0	9	49,5	26	3,8	2

Schlaglänge 11—14facher Seildurchmesser, Schlagrichtung außen rechtsgängig.

Hohlseile kommen bei Übertragungen mit Höchstspannungen zur Anwendung, bei welchen die Leiter zur Unterdrückung der Koronaerscheinung größere Außendurchmesser als durch die Leitfähigkeit des Vollseiles bedingt aufweisen müssen. Sie werden durch den Außendurchmesser und den Querschnitt gekennzeichnet.

Die die Hohlseile erzeugenden deutschen Werke haben folgende Normung vereinbart:

Außendurchmesser:	Nennquerschnitt in mm²:
25	185 oder 200
28	210 „ 240
32	260 „ 300
36	320 „ 380
42	400 „ 480
50	520 „ 600

Unter den zahlreichen vorgeschlagenen Hohlseilbauarten haben sich hauptsächlich die folgenden zwei durchgesetzt:

1. Das Zweilagenhohlseil mit einem Tragkörper nach den Vorschlägen der Siemens-Schuckert-Werke[1] (S. S.W.); auf diesem werden zwei Lagen Profildrähte in

entgegengesetztem Schlag verseilt. Die Profildrähte erhalten eine solche Querschnittsform, daß sie wie eine Balkendecke auf dem Stützkörper liegen und sich wie Gewölbesteine in sich selbst abstützen. Die erste in Europa im Jahre 1926 gebaute 220-kV-Leitung Goldenbergwerk—Köln—Rheinau bei Mannheim, deren späterer Betrieb mit 380 kV beabsichtigt ist, wurde durchwegs mit Hohlseilen dieser Ausführungsform von 400 mm², 42 mm Durchmesser gebaut.[2] Die Form des nur zur Unterstützung dienenden Tragkörpers ist, soweit er maßhältig ist, nicht von grundsätzlicher Bedeutung. Es wurden deshalb bei der erwähnten 220-kV-Leitung verschiedene Tragkonstruktionen angewandt, und zwar solche aus einem Flachband aus Kupfer von ca. 1 mm Stärke, das um die Mittelachse verdreht und gleichzeitig in derselben gewellt wurde (Abb. 5, Bauart S. S.W.), bzw. solche aus einer Spirale, die entweder aus Bronzerunddraht[3] (Bauart Felten & Guilleaume, Abb. 6) oder aus einem Kupferband mit T-förmigem Querschnitt[4] (Abb. 7, Bauart A. E. G.) hergestellt wurde. Dieses Hohlseil ist durch eine große Festigkeit gegen seitlichen Druck gekennzeichnet. Bei dem durch Abb. 5 dargestellten Seil traten erst bei 18—20 t Druckkraft bleibende Formänderungen auf;

Abb. 5. Hohlseil mit Flachbandspirale.

Abb. 6. Hohlseil mit Runddrahtspirale.

2. Das Einlagenhohlseil ohne Tragkörper, dessen Profildrähte mit Feder und Nut zusammengehalten werden. (Bauart der Heddernheimer Kupferwerke,[5]

Abb. 7. Hohlseil mit Profilkupferspirale.

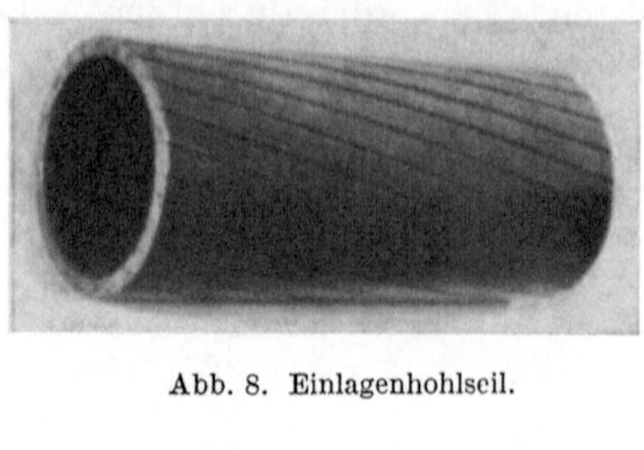

Abb. 8. Einlagenhohlseil.

Abb. 8). Mit Hohlseilen ähnlicher Bauart wurde die 435 km lange Doppelleitung für 300 kV Boulderdam—Los Angeles ausgeführt.[6,7] Der Durchmesser der hierbei verwendeten Hohlseile betrug 36 mm, der Kupferquerschnitt 253 mm².

Durch die glatte Oberfläche weisen diese Bauarten die höchste Koronafestigkeit bei gegebenem Außendurchmesser auf und sind jenen Formen, bei welchen das Hohlseil aus runden Litzen aufgebaut wird, überlegen.

Die Erzeugung der Zweimetallhohlseile, für welche sich bisher kein Bedarf fühlbar machte, läßt keine besonderen Schwierigkeiten voraussehen. Nach den Versuchen von Schmitt und Lux[8] weisen die nach Abb. 9 hergestellten Hohlseile ohne innere Kerneinlage der Stahlseele ausreichende Druck- und Zugfestigkeit auf.

Als Sonderbauarten seien das drehungsfreie und das schwingungsfreie Seil[9] sowie das als Blitzseil zu verwendende selbsttragende Fernsprechluftkabel erwähnt.

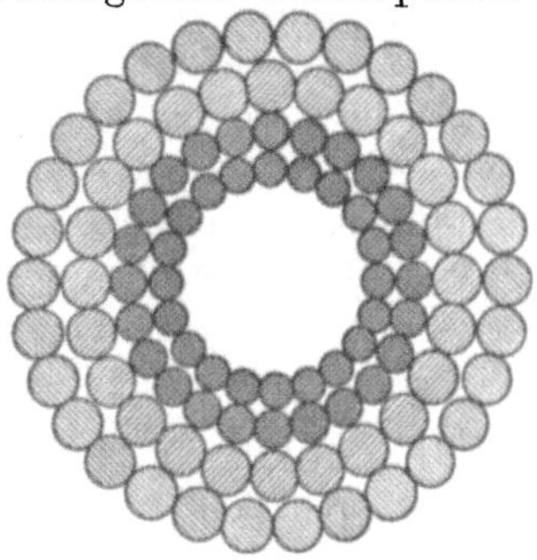
Abb. 9. Zweimetallhohlseil.

Die genormten Seilausführungen weisen den Nachteil auf, daß sich die aus dem entgegengesetzten Schlagen der Seillagen ergebenden, entgegengesetzt wirkenden Torsionsmomente nicht gegenseitig aufheben. Praktisch kann sich das resultierende Torsionsmoment wie folgt auswirken: Wird ein Seil mit Hilfe eines Vorseiles ausgezogen (s. vierter Abschnitt), so werden die Lagen beider Seile so lange verdreht, bis sich die Torsionsmomente gegenseitig aufheben. Das Aufdrehen der Seile muß durch Verwendung einer nicht drehbaren Verbindungsklemme vermieden werden. Außerdem findet, wie durch die Beobachtungen der Bayernwerk A. G. an ihren 100-kV-Leitungen bestätigt, mit zunehmender Zugbelastung des fertig verlegten Seiles ein Drehen desselben statt, wodurch eine Drahtlage entlastet, die entgegengesetzt geschlagene stärker als beabsichtigt belastet wird. Um diese nachteiligen Wirkungen der Torsion im Seil, die mit zunehmender Spannweite in stärkerem Maße auftreten, zu vermeiden, hat die Bayernwerk A. G. das drehungsfreie Seil (System Dr. Gröbl[10,11]) entworfen (Abb. 10), bei welchem die Drehungsfreiheit einerseits durch die Verschiedenheit der Durchmesser der Innen- und Außenlagen, anderseits durch die Verschiedenheit der Schlaglängen erzielt wird. Nach diesem System werden Reinaluminium- und Stahlaluminiumseile erzeugt.

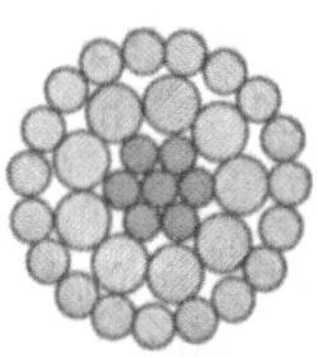
Abb. 10. Drehungsfreies Seil.

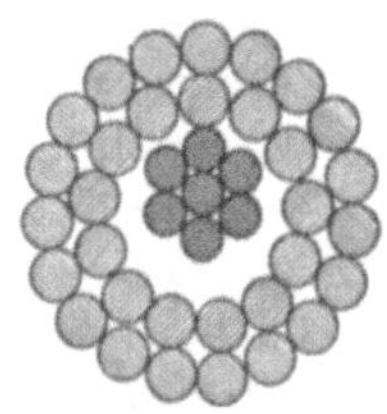
Abb. 11. Schwingungsfreies Seil.

Das schwingungsfreie (schwingungsdämpfende, selbstdämpfende) Seil[12,13] (Abb. 11) nach den Schutzrechten der Bayernwerk A. G., München, und der Aluminium-Industrie A. G. Neuhausen (Schweiz) besteht aus einem Aluminiumhohlseil und einem mit diesem lose gekoppelten Stahlvollseil. Die diese Seile erzeugenden Werke haben eine Normung vereinbart. Das Hohlseil wird aus Aluminiumdrähten (Abb. 11) oder aus Profildrähten nach Abb. 8 ausgeführt. Die betriebstechnischen Vorteile dieses Seiles werden im vierten Abschnitt besprochen.

Das selbsttragende Luftfernsprechkabel mit als Erdseil wirkender Runddrahtbewehrung der Siemens & Halske A. G.[14] ermöglicht durch das Zusammenlegen der Fernsprechleiter und des Erdseiles in nur ein Seil die Verwendung von Masten geringer Höhe. Der Fernsprechbetrieb läßt sich störungsfrei führen, falls der Erdübergangswiderstand 15 Ω nicht überschreitet. Der Übergang auf Erdverlegung ist ohne besondere Hilfsmittel möglich. Die Verbindung der Seilenden und die Befestigung an den Masten erfolgt mittels Spezialklemmen. Die Pupinisierung läßt sich in der gleichen Art wie bei den üblichen Kabeltypen ausführen. Die Verwendung dieses Sonderkabels ist durch die Spannweite nicht begrenzt.

2. Die Werkstoffe der Einmetall- und Verbundleiter.

In praktisch reinem Zustand haben sich nur zwei Metalle als Leiterwerkstoffe durchgesetzt: Kupfer und Aluminium. Um die Festigkeit dieser Metalle zu erhöhen, werden sie auch als Legierungen (Bronze, vergütetes Aluminium) verwendet. Infolge der geringen Leitfähigkeit beschränkt sich die Verwendung des Eisens, bzw. des Stahles, als Leiterwerkstoff im allgemeinen nur auf das Erdseil. Das Bestreben, gleichzeitig dessen hohe Festigkeit und die relativ hohe Leitfähigkeit des Aluminiums und dessen Legierungen auszunützen, führte zur Erzeugung der Verbundseile, deren tragender Kern aus Stahl, der leitende Mantel aus Rein-, bzw. vergütetem Aluminium bestehen.

Die durch die betrachteten Vorschriften an die Leiterwerkstoffe gestellten Forderungen sind dem Anhang zu entnehmen.

a) **Kupfer und Bronze.** Das chemisch reine Kupfer galt infolge seiner hohen Leitfähigkeit und Festigkeit als „der" Leiterwerkstoff, solange sich der Leitungsbau auf die Mittelspannungen mit kleiner Spannweite beschränkte. Seine Leitfähigkeit kann jedoch bei der Übertragung mit Höchstspannungen mit Rücksicht auf die Korona nicht voll ausgenützt werden, das hohe spezifische Gewicht erweist sich hierbei als nachteilig. Erschwert wird die Verwendung des Kupfers durch seine fast ausschließliche Beschaffung von Übersee und der damit in den meisten europäischen Staaten verbundenen währungstechnischen Schwierigkeiten, die in Deutschland zum Verbot der Verwendung des Kupfers beim Bau von Mittel- und Hochspannungsfreileitungen führten (s. 4).

Bronze, d. i. eine Legierung aus Kupfer, Zinn und Silizium, weist eine höhere mechanische Festigkeit bei verminderter Leitfähigkeit auf. Diese zwei Größen können durch das Beimengungsverhältnis beeinflußt werden. Der Anhang zählt die in den betrachteten Vorschriften vorgesehenen Bronzegattungen auf. Die Bronzeleiter sind für das Zuspannen der im Zuge von Mittelspannungsleitungen ausnahmsweise vorkommenden Weitspannfelder, für welche die Festigkeit des Kupfers nicht ausreicht, die verminderte Leitfähigkeit der Bronze jedoch praktisch tragbar ist, hervorragend geeignet. Als ausschließlicher Werkstoff von Freileitungen kommt Bronze nur vereinzelt zur Anwendung, weshalb sie in die nachfolgenden Vergleiche nicht einbezogen wird.

Das chemisch reine Kupfer sowie Bronze sind, soweit sie in Gebieten mit normaler Luftzusammensetzung verlegt sind, im Laufe der Zeit nur unwesentlichen chemischen Veränderungen unterworfen, die sich auf die Oberfläche beschränken: es bildet sich eine mattschwarze Oxydschicht, welche die Wärme viel intensiver abgibt als das blankpolierte Kupfer. Ätzende Gase, wie die durch Röst- und Hochöfen erzeugten, greifen das Kupfer an. In solchen Gegenden sind nur Kupferleiter zu verlegen, die mit einem geeigneten chemischen Schutzanstrich versehen sind.

b) **Reinaluminium.**[15] Das Aluminium wurde als Leiterwerkstoff in Mitteleuropa in größerem Ausmaß erst in der Nachkriegszeit, unter dem Druck der

Schwierigkeiten der Kupferbeschaffung, verwendet. Soweit ungünstige Erfahrungen mit diesem vorlagen, waren sie nur auf fehlerhafte Erzeugung und auf mangelhafte Montage zurückzuführen. Daß das richtig hergestellte Reinaluminiumseil eine praktisch unbegrenzte Lebensdauer hat und als vollkommen betriebssicher angesprochen werden kann, beweist die seit 1899 ohne Unterbrechung im Betrieb stehende Northallertoner Leitung (Yorkshire), bei welcher keinerlei Alterungserscheinungen zu verzeichnen sind.[16] Die Reinaluminiumleitungen sind nur dann beständig, wenn genügend reines Aluminium verwendet wird; der Prozentsatz an fremden Stoffen (Fe, Si, Cu, Zn) darf 0,5% nicht überschreiten. Es ist vor allem darauf zu achten, daß durch den Walzprozeß dem Aluminium keine Teilchen aus reinem Kupfer oder aus Kupferlegierungen beigemengt werden; sollen bei den Kupfer- und Aluminiumwalzverfahren gemeinsame Werkzeuge verwendet werden, so sind diese vor dem Aluminiumwalzprozeß einer sehr gründlichen Reinigung zu unterziehen.

Die Aluminiumseile setzen in erhöhtem Maße die Verwendung von geeigneten Klemmen und Verbindern voraus, deren Besprechung unter C erfolgen wird.

Das Reinaluminiumseil steht in der chemischen Dauerhaftigkeit dem Kupfer nicht zurück; ebenso wie bei dem letzteren bildet sich auch beim Aluminium eine dünne Oxydschicht. Diese ist schlecht leitend, weshalb sie bei Herstellung von Verbindungen mit Hilfe einer feinen Stahldrahtbürste entfernt werden muß.

Unter den bedeutendsten, aus Reinaluminiumseilen hergestellten Übertragungsleitungen seien die 100-kV-Leitungen Golpa-Berlin und Hirschfelde-Dresden erwähnt. Das 100-kV-Netz des Bayernwerkes wurde zum Teil ebenfalls mit Reinaluminiumseilen zugespannt.

c) **Vergütetes Aluminium.**[15, 17, 18] Die im Flugzeug- und Luftschiffbau gemachten guten Erfahrungen mit Duralumin als mechanisch widerstandsfähiger und leichter Ersatzstoff für Stahl regten an, das Reinaluminium durch ein geeignetes Vergütungsverfahren zu einem Leiterwerkstoff mit erhöhter Festigkeit zu verarbeiten, ohne hierdurch die Leitfähigkeit allzu stark zu beeinträchtigen. Unter den vergüteten Aluminiumlegierungen seien erwähnt: Aludur, Almélec und Aldrey, letzteres wohl am häufigsten angewandt, es sei daher nachfolgend ausschließlich zur Beurteilung dieses Leiterwerkstoffes herangezogen. Es wird nach einem Patent der Aluminium-Industrie A. G. Neuhausen (Schweiz) hergestellt und besteht zu 98,7% aus Reinaluminium, der Rest zu höchstens 0,3% aus Eisen, beigemengtem Magnesium und Silizium, die durch das angewandte Verfahren bei der Mischkristallbildung in die Raumgitter der Reinaluminiumkristalle eintreten, weshalb Aldrey eine große Beständigkeit gegen das Anfressen aufweist.[18]

Aus dem Anhang geht hervor, daß Aldrey eine um etwa 66% gesteigerte Festigkeit bei 86% der Leitfähigkeit des Reinaluminiums aufweist. Das vergütete Aluminium weist die gleiche Umwandlungsmöglichkeit wie Kupfer und Reinaluminium auf.

d) **Stahl.** Durch die chemische Zusammensetzung des Stahles ist es möglich, seine Festigkeit zu beeinflussen. Der VDE sieht deshalb vier Stahlseilsorten von 40, 70, 120 und 150 kg/mm² Prüffestigkeit vor, deren Festwerte und die zulässigen Höchstzüge dem Anhang zu entnehmen sind. Die Vorschriften des VDE lassen nur Feuerverzinkung mit reinem Hüttenzink zu.

e) **Stahlaluminium.**[15,19,20] Voraussetzung für die Beständigkeit eines Verbundleiters ist die chemische Unabhängigkeit der zwei Metalle. Diese ist bei Stahl und chemisch reinem, bzw. vergütetem Aluminium gegeben.

Bei einem gegebenen Gesamtquerschnitt ist es möglich, durch Änderung des Querschnittsverhältnisses der zwei Metalle die Festigkeit und die Leitfähigkeit des Verbundseiles zu beeinflussen. Eine weitere Beeinflussung der ersteren ist durch die Verwendung von Stahlsorten verschiedener Festigkeit möglich. Rücksichtnahme auf Verseilung und Montage lassen es jedoch ratsam erscheinen, mit dieser nicht über 150 kg/mm² zu gehen. Die vom VDE herausgegebenen Normen legen die Mindestfestigkeit des Stahles mit 120 kg/mm² fest.

Die rechnerische Vorausbestimmung des Verhaltens eines Verbundseiles (des bei einer Änderung der Temperatur oder der Zusatzlast in jedem der zwei Metalle auftretenden Zuges und der zu erwartenden für beide Metalle gleichen Dehnung) ist mit Rücksicht auf die Verschiedenheit der Wärmedehnungszahlen und der Elastizitätsmasse der zwei Metalle sowie der Art des Zusammenbaues zu einem festen Gefüge ohne weitgehende Näherungen nicht möglich (s. 5f). Mit praktisch ausreichender Genauigkeit kann das Verhalten der genormten Verbundseile vorausbestimmt werden, indem diese als Einheit aufgefaßt und mit festgelegten Elastizitätsmoduli und Wärmedehnungszahlen (s. Anhang) berechnet werden.

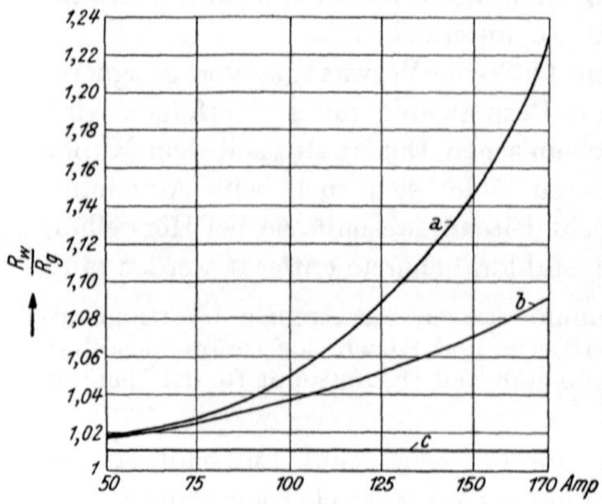

Abb. 12. Wechselstromwiderstand des Stahlaluminiumseiles.

Im Eisen der Stahlaluminiumseile können Ummagnetisierungsverluste auftreten, durch welche der Wirkungsgrad der Übertragung verschlechtert werden kann. Angestellte Versuche über den Wechselstromwiderstand derartiger Seile haben den Beweis erbracht, daß dieser bei Seilen mit nur einer oder mehreren in gleicher Richtung geschlagenen Aluminiumlagen bis zu 25% größer sein kann als der Gleichstromwiderstand (Kurven *a* und *b* der Abb. 12, die das Verhältnis Wechselstromwiderstand zu Gleichstromwiderstand eines Stahlaluminiumseiles mit nur einer Aluminiumlage, bzw. mit zwei in gleicher Richtung geschlagenen Lagen nach Weidig[21] zeigen). Die Verluste sind um so größer, je kleiner die Schlaglänge ist. Sie sind auf das magnetische Feld zurückzuführen, welches der durch die schraubenförmige Windung geleitete Strom im Eisen erzeugt. Diese Erklärung weist bereits die Wege zur Beherrschung der geschilderten Erscheinung: entgegengesetztes Schlagen der Aluminiumlagen (Kurve *c* der Abb. 12 für ein Stahlaluminiumseil mit zwei entgegengesetzt geschlagenen Aluminiumlagen). Bei zwei Lagen können durch Anpassung der Schlaglängen an die von jeder Aluminiumlage geführten Ströme die zusätzlichen Verluste im Eisen zur Gänze zum Verschwinden gebracht werden. Dieses kann schließlich auch durch die Verwendung von Spezialstahl mit besonders kleinen Ummagnetisierungsverlusten erreicht werden. Bei den gebräuchlichen Stahlaluminiumseilen hat das Verhältnis Wechselstrom- zu Gleichstromwiderstand den Wert

1,01—1,02. Neue Stahlaluminiumseile weisen geringere Verluste auf, da diese ihren größten Wert erst nach vollkommener Bildung der isolierenden Oxydschicht auf den Aluminiumlitzen erreichen.[22–24]

3. Kriterien für den Vergleich der Leiterwerkstoffe.

Folgende Kriterien kennzeichnen das elektrische und mechanische Verhalten der Leiter und bestimmen Gewicht und Abmessungen des Gestänges: Leitfähigkeit, Glimmfestigkeit, Durchmesser, Gewicht, Durchhang, mechanische Festigkeit und die thermische Festigkeit.

Die nach dem Weitspannsystem gebauten Freileitungen würden das Heranziehen der Schwingungsfestigkeit als weiteres Kriterium bedingen. Die Schwingungserscheinungen können jedoch mit einfachen Mitteln unterdrückt und Schwingungsschäden leicht vermieden werden, so daß es sich erübrigen kann, dieses Kriterium zusätzlich heranzuziehen.

Die aufgezählten Kriterien führen zu richtigen Vergleichsergebnissen, sofern beständige Leiter, also solche, die keine Alterungserscheinungen aufweisen, verglichen werden. Diese Voraussetzung trifft bei Kupfer, Aluminium, Aldrey und Stahlaluminium zu.

Die Leitfähigkeit ist im Betrieb durch die Temperaturänderungen nur geringen Schwankungen unterworfen. Unter den anderen Komponenten des die Übertragungsfähigkeit der Leitungsanlage bestimmenden Wellenwiderstandes erfahren Selbstinduktion und Kapazität eine in engen Grenzen verbleibende Beeinflussung durch die vom Leitermaterial abhängige Leiteranordnung, auf welche bei den folgenden Vergleichen keine Rücksicht genommen wird.

Zwei Leiter gelten als gleich glimmfest, wenn sie unter gleichen atmosphärischen Voraussetzungen und bei gleicher aufgedrückter Spannung gleiche Glimmverluste aufweisen. Diese sind u. a. vom Durchmesser, von der Beschaffenheit der Oberfläche und von der Leiteranordnung abhängig. Bei den nachfolgenden Vergleichen bleibe der Einfluß der letzteren unberücksichtigt, es sei gleiche Beschaffenheit der Oberflächen vorausgesetzt, so daß aus den Leiterdurchmessern unmittelbar auf die relative Glimmfestigkeit geschlossen werden kann.

Aus dem Durchmesser eines Leiters läßt sich auf die Beanspruchung des Mastes durch den auf die Leiter wirkenden Winddruck schließen.

Um aus dem Gewicht eines Leiters auf die Vertikalbeanspruchung des Mastes schließen zu können, ist zu dem Gewicht des blanken Leiters auch jenes hinzuzurechnen, welches durch die sich fallweise am Leiter ansetzende Eis-, Rauhreif-, Schneehülse gebildet wird. Den Ausführungen des Unterabschnittes VIII vorgreifend, sei erwähnt, daß es wirtschaftlich nicht tragbar wäre, der Festigkeitsberechnung einer Freileitung das beobachtete größte Eisgewicht — die katastrophale Eislast — zugrunde zu legen. Die Vorschriften aller Staaten begnügen sich daher, den Festigkeitsnachweis unter der Voraussetzung rein fiktiver Eislasten, die mit Rücksicht auf wirtschaftliche Tragbarkeit erstellt wurden, zu fordern.

Der Durchhang eines Leiters läßt auf die relative Höhe des Mastes und daher auch seines Gewichtes schließen.

Die mechanische Festigkeit der Leiter wird durch jene Last ausgedrückt, welche ein Leiter von 1 mm² Querschnitt eine Minute lang aushält, ohne zu reißen. Die Vorschriften des VDE bezeichnen diese Größe als Zuglast oder Prüffestigkeit und schreiben für die üblichen Leiterwerkstoffe bestimmte Werte vor (s. Anhang). Die Prüflast eines Drahtes ergibt sich nach VDE als Produkt des Nennquerschnittes und der Prüffestigkeit. Unter der Nennlast ist nach VDE bei Seilen die Summe der Prüflasten der Litzen, bei Drähten die Prüflast zu verstehen. Außer der Prüffestigkeit legt der VDE auch die Dauerstandfestigkeit fest: Das Leitermaterial muß diese Ruhebeanspruchung ein Jahr lang ohne Schaden zu erleiden, ertragen können. Sie wird als Dauerzugfestigkeit bezeichnet. Schließlich werden zur Beurteilung der mechanischen Leiterfestigkeit noch die Streckgrenze, bei welcher die bleibende Dehnung 0,2% betragen darf, und die Elastizitätsgrenze, bei welcher diese höchstens 0,01% ausmachen soll, herangezogen.

Die hier definierten Größen reichen jedoch zur Charakterisierung der Festigkeit eines Leiters nicht aus, sobald unter diesem der betriebsmäßig zugespannte Leiter verstanden wird. Der unter bestimmten Betriebsbedingungen (Temperatur, Zusatzlast) in einem solchen Leiter herrschende Zug ist außer von diesen auch von den Verhältnissen beim Spannen (angewandter Zug, Temperatur) abhängig.

Die Leiter werden stets solcherart verlegt, daß bei bestimmten Betriebszuständen zugelassene Höchstzüge nicht überschritten werden. Das Heranziehen dieser Höchstzüge als Kriterium für die Beurteilung und den Vergleich der Festigkeiten von Leitern ergibt kein richtiges Bild, selbst wenn sie auf die Prüffestigkeiten bezogen werden. Setzt sich bei gleichbleibender Temperatur an einem zugespannten Leiter eine ständig zunehmende Eishülse an, so wird bei einem bestimmten Gewicht derselben der Leiter reißen, und nur dieses Gewicht als Kriterium herangezogen, läßt einen richtigen Vergleich der Festigkeiten der Leiter zu. Dieses Gewicht sei als Eisreißlast bezeichnet und bedingt, um eindeutig zu sein, Rücksichtnahme auf die Gesetzmäßigkeit, mit welcher die Eisansatzbildung erfolgt. Die folgenden Vergleiche seien unter der Annahme angestellt, daß die Gewichte der sich unter gleichen örtlichen und zeitlichen Voraussetzungen bildenden Eishülsen unabhängig von der Leiterstärke und dem Leiterwerkstoff sind, obwohl die Beobachtungen Koetzolds[25] u. a. darauf schließen lassen, daß eine Abhängigkeit des Eisgewichtes vom Durchmesser besteht. Diese Abhängigkeit hat jedoch keinen Einfluß auf die hier zu gewinnenden Ergebnisse. Die Eisreißlast ist von der Spannweite und dem zugelassenen Höchstzug abhängig: bei gleicher Spannweite wird unter zwei gleichen Leitern der schwächer gespannte die größere Eisreißlast aufweisen und ist als der sicherere zu werten. Unter zwei verschiedenen Leitern gelte derjenige als der sicherere, der die größere Eisreißlast aufweist, auch wenn dessen Höchstbeanspruchung im festgelegten Temperaturbereich und bei der fiktiven Eislast, absolut genommen oder auf die Prüflast bezogen, die größere ist.

Die mit der Verwendung hoher Spannungen Hand in Hand gehende Leistungssteigerung der Kraftwerke und daher auch der Kurzschlußleistungen hat die Gefährdung der Leiter im Kurzschlußfalle zur Folge, indem der Kurzschlußstrom die Leiter zu entfestigen vermag. Ein Vergleich der Leiter bezüglich ihres Verhaltens bei Kurzschlüssen muß gleiche Kurzschlußströme und -stromdauer voraussetzen, da diese vorwiegend von der Leistungsfähigkeit und der

Eigenart der Stromerzeuger abhängen. Ein Maßstab dieses Verhaltens ist durch die prozentuelle Verminderung der Festigkeit des Leiters, die durch dessen Ausglühen durch den Kurzschlußstrom hervorgerufen wird, gegeben.

4. Vergleich der Leiterwerkstoffe.

Den nunmehr anzustellenden Vergleichen der Leiter der besprochenen Werkstoffe seien einerseits gleiche Leitfähigkeit, als die bei Mittelspannungen wichtigste Vergleichsgrundlage, anderseits gleiche Glimmfestigkeit, als das bedeutendste Kriterium bei Höchstspannungsübertragungen, zugrunde gelegt und vorerst Gewicht, Durchhang, und die Eisreißlast als Ausdruck der mechanischen Festigkeit untereinander verglichen. Diese drei letzten Vergleichswerte seien in Prozenten des Wertes des zum Vergleich herangezogenen Kupferleiters ausgedrückt. Die Gleichung, die die Eisreißlast ermitteln und die hier gewonnenen Ergebnisse überprüfen läßt, wird unter Punkt 5c angeführt. Liegen die Vergleichszahlen für Durchmesser, Gewicht, Durchhang und mechanische Festigkeit unter 100%, so deuten diese auf leichtere und niedrigere Maste hin, wobei der Leiter bereits bei einer kleineren Eislast als der zum Vergleich herangezogene Kupferleiter reißen wird.

Dem Vergleich der Leitergewichte wird jene fiktive Eislast zugrunde gelegt, welche nach den in Deutschland geltenden Vorschriften für den Festigkeitsnachweis einer Freileitungsanlage angenommen werden muß, und zwar

$$0{,}18\sqrt{d}\ \mathrm{kg/m}, \qquad (1)$$

wobei d den Durchmesser des Leiters in Millimetern bedeutet. Diese Vergleiche fußen ferner auf der Annahme, daß das Zuspannen aller Leiter unter voller Ausnützung der nach den Vorschriften des VDE zulässigen Höchstzüge im Leiter erfolgt.

Diese Höchstwerte sind:

für die Kupferseile 19 kg/mm²,
„ „ Reinaluminiumseile 8 kg/mm²,
„ „ Aldreyseile 12 kg/mm²,
„ „ Stahlaluminiumseile 11 kg/mm².

Um die anzustellenden Vergleiche von der Spannweite unabhängig zu machen, wird die Annahme zugelassen, daß der Höchstzug und der größte Durchhang in dem vom VDE festgesetzten Temperaturbereich und den dort festgelegten Belastungsbedingungen (—5° C mit Zusatzlast, —20° bis +40° ohne diese) stets bei —5° C und Zusatzlast auftreten. Sollte diese Voraussetzung nicht zutreffen, so tritt keine fühlbare Änderung der zu gewinnenden Ergebnisse ein.

Die nachfolgenden Festigkeitsvergleiche wurden mit den vom VDE geforderten Prüffestigkeitswerten für Kupfer (40 kg/mm²), Reinaluminium (18 kg/mm²) und Aldrey (30 kg/mm²) durchgeführt. Für das Stahlaluminium wurde diese Festigkeit mit 27,6 kg/mm² angenommen.

Die nachfolgende Zahlentafel läßt einen Vergleich der Durchmesser, der Gewichte und der Durchhänge von Leitern gleicher Leitfähigkeit zu. Diesem Vergleich wurde das Kupferseil von 95 mm² zugrunde gelegt und dieses mit dem Reinaluminiumseil von 150 mm², mit dem Aldreyseil von 185 mm² und dem Stahlaluminiumseil Nr. 150 nach VDE verglichen.

Zahlentafel 3.

Werkstoff	Leiter-durchmesser	Gewicht		Durchhang
		ohne Eis	vereist	
	in Prozent			
Kupfer	100	100	100	100
Reinaluminium . .	126	48	78,5	117,5
Aldrey	140	59	84,5	68,5
Stahlaluminium .	138	73	92,5	86,5

Abb. 13 läßt die mechanischen Festigkeiten dieser Leiter untereinander vergleichen (*b* relative Festigkeit des Aluminiumseiles, *c* des Aldrey- und *d* des Stahlaluminiumseiles, bezogen auf jene des Kupfers *a*).

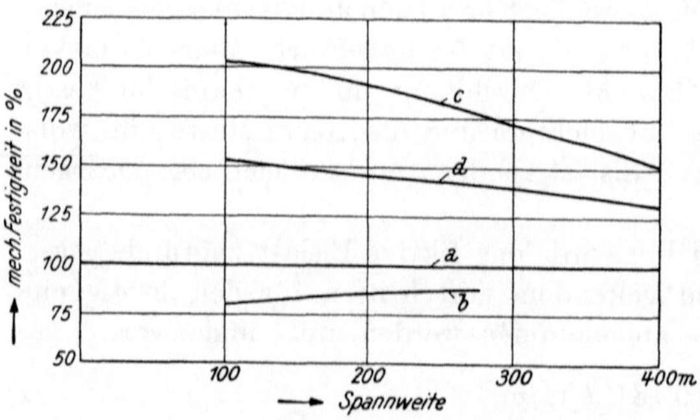

Abb. 13. Mechanische Festigkeiten leitwertgleicher Leiter.

Tabelle und Abbildung besagen: Das Reinaluminium ist dem Kupfer unterlegen, da es nur bezüglich des Gewichtes Vorteile aufweist. Hingegen stellen Aldrey und Stahlaluminium unter der Annahme gleicher Leitfähigkeit dem Kupfer überlegene Leiterwerkstoffe dar, da sie eine wesentlich höhere mechanische Festigkeit aufweisen, leichter sind und geringere Masthöhen bedingen. Diesen Vorteilen gegenüber fällt der Nachteil der größeren Durchmesser nicht ins Gewicht.

Abb. 14 läßt einen Vergleich der Gewichte und Durchhänge von Leitern gleicher Glimmfestigkeit in Abhängigkeit vom Querschnitt zu. Hierin stellen dar: *a* das Gewicht und den Durchhang des Kupfers, *b* das Gewicht des unvereisten Reinaluminium-, bzw. Aldreyseiles, *c* jenes des unvereisten Stahlaluminiumseiles, *e* das Gewicht des vereisten Aluminium- und Aldreyseiles, *f* das Gewicht des vereisten Stahlaluminiumseiles, *g*, *h*, *i* die relativen Durchhänge des Reinaluminium-, Aldrey- und Stahlaluminiumseiles.

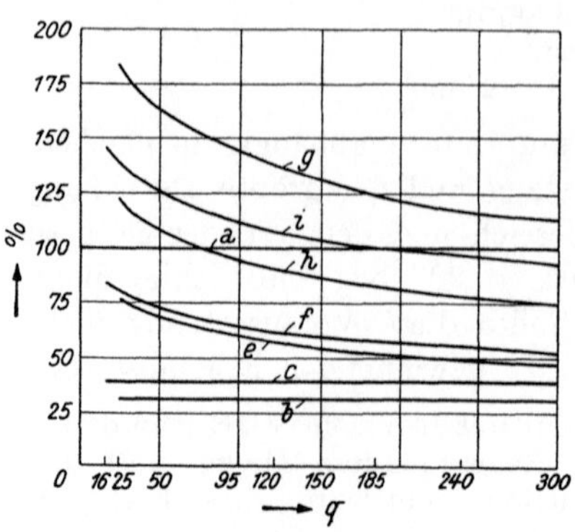

Abb. 14. Gewichte und Durchhänge der Leiter gleicher Glimmfestigkeit.

Abb. 15 zeigt die mechanischen Festigkeiten der Leiter gleicher Glimmfestigkeit von 50, 150 und 300 mm² in Abhängigkeit von der Spannweite und läßt auf die anderen Querschnitte schließen. Darin stellen dar: b_1, b_2 und b_3 die relative mechanische Festigkeit dieser Reinaluminiumseile, c_1, c_2 und c_3 jene der gleichen Aldreyseile und d_1, d_2 und d_3 jene der Stahlaluminiumseile gleichen Außendurchmessers, bezogen auf die mechanische Festigkeit des Kupfers a_2 (in dieser

Abbildung wurde keine Rücksicht auf die zugelassenen Grenzspannweiten genommen, siehe III).

Die letzten zwei Abbildungen besagen: die Reinaluminiumseile mit Kupfervollseilen gleicher Glimmfestigkeit verglichen, erweisen sich bezüglich der herangezogenen Kriterien, mit Ausnahme des Gewichtes, als unterlegen. Die Aldreyseile bedingen bei Querschnitten über 70 mm² geringere Masthöhe und weisen bei Querschnitten bis 300 mm² und Spannweiten über 300 m, bei geringerem Querschnitt auch bei größeren Spannweiten, eine höhere mechanische Festigkeit als glimmgleichfeste Kupfervollseile auf. Hieraus darf gefolgert werden: Aldrey stellt bei gleicher Glimmfestigkeit einen dem Kupfer überlegenen Werkstoff dar. Die Stahlaluminiumseile sind wohl leichter als die zum Vergleich herangezogenen Kupferseile, sie bedingen wohl bei Querschnitten von 185 mm² aufwärts geringere Masthöhe, sie weisen jedoch eine geringere mechanische Festigkeit auf.

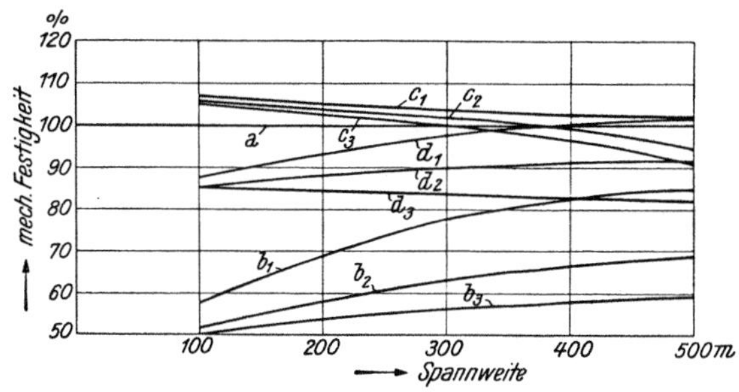

Abb. 15. Mechanische Festigkeiten der Leiter gleicher Glimmfestigkeit.

Es erscheint gerechtfertigt, die unter der Voraussetzung gleicher Glimmfestigkeit verglichenen Leiter auf das bei Höchstspannungsübertragungen stets verwendete Kupferhohlseil zu beziehen. Es wird sich dann auch das Stahlaluminium, fallweise auch das Reinaluminium als ein dem Kupfer überlegener Werkstoff erweisen.

Bezüglich der Einwirkung der Kurzschlußströme auf die Festigkeit der Leiterwerkstoffe sei auf die Versuche Schmitts[26] verwiesen, die für widerstandsgleiche Leiter folgende Entfestigungen ergaben:

Zahlentafel 4.

Strombelastung in Ampere	Dauer in Sekunden	Entfestigung des Kupfers	Entfestigung des Reinaluminiums	Entfestigung des Aldreys
300	0,3	35%	35%	8%
150	1,0	10%	15%	3%
100	3,0	40%	46%	25%

d. h. das Reinaluminium weist eine geringere thermische Festigkeit als das Kupfer auf, vergütetes Aluminium erweist sich jedoch dem Kupfer überlegen; diese Überlegenheit bleibt auch beim Vergleich von Leitern gleicher Glimmfestigkeit aufrecht. Ein wesentlich günstigeres thermisches Verhalten als Kupfer und Aldrey weisen die Stahlaluminiumseile auf.

Sollen die angestellten Vergleiche auf die Anschaffungskosten ausgedehnt werden, so dürfen sie sich nicht auf die Leiter allein beschränken, sie müssen vielmehr jene der gesamten Freileitungen gegenüberstellen. Hierbei müßte außer der bisher vorausgesetzten gleichen Glimmfestigkeit oder Leitfähigkeit der Leiter auch gleiche mechanische Festigkeit der Freileitungen angenommen werden. Die bisherigen Vergleiche bewiesen, daß Aldrey- und Stahlaluminiumseile bei gleicher mechanischer Festigkeit größere Spannweiten zulassen als das Kupfer, ohne höhere Maste zu bedingen, d. h. Aldrey und Stahlaluminium können sich auch dann dem Kupfer preislich überlegen erweisen, wenn der sich auf die Leiter allein beschränkende Preisvergleich zugunsten des letzteren ausfällt. Ein näheres Eingehen in solche Vergleiche sei jedoch hier unterlassen, da einerseits die Preise der Leiterwerkstoffe, insbesondere des Kupfers, sehr starken Schwankungen unterworfen sind und anderseits die Gesamtkosten einer Freileitung, als eine von vielen Variablen beeinflußte Größe, nur ungenau erfaßt werden können. Hiermit sei keinesfalls zugegeben, daß ein solcher Preisvergleich zugunsten des Kupfers ausfallen würde. Für Staaten, die das Aluminium im Inland erzeugen, wird wohl nicht die Preisfrage allein für die Wahl des zu verwendenden Leiterwerkstoffes entscheidend sein, sondern der Umstand, daß der mit Aluminium oder seinen Abarten getätigte Leitungsbau nicht nur durch diesen, sondern auch durch die Erzeugung des Leiterwerkstoffes selbst den inländischen Arbeitsmarkt belebt.

Aus dem angedeuteten Grunde hat die deutsche Regierung das allgemeine Verbot der Verwendung von Kupfer beim Bau von Mittel- und Hochspannungsfreileitungen erlassen (Verordnungen vom 26. März 1934 und 28. April 1934 über unedle Metalle).

Die angestellten Vergleiche beweisen, daß die erwähnten Verordnungen keine technischen Nachteile für den Leitungsbau beinhalten, daß sie nur dazu beitragen, die bestehenden Vorurteile gegen das Aluminium und seine Abarten zu zerstreuen. Die Richtigkeit dieser Behauptung erhellt auch aus einem Vergleich der die Verwendung des Kupfers und Stahlaluminiums im Auslande und in Deutschland beleuchtenden Zahlen:

Von den gesamten Freileitungen mit höheren Spannungen als 30 kV sind in England etwa 85%, in Deutschland und in der Schweiz nur etwa ein Drittel in Aluminium, bzw. Stahlaluminium, verlegt; von den gesamten Freileitungen von 100—125 kV wurden in Frankreich zwei Drittel in Aluminium (Stahlaluminium) verlegt, in Deutschland jedoch nur etwa die Hälfte; sämtliche 200-kV-Leitungen in Frankreich und Italien und etwa 90% dieser in den U. S. A. sind mit Stahlaluminium ausgeführt. In Deutschland hingegen wurden die 200-kV-Leitungen noch vor wenigen Jahren ausschließlich mit Kupferseilen hergestellt.

5. Die Leiterberechnung in mechanischer Beziehung.

Temperaturänderungen, die Aneisung und die Windkraft vermögen den Leiterzug über den bei der Montage angewandten zu erhöhen, sie haben Änderungen der Durchhangslinie und der Lage der Leiter (Ausschwingen) zur Folge. Die Erfassung der Zusammenhänge zwischen diesen Ursachen, dem Leiterzuge und der Form und Lage der Durchhangslinie ist aus mehrfachen Gründen geboten: 1. um die Abstände der Leiter untereinander, von den geerdeten Teilen des Mastes, vom Erdboden und von den gekreuzten Objekten und der Umgebung solcherart festlegen zu können, daß sie unter allen Betriebsbedingungen den Anforderungen der Betriebs- und öffentlichen Sicherheit genügen; 2. um die bei jeder beliebigen Temperatur anzuwendenden Montagezüge solcherart festlegen zu können, daß die zu gewärtigenden Höchstzüge im Leiter mit seiner

Festigkeit in Einklang stehen. Die quantitative Erfassung dieser Zusammenhänge erfordert vorerst die Kenntnis der Bereiche, in welchen sich die Temperatur ändert, und die Kenntnis der auftretenden Zusatzlasten und Winddrücke.

a) **Temperaturbereich, vorauszusetzende Zusatzlasten, zugelassene Höchstzüge.** Der Temperaturbereich, innerhalb dessen die Leiterzüge im eisfreien Leiter nachzuweisen sind, werden durch die betrachteten Vorschriften entweder konkret begrenzt (—20° bis +40° C nach den Vorschriften 0210/1936 des Verbandes

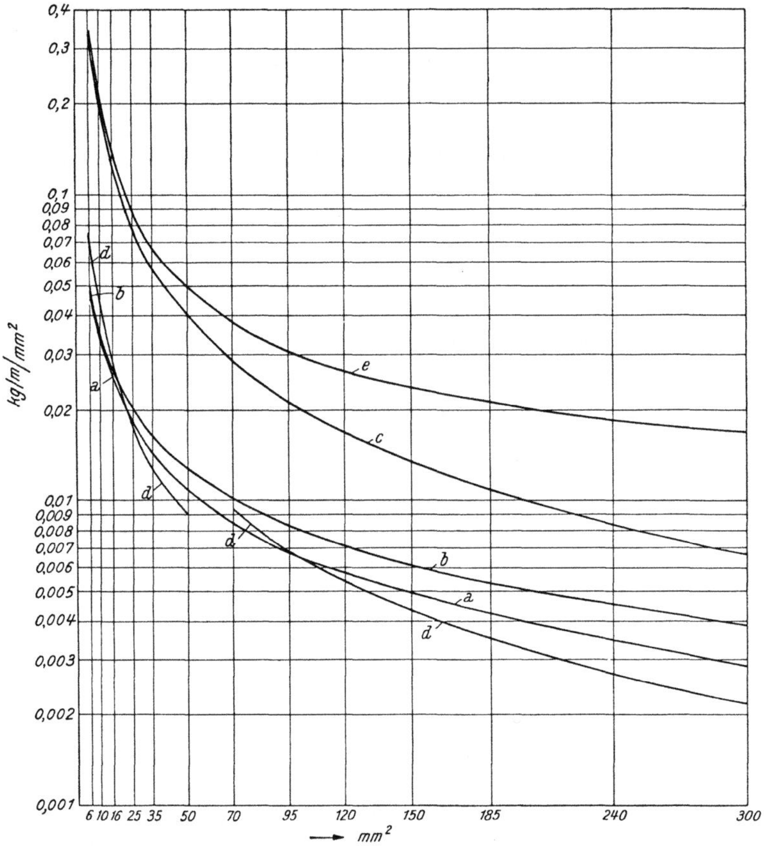

Abb. 16. Zusatzlast γ_z in kg/m/mm².

Deutscher Elektrotechniker und den im Anhang aufgezählten Änderungen, kurz VDE genannt), oder von der Ortstemperatur abhängig gemacht (Schweiz, s. Anhang). Die Temperatur, bei welcher die stärkste Eisbildung erfolgt, liegt erfahrungsgemäß wenige Grade unter dem Gefrierpunkt. Der Zug im eisbehafteten Leiter ist deshalb nach VDE bei —5° C, nach den in der Schweiz geltenden Vorschriften bei 0° nachzuweisen. Für Weitspannfelder verliert die unterste Grenze des Temperaturbereiches an Interesse, da bei diesen der Leiter stets bei —5° in eisbehaftetem Zustand am stärksten beansprucht wird. Es erübrigt sich, die mechanische Beanspruchung der Leiter unter der Annahme der Gleichzeitigkeit der stärksten Eisansatzbildung und des Auftretens der größten, dem Festigkeitsnachweis der sonstigen Teile der Leitungsanlage zugrundezulegenden

Windkraft (s. Anhang) zu beurteilen: Erfahrungsgemäß tritt diese Windstärke bei Temperaturen, die wesentlich höher liegen als jene der Eisansatzbildung, auf. Durch diese größte Windkraft wird der Leiter wohl zusätzlich beansprucht, seine Gesamtbeanspruchung erreicht jedoch im allgemeinen keinesfalls die durch die Eisansatzbildung verursachte, die daher allein bei der Beurteilung der mechanischen Leiterbeanspruchung heranzuziehen ist.

Anzustreben wäre, die Leiter unter Zugrundelegung der jeweils auftretenden Höchstlasten zu berechnen und sich hierbei mit der einfachen Sicherheit (mit dem notwendigen Spiel für Ungleichmäßigkeiten der Materialbeschaffenheit und -beanspruchung, für nicht erfaßbare Beanspruchungen, angenäherte Berechnungsannahmen usw.) zu begnügen. Wie bereits hervorgehoben, ist dieser Vorgang wirtschaftlich nicht tragbar und es legen deshalb die Vorschriften Normallasten fest, einzelne außerdem Eisgewichte für besonders gefährdete Gegenden (s. Anhang). Diese Normallasten sind als rein fiktive Mindestwerte aufzufassen und, falls es die örtlichen Verhältnisse erfordern, entsprechend zu erhöhen. Die hier gebrachten Rechnungsbeispiele seien mit der Zusatzlast nach VDE (Gl. 1) gerechnet. Zum allgemeinen Aufbau der die Eislast ausdrückenden Gleichung (s. Anhang) sei bemerkt, daß einzelne Vorschriften (Schweiz, Tschechoslowakei) die Unabhängigkeit des Eishülsengewichtes von der Leiterstärke voraussetzen, während der VDE dessen Abhängigkeit vom Leiterdurchmesser annimmt. Der Übersichtlichkeit halber seien in Abb. 16 die spezifischen Eislasten γ_z in kg/m/mm² in Abhängigkeit vom Leiterquerschnitt dargestellt. In dieser stellt *a* die Zusatzlast nach VDE dar, *b* die Zusatzlast für Kupfer nach den Vorschriften Polens (die Eislast für die anderen Werkstoffe ist doppelt so groß), *c* die Zusatzlast nach den Vorschriften der Schweiz, *d* die Normallasten und *e* die kritischen Eislasten nach den Vorschriften der Tschechoslowakei. Während der blanke Leiter nur mit seinem Eigengewicht γ kg/m/mm² belastet erscheint, wird der eisbehaftete durch das resultierende Gewicht

$$\gamma_r = \gamma + \gamma_z$$

beansprucht.

Die Tatsache, daß die Ausdrücke für die Zusatzlast nicht die wirklichen Höchstlasten erfassen wollen, begründet die relativ hohen Sicherheiten, die die nach den betrachteten Vorschriften zuzulassenden Höchstbeanspruchungen der Leiter beinhalten. Diese Sicherheiten lassen sich aus der Gegenüberstellung der zugelassenen Höchstbeanspruchungen und den „Dauerfestigkeiten" beurteilen. Eine weitere Begründung der Höhe der Sicherheiten ist durch die Tatsache gegeben, daß nach einzelnen der betrachteten Vorschriften zur Vereinfachung des Nachweises der mechanischen Festigkeit der Leiter, deren Beanspruchung im tiefsten Punkt der Durchhangslinie jener im Aufhängepunkt gleichgesetzt werden kann, obwohl diese dort größer ist (s. b).

Zahlentafel 5.

q mm²	γ_z kg/m	W_l kg/%m
25	0,45175	39,375
35	0,49280	46,875
50	0,54000	56,250
70	0,58380	65,625
95	0,63650	78,125
120	0,67320	87,500
150	0,71550	98,750

Der obenstehenden Zahlentafel können für die gebräuchlichen Leiterquerschnitte die Zusatzlast je Meter Leiterlänge und der Winddruck je 100 m Leiterlänge nach

VDE entnommen werden (bezüglich der vorauszusetzenden spezifischen Windbelastung und des mit Rücksicht auf die zylindrische Form des Leiters zugelassenen Abminderungskoeffizienten s. Anhang).

b) Allgemeine Gleichung der Durchhangslinie; Ergänzungsspannfeld; Leiterzug entlang der Durchhangslinie; Bogenlänge; mittlere Seilspannung; Durchhang; Anwendungsbeispiele.[27–32]

Der zugespannte Leiter ist mehrfachen statischen und fallweise dynamischen Beanspruchungen ausgesetzt. Unter den ersteren überwiegt der Zug im Leiter, der sich mit der Temperatur und der Zusatzlast ändert. Infolge des Durchhängens des Leiters nach einer noch zu ermittelnden Kurve tritt in diesem eine dem Krümmungshalbmesser verkehrt proportionale Biegungsbeanspruchung auf, d. h. der Leiter erfährt eine um so geringere Biegungsbeanspruchung, je stärker er zugespannt ist. Es darf ohne weitere Begründung behauptet werden, daß, auf die Dauerfestigkeit des Leiters bezogen, diese Biegungsbeanspruchung sehr klein ist. Zusätzlich treten solche Beanspruchungen an der Klemme auf, sobald deren Lage von der Tangente an das äußerste Längenelement abweicht. Die noch zu ermittelnde Gleichung der Durchhangskurve gilt daher nur ab einer gewissen Entfernung von der Einspannstelle. Als weitere statische Beanspruchungen seien die durch das Festklemmen der Leiter verursachten Druck- und Scherbeanspruchungen erwähnt.

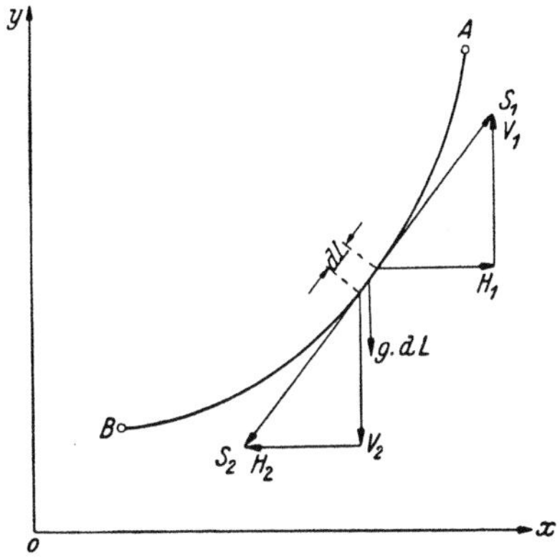

Abb. 17. Durchhangslinie.

Das Auftreten von Biegebeanspruchungen bedingt das Herabsetzen der zulässigen Zugbeanspruchungen, damit die Dauerfestigkeit nicht überschritten wird. Bei dem vorwiegend interessierenden Fall, daß der Leiter als Seil ausgebildet ist, d. h. daß er aus dauernd verformten Einzeldrähten besteht, läßt sich die Abhängigkeit der Zug- und Biegefestigkeit als Komponenten der Dauerfestigkeit nicht verläßlich bestimmen, da die relativen Verschiebungen der Litzen und die Aufteilung der Beanspruchungen von dem fabrikatorischen Vorgang abhängen. Es ist daher für die Aufgaben der Praxis zulässig und auch allgemein üblich, die mechanische Berechnung der Leiter unter Verzicht auf Berücksichtigung der Biegebeanspruchungen durchzuführen, d. h. das Seil nicht als biegungssteif, sondern als vollkommen biegsam aufzufassen. Es ist ebenfalls zulässig, die zusätzlichen Biegebeanspruchungen an den Klemmen, soweit diese nicht als dynamische — Wechselbiegebeanspruchungen — auftreten, zu vernachlässigen. Nachteilige Wirkungen der Druck- und Scherbeanspruchungen an der Klemme müssen durch ausreichende Abmessungen und zweckmäßige Formgebung vermieden werden.

Die dynamische Zusatzbeanspruchung wird durch fallweises Versetzen des Leiters in Schwingungen hervorgerufen. Über deren Ursachen und Auswirkungen siehe vierter Abschnitt. Da dieses Schwingen mit relativ großen Amplituden erfolgen kann, sollte aus dem angegebenen Grunde fallweise die Zugbeanspruchung des Leiters wieder herabgesetzt werden. Es erübrigt sich dennoch, der mechanischen Festigkeitsberechnung des Leiters die dynamische Beanspruchung zugrunde zu legen, da das Zustandekommen der Schwingungen nur unter besonderen, nicht allgemein erfüllten Voraussetzungen erfolgt und das Auftreten der dynamischen Beanspruchungen durch einfache, auch nachträglich anwendbare Mittel vermieden werden kann.

Wird der als vollkommen biegsam vorausgesetzte Leiter in A und B aufgehängt (Abb. 17), so wirken auf das Leiterelement dL tangential an die Durchhangskurve die Zugkräfte S_1 und S_2, sowie das Eigengewicht $g\,.\,dL$. Die Bedingung für dessen Gleichgewicht

$$S_1 + S_2 + g\,.\,dL = 0 \tag{2}$$

ist erfüllt, wenn die waagrechten und die senkrechten Komponenten im Gleichgewicht sind, d. h. wenn

$$\left.\begin{aligned} H_1 &= H_2, \\ dV &= g \,.\, dL. \end{aligned}\right\} \tag{2a}$$

Es ergibt sich hieraus

$$\frac{dV}{dx} = g \,.\, \frac{dL}{dx} = g \,.\, \frac{\sqrt{dx^2 + dy^2}}{dx} = g \,.\, \sqrt{1 + \left(\frac{dy}{dx}\right)^2}. \tag{2b}$$

Der Abb. 17 ist zu entnehmen, daß

$$V = H \,.\, \frac{dy}{dx}$$

oder

$$\frac{dV}{dx} = H \,.\, \frac{d^2 y}{dx^2} = g \,.\, \sqrt{1 + \left(\frac{dy}{dx}\right)^2}. \tag{2c}$$

Wird auf die Kraft je Querschnittseinheit (durch Division durch den Querschnitt q) übergegangen, so lautet der letzte Ausdruck in anderer Schreibweise

$$\frac{\sigma}{\gamma} \,.\, y'' = \sqrt{1 + y'^2}. \tag{3}$$

Hieraus und aus (2a) folgt:

Der in A und B (Abb. 17) aufgehängte Leiter hängt unter der Einwirkung des in ihm wirkenden Zuges und des Eigengewichtes nach einer Kettenlinie mit dem Parameter $\frac{\sigma}{\gamma}$ durch; der Horizontalzug je Querschnittseinheit $\sigma = \frac{H}{q}$ ist an allen Punkten des Leiters gleich groß.

Gl. (3) ergibt

$$\frac{\sigma}{\gamma} \,.\, \frac{dy'}{dx} = \sqrt{1 + y'^2}$$

oder

$$dx = \frac{\sigma}{\gamma} \,.\, \frac{dy'}{\sqrt{1 + y'^2}}$$

und durch Integration

$$x = \frac{\sigma}{\gamma} \,.\, \ln\left(y' + \sqrt{1 + y'^2}\right) + C_1$$

oder

$$y' + \sqrt{1 + y'^2} = e^{\frac{x - C_1}{\frac{\sigma}{\gamma}}}.$$

Dieser Ausdruck quadriert ergibt durch eine einfache Umrechnung

$$y' = \frac{e^{\frac{x - C_1}{\frac{\sigma}{\gamma}}} - e^{-\frac{x - C_1}{\frac{\sigma}{\gamma}}}}{2}$$

und hieraus

$$y = \frac{\sigma}{\gamma} \,.\, \left[\frac{e^{\frac{x - C_1}{\frac{\sigma}{\gamma}}} + e^{-\frac{x - C_1}{\frac{\sigma}{\gamma}}}}{2}\right] + C_2$$

oder

$$y = \frac{\sigma}{\gamma} \,.\, \mathfrak{Cof}\, \frac{x - C_1}{\frac{\sigma}{\gamma}} + C_2,$$

Wird die Kettenlinie auf ein Achsenkreuz bezogen, dessen Abzissenachse parallel zur Tangente an den Scheitelpunkt im Abstand $\frac{\sigma}{\gamma}$ von diesem verläuft (Abb. 18), so werden die Integrationskonstanten $C_1 = C_2 = 0$ und die letzte Gleichung lautet

$$y = \frac{\sigma}{\gamma} \cdot \mathrm{Cof} \frac{x}{\frac{\sigma}{\gamma}}. \tag{4}$$

Durch Reihenentwicklung ergibt sich

$$y = \frac{\sigma}{\gamma} \cdot \left[1 + \left(\frac{x}{\frac{\sigma}{\gamma}}\right)^2 \cdot \frac{1}{2!} + \left(\frac{x}{\frac{\sigma}{\gamma}}\right)^4 \cdot \frac{1}{4!} + \dots\right]$$

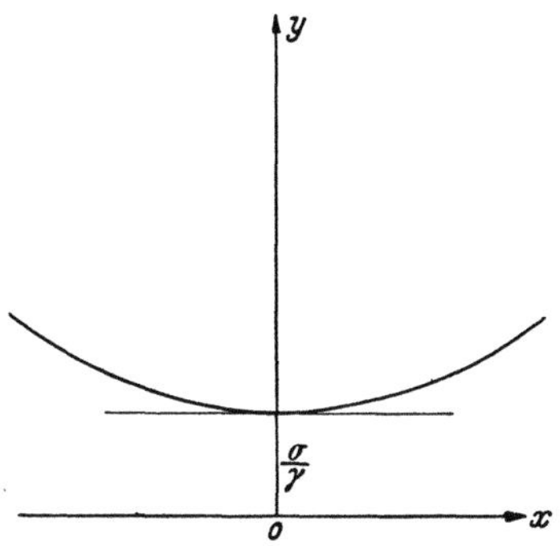

Abb. 18. Achsenkreuz für die Kettenliniengleichung.

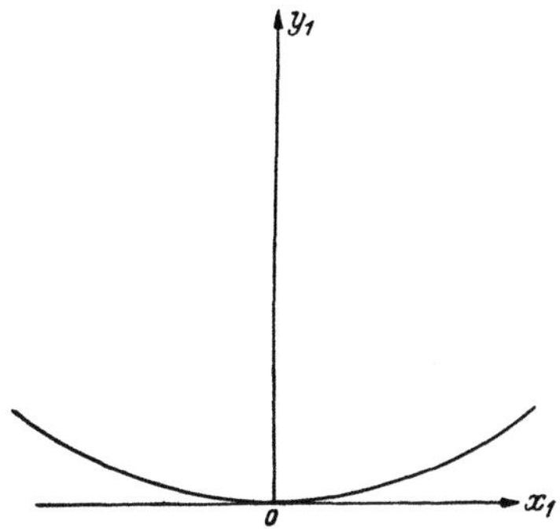

Abb. 19. Achsenkreuz für die Parabelgleichung.

oder bei Vernachlässigung der Glieder höherer Ordnung

$$y = \frac{\sigma}{\gamma} \cdot \left[1 + \left(\frac{x}{\frac{\sigma}{\gamma}}\right)^2 \cdot \frac{1}{2}\right]. \tag{4a}$$

Der Einfachheit halber sei nunmehr die Durchhangslinie auf das in Abb. 19 gezeichnete Achsensystem bezogen. Die neuen Abszissenwerte y_1 ergeben sich aus

$$y_1 = y - \frac{\sigma}{\gamma}$$

und Gl. (4a) lautet

$$y_1 = \frac{x_1^2}{2\frac{\sigma}{\gamma}}. \tag{5}$$

Hieraus folgt:

Es darf angenähert angenommen werden, daß der Leiter nach einer Parabel (Gl. [5], Abb. 19) durchhängt.

Der vertikale Abstand zweier Punkte 1 und 2 der Durchhangslinie ergibt sich aus Gl. (4) zu

$$y_2 - y_1 = 2\frac{\sigma}{\gamma} \cdot \mathrm{Sin} \frac{x_2 + x_1}{2\frac{\sigma}{\gamma}} \cdot \mathrm{Sin} \frac{x_2 - x_1}{2\frac{\sigma}{\gamma}}. \tag{6}$$

Die Spannfelder, deren Aufhängepunkte sich auf gleicher Höhe befinden, werden als gerade Spannfelder bezeichnet. Jedes schiefe Spannfeld 12 (Abb. 20) der horizontalen Spannweite a und des Höhenunterschiedes h der Aufhängepunkte kann zu einem geraden Spannfeld ergänzt werden. Die Ergänzungsspannweite a_z, bzw. die gesamte Spannweite

$$a_t = a + a_z$$

errechnet sich mit Hilfe des aus Gl. (6) abgeleiteten Ausdruckes:

$$h = 2\frac{\sigma}{\gamma} \cdot \mathfrak{Sin}\frac{a}{2\frac{\sigma}{\gamma}} \cdot \mathfrak{Sin}\frac{a_z}{2\frac{\sigma}{\gamma}}$$

aus

$$\mathfrak{Sin}\frac{a_z}{2\frac{\sigma}{\gamma}} = \frac{h}{2\frac{\sigma}{\gamma}} \cdot \frac{1}{\mathfrak{Sin}\frac{a}{2\frac{\sigma}{\gamma}}} \tag{7}$$

Durch Reihenentwicklung und Vernachlässigung der Glieder höherer Ordnung kann dieser Ausdruck vereinfacht werden und a_z und a_t

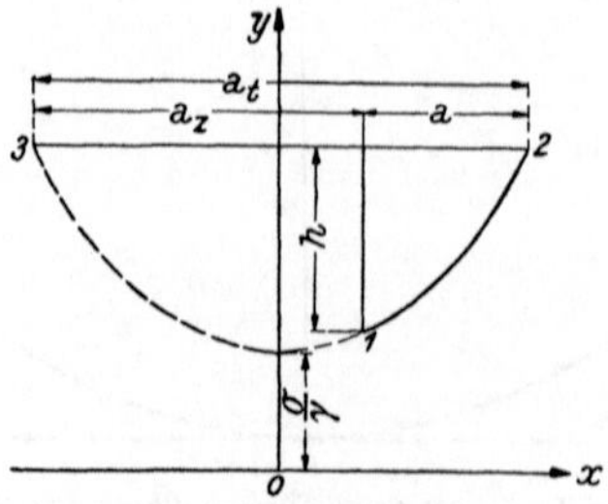

Abb. 20. Ergänzungsspannfeld.

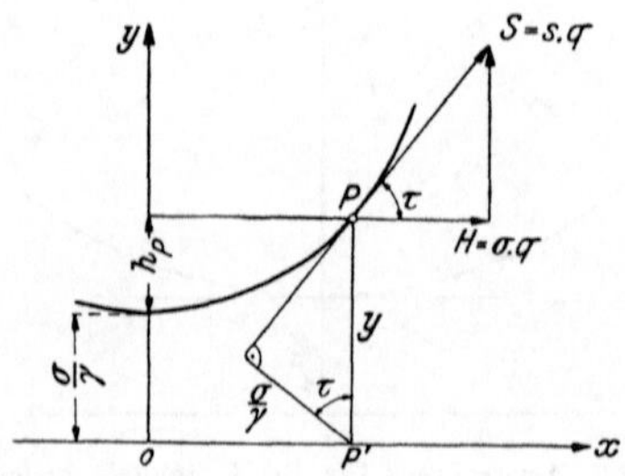

Abb. 21. Gesamtzug.

lassen sich aus den folgenden Näherungsgleichungen errechnen:

$$\left.\begin{aligned} a_z &= 2\frac{h}{a} \cdot \frac{\sigma}{\gamma}, \\ a_t &= a + 2\frac{h}{a} \cdot \frac{\sigma}{\gamma}. \end{aligned}\right\} \tag{7a}$$

Die Gl. (7), bzw. (7a), besagt: die Ergänzungsspannweite ist nicht nur von der Neigung und der Weite des schiefen Spannfeldes, sondern auch vom Leiterzug abhängig.

Bekanntlich weist die Kettenlinie folgende Eigenschaft auf: der Schnittpunkt der Ordinate eines beliebigen Punktes P (Abb. 21) mit der Abszissenachse (P') hat von der Tangente durch P den konstanten Abstand $\frac{\sigma}{\gamma}$ (Parameter der Kettenlinie). In dem gleichen Verhältnis wie y und $\frac{\sigma}{\gamma}$ stehen jedoch auch der Gesamtzug S und der gleichbleibende Horizontalzug H. Wird auf die Züge je Querschnittseinheit übergangen, so kann geschrieben werden

$$\frac{\frac{\sigma}{\gamma}}{y} = \frac{\sigma}{s}, \text{ bzw. } s = \gamma \cdot y. \tag{8}$$

Hieraus folgt:

Der Leiterzug nimmt mit zunehmender Höhe des betrachteten Leiterelementes zu und ist an den Aufhängepunkten am größten. Der Unterschied der Züge zweier Punkte

$$s_2 - s_1 = (y_2 - y_1) \cdot \gamma \tag{8a}$$

ist dem Gewicht eines Seilstückes von der Länge des Höhenunterschiedes gleich. Im Falle eines schrägen Spannfeldes weicht daher der am unteren, bzw. oberen Aufhängepunkt herrschende Leiterzug vom gleichbleibenden Horizontalzug um das Gewicht des Leiterteiles ab, dessen Länge dem senkrechten Abstand zwischen diesem Punkt und dem Scheitel dieses Spannfeldes, bzw. des Ergänzungsspannfeldes entspricht.

Wird ein bestimmter Höchstzug zugelassen, so ist der Punkt der Durchhangslinie, an welchem dieser Zug wirken soll, zusätzlich zu definieren.

Soweit es sich um gerade Spannfelder handelt, kann nach VDE der am Aufhängepunkt wirkende Gesamtzug dem im tiefsten Punkt allein wirkenden Horizontalzug σ gleichgesetzt werden. Im Falle ungewöhnlich weiter Spannfelder oder solcher, deren Aufhängepunkte große Höhenunterschiede aufweisen, kann hingegen der an den Aufhängepunkten wirkende Gesamtzug s fühlbar größer als σ sein. Die Vorschriften des VDE fordern deshalb den Nachweis, daß bei zweifacher normaler Zusatzlast der Werkstoff an den Aufhängepunkten höchstens bis zur Dauerzugfestigkeit beansprucht wird.

Die in der Schweiz zugelassenen Höchstzüge, die wesentlich höhere Werte gegenüber jenen des VDE darstellen, dürfen an den Aufhängepunkten der Leiter nicht überschritten werden und sind dortselbst nachzuweisen. Maurer[35] ermittelt die zuzulassende Horizontalkomponente σ des Leiterzuges s für ein durch a und h definiertes Feld aus der folgenden Beziehung

$$\sigma^2\left(\frac{h^2}{a^2}+2\right)-\sigma\,(2\,s-h\,.\,\gamma_r)+\frac{\gamma_r{}^2\,.\,a^2}{4}=0.$$

Im Sinne der Vorschriften des Schweizer Elektrotechnischen Vereines ist daher vom zugelassenen Höchstzug s auszugehen und auf Grund dieser Beziehung die Horizontalkomponente σ abzuleiten, wobei unter

$$\gamma_r=\left(\gamma+\frac{2}{q}\right)\text{kg/m/mm}^2$$

zu verstehen ist (Zusatzlast 2 kg/m, s. Anhang).

Zur ungefähren Beurteilung des Einflusses, welchen die Biegungsbeanspruchung im biegungssteifen Leiter auf die Gesamtbeanspruchung ausübt — sie beeinflußt außerdem den Durchhang —, seien Ergebnisse bereits durchgeführter Untersuchungen (Tolle: Z. V. d. J. Bd. 41, S. 855, und Handbuch der Physik Bd. VI, S. 196) auf zwei Fälle angewandt; hierbei seien durchaus elastische Formänderungen angenommen und der Leiter als Draht ausgeführt vorausgesetzt:

Spannung im beiderseits frei drehbaren Draht eines horizontalen Einzelspannfeldes: im Scheitel auftretendes maximales Biegungsmoment

$$M_{\max}=\frac{E\,.\,J\,.\,g_r}{H}\left(1-\frac{1}{\operatorname{Cos}\left(\frac{a}{2}\,.\,\sqrt{\frac{H}{E\,.\,J}}\right)}\right)$$

Randbiegespannung:

$$\sigma_b=\frac{E\,.\,g_r}{H}\cdot\frac{d}{2}\left(1-\frac{1}{\operatorname{Cos}\left(\frac{a}{2}\,.\,\sqrt{\frac{H}{E\,.\,J}}\right)}\right)$$

(g_r Drahtbelastung durch Eigengewicht und Zusatzlast je Längeneinheit, E Elastizitätsmodul des Werkstoffes, J Trägheitsmoment des Drahtquerschnittes). Mit zunehmendem Argument des Cos kann der zweite Klammerausdruck vernachlässigt werden und es ergeben sich von a unabhängige Grenzwerte

$$M=\frac{E\,.\,J\,.\,g_r}{H}\quad\text{und}\quad\sigma_b=\frac{E\,.\,g_r}{H}\cdot\frac{d}{2}.$$

Für $a = 200$ m, $d = 1{,}1$ cm, $E = 1\,000\,000$ kg/cm², $J = 0{,}072$ cm⁴, $g_r = 0{,}855$ kg/m, $H = 950$ kg ergibt sich für σ_b der vernachlässigbare Wert $\sigma_b = 0{,}05$ kg/mm².

Spannung im beiderseits eingespannten Draht (diese Annahme trifft im mittleren Feld einer Reihe gleich großer horizontaler Spannfelder zu, für welches angenommen werden kann, daß die Tangenten an die Gleichgewichtslinie in den Aufhängepunkten horizontal verlaufen): Einspannmoment bei Schneidenlagerung

$$M = \frac{E\,.\,J}{H}\,.\,g_r\left[1 - \frac{a}{2}\sqrt{\frac{H}{E\,.\,J}}\,.\,\mathfrak{Ctg}\left(\frac{a}{2}\,.\,\sqrt{\frac{H}{E\,.\,J}}\right)\right].$$

Die sich hieraus errechnenden Spannungen ergeben mit der durch den Zug im Leiter bedingten Vorspannung an der äußersten (oberen) Leiterfaser die Höchstbeanspruchung und setzen das Schwingungsintervall bis zur Dauerfestigkeit herab. Die nach dieser Formel errechneten, im allgemeinen hohen Spannungswerte können jedoch nicht auftreten, weil der Werkstoff plastisch verformt wird, wobei sich der Draht an die Klemmen anlegt. Es sei hier verzichtet, die hierdurch verursachte Verminderung der Beanspruchungen rechnerisch zu verfolgen. Die Verbundwirkung im verseilten Leiter setzt die an der Ablaufstelle auftretenden Spannungen stark herab. Diese gefährden deshalb hauptsächlich den Draht, für welchen geringere Vorspannungen zu wählen sind bzw. zugelassen werden (s. Anhang).

Die Bogenlänge L der Durchhangslinie zwischen den Punkten x_1 und x_2 ergibt sich

aus (2b), (2c) und (3) zu

$$L = \frac{\sigma}{\gamma}\int_{x_1}^{x_2} y''\,dx = \frac{\sigma}{\gamma}\,.\,(y_{(x_2)}{}' - y_{(x_1)}{}')$$

oder

$$L = \frac{\sigma}{\gamma}\,.\left(\mathfrak{Sin}\,\frac{x_2}{\frac{\sigma}{\gamma}} - \mathfrak{Sin}\,\frac{x_1}{\frac{\sigma}{\gamma}}\right) = 2\,\frac{\sigma}{\gamma}\,.\,\mathfrak{Cof}\,\frac{x_2 + x_1}{2\frac{\sigma}{\gamma}}\,.\,\mathfrak{Sin}\,\frac{x_2 - x_1}{2\frac{\sigma}{\gamma}}. \tag{9}$$

Wird die Bogenlänge vom Scheitelpunkt bis x gemessen, so ist

$$L = \frac{\sigma}{\gamma}\,.\,\mathfrak{Sin}\,\frac{x}{\frac{\sigma}{\gamma}}. \tag{9a}$$

Werden die Gl. (9) und (6) quadriert und subtrahiert, so ergibt sich

$$L^2 - h^2 = 4\left(\frac{\sigma}{\gamma}\right)^2.\,\mathfrak{Sin}^2\,\frac{a}{2\frac{\sigma}{\gamma}}$$

oder

$$L = \sqrt{h^2 + 4\left(\frac{\sigma}{\gamma}\right)^2.\,\mathfrak{Sin}^2\,\frac{a}{2\frac{\sigma}{\gamma}}}\,. \tag{10}$$

Gl. (9) kann auch geschrieben werden

$$L = 2\,\frac{\sigma}{\gamma}\,.\,\mathfrak{Cof}\,\frac{a_z}{2\frac{\sigma}{\gamma}}\,.\,\mathfrak{Sin}\,\frac{a}{2\frac{\sigma}{\gamma}}. \tag{10a}$$

Durch Reihenentwicklung und Vernachlässigung der höheren Glieder ergibt sich die Bogenlänge zu

$$L = \sqrt{a^2 + h^2 + \frac{a^4}{12\left(\frac{\sigma}{\gamma}\right)^2}}\,. \tag{10b}$$

Wird die Länge des schiefen Spannfeldes mit a' bezeichnet, so lautet diese Gleichung

$$L = \sqrt{a'^2 + \frac{a^4}{12\left(\frac{\sigma}{\gamma}\right)^2}}. \tag{10c}$$

Die Länge des Seiles eines geraden Spannfeldes ergibt sich zu

$$L = 2\,\frac{\sigma}{\gamma}\,.\,\mathfrak{Sin}\,\frac{a}{2\,\frac{\sigma}{\gamma}} \tag{11}$$

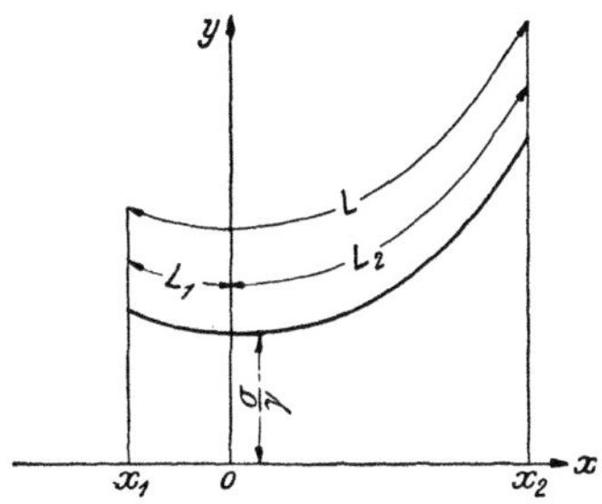

Abb. 22. Bogenlänge.

oder nach Reihenentwicklung und Vereinfachung

$$L = a + \frac{a^3}{24\left(\frac{\sigma}{\gamma}\right)^2}. \tag{11a}$$

Die Leiterberechnung in mechanischer Beziehung läßt sich vereinfachen, wenn an Stelle der entlang der Kettenlinie veränderlichen Seilspannung $s = \frac{S}{q}$ mit einem mittleren Wert derselben $s_m = \frac{S_m}{q}$ gerechnet wird, der, entlang des Leiters unverändert wirkend, die gleiche elastische Längenänderung hervorruft, wie der veränderliche Zug s. Er wäre demgemäß durch Integration von s über die Bogenlänge zu gewinnen. Es ist jedoch auch für die extremsten Fälle der Praxis zulässig, s_m durch Integration über die horizontale Spannweite zu ermitteln. Dann ist (Abb. 22)

$$s_m = \frac{1}{x_2 - x_1}\int_{x_1}^{x_2} s\,.\,d\,x$$

mit Hilfe von Gl. (8) und Gl. (4) ergibt sich

$$s_m = \frac{1}{x_2 - x_1}\int_{x_1}^{x_2} \gamma\,.\,\frac{\sigma}{\gamma}\,.\,\mathfrak{Cof}\,\frac{x}{\frac{\sigma}{\gamma}}\,.\,d\,x = \frac{\gamma}{a}\cdot\left(\frac{\sigma}{\gamma}\right)^2.\,\mathfrak{Sin}\,\frac{x}{\frac{\sigma}{\gamma}}\Bigg|_{x_1}^{x_2} =$$

$$= \frac{\gamma}{a}\cdot\left(\frac{\sigma}{\gamma}\right)^2\cdot\left(\mathfrak{Sin}\,\frac{x_2}{\frac{\sigma}{\gamma}} - \mathfrak{Sin}\,\frac{x_1}{\frac{\sigma}{\gamma}}\right)$$

und mit Hilfe von Gl. (9) kann geschrieben werden

$$s_m = \sigma\,.\,\frac{L}{a}. \tag{12}$$

Maurer[28] gelangt nach erfolgter Reihenentwicklung zu der folgenden Näherungsformel

$$s_m = \sigma + \frac{\gamma^2}{6\,\sigma}\,(x_1^2 + x_1\,.\,x_2 + x_2^2) \tag{12a}$$

Wird nach Schmidt[29] die Annahme zugelassen, daß für die Beurteilung der elastischen Längenänderung eines Seiles die im Punkt $\frac{x_1 + x_2}{2}$ herrschende Spannung maßgebend ist, so ergibt sich mit Hilfe von Gl. (4) und Gl. (8)

$$s_m = \sigma\,.\,\mathfrak{Cof}\,\frac{x_1 + x_2}{2\,\frac{\sigma}{\gamma}} \tag{12b}$$

Soll nunmehr die Bogenlänge in Abhängigkeit von s_m angenähert ausgedrückt werden, so sei die Näherung zugelassen:

$$\mathfrak{Sin}\,\frac{x_2 - x_1}{2\frac{\sigma}{\gamma}} = \frac{x_2 - x_1}{2\frac{\sigma}{\gamma}} = \frac{a}{2\frac{\sigma}{\gamma}}$$

und es ergibt sich aus Gl. (6)

$$h = 2\frac{\sigma}{\gamma}\cdot\mathfrak{Sin}\,\frac{x_2 + x_1}{2\frac{\sigma}{\gamma}}\cdot\frac{a}{2\frac{\sigma}{\gamma}}$$

und hieraus

$$\mathfrak{Sin}\,\frac{x_2 + x_1}{2\frac{\sigma}{\gamma}} = \mathfrak{Sin}\,\frac{x_m}{\frac{\sigma}{\gamma}} = \frac{h}{a}.$$

Es ist daher

$$y_m = \frac{\sigma}{\gamma}\cdot\mathfrak{Cof}\,\frac{x_m}{\frac{\sigma}{\gamma}} = \frac{\sigma}{\gamma}\cdot\sqrt{1 + \mathfrak{Sin}^2\frac{x_m}{\frac{\sigma}{\gamma}}} = \frac{\sigma}{\gamma}\cdot\sqrt{1 + \frac{h^2}{a^2}} = \frac{\sigma}{\gamma}\cdot\frac{a'}{a} = \frac{s_m}{\gamma}$$

und

$$\frac{\sigma}{\gamma} = \frac{s_m}{\gamma}\cdot\frac{a}{a'}. \tag{13}$$

Dieser Ausdruck in Gl. (10c) eingesetzt ergibt

$$L = a'\sqrt{1 + \frac{a^2}{12\left(\frac{s_m}{\gamma}\right)^2}} \tag{14}$$

Unter **Durchhang** eines zugespannten Leiters an einem durch seinen horizontalen Abstand n von einem Aufhängepunkt definierten Punkt N wird der Vertikalabstand f_N zwischen N und der Verbindungsgeraden der Aufhängepunkte *1* und *2* verstanden (Abb. 23).

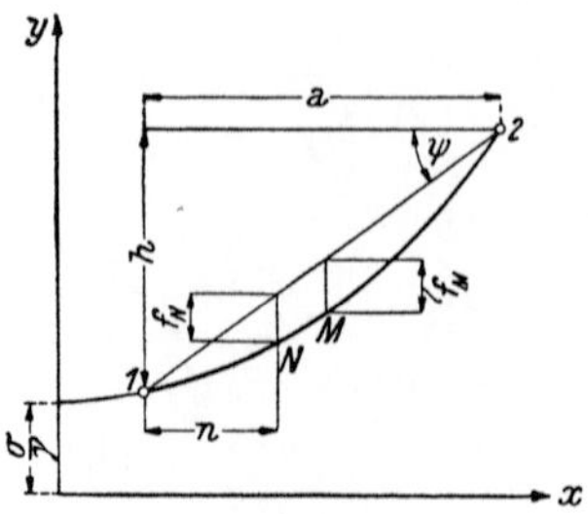

Abb. 23. Durchhang im schrägen Spannfeld.

Der näherungslosen Ermittlung von f_N bei gegebener Horizontalspannweite a und Vertikalabstand der Aufhängepunkte h müßte die Errechnung der Ergänzungsspannweite nach Gl. (7) und des Unterschiedes von $y_2 - y_N$ vorausgesehen, von welchem die Länge $\frac{(a-n)\,h}{a}$ abzuziehen wäre (s. folgendes Beispiel 2). Der Ermittlung des maximalen Durchhanges $f_{\max}$, der gewöhnlich dem Zuspannen des Leiters zugrundegelegt wird, müßte die Ermittlung des Abstandes x_m vorausgehen, für welchen die Tangente an die Durchhangskurve parallel zu 12 verläuft. Dieser Abszissenwert ergibt sich aus Differentiation von Gl. (4) und Gleichstellung des gewonnenen Ausdruckes mit der Tangente des Neigungswinkels ψ des schiefen Spannfeldes, also aus

$$\mathfrak{Sin}\,\frac{x_m}{\frac{\sigma}{\gamma}} = \frac{h}{a}. \tag{15}$$

Wie das folgende Beispiel 2 zeigen wird, ist es ausnahmslos zulässig, den Punkt M in der Mitte des Spannfeldes anzunehmen.

Nach Maurer[28] kann der maximale Durchhang bei Spannweiten bis 400 m und Neigungen bis 30° angenähert wie folgt ermittelt werden:

Werden die Durchhänge eines geraden und eines geneigten Spannfeldes gleicher horizontaler Spannweite a verglichen (Abb. 24), so ergeben die Momente um B

$$f_{Mh} \,.\, H = \frac{G}{2} \cdot \frac{a}{4},$$

$$f_{Ms} \,.\, \cos\psi \,.\, \frac{H}{\cos\psi} = \frac{G}{2} \cdot \frac{1}{\cos\psi} \cdot \frac{a}{4}$$

oder

$$f_{Ms} = \frac{f_{Mh}}{\cos\psi}.$$

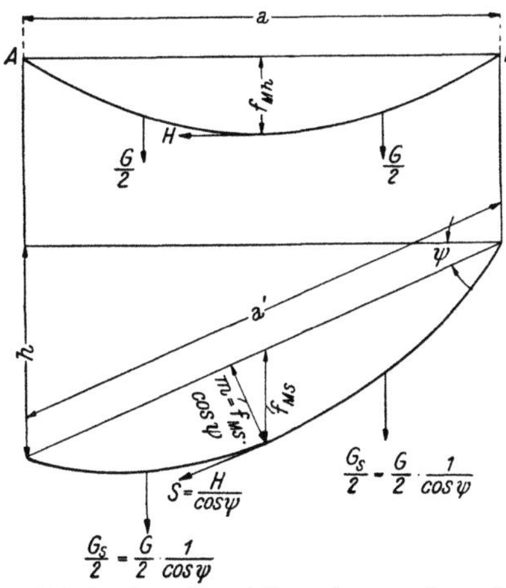

Abb. 24. Gegenüberstellung eines geraden und eines schrägen Spannfeldes.

Wird die Annahme zugelassen, daß $G = a \,.\, \gamma \,.\, q$, ist und auf die Züge und Gewichte je Querschnittseinheit übergegangen, so ist

und
$$\left.\begin{aligned} f_{Mh} &= \frac{a^2}{8\dfrac{\sigma}{\gamma}} \\ f_{Ms} &= \frac{a^2}{8\dfrac{\sigma}{\gamma}} \cdot \frac{1}{\cos\psi}, \end{aligned}\right\} \qquad (16)$$

d. h. ein geneigtes Spannfeld kann wie ein horizontales mit gleicher horizontaler Spannweite, jedoch mit dem Parameter $\frac{\sigma}{\gamma} \,.\, \cos\psi$ gerechnet werden.

Es sei für ein durch die horizontale Spannweite a und den Höhenunterschied der Aufhängepunkte h definiertes schräges Spannfeld das in Abb. 25 gezeichnete Achsenkreuz (Abszissenachse tangiert den Scheitelpunkt) zu bestimmen. Aus

$$x_2 - x_1 = a,$$
$$y_2 - y_1 = h$$

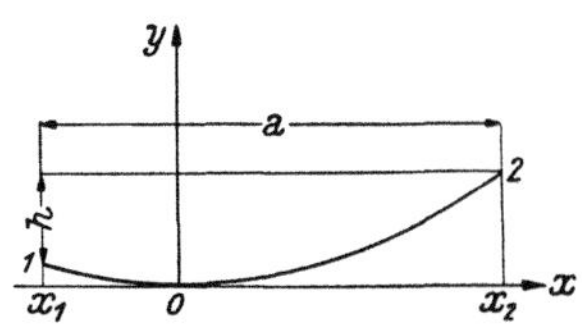

Abb. 25. Bezugsachsen des schrägen Spannfeldes.

ergibt mit Hilfe von Gl. (5) eine einfache Umrechnung

$$x_2 = \frac{\sigma}{\gamma} \cdot \frac{h}{a} + \frac{a}{2},$$

$$x_1 = \frac{\sigma}{\gamma} \cdot \frac{h}{a} - \frac{a}{2}.$$

Maurer[28] empfiehlt, diese Koordinaten unter Zugrundelegung des Parameters $\frac{\sigma}{\gamma} \,.\, \cos\psi$ zu errechnen; es ist

$$\left.\begin{aligned} x_2 &= \frac{\sigma}{\gamma} \,.\, \cos\psi \,.\, \frac{h}{a} + \frac{a}{2}, \\ x_1 &= \frac{\sigma}{\gamma} \,.\, \cos\psi \,.\, \frac{h}{a} - \frac{a}{2}, \end{aligned}\right\} \qquad (17)$$

und die zu einer beliebigen Abszisse x gehörige Ordinate y

$$y = \frac{x^2}{2\dfrac{\sigma}{\gamma} \,.\, \cos\psi} \qquad (5\,b)$$

(s. Beispiel 2).

Im Sonderfalle des geraden Spannfeldes $y_1 = y_2$ (Abb. 26) ergibt sich der Durchhang in der Mitte des Spannfeldes

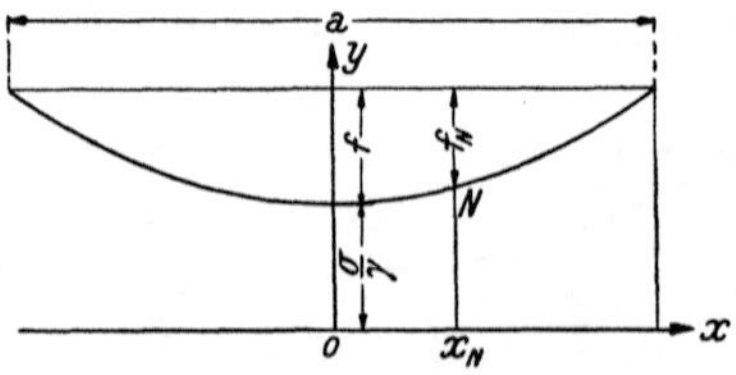

Abb. 26. Durchhang im geraden Spannfeld.

$$f = y_2 - \frac{\sigma}{\gamma} = \frac{\sigma}{\gamma} \cdot \left[\mathfrak{Cof} \frac{\frac{a}{2}}{\frac{\sigma}{\gamma}} - 1 \right] \tag{18}$$

oder nach der bekannten Reihenentwicklung

$$f = \frac{a^2}{8 \frac{\sigma}{\gamma}} + \frac{a^4}{384 \left(\frac{\sigma}{\gamma}\right)^3}. \tag{18a}$$

Für näherungsweises Rechnen kann das zweite Summenglied vernachlässigt werden. Es ergibt sich hierbei die Gl. (16).

Es ergibt sich ferner unter Berücksichtigung von Gl. (11a)

$$L = a + \frac{8 f^2}{3 a}. \tag{18b}$$

Der Durchhang im Punkt N im Abstand x_N von der Feldmitte (Abb. 26) ergibt sich zu

$$f_N = \frac{\sigma}{\gamma} \cdot \left[\mathfrak{Cof} \frac{a}{2 \frac{\sigma}{\gamma}} - \mathfrak{Cof} \frac{x_N}{\frac{\sigma}{\gamma}} \right] \tag{19}$$

oder nach erfolgter Reihenentwicklung

$$f_N = \frac{1}{8} \cdot \frac{1}{\frac{\sigma}{\gamma}} \cdot [a^2 - 4 x_n^2] = f - \frac{1}{2} \cdot \frac{1}{\frac{\sigma}{\gamma}} \cdot x_n^2. \tag{19a}$$

In Abhängigkeit von dem mittleren Seilzug s_m nach Gl. (12b) läßt sich der größte Durchhang, der annahmegemäß in der Mitte des Spannfeldes auftritt, wie folgt ausdrücken [s. auch Gl. 12b)]: wird in

$$f = \frac{y_1 + y_2}{2} - y_m = \frac{\sigma}{2\gamma} \cdot \left(\mathfrak{Cof} \frac{x_1}{\frac{\sigma}{\gamma}} + \mathfrak{Cof} \frac{x_2}{\frac{\sigma}{\gamma}} \right) - \frac{\sigma}{\gamma} \cdot \mathfrak{Cof} \frac{x_1 + x_2}{2 \frac{\sigma}{\gamma}} =$$

$$= \frac{s_m}{\gamma} \cdot \left(\mathfrak{Cof} \frac{a}{2 \frac{\sigma}{\gamma}} - 1 \right) = \frac{s_m}{\gamma} \cdot \left[\frac{a^2}{8 \left(\frac{\sigma}{\gamma}\right)^2} + \frac{a^4}{384 \left(\frac{\sigma}{\gamma}\right)^4} + \dots \right]$$

die Gl. (13) für $\frac{\sigma}{\gamma}$ eingesetzt, so ergibt sich

$$f = \frac{\gamma a'^2}{8 s_m} + \frac{\gamma^3 a'^4}{384 s_m^3}. \tag{20}$$

Für Näherungsrechnungen kann auch hier das zweite Summenglied vernachlässigt werden.

Beispiel 1.

Es sei der Durchhang eines Stahlaluminiumseiles Nr. 120 (s. Zahlentafel 2) für die Spannweite $a = 250$ m zu errechnen. Es ist $d = 15{,}7$ mm, $q = 143{,}5$ mm²

$$\text{Eigengewicht } \gamma = 0{,}00345 \text{ kg/m/mm}^2$$

und die Zusatzlast

$$\gamma_z = \frac{0{,}18 \sqrt{d}}{q} = 0{,}005 \text{ kg/m/mm}^2$$

und

$$\gamma_r = \gamma + \gamma_z = 0{,}00845 \text{ kg/m/mm}^2.$$

Das Seil werde mit dem zugelassenen Höchstzug $\sigma = 11\ \text{kg/mm}^2$ zugespannt. Es ist daher

$$\frac{\sigma}{\gamma_r} = 1300$$

und es errechnet sich der Durchhang in der Mitte des Spannfeldes bei vorhandener Zusatzlast nach Gl. (18)

$$f = 1300 \,.\left(\mathfrak{Cof}\,\frac{125}{1300} - 1\right) = 6{,}01\ \text{m}$$

und nach Gl. (18a) $\quad f = 6{,}01\ \text{m}$

bzw. nach Gl. (16) $\quad f = 6{,}01\ \text{m}.$

Die Länge des Seiles errechnet sich nach Gl. (11), bzw. nach Gl. (11a) zu

$$L = 250{,}39\ \text{m}.$$

Im Abstand $x_N = 50\ \text{m}$ von der Seilmitte errechnet sich der Durchhang nach Gl. (19) zu

$$f_N = 5{,}051\ \text{m}$$

und nach Gl. (19a) zu

$$f_N = 5{,}048\ \text{m}.$$

Ein Vergleich der Ergebnisse zeigt, daß die vereinfachten Gleichungen (16), (18a), (11a) und (19a), für die Ermittlung der Durchhänge und Seillängen bei geraden Spannfeldern dieser Größenordnung ohne weiteres herangezogen werden können.

Beispiel 2.

Gegeben sei das schiefe Spannfeld Abb. 27, zugespannt mit Stahlaluminiumseil Nr. 240 nach den Ausführungsbestimmungen des VDE, d. h.

$$a = 1500\ \text{m},$$
$$h = 800\ \text{m}.$$

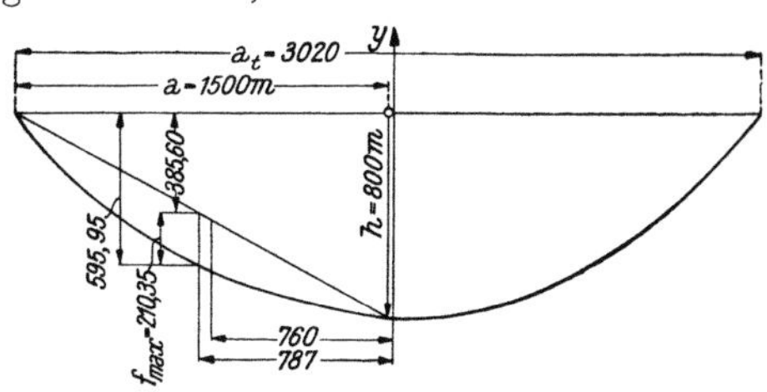

Abb. 27. Schräges Weitspannfeld (Beispiel 2).

Spannfelder dieser Größenordnung wurden schon wiederholt ausgeführt. So hat die 132-kV-Leitung des Nore-Kraftwerkes in Norwegen eine Seekreuzung von 1100 m und die 150-kV-Leitung über den St. Gotthard, welche die Tessiner Kraftwerke Piottino und Biaschina mit der Schweiz verbindet, Spannweiten von 900 bzw. 1100 m bei 450 bzw. 260 m Höhenunterschied und solche von 1500 bzw. 1260 m bei 125 bzw. 106 m Höhenunterschied. Zwischen Alesund und Molde hat die Tafjord Kraftselskap den Mifjord mit einem 3683 m weiten Spannfeld überspannt.

Für dieses Seil ist

$$\gamma = 0{,}00345\ \text{kg/m/mm}^2,$$
$$\gamma_z = 0{,}00305\ \text{kg/m/mm}^2,$$
$$\gamma_r = 0{,}00650\ \text{kg/m/mm}^2.$$

Das Seil soll mit $\sigma = 10\ \text{kg/mm}^2$ zugespannt werden. Es ist also $\frac{\sigma}{\gamma_r} = 1540.$

Es sei der maximale Durchhang zu ermitteln.

Das Ergänzungsspannfeld a_z errechnet sich aus Gl. (7)

$$\mathfrak{Sin}\,\frac{a_z}{2\,\frac{\sigma}{\gamma_r}} = -\,\frac{h}{2\,\frac{\sigma}{\gamma_r}\,.\,\mathfrak{Sin}\,\frac{a}{2\,\frac{\sigma}{\gamma_r}}} = 0{,}514$$

zu 1520 m und es ist

$$a_t = a + a_z = 3020\ \text{m}.$$

Die Abszisse des den größten Durchhang aufweisenden Punktes errechnet sich aus Gl. (15)

$$\mathfrak{Sin}\,\frac{x_m}{\frac{\sigma}{\gamma_r}} = \frac{h}{a}$$

zu $x_m = 787$ m, also ein von $\frac{1}{2}\,(a_t - a) = 760$ m verschiedener Wert. Der Höhenunterschied gegenüber dem höheren Aufhängepunkt im Abstand 787 m errechnet sich aus Gl. (19) zu

$$F_M = 1540\left[\mathfrak{Cof}\,\frac{1510}{1540} - \mathfrak{Cof}\,\frac{787}{1540}\right] = 595{,}95 \text{ m}$$

und der Durchhang (Abb. 27)

$$f_{\max} = 595{,}95 - 385{,}60 = 210{,}35 \text{ m}.$$

Demgegenüber ergibt sich bei Anwendung der zweiten Gl. (16)

$$f = 206{,}95 \text{ m}$$

als ein um ca. 3,5 m verschiedener Wert. Es ist

$$\frac{\sigma}{\gamma_r}\,.\,\cos\psi = 1360$$

und nach der Näherungsgl. (17) ergeben sich die Abszissen der Aufhängepunkte (Abb. 28)

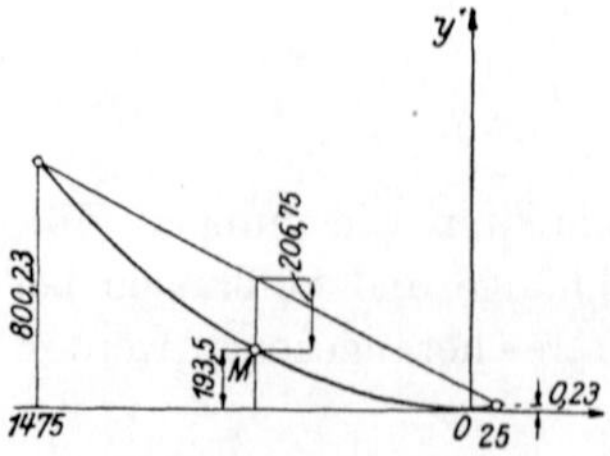

Abb. 28. Schräges Spannfeld (zu Beispiel 2).

$$x_1 = \frac{1360\,.\,800}{1500} - 750 = -25 \text{ m}$$

$$x_2 = \frac{1360\,.\,800}{1500} + 750 = 1475 \text{ m}$$

und die Ordinaten bezogen auf das in Abb. 28 dargestellte Achsenkreuz nach Gl. (5b)

$$y_1 = \frac{{x_1}^2}{2\,.\,1360} = 0{,}23 \text{ m}$$

und

$$y_M = \frac{725^2}{2\,.\,1360} = 193{,}50 \text{ m}$$

und der Durchhang

$$f_M = 400{,}23 - 193{,}5 = 206{,}73.$$

Die Seillänge nach Gl. (10) ergibt sich zu

$$L = 1751{,}7 \text{ m}$$

und nach Gl. (10b) zu

$$L = 1751{,}5 \text{ m}.$$

Der mittlere Zug s_m errechnet sich aus Gl. (12) zu

$$s_m = 11{,}67 \text{ kg/mm}^2$$

und aus Gl. (12b) zu

$$s_m = 11{,}13 \text{ kg/mm}^2;$$

mit dem letzteren Wert ergibt sich die Bogenlänge nach Gl. (14) zu

$$L = 1751 \text{ m}.$$

Der Durchhang nach Gl. (20) ergibt sich unter Heranziehung von Gl. (12) zu $f = 205$ m und unter Heranziehung von Gl. (12b) zu 215 m.

Dieses Beispiel beweist, daß die angewandten Näherungsgleichungen Durchhänge vortäuschen, die gegenüber den mit der Kettenliniengleichung gerechneten bei Spannweiten dieser Größenordnung Unterschiede von einigen Metern aufweisen können. Sollte die Gestaltung des Bodens eine solche sein, daß es auf diesen Unterschied ankommt, so ist das Rechnen mit der Kettenlinie nicht zu umgehen. Im Gegenfalle kann die Beurteilung der Durchhangslinie nach der Parabelgleichung ohne weiteres erfolgen.

Die in der Abb. 27 dargestellte Kettenlinie (horizontaler Leiterzug $\sigma = 10$ kg/mm²) erfährt im oberen Aufhängepunkt den Zug (unter Zulassung der Näherung, daß hier der tiefste Punkt des schrägen Spannfeldes mit dem Scheitelpunkt der Ergänzungskettenlinie zusammenfällt):

$$s = 10 + 800 \times 0{,}0065 = 15{,}2 \text{ kg/mm}^2.$$

Der Gesamtzug überschreitet hiermit beträchtlich den zugelassenen Höchstzug. Die Untersuchung, ob der mit der doppelten Zusatzlast beanspruchte Leiter im oberen Aufhängepunkt die Dauerzugfestigkeit erreicht, erfolgt unter c.

c) **Die Zustandsänderungsgleichung; rechnerische und zeichnerische Verfahren zu deren Lösung.** Aus dem zugelassenen Höchstzug im Leiter, den vorgeschriebenen Tiefsttemperaturen, bei welchen dieser Zug im eisfreien oder in dem mit einer vorgegebenen Eislast behafteten Leiter auftreten darf, müssen die Züge für jede beliebige Temperatur abgeleitet werden können, da diese unmittelbar oder mittelbar — durch den einzuspielenden Durchhang — dem Spannen der Leiter zugrunde gelegt werden. Mit σ_0, t_0, γ_0 seien diese Größen für den Ausgangszustand ($\sigma_{\max}$, $-5°$ bzw. $-20°$, γ_r bzw. γ) bezeichnet und es sei in den nachfolgenden Berechnungen keine Rücksicht auf die Veränderung des Leiterzuges entlang der Durchhangslinie genommen, sondern vorausgesetzt, daß die elastische Längenänderung nur durch den gleichbleibenden Horizontalzug erfolgt.

Durch den Übergang vom Zustand t_0, σ_0, γ_0 auf den Zustand t, σ, γ tritt eine Längenänderung des Seiles $L_0 - L$ auf, die außer durch den Leiterzug auch durch die Temperaturänderung verursacht wird.[33] Wird mit ε_t die Wärmedehnungszahl je Meter Länge und 1° bezeichnet, so bedingt die Temperaturänderung $(t_0 - t)$ die Längenänderung $(t_0 - t)\,\varepsilon_t \,.\, L$. Wird mit E das Elastizitätsmaß bezeichnet, so ist die durch die Spannungsänderung $(\sigma_0 - \sigma)$ bedingte Längenänderung $(\sigma_0 - \sigma)\,\frac{L}{E}$ und die gesamte Längenänderung $L_0 - L$ ist daher

$$L_0 - L = (t_0 - t)\,\varepsilon_t \,.\, L + (\sigma_0 - \sigma)\,.\,\frac{L}{E} \tag{21}$$

oder

$$L\,.\left[(t_0 - t)\,\varepsilon_t + \frac{\sigma_0 - \sigma}{E} + 1\right] = L_0. \tag{22}$$

Wird in Gl. (21) links die Gl. (11a) eingesetzt und rechts die Näherung $L = a$ zugelassen, so ergibt eine einfache Umrechnung

$$\frac{a^2}{24}\cdot\left[\left(\frac{\gamma_0}{\sigma_0}\right)^2 - \left(\frac{\gamma}{\sigma}\right)^2\right] = (t_0 - t)\,\varepsilon_t + (\sigma_0 - \sigma)\,.\,\frac{1}{E}. \tag{23}$$

Um den der weiteren Berechnung zugrundezulegenden Ausgangszustand (mit Eislast oder ohne diese) festlegen zu können, ist vorerst jene Spannweite — die kritische Spannweite a_{kr} — zu ermitteln, für welche in beiden Belastungsfällen die zugelassene Höchstbeanspruchung auftritt. Aus Gl. (23) folgt

$$a_{\mathrm{kr}} = \sigma\,.\sqrt{\frac{24\,(t_0 - t)\,\varepsilon_t}{\gamma_0^2 - \gamma^2}} \tag{24}$$

und mit $t_0 = -5°$ und $\gamma_0 = \gamma_r$

$$a_{\text{kr}} = \sigma \cdot \sqrt{\frac{360\,\varepsilon_t}{\gamma_r^2 - \gamma^2}}. \tag{24a}$$

Ist $a > a_{\text{kr}}$, so ist vom Zustand $t_0 = -5°$, $\gamma_0 = \gamma_r$, $\sigma_0 = \sigma_{\max}$ auszugehen.

Bei Weitspannfeldern erübrigt sich die Feststellung der kritischen Spannweite, da bei diesen die größte Beanspruchung stets bei $-5°$ und Zusatzlast auftritt.

Die Gl. (23) gestattet, jene Zusatzlast γ_e je mm², bzw. die Eisreißlast G_e für den gesamten Leiter zu ermitteln, bei welcher der Leiterzug seine Prüffestigkeit erreicht. Hierbei ist für den vorwiegend interessierenden Fall $a > a_{\text{kr}}$ von $\gamma_0 = \gamma_r$, $t_0 = -5°$, $\sigma_0 = \sigma_{\max}$ auszugehen und für $\sigma = \sigma_{pr}$ (Prüffestigkeit) das zugehörige γ_e und hieraus G_e zu errechnen. Eine einfache Umrechnung ergibt

$$G_\varepsilon = q\left\{\sigma_{pr} \cdot \sqrt{\left(\frac{\gamma_r}{\sigma_{\max}}\right)^2 + \frac{24}{a^2 \cdot E} \cdot [\sigma_{pr} - \sigma_{\max} + \varepsilon_t \cdot E\,(n-5)]} - \gamma\right\}. \tag{25}$$

Werden in der Gl. (22) die Werte L bzw. L_0 nach Gl. (10) eingesetzt und die elastische Längenänderung auf die mittlere Spannung zurückgeführt, so ergibt sich folgende Beziehung

$$(t_0 - t)\,\varepsilon_t + \frac{s_{m\,0} - s_m}{E} + 1 = \sqrt{\frac{h^2 + 4\left(\frac{\sigma_0}{\gamma_0}\right)^2 \cdot \mathfrak{Sin}^2 \dfrac{a}{2\frac{\sigma_0}{\gamma_0}}}{h^2 + 4\left(\frac{\sigma}{\gamma}\right)^2 \cdot \mathfrak{Sin}^2 \dfrac{a}{2\frac{\sigma}{\gamma}}}}. \tag{26}$$

Die Anwendung dieser Gleichung ist nur möglich, indem für frei gewählte Werte von σ und s_m die dazugehörigen Temperaturwerte ermittelt werden. Unter den vorgeschlagenen Rechenverfahren, welche die Zustandsänderungen des Seiles mit Hilfe der Hyperbelfunktionen einfacher zu erfassen gestatten, seien jene von Silva und von Regli angedeutet.

Mit dem Parameter als Längeneinheit ergibt sich die folgende vereinfachte Gleichung für die Kettenlinie:

$$Y = \mathfrak{Cof}\, X$$

und analoge vereinfachte Gleichungen für die Koordinaten der Aufhängepunkte, der Bogenlänge, Länge des ungespannten Seiles und des Durchhanges. Zur Beurteilung von Zustandsänderungen errechnet Silva[34] die Längen des ungespannten Seiles bei der Ausgangs- und der geänderten Temperatur, aus der letzteren den Parameter und aus diesem mit Hilfe der Belastung im geänderten Zustand den Leiterzug. Es sei hier auf die Arbeiten von Nather und Petroni[34a] verwiesen, die die Einheitskettenlinie für die Untersuchung „schlaff gespannter“ (stark durchhängender) gerader und schräger Spannfelder heranziehen.

Regli[35] schreibt die Gl. (10) für den Ausgangszustand wie folgt auf:

$$\frac{\mathfrak{Sin}\dfrac{a}{2\frac{\sigma_0}{\gamma_0}}}{\dfrac{a}{2\frac{\sigma_0}{\gamma_0}}} = \frac{\sqrt{L_0^2 - h^2}}{a} = \frac{L_0}{a} \cdot \sqrt{1 - \frac{h^2}{L_0^2}}.$$

Wird auf einen neuen Zustand

$$L = c \cdot L_0$$

übergegangen, so ist

$$\frac{\mathfrak{Sin}\,\dfrac{a}{2\,\dfrac{\sigma}{\gamma}}}{\dfrac{a}{2\,\dfrac{\sigma}{\gamma}}} = \frac{\sqrt{c^2 L_0^2 - h^2}}{a} = \frac{L_0}{a}\cdot\sqrt{c^2 - \frac{h^2}{L_0^2}}$$

oder

$$\frac{\mathfrak{Sin}\,\dfrac{a}{2\,\dfrac{\sigma}{\gamma}}}{\dfrac{a}{2\,\dfrac{\sigma}{\gamma}}} = \frac{\mathfrak{Sin}\,\dfrac{a}{2\,\dfrac{\sigma_0}{\gamma_0}}}{\dfrac{a}{2\,\dfrac{\sigma_0}{\gamma_0}}}\cdot\sqrt{\frac{c^2 - \left(\dfrac{h}{L_0}\right)^2}{1 - \left(\dfrac{h}{L_0}\right)^2}}\,.$$

Aus dieser Beziehung kann für jeden freigewählten Wert c der zugehörige Wert $\frac{\sigma}{\gamma}$ errechnet werden, der bei gegebenem γ den Leiterzug σ definiert. Die durch c freigewählte Längenänderung läßt hierauf auf die die Längenänderung mitverursachende Temperaturdifferenz schließen.

Andere Näherungsverfahren fußen auf der Näherung $\mathfrak{Sin}\,\varphi \doteq \varphi$ und vereinfachen hierdurch die Ansätze.[29]

Nach den von Schmidt[29] herausgegebenen Mitteilungen aus dem Telegraphentechnischen Reichsamt kann ein schiefes Spannfeld als gerades Feld aufgefaßt und nach den folgenden Beziehungen errechnet werden (Abb. 29)

$$\left.\begin{aligned} \frac{a^2}{24}\cdot\left[\frac{\gamma_0^2}{s_{m0}^2} - \frac{\gamma^2}{s_m^2}\right] &= (t_0 - t)\,.\,\varepsilon_t + \frac{s_{m0} - s_m}{E} \\ f &= \frac{a'^2}{8\,\dfrac{s_m}{\gamma}}. \end{aligned}\right\} \qquad (27)$$

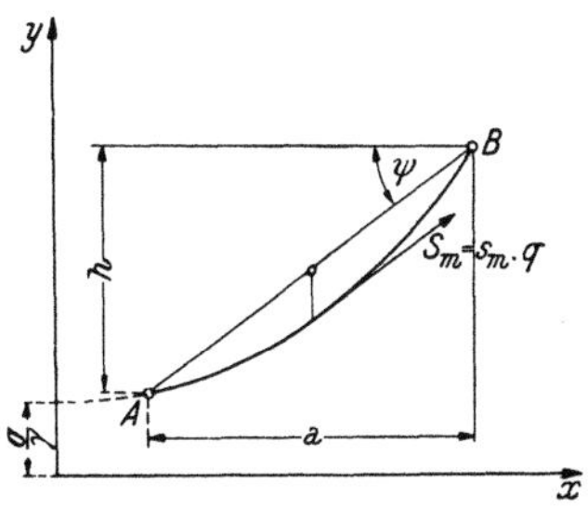

Abb. 29. Mittlere Seilspannung.

Für das Beispiel 2 ($a = 1500$ m, $h = 800$ m, $\gamma_r = 0{,}00345 + 0{,}00305 = 0{,}0065$ kg/m/mm², $s_m = 11{,}67$ kg/mm²) sei der am oberen Aufhängepunkt wirkende Leiterzug bei doppelter Eisbelastung ($\gamma_{2r} = 0{,}00345 + 2 \times 0{,}00305 = 0{,}00955$ kg/m/mm²) zu ermitteln und mit der Dauerzugfestigkeit des Leiterwerkstoffes (20 kg/mm²) verglichen. Mit $s_{m0} = 11{,}67$, $\gamma_0 = 0{,}0065$ errechnet sich für $\gamma = 0{,}00955$ nach Gl. (27)

$$s_m = 16{,}9 \text{ kg/mm}^2$$

und aus Gl. (13)

$$\sigma = 14{,}9 \text{ kg/mm}^2,$$

es ist daher die Beanspruchung am oberen Aufhängepunkt

$$s = 14{,}9 + (800 \times 0{,}00955) > 20 \text{ kg/mm}.$$

Die Erfüllung dieser Vorschrift bedingt die Herabsetzung des Horizontalzuges, auf $\sigma = 8$ kg/mm², also um fast ein Drittel der zugelassenen Höchstspannung; es ergeben sich folgende Zwischenwerte: $\frac{\sigma}{\gamma_r} = 1230$; $\mathfrak{Sin}\,\frac{a_z}{2460} = 0{,}502$; $a_z = 1188$ m; $a_t = 2688$ m; $x_m = 629$ m; $F_m = 644$ m; $f_{\max} = 261$ m; $L = 1780$ m; $s_m = 9{,}5$ kg/mm² und für $\gamma = 0{,}00955$ kg/mm² wird

$$s_m = 13{,}8 \text{ kg/mm}^2$$

und

$$\sigma = 12{,}2 \text{ kg/mm}^2;$$

die Zugbeanspruchung am oberen Aufhängepunkt wird daher

$$s = 12{,}2 + (800 \times 0{,}00955) = 19{,}84 < 20 \text{ kg/mm}^2.$$

Maurer[28] leitet folgende Näherungsgleichung für ein geneigtes, durch a, h und ψ definiertes Spannfeld ab:

$$\sigma^3 \cdot \left(1 + \frac{h^2}{2\,a^2}\right) + \sigma^2 \cdot \left[\frac{\gamma_0^2 \cdot a^2 \cdot E}{24\,\sigma_0^2} \cdot \cos\psi + (t - t_0)\,\varepsilon_t\,E - \sigma_0\left(1 + \frac{h^2}{2\,a^2}\right)\right] =$$

$$= \frac{\gamma^2 \cdot a^2 \cdot E}{24} \cos\psi.$$

Aus Gl. (23) ergeben sich durch Einsetzen der Ausgangsgrößen die folgenden Beziehungen:

Für $a > a_{kr}$ ($t_0 = -5°$, $\gamma_0 = \gamma_r$, $\sigma_0 = \sigma_{max}$)

$$\frac{a^2 \cdot \gamma^2 \cdot E}{24\,\sigma^2} - \sigma = \varepsilon_t \cdot E \cdot t + \frac{a^2 \cdot \gamma_r^2 \cdot E}{24\,\sigma_{max}^2} + 5\,\varepsilon_t \cdot E - \sigma_{max} \qquad \text{(23 a für } a > a_{kr}\text{)}$$

und für $a < a_{kr}$ ($t_0 = -20°$, $\gamma_0 = \gamma$, $\sigma_0 = \sigma_{max}$)

$$\frac{a^2 \cdot \gamma^2 \cdot E}{24\,\sigma^2} - \sigma = \varepsilon_t \cdot E \cdot t + \frac{a^2 \cdot \gamma^2 \cdot E}{24\,\sigma_{max}^2} + 20\,\varepsilon_t \cdot E - \sigma_{max} \qquad \text{(23 b für } a < a_{kr}\text{)}$$

Diese Gleichungen ergeben für jedes freigewählte t eine Gleichung dritten Grades der Form

$$\sigma^3 + A\,\sigma^2 = B. \qquad (28)$$

Hierbei ist für $a > a_{kr}$

$$A = \varepsilon_t \cdot E \cdot t + \frac{a^2 \cdot \gamma_r^2 \cdot E}{24\,\sigma_{max}^2} + 5\,\varepsilon_t \cdot E - \sigma_{max},$$

$$B = \frac{a^2 \cdot \gamma^2 \cdot E}{24}$$

und für $a < a_{kr}$

$$A = \varepsilon_t \cdot E \cdot t + \frac{a^2 \cdot \gamma^2 \cdot E}{24\,\sigma_{max}^2} + 20\,\varepsilon_t \cdot E - \sigma_{max},$$

$$B = \frac{a^2 \cdot \gamma^2 \cdot E}{24}.$$

Es empfiehlt sich, die Berechnung unter Verwendung eines Vordruckes ähnlich dem der Zahlentafel 6 durchzuführen. Dieser soll die Leiterkennwerte und die zugelassenen Höchstzüge enthalten, ferner die Gleichung für die kritische Spannweite und den Rechnungsvorgang für die Ermittlung der Leiterzüge und Durchhänge erkennen lassen. In diesem Vordruck wurde das Stahlaluminiumseil Nr. 120 für eine Spannweite, die unter der kritischen liegt (100 m), und für drei Spannweiten über der kritischen (150, 200 und 250 m) ermittelt.

Für die Auflösung der Gl. (28) dient Abb. 30. Ist z. B. die Gleichung zu lösen $\sigma^3 + 3\,\sigma^2 = 490$, so liegt der Punkt mit den Koordinaten $+3$ und 490 auf der die Lösung ergebenden Geraden $\sigma = 7$ kg/mm². Diese Geraden wurden gewonnen, indem die negativen Abszissenwerte mit deren Kubus als Ordinate verbunden wurden. Zwecks Erzielung eines tunlichst weiten Lösungsbereiches (bis 20 kg/mm²) wurden in Abb. 30 die Lösungsgeraden mit Abstufungen bis zu 5% gezeichnet; nach dem geschilderten Zeichnungsverfahren ist es möglich, Teile dieser Abbildung in einem solchen Maßstabe zu zeichnen, daß die Stufung der Lösungsgeraden 1% oder noch weniger beträgt.

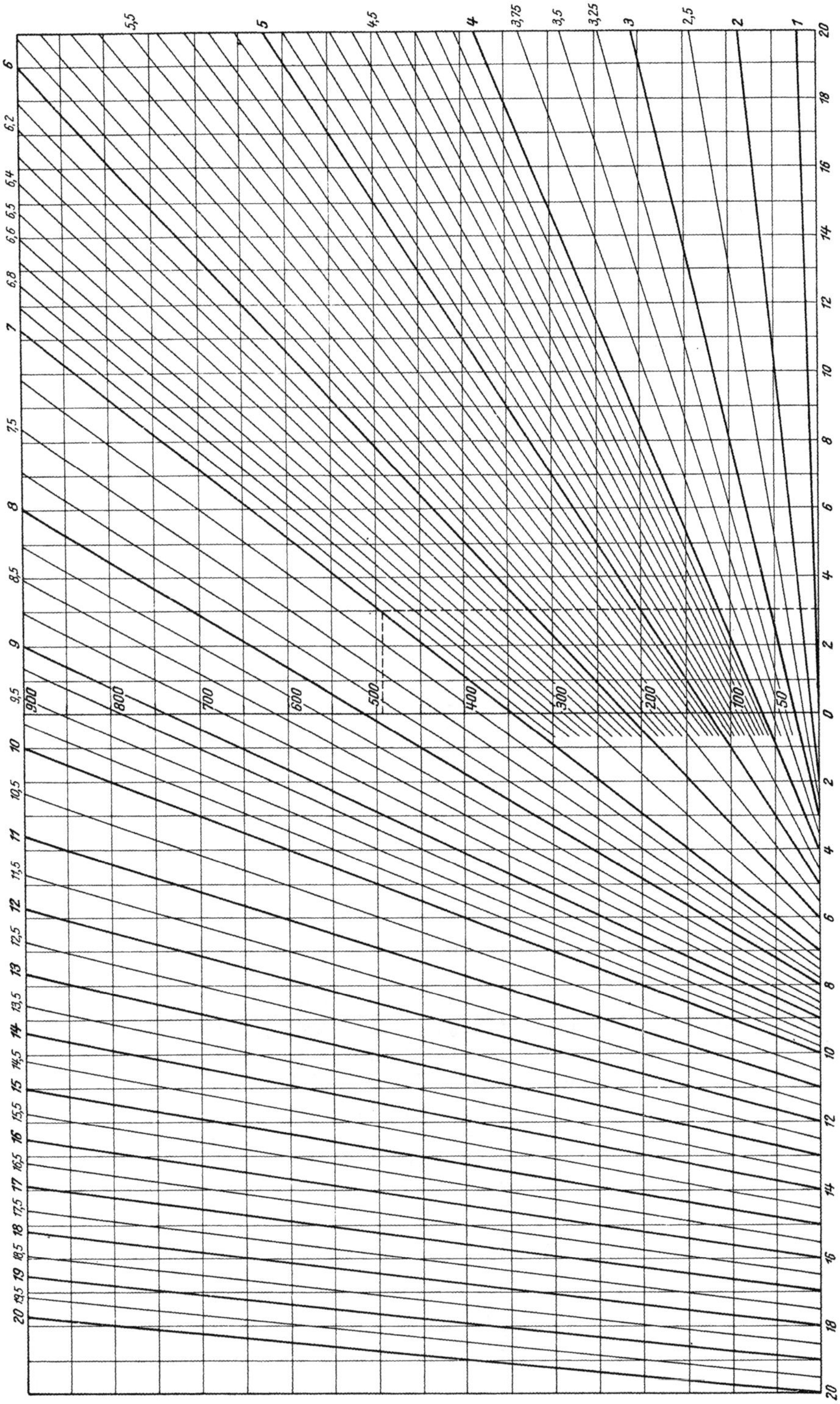

Abb. 30. Lösung der Gleichung $\sigma^3 + A\,\sigma^2 = B$.

Zahlentafel 6. Durchhangsberechnung.

Leiterwerkstoff:	Stahlaluminium	Gewählte Höchstbeanspruchung:	$\sigma_{max} = 11\ kg/mm^2$
Bezeichnung:	Nr. 120	Eigengewicht $kg/mm^2/m$	$= 0{,}00345$
Querschnitt:	$q = 143{,}5\ mm^2$	Zusatzlast $\gamma_z = \frac{0{,}18\sqrt{d}}{q}$	$= 0{,}00500$
Durchmesser:	$d = 15{,}7\ mm$	Resultatives Gewicht $\gamma_r = \gamma + \gamma_z$	$= 0{,}00845$
Elastizitätsmaß:	$E = 7500\ kg/mm^2$		
Wärmedehnungszahl:	$\varepsilon_t = 0{,}0000195$		

$\varepsilon_t \,.\, E = 0{,}146;\quad A_1 = \varepsilon_t \,.\, E\, t$ für

$t = -20°:\ A_1 = -2{,}925;\quad t = +10°:\ A_1 = 1{,}4625.$

$t = -10°:\ A_1 = -1{,}4625;\quad t = +20°:\ A_1 = 2{,}925.$

$t = -\ 5°:\ A_1 = -0{,}73125;\quad t = +30°:\ A_1 = 4{,}3875.$

$t = \ \ 0°:\ \ 0\ ;\quad t = +40°:\ A_1 = 5{,}85.$

$$a_{kr} = \sigma_{max}\sqrt{\frac{360\,\varepsilon_t}{\gamma_r^2 - \gamma^2}} = 119{,}5\ m$$

Zustandsgleichung $\sigma^3 + A\,\sigma^2 = B$; $\qquad f = \frac{a^2\gamma}{8\,\sigma}$.

	$a < a_{kr}$		$a > a_{kr}$			
$a =$		100	150	200	250	$= a$
$B = \frac{a^2 \,.\, \gamma^2 \,.\, E}{24}$		37,2	83,7	148,8	232,42	$B = \frac{a^2 \,.\, \gamma^2 \,.\, E}{24}$
$H_1 = \frac{a^2 \,.\, \gamma^2 \,.\, E}{24\,\sigma_{max}^2}$		0,307	4,149	7,376	11,525	$H_1 = \frac{a^2 \,.\, \gamma_r^2 \,.\, E}{24\,\sigma_{max}^2}$
$H_2 = 20\,\varepsilon_t \,.\, E$	2,925		0,73125			$H_2 = 5\,\varepsilon_t \,.\, E$
$H_3 = \sigma_{max}$	11		11			$H_3 = \sigma_{max}$
$A = H_1 + H_2 - H_3 + A_1$ für $t = -20°$		-10.693 $\sigma = 11$ $f = 0{,}39\,m$	$-9{,}045$ $\sigma = 9{,}90$ $f = 0{,}98\,m$	$-5{,}818$ $\sigma = 8{,}08$ $f = 2{,}13\,m$	$-1{,}669$ $\sigma = 6{,}76$ $f = 3{,}96\,m$	$A = H_1 + H_2 - H_3 + A_1$ für $t = -20°$
$t = -10°$		$-9{,}230$ $\sigma = 9{,}63$ $f = 0{,}45\,m$	$-7{,}582$ $\sigma = 8{,}69$ $f = 1{,}12\,m$	$-4{,}355$ $\sigma = 7{,}21$ $f = 2{,}38\,m$	$-0{,}206$ $\sigma = 6{,}22$ $f = 4{,}31\,m$	$t = -10°$
$t = -5°$		$-8{,}5$ $\sigma = 8{,}96$ $f = 0{,}48\,m$	$-6{,}851$ $\sigma = 8{,}12$ $f = 1{,}19\,m$	$-3{,}624$ $\sigma = 6{,}82$ $f = 2.53\,m$	$+0{,}525$ $\sigma = 5{,}98$ $f = 4{,}50\,m$	$t = -5°$
$t = 0°$		$-7{,}768$ $\sigma = 8{,}31$ $f = 0{,}52\,m$	$-6{,}12$ $\sigma = 7{,}58$ $f = 1{,}28\,m$	$-2{,}893$ $\sigma = 6{,}45$ $f = 2{,}66\,m$	$+1{,}256$ $\sigma = 5{,}76$ $f = 4{,}66\,m$	$t = 0°$
$t = +10°$		$-6{,}305$ $\sigma = 7{,}08$ $f = 0{,}61\,m$	-4.657 $\sigma = 6{,}59$ $f = 1{,}47\,m$	-1.43 $\sigma = 5{,}82$ $f = 2{,}94\,m$	$+2{,}719$ $\sigma = 5{,}36$ $f = 4{,}99\,m$	$t = +10°$
$t = +20°$		$-4{,}843$ $\sigma = 5{,}91$ $f = 0{,}73\,m$	$-3{,}195$ $\sigma = 5{,}73$ $f = 1{,}69\,m$	$+0{,}022$ $\sigma = 5{,}29$ $f = 3{,}24\,m$	$+4{,}188$ $\sigma = 5{,}02$ $f = 5{,}33\,m$	$t = +20°$
$t = +30°$		$-3{,}380$ $\sigma = 4{,}93$ $f = 0{,}88\,m$	$-1{,}732$ $\sigma = 5{,}03$ $f = 1{,}93\,m$	$+1{,}495$ $\sigma = 4{,}84$ $f = 3{,}53\,m$	$+5{,}65$ $\sigma = 4{,}73$ $f = 5{,}65\,m$	$t = +30°$
$t = +40°$		$-1{,}918$ $\sigma = 4{,}11$ $f = 1{,}05\,m$	$-0{,}27$ $\sigma = 4{,}46$ $f = 2{,}17\,m$	$+2{,}957$ $\sigma = 4{,}47$ $f = 3{,}82\,m$	$+7{,}113$ $\sigma = 4{,}48$ $f = 5{,}98\,m$	$t = +40°$
			2,16 m	3,83 m	5,98 m	Durchhang $-5° +$ Eis

Die Zustandsänderungen lassen sich auch durch freie Wahl der Leiterzüge σ und durch die Errechnung von t nach Gl. (23a) und Gl. (23b) beurteilen. Es errechnet sich dann die gesuchte Temperatur wie folgt:

für $a > a_{kr}$

$$t = \frac{1}{\varepsilon_t} \cdot \left[\frac{a^2}{24}\left(\frac{\gamma^2}{\sigma^2} - \frac{\gamma_r^2}{\sigma_{max}^2}\right) + \frac{\sigma_{max} - \sigma}{E}\right] - 5$$

und für $a < a_{kr}$

$$t = \frac{1}{\varepsilon_t} \cdot \left[\frac{a^2 \cdot \gamma^2}{24}\left(\frac{1}{\sigma^2} - \frac{1}{\sigma_{max}^2}\right) + \frac{\sigma_{max} - \sigma}{E}\right] - 20.$$

Durch das Wesen der Aufgabe bedingt, sind die entwickelten Rechnungsverfahren für die Beurteilung des mechanischen Verhaltens der Leiter umständlich und zeitraubend. Sie werden vom Praktiker gewöhnlich nur für Leitungen großer Querschnitte und weiter Spannfelder angewandt, während für Leiter kleiner und mittlerer Querschnitte stets bereitgestellte Durchhangstabellen Verwendung finden (s. dritter Abschnitt).

In dem Bestreben, diese Berechnungen zu vereinfachen, wurden zahlreiche Verfahren vorgeschlagen, die hauptsächlich mit graphischen Hilfsmitteln das Problem rasch und leicht lösen wollen.[36] Wie Truxa[37] bemerkt, werden diese Rechenverfahren gewöhnlich erst nach eingehendem Einarbeiten übersichtlich, sie geben leicht zu Rechenfehlern Veranlassung und sind oft durch die zugelassenen Vereinfachungen und durch die zeichnerische Darstellung fehlerbehaftet.

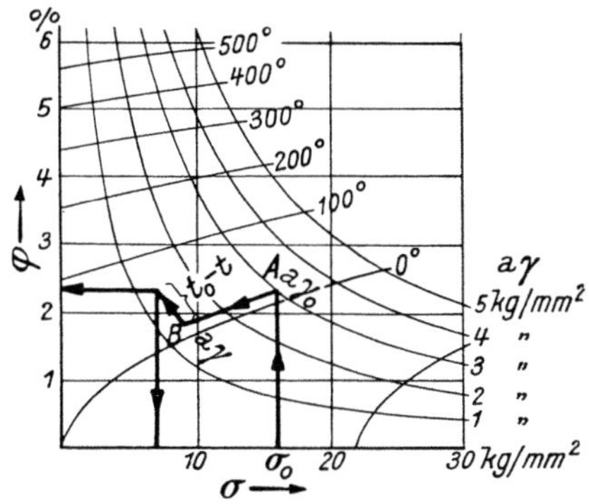

Abb. 31. Schlüssel für die Rechnungstafeln nach Truxa.

Durch besondere Einfachheit, Übersichtlichkeit und Genauigkeit zeichnet sich das von Truxa entworfene Verfahren aus.

Truxa[37] baut seine Rechnungstafeln auf den verhältnismäßigen Durchhang

$$\varphi = \frac{f}{a}$$

auf. Unter Heranziehung der ersten Gl. (16) kann geschrieben werden

$$\varphi = \frac{a}{8\,\dfrac{\sigma}{\gamma}}.$$

Werden in der Gl. (23) die die zu untersuchenden Größen enthaltenden Glieder herausgehoben, so kann geschrieben werden

$$\sigma - \frac{E}{24} \cdot \frac{(a\,\gamma)^2}{\sigma^2} + \varepsilon_t \,.\, E \,.\, t = K.$$

Truxa zeichnet nunmehr in das Achsensystem (σ, γ) Kurven gleicher Temperatur (Isothermen) und gleich bleibenden Seilgewichtes (Isobaren) ein. Die Gleichung der Isothermen lautet

$$\sigma - \frac{8\,E}{3}\,\varphi^2 = K - \varepsilon_t \,.\, E \,.\, t. \tag{29}$$

Sie ergeben eine Parabelschar mit t als Parameter; da in Gl. (29) die Größe K als Additionsgröße zum Parameter auftritt, ist sie ohne Einfluß auf die Form der Kurven. Zweckmäßigerweise wird die Parabel $t = 0$ durch den Ursprung des Achsensystems gelegt. Die Isobaren sind gleichseitige Hyperbeln mit $(a\,\gamma)$ als Parameter. Abb. 31

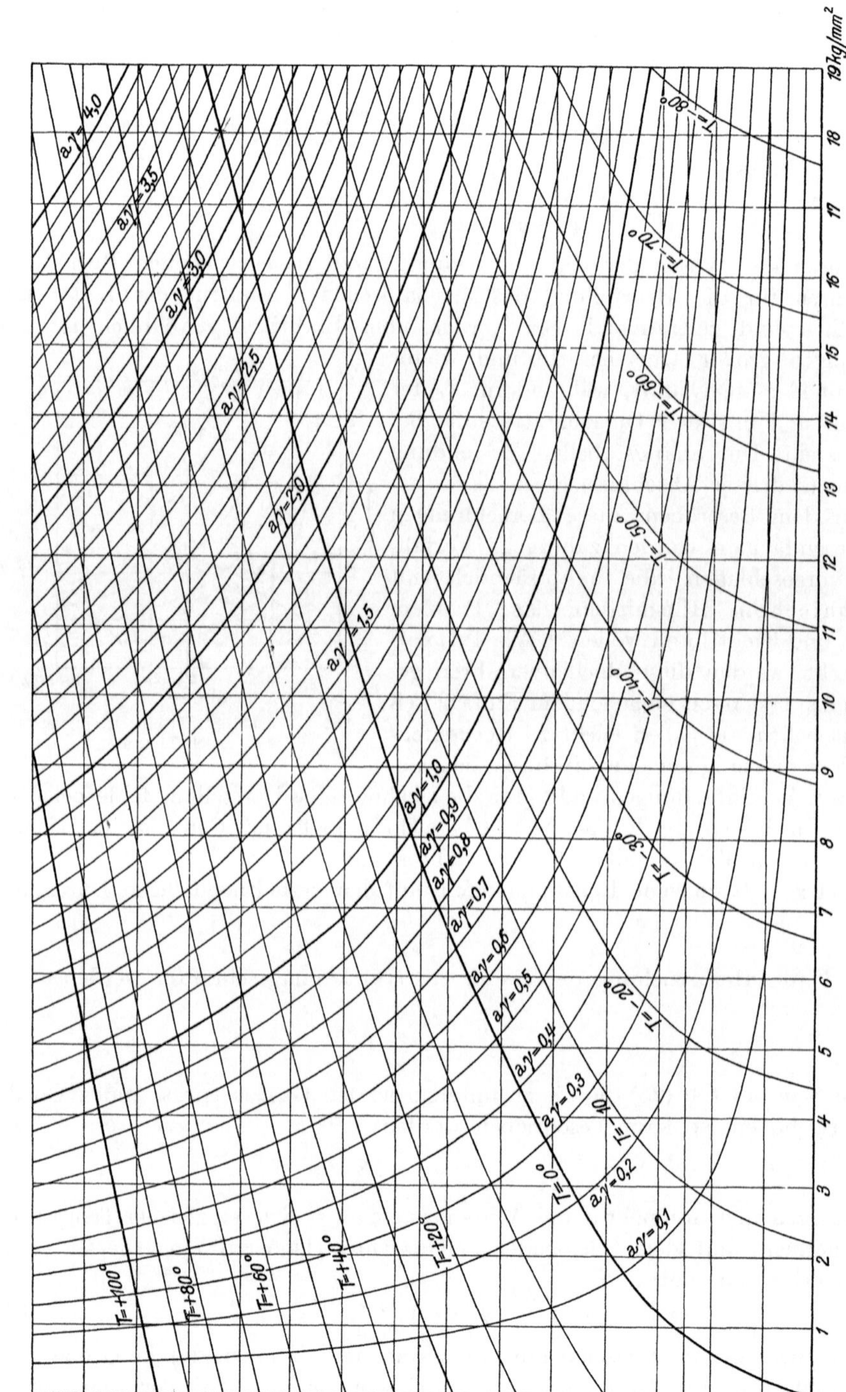

Abb. 32. Kurventafel nach Truxa für Kupferseile.

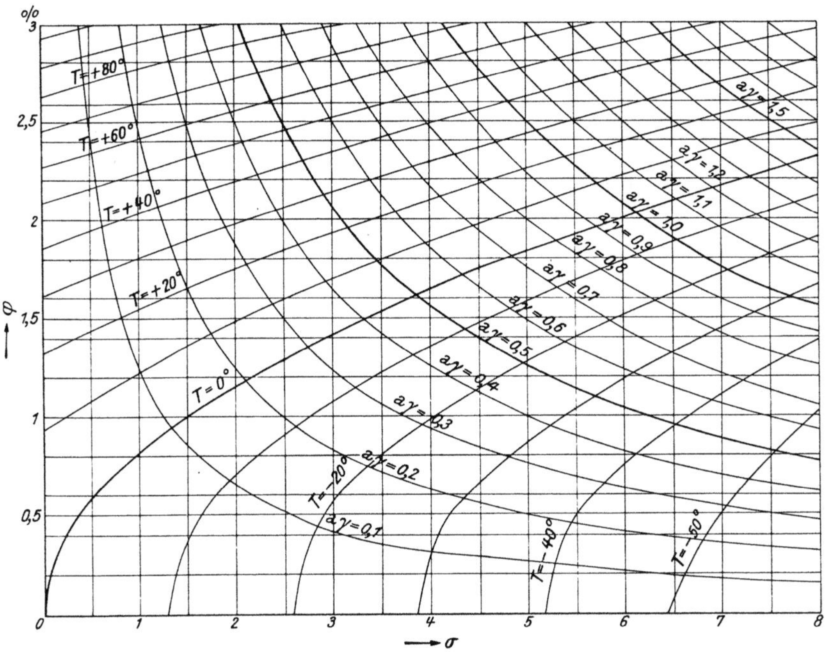

Abb. 33. Kurventafel nach Truxa für Aluminiumseile.

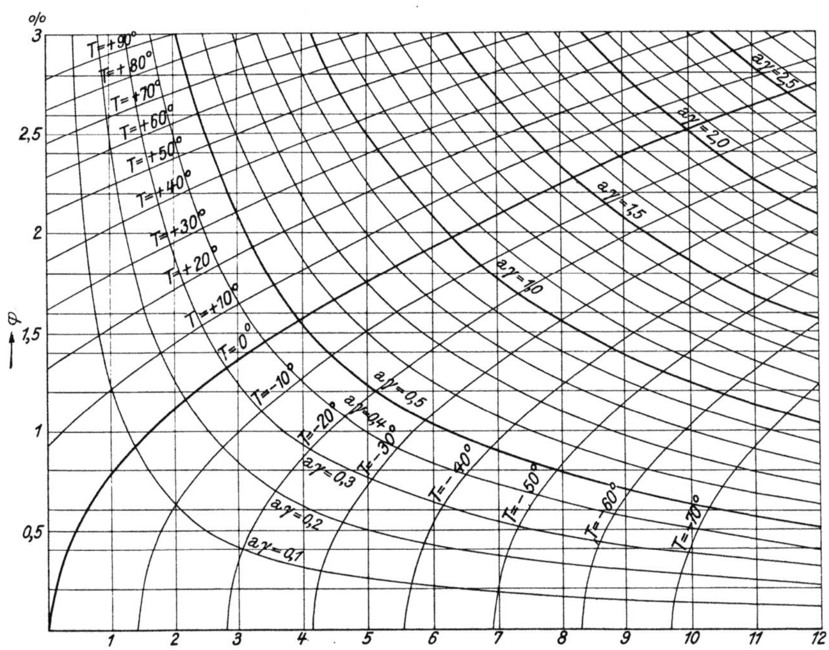

Abb. 34. Kurventafel nach Truxa für Aldreyseile.

läßt den Vorgang beim Übergang von einem Zustand zum anderen erkennen: ausgehend von dem gegebenen Wert σ_0 und $a\,\gamma_0$ wird der Punkt A ermittelt; wird von diesem längs der durch A gehenden Isotherme bis zum Schnitt mit der Isobare $a\,\gamma$ fortgeschritten (Punkt B), so kann für einen Temperaturunterschied $t_0 - t$ auf der Isobare durch B auf φ und σ geschlossen werden.

Die Abb. 32—36 enthalten Truxasche Rechnungskurven für Kupfer, Aluminium, Aldrey, Stahlaluminium und Eisen, die mit den Festwerten nach VDE errechnet wurden.

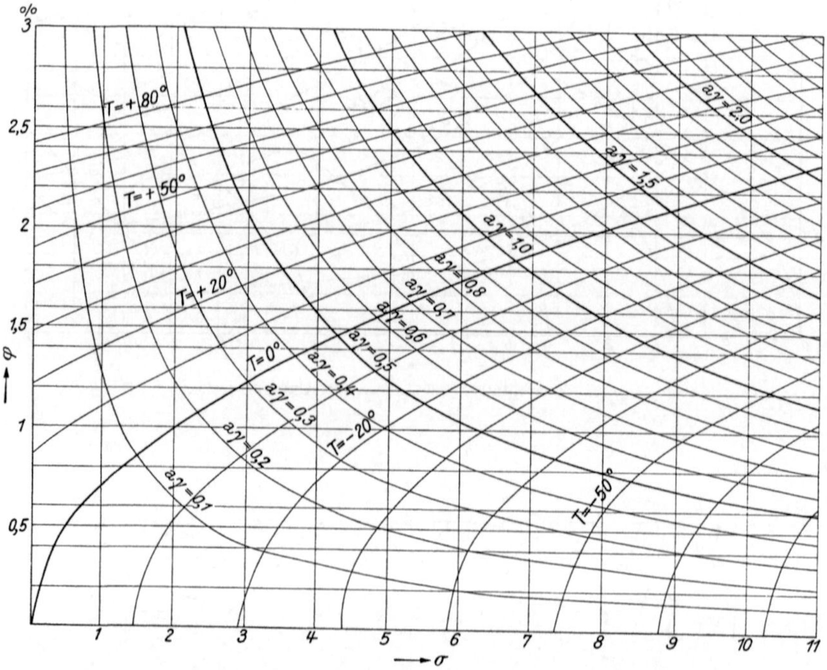

Abb. 35. Kurventafel nach Truxa für Stahlaluminiumseile.

Es seien die Durchhänge eines Eisenseiles 95 mm², $a = 250$ m zu bestimmen. Die Ausgangsgrößen sind

$$\gamma_0 = 0{,}0186,$$
$$a\,\gamma_0 = 4{,}65 \text{ kg/mm}^2,$$
$$t_0 = -5^\circ,$$
$$\sigma_0 = 25.$$

Abbildung 36 läßt folgende Werte bei Übergang auf den eisfreien Zustand ($\gamma = 0{,}0078$, Isobare $250 \times 0{,}0078 = 1{,}95$) unmittelbar erkennen:

	$t =$	—20°	—10°	0°	+10°	+20°	+30°	+40°
	$\sigma =$	14,75	13,8	13,2	12,75	12,25	11,8	11,3
	$\varphi =$	1,675	1,75	1,82	1,9	1,98	2,08	2,15
daher	$f =$	4,2	4,38	4,55	4,75	4,95	5,2	5,4 m

Die Truxaschen Kurventafeln sind auch für die Berechnung von schrägen Spannfeldern mit dem mittleren Leiterzug verwendbar; der abgelesene Durchhang ist mit $\frac{1}{\cos^2 \psi}$ zu vergrößern.[29]

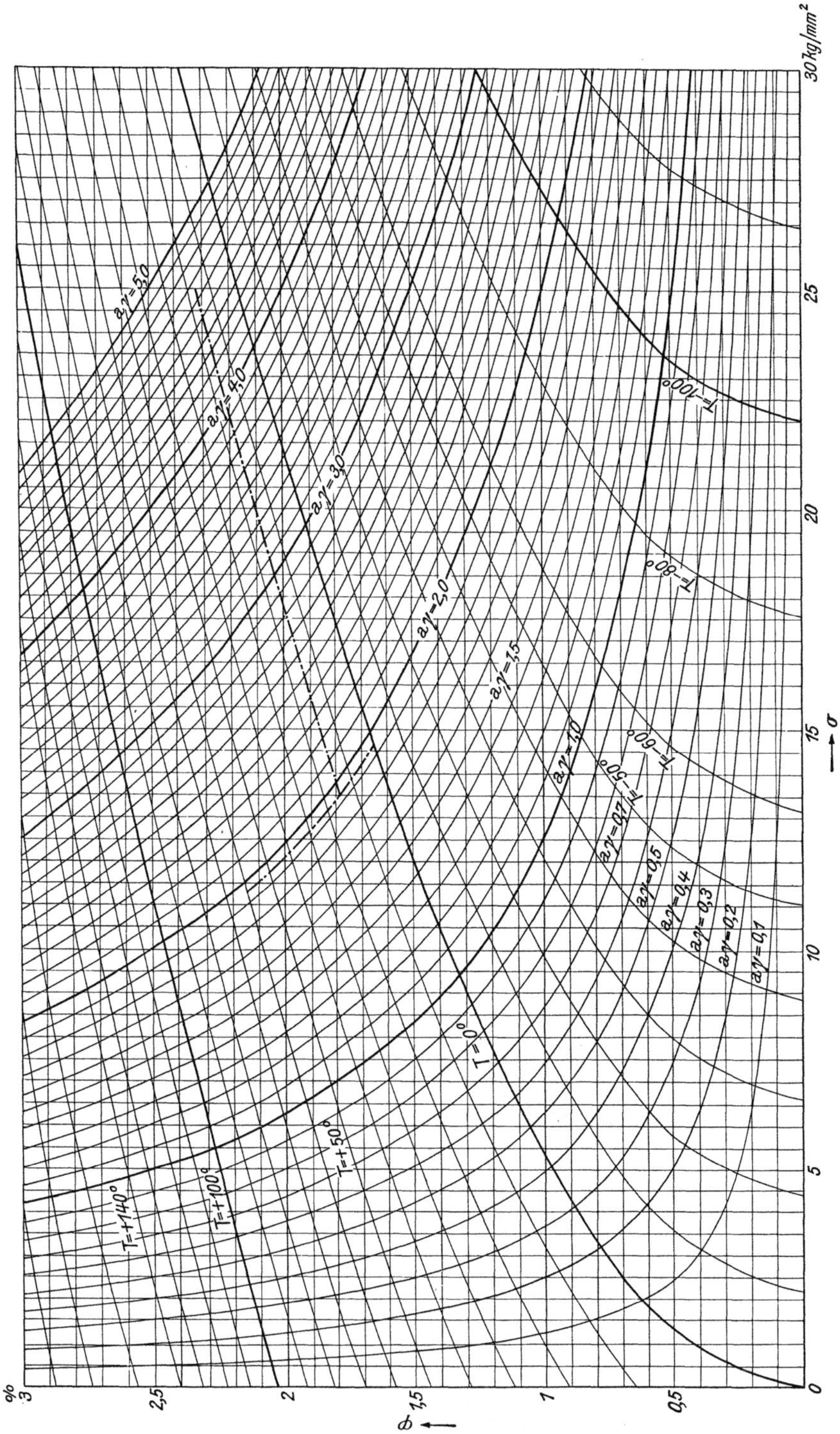

Abb. 36. Kurventafel nach Truxa für Eisenseile.

d) **Einfluß der Abspannketten auf das Verhalten eines Einzelabspannfeldes.** Das sich fallweise durchsetzende Bestreben, die Kreuzungsfelder mit tunlichst kurzer Spannweite auszuführen, regte die Frage an, welchen Einfluß die Abspannketten auf die Durchhangsänderungen ausüben. Sie hat ein über das Maß ihrer praktischen Bedeutung hinausgehendes Schrifttum hervorgebracht, das, je nachdem, ob die Kette als starr, gebrochen oder biegsam angenommen wird, zu verschiedenen Ergebnissen gelangt. Für den Praktiker hat dieses Problem nur bei kurzen Spannfeldern mit verhältnismäßig sehr langen Abspannketten (bei hohen Übertragungsspannungen) Interesse, bei welchen ohnehin nach Tunlichkeit zu Spannfeldern großer Weite gegriffen wird.

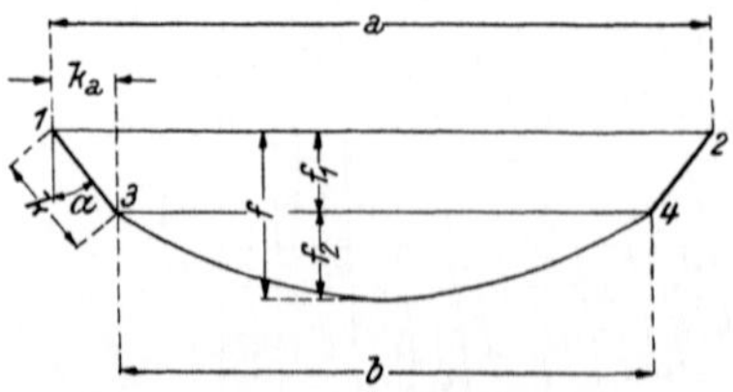

Abb. 37. Einzelfeld mit Abspannketten.

Die Beurteilung, ob die rechnerische Verfolgung dieses Einflusses geboten erscheint, erfolgt am zweckmäßigsten unter der Annahme, daß die Abspannketten starr sind.[38] Ihre Neigung α (Abb. 37 für ein gerades Spannfeld) läßt sich aus dem horizontalen Leiterzug H, dem Gewicht G_k und der Länge k der Abspannkette ermitteln. Aus

$$H \cdot \cos\alpha = \frac{G_k}{2} \sin\alpha$$

folgt

$$\cos\alpha = \frac{G_k}{\sqrt{G_k^2 + 4 H^2}}$$

$$\sin\alpha = \frac{2 H}{\sqrt{G_k^2 + 4 H^2}}.$$

Der durch die Abspannketten verursachte Anteil f_1 des Gesamtdurchhanges f ist

$$f_1 = k \cdot \cos\alpha = k \cdot \frac{G_k}{\sqrt{G_k^2 + 4 H^2}}.$$

Die Spannweiten a und b stehen in folgender Beziehung zu einander

$$b = a - 2 k_a = a - 4 k \cdot \frac{H}{\sqrt{G_k^2 + 4 H^2}}.$$

Der Durchhang f_2 des Leiters allein ist

$$f_2 = \frac{b^2 \gamma}{8 \sigma}.$$

Hieraus läßt sich der Gesamtdurchhang aus

$$f = f_1 + f_2$$

berechnen.

Wird vom Ausgangszustand σ_0, γ_0, t_0, für welchen sich k_{a0} und b_0 bestimmen lassen, auf den Zustand σ, γ, t übergegangen, so tritt eine Änderung der Spannweite b um Δb auf; es ist

$$\Delta b = b - b_0 = 4 k q \cdot \left(\frac{\sigma}{\sqrt{G_k^2 + 4 \sigma^2 q^2}} - \frac{\sigma_0}{\sqrt{G_k^2 + 4 \sigma_0^2 q^2}} \right). \tag{30}$$

Diese Beziehung gestattet die Beurteilung des Verhaltens des Seiles bei Zustandsänderungen: wird vom Zustand a, k_{a0}, b_0, L_0, t_0, σ_0, γ_0 auf den Zustand a, σ, γ übergegangen, so läßt sich aus Gl. (30) die Änderung des Spannfeldes, b und k_a und daher L berechnen, worauf sich mit Hilfe der Beziehung Gl. (21) t errechnen läßt.

Die Beurteilung der gleichen Verhältnisse bei schiefen Spannfeldern läßt sich nach dem angedeuteten Verfahren leicht durch Versuche (Annahme für das Achsenkreuz der Durchhangskettenlinie und Ermittlung der Ablenkungen unter der Einwirkung der Vertikalkomponente des Seilzuges) ermitteln.

Guerndt[39] leitet unter der Annahme, daß die Kette ein gleichmäßig belastetes Seilstück vom tragenden Leiterquerschnitt q ist, folgende Beziehungen ab (G_{Ke} = Gewicht der eisbehafteten Kette)

$$\left.\begin{aligned} t = \frac{1}{24\,\varepsilon_t\,.\,\sigma^2}\cdot\left(\frac{8\,G_K{}^2\,.\,k}{q^2\,.\,a} + \frac{12\,\gamma\,.\,G_K\,.\,k}{q} + \gamma^2\,.\,a^2\right) - \frac{\sigma}{\varepsilon_t\,.\,E} - \\ - \frac{1}{24\,\varepsilon_t\,.\,\sigma_0{}^2}\cdot\left(\frac{8\,G_{Ke}{}^2\,.\,k}{q^2\,.\,a} + \frac{12\,\gamma_0\,.\,G_{Ke}\,.\,k}{q} + \gamma_0{}^2\,.\,a^2\right) + \frac{\sigma_0}{\varepsilon_t\,.\,E} + t_0; \end{aligned}\right\} \quad (31)$$

$$f = f_1 + f_2 = \frac{1}{2\,\sigma}\cdot\left(\frac{\gamma\,.\,a^2}{4} + \gamma\,.\,k^2 + \frac{G_K\,.\,k}{q}\right), \quad (31\,a)$$

$$f_0 = \frac{1}{2\,\sigma_0}\cdot\left(\frac{\gamma_0\,.\,a^2}{4} + \gamma_0\,.\,k^2 + \frac{G_{Ke}\,.\,k}{q}\right). \quad (31\,b)$$

Nachfolgend seien die von Truxa[40] abgeleiteten Gleichungen für waagrechte und schräge Einzelspannfelder angeführt:

für waagrechte Spannfelder gilt

$$f = \frac{a^2\,.\,\overline{\gamma}}{8\,\sigma}, \quad (32)$$

wobei $\overline{\gamma} = (1+\varepsilon)\gamma$ und $\varepsilon = 4\left(\frac{\gamma_K}{\gamma} - 1\right)\frac{k_a{}^2}{a^2}$ und $\gamma_K = \frac{G_K}{q\,.\,k}$ ist; die Zustandsgleichung lautet

$$\frac{a^2}{24}\left(\frac{\overline{\overline{\gamma}}_0{}^2}{\sigma_0{}^2} - \frac{\overline{\overline{\gamma}}{}^2}{\sigma^2}\right) = \varepsilon_t\,(t_0 - t) + \frac{\sigma_0 - \sigma}{E}, \quad (33)$$

hiebei ist

$$\overline{\overline{\gamma}} = \sqrt{1+\nu}\,.\,\gamma \text{ und } \nu = 3\,\varepsilon\left[1 + \frac{2}{3}\cdot\frac{k_a}{a}\left(\frac{\gamma_K}{\gamma} - 2\right)\right];$$

bzw.

$$\overline{\overline{\gamma}}_0 = \sqrt{1+\nu_0}\,.\,\gamma_0 \text{ und } \nu_0 = 3\,\varepsilon_0\left[1 + \frac{2}{3}\cdot\frac{k_a}{a}\left(\frac{\gamma_{k0}}{\gamma} - 2\right)\right];$$

für schiefe Spannfelder gilt:

Seilspannung an der oberen Kette

$$s_{ob} = s_m + \frac{h\,\gamma}{2}\left(1 - \frac{2\,k_a}{a'}\right).$$

$$f_m = \frac{a'^2\,\overline{\gamma}}{8\,s_m} \quad (34)$$

und die Zustandsgleichung lautet

$$\frac{a^2}{24}\left(\frac{\overline{\overline{\gamma}}_0{}^2}{s_{m\,0}{}^2} - \frac{\overline{\overline{\gamma}}{}^2}{s_m{}^2}\right) = \varepsilon_t\,(t_0 - t) + \frac{s_{m\,0} - s_m}{E}, \quad (35)$$

hiebei haben $\overline{\gamma}$ und $\overline{\overline{\gamma}}$ die gleiche Bedeutung; es ist

$$\varepsilon = 4\left(\frac{\gamma_k}{\gamma} - 1\right)\cdot\frac{k_a{}^2}{a'^2} \quad \text{und} \quad \nu = 3\,\varepsilon\left[1 + \frac{2}{3}\cdot\frac{k_a}{a'}\left(\frac{\gamma_k}{\gamma} - 2\right)\right].$$

e) **Einfluß der Beweglichkeit der Hängeketten auf die Durchhangsverhältnisse.** Wird ein Leiter in einem aus ungleich langen Spannfeldern bestehenden Abspannbereich zugespannt, so treten bei Temperaturen oder Vereisungsverhältnissen, die von jenen bei der Montage abweichen (Vereisung nur eines oder eines Teiles der Felder) ungleiche Züge in den einzelnen Spannfeldern auf. Sind die Befestigungspunkte der Seile am Mast unbeweglich (Stützenisolatoren), so beanspruchen die Unterschiedszüge zusätzlich den Mast. Dieser Erscheinung wird wohl bei der Mastberechnung Aufmerksamkeit geschenkt,[48] sie bleibt jedoch in den behördlichen Vorschriften (mit Ausnahme jener der Tschechoslowakei, s. Anhang) unberücksichtigt. Bei Hängeisolatoren bewirken diese Unterschiedszüge das Schiefstellen der Ketten und gefährden die Betriebssicherheit (durch die etwaige Näherung der Leiter an geerdete Mastteile) und die öffentliche Sicherheit (Verringerung der Abstände vom Erdboden und den gekreuzten Objekten).

Markt[42] hat als erster ein Rechenverfahren entwickelt, welches die Erfassung des Schiefstellens der Ketten ermöglicht. Dieses Verfahren vernachlässigt die durch das Kettengewicht ausgeübte Rückstellkraft und setzt daher voraus, daß im gesamten Abspannbereich bei allen gegenüber den Montageverhältnissen geänderten Vereisungsverhältnissen und Temperaturen stets gleiche Zugspannungen herrschen; außer diesen lassen sich die Ablenkungen und die Durchhänge errechnen. Markt geht von der Annahme aus, daß die Aufhängepunkte fest bleiben und daß hingegen der Leiter durch die festliegenden Stützpunkte um den Betrag Δa reibungslos hindurchgleitet. Ist $\Delta a > 0$, so bedeutet dieses, daß die Leitung ins Feld hineingezogen wurde, während $\Delta a < 0$ besagt, daß die Leitung aus dem Feld herausgezogen wird. Unter dieser Annahme kann die Gl. (21), wie folgt, geschrieben werden:

$$\frac{1}{24}\left(\frac{\gamma_0^2}{\sigma_0^2} - \frac{\gamma^2}{\sigma^2}\right) a^3 + \Delta a = (t_0 - t)\,\varepsilon_t\,.\,a + \frac{(\sigma_0 - \sigma)\,.\,a}{E}\,.$$

Zur Vereinfachung werden folgende Bezeichungen eingeführt

$$m = \frac{\gamma^2 a^2}{24},$$

$$n = \left[\frac{\sigma_0}{E} - \frac{a^2 \gamma_0^2}{246_0^2} + (t_0 - t)\,.\,\varepsilon_t\right].$$

Es ergibt sich dann

$$\Delta a = a\left[m\,\sigma^{-2} - \frac{\sigma}{E} + n\right].$$

Für die n Spannfelder eines Abspannbereiches ergibt sich

$$\left.\begin{aligned} \Delta a_1 &= a_1\left[m\,\sigma^{-2} - \frac{\sigma}{E} + n\right] \\ &\;\;\vdots \\ \Delta a_n &= a_n\left[m\,\sigma^{-2} - \frac{\sigma}{E} + n\right]. \end{aligned}\right\} \qquad (36)$$

Außerdem besteht die Beziehung

$$\Delta a_1 + \Delta a_2 + \ldots + \Delta a_n = \sum_1^n \Delta a = 0. \qquad (37)$$

Mit den letzten $(n+1)$ Gleichungen können die Ablenkungen Δa_1 bis Δa_n und die Ausgleichsspannung σ ermittelt werden.

Truxa[43] geht von der Nährungsgleichung aus

$$L = a'\left[1 + \frac{(a\gamma)^2}{24\, s_m^2}\right];$$

hierin bedeuten a' die schiefe Spannweite und s_m den Zug in der Mitte des schiefen Spannfeldes von der horizontalen Länge a und dem Höhenunterschied h. Für s_m kann aus den bisher abgeleiteten Beziehungen durch eine einfache Umrechnung gefunden werden[40]

$$s_m = \sigma \sqrt{1 + \frac{\gamma^2 h^2}{4\sigma^2 . \mathfrak{Sin}^2 \frac{\gamma a}{2\sigma}}}.$$

Bei einer Zustandsänderung ergibt sich die Änderung der Seillänge

$$\Delta L = a_0' . \left(1 + \frac{(a_0\gamma_0)^2}{24\, s_{m0}^2}\right) - a' . \left(1 + \frac{(a\gamma)^2}{24\, s_m^2}\right) =$$

$$= a_0' - a' + \frac{a^2 a' \gamma_0^2}{24\, s_{m0}^2}\left[1 - \left(\frac{\gamma . s_{m0}}{\gamma_0 s_m}\right)^2 + \frac{a_0^2 a_0' - a^2 a'}{a^2 a'}\right].$$

In dieser Gleichung kann $\frac{a_0^2 a_0' - a^2 a'}{a^2 a'}$ vernachlässigt werden; wird mit $\Delta a'$ der Unterschied $a_0' - a$ bezeichnet, so ergibt sich die Längenänderung ΔL, die durch die Änderung von γ, t und s_m verursacht wird aus

$$\Delta L = \Delta a' + \frac{a^2 a'}{24}\left(\frac{\gamma_0^2}{s_{m0}^2} - \frac{\gamma^2}{s_m^2}\right) = a' . \left[\varepsilon_t (t_0 - t) + \frac{s_{m0} - s_m}{E}\right]$$

oder

$$\frac{\Delta a'}{a'} = \frac{s_{m0} - s_m}{E} + \varepsilon_t (t_0 - t) - \frac{a^2}{24}\left(\frac{\gamma_0^2}{s_{m0}^2} - \frac{\gamma^2}{s_m^2}\right).$$

Es werden ferner die Näherungen zugelassen

$$a' . \Delta a' = a . \Delta a$$

und

$$s_m = \frac{a'}{a} . \sigma$$

und es ergibt sich schließlich

$$\Delta a = \frac{a'^3}{a^2} \cdot \frac{\sigma_0 - \sigma}{E} + \frac{a'^2}{a} . \varepsilon_t (t_0 - t) - \frac{a^3}{24}\left(\frac{\gamma_0^2}{\sigma_0^2} - \frac{\gamma^2}{\sigma^2}\right).$$

Diese Beziehung auf alle zwischen zwei Abspannmasten befindlichen Spannweiten angewandt, ergibt, da $\sum \Delta a = 0$ ist, die Zustandsgleichung für die ganze Abspannstrecke

$$\frac{\sigma_0 - \sigma}{E} \cdot \sum \frac{a'^3}{a^2} + \varepsilon_t . (t_0 - t) \sum \frac{a'^2}{a} - \frac{1}{24}\left(\frac{\gamma_0^2}{\sigma_0^2} - \frac{\gamma^2}{\sigma^2}\right) \sum a^3 = 0.$$

Truxa bezeichnet mit

$$a_r = \frac{\sum \frac{a'^3}{a^2}}{\sum \frac{a'^2}{a}} \cdot \sqrt{\frac{\sum a^3}{\sum \frac{a'^2}{a}}} \qquad (38)$$

die „mittlere Rechnungsgröße“ und mit

$$\sigma_r = \frac{\sum \frac{a'^3}{a^2}}{\sum \frac{a'^2}{a}} \cdot \sigma \tag{39}$$

die „mittlere Rechnungsspannung“ und erhält schließlich die Beziehung

$$\frac{\sigma_{r0} - \sigma_r}{E} + \varepsilon_t \cdot (t_0 - t) - \frac{a_r^2}{24}\left(\frac{\gamma_0^2}{\sigma_{r0}^2} - \frac{\gamma^2}{\sigma_r^2}\right) = 0, \tag{40}$$

die mit Gl. (23) übereinstimmt.

Sind die Spannfelder horizontal, so wird

$$a_r = \sqrt{\frac{\sum a^3}{\sum a}}$$

und

$$\sigma_r = \sigma.$$

Mit diesen mittleren Rechnungsgrößen empfiehlt Truxa, für jeden Abschnitt zwischen zwei Abspannmasten die bei einer Zustandsänderung auftretende Spannung und Durchhänge zu berechnen.

Zu ähnlichen Beziehungen gelangt Maurer[28] ebenfalls unter Vernachlässigung der Rückstellkraft. Nach ihm errechnet sich die ausgeglichene Seilspannung σ_r im Endzustand γ, t für ein durch h und a definiertes Spannfeld aus

$$u \cdot \sigma_r^3 + \sigma_r^2 \left[\frac{\gamma_0^2}{24}\,\frac{a_r^2 E}{\sigma_0^2} + (t - t_0) \cdot \varepsilon_t E - u\,\sigma_0\right] = \frac{\gamma^2 a_r^2 E}{24}, \tag{41}$$

hierbei ist zu verstehen unter

$$a_r = \sqrt{\frac{\sum_1^n a^3 \cos\psi}{\sum_1^n a}} \tag{42}$$

und unter

$$u = \frac{\sum_1^n a\left(1 + \frac{h^2}{2\,a^2}\right)}{\sum_1^n a}. \tag{43}$$

Als weitere interessante Arbeit sei die Langhards[44] erwähnt.

Nach einem von Strand[45] entwickelten Rechenverfahren läßt sich der sich nach einer Änderung des Zustandes des Leiters von Spannweite zu Spannweite ändernde Zug sowie die Ablenkungen der Ketten unter Berücksichtigung der durch die Kette ausgeübten Rückstellkraft errechnen. Strand schließt auf die hierbei auftretende Änderung der Spannweite eines Feldes, bzw. auf die Ablenkungen der Ketten in demselben wie folgt:

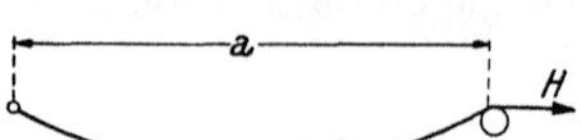

Abb. 38. Einzelspannfeld.

Wird das Seil (Abb. 38) im Einzelspannfeld a mit $H = \sigma \cdot q$ gespannt, so beträgt die Bogenlänge des Seiles

$$L = a + \frac{a^3 \gamma^2}{24\,\sigma^2}.$$

Wird das Seil vollkommen entspannt, so geht dessen Länge über in

$$L_0 = L - a\frac{\sigma}{E\,q}.$$

Wird das Seil mit $H_1 = \sigma_1 \cdot q$ gespannt, so ist die Seillänge

$$L_1 = a + \frac{a^3\,\gamma^2}{24\,\sigma_1^2}$$

und geht nach dem vollkommenen Entspannen über in

$$L_{10} = L_1 - a\frac{\sigma_1}{E\,q}.$$

Strand läßt die Näherung zu, daß der Unterschied

$$L_0 - L_{10} = \frac{a^3\,\gamma^2}{24}\left(\frac{1}{\sigma^2} - \frac{1}{\sigma_1^2}\right) + \frac{a}{q\,E}(\sigma_1 - \sigma) \tag{44}$$

der gesamten Auslenkung der Kette, d. h. der Änderung der Spannweite gleichgesetzt werden kann. Aus Kurventafeln, die Strand und Heuman bereitstellen, können die Spannweitenänderungen in Abhängigkeit von den Seilzugsänderungen unmittelbar entnommen werden.

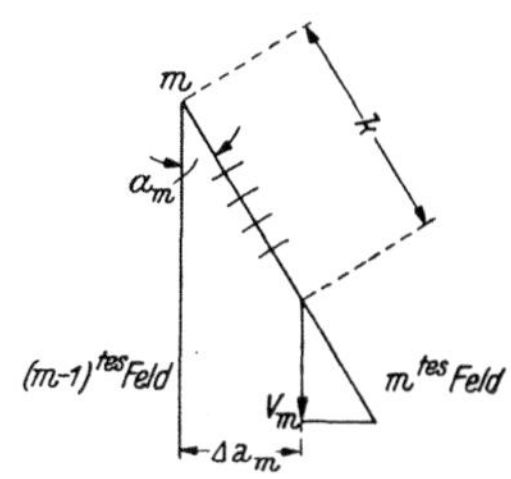

Abb. 39. Kettenausschwingwinkel.

Sind die in einem Feld nach der Zustandsänderung herrschende Spannung H_m und die Ablenkung einer Kette Δa_m bekannt, so kann wie folgt auf den im Nachbarfeld herrschenden, unter der Einwirkung der Rückstellkraft verschiedenen Zug H_{m-1} geschlossen werden (Abb. 39): Δa_m und die Kettenlänge k bestimmen den Ausschwingwinkel α_m. Mit V_m sei die an der Kette des Mastes m wirkende Vertikalkraft bezeichnet. Diese setzt sich aus den halben Gewichten der Hängekette, der Leiter im m^{ten} und $(m-1)^{\text{ten}}$ Feld sowie der Vertikalkomponente des Leiterzuges zusammen. Aus V_m und α_m läßt sich der Unterschiedszug ΔH_m errechnen und es herrscht im $(m-1)^{\text{ten}}$ Feld der Zug

$$H_{m-1} = H_m - \Delta H_m \tag{45}$$

Sollen die im Abspannbereich 1 bis n auftretenden Züge und die Durchhänge unter der Voraussetzung, daß nur das m^{te} Feld eine gegebene Vereisung aufweist, ermittelt werden, so schlägt Strand vor, den im m^{ten} Feld herrschenden Zug und die Aufteilung der nach Gl. (44) ermittelten Spannweitenänderung auf den $(m-1)^{\text{ten}}$ und m^{ten} Mast zu schätzen und daraus einerseits auf den Zug im $(m-1)$ Feld, auf die Ablenkung am Mast $(m-2)$, auf den Zug im $(m-2)^{\text{ten}}$ Feld usw. bis Mast 1, anderseits bis zum n^{ten} Mast zu schließen. Der Zug im m^{ten} Feld und die Aufteilung der Ablenkungen war richtig geschätzt, sobald gleichzeitig die Ablenkungen von 1 und n Null sind. Die Berechnungen sind auf Grund neuer Schätzungen so lange zu wiederholen, bis diese Bedingung erfüllt ist (Abb. 40).

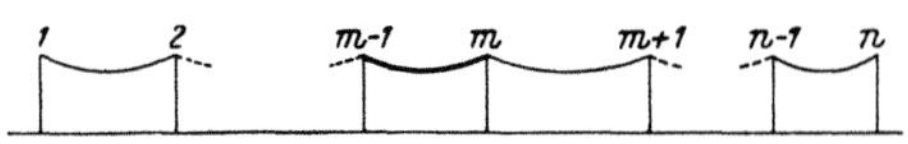

Abb. 40. Abspannbereich.

Es ist jedoch viel einfacher, den Zug im ersten Feld oder die Ablenkung am ersten Mast zu schätzen und schrittweise die Ablenkungen nach Gl. (44) und die Züge aller Maste bis zum n^{ten} nach Gl. (45) zu rechnen. Die ermittelten Züge und Durchhänge müssen für den n^{ten} Mast den Durchhang 0 ergeben. Im Gegenfalle ist die Berechnung auf Grund einer neuen Schätzung zu wiederholen. Auf diesem Wege wird es viel leichter sein, die Züge und Ablenkungen zu erfassen, als durch die gleichzeitige Schätzung des Zuges in einem in der Mitte des Abspannbereiches befindlichen Felde und der Aufteilung der Ablenkungen auf zwei Maste.

Das von Strand angegebene Rechnungsverfahren läßt sich auch für schiefe Spannfelder anwenden.

F. Haberland hat sich in seiner Abbandlung „Der Durchhang von Freileitungen mit örtlicher Zusatzlast“[46] ebenfalls mit der Durchhangsvergrößerung von Hängeisolatorenleitungen im Falle ungleicher Vereisung befaßt. Seine Untersuchung erstreckt sich auf waagrechte Spannfelder, von welchen eines in seiner ganzen Länge als vereist angenommen wird, während die Leitung in allen übrigen Feldern unvereist ist. Eigenlast und Zusatzlast werden längs des Leitungsgrundrisses als gleichmäßig verteilt angenommen (parabolische Gleichgewichtsform der Leitung); für den Leiterdurchhang, die Leiterlänge usw. werden auch die zugehörigen vereinfachten Gleichungen in Rechnung gestellt.

Haberland hat zunächst gleich große Spannfelder in Betracht gezogen und vorerst die Isolatorenauslenkungen als klein vorausgesetzt. Die Ermittlung der Gleichgewichtslage der Leitung gelingt dann mit Hilfe von gewöhnlichen, linearen und homogenen Differenzengleichungen mit konstanten Koeffizienten, von welchen schon Kammüller bei der Lösung verwandter Aufgaben in ausgiebigerer Weise Gebrauch gemacht hat.[47] Zu solchen Differenzengleichungen gelangt man natürlich nur mit Hilfe einiger Näherungen, da weder die Beziehung zwischen Seilzug und Feldlängenänderung, noch auch die Gleichgewichtsbedingung für die ausgelenkten Ketten linear ist. So wurde auch in den Gleichgewichtsbedingungen der Ketten die trigonometrische Tangente des Auslenkungswinkels durch die sin-Funktion ersetzt, was eben bei kleinen Kettenablenkungen zulässig ist; ferner wurde der vom relativen Leiterzug abhängige, also von Feld zu Feld veränderliche „Streckwiderstand“ — d. i. jener Betrag, um welchen sich in einem unbelasteten Felde die Entfernung der Aufhängepunkte der Leitung stärker vergrößert als die Länge der Leitung — als konstant angenommen und dafür der Streckwiderstand der dem belasteten Feld benachbarten Felder in die Rechnung eingeführt. Um diese Näherungswerte des Streckwiderstandes zu erhalten, muß vorerst der relative Leitungszug dieser Felder geschätzt werden. Da es aber nicht darauf ankommt, diese relativen Leiterzüge genau zu erraten, führt auch das gegenständliche Verfahren zu einer unmittelbaren Lösung, im Gegensatze zu dem zwar allgemeineren und mit beliebiger Schärfe durchführbaren Verfahren von Strand, bei welchem aber die Auswertung nur im Wege des Probierens möglich ist. Selbstverständlich wird auch nach dem Haberlandschen Verfahren der fragliche relative Leiterzug immer nachzurechnen sein, um sich zu überzeugen, ob dessen Größe bei der Festlegung des Näherungswertes für den Streckwiderstand annähernd richtig angenommen wurde.

Für eine Anwendung des Verfahrens im Falle größerer Kettenauslenkung hat Haberland die Berechnung insofern zugeschärft, als für die Randmaste des belasteten Feldes nunmehr die strengen Gleichgewichtsbedingungen für die ausgelenkten Ketten zur Anwendung gelangen; für die übrigen Zwischenmaste ist aber die genäherte Bedingung beibehalten worden. Für diese Maste sind auch die Kettenauslenkungen schon kleiner.

Schließlich hat Haberland die Untersuchung auch für ungleich große Spannfelder erweitert und dabei unter Zuziehung einer weiteren Näherung eine Rekursionsformel für jene Anteile der Kettenauslenkungen entwickelt, die von der Längen- und Gestaltänderung der Leitung im jeweils vorangehenden Felde herrühren. Mit Hilfe dieser Gleichung können die Kettenauslenkungen für die aufeinanderfolgenden Zwischenmaste schrittweise, bis zu den Randmasten des belasteten Feldes hin berechnet werden; damit sind aber auch der Leiterzug und der Durchhang dieses Feldes bestimmbar.

Als weiteres interessantes Verfahren zur Leiterberechnung in mechanischer Beziehung unter Berücksichtigung des Schiefstellens der Hängeketten sei das von Kuusinen[48] entwickelte hervorgehoben.

f) **Die Beanspruchungen im Verbundseil.**[49, 50] Die zu Verbundseilen verarbeiteten Metalle weisen stets verschiedene Wärme- und elastische Dehnungszahlen auf, so daß Zustandsänderungen das Auftreten verschiedener spezifischer Züge zur Folge haben.

Die Kenntnis der Spannungsaufteilung ist von doppeltem praktischem Interesse: 1. um die dem Spannen zugrunde zu legenden Höchstzüge derart festlegen zu können, daß keines der Metalle über das zulässige Maß beansprucht wird, und 2. um für das als Einheit aufgefaßte Verbundseil elastische und Wärme-Dehnungszahlen festlegen zu können, die analog den Einmetalleitern Zustandsänderungen beurteilen lassen.

Die Beurteilung der Aufteilung eines ausgeübten Zuges auf die zwei Metalle erfordert u. a. Rücksichtnahme auf die zwischen diesen wirkenden Reibungskräfte. Es darf angenommen werden, daß diese eine relative Verschiebung der zwei Metalle gegeneinander nicht zulassen, d. h. das Verbundseil bildet eine Einheit, bei welcher beide Metalle zur Aufnahme des Leiterzuges herangezogen werden, auch wenn nur das Tragorgan abgespannt wird. Die gegenteilige Annahme — reibungsloses Gleiten der Aluminiumlagen auf dem Stahlseil — würde besagen, daß das Aluminium nur eine Zusatzlast der Stahlseele darstellt und zu ungünstigen Querschnittsverhältnissen führen, wie sie noch bei vor etwa zwölf Jahren gebauten Stahlaluminiumleitungen angewandt wurden.

Als Ausganszustand für die mechanische Berechnung eines Verbundseiles ist das keiner Außenbeanspruchung ausgesetzte Seil bei der Verseiltemperatur t_v zu betrachten.

Es seien folgende Bezeichnungen eingeführt:

σ_{alv}, σ_{stv}, σ_v,	die spezifischen Züge im Aluminiumleiter, in der Stahlseele und in dem als Einheit aufgefaßten Verbundseil nach erfolgtem Verseilen (Verseiltemperatur t_v),
σ_{al}, σ_{st}, σ,	die gleichen Züge bei einer beliebigen Temperatur,
E_{al}, E_{st}, E,	die Elastizitätsmasse der gleichen Leiterteile, bzw. des Leiters,
ε_{tal}, ε_{tst}, ε_t,	deren Wärmedehnungszahlen,
q_{al}, q_{st}, q,	deren Querschnitte,
γ_{al}, γ_{st}, γ,	deren spezifische Gewichte in kg/m/mm²,
$\gamma_z = \frac{0{,}18 \cdot \sqrt{d}}{q}$,	die Zusatzlast (wobei q den Querschnitt in mm² und d den Durchmesser des Verbundseiles in mm bedeutet),
$n = \frac{q_{al}}{q_{st}}$,	das Querschnittsverhältnis.

Zwischen den spezifischen Zügen in den zwei Werkstoffen besteht die Beziehung

$$\frac{\sigma_{alv}}{\sigma_{stv}} = \frac{E_{al}}{E_{st}}. \tag{46}$$

Infolge der Gleichheit der Verlängerungen des gespannten Seiles ist bei Übergang von t_v auf t

$$(t_v - t) \cdot \varepsilon_{tal} + \frac{\sigma_{alv} - \sigma_{al}}{E_{al}} = (t_v - t) \cdot \varepsilon_{tst} + \frac{\sigma_{stv} - \sigma_{st}}{E_{st}}. \tag{47}$$

Gl. (46) und (47) ergeben

$$\left.\begin{aligned} \sigma_{al} &= E_{al} (t_v - t) \cdot (\varepsilon_{tal} - \varepsilon_{tst}) + \frac{E_{al}}{E_{st}} \cdot \sigma_{st}, \\ \sigma_{st} &= E_{st} (t_v - t) \cdot (\varepsilon_{tst} - \varepsilon_{tal}) + \frac{E_{st}}{E_{al}} \cdot \sigma_{al}. \end{aligned}\right\} \tag{48}$$

Unter Begründung der beim Verseilen gebräuchlichen Vorgänge bezweifelt Krautt[19] berechtigterweise, daß das Verbundseil spannungslos verseilt wird. Mit Rücksicht auf die dem Seilspannen zugrunde gelegten hohen Sicherheiten und auf die Unmöglichkeit, die Verseilspannungen richtig zu erfassen — diese hängen von den jeweils angewandten fabrikatorischen Maßnahmen ab —, sei die Annahme zugelassen, daß die Verbundseile frei von inneren Spannungen verseilt werden. Erfährt das ungespannte Seil eine Temperaturänderung, so kann aus der Kraft P_w, die sich der Wärmedehnung widersetzt,

$$P_w = (\varepsilon_{tal} - \varepsilon_t) \cdot (t_v - t) \cdot E_{al}\, q_{al} = -(\varepsilon_{tst} - \varepsilon_t) \cdot (t_v - t) \cdot E_{st}\, q_{st} \tag{49}$$

die Wärmedehnungszahl des Verbundseiles

$$\varepsilon_t = \frac{\varepsilon_{tal} \cdot E_{al} \cdot n + \varepsilon_{st} \cdot E_{st}}{n \cdot E_{al} + E_{st}} \tag{50}$$

errechnet werden.

Definitionsgemäß ist

$$\sigma = \frac{\sigma_{al} \cdot q_{al} + \sigma_{st} \cdot q_{st}}{q};$$

ferner ist

$$\frac{\sigma}{E} = \frac{\sigma_{al}}{E_{al}} = \frac{\sigma_{st}}{E_{st}};$$

hieraus läßt sich das Elastizitätsmaß des Verbundseiles zu

$$E = \frac{n \cdot E_{al} + E_{st}}{n + 1} \tag{51}$$

errechnen.

Schließlich errechnen sich σ_{al} und σ_{st} bei bekanntem σ bei der Verseiltemperatur zu

$$\left.\begin{aligned} \sigma_{al} &= \frac{n + 1}{n + \frac{E_{st}}{E_{al}}} \cdot \sigma, \\ \sigma_{st} &= \frac{n + 1}{n \frac{E_{al}}{E_{st}} + 1} \cdot \sigma. \end{aligned}\right\} \tag{52}$$

Bei einer anderen Temperatur sind von diesen Werten die Zusatzbeanspruchung σ_{alz} und σ_{stz} hinzuzufügen oder abzuziehen, die sich aus Gl. (49) errechnen zu

$$\left.\begin{aligned} \sigma_{alz} &= \frac{P_w}{q_{al}} = (\varepsilon_{tal} - \varepsilon_t) \cdot (t_v - t) \cdot E_{al}, \\ \sigma_{stz} &= \frac{P_w}{q_{st}} = (\varepsilon_t - \varepsilon_{tst}) \cdot (t_v - t) \cdot E_{st}. \end{aligned}\right\} \tag{53}$$

Bittler[51] hat unter Berücksichtigung der höheren Empfindlichkeit des Aluminiums gegen Überbeanspruchungen folgende Beziehung für die rechnerische Verfolgung der Zustandsänderungen abgeleitet:

$$\frac{(n\,\gamma_{al} + \gamma_{st})^2 \,.\, a^2}{24\left[\left(\frac{E_{st}}{E_{al}} + n\right)\sigma_{al} + (t - t_v)\,.\,(\varepsilon_{tal} - \varepsilon_{tst})\,.\,E_{st}\right]^2} - \frac{\sigma_{al}}{E_{al}} = \\ = \frac{\gamma_0^2\, a^2}{24\,\sigma_0^2} - \frac{\sigma_{al\,0}}{E_{al}} + (t - t_v)\,\varepsilon_{tal} \tag{54}$$

und für die kritische Spannweite

$$a_{\mathrm{kr}} = \sqrt{\frac{360\,.\,\varepsilon_{tal}}{\left(\frac{\gamma_0}{\sigma_{-5}}\right)^2 - \left(\frac{\gamma}{\sigma_{-20}}\right)^2}}\,; \tag{55}$$

hierbei ist

$$\sigma_{-5} = \frac{\sigma_{al\,\max} \cdot q_{al} + \sigma_{st-5} \cdot q_{st}}{q} \tag{56}$$

und

$$\sigma_{-20} = \frac{\sigma_{st-20} \cdot q_{st} + \sigma_{al\,\max} \cdot q_{al}}{q}\,.$$

Für die vom VDE festgelegten Kennwerte der zwei Leiterwerkstoffe ergeben die Gl. (50) und Gl. (51) für das genormte Querschnittsverhältnis $n = 6$

$$\varepsilon_t = 1{,}88\,.\,10^{-5}$$

und

$$E = 7750$$

und wurden mit $\varepsilon_t = 1{,}95\,.\,10^{-5}$ und $E = 7500$ festgelegt. Bei dem im Stahlaluminiumseil nach VDE zugelassenen Höchstzug von 11 kg/mm² ergeben sich die spezifischen Höchstzüge im Aluminium ohne Berücksichtigung der Zusatzspannungen nach Gl. (53) zu 8, im Stahl zu 29 kg/mm².

Für das der Durchhangsberechnung (s. Punkt 5) zugrunde gelegte Stahlaluminiumseil Nr. 120 sei vorausgesetzt, daß das Seil bei $+10°$ ohne innere Spannungen verseilt und bei der gleichen Temperatur mit der dort nachgewiesenen Spannung von 5,36 kg/mm² verlegt wurde ($a = 250$ m). Die kritische Spannweite errechnet sich nach Gl. (55) zu $a_{\mathrm{kr}} = 122$ m (statt 119,5 m nach der Gleichung der Einmetalleiter). Ausgehend vom Zustand $\sigma_0 = 5{,}36$ kg/mm², $\sigma_{al\,0} = 3{,}9$ kg/mm$_2$, $t_0 = +10°$ errechnet sich nach Gl. (54) der Zug in den Aluminiumlagen bei $-5°$ + Eis zu $\sigma_{al} = 8{,}25$ kg/mm². Wird angenommen, daß ohne Berücksichtigung der Wärmezusatzspannungen der Zug im Aluminium 8 kg/mm² beträgt, so errechnet sich nach Gl. (56) die Spannung bei $-5°$ zu 8,29 kg/mm².

Literaturverzeichnis.

1. Werner: Über Hohlseile. Siemens-Jahrbuch 1927, S. 11.
2. Fuchs u. Rieks: Herstellung und Verlegung der ersten Hohlseilleitung für 220/380 kV. S. Z. 1927, H. 10, S. 648.
3. Berling: Geschichtliches über die Entwicklung der Verbindungen der Großkraftwerke untereinander durch Hohlseilstrecken. F. u. G. Carlswerk-Rundschau, Juli 1927, H. 1.
4. Malamud: Montage von 220- und 380-kV-Leitungen. A.E.G. Mitt. 1927, H. 1, S. 11.
5. Dahl: Einlagenhohlleiter ohne Innenkonstruktion für höchste Spannungen. Bull. Schw. El. Verein 1927, H. 7, S. 409.
6. Rißmüller: Boulder Dam. ETZ 1937, H. 10, S. 265.
7. Notable features of the Boulder Dam-Los Angeles Power system: The transmission line. The Electric Journal 1936, H. 11.
8. Schmitt u. Lux: Aluminium in der Elektrotechnik. Aluminium 1934, H. 9, S. 5.

9. Gröbl u. Glasser: Entwicklung der Seilbauarten und ihre Bewährung im Freileitungsbau. ETZ 1936, H. 48, S. 1388.
10. Gröbl u. Wagner: Das drehungsfreie Seil für Hochspannungs-Freileitungen. El. Wirtsch. 1934, H. 11, S. 219.
11. Gröbl: Die Dehnungsarbeit an Seilen. ETZ 1930, H. 49, S. 1669, und H. 50, S. 1713.
12. Planung und Bau von Freileitungen. El. Wirtsch. 1934, H. 24, S. 491.
13. Preiswerk: Schwingungsfreie Seile für Freileitungen. ETZ 1934, H. 50, S. 1225.
14. Remold u. Meeder: Selbsttragende Luftkabel und ihre Verwendung unter Berücksichtigung technischer und wirtschaftlicher Gesichtspunkte. S. Z. 1936, H. 11, S. 438.
15. Vereinigte Aluminiumwerke A. G. Lautawerk und J. W. Hofmann: Aluminiumfreileitungen, ein Hilfsbuch für die Planung und den Bau von Starkstromfreileitungen. Berlin: Aluminium-Zentrale. 1936.
16. Schmitt: Die ältesten Aluminiumleitungen. ETZ 1934, H. 7, S. 169.
17. Fuchs: Aldrey. S. Z. 1929, H. 3, S. 153.
18. Aldrey, ein neuer Freileitungsbaustoff. S. Z. 1928, H. 3, S. 236.
19. Krautt: Stahlaluminiumseile für Hochspannungsfreileitungen. E. u. M. 1923, H. 7, S. 113.
20. Röhrig u. Schönherr: Eigenartige Zerstörung eines Stahlaluminiumseiles. ETZ 1934, H. 33, S. 813.
21. Weidig: Leistungsverluste in Stahlaluminiumseilen. ETZ 1926, H. 17, S. 505.
22. Spielhagen: Leistungsverluste in Stahlaluminium-Hohlseilen. ETZ 1927, H. 43, S. 1549.
23. Neumann u. Zaitzeff: Paramètres électriques des câbles tordus en aluminium-acier. Cigré 1935, S. 236.
24. Zusätzliche Verluste in Stahl-Aluminiumseilen. F. u. G. Carlswerk-Rundschau, März 1936, H. 17/18, S. 51.
25. Koetzold: Über Rauhreiferfahrungen im deutschen Mittelgebirge und ihre Anwendung bei Freileitungsneubauten. ETZ 1937, H. 1, S. 1, und H. 2, S. 34.
26. Schmitt: Über den Einfluß von Kurzschlußströmen auf die Festigkeit und Leitfähigkeit hartgezogener Drähte. ETZ 1928, H. 18, S. 684.
27. Hort: Die Differentialgleichungen des Ingenieurs. Berlin: Julius Springer. 1925.
28. Maurer: Die Berechnung der Freileitungen mit Rücksicht auf die mechanischen Verhältnisse der Leiter. Bull. Schw. El. Verein 1936, H. 2, S. 41, und H. 3, S. 65.
29. Schmidt: Die Berechnung des Durchhanges und der Beanspruchung von Freileitungen an ungleich hohen Aufhängepunkten. ETZ 1928, H. 6, S. 208.
30. Langhard: Beitrag zur Berechnung von Freileitungen, insbesondere von Weitspannungsleitungen mit großen Höhenunterschieden. Bull. Schw. El. Verein 1928 H. 12, S. 398.
31. Bittler: Neues Verfahren zur Berechnung der Seildurchhänge. ETZ 1925, H. 33 S. 1225.
32. Regli: Berechnung des Durchhanges und der Beanspruchung von Freileitungen. ETZ 1929, H. 43, S. 1557.
33. Weil: Beanspruchung und Durchhang von Freileitungen. Berlin: Julius Springer. 1911.
34. Silva: Contribution à l'étude mécanique des lignes aériennes d'après les lois de la chaînette. Rev. Gen. de l'Electr. 1930, H. 6, S. 195, und H. 7, S. 242.
34a. Nather u. Petroni: Durchhangsberechnung für schlaff gespannte Freileitungsfelder von beliebigem Steigungswinkel. Techn. Mitt. schweiz. Teleph.- u. Telegr.-Verwaltung 1938, S. 26.
35. Regli: Beitrag zur Berechnung der Freileitung. ETZ 1931, H. 37, S. 1174.
36. Oettl: Graphisches Verfahren zur Spannungs- und Durchhangsermittlung von Freileitungen. E. u. M. 1934, H. 1, S. 7; enthält ausführliche Literaturangabe.

37. Truxa: Schaulinien zur raschen Ermittlung des Durchhanges und der Beanspruchung von Leitungsseilen. E. u. M. 1923, H. 34, S. 493.
38. Krzyzanowski: Über den Einfluß von Isolatorenketten auf die Beanspruchung und den Durchhang im Spannfeld. E. u. M. 1917, H. 41, S. 489.
39. Guerndt: Ermittlung des Durchhanges von Freileitungen an schweren Abspannisolatoren. ETZ 1922, H. 5, S. 137.
40. Truxa: Beitrag zur Berechnung von schiefen Einzelspannfeldern und von Spannfeldern mit Abspannketten. E. u. M. 1924, H. 33, S. 501.
41. Kohler: Der Einfluß ungleicher Spannweiten auf Zugspannung und Durchhang von Freileitungen mit Stützisolatoren. E. u. M. 1935, H. 48, S. 565.
42. Markt: Freileitungen an Hängeisolatoren. ETZ 1924, H. 24, S. 620.
43. Truxa: Freileitungen mit Hängeketten im Gebirgsgelände. E. u. M. 1925, H. 11, S. 189.
44. Langhard: Beitrag zur Berechnung von Freileitungen. ETZ 1928, H. 32, S. 1181.
45. Strand: Über ungleichmäßig verteilte Zusatzlast bei Hochspannungsleitungen mit Hängeisolatoren. ETZ 1931, H. 10, S. 316.
46. Haberland: Der Durchhang von Freileitungen mit örtlicher Zusatzlast. ETZ 1932, H. 13, S. 308.
47. Kammüller: Die Beanspruchung der Leitungsmaste bei Seilriß. Der Stahlbau 1928, H. 12.
48. Kuusinen: Berechnung der Durchhänge an Hängeketten befestigter Leitungen mit lokaler Zusatzlast bzw. nach erfolgtem Leitungsbruch. E. u. M. 1930, H. 23, S. 561.
49. Baum: Die verschiedenen Freileitungsbaustoffe und deren Sicherheitsverhältnisse. F. u. G. Carlswerk-Rundschau, Dezember 1928, S. 13.
50. Berling: Ausspannversuche mit Stahl-Aluminiumseilen. F. u. G. Carlswerk-Rundschau, November 1927, H. 2.
51. Bittler Berechnung der Durchhänge von Stahl-Aluminiumseilen. B. B. C. Mitt. 1922, H. 2, S. 40.

B. Die Isolatoren.

Als das Verbindungsglied des stromführenden Leiters und des geerdeten Mastes bestimmt der Isolator die elektrische Festigkeit einer Leitung. Er ist im Betrieb gleichzeitig mechanischen und elektrischen Beanspruchungen ausgesetzt. Während die mechanische Festigkeit den auf den Leiter wirkenden Kräften gegenüber (Leiterzug, -gewicht, Winddruck), als Kriterium für die Beurteilung des Isolators herangezogen, keiner weiteren Definierung bedarf, müssen bezüglich der elektrischen Festigkeit eines Isolators folgende drei Ursachen von elektrischen Beanspruchungen unterschieden werden: 1. die elektrischen Betriebsgrößen, 2. die Überspannungen atmosphärischen Ursprunges (Stoßspannungen) und 3. die hochfrequenten Schwingungen. Das Verhalten des Isolators den elektrischen Betriebsgrößen gegenüber und seine mechanische Festigkeit gelten nach den bestehenden Vorschriften hauptsächlich als Kriterien für die Beurteilung seiner Eignung und werden den geforderten Prüfungen zugrunde gelegt. Soweit nur dieses Verhalten in Betracht gezogen wird, stellt die Erzeugung der Isolatoren einen praktisch abgeschlossenen Abschnitt der Techik dar: bei den hervorragenden Eigenschaften des Materials und der zweckmäßigen Formgebung kann jeder angestrebte elektrische und mechanische Sicherheitsgrad mit günstigen Isolatorengewichten und -abmessungen erzielt werden; grundlegende Neuerungen dürften kaum noch gewärtigt werden, weitere Fortschritte sind nur mehr schrittweise zu erzielen, denn neue Formgebung, neues Material usw. können Abmessungen und Gewichte der Isolatoren nicht nennenswert beeinflussen, die durch die Durchschlagfestigkeit der Luft, bzw. durch die Betriebsspannung beherrscht werden. Die weitere Entwicklung der Isolatorentechnik wird nunmehr hauptsächlich durch die Überspannungserscheinungen beherrscht, deren Erfassung, insbesondere infolge der kurzen Dauer — wenige μs — eingehende Forschertätigkeit voraussetzt. Außer diesen ist den hochfrequenten Ausgleichsvorgängen, die bei Resonanz von Kapazität und Induktivität einzelner Anlageteile auftritt, eingehende Aufmerksamkeit zu schenken.

Der hohe Grad der Entwicklung der Isolatorentechnik, auch in diesen zwei Richtungen, ist den eingehenden und umfangreichen Laboratoriumsversuchen, insbesondere der deutschen Porzellanindustrie zu verdanken, welche die Vorgänge am Isolator zu erfassen und Wege zu deren Beherrschung zu weisen wußten. Es sei auf die von der Hescho-Hermsdorf-Schomburg Isolatoren Ges., der Porzellanfabrik Ph. Rosenthal & Co. und von der Steatit Magnesia A. G. laufend herausgegebenen Mitteilungen hingewiesen, welche in die wissenschaftliche Forschertätigkeit dieser Werke Einblick gewinnen lassen.

1. Die Werkstoffe.

Als solche kommen ausschließlich keramische Baustoffe in Frage (Hartporzellan, Steatit, Melalith); die Versuche, das Glas als Isolatorenwerkstoff einzuführen, scheiterten an seiner Sprödigkeit bei Temperaturänderungen; außerdem kann es nicht frei von inneren Spannungen hergestellt werden.

Als plastischer Grundstoff des Isolatorenbaustoffes wird entweder Kaolin, Speckstein oder beide verwendet. Diese Baustoffe stellen infolge ihrer hohen elektrischen Festigkeit, der großen Härte und mechanischen Widerstandsfähigkeit, ihrer chemischen Beständigkeit — sie werden weder durch die bei elektrischen Entladungen entstehenden Stickoxyde und Ozon, noch durch die Atmosphärilien angegriffen — vollkommen zufriedenstellende Werkstoffe dar.

Das Isolatorenporzellan[1–3] wird aus Kaolin, Feldspat und Quarz im Mischungsverhältnis etwa 2 : 1 : 1 erzeugt. Diese Stoffe werden in Kugelmühlen fein gemahlen, gemischt, in Filterpressen entwässert und auf Schlagmaschinen durchgeknetet. Im Zuge des Herstellungsverfahrens werden die Isolatoren auf der Drehscheibe abgedreht, in Trockenkammern getrocknet und hierauf durch 30—45 Stunden bei 1350—1450° gebrannt und glasiert.

Das Isolatorenporzellan weist folgende mechanische und elektrische Werte auf: spez. Gewicht 2,3—2,5, Druckfestigkeit 4—5,5 t/cm^2, Zugfestigkeit 300 bis 500 kg/cm^2, Biegefestigkeit 500—1000 kg/cm^2; die kleinsten dieser mechanischen Festigkeitswerte gelten für unglasiertes, die größten Werte für glasiertes Porzellan, Schlagbiegefestigkeit 2—2,2 cmkg/cm^2, lineare Ausdehnungszahl 2,5 bis 4,5 . 10^{-6}, Isolationswiderstand in Ω . cm: bei 300° 3,2 . 10^7, bei 400°. . .2.10^6, bei 500°. . .2.10^5, Durchschlagsfestigkeit 34—38 kV/mm, Dielektrizitätskonstante 5,8, Verlustwinkel tgϑ bei 50 Hz. . .170—200.10^{-4}, bei 12000 Hz. . .70—120.10^{-4}. Ermüdungserscheinungen, d. h. Festigkeitsverminderungen treten erst bei mechanischen Beanspruchungen, die 10—20% unterhalb der statischen Bruchgrenze liegen, auf.

Die Eigenschaften des Porzellanisolators werden fühlbar durch jene des Bindemittels bei mehrteiliger Ausführung und des Mittels für die Befestigung der Armaturteile und schließlich durch die Glasur beeinflußt. Von den Bindemitteln muß gefordert werden, daß sie eine den verbindenden Teilen angepaßte Dehnung aufweisen und daß sie keinen zeitlichen Änderungen unterworfen sind. Unverwendbar sind die einen „Treiber" (Kalk, Gips, Magnesium) enthaltenden Kittarten, da dieser nach Beendigung des Abbindevorganges infolge chemischer Umsetzung sein Volumen ändert. Die verwendeten Kittarten werden aus gemagertem Zement hergestellt, dessen Dehnung und Raumbeständigkeit durch die Gattung und Menge der Zusatzstoffe (fein gemahlenes Quarzglas, Porzellangries, Sand, Pech) unter Anwendung besonderer Zubereitungsverfahren beeinflußt wird.[4,5] Außerdem kann an den Kittflächen ein nachgiebiger Schutzanstrich vorgesehen werden.

Die Isolatoren werden sowohl mit weißer als auch mit farbiger Glasur hergestellt. Üblich sind braune und grüne Glasur. Irgendwelche Nachteile für das Porzellan infolge der mit der dunklen Farbe verbundenen Wärmeaufnahme sind nicht beobachtet worden.

Das von der Steatit-Magnesia A. G. in Holenbrunn erzeugte Steatit[6,7] verwendet als plastischen Grundstoff den Speckstein (wasserhaltige Magnesiumsilikate). Die Masse wird nach einem eigenen Trockenpressungsverfahren hergestellt. In elektrischer Beziehung weist das Steatit im allgemeinen die Kennwerte des Porzellans auf, in mechanischer Beziehung ist es diesem überlegen (Druckfestigkeit 8,5—9,5 t/cm², Zugfestigkeit 550—850 kg/cm², Biegefestigkeit 1200—1400 kg/cm², Schlagbiegefestigkeit 3,5—4,5 cmkg/cm²) bei einem etwas größeren spez. Gewicht (2,75). Es eignet sich daher besonders für Isolatorentypen, an welche große mechanische Anforderungen gestellt werden (Vollkernisolatoren, Stabisolatoren).

Melalith ist ein von der Steatit-Magnesia A. G. erzeugtes Hartporzellan, das teilweise den Speckstein als plastischen Werkstoff heranzieht.

2. Die Bauformen.

a) **Die Stützenisolatoren.** In Anlehnung an die Bauart der Niederspannungsisolatoren wurde der Stützenisolator für Hochspannung, auch Deltaisolator genannt, entwickelt, der durch das Vorhandensein mehrerer Schirme gekennzeichnet ist und vom VDE für Betriebsspannungen bis 35 kV in verschiedenen Bauformen genormt wurde. Er wird jedoch in laufender Fabrikation auch für höhere Spannungen erzeugt. Nach diesen Normen können die Isolatoren ein- oder mehrteilig ausgeführt werden, in letzterem Fall werden die Bestandteile des Isolators entweder zusammengekittet oder aufeinander gehanft.

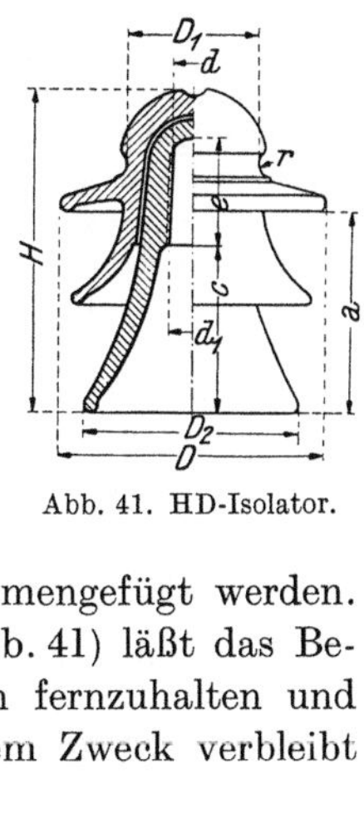

Abb. 41. HD-Isolator.

Das Zusammenhanfen der Isolatorteile erfolgt durch langsträhnigen ölgetränkten Hanf; die zusammengehanften Bestandteile des Isolators können voneinander getrennt werden; unversehrt gebliebene Teile von beschädigten Isolatoren müssen der weiteren Verwendung nicht entzogen werden und können ohne besondere Behelfe durch das Hanfen zusammengefügt werden.

Die Ausgangsform dieser Bauart (Isolatorentype HD, Abb. 41) läßt das Bestreben erkennen, Biegungsbeanspruchungen vom Porzellan fernzuhalten und diese durch die Eisenstütze aufnehmen zu lassen. Zu diesem Zweck verbleibt die Isolatorenrille unter der Oberkante der Eisenstütze. Hierdurch wird wohl das Porzellan nur auf Druck beansprucht, es ergibt sich jedoch eine verhältnismäßig große Kopfhöhe, ohne daß diese zur Erhöhung des Isolationswertes beiträgt, und es verläuft der kleinste Durchschlagsweg an der mechanisch am höchsten beanspruchten Stelle.

Die nachfolgende Zahlentafel läßt die genormten Größen erkennen (Din VDE 8002):

Zahlentafel 7.

Type		Betriebs-spannung U * in kV	D	D_1		D_2	H	a	c		d	d_1	e	r	Bruchlast t min.	
einteilig	mehrteilig			einteilig	mehrteilig				einteilig	mehrteilig					einteilig	mehrteilig
HD 6e	—	6—10	120	65	—	95	130	70	60	—	28	31	50	9	1,3	—
HD 10e	m	10—15	135	70	80	110	145	82	68	65	28	31	55	9	1,5	1,2
HD 15e	m	15—20	150	70	80	120	165	95	83	78	28	31	60	9	1,7	1,4
HD 20e	m	20—25	175	85	90	145	205	125	113	108	28	32	65	10	2,0	1,7
HD 25e	m	25—30	205	90	100	165	240	150	130	125	32	36	80	10	2,3	2,0
HD 30e	m	30—35	230	100	115	185	280	180	158	153	38	43	90	10	2,5	2,2
HD 35e	m	35	260	105	135	210	320	210	185	180	40	45	100	12	2,7	2,4

Eingehende Versuche der Porzellanerzeuger haben bewiesen, daß das Porzellan eine ausreichende Biegungsfestigkeit aufweist, um den Leiterzug auch dann aufzunehmen, wenn die Stütze nicht über die Isolatorenrille ragt. Diese Erkenntnis führte zur Erzeugung und schließlich zur Normung der durchschlagsicheren Stützenisolatoren verschiedener mechanischer Festigkeiten. Unter diesen seien vorerst die Weitschirmisolatoren Form HW des VDE (Abb. 42) erwähnt.

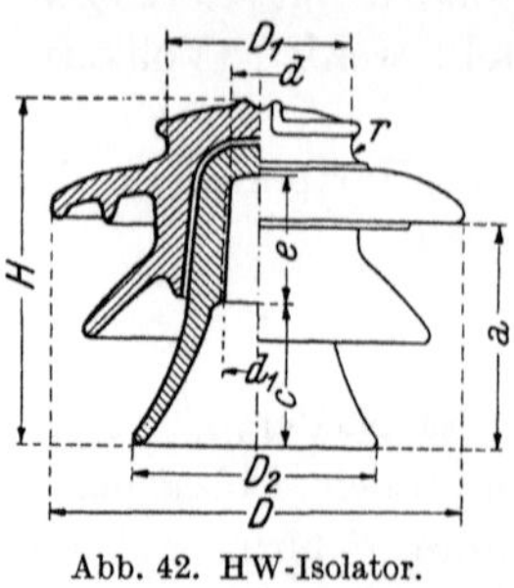

Abb. 42. HW-Isolator.

Durch die Anordnung der Halsrille unter dem oberen Ende der Isolatorenstütze ergibt sich eine gedrängtere, niedrigere Bauart. Um zu vermeiden, daß durch diese die Überschlagsfestigkeit vermindert wird, wurde die äußere Form des Isolators der elektrischen Feldverteilung angepaßt: Die Umrisse des eigentlichen Isolatorenkernes wurden so weit als möglich in die Richtung der Kraftlinien zwischen Leitungsdraht und Stütze verlegt, die Regenmäntel wurden dazu senkrecht, in Äquipotentialflächen angeordnet. Hierdurch ergibt sich längs der Isolatorenoberfläche eine sehr günstige Spannungsverteilung, durch welche Überbeanspruchungen der Luft in den Hohlräumen zwischen den Mänteln sowie vorzeitige Glimmentladungen und Gleitfunken vermieden werden. Durch die verstärkte Halsrille ergibt sich eine erhöhte mechanische Festigkeit. Um diese auf die übrigen Teile des Isolators zu erweitern, wurde die Wandstärke der Schirme ebenfalls verstärkt. Die Biegungsfestigkeit des Weitschirmisolators ist um etwa 50% höher als jene des HD-Isolators, wobei jedoch diese Überlegenheit für die Praxis weniger wertvoll ist — die Belastungsfähigkeit eines Stützenisolators wird durch die stets geringere Festigkeit der Stütze begrenzt — als die durch die größere Wandstärke gegebene größere Festigkeit gegen mechanische Stöße, Steinwürfe usw.

Die Zahlentafel 8 läßt die genormten Größen dieser Isolatorentype erkennen (Din VDE 8003):

* Der kleinere Wert gilt unter der Voraussetzung der Anwendung der schärferen Bedingung für die elektrische Festigkeit nach VDE, der größere Wert für die zugelassene geringere Festigkeit (s. 3a).

Zahlentafel 8.

Type		U * in kV	D	D_1		D_2	H	a	c		d	d_1	e	r	Bruchlast t min.	
einteilig	mehrteilg			einteilig	mehrteilig				einteilig	mehrteilig					einteilig	mehrteilig
HW 6e	m	6—10	125	65	—	70	90	40	27	—	28	30	43	9	1,3	—
HW 10e	m	10—15	150	70	—	80	105	50	36	—	28	31	45	9	1,5	—
HW 15e	m	15—20	190	90	90	110	140	75	51	51	32	35	58	10	2,1	1,7
HW 20e	m	20—25	215	95	95	120	160	92	63	63	34	37	64	10	2,3	1,9
HW 25e	m	25—30	255	110	110	150	195	123	80	80	36	40	75	10	2,8	2,3
HW 30e	m	30—35	290	130	130	170	235	154	98	98	40	45	87	10	3,0	2,5
HW 35e	m	35	330	140	140	200	275	192	122	122	44	49	97	11	3,2	2,7

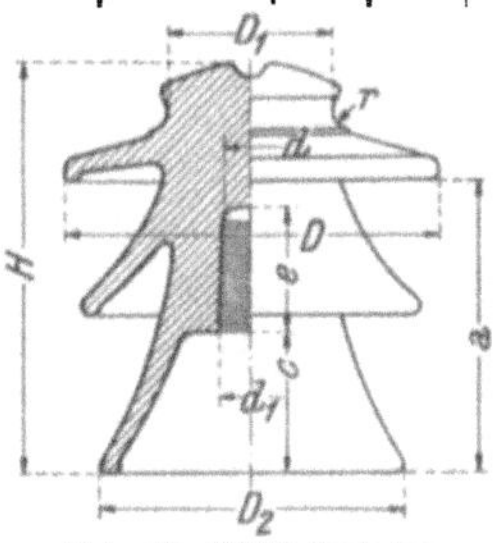

Abb. 43. VHD-Isolator.

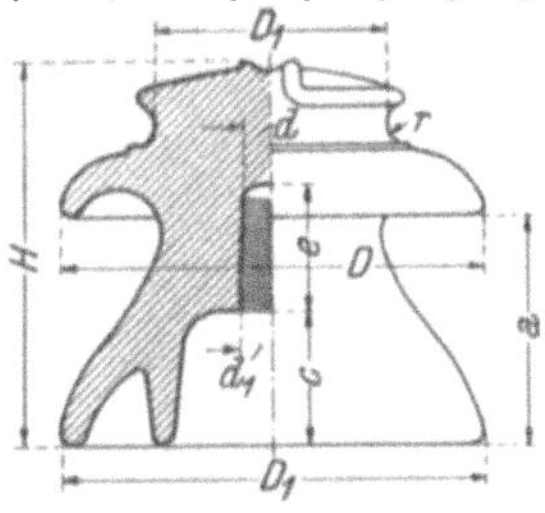

Abb. 44. VHW-Isolator.

Außer diesen Isolatorenarten hat der VDE noch folgende Typen genormt: die VHD-Isolatoren (Abb. 43) mit weiter gesteigerter Durchschlagsfestigkeit nach folgender Zahlentafel (Din VDE 8004):

Zahlentafel 9.

Type	U *	D	D_1	D_2	H	a	c	d	d_1	e	r	Bruchlast t min.
VHD 10	10—15	135	70	110	130	82	32	28	31	55	9	0,8
VHD 15	15—20	150	70	120	150	95	36	28	31	60	9	0,9
VHD 20	20—25	175	85	145	185	125	57	28	32	65	10	1,0
VHD 25	25—30	205	90	165	215	153	70	32	36	75	10	1,1
VHD 30	30—35	230	100	185	250	180	85	38	43	90	10	1,2
VHD 35	35	260	107	210	290	210	110	40	45	100	12	1,3

und die VHW-Type (Abb. 44) mit gleichzeitig erhöhter Festigkeit gegen mechanische Stöße, Steinwürfe usw. nach folgender Zahlentafel (Din VDE 8005):

Zahlentafel 10.

Type	U *	D	D_1	D_2	H	a	c	d	d_1	e	r	Bruchlast t min.
VHW 10	10—15	160	110	160	135	66	30	28	31	55		1,3
VHW 15	15—20	180	120	180	155	85	30	28	31	65		1,4
VHW 20	20—25	200	120	200	170	95	40	28	32	70	10	1,5
VHW 25	25—30	230	125	230	200	120	60	32	36	75		1,6
VHW 30	30—35	270	125	270	240	150	80	38	43	90		1,7
VHW 35	35	300	135	300	270	170	95	40	45	100		1,8

Bemerkenswert ist die Ausführung der Stützenisolatoren mit eingebranntem Metallbelag auf dem Isolatorkopf (Hescho); dieser unterdrückt die Vorentladungen zwischen dem Leiterbund und dem Isolatorkopf und vermeidet Rundfunkstörungen.

* S. Anmerkung der Zahlentafel 7.

Die mechanische Festigkeit der Stützenisolatoren erweist sich den durch die Größe der Bundrille begrenzten Leiterzügen gewachsen, so daß es sich erübrigt, Stützenisolatoren mit abgestufter mechanischer Festigkeit (für Trag-, Winkel-, Abspannmaste u. dgl.) zu erzeugen.

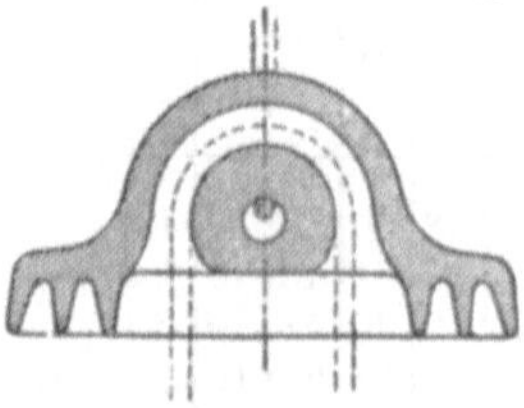

Abb. 45. Schlingenisolator.

Als Baustoff wird ausschließlich Hartporzellan verwendet.

b) **Die Kettenisolatoren (Schlingen-, Kappen-, Doppelkappenisolatoren).** Die Anwendung stets zunehmender Übertragungsspannungen und das Bestreben, die elektrische Festigkeit der Isolatoren tunlichst weitgehend beeinflussen zu können, regte an, Isolatoren zu verwenden, die sich zu Ketten beliebiger Gliederanzahl zusammenbauen lassen; hierdurch ist es auch möglich, durch Hinzufügen weiterer Glieder bestehende Leitungsanlagen für gesteigerte Übertragungsspannungen geeignet zu gestalten.

Die üblichen Bauarten des Kettenisolators lassen sich auf folgende drei Grundformen zurückführen: Schlingenisolatoren, Kappenisolatoren und Vollkernisolatoren (Doppelkappenisolatoren, als besondere Bauart Motorisolatoren).

Die Schlingenisolatoren (Abb. 45), nach dem Erfinder auch Hewlett-Isolatoren genannt, sind durch unsymmetrische Ausführung gekennzeichnet, die Armaturteile sind kettengliederartig untereinander verbunden, im Isolator selbst sind Aussparungen für die Armaturteile vorgesehen. Diese Isolatorenform gilt heute als überholt und wurde hier nur erwähnt, da sie in bestehenden Anlagen noch anzutreffen ist. Sie wurde wegen der schwierigen Erzeugung, der ungünstigen elektrischen Beanspruchung und der Gefährdung der Verbindungsseile bei Lichtbogenbildung verlassen. Vom Gesichtspunkt der nachträglich erkannten Schwingungserscheinungen beurteilt (s. vierter Abschnitt), erweist sich der Schlingenisolator als eine ungünstige Bauform. Aus dem Bestreben, den Kettenisolator als Rotationskörper leicht herzustellen und spannungsfrei durchbrennen zu können, ist der Kappenisolator (Abb. 46) ausgebildet worden.

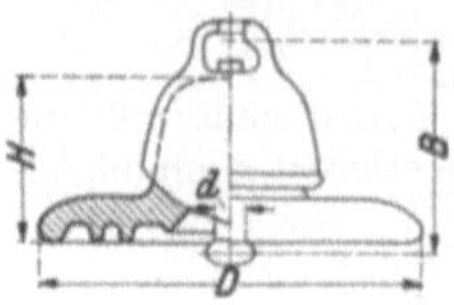

Abb. 46. Kappenisolator.

Diese Type ist durch die Ausstattung mit Kappe und Klöppel gekennzeichnet, die Kappe wird stets als Pfanne zur Aufnahme des Klöppels ausgebildet, der durch einen Splint gesichert wird. Die Kappe wird aus feuerverzinktem Temperguß, der Klöppel aus Stahl hergestellt. Die Kappe wird auf den Porzellankörper gekittet. Der VDE hat diese Type wie folgt genormt (Din VDE 8007):

Zahlentafel 11.

VDE Bez.	Keramischer Teil		Klöppelpfanne, passend zu Ø d	Baulänge B	Bruchlast t min.	Mittlere Bruchlast t	Prüflast t	
	Höhe H	Teller Ø D					1 Minute	1 Stunde
K 1	80	170	11	110	3	5	1,7	2
K 2	100	250	16	135	5	9,5	2,5	3
K 3	120	280	16	170	7	11	3,4	4
K 4	140	280	16	185	8,5	12	4,3	5
K 5	140	280	20	190	10	16	5,3	6,2
K 6	140	350	24	200	12	18	5,7	6,7
K 7	160	350	24	230	18	24	7,2	8,5

Die durch diese Normen festgelegte Ausführung mit halbkugelförmigem Kopf und geripptem Teller (Abb. 46) ergibt ein günstiges elektrisches Verhalten; die mechanische Festigkeit wird durch die Art der Verbindung des Klöppels und des Porzellankörpers und durch das verwendete Bindemittel bestimmt. Bei dem ursprünglich angewandten Einkitten des Klöppels (Untra-Isolator) ergaben sich nur verhältnismäßig geringe mechanische Festigkeitswerte. Wie die Ausfallsziffern solcher Isolatoren beweisen, ist jedoch gegen die Verwendung einer richtig gewählten Kittmischung nichts einzuwenden, sobald der geringeren mechanischen Festigkeit Rechnung getragen wird. Die durch die vorstehende Norm bedingten hohen mechanischen Festigkeiten konnten erzielt werden, indem einerseits Zwischenglieder vorgesehen wurden, welche den Zug im Klöppel als Druck auf den Porzellankörper übertragen, anderseits die Kopfhöhlung des Kappenisolators mit einer geeigneten Bleilegierung ausgegossen wurde („kittlose Verbindungen"). Die fallweise geäußerten Bedenken, daß das Auftreten von Lichtbogen die Bleilegierung zum Schmelzen bringen kann, erwiesen sich als nicht stichhältig.

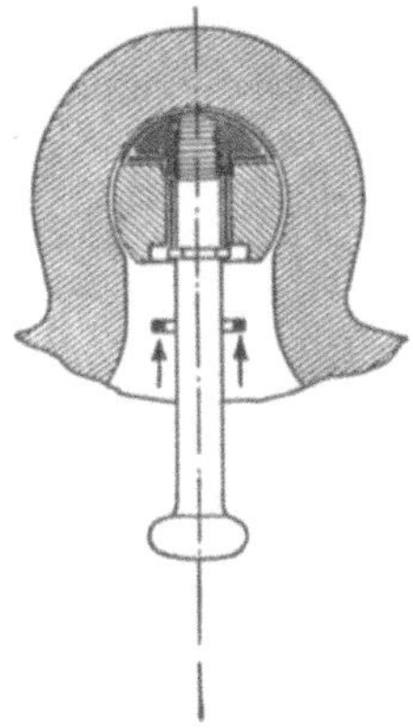

Abb. 47. Klöppelbefestigung beim Kugelkopfisolator.

Nachfolgend seien einige der gebräuchlichsten „kittlosen" Verbindungen aufgezählt:

Die Kugelkopfisolatoren[8] der Hescho: In die Kopfhöhlung des ungebrannten Isolators wird eine fertig gebrannte und nicht mehr schwindbare Porzellankugel mit einer für die nachträgliche Einbringung des Klöppels vorgesehenen Aussparung eingeführt. Bei dem Brennprozeß des Isolators schwindet dieser und die Kugel kann sich in der Höhlung frei bewegen. Besondere Maßnahmen verhindern das Zusammenbacken von Isolator und Kugel. Es wird eine pilzförmige, mit elastischer Pappe umkleidete Eisenmutter eingeführt und die Kugel mit dieser gedreht. Der ebenfalls mit Pappe umkleidete Klöppel wird in die Mutter eingeschraubt und gegen Verdrehen gesichert (Abb. 47);

Die V-Ring-Isolatoren[9, 10] nach den Schutzrechten der S. S. W. durch die Hescho ausgebildet: Der mit einem geschlossenen Ring aus einer Kupferlegierung versehene Klöppel (Abb. 48) wird in die Höhlung eingeführt und dortselbst mit Hilfe eines geeigneten Werkzeuges gespreizt. An Stelle eines geschlossenen Ringes können auch lamellenartige Druckkörper verwendet werden, die, an ein Blech angelötet, in ähnlicher Art durch die Spreizvorrichtung in die schräge Endlage gebracht werden. Die Isolatoren dieser Befestigungsart sind unter der Bezeichnung V-Isolatoren bekannt;

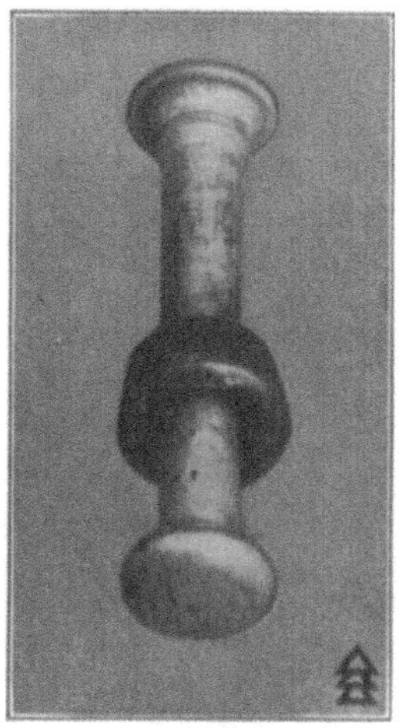

Abb. 48. Klöppel und Ring des V-Ring-Isolators.

Die Federringisolatoren (Bauart der Hermsdorf-Schomburg Isolatoren Ges. und der Steatit-Magnesia A. G.): Als Organ für die Übertragung der Zugkraft dient ein Federring (Abb. 49), der durch Zusammendrücken leicht in die Kopfhöhlung eingeführt werden kann. Der zweite untere Ring dient nur dazu, den oberen Ring bis zum Ausgießen des Klöppelloches festzuhalten.

Die Hescho verwendet bei den Isolatoren K 6 und K 7 zwei Tragringe und einen dritten Ring zur Sicherung; außerdem wird eine fertig gebrannte einteilige kegelförmige Hülse in die Kopfhöhlung des ungebrannten Isolators sowie ein Kranz von Zwischenkörpern zur Vergrößerung der Druckübertragungsfläche eingeführt;

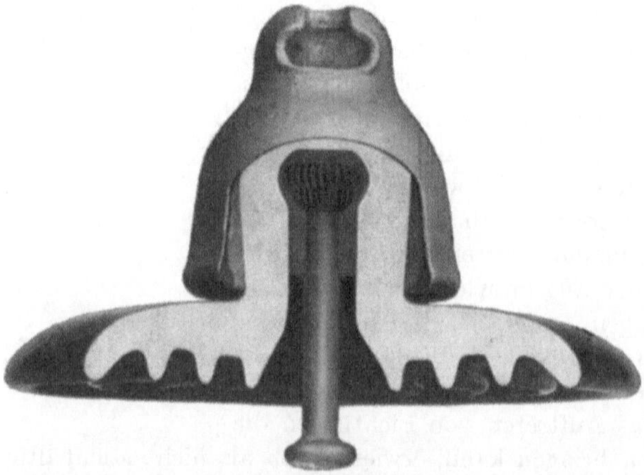

Abb. 49. Federringisolator.

Die Kegelkopfisolatoren[11,12] der Porzellanfabrik Ph. Rosenthal & Co.: Der Klöppel wird am oberen Ende geschlitzt ausgeführt und mit einer Aussparung versehen (Abb. 50). In diese wird der untere zylindrische Teil eines gehärteten Eisenstückes eingeführt. Letzteres setzt sich in einen kegelförmigen Teil fort. Der an seinem Ende vorgewärmte Bolzen und das von ihm umfaßte Eisenstück werden in die Kopfhöhle des Isolators eingeführt. Der Bolzen wird nunmehr unter Verwendung einer Kniehebelpresse unter Druck gesetzt, der das Auseinanderspreizen der Segmente bewirkt, die auf der konisch ausgebildeten Kopfhöhle aufliegen (Abb. 51). Zwischen

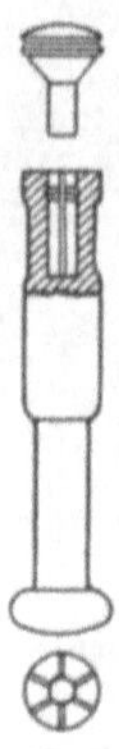

Abb. 50. Klöppel des Kegelkopfisolators.

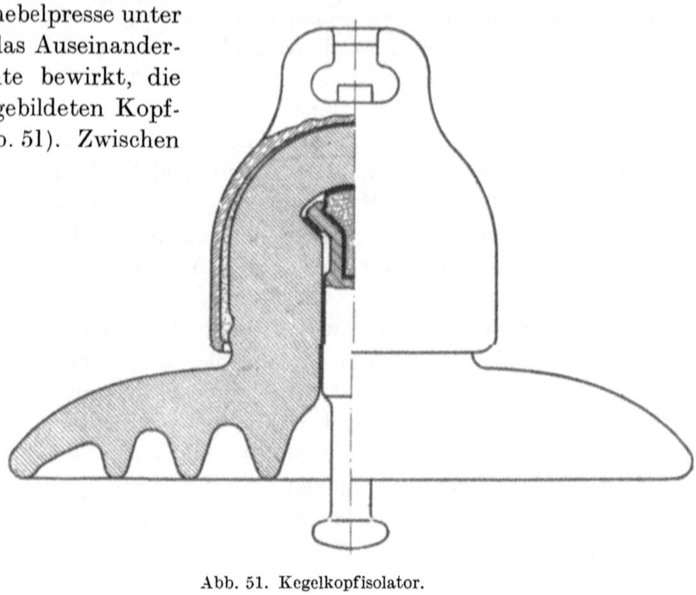

Abb. 51. Kegelkopfisolator.

Eisenkonus und Porzellanwandung wird eine Asbestzwischenlage vorgesehen, zwischen den Segmenten und dem Porzellan eine geeignete Zwischenlage aus Preßtuch und Klingerit, die eine gleichmäßige Flächenpressung bewirkt;

Der Teltow-C-Isolator (Ausführung der Steatit-Magnesia A. G.) verwendet eine geschlossene Buchse, die einen Ring trägt; letzterer wird in die Kopfhöhlung, ersterer in den Hals eingeführt; durch Ausübung eines Zuges von 5 t auf den Klöppel wird der Ring aufgeweitet;

Der Kugelring-Isolator (Ausführung der A. E. G.) verwendet Kugeln als Zwischenglied.[13]

Die Kappenisolatoren werden ausschließlich aus Hartporzellan hergestellt.

Soweit es sich um den Inlandsbedarf des Deutschen Reiches handelt, ist die Verwendung von Blei bei der Herstellung der Klöppelbefestigung der Isolatoren K 1—K 4 verboten. Diese ohne Bleiausguß als gekittete oder ungekittete Isolatoren herzustellenden Kappentypen tragen nunmehr die Bezeichnung K1U—K4U und wurden mit Din VDE 8007U wie folgt genormt (s. obenstehende Zahlentafel 12).

Zahlentafel 12.

VDE Bezeichnung	Bruchlast t min.	Stück-Prüflast t 1 Minute	Dauer-Prüflast t 1 Jahr
K 1 U	2,5	1,5	1,5
K 2 U	4,2	2,1	2,1
K 3 U	6,0	3,0	3,0
K 4 U	7,0	3,6	3,6

Da bei der kittlosen Befestigung die Übertragung der Zugkraft im Klöppel auf den Porzellankörper hauptsächlich durch ein Zwischenglied erfolgt, erfährt diese neue Bauart nur eine relativ geringe Festigkeitsverminderung, die durch den Entfall des Eingusses, bzw. die geringere Festigkeit desselben, bedingt ist. Die Hescho führt die Isolatoren K1U—K4U als gekittete Federringoder Kugelisolatoren aus, die Porzellanfabrik Rosenthal & Co. als ungekittete Kegelkopfisolatoren.[11]

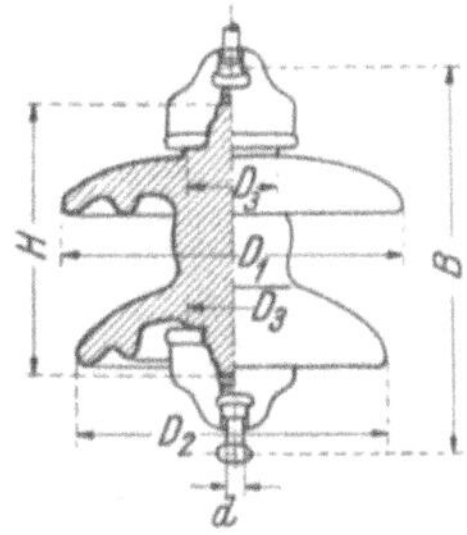

Abb. 52. Vollkernisolator.

Vollkern- (Doppelkappen-) Isolatoren (Abb. 52) beanspruchen das Porzellan nur auf Zug. Unter diesen wird der von der Motor Columbus A. G. vorgeschlagene Isolator am häufigsten verwendet: Der Isolator ist stabförmig ausgebildet, mit Regenschutzmänteln ausgerüstet und besitzt keine Innenarmaturen.

Der VDE hat die Vollkernisolatorentypen wie folgt genormt (Din VDE 8009):

Zahlentafel 13.

VDE Bezeichnung	Keramischer Teil: Höhe H	Keramischer Teil: Tellerdurchmesser D_1	Keramischer Teil: Tellerdurchmesser D_2	Keramischer Teil: Strunkdurchmesser D_3 mind.	Klöppelbolzen u. Klöppelpfannen passend f. Durchmesser d vom Nennmaß	Baulänge B eines Isolators	Bruchlast mind. t	Stück-Prüflast während der 1. Minute t	Stück-Prüflast während der 2. und 3. Minute t	Stunden-Prüflast t
VK 1	140	170	115	50	11	205	3,0	2,6	2,1	2,1
VK 2	170	200	185	60	11	230	3,5	3,0	2,5	2,5
VK 2 v	190	220	220	60	16	275	5,0	4,3	3,5	2,8
VK 3	240	250	250	70	16	325	7,0	5,8	4,8	4,0
VK 4	270	280	280	75	16	360	8,0	6,5	5,5	4,7
VK 5	270	280	280	85	20	375	10,0	8,5	7,0	5,7
VK 6	280	280	280	95	24	400	12,0	10,6	8,8	7,3
VK 7	300	300	300	105	24	420	15,0	12,8	10,5	9,0

Aus dem gleichen Grunde wie für die Kappenisolatoren hat der VDE die Umstellnorm Din VDE 8009U für gekittete Vollkernisolatoren ausgearbeitet:

Zahlentafel 14.

VDE Bezeichnung	Bruchlast t min.	Stückprüflast t während		Dauer-Prüflast t während
		der 1. Minute	der 2. und 3. Minute	1 Jahr
VK 1 U	2,5	2,2	1,9	1,5
VK 2 U	3,0	2,5	2,1	2,1
VK 2 v U	4,2	3,6	3,0	2,1
VK 3 U	5,4	4,5	3,8	3,0
VK 4 U	6,2	5,0	4,3	3,6

Als Werkstoff kommt sowohl Hartporzellan als auch Steatit in Frage.

Eine bemerkenswerte Abart des Vollkernisolators ist der von Lindner in Jecha-Sondershausen entwickelte Doppelklöppelisolator (Abb. 53), dem der Gedanke zugrunde liegt, durch Weglassung der Kappen die gesamte Höhe des Isolators für seine elektrische Widerstandsfähigkeit auszunützen, den Isolator leichter und kapazitätsärmer zu gestalten. Seine Anwendbarkeit beschränkt sich auf die Mittelspannungen.[14]

Abb. 53. Doppelklöppelisolator.

Als weitere Bauart sei der Stabisolator erwähnt, von welchem gewöhnlich eine höhere mechanische Festigkeit gefordert wird, weshalb sich für diesen das Steatit besonders eignet. Die von der Hescho erzeugten Langstabisolatoren aus Porzellan sind für Betriebsspannungen von 50 bis 120 kV geeignet.

Weitere Sonderbauarten der Isolatoren bezwecken, diese für schwierige Betriebsverhältnisse, insbesondere bei Schmutzablagerungen, geeignet zu gestalten.[15,16] Abb. 54 zeigt eine Isolatorenkette der Kappentype der Hescho, deren Glieder einerseits durch das Fehlen der Rippen an der unteren Fläche gekennzeichnet sind, wodurch die Schmutzablagerung vermieden wird, und anderseits schräg angeordnete und gegeneinander verdrehte Teller besitzen, um bei jeder Windrichtung eine teilweise Selbstreinigung zu ermöglichen. Solche Isolatoren eignen sich für Einbau in staubigen Gegenden (Straßenstaub, Kunstdüngerstaub). Weisen die Ablagerungen Neigung zum Zusammenbacken (Zementstaub usw.) auf, so können Isolatoren Verwendung finden, bei welchen zwischen den Schirmen gegen die heranstreichenden Schmutzschwaden geschützte Räume vorgesehen sind. Zur Bekämpfung der Ablagerung von Salz an der Meeresküste hat die Hescho Isolatoren mit tiefen, geschützt liegenden Rippen entwickelt.

Die an den Tragmasten in der Geraden zu verwendenden Isolatorenketten werden als Einfach- oder Doppelhängeketten in senkrechter Lage an den Querarmen des Mastes aufgehängt, während an Winkel-, Abspann- und Endmasten die Ketten in praktisch horizontaler Lage als Einfach- oder Doppelabspannketten befestigt und mit dem vollen Leiterzug beansprucht werden. Soweit die Zugfestigkeit der Hängeketten ausreicht, können diese auch an Winkelmasten bei flachem Leitungswinkel verwendet werden (Abb. 82—85).

Abb. 54. Kette aus Isolatoren für schwierige Betriebsverhältnisse.

Hängeketten und Abspannketten weisen infolge ihrer verschiedenen Lage verschiedenartige elektrische und mechanische Beanspruchungen auf, die ursprünglich zu unterschiedlichen Ausführungsformen der Glieder für diese zwei Kettenarten führten. Laboratoriumsversuche haben jedoch den durch die Praxis erhärteten Nachweis erbracht, daß dieselbe Isolatorenkette in horizontaler und vertikaler Anordnung praktisch die gleiche elektrische Sicherheit aufweist, nur daß bei der horizontal angeordneten Kette die Vorentladungen früher einsetzen. Es wird deshalb nunmehr von der Erzeugung von zwei verschiedenen Bauarten abgesehen und die Einheitstype so entwickelt, daß sie auch in der horizontalen Lage den mechanischen Beanspruchungen gewachsen ist. Hierdurch ergibt sich für die Betriebsführung der Vorteil vereinfachter Lagerhaltung. Es ist jedoch allgemein üblich, die Abspannketten mit einem Glied mehr als die Hängeketten auszurüsten, da sich durch das unter der Abspannkette durchhängende Seil eine höhere elektrische Beanspruchung ergibt und beschädigte Glieder an horizontal angeordneten Ketten schwerer auszuwechseln sind als an senkrechten Ketten, so daß eine höhere Sicherheit angestrebt werden muß; ferner wird hierdurch das vorzeitige Auftreten der Vorentladungen vermieden.

3. Kriterien für die Beurteilung der Isolatoren; Prüfverfahren.

a) **Die Feldverteilung am Isolator.** Wird die einem Isolator, bzw. einer Kette aufgedrückte Spannung einer dauernden Steigerung unterworfen, so treten bei einem durch die Spannungsform und Periodenzahl, durch die Eigenschaften der Luft (Druck, Temperatur, Feuchtigkeit) bestimmten Wert Glimm-, und bei weiterer Spannungssteigerung Büschelentladungen auf. Bei einer Kette setzen diese am Klöppel des untersten Gliedes ein, sie umfassen mit zunehmender Spannung die unteren Glieder der Kette und bilden sich auch an der Kappe des obersten Gliedes aus, um später die oberen Kettenglieder einzuschließen. Die weitere Spannungssteigerung führt schließlich zum Überschlag. Erfolgt dieser durch den Werkstoff des Isolators, so wird er als Durchschlag bezeichnet. Soweit es sich um das durch betriebsfrequente Spannungen erzeugte Feld handelt, findet in der Luft der Überschlag bei den Isolatoren der üblichen Bauformen bei einem niedrigeren Spannungswert statt als der Durchschlag.

Die Höhe der Überschlagsspannung bei gegebenen Eigenschaften der Spannung (Periodenzahl, Spannungsform) ist außer von den atmosphärischen Verhältnissen auch vom Feldlinienverlauf und der Spannungsverteilung am Isolator, bzw. an der Kette abhängig. Hohe elektrische Festigkeit setzt gleich große spezifische Feldverteilung am Isolator voraus.

An die Meßmethoden zur Ermittlung der Feldverteilung ist vor allem die Forderung zu stellen, daß die Meßbehelfe keine fühlbaren Störungen des sich ausbildenden Feldes verursachen. Aus diesem Grunde hat sich die Messung der Feldverteilung nach der Funkenstrecken-, Elektrometer-, Glimmlampenmethode usw. nicht bewährt. Hingegen läßt die nach dem Vorschlage Toeplers[17] von der Hescho ausgebildete „Strohhalmmethode" die Feldverteilung an Isolatoren und Ketten bei Spannungen bei welchen noch keine Vorentladungen auftreten verläßlich beurteilen.

Bei dieser wird für die Feldrichtungsanzeige ein trockener, etwa 2—3 cm langer Strohhalm verwendet. Durch zwei Brennlöcher dieser „elektrischen Nadel" wird ein kurzer Drahtstift gesteckt. Der Strohhalm muß auf diesem tunlichst reibungslos drehbar sein, damit aus seiner jeweiligen Lage auf die Feldrichtung verläßlich geschlossen werden kann. Es wird der Feldverlauf in einer Meridianebene senkrecht zur Isolatoren- bzw. Kettenebene aufgenommen. Zu diesem Zweck wird parallel zu dieser Ebene ein Wandschirm aufgestellt (Abb. 55), auf welchen die Projektionslampe L die Schatten des Isolators und des Strohhalmes erkennen läßt. Sie ist in der Höhenlage verstellbar. Der Drahtstift wird mit Hilfe zweier Seidenfäden aufgehängt und kann während der Aufnahme verschoben werden, wobei er stets senkrecht zur Schirmwand verbleibt. Die Feldrichtung kann an allen Stellen der Ebene ermittelt werden, da die elektrische Nadel unmittelbar an den Isolator gebracht werden kann. Die Schatten der Nadel werden mit schwarzem Stift nachgezogen. Die Feldstärkenermittlung erfolgt mittels Glimmröhre. Diese wird in die bekannte Feldrichtung gebracht, der Raum verdunkelt, die Isolatorenspannung bis zum Ansprechen der Röhre gesteigert. Im Augenblick des Ansprechens herrscht in der Richtung der Röhrenachse jene Feldstärke, die der Ansprechfeldstärke der Röhre entspricht. Die Abhängigkeit der Ansprechfeldstärke der Röhre von der Temperatur bedingt zeitgerechtes Nacheichen. Auf diese Art ist es möglich, die Feldstärke an beliebig vielen Punkten der Ebene zu ermitteln.

Als weiterer Behelf für die Feldbestimmung sei die von Matthias[18] vorgeschlagene Doppelnadel mit Holundermarkkügelchen hervorgehoben: zwei Bronzedrähte, in ihrer Mitte gemeinsam gefaßt, tragen an den Enden Holundermarkkügelchen. In der Ruhelage sind die Drähte parallel, die Kügelchen eines jeden Endes der Doppelnadel sehr nahe aneinander; im elektrischen Feld dreht sich die Doppelnadel in die Feldrichtung, die nebeneinander befindlichen Kügelchen laden sich gleichnamig auf und stoßen sich ab. Aus dem Abstand der Kügelchen kann auf die Feldstärke geschlossen werden.

Abb. 55. Strohhalmmethode.

Die Strohhalmmethode weist den Nachteil auf, den Feldlinienverlauf und die Spannungsverteilung nur in jenem Spannungsbereich, in welchem noch keine Entladungen auftreten, beurteilen zu lassen und setzt trockene Luft voraus. Maßgebend für die Höhe der Überschlagsspannung ist jedoch das Feld bei Spannungswerten, die knapp unter der Überschlagsspannung liegen. Es herrscht jedoch bei den Freileitungsisolatoren und -ketten gute Übereinstimmung zwischen den spezifischen Spannungsverteilungen in diesen zwei Spannungsbereichen.[19]

Die Beurteilung des Feldes vor erfolgtem Durchschlag ist mit Hilfe von photographischen Bildern unter allen Witterungsverhältnissen möglich. Hierdurch werden subjektive Fehler ausgeschaltet. Die Photographien lassen die relative Feldstärke aller Stellen beurteilen; aus der Helligkeit kann die Feldstärke annähernd geschätzt werden.

b) **Die Überschlagsspannungen.** Als Kriterium für die Eignung eines Isolators für eine vorgegebene Betriebsspannung wird die Überschlagsspannung bei Betriebsfrequenz herangezogen. Die angedeutete Abhängigkeit der Überschlagsspannung von den Eigenschaften der das Medium des Überschlages bildenden Luft bedingt vorerst eingehende Kenntnis dieser Zusammenhänge und eindeutige Festlegung der Versuchsbedingungen bei der Ermittlung dieses Kriteriums.

Anzustreben wäre, die Überschlagsspannungsprüfung unter den ungünstigsten Betriebsvoraussetzungen durchzuführen. Erfahrungsgemäß treffen diese bei starkem Nebel und Schneetreiben bei Temperaturen über dem Gefrierpunkt zu, also unter Voraussetzungen, die im Versuchsfeld nicht gut geschaffen werden können. Die hier betrachteten Vorschriften begnügen sich daher, eine bestimmte elektrische Festigkeit bei Regen zu fordern.

Die Regenüberschlagsspannung ist außer von den atmosphärischen Verhältnissen auch von der Richtung, Dauer und Leitfähigkeit des Regens, von der Anordnung des Isolators (Höhe und Durchmesser der Stütze, des Leitungsdrahtes, Beschaffenheit der Querträger, isolierte oder geerdete Anordnung der Stütze) und von den elektrischen Verhältnissen (Scheitelfaktor der Spannungskurve, Leistung der Generatoren bzw. Transformatoren, Frequenz usw.) abhängig.

Mit zunehmender Regenstärke nimmt die Überschlagsspannung, von der Trockenüberschlagsspannung $\ddot{U}_T$ ausgehend, dauernd ab, um bei einem Niederschlag von etwa 8 mm/min den nunmehr gleichbleibenden Tiefstwert zu erreichen. Die in Deutschland geltenden Prüfvorschriften schreiben jedoch nur einen Niederschlag von 3 mm/min vor, der ohnehin einen regenbruchartigen Niederschlag bedeutet, während die in der Schweiz geltenden Prüfvorschriften sich mit 2,5 mm/min begnügen. Nur die in der Tschechoslowakei geltenden Vorschriften setzen die Regenstärke mit 6 mm/min fest.

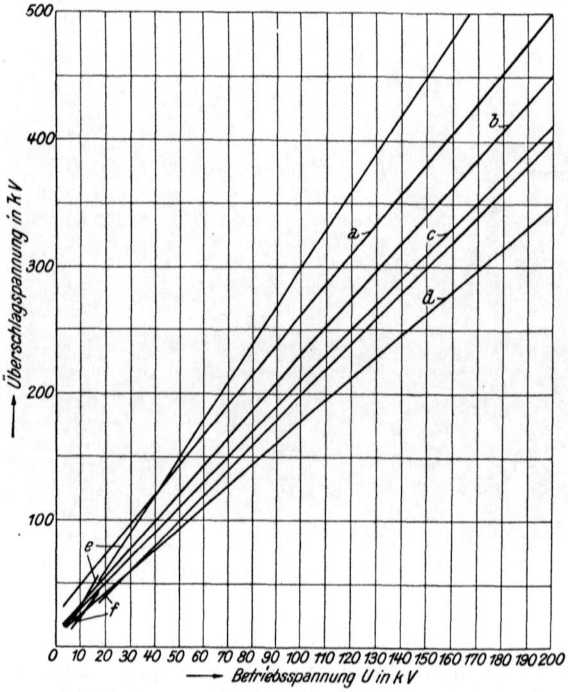

Abb. 56. Geforderte elektrische Festigkeit der Isolatoren.

Je größer die Neigung des Regens, desto niedriger ist die Überschlagsspannung. Die betrachteten Prüfvorschriften legen einheitlich die Neigung des Regens mit 45° fest, stärkere Neigungen kommen kaum vor.

Die Überschlagsspannung nimmt mit der Dauer des Regens ab. Ist die gesamte Oberfläche mit einer vollkommenen Wasserschicht überzogen, so wird die Überschlagsfestigkeit auf den Mindestwert herabgedrückt. Die in Deutschland geltenden Prüfvorschriften schreiben eine Vorberegnung von 5 Minuten vor, nach welcher dieser Mindestwert sicher erreicht ist.

Die Überschlagsspannung nimmt mit zunehmender Leitfähigkeit des Regenwassers ab. Letztere ist eine innerhalb weiter Grenzen veränderliche Größe: Wasserleitungswasser weist eine solche von 400 μS cm^{-1} auf, das Regenwasser hingegen in ländlichen Gegenden 10—30 μS cm^{-1}, in unmittelbarer Nähe industrieller Betriebe 100 μS cm^{-1} und noch mehr. Die ursprünglichen Vorschriften des VDE sahen eine Leitfähigkeit des Versuchsregens von 400 μS cm^{-1} und wurden auf 100 μS cm^{-1} geändert. Die Vorschriften der Schweiz legen diesen Wert mit 143 μS cm^{-1} fest.

Nehmen Temperatur, Luftdruck und Luftdichte ab, so nimmt die Überschlagsspannung ebenfalls ab. Die deutschen Vorschriften schreiben deshalb vor, daß die Überschlagsspannungen auf Normaldruck und -temperatur zu beziehen sind.

Die Höhe der Überschlagsspannungen wird durch die Amplitude der aufgedrückten Prüfspannung und nicht durch den Effektivwert bestimmt. Sollen Prüfergebnisse untereinander vergleichbar sein, so müssen die zu verwendenden Prüfspannungen reine Sinusform aufweisen, bzw. sie sind auf diese Form zu beziehen.

Schwankungen der Betriebsfrequenz üben keinen wahrnehmbaren Einfluß auf die Überschlagsspannung aus.

Die in Deutschland geltenden Vorschriften (VDE 0111/1932) lassen zwecks Anpassung der elektrischen Sicherheit der Isolatoren der Freileitung an jene der Werke (s. VIII C) zu, den Mindestwert der Regenüberschlagsspannung $\ddot{U}_R$ der Freileitungsisolatoren entweder nach der Gleichung

$$\ddot{U}_R = 1{,}1\,(2{,}2\,U + 20)\ \mathrm{kV} \tag{57}$$

oder nach

$$\ddot{U}_R = 1{,}1\,(2\,U + 10)\ \mathrm{kV} \tag{58}$$

festzulegen.

Diese und die in der Schweiz und Tschechoslowakei verlangten Sicherheiten der Freileitungsisolatoren sind aus der Abb. 56 zu ersehen. In dieser stellen dar: *a* die nach der strengeren Gl. (57), *b* jene nach der milderen Gl. (58) in Deutschland geforderten Regenüberschlagsspannungen, *c* und *d* die Trocken-, bzw. Regenüberschlagsspannungen der Schweiz, *e* und *f* die gleichen Werte nach den in der Tschechoslowakei gültigen Vorschriften.

Die Vorschriften des VDE 0446/1929 verlangen, daß an den Isolatoren unter festgelegten Bedingungen Stückprüfungen (an sämtlichen Stücken) mit technischem Wechselstrom, und Typenprüfungen (an Stichproben) zur Ermittlung der Trocken- und der Regenüberschlagsspannung vorzunehmen sind.

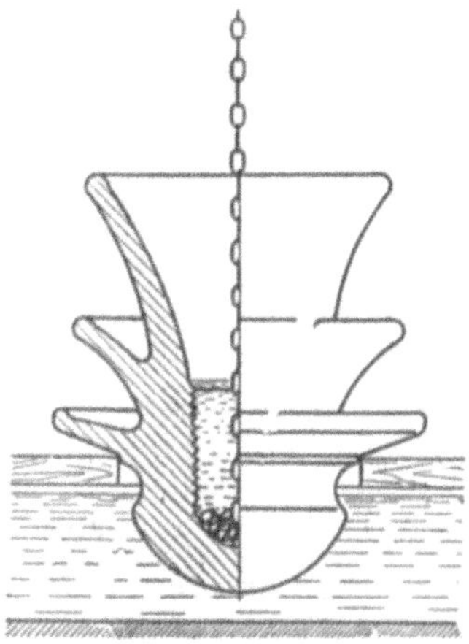

Abb. 57. Stückprüfung der Stützenisolatoren.

Die Stückprüfung ist mit 95% der Überschlagsspannung mit einem Prüfsatz von mindestens 10 kVA während 15 Minuten durchzuführen. Abb. 57 zeigt die Prüfanordnung für Stützenisolatoren. Beim Auftreten von Durchschlägen ist die Prüfung mindestens 10 Minuten lang, bei weiteren Durchschlägen 5 Minuten lang fortzusetzen; hierbei darf keine mit der Hand wahrnehmbare Erwärmung auftreten. Als Überschlagsspannung gilt jene Spannung, bei welcher an verschiedenen Isolatoren Überschläge auftreten. In ähnlicher Art sind die Kappenisolatoren vor und nach der Armierung zu prüfen. Die Vollkernisolatoren sind dieser Prüfung nicht zu unterziehen.

Die Trockenüberschlagsspannung ist unter den im Betrieb herrschenden Bedingungen zu ermitteln. Die Umrechnung der Überschlagsspannung auf Normaldruck (760 Torr.) und auf Normaltemperatur (20°) erfolgt nach der Näherungsformel

$$\ddot{U}_T = \ddot{U}\cdot\frac{273+t}{273+20}\cdot\frac{760}{b} = 2{,}59\,\ddot{U}\cdot\frac{273+t}{b};$$

hierbei bedeuten:

$\ddot{U}_T$ die auf Normaldruck und Normaltemperatur bezogene Überschlagsspannung,
$\ddot{U}$ die beobachtete Überschlagsspannung,
b den Barometerstand in Torr.,
t die Raumtemperatur.

Die Regenüberschlagsspannung ist ebenfalls bei Aufstellung des Prüflings unter betriebsähnlichen Bedingungen zu ermitteln, und zwar Beregnung: 3 mm/min. unter 45° bei 100 μS cm^{-1} 5 Minuten vor der Prüfung beginnend. Die Vorschriften enthalten Schaulinien für andere Leitfähigkeiten des Regenwassers.

Verglichen mit den betriebsmäßig auftretenden Schwankungen der Spannungen, beinhalten die Prüfspannungen der Isolatoren große Sicherheiten, die hauptsächlich durch die anzustrebende Festigkeit gegen Stoßspannungen (e) bedingt sind.

c) **Die Durchschlagsspannung.** Obwohl die Durchschlagsspannung der üblichen Isolatoren bei Betriebsfrequenz höher liegt als die Überschlagsspannung, sehen die Vorschriften die Vornahme von Durchschlagsfestigkeitsprüfungen vor, um materialbehaftete Isolatoren der Verwendung zu entziehen. Außerdem beherrschen die Isolatoren hoher Durchschlagsfestigkeit bei Betriebsfrequenz leichter die Stoßspannungserscheinungen.

Die Vorschriften des VDE fordern, daß die Isolatoren die folgenden mittleren Durchschlagsspannungen aushalten: die Stützenisolatoren 1,4 $\ddot{U}_T$, Kappenisolatoren bis 170, 280 bzw. 350 mm Tellerdurchmesser 90, 130 bzw. 145 kV.

Die Ermittlung der Durchschlagsspannung erfolgt mittels Typenprüfung an 0,4% der Liefermenge (mindestens jedoch an 3 Stück). Der Überschlag ist durch Eintauchen der Prüflinge in Öl zu verhindern. Kettenisolatoren sind fertig armiert zu prüfen. Die Vollkernisolatoren sind dieser Prüfung nicht zu unterziehen. Die Prüfspannung wird, mit 70% der Überschlagsspannung in Luft beginnend, alle 5 s um je 5 kV oder um höchstens 5%, bis zum Durchschlag gesteigert. Die Vorschriften legen die mittlere Streuung mit 15% der mittleren Durchschlagsspannung fest, bei Erreichung von höheren Durchschlagsspannungswerten kann die Streuung verhältnisgleich höher liegen.

d) **Die Spannungsverteilung an der Isolatorenkette.** Voraussetzung für ein direktes Verhältnis zwischen Überschlagsfestigkeit einer Kette und Gliederzahl ist die Gleichheit der auf jedes Kettenglied entfallenden Spannungsanteile. Die Messung der letzteren bei Betriebsspannung zeitigt das Ergebnis, daß auf die unteren Glieder stets größere Spannungsanteile entfallen als auf die oberen: bei 4, 6, 8, 10, bzw. 12 Gliedern entfällt auf das unterste Glied eine dem Sollwert gegenüber um etwa 25, 50, 100, 150, bzw. 200% höhere Spannung. Auf Grund dieser Zahlen darf jedoch die praktische Bedeutung dieser Erscheinung nicht überschätzt werden, da für die Überschlagsfestigkeit die Spannungsverteilung bei Werten knapp unter der Überschlagsspannung maßgebend ist; in diesem Spannungsbereich bewirken jedoch die Büschelentladungen eine praktisch ausreichende Gleichheit der Spannungsanteile, so daß gute Proportionalität zwischen Gliederanzahl und Überschlagsfestigkeit besteht. Besondere Maßnahmen, um eine gleichförmige Spannungsverteilung zu erzwingen, sind bei Betriebsspannungen bis 150 kV nicht erforderlich. Diese könnte durch die Verwendung von Kettenisolatoren verschiedener Kapazität erreicht werden, wodurch sich jedoch der Bau, die Instandhaltung der Leitung und die Lagerhaltung erschweren würden. Zweckmäßiger ist es, Schutzarmaturen vorzusehen, die ohnehin zur Fernhaltung des sich ausbildenden Lichtbogens von der Kette angeordnet werden sollen und die bei richtigen Abmessungen einen vollkommenen Ausgleich der Spannungsanteile entlang der Kette bewirken (s. C 5).

e) **Die Stoßfestigkeit.** Die rege Forschertätigkeit, die zur Erfassung der Überspannungserscheinungen nach Entwicklung und Vervollkommung des Kathodenstrahloszillographen einsetzte, zeitigte das Ergebnis, daß die Stoßwellen untereinander weitgehend verschiedene Formen aufweisen und sich daher auch verschiedenartig auswirken. Der Ausdruck „Überspannung atmosphärischen Ursprunges“ stellt daher nicht eine einheitliche Erscheinung dar, er ist vielmehr als Sammelname für ihrem Wesen nach wohl ähnliche, der Ursache und Auswirkung nach jedoch weitgehend unterschiedliche Erscheinungen aufzufassen.

Eine Überspannungswelle wird durch folgende Größen gekennzeichnet (Abb. 58):

1. Durch die stets einheitliche Polarität. Die angestellten Beobachtungen haben eindeutig ergeben, daß die Fälle negativer Polarität stark überwiegen;
2. Durch den Scheitelwert $\ddot{U}_{st}$;
3. Durch die Stirndauer T_s, d. i. die Projektion der an die Wellenstirne in halbem Scheitelwert gelegten Berührungstangente. Die Steilheit der Welle kann auch durch die Ersatzfrequenz $\omega = \frac{1}{4\,T_s}$ gekennzeichnet werden. Hat die Welle eine vollkommen steile Stirn ($T_s = 0$), so ist $\omega = \infty$;
4. Durch die Form des Wellenrückens, d. h. durch das Absinken der Wellenspannung. Auf diese kann aus der Halbwertdauer T_h, d. i. jene Zeit, während welcher die Spannung größere Werte als 0,5 $\ddot{U}_{st}$ aufweist und aus der Zeitkonstante des Rückens T geschlossen werden.

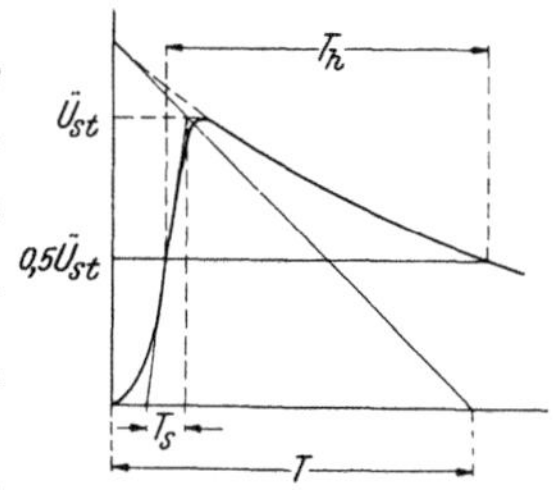

Abb. 58. Kenngrößen einer Überspannungswelle.

Während beim Aufdrücken von Spannungen betriebsmäßiger Frequenz Gleichzeitigkeit des Durchschlages, bzw. des Überschlages eines Isolators und dem Erreichen desjenigen Mindestspannungswertes, welcher den Durchschlag oder Überschlag bewirken kann, besteht, tritt bei Stoßspannungen eine mit der Steilheit der Wellenstirn veränderliche Verzögerung im Durchschlag auf. Bei sehr langsamem Anstieg der Spannung (also auch bei der Betriebsfrequenz, s. Spannungskurve *1* der Abb. 59) tritt der Durchschlag zur Zeit T_1 auf, zu welcher die Spannung diesen Wert $\ddot{U}$ erreicht hat. Wird von Spannungswellen mit steilem Anstieg z. B. *2* und *3* vorausgesetzt, daß sie nach Erreichen des Wertes $\ddot{U}$ diesen beibehalten, so findet der Durchschlag im Zeitpunkt T_2, bzw. T_3 statt, d. i. nach Ablauf der Verzögerungszeiten T_{v2}, bzw. T_{v3}. Je steiler eine Spannungswelle verläuft, desto größer ist ihre Verzögerungszeit. Wird jedoch von den Spannungswellen *2* und *3* vorausgesetzt, daß sie über den Wert $\ddot{U}$ (Überschlagswert bei der Betriebsfrequenz) hinaus ansteigen, so findet der Isolatorendurchbruch bei den Spannungswerten $\ddot{U}_{2st}$, bzw. $\ddot{U}_{3st}$ statt. Diese Werte werden als Stoßdurchbruchsspannungen bezeichnet. Sie sind um so größer, je steiler die Spannungswelle verläuft. Das einen jeden Prüfling kennzeichnende Verhältnis $\frac{\ddot{U}_{st}}{\ddot{U}}$ wird als Stoßfaktor bezeichnet. Die Erscheinung des Entladeverzuges kann bewirken, daß bei steilen Spannungswellen die Durchschlagsspannung niedriger als die Überschlagsspannung ist.

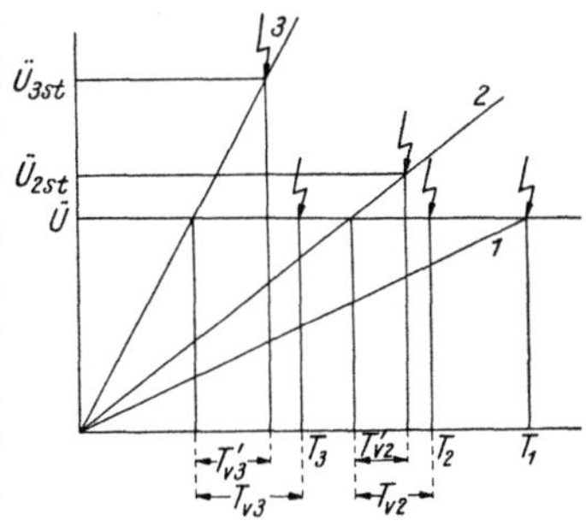

Abb. 59. Entladeverzug.

Die mit dem Kathodenstrahloszillographen durchgeführten Messungen ergaben, daß der Scheitelwert der in Freileitungen auftretenden Wellen bis zu mehreren MV, die Halbwertsdauer wenige μs bis etwa 100 μs betragen können; es wurden Stirnzeiten von 0,3—10 μs beobachtet.

Die Erzeugung von Stoßspannungen für Versuchszwecke erfolgt nach den Leitsätzen des VDE (0450/1933) mit Hilfe von Stoßspannungsgeneratoren.

Abb. 60 stellt das durch diese Vorschriften festgelegte Schaltbild der Stoßspannungseinrichtung dar. Gleichstrom lädt über hohe Widerstände den Stoßkondensator C_s auf. Über die Schaltfunkenstrecke F_s wird C_s auf den Prüfling P entladen. Parallel zu diesem ist der Entladewiderstand R_e geschaltet. Die Anlage wird normalerweise einpolig geerdet. Der Dämpfungswiderstand R_d soll das Entstehen von Hochfrequenzschwingungen vermeiden. Die Messung erfolgt mit Hilfe der Meßfunkenstrecke F_m. L stellt die Induktivität des Entladekreises dar.

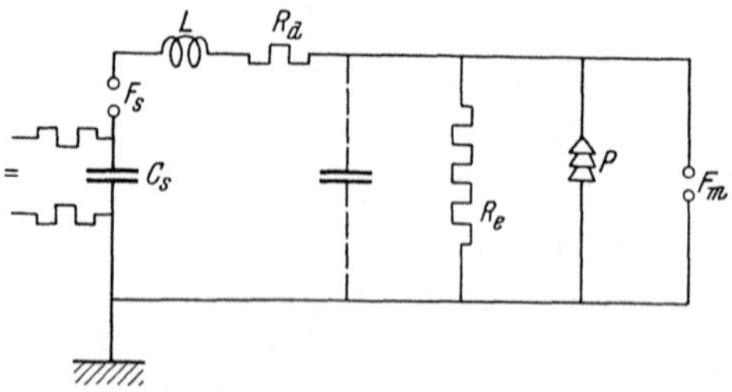

Abb. 60. Stoßspannungsprüfeinrichtung.

Im wesentlichen enthalten die vom VDE herausgegebenen Vorschriften VDE 0447/1926 „Leitsätze für die Prüfung von Hochspannungsisolatoren mit Spannungsstößen" folgende Bestimmungen:

Die Prüfung erfolgt als Einzelprüfung bis zum Überschlag. Der Scheitelwert der Stoßprüfungsspannung soll beim Überschlag zumindest den doppelten Wert der effektiven Überschlagsspannung bei der Stückprüfung mit technischem Wechselstrom betragen. Jeder Isolator soll mit zumindest 20 Stößen bei einer Gesamtzeit der Prüfung von 5 s geprüft werden. Stoßgeprüfte Isolatoren sind besonders kenntlich zu machen.

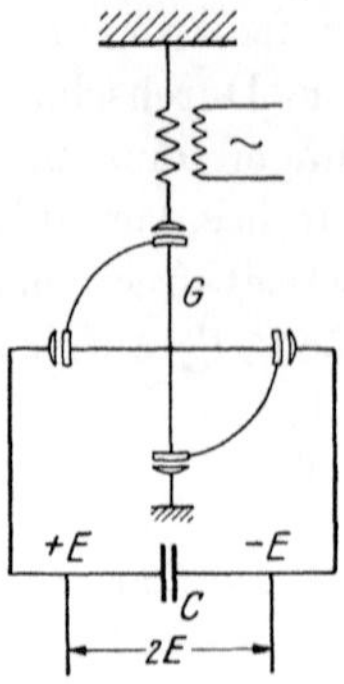

Abb. 61. Mechanischer Gleichrichter.

Die hochgespannten Gleichströme können mit Hilfe von mechanischen Gleichrichtern (Abb. 61) erzeugt werden: Die Gleichrichtung erfolgt mit Hilfe des Nadelkreuzes G, das synchron mit dem Spannungsvektor der gleichzurichtenden Wechselspannung rotiert; durch das Ausnützen beider Halbwellen wird der Kondensator C auf die doppelte Scheitelspannung des Transformators aufgeladen.

Die Erzeugung sehr hoher Stoßspannungen ist bei Anwendung der von Marx angeregten Vielfachstoßschaltung (Abb. 62) möglich. Die vom mechanischen Gleichrichter erzeugten Gleichspannungen laden über die Schutz- und Ladewiderstände R_0 und R die Stoßkondensatoren C auf, wobei diese vorerst untereinander parallel geschaltet sind. Nach dem Ansprechen der Zwischenfunkenstrecken $Z_w F$ werden die Kondensatoren in Serie geschaltet und das Prüfobjekt unter die 12fache jener Spannung gesetzt, mit welcher die

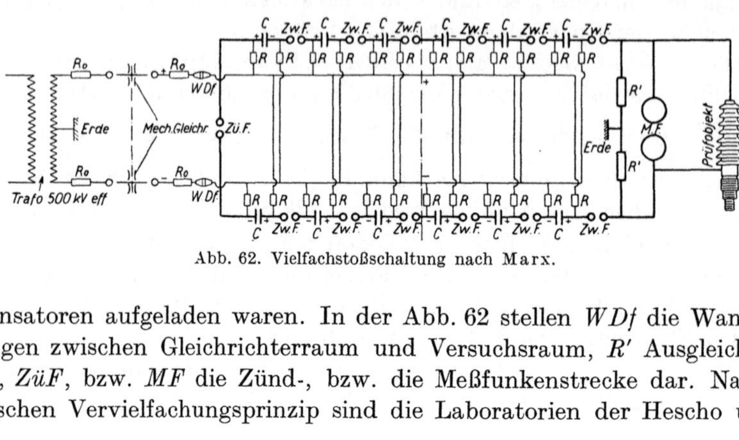

Abb. 62. Vielfachstoßschaltung nach Marx.

Kondensatoren aufgeladen waren. In der Abb. 62 stellen *WDf* die Wanddurchführungen zwischen Gleichrichterraum und Versuchsraum, R' Ausgleichswiderstände, *ZüF*, bzw. *MF* die Zünd-, bzw. die Meßfunkenstrecke dar. Nach dem Marxschen Vervielfachungsprinzip sind die Laboratorien der Hescho und der

Porzellanfabrik Ph. Rosenthal & Co. für die Erzeugung von Stoßspannungen bis etwa 2000000 Volt eingerichtet.[20–22]

Der weite Bereich, innerhalb dessen sich die Kennwerte der Spannungsstöße bewegen, bedingt die Festlegung von eindeutig definierten Wellenformen, sobald die Stoßfestigkeit vorgegebener Isolatoren experimentell ermittelt werden soll. Die Abhängigkeit der Stoßüberschlagsspannung von den Eigenschaften der Stoßwelle wird durch die Stoßkennlinie wiedergegeben. Die Vorschriften des VDE empfehlen, die Stoßkennlinien unter Heranziehung von Wellen, deren Stirndauer 0,5 und deren Halbwertdauer 50 μs beträgt, zu ermitteln und die Versuche auf Wellen der Halbwertdauer 5, 10, 20, 100, 200 und 500 μs auszudehnen, wobei die Stirndauer der letzten drei Wellen 1, 2, bzw. 5 μs beträgt. Müller[23] hat die Stoßkennlinie aller genormten Stützen- und Kettenisolatoren für die Zeitkonstanten $T = 5$, 70 und 1000 μs aufgenommen. Seine Versuche ergaben, daß die Stoßfestigkeiten aller Stützenisolatorenarten größenordnungsmäßig nicht verschieden sind und daß bei Ketten angenähert Proportionalität zwischen Stoßfestigkeit und Gliederanzahl besteht. Es sei hervorgehoben, daß Regen, Feuchtigkeit und Verschmutzung keinen fühlbaren Einfluß auf die Stoßfestigkeit ausüben.

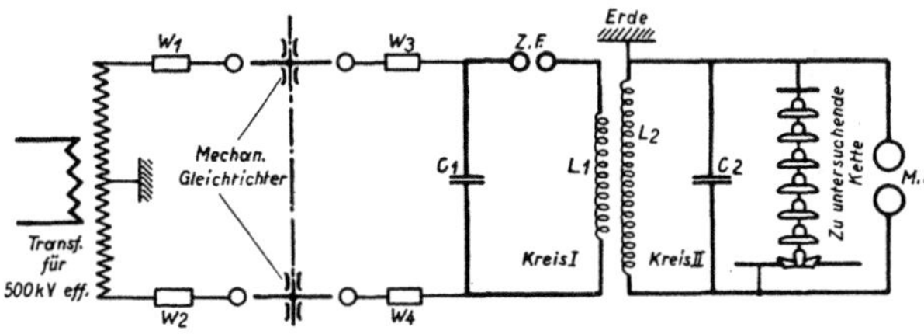

Abb. 63. Hochfrequenzprüfanlage.

Die praktische Bedeutung der Stoßkennlinie besteht hauptsächlich in der Möglichkeit, die Sicherheiten der Stations- und der Freileitungsisolatoren miteinander vergleichen, bzw. abstufen zu können. Da eine gewisse Streuung der Werte der Stoßfestigkeit, insbesondere bei niedrigeren Gebrauchsspannungen, nicht zu vermeiden ist, empfiehlt es sich, die Stoßfestigkeiten auf Grund von gleichzeitigen Versuchen (Parallelschaltung der zu vergleichenden Isolatoren) zu beurteilen.

f) **Die elektrische Schwingungsfestigkeit.** Die Ursache des Entstehens von hochfrequenten Schwingungen wurde bereits früher angedeutet. Die Durchführung von Prüfungen mit hochfrequenten Spannungen wird wohl in keinem Staat zur Bedingung gestellt, das Bestreben der Isolatorenwerke, die Isolatoren tunlichst hochfrequenzfest zu gestalten, veranlaßt diese, die Wirkung von solchen Schwingungen im Laboratorium eingehend zu studieren.

Abb. 63 läßt die grundsätzliche Schaltung einer Hochfrequenzprüfanlage erkennen:[21] der mechanische Gleichrichter lädt den Kondensator C_1 auf. Dieser bildet mit der Primärwicklung L_1 eines Teslatransformators den Schwingungskreis I, in welchem sich die Zündfunkenstrecke ZF befindet. Die hochfrequenten Schwingungen werden im Schwingungskreis II erzeugt, der aus der Sekundärwicklung L_2 des Teslatransformators und dem Kondensator C_2 gebildet wird. Parallel zu diesem wird das Prüfstück angeschlossen. Die Funkenstrecke MF dient zur Spannungsmessung. Nach diesem Schaltbild wurde die Prüfanlage der Hescho für 1,5 Millionen Volt und 30000 Perioden gebaut. Bei dieser wird die Kopplung der Primär- und Sekundärspule und damit die Dämpfung der Prüfschwingungen durch das Heben und Senken der Sekundärspule in weiten Grenzen verändert.

g) **Die mechanische Festigkeit.** Bei den Stützenisolatoren ist die Rille der am stärksten beanspruchte Querschnitt, der einer zusammengesetzten Druck-, Biegungs- und Scherbeanspruchung ausgesetzt ist. Wird Isolator und Stütze als Einheit aufgefaßt, so tritt die größte spezifische Beanspruchung — soweit es sich um genormte Typen handelt — nicht im Porzellan, sondern in der Stütze auf (an der Einspannstelle im Querarm, bzw. knapp unterhalb der mit Gewinde versehenen Aussparung im Isolator). Bloß bei Verwendung von nicht genormten Stützen mit gesteigerter Festigkeit — eine Voraussetzung, die nur ausnahmsweise zutrifft — wird sich die Notwendigkeit ergeben, die Verwendung von Isolatoren einer größeren Type als der durch die Betriebsspannung gegebenen oder von Kettenisolatoren zu erwägen.

Die Vorschriften des VDE fordern eine 2,5fache mechanische Festigkeit der Stützenisolatoren gegenüber dem auftretenden Leiterhöchstzug und schreiben Typenprüfungen zur Ermittlung der Bruchfestigkeit vor.

Für den Nachweis der mechanischen Festigkeit der gebleiten Kappen- und Vollkernisolatoren schreiben die gleichen Vorschriften folgende Prüfungen vor:

Stückprüfungen der Armaturen vor der Verbindung mit dem Isolator;

Stückprüfung der fertig armierten Isolatoren mit der vorgeschriebenen 1-Min.-Prüflast (die Vollkernisolatoren sind hierauf zu entlasten und mit den vorgeschriebenen geringeren Stückprüflasten noch weitere 2 Minuten zu prüfen);

Stichproben für den Nachweis der geforderten Mindestbruchlasten (die Belastung ist allmählich binnen 1—2 Minuten bis zum Vollbruch zu steigern);

Stichproben an Vollkernisolatoren mit der vorgeschriebenen 1-Stunden-Prüflast, welche der Isolator ohne schädliche Formänderung aushalten muß;

einer ähnlichen Prüfung sind die Kappenisolatoren zu unterziehen, hierbei ist je 15 Minuten zu Beginn und vor Beendigung dieser Prüfung eine knapp unter der Trockenüberschlagsspannung liegende Spannung anzulegen; dabei darf der Isolator nicht durchschlagen.

Die gekitteten Isolatoren sind den gleichen Prüfungen zu unterziehen, mit Ausnahme der 1-Stunden-Prüfung.

Nach den Umstellvorschriften VDE 0446 U/1937 hat der Hersteller den Dauerprüflastwert zu gewährleisten und den voraussichtlichen Verlauf der Dauerlastkurve anzugeben (für die Kappenisolatoren die kritische Last, bei der entweder elektrischer Durchschlag oder Vollbruch eintritt, abhängig von der Belastungszeit, für die Vollkernisolatoren die kritische Last, bei der Vollbruch eintritt, abhängig von der Belastungszeit). Der Nachweis hierfür ist durch kurzzeitige Belastungsversuche zu erbringen, deren Dauer und Belastungshöhe zwischen Abnehmer und Hersteller zu vereinbaren sind. Bei der Prüfung der Kappenisolatoren soll eine Spannung dicht unterhalb der bei der Prüfanordnung gegebenen Trockenüberschlagsspannung wenigstens zeitweise, mindestens aber 15 Minuten lang bei Beginn und am Ende der Prüfung an den Prüfling angelegt werden, wobei weder Durchschlag noch Vollbruch des Isolators eintreten darf. Die Prüfung der Vollkernisolatoren ist ohne Spannung auszuführen, hierbei darf der Isolator keine schädlichen Formveränderungen aufweisen.

h) **Die mechanische Minderung durch gleichzeitige elektrische Beanspruchung.** Laboratoriumsversuche haben bewiesen, daß die „Minderung“ der Isolatoren, d. i. der Unterschied zwischen dem Vollbruchwert des elektrisch unbeanspruchten und des gleichzeitig elektrisch höchstbeanspruchten Isolators, nur einen geringen Prozentsatz beträgt, so daß sie sich bei den üblichen mechanischen Beanspruchungen nicht auswirkt.

Die Gleichzeitigkeit der zwei Beanspruchungen findet in den betrachteten Vorschriften bei der Prüfung der Kappenisolatoren Rücksicht (s. g).

i) **Die Temperaturwechselbeständigkeit.** Die Vorschriften des VDE schreiben vor, daß an 0,4% jeder Liefermenge nach dreimaligem abwechselndem Eintauchen in Wasser von 80—85° und solchem von 10—15° (in der Dauer von je 15 Minuten) keinerlei Glasurrisse noch Sprünge bemerkbar sein dürfen.

j) **Die Saugfähigkeit.** Die Vorschriften des VDE sehen vor, daß an 0,4% jeder Liefermenge Porositätsprüfungen vorzunehmen sind. Diese können auf zwei Arten durchgeführt werden: 1. Isolatorenscherben sind in einer Fuchsinlösung (1 g Fuchsin in 100 g Methylalkohol) einer Druckprobe von 600 ath (Mindestdruck jedoch 15 at) zu unterwerfen; hierdurch darf kein Fuchsin in den Werkstoff eindringen; 2. die Prüfstücke mit unglasierten Begrenzungsflächen können der näher beschriebenen Spannungserwärmungsprobe mit um 5% gesenkter Trockenüberschlagsspannung unterzogen werden.

k) **Die Oberflächenbeschaffenheit.** Diese wird nach den Vorschriften des VDE ohne Vornahme besonderer Versuche durch reine Betrachtung beurteilt: es dürfen keine Brandrisse sichtbar sein, die Glasur muß zusammenhängend und glatt sein, hierbei sind kleine Schönheitsfehler zu tolerieren.

l) **Sonstige Eigenschaften der Isolatoren; Lichtbogenbeständigkeit, Steinwurfsicherheit, Rundfunkstörfreiheit usw.** Die Porzellanerzeuger sehen ihre Aufgabe nicht darin erschöpft, Isolatoren zu erzeugen, die den durch Vorschriften festgelegten Beanspruchungen gewachsen sind; sie untersuchen das Verhalten des Isolators auch bei anderen, im Betrieb fallweise auftretenden Beanspruchungen, wie Dreh-, Schwingungs-, Schlagbiege- und sonstigen Beanspruchungen, wie z. B. durch Steinwürfe, Flintenschüsse, durch den Erdschlußlichtbogen usw. und bestimmen Material und Formgebung unter Rücksichtnahme auf diese. Diesbezüglich sei auf die Literatur verwiesen.[22, 24–26]

4. Gesichtspunkte für die Wahl der Isolatoren.

Maßgebend hierfür sind einerseits Höchstzug und Nennlast des Leiters, anderseits Betriebsspannung und geforderte elektrische Festigkeit, Gl. (57) u. (58).

Mittelspannungen lassen sowohl die Verwendung von Stützenisolatoren als auch von Kettenisolatoren zu. Der gemeinsame Bereich erstreckt sich etwa von 15—70 kV. Ein Vergleich ergibt folgende Vorteile des Stützenisolators: niedrigere Maste, da der Querträger unterhalb des Leiters verbleibt, etwaiger Wegfall der Querträger bei Verwendung von Hakenstützen, leichtere Montage; Vorteile des Kettenisolators: geringere Wahrscheinlichkeit der Bildung von stehenden Lichtbogen und des Überbrückens von Leiter und Ausleger durch Vögel, Äste usw.; Entlastung der Maste bei einseitigem Leiterriß und beim Auftreten von Unterschiedszügen bei ungleich langen oder ungleich belasteten Spannfeldern durch das Nachgeben der Kette; leicht durchführbarer Übergang auf eine höhere Betriebsspannung, bzw. Erhöhung des Isolationswertes der Leitung, eines Teiles oder einzelner Stellen derselben durch das Hinzufügen eines oder mehrerer Glieder in die bestehenden Ketten, billigere Instandhaltung der Leitung, da sich diese beim Auftreten eines Isolatorenschadens auf das Auswechseln des schadhaften Gliedes beschränkt.

Der jeweils zu verwendende Stützenisolator ist durch die Betriebsspannung und die Prüffestigkeit gegeben. Je nach dem Grad der angestrebten Durchschlagsfestigkeit sind die normalen oder verstärkten Stützenisolatoren zu verwenden. Bei besonders starken und mechanisch hoch beanspruchten Leitern ist zu untersuchen, ob der Rillendurchmesser ausreicht und ob die Bruchfestigkeit dem vom VDE geforderten 2,5fachen Höchstzug, bzw. 90% der Nennlast entspricht (s. Anhang).

Nach VDE sind an stark benützten Verkehrswegen stärkere Isolatoren als in der laufenden Strecke zu verwenden, die Stützen sind jedoch nicht zu erden (s. Anhang).

Von den gebleiten Kettenisolatoren in der Abspannlage ist nach VDE zu fordern, daß die 1-Stunden-Prüflast den 2,5fachen Höchstzug, zumindest 90% der Nennlast des Leiters beträgt. Hieraus lassen sich die stärksten verwendbaren Leiterquerschnitte für die Isolatoren K 1—7, bzw. für VK 1—7, wie folgt ableiten:

Zahlentafel 15.

Isol. Type	1-Stunden-Prüflast t	Kupfer			Reinaluminium			Aldrey			Stahlaluminium		
		q	Nennlast t	0,9 × Nennlast t	q	Nennlast t	0,9 × Nennlast t	q	Nennlast t	0,9 × Nennlast t	Nr.	Nennlast* t	0,9 × Nennlast t
K 1	2,0	50	2,0	1,8	120	2,16	1,94	70	2,1	1,9	50	1,7	1,5
K 2	3,0	70	2,8	2,5	185	3,34	3,0	95	2,85	2,6	95	3,1	2,8
K 3	4,0	95	3,8	3,4	240	4,32	3,89	120	3,6	3,3	120	4,2	3,8
K 4	5,0	120	4,8	4,3	300	5,4	4,86	185	5,55	5,0	150	5,1	4,6
K 5	6,2	150	6,0	5,4				185	5,55	5,0	185	6,2	5,6
K 6	6,7	185	7,4	6,7				240	7,2	6,5	210	7,0	6,3
K 7	8,5	240†	9,6	8,64				300	9,0	8,1	300†	9,9	8,9
VK 1	2,1	50	2,0	1,8	120	2,16	1,94	70	2,1	1,9	70	2,3	2,1
VK 2	2,5	50	2,0	1,8	150	2,7	2,43	70	2,1	1,9	70	2,3	2,1
VK 2v	2,8	70	2,8	2,5	150	2,7	2,43	95	2,85	2,6	95	3,1	2,8
VK 3	4,0	95	3,8	3,4	240	4,32	3,89	150	4,5	4,0	120	4,2	3,8
VK 4	4,7	120	4,8	4,3	240	4,32	3,89	150	4,5	4,0	150	5,1	4,6
VK 5	5,7	150	6,0	5,4	300	5,4	4,86	185	5,55	5,0	185	6,2	5,6
VK 6	7,3	185	7,4	6,7				240	7,2	6,5	240	7,9	7,1
VK 7	9,0	240	9,6	8,6				300	9,0	8,1	300	9,9	8,9

Von den gekitteten Kettenisolatoren in der Abspannlage ist nach VDE zu fordern, daß die Dauerlast mindestens das 1,85fache des Höchstzuges des Leiters beträgt. Hieraus läßt sich folgern, daß die gekitteten Kettenisolatoren für die folgenden Leiter unter Anwendung der angegebenen spezifischen Zugspannungen Verwendung finden können:

Zahlentafel 16.

Isol. Type	Dauerprüflast t	Kupfer		Reinaluminium		aldrey		Stahlaluminium	
		q	σ_{max}	q	σ_{max}	q	σ_{max}	Nr.	σ_{max}
K 1 U	1,5	50	16,2	120	6,75	70	11,6	50	11
K 2 U	2,1	70	16,2	185	6,15	95	12	95	10,8
K 3 U	3,0	95	17,1	240	6,75	120	12	120	11
K 4 U	3,6	120	16,2	300	6,5	185	10,5	150	11
VK 1 U	1,5	35	19	95	8	50	12	50	11
		50	16						
VK 2 U	2,1	50	19	120	8	70	12	70	11
		70	16						
VK 2v U	2,1	50	19	120	8	70	12	70	11
		70	16						
VK 3 U	3	70	19	185	8	120	12	120	11
		95	16						
VK 4 U	3,6	95	19	240	8	150	12	150	11
		120	16						

* S. Literatur 15 zu A. † Doppelkette erforderlich.

Zahlentafel 17. Gliederzahl.

Type	1	2	3	4	5	6	7	8	10	12	14
K 1	30 11 1,85, 2,1	60 22 3,7, 4,2	90 33 5,5, 6,3	120 44 7,4, 8,4	145 55 9,2, 10,5						
K 2	35 13,5 5,2, 5,6	75 27 10,5 11,2	115 40,5 15,7, 16,8	150 54 21, 22,4	185 67,5 26, 28	220 81 31,5, 33,6	255 94,5 36,7, 39,2	290 108 42, 44,8	360 135 52,5, 56	425 162 63, 67,2	495 189 73,5, 78,4
K 3	50 17 5,8, 6,3	95 34 11,6 12,6	140 51 17,4, 19	180 68 23,2, 25,2	220 85 29, 31,5	255 102 34,8, 38	295 119 40,6, 44	330 136 46,4, 50,5	410 170 58, 63	485 204 69,6 76	565 238 81,2, 88
K 4	50 18,5 7,5, 8	95 37 15, 16	140 55,5 22,5, 24	180 74 30, 32	220 92,5 37,5 40	255 111 45, 48	295 129,5 52,5, 56	330 148 60, 64	410 185 75, 80	485 222 90, 96	565 259 105, 112
K 5	50 19 9,3	95 38 18,6	140 57 28	180 76 37,2	220 95 46,5	255 114 56	295 133 65	330 152 74,4	410 190 93	485 228 111,5	565 266 130
K 6	60 20 12,8	110 40 25,6	160 60 38,4	205 80 51,2	250 100 64	295 120 76,8	340 140 89,6	385 160 102,4	475 200 128	560 240 153,6	640 280 179,2
K 7	60 23 17,4	105 46 34,8	155 69 52,2	200 92 69,6	245 115 87	290 138 104,4	335 161 121,8	380 184 139,2	465 230 174	545 276 208,8	625 322 243,6
VK 1, VK 1 U	35 20,5 3—3,5	70 41 6—7	105 61,5 9—10,5	135 82 12—14							
VK 2, VK 2 U	60 23 5,6—6	110 46 11,2—12	160 69 17—18	205 92 22,5—24	250 115 28—30	290 138 33,5—36					
VK 2 v, VK 2 v U	75 27,5 8—8,5	135 55 16—17	205 82,5 24—25,5	270 110 32—34	340 137,5 40—42,5	400 165 48—51					
VK 3, VK 3 U	85 32,5 12—13,5	170 65 24—27	245 97,5 36—40,5	320 130 48—54	390 162,5 60—67,5	460 195 72—81					
VK 4, VK 4 U	95 36 14—15,3	185 72 28—30,5	270 108 42—46	350 144 56—61	430 180 70—76	505 216 84—91	580 252 98—107	650 288 112—122			
VK 5	95 37,5 17,5	185 75 35	270 112,5 52,5	350 150 70	430 187,5 87,5	505 225 105	580 262,5 122,5	650 300 140			
VK 6	95 40 22,5	185 80 45	270 120 67,5	350 160 90	430 200 112,5	505 240 135	580 280 157,5	650 320 180			
VK 7	95 42 27,5	185 84 55	270 126 82,5	350 168 110	430 210 137,5	505 252 165	580 294 192,5	650 336 220			

Die Anzahl der Glieder der Kette wird durch die geforderte Regenüberschlagsspannung bestimmt. In der Zahlentafel 17 werden für die genormten Kappen- und Vollkernisolatoren in gebleiter und gekitteter Bauart (Ausführung Hescho) in Abhängigkeit von der Gliederzahl, die Regenüberschlagsspannung in kV (erste Zeile), die Baulängen in Zentimetern (zweite Zeile) und die Gewichte in Kilogramm (dritte Zeile) ohne Aufhängeöse und ohne Seilklemme angegeben (die kleineren Gewichte gelten für die gekittete, die größeren für die gebleite Ausführung).

An Hand dieser Angaben ist es nunmehr möglich, diejenigen Isolatorentypen herauszugreifen, die für eine geplante Leitung in Frage kommen und die erforderliche Gliederzahl zu bestimmen. Zwecks nachgiebiger Gestaltung der Kette soll diese aus mindestens zwei Gliedern bestehen. Weitere Kriterien für die endgültige Bestimmung der Isolatorentype sind die Baulänge und das Gewicht der Kette.

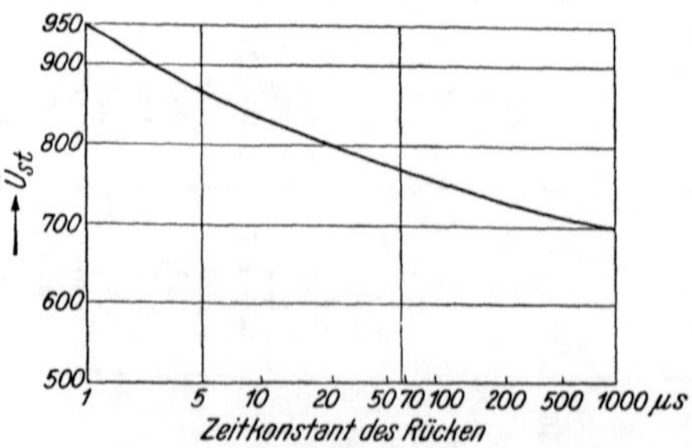

Abb. 64. Stoßkennlinie der aus 6 K 3-Isolatoren bestehenden Kette.

Es seien die Isolatoren einer 100-kV-Leitung zu wählen, verwendet wird der Stahlaluminiumleiter Nr. 120 (s. Zahlentafel 6), die elektrische Sicherheit hat der milderen Gl. (58) zu entsprechen. Aus der Zahlentafel 15 geht hervor, daß als kleinster Kappenisolator die Type K 3 Verwendung finden kann. Gefordert wird die Mindestregenüberschlagsspannung von 231 kV, es muß daher die Kette aus mindestens sechs Gliedern bestehen (die Abspannketten aus sieben Gliedern). Abb. 64 läßt die Stoßkennlinie der ersteren erkennen.[23]

Diese Isolatoren lassen sich auch für die Bahnkreuzungsmaste verwenden, für welche die Vorschriften fordern, daß die Mindestbruchlast nicht mehr als 90% der Nennlast der Leitung, d. s. etwa 3,8 t, betragen muß, welche Bedingung hier erfüllt ist (Mindestbruchlast 7 t).

Literaturverzeichnis.

1. Riecke: Die Herstellung des Elektroporzellans. ETZ 1936, H. 17, S. 469.
2. Handrek: Porzellan als Werkstoff. Hescho-Mitt. 1928, H. 39, S. 1223.
3. Weicker: Isolatoren für Freileitungen. ETZ 1936, H. 48, S. 1391.
4. Gerold: Über Zementkitte. Hescho-Mitt. 1924, H. 12, S. 291.
5. Rosenthal u. Luftschitz: Die Lösung des Kittproblems im Isolatorenbau. Ros.-Mitt., H. 4.
6. Albers-Schönberg: Was ist Steatit? Stemag-Nachr., H. 11/12, April 1934, S. 317.
7. Schaudinn: Versuche zur Ermittlung der Zugfestigkeit von Steatitstäben, unter Verwendung von Lastwechseln. Stemag-Nachr., H. 15, Jänner 1937, S. 437.
8. Regerbis: Kugelkopfisolatoren. Hescho-Mitt. 1925, H. 16, S. 415.
9. Vaupel: Ein neuer Isolator. ETZ 1923, H. 3, S. 59.
10. Weicker: V-Isolatoren. Hescho-Mitt. 1925, H. 18, S. 495.
11. v. Treufels: Kittlose Kappenisolatoren ohne Bleiausguß. Ros.-Mitt. 1936, H. 21.
12. Draeger: Moderne Kettenisolatoren, insbesondere der Kegelkopfisolator. Ros.-Mitt. 1927, H. 11.
13. Hosch: Kugelringisolatoren. A. E. G.-Mitt. 1929, H. 5, S. 332.
14. Schrank: Doppelklöppelisolatoren. ETZ 1937, H. 8, S. 209.
15. Müller: Hängeisolatoren für schwierige Betriebsverhältnisse. Hescho-Mitt. 56 ex 1931, S. 1773.

16. Obenaus: Über die Bewährung von Hescho-Isolatoren in Leitungen mit starker Verschmutzungsgefahr. Hescho-Mitt. 64/65 ex 1932, S. 2023.
17. Regerbis: Die Messung der Spannungsverteilung und des Feldlinienverlaufes an Isolatorenketten. Hescho-Mitt. 1925, H. 19, S. 535.
18. Matthias: Das elektrische Feld in der Umgebung von Isolatoren und seine Untersuchung in der Praxis. El.-Wirtsch. 1927, Nr. 446, 8. 531, und Nr. 447, S. 567.
19. Weber: Zur Frage der Überschlagssicherheit von Durchführungen. Hescho-Mitt. 63 1932, S. 1983.
20. Marx: Die elektrische Stoßprüfung. Hescho-Mitt. 68/69 1933, S. 2166.
21. Weber: Die Stoß- und Hochfrequenzanlagen des Höchstspannungsversuchsfeldes der Hescho. Hescho-Mitt. 51, 1930, S. 1617.
22. Draeger: Das Rosenthal-Hochvolthaus für 2 Millionen Volt gegen Erde. Ros.-Mitt. 17, 1930.
23. Müller: Das Verhalten der Isolatoren gegen Überspannungen verschiedenen zeitlichen Ablaufes. Hescho-Mitt. 53/54, 1930, S. 1679; 57/58, 1931, S. 1807; 66/67, 1933, S. 2079; enthält ausführliche Literaturangabe.
24. Draeger: Die Lichtbogensicherheit von Hochspannungsisolatoren. ETZ 1928, H. 21, S. 785.
25. Scheid: Entstehung und Entwicklung der Prüf- und Versuchsfelder der Hermsdorf-Schomburg-Isolatoren-G. m. b. H. Hescho-Mitt. 32/33, 1927, S. 947.
26. Vieweg: Starkstromtechnische Gesichtspunkte zur Frage der Funkempfangstörung durch Hochspannungsisolatoren. El.-Wirtsch. 1935, H. 1, S. 19.

C. Die Armaturen.

Unter Armaturen sind jene Teile zu verstehen, mit welchen die Leiter untereinander verbunden, die Isolatorenketten zusammengebaut, aufgehängt, die Leiter an Isolator, Kette, bzw. Mast befestigt werden, ferner jene Teile, welche Sonderaufgaben des Betriebes erfüllen (Lichtbogen- und Schwingungsschutz).

An die Armaturen werden die Forderungen gestellt, die tunlichst unverminderte Ausnützung der Festigkeiten des Seiles und der Isolatoren zuzulassen, dem Stromdurchgang keinen größeren Widerstand entgegenzusetzen als ein etwa gleich langes Leiterstück, keine elektrolytischen Zersetzungserscheinungen, Kontaktstörungen, Ermüdungen usw. aufzuweisen, koronasicher und bei der Montage leicht handlich zu sein, gefällig auszusehen usw.

Die neuzeitliche Armaturentechnik wird allen diesen Forderungen vollkommen gerecht und konnte den hohen Grad der Entwicklung dank der eingehenden Forschertätigkeit der Armaturenerzeuger, insbesondere der Firma J. W. Hofmann in Radebeul bei Dresden und deren Zusammenarbeit mit den Porzellan-, den Kabelfabriken und den Elektrizitätswerken erreichen.

Schließlich seien zu den Armaturen auch die Isolatorenstützen gezählt.

Entsprechend dem Verwendungszweck und der Bauform der Armaturen werden diese aus Elektrolytkupfer, Rein- oder vergütetem Aluminium, aus Gußbronze, Siliziumbronze, aus Stahl oder Temperguß hergestellt. Die Verwendung der erstgenannten drei Werkstoffe ist durch den Leiterwerkstoff gegeben. Aus Gußbronze werden jene Armaturteile hergestellt, von welchen große Leitfähigkeit bei geringerer Festigkeit gefordert wird, aus Siliziumbronze jene Teile, die im kalten Zustand verformt werden; Stahl kommt als Werkstoff für jene Armaturen in Frage, die Wärmeverformungen bedingen (Stützen, Aufhängeösen, Stege usw.); aus Temperguß werden jene Teile hergestellt, die nicht geschmiedet werden können (insbesondere Klemmen); diese Teile werden stets feuerverzinkt.

1. Die Isolatorenstützen.

Je nach dem Verwendungszweck werden diese entweder als Hakenstützen mit Holzgewinde oder als gerade Isolatorenstützen ausgeführt.

Die Hakenstützen mit Holzgewinde (Abb. 65) eignen sich nur für Maste in der Geraden. Die Normen des VDE (Din VDE 8041 für Isolatoren HD, 8043 für HW, 8045 für VHD und VHW) lassen verhältnismäßig kleine Belastungen zu. Diese betragen je nach Spannung und Isolatorentype 95—130 kg in horizontaler, 52—96 kg in senkrechter Richtung (s. Anhang).

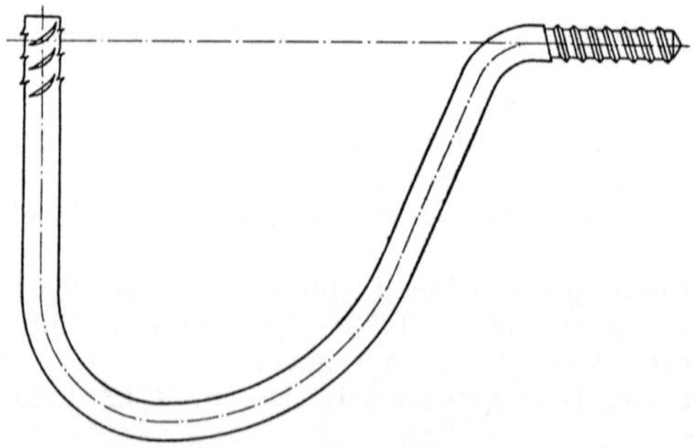

Abb. 65. Hakenstütze mit Holzgewinde.

Die geraden Stützen werden nach Abb. 66a, b, c ausgeführt: der in die Kopfhöhle des Isolators eingeführte Teil erhält Einkerbungen, der Schaft wird entweder zylindrisch (für kleine Züge) oder konisch (je nach Länge und Beanspruchung ein bis zweimal abgesetzt) ausgeführt; an der Sitzfläche wird ein geschmiedeter (nicht angeschweißter) Bund vorgesehen, der zur Übertragung der Kräfte auf den Ausleger dient und die die Befestigung am Ausleger besorgende untere Schraube entlastet. Der VDE hat die Ausführung dieser Stützen genormt und für jede Isolatorentype 2—3 Stützen vorgesehen, wobei die kleinsten, je nach dem Isolator für Leiterzüge von 105—230 kg ausreichen (Din VDE 8040 für die HD-, 8042 für die HW- und 8044 für die VHD- und VHW-Isolatoren). Für die Isolatoren aller Spannungen außer 35 kV wurden Stützen für 300 kg Zug vorgesehen, für die HD- und HW-Isolatoren auch für 600 kg. Für die 35 kV-Isolatoren wurden Stützen für 600 kg, für die HD- und HW-Type dieser Spannung auch für 1120, bzw. 840 kg vorgesehen (s. Anhang).

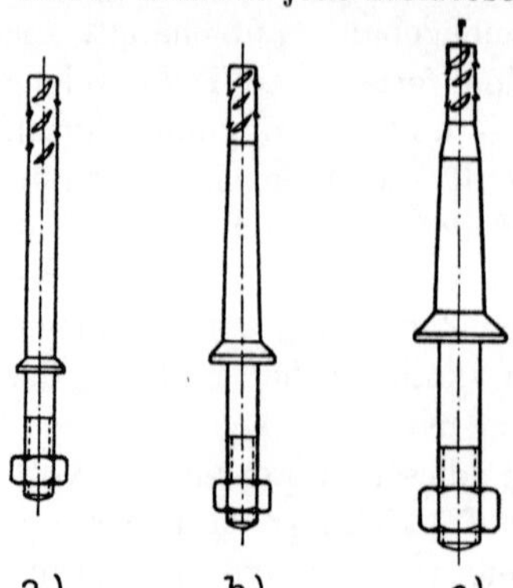

Abb. 66. Gerade Isolatorenstützen.

Als Werkstoff für die aufgezählten Stützenformen kommt nach den Normen des VDE Flußstahl in Frage.

Die Befestigung der Stützenisolatoren an den Stützen kann nach verschiedenen Verfahren erfolgen (s. dritter Abschnitt). Die Isolatorenstützen sind mit einem geeigneten Rostschutz zu versehen (Teer- oder Farbeanstrich).

Ist für gegebene Voraussetzungen (für eine bestimmte Isolatorentype und Zugkraft) keine genormte Stütze verwendbar, so kann nach Donath[2,3] eine geeignete Stütze wie folgt entworfen werden:

Die Abmessungen des in das Stützenloch eingeführten Stützenteiles sind durch jene des ersteren gegeben (Abb. 67); wird die gesamte Breite des Raumes zwischen Stütze und Aussparung mit 0,5 cm festgelegt, so wird

$$d_0 = d_i - 0{,}5,$$
$$d_1 = d_a - 0{,}5,$$

ferner sei

$$l_1 = a + 0{,}5 \text{ cm}.$$

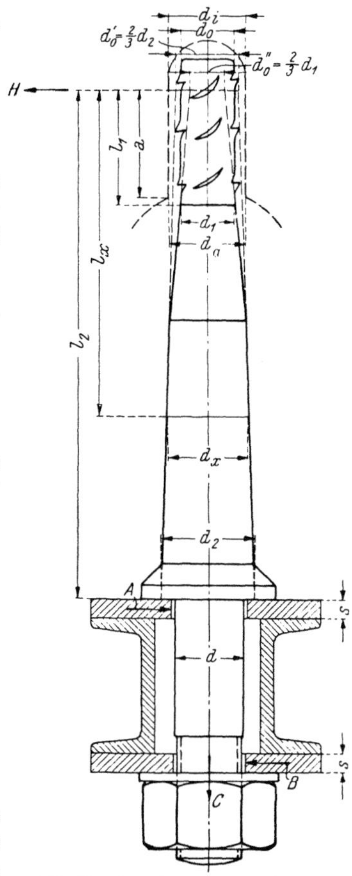

Abb. 67. Gerader Stützenisolator.

Die Stärke d_1 bestimmt den Werkstoff der Stütze, von welchem die Biegefestigkeit

$$k_b = \frac{M}{W} = \frac{H \cdot l_1}{\frac{\pi d_1^3}{32}}$$

gefordert werden muß. Anzustreben wäre, die Stütze als Körper gleicher Festigkeit, d. h. als Rotationsparaboloid auszuführen, das durch die Gleichung

$$d_x = d_1 \cdot \sqrt[3]{\frac{l_x}{l_1}}$$

definiert wird, so daß

$$d_2 = d_1 \cdot \sqrt[3]{\frac{l_2}{l_1}}$$

ist. Da ein solcher Körper schwer herstellbar ist, schlägt Donath vor, ihn durch zwei Kegel zu ersetzen, von welchem der eine durch l_2, durch

$$d_2 = d_1 \cdot \sqrt[3]{\frac{l_2}{l_1}}$$

und durch

$$d_0' = \frac{2}{3} d_2$$

definiert ist, und der zweite durch d_1, l_1 und

$$d_0'' = \frac{2}{3} d_1.$$

Das Drehmoment $H \cdot l_2$ hat das Auftreten von Druckkräften zwischen Bund und Unterlagsfläche und in einem Teil des Schraubenschaftes zur Folge. Mit F (Abb. 68) sei der gesamte gedrückte, mit f der gezogene Querschnitt bezeichnet. N—N sei die neutrale Achse, u deren Abstand von der Stützenachse. Aus der Gleichheit der auf NN bezogenen statischen Momente der Flächen links und rechts von NN ergibt sich

$$\frac{V^3}{12} - u F = \frac{v^3}{12} + u f. \qquad (59)$$

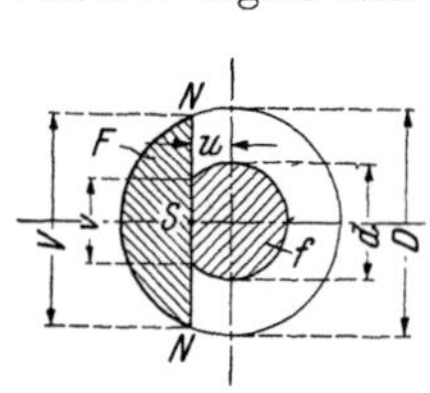

Abb. 68. Druckverteilung.

Aus konstruktiven Gründen empfiehlt Donath die Bundstärke $D = 2d$ auszuführen, dann errechnen sich

$$u = 0{,}325\, d$$

und das Widerstands- und Trägheitsmoment des durch Gl. (59) definierten Querschnittes

$$W_u = 0{,}283\, d^3,$$
$$J_u = 0{,}233\, d^4.$$

Soll die Stütze als Körper gleicher Festigkeit ausgeführt sein, so muß W_u mit dem Widerstandsmoment des untersten Stützendurchmessers d_2 übereinstimmen, d. h.

$$W_u = \frac{H \cdot l_2}{k_b} = d_2^3 \cdot \frac{\pi}{32}.$$

Diese Beziehung ergibt schließlich

$$d = 0{,}7\, d_2,$$
$$D = 1{,}4\, d_2.$$

Unter den weiteren Voraussetzungen, daß die Mutter nur so weit angezogen ist, daß sie nur den Ausleger berührt, daß die Auslegerspitze durch einen zylindrischen Stützkörper ersetzt wird und der Gültigkeit des Hookschen Gesetzes findet Donath: für die senkrecht zur Stützenachse wirkende Kraft B

$$B = 0{,}21\, H \frac{l_2}{l_3}$$

und für die Kraft C

$$C = 1{,}10\, H \frac{l_2}{d},$$

hieraus ergibt sich

$$A = H + B = H\left(1 + \frac{0{,}21\, l_2}{l_3}\right).$$

Die Scherbeanspruchung des Gewindeschaftes in dessen oberstem Querschnitt ist

$$k_s = \frac{4\,A}{\pi\, d^2}$$

und bei der Mutter

$$k_s' = \frac{4\,B}{\pi\, d^2}.$$

Die Lochleibungsdrücke betragen

$$\text{bei } A: \frac{A}{\pi\, d\, s},$$

$$\text{bei } B: \frac{B}{\pi\, d\, s}.$$

2. Die Verbinder.

Zu unterscheiden sind Verbinder für zugbelastete und -entlastete Leiter, unter den ersteren exzentrisch und zentrisch beanspruchte Verbinder.

Bei den exzentrischen Verbindern wird über die in einer ausreichenden Verbindungslänge nach deren Blankmachen nebeneinander gelegten Seile eine Hülse mit ovalem Querschnitt geschoben. Hierbei sollen die Seilenden zumindest 5 mm über die Hülse herausragen. Je nachdem, ob nur das Ende eines Leiters oder beide Leiterenden zugänglich sind, müssen zweiteilige oder es können einteilige Verbinder verwendet werden. Die zu verbindenden Seile werden durch Reibung zusammengehalten. Nach der Art der Erzeugung der Reibungskraft sind zu unterscheiden:

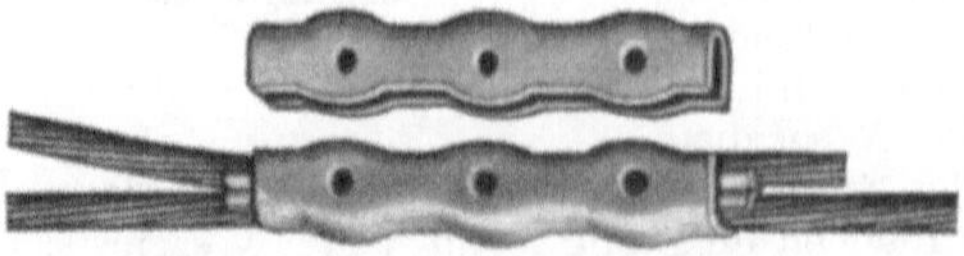

Abb. 69. Schrauben- und Nietverbinder.

Schrauben und Nietverbinder, deren Hülsen mit einigen nach außen gerichteten, in der Ebene der zwei Seilachsen verlaufenden Ausbuchtungen versehen sind. Abb. 69 zeigt einen zweiteiligen Verbinder für Aluminiumseile, bei welchen — im Gegensatz zu den Kupfer- und Eisenverbindungen — Beilagen aus Aluminiumblech zwischen die Seile geschoben werden. Die Niet- und Schraubenverbinder sind für alle Einmetalleiter verwendbar, soweit sie aus dem gleichen Werkstoff wie die Leiter bestehen. Mittels eines Spezialwerkzeuges (Unterlagsplatte und konischer Dorn [Abb. 70] werden die Seile auseinandergetrieben,

Abb. 70. Unterlagsplatte und Dorn.

wodurch sie in die Ausbuchtungen der Hülse gedrängt werden. Der durch den Dorn entstandene Hohlraum zwischen den Seilen wird entweder durch Nieten (Nietverbinder) oder durch Schrauben (Schraubenverbinder) ausgefüllt. Das Zusammenhalten der Teile der zweiteiligen Verbinder beim Dornen erfolgt mit Hilfe einer Presse (Abb. 71);

Abb. 71. Presse.

Kerbverbinder nach den Schutzrechten der S. S. W.: An einer vollkommen glatten einteiligen Hülse werden nach dem Einführen der zwei Seilenden in abwechselnder Reihenfolge oben und unten Einkerbungen mittels einer Kerbzange eingepreßt. An der Hülse sind die Stellen für die Einkerbungen vormarkiert, Anschläge an der Kerbzange geben die Tiefe, bis zu welcher die Einkerbungen einzudrücken sind, an (Abb. 72). Die Kerbeinsätze der Zange sind auswechselbar und der jeweiligen Hülse anzupassen. Die Kerbverbinder sind sowohl für Einals auch für Zweimetalleiter verwendbar. Bei Aluminium-, bzw. Stahlaluminiumleitern sind wieder Blechbeilagen vorzusehen.

Mit den beschriebenen Verbindern können außer den Seilverbindungen in der laufenden Strecke auch Schlußbunde an den Isolatoren sowie Anschlüsse der abzweigenden Leitungen hergestellt werden. Ihre exzentrische Bean-

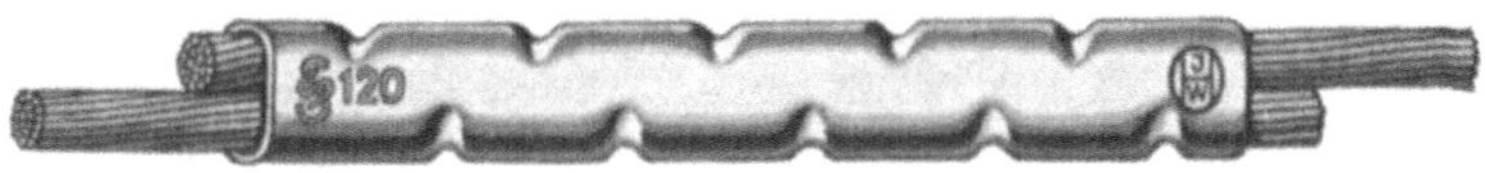

Abb. 72. Kerbverbinder.

spruchung weist keine praktischen Nachteile auf, soweit in gleicher Richtung geschlagene Seile verbunden werden. Die Festigkeit solcher Verbinder reicht vollkommen aus, um die vom VDE gestellte Forderung — 90% der Leiternennlast — zu erfüllen (s. Anhang). Sie können nur für die Verbindung von Leitern gleicher Stärke verwendet werden.

Unter den Verbindern mit zentrischer Anordnung der Seile seien erwähnt:

Die Konusverbinder: Ein Konusgesperre, bestehend aus geschlitztem Konus und Gegenkonus, faßt die äußeren Drahtlagen der zu verbindenden

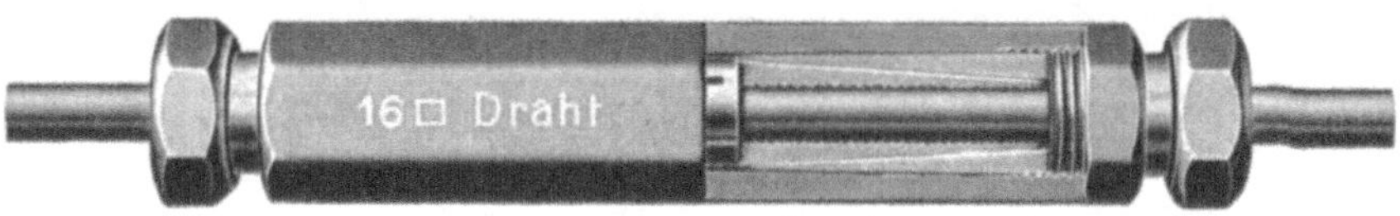

Abb. 73. Konusverbinder.

Seile. Die Konushülsen werden in das darüber aufgeschobene Rohr mittels Überwurfmuttern gepreßt. Satter Kontakt ist durch die glatten, reichlich bemessenen Kontaktflächen gewährleistet. Der Leiterzug zieht die Konen weiter fest. Diese Verbinderart eignet sich für Kupfer-, Reinaluminium- und Stahlleiter, jedoch nicht für Aldrey- und Stahlaluminiumleiter. Sie kann für das Verbinden von Leitern verschiedener Querschnitte und verschiedener Werkstoffe (z. B. Kupfer und Aluminium) verwendet werden; Abb. 73 zeigt den Rohrverbinder der

Firma Pfisterer in Stuttgart; bei diesem sind nur die inneren Konen geschlitzt, die äußeren ganz geschlossen.

Für die Verbindung der Stahlaluminiumseile wurden die Doppelkonusverbinder (Abb. 74, Ausführung der Firma Hofmann) ausgebildet: Stahlseele

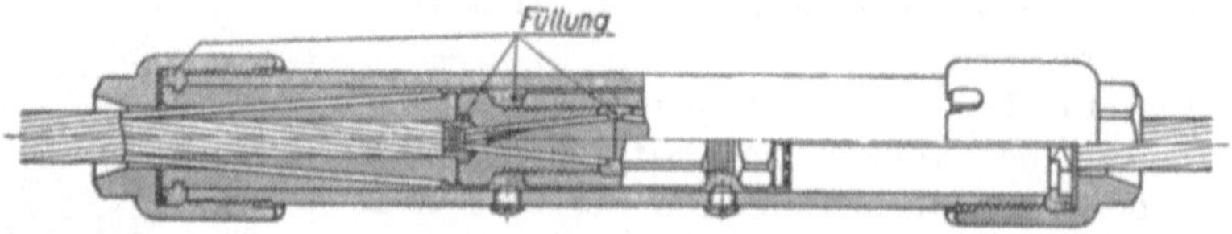

Abb. 74. Doppelkonusverbinder.

und Aluminiummantel werden durch eigene Konen (aus Stahl, bzw. vergütetem Aluminium) festgehalten. Um den Verbinder der Stahlseele wird das Rohrstück der Aluminiumkonusverbinder geschoben. Die Hohlräume sind mit geeignetem Fett auszufüllen, um Wasseransammlungen zu vermeiden;

Die Doppelrohrverbinder nach Schutzrechten der Bayernwerk A. G. München, für Stahlaluminiumseile, insbesondere der selbstdämpfenden Bauart: auf die aneinanderstoßenden Seilenden der freigelegten Stahlseele wird

Abb. 75. Ziehverbinder.

eine zylindrische Verbindungshülse aus Stahl geschoben und gekerbt. Eine zweite längere Hülse aus Aluminium, die vor dem Kerben der ersten Hülse auf den Aluminiummantel eines der zu verbindenden Seile geschoben wurde, umfaßt die Aluminiummäntel der beiden Seilenden und erhält ebenfalls Einkerbungen;

Die Ziehverbinder nach den Schutzrechten der Vereinigten Deutschen Metallwerke A. G., Frankfurt a. M.-Heddernheim, insbesondere für Zweimetallleiter, jedoch auch für Einmetalleiter, verwendbar: Diese bestehen aus einem

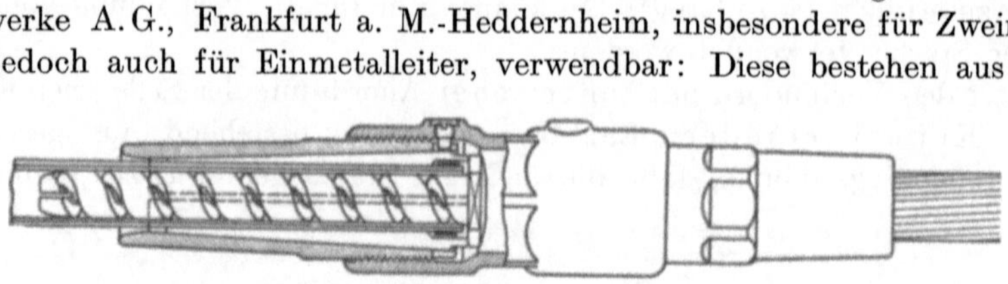

Abb. 76. Verbinder für Zweilagenhohlseil.

zylindrischen Verbindungsrohr mit einer Einschnürung in der Mitte. Die Seilenden werden bis zu dieser eingeführt und mit Hilfe eines besonderen Gerätes, des Ziehapparates, wird das Verbindungsrohr aufgezogen. Die Ziehverbinder sind nur für Leiter gleichen Querschnittes und Werkstoffes verwendbar. Für die Verbindung von Stahlaluminiumseilen werden sie mit einem besonderen Konusgesperre ausgerüstet, welches die Stahldrähte faßt (Abb. 75, Ausführung der Firma Hofmann).

Die Festigkeit der zentrischen Verbinder ist größer als jene der exzentrischen und erreicht praktisch jene des Seiles.

Abzulehnen ist das Herstellen der Verbindungen mittels Bindedrahtes infolge zu wenig inniger Berührung der Leiter; das Verlöten solcher Verbindungen mindert die Festigkeit.

Die Verbinder der Hohlseile werden nur in zentrischer Bauart ausgeführt. Bei den Zweilagenhohlseilen (Abb. 76, Ausführung der Firma Hofmann) wird in das Innere des Hohlseiles ein Messingbolzen gepreßt, der sich für alle diese Seilbauarten eignet (s. II, A 1). Konen fassen von außen die Leitungsenden, auf welche die als Gegenkonen ausgebildeten Außenhülsen mit einer gemeinsamen Überwurfmutter mit Rechts- und Linksgewinde gepreßt werden. Bei den Ein-

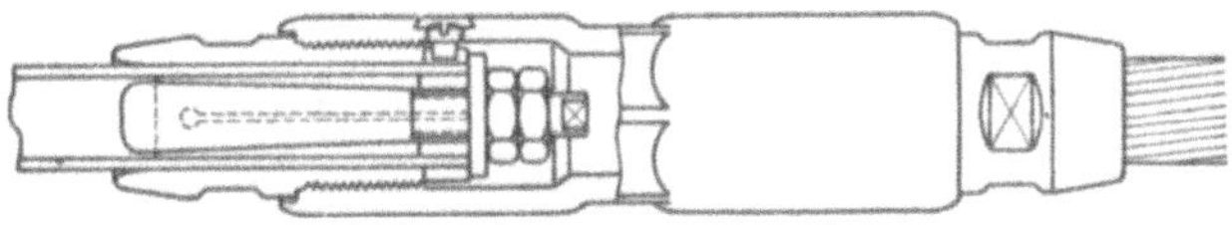

Abb. 77. Verbinder für Einlagenhohlseil.

lagenhohlseilen wird ein Stahlkonusbolzen in das Seilinnere eingeführt, der es mit einer gegenläufigen Spreizhülse gegen die Verbindungshülse preßt (Abb. 77, Ausführung der Firma Hofmann). Die äußeren Hülsen werden wieder durch den Mittelteil aus Bronze verbunden.

Von den zugentlasteten Verbindern wird außer gutem Stromkontakt, chemischer Festigkeit usw. auch Lösbarkeit der Verbindung gefordert. Der Kontaktdruck wird daher stets durch lösbare Schrauben erzeugt. Es wurden zahlreiche Verbinderarten entwickelt, auch für Leiter verschiedener Querschnitte und Werkstoffe, auf deren Beschreibung hier verzichtet werden kann.

3. Armaturen für das Zusammenstellen und das Aufhängen der Ketten.

Die Verbindung der Kappen- und Doppelkappenisolatoren wird hergestellt, indem die Kappenpfanne über den Klöppel des darüber befindlichen Isolators geschoben wird. Das vom VDE vorgeschriebene Sichern gegen das Herausgleiten aus der Pfanne läßt sich durch das Einsetzen eines W-förmigen Feder-

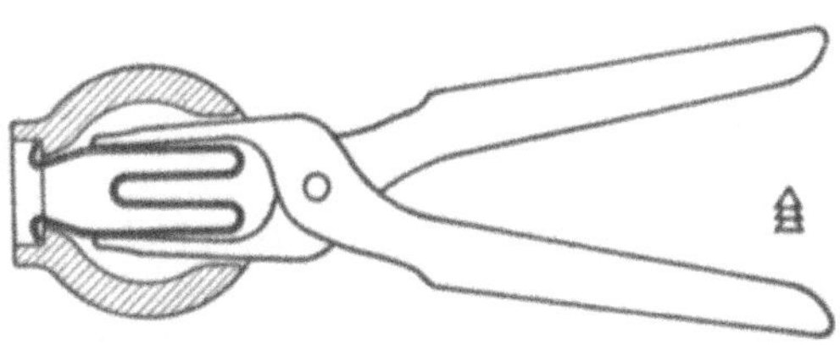

Abb. 78. Sicherungssplint.

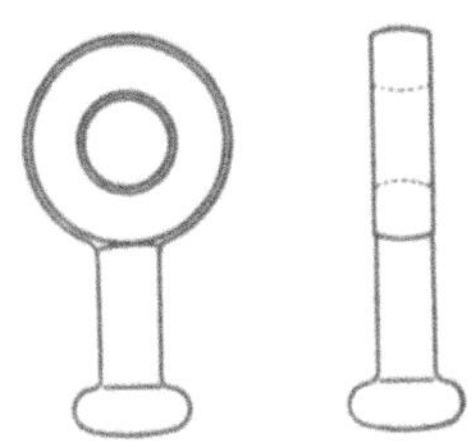

Abb. 79. Aufhängeöse.

splintes bewerkstelligen, dessen Enden in vorgesehenen Aussparungen der Pfanne eingreifen. Abb. 78 zeigt einen solchen Splint und dessen Handhabung mit der Federsplintzange.

Das Aufhängen der Ketten an den Mastarmen und das Befestigen der Seilklemmen an ihnen erfolgt mit Hilfe von besonderen Zwischengliedern, für welche sich folgende Bauarten unterscheiden lassen:

Soll ein Bolzen oder ein ähnlicher Ausrüstungsteil, z. B. der U-Bügel der Traverse, mit einer Pfanne verbunden werden, so wird ein nach Abb. 79 ausgebildeter Teil benötigt (Aufhängeöse);

Soll ein Klöppelkopf mit dem Bolzen eines Kettenausrüstungsteiles ver-

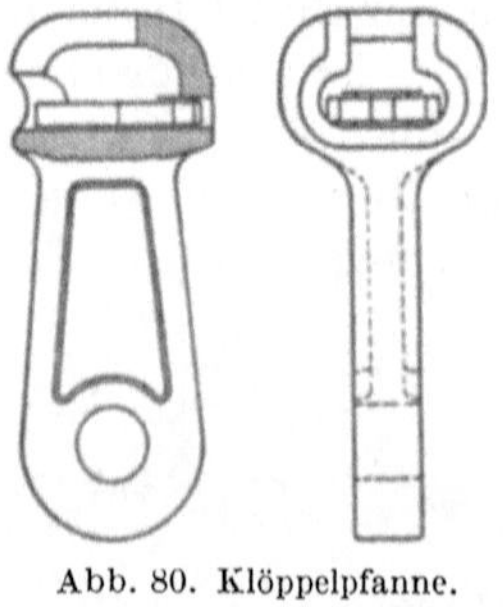

Abb. 80. Klöppelpfanne.

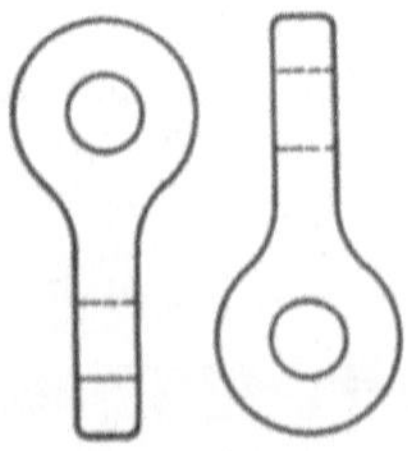

Abb. 81. Doppelöse.

bunden werden, so bedingt dieses die Verwendung eines nach Abb. 80 ausgebildeten Teiles (Klöppelpfanne). Das Sichern erfolgt durch die gleichen Splinte;

sollen zwei Bolzen miteinander verbunden werden, so sind Verbindungsteile nach Abb. 81 (Doppelösen) zu verwenden.

Alle diese Verbindungsteile werden von der Firma Hofmann in verschiedenen

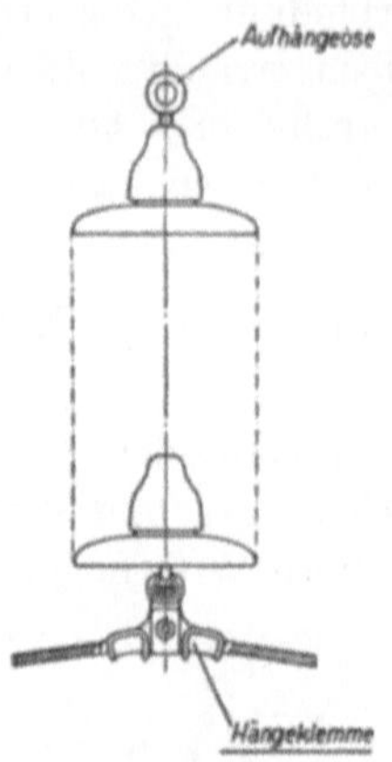

Abb. 82. Einfachhängekette.

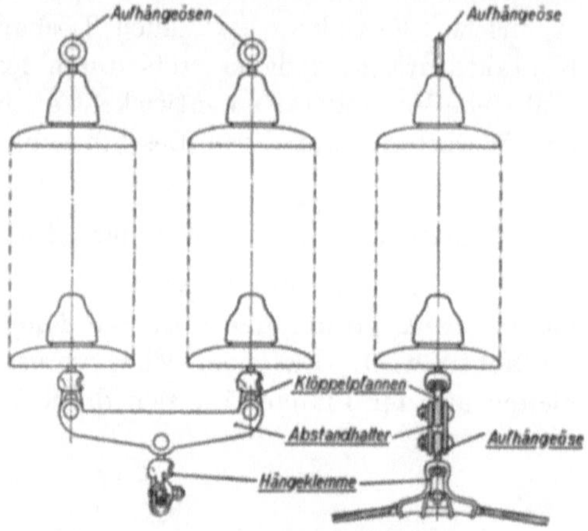

Abb. 83. Doppelhängekette.

Größen erzeugt und passen sich den Normen des VDE für Klöppelbolzen und Klöppelpfannen an (Din VDE 8060, s. Anhang).

Abb. 82 zeigt eine Einfachtragkette mit Aufhängeöse und unmittelbarer Befestigung der Seilklemme. Statt der Aufhängeöse kann gegebenenfalls ein Aufhängeklöppel oder ein Hakenklöppel Verwendung finden. Abb. 83 läßt eine Doppelhängekette erkennen. Zur Einhaltung eines angemessenen Abstandes wird der Abstandhalter vorgesehen und mittels Klöppelpfannen mit den untersten Isolatoren, mittels Aufhängeöse mit der Seilklemme verbunden. Abb. 84 zeigt eine Einfachabspannkette, Abb. 85 eine Doppelabspannkette. An Zubehörteilen werden für diese zwei Aufhängeösen, zwei Klöppelpfannen und eine Doppelöse benötigt.

Als weitere Armaturen seien erwähnt:

Doppelklöppel für die großen, beiderseits mit Pfannen ausgestatteten Motorisolatoren; Reduktionszwischenstücke für die Verbindung von Armaturteilen

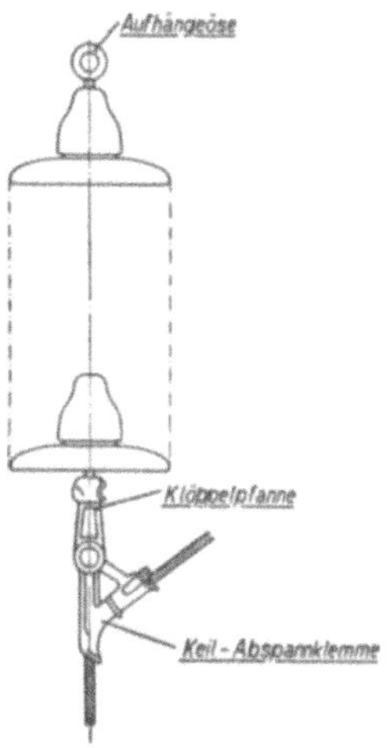

Abb. 84. Einfachabspannkette.

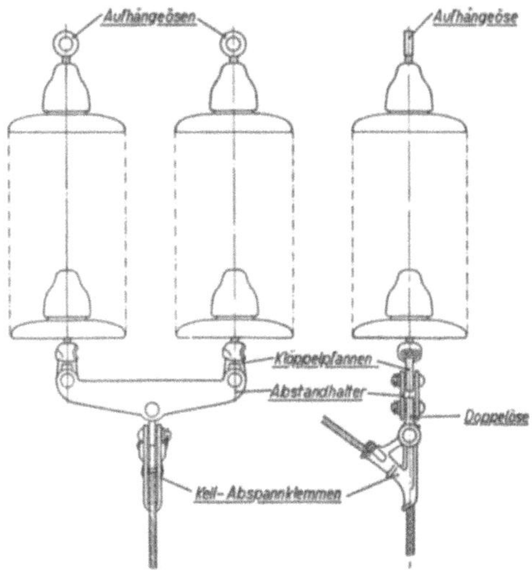

Abb. 85. Doppelabspannkette.

verschiedener Durchmesser; Verlängerungsstücke, um die Längenunterschiede von Doppelketten an Winkelmasten auszugleichen.

Auf die Besprechung der seltener verwendeten Armaturteile für Schlingen- und Stabisolatoren sei hier verzichtet.

4. Armaturen für die Leiterbefestigung an Stützenisolatoren, Ketten und Masten.

An den Stützenisolatoren der Trag- und Winkelmaste werden die Kupferseile mit Bünden aus weichem Kupferdraht, die Aluminium-, Aldrey- und Stahlaluminiumleiter mittels Aluminiumbügel befestigt (s. dritter Abschnitt). An

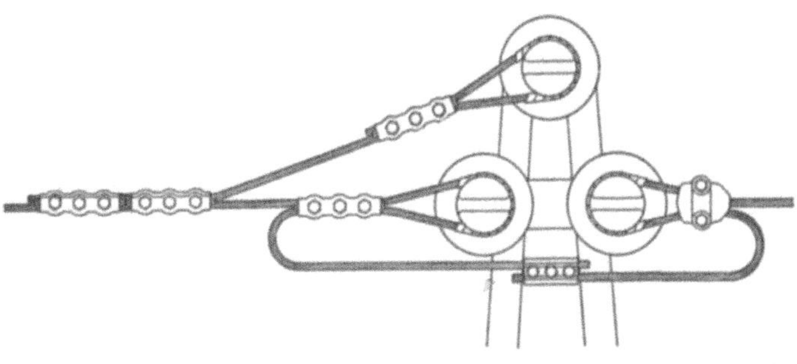

Abb. 86. Abspannung.

den Stützenisolatoren der Abspann- und Endmaste können für alle Werkstoffe ein- und zweiteilige Schraubenverbinder oder besondere Endklemmen Verwendung finden. Abb. 86 zeigt die Verwendung der ein- und zweiteiligen Verbinder bei zweifacher Aufhängung an einem Abspannmast, der Leiter des rechten Nachbarfeldes ist hierbei durch eine Endklemme befestigt.

Die Seilbefestigung an den Isolatorenketten erfolgt mittels Hänge- und Abspannklemmen. Die ersten lassen sich auch solcherart ausbilden, daß sie die Schwingungserscheinungen (s. vierter Abschnitt) unterdrücken und deren Auswirkungen vermeiden. Die Hängeklemmen, an welche diese Forderung nicht gestellt wird, werden als Klemmen mit fester Seilmulde ausgeführt. Die Bekämpfung der Schwingungserscheinungen erfolgt durch pendelnde oder schwingende Ausführung der Seilmulde. Wird an die Hängeklemme außerdem die Forderung gestellt, bei einseitigem Leiterriß das Durchrutschen des Seiles zu gestatten, so werden sie als Auslöseklemmen ausgeführt. Die Abb. 87 und 88 zeigen Hängeklemmen mit fester Seilmulde der Firma Hofmann. Die Mulden sind gekrümmt, das Seil wird entweder durch einen schwenkbaren Deckel (Abb. 87) oder durch einen seitlich angeordneten Klemmdeckel gehalten (Abb. 88). Die Rutschkraft dieser Klemmen beträgt 300—600 kg.

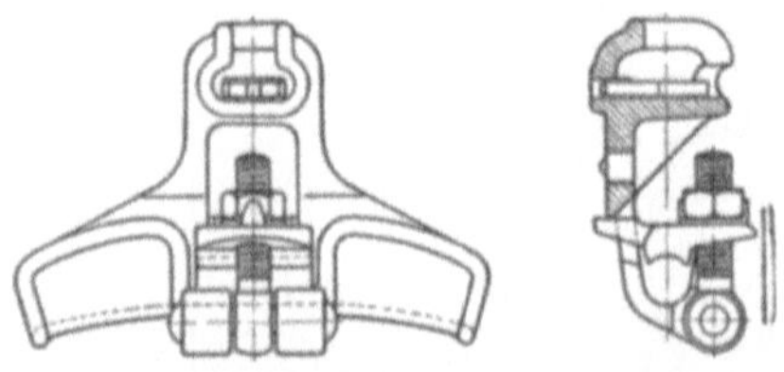

Abb. 87. Hängeklemme mit schwenkbarem Deckel.

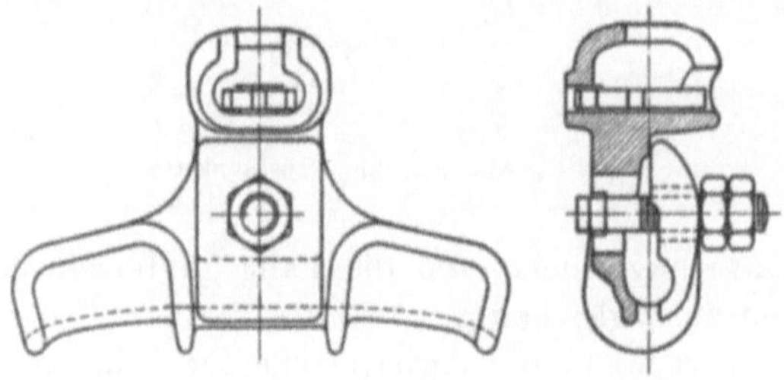

Abb. 88. Hängeklemme mit seitlichem Klemmdeckel.

Die Abb. 89 zeigt eine pendelnde Klemme der Firma Hofmann: Die Seilmulde lagert schneidenartig auf einem im Tragbügel befestigten Vierkantbolzen. Ein Klemmdeckel hält den Leiter in der Mulde fest. Die Rutschkraft beträgt 1500—2000 kg.

Die Abb. 90 zeigt die schwingende Auslöseklemme der Firma Hofmann: Die Seilmuldenlagerung ist jener der pendelnden Klemme ähnlich, Sperrnocken

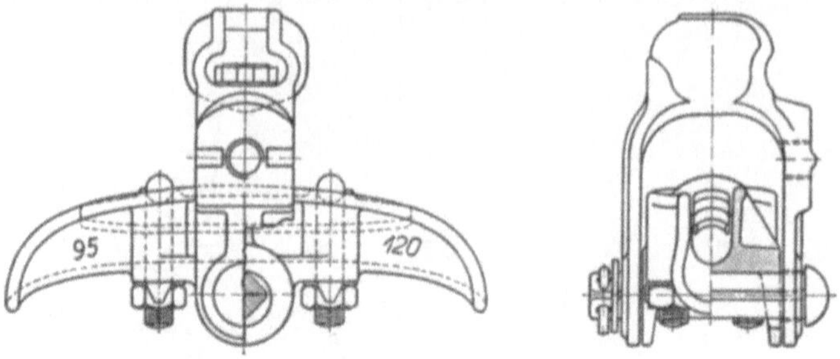

Abb. 89. Pendelnde Hängeklemme.

sichern die Mulde nur so lange gegen seitliches Verschieben, als die Hängekette angenähert in senkrechter Lage verbleibt; beim Schrägstellen der Kette wird die Verriegelung aufgehoben, die Seilmulde wird freigegeben und der Leiter kann durch die Klemme rutschen. Um die Rutschbewegung auf einen bestimmten Weg zu begrenzen, können besondere Zusatzklemmen verwendet werden.

An allen diesen Armaturen können Lichtbogenschutzarmaturen (s. 5) — bei den pendelnden und schwingenden Ausführungen an den feststehenden Teilen — angebracht werden. Die Seile sind mit Bändern zu umwickeln, die Aluminium-

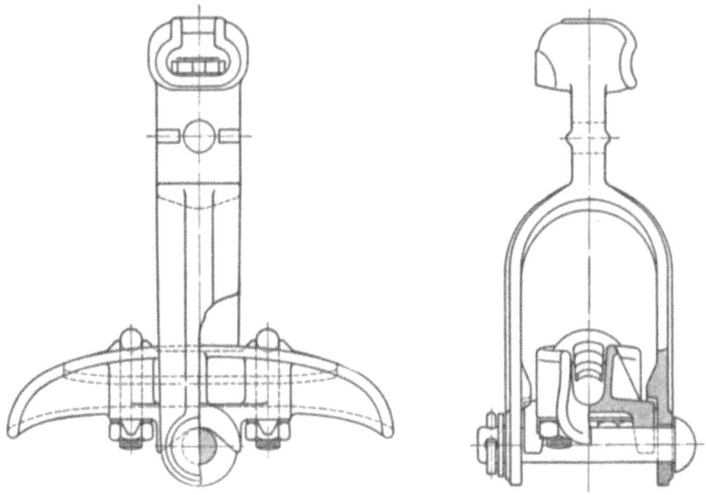

Abb. 90. Schwingende Auslöse-Hängeklemme.

wickelbandagen sind einzufetten. Als Werkstoff der Klemmen kommt Temperguß für alle Leiterwerkstoffe, Bronze für Kupfer- und Bronzeleiter in Frage.

Je nach der Befestigungsart des Seiles in der Klemme lassen sich folgende Abspannklemmen unterscheiden:

Keilabspannklemmen (Abb. 91): Das Festhalten des Seiles erfolgt durch Keile aus Messing, vergütetem Aluminium oder gehärtetem Stahl, die, mittels Schrauben — aus Stahl bei Klemmen aus Temperguß, aus Bronze bei Klemmen aus Bronze — angezogen, das Festklemmen des Seiles bewirken. Das Festziehen des Keiles wird durch den Leiterzug unterstützt. Abb. 91 läßt erkennen, daß das Seil an der Abspannklemme nicht durchgeschnitten werden muß;

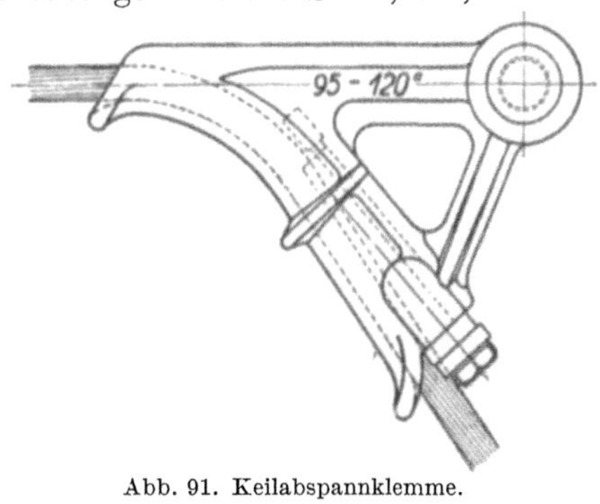

Abb. 91. Keilabspannklemme.

Konusabspannklemmen (Abb. 92): Das Festhalten erfolgt in gleicher Art wie bei den Konusverbindern. Der Körper der Klemme ist in Befestigungslaschen aus Stahl gelenkig gelagert, die Klemmstelle liegt in Richtung des Seilzuges, die Abkrümmung des Seiles zur Stromschlaufe erfolgt hinter der Klemmstelle; diese Klemme ist daher gegen Schwingungen besonders gesichert. Die Klemmkörper werden aus Messing oder aus vergütetem Aluminium hergestellt. Die Konusklemme ist nur für Einmetalleiter geeignet;

Für das Abspannen des Stahlaluminiumseiles hat Hofmann die Doppelkonusabspannklemme ausgebildet: Stahlseele und Aluminiummantel werden wie bei den Doppelkonusverbindern durch Konen aus Stahl, bzw. vergütetem Aluminium festgehalten, der Stromübergang erfolgt mittels Abzweigstutzens, in welchem die Stromschlaufe mittels Klemmdeckels befestigt wird. Die Hohlräume sind wieder mit geeignetem Fett auszufüllen. Hofmann stellt

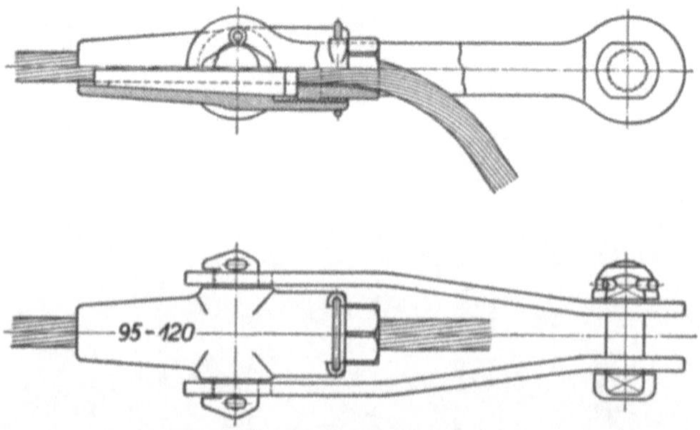

Abb. 92. Konusabspannklemme.

ähnliche Konusabspannklemmen mit herausgeführter Stahlseele für selbstdämpfende Seile her (Abb. 93);

Deckelabspannklemmen: In die wellenförmigen Rillen der Klemme wird das Seil durch Deckel (Abb. 94), die mittels Schrauben festgehalten werden, hineingedrückt. Die Einführung des Seiles erfolgt ohne das Seil durch-

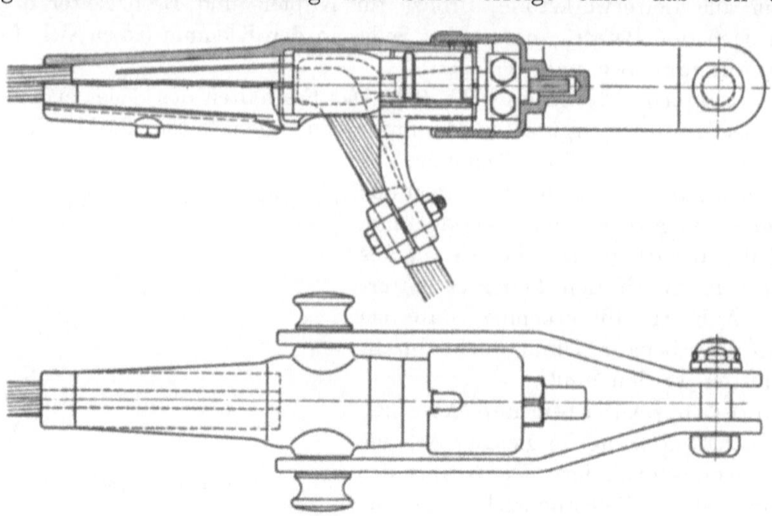

Abb. 93. Konusabspannklemme für selbstdämpfende Seile.

zuschneiden. Diese Abspannklemmen sind nur dort zu verwenden, wo keine Seilschwingungsbeanspruchungen zu erwarten sind, und eignen sich nicht für Aluminiumleiter.

Als weitere Bauart von Abspannklemmen sei schließlich die Abspannklemme nach dem Hofmannschen Ziehverbindersystem (s. 2) erwähnt, die sich insbesondere für die Zweimetalleiter eignet.

Alle diese Abspannklemmen werden ebenfalls aus Temperguß oder Bronze hergestellt. Die vom VDE gestellte Forderung nach 90%iger Festigkeit der Klemme gegenüber dem Seil wird durch alle Klemmen erreicht und mit Ausnahme der Deckelabspannklemmen auch wesentlich überschritten.

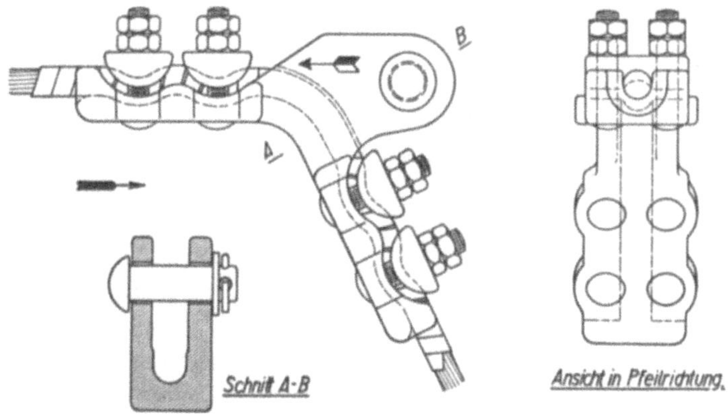

Abb. 94. Deckelabspannklemme.

Abb. 95 läßt die Hängeklemme für Hohlseile erkennen: das Seil wird in zwei muldenförmig ausgebildeten Klemmschuhen aus Messing oder Bronze mit je zwei Klemmdeckeln festgehalten. Die Klemmschuhe sind drehbar an einem Steg aus Stahl befestigt und können sich daher nach dem jeweiligen Leitungsdurchhang einstellen. Der Steg ist ebenfalls drehbar an der Aufhängegabel befestigt. Die Abspannklemmen der Hohlseile werden den Verbindern ähnlich ausgeführt.

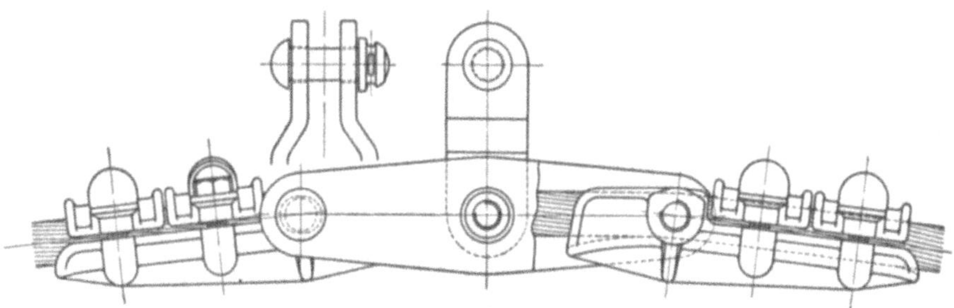

Abb. 95. Hängeklemme für Hohlseile.

Die Befestigung des Erdleiters an den Stahlmasten erfolgt mittels Sonderklemmen (Erdseilklemmen). Die Firma Hofmann führt diese Klemmen für Trag- und Abspannmaste in der Geraden mit zwei, bzw. vier Deckeln mit je zwei Schrauben aus, welche das Erdseil in die wellenförmige Rille einer Grundplatte pressen, die an der Mastspitze aufgeschraubt wird. Zur Erleichterung der Erdwiderstandsmessung des Mastes kann die Grundplatte isoliert befestigt werden: hierbei ist im Betrieb die Isolation zu überbrücken. Diese Befestigungsart ist für schwingungsgefährdete Leiter nicht geeignet. Für solche Fälle wurde ein Tragbock mit schwingender Klemme ausgebildet.

Die schwingungssichere Abspannung des Erdleiters kann auch an Winkelabspannmasten mittels Abspannbockes nach Abb. 96 erfolgen: An den senkrechten Bolzen dieses Bockes wird ein Zwischenstück drehbar befestigt, an dem horizontal angeordneten Bolzen des Zwischenstückes wird die Erdseilabspannklemme oder eine Abspannrolle angebracht; bei Schwingungsbeanspruchungen kann sich daher das Seil in zwei senkrecht aufeinander verlaufenden Richtungen bewegen.

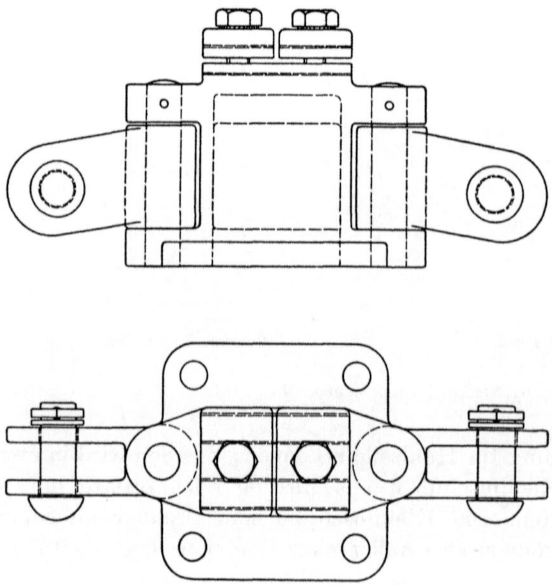

Abb. 96. Abspannbock für Erdseile.

5. Die Lichtbogenschutzarmaturen.

Diese bezwecken, den dem Überschlag durch Stoßspannungen folgenden Lichtbogen von der Kette abzulenken und Beschädigungen des Seiles und der Kette zu vermeiden (Abb. 54). Außerdem mildern sie die Unterschiede der Spannungsanteile einer Kette (s. B, 3 d).

Die Firma Hofmann hat folgende Schutzarmaturen entwickelt: Schutzhörner, Schutzhornkreuze und Schutzringe.

Die Schutzhörner werden als einfache oder doppelte Hörner (erstere hauptsächlich für Doppelabspannketten) für Kappen- und Doppelkappenisolatoren mit Ausladungen von 16,75 und 27,5 cm (gegenüber der Kettenachse) hergestellt.

Die Schutzhornkreuze werden als obere (Abb. 54) und untere, halbe und ganze Kreuze (die halben Kreuze hauptsächlich für Doppelabspannketten) mit Ausladungen von Kettenmitte von 30 cm hergestellt.

Die Schutzringe (Abb. 54) werden entweder aus Rohr von 27 mm Durchmesser bei 550 mm Ringdurchmesser (für Spannungen bis etwa 150 kV) oder aus gewalztem U-Eisen 70 × 42 mm bei 750 mm Ringdurchmesser (für höhere Spannungen) hergestellt. Sie werden entweder als geschlossene Ringe für Einfachhängeketten oder als Dreiviertelringe für Doppelhängeketten, Einfach- und Doppelabspannketten ausgeführt. Bei den Doppelhänge- und Abspannketten ist die Öffnung der Dreiviertelringe nach innen, bei den Einfachabspannketten nach unten anzuordnen.

Die Schutzhörner und Schutzhornkreuze werden stets geschmiedet und nicht geschweißt, die Streben der Schutzringe werden angeschraubt oder angenietet.

Die Befestigung der Schutzhörner und Schutzkreuze hat in einer solchen Art zu erfolgen, daß etwa abschmelzende Metallteile nicht auf die Leitungsseile tropfen können.

Die Verwendung von Lichtbogenschutzarmaturen setzt ausreichende, gegen Kurzschlüsse durch Vögel, Schnee usw. gesicherte Abstände von den geerdeten

Bauteilen voraus, welche bei Mittelspannungsnetzen normalerweise nicht vorgesehen werden können. Aus diesem Grunde beschränkt sich die Verwendung der Lichtbogenschutzarmaturen auf die Höchstspannungen.

Die Frage, welche Lichtbogenschutzarmatur für eine bestimmte Kette bei gegebenen Montagebedingungen, Betriebsspannung usw., die größten betriebstechnischen Vorteile bietet und wie diese einzustellen ist, läßt sich nicht eindeutig beantworten. Durch die Schutzarmatur soll nicht der Überschlag vom ersten Augenblick an von der Kette ferngehalten werden — hierzu würden sich zu enge Abstände ergeben —, sondern nur der darauffolgende Lichtbogen. Wie die Versuche Draegers[4] ergaben, ist für die Wirksamkeit hauptsächlich die untere Armatur ausschlaggebend, auf die obere Armatur kann bei geringem Abstand zwischen Kette und Ausleger verzichtet werden. Die Versuche Draegers[5] und Müllers[6] sind dahingehend auszulegen, daß die Verwendung von Hörnern auf die Betriebsspannungen bis 100 kV beschränkt bleiben soll, darüber hinaus sind am unteren Kettenende Ringe, am oberen Ende Ringe oder Hörner zu verwenden. Ausschlaggebend für die Wirksamkeit der Ringe ist außer den Abmessungen auch die Querschnittsform. Ausreichende Ausladung wird zur Überwindung der anziehenden Wirkung der Metallteile der Kette benötigt. Hierdurch darf sich jedoch keine unzulässige Näherung an den Mast ergeben.

6. Die Schwingungsschutzarmaturen.[7]

Es seien hier nur übliche Schwingungsarmaturen beschrieben; bezüglich deren Wirkungsweise sei auf den vierten Abschnitt verwiesen.

Die Dämpfungsbeilagen nach den Schutzrechten der Firma J. W. Hofmann (Abb. 97): An dem mit einer Wickelbandage aus dem Werkstoff des

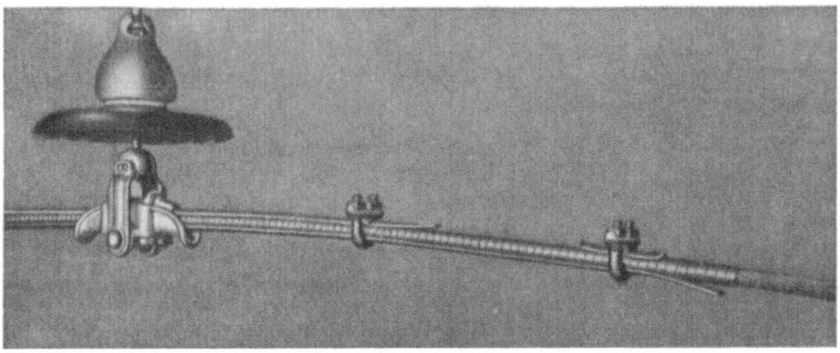

Abb. 97. Dämpfungsbeilagen.

Leiters versehenen Seil werden zwei verschieden lange Stahlstäbe angebracht, die einerseits mit Hilfe der Seilklemme, anderseits mit je zwei Bügelklemmen an dem Leiter festgeklemmt werden. Marken kennzeichnen die Stellen der Stahlstäbe, an welchen die Bügelklemmen anzubringen sind. Die Wirksamkeit der Dämpfungsbeilagen wird durch die Verwendung von pendelnden Klemmen erhöht. Die Bügelklemmen sind erst nach erfolgtem Spannen des Seiles anzuziehen.

Der Schwinghebeldämpfer nach den Schutzrechten der Vereinigten Aluminium-Werke A. G. Lautawerk: Ein unsymmetrischer Hebelbalken ist an einer am Seil befestigten Schelle um eine horizontale Achse drehbar gelagert. Der Hebel

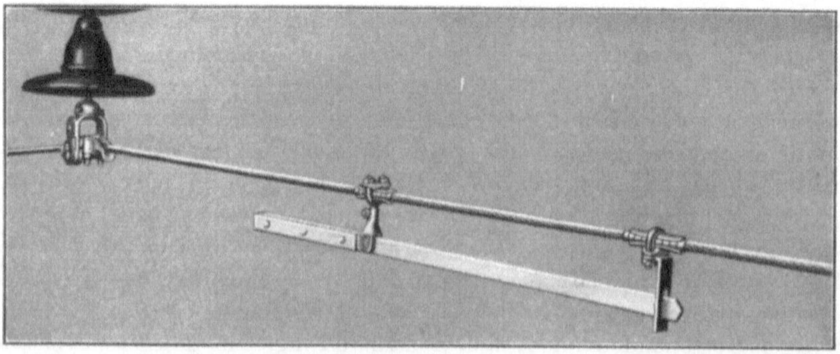

Abb. 98. Schwinghebeldämpfer.

endigt in zwei ebenfalls am Seil befestigten Anschlagschellen, in welchen er sich mit großem Spiel bewegen kann (Abb. 98, Ausführung Hofmann).

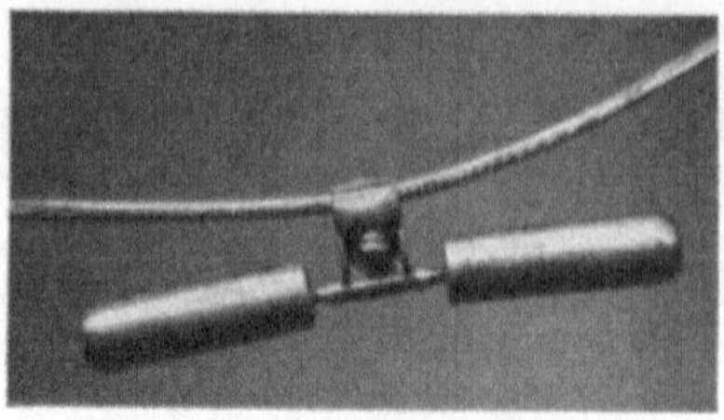

Abb. 99. Stockbridge-Dämpfer.

Beim Stoßgewichtsdämpfer (nach Schutzrechten der Aluminium-Industrie A. G. Neuhausen) werden die Schwingungsbewegungen der Leitung im Wege einer Feder auf ein Stoßgewicht übertragen und heben dieses von der Unterlage ab. Je Tragklemme sind zwei, je Abspannklemme ein Dämpfer erforderlich.

Der Stockbridge-Dämpfer: Ein kurzes Seilstück wird in seiner Mitte an das zu schützende Seil geklemmt und trägt an beiden Enden Gewichte. Die Schwingungsenergie wird auf dieses Seilstück übertragen, das in Schwingungen versetzt wird.[8] Abb. 99 zeigt eine Ausführung der Aluminium Union Limited London.

Literaturverzeichnis.

1. Nefzger: Zubehörteile für die Verlegung von Hochspannungsfreileitungen an Stützen- und Hängeisolatoren. ETZ 1936, H. 48, S. 1394.
2. Donath: Die Berechnung der Isolatorenstützen. ETZ 1920, H. 41, S. 809.
3. Donath: Die Berechnung von Isolatorenstützen. ETZ 1921, H. 17, S. 421.
4. Draeger: Neue Untersuchungen über die Hochleistungslichtbögen an Freileitungsisolatoren. Ros.-Mitt., H. 18.
5. Draeger: Lichtbogenüberschläge hoher Leistung an Freileitungsisolatoren mit Schutzvorrichtung. Ros.-Mitt., H. 16.
6. Müller: Über die Gestaltung von Lichtbogenschutzarmaturen für Mittel-, Hoch- und Höchstspannungsnetze. Hescho-Mitt. 44/45, 1929, S. 1333.
7. Vereinigte Aluminiumwerke A. G. Lautawerk und J. W. Hofmann: Aluminiumfreileitungen, ein Hilfsbuch für die Planung und den Bau von Starkstromfreileitungen. Berlin: Aluminium-Zentrale. 1936.
8. Varney: Evolution of the Modern Transmission Line. Eng. Journal, September 1936.

III. Gesichtspunkte für die Festlegung der Spannweite; Grenzspannweiten.

Es wäre irrig, die Spannweite nur aus dem mehr oder weniger ausgeprägten Mindestwert der Kurve, welche die Abhängigkeit der Summe der Material- und Errichtungskosten einer Freileitung von der Spannweite wiedergibt, zu bestimmen. Hierzu sind vielmehr als weitere Kriterien die mechanische und die elektrische Festigkeit heranzuziehen.

Unter der Voraussetzung, daß jeweils die durch die Sicherheitsvorschriften gegebenen elektrischen und mechanischen Sicherheiten eingehalten sind, wird sich im allgemeinen die elektrische Sicherheit um so mehr als die relativ geringere erweisen, je kleiner die Spannweite festgelegt wurde, d. h. der Freileitungsbauteil der geringsten Festigkeit ist im allgemeinen der Isolator.

Unter der gewöhnlich zutreffenden Voraussetzung gleichen Höchstzuges im Leiter wird sich diejenige Freileitung als die mechanisch sicherere erweisen, welche die kleinere Spannweite aufweist.

Die angedeuteten Vor- und Nachteile — höhere mechanische Sicherheit und geringere elektrische Festigkeit einer Leitung mit kleinerer Spannweite und umgekehrt — lassen sich nur schwer durch konkrete Zahlen erfassen.

Es sei daher ohne weitere Begründung empfohlen, die Spannweite unter Bedachtnahme auf die betriebstechnischen Vorteile, welche die geringere Anzahl von Isolatoren bietet, zu bestimmen, indem sie so weit als nur möglich über jenes Maß gesteigert wird, welches sich durch den Mindestwert der Kosten der Leitung ergeben hat, und von den durch behördliche Vorschriften zugelassenen größten Weiten nach Möglichkeit Gebrauch zu machen.

Da die Festlegung der zuzulassenden größten Spannweite — der Grenzspannweite — somit nur Rücksichtnahme auf ausreichende mechanische Festigkeit erfordert, könnte sie unter der Voraussetzung erfolgen, daß die Leiter beim Auftreten der größten Eislast bis zur Prüffestigkeit beansprucht werden, d. h. daß die Eisreißlast die größte auftretende Eislast nicht überschreitet und der Leiter hiermit die Sicherheit 1 aufweist. Da die dem Festigkeitsnachweis der Leitungen zugrunde zu legenden Eisgewichte rein fiktive Mindestwerte sind, fordern die Vorschriften, daß die Ermittlung der Grenzspannweiten unter der Annahme eines Vielfachen dieses Wertes zu erfolgen hat (nach VDE ist der Nachweis zu erbringen, daß bei zweifacher Normaleislast die Beanspruchung im Aufhängepunkt die Dauerzugfestigkeit nicht überschreitet). Hierbei werden die Grenzspannweiten unter der Annahme errechnet, daß der Elastizitätsmodul bis zum Bruch unverändert verbleibt. Dieser Vorgang beinhaltet eine gewisse Sicherheit, da der Elastizitätsmodul nach Überschreitung eines bestimmten Spannungswertes (Streckgrenze) stark ab- und die Seildehnung unverhältnismäßig stark zunimmt.

Für übliche Leiterwerkstoffe und Querschnitte liegen Grenzspannweiten durch Vorschriften fest (s. Anhang).

IV. Das Mastbild.

Das Mastbild, die aus dem Mast samt Auslegern und den Leitern gebildete geometrische Figur, kann nach Festlegung der Systemzahl, d. h. der Anzahl der Übertragungsleiter und der sonstigen zu verlegenden Leiter — Erdleiter, Fernsprechleiter — entwickelt werden. Es läßt auf die Abmessungen des Mastes schließen, sobald die Abstände der Leiter untereinander und vom Erdboden festliegen, und ermöglichst unter weiterer Berücksichtigung des Werkstoffes und der Stärke der Leiter, sowie der Beschaffenheit deren Oberfläche, die Beurteilung der elektrischen Leistungsfähigkeit der Leitung, indem es die Ermittlung der elektrischen Kennwerte der Freileitung (s. VII) zuläßt.

A. Abstände der Leiter untereinander und vom Erdboden.

Die Festlegung dieser Abstände erfordert Rücksichtnahme auf die Betriebssicherheit (unter der ungünstigsten Einwirkung der Windkraft müssen überschlag sichere Abstände zwischen den Leitern gewahrt bleiben, desgleichen beim Emporschnellen der Leiter unter der Einwirkung der herabfallenden Schneelasten, Vermeidung von Überbrückungen der Leiter durch Vögel, abfallende Äste usw.) und auf die öffentliche Sicherheit (ausreichende Abstände der Leiter vom Erdboden und von den Gegenständen der Umgebung). Große Phasenabstände bedingen schwerere und daher teurere Maste und wirken sich durch die höhere Induktanz nachteilig aus, indem sie die stabil übertragbare Leistung herabsetzen. Größere Masthöhen haben eine stärkere Gefährdung der Leitung durch die atmosphärischen Einwirkungen zur Folge.

Die Vorschriften legen Mindestabstände zwischen den Aufhängepunkten der Leiter in Abhängigkeit von der Betriebsspannung, vom Durchhang bei + 40°, bzw. des eisbehafteten Leiters bei — 5° oder vom maximalen Durchhang, von der Leiteranordnung, von der Isolatorenbauart und vom Werkstoff fest — von den leichteren Aluminiumleitern werden stets größere Abstände gefordert. — Die Vorschriften schreiben außerdem Mindestabstände der unter der Einwirkung des Windes ausgeschwungenen Leiter vor. Ferner legen sie Mindestabstände der Leiter von den geerdeten Bauteilen in Abhängigkeit von der Betriebsspannung und der Isolatorenbauart fest (s. Anhang).

Beim Entwurf der Bilder der Winkelmaste wird sich die Notwendigkeit ergeben, die Auslegerlängen mit abnehmendem Leitungsmaterial zu erhöhen, um die geforderten Abstände der Leiter untereinander und vom Mast einzuhalten.

Alle geforderten Abstände stellen ein Vielfaches der Überschlagslänge dar und tragen dem Umstande Rechnung, daß selbst gleichartige und gleichartig gespannte Leiter, insbesondere bei ungleicher Vereisung, verschieden stark ausschwingen können. In erhöhtem Maße ist ungleiches Ausschwingen bei Leitern verschiedener Werkstoffe und Stärken zu erwarten.

Obwohl sich die vom VDE festgelegten Mindestabstände der Leiterbefestigungspunkte als ausreichend erweisen und unter normalen Bedingungen eine von Überschlägen, Berührungen und Kurzschlüssen freie Betriebsführung gewährleisten, empfiehlt es sich dennoch, sich nicht mit der Anwendung dieser Formeln zu begnügen, sondern vielmehr eine graphische Untersuchung der relativen Lage der eisfreien oder eisbehafteten Leiter anzustellen.[1] Es wird empfohlen, diese Untersuchung auf folgende Betriebsfälle auszudehnen:

1. Bei + 10° C: relative Lage der Leiter unter der Einwirkung der bis zum Höchstwert gesteigerten Windkraft, wobei der Durchhang durch die Windbeanspruchung mitbestimmt wird. Hierbei wird mit dem Verminderungskoeffizienten $c = 0{,}5$ gerechnet.

2. Bei — 5° C: einer der Leiter ist mit einer durch die Vorschriften festgesetzten Eishülse behaftet, der zweite Leiter wird eisfrei vorausgesetzt. Da die größte Windstärke und die stärkste Eisbildung nicht gleichzeitig auftreten, ist es ausreichend, dieser Untersuchung eine verminderte Windkraft, und zwar 50 kg/m² zugrunde zu legen. Hierbei ist die Stärke der Eishülse mit dem Einheitsgewicht von 0,8 kg/dm³ zu ermitteln. Der Abminderungskoeffizient wird für den eisbehafteten Leiter mit 0,7, für den eisfreien Leiter mit 0,5 angenommen.

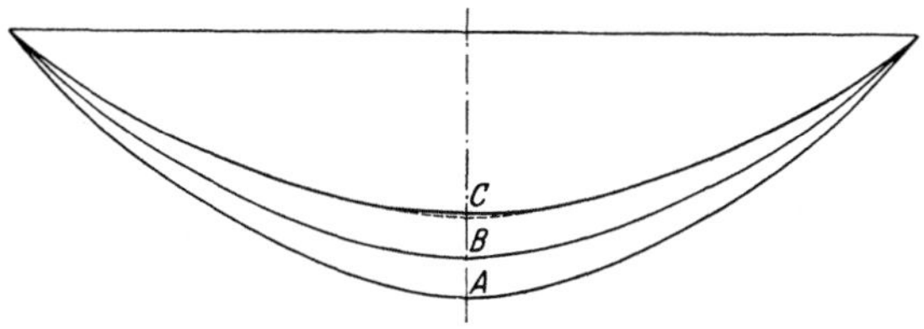

Abb. 100. Lotrechte Seilschwingungen.

Die ausgeschwungenen Leiter sollen vorgeschriebene Mindestabstände aufweisen (s. Anhang).

Diese Untersuchungen werden an Hand von Schwingungsbildern durchgeführt (s. B, Beispiel).

Die Abstände übereinander angeordneter Leiter müssen zur Vermeidung von Berührungen beim Emporschnellen infolge des Herabfallens der Eislast größer als die Schnellhöhe h_A sein. Diese läßt sich nach Gröbl[2] aus der Beziehung

$$h_A = \frac{1}{2} \cdot \Delta f \cdot \varkappa$$

errechnen. (Δf Durchhangsunterschied zwischen belastetem und unbelastetem Leiter, $\varkappa$ Verhältnis des Gewichtes der Zusatzlast zum Gewicht des eisfreien Leiters.)

Wolf[3] hat durch Berechnungen und Versuche nachgewiesen, daß bei den lotrechten Schwingungen, die durch das gleichzeitige Abfallen der gleichmäßig verteilten Eislast angeregt werden, die parabelähnliche Form der Durchhangslinie eine Änderung erfährt (Abb. 100, *A* Ruhelage des eisbehafteten, *B* des eisfreien Seiles, *C* äußerste Schwingungslage): Die Seilmitte schwingt um ein geringes Maß relativ stärker aus.

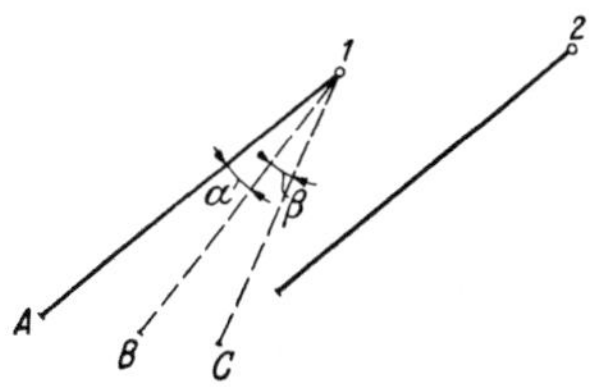

Abb. 101. Schwingungsbilder.

Beim Abfallen der Eislast von einem unter der Einwirkung des Windes ausgeschwungenen Leiter treten außer den Schwingungen in der Lotrechten auch seitlich Schwingungen auf (Abb. 101, *A* Ruhelage des ausgeschwungenen eisbehafteten, *B* des eisfreien Leiters *1*, *C* äußerste Schwingungslage); gleichzeitig tritt eine Verminderung der angreifenden Windkraft auf, bedingt durch die kleine Angriffsfläche. Hierbei kann sich der Leiter *1* in der Lage *C* dem eisbehafteten ausgeschwungenen Nachbarleiter *2* bedenklich nähern. Untersuchungen in dieser Richtung können unter der Annahme erfolgen, daß $\alpha = \beta$ und der Durchhang in der Lage *B* jenem in *C* gleich ist.

Die einzuhaltenden Abstände des untersten Leiters vom Erdboden sind in den Vorschriften in Abhängigkeit von der bestimmungsgemäßen Verwendung des gekreuzten Grundstückes, von der Betriebsspannung und der Isolatorenbauart festgelegt (s. Anhang).

B. Übliche Mastbilder; Vergleiche.[4]

Die Abb. 102 läßt gebräuchliche Mastbilder für Drehstromeinfach- und -doppelleitungen und für Einphasenleitungen erkennen. An Holzmasten werden die Leiter einer Drehstromeinfachleitung in einem praktisch gleichschenkeligen Dreieck angeordnet, falls Hakenstützen mit Holzgewinde verwendet werden (*a*), oder in einem praktisch gleichseitigen Dreieck, falls Querarme (*b*) oder besonders geformte Stahltraversen Verwendung finden (*c*). Üblich ist auch die Anordnung der Leiter in gleicher Höhe bei Verwendung von Portalmasten, die aus Einfachmasten bestehen (*d*). Drehstromdoppelleitungen werden bei Holzgestänge gewöhnlich auf *A*-Masten nach Bild *e* verlegt. Die Anordnung *f* für Doppelmaste — ohne seitliche Verschiebung der übereinander angeordneten Leiter — ist seltener anzutreffen. Die Mastbilder *b*—*f* werden auch bei Verwendung von Kettenisolatoren angewandt. Drehstromeinfachleitungen auf Stahlmasten werden entweder nach Bild *g* (Leiter im Dreieck angeordnet, Erdseil an der Mastspitze) oder nach Bild *h* (Leiter in gleicher Höhe) ausgeführt. Portalmaste aus Stahl ähnlich *d* sind seltener anzutreffen. Hingegen ist die Anordnung der Arbeits- und des Erdleiters in gleicher Höhe nach Bild *i* gebräuchlich. Doppelleitungen werden als Stahlmastleitungen entweder in der Tannenbaumanordnung (j) oder in der verkehrten Tannenbaumanordnung (*k*) ausgeführt. Die Verlegung eines oder zweier Erdseile erfolgt nach Bild *k* oder *j*. Üblich ist auch die Anordnung der sechs Leiter in gleicher Höhe (*l*), wobei das Erdseil wieder wie im Falle *k* oder *j* angeordnet wird. Voraussetzung für diese Anordnung ist ebenes Gelände. In gebirgigem Gelände sind die Querarme geneigt nach Bild *m* anzubringen, falls der Vorteil solcher Anordnungen, d. i. die geringe Masthöhe, ausgenützt werden soll. Ähnlich der Tannenbaumanordnung sind die Sechseckanordnungen *n* (Tonnenform) und *o*. Doppelleitungen können schließlich nach den Mastbildern (*p*) und (*q*) ausgeführt werden, bei welchen die sechs Leiter in zwei Ebenen angeordnet werden. Die Ausführung der Eisenbetonmaste erfolgt hauptsächlich nach den Mastenbildern *g*—*k* und *n*—*q*. Aus den beschriebenen Mastbildern lassen sich solche für mehr als zwei Drehstromsysteme leicht ableiten. Einphaseneinfachleitungen werden in der Form *r*, Doppelleitungen nach Figur *s*, *t* oder *u* ausgeführt. Die ungleich lange Ausführung der Querarme bei Winkelmasten bei Verwendung von Hängeketten ist hauptsächlich in der Schweiz anzutreffen.

Die Fernsprechleiter werden entweder als selbsttragende Luftkabel verlegt, oder es werden blanke Leiter verwendet, die nach Bild *n* oder *o* am Gestänge befestigt werden.

Außer diesen Standardausführungen werden bei besonders großen Leiterabständen und Querschnitten fallweise turmartig gebaute Maste verwendet. Treten im Zuge einer Leitung besonders weite Spannfelder auf, z. B. Fluß- oder Talüberquerungen, so wird gegebenenfalls für jeden Übertragungsleiter ein eigener Mast vorgesehen.

Unter der Voraussetzung gleicher mechanischer Festigkeit sind für den Vergleich der drei grundsätzlichen Mastbilder — Leiter übereinander, in gleicher Höhe oder in gemischter Anordnung — das Mastgewicht, die Fundamentabmessungen, die Kosten der Grundablöse, die Montage, das Verhalten im Betrieb (die Gefahr des Zusammenschlagens der Leiter und die Gewittergefährdung) und die elektrischen Kennwerte maßgebend. Bezüglich des Mastgewichtes wird keines dieser Mastbilder fühlbare Vorteile aufweisen, da die Anordnung der

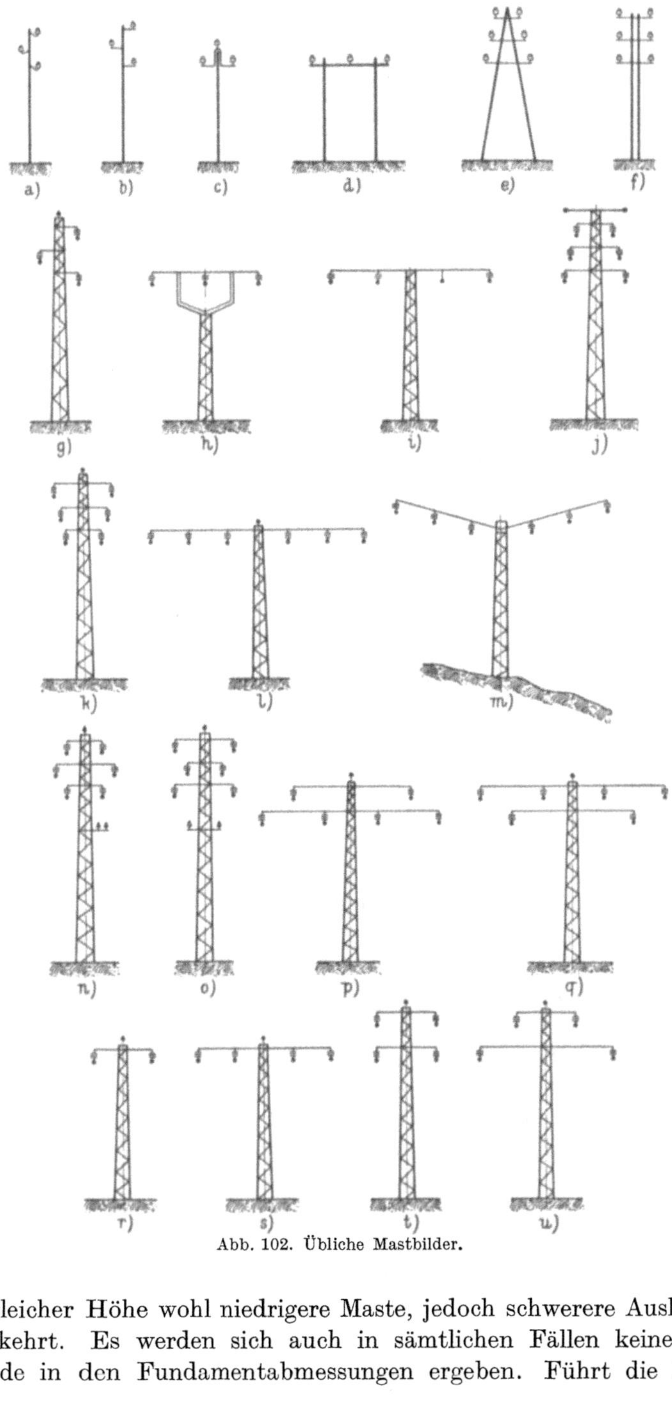

Abb. 102. Übliche Mastbilder.

Leiter in gleicher Höhe wohl niedrigere Maste, jedoch schwerere Ausleger ergibt und umgekehrt. Es werden sich auch in sämtlichen Fällen keine fühlbaren Unterschiede in den Fundamentabmessungen ergeben. Führt die Freileitung durch bewaldetes Gebiet, so scheidet die horizontale Anordnung der Leiter aus. Im Falle teurer Grundablöse kommen Portalmaste nicht in Frage. Leichter und daher billiger zu montieren sind jene Maste, welche das ungehinderte Aufziehen aller Leiter gestatten und das Umgehen tiefer liegender Ausleger vermeiden. In dieser Beziehung erweist sich die horizontale Leiteranordnung günstiger als die Tannenbaum- und die Tonnenform. Aus dem angedeuteten Grunde wurde die verkehrte Tannenbaumanordnung *k* entwickelt, die außerdem in vielen Fällen den Vorteil aufweist, die Verlegung eines Erdseils in geringerem vertikalen Abstand von den Arbeitsleitern zu gestatten, da sich bei ihr

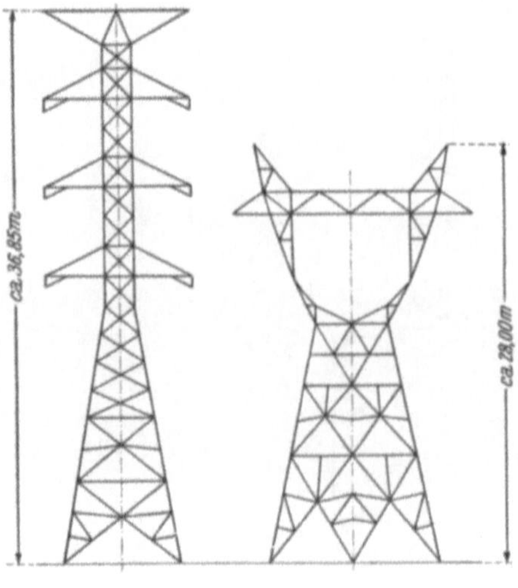

a b

Abb. 103. Amerikanische Mastbilder.

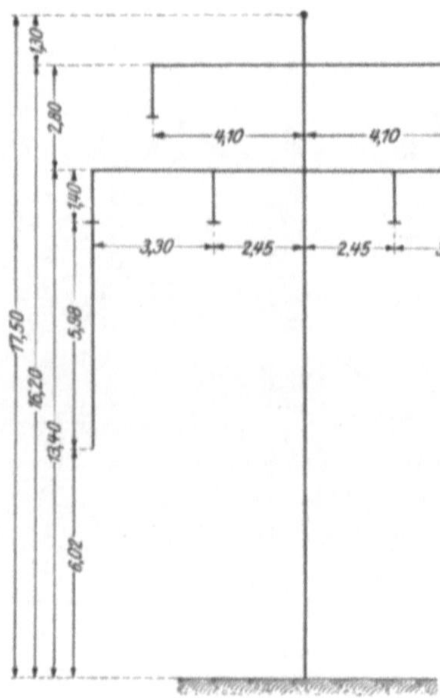

Abb. 104. Entwurf eines Mastbildes.

gewöhnlich günstigere Schwingungsbilder ergeben. Hierdurch werden auch die Maste niedriger. In den Kreisen der Betriebsfachwelt ist häufig die Ansicht verbreitet, daß das Zusammenschlagen übereinander angeordneter Leiter öfters vorkommt als der in einer Ebene angeordneten. Dieses Urteil ist nur dann berechtigt, wenn die übereinander angeordneten Leiter seitlich nicht ausreichend versetzt sind, was bei den Tannenbaumanordnungen leicht möglich ist.

Kann zusammenfassend von den bisher aufgezählten Gesichtspunkten aus von einer ausdrücklichen Überlegenheit eines bestimmten Mastbildes nicht gesprochen werden, so gilt dieses ebenfalls bezüglich der elektrischen Kennwerte. Die die Übertragungsverhältnisse hauptsächlich bestimmenden zwei Kennwerte — der Selbstinduktionskoeffizient und die Betriebskapazität — weisen in allen Fällen praktisch gleiche Werte auf; die größere Koronafestigkeit bei Mastbildern mit übereinander angeordneten Leitern ist praktisch von untergeordneter Bedeutung. Die geringere Gewittergefährdung bei horizontaler Anordnung wirkt sich nur so lange aus, als kein Erdseil Verwendung findet; werden — wie allgemein üblich — ein oder mehrere solcher angeordnet, so erweisen sich alle Mastbilder wieder als gleichwertig (s. auch VII, B 1).

Die amerikanische Praxis hat die Mastbilder und die Mastausführung ohne Rücksichtnahme auf den in Anspruch genommenen Baugrund entwickelt. Zweisystemleitungen werden deshalb oft auch dann auf gesondertem Gestänge verlegt, wenn nach der in Mitteleuropa gültigen Auffassung kein besonderer Grund hierfür vorhanden ist. Die Mastbilder *i* und *l* (Abb. 102) sind dort nicht üblich, hingegen wird die zweischäftige Ausführung bevorzugt. Anzutreffen ist die auch in der Schweiz übliche unsymmetrische Gestaltung der Ausleger und die vertiefte Kettenbefestigung zur Vermeidung von Näherungen an den Mast beim Ausschwingen. Soweit Einschaftausführungen angewandt werden, werden diese aus dem angedeuteten Grunde stark gespreizt gebaut, wobei stets Einzelfundamente anzutreffen sind, auch wenn diese ausschließlich auf Zug beansprucht sind. Die Abb. 103 a und b lassen die bei der Leitung B o u l d e r d a m - L o s A n g e l e s für die teils gemeinsame, teils gesonderte Verlegung der zwei Systeme verwendeten Masttypen erkennen. Der in Anspruch genommene Baugrund läßt sich auf das 15fache desjenigen schätzen, den die in Europa üblichen Mastbauarten beanspruchen würden; die Einzelfundamente des Einsystemmastes sind in einem Quadrat angeordnet, dessen Diagonale in der Leitungsrichtung liegt (Normalmontage unter der Annahme, daß der Leiterzug und der Winddruck gleich groß sind und gleichzeitig wirken).

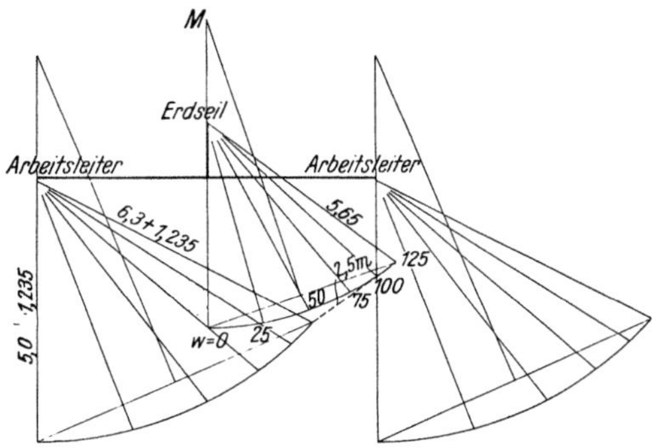

Abb. 105. Schwingungsbild.

Bemerkenswert ist die Verlegung der Erdseile auf gesonderten Gestängen bei Holzmastleitungen. Die Spannungsgrenze, bis zu welcher Holzmaste Verwendung finden, reicht bis etwa 150 kV. Die Verankerung des Holzmastes ist auch bei Höchstspannungen üblich.[5–7]

Es sei das Mastbild einer Drehstromdoppelleitung für 100 kV Nennspannung mit einem Erdseil zu entwerfen. Die Spannweite betrage maximal 250 m. Verwendet werde für die 6 Übertragungsleiter das Stahlaluminiumseil Nr. 120 (s. Durchhangsberechnung A, 5c). Als Erdseil dient ein Stahlseil 50 mm² (s. A, 5c, zeichnerisch erfolgte Durchhangsberechnung). Der Durchhang des Stahlaluminiumseiles bei $+40^\circ$ wurde mit 5,98 m ermittelt, der erforderliche Phasenabstand beträgt daher nach VDE (s. Anhang)

$$\sqrt{5{,}98} + \frac{100}{150} = 3{,}25\ \text{m}.$$

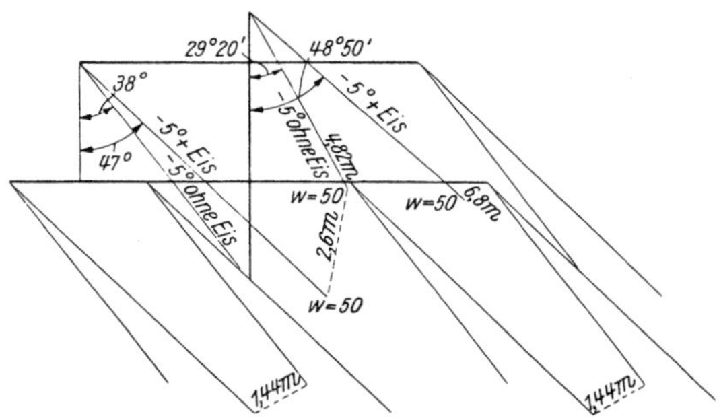

Abb. 106. Schwingungsbild.

Der Abstand vom Erdboden soll 6 m betragen. Es werden Hängeketten, bestehend aus sechs Isolatoren K 3 (s. B, 4, Länge der Ketten ohne Armaturen 1,02 m, mit Armaturen ca. 1,235 m) verwendet. Die Verlegung der Leiter erfolge nach Mastbild *p* (Abb. 102).

Die Abb. 104 stellt das für diese Leitung entworfene Mastbild dar, welches vorerst den durch die Vorschriften festgelegten Bedingungen für die Abstände der Leiter untereinander Genüge leistet. Es seien die sich unter der Einwirkung des Windes einstellenden Abstände untersucht.

Für den an erster Stelle aufgezählten Betriebsfall für die Verfassung der Schwingungsbilder ergeben sich für das Erdseil von 50 mm², $d = 9$ mm folgende Beanspruchungen, Ablenkungen und Durchhänge bei $+10^\circ$:

Winddruck	0	50	75	100	125	kg/m²
Winddruck je m Seil ($c = 0,5$)	—	0,225	0,3375	0,45	0,5625	kg/m
Winddruck w je m und mm² Seil	—	0,0045	0,00675	0,009	0,01125	kg/m/mm²
Eigengewicht γ des Seiles	0,008	0,008	0,008	0,008	0,008	kg/m/mm²
Gesamtbelastung $w + \gamma$	0,008	0,0092	0,0105	0,0121	0,01385	kg/m/mm²
Ablenkung des Leiters $\left(\operatorname{tg} \alpha = \frac{w}{\gamma}\right)$	—	29° 20′	40° 20′	48° 15′	55° 35′	
Zug im Leiter bei + 10° unter Einwirkung von γ	12,75	—	—	—	—	
von $w + \gamma$	—	—	—	—	19,11	kg/mm²
Durchhang unter der Einwirkung von γ	4,75	—	—	—	—	
von $w + \gamma$	—	—	—	—	5,65	m

Die ermittelten Ablenkungen wurden in Abb. 105 gezeichnet. Es wurde angenommen, daß der tiefste Punkt des Leiters im Zuge des Ausschwingens und der gleichzeitigen Durchhangsvergrößerung einen Kreisbogen beschreibt, der durch die Lage des Seiles bei Windstille und bei der maximalen Windstärke (s. Zahlentafel) bestimmt ist (Mittelpunkt des Kreisbogens M).

Analog ergeben sich für das Arbeitsseil (s. Zahlentafel 6) die folgenden Werte (Abb. 105):

Winddruck	0	50	75	100	125	kg/m²
Winddruck je m Seil ($c = 0,5$)	—	0,392	0,59	0,785	0,98	kg/m
Winddruck w je m und mm² Seil	—	0,00273	0,00411	0,00548	0,00685	kg/m/mm²
Eigengewicht γ des Seiles	0,00345	0,00345	0,00345	0,00345	0,00345	kg/m/mm²
Gesamtbelastung $w + \gamma$	0,00345	0,00442	0,0054	0,0065	0,0077	kg/m/mm²
Ablenkung des Leiters	—	38°	49° 45′	57° 35′	63°	
Zug im Leiter bei + 10° unter Einwirkung von γ	5,36	—	—	—	—	
von $w + \gamma$	—	—	—	—	9,57	kg/mm²
Durchhang unter der Einwirkung von γ	5,00	—	—	—	—	
von $w + \gamma$	—	—	—	—	6,3	m

Die Verwertung der hier gewonnenen Größen im Schwingungsbild der Abb. 105 erfolgt unter der weiteren Näherung, daß die Isolatorenkette unter dem gleichen Winkel ausschwingt wie der Leiter.

Die Abb. 105 zeigt, daß sich der kleinste Abstand zwischen dem linken oberen Phasenleiter und dem Erdseil bei einem Winddruck von 125 kg/m² einstellt und daß dieser ca. 2,5 m beträgt.

Die an zweiter Stelle zugrunde gelegten Betriebsannahmen ergeben das Schwingungsbild Abb. 106. Der kleinste Abstand zwischen einem vereisten und einem unvereisten Stahlaluminiumleiter tritt bei der Windkraft von 50 kg/m² auf (1,44 m). Unter den gleichen Voraussetzungen ergibt sich zwischen dem Erdseil und einem Stahlaluminiumleiter der kleinste Abstand zu ca. 2,6 m. Das Mastbild kann daher beibehalten werden. Es sei weiteren Berechnungsbeispielen zugrunde gelegt.

Literaturverzeichnis.

1. Krautt: Erläuterungen zu den Vorschriften für Freileitungen. Wien: ETV. 1931.
2. Gröbl: Planung und Bau von Freileitungen. El.-Wirtsch. 1934, H. 24, S. 491.
3. Wolf: Schwingungen elastischer Seile. Zeitschr. f. angewandte Mathematik und Mechanik 1927, S. 137.
4. Kühn: Die Entwicklung der elektrischen Energiefernübertragung. ETZ 1936, H. 48, S. 1369.
5. Menge: Übertragung und Verteilung elektrischer Energie in den Vereinigten Staaten von Amerika. Z. d. J. 1936, H. 47, S. 1409.
6. Kenneally: La ligne de transport d'énergie à 275 kV de Boulder Dam à Los Angeles. Cigré, Bericht 323. Paris 1935.
7. Kallir: Neue amerikanische Wasserkraftwerke. E. u. M. 1938, H. 7, S. 79.

V. Der Mastbau.

A. Einleitung.

1. Allgemeines.

Die Maste der Hochspannungs-Freileitungen werden aus Stahl, Eisenbeton oder auch aus Holz hergestellt. Jedem Baustoff gehören seine eigenen Bauformen zu, deren konstruktive Durchbildung und Berechnung in den folgenden Abschnitten B bis D, unter Berücksichtigung der einschlägigen Vorschriften, behandelt wird.

Die Kräfte, die im betriebsmäßigen Zustande der Leitung auf die einzelnen Maste ausgeübt werden, sind je nach der baulichen Durchbildung der Leitungsanlage und je nach der Stellung der Maste in der Leitungstrasse verschieden groß. Diesem Umstande wird bei der Bemessung der Maste Rechnung getragen, da durch die Abstufung des Tragvermögens eine Verringerung der Gestängekosten zu erzielen ist.

Beim Entwurf der Maste ist aber nicht bloß auf die betriebsmäßigen Lasten, sondern auch auf jene Einwirkungen Rücksicht zu nehmen, die sich im Falle von Leiterbrüchen ergeben. Aus wirtschaftlichen Gründen wäre es untragbar, alle Maste so stark auszuführen, daß sie den ungünstigsten Belastungen, die in solchen Fällen auftreten können, standzuhalten vermögen. Man muß sich damit begnügen, nur einzelne, an ausgezeichneten Punkten der Leitungstrasse stehende, sowie in bestimmten größeren Abständen gelegene Maste derart stark zu bemessen, daß sie die bei Leiterbrüchen auftretenden Kräfte bis zu einer sehr ungünstigen Häufung derselben aufzunehmen und so den Bereich der Zerstörung abzuriegeln vermögen.

Auf Grund dieser Überlegungen ergibt sich die folgende Unterteilung der Maste nach ihrem Verwendungszweck (VDE 0210, § 16) in

a) Tragmaste, die vornehmlich dazu bestimmt sind, die Leiter in lotrechter und waagrechter Richtung zu tragen und die nur in geraden Strecken verwendet werden dürfen;

b) Winkelmaste, die an Winkelpunkten der Leitungstrasse zu stehen kommen und dort auch die Abtriebskräfte der Leiterzüge, die sich aus der Richtungsänderung ergeben, aufzunehmen haben;

c) Abspannmaste, die Festpunkte in der Leitung schaffen sollen und die bei Mastumbrüchen zufolge Leiterrissen den Bereich der Zerstörung einzugrenzen haben. Sie können in der geraden Leitungsstrecke (Fluchtabspannmaste) oder auch an Winkelpunkten (Winkelabspannmaste) stehen;

d) Endmaste, die zur Aufnahme der gesamten, einseitigen Leiterzüge bestimmt sind;

e) Abzweig- und Verteilungsmaste, die zum Abzweigen oder zum Verteilen der Leitungen nach verschiedenen Richtungen dienen;

f) Kreuzungsmaste, die an bruchsicher auszuführenden Kreuzungen der Leitung mit oberirdisch geführten staatlichen Schwachstromleitungen, mit Eisenbahnen, Reichsautobahnen und Wasserstraßen beiderseits des gekreuzten Objektes angeordnet werden und für deren Gestaltung und Bemessung schärfere Bestimmungen gelten (s. Anhang, VDE 0210, D, Besondere Bestimmungen).

2. Die angreifenden Kräfte.

Von den Kräften, die auf die Maste unmittelbar einwirken oder die von den Leitern auf sie ausgeübt werden, sind nur jene der Größe nach strenge erfaßbar, die von Eigengewichten und von Leiteranspannungen herrühren. Alle übrigen Kräfte, die von den klimatischen Bedingungen abhängen und von Eislasten, Wind- und Temperaturwirkungen verursacht werden, können nur auf Grund der Erfahrung geschätzt werden.

α) *Lotrechte Lasten.*

Die Maste haben nicht bloß ihr Eigengewicht und die unmittelbar auf sie einwirkende Schneelast, sondern auch die Anteile der Gewichte der Leiter samt Zusatzlasten und ferner auch die Gewichte der Isolatoren samt Eislast aufzunehmen. Hinsichtlich der auftretenden Eislasten wird auf VIII, B verwiesen. Nach den Vorschriften VDE 0210 ist die Regeleislast der Leiter mit $0{,}18\sqrt{d}$ kg/m anzunehmen, wenn d den Leiterdurchmesser in Millimeter bedeutet. In Zahlentafel 5 sind die Metergewichte der Zusatzlasten für die Leiter mit genormten Durchmessern verzeichnet. Die Eislast der Isolatorenketten ist nach Vorschrift mit 2,5 kg/m anzunehmen.

Liegen die Leiteraufhängepunkte aufeinanderfolgender Maste nicht in gleicher Höhe, dann treten aber auch noch lotrechte Seitenkräfte der Leiterzüge auf, die besonders für die Bemessung schwacher Tragmastquerträger von wesentlicher Bedeutung sein können. Bedeutet g das Metergewicht eines Leiters, g_e die Zusatzlast je Meter Leiter, H den Horizontalzug, dann ergeben sich unter der vereinfachenden Annahme, daß die Lasten g und g_e nicht längs der Durchhangslinie, sondern längs der Sehne d wirken, die folgenden Stützenkräfte (Abb. 107 a):

$$V = \frac{1}{2}(g + g_e)\,d, \quad H' = H \sec\alpha. \tag{60}$$

Die Kräfte V stellen die Auflagerdrücke des Balkenträgers d dar. Zerlegt man H' in die Seitenkräfte H und $H \operatorname{tg} \alpha$, wobei $\operatorname{tg} \alpha = \frac{h}{a}$, so ergeben sich die in Abb. 107 b dargestellten lotrechten und waagrechten Stützkräfte $V \pm H \frac{h}{a}$ und H. Der höher gelegene Aufhängepunkt B weist also gegenüber einem waagrechten Spannfelde d eine zusätzliche Auflagerkraft von $\Delta V = H \frac{h}{a}$ auf.

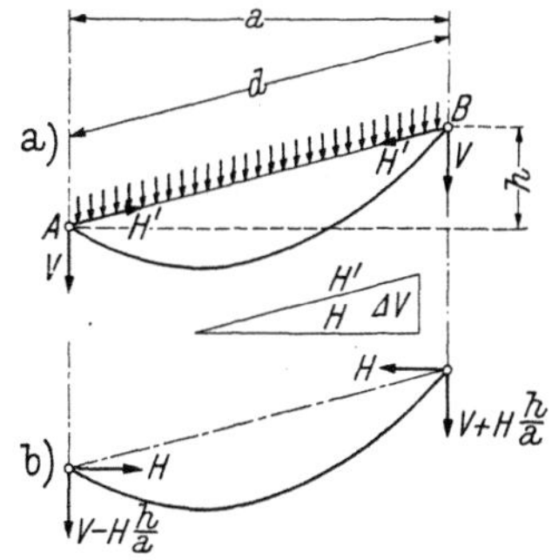

Abb. 107.

Auf den überhöht stehenden Mast B in Abb. 108 wirkt daher neben dem Balkenauflagerdruck $V = \frac{1}{2}(g + g_e)(d_1 + d_2)$ noch die lotrechte Zusatzkraft

$$\Delta V = H\left(\frac{h_1}{a_1} + \frac{h_2}{a_2}\right), \tag{61}$$

die im Falle $a_1 = a_2$ in $V = 2H\frac{x}{a}$ übergeht.

In gleicher Weise lassen sich auch die Entlastungskräfte ΔV bei vertieft stehenden Masten berechnen. Von der Größe dieser Kräfte hängt es ab, ob und welche Maßnahmen getroffen werden müssen, um unzulässige Annäherungen der unter Wind ausschwingenden Ketten an die Querträger zu verhindern. (Abbiegen der Querträgerenden, Belastungsgewichte usw.; vgl. Abschnitt VIII, B.)

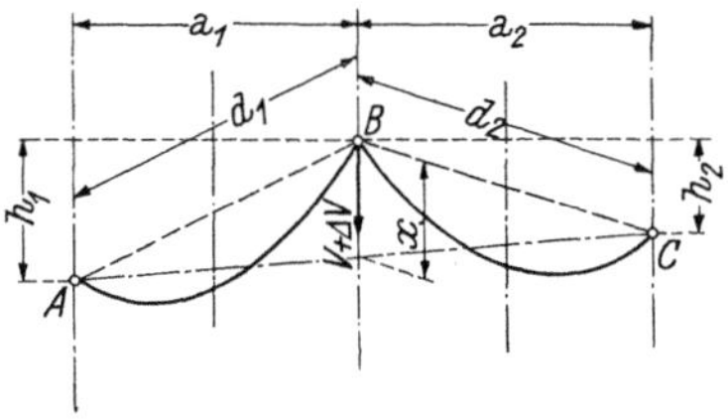

Abb. 108.

Die vorstehende Berechung der lotrechten Auflagerkräfte der Leiter entspricht auf Grund der getroffenen Vereinfachungen einer parabolischen Durchhangslinie; sie liefert im allgemeinen genügend genaue Ergebnisse. Nur bei Spannfeldern großer Länge und besonders auch bei sehr steil ansteigenden Feldern müssen die lotrechten Auflagerkräfte nach den genauen Berechnungsformeln ermittelt werden, die für die Kettenlinie als Gleichgewichtsform der Leiter entwickelt wurden (vgl. II, A, 5b).

β) *Winddruck.*

Berechnung nach Vorschrift. Die derzeitigen Bestimmungen der VDE 0210, § 15, über die Berechnung der Maste auf Winddruck stützen sich noch auf die alte Newtonsche Winddrucktheorie, die nur Staudrücke, aber keine Saugwirkungen kennt: Bedeutet w_0 den waagrecht gerichteten Winddruck in kg auf 1 m² rechtwinkelig getroffener Fläche, dann entfällt auf eine in gleicher Lage befindlichen Fläche von der Größe F m² der Gesamtwinddruck W (kg) $= w_0 F$. Ist aber diese Fläche unter dem Winkel α gegen die Windrichtung geneigt, dann ist der ausgeübte Druck, unter Berücksichtigung des Abgleitens der zur Fläche parallelen Seitenkräfte, W (kg) $= w_0 F \sin^2 \alpha$; er wirkt rechtwinkelig zur Fläche F. Bei Fachwerkmasten bedeutet F die windgetroffene Fläche der Vorderwand; außerdem sind aber noch 50% dieser Fläche für die im Windschatten gelegenen Flächen in Rechnung zu stellen.

Die Größe des Einheitswinddruckes w_0 ist nach VDE 0210, § 15a/2, bei Masten bis 40 m Höhe mit 125 kg/m² anzunehmen; für die oberhalb 40 m liegenden Mastteile und Isolatoreu sind dann größere, nach Höhenabschnitten gestaffelte Winddrücke w_0 in Rechnung zu stellen. Für besonders windgefährdete Gegenden sind erhöhte Winddrücke zu berücksichtigen.

Nach der vorstehenden Berechnungsweise ergibt sich die größte Stielkraft eines quadratischen Gittermastes im Falle der Anblasung rechtwinkelig zu einer Seitenwand (Abb. 109a) von derselben Größe wie bei der Anblasung über Eck (Abb. 109b). Dieses Ergebnis steht in Widerspruch mit der Erfahrung.

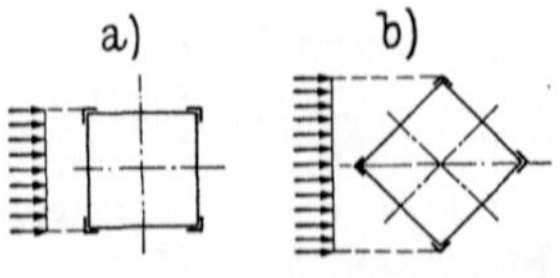

Abb. 109.

Hinsichtlich der Berechnung des Winddruckes auf die Leiter weichen aber die Bestimmungen der VDE 0210 in zweifacher Weise von der Newtonschen Winddrucktheorie ab: einmal dadurch, daß beim Leiterdurchmesser d die windgetroffene Fläche je Längeneinheit aus $0{,}5\,d$ ermittelt werden darf, während die Theorie, unter Berücksichtigung des Abgleitens der tangentiellen Seitenkräfte hierfür $0{,}67\,d$ ergibt (und nach den Versuchen von Katzmayr[3] $1{,}1\,d$ für die Leiter anzunehmen wäre). Sodann ist nach VDE 0210 der Gesamtwinddruck auf ein schräges, unter dem Winkel α angeblasenes Leiterfeld (Grundriß nach Abb. 110) gemäß $W = 2\,X = 0{,}5\,d\,a \sin\alpha$ zu ermitteln, während nach der alten Winddrucktheorie mit der rechtwinkelig zum Leiter gerichteten Kraft $W = 0{,}7\,d\,a \sin^2\alpha$ zu rechnen wäre.

Nach der neuen Winddrucktheorie ergibt sich die Gesamtwirkung des Windes auf einen Körper mit der Projektionsfläche F_r (m²) allgemein aus

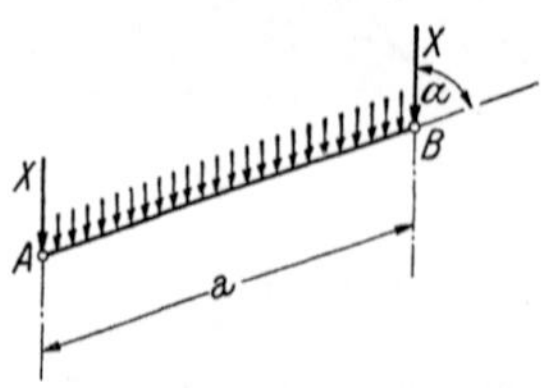

Abb. 110.

$$W\,(\mathrm{kg}) = \frac{1}{2}\,c\,\varrho\,v^2\,F_r; \tag{62}$$

hierin bedeutet c den (experimentell zu bestimmenden) Widerstandsbeiwert, der abhängig ist von der Dichte ϱ und der Zähigkeit der Luft, von der Windgeschwindigkeit v (m/s), von der Gestaltung des windgetroffenen Körpers und von dessen Erstreckung, sowie von der Beschaffenheit (Rauhigkeit) seiner Oberfläche. Für ϱ kann im Mittel gesetzt werden $\varrho \doteq \frac{1}{8}\,\mathrm{kg}\,s^2\,m^{-4}$. Der Ausdruck

$$q_0 = \frac{1}{2}\,\varrho\,v^2 \doteq \frac{1}{16}\,v^2 \tag{63}$$

heißt Staudruck; er stellt den bei gegebener Windgeschwindigkeit überhaupt größtmöglichen Druck je Quadratmeter einer rechtwinkelig getroffenen Fläche dar und entsteht, wenn die gesamte lebendige Energie des Luftstromes umgewandelt wird. Auf die Flächeneinheit der Projektionsfläche F_r bezogen ist also die gesamte Windwirkung $w_0 = c\,\frac{v^2}{16}$. Durch den Beiwert c wird die Form des Körpers bereits erfaßt, so daß die Neigung seiner Oberfläche nicht mehr besonders zu berücksichtigen ist. Mit diesem Beiwert wird aber zugleich auch die Gesamtwirkung des Windes, die sich aus Druck und Sog zusammensetzt, erhalten.

Die Größe des in Rechnung zu stellenden Gesamtwinddruckes ist nach Festlegung der Windgeschwindigkeit v gegeben. Im Entwurf der Din 1050/4 sind folgende Windgeschwindigkeiten in Aussicht genommen, welchen gemäß Gl. (63) die beigeschriebenen Staudrücke q_0 zugehören:

Zahlentafel 18.

Höhe über Gelände	v in m/s	Staudruck q_0 in kg/m²
bis 20 m	35,8	80
über 20 „ 100 „	42,0	110
„ 100 m	45,6	130

Ist ein Bauwerk auf einer, das umliegende Gelände steil und hoch überragenden Erhebung dem Windangriff besonders stark ausgesetzt, so ist bei der Festsetzung der Windlasten mindestens von 110 kg/m² Staudruck auszugehen.

Hinsichtlich des Beiwertes c enthält der Entwurf der Din 1055/Bl. 4 die folgenden, für den Mastbau in Frage kommenden Festlegungen:

Zahlentafel 19.

I. Ebenflächig begrenzte turmartige Baukörper, unabhängig von der Anblaserichtung .... $c = 1{,}6$.

II. Körper mit kreisförmigem oder annähernd kreisförmigem Querschnitt, bei $d\sqrt{q_0} < 1$ .... $c = 1{,}2$,
„ $d\sqrt{q_0} \geqq 1$ .... $c = 0{,}7$.

III. Fachwerksträger:
einwandig, bei zur Windrichtung rechtwinkeligen Flächen $c = 1{,}6$,
„ „ „ unter dem Winkel α geneigten Flächen .... $c = 1{,}6 \sin \alpha$;
stehen zwei Tragwände hintereinander, dann gelten für die Flächen der Vorderwand und für die nicht gedeckten Flächen der Rückwand die vorstehenden Werte c der einwandigen Träger, und für die gedeckten Flächen der Rückwand,
wenn der Trägerabstand kleiner als die Trägerbreite ist $c = 0$
und wenn der Trägerabstand größer ist:
bei zur Windrichtung rechtwinkeligen Flächen .... $c = 1{,}2$,
„ „ „ unter dem Winkel α geneigten Flächen .... $c = 1{,}2 \sin \alpha$.

IV. Gittermaste.
A. Drei- und vierstielige Maste:
Windrichtung rechtwinkelig zu einer Seitenwand, für Vorder- und Rückwand zusammen .... $c = 2{,}8$;
Gesamtwindkraft daher $W = c\, q_0\, F$, wenn F die Fläche der Vorderwand bedeutet.
Windrichtung über Eck: Gesamtwindkraft $W = k\, c\, q_0\, F$,
wobei für 3stielige Türme .... $k = 1{,}0$,
für 4stielige Türme aus Stahl .... $k = 1{,}1$,
„ Holz .... $k = 1{,}2$ ist.
Der Anteil der Vorder- und Rückwand am Gesamtwinddruck verhält sich wie 1,6 : 1,2.

Die Bestimmungen dieser Norm stützen sich vorwiegend auf Versuchsergebnisse von O. Flachsbart,[1,2] H. Winter,[2] R. Katzmayr[3,4] und H. Seitz.[4]

γ) *Die Leiterzüge.*

Da die Leiter mit einer bestimmten Vorspannung ausgelegt werden, üben sie auf die einzelnen Maste dauernd oder auch nur zeitweise waagrechte Kräfte aus, deren Größe zufolge der festen Abspannung der Leiter von den Belastungs- und Temperaturverhältnissen abhängt.

Vor allem entstehen in den Winkelpunkten der Leitung stets seitliche Abtriebskräfte A (Abb. 111), die durch die Richtungsänderung der Leiter bedingt sind. Bedeutet H den (ausgeglichenen) waagrechten Zug eines Leiterstranges, α den Leitungswinkel, dann ist die waagrechte, in Richtung der Winkelhalbierenden wirkende Abtriebskraft

$$A = 2\,H \cos\frac{\alpha}{2}; \tag{64}$$

die zur Winkelhalbierenden rechtwinkeligen Seitenkräfte $H \,.\, \sin\frac{\alpha}{2}$ der Leiterzüge halten sich am Mast das Gleichgewicht.

Die Leiterzüge belasten aber die Maste auch in Richtung der Leitung. So haben die Endmaste ständig den jeweiligen, vollen Zug der Leiter aufzunehmen. Ferner entstehen an Masten, an welchen ein Wechsel in der Belegung oder in der Vorspannung derselben vorgenommen wird, dauernd einseitige, mit der Belastung und mit der Temperatur veränderliche Zugkräfte. An den Zwischenmasten der geraden Leitungsstrecke gleichen sich aber die Zugkräfte in der Regel praktisch aus und nur zeitweise werden auch an diesen Masten erheblichere „Unterschiedszüge“ wirksam. Derartige Züge entstehen schon bei durchaus gleich belasteten Feldern, wenn deren Längen verschieden groß sind; diese Kräfte sind aber nur unbedeutend. Größere Unterschiedszüge treten jedoch auf, wenn die aufeinanderfolgenden Felder ungleich belastet sind; beispielsweise dann, wenn die Leiter eines Feldes noch vereist sind, während im Nachbarfelde der Eisbehang bereits abgeschmolzen ist, oder durch den Abflug eines Vogels abgeworfen wurde. Diese Unterschiedszüge können dann bei Stützenisolatorenleitungen beträchtliche Größe erlangen, während bei Kettenisolatorenleitungen, zufolge der leichten Auslenkbarkeit der Hängeketten, ein weitgehender Ausgleich zwischen den Leiterzügen benachbarter Felder zustandekommt.

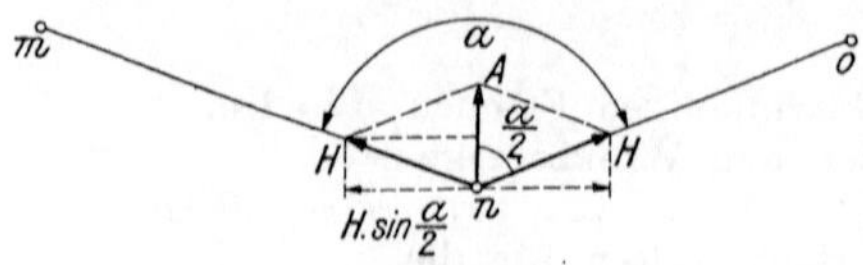

Abb. 111.

Bei der Bemessung der Tragmaste ist es zuweilen notwendig, auf diese Unterschiedszüge Rücksicht zu nehmen; vor allem dann, wenn es sich um Bauformen handelt, die von den üblichen Ausführungen abweichen. Die Unterschiedszüge sind nach den gleichen Verfahren berechenbar, die zur Ermittlung der größten Durchhänge bei ungleichmäßig verteilter Zusatzlast entwickelt wurden (s. II, A, 5e). Je nach der Bedeutung der zu entwerfenden Leitungsanlage werden der Berechnung mehr oder minder ungünstige Belastungsannahmen zugrunde gelegt; häufig wird angenommen, daß auf eisfreie Leiterfelder ein mit der vollen oder nur mit der halben Regeleislast belastetes Feld folgt. Bei der Willkür dieser Annahmen kommt es natürlich auf die genaue Ermittlung der Unterschiedszüge nicht an und man kann sich auch mit Schätzwerten begnügen, die auf Grund vereinfachter Rechnungsannahmen leichter zu bestimmen sind.

Im folgenden werden für einige einfachere Fälle geschlossene Formeln für die Unterschiedszüge unter der Voraussetzung gleich großer Spannfelder mit gleich hoch liegenden Aufhängepunkten entwickelt.

1. Zunächst sollen für eine **Kettenisolatorenleitung** ohne Erdleiter die Unterschiedszüge der Tragmaste bestimmt werden:

Das Feld zwischen dem m-ten Mast von links und dem n-ten Mast von rechts (Abb. 112) sei vereist, alle übrigen Felder bleiben unvereist. Wir denken uns zunächst alle Leiteraufhängepunkte bei durchaus unbelasteten Feldern festgehalten und nun die Eislast im Felde m—n aufgebracht. Die Leiter der unbelasteten Felder besitzen dann alle die gleiche Spannung σ_{I}, die des belasteten Feldes die Spannung σ_0. Diese Leiterspannungen sind aus der Zustandsgleichung (vgl. II, A, 5e) in jedem Falle berechenbar. Nun geben wir die Aufhängepunkte frei; sie bewegen sich alle gegen das belastete Feld hin und dabei steigen die Spannungen der unbelasteten Felder über den Wert σ_{I} an, während die Spannung des belasteten Feldes auf einen Betrag $\sigma_x < \sigma_0$ abnimmt. Wir führen folgende Bezeichnungen ein:

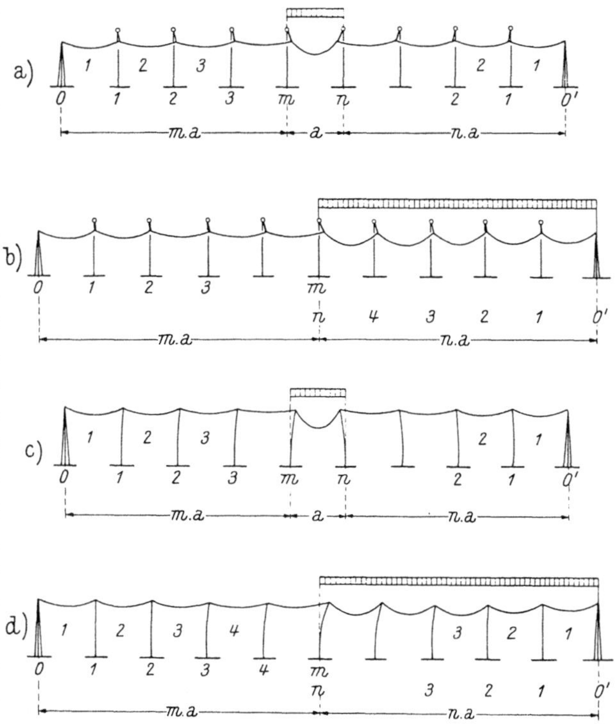

Abb. 112.

q = Querschnitt eines Leiters,
$V = g\,a$ = Gesamtgewicht eines Leiters eines unbelasteten Feldes,
$V' = (g + g_e)$ Gesamtgewicht eines Leiters des belasteten Feldes,
G_k = Gewicht einer unvereisten Hängekette,
G_k' = Gewicht einer vereisten Hängekette,
σ_i = Leiterspannung in einem beliebigen, unbelasteten Zwischenfelde i, begrenzt von den Masten i—1 und i,
σ_x = Leiterspannung im belasteten Felde m—n,
l = Baulänge der Hängeketten,
e_i = Auslenkung der Hängeketten am i-ten Tragmast,
Δa_i = Änderung der Feldweite des i-ten Feldes.

Aus der Zustandsgleichung werden nun für verschiedene Verlängerungen Δa_i des i-ten, unbelasteten Feldes die zugehörigen Spannungen σ_i und für verschiedene Verkürzungen $-\Delta a_x$ des belasteten Feldes die zugehörigen Spannungen σ_x berechnet; die Ergebnisse abgetragen, erhält man die Kurven Γ_{I} und Γ_0 in Abb. 113, die innerhalb der jeweils in Betracht kommenden Intervalle Δa durch die strichliert gezeichneten Geraden ersetzt werden.

Man erhält so die Näherungsbeziehungen

$$\left.\begin{aligned} \sigma_i &= \sigma_{\mathrm{I}} + A\,\Delta a_i, \\ \sigma_x &= \sigma_0 + A_0\,\Delta a_x. \end{aligned}\right\} \tag{65}$$

Die Festwerte A und A_0 sind durch die Neigung dieser Ersatzgeraden bestimmt.

Die Gleichgewichtsbedingungen für die (starr gedachten) Ketten der Tragmaste i (Abb. 114) und m führen zu den Beziehungen

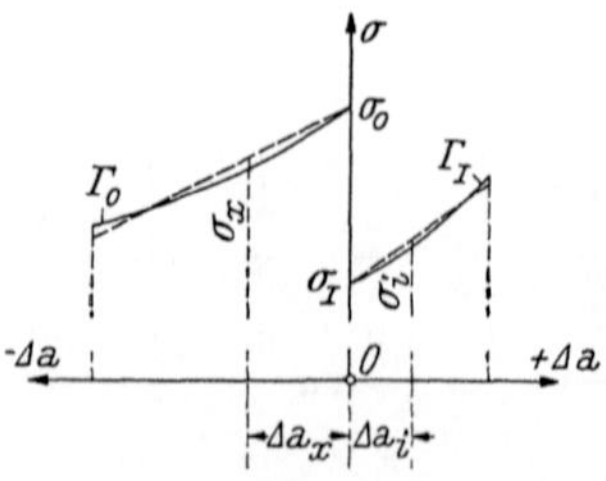

Abb. 113.

$$e_i = \frac{q\,(\sigma_{i+1} - \sigma_i)\, l_i'}{V + \frac{1}{2}\, G_k}, \quad e_m = \frac{q\,(\sigma_x - \sigma_m)\, l_m'}{\frac{1}{2}\,(V + V') + \frac{1}{2}\, G_k'} \tag{66 a}$$

für die mit

$$B = \frac{V + \frac{1}{2}\, G_k}{q\, l_i'} \quad \text{und} \quad B' = \frac{\frac{1}{2}\,(V + V') + \frac{1}{2}\, G_k'}{q\, l_m'} \tag{66 b}$$

auch geschrieben werden kann

$$e_i = \frac{\sigma_{i+1} - \sigma_i}{B}, \quad e_m = \frac{\sigma_x - \sigma_m}{B'}. \tag{67 a}$$

Ebenso gilt auch für den Mast n

$$e_n = \frac{\sigma_x - \sigma_n}{B''}. \tag{67 b}$$

Die Größe der Beiwerte B und B' hängt von der lotrechten Kettenprojektion l', also von der Größe der Auslenkung der Leiteraufhängepunkte ab. Zur Vereinfachung der Rechnung wird für die Kettenprojektionen l' ein Mittelwert in Rechnung gestellt, so daß B und $B' = B''$ Festwerte sind.

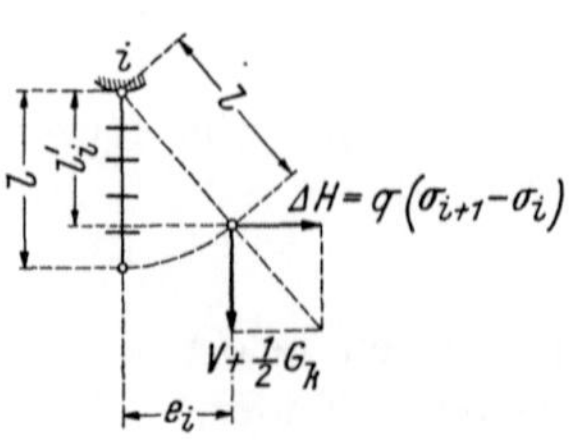

Abb. 114,

Die Verlängerung des i-ten Feldes ist nun $\Delta a_i = e_i - e_{i-1}$; zieht man diesen Wert von dem gleichwertigen Ausdrucke für die Verlängerung des Feldes $i + 1$ ab, so entsteht

$$\Delta a_{i+1} - \Delta a_i = e_{i+1} - 2\, e_i + e_{i-1}. \tag{68}$$

Für die Δa_{i+1} und Δa_i die Werte aus der 1. Gl. (65) eingeführt, ergibt

$$\Delta a_{i+1} - \Delta a_i = \frac{\sigma_{i+1} - \sigma_i}{A}; \tag{69}$$

aus Gl. (68) und (69) erhält man damit

$$e_{i+1} - e_i \left(2 + \frac{B}{A}\right) + e_{i-1} = 0. \tag{70}$$

Das ist eine lineare, homogene Differenzengleichung 2. Ordnung mit konstanten Koeffizienten. Ihre charakteristische Gleichung lautet

$$u^2 - \left(2 + \frac{B}{A}\right) u + 1 = 0,$$

mit den Wurzeln

$$u_{1,2} = \left(1 + \frac{B}{2A}\right) \pm \sqrt{\left(1 + \frac{B}{2A}\right)^2 - 1}.$$

Da beide Wurzeln reell sind, läßt sich die allgemeine Lösung der Gl. (70) in der Form

$$e_i = C_1 . \mathfrak{Sin}\, i\,\varphi + D_1 . \mathfrak{Cof}\, i\,\varphi \tag{71a}$$

anschreiben, wobei φ aus

$$\mathfrak{Cof}\,\varphi = 1 + \frac{B}{2A} \tag{72}$$

zu bestimmen ist. Da am Abspannmast $i = 0$ voraussetzungsgemäß $e_i = 0$ ist, läßt sich die Gl. (71a) auch noch vereinfachen zu

$$e_i = C_1\, \mathfrak{Sin}\, i\,\varphi \tag{71b}$$

und eine gleichartige Beziehung

$$e_k = C_2\, \mathfrak{Sin}\, k\,\varphi \tag{71c}$$

ergibt sich auch für die Maste zwischen 0′ und n.

Die Konstanten C_1 und C_2 folgen aus Übergangsbedingungen: die Gl. (67a) und (67b) ergeben zunächst

$$\sigma_x = B' e_m + \sigma_m = B' e_n + \sigma_n;$$

in diesen beiden Gleichungen für σ_x und für σ_m und σ_n (mit $i = m$ und $i = n$) die Werte aus Gl. (65) eingesetzt und sodann die Längenänderung des belasteten Feldes $\Delta a_x = -(e_m + e_n)$ gemäß Gl. (71b, c) ausgedrückt, erhält man die folgenden Bestimmungsgleichungen für die beiden Konstanten C_1 und C_2:

$$\left.\begin{aligned} \sigma_0 - \sigma_I &= C_1 \{(A + A_0 + B')\, \mathfrak{Sin}\, m\,\varphi - A\, \mathfrak{Sin}\,(m-1)\,\varphi\} + C_2 A_0\, \mathfrak{Sin}\, n\,\varphi, \\ C_2 &= C_1 \frac{(A + B')\, \mathfrak{Sin}\, m\,\varphi - A\, \mathfrak{Sin}\,(m-1)\,\varphi}{(A + B')\, \mathfrak{Sin}\, n\,\varphi - A\, \mathfrak{Sin}\,(n-1)\,\varphi}. \end{aligned}\right\} \tag{73}$$

1. Sonderfall: $m = n$ (ungerade Felderzahl, Mittelfeld vereist, Abb. 112a). Es wird $C_1 = C_2$ und damit entsteht aus Gl. (71b) für die Kettenauslenkung an den Masten m und n

$$e_n = e_m = \frac{(\sigma_0 - \sigma_I)\, \mathfrak{Sin}\, m\,\varphi}{(A + 2A_0 + B')\, \mathfrak{Sin}\, m\,\varphi - A\, \mathfrak{Sin}\,(m-1)\,\varphi} \tag{74}$$

und der Unterschiedszug eines Leiters mit dem Querschnitte q wird nach Gl. (67a)

$$\Delta H = q\,(\sigma_x - \sigma_m) = q\, B'\, e_m \tag{75}$$

2. Sonderfall: $n = 0$ (Endfeld vereist). Auf jeden Leiter des Mastes m entfällt ein Unterschiedszug

$$\Delta H = \frac{q\, B'\, (\sigma_0 - \sigma_I)}{(A + A_0 + B') - A \dfrac{\mathfrak{Sin}\,(m-1)\,\varphi}{\mathfrak{Sin}\, m\,\varphi}}. \tag{76}$$

Bei größerem m kann hierbei für das zweite Nennerglied

$$\frac{\mathfrak{Sin}\,(m-1)\,\varphi}{\mathfrak{Sin}\, m\,\varphi} \approx e^{-\varphi} \tag{77}$$

gesetzt werden.

b) Es sei innerhalb einer Abspannstrecke eine Reihe aufeinanderfolgender Felder vereist (Abb. 112b): Die Gleichgewichtsbedingungen an den Ketten ergeben dann für einen Zwischenmast innerhalb der unvereisten Felder, für einen solchen innerhalb der vereisten Felder und für den Mast m der Reihe nach die folgenden Beziehungen:

$$e_i = \frac{q\, l_i'}{V + \frac{1}{2} G_k} (\sigma_{i+1} - \sigma_i) = \frac{1}{B} (\sigma_{i+1} - \sigma_i), \tag{78a}$$

$$e_k = \frac{q\, l_k'}{V' + \frac{1}{2} G_k} (\sigma_k - \sigma_{k+1}) = \frac{1}{B_0} B_0 (\sigma_k - \sigma_{k-1}), \tag{78b}$$

$$e_m = \frac{q\, l_m'}{\frac{1}{2}(V + V') + \frac{1}{2} G_k} (\sigma_n - \sigma_m) = \frac{1}{B'} (\sigma_n - \sigma_m). \tag{78c}$$

Eine gleichartige Untersuchung wie unter a), mit Benützung der Ersatzgeraden für die in Abb. 113 dargestellten Kurven Γ_{I} und Γ_0, führt wieder zu Differenzengleichungen mit den Lösungen

$$e_i = C_1 \operatorname{Sin} i\, \varphi \quad \text{und} \quad e_k = C_2 \operatorname{Sin} k\, \psi, \tag{79}$$

wobei φ und ψ aus

$$\operatorname{Cof} \varphi = 1 + \frac{B}{2A}, \quad \text{bzw.} \quad \operatorname{Cof} \psi = 1 + \frac{B_0}{2A_0} \tag{80}$$

zu bestimmen sind. Nach Ermittlung der Konstanten C_1 und C_2 aus den Übergangsbedingungen ergibt sich mit Hilfe der Gl. (77) der Unterschiedszug je Leiter zu

$$\Delta H = \frac{q\, B' (\sigma_0 - \sigma_{\text{I}})}{(A + A_0 + B') - A_0\, e^{-\psi} - A\, e^{-\varphi}}. \tag{81}$$

2. Stützenisolatorenleitung. Voraussetzung: Die Maste tragen r Leiter gleicher Beschaffenheit und Spannung, die alle in gleicher Höhe liegen und symmetrisch zur Mastachse ausgeteilt sind. Die Vereisung erstreckt sich immer über alle Leiter der als belastet angenommenen Felder; es treten daher nur Mastausbiegungen, aber keine Mastverdrehungen auf.

a) Vereisung der Leiter eines einzelnen Zwischenfeldes m—n (Abb. 112c). Es bedeute e_0 jene mittlere Verschiebung, die die Angriffspunkte der Leiterzüge an einem Zwischenmaste zufolge der Schaft- und Querträgerausbiegung erfahren, wenn jeder Leiterstrang einen einseitigen Zug „1" ausübt; am Mast m rufen dann die Leiterspannungen σ_{i+1} und σ_i der Anschlußfelder Verschiebungen

$$e_i = q\, (\sigma_{i+1} - \sigma_i)\, e_0 = \frac{1}{B} (\sigma_{i+1} - \sigma_i) \tag{82}$$

hervor. Der Beiwert B ist jetzt für alle Zwischenmaste derselbe und es können die unter a) entwickelten Gleichungen verwendet werden, wenn man in diesen die Größen B, B' und B_0 durch

$$B = \frac{1}{q\, e_0} \tag{83}$$

ersetzt.

1. Sonderfall: In einer Abspannstrecke mit einer ungeraden Felderzahl ist das Mittelfeld vereist.

Aus den Gl. (73, 74) erhält man unter Berücksichtigung der Gl. (77) und (83) für jeden Leiter des Mastes m einen Unterschiedszug

$$\Delta H = \frac{1}{e_0} \cdot \frac{\sigma_0 - \sigma_{\mathrm{I}}}{(A + 2\,A_0 + B) - A\,e^{-\varphi}}. \tag{84}$$

2. Sonderfall: Nur das Endfeld vereist.

Aus Gl. (76) folgt für den Unterschiedszug des Mastes m, je Leiter,

$$\Delta H = \frac{1}{e_0} \cdot \frac{\sigma_0 - \sigma_{\mathrm{I}}}{(A + A_0 + B) - A\,e^{-\varphi}}. \tag{85}$$

b) Vereisung einer Felderreihe nach Abb. 112d.

Aus Gl. (81): Unterschiedszug für den Mast m, je Leiter,

$$\Delta H = \frac{1}{e_0} \cdot \frac{\sigma_0 - \sigma_{\mathrm{I}}}{(A + A_0 + B) - A_0\,e^{-\psi} - A\,e^{-\psi}}. \tag{86}$$

Zahlenbeispiele.

1. Kettenisolatorenleitung: Es sei $a = 200$ m, Belegung zweimal 50 mm² Cu, Leitergewichte $\gamma = 0{,}009$ kg/mm²/m, $\gamma_z = 0{,}0108$ kg/mm²/m, daher $V = 90$ kg und $V' = 198$ kg; Kettengewicht $G_k = 28$ kg, $G_k' = 35$ kg, Baulänge der Hängeketten $l = 850$ mm, Leiterspannung $\sigma_0 = 16$ kg/mm² für den vereisten Leiter bei $-5°$ C. Bei gleicher Temperatur ist die Spannung der unvereisten Leiter $\sigma_{\mathrm{I}} = 8{,}61$ kg/mm² und daher $\sigma_0 - \sigma_{\mathrm{I}} = 7{,}39$ kg/mm².

Zunächst werden die Kurven Γ_0 und Γ_{I} nach Abb. 113 ermittelt. Aus den vorstehenden Angaben und mit $E = 10\,000$ kg/mm² für Cu wird $\frac{a^2\gamma^2 E}{24} = 1350$ und $\frac{a^2(\gamma + \gamma_z)^2 E}{24\,\sigma_0^2} = 25{,}52$ und damit erhält man die Zustandsgleichungen [aus Gl. (36), mit $t = t_0$]:

für unbelastete Felder $\frac{1350}{\sigma^2} - \sigma =$

$= 9{,}52 - 50\,\Delta a$,

für belastete Felder $\frac{6533}{\sigma^2} - \sigma =$

$= 9{,}52 + 50\,\Delta a$,

in welche die Feldlängenänderungen Δa mit ihren absoluten Beträgen in Meter einzusetzen sind. Die Auflösung dieser Gleichungen für verschiedene Δa ergibt die in Abb. 115 dargestellten Kurven Γ_0 und Γ_{I}.

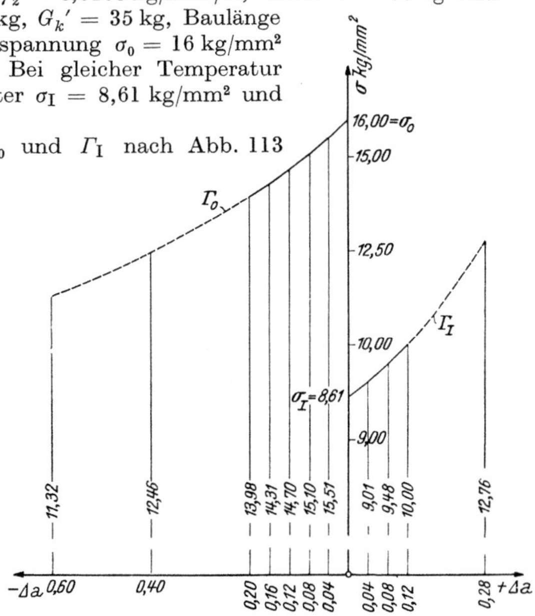

Abb. 115.

1. Fall: 9 Felder, Zwischenfeld m—n vereist: $m = n = 4$.

Bestimmung der Festwerte A: Verkürzung des belasteten Feldes geschätzt auf 600 mm; dazu gehört nach Abb. 115 $\sigma_x = 11{,}32$ kg/mm² und damit folgt aus Gl. (65) $A_0 = \frac{-16 + 11{,}32}{-600} = 0{,}0078$. Verlängerung der unbelasteten Felder im Mittel auf 80 mm geschätzt; dazu gehört nach Abb. 155 $\sigma = 9{,}48$ kg/mm² und somit nach Gl. (65) $A = \frac{9{,}48 - 8{,}61}{80} = 0{,}0109$.

Bestimmung der Beiwerte B: Bei der Baulänge $l = 850$ mm der Hängeketten wird für die Randmaste m und n die lotrechte Projektion mit $l_m' = 800$ mm und für die übrigen Zwischenmaste im Mittel mit $l_i' = 820$ mm geschätzt. Daher ist nach

$$\text{Gl. (66 b)}\ B = \frac{90 + \frac{1}{2}\,28}{50\,.\,820} = 0{,}00253 \text{ und } B' = \frac{\frac{1}{2}(90 + 198) + \frac{1}{2}\,35}{50\,.\,800} = 0{,}004025.$$

Ferner ergibt sich aus Gl. (72) $\mathfrak{Cof}\,\varphi = 1 + \frac{0{,}00253}{0{,}0218} = 1{,}116$ und somit $\varphi = 0{,}478$, $\mathfrak{Sin}\,3\,\varphi = 1{,}979$, $\mathfrak{Sin}\,4\,\varphi = 3{,}309$. Mit $2 A_0 + A + B = 0{,}0290$ wird nach Gl. (74, 75) $\Delta H = 50\,.\,0{,}004025 \dfrac{7{,}39}{0{,}0290 - 0{,}0109\,\frac{1{,}979}{3{,}309}} = \mathbf{66}$ kg je Leiter.

Die weitere Ausrechnung ergibt für die Verkürzung des belasteten Feldes $\Delta a = -646$ mm (geschätzt 600 mm), für die größte Verlängerung der unbelasteten Felder max $\Delta a = 131$ mm und für die lotrechte Kettenprojektion an den Masten m und n $l_m' = 786$ mm (geschätzt 800 mm). Weichen die Ergebnisse von den Schätzwerten zu stark ab, dann ist die Rechnung mit entsprechend verbesserten Festwerten A und B zu wiederholen.

2. Fall: Die Abspannstrecke enthält 10 Felder, von welchen die letzten 5 vereist sind.

Festwerte A: Mittlere Feldverkürzung der belasteten Felder geschätzt mit 120 mm; dazu gehört nach Abb. 115 $\sigma_x = 14{,}70$ kg/mm² und damit wird nach Gl. (65) $A_0 = 0{,}01083$. Mittlere Verlängerung der unbelasteten Felder zu 120 mm angenommen; dazu gehört nach Abb. 115 $\sigma = 10{,}00$ kg/mm² und nach Gl. (65) $A = 0{,}01158$.

Festwerte B: Mit einer mittleren Kettenprojektion $l' = 750$ mm gerechnet, erhält man aus den Gl. (78a—c) $B = 0{,}002773$, $B' = 0{,}004294$, $B_0 = 0{,}005733$. Nach Gl. (80) wird $\mathfrak{Cof}\,\varphi = 1 + \frac{0{,}002773}{0{,}02316} = 1{,}120$, somit $\varphi = 0{,}49$, $e^{-\varphi} = 0{,}613$; ferner $\mathfrak{Cof}\,\psi = 1 + \frac{0{,}005733}{0{,}02166} = 1{,}2640$, somit $\psi = 0{,}71$, $e^{-\psi} = 0{,}491$. Aus Gl. (81) folgt

$$\Delta H = 0{,}21470 \frac{7{,}39}{0{,}02660 - 0{,}01083\,.\,0{,}491 - 0{,}01158\,.\,0{,}613} = \mathbf{112} \text{ kg je Leiter.}$$

2. Stützenisolatorenleitung: Annahmen sonst wie für Beispiele 1. Ausbiegung des Mastschaftes und der Querträgerarme unter zwei Leiterzügen von je 1 kg ... $e_0 = 0{,}52$ mm. Damit wird nach Gl. (83) $B = 0{,}03846$.

1. Fall: 9 Felder, Mittelfeld vereist ($m = n = 4$).

Verkürzung des belasteten Feldes geschätzt auf 220 mm, dazu aus Abb. 115 $\sigma_x = 13{,}80$ kg/mm² und aus Gl. (65) $A_0 = 0{,}010$. Mittlere Verlängerung der unbelasteten Felder geschätzt auf 90 mm, dazu aus Abb. 115 $\sigma = 9{,}60$ kg/mm² und damit aus Gl. (65) $A = 0{,}011$.

Nach Gl. (72) wird $\mathfrak{Cof}\,\varphi = 1 + \frac{0{,}03846}{0{,}022} = 2{,}748$, $\varphi = 1{,}669$, $e^{-\varphi} = 0{,}18843$.

$$\text{Damit aus Gl. (84)}\ \Delta H = \frac{1}{0{,}52}\cdot\frac{7{,}39}{0{,}06946 - 0{,}011\,.\,0{,}18843} = \mathbf{211} \text{ kg je Leiter.}$$

2. Fall: 10 Felder, 5 vereist ($m = n = 5$).

Mittlere Verlängerung der unbelasteten Felder geschätzt auf 100 mm; dazu aus Abb. 115 $\sigma = 9{,}71$ kg/mm² und damit nach Gl. (65) $A = 0{,}011$. Mittlere Verkürzung der belasteten Felder geschätzt auf 110 mm; dazu aus Abb. 115 $\sigma_x = 14{,}79$ kg/mm² und nach Gl. (65) $A_0 = 0{,}011$.

Aus Gl. (80) $\mathfrak{Cof}\,\varphi = \mathfrak{Cof}\,\psi = 2{,}748$ und somit $e^{-\varphi} = e^{-\psi} = 0{,}1884$. Mit diesen Werten ergibt die Gl. (80) $\Delta H = \mathbf{253}$ kg je Leiter. Dieser einseitige Zug ist sehr beträchtlich; entfällt doch vergleichsweise auf einen Leiter (⌀ 9 mm) ein Winddruck von bloß 0,5 . 0,009 . 200 . 125 = 113 kg.

Nach dem entwickelten Berechnungsverfahren können die Unterschiedszüge auch für weitere Belastungsfälle ermittelt werden. Das gilt besonders für Kettenisolatorenleitungen, da bei diesen die Mastverformung in der Regel gegenüber den Kettenauslenkungen vernachlässigt werden darf (auch die Mastverdrehungen, die sich zufolge unsymmetrischer Leiteranordnung oder Leiterbelastung innerhalb der Felder ergeben, dürfen im allgemeinen, und solange keine Leiterrisse und keine größeren Eislasten als die Regellasten in Rechnung gestellt werden, außer Betracht bleiben). Demnach können die Unterschiedszüge der einzelnen Leiter unabhängig voneinander ermittelt werden, und zwar auch dann, wenn ein festangeschlossener Erdleiter vorhanden ist. Nur muß die Bestimmung des Unterschiedszuges im Erdleiter unter Berücksichtigung der Mastverformung erfolgen; da zu dieser auch die Unterschiedszüge der Energieleiter beitragen, sind dieselben vorerst zu berechnen. Damit ist man nun in der Lage, nicht bloß jene Lastfälle rechnerisch zu behandeln, unter welchen die entstehenden Unterschiedszüge die ungünstigsten Biegewirkungen hervorrufen; man kann vielmehr auch Lastfälle berücksichtigen, die die ungünstigsten Verdrehungsbeanspruchungen der Tragmaste ergeben.

Bei Stützenisolatorenleitungen hingegen ist die getrennte Behandlung der einzelnen Leiter nicht möglich. Bei unsymmetrischer Leiteranordnung oder Leiterbelastung müssen auch immer die auftretenden Mastverdrehungen in Rechnung gestellt werden. Die Ermittlung der Unterschiedszüge ist daher umständlicher; selbst bei gruppenweiser Zusammenfassung der Leiter gelangt man dann zu mindestens zwei simultanen Differenzengleichungen.

δ) *Belastung der Maste bei Leiterbruch.*

Die Aufgabe, die Beanspruchungen der Maste bei Leiterbruch zu ermitteln, wird in der Weise gelöst, daß zunächst die Beanspruchungen für jene Kräfte bestimmt werden, die sich nach Ablauf der vom Leiterriß eingeleiteten Schwingungen, also nach Eintritt des Ruhezustandes, ergeben. Die Stoßwirkung wird sodann berücksichtigt, indem man die errechneten Spannungen noch mit einem dynamischen Beiwert vervielfacht; dieser kann auf Grund einer Untersuchung von Gauster[5] im Mittel mit 1,5 angenommen werden.

Es handelt sich demnach hauptsächlich darum, jene Kräfte zu ermitteln, die im eingetretenen Ruhezustande auf die einzelnen Maste ausgeübt werden. Die schärfere Bestimmung dieser Kräfte erfordert sehr umfangreiche Berechnungen. Immerhin wäre es bei Stützenisolatorenleitungen möglich, geschlossene Formeln zu entwickeln, da ja die Verschiebungen der Leiteraufhängepunkte, die durch die Ausbiegungen und Verdrehungen der Mastteile zustandekommen, mit den ausgeübten Kräften in einem linearen Zusammenhange stehen (vorausgesetzt, daß die Anstrengung der Werkstoffe deren P-Grenze nicht überschreitet und von der Vergrößerung der Mastausbiegung durch lotrechte Lasten abgesehen wird). Die Rechnung wäre in gleicher Weise wie bei der Ermittlung der Unterschiedszüge im Falle unsymmetrischer Leiteranordnung und -belastung durchzuführen. Sie würde großen Zeitaufwand erfordern, dafür aber vollständige Lösungen liefern: man erhielte nicht bloß die im gerissenen Leiterstrang verbliebenen Züge, sondern auch die Gegenwirkungen der unversehrten Leiter und könnte daher die Beanspruchungen der Maste verläßlich berechnen.

Bei Kettenisolatorenleitungen aber besteht kein linearer Zusammenhang zwischen den Auslenkungen der Leiteraufhängepunkte und den einseitigen Zügen; zumindest darf ein solcher nicht für alle Tragmaste, sondern nur für die von der Rißstelle entfernteren Maste vorausgesetzt werden. Daher kann die Ermittlung der Leiterspannungen nur im Wege eines Annäherungsverfahrens erfolgen. Anderseits bietet sich aber die Möglichkeit, die Untersuchung durch Vernachlässigung der Formänderungen der Maste gegenüber den Kettenauslenkungen zu vereinfachen; der gerissene Leiterstrang kann dann für sich berechnet werden. Der Fehler, der hierbei begangen wird, ist allerdings schon wesentlich größer als bei der bloßen Bestimmung der Unterschiedszüge zufolge ungleicher Vereisung. Eine schärfere Untersuchung kommt aber wegen des Umfanges der Rechenarbeiten kaum in Frage; es sei denn, daß bloß ein Zwischenmast im Abspannfelde augenommen wird.

Kammüller[6] hat unter der Annahme starrer Maste die Zugkräfte im gerissenen Leiterstrange nach verschiedenen Annäherungsverfahren ermittelt; er hat aber auch Beziehungen entwickelt, um die Gegenwirkung mit den Masten fest verbundener Erdleiter zu erfassen, so daß auch in diesen Fällen die Beanspruchungen der Maste schärfer berechnet werden können.

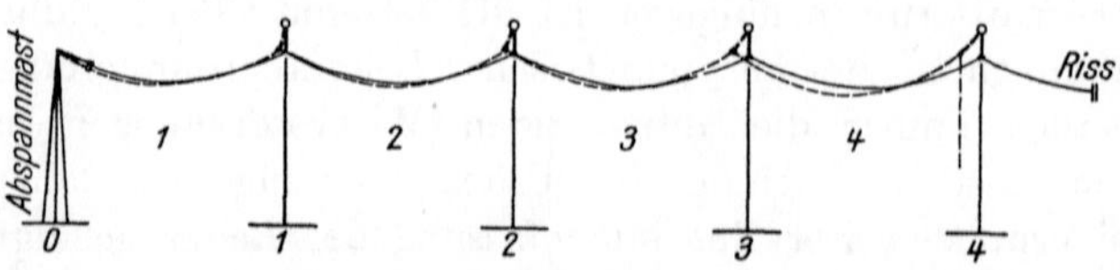

Abb. 116.

Stötzner[7] hat sich ebenfalls, und unter der gleichen Annahme starrer Maste, mit der Ermittlung der im gerissenen Leiterstrange verbliebenen Zugkräfte befaßt. Der hierbei beschrittene Weg stimmt grundsätzlich mit einem der von Kammüller angegebenen Annäherungsverfahren überein: Bei einem Leiterbruch im Felde *4—5* (Abb. 116) wird zunächst die Spannung im Felde *3—4* geschätzt, die Auslenkung der Hängekette am Mast *4* für diesen Zug aus einer Gleichgewichtsbedingung ermittelt, die Längenänderung des Feldes *4* für den geschätzten Zug aus der Zustandsgleichung des Leiters bestimmt und hieraus, und aus der Kettenauslenkung am Mast *4*, jene am Mast *3* bestimmt. Aus der Gleichgewichtsbedingung der Kette *3* ist für diese Auslenkung der zugehörige Unterschiedszug und aus diesem und dem Zuge im Felde *4*, jener des Feldes *3* berechenbar usw. Die Fortsetzung des Verfahrens führt zu einem bestimmten Leiterzuge im Felde *1*, dem nach der Zustandsgleichung eine bestimmte Feldverkürzung und daher eine bestimmte Auslenkung der Abspannkette am Mast *0* zugehört. Dem Zuge im Felde *1* entspricht aber aus Gleichgewichtsgründen ebenfalls eine ganz bestimmte Auslenkung der Abspannkette; stimmt diese mit der vorgenannten nicht überein, so ist das Verfahren mit einem entsprechend verbesserten Anfangswert des Leiterzuges im Felde *4* zu wiederholen, so lange, bis genügende Übereinstimmung erzielt wird.

Nach diesem Verfahren können also die Unterschiedszüge der Maste *1, 2, 3* (Abb. 116) und vor allem auch der einseitige Zug am meist gefährdeten Mast *4* für den gerissenen Leiterstrang berechnet werden. Nicht erfaßbar bleiben aber die Gegenwirkungen der unversehrten Erd- und Energieleiter, deren Spannungen zufolge der Mastverformungen ebenfalls Änderungen gegenüber dem Zustande vor dem Leiterbruch erfahren haben. Bleiben diese Gegenwirkungen unberücksichtigt, dann werden die Maste zu ungünstig berechnet, ganz abgesehen davon, daß durch die Formänderungen der Maste die Züge im gerissenen Leiter selbst herabgesetzt werden.

Um für praktische Berechnungen geeignete Belastungsannahmen festlegen zu können, muß darüber Aufschluß erhalten werden, um wieviel der im gerissenen Leiter verbliebene Zug kleiner ist als der Zug unmittelbar vor dem Bruche. Stötzner hat ein Zahlenbeispiel (Hohlseil-Leitung mit langen Hängeketten) durchgerechnet und eine Abminderung des Zuges für die der Rißstelle benachbarten Maste auf das 0,69fache des ursprünglichen Wertes erhalten. Unter Berücksichtigung der Formänderungen der Maste kann daher mit einer Herabsetzung des vorhanden gewesenen Zuges auf ungefähr die Hälfte gerechnet werden. Es handelt sich jetzt noch darum, wie groß der Leiterzug vor dem Bruche war. Tritt der Leiterbruch unter übermäßig großem Eisbehang ein und ist die Zugfestigkeit des Leiters etwa doppelt so groß als die zulässige Leiterspannung, dann ist der verbleibende Zug, sofern die Eiswalze haften bleibt, gerade gleich dem zulässigen Höchstzug. Wird die Eislast aber abgeworfen, dann ist der vom gerissenen Leiter an den gefährdeten Masten geäußerte Zug bedeutend kleiner als der halbe zulässige Höchstzug, da ja dem unversehrten Leiter ohne Eislast eine Zugkraft zugehört, die viel kleiner als der zulässige Höchstzug ist. Noch kleinere Züge ergeben sich unter den Temperaturverhältnissen im Sommer, wenn der Leiterbruch durch Abschmelzen verursacht worden ist. Der auf die gefährdeten, beiderseits der Rißstelle gelegenen Tragmaste einwirkende, außermittige Zug kann dann auch unter ein Viertel des zulässigen Höchstzuges herabsinken.

Auf den Schaft der Tragmaste kommt dieser einseitige Zug in der Regel nicht voll zur Wirkung, weil ja durch die Mastverformung Gegenwirkungen der unversehrten Leiter geweckt werden, die eine Entlastung herbeiführen. Eine ähnliche Entlastung erfahren auch jene Querträger, die mehrere Leitungen tragen. Anderseits sind aber die so errechneten Einwirkungen noch mit dem dynamischen Beiwert 1,5 zu vervielfachen.

Auf Grund vorstehender Überlegungen ist zu erkennen, daß die in den Vorschriften VDE 0210 festgelegte Berechnung der Tragmaste von Kettenisolatorenleitungen für einen einseitigen, außermittigen Leiterzug gleich $^1/_2$ des zulässigen Höchstzuges im allgemeinen zu ausreichenden Abmessungen führen wird, indem die Tragmaste, zumindest einem im Sommer auftretenden, einzelnen Leiterriß, standhalten werden.

3. Berechnungsgrundlagen nach den Deutschen „Vorschriften für den Bau von Starkstrom-Freileitungen V. S. F." VDE 0210.

Gestänge.

Allgemeines.

§ 15.

Äußere Kräfte.

a) Maste, Mastfundierungen und Querträger sind nach ihrem Verwendungszweck für die höchsten, gleichzeitig zu erwartenden äußeren Kräfte zu bemessen. Als solche kommen in Betracht:

1. Eigengewicht der Maste und Querträger, der Leitungen einschließlich Eisbehang sowie der Isolatoren u. dgl. Bei Isolatorenketten ist eine Eislast von 2,5 kg für 1 m Kettenlänge anzunehmen.

2. Winddruck auf die vorgenannten Bauteile.

α) Der Winddruck auf die Leitungen und auf Maste bis 40 m Höhe ist mit 125 kg/m² senkrecht getroffener Fläche ohne Eisbehang anzusetzen. Bei Masten von mehr als 40 m Höhe über Erde ist der Winddruck auf Maste mit Querträgern und Isolatoren mit nachstehenden Werten anzunehmen:

für die oberhalb von	40 m	liegenden	Teile	150 kg/m²,
,, ,, ,, ,,	100 ,,	,,	,,	175 ,, ,
,, ,, ,, ,,	150 ,,	,,	,,	200 ,, ,
,, ,, ,, ,,	200 ,,	,,	,,	250 ,, .

Bei Bauteilen mit Kreisquerschnitt ist die Fläche mit 50% der senkrechten Projektion der wirklich getroffenen Fläche anzusetzen. Doppelmaste, bei denen der Zwischenraum kleiner als der mittlere Durchmesser eines Mastes ist, sind mit 80% zu rechnen, wenn der Wind senkrecht zu der Ebene wirkt, die durch die Längsachse beider Maste geht.

Werden ebene Flächen unter einem Winkel vom Wind getroffen, so ergibt sich die Windlast aus dem Produkt des Winddruckes und dem $\sin^2$ des Einfallwinkels. Bei Leitungen ist mit dem sin zu rechnen.

Bei Fachwerk sind die im Windschatten liegenden Teile mit 50% der Vorderfläche in Rechnung zu setzen. Dieses gilt auch für fachwerkartige Querträger.

β) In besonders windgefährdeten Gegenden — namentlich an der Küste und im Gebirge — ist mit einem den örtlichen Verhältnissen entsprechenden höheren Winddruck auf Maste und Leitungen zu rechnen.

3. Höchstzug der Leitungen.

4. Widerstand der Fundierung (s. §§ 27... 29).

b) Bei Masten, die vorläufig nur teilweise belegt werden, muß dieses bei der Berechnung berücksichtigt werden.

§ 16.

Einteilung der Maste nach dem Verwendungszweck.

a) Nach dem Verwendungszweck sind zu unterscheiden:

1. Tragmaste, die lediglich zum Tragen der Leitungen dienen und nur in gerader Strecke verwendet werden dürfen;
2. Winkelmaste, die bestimmt sind, die Leitungszüge in Winkelpunkten aufzunehmen;
3. Abspannmaste, die Festpunkte in der Freileitung schaffen sollen;
4. Endmaste, die zur Aufnahme des gesamten einseitigen Leitungszuges dienen;
5. Kreuzungsmaste, die bei bruchsicherer Kreuzung von Fernmeldeleitungen der Deutschen Reichspost, von Eisenbahnen des allgemeinen Verkehrs oder von Reichswasserstraßen aufzustellen sind;
6. Abzweig- und Verteilungsmaste, die zum Abzweigen oder zum Verteilen der Leitungen nach verschiedenen Richtungen dienen.

b) Für einen bestimmten Verwendungszweck berechnete Maste dürfen für andere Zwecke nur verwendet werden, wenn sie auch den hierfür geltenden Anforderungen genügen.

Bei Masten, die den Unterschied ungleicher Züge in entgegengesetzter Richtung aufnehmen sollen, ist dieser Belastung Rechnung zu tragen.

§ 17.

Belastungsannahmen.

a) Soweit nicht außergewöhnliche Verhältnisse eine besondere Ermittlung erfordern, sind für Winddruck und Leitungszug die nachstehend aufgeführten äußeren Kräfte als wirksam anzunehmen. Als Leitungszug gilt der Höchstzug der Leitungen.

b) Normalbelastung. Hierfür gelten die in Spalte 2 von Tafel III angeführten Berechnungsgrundlagen α)... γ). Diese sind jedoch nicht gleichzeitig anzunehmen, sondern es sind die Fälle auszuwählen, bei denen in den einzelnen Bauteilen die größten Spannungen auftreten.

Bei Masten, die dauernd einer Verdrehungsbelastung unterworfen sind, ist gleichzeitig das Drehmoment zu berücksichtigen.

c) Belastung bei Leitungsbruch. Stahlgittermaste, Stahlrohrmaste, Eisenbetonmaste und Holzgittermaste mit Kettenisolatoren sind ferner unter der Annahme zu berechnen, daß durch den Bruch einer Leitung ein Drehmoment hervorgerufen wird. Dabei ist bei Tragmasten der halbe, bei allen anderen Masten der volle einseitige Höchstzug der Leitung anzusetzen, für die sich in den einzelnen Bauteilen die größten Spannungen ergeben. Bei Tragmasten in Gegenden, in denen nachweislich größere Zusatzlasten als die normale [s. § 8b)] regelmäßig aufzutreten pflegen, ist mit dem vollen Höchstzug der Leitung zu rechnen. Winddruck kann vernachlässigt werden. Der Bruch von Erdseilen, die so beschaffen und verlegt sind, daß sie einer größeren Zusatzlast als die Spannung führenden Leitungen standhalten, kann unberücksichtigt bleiben.

Bei dieser Berechnung gelten für Stahlgittermaste die in Tafel IV, Spalte 3, für nahtlose Stahlrohrmaste die in § 24 h), für Eisenbetonmaste die in § 25e) und für Holzgittermaste die in § 22b) angegebenen zulässigen Spannungen und erforderlichen Sicherheiten.

Wird durch besondere Maßnahmen (Entlastungsklemmen, bewegliche Ausleger, Spannseile oder dgl.) die Verdrehungsbelastung bei Seilbruch vermindert, so kann dieses bei der Berechnung in dem Maße berücksichtigt werden, als die Verminderung nachgewiesen wird.

Tafel III.

1	2	3
Mastart	Normalbelastung nach b)	Belastung nach c)
1. Tragmaste.	α) Winddruck senkrecht zur Leitungsrichtung auf Mast und Kopfausrüstung und gleichzeitig auf die halbe Länge der Leitungen der beiden Spannfelder. β) Winddruck in der Leitungsrichtung auf Mast und Kopfausrüstung (Leitungsträger, Isolatoren). γ) Kräfte, die in der Höhe und in der Richtung der Leitungen angenommen werden und gleich einem Viertel des senkrechten Winddruckes auf die halbe Länge der Leitungen der beiden Spannfelder zu setzen sind. Diese Kräfte brauchen nur bei Masten von mehr als 10 m Länge berücksichtigt zu werden.	Die Normalbelastungen α, β und γ bleiben unberücksichtigt. Nur die Belastung nach c) kommt in Betracht.
2. Winkelmaste.	α) Die Mittelkräfte der Leitungszüge und gleichzeitig der Winddruck auf Mast und Kopfausrüstung für Wind in Richtung der Gesamtmittelkraft, mindestens aber die Kräfte nach 1 α. β) Wie 1 β. γ) Die Mittelkräfte der Leitungszüge bei einer Windrichtung senkrecht zu dem größten Leitungszug und gleichzeitig der Winddruck auf Mast und Kopfausrüstung für diese Windrichtung. Diese Bestimmung gilt nur für Maste, die senkrecht zur Mittelkraft ein geringeres Widerstandsmoment als in Richtung dieser Kraft haben.	Die Normalbelastungen α, bzw. γ und die Belastung nach c) sind gleichzeitig anzunehmen. Bei der Berechnung der Normalbelastungen brauchen der Winddruck und die als gerissen gedachte Leitung nicht berücksichtigt zu werden.

Fortsetzung der Tafel III.

1	2	3
Mastart	Normalbelastung nach b)	Belastung nach c)
3. Abspannmaste in gerader Strecke.	α) Wie 1 α. β) Wie 1 β. γ) Zwei Drittel der einseitigen Leitungszüge und gleichzeitig Winddruck auf Mast und Kopfausrüstung senkrecht zur Leitungsrichtung.	Die Normalbelastungen α, β und γ bleiben unberücksichtigt. Nur die Belastung nach c) kommt in Betracht.
4. Abspannmaste in Winkelpunkten.	α) Wie 2 α. β) Wie 2 γ. γ) Zwei Drittel der einseitigen Leitungszüge und gleichzeitig Winddruck auf Mast und Kopfausrüstung für eine Windrichtung parallel den größten Leitungszügen.	Die Normalbelastungen α bzw. β sind gleichzeitig, die Normalbelastung γ ist nicht gleichzeitig mit der Belastung nach c) anzunehmen. Bei der Berechnung der Normalbelastungen brauchen der Winddruck und die als gerissen gedachte Leitung nicht berücksichtigt zu werden.
5. Endmaste.	Der gesamte einseitige Leitungszug und gleichzeitig der senkrecht zur Leitungsrichtung wirkende Winddruck auf Mast und Kopfausrüstung.	Normalbelastung und Belastung nach c) sind gleichzeitig anzunehmen. Bei Berechnung der Normalbelastung brauchen der Winddruck und die als gerissen gedachte Leitung nicht berücksichtigt zu werden.
6. Kreuzungsmaste.	Über die Berechnung der Kreuzungsmaste siehe § 35 g).	
7. Abzweig- und Verteilungsmaste.	Die größte Mittelkraft aus den Kräften bei Normalbelastung, die sich aus dem Verwendungszweck des Mastes für die einzelnen Leitungen ergeben, und gleichzeitig Winddruck auf Mast und Kopfausrüstung in Richtung dieser Mittelkraft. Der bei Ermittlung der einzelnen Kräfte bei Normalbelastung vorgeschriebene Winddruck auf Mast und Kopfausrüstung braucht nicht berücksichtigt zu werden.	Normalbelastung und Belastung nach c) sind gleichzeitig anzunehmen.
8. Als Stützpunkte benutzte Bauwerke.	Die Bauwerke müssen die durch den Leitungszug hervorgerufenen Spannungen aufnehmen können.	—

Tragmaste, bei denen durch besondere Maßnahmen die Verdrehungsbelastung bei Seilbruch vermindert wird, sind für ein Drehmoment mit dem halben bzw. vollen nachgewiesenen, verminderten Höchstzug einer Leitung zu berechnen. Hierbei darf nur die Verminderung berücksichtigt werden, die durch die besonderen, die Verdrehung verhütenden Maßnahmen selbst erreicht wird, also z. B. nicht eine Verminderung durch das Ausschwingen der Isolatorenketten.

Über die Berechnungsgrundlagen s. Spalte 3 in Tafel III (S. 119).

d) Berechnungsgrundlagen: Tafel III.

e) Die Querträger für Abspannmaste müssen den einseitigen Höchstzug der Leitungen, die Querträger für Tragmaste die senkrechten Belastungen aufnehmen können. Querträger für die nach c) berechneten Tragmaste sind außerdem unter Zugrundelegung der nach Tafel IV, Spalte 3, zulässigen Spannungen für den halben, bzw. vollen einseitigen Höchstzug einer Leitung zu berechnen.

Die Querträger für Kreuzungsmaste sind nach § 35 g) zu berechnen.

Wird dieser Zug durch besondere Maßnahmen entsprechend c), dritter Absatz, vermindert, so kann dieses auch für die Berechnung der Querträger insofern berücksichtigt werden, als der halbe, bzw. volle nachgewiesene, verminderte Höchstzug einer Leitung eingesetzt wird.

§ 18.

Besondere Bestimmungen für Abspannmaste.

a) Mindestens alle 3 km muß ein Abspannmast gesetzt werden. An diesem sind die Leitungen so zu befestigen, daß ein Durchrutschen ausgeschlossen ist. Winkel- oder Kreuzungsmaste dürfen auch als Abspannmaste verwendet werden, wenn sie diesem Zweck genügen. In Gegenden, in denen außergewöhnlich große Zusatzlasten zu erwarten sind, muß mindestens jeder zehnte Mast ein Abspannmast sein, falls nicht schon durch Verkürzung der Spannweiten oder andere Maßnahmen den zu erwartenden Belastungen Rechnung getragen ist.

Bezüglich der Vorschriften für Kreuzungsmaste s. VDE 0210, Punkt D, „Besondere Bestimmungen".

B. Die Stahlmaste.

1. Allgemeines.

Für Übertragungsleitungen werden vorwiegend Stahlmaste verwendet. Ihre Lebensdauer ist ungleich größer als die der Holzmaste, ihr Anschaffungspreis unter Berücksichtigung ihrer Leistungsfähigkeit ein verhältnismäßig niedriger. Im Vergleich zu Eisenbetonmasten besitzen sie geringes Gewicht und sie erfordern daher auch geringere Beförderungs- und Aufstellungskosten. Da sie notwendigenfalls in kleinen Teilstücken zur Baustelle gebracht werden können, sind auch die ungünstigsten Geländeschwierigkeiten überwindbar. Ihre Gestaltung ist den Erfordernissen jedes Leiterbildes leicht anzupassen und sie sind auch bei den größten in Betracht kommenden Masthöhen und unter den schwersten Belastungen wirtschaftlich auszuführen. Breitfüßige Bauformen ermöglichen die Anwendung aufgelöster Fundamente, deren Herstellung einen geringsten Aufwand an Aushubarbeit und Baustoffmengen erfordert.

Stahl ist unser verläßlichster Baustoff. Die Herstellung der Stahlmaste erfolgt fabriksmäßig, unabhängig von Witterungseinflüssen und sonstigen Zufälligkeiten; dadurch wird eine einwandfreie Anarbeitung gesichert und es ist auch möglich, die ausbedungenen Lieferfristen verläßlich einzuhalten.

Im Falle der Auswechslung der Leitungen gegen solche mit stärkeren Querschnitten oder im Falle der Zuspannung neuer Leitungen sind die erforderlichen Mastverstärkungen bei Stahlmasten oft verhältnismäßig einfach durchzuführen.

Auch Schäden, die durch Leiterbruch oder durch gewaltsame Einwirkungen irgend welcher Art entstehen können, sind bei Stahlmasten ungleich leichter als bei Eisenbetonmasten zu beheben; schlimmstenfalls müssen Querträger oder auch Mastschüsse ausgewechselt werden, wobei die Ersatzstücke in kurzer Zeit beschafft und zu jeder Jahreszeit eingebaut werden können. Auch die Beseitigung der Maste bei Abbruch einer Leitungsanlage bietet keine Schwierigkeiten, während beispielsweise die an der Baustelle erzeugten, schweren Eisenbetonmaste kaum ohne Sprengung entfernt werden können.

Stählerne Gittermaste sind unauffällige Bauwerke, die sich daher gut in die Landschaft einfügen. Gegen Einsicht durch Flieger sind sie ferner durch entsprechende Färbung des ohnehin notwendigen Schutzanstriches leicht zu tarnen, denn auch ihre durchbrochene Schattenfläche wird bei geeigneter Bepflanzung der Standorte völlig unkenntlich.

Nachteilig ist ihre geringere Widerstandsfähigkeit gegenüber den Einflüssen der Witterung, der Rauchgase sowie der schädlichen Abgase der Industriegebiete. Die Erhaltungskosten sind daher bei Stahlmastleitungen höher als bei Leitungen mit Eisenbetonmasten. Es handelt sich dabei nicht bloß um jene Kosten, welche für die in bestimmten Zeitabständen notwendige Erneuerung des Schutzanstriches erforderlich sind; der Leitungsbesitzer erleidet auch einen Einnahmenverlust, denn während der Vornahme dieser Instandhaltungsarbeiten an den oberen Mastteilen muß aus Sicherheitsgründen die Leitung außer Betrieb gesetzt werden. (Aus gleichen Gründen können Leitungsabschaltungen auch bei Eisenbetonmastleitungen notwendig werden, da zur Befestigung der Leitungen an den Querträgern auch wieder stählerne Zwischenglieder erforderlich sind, deren Schutzüberzug ebenfalls im Laufe der Zeit erneuerungsbedürftig wird.)

Hinsichtlich der Stahlmaste enthalten die Deutschen Leitungsbauvorschriften VDE 0210 die folgenden Bestimmungen:

Stahlmaste.

§ 23.

Allgemeines.

a) Stahlmaste müssen zuverlässig gegen Rost geschützt sein. Dieser Schutz kann bei Teilen, die über der Erde liegen, u. a. erreicht werden durch Aufbringen eines metallenen oder nichtmetallenen Anstrichmittels oder durch metallene Überzüge. Wird ein Zinküberzug gewählt, so ist, soweit es die Formgebung zuläßt, die Feuerverzinkung anzuwenden. Das für die Zinkbäder verwendete Zink darf nur reines Hüttenzink sein. Auf andere Art verzinkte Gegenstände müssen nach der Verzinkung noch mit einem die Schutzwirkung erhöhenden Überzug (z. B. Firnis, Farbe) versehen werden. Eine Nachbearbeitung der Gewinde von feuerverzinkten Schrauben und Muttern ist nicht zulässig.

Über die an die Verzinkung zu stellenden Anforderungen siehe den Anhang „Anleitung für die Prüfung der Verzinkungsgüte bei der Abnahme verzinkter Stahldrähte und verzinkten Stahl- und Eisenzeuges für Starkstrom-Freileitungen".

In der Erde liegende Eisen- und Stahlteile sind mit heißem säurefreien Teer oder einem gleichwertigen kalten oder heißen säurefreien Schutzmittel zu streichen. Von Beton umgebene Eisen- und Stahlteile gelten als gegen Rost geschützt.

b) Vor dem Aufbringen des Rostschutzes sind Stahlmaste sorgfältig zu entrosten.

Die zuverlässigste Entrostung wird durch Sandstrahlgebläse oder durch maschinelle Reinigung mit umlaufenden Stahlbürsten erreicht. Zum mindesten muß mit der

Handstahlbürste sorgfältig entrostet sowie Roststaub, loser Walzzunder und Schmutz vollkommen entfernt werden. Besonders sorgsam sind beim Entrosten alle Stellen zu behandeln, die nach dem Zusammensetzen des Mastes durch andere Stahlteile überdeckt sind (Stoßstellen, Anschlüsse der Streben usw.); solche Teile sind farbnaß zusammenzusetzen. Bei Verwendung von Ölfarbe muß das Anstreichen der Maste im Freien bei feuchtem Wetter möglichst vermieden werden.

c) Ist bei quadratischen Gittermasten die Mittelkraft aus Leitungszügen und Winddruck einer Mastseite nicht parallel, so muß sie in zwei zu den Mastseiten parallele Kräfte zerlegt werden. Die Eckstäbe sind für die arithmetische Summe dieser beiden Teilkräfte, die Streben für die Teilkräfte zu berechnen.

d) Bei Gittermasten mit rechteckigen Querschnitten ist die Berechnung für die Belastung in Richtung der längeren und der kürzeren Seite je für sich auszuführen. Eine schräg zu den Mastseiten liegende Mittelkraft ist in zwei zu den Mastseiten parallele Teilkräfte zu zerlegen. Für jede der beiden Teilkräfte ist die in den Eckstäben hervorgerufene Stabkraft zu bestimmen. Die arithmetische Summe dieser Stabkräfte ergibt die Kraft, für die die Eckstäbe zu berechnen sind. Die Streben sind für die Teilkraft zu berechnen, die der betreffenden Mastseite parallel läuft.

e) Für die Berechnung von Gittermasten nach § 17c sind folgende Formeln anzuwenden:

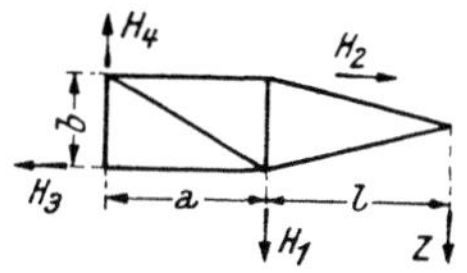

Abb. 1. — VDE.

$$M_d = Z\left(l + \frac{a}{2}\right),$$

$$H_1 = \frac{M_d}{2a} + \frac{Z}{2},$$

$$H_2 = H_3 = \frac{M_d}{2b},$$

$$H_4 = \frac{M_d}{2a} - \frac{Z}{2}.$$

Diese Berechnungsart setzt voraus, daß das Verhältnis $a:b$ nicht größer als 2,0 ist und daß waagrechte Aussteifungen in den Querträgerebenen angeordnet sind.

f) Die Abstände für die Anschlußniete der Streben an den Knotenpunkten sind so klein wie möglich zu bemessen.

g) Für sämtliche Bauteile sind Anschlußniete unter 13 mm Durchmesser des geschlagenen Nietes und für Flach- und Winkeleisen Stahlstärken unter 4 mm, außerdem Schenkelbreiten unter 35 mm und Flacheisen unter 30 mm Breite unzulässig, sofern sie durch einen Niet geschwächt sind.

Bei Stahlmasten mit einem Gesamtmoment von nicht mehr als 8000 mkg, bezogen auf den Erdaustritt, sind Anschlußniete bis 11 mm Durchmesser des geschlagenen Nietes, für Flach- und Winkeleisen Stahlstärken bis 3 mm und Schenkelbreiten bis 30 mm zulässig.

Bei Rohr- und Rohrgittermasten sind Wandstärken unter 3 mm unzulässig.

h) Die größtzulässigen Durchmesser der geschlagenen Niete und die größtzulässigen Gewindestärken mechanisch beanspruchter Schrauben sind durch die Schenkelbreiten bestimmt und der folgenden Aufstellung zu entnehmen:

Mindestschenkelbreiten in mm..	35	40	50	60	70	75	80
Nietdurchmesser in mm........	13	14	17	20	23	26	29
Zulässige Gewindedurchmesser..	$^1/_2''$	$^1/_2''$	$^5/_8''$	$^3/_4''$	$^7/_8''$	$1''$	$1^1/_8''$

Bei Masten nach g, Abs. 2, ist bei einer Mindestschenkelbreite von 30 mm ein größter Durchmesser der geschlagenen Niete von 11 mm und bei mechanisch nicht beanspruchten Schrauben ein größter Gewindedurchmesser von $^3/_8''$ zulässig.

Kleinere Gewindedurchmesser als $^1/_2''$ sind für mechanisch beanspruchte Schrauben unzulässig, Schraubenmuttern müssen gegen Lockern gesichert werden, z. B. durch Körner- oder Meißelschlag.

i) Geschweißte Maste sind zulässig, wenn sie den jeweils gültigen Dinormen entsprechen. Außerdem gelten sinngemäß die Bestimmungen für genietete Maste.

§ 24.

Zulässige Spannungen.

a) Die zulässigen Spannungen für die Bauteile aus Stahl ergeben sich aus folgenden Zusammenstellungen:

Tafel IV.

1	2	3
Flußstahl St 37.12 Normalgüte	Normalbelastung (Spalte 2 in Tafel III) kg/cm²	Belastung bei Leitungsbruch (Spalte 3 in Tafel III) kg/cm²
Zug- und Biegungsspannung σ_{zul}	1600	2000
Zugspannung von gedrehten Schraubenbolzen	1200	1500
Zugspannung von gewöhnlichen (rohen) Schraubenbolzen	900	1100
Scherspannung der Niete und der eingepaßten Schraubenbolzen	1280	1600
Scherspannung der rohen Schraubenbolzen	1000	1280
Lochleibungsdruck der Niete und der eingepaßten Schraubenbolzen	4000	5000
Lochleibungsdruck der rohen Schraubenbolzen	2500	3100

Bei gedrehten und bei rohen Schrauben ist für die Zugspannung der Kernquerschnitt maßgebend. Bei Baugliedern, die auf Zug oder Biegung beansprucht werden, ist die Schwächung des Querschnitts durch Bohrung zu berücksichtigen. Bei Ermittlung der Zugspannung von ausgeklinkten Streben aus Winkeleisen ist nur der Querschnitt des genieteten Schenkels nach Abzug der Schwächung durch Bohrung in Rechnung zu setzen. Für die Scherspannung und den Lochleibungsdruck gilt bei Nieten und eingepaßten Schraubenbolzen der Bohrungsdurchmesser, bei rohen Schrauben der Schaftdurchmesser.

Für Armaturen, Isolatorstützen u. dgl. aus St 48 oder St Si sind folgende Spannungen zulässig:

Tafel V.

1	2	3
	bei St 48 kg/cm²	bei St Si kg/cm²
Zug- und Biegungsspannung σ_{zul}	2080	2400
Zugspannung von gedrehten Schraubenbolzen	1560	1800
Zugspannung von gewöhnlichen (rohen) Schraubenbolzen	1170	1350
Scherspannung der eingepaßten Schraubenbolzen	1660	1920
Scherspannung der rohen Schraubenbolzen	1300	1500
Lochleibungsdruck der eingepaßten Schraubenbolzen	5200	6000
Lochleibungsdruck der rohen Schraubenbolzen	3250	3750

b) Bei der Berechnung von Druckstäben gilt als freie Knicklänge s_K im allgemeinen die Länge der Netzlinie des Stabes. Bei sich kreuzenden Stäben, von denen der eine Druck und der andere Zug erhält, ist der Kreuzungspunkt als ein in der Trägerebene und senkrecht dazu festliegender Punkt anzunehmen, falls die sich kreuzenden Stäbe in ihm ordnungsgemäß miteinander verbunden sind. Die Enden der freien Knicklänge sind als gelenkig geführt anzusehen.

c) Die Stabkraft S eines Druckstabes ist mit der Knickzahl ω zu multiplizieren; im übrigen ist der Stab hinsichtlich der zulässigen Spannung wie ein Zugstab, jedoch ohne Nietabzug zu berechnen. Daher muß sein:

$$\frac{\omega \,.\, S}{F} \leqq \sigma_{\text{zul}}.$$

Für die verschiedenen Schlankheitsgrade von Stäben aus Flußstahl St 37 ist ω aus Tafel VI zu entnehmen. Zwischenwerte sind geradlinig einzuschalten.

Tafel VI.

1	2	3	1	2	3
λ	ω	$\frac{\Delta\omega}{\Delta\lambda}$	λ	ω	$\frac{\Delta\omega}{\Delta\lambda}$
		—			0,060
0	1,00		130	4,00	
		0,001			0,063
10	1,01		140	4,63	
		0,001			0,069
20	1,02		150	5,32	
		0,003			0,073
30	0,05		160	6,05	
		0,005			0,078
40	1,10		170	6,83	
		0,007			0,083
50	1,17		180	7,66	
		0,009			0,087
60	1,26		190	8,53	
		0,013			0,093
70	1,39		200	9,46	
		0,020			0,097
80	1,59		210	10,43	
		0,029			0,101
90	1,88		220	11,44	
		0,048			0,107
100	2,36		230	12,51	
		0,050			0,111
110	2,86		240	13,62	
		0,054			0,116
120	3,40		250	14,78	
		0,060			—

In Tafel VI bedeuten:

$\lambda = \frac{s_K}{i}$, wobei $i = \sqrt{\frac{I}{F}}$,

I = das für die Berechnung in Frage kommende Trägheitsmoment des ungeschwächten Stabes,

F = Querschnitt des ungeschwächten Stabes,

$$\omega = \frac{\text{zulässige Zug- und Biegungsspannung}}{\text{zulässige Druckspannung}} = \frac{\sigma_{\text{zul}}}{\sigma_{d\,\text{zul}}} \text{ ist.}$$

Bei der Berechnung von Tafel VI sind folgende Annahmen gemacht:

Elastizitätsmodul $E = 2\,100\,000$ kg/cm²,
Streckgrenze $\sigma_S = 2400$ kg/cm²,
zulässige Druckspannung

für $\lambda = 0$ $\sigma_{d\,\text{zul}} = 1600$ kg/cm²,

für $\lambda \geqq 100$ $\sigma_{d\,\text{zul}} = \frac{\pi^2 E}{\lambda^2 \,.\, 3{,}06}$.

Die Werte $\sigma_{d\,\text{zul}}$ für $\lambda \geqq 0$ und $\lambda \leqq 100$ sind auf einer Parabel angenommen.

d) Ist die Ausknickung eines Stabes durch Anschlüsse innerhalb der Knicklänge an eine bestimmte Richtung gebunden, so ist das Trägheitsmoment auf die zu dieser Richtung senkrecht stehende Achse zu beziehen.

Sind bei einem Gittermast aus einfachem Winkeleisen die in der Abwicklung der Mastseiten in gleicher Höhe liegenden Streben parallel gerichtet, so kann bei der Berechnung der Eckstäbe das Trägheitsmoment auf die zu einem Winkelschenkel parallele Achse bezogen werden (I_x oder I_y, s. die jeweils gültige Dinorm). Bei nicht parallel gerichteten Streben ist das kleinste Trägheitsmoment (I_η) einzusetzen (s. *Abb. 2. — VDE.*).

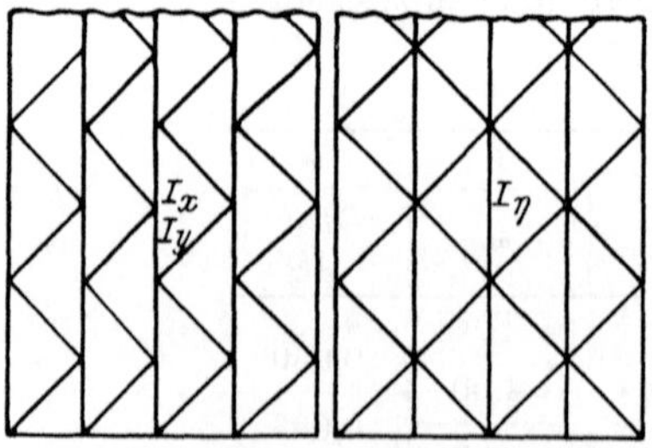

Abb. 2. — VDE.

e) Bei Stäben, die nicht unerheblich außermittig durch eine Kraft S oder die neben einer mittigen Kraft S von einem Biegungsmoment M beansprucht werden, darf die aus der Gleichung

$$\sigma = \frac{\omega S}{F} + \frac{M}{W_n}$$

errechnete (gedachte) Randspannung die für Zug und Biegung nach Tafel IV zulässige Spannung σ_{zul} nicht überschreiten. Die Momente M bei außermittigem Kraftangriff und das Widerstandsmoment W_n sind dabei auf die Achse des ungeschwächten Querschnitts zu beziehen. Bei Gittermasten gelten die Streben, die einseitig an den Eckstäben angeschlossen sind, nicht als erheblich außermittig beansprucht.

f) Bei mehrteiligen Druckstäben ist der Abstand der Einzelstäbe so zu wählen, daß das Trägheitsmoment in bezug auf die werkstofffreie Achse um mindestens 10% größer als das in bezug auf die Werkstoffachse ist, falls nicht für das Ausknicken um die Werkstoffachse mit einer wesentlich größeren Knicklänge zu rechnen ist. Der Schlankheitsgrad der Einzelstäbe darf nicht größer als der Schlankheitsgrad des ganzen Stabes und im allgemeinen nicht größer als 30 sein. Wird der Schlankheitsgrad der Einzelstäbe größer als 30 gewählt oder ist, abgesehen von der oben erwähnten Ausnahme, das Trägheitsmoment bezüglich der werkstofffreien Achse nicht um mindestens 10% größer als das bezüglich der Werkstoffachse, so ist die Tragfähigkeit des Stabes rechnerisch nachzuweisen. Als freie Knicklänge der Einzelstäbe kann sowohl bei Vergitterungen als auch bei Bindeblechen der Abstand der inneren Anschlußniete gewählt werden. Die Abmessungen und Anschlüsse der Vergitterungen oder Bindebleche sind für eine Querkraft zu berechnen, die gleich 2% der größten Druckkraft des Gesamtstabes (ohne Multiplikation mit der Knickzahl ω) anzunehmen ist, falls die Querkraft nicht rechnungsmäßig ermittelt wird. Bei der Berechnung der Vergitterungen und Bindebleche und ihrer Anschlüsse nach der vorstehenden Näherungsrechnung darf die für Zug und Biegung nach der Tafel IV zulässige Spannung σ_{zul} nicht überschritten werden. Sowohl bei Vergitterungen als auch bei Bindeblechen sind an beiden Stabenden besonders kräftige Bindebleche vorzusehen, die nach Möglichkeit innerhalb der Knotenbleche anzuordnen sind.

g) Bei einstieligen nahtlosen Stahlrohrmasten mit einer Werkstoffestigkeit von mindestens 5500 kg/cm² darf die Zug- und Biegungsspannung σ_{zul} für die Normalbelastung nach Tafel III, Spalte 2, 2200 kg/cm² nicht überschreiten. Bei der Berechnung nach § 17c) darf die zulässige Zug- und Biegungsspannung σ_{zul} 2600 kg/cm² nicht überschreiten.

Bei Gittermasten aus nahtlosen Stahlrohren mit einer Werkstoffestigkeit von mindestens 5500 kg/cm² darf die Zug- und Biegungsspannung σ_{zul} für die Normalbelastung nach Tafel III, Spalte 2, 2400 kg/cm² nicht überschreiten. Bei der Berechnung nach § 17c) darf die zulässige Zug- und Biegungsspannung σ_{zul} 3000 kg/cm² nicht überschreiten.

Die Berechnung der Druckstäbe erfolgt nach b, c, e.

Die Werte für ω sind der für Baustahl St 52 aufgestellten Tafel in der jeweils gültigen Dinorm zu entnehmen.

Hinsichtlich der Vorschriften für Kreuzungsmaste s. VDE 0210, Punkt D, „Besondere Bestimmungen“.

2. Die Werkstoffe.

Als Werkstoff für die Herstellung stählerner Leitungsmaste dient vorwiegend gewalzter Flußstahl; für Gelenke, hochbeanspruchte Bolzen und Zapfen wird geschmiedeter Stahl verwendet, während die Lagerkörper der bei großen Türmen vorzusehenden Kipplager aus Stahlguß oder aus Gußeisen bestehen. Flußstahl, Stahlguß und geschmiedeter Stahl sind schmiedbares Eisen, das ebenso wie Gußeisen aus dem im Hochofen gewonnenen Roheisen erzeugt wird.

a) Flußstahl.

Unlegierter Flußstahl von der für Bauzwecke geeigneten Beschaffenheit wird Baustahl genannt (während man mit Stahl allgemein alles schmiedbare Eisen bezeichnet). Der Baustahl stellt eine Legierung des Eisens mit Kohlenstoff, Mangan und Silizium dar; er enthält auch unvermeidliche Beimengungen an schädlichen Stoffen, wie Phosphor (der den Stahl kaltbrüchig macht) und Schwefel (der Rotbrüchigkeit verursacht).

α) *Eigenschaften der unlegierten Flußstähle.*

Maßgebend für die Verwendbarkeit der Stähle zu Bauzwecken ist ihre Festigkeit, Zähigkeit, Schmiedbarkeit, Schweißbarkeit und Härte.

Die **Festigkeit** ist die Grenze des inneren Widerstandes gegen Zerstörung durch mechanische Einwirkungen; im besonderen der äußerste Widerstand gegen Zug, Biegung, Abscheren usw. Die Festigkeit wird in der Regel nach der statischen Zugfestigkeit beurteilt; das ist jene Zugfestigkeit, die an Probestäben bei einmaliger, nicht zu rasch anwachsender, bis zum Bruch gesteigerter Belastung beobachtet wird. Wichtiger als die Festigkeit ist für die Beurteilung der Leistungsfähigkeit der Stähle allerdings deren Streckgrenze (s. Abs. 3).

Den größten Einfluß auf die Festigkeit des Stahles übt der Kohlenstoffgehalt aus. Die am häufigsten zur Verwendung gelangenden Baustähle sind verhältnismäßig schwachgekohlte Stähle. Mit steigendem Gehalt an C steigt die Festigkeit an und auch die Härte nimmt zu, während die Zähigkeit herabgesetzt wird. Zusätze von Mangan erhöhen ebenfalls die Festigkeit.

Unter der **Zähigkeit** des Stahles verstehen wir seine Fähigkeit, Beanspruchungen durch Biegen, Bohren, Nieten, Stauchen ohne Minderung seiner Güte ertragen zu können. Kleinere Zusätze von Mangan erhöhen die Zähigkeit, größere setzen sie herab.

Die **Schmiedbarkeit** des Stahles ermöglicht es, ihn bei heller Rotglut, unter der der Stahl weich und plastisch wird, ohne Beeinträchtigung seiner Festigkeit stark verformen zu können. In der Blauwärme ($200 \div 400°$) darf aber Stahl nicht bearbeitet werden. Hoher Gehalt an Kohlenstoff setzt die Schmiedbarkeit herab, ebenso ein höherer Gehalt an Mangan, während kleine Manganzusätze günstig wirken.

Die **Schweißbarkeit** des Stahles ermöglicht es, einzelne Teilstücke bei entsprechend hoher Temperatur unter Hammerschlägen, durch Pressen (Feuerschweißung) oder aber unter Anwendung der elektrischen Widerstandsschweißung oder eines Schmelzschweißverfahrens (Lichtbogenschweißung, Gasschmelzschweißung) zu einem einheitlichen Ganzen zu vereinigen. Zunehmender Gehalt an Kohlenstoff, Silizium oder Mangan setzt die Schweißbarkeit herab.

Die **Härte** des Stahles ist eine Oberflächenfestigkeit, nämlich der Widerstand der Außenschichten gegen örtliche Beanspruchung und gegen das Eindringen fremder Körper. Härtere Stähle sind schwerer zu bearbeiten, schwerer schweißbar und auch kerbempfindlicher als weichere Stähle.

β) *Walzerzeugnisse.*

Der Flußstahl wird durch Walzen, Pressen oder Schmieden so gestaltet, daß sich die Stahlbauten in möglichst einfacher und wirtschaftlicher Weise aus diesen Teilstücken herstellen lassen. Hauptsächlich gelangt er als gewalzter Flußstahl zur Verwendung, indem einzelne Walzerzeugnisse der geeigneten Form und in den erforderlichen Abmessungen durch Verbindungsmittel zu Bauteilen und Tragwerken zusammengefügt werden.

Die Formen dieser Walzerzeugnisse sind in verschiedenen Ländern genormt. Für die Herstellung der Leitungsmaste kommen in Deutschland hauptsächlich die folgenden Walzprofile in Betracht:

Formstähle.

I-Stähle nach Din 1025/1 mit Profilhöhen von 8 cm aufwärts (bis 60 cm). Als Profilnummer gilt die Querschnittshöhe in Zentimeter. Regellängen (ohne Preisaufschlag erhältliche Längen) 4—15 m, je nach der Querschnittshöhe.

IP-Stähle nach Din 1025/2. Das sind breit- und parallelflanschige I-Stäbe des Peiner Walzwerkes. Als Profilnummer gilt wieder die Trägerhöhe in Zentimeter. Bezeichnung z. B. IP 20 für einen Träger mit 20 cm Querschnittshöhe. Regellängen 4—15 m.

ID-Stähle sind breitflanschige, zum Teil nichtparallelflanschige Träger (Differdinger Träger). Die parallelflanschigen Differdinger Greyträger (Hadir, Luxemburg) werden auch in Sonderprofilen mit extra breiten Flanschen (DIH-Profilen) erzeugt.

Die Alpine Montangesellschaft (Ostmark) walzt nichtparallelflanschige Breitflansch-I-Träger in sieben verschiedenen Größen, nämlich mit 10, 14, 18, 22, 24, 28 und 32 cm Querschnittshöhe.

[-Stähle nach Din 1026 mit Querschnittshöhen von 3 (5)—40 cm. Bezeichnung beispielsweise [20 für einen [-Stahl mit 20 cm Querschnittshöhe. Regellängen 4—15 m. Die Profile [3 bis [$6^1/_2$ werden zur Gruppe „Stabstahl" gezählt.

Belagstähle nach Din 1023 werden zuweilen für Plattenfundamente stählerner Maste verwendet.

Stabstahl.

Gleichschenkelige Winkelstähle nach Din 1028 bis 200 mm Schenkelbreite und bis 20 mm Schenkelstärke in Regellängen von 3—15 m. Bezeichnung: Schenkelbreite × Schenkelbreite × Stärke in Millimeter; z. B. 70 . 70 . 7.

Ungleichschenkelige Winkelstähle nach Din 1029 in Regellängen von 3—15 m. Sie werden bis zu den Höchstquerschnitten 100 . 200 . 18, bzw. 90 . 250 . 16 erzeugt. Bezeichnung: Breite des schmalen Schenkels × Breite des breiten Schenkels × Stärke.

⊥-Stähle nach Din 1024. Es werden hochstegige (mit Fußbreite gleich Steghöhe) und breitfüßige ⊥-Stähle (Fußbreite gleich der doppelten Steghöhe) erzeugt; die ersteren bis zu einer Steghöhe von 18 cm, die letzteren bis zu einer solchen von 10 cm. Die hochstegigen Profile werden nach der in Zentimeter ausgedrückten Steghöhe bezeichnet: z. B. ⊥ $4^1/_2$. Die breitfüßigen ⊥-Stähle werden durch das Produkt Fußbreite × Steghöhe in Zentimeter gekennzeichnet; z. B. ⊥ 9 . $4^1/_2$. Regellängen 3–12 m.

Flachstahl nach Din 1017 mit Rechteckquerschnitt von 8—150 mm Breite und 3—100 mm Dicke, in Regellängen von 3—15 m. Bezeichnet durch das Produkt aus Breite und Dicke in Millimeter: z. B. 70 . 7.

Ferner Rundstahl nach Din 1013, Quadratstahl nach Din 1014 und Bandstahl nach Din 1016 (mit Rechteckquerschnitt), der meist in Bunden oder Rollen geliefert wird.

Breitflachstahl nach Din 1612 mit Rechteckquerschnitt von 151—1000 mm Breite und 3 mm Dicke aufwärts, in Regellängen 3—12 m.

Bleche (Schwarzbleche) nach Din 1620, und zwar hauptsächlich:

Mittelbleche nach Din 1543, Stärke 3—4,75 mm und

Grobbleche nach Din 1543, Stärke von 5 mm aufwärts.

Nach dem Werkstoffe werden nach Din 1621 die für den Mastbau in Betracht kommenden Bleche eingeteilt in:

Gewöhnliche Bleche (Handelsware) aus Stahl St 00.12,

Baubleche I aus St 37.21 und

Baubleche II aus St 42.21 (Zugfestigkeit 42—50 kg/mm²).

Nahtlose Flußstahlrohre (Übersicht nach Din 2448) werden aus Stahl St 00.29, St 35.29 und St 55.29 hergestellt. Sie finden zuweilen bei der Herstellung geschweißter Stahlmaste Verwendung.

An sonstigen **Walzerzeugnissen,** die für den Mastbau in Betracht kommen, seien noch die Wellbleche, die als Trägerwellbleche vereinzelt für die Plattenfundamente von Stahlmasten verwendet wurden, und ferner die verschiedenen Spundwand-Stahlprofile, im besonderen die Kastenpfähle von Larssen, die Union-Kastenpfähle und die Stahlpfähle von Krupp genannt, die für die Gründung der Stahlmaste von Bedeutung sind.

γ) *Die verschiedenen Marken gewalzter Flußstähle.*

Die stählernen Leitungsmaste werden vorwiegend aus Baustählen mit Festigkeiten von 37—45 kg/mm² hergestellt. Derartige Stähle sind in den meisten Ländern als normale Werkstoffe für Stahlbauten in Verwendung. In Deutschland ist ein solcher Stahl als Baustahl St 37.12 (Normalgüte) genormt (Din 1612). Dieser unlegierte gewalzte Flußstahl enthält bloß 0,10—0,15% Kohlenstoff, und 0,4—0,5% Mangan; er darf höchstens einen Gehalt von 0,06% Phosphor oder Schwefel (zusammen höchstens 0,10%), besitzen. Seine Güteeigenschaften müssen den im Normenblatte festgelegten Anforderungen entsprechen. Seine Streckgrenze beträgt 24—28 kg/mm² (wird nicht gewährleistet). Er ist zähe, verhältnismäßig wenig kerbempfindlich und läßt sich leicht und ohne Beeinträchtigung seiner Güte im kalten und warmen Zustande bearbeiten; er ist schweißbar und auch schmiedbar, schmilzt bei 1300—1500° C.

Gewalzter Flußstahl entsprechender Güte für Bleche ist als Stahl St 37.21 (Din 1621) genormt; er dient zur Herstellung von Blechen der Qualität „Baubleche I". Der zu Stahlbauten aus St 37 gehörige Nietstahl ist als St 34.13 (Din 1613), der entsprechende Schraubenstahl als St 38.13 (Din 1613) genormt.

Der in Deutschland genormte Stahl von Handelsgüte St 00.12 (Din 1612) darf nur für unbelastete Bauteile verwendet werden; er kommt also nur für die Träger der Warnungstafeln, für Bauteile der Erdung usw. in Betracht. Der entsprechende Werkstoff für Bleche ist als St 00.21 genormt (Din 1621). Nach den Vorschriften für Stahlhochbauten könnten aber die Leitungsmaste aus „Handelsbaustahl" hergestellt werden. Das ist ein Flußstahl mit einer Mindestzugfestigkeit von 37 kg/mm², einer Höchstzugfestigkeit von 50 kg/mm², einer Mindestbruchdehnung von 18% am langen Normalstab; er muß ferner dem Faltversuch mit einem Dorndurchmesser gleich der doppelten Probestabdicke für einen Biegewinkel 180° genügen. Der Nachweis dieser Güteziffern ist gemäß Einführungserlaß zu Din 1050 v. J. 1934 vor der Verarbeitung dieses Stahles glaubhaft zu erbringen. Neuerdings wurden zahlreiche Walzerzeugnisse bestimmter Abmessungen und bestimmter Herkunft von diesem Nachweis befreit. Die Leitungsbauvorschriften VDE 0210 nehmen allerdings nur auf Stahl St 37 von Normalgüte Bezug.

Hochwertige Baustähle finden im Mastbau seltener Verwendung. In Deutschland käme für Maste aus Stab- und Formstahl der hochwertige Baustahl St 52 in Betracht. Er ist nicht genormt; seine Güteeigenschaften sind durch das Vorschriftenblatt Nr. 918156 der Deutschen Reichsbahn v. J. 1937 festgelegt. Für Rundstähle und Walzprofile mit kleineren Dicken als 7 mm muß die Mindestzugfestigkeit 50 kg/mm² betragen; für stärkere Walzprofile wird eine Mindestzugfestigkeit von 52 kg/mm² verlangt. Bruchdehnung je nach Dicke mindestens 20÷18% am langen Normalstab (vgl. Abs. 3). Der zugehörige Nietstahl St 44 muß eine Zugfestigkeit von 44—52 kg/mm² aufweisen.

Bei Gittermasten aus Stabstahl sind mit diesem hochwertigen Werkstoff kaum Ersparnisse zu erzielen, denn für die Bemessung der Stäbe ist meist Knickung maßgebend und die Schlankheitsgrade sind zum Teil schon so hoch, daß elastisches

Knicken vorliegt. Eher käme der hochwertige Baustahl für solche Bauformen größerer Abmessungen in Frage, die vorwiegend auf Biegung beansprucht werden.

Die Werkstoffe der Rohrmaste hingegen weisen sehr häufig höhere Festigkeiten auf. So besitzen die nahtlosen Stahlrohre der Mannesmannröhren-Werke Festigkeiten von 55—65 kg/mm², bei einer Bruchdehnung von mindestens 14% (Langstab).

b) Stahlguß

ist ebenfalls Flußstahl (hochgekohlt), der in die jeweiligen Formen gegossen wird. Er ist als Stg 52.81 (Din 1681) genormt.

c) Geschmiedeter Stahl

ist gegossener, durch Hämmern oder Pressen weiterverarbeiteter Flußstahl. Genormt als St C 35.61 (Din 1661).

d) Gußeisen

(Grauguß) wird unmittelbar aus Erzen oder aus dem grauen Roheisen gewonnen und in Formen gegossen. Es ist nicht schmiedbar. Genormt als Ge 14.91 (Din 1691) mit einer Mindestzugfestigkeit von 14 kg/mm².

3. Werkstoffprüfung.

Die mechanische Werkstoffprüfung umfaßt verschiedene Festigkeitsversuche und eine Reihe von technologischen Versuchen. Sofern für den Mastbau überhaupt eine Werkstoffprüfung erforderlich ist, kann sie meist auf Zugversuche (oder Härteprüfungen) und auf Faltversuche, ausgeführt an Probestäben der zum Aufbau der Tragwerke herangezogenen Walzerzeugnisse, beschränkt bleiben. (Erforderlichenfalls sind noch Schweißversuche vorzunehmen). Für die Entnahme und für die Herstellung der Proben ist Din 1605/1 (Mechanische Prüfung der Metalle) maßgebend: die Proben sind kalt abzutrennen und durch schneidende und schleifende Werkzeuge zu bearbeiten.

a) Zugversuch nach Din 1605/2.

Formen und Abmessungen der Probestäbe gemäß folgender Zusammenstellung:

Zahlentafel 20.

	Bezeichnung		Querschnitt F_0 mm²	Durchmesser d mm*	Meßlänge l_0 mm	Versuchslänge l_v mindest	Zeichen für die Bruchdehnung
1	langer	Normalstab	314	20	$10\,d = 200$	$l_0 + d$	δ_{10}
2	kurzer				$5\,d = 100$		δ_5
3	langer	Proportionalstab	beliebig	beliebig	$10\,d = 11{,}3\sqrt{F_0}$		δ_{10}
4	kurzer				$5\,d = 5{,}65\sqrt{F_0}$		δ_5
	Langstab**		beliebig	beliebig	200		δ_l
	Kurzstab**				100		δ_k

* Bei anderen als kreisförmigen Querschnitten gilt der Durchmesser des dem Stabquerschnitt flächengleichen Kreises.

** Nur für Abnahmeversuche.

Die im Mastbau zur Verwendung gelangenden Walzprofile besitzen häufig nur geringe Dicken, weshalb für die Erprobung hauptsächlich Proportionalstäbe mit Rechteckquerschnitt in Frage kommen (Walzhaut an den Breitseiten möglichst belassen). Das Seitenverhältnis des Querschnittes soll dann nicht größer als 5 : 1 sein. Zur Festhaltung in der Zerreißmaschine müssen die Stabenden entsprechend ausgestaltet werden; meist genügt die in Abb. 117 vorgesehene Verbreiterung, die aber nicht scharf abgesetzt sein darf. Innerhalb der Versuchslänge l_v müssen die Stäbe genau prismatisch sein.

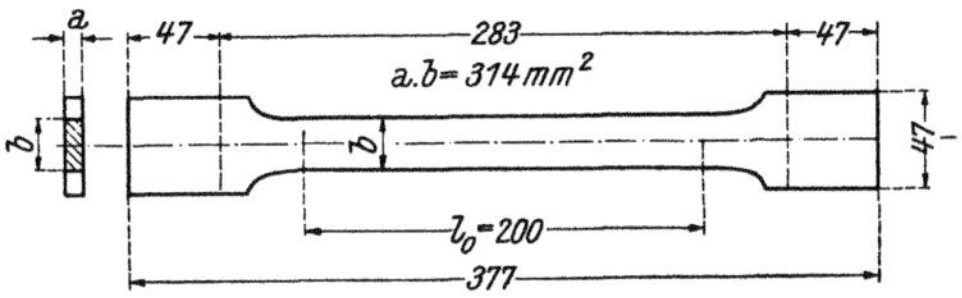

Abb. 117. Langstab mit Rechteckquerschnitt.

Der Zugversuch wird meist nur als „Kurzversuch" ausgeführt, d. h. es werden bloß die Streckgrenze (bzw. die Dehn grenze), die Zugfestigkeit, die Bruchdehnung und die Einschnürung festgestellt.

Sehr aufschlußreich für das Verhalten des Werkstoffes gegenüber einmaliger Überlastung ist der Verlauf seiner Spannungs-Dehnungs-Linie. Die Spannungen werden dabei immer auf den unverformten, ursprünglichen Stabquerschnitt F_0 bezogen. In Abb. 118 ist die Spannungs-Dehnungs-Linie (Arbeitslinie) für einen weicheren Stahl verzerrt dargestellt; sie weist folgende charakteristische Punkte und Abschnitte auf: Bis zum Punkt *I*, der Proportionalitätsgrenze (*P*-Grenze) verläuft sie geradlinig (elastischer Bereich). Dort gilt somit das Hooksche Gesetz $\varepsilon = \frac{\sigma}{E}$. Bis zum Punkt *II* werden noch keine bleibenden Formänderungen beobachtet (Elastizitätsgrenze); die Höhenlage dieses Punktes hängt aber von der Meßgenauigkeit ab. Der Punkt *III* mit der zugehörigen Spannung σ_{F_0} stellt die obere Fließgrenze dar; die Dehnungen nehmen jetzt zu, trotzdem die Last in der Zerreißmaschine abfällt. Der Punkt *IV* mit der Spannung σ_{F_u} wird untere Fließgrenze (im Stahlbau kurz Fließgrenze σ_F, im besonderen Fall des Zugversuches auch Streckgrenze, beim Druckversuch Stauch- oder Quetschgrenze σ_{-F}) genannt. Bis zum Punkt *V* schwankt die Spannung auf und ab; dieser Bereich, in welchem die Dehnungen ohne Spannungszuwachs zunehmen, heißt Fließbereich. Er endet im Punkt *V*, ab welchem ein Wiederanstieg (Verfestigungsbereich) der Arbeitslinie zu beobachten ist. Im Punkt *VI* erreicht schließlich die Last in der Zerreißmaschine ihren Höchstwert P_B; der Stab beginnt sich an einer, zuweilen auch an mehreren Stellen einzuschnüren und gleichzeitig fällt die Last in der Zerreißmaschine und daher auch die Arbeitslinie ab. Im Punkt *VII* tritt schließlich der Bruch ein. Hätte man die Spannungen σ immer für den jeweils schwächsten, verformten Querschnitt berechnet, dann erhielte man den strichlierten Verlauf der Arbeitslinie mit der Endordinate σ_R (Reißfestigkeit).

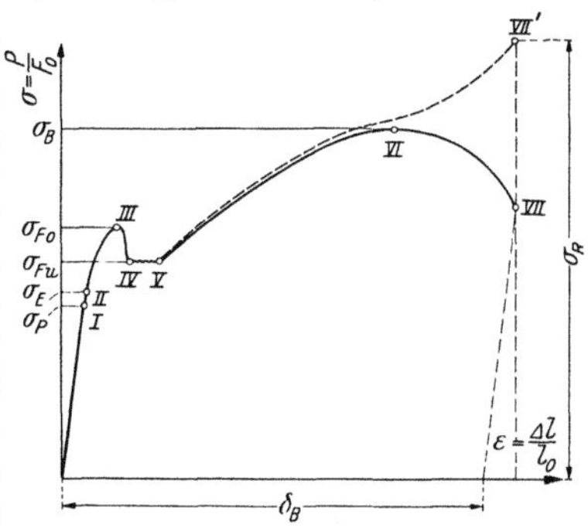

Abb. 118.

Als Zugfestigkeit σ_B wird jene Spannung bezeichnet, die aus der Höchstlast P_B und dem Querschnitt F_0 des unbelasteten Probestabes berechnet wird: $\sigma_B = \frac{P_B}{F_0}$. Als Bruchdehnung, ausgedrückt in Hundertteilen der unverformten Meßlänge l_0, bezeichnet man den Ausdruck δ in $\% = \frac{l - l_0}{l_0}\,100$, in welchem l die nach dem Versuche gemessene, bleibend gedehnte Länge der Meßstrecke l_0 bedeutet. Unter der Bruchquerschnittsverminderung (Einschnürung) versteht man den Ausdruck Ψ in $\% = \frac{F_0 - F}{F_0} 100$, in welchem F die Fläche des schwächsten Stabquerschnittes innerhalb des eingeschnürten Stabteiles bedeutet.

Beim Kurzversuch werden nur die Größen σ_F, σ_B, δ und Ψ ermittelt. Die Last darf aber in der Zerreißmaschine nicht zu rasch gesteigert werden; im Bereich der Streckgrenze höchstens um 1 kg/mm² je Sekunde.

Härtere Stähle weisen häufig keine ausgeprägte Fließgrenze auf. Als Ersatz für diese gilt dann die Dehngrenze. Das ist jene Spannung, unter der die bleibende Dehnung den Betrag von 0,2% erreicht.

b) Härteprüfung.

Sie wird zumeist als Kugeldruckversuch nach Brinell ausgeführt: Din 1605/3. Nach Möglichkeit wird der Versuch unmittelbar an einer ebenen Fläche des zu prüfenden Werkstückes vorgenommen, so daß keine Proben abgetrennt werden müssen. Dabei wird eine gehärtete Stahlkugel vorgeschriebener, von der Dicke des Werkstückes abhängiger Größe mit einer bestimmten Kraft durch eine bestimmte Zeitdauer hindurch in den zu prüfenden Werkstoff eingedrückt. Aus dem Durchmesser des Eindruckes kann die „Brinellhärte" des Werkstoffes ermittelt und aus dieser auf die Zugfestigkeit desselben geschlossen werden. Hinsichtlich weiterer Einzelheiten wird auf die angeführten Normenblätter verwiesen.

c) Faltversuch (Kaltbiegeversuch).

Er dient zur Feststellung der Biegbarkeit metallischer Werkstoffe bei Raumtemperatur. Ausführung nach Din 1605/4. Zu Faltversuchen sind Flachstäbe von 30—50 mm Breite oder Rundstäbe (Din 1605/1) zu verwenden. Kleinere Walzprofile können unmittelbar geprobt werden. Die Probestücke werden durch eine stetig wirkende, maschinell geäußerte Kraft langsam um einen Dorn gebogen, dessen Durchmesser D in einem bestimmten vorgeschriebenen Verhältnis zur Dicke a des Probestabes steht (Abb. 119). Als Gütemaßstab dient die Größe des Abbiegewinkels α, bis zu dem die Abbiegung durchgeführt werden kann, ohne daß auf der Zugseite Anrisse entstehen. Zuweilen wird auch bei Anwendung beliebiger Dorne das vollständige Zusammenfalten ohne Rißbildung verlangt.

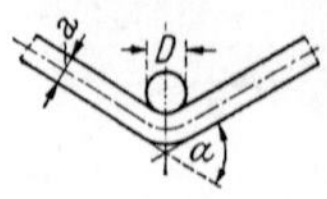

Abb. 119.

4. Grundlagen für die Festigkeitsberechnung der stählernen Bauteile.

Für die Elastizitätsziffern sind nach Din 1050 folgende Werte in Rechnung zu stellen:

Zahlentafel 21.

Baustoff	E = Dehnmaß (Elastizitätsmodul) kg/cm²	G = Gleitmaß (Schubmodul) kg/cm²
Stahl (auch hochwertiger Baustahl, Stahlguß und geschmiedeter Stahl)	2 100 000	810 000
Gußeisen..................................	1 000 000	380 000

Für die zulässigen Spannungen gelten die Leitungsbauvorschriften VDE 0210 und die Schweißnorm Din 4100.

a) Bemessung der Zugstäbe.

Die Zugspannungen sind für die durch Niet- oder Schraubenlöcher geschwächten, nutzbaren Stabquerschnitte F_n nachzuweisen. Bei der Ermittlung von F_n sind nach Din 1050 jene Löcher abzuziehen, deren Lage dies erfordert (Aufsuchen der Rißlinie, längs welcher die kleinste Fläche durchtrennt werden muß). Bei Zugstäben, die aus einzelnen Winkelstählen bestehen, genügt der Abzug eines Nietloches; nur wenn bei Kettennietung oder bei Nietlöchern in beiden Schenkeln die in Din 998 und 999 festgelegten Abstände und Versetzungsmaße e_1 unterschritten werden, müssen zwei Nietlöcher abgezogen werden. Hinsichtlich der Abzüge für abstehende, nichtangeschlossene Winkelschenkel bestehen keine Vorschriften, und bei mehrnietigen Anschlüssen sind auch keine solchen Abzüge erforderlich (ausgenommen stark ungleichschenkelige Winkel, bei denen der längere Schenkel nicht angeschlossen wird). Bei einnietigen Anschlüssen sollte aber mindestens die Hälfte der Fläche des abstehenden Schenkels in Abzug gebracht werden, da sonst der Anschlußquerschnitt örtlich stark überanstrengt wird. Diese Maßnahme ist allerdings oft gegenstandslos, da für die Bemessung solcher Stäbe in der Regel Knickung maßgebend ist und sie daher auf Zug ohnehin weniger ausgenützt sind. Bezüglich der Bemessung ausgeklinkter Winkelstähle s. VDE-Vorschriften, § 24d.

b) Bemessung der Druckstäbe.

α) *Theoretische Grundlagen.*

Einteilige Druckstäbe. Ein unbeschränkt elastischer, gerader, homogener, prismatischer Stab, der an seinen Enden gelenkig gelagert und achsial gedrück wird (Abb. 120a), knickt unter einer Last

$$S_K = \frac{\pi^2 E J}{s_K^2} \quad \text{(Eulersche Knickformel)} \qquad (87)$$

aus. Hierin bedeutet E das Dehnmaß des Werkstoffes, J das kleinste Trägheitsmoment des Querschnittes und s_K die Knicklänge des Stabes, die bei der Stabfesthaltung nach Abb. 120a gleich der Stablänge l ist.

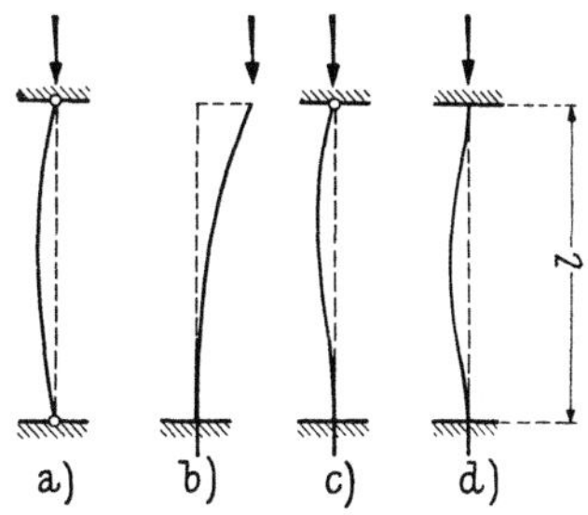

Abb. 120

Der Ausdruck Gl. (87) gilt ganz allgemein, auch wenn die Stabenden in anderer Weise gelagert sind; es muß nur für die Knicklänge s_K, als Entfernung benachbarter Wendepunkte der Knickbiegelinie, der jeweils entsprechende Wert eingesetzt werden. So sind beispielsweise für die weiteren, in Abb. 120 dargestellten „Grundfälle", nämlich für den einseitig eingespannten Stab, dessen zweites Ende vollkommen freiliegt (Abb. 120b), für den einseitig starr eingespannten, am anderen Ende gelenkig gelagerten Stab (Abb. 120c) und schließlich für den beiderseits starr eingespannten Stab (Abb. 120d) die Knicklängen der Reihe nach

$$s_K = 2\,l, \ \sim 0{,}7\,l \text{ und } 0{,}5\,l.$$

Am häufigsten liegt Knickung gemäß Abb. 120a vor, da auch vorhandene, nachgiebige Einspannungen der Stabenden aus Sicherheitsgründen meist nicht berücksichtigt werden.

Die Spannung $\sigma_K = \frac{S_K}{F}$, die unter der Knicklast im Stabe mit dem (unverschwächten) Querschnitt F entsteht, wird „Knickspannung" (Knickfestigkeit) genannt. Mit Einführung des kleinsten Trägheitshalbmessers $i = \frac{J}{F}$

sowie des „Schlankheitsgrades“ $\lambda = \frac{s_K}{i}$ kann Gl. (87) auch geschrieben werden

$$\sigma_K = \frac{\pi^2 E}{\lambda^2}. \tag{88}$$

Durch Gl. (88) wird σ_K als Funktion des Schlankheitsgrades λ dargestellt. Trägt man in einem rechtwinkeligen Achsensystem (λ, σ_K) die Knickspannungen $\sigma_K = f(\lambda)$ ab, so erhält man als „Knickspannungslinie“ die „Eulersche Hyperbel“: Abb. 121.

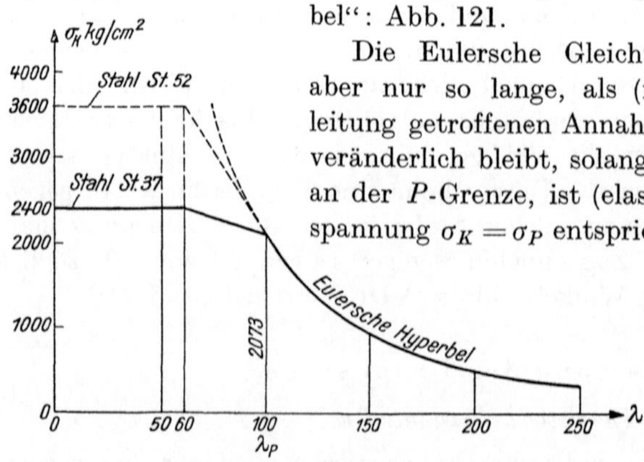

Abb. 121.

Die Eulersche Gleichung Gl. (87), bzw. (88) gilt aber nur so lange, als (im Sinne der bei ihrer Herleitung getroffenen Annahme) der Elastizitätsmodul unveränderlich bleibt, solange also $\sigma_K \leq \sigma_P$, der Spannung an der P-Grenze, ist (elastisches Knicken). Der Knickspannung $\sigma_K = \sigma_P$ entspricht nach Gl. (88) der Schlankheitsgrad $\lambda_P = \pi \sqrt{\frac{E}{\sigma_P}}$, und als Bedingung für die Anwendbarkeit der Eulerschen Formel kann daher auch

$$\lambda \geq \lambda_P \tag{89}$$

herangezogen werden.

Für $\lambda < \lambda_P$ (unelastische Knickung) würde die Eulersche Formel zu hohe Knicklasten ergeben. Tetmajer[8] hat auf Grund seiner Versuche die Knickspannungen für $\lambda < \lambda_P$ geradlinig verlaufend angenommen: Abb. 122. Diese Tetmajerschen Knickspannungslinien lagen den Vorschriften in Österreich zugrunde, obzwar sich die heute in Verwendung stehenden Baustähle durch ihren ausgeprägteren Stauchbereich von den von Tetmajer untersuchten Stählen wesentlich unterscheiden.

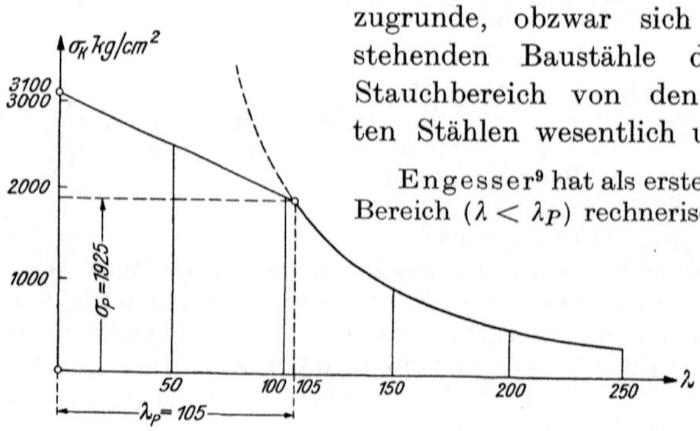

Abb. 122.

Engesser[9] hat als erster die Knickung im unelastischen Bereich ($\lambda < \lambda_P$) rechnerisch verfolgt und gezeigt, daß die Eulersche Formel [Gl. (87)] anwendbar bleibt, wenn an Stelle des Elastizitätsmoduls E ein von der Knickspannung σ_K abhängiger „Knickmodul“ eingeführt wird. Es ergab sich, daß für Knicken im unelastischen Bereich auch die Querschnittsform von Einfluß ist.

Kármán[10] hat die Knickspannungen von Stäben mit Rechteckquerschnitt rechnerisch (auch für kleine Ausmitten des Kraftangriffes) sowie experimentell bestimmt.

Zuletzt wurden vom „Ausschuß für Versuche im Stahlbau“ (jetzt „Deutscher Ausschuß für Stahlbau“) umfassende Knickversuche[11] durchgeführt, auf Grund deren Ergebnisse man in Deutschland idealisierte Knickspannungslinien festlegte (Din 1050): Für Schlankheiten von $\lambda = 0$ bis 60 verlaufen die σ_K in Höhe der Stauchgrenze σ_{-F} (die für Stahl St 37.12 und für Handelsbaustahl mit 2400 kg/cm² und für St 52 mit 3600 kg/cm² angenommen wird). Für Schlankheiten $\lambda \geqq \lambda_P$ gilt die Eulersche Hyperbel, wobei für alle Stähle einheitlich $\lambda_P = 100$ (zugehörig $\sigma_K = 2073$ kg/cm²) gesetzt wurde. Zwischen $\lambda = 60$ mit $\sigma_K = \sigma_{-F}$ und $\lambda = 100$ mit $\sigma_K = 2073$ kg/cm² wurden gerade Verbindungslinien eingelegt: Abb. 121. In Zahlentafel 22 sind die zu verschiedenen Werten λ gehörigen Knickspannungen σ_K für St 37.12 und Handelsbaustahl sowie für St 52 zusammengestellt.

Zahlentafel 22. Knickspannungen nach Din 1050.

λ	Knickfestigkeit σ_K in kg/cm²		λ	Knickfestigkeit σ_K in kg/cm²	
	St 37.12, Handelsbaustahl	St 52		St 37.12, Handelsbaustahl	St 52
0 bis 60	2400	3600	160	810	810
70	2318	3218	170	717	717
80	2237	2837	180	640	640
90	2155	2455	190	574	574
100	2073	2073	200	518	518
110	1713	1713	210	470	470
120	1439	1439	220	428	428
130	1226	1226	230	392	392
140	1057	1057	240	360	360
150	921	921	250	332	332

Auf Grund der bekannten Knickspannungen (Knickfestigkeiten) $\sigma_K = f(\lambda)$ der zu verwendenden Baustähle kann nun die Bemessung der Druckstäbe mit der vorgeschriebenen Knicksicherheit ν durchgeführt werden. Unter der Knicksicherheit ν verstehen wir jene Zahl, die angibt, wie vielmal größer die Knickspannung σ_K als die wirklich im Stab auftretende Druckspannung $\sigma_d = \frac{S}{F}$ ist. In Deutschland erfolgt die Bemessung der Druckstäbe nach dem „ω-Verfahren": man vervielfacht die Druckkraft S mit einer „Knickziffer" ω und rechnet dann so wie für einen Zugstab ohne Lochschwächung; es muß also sein

$$\frac{S}{F}\,\omega \leqq \sigma_{\text{zul}} \text{ (für Zug).} \tag{90a}$$

Durch diese Vervielfachung der Stabkraft mit ω soll die Querschnittsbemessung für Zug- und Druckstäbe vereinheitlicht werden. Die Knickziffern ω sind vom Werkstoff und vom Schlankheitsgrad der Druckstäbe und auch von der Größe der verlangten Knicksicherheit abhängig: vgl. Abs. β.

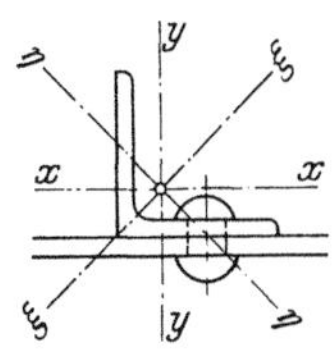

Abb. 123.

In den Vorschriften sind die in Rechnung zu stellenden Knicklängen s_K für Stäbe verschiedener Lagerung und Stützung festgelegt. Allerdings gelten die Bestimmungen der Stahlbaunormen, die sich auf die Ergebnisse theoretischer Untersuchungen stützen, vornehmlich nur für solche Druckstäbe, deren Querschnitte eine in der Tragwandebene liegende Trägheitshauptachse besitzen („achsrechte Stablage").

Die Stäbe der fachwerkartigen Maste bestehen aber vorwiegend aus einfachen, gleichschenkeligen Winkelstählen, die so im Fachwerksverband angeordnet werden, daß ihre Trägheitshauptachsen unter 45° gegen die Tragwandebene geneigt sind: Abb. 123. Die Leitungsbauvorschriften enthalten daher auch noch besondere Bestimmungen für die Bemessung dieser

Stäbe (VDE-Vorschriften, § 24b, d). Auf diese Bestimmungen wird bei der folgenden Erörterung verschiedener Anwendungsfälle einfacher Winkelstähle Bezug genommen:

1. Druckstäbe ohne Zwischenstützung mit räumlich festgehaltenen Enden. Für solche, aus einfachen Winkelstählen bestehende Druckstäbe gilt i. a. als freie Knicklänge s_K die Länge der Netzlinie (VDE-Vorschriften, § 24b). Diese Bestimmung ist auch für alle Fachwerksstreben gültig, die innerhalb ihrer freien Länge keinerlei Abstützung durch andere Streben erfahren. Die Bemessung ist dann für die Netzlänge als Knicklänge und mit dem Trägheitsmoment $J_{\min}$ durchzuführen. Bei kurzen Streben, die an steife Gurte angeschlossen sind, ist diese Berechnungsweise allerdings zu ungünstig, und zwar um so mehr, je wirksamer die Stabenden gegen Verdrehen festgehalten sind. In solchen Fällen würde die Einführung des Trägheitsmomentes J_x (Abb. 123) zu zutreffenderen Ergebnissen führen.

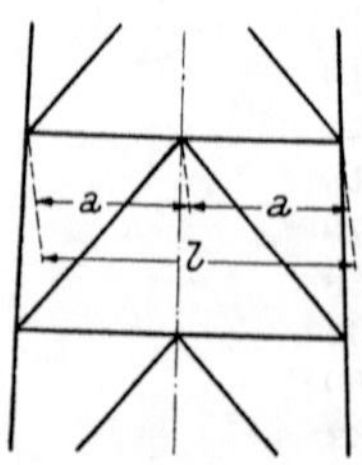

Abb. 124.

2. Pfosten in K-Fachwerken. Die Knickfestigkeit dieser Stäbe wurde unter der Voraussetzung achsrechter Stablage zuerst von Krohn[12] untersucht. F. Bleich[13] hat diese Aufgabe allgemeiner behandelt und die folgende, einfache Gebrauchsformel für die Knicklänge

$$s_K = l\left(0{,}75 + 0{,}25\,\frac{S_2}{S_1}\right) \tag{91 a}$$

angegeben, nach der die Berechnung auf Knicken senkrecht zur Tragwandebene durchzuführen ist. Hierin bedeuten (Abb. 124):

l die Netzlänge des ganzen Pfostens,

S_1 die Druckkraft in der einen Stabhälfte und

S_2 die kleinere Druckkraft oder Zugkraft (dann mit negativem Vorzeichen in die Gl. (91a) einzuführen) der anderen Stabhälfte. Der Stab ist auf Knicken senkrecht zur Tragwandebene mit der (größeren) Druckkraft S_1 und der Knicklänge s_K auf Knicken zu berechnen. Für Knicken in der Tragwandebene ist $s_K = 0{,}5\,l$ anzunehmen.

Falls nun der Pfosten aus einem einfachen Winkelstahl besteht, könnte im Sinne der VDE-Vorschriften, § 24d die Rechnung in gleicher Weise, und zwar mit dem Trägheitsmomente J_x (Abb. 123) durchgeführt werden, da die in Stabmitte anschließenden Streben dort ein Ausweichen des Pfostens rechtwinkelig zur Achse η—η des Trägheitsmomentes $J_{\min} = J_\eta$ nicht zulassen.

Eine genauere Untersuchung des Verfassers[15] hat aber gezeigt, daß diese Berechnungsweise zum Teil zu günstig ist; die Gl. (91 a) für s_K wäre vielmehr bei gleichschenkeligen Winkelstählen durch die Beziehung

$$s_K = l\left(0{,}84 + 0{,}17\,\frac{S_2}{S_1}\right) \tag{91 b}$$

gültig für $(-1) \leq \frac{S_1}{S_2} \leq (+1)$, zu ersetzen, und mit dieser Knicklänge und mit dem Trägheitsmomente J_x ist der Winkelpfosten auf Knicken (aus der Tragwandebene) zu berechnen.

3. Druckstäbe, die in ihrer Mitte von einem Zugstab gekreuzt werden. Auch dieser Fall wurde für achsrechte Stablage zuerst von Krohn[12] untersucht. In allgemeinerer Form hat diese Aufgabe F. Bleich[13] behandelt

und unter Vernachlässigung des Biegwiderstandes des Zugstabes schließlich die einfache Gebrauchsformel

$$s_K = l_d \sqrt{1 - \frac{3}{4} \cdot \frac{S_z\, l_d}{S_d\, l_z}} \tag{92}$$

für die in Rechnung zu stellende Knicklänge erhalten.

In Gl. (92) bedeuten:

S_d und l_d die Stabkraft und die Länge des Druckstabes und
S_z und l_z die des Zugstabes.

Die Gl. (92) hat zur Voraussetzung, daß der Druckstab unverschwächt (bzw. unter voller Deckung biegungssteif gestoßen) durchgeht. Der Stab ist dann für Knicken rechtwinkelig zur Tragwandebene mit der Knicklänge s_K zu berechnen. Ergibt sich der Beiwert von l_d kleiner als 0,5, dann ist er durch 0,5 zu ersetzen. Für Knicken in der Fachwerksebene ist $s_K = 0{,}5\, l_d$ anzunehmen.

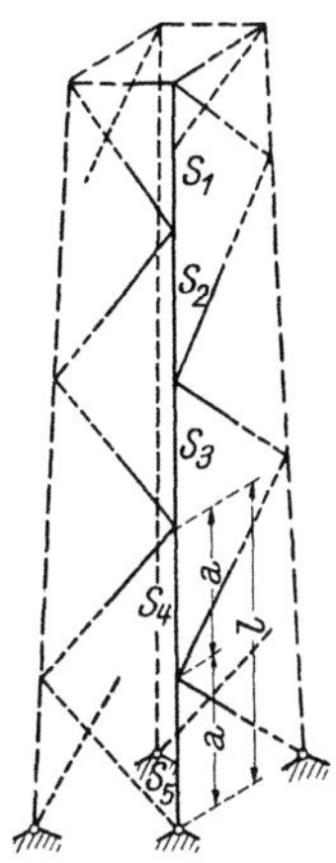

Abb. 125.

Besteht nun der Druckstab aus einem einfachen Winkelstahl, dann könnte er im Sinne der VDE-Vorschriften § 24d mit der Knicklänge s_K aus Gl. (91a) und mit dem Trägheitsmomente J_x auf Knicken aus der Tragwandebene bemessen werden.

4. Wechselnd gestützte Eckwinkel von Gittermasten. Nach den VDE-Vorschriften § 24d (mit Abb. 2) können solche Eckwinkel mit der Knicklänge $s_K = l$ (Abb. 125) und mit dem Trägheitsmoment J_x auf Knicken berechnet werden. Bei elastischer Knickung wäre also die Knickstabkraft

$$S_K = \frac{\pi^2 E J_x}{l^2} = 9{,}870 \frac{E J_x}{l^2}. \tag{93}$$

Die Zulässigkeit dieser Berechnungsweise ging aus Versuchen hervor, über die in der Z. d. V. D. I., Bd. 56 (1912), S. 1901, berichtet wurde. Die Knickfestigkeit der Eckwinkel hängt aber, wie im folgenden gezeigt wird, ganz wesentlich von der Abstufung der Stielkräfte in den aufeinanderfolgenden Feldern des durchgehenden Eckwinkels ab. Nehmen die Stabkräfte von unten nach oben zu nur langsam ab, dann liefert die Berechnung nach Gl. (93) zu günstige Ergebnisse.

Eine strenge Lösung der vorliegenden Knickaufgabe wurde erstmalig vom Verfasser[14] entwickelt, und zwar für den allgemeinen Fall feldweise veränderlicher Stabkräfte. Dabei zeigte sich, daß die Größe der Knickstabkraft nicht bloß von der Abstufung der Stabkräfte, sondern auch von der Felderzahl des Stabes abhängt. Vor allem war zu erkennen, daß sich der Stab mit bloß zwei Feldern wesentlich anders als Stäbe mit drei und mehr Feldern verhält. Erst bei drei Feldern kommt eben die besondere Art der Stabstützung voll zur Geltung. Unter Beschränkung auf elastische Knickung wurden beispielsweise unter der Voraussetzung gleich großer Felder $\left(a = \frac{1}{2} l\right)$ mit gleich großen Stabkräften unter Zugrundelegung des ungünstigsten (größten) Verhältniswertes $\frac{J_{\max}}{J_{\min}} = 3{,}933$ für die gebräuchlicheren Querschnitte gleichschenkeliger Winkelstähle folgende Knickstabkräfte erhalten:

$$\text{Felderzahl } n = 2 \ldots\ldots\ldots\ S_K = 9{,}688 \frac{E J_x}{l^2},$$

$$n = 3,\ 5,\ 6 \ldots\ldots\ S_K = 7{,}072 \frac{E J_x}{l^2}$$

(für $n = 4$ wurde der größere Wert $8{,}488 \frac{E J_x}{l^2}$ errechnet, was mit der sprungweisen Änderung der Anzahl der entstehenden Halbwellen der Knickbiegelinie zusammenhängt). Dem Näherungswert für S_K nach Gl. (93) kommt also bei gleicher Stabkraft aller Felder nur die Knickstabkraft des Zweifeldstabes nahe. Um daher die Näherungsrechnung bei mehrfeldrigen Stäben anwenden zu dürfen, müßte jeder zweite ebene Knoten der Stiele durch Einbau von Schaftpfosten in einen räumlichen Knoten verwandelt werden: Abb. 126.

Nun liegen aber die Verhältnisse in Wirklichkeit insofern viel günstiger, als die Stabkräfte der Stielfelder im allgemeinen nicht unveränderlich sind, sondern von oben nach unten zu sprungweise zunehmen. Die schwächer belasteten Stabfelder wirken daher auf das jeweils unterste, stärkst belastete Feld einspannend, so daß sich eine höhere Knickstabkraft ergibt. Als Beispiel sei aus den Untersuchungsergebnissen des Verfassers der Stab mit fünf Feldern (Abb. 125) herausgegriffen: Die Größe S_{5K} der Stabkraft S_5 des untersten Feldes, unter der Ausknicken eintritt, ergab sich bei einem Verhältnis der Stabkräfte aufeinanderfolgender Felder von

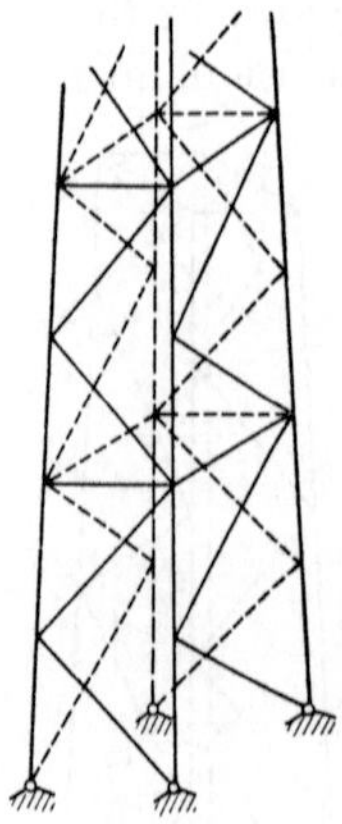

Abb. 126.

$$S_1 : S_2 : S_3 : S_4 : S_5 = 1 : 2 : 3 : 4 : 5 \quad \text{zu} \quad S_{5K} = 9{,}680 \frac{E J_x}{l^2}$$

und für

$$S_1 : S_2 : S_3 : S_4 : S_5 = 6 : 7 : 8 : 9 : 10 \quad \text{zu} \quad S_{5K} = 8{,}532 \frac{E J_x}{l^2}.$$

Im ersteren Fall kommt die Knickstabkraft dem Näherungswert nach Gl. (93) schon sehr nahe. Wenn aber unter der maßgebenden Belastung die Stabkräfte der einzelnen Felder des Eckwinkels nur langsam nach oben zu abnehmen, dann ist Vorsicht geboten. Wollte man auch dann ganz sicher gehen, dann brauchte man bloß den für unveränderliche Stabkraft bei drei Feldern erhaltenen Wert $S_K = 7{,}072 \frac{E J_x}{l^2}$ in Rechnung zu stellen und hätte dann einfach den Eckwinkel für die Stabkraft S des stärkst belasteten Feldes, unter Zugrundelegung des Trägheitsmoments J_x, mit einer Knicklänge

$$s_K = 1{,}19\, l \text{ (an Stelle } l) \tag{94}$$

zu berechnen.

Die vorliegende Knickaufgabe wurde für den Sonderfall gleicher Stabkraft aller Felder auf anderem Wege von F. Bleich und H. Bleich[16] gelöst; die erhaltene Knickbedingung ist für jede beliebige Felderzahl leicht auszuwerten, die Ergebnisse stimmen mit jenen der früher genannten Abhandlung überein.

Veranlaßt durch eine unrichtige Lösung des gegenständlichen Problems durch A. Eggenschwyler („Das schraubenförmige Knicken der Eckpfosten von Gittermasten" im „Stahlbau", 5. Jg. [1932], S. 81), hat H. Bleich[17] den Fall unveränderlicher Stabkraft in sehr einfacher Weise auf einem dritten Wege, und zwar mit Hilfe der Energiemethode behandelt, wobei wieder die früheren Ergebnisse erhalten wurden. Diese Untersuchung gibt auch sehr lehrreichen Aufschluß über die Formen der Knickbiegelinien wechselnd gestützter Druckstäbe aus Winkelstahl.

So wie bei allen Druckstäben mit dünnwandigen Querschnitten ist auch bei Stäben aus einfachen Winkelstählen die Knickfestigkeit nur dann für die Bemessung maßgebend, wenn sie wirklich erreichbar ist, d. h. wenn die Stäbe nicht schon vorher durch Beulerscheinungen in den Schenkeln eine Beschränkung ihres Tragvermögens erfahren. Die Stabkräfte, unter welchen solche Beulungen entstehen würden, liegen aber bei den üblichen Winkelquerschnitten und bei den in Betracht kommenden Schlankheitsgraden der Stäbe in der Regel über den Knickstabkräften.

Zweiteilige Druckstäbe. Bei größeren Gittermasten müssen zuweilen Druckstäbe aus zwei Walzprofilen zusammengesetzt werden, die man aus wirtschaftlichen Gründen nach Möglichkeit nicht durch eine laufende Nietung, sondern nur durch einzelne Bindebleche oder durch Vergitterungen zusammenschließt. Solche Stäbe werden als zweiteilige Druckstäbe bezeichnet.

Hinsichtlich der genauen Berechnung mehrteiliger Druckstäbe wird auf das Verfahren von Chwalla[18] verwiesen, das auch die Knickung im plastischen Bereich erfaßt und nach welchem auch der Einfluß der Nachgiebigkeit der Querverbindungen berücksichtigt werden kann. Eine vereinfachte Berechnungsweise hat Jezek[19] angegeben. In den Leitungsvorschriften und in den Stahlbaunormen sind einfache und brauchbare Näherungsberechnungen festgelegt: s. Abs. β, „Zweiteilige Druckstäbe".

Aussermittig gedrückte Stäbe und querbelastete Druckstäbe. Die genaue Berechnung solcher Stäbe kann nach dem Verfahren von Chwalla[20] erfolgen. Hartmann[21] hat die Berechnung vereinfacht. Jezek[19] konnte unter Zugrundelegung ideal plastischer (d. h. bis zur Fließgrenze elastischer) Werkstoffe für ausmittig gedrückte und für gedrückte und gleichzeitig querbelastete Stäbe teils strenge Lösungen, teils — und zwar unter Berücksichtigung der Querschnittsformen — einfache Näherungslösungen entwickeln, die auch für praktische Anwendungen geeignet sind. Nach den Leitungsbauvorschriften und den Stahlbaunormen ist derzeit noch eine Näherungsrechnung zugelassen, deren Ergebnisse nur wenig verlässlich sind.

β) *Berechnung gedrückter Stäbe nach den Deutschen Vorschriften.*

Einteilige Druckstäbe. Die Bemessung erfolgt nach Gl. (90), unter Zugrundelegung der in Din 1050 festgelegten Knickziffern ω. Für St 37.12 sind diese (auch für Handelsbaustahl gültigen) Knickziffern auszugsweise in Tafel VI der VDE-Vorschriften (Abs. B, 1) verzeichnet. In nachstehender Zahlentafel 23 wurden in gleicher Weise die genormten Knickziffern für St 52 bis zum Schlankheitsgrad $\lambda = 250$ zusammengestellt. Größere Schlankheitsgrade als 250 sind nach Din 1050 unzulässig.

Zahlentafel 23. Knickziffern für St 52 nach Din 1050.

1	2	3	1	2	3
λ	ω	$\frac{\Delta\omega}{\Delta\lambda}$	λ	ω	$\frac{\Delta\omega}{\Delta\lambda}$
		—			0,088
0	1,00		130	5,99	
		0,001			0,096
10	1,01		140	6,95	
		0,002			0,103
20	1,03		150	7,98	
		0,004			0,110
30	1,07		160	9,08	
		0,006			0,117
40	1,13		170	10,25	
		0,009			0,124
50	1,22		180	11,49	
		0,013			0,131
60	1,35		190	12,80	
		0,019			0,138
70	1,54		200	14,18	
		0,031			0,146
80	1,85		210	15,64	
		0,054			0,152
90	2,39		220	17,16	
		0,116			0,160
100	3,55		230	18,76	
		0,074			0,167
110	4,29		240	20,43	
		0,082			0,173
120	5,11		250	22,16	
		0,088			—

Zahlen-

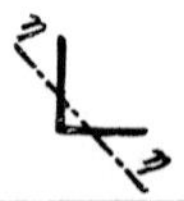	F cm²	i_η cm	S_{zul} in t bei einer									
			0,50	0,60	0,70	0,80	0,90	1,00	1,10	1,20	1,30	1,40
35 . 35 . 4	2,67	0,68	2,90	2,34	1,70	1,30	1,04	0,84	0,69	0,58	0,50	0,43
35 . 35 . 6	3,87	0,68	4,21	3,40	2,47	1,88	1,50	1,21	1,00	0,84	0,72	0,62
40 . 40 . 4	3,08	0,78	3,76	3,22	2,62	1,96	1,57	1,27	1,05	0,88	0,75	0,65
40 . 40 . 5	3,79	0,77	4,58	3,91	3,15	2,37	1,87	1,52	1,25	1,05	0,90	0,77
40 . 40 . 6	4,48	0,77	5,41	4,62	3,72	2,80	2,21	1,79	1,48	1,24	1,06	0,91
45 . 45 . 5	4,30	0,87	5,58	5,00	4,33	3,48	2,74	2,20	1,83	1,53	1,31	1,12
45 . 45 . 7	5,86	0,87	7,60	6,81	5,90	4,74	3,74	3,00	2,49	2,08	1,79	1,53
50 . 50 . 5	4,80	0,98	6,51	6,03	5,45	4,66	3,89	3,12	2,59	2,18	1,83	1,59
50 . 50 . 6	5,69	0,96	7,66	7,01	6,28	5,43	4,39	3,56	2,91	2,46	2,11	1,90
50 . 50 . 7	6,56	0,96	8,84	8,08	7,24	6,26	5,07	4,10	3,35	2,84	2,43	2,08
55 . 55 . 6	6,31	1,07	8,79	8,25	7,62	6,78	5,92	4,99	4,02	3,40	2,92	2,51
55 . 55 . 8	8,23	1,07	11,5	10,8	9,94	8,84	7,72	6,51	5,25	4,44	3,81	3,29
60 . 60 . 6	6,91	1,17	9,86	9,38	8,77	8,11	7,23	6,37	5,34	4,40	3,79	3,25
60 . 60 . 8	9,03	1,16	12,9	12,2	11,5	10,5	9,32	8,19	6,82	5,76	4,87	4,18
65 . 65 . 7	8,70	1,26	12,7	12,0	11,4	10,7	9,87	8,87	7,76	6,57	5,55	4,78
65 . 65 . 9	11,0	1,25	16,0	15,2	14,4	13,4	12,3	11,1	9,66	8,12	6,88	5,93
70 . 70 . 7	9,40	1,37	13,9	13,3	12,8	12,1	11,4	10,4	9,46	8,25	7,09	6,11
70 . 70 . 9	11,9	1,36	17,5	16,9	16,1	15,2	14,2	13,0	11,8	10,5	8,78	7,59
75 . 75 . 7	10,1	1,45	15,1	14,6	14,0	13,3	12,6	11,7	10,7	9,64	8,60	7,29
75 . 75 . 8	11,5	1,46	17,2	16,6	15,9	15,1	14,3	13,5	12,3	11,2	9,94	8,49

Diese genormten Knickziffern wurden aus den genormten Knickspannungen nach Abb. 121 zu einer bestimmten zulässigen Spannung σ_{zul} und unter Zugrundelegung bestimmter, mit dem Schlankheitsgrad der Stäbe veränderlicher Knicksicherheiten ν ermittelt. Die kleinste Sicherheit ν war dabei $\lambda = 0$ zugeordnet worden. Mit wachsendem λ steigt auch ν zunächst an und erreicht in $\lambda = 100$ den Höchstwert $\nu = \nu_{100}$, der dann im ganzen elastischen Bereich beibehalten wird. Der Anstieg der ν zwischen $\lambda = 0$ und $\lambda = 100$ erfolgt so, daß die Spannungswerte $\frac{\sigma_K}{\nu}$ auf einer Parabel liegen, deren Scheitel sich in $\lambda = 0$ befindet. Diese Parabel übergeht im elastischen Bereich in eine Hyperbel, da dort die σ_K einer solchen Linie folgen und ν unveränderlich bleibt.

Bei voller Ausnutzung der Druckstäbe ist nun nach Gl. (90 a) $\frac{S}{F}\,\omega = \sigma_{zul}$ und

tafel 24.

Knicklänge s_K in m von													
1,50	1,60	1,70	1,80	1,90	2,00	2,20	2,40	2,60	2,80	3,00	3,20	3,40	
0,37	0,33	0,29											35 . 35 . 4
0,54	0,47	0,42											35 . 35 . 6
0,57	0,50	0,44	0,39	0,35									40 . 40 . 4
0,67	0,59	0,53	0,47	0,42									40 . 40 . 5
0,80	0,70	0,62	0,55	0,50									40 . 40 . 6
0,98	0,86	0,76	0,68	0,61	0,55								45 . 45 . 5
1,34	1,17	1,04	0,92	0,83	0,75								45 . 45 . 7
1,39	1,22	1,08	0,96	0,86	0,78	0,65	0,54						50 . 50 . 5
1,58	1,38	1,23	1,09	0,98	0,89	0,73	0,62						50 . 50 . 6
1,82	1,59	1,42	1,26	1,13	1,03	0,85	0,71						50 . 50 . 7
2,18	1,90	1,69	1,51	1,35	1,22	1,01	0,85	0,72					55 . 55 . 6
2,84	2,48	2,20	1,97	1,76	1,59	1,31	1,11	0,94					55 . 55 . 8
2,85	2,49	2,22	1,97	1,78	1,60	1,32	1,11	0,95	0,82				60 . 60 . 6
3,67	3,21	2,83	2,54	2,77	2,07	1,69	1,42	1,22	1,05				60 . 60 . 8
4,16	3,64	3,23	2,92	2,58	2,33	1,92	1,63	1,39	1,19	1,04			65 . 65 . 7
5,18	4,54	4,02	3,59	3,22	2,91	2,40	2,02	1,72	1,48	1,29			65 . 65 . 9
5,35	4,64	4,13	3,70	3,29	2,98	2,45	2,08	1,76	1,53	1,33	1,16	1,03	70 . 70 . 7
6,66	5,78	5,15	4,61	4,11	3,72	3,07	2,60	2,21	1,90	1,65	1,46	1,29	70 . 70 . 9
6,44	5,65	4,99	4,44	3,98	3,59	2,96	2,48	2,13	1,83	1,59	1,40	1,25	75 . 75 . 7
7,33	6,43	5,68	5,14	4,60	4,14	3,41	2,89	2,46	2,11	1,85	1,62	1,43	75 . 75 . 8

anderseits ist entsprechend dem Begriff Knicksicherheit $\frac{S}{F} = \frac{\sigma_K}{\nu}$; aus beiden Beziehungen folgt

$$\omega = \frac{\sigma_{\text{zul}}}{\sigma_K}\,\nu \tag{95}$$

und mit Hilfe dieser Gleichung kann festgestellt werden, welche Knicksicherheiten im Mastbau unter Anwendung der genormten Knickziffern ω bei den nach den VDE-Vorschriften zugelassenen Spannungen erzielt werden. Man erhält beispielsweise für St 37.12, im Fall $\lambda \geqq 100$,

für Normalbelastung ($\sigma_{\text{zul}} = 1600$ kg/cm²) .... $\nu = 3{,}058$ und
für Belastung bei Leitungsbruch ($\sigma_{\text{zul}} = 2000$ kg/cm²) .... $\nu = 2{,}446$.

Die erforderlichen Querschnitte auf Knicken beanspruchter Stäbe (Stabkraft S) können nur dann unmittelbar berechnet werden, wenn elastisches

Zahlen-

	F cm^2	i_η cm	S_{zul} in t bei einer										
			0,70	0,80	0,90	1,00	1,10	1,20	1,30	1,40	1,50	1,60	1,70
80.80.8	12,3	1,55	17,4	16,7	15,9	14,9	14,0	12,9	11,6	10,5	8,88	7,84	6,88
80.80.10	15,1	1,54	21,4	20,5	19,5	18,3	17,1	15,7	14,3	12,6	10,9	9,44	8,45
90.90.9	15,5	1,76	22,5	21,9	21,0	20,2	19,2	18,2	17,0	15,6	14,3	12,9	11,2
90.90.11	18,7	1,75	27,2	26,3	25,4	24,3	23,0	21,7	20,5	18,8	17,0	15,5	13,5
100.100.10	19,2	1,95	28,4	27,7	26,9	26,0	25,2	23,8	22,8	21,5	20,1	18,6	17,1
100.100.12	22,7	1,95	33,6	32,7	31,9	30,8	29,8	28,2	26,9	25,4	23,7	22,0	20,3
110.110.10	21,2	2,16	32,0	31,1	30,6	29,8	28,7	27,8	26,9	25,7	24,6	23,1	21,6
110.110.12	25,1	2,15	37,5	36,8	36,2	34,9	34,0	32,9	31,9	30,4	28,9	27,3	25,6
120.120.11	25,4	2,35	38,7	38,0	37,3	36,3	35,3	34,4	33,6	32,3	31,0	29,8	28,4
120.120.13	29,7	2,34	45,3	44,4	43,6	42,4	41,3	40,3	39,0	37,7	36,2	34,8	32,8
130.130.12	30,0	2,54	45,7	45,3	44,4	43,6	42,9	41,7	40,7	39,7	38,4	37,0	35,5
130.130.14	34,7	2,53	52,9	52,4	51,4	50,5	49,6	48,3	47,1	45,9	44,4	42,7	41,1
140.140.13	35,0	2,74	53,8	53,3	52,3	51,9	50,9	49,6	48,7	47,5	46,1	45,1	43,5
140.140.15	40,0	2,73	61,5	61,0	59,8	58,7	58,2	56,6	55,7	54,2	52,7	51,2	49,8
150.150.14	40,3	2,94	62,6	62,0	60,8	60,3	59,2	58,1	57,1	56,1	54,7	53,5	51,9
150.150.16	45,7	2,93	71,0	70,3	69,0	68,3	67,1	65,9	64,7	63,6	62,0	60,2	58,9
160.160.15	46,1	3,14	71,6	70,9	70,2	69,6	68,3	67,7	66,5	65,3	63,8	62,6	61,2
160.160.17	51,8	3,13	80,5	79,7	78,9	78,2	76,7	76,0	74,7	73,4	71,7	70,3	68,7
180.180.16	55,4	3,50	86,9	86,1	85,2	84,4	83,6	82,8	81,3	80,6	79,1	77,6	76,2
180.180.18	61,9	3,49	97,1	96,2	95,2	94,3	93,4	92,6	90,9	90,0	88,3	86,7	85,2
200.200.18	69,1	3,90	108,4	107,3	107,3	106,3	105,3	104,3	103,3	102,4	101	99,9	98,0
200.200.20	76,4	3,89	119,8	118,7	118,7	117,5	116,4	115,3	114,2	113,2	112	110	108

Knicken vorliegt. Die Gl. (87) ergibt dann mit $S_K = \nu \,.\, S$ und mit der für diesen Fall vorgeschriebenen, unveränderlichen Sicherheit $\nu = \nu_{100}$

$$J_{\text{erf}} = \nu_{100} \frac{s_K^2}{\pi^2 E} S, \tag{96a}$$

woraus mit den vorstehend berechneten Sicherheiten $\nu_{100} = 3{,}058$, bzw. 2,446 für elastisches Knicken im Mastbau, bei Verwendung von St 37.12 oder Handelsbaustahl, folgt:

$$\left.\begin{aligned} J_{\text{erf}} &= 1{,}48\, S\, s_K^2 \text{ für Normalbelastung und} \\ J_{\text{erf}} &= 1{,}18\, S\, s_K^2 \text{ für Belastung bei Leitungsbruch;} \end{aligned}\right\} \tag{96b}$$

tafel 25.

Knicklänge s_K in m von													
1,80	1,90	2,00	2,20	2,40	2,60	2,80	3,00	3,20	3,40	3,60	3,80	4,00	
6,18	5,50	4,99	4,13	3,46	2,95	2,54	2,21	1,96	1,74	1,55	1,39		80.80.8
7,46	6,75	6,04	4,99	4,20	3,58	3,08	2,69	2,36	2,09	1,87	1,67		80.80.10
10,1	8,99	8,06	6,70	5,66	4,79	4,15	3,63	3,17	2,82	2,49	2,25	2,03	90.90.9
12,2	10,6	9,73	7,96	6,74	5,70	4,94	4,33	3,78	3,36	2,98	2,69	2,41	90.90.11
15,5	13,9	12,2	10,2	8,58	7,33	6,26	5,47	4,83	4,29	3,79	3,42	3,09	100.100.10
18,4	16,4	14,5	12,0	10,1	8,67	7,40	6,47	5,71	5,07	4,49	4,04	3,65	100.100.12
20,2	18,6	16,8	13,8	11,6	9,98	8,48	7,43	6,55	5,82	5,14	4,63	4,19	110.110.10
23,5	22,0	19,8	16,7	13,5	11,6	10,0	8,67	7,65	6,80	6,09	5,42	4,91	110.110.12
26,6	25,1	23,4	19,6	16,5	13,9	12,1	10,5	9,28	8,17	7,34	6,55	5,95	120.120.11
31,1	29,4	27,4	22,9	18,9	16,3	14,0	12,2	10,7	9,55	8,47	7,66	6,87	120.120.13
34,0	32,2	30,6	26,8	23,2	19,5	16,8	14,6	12,8	11,3	10,1	9,02	8,23	130.130.12
39,4	37,3	35,4	31,0	26,2	22,1	19,1	16,6	14,8	13,1	11,6	10,4	9,40	130.130.14
41,9	40,7	38,6	35,2	30,7	26,5	22,8	19,9	17,3	15,4	13,8	12,3	11,1	140.140.13
47,8	46,0	44,1	39,5	35,1	30,3	25,5	22,4	19,8	17,3	15,5	14,0	12,5	140.140.15
50,7	48,7	47,3	43,3	39,1	35,4	30,4	26,2	22,9	20,3	18,3	16,4	14,7	150.150.14
57,4	55,2	53,6	49,1	44,4	39,5	34,5	29,7	26,0	23,0	20,4	18,3	16,5	150.150.16
59,8	58,5	56,2	53,1	48,8	44,0	39,8	34,0	30,0	26,7	23,6	21,3	19,3	160.160.15
66,7	65,1	63,2	59,3	54,2	49,4	44,8	38,2	33,7	29,5	26,5	24,0	21,4	160.160.17
75,2	73,5	71,9	68,2	64,4	60,3	55,7	50,2	44,9	40,0	35,3	31,5	28,8	180.180.16
83,4	82,1	80,3	76,2	71,9	66,5	62,3	56,1	50,1	44,7	39,5	35,2	31,6	180.180.18
96,8	95,1	93,8	90,3	86,0	81,8	77,3	72,3	67,1	61,7	56,0	49,9	44,0	200.200.18
107	105	103	99,1	95,1	90,5	85,5	79,9	74,2	68,2	60,4	54,0	48,7	200.200.20

hierin ist S in t und s_K in m einzusetzen, J_{erf} wird dann in cm^4 erhalten. Im Falle der unelastischen Knickung können die Querschnitte nicht unmittelbar bestimmt werden; sie sind probeweise anzunehmen und hinsichtlich ihrer Zulässigkeit nach Gl. (90a) zu überprüfen.

Zum leichteren Aufsuchen der Querschnitte wurden Gebrauchsformeln entwickelt.[22] Am einfachsten ist aber die Bemessung mit Hilfe von „Tragfähigkeitszahlentafeln" durchzuführen, in denen für einzelne Querschnittsformen verschiedener Abmessungen die zulässigen Druckkräfte für verschiedene Knicklängen und für bestimmte Werte σ_{zul} berechnet sind. Solche Zahlentafeln finden sich z. B. im Taschenbuch „Stahl im Hochbau" (9. Aufl., 1935), Verlag Stahleisen m. b. H. in Düsseldorf und

Julius Springer in Berlin. In den folgenden Zahlentafeln 24—27 sind auszugsweise Zahlentafelwerte aus „Stahl im Hochbau" wiedergegeben, und zwar für Stäbe aus einfachen gleichschenkeligen Winkelstählen (Zahlentafel 24, 25) und für Stäbe aus Doppelwinkeln (Zahlentafel 26, 27), die letzteren für Knicken um die Achse $x — x$ berechnet. Die Zusammenstellung wurde vom Verfasser ergänzt, indem für Stäbe aus einfachen und doppelten Winkeln vom Querschnitt 80 . 80 . 8 aufwärts auch die Tragfähigkeiten für die Knicklängen $s_K = 0{,}7 \div 1{,}4$ m bestimmt wurden. Diese kleinen Knicklängen kommen nämlich bei den Eckwinkeln von Gittermasten sehr häufig vor, da man mit Rücksicht auf die leichte Besteigbarkeit der Maste die Feldweiten möglichst drückt. Die Tafelwerte beziehen sich auf $\sigma_{zul} = 1600$ kg/cm². Liegt eine andere zul. Spannung σ_{zul}' vor, dann gelten die $\frac{\sigma_{zul}'}{\sigma_{zul}}$-fachen Zahlentafelwerte der zul. Druckkräfte. Die Anwendung der Zahlentafeln soll an den beiden folgenden Zahlenbeispielen erläutert werden:

a) Eine Maststrebe mit der Netzlänge 3,15 m erhält unter der Belastung bei Leitungsbruch eine Stabkraft $S = 4{,}8$ t; sie soll aus einem einfachen Winkelstahl aus St 37.12 ($\sigma_{zul} = 2000$ kg/cm²) gebildet werden.

In Verwendung kommen Zahlentafel 24 oder 25, in welchen ein Querschnitt zu suchen ist, der bei $s_K = 3{,}15$ m eine Tragkraft von $\frac{\sigma_{zul}}{\sigma_{zul}'}\,4{,}80 = \frac{1600}{2000}\,4{,}80 = 3{,}84$ t besitzt. Wir wählen daher den Winkel 90 . 90 . 11, der bei $s_K = 3{,}2$ m die Kraft 3,78 t trägt. Die Nachrechnung ergibt mit $F = 18{,}7$ cm² und $i_\eta = 1{,}75$ cm den Schlankheitsgrad $\lambda = \frac{3{,}15}{1{,}75} = 180$, wozu nach Tafel VI—VDE die Knickziffer $\omega = 7{,}66$ gehört. Damit wird $\sigma_\omega = \frac{4{,}80}{18{,}7}\,7{,}66 = 1{,}964\ \text{t/cm}^2 = 1964\ \text{kg/cm}^2 <$ < 2000 kg/cm².

b) Ein wechselnd gestützter Eckwinkel eines Gittermastes (Verstrebung gemäß Abb. 1 — VDE-Vorschriften) ist für eine Druckkraft $S = 24$ t bei einer Knicklänge (für Knicken um $x — x$) $s_K = 1{,}50$ m zu bemessen. Baustoff St 37.12, $\sigma_{zul} = 1600$ kg/cm².

Es kommen die Zahlentafeln 26 oder 27 in Frage, in welchen aber die zul. Stabkraft für zwei Winkel verzeichnet ist. Daher suchen wir jenen Querschnitt, der bei $s_K = 1{,}50$ m die Kraft $S = 2 \,.\, 24 = 48$ t zu tragen vermag, und wählen den Winkel 90 . 90 . 11 in Zahlentafel 26. Dessen Nachrechnung ergibt: mit $F = \frac{1}{2}\,37{,}4$ cm² (ein Winkel), $i_x = 2{,}72$ cm, wird $\lambda = \frac{1{,}50}{2{,}72} = 55$, wozu nach Zahlentafel VI—VDE ein $\omega = 1{,}21$ gehört. Damit wird $\sigma_\omega = \frac{24}{\frac{1}{2}\,37{,}4}\,1{,}21 = 1{,}553\ \text{t/cm}^2 = 1553\ \text{kg/cm}^2 <$ < 1600 kg/cm².

Zweiteilige Druckstäbe. Nach den VDE-Vorschriften § 24f dürfen solche Stäbe (abweichend von Din 1050) so wie einteilige Stäbe berechnet werden, wenn

a) das Trägheitsmoment in bezug auf die stoffreie Achse um mindestens 10% größer als das auf die Stoffachse bezogene ist, und wenn gleichzeitig

b) der Schlankheitsgrad der Einzelstäbe nicht größer als 30 ist (als Knicklänge der Einzelstäbe darf die Entfernung der inneren Anschlußnieten der Bindebleche und der Vergitterungen angenommen werden, während nach Din 1050 die s_{K1} gemäß Abb. 127 und 129 in Rechnung zu stellen sind).

Dabei sind die Abmessungen und Anschlüsse der Vergitterungen oder Bindebleche für eine Querkraft zu bemessen, die gleich 2% der größten Druckkraft

Zahlentafel 26.

	F cm²	i_x cm	S_{zul} in t bei einer Knicklänge s_K in m von																
			0,50	0,60	0,70	0,80	0,90	1,00	1,10	1,20	1,30	1,40	1,50	1,60	1,70	1,80	1,90	2,00	
45 . 45 . 5	8,60	1,35	12,7	12,2	11,6	11,0	10,2	9,36	8,50	7,43	6,35	5,38	4,72	4,11	3,66	3,28	2,93	2,66	45 . 45 . 5
50 . 50 . 5	9,60	1,51	14,4	14,0	13,5	12,8	12,2	11,5	10,6	9,78	8,71	7,59	6,64	5,77	5,08	4,59	4,09	3,72	50 . 50 . 5
50 . 50 . 6	11,4	1,50	17,1	16,6	15,9	15,2	14,5	13,5	12,6	11,5	10,2	9,01	7,73	6,73	6,04	5,36	4,77	4,35	50 . 50 . 6
50 . 50 . 7	13,1	1,49	19,6	19,1	18,2	17,4	16,6	15,5	14,3	12,9	11,7	10,1	8,70	7,73	6,81	6,06	5,40	4,93	50 . 50 . 7
55 . 55 . 6	12,6	1,66	19,2	18,7	18,1	17,4	16,7	16,0	15,1	14,1	13,0	11,8	10,7	9,30	8,20	7,30	6,55	5,93	55 . 55 . 6
55 . 55 8	16,5	1,64	25,1	24,3	23,6	22,7	21,7	20,7	19,5	18,2	16,8	15,2	13,4	11,7	10,3	9,23	8,29	7,50	55 . 55 . 8
60 . 60 . 6	13,8	1,82	21,2	20,7	20,3	19,6	19,0	18,2	17,5	16,5	15,7	14,4	13,4	12,1	10,9	9,55	8,63	7,72	60 . 60 . 6
60 . 60 . 8	18,1	1,80	27,7	27,2	26,4	25,7	24,8	23,7	22,7	21,4	20,3	18,7	17,3	15,6	14,0	12,3	10,9	9,94	60 . 60 . 8
65 . 65 . 7	17,4	1,96	26,8	26,4	25,8	25,1	24,4	23,6	22,7	21,9	20,8	19,7	18,2	16,9	15,5	14,1	12,6	11,3	65 . 65 . 7
65 . 65 . 9	22,0	1,94	33,9	33,4	32,6	31,8	30,8	29,6	28,5	27,4	26,1	24,6	23,0	21,4	19,3	17,4	15,5	14,0	65 . 65 . 9
70 . 70 . 7	18,8	2,12	29,2	28,8	28,2	27,6	27,0	26,2	25,3	24,4	23,6	22,5	21,3	20,2	18,9	17,3	16,0	14,5	70 . 70 . 7
70 . 70 . 9	23,8	2,10	36,9	36,4	35,8	34,9	34,0	32,9	31,8	30,9	29,6	28,2	26,6	25,2	23,5	21,6	19,8	18,0	70 . 70 . 9
75 . 75 . 7	20,2	2,28	31,5	31,1	30,6	30,0	29,5	28,7	28,0	27,0	26,2	25,4	24,2	23,3	21,7	20,6	19,3	17,7	75 . 75 . 7
75 . 75 . 8	23,0	2,26	35,9	35,4	34,9	34,2	33,5	32,6	31,6	30,7	29,6	28,6	27,5	26,1	24,7	23,1	21,6	20,2	75 . 75 . 8
80 80 . 8	24,6	2,42			37,5	36,8	36,1	35,5	34,8	33,6	32,8	31,7	30,6	29,4	28,3	26,8	25,1	23,5	80 . 80 . 8
80 . 80 . 10	30,2	2,41			46,0	45,2	44,3	43,5	42,4	41,3	40,3	39,0	37,6	36,1	34,3	32,4	30,8	28,8	80 . 80 . 10
90 . 90 . 9	31,0	2,74			47,7	47,2	46,4	45,9	45,1	43,9	43,1	42,0	40,8	39,9	38,6	37,1	36,0	34,2	90 . 90 . 9
90 . 90 . 11	37,4	2,72			57,5	57,0	55,9	54,9	54,4	53,0	52,0	50,7	49,3	47,8	46,1	44,7	43,1	40,7	90 . 90 . 11

Zahlentafel 27.

Profil (x–x)	F cm²	i_x cm	S_{zul} in t bei einer Knicklänge s_K in m von 0,70	0,80	0,90	1,00	1,10	1,20	1,30	1,40	1,50	1,60	1,70	1,80	1,90	2,00	2,10	2,20	2,30	2,40	2,50	Profil (x–x)
100.100.10	38,4	3,04	59,7	59,1	58,5	57,4	56,9	55,9	54,9	53,9	52,8	51,3	50,2	49,1	47,3	45,9	44,6	43,0	40,7	39,1	37,3	100.100.10
100.100.12	45,4	3,02	70,5	69,8	69,2	67,9	67,3	66,0	64,9	63,8	62,1	60,7	59,3	57,7	55,9	54,3	52,3	50,1	48,1	46,3	43,3	100.100.12
110.110.10	42,4	3,36	65,9	65,9	65,2	64,6	63,4	62,8	61,7	61,1	59,8	58,7	57,5	56,3	55,0	53,8	52,2	51,2	49,7	48,1	46,1	110.110.10
110.110.12	50,2	3,34	78,0	78,0	77,2	76,5	75,1	74,4	73,0	72,4	70,8	69,5	68,1	66,6	65,1	63,7	61,8	60,0	58,3	56,2	53,9	110.110.12
120.120.11	50,8	3,66	79,7	78,9	78,2	78,2	77,4	76,0	75,3	74,6	73,4	72,1	71,2	69,9	68,4	66,9	65,9	64,5	62,6	60,7	59,6	120.120.11
120.120.13	59,4	3,64	93,2	92,3	91,4	91,4	90,5	88,8	88,0	87,2	85,9	84,3	82,7	81,7	80,0	78,2	76,5	75,4	73,2	71,0	69,0	120.120.13
130.130.12	60,0	3,97	94,1	94,1	93,2	92,3	91,4	91,4	89,7	88,9	88,1	87,3	85,6	84,6	83,0	82,1	80,2	79,0	77,3	76,2	73,9	130.130.12
130.130.14	69,4	3,94	109	109	108	107	106	106	104	103	102	100	99,1	97,2	96,1	94,2	92,8	90,7	89,4	87,2	85,5	130.130.14
140.140.13	70,0	4,27		110	109	109	108	107	107	105	104	103	102	101	99,3	97,5	96,3	94,3	92,9	91,5	89,5	140.140.13
140.140.15	80,0	4,25		125	124	124	123	122	121	120	119	117	116	115	113	111	110	108	106	105	102	140.140.15
150.150.14	80,6	4,58		126	126	125	125	124	123	122	121	120	119	118	116	114	113	112	110	109	106	150.150.14
150.150.16	91,4	4,56		143	143	142	142	141	139	138	137	136	135	134	131	130	128	127	125	122	120	150.150.16
160.160.15	92,2	4,88			145	145	143	142	142	141	140	139	137	136	135	133	132	130	128	127	125	160.160.15
160.160.17	104	4,86			163	162	161	160	160	158	158	156	155	153	152	150	148	147	145	143	141	160.160.17
180.180.16	111	5,51				174	174	172	172	171	171	170	168	167	166	164	163	161	159	157	156	180.180.16
180.180.18	124	5,49				194	194	192	192	191	191	189	188	186	185	184	182	180	178	176	174	180.180.18
200.200.18	138	6,13				219	216	216	214	214	214	213	211	210	209	207	206	204	203	202	199	200.200.18
200.200.20	153	6,11				242	240	240	237	237	237	236	234	233	232	230	229	227	225	224	221	200.200.20

des Gesamtstabes (ohne Vervielfachung mit ω) anzunehmen ist. Diese Bemessung wird wie folgt durchgeführt: Es bedeuten

S die Stabkraft des Gesamtquerschnittes,
e die Entfernung der Schwerachsen der Einzelteile (Abb. 127, 128),
a die Entfernung der Nietrißlinien,
b die Zwischenabstände der Anschlußnieten der Bindebleche,
c den Mittenabstand der Bindebleche,
Q die in Rechung zu stellende Querkraft: $Q = 0{,}02\,S$.

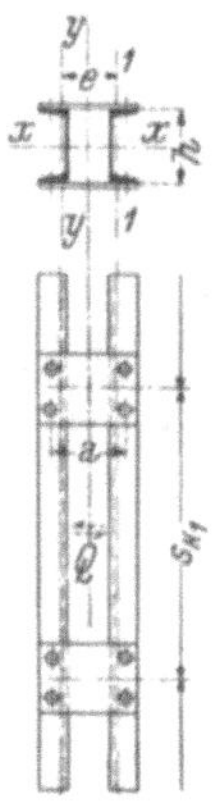
Abb. 127.

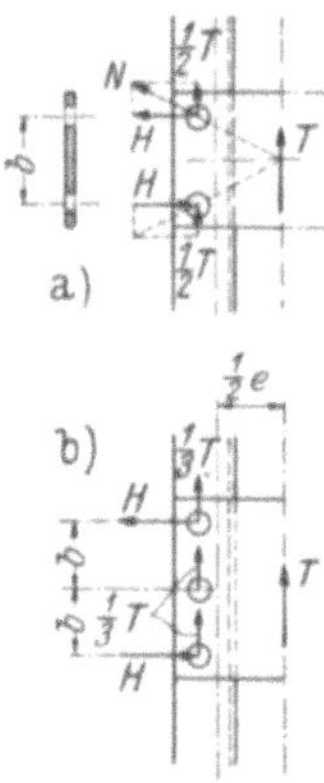

Abb. 128.

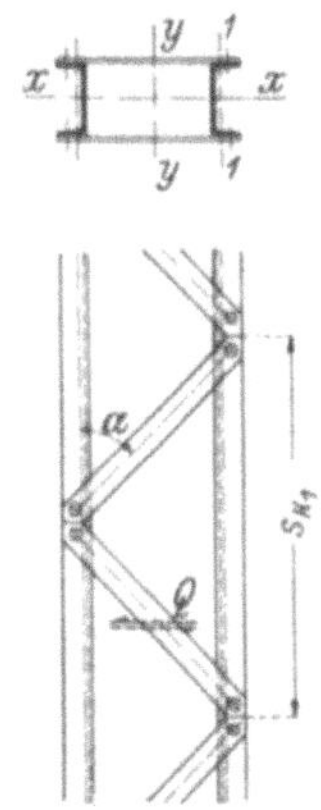
Abb. 129.

Im Falle der Anordnung von Bindeblechpaaren nach Abb. 127 entfällt auf jedes der beiden Bleche eine Querkraft

$$T = \frac{1}{2} Q \frac{c}{e}, \tag{97}$$

wobei im Anschlußquerschnitt ein Moment $M = \frac{1}{2} T a$ auftritt; unter Berücksichtigung der Nietlochschwächungen darf die von M hervorgerufene Biegerandspannung des Bindebleches den nach § 24a der VDE-Vorschriften zugelassenen Wert nicht überschreiten. Bei zwei Anschlußnieten nach Abb. 128a entfällt auf jeden Niet eine von M hervorgerufene Kraft $H = \frac{M}{b}$ und ferner von T ein Anteil $\frac{1}{2} T$; durch Zusammensetzung entsteht die Nietkraft $N = \sqrt{H^2 + \left(\frac{1}{2} T\right)^2}$ und die von N hervorgerufene Nietscherspannung sowie der entstehende Lochwanddruck dürfen die in den VDE-Vorschriften § 24a zugelassenen Spannungswerte nicht überschreiten.

Bei dreinietigen Anschlüssen ist (Abb. 128b)

$$H = \frac{M}{2b}, \quad V = \frac{1}{3} T \text{ und } N = \sqrt{H^2 + V^2}.$$

Im Falle einer Vergitterung (Abb. 129) entfällt auf jede der beiden Fachwerkswände die in Rechnung zu stellende Querkraft $\frac{1}{2} Q = 0{,}01\,S$ und daher erhalten die Streben die Stabkräfte

$$D = \pm \frac{1}{2} Q \frac{1}{\sin \alpha}.$$

Sind die eingangs angeführten Bedingungen a) und b) nicht gleichzeitig erfüllt, dann müssen zweiteilige Druckstäbe nach Din 1050 wie folgt bemessen werden:

a) für Knicken um die Stoffachse x—x (Abb. 127) wie einteilige Druckstäbe; es muß also sein

$$\sigma_{\omega_x} = \frac{S}{F}\,\omega_x \leqq \sigma_{\text{zul}} \tag{90 b}$$

für Zug;

b) für Knicken um die stoffreie Achse y—y ist der „Ideelle Schlankheitsgrad" anzunehmen

$$\lambda_{y_i} = \sqrt{\lambda_y^2 + \lambda_1^2} \tag{98}$$

Hierfür ist die Knickzahl ω_{y_i} aus Zahlentafel VI — VDE bzw. 23 zu entnehmen und nachzuweisen, daß

$$\sigma_{\omega_y} = \frac{S}{F}\,\omega_{y_i} \leqq \sigma_{\text{zul}} \tag{90 c}$$

ist.

Bei zweiteiligen Stäben, bei denen $\lambda_x > \lambda_y$ und gleichzeitig $\lambda_1 \leqq \sqrt{\lambda_x^2 - \lambda_y^2}$ ist, erübrigt sich dieser Nachweis; ebenso bei zweiteiligen Stäben mit ┘┌-Querschnitt (Abb. 131), wenn die nachfolgend angeführten Vorschriften über die bauliche Ausbildung dieser Stäbe erfüllt sind.

In den vorstehenden Formeln ist:

S die größte Druckkraft des Gesamtstabes,
F der unverschwächte Querschnitt des Gesamtstabes,
λ_x der Schlankheitsgrad des Gesamtstabes mit der Knicklänge s_{K_x} und mit dem Trägheitsmoment J_x für die Stoffachse x—x,
λ_y der Schlankheitsgrad des Gesamtstabes mit der Knicklänge s_{K_y} und mit dem Trägheitsmoment J_y für die stoffreie Achse y—y (Abb. 127—131);
λ_1 der Schlankheitsgrad des Einzelstabes mit der Knicklänge s_{K_1} und mit dem Trägheitsmoment J_1 für die zur stoffreien Achse parallele Schwerachse 1—1 des Einzelquerschnitts (Abb. 127, 129, 130, 131),
s_{K_1} die Knicklänge des Einzelstabes. Als solche ist bei Vergitterungen die Netzlänge, bei Bindeblechen der Mittenabstand anzunehmen.

Voraussetzung für die Anwendung dieser Berechnungsweise ist die Einhaltung folgender baulicher Vorschreibungen:

Der Schlankheitsgrad λ_1 jedes Einzelstabes darf nicht größer als 50 sein. Bei Anordnung von Bindeblechen sind diese mindestens in den Drittelpunkten der Gesamtknicklänge und an den Stabenden vorzusehen. Mehrteilige Druckstäbe mit Vergitterungen müssen an den Stabenden ebenfalls Bindebleche erhalten. Werden zweiteilige Stäbe aus Winkelstahl (Abb. 130, 131) an ein gemeinsames Knotenblech angeschlossen, so sind besondere Bindebleche an den Stabenden nicht erforderlich. Bei Stäben nach Abb. 131 dürfen die Bindebleche versetzt angeordnet werden.

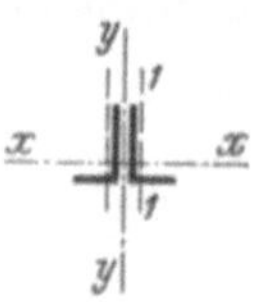

Abb. 130.

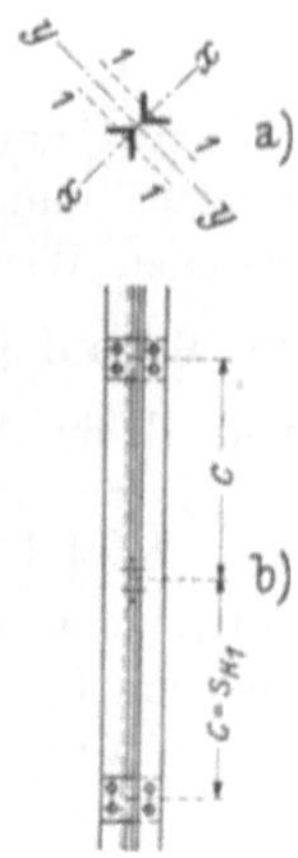

Abb. 131.

Jedes Bindeblech ist an jeden Einzelstab mit mindestens 2 Nieten anzuschließen. Bei den Bindeblechen an den Stabenden ist in jedem dieser Anschlüsse ein Niet mehr anzuordnen als bei den mittleren Bindeblechen. Schrauben dürfen zum Anschluß von Bindeblechen und Vergitterungen nur an den Stellen verwendet werden, wo sich aus baulichen Gründen kein Niet schlagen läßt. Es sind dann eingepaßte Schrauben vorzusehen.

Ferner gelten nach Din 1050 für die Berechnung der Bindebleche und der Vergitterungen folgende Bestimmungen:

Die Bindebleche, auch jene an den Enden der vergitterten Stäbe, ferner die Vergitterungen und die Anschlüsse der Bindebleche und Vergitterungen, sind für eine

Querkraft Q zu bemessen, die vom Schlankheitsgrad λ_y und dem Werte $\frac{F\,\sigma_{zul}}{\omega_y}$ abhängt und aus Zahlentafel 28 zu entnehmen ist.

Zahlentafel 28.

Q in $^0/_0$ von $\frac{F\,\sigma_{zul}}{\omega_y}$						
Bei λ bis	40	80	120	150	200	250
für St 37.12 und Handelsbaustahl	1	2	4	6	10	14
für St 52	1	3	6	9	14	19

Für $\lambda > 40$ sind Zwischenwerte geradlinig einzuschalten.

Bei der Berechnung von Bindeblechen und Vergitterungen sowie ihrer Anschlüsse dürfen wieder die zul. Spannungen nach VDE 0210, § 24, nicht überschritten werden.

Ist aber der Schwerpunktsabstand e der Einzelstäbe größer als die Profilhöhe h (Abb. 127, 129), was nur ausnahmsweise der Fall sein soll, dann dürfen die Spannungen in den Querverbindungen und ihren Anschlüssen nur 80% der zulässigen Spannungen erreichen.

Außermittiger Kraftangriff. Nach den VDE-Vorschriften § 24e und nach Din 1050, § 11/4 ist die folgende Näherungsberechnung zugelassen:

Bei Stäben, die erheblich außermittig durch eine Druckkraft S beansprucht sind oder die neben einer mittigen Druckkraft S noch Biegemomente M_x und M_y aufzunehmen haben, ist nachzuweisen, daß die aus der folgenden Näherungsgleichung errechnete, gedachte Randspannung σ_w innerhalb der zulässigen Grenze verbleibt. Es muß sein:

$$\sigma_\omega = \frac{S}{F}\,\omega + \frac{M_x}{W_x} + \frac{M_y}{W_y} \leq \sigma_{zul} \tag{99}$$

(Druckspannungen positiv bezeichnet). Hierin bedeuten:

ω die größte Knickzahl,
M_x das Biegungsmoment um die Achse x—x,
M_y das Biegungsmoment um die Achse y—y,
W_x das Widerstandsmoment um die Achse x—x,
W_y das Widerstandsmoment um die Achse y—y.

Für W ist das Widerstandsmoment W_n des verschwächten Querschnittes dann einzuführen, wenn

$$\frac{S}{F}\,\omega < \left(\frac{M_x}{W_{n_x}} + \frac{M_y}{W_{n_y}}\right) \tag{100}$$

ist. W_n ist wie für auf Biegung beanspruchte Stäbe (s. Abs. c) zu ermitteln. Die Biegungsmomente M und die Widerstandsmomente (mit Nietabzug) W_n sind dabei auf die Achsen des unverschwächten Querschnittes zu beziehen.

c) Bemessung auf Biegung beanspruchter Stäbe.

Die Biegerandspannungen müssen für den nutzbaren Querschnitt berechnet werden. Nach Din 1050, § 13/2, sind bei der Ermittlung des nutzbaren Widerstandsmomentes nur die im Zugbereich liegenden Niet- und Schraubenlöcher in Abzug zu bringen. Bei Walzträgern kann hierbei das nutzbare Widerstandsmoment für die Schwerachse des unverschwächten Querschnittes bestimmt werden.

Bei der Biegung von Stäben, die aus einem einzelnen ⌊- oder [-Stahl bestehen, sind einige Besonderheiten zu beachten, die hier kurz erörtert werden sollen.

Wird beispielsweise ein gleichschenkeliger Winkelstahl rechtwinkelig zur Achse x—x (Abb. 132a) belastet, so liegt schiefe Biegung vor. Auf jeden Stabquerschnitt wirkt dann allgemein ein Moment M_x und eine Querkraft Q ein. Das um die Achse x—x drehende Moment M_x ist nach den Richtungen der Hauptachsen ξ—ξ und η—η in Teilmomente $M_\xi = M_\eta = \frac{M_x}{\sqrt{2}}$ zu zerlegen, und die von diesen Teilmomenten hervorgerufenen Biegespannungen sind unter Beachtung ihres Wirkungssinnes zusammenzulegen. So ergibt sich beispielsweise für den Punkt A in Abb. 132a

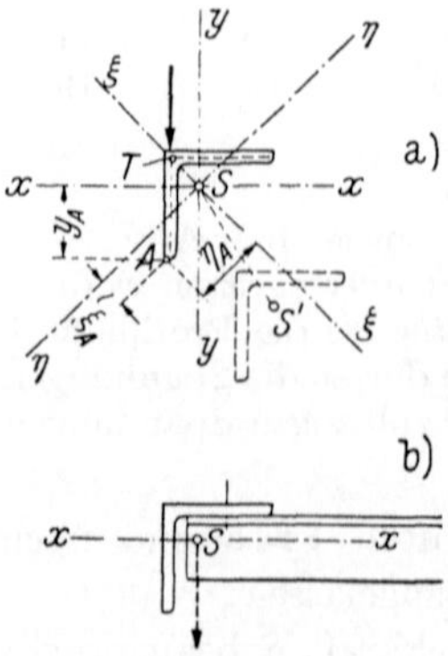

Abb. 132.

$$\sigma_A = \frac{M_\xi}{J_\xi}\eta_A + \frac{M_\eta}{J_\eta}\xi_A = \frac{M_x}{\sqrt{2}}\left(\frac{\eta_A}{J_\xi} + \frac{\xi_A}{J_\eta}\right). \qquad (101)$$

Bei der Verformung des Stabes verschiebt sich der Lastangriffspunkt (Abb. 132a) nicht in Richtung der Last, sondern schräg dazu, da der Biegewiderstand des Stabes rechtwinkelig zur Achse ξ—ξ größer ist als rechtwinkelig zu η—η.

Wenn aber der so belastete Winkelstahl im Lastangriffspunkt durch anschließende Streben seitlich festgehalten und dort zu einer Verschiebung rechtwinkelig zur Achse x—x gezwungen wird, ist die Biegerandspannung (Abb. 132b) einfach aus

$$\sigma_A = \frac{M_x}{J_x}y_A = \frac{M_x}{W_x} \qquad (102)$$

bestimmbar.

Es ist zu beachten, daß eine Biegungsbeanspruchung ohne gleichzeitige Verdrehungsbeanspruchung nur dann zustandekommt, wenn die Wirkungslinien der Lasten und Stützkräfte die Verbindungslinie der Schubmittelpunkte der aufeinanderfolgenden Querschnitte schneiden. Als Schubmittelpunkt eines Querschnittes bezeichnen wir jenen Punkt T desselben, durch den die Resultierende der Querschnittsschubspannungen bei jeder beliebigen Querkraftsrichtung hindurchgeht; seine Lage hängt nur von der Form des Querschnittes ab. Bei Querschnitten, die nur eine Symmetrielinie besitzen, wie z. B. bei ⌊- und [-Querschnitten, liegt er wohl auf dieser Symmetralen, fällt aber nicht mit dem Schwerpunkt S zusammen. Beim Winkelstahl liegt der Schubmittelpunkt ungefähr im Schnitt der Mittenlinien beider Schenkel; die Belastung muß daher nach Abb. 132a erfolgen, damit Biegung ohne gleichzeitige Verdrehung zustandekommt.

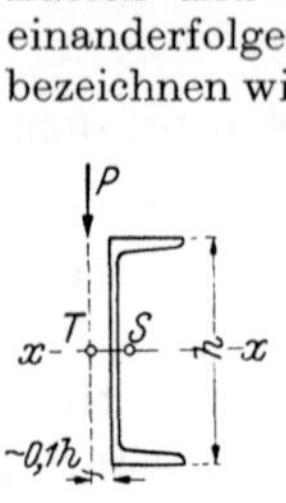

Abb. 133.

Bei [-Stählen liegt der Schubmittelpunkt T sogar außerhalb des Querschnittes, und zwar in einem Abstand von ungefähr $0{,}1\,h$ (Abb. 133) vom Stegrand entfernt. Bei kleineren Lasten und geringeren Ausladungen werden die Mastquerträger zuweilen aus einem einzelnen [-Stahl gebildet. Handelt es sich beispielsweise um eine Stützisolatorenleitung, dann ist es statisch richtiger, die Isolatorenstützen neben dem [-Stahl zu befestigen, anstatt dieselben durch Flanschbohrungen hindurchzustecken.

Da der Verlauf der Biegespannungen, der sich im [-Stahl unter der Einwirkung von Biegungsmomenten M_x ergibt, von der rechnungsmäßigen Spannungsverteilung stark abweicht, sollten [-Stähle bei dieser Art der Biegungsbeanspruchung nur bis etwa zwei Drittel der sonst zugelassenen Spannung ausgenutzt werden.

Wird ein [-Stahl aber rechtwinkelig zum Steg belastet, dann muß die Belastung mittig angreifen, wenn keine Drehmomente auftreten sollen; denn jene Lastwirkungslinie, die durch den Schwerpunkt S hindurchgeht, geht zugleich auch durch den Schubmittelpunkt T des Querschnittes: Abb. 133.

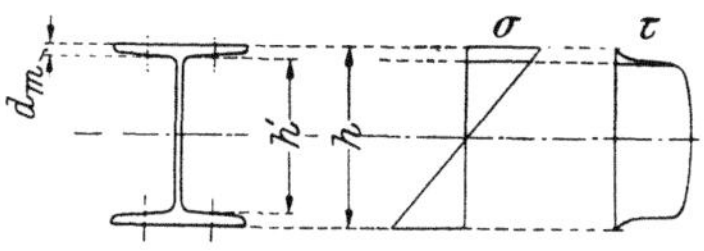

Abb. 134.

Bei der Bemessung von Stäben auf Biegung braucht häufig nur die Randspannung berücksichtigt zu werden. Tritt aber der Einfluß der Querkraft stärker hervor (kurze und verhältnismäßig stark belastete Träger), dann ist auch zu untersuchen, ob nicht an anderen Orten des Stabquerschnittes der Werkstoff durch das Zusammenwirken von Biege- und Schubspannungen höher angestrengt wird als durch σ_{max} am Rande. Bei I- und [-Stählen sind hierbei vor allem die Spannungsverhältnisse an den Übergängen vom Steg zu den Flanschen zu prüfen, da dort die Biegespannungen nicht viel kleiner als an den Rändern, die Schubspannungen aber fast schon so groß wie in der Nullinie sind: Abb. 134. Man hat dann für einen solchen Querschnitt, auf den ein Moment M und eine Querkraft Q einwirken, für die Faserhöhe $\frac{1}{2} h'$ die Biegespannung σ aus

$$\sigma = \frac{M_x}{J_x} \frac{h'}{2}$$

und die Schubspannung aus

$$\tau = \frac{Q\,S}{J\,\delta} \tag{103}$$

zu berechnen, wobei S das statische Moment der Flanschfläche, bezogen auf die Nulllinie x—x bedeutet (es genügt, die Flanschfläche als Rechteck $b \,.\, d_m$ mit der aus Zahlentafeln zu entnehmenden mittleren Dicke d_m anzusehen und S aus $S = b\, d_m \frac{h - d_m}{2}$ zu berechnen). Als Maß für die Anstrengung gilt im Sinne der Gestaltänderungshypothese die „Vergleichsspannung"

$$\sigma_{vgl} = \sqrt{\sigma^2 + 3\,\tau^2} \tag{104}$$

und es muß $\sigma_{vgl} \leq \sigma_{zul}$ (für Zug, Biegung) sein. Zuweilen wird noch die größte Hauptspannung

$$\sigma_{max} = \frac{1}{2}\,\sigma + \frac{1}{2}\sqrt{\sigma^2 + 4\,\tau^2} \tag{105}$$

als Maß für die Werkstoffanstrengung angesehen (Schweißvorschriften Din 4100), während das Rechnen mit „reduzierten Spannungen" im Stahlbau fast gänzlich verlassen wurde.

d) Bemessung von Stäben auf Verdrehen.

α) *Stäbe mit Kreis- und Kreisringquerschnitt.*

Unter der Einwirkung eines Drehmomentes M_d ergibt sich ein geradliniger Verlauf der Schubspannungen mit den Größtwerten an den Querschnittsrändern:

Kreisquerschnitt mit Durchmesser d:

$$\tau_{max} = \frac{M_d}{J_p} \cdot \frac{d}{2} = \frac{M_d}{W_d} \tag{106}$$

wobei $J_p = \frac{\pi\, d^4}{32}$ das polare Trägheitsmoment und

$$W_d = \frac{\pi\, d^3}{16} \approx \frac{d^3}{5} \tag{107}$$

das Widerstandsmoment gegen Verdrehen (das hier doppelt so groß ist als das gegen Biegung) bedeuten.

Der Verdrehungswinkel je Stablänge „1“ ist

$$\varphi = \frac{M_d}{G J_p}, \tag{108}$$

wenn G das Gleitmaß des Werkstoffes bedeutet.

Kreisringquerschnitt mit Außendurchmesser d_a und Innendurchmesser d_i. Die größte Schubspannung ergibt sich wieder aus Gl. (106) mit

$$J_p = \frac{\pi (d_a^4 - d_i^4)}{32}, \tag{109}$$

bezw.

$$W_d = \frac{\pi (d_a^4 - d_i^4)}{16\, d_a}. \tag{110}$$

Der Verdrehungswinkel ist mit obigem Werte für J_p aus Gl. (108) zu rechnen.

β) Walzträger.

Für den Verdrehungswinkel je Stablänge „1“ gilt allgemein

$$\varphi = \frac{M_d}{G I}, \tag{111}$$

worin I den Drillungswiderstand des Querschnittes bedeutet. Für Querschnitte, die aus einzelnen dünnen Rechtecken $a \times b$ bestehen, läßt sich auf Grund des hydrodynamischen Gleichnisses sowie auch des Membrangleichnisses folgern, daß der Drillungswiderstand des Gesamtquerschnittes annähernd gleich der Summe der Drillungswiderstände der einzelnen Rechtecke ist, und damit ergibt sich der von A. Föppl[23] aufgestellte Näherungsausdruck

$$I = \frac{1}{3} \zeta \Sigma a b^3, \tag{112}$$

wobei a die langen und b die kurzen Rechteckseiten bedeuten, und $a \gg b$ vorausgesetzt ist; der Berichtigungsbeiwert ζ dient dazu, die rechnerischen Ergebnisse mit den Ergebnissen durchgeführter Versuche in Übereinstimmung zu bringen. Versuche von A. Föppl[24] ergaben

für:	[-Stähle ζ =	1,12 (im Mittel)
	I-Stähle	1,31
	IP-Stähle	1,29
	L-Stähle	1,0.

Vorausgesetzt, daß die einspringenden Ecken mit genügend großen Halbmessern ausgerundet werden (was bei den genormten Querschnitten der Walzprofile zutrifft), tritt die größte Schubspannung in den Mitten der Längsseiten des dicksten Einzelrechteckes auf. Bezeichnet man diese Dicke mit $b_{\max}$, so ist

$$\tau_{\max} = \zeta' \frac{M_d}{I} b_{\max}.$$

Der Berichtigungsbeiwert ζ' ist annähernd so groß wie ζ, so daß man auch schreiben kann

$$\tau_{\max} = \frac{M_d}{\frac{1}{3} \Sigma a b^3} b_{\max}. \tag{113}$$

e) Bemessung von Stäben im Falle zusammengesetzter Beanspruchung.

Für die Bemessung ist die jeweils größte Anstrengung des Werkstoffes, die sich aus dem ungünstigsten Zusammenwirken von Normalspannungen (zufolge der Längskraft und der Biegungsmomente) und Schubspannungen (zufolge der Querkräfte und des Drehmomentes) ergibt, zu berücksichtigen. Als Maß für die Anstrengung gilt wieder die nach Gl. (104) zu berechnende Vergleichsspannung σ_{vgl}.

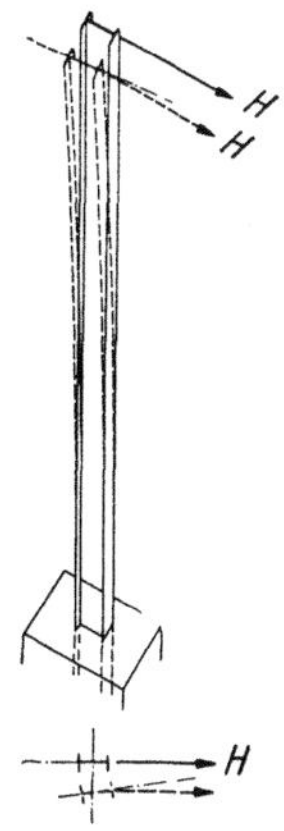

Abb. 135.

f) Kippen von Stäben.

Wenn ein Stab, dessen Querschnitt wesentlich verschieden große Hauptträgheitsmomente besitzt, rechtwinkelig zur Achse $J_{\max}$ auf Biegung beansprucht wird, dann beginnt er nach Überschreitung einer bestimmten Größe der Belastung seitlich auszuweichen — zu kippen —; damit ist sein Tragvermögen praktisch erschöpft, denn eine wesentliche Steigerung der Belastung über diesen kritischen Wert hinaus ist i. a. nicht mehr möglich. Es genügt also nicht, solche Träger bloß auf Biegung zu bemessen; die Abmessungen müssen auch so gewählt werden, daß der vorzeitige Eintritt des eben besprochenen instabilen Gleichgewichtszustandes mit Sicherheit vermieden bleibt.

Im Mastbau kommen Kipperscheinungen hauptsächlich nur für jene Maste in Frage, die aus einem einzelnen Walzträger bestehen. Greift am freien Ende eines solchen, im Fundament eingespannten Trägers eine waagrechte, in der Stegebene wirkende Last H an (Abb. 135), so tritt nach Überschreitung des kritischen Lastwertes $H = H_{\mathrm{kr}}$ Kippen ein. Dabei verdreht sich der Stab, und zwar im vorliegenden Falle so, daß der gezogene Flansch stärker seitlich ausweicht als der gedrückte. Die Größe der kritischen Last H_{kr} hängt wesentlich davon ab, ob die Last in der Stegmitte oder am gezogenen oder gedrückten Flansch angreift. Im letztgenannten Falle ergibt sich der Größtwert H_{kr}, der Kleinstwert hingegen dann, wenn H unmittelbar auf den auf Zug beanspruchten Flansch einwirkt.

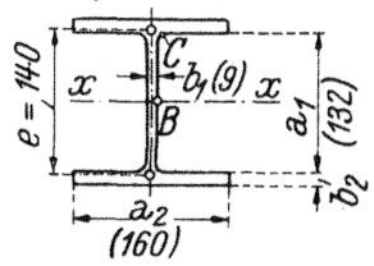

Abb. 136.

1. Berechnung nach Timoschenko. Die Kipperscheinungen wurden zuerst von Prandtl[25] an Stäben mit Rechteckquerschnitt untersucht. Timoschenko[26] hat erstmalig Träger mit I-Querschnitten behandelt. Die Berechnung ist sehr zeitraubend. Im folgenden wird bloß eine Näherungsformel Timoschenkos wiedergegeben, die nur für sehr schlanke Stäbe brauchbar ist (also für Leitungsmaste geeignet erscheint); allerdings gilt sie auch nur für den Fall, daß die Zugkraft H in der Stegmitte angreift. Es bedeuten:

l die Stablänge, nämlich den Abstand des Angriffspunktes von H vom Einspannquerschnitt des I-Trägers,

h dessen Querschnittshöhe,

J_x und J_y die Hauptträgheitsmomente des Trägerquerschnittes (Abb. 136),

I den Drillungswiderstand desselben,

J_f das Trägheitsmoment eines Flansches, bezogen auf die Achse y—y,

E das Dehnmaß und G das Gleitmaß des Werkstoffes (und zwar ist für Stahl, entsprechend der Querdehnziffer $\mu = 0{,}3$, $E = 2{,}6\,G$),

$$a = h\sqrt{\frac{E\,J_f}{2\,I\,G}} \tag{114a}$$

eine Hilfsgröße, für die mit $J_f \doteq \frac{1}{2}\,J_y$ und $\frac{E}{G} = 2{,}6$ erhalten wird,

$$a \doteq 0{,}806\,h\sqrt{\frac{J_y}{I}}. \tag{114b}$$

Die Näherungsformel für H_{kr} lautet

$$H_{\mathrm{kr}} = \frac{4{,}01}{(l-a)^2}\sqrt{(E\,J_y)\,(I\,G)} = \frac{2{,}49\,E}{(l-a)^2}\sqrt{J_y\,I}. \tag{115a}$$

Diese Formel gilt aber nur für I-Träger mit Regelquerschnitten. Bei der strengen Untersuchung, aus deren Ergebnissen sich der obige Näherungswert für H_{kr} nach Vornahme verschiedener Vereinfachungen ergab, war nämlich $J_x \gg J_y$ vorausgesetzt und daher der Ausdruck $\frac{J_x\,J_y}{J_x - J_y}$ durch J_y ersetzt worden. Führt man nun diesen Ausdruck an Stelle J_y unter der Wurzel in Gl. (115a) ein, so erhält man den folgenden, auch für Breitflanschträger brauchbaren Näherungswert für die kritische Lastgröße

$$H_{\mathrm{kr}} = \frac{2{,}49\,E}{(l-a)^2}\sqrt{\frac{J_x\,J_y\,I}{J_x - J_y}}. \tag{115b}$$

Der Gang der Rechnung ist folgender: Zunächst wird die Bemessung des Stabes für Druck und Biegung im Einspannquerschnitt, ohne Rücksicht auf Kippen durchgeführt und nachträglich die Kippsicherheit überprüft. Zu diesem Zwecke wird H_{kr} aus Gl. (115a), bzw. (115b) berechnet und für die angreifende Last H die Kippsicherheit $\nu = \frac{H_{\mathrm{kr}}}{H}$ ermittelt. Die gleichzeitige Einwirkung der Längskraft sowie rechtwinkelig zur Stegebene gerichteter Windkräfte kann nicht berücksichtigt werden. Auch ist aus den Gl. (115a) und (115b) H_{kr} bloß für den Fall ermittelbar, daß die Kraft H in Stegmitte angreift.

Die Ergebnisse für H_{kr} gelten nur dann, wenn unter dieser Lastgröße noch ausschließlich elastische Formänderungen auftreten. Die von H_{kr} hervorgerufene größte Biegespannung σ_{kr} (Randspannung im Einspannquerschnitt) muß also der Bedingung $\sigma_{\mathrm{kr}} \leq \sigma_P$ genügen. Trifft dies nicht zu, dann liegt ,,plastisches Kippen" vor und das errechnete H_{kr} muß dann noch bis auf eine Größe H_{kr}' abgemindert werden. Die Ermittlung dieser kritischen Last bei plastischem Kippen ist nur im Wege einer groben Näherung möglich: etwa in der Weise, daß man den kippenden Stab mit einem Druckstab vergleicht, dessen Eulersche Knickspannung gleich der zu H_{kr} gehörigen Kippspannung σ_{kr} ist. Der Schlankheitsgrad dieses Vergleichsstabes ist dann

$$\lambda = \pi\sqrt{\frac{E}{\sigma_{\mathrm{kr}}}} \tag{116}$$

und dazu kann seine wirkliche Knickspannung σ_K aus Abb. 121, bzw. aus Zahlentafel 22 entnommen werden. Diese wird nun auch als die wirkliche Kippspannung des Stabes angesehen, und man erhält so als wirkliche kritische Last

$$H_k' = \frac{\sigma_K}{\sigma_{\mathrm{kr}}}\,H_{\mathrm{kr}}. \tag{117}$$

Zahlenbeispiel. Ein Mast aus einem Träger ⌶P — 16, Werkstoff St 37.12, wird im Abstand $l = 800$ cm über dem Einspannquerschnitt durch einen waagrechten Zug $H_1 = 0{,}48$ t und gleichzeitig durch Winddruck parallel zum Steg von 0,125 t/m² belastet. Es ist die Kippsicherheit nachzuweisen.

Für ⌶P — 16 (Abb. 136) ist: $F = 58{,}4\ \text{cm}^2$, $J_x = 2630\ \text{cm}^4$, $J_y = 958\ \text{cm}^4$,
$h = 16$ cm, $W_x = 329\ \text{cm}^3$, $i_y = 4{,}05$ cm.

Der gesamte Winddruck auf den 8 m hohen und 0,16 m breiten Mast beträgt $W = 0{,}125 \,.\, 0{,}16 \,.\, 8{,}0 = 0{,}16$ t. Diese Windkraft W denken wir uns durch eine gleichwertige Einzellast ΔH ersetzt, die in Höhe von H_1 angreift. ΔH ist so zu bestimmen[21], daß an der Spitze die gleiche Durchbiegung wie unter der Windkraft W entsteht; da die Ausbiegung der Spitze

$$\text{zufolge } \Delta H \ldots\ldots\ldots \frac{\Delta H\, l}{3\, E\, J_x} \text{ und}$$

$$\text{zufolge } W \ldots\ldots\ldots \frac{W\, l^3}{8\, E\, J_x} \text{ beträgt,}$$

ist somit $\Delta H = \frac{3}{8} W$, und daher der Gesamtzug an der Spitze $H = H_1 + \Delta H = 0{,}48 + 0{,}06 = 0{,}54$ t.

Der Drillungswiderstand I ergibt sich aus Gl. (112), mit $\zeta = 1{,}3$, zu

$$I = \frac{1{,}3}{3} (13{,}2 \,.\, 0{,}9^3 + 2 \,.\, 16 \,.\, 1{,}4^3) = 42{,}25\ \text{cm}^4$$

und damit wird aus Gl. (114a)

$$a = 0{,}806 \,.\, 16 \sqrt{\frac{958}{42{,}25}} = 61\ \text{cm}.$$

Daher ist $l - a = 800 - 61 = 739$ cm und man erhält damit aus Gl. (115)

$$H_{\text{kr}} = \frac{2{,}49 \,.\, 2100}{739^2} \sqrt{\frac{42{,}25 \,.\, 2630 \,.\, 958}{2630 - 958}} = 2{,}41\ \text{t}.$$

Unter diesem Zug entsteht im Einspannquerschnitt das Biegungsmoment $M_{\text{kr}} = 2{,}41 \,.\, 800 = 1928$ tcm und die Biegerandspannung $\sigma_{\text{kr}} = \frac{1928}{329} = 5{,}86\ \text{t/cm}^2$; wegen $\sigma_{\text{kr}} > \sigma_P$ ($= 2{,}07\ \text{t/cm}^2$) liegt plastisches Kippen vor. Der Schlankheitsgrad des Vergleichsstabes ist nach Gl. (116) $\lambda = \pi \sqrt{\frac{2100}{5{,}86}} = 60$ und dazu ist nach Zahlentafel 22 $\sigma_K = 2{,}40\ \text{t/cm}^2$, so daß nach Gl. (117) $H_{\text{kr}}' = \frac{2{,}40}{5{,}86} 2{,}41 = 0{,}99$ t erhalten wird. Die Kippsicherheit ist also $\nu = \frac{0{,}99}{0{,}54} = 1{,}83$.

Aus Tafel VI — VDE ist für $\lambda = 60$ die Knickziffer $\omega = 1{,}26$ zu entnehmen. Ein Druckstab desselben Schlankheitsgrades besitzt daher bei $\sigma_{\text{zul}} = 1{,}60\ \text{t/cm}^2$, und im Falle voller Ausnutzung die aus Gl. (93) ermittelbare Knicksicherheit $\nu = \frac{2{,}40}{1{,}60} 1{,}26 = 1{,}89$, die nur wenig größer als die oben errechnete Kippsicherheit ist. Dabei ist der Mast schon durch das Biegungsmoment und die Längskraft ziemlich hoch beansprucht: Angenommen, er hätte noch eine aus lotrechten Lasten und aus dem Eigengewicht sich ergebende Längsdruckkraft $N = 0{,}70$ t zu tragen, dann wäre die größte Randspannung des Einspannquerschnittes (Druck)

$$\sigma = \frac{N}{F} + \frac{M_x}{W_x} = \frac{0{,}70}{58{,}4} + \frac{\left(0{,}48 + \frac{1}{2}\, 0{,}16\right) 800}{329} = 1{,}37\ \text{t/cm}^2.$$

Wählt man aber eine Querschnittsform mit stärker verschiedenen Hauptträgheitsmomenten und bestimmt man die Abmessungen wieder derart, daß die gleiche Sicherheit gegen Kippen erzielt wird, dann kann dieser Träger für Biegung mit Längskraft lange nicht so hoch ausgenutzt werden.

2. Näherungsberechnung der ehemaligen Österreichischen Bundesbahnen. Gestützt auf die Ergebnisse von Kippversuchen, ist in den seinerzeitigen „Besonderen Bedingnissen für die Durchführung der Festigkeitsberechnung und Ausführung des Gestänges für Leitungsanlagen elektrischer Bahnen“ (1924) eine Näherungsberechnung für Maste bis 7 m Höhe festgelegt worden, nach der die Bemessung auf Kippen auf eine Bemessung auf Knicken zurückgeführt wird. Nach diesem Verfahren hat man aus den Spannungen des Einspannquerschnittes die Mittelkraft der gedrückten Querschnittshälfte zu bestimmen und die gedrückte Stabhälfte mit dieser Kraft und mit der Knicklänge $s_K = 0{,}4\,l$ (l = Abstand der Resultierenden der in der Stegebene wirkenden waagrechten Kräfte vom Einspannquerschnitt) auf Knicken senkrecht zur Stegebene zu berechnen.

In Anwendung dieses Verfahrens auf das obige Zahlenbeispiel erhält man aus dem Einspannmoment $M = \left(0{,}48 + \frac{1}{2}\,0{,}16\right) 8{,}0 = 4{,}48$ tm und mit dem Abstande $e = 14$ cm des Zug- und Druckmittelpunktes des Trägerquerschnittes I P — 16 (Abb. 136) zunächst die vom Moment hervorgerufene Stabkraft $\frac{4{,}48}{0{,}14} = 32{,}0$ t, zu der noch die halbe Längskraft $\frac{1}{2}\,0{,}70 \approx 0{,}4$ t hinzuzufügen ist; somit beträgt die Stabkraft der gedrückten Trägerhälfte $S = 32{,}0 + 0{,}4 = 32{,}4$ t. Der Angriffspunkt der Resultierenden aus $H_1 = 0{,}48$ t und $W = 0{,}16$ t liegt $\frac{4{,}48}{0{,}64} = 7{,}0$ m über dem Einspannquerschnitt. Mit $s_K = 0{,}4 \,.\, 700 = 280$ cm, $i_y = 4{,}05$ cm ist $\lambda = \frac{280}{4{,}05} = 69$ und damit wird nach Tafel VI — VDE $\omega = 1{,}38$ und $\sigma_K = \frac{32{,}4}{\frac{1}{2}\,58{,}4}\,1{,}38 = 1{,}53$ t/cm².

Unter Zugrundelegung von $\sigma_{zul} = 1{,}60$ t/cm² reicht der gewählte Querschnitt gerade aus. Demnach liefert die Näherungsrechnung im vorliegenden Fall ein etwas günstigeres Ergebnis als die Rechnung nach Timoschenko.

Führt man aber die Näherungsrechnung mit der Knicklänge $s_K = 0{,}5\,l$ durch die von Krummel[28] auf Grund von Versuchen vorgeschlagen wurde, dann kommt man zu einer rechnungsmäßigen Spannung von 1,93 t/cm², die also die zulässige Spannung bedeutend überschreitet. (Bei den Versuchen von Krummel schwankten allerdings die rückgerechneten Knicklängen zwischen 0,29 l und 0,56 l!)

Greift der Leitungszug H nicht in Stegmitte, sondern an dem auf Druck beanspruchten Trägerflansch an, so steigt die Größe der Kipplast H_{kr} wesentlich an; sie kann auch um 30% höher liegen. Hinsichtlich der Berechnung wird auf die strenge Untersuchung von Timoschenko, auf die einfachere Berechnung von Hartmann[21] und auf die Näherungsberechnung von Stüssi[29] verwiesen.

Die Vorschriften enthalten keine Bestimmungen über die Größe der zu erzielenden Kippsicherheit. Dem unter 2) besprochenen Näherungsverfahren liegt als Knickberechnung die gleiche Sicherheit wie für Knicken zugrunde. Auch bei eigentlichen Kippuntersuchungen wird häufig die gleiche Sicherheit wie für Knicken angenommen, obwohl das Kippen nicht mit einem fast plötzlichen Zusammenbruch wie das Knicken verknüpft ist, da die Spannungen mit zunehmender Ausbiegung nicht so rasch anwachsen. Es ist aber zu berücksichtigen, daß verschiedene Einflüsse, wie quer zur Stegebene wirkende Windkräfte, das Kippen begünstigen, ohne rechnerisch erfaßt werden zu können.

5. Verbindungsmittel.

Zum Zusammenbau der bearbeiteten Walzerzeugnisse dienen Niete, Schrauben und Schweißverbindungen. Zum Anschluß beweglicher Ausleger können Gelenkbolzenverbindungen oder Gelenke erforderlich werden. Die Verbindung zwischen Bauteilen aus Flußstahl und gegossenen Lagerkörpern wird durch Verschraubung hergestellt.

a) Niete.

Die Gesamtstärken der zu verbindenden Einzelteile sind bei den Leitungsmasten meist so gering, daß i. a. stets mit Halbrundnieten nach Abb. 137a das Auslangen gefunden wird; sie sind bis zu einer Klemmlänge gleich dem vier- bis viereinhalbfachen Nietdurchmesser anwendbar. Linsensenkniete kommen daher für den Mastbau kaum in Frage und werden im folgenden nicht weiter berücksichtigt. Hingegen ist es aus anderen Gründen zuweilen notwendig, Senkniete (ein Kopf oder beide Köpfe versenkt) nach Abb. 137b vorzusehen.

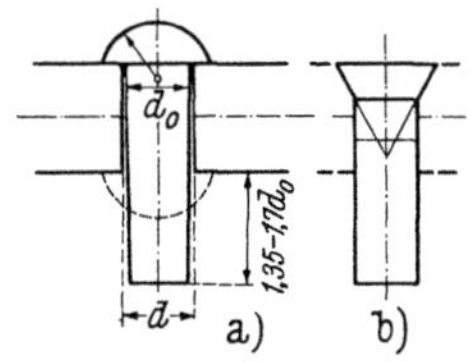

Abb. 137.

Zur Herstellung der Nietanschlüsse werden fabriksmäßig aus den genormten Nietstählen (2 a γ) erzeugte Rohniete nach Din 124 und 302 verwendet, deren Schaftdurchmesser um 1 mm kleiner ist als der Durchmesser des genormten Nietloches. Die Rohniete besitzen einen, an den Schaft angestauchten „Setzkopf" (Halbrundkopf oder Senkkopf), während der „Schließkopf" bei der Herstellung der Nietverbindung unter heller Rotglut i. a. maschinell angestaucht wird. An der Baustelle zu setzende Stoßniete werden aber häufig von Hand aus geschlagen. Beim Anstauchen des Schließkopfes wird auch der Schaft gestaucht, so daß er das Nietloch, je nach der Güte der Herstellung, mehr oder minder satt ausfüllt. Als rechnungsmäßiger Nietdurchmesser gilt der Durchmesser des fertigen Nietes, also der Lochdurchmesser! In Zahlentafel 29 sind die genormten Durchmesser der geschlagenen Niete bis zu $d = 29$ mm (größere Niete kommen für den Mastbau kaum in Betracht, auch 29 mm-Niete werden nur selten verwendet) samt den genormten Sinnbildern (Din 407) für Niete verzeichnet.

Zahlentafel 29. Sinnbilder für Niete nach Din 407.

Durchmesser des fertig geschlagenen Nietes		11	14	17	20	23	26	29	32	35	38	41	44
Sinnbilder für beiderseits Halbrundköpfe								Kreis mit Maßangabe z. B.				41	
Sinnbilder für Senkköpfe	oberer Kopf versenkt							Kreis mit Maßangabe z. B.				41	
	unterer Kopf versenkt							Kreis mit Maßangabe z. B.				41	
	beide Köpfe versenkt							Kreis mit Maßangabe z. B.				41	

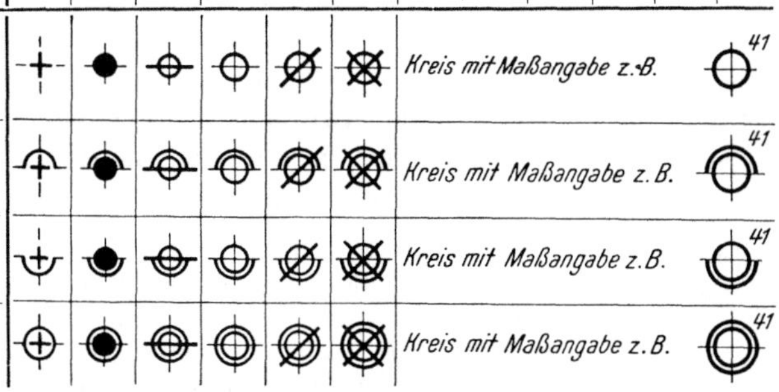

Für geschlagene Niete unter 29 mm Durchmesser bis 14 mm Durchmesser einschließlich kann an Stelle der Sinnbilder ebenfalls die Kennzeichnung durch einen Kreis mit Maßangabe treten.

Für geschlagene Niete unter 11 mm wird zur Kennzeichnung das -+- Zeichen wie für den 11 mm-Niet verwendet und das Maß des geschlagenen Nietdurchmessers beigefügt, z. B. für den 9,5 mm geschlagenen Niet -+- 9,5.

In Konstruktionszeichnungen bis zum Maßstab 1 : 5 genügt für die Sinnbilder die Größe des Schaftdurchmessers; bei kleineren Maßstäben kann der Deutlichkeit halber die Größe des Kopfdurchmessers gewählt werden.

Welche Nietstärke jeweils zu wählen ist, hängt von der verfügbaren Anschlußbreite und -länge, von der Stärke der zu verbindenden Teile und vor allem von der Größe der zu übertragenden Kraft ab. Bei einschnittigen Anschlüssen nimmt man häufig den Nietdurchmesser gleich der doppelten Stärke der zu verbindenden Einzelteile an; bei den Strebenanschlüssen der Gittermaste wird man aber trachten, möglichst mit einnietigen Anschlüssen auszukommen; um dies zu erreichen, ist erforderlichenfalls (und soferne es die Stabbreite erlaubt) auch ein größerer Nietdurchmesser zu wählen. Bei zweischnittigen Anschlüssen wird der Nietdurchmesser meist so bestimmt, daß die Niete sowohl auf Abscheren als auch auf Leibungsdruck ausgenützt sind; aber auch hier werden häufig zwecks Verringerung der Anschlußlängen stärkere Nietdurchmesser vorzuziehen sein.

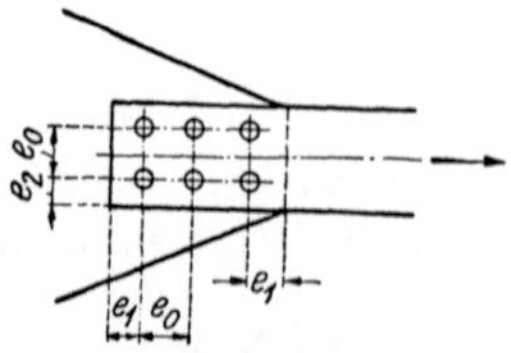

Abb. 138.

Anordnung der Nieten. Die Rand- und Zwischenabstände der Niete, ausgedrückt durch den Durchmesser des geschlagenen Nietes, sollen wie folgt gewählt werden (Abb. 138):

Randabstand in der Kraftrichtung	$e_1 = 1{,}8—2\,d$	(mind. 1,5 d),
Randabstand senkrecht zur Kraftrichtung	$e_2 = 1{,}5—1{,}8\,d$	(mind. 1,25 d),
Zwischenabstand für Kraftnieten	$e_0 = 3—4\,d$	(mind. 2,5 d).

Die in Klammer beigeschriebenen Mindestabstände sollen nur ganz ausnahmsweise vorgesehen werden.

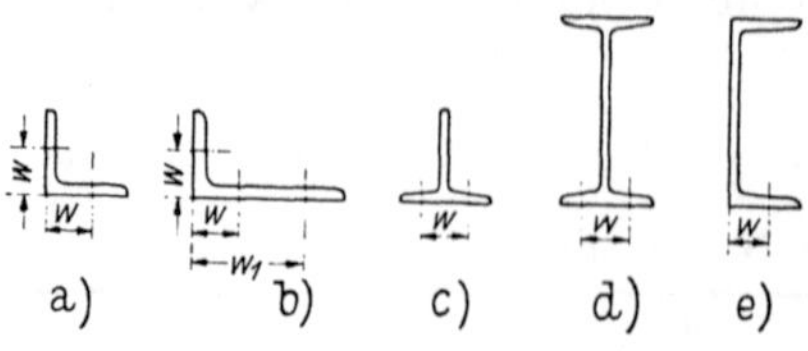

Abb. 139.

Anderseits dürfen aber die Rand- und Zwischenabstände auch nicht zu groß gewählt werden, da sonst ein Klaffen zwischen den Einzelteilen eintritt und Regenwasser und Schmutz eindringen, die die Rostbildung begünstigen. Daher dürfen die Randabstände e_1 und e_2 für Kraft- und Heftniete nicht größer als $3\,d$, die Zwischenabstände der Kraftniete nicht größer als $6\,d$ sein. Die Zwischenabstände der Heftniete sollen je nach der Stärke, bzw. je nach der Biegesteifigkeit der (äußeren) Einzelteile $6—8\,d$ nicht überschreiten.

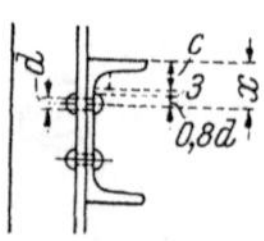

Abb. 140.

In den Flanschen, Stegen und Schenkeln der Form- und Stabstähle sind die Niete nach Möglichkeit längs der „Nietrißlinien" anzuordnen, die durch Angabe der „Streichmasse" und „Wurzelmasse" w, w_1 (Abb. 139) festgelegt werden: Din 996, 997. Im Mastbau ist es aber häufig notwendig, bzw. zweckmäßig, abnormale Streichmaße zu verwenden (s. Abs. 6 c α, Knotenpunkte). Ferner gelten die genormten Streichmaße für die Stege der I- und [-Stähle für den Fall, daß zwischen den Flanschen Anschlußwinkel an die Stege zu nieten sind. Nun werden im Mastbau [-Stähle häufig unmittelbar mit der Stegaußenseite angeschlossen: Abb. 140. Dann können die Stegniete auch noch näher an die Flanschen herangerückt werden, und zwar bis auf einen Abstand $x = c + 0{,}8\,d + 3$ mm. Hierin bedeutet c die Entfernung des

Ausrundungsbeginns von der Flanschaußenseite, 0,8 d die halbe Nietkopfbreite und die 3 mm bis zum Ausrundungsbeginn werden für den Nietdöpper freigehalten.

In Winkelschenkeln über 100 mm Breite ist „Kettennietung" anzuordnen: Wurzelmaße w und w_1 nach Abb. 139b. Auch in ⌶P-Trägern mit mehr als 24 cm Querschnittshöhe sind die Flanschenniete zu versetzen.

Welche Mindestschenkelbreiten zur Unterbringung von Nieten gegebenen Durchmessers im Mastbau jeweils erforderlich sind, ist aus der Zusammenstellung der VDE-Vorschriften, § 23h zu entnehmen.

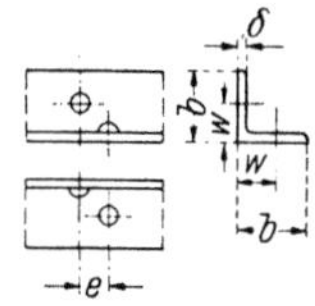

Abb. 141.

Sind in beiden Schenkeln von Winkelstählen Niete anzuordnen, dann müssen sie um ein bestimmtes Mindestmaß e (Abb. 141) gegeneinander versetzt sein, um sie schlagen zu können. Die Größe von e hängt vom Nietdurchmesser und von der lichten Schenkelbreite (also von der äußeren Schenkelbreite und der Schenkelstärke) ab. Dieses Versetzungsmaß e ist in den Normenblättern Din 999 (gleichschenkelige Winkelstähle) und Din 998 (ungleichschenkelige Winkelstähle) festgelegt. In Zahlentafel 30 sind zu den einzelnen Nietdurchmessern jene kleinsten Schenkelbreiten mit den zugehörigen größten Schenkelstärken zusammengefaßt, ab welchen in gleichschenkeligen Winkelstählen $e = 0$ ist, also gegenständige Niete möglich sind (Bezeichnungen b, δ und w nach Abb. 141).

Zahlentafel 30.

Nietdurchmesser d	Minimale Schenkelbreite b	Maximale Schenkelstärke δ	Wurzelmaß w
Maße in mm			
11	50	7	30
14	60	8	35
	65	7	35
17	70	7	40
	75	8	40
	80	14	45
20	80	8	45
	90	13	50
	100	20	55
26	100	10	55

b) Schrauben.

Im Mastbau finden Schrauben auch als endgültige Verbindungsmittel ausgedehnte Verwendung. Aus wirtschaftlichen Gründen werden an den Baustellen Niet- und Schweißarbeiten möglichst vermieden und zur Verbindung der einzelnen Mastteile Verschraubungen vorgesehen. Stabweise aufzubauende Maste oder Mastteile werden zuweilen vollständig geschraubt.

Zumeist verwendet man rohe (schwarze) Schrauben nach Din 418 mit Sechskantkopf und Sechskantmutter nach Din 601 und 555, gemäß Abb. 142. Sie erhalten ein Withworthgewinde nach Din 11; bis einschließlich $^3/_8''$ wird auch metrisches Gewinde (M) verwendet. Die Herstellung erfolgt aus den genormten Schraubenstählen (Abs. 2 a γ). Durch entsprechende Bemessung der Gewindelänge und Anordnung von Unterlagsscheiben (Din 126) kann vermieden werden, daß das Gewinde in das Schraubenloch hineinragt; dann ist der Schaftdurchmesser für die Berechnung auf Scherung und Lochwanddruck maßgebend. Bei schrägen Anliegeflächen sind die genormten keilförmigen Unterlagsscheiben zu verwenden (Din 434 und 435).

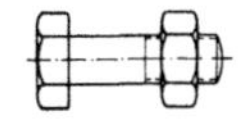
Abb. 142.

In Zahlentafel 31 sind die genormten Schrauben mit den zugehörigen Lochdurchmessern und den genormten Sinnbildern (Din 407) verzeichnet. Für Kraftübertragungen sind nach den Leitungsbauvorschriften VDE 0210 nur Schrauben von mindestens $^1/_2''$ Stärke zugelassen. Die Zahlentafel 31 enthält weitere, für die Berechnung wichtige Maßangaben und ferner auch die Abmessungen für die genormten Unterlagsscheiben nach Din 126.

Zahlentafel 31. Rohe Schrauben nach Din 418.

Gewindedurchmesser	$^1/_2''$	$^5/_8''$	$^3/_4''$	$^7/_8''$	$1''$	$1^1/_8''$	$1^1/_4''$	$1^3/_8''$	$1^1/_2''$	$1^5/_8''$	$1^3/_4''$
Sinnbilder für Schrauben ...	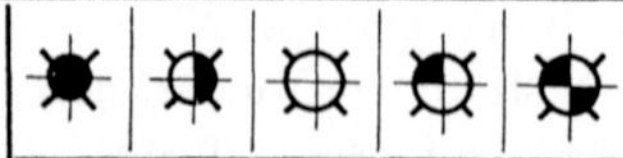					Kreis mit Maßangabe z. B.					$1^5/_8''$
Durchmesser des Schraubenloches in mm	14	17	20	23	26	30	33	36	39	42	46
Schaftdurchmesser in mm	12,7	15,9	19,1	22,2	25,4	28,6	31,8	34,9	38,1	41,3	44,5
Schaftquerschnitt in cm²	1,267	1,980	2,851	3,880	5,067	6,413	7,914	9,576	11,305	13,375	15,517
Kernquerschnitt in cm²	0,784	1,311	1,960	2,720	3,575	4,497	5,770	6,837	8,388	9,495	11,310
Runde Unterlagsscheiben nach Din 126 Maße in mm: Außendurchmesser	28	34	40	45	52	58	62	68	75	80	85
Innendurchmesser	14	17,5	21	24	27	31	34	37	40	44	47
Dicke	3	3	4	4	5	5	5	6	6	7	7

Die Schrauben werden in den anzuschließenden Bauteilen in gleicher Weise wie die Niete, unter Einhaltung derselben Rand- und Zwischenabstände angeordnet. Um die Muttern bequem anziehen zu können, empfiehlt es sich aber, die Zwischenabstände e_0 nicht kleiner als $4\,d$ zu wählen.

Über die erforderlichen Mindestschenkelbreiten von Winkelstählen, die zur Unterbringung von Schrauben bestimmten Durchmessers erforderlich sind, gibt wieder die Übersicht in den VDE-Vorschriften § 23h Aufschluß. Ergänzend ist zu bemerken, daß $^5/_8''$-Schrauben schon in Winkelstählen mit 45 mm Schenkelbreite untergebracht werden können. Ferner ist hervorzuheben, daß nunmehr gemäß § 23 g der VDE-Vorschriften bei Masten, deren Gesamtmoment an der Erdaustrittsstelle 8000 mkg nicht überschreitet, Schenkelbreiten von nur 30 mm zugelassen sind. Diese können wohl noch durch Kraftnieten mit 11 mm Durchmesser angeschlossen werden; eine Verschraubung des Anschlusses ist aber nicht möglich, da für $^1/_2''$-Schrauben die Breite von 30 mm nicht ausreicht und schwächere Schrauben für Kraftanschüsse nicht erlaubt sind.

Neben den rohen Schrauben finden im Mastbau zuweilen auch blanke (gedrehte) Schrauben Verwendung (Din 931), und zwar dann, wenn die geschraubten Verbindungen möglichst geringe Nachgiebigkeit aufweisen sollen. Diese Schrauben passen nämlich strenge in die Löcher. Zuweilen werden sie aber auch für die Verschraubung der Stöße sonst genieteter oder geschweißter

Sondermaste vorgeschrieben. Sie sind teurer als rohe Schrauben, können aber anderseits auch höher beansprucht werden.

c) Bolzenverbindungen.

Sie werden im Mastbau meist nur zur Herstellung beweglicher Anschlüsse verwendet. Der Anschluß der Stäbe oder Bauteile erfolgt dann jeweils durch einen einzelnen Bolzen; wegen der starken Verschwächung muß das Stabende entsprechend ausgestaltet oder verstärkt werden. Die Festhaltung des Bolzens kann durch Kopf und Mutter erfolgen; bei starken Bolzen pflegt man den Schaft abzusetzen, so daß das Gewinde für die Abschlußmutter nur an einem verschwächten Ansatz anzuschneiden ist. Auch eine Festhaltung der Bolzen durch Unterlagsscheiben und Splinte kommt in Betracht. Bei beweglichen Anschlüssen sind Bolzenverbindungen zwecks Herabsetzung der Reibung reichlich zu bemessen.

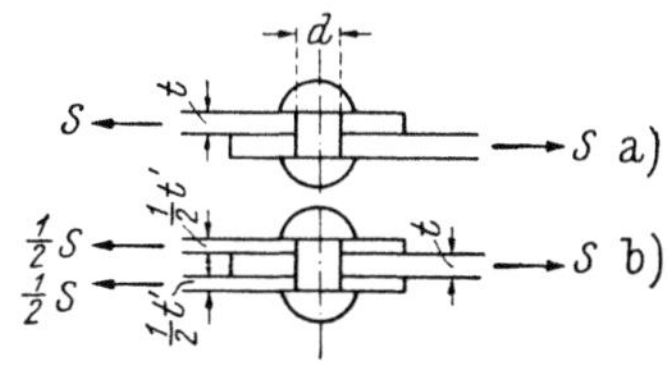

Abb. 143.

d) Berechnung der Niet- und Schraubenverbindungen.

Nietverbindungen sind womöglich nur dort vorzusehen, wo die zu übertragende Kraft senkrecht zur Bolzenachse gerichtet ist. Solange der „Reibungsschluß“ nicht überwunden ist, wird ein erheblicher Teil der Kraft durch Reibungskräfte übertragen. Für die Rechnung wird aber angenommen, daß die Kraftübertragung durch die Nietbolzen allein erfolgt, deren Scherspannung und Druck auf die Lochwand nachzuweisen sind. Bei mehrnietigen Anschlüssen wird die Kraft näherungsweise auf alle Niete zu gleichen Teilen aufgeteilt; jedoch muß die Anzahl der in der Kraftrichtung hintereinander stehenden Niete auf höchstens 5—6 beschränkt bleiben.

Bedeutet d den Durchmesser des fertigen Nietes (Lochdurchmesser),
t die Blechstärke,
S die auf einen Niet entfallende, senkrecht zur Bolzenachse gerichtete Kraft, dann muß für einschnittige Anschlüsse (Abb. 143a)

$$\frac{S}{\frac{\pi d^2}{4}} \leqq \tau_{zul} \text{ und } \frac{S}{d\,t} \leqq \sigma_{l\,zul}, \tag{118 a}$$

für zweischnittige Anschlüsse (Abb. 143b)

$$\frac{S}{2\,\frac{\pi d^2}{4}} \leqq \tau_{zul} \text{ und } \frac{S}{d\,t} \leqq \sigma_{l\,zul}, \tag{118 b}$$

wenn $t < t'$ ist.

Die gleichen Beziehungen gelten auch für Schrauben, wenn unter d der Schaftdurchmesser derselben verstanden wird.

In den folgendenden Zahlentafeln 32 ÷ 35 sind die zulässigen Kräfte S, die die Nieten und die rohen Schrauben auf Grund der in den Leitungsbauvorschriften VDE 0210 festgelegten zulässigen Spannungen aufnehmen können, ausgewiesen:

Zahlentafel 32. Zulässige Nietkräfte bei Normalbelastung.

Nietkräfte in t, bei $\tau_{zul} = 1600$ kg/cm², $\sigma_{l\,zul} = 4000$ kg/cm²

d mm	Abscheren einschnittig	Tragkraft mit Rücksicht auf Lochwanddruck — Blechstärke in mm: 3	4	5	6	7	8	9	10	11	12	13	Abscheren zweischnittig
11	1,52	1,32	1,76	2,20	2,64								3,04
14	2,46	1,68	2,24	2,80	3,36	3,92	4,48						4,93
17	3,63	2,04	2,72	3,40	4,08	4,76	5,44	6,12	6,80				7,26
20	5,03	2,40	3,20	4,00	4,80	5,60	6,40	7,20	8,00	8,80	9,60		10,05
23	6,65	2,76	3,68	4,60	5,52	6,44	7,36	8,28	9,20	10,12	11,04	11,96	13,30
26	8,50	3,12	4,16	5,20	6,24	7,28	8,32	9,36	10,40	11,44	12,48	13,52	16,99

Zahlentafel 33. Zulässige Nietkräfte bei Leitungsbruch.

Nietkräfte in t, bei $\tau_{zul} = 2000$ kg/cm² und $\sigma_{l\,zul} = 5000$ kg/cm²

d mm	Abscheren einschnittig	Tragkraft mit Rücksicht auf Lochwanddruck — Blechstärke in mm: 3	4	5	6	7	8	9	10	11	12	13	Abscheren zweischnittig
11	1,90	1,65	2,20	2,75	3,30								3,80
14	3,08	2,10	2,80	3,50	4,20	4,90	5,60						6,16
17	4,54	2,55	3,40	4,25	5.10	5,95	6,80	7,65	8,50				9,08
20	6,28	3,00	4,00	5,00	6,00	7,00	8,00	9,00	10,00	11,00	12,00		12,57
23	8,31	3,45	4,60	5,75	6,90	8,05	9,20	10,35	11,50	12,65	13,80	14,95	16,62
26	10,62	3,90	5,20	6,50	7,80	9,10	10,40	11,70	13,00	14,30	15,60	16,90	21,24

Zahlentafel 34. Zulässige Belastung roher Schrauben bei Normalbelastung.

Schraubenkräfte in t, bei $\tau_{zul} = 1100$ kg/cm², $\sigma_{l\,zul} = 2500$ kg/cm²

Äußerer Gewinde-Ø	Abscheren einschnittig	Tragkraft mit Rücksicht auf Lochwanddruck — Blechstärke in mm: 3	4	5	6	7	8	9	10	11	12	13	14	15	16	Abscheren zweischnittig
$^1/_2$''	1,39	0,95	1,27	1,59	1,91	2,22	2,54									2,79
$^5/_8$''	2,18	1,19	1,59	1,99	2,39	2,78	3,18	3,58	3,98							4,36
$/_4$''	3,14	1,43	1,91	2,39	2,87	3,34	3,82	4,30	4,78	5,25	5,73	6,21				6,27
$^7/_8$''	4,27	1,67	2,22	2,78	3,33	3,89	4,44	5,00	5,55	6,11	6,66	7,22	7,77	8,33		8,54
1''	5,57	1,91	2,54	3,18	3,81	4,45	5,08	5,72	6,35	6,99	7,62	8,26	8,89	9,53	10,16	11,15

Zahlentafel 35. Zulässige Belastung roher Schrauben bei Leitungsbruch.

Schraubenkräfte in t, bei $\tau_{zul} = 1400$ kg/cm², $\sigma_{l\,zul} = 3100$ kg/cm²															
Äußerer Gewinde-Ø	Abscheren einschnittig	Tragkraft mit Rücksicht auf Lochwanddruck													Abscheren zweischnittig
		Blechstärke in mm													
		3	4	5	6	7	8	9	10	11	12	13	14	15	16	
1/2″	1,77	1,18	1,57	1,97	2,36	2,76	3,15	3,54								3,55
5/8″	2,77	1,48	1,97	2,46	2,96	3,45	3,94	4,44	4,93	5,42						5,54
3/4″	3,99	1,78	2,37	2,96	3,55	4,14	4,74	5,33	5,92	6,51	7,11	7,70				7,98
7/8″	5,43	2,06	2,75	3,44	4,13	4,82	5,51	6,19	6,88	7,57	8,26	8,95	9,63	10,32		10,86
1″	7,09	2,36	3,15	3,94	4,72	5,51	6,30	7,09	7,87	8,66	9,45	10,24	11,02	11,81	12,60	14,19

Zugbeanspruchung in Richtung der Bolzenachse:

Ist eine solche Beanspruchung bei Nieten nicht zu vermeiden, dann soll sie den Betrag von etwa 300 kg/cm² nicht überschreiten.

Schrauben hingegen sind zur Aufnahme von Längs-Zugkräften geeignet. Maßgebend für die Berechnung ist dann der Kernquerschnitt (Zahlentafel 31); die zulässigen Zugspannungen sind den Leitungsvorschriften (VDE 0210, § 24) zu entnehmen.

e) Schweißverbindungen.

α) *Allgemeines.*

Im Mastbau ist die Schweißung bisher verhältnismäßig weniger angewandt worden als auf anderen Teilgebieten des Stahlbaues. Die Ursache mag darin liegen, daß die Leitungsmaste vorwiegend leichte, aus Stabstahl hergestellte Gitterfachwerke sind, die zum Großteile bloß einnietige Stabanschlüsse erfordern. Die Anwendung der Schweißung kann dann kaum wirtschaftliche Vorteile gegenüber der Nietung einbringen, und zwar um so weniger, als auch keine wesentlichen Baustoffersparnisse erzielbar sind. Für die Bemessung der Ausfachungsstäbe ist ja meist Knickung maßgebend, so daß ein Entfall an Nietlochschwächungen häufig ohne Einfluß auf die Querschnittsbemessung bleibt. In den Stielen wieder bleiben auch bei den geschweißten Masten die Lochschwächungen bestehen, denn an der Baustelle werden die Teile geschweißter Maste nach Möglichkeit ebenfalls bloß verschraubt. Baustoffersparnisse ergeben sich daher hauptsächlich nur zufolge der einfacheren Gestaltung der Auslegerspitzen, der Mastfüße und anderer Einzelheiten. Bei schweren Masten aber, deren Stabzusammenschlüsse Knotenbleche erfordern, liegen die Verhältnisse für die Schweißung schon günstiger. Vor allem aber sind wirtschaftliche Vorteile durch Schweißen bei solchen Bauformen erzielbar, die vorwiegend auf Biegung beansprucht werden, also bei Masten, die ebene oder räumliche Rahmentragwerke bilden, und besonders auch bei Stahlrohrmasten.

β) *Vorschriften.*

Für die Planung und Herstellung der geschweißten Maste sind in Deutschland die Bestimmungen der Din 4100 (vom Jahre 1934) maßgebend.

Nach diesen Vorschriften sind für die Ausführung der Maste dieselben Werkstoffe wie im Falle der Nietung zugelassen, vorausgesetzt daß ihre Eignung für die Schweißung feststeht (wie bei St 37.12, St 00.12 und Handelsbaustahl) oder nachgewiesen wird (hochwertige Stähle).

Für die zu verwendenden Schweißdrähte ist Din 1913 maßgebend. Es werden blanke, umhüllte Schweißdrähte sowie Seelenelektroden verwendet. Von den umhüllten Schweißstäben kommen nur die getauchten und die ummantelten Schweißstäbe in Betracht, da die Nähte der Maste keinen Dauerbelastungen (d. h. vielfach wiederholten Lasteinwirkungen) unterworfen sind.

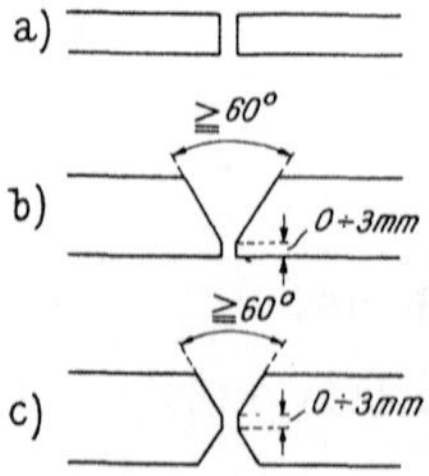

Abb. 144.

Schweißverfahren: Zugelassen sind Lichtbogenschweißung (mit Gleich- oder Wechselstrom), elektrische Widerstandsschweißung, Gasschmelzschweißung und gaselektrische Schweißung. Im Stahlbau werden vorwiegend Schmelzschweißverfahren angewandt. Dabei findet die Lichtbogenschweißung häufiger Anwendung als die Gasschweißung, obzwar bei der letzteren ein gutes Verschmelzen von Werkstoff und Zusatzstoff leichter zu erreichen ist als bei der Lichtbogenschweißung, da ja der Werkstoff zuerst aufgeschmolzen und dann erst Zusatzwerkstoff abgeschmolzen wird, während bei der Lichtbogenschweißung Aufschmelzen und Abschmelzen zeitlich zusammenfallen. Dafür ist aber bei der Lichtbogenschweißung die Wärmewirkung eine geringere, und das ist gerade für die Herstellung der Maste, die häufig leichte Gittertragwerke bilden, von Bedeutung; bei solchen Masten sind ja schon im Falle der Nietung besondere Maßnahmen notwendig, um Verziehungen zu vermeiden.

Grundformen der Schweißnähte: Stumpf- und Kehlnähte; zu den Kehlschweißungen zählen auch die Loch- und Schlitznähte.

Stumpfnähte: Durch diese werden zwei annähernd in gleicher Ebene liegende Bleche oder Stäbe mit ihren Querschnittsflächen verschweißt. Für den Mastbau kommen I- und V-Nähte und für größere Stabdicken auch X-Nähte in Frage: Abb. 144.

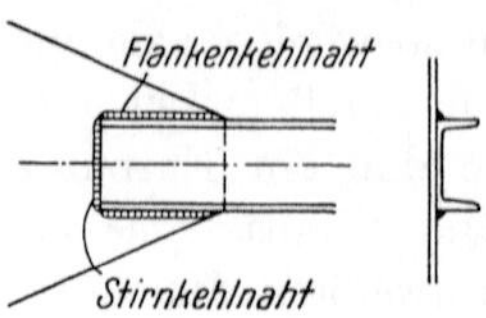

Abb. 145.

Beim I-Stoß bleiben die Kanten der zusammenstoßenden Bleche oder Stäbe unbearbeitet; dieser Stoß ist nur bis 5 mm Werkstoffdicke zulässig: Abb. 144a. Bei größeren Dicken müssen die Blechkanten abgeschrägt werden, so daß eine V-Naht entsteht: Abb. 144b. Bei Blechstärken über 14 mm wird häufig schon eine X-Naht ausgeführt (obwohl V-Nähte auch bei größeren Blechstärken noch anwendbar sind): Abb. 144c; die X-Naht erfordert weniger Schweißwerkstoff. Tulpenförmige Nähte kommen für den Mastbau kaum in Betracht. Die Stumpfnähte ergeben die günstigste Schweißverbindung, denn sie ermöglichen den ungehinderten Durchgang des Kraftflusses von einem Werkstück zum anderen, ohne denselben aus seiner Richtung abzulenken (was auch für die vorwiegend bloß ruhend belasteten Maste von Bedeutung ist).

Kehlnähte: Je nachdem dieselben parallel oder senkrecht zur Richtung der zu übertragenden Kraft gelegen sind, werden sie als Flankenkehlnähte oder als Stirnkehlnähte bezeichnet: Zugstab Abb. 145. Diese Nahtarten können einzeln aber auch zusammen und auch gleichzeitig mit Stumpfnähten in einer Schweißverbindung auftreten. Schlitz- und Lochnähte sind in Abb. 155a, b dargestellt.

Festigkeit der Schweißverbindungen. Für den Mastbau ist die statische Festigkeit maßgebend, und es ist daher immer möglich, die geschweißten Anschlüsse und Stöße so zu gestalten und zu bemessen, daß die Festigkeit der Werkstoffe voll erreicht wird.

Bei den vorgeschriebenen Schweißerprüfungen müssen folgende Festigkeiten erzielt werden (Din 4100, § 6):

a) Beim kreuzförmigen Prüfstab mit Stirnkehlnähten bei St 37.12 eine Mindestfestigkeit (berechnet für den vollen Kehlschnitt der Nähte) von 26 kg/mm² und bei St 52 eine solche von 39 kg/mm².

b) Bei der Stumpfnahtprobe (V-Naht) eine Zugfestigkeit der Schweißverbindung bei St 37.12 und bei St 52 mindestens gleich der unteren Grenze der normenmäßigen Zugfestigkeit der Werkstoffe (also 37 kg/mm² bzw. 52 kg/mm²).

Zulässige Spannungen nach Din 4100 (vom Jahre 1934):

Zahlentafel 36. Zulässige Spannungen der Schweißnähte.

Nahtart	Art der Spannung	Zulässige Spannung ϱ_{zul}	
Stumpfnaht	Zug .... Druck ...... Biegung .... Abscheren ..	0,75 σ_{zul} 0,85 σ_{zul} 0,80 σ_{zul} 0,65 σ_{zul}	σ_{zul} ist die nach den bestehenden Vorschriften für den zu verschweißenden Werkstoff (St 37.12, Handelsbaustahl, und St 52) zulässige Spannung
Kehlnähte (Stirn- und Flankennähte)	für jede Beanspruchungsart	0,65 σ_{zul}	

Im Sinne der VDE-Vorschriften ist σ_{zul} für Normalbelastung mit 1600 kg/cm² und für Belastung bei Leitungsbruch mit 2000 kg/cm² anzunehmen.

Mit Zustimmung der Baupolizeibehörde können auch höhere Spannungen als die in der Zahlentafel verzeichneten gewählt werden, wenn die erforderliche Sicherheit durch Versuche nachgewiesen wird.

Berechnung der Schweißverbindungen.

Die Spannung ϱ in den Stumpf- und Kehlnähten der Anschlüsse von auf Zug, Druck oder Abscheren beanspruchten Baugliedern wird aus

$$\varrho = \frac{P}{\sum a l} \tag{119}$$

berechnet, und es muß $\varrho \leqq \varrho_{zul}$ für die betreffende Beanspruchungsart sein. In vorstehender Formel bedeuten P die zu übertragende Kraft, l die nutzbaren Nahtlängen und a die nutzbaren Nahtstärken. Bei Stumpfnähten ist a gleich der Dicke der zu verbindenden Teile (bei ungleicher Dicke die Dicke des schwächeren Teiles), bei den Kehlnähten gilt als nutzbare Nahtstärke a die Höhe des dem Nahtquerschnitt eingeschriebenen gleichschenkeligen Dreieckes:

Abb. 146a—d. Als nutzbare Nahtlänge kann bei Stumpfnähten (einwandfreies Ausschweißen der Nahtenden vorausgesetzt) die volle Nahtlänge in Rechnung gestellt werden. Bei den Kehlnähten gilt als nutzbare Nahtlänge die wirkliche Nahtlänge abzüglich der Endkrater, deren Einzellängen mindestens gleich der nutzbaren Nahtstärke a anzunehmen sind.

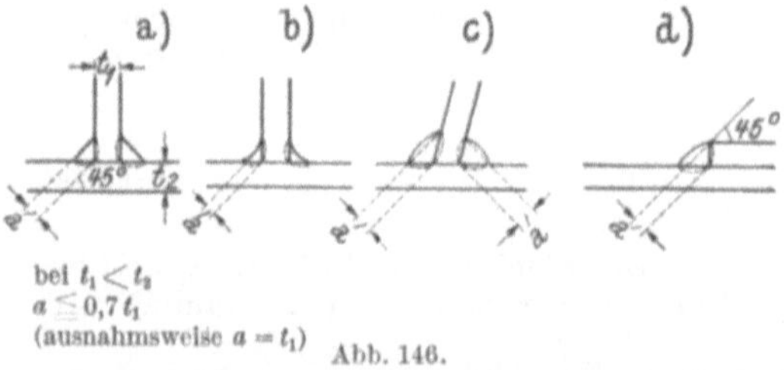

Abb. 146.

Die Berechnung der Nahtspannungen nach obiger Formel setzt die gleichmäßige Verteilung der Kraft P über alle nutzbaren Nahtquerschnitte voraus. Das entspricht annähernd dem Spannungszustande unmittelbar vor dem Bruche, wenn unter einmaliger Überlastung bereits ein teilweiser Spannungsausgleich zufolge des plastischen Verformungsvermögens des Werkstoffes und des Schweißgutes eingetreten ist. Solange aber die Beanspruchung eine rein elastische ist, sind die Spannungen in den verschiedenartigen Nähten verschieden groß und in den Flankenkehlnähten auch längs der Nahtlängen stark ungleichmäßig verteilt, mit Spannungsspitzen nahe den Nahtenden.

Wie im Falle zusammengesetzter Beanspruchung die Nahtberechnung im Sinne der Din 4100 durchzuführen ist, wird an dem folgenden Beispiele erläutert: Ein Querträger mit I-Querschnitt wird mittels Kehlnähten an einen, von einem IP-Träger gebildeten Mastschaft angeschlossen: Abb. 147. Die Bemessung des Anschlusses ist für die lotrechte Spitzenlast P des Querträgers (Eigengewicht G) durchzuführen.

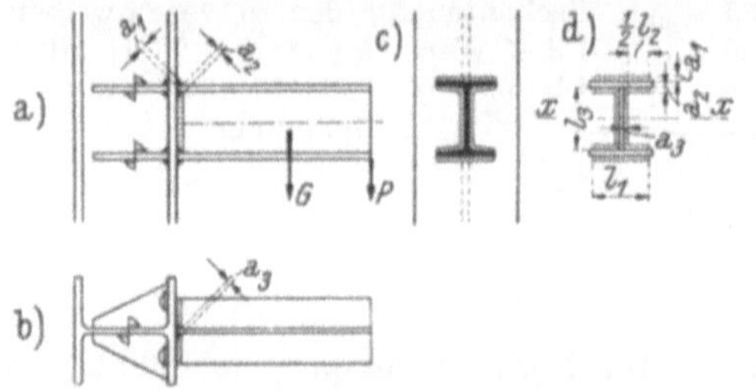

Abb. 147.

Im Anschlußquerschnitt des Auslegers (freie Länge e) wirkt das Moment $M = P\,e + \frac{1}{2}\,G\,e$ und die Querkraft $P + G = Q$.

Man denke sich die nutzbaren Nahtflächen $a\,l$ in die Zeichenebene (Abb. 147d) umgelegt, die zur Momentenebene senkrechte Schwerachse x—x bestimmt und für diese das Trägheitsmoment J_x und aus diesem das Widerstandsmoment W_x der Nahtflächen berechnet. Nun ermittelt man

a) Die Randbiegespannung $\varrho_1 = \frac{M}{W_x}$ und sodann

b) die von der Querkraft Q hervorgerufene Scherspannung ϱ_2, wobei man aber nur die zur Wirkungslinie von Q parallel liegenden Stegnähte (a_3, l_3) berücksichtigt; man erhält so $\varrho_2 = \frac{Q}{2\,a_3\,l_3}$ und hat aus ϱ_1 und ϱ_2 die resultierende Spannung $\varrho_{\text{res}} = \sqrt{\varrho_1^2 + \varrho_2^2}$ zu bilden. Es muß sein $\varrho_{\text{res}} \leqq \varrho_{\text{zul}}$ für Abscheren ($= 0{,}65\,\sigma_{\text{zul}}$).

Bauliche Durchbildung. Die nutzbare Nahtstärke a unterliegt bestimmten Beschränkungen: vor allem dürften für tragende Kehlnähte nach Din 4100 nur Nahtstärken mit mindestens 4 mm angewandt werden. Diese

Vorschreibung ist zu strenge: nach Din 4101 für geschweißte Straßenbrücken und auch nach den vorläufigen Vorschriften für geschweißte, vollwandige Eisenbahnbrücken der Deutschen Reichsbahn ist min $a = 3{,}5$ mm zugelassen; damit können schon 5 mm starke Schenkel von Walzprofilen mittels Kehlnähten angeschlossen werden. Im Mastbau könnte auch min $a = 3$ mm zugelassen werden.

Der Größtwert von a, der mit Rücksicht auf die Stärke der zu verschweißenden Bauteile bei Kehlnähten gewählt werden darf, ist aus den Abb. 146a, 148a—c zu entnehmen. Bei Loch- und Schlitznähten müssen auch Lochdurchmesser und Schlitzbreiten b genügend groß sein, damit sich die Nähte richtig schweißen lassen: Abb. 148c.

Die nutzbare Nahtlänge l tragender Kehlnähte muß mindestens 40 mm betragen und darf höchstens mit der Länge von $40\,a$ in Rechnung gestellt werden.

Ausführung der Schweißungen. Im Mastbau kommt wegen der vorwiegend ruhenden Belastung der Maste der Nahtform nicht jene Bedeutung

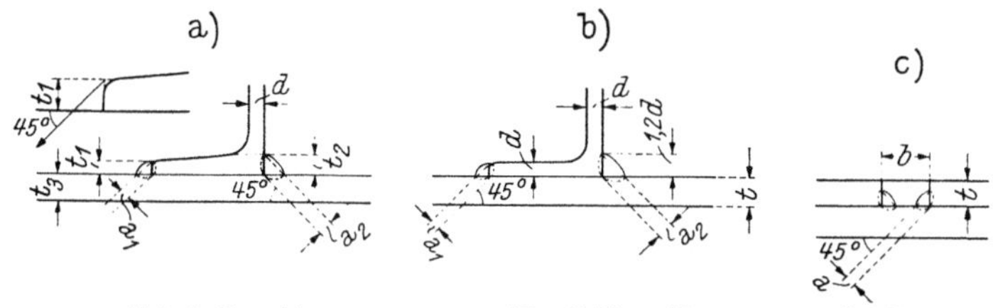

(Schrägflansch)
bei $t_1 < t_3$
$a_1 \leqq 0{,}7\, t_1$;
bei $t_2 < t_3$
$a_2 \leqq 0{,}7\, t_2$.

(Parallelflansch)
bei $d < t$
$a_1 \leqq 0{,}7\, d$;
bei $1{,}2\, d < t$
$a_2 \leqq 0{,}7 \cdot 1{,}2\, d$.

(Schlitznaht)
$a \leqq 0{,}7\, t$,
$b \geqq 3\, a$,
$b \geqq 1{,}5\, t$.

Abb. 148.

zu wie bei Tragwerken, die Dauerbelastungen (d. h. vielfach wiederholten Lasteinwirkungen) unterworfen sind. Ein Abarbeiten von Schweißraupen ist daher überflüssig. Löcher in den Übergangszonen und Schlackeneinschlüsse in den Nähten sind aber unzulässig und in jedem Falle ist eine gute Wurzeldurchschweißung zu verlangen. Die Wurzeln V-förmiger Kraftnähte müssen immer nachgeschweißt werden, um außermittige Kraftübertragungen und daher ungleichmäßige Spannungsverteilungen längs der Nahthöhe zu vermeiden. Soweit nicht Rostgefahr besteht, können unterbrochene Nähte vorgesehen werden; allenfalls sind zwischen den tragenden Raupen leichte Dichtungsnähte anzuordnen. Zwecks Vermeidung jeder überflüssigen Wärmezufuhr sind Kehlnähte nicht dicker als rechnungsmäßig notwendig auszuführen. Beim Entwurf geschweißter Maste ist darauf zu achten, daß keine örtlichen Anhäufungen von Nähten entstehen. Alle Nähte müssen sich gut schweißen lassen, sonst dürfen sie nicht in Rechnung gestellt werden (beispielsweise Kehlnähte mit einem kleineren Schenkelwinkel als 70° [Schräganschlüsse]).

Sinnbilder für die Darstellung der Schweißnähte in den Plänen enthält der Anhang zu Din 4100 (Abb. 149).

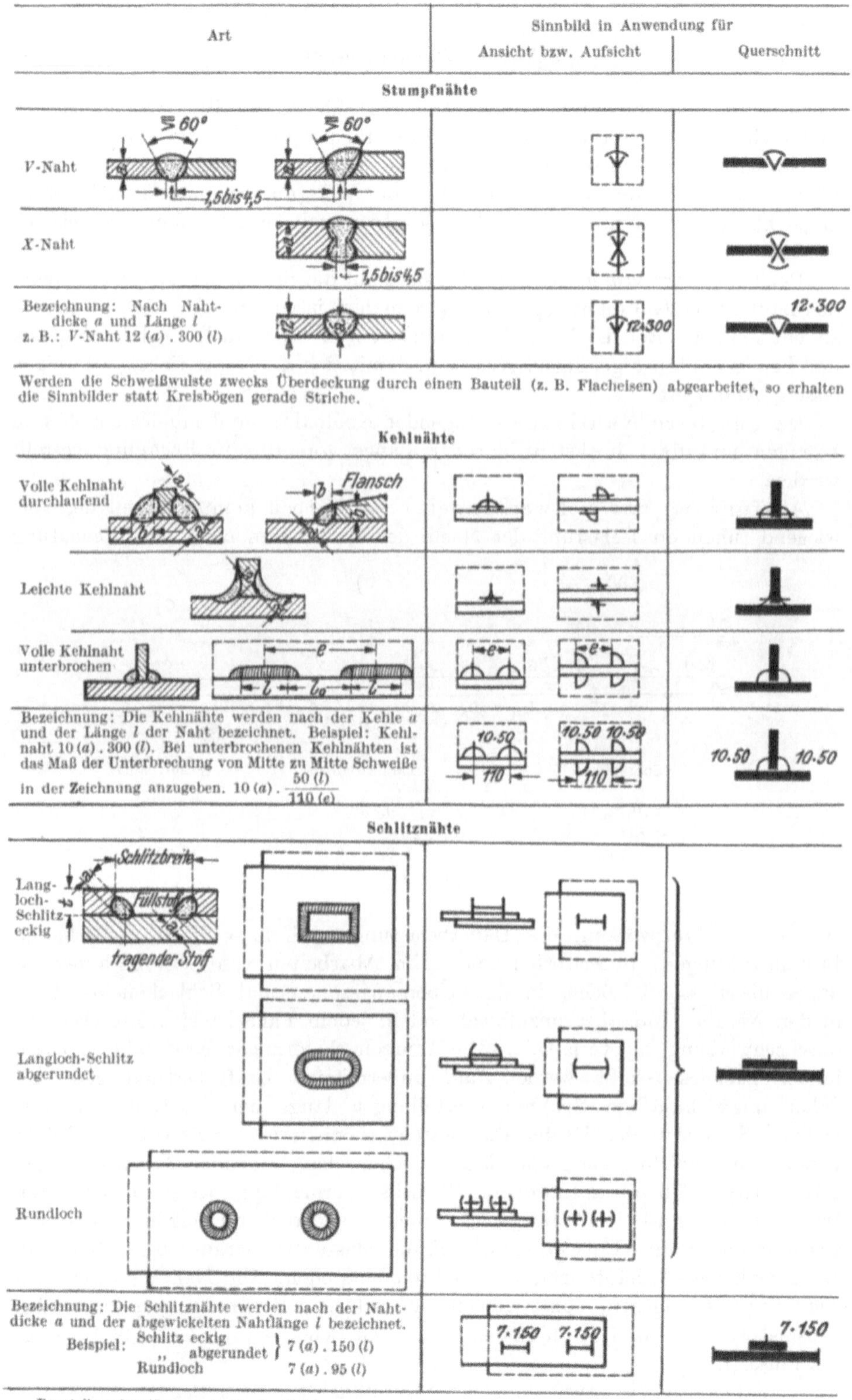

Baustellenschweißungen sind in den Zeichnungen durch Hinzufügen des Buchstabens „B“, Überkopfschweißungen durch „Ü“ zu kennzeichnen.

Abb. 149. **Sinnbilder für Schweißnähte (Anlage zu Din 4100).** Maße in mm.

γ) *Gestaltung und Bemessung verschiedener Schweißanschlüsse des Mastbaues.*

Anschlüsse von Stäben aus einfachem Winkel- oder ⊥-Stahl. Anschluß mittels Flankenkehlnähten. Um bei Stäben aus einfachem Winkelstahl in der Anschlußebene eine mittige Kraftübertragung zu erzielen, muß der Schwerpunkt der (zur Vereinfachung in die Anschlußebene geklappten) nutzbaren Schweißflächen in die Projektion der Stabachse fallen. Es muß daher mit Bezug auf Abb. 150 sein:

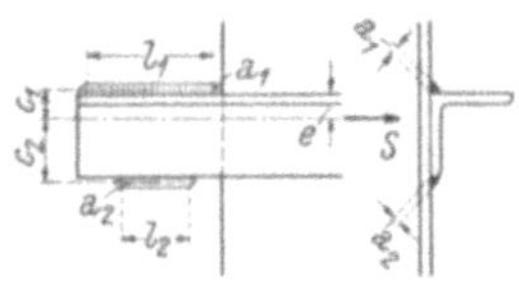

Abb. 150.

$$a_1\, l_1\, c_1 = a_2\, l_2\, c_2. \qquad (120)$$

Hierin bedeuten die a und l die nutzbaren Stärken und Längen der Nähte und die c ihre Abstände von der Projektion der Schwerachse des Stabes. Für die Bemessung gilt sodann noch Gl. (119)

$$\frac{S}{a_1\, l_1 + a_2\, l_2} \leqq \varrho_{\text{zul}} \quad (= 0{,}65\, \sigma_{\text{zul}}), \qquad (121)$$

wenn S die zu übertragende Kraft ist.

Die Notwendigkeit, beide Flankennähte ungleich lang auszubilden, führt beispielsweise dazu, daß die untere Strebe in Abb. 151 schräg geschnitten werden muß, da sonst die erforderliche Anschlußlänge nicht erreicht werden kann. Man wird jedenfalls trachten, l_1 möglichst klein zu erhalten, und daher $a_1 = a_{\max}$ annehmen. Wählt man dann noch $a_2 = a_{\min}$, so können aus den Gl. (120) und (121) die erforderlichen nutzbaren Nahtlängen berechnet werden.

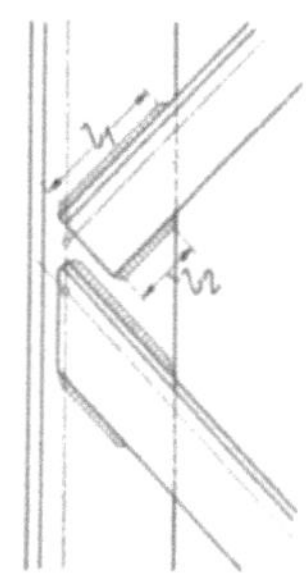

Abb. 151.

Zahlenbeispiel: Es sei ein Winkelstahl 40 . 40 . 5 für eine Stabkraft $S = 4$ t an ein 8-mm-Blech anzuschließen; Baustoff St 37.12 mit $\sigma_{\text{zul}} = 1600$ kg/cm², also $\varrho_{\text{zul}} = 1040$ kg/cm².

Gewählt $a_1 = a_{\max} = 0{,}7 \cdot 1{,}2 \cdot 5 = 4{,}2$ mm, $a_2 = 3{,}5$ mm (eine größere Stärke ist im Hinblick auf die Schenkelstärke 5 mm gar nicht möglich). Damit wird $c_1 = 1{,}16 + \frac{1}{2}\, a_1 = 1{,}37$ cm, $c_2 = 3{,}02$ cm und für die nutzbaren Nahtlängen folgt aus den Gl. (120) und (121) $l_1 = 6{,}3$ cm, $l_2 = 3{,}4$ cm. Es ist wohl $l_1 < 40\, a_1$, aber $l_2 < 40$ mm. Erhöht man l_2 auf diesen Mindestwert, so wäre zur Erhaltung des Schwerpunkts eine gleichzeitige Vergrößerung von l_1 auf 74 mm notwendig. Selbst wenn darauf verzichtet wird, ergibt sich die Anschlußlänge dieser Naht bereits zu $l_{0.1} = 63 + 2\, a_1 = 72$ mm.

Der Anschluß von Streben mit symmetrischem Querschnitt ist leichter unterzubringen, weil die Flankenkehlnähte beiderseits gleich lang werden. Hätte man im vorstehenden Beispiel eine Strebe aus ⊥ 4 anzuschließen gehabt, dann wäre mit $a = a_{\max} = 3{,}4$ mm

$$l_{\text{erf}} = \frac{4}{2 \cdot 0{,}34 \cdot 1{,}04} = 5{,}7 \text{ cm}$$

und die Anschlußlänge — trotz der kleineren Nahtstärke — nur $l_0 = 57 + 2 \cdot 3{,}4 =$ $= 64$ mm.

Nun besteht noch die Ausmitte rechtwinkelig zur Anschlußebene. Die hierbei entstehenden Zusatzspannungen brauchen nach VDE 0210, § 24e nicht berücksichtigt zu werden. Die Rechnung ergibt für diese Zusatzspannungen sehr beträchtliche Werte, auch wenn dabei beachtet wird, daß im allgemeinen nicht das volle Exzentrizitätsmoment durch die Schweißnähte übertragen werden muß, da das Blech, an welches angeschlossen wird, meist eine geringere Biegesteifigkeit als der anzuschließende Stab besitzt. Zuweilen ordnet man daher zur Herabsetzung dieser Zusatzspannungen noch eine schwache Rückennaht an: Abb. 152. Sie ist um so wirksamer, je weiter die Flankennähte von ihr abgerückt werden, da hierbei das Widerstandsmoment der Schweißflächen zunimmt. Diese Rückennaht wirkt zugleich als Dichtungsnaht. Sie könnte aber auch am Stabende angeordnet werden.

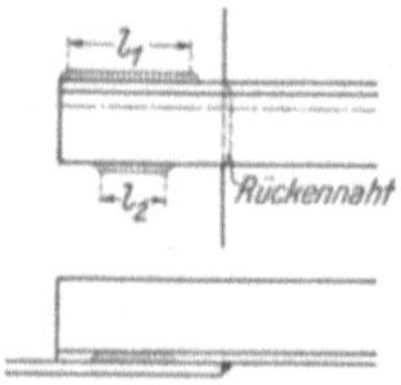

Abb. 152.

Anschluß mittels Flanken- und Stirnkehlnähten. Falls die verfügbare Anschlußlänge zur Unterbringung der Flankenkehlnähte nicht ausreicht, besteht die Möglichkeit, durch Zugabe einer Stirnkehlnaht die notwendige Verkürzung der Flankennähte herbeizuführen. Ordnet man diese Quernaht am Stabende an, dann hat man, falls um die Ecken herumgeschweißt wird, nur zwei Kraterenden abzuziehen: Abb. 153a. Am Stabende läßt sich aber diese Stirnkehlnaht nicht immer einwandfrei schweißen und man verlegt sie dann an den Blechrand (Abb. 153b). In diesem Falle sind aber sechs Kraterabzüge erforderlich; die nutzbare Schweißfläche für den Anschluß ist $F_s = 2 \cdot a_1 \cdot l_1 + a_2 \cdot l_2$.

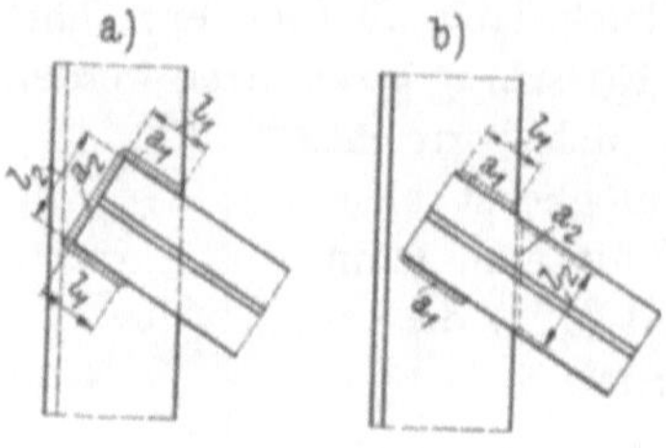

Abb. 153.

Anschluß mittels Flankenkehlnähten und Stumpfnähten. Zuweilen ist es aus baulichen Gründen erwünscht, einzelne Ausfachungsstäbe der Gittermaste bündig an die Eckwinkel anzuschließen. Das trifft beispielsweise für die Pfosten in Höhe der Auslegeranschlüsse zu. In diesem Falle ist der Schweißanschluß nach Abb. 154 auszuführen, wobei der Winkel ausgeklinkt werden muß. Dieser Anschluß ist statisch günstiger als der nach Abb. 150, aber teurer. Die rechnungsmäßige Nahtspannung ergibt sich aus $\varrho = \frac{S}{a_1 l_1 + 2 a_2 l_2}$ und es muß $\varrho \leq \varrho_{zul} = 0{,}65\, \sigma_{zul}$ sein.

Stabanschlüsse mittels Loch- und Schlitznähten. Anschlüsse, bei welchen ausschließlich solche Nähte verwendet werden, kommen im Mastbau kaum vor. Meist handelt es sich nur um eine gleichzeitige Verwendung mit Flankenkehlnähten, zu dem Zwecke, um deren Anschlußlängen herabzusetzen. Es sei beispielsweise ein [-Stahl für eine Zugkraft S gemäß Abb. 155a mittels Flankenkehlnähten und zwei Lochnähten an ein Blech anzuschließen. Der Lochdurchmesser sei D, die nutzbare Stärke der Lochnähte a_1 (höchstens gleich 0,7 der Stegstärke). Die nutzbare Länge einer Lochnaht beträgt $l_1 = \pi (D - a)$ und eine solche Naht vermag bei $\varrho_{zul} = 0{,}65\, \sigma_{zul}$ einen Kraftanteil von $S_1 = 0{,}65 \cdot a_1\, l_1\, \sigma_{zul}$ aufzunehmen. Daher entfällt auf eine Flankennaht mit der nutzbaren Stärke a_2 der Kraftanteil $S_2 = \frac{1}{2} S - S_1$ und ihre erforderliche Nutzlänge ergibt sich aus $l_2 = \frac{S_2}{a_2\, \varrho_{zul}}$.

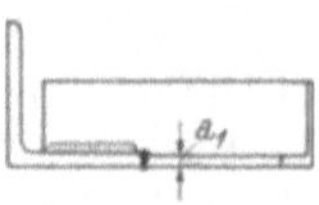

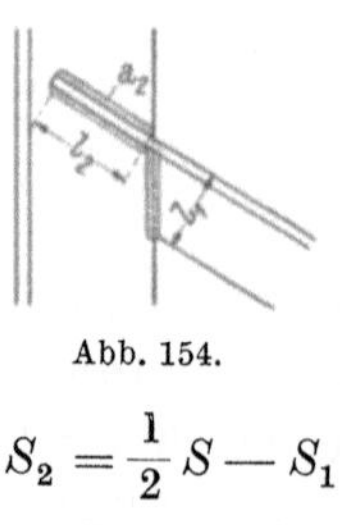

Abb. 154.

Bei der Gestaltung dieses Anschlusses ist darauf zu achten, daß die Flankenkehlnähte bereits vor dem ersten Loch einen so großen Anteil der Stabkraft an das Blech abzugeben haben, daß im lochgeschwächten Stabquerschnitt keine unzulässig hohen Spannungen auftreten.

Abb. 155b zeigt den Anschluß des gleichen Stabes unter Anwendung einer Schlitznaht.

Anschluß einer Schlangenbandverstrebung (s. 6 β α). Flachstahlstreben nach Abb. 156 werden mittels Flankenkehlnähten an den Steg des Stieles ([-Stahl) angeschlossen. Nutzbare Nahtabmessungen a, l, nutzbare Schweißfläche $F_s = 2\,a\,l$. Bedeutet L die „Differenzkraft" der im Knoten zusammenstoßenden Streben mit den Stabkräften S_1 und $-S_2$, so entstehen die Nahtspannungen $\varrho = \frac{L}{2\,a\,l}$ und es muß $\varrho \leqq \varrho_{zul} = 0{,}65\,\sigma_{zul}$ sein.

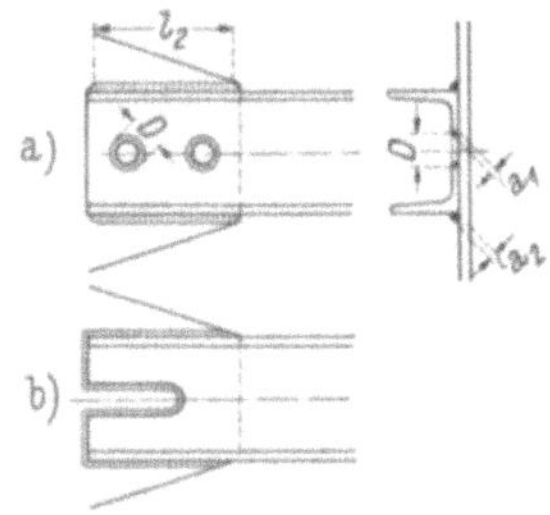

Abb. 155.

Durch den außermittigen Anschluß entstehen in den Nähten auch Biegespannungen, die erhebliche Größe erlangen können: es sei beispielsweise (Abb. 156) $S_1 = 1{,}20$ t, $S_2 = -1{,}16$ t, $L = 1{,}65$ t, $a = 4$ mm, $l = 40$ mm, $F_s = 3{,}2$ cm². Das Widerstandsmoment der in die Anschlußebene geklappten Schweißflächen (Abb. 156d) beträgt $W = \frac{0{,}8}{6}\,4{,}0^2 = 2{,}13$ cm³. Das durch den außermittigen Anschluß im Knoten zur Wirkung gelangende Biegungsmoment ist nach Abb. 156a $M = 1{,}65 \,.\, 2{,}5$ cm $= 4{,}12$ tcm. Ein Teil desselben wird vom Biegewiderstand der Flachstahlstrebe aufgenommen, der übrige Teil wird durch die Schweißnähte auf den Steg des Stieles übertragen. Angenommen, dieser Anteil betrage $M_1 \approx \frac{1}{2} M = 2{,}06$ tcm; dann entstehen in den Nähten Randspannungen von der Größe $\varrho_1 = \frac{M_1}{W} = 0{,}966$ t/cm², während die durchschnittliche Scherspannung $\varrho_2 = \frac{L}{F_s} = 0{,}516$ t/cm² beträgt. Die zusätzliche Spannung ist also größer als die rechnungsmäßig nachzuweisende Scherspannung.

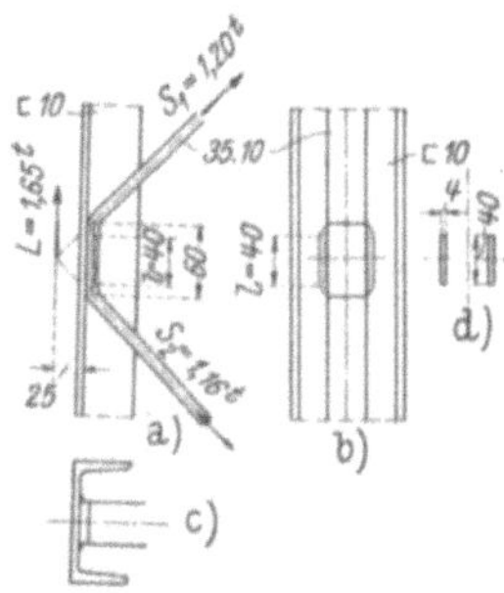

Abb. 156.

Stabanschlüsse mittels Knotenblechen. In den Oberschüssen der Gittermaste reichen die Schenkelbreiten der Eckwinkel zuweilen zur Unterbringung der Anschlußnähte der Ausfachungsstäbe, bzw. zur Ermöglichung eines einwandfreien Kräfteausgleiches im Knoten nicht aus. In diesem Falle müssen Knotenbleche vorgesehen werden. Im Gegensatze zur genieteten Ausführung, bei der man die Knotenbleche außen oder innen an die Eckwinkel anlegt, werden sie im Falle der Schweißung am besten stumpf gegen die Eckwinkel gestoßen (Abb. 157). Diese schweißgerechte Ausbildungsart erfordert einen geringsten Aufwand an Werkstoffen und Schweißarbeiten. Die Berechnung einer solchen Schweißverbindung soll an einem Zahlenbeispiele erläutert werden:

An einen Eckwinkel 75 . 75 . 8 seien Streben aus ⊥ 6 für die Stabkräfte $S_1 = 8$ t und $S_2 = 7{,}6$ t anzuschließen (Abb. 157a); Baustoff St 37.12 mit $\sigma_{zul} = 2000$ kg/cm². Der Anschluß der Streben erfolgt mittels Flankenkehlnähten, deren nutzbare Stärke entsprechend der theoretischen Endstärke 6,7 mm des Fußes von ⊥ 6 mit $a = 4{,}2$ mm angenommen wird. In Übereinstimmung mit der Schenkelstärke der Eckwinkel wird das Knotenblech 8 mm stark gewählt. Die erforderliche Anschlußlänge der Flankennähte der Strebe *1* ergibt sich mit $\varrho_{zul} = 0{,}65\ \sigma_{zul} = 1300$ kg/cm² zu $l_{erf} = \frac{8}{0{,}42 \cdot 1{,}3} =$ $= 14{,}7$ cm, wovon auf jede Stabseite 7,8 cm entfallen. Es ist notwendig, diese Nahtlänge zu unterteilen, und da jede Einzelnaht nach Din 4100 mindestens 40 mm lang sein muß, werden auf jeder Stabseite zwei Teilnähte von je 40 mm nutzbarer Länge vorgesehen. Derselbe Anschluß wird auch für die Strebe S_2 beibehalten. Um die an den Strebenenden anzuordnenden Teilnähte ohne Abschrägung der Stabenden unmittelbar am Eckwinkel, unter Vermeidung einer Kreuzung mit der Stumpfnaht unterbringen zu können, mußten die Nähte zum Teil um die Stabecke herumgeführt werden. Die erforderliche Länge des Knotenbleches ergibt sich aus der Lage der äußeren Schweißnähte zu 260 mm, die Breite desselben auf Grund der Überlegung, daß zwecks Vermeidung zusätzlicher Spannungen gegenüberliegende Teilnähte der Streben möglichst wenig versetzt sein sollen, zu 70 mm. Das kleine Versetzungsmaß, das in Abb. 157 a mit Rücksicht auf möglichste Beschränkung der Knotenblechbreite zugelassen wurde, und ebenso auch die Verschiebung der Schwerpunktslage des Schweißanschlusses durch teilweises Herumschweißen um die Stabecken sind belanglos; die Spannungsverteilung wird dafür durch die an den Stabrücken vorgesehenen, nicht in Rechnung gestellten Dichtungsnähte verbessert.

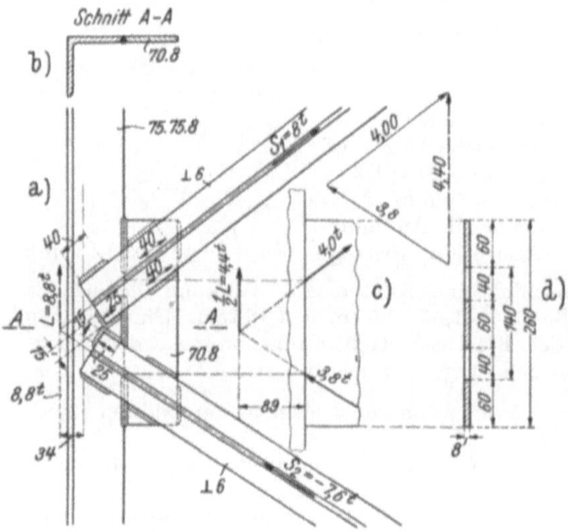

Abb. 157.

Zur Verbindung des Knotenbleches mit dem Eckwinkel ist eine unterbrochene Stumpfnaht mit Teillängen 3 × 60 mm vorgesehen. Zur Berechnung der auftretenden Nahtspannungen hat man zunächst alle Kraftanteile zu ermitteln, die von den Streben durch Schweißnähte unmittelbar an das Knotenblech abgegeben werden, und aus diesen dann Biegungsmoment, Längs- und Querkraft des Nahtschnittes zu bestimmen. Im vorliegenden Fall ist die Rechnung sehr einfach, da jeder Stab zur Hälfte an das Knotenblech angeschlossen ist und an dieses daher seine halbe Stabkraft abgibt: Abb. 157c. Diese Teilkräfte von 4 t bzw. — 3,8 t liefern die Mittelkraft 4,4 t, die parallel zum Eckwinkel gerichtet ist (nachdem am Knoten keine Außenkraft angreift). Gemäß Abb. 157c entsteht im Nahtschnitt das Biegungsmoment $M = 4{,}4 \cdot 8{,}9 =$ $= 39{,}2$ tcm, die Querkraft $Q = 4{,}4$ t, während die Normalkraft null ist. Für den symmetrisch gestalteten Nahtschnitt ist $F_s = 3 \cdot 6 \cdot 0{,}8 = 14{,}4$ cm², $J = \frac{0{,}8}{12}(26^3 -$ $- 14^3 + 6^3) = 1004$ cm⁴, $W = \frac{1004}{13} = 77$ cm³, und daher beträgt die Randbiegespannung $\varrho_1 = \frac{39{,}2}{77} = 0{,}508$ t/cm² und die Nahtscherspannung (unter der Annahme gleichmäßiger Verteilung) $\varrho_2 = \frac{4{,}4}{14{,}4} = 0{,}305$ t/cm²; beide zusammen ergeben die Hauptspannung $\varrho_{max} = 0{,}254 + \sqrt{0{,}254^2 + 0{,}305^2} = 0{,}641$ t/cm² gegenüber $\varrho_{zul} =$ $= 0{,}75\ \sigma_{zul} = 1{,}50$ t/cm²; auch ist $\varrho_2 < \varrho_{zul} = 0{,}65\ \sigma_{zul} = 1{,}30$ t/cm².

Der Anschluß wäre auch ohne Zuhilfenahme eines Knotenbleches ausführbar; man müßte nur zwecks Vergrößerung der Anschlußlängen der Streben deren Enden abschrägen und neben den Flankenkehlnähten noch je eine Stirnkehlnaht an den Stabrücken vorsehen. Während aber bei der Ausführung mit Knotenblech das Exzentrizitätsmoment (Abb. 157a) 8,8 . 3,4 tcm beträgt, steigt dasselbe beim Anschluß ohne Knotenblech gerade auf den doppelten Wert $M = 60$ tcm an. Dasselbe verteilt sich auf die einzelnen, im Knoten zusammenstoßenden Stäbe im Verhältnis ihrer Steifigkeiten. Da die Stablängen hier annähernd gleich groß sind (Abb. 158), erfolgt die Aufteilung im Verhältnis der Trägheitsmomente für die zur Bildebene rechtwinkeligen Schwerachsen. Nun ist für den Winkel 75 . 75 . 8 ... $J_1 = 58{,}9$ cm⁴, für ⊥6 ... $J_2 = 12{,}2$ cm⁴. Daher entfällt auf einen Eckwinkel $M_1 = \frac{1}{2} \cdot \frac{58{,}9}{58{,}9 + 12{,}2}\, 60 = 24{,}8$ tcm. Unter Zugrundelegung des Widerstandsmoments $W_x = 11{,}0$ cm³ ergibt sich für den Eckwinkel eine zusätzliche Biegespannung von $\varrho = \frac{24{,}8}{11{,}0} = 2{,}25$ t/cm², die sich unter Berücksichtigung des tatsächlichen Momentenverlaufs im Knoten gemäß Abb. 158 auf rund 1,9 t/cm² (für den unverstärkten Eckwinkel) verringert. Mit Rücksicht auf diese hohe Zusatzspannung ist der Anschluß mittels Knotenbleches zu wählen. Die Zusatzspannungen sind dann weniger als halb so groß, auch wird ein einwandfreier Kräfteausgleich im Knoten ermöglicht. Der Anschluß erfordert aber mehr Schweißarbeit und ist daher teurer; werden zwischen den unterbrochenen Nähten keine Dichtungsnähte eingelegt, dann ist er auch für die Erhaltung ungünstiger.

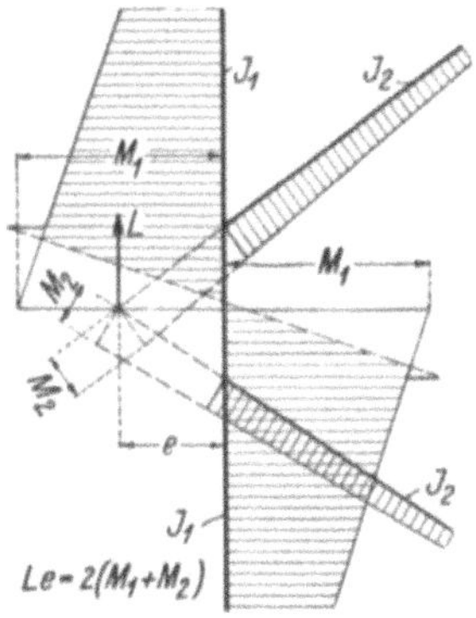

Abb. 158.

Anschluß von Bindeblechen. Der Anschluß der Bindebleche rahmenartiger Flachmaste (Abs. 6 b β) ist für die einwirkende Querkraft T und für die gleichzeitig auftretende Längsdruckkraft N zu bemessen. Die letztere ist in der Regel nur von untergeordneter Bedeutung (bei größerer Längskraft werden ohnehin steife Riegel an Stelle von Blechen vorgesehen); sie bleibt daher im folgenden außer Betracht. Der Anschluß der Bleche an die aus [- oder I-Stahl bestehenden Stiele kann in verschiedener Weise erfolgen.

Anschluß mittels Stumpfnähten. Ausführung nach Abb. 159 mittels V-Naht mit nachzuschweißender Wurzel. Es wird angenommen, daß die erforderliche Bindeblechstärke t kleiner als die theoretische Endstärke der Stielflanschen ist; in diesem Falle wird die nutzbare Nahtstärke $a = t$. Die nutzbare Schweißfläche (bei vollständiger Ausschweißung der Naht) beträgt $F_s = g\,t$, ihr Widerstandsmoment ist $W_s = \frac{g^2 t}{6}$; das einwirkende Biegungsmoment $M = T\,\frac{b}{2}$ ruft daher die Biegerandspannung $\varrho_1 = \frac{M}{W_s}$ hervor, und es muß $\varrho_1 \leq \varrho_{\text{zul}} = 0{,}80\,\sigma_{\text{zul}}$ (für Biegung) sein. Die von T hervorgerufenen Schubspannungen verteilen sich parabolisch* über F_s und erreichen in der Mitte ihren Größtwert $\varrho_2 = 1{,}5\,\frac{T}{F_s}$, wobei $\varrho_2 \leq \varrho_{\text{zul}} = 0{,}65\,\sigma_{\text{zul}}$ sein muß. Diese Herstellungsart des Anschlusses setzt genaues Passen der Bindebleche, unter Einhaltung der erforderlichen Schweißfuge, voraus, und die Schweißkanten der Bleche sind abzuschrägen.

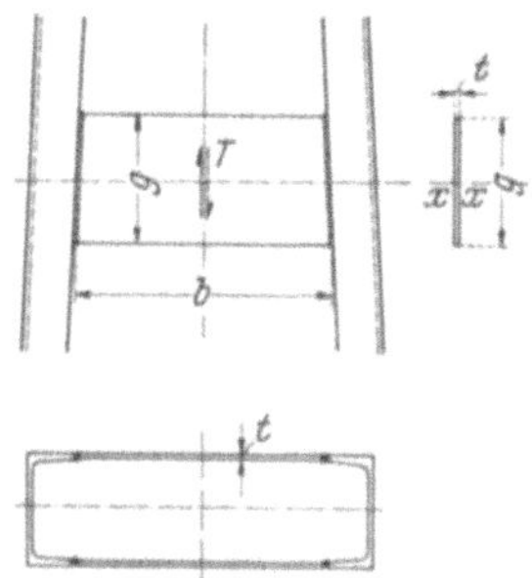

Abb. 159.

Anschluß mittels Stirnkehlnähten. Ausführung nach Abb. 160. Mit

* Nimmt man gleichmäßige Verteilung an, dann ist die weitere Berechnung wie für den Knotenblechanschluß in Abb. 157 durchzuführen.

der nutzbaren Stärke a der Anschlußnähte ist $F_s = 2\,a\,g$ und $W_s = \frac{2\,a\,g^2}{6}$; das einwirkende Biegungsmoment $M = T\,\frac{b}{2}$ ruft Randspannungen $\varrho_1 = \frac{M}{W_s}$ hervor, während unter der Querkraft T Scherspannungen mit dem Durchschnittswerte $\varrho_2 = \frac{T}{F_s}$ entstehen. Unter der Annahme, daß ϱ_2 auch für die Ränder gelte, erhält man als rechnungsmäßige Randspannung $\varrho_{\text{res}} = \sqrt{\varrho_1^2 + \varrho_2^2}$ und es muß $\varrho_{\text{res}} \leqq \varrho_{\text{zul}} = 0{,}65\,\sigma_{\text{zul}}$ sein. Auch bei dieser Herstellungsweise des Anschlusses müssen die Bindebleche genau zugeschnitten werden.

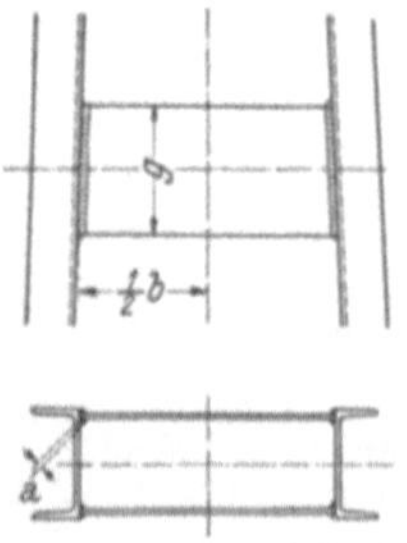

Abb. 160.

Anschluß mittels Überlappungsschweißung. Ausführung des Anschlusses nach Abb. 161, 162 mittels zweier Flankenkehlnähte und einer durchlaufenden oder auch unterbrochenen Stirnkehlnaht. Nahtabmessungen a_1, l_1 und a_2, l_2 (bei unterbrochener Naht bedeutet l die Summe der nutzbaren Einzellängen); die nutzbaren Nahtstärken dürfen höchstens gleich der 0,7fachen Blechstärke sein. Die Schweißflächen denkt man sich wieder in die Anschlußebene geklappt; sie werden durch das von T hervorgerufene Moment auf Verdrehen beansprucht. Die Berechnung des Anschlusses erfolgt nur näherungsweise, wobei meist nur die Nahtlängsspannungen berücksichtigt werden. Ihre Mittelkräfte L_1, L_1' und L_2, erhält man durch Zerlegung von T nach den drei Kraftrichtungen (Abb. 161 d); es entstehen die Nahtspannungen

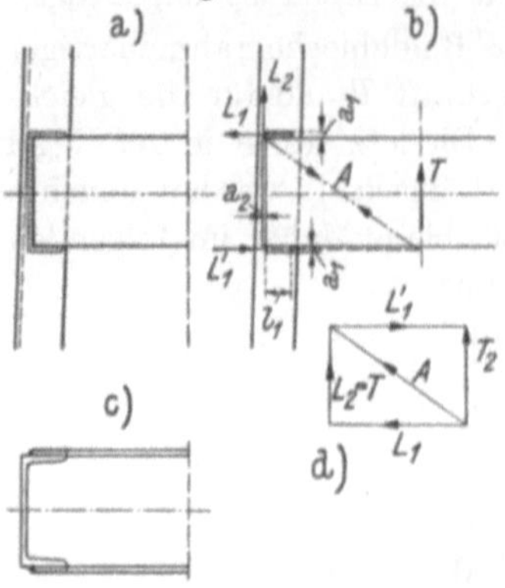

Abb. 161.

$$\varrho_1 = \frac{L_1}{a_1\,l_1} \text{ und } \varrho_2 = \frac{L_2}{a_2\,l_2}, \text{ für die } \varrho_{\text{zul}} = 0{,}65\,\sigma_{\text{zul}} \text{ gilt.}$$

Eine näherungsweise Bestimmung der vom Drehmoment hervorgerufenen Nahtspannungen ist auch unter Berücksichtigung der quer zu den Nähten wirkenden Spannungsbeiträge leicht möglich: Als Pol der Drehung wird der Schwerpunkt O des Schweißanschlusses (Abb. 162) angesehen; das Drehmoment von T bezüglich O sei M. Unter der Annahme, daß in irgend einem Elemente df der Schweißfläche die wirksame Scherspannung rechtwinkelig zum Polstrahl gerichtet und ihre Größe ϱ verhältnisgleich der Länge r des Polstrahles ist, folgt aus der Gleichgewichtsbedingung gegen Drehen $\varrho = \frac{M}{J_p}\,r$ und somit $\varrho_{\max} = \frac{M}{J_p}\,r_{\max}$, wenn $J_p = J_x + J_y$ das polare Trägheitsmoment der Schweißfläche $F_s = 2\,a_1\,l_1 + a_2\,l_2$ bedeutet. Nun ist noch die Teilspannung $\varrho_2 = \frac{T}{F_s}$ zufolge der Scherkraft T zu berücksichtigen und dieselbe ist mit $\varrho_{\max}$ geometrisch zu ϱ_{res} zusammenzusetzen. Es muß dann $\varrho_{\text{res}} \leqq \varrho_{\text{zul}} = 0{,}65\,\sigma_{\text{zul}}$ sein.

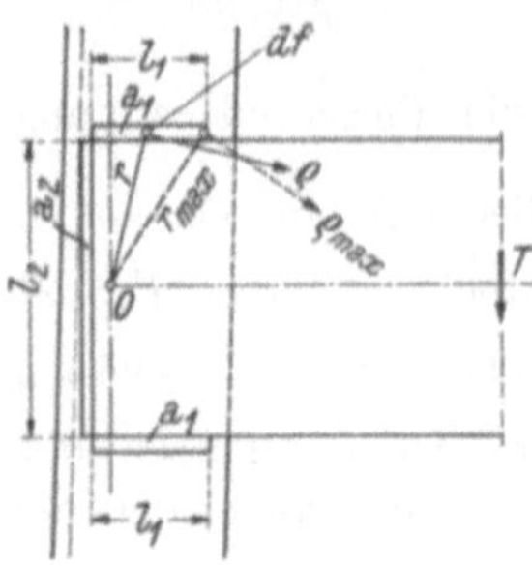

Abb. 162.

Rohrknoten eines rahmenartigen Flachmastes. Der Anschluß erfolgt mittels umlaufender Kehlnähte mit der nutzbaren Stärke a: Abb. 163. Besitzen Stiele und Riegel annähernd gleichen Rohrdurchmesser, dann ist es günstiger, die Enden der Riegelrohre elliptisch zu gestalten: Abb. 164. Die Berechnung des Anschlusses erfolgt in ähnlicher Weise wie für den im Absatz β behandelten Anschluß eines Kragträgers. Bedeutet d den Außendurchmesser des Riegelrohres, dann ist $d + a$ der Durchmesser der Mittellinie der Schweißfläche, falls diese in die zur Riegelachse rechtwinkelige, gedachte Anschlußebene E—E

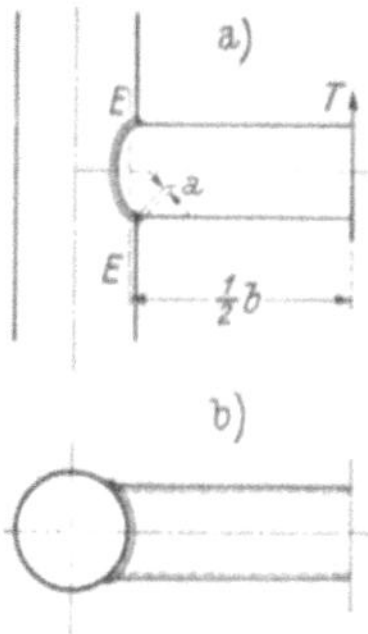

Abb. 163.

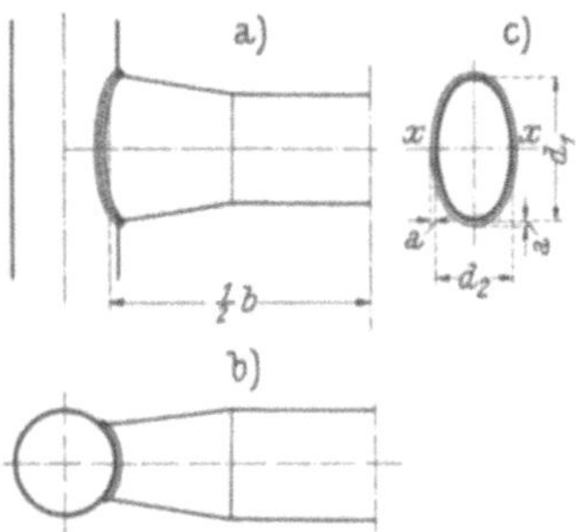

Abb. 164.

(Abb. 163a) geklappt wird. Auf den Anschlußquerschnitt wirkt dann das Biegungsmoment $M = T\frac{b}{2}$ und die Querkraft T ein. Bedeutet F_s die nutzbare Schweißfläche, W_s deren Widerstandsmoment für die Biegeachse x—x, so erhält man die Biegespannung $\varrho_1 = \frac{M}{W_s}$ und die durchschnittliche Scherspannung $\varrho_2 = \frac{T}{F_s}$ und es muß sein: $\varrho_{\text{res}} = \sqrt{\varrho_1^2 + \varrho_2^2} \leqq \varrho_{\text{zul}} = 0{,}65\,\sigma_{\text{zul}}$. Dabei gilt für den Kreisringquerschnitt (Abb. 163c):

$$F_s \doteq \pi\,(d + a)\,a, \qquad W_s \doteq 0{,}8\,(d + a)^2\,a \tag{122}$$

und für den elliptischen Ring (Abb. 164c):

$$\left.\begin{aligned} F_s &\doteq \frac{1}{2}\,a\,\pi\,(d_1 + d_2 + 2a) \\ W_s &\doteq \frac{1}{16}\,a\,\pi\,(d_1 + 2\,a)\,(d_1 + 3\,d_2 + 8\,a). \end{aligned}\right\} \tag{123}$$

6. Bauliche Durchbildung und Berechnung der Stahlmaste.

a) Maste aus einfachen Trägern und Rohren.

α) Trägermaste.

Der Schaft von Trag-, Winkel- und zuweilen auch der von Abspannmasten kann bei kleineren Belastungen und geringeren Höhen mit Vorteil aus einem einzelnen gewalzten Träger gebildet werden. Allerdings sind die I-Träger mit Normalquerschnitten hierzu nicht geeignet, da sie zufolge der großen Verschiedenheit der beiden Hauptträgheitsmomente eine zu geringe Kippfestigkeit aufweisen. In Betracht kommen daher nur Breitflanschträger, vor

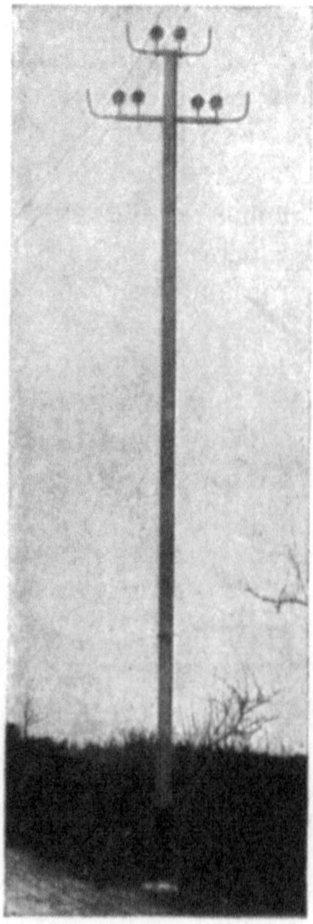

Abb. 165.

allem I P-Träger oder Differdinger Grey-Träger. Trägermaste kommen besonders in Frankreich und Luxemburg sehr häufig zur Anwendung. Gegenüber gegliederten Masten besitzen sie zwar größeres Gewicht, sie erfordern aber dafür nur ganz geringe Anarbeitungskosten. Zuweilen werden solche Maste auch mit abgestuftem Querschnitt ausgeführt, so daß der Werkstoff gleichmäßiger ausgenützt werden kann; der Stoß läßt sich bei diesen parallelflanschigen Trägern leicht ausbilden.

Die Gestaltung der Querträger hängt von ihrer Ausladung und von der Art der Isolierung der Leiter ab. Abb. 165 zeigt einen Mast einer Hochspannungsfreileitung der Gesellschaft Edison, Nevers (Frankreich)[30]; die Isolatorenstützen sind auf Querträgern aus einfachen [-Stählen aufgeschraubt. Abb. 166 zeigt den Mastkopf einer Hochspannungsfreileitung mit Stützenisolatoren in Luxemburg[30]. Bei größerer Ausladung müssen die Querträger aus je zwei [-Stählen ausgeführt werden.

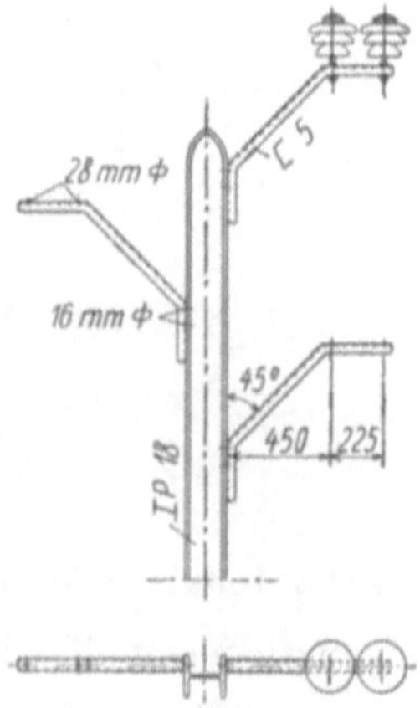

Abb. 166.

Maste aus gewalzten Trägern zeichnen sich durch ihre glatten Flächen aus, die leicht zu streichen sind, da man mit Bürste, Pinsel und Spritze jede Stelle gut erreichen kann. Da die Feuchtgkeit sich nirgends festsetzen kann, erfordern solche Maste auch nur geringe Erhaltungskosten.

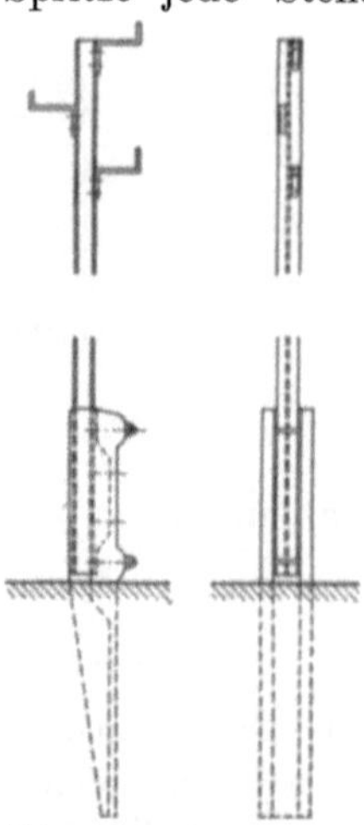

Abb. 167. Trägermast mit Eisenbeton-Erdfuß.

Die Gründung der Trägermaste erfolgt meist mittels block- oder stufenförmiger Betonfundamente. Am zweckmäßigsten werden dieselben schon vor dem Aufrichten der Maste hergestellt und mit einer Aussparung versehen, in die der Mast nach dem Hochziehen abgesenkt wird; der Zwischenraum wird dann mit Beton ausgegossen. Die Fundamente läßt man 15—20 cm über Erde ragen, um das Spritzwasser vom Mast fernzuhalten. Zur Gründung der Maste werden auch Eisenbetonmastfüße verwendet; in Abb. 167 ist eine französische Ausführung dargestellt.

Abb. 168.

Zum Besteigen der Maste verwendet man besondere Kletterschuhe. Für den Mastbau wurden auch Sonderprofile entwickelt; Abb. 168 zeigt den Querschnitt der „BYH-Profile“,[31] die in Luxemburg in drei verschiedenen Größen mit $b = 120$ bis 170 mm, $h = 149$—210 mm gewalzt werden und 20,5—36,5 kg/m schwer sind.

Für die Bemessung der Trägermaste ist die Beanspruchung auf Biegung mit Längskraft im jeweils stärkst belasteten Querschnitte maßgebend. Außerdem ist auch die Kippsicherheit nach Abs. 4f, zu überprüfen.

β) Rohrmaste.

Für die Herstellung solcher Maste kommen hauptsächlich nahtlose Flußstahlrohre der Mannesmannröhren-Werke Düsseldorf und Komotau (Tschechoslowakei) in Betracht. Durch schußweises Absetzen des Rohrquerschnittes kann dieser dem Momentenverlauf angepaßt werden, so daß eine gute Ausnützung des Werkstoffes längs der ganzen Masthöhe möglich ist. Die Rohre werden aus einem Flußstahl erzeugt, der bei einer Festigkeit von 55—65 kg/mm² eine Mindestbruchdehnung $\delta_{10} = 14\%$ aufweist.

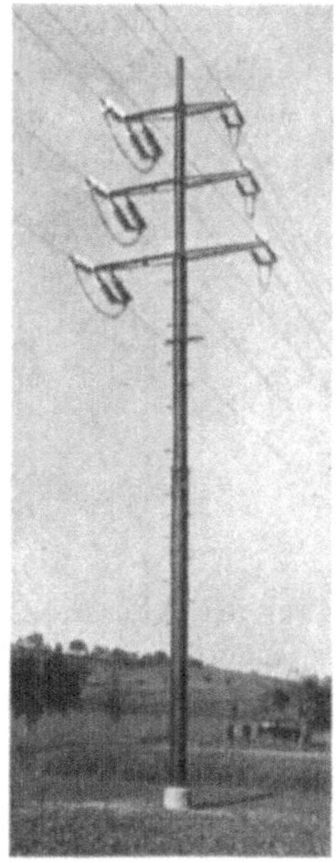

Abb. 169.

Rohre besitzen den großen Vorteil, daß nur die äußere Oberfläche den Einflüssen der Witterung ausgesetzt ist, während das Innere geschützt bleibt. Nach der Teerung der Innenfläche wird nämlich das Rohr an seinen Enden verschlossen. An seiner glatten Außenfläche kann sich nirgends die Feuchtigkeit festsetzen, so daß auch die Erhaltungskosten sehr gering sind.

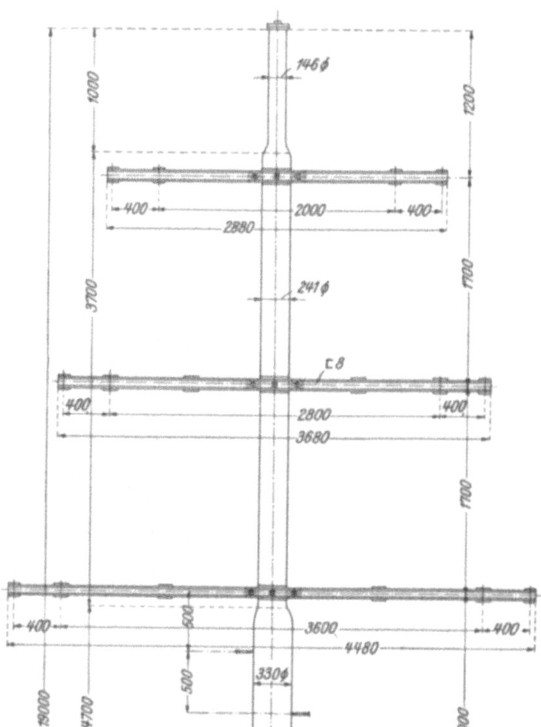

Abb. 170.

Kommt man mit der verfügbaren Rohrlänge nicht aus oder ergeben sich Beförderungsschwierigkeiten, so müssen Stöße vorgesehen werden. Werkstattstöße werden im allgemeinen als geschrumpfte Stöße ausgeführt, Baustöße werden bei entsprechend langer Überlappung durch Schrauben gesichert.

Die Querträger werden entweder ebenfalls aus Rohren gebildet, oder aus einfachen, bzw. doppelten ⊏-Stählen hergestellt. Der Anschluß an den Schaft erfolgt meist durch Anschellen. Ist bei Stützenisolatorenleitungen ein Leiter an der Mastspitze zu verlegen, dann wird das Rohr oben durch einen eingeschweißten Stopfen aus Schmiedestahl abgeschlossen, in welchen ein Gewinde zum Einschrauben der Isolatorenstütze eingeschnitten ist.

Abb. 169 zeigt einen Kreuzungsmast einer 60-kV-Leitung in Mittel-Böhmen; in Abb. 170 ist der Mastoberteil dargestellt, Einzelheiten eines Querträgers sind

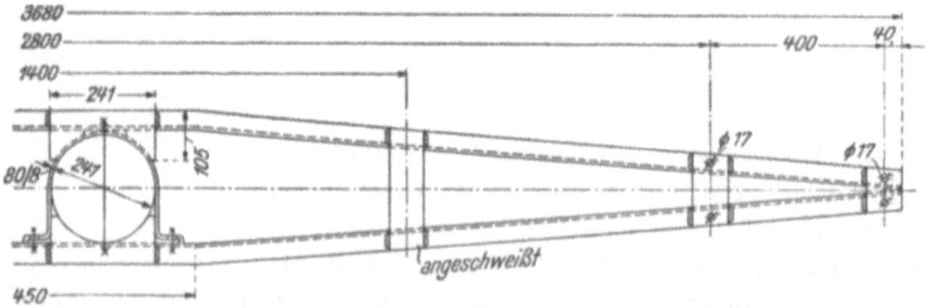

Abb. 171.

aus der Abb. 171 zu ersehen (Ausführung durch die Mannesmannröhren-Werke Komotau). Abb. 172 zeigt den Anschluß eines einfachen Rohrquerträgers, ausgeführt von derselben Unternehmung. Die Rohrmaste werden meist mittels

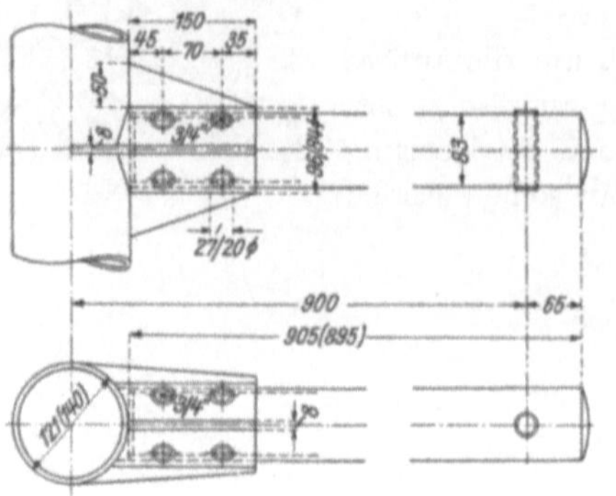

Abb. 172.

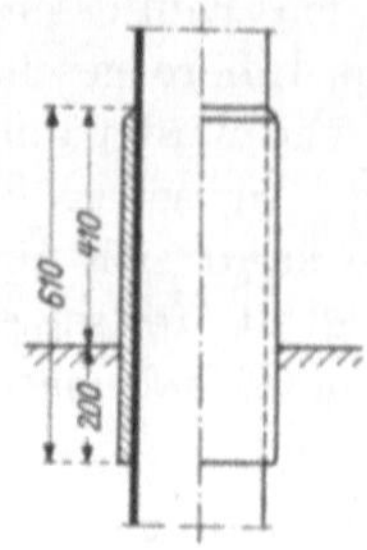

Abb. 173.

Block- oder Stufenfundamenten aus Beton gegründet. Bei gutem Boden können leichte Maste auch unmittelbar eingegraben werden. Zum Schutze des Schaftteiles am Erdaustritt, der der Rostgefahr besonders ausgesetzt ist, wird zuweilen auch eine Bodenhülse nach Abb. 173 vorgesehen.

b) Flachmaste.

Flachmaste bilden ebene Fachwerke oder ebene Rahmentragwerke, je nachdem die beiden Stiele durch Streben oder durch steif angeschlossene Riegel (Bindebleche, Träger oder Rohre) zu ebenen Tragwerken verbunden werden. Sie dienen als Trag- und Winkelmaste für Leitungen mit kleineren Spannfeldern. Mit Rücksicht auf den wechselnden Richtungssinn der waagrechten Lasten werden sie meist symmetrisch gestaltet. Die Stiele bestehen vorwiegend aus einem einzelnen [-Stahl, seltener aus einem I-Träger; auch Rohre kommen in Betracht, vor allem für die Herstellung rahmenartiger Flachmaste geschweißter Ausführung. Die Flachmaste werden in der Regel mittels block- oder stufenförmiger Betonfundamente gegründet. Gegenüber Lastangriffen senkrecht zur Tragwandebene wirken die Stiele als im Fundament eingespannte Kragträger.

α) *Fachwerkartige Flachmaste.*

Bauliche Durchbildung. Bei kleineren Masten wird die Verstrebung häufig bloß einwandig als Schlangenband ausgeführt. Dieses besteht aus einem entsprechend abgebogenen Flachstahl (Abb. 174), Einzelheiten in Abb. 175 (genietete Ausführung) und Abb. 156 (geschweißte Ausführung).

Statisch günstiger wirkt eine beiderseitig angeordnete Verstrebung aus Flach- oder Winkelstahl: Einzelheiten in Abb. 176a—c.

Bei diesem Tragmast einer 55-kV-Leitung konnte der oberhalb des Auslegers gelegene Schaftteil unverstrebt bleiben, da dort die Rahmenwirkung genügt. Zur Erleichterung des Einbaues des von 2 [-Stählen gebildeten, wenig nachgiebigen Auslegers, wurden die äußeren Köpfe der Anschlußniete der Kopfbleche versenkt. Unterhalb des Auslegers wurden zunächst Flachstahlstreben vorgesehen, bis dann wegen der nach abwärts zu immer größer werdenden Knicklängen aus wirtschaftlichen Gründen der Übergang auf Streben aus Winkelstahl vollzogen werden mußte: Abb. 176b. Für die Streben genügten durchaus einnietige Anschlüsse. Zwecks Herabsetzung der durch die ausmittigen Strebenanschlüsse hervorgerufenen Zusatzspannungen wurden die Anschlußnieten zusammenstoßender Streben so nahe als möglich zusammengerückt.

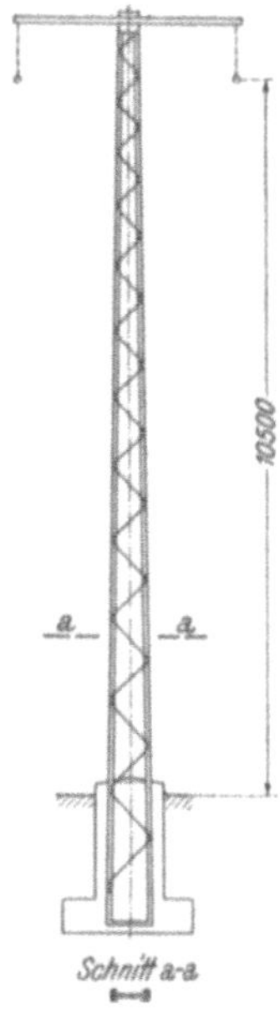

Abb. 174.

Im Falle der Schweißung erfolgt der Strebenanschluß meist mittels Flankenkehlnähten; reichen die verfügbaren Anschlußlängen nicht aus, dann kann beispielsweise an den Stabenden noch je eine Stirnkehlnaht zugegeben werden. An Stelle von Streben aus Winkelstahl werden vorteilhafter solche aus ⊥-Stahl verwendet. Vgl. Abb. 153a.

In Abb. 177 ist ein geschweißter Rohrflachmast dargestellt, der zum Teil bereits als Rahmenträger wirkt. Es handelt sich um einen Tragmast einer 50-kV-Leitung; Masthersteller: Mannesmannröhren-Werke Komotau.

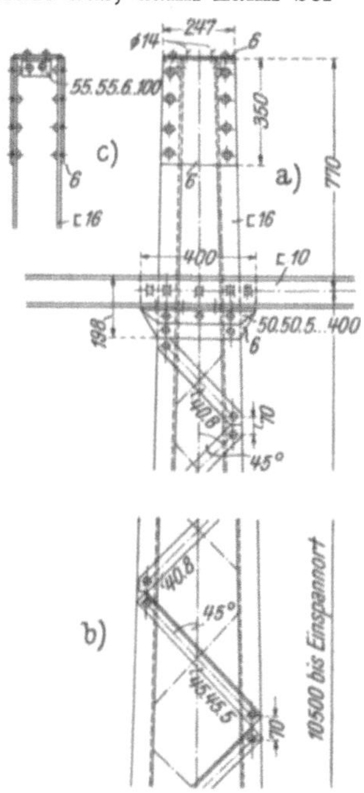

Abb. 176.

Berechnung. Für Lastangriffe in der Tragwandebene wird die Berechnung näherungsweise, unter der Annahme gelenkiger Stabzusammenschlüsse und gelenkiger Auflagerung am Fundamente durchgeführt.

1. Lotrechte Belastung. Eine mittig angreifende Last G ruft in den beiden Stielen Stabkräfte $L = -\frac{1}{2} G \sec \alpha$ hervor, wenn α den Neigungswinkel der Stiele gegen die Lotrechte bedeutet. Da α meist klein ist, kann $L \doteq -\frac{1}{2} G$ gesetzt werden.

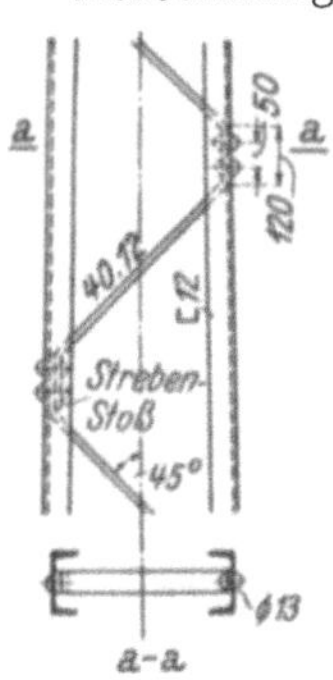

Abb. 175.

Eine außermittig, am Hebelarme e angreifende lotrechte Last P (Abb. 178)

Abb. 177.

ergibt wieder eine mittige Last P und ein Biegungsmoment Pe, das durch das Kräftepaar Qb ersetzt wird. Die Zerlegung der Q parallel zu den Stielen und in waagrechter Richtung ergibt die Seitenkräfte $\pm Q \sec \alpha$ und $H = Q \operatorname{tg} \alpha$; die ersteren gehen unmittelbar in die Stiele, die waagrechten Seitenkräfte H hingegen versetzen den ganzen, unterhalb des Auslegers gelegenen Teil des Fachwerkes in Spannung. Ist α klein, dann wird $\sec \alpha \doteq 1$ und $\operatorname{tg} \alpha \doteq 0$; die Stiele erhalten dann die Stabkräfte

$$L_{1,2} \doteq -\frac{1}{2} P \pm \frac{Pe}{b}, \qquad (124)$$

während die Verstrebung praktisch spannungslos bleibt.

Bei fachwerkartigen Auslegern ist zu beachten, daß die zwischen dem Ober- und Untergurt des Auslegers gelegene Maststrebe eine verhältnismäßig große Stabkraft erhalten kann. In Abb. 179b wurden für den Mast nach Abb. 179a die von der außermittig angreifenden Last P hervorgerufenen Stabkräfte auf zeichnerischem Wege, mit Hilfe eines Kräfteplanes bestimmt. Die Abb. 180 zeigt das statisch wirksame System im Falle lotrecht stehender Stiele: Alle Maststreben, mit Ausnahme der zwischen den Auslegergurten gelegenen, bleiben spannungslos, die Stabkräfte der Stiele sind ebenso groß wie die nach Gl. (124)

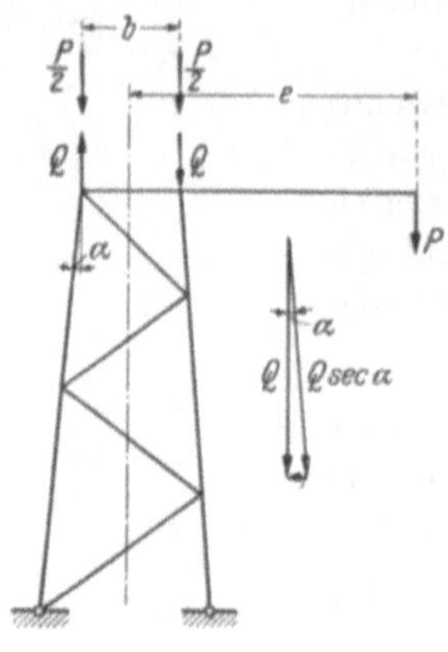

Abb. 178.

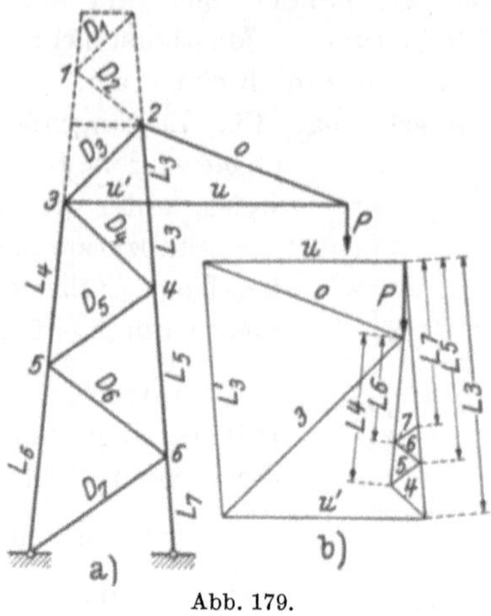

Abb. 179.

berechneten. Diese Ergebnisse sind näherungsweise auch für Maste mit geneigten Stielen anwendbar, wenn der Neigungswinkel α klein ist.

2. Waagrechte, in der Tragwandebene wirkende Lasten. Die auftretenden Stabkräfte können in verschiedener Weise ermittelt werden:

Rein rechnerische Bestimmung nach dem Ritterschen Schnittverfahren. Bezeichnungen: b_k = Netzbreite des Tragwerkes in Höhe des Knotens k, d_k = Netzlänge der Strebe im Felde k (zwischen den Knoten $k-1$ und k), λ_k = Stiellänge, gemessen von der Wirkungslinie der Last Y bis zum Knoten k, L_k = = Stabkraft im Stiele mit dem Momentenbezugspunkt k; nach Erfordernis wird im folgenden für die Stielkräfte auch die Bezeichnung L_k' und L_k'' verwendet, worunter dann die Stabkräfte des linken und rechten Stieles des Feldes k zu verstehen sind.

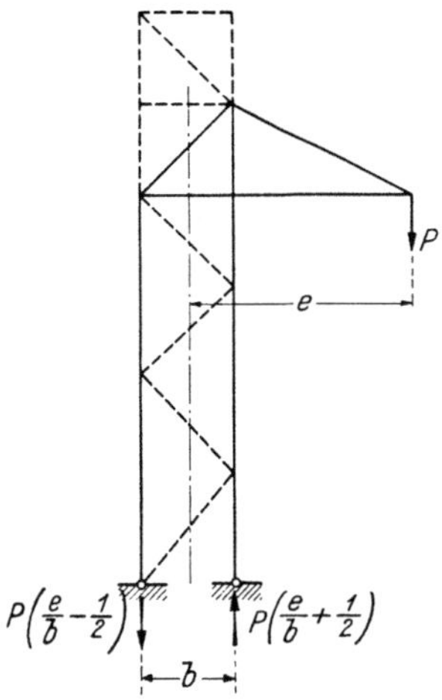

Abb. 180.

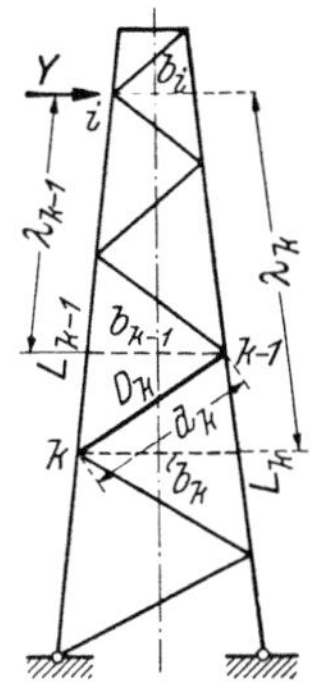

Abb. 181.

Nach Abb. 181 ist

$$\left.\begin{aligned} D_k &= Y\,\frac{b_i\,d_k}{b_{k-1}\,b_k},\\ L_{k-1} = +Y\,\frac{\lambda_{k-1}}{b_{k-1}},&\quad L_k = -Y\,\frac{\lambda_k}{b_k}.\end{aligned}\right\}\tag{125}$$

Zeichnerisch-rechnerisches Verfahren: Man ermittelt auf rechnerischem Wege die Biegungsmomente für die jeweiligen Ritterschen Bezugspunkte, greift aber die Hebelarme aus einer maßstabrichtigen Zeichnung ab. Dieses Verfahren führt am raschesten zum Ziele und wird daher am häufigsten angewandt; man erhält z. B. für das Tragwerk nach Abb. 182, Lastangriff Y,

$$D_k = +Y\,\frac{p_i}{r_k},\qquad L_k = -Y\,\frac{h_k}{\varrho_k}.\tag{126}$$

Zwecks Ermittlung der Stabkräfte aus der Windbelastung w kg/m Schaft hätte man zunächst die Knotenlasten zu berechnen und sodann die Gl. (126) anzuwenden. Einfacher ist es, gleich die Resultierende der am jeweils abgetrennt gedachten Schaftteil angreifenden Windkräfte, deren Erstreckung näherungsweise bis zum Momentenbezugspunkt des zu berechnenden Stieles, bzw. bis zum unteren Knoten der Strebe angenommen wird, zur Momentenberechnung heranzuziehen; man erhält dann nach Abb. 182 beispielsweise

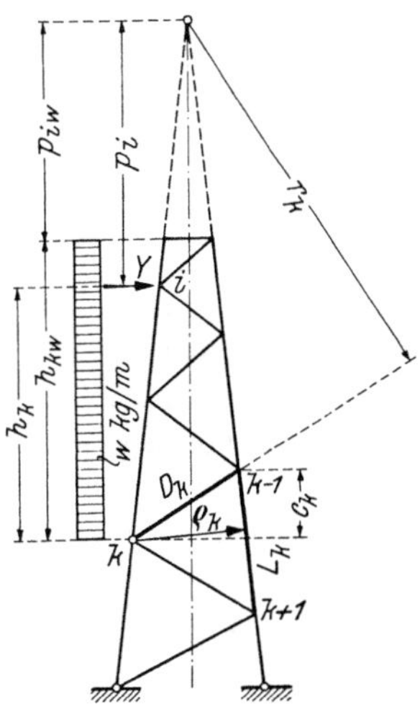

Abb. 182.

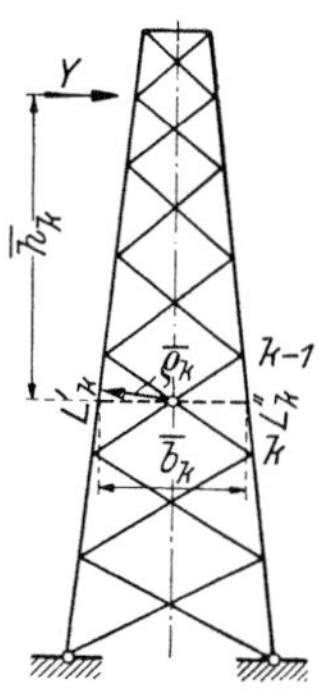

Abb. 183.

$$\left.\begin{aligned} D_k &= w\,h_{kw}\left(p_{iw} + \frac{1}{2}\,h_{kw}\right)\frac{1}{r_k},\\ L_k &= -\frac{1}{2}\,w\,h_{kw}^2\,\frac{1}{\varrho_k}.\end{aligned}\right\}\tag{127}$$

Sind beiderseits einfache Strebenzüge in sich kreuzender Lage vorgesehen, so entfallen auf die Streben einer Wand die halben Werte der berechneten Stabkräfte.

Für die Ermittlung der Stielkräfte ist jeweils der Strebenkreuzungspunkt als Momentenbezugspunkt anzunehmen, und man erhält dann nach Abb. 183 für die Stiele des Feldes k

$$L_k' = -L_k'' = Y \frac{\bar{h}_k}{2\,\bar{\varrho}_k},$$

wofür bei wenig geneigten Stielen $L_k' = -L_k'' = Y \frac{\bar{h}_k}{\bar{b}_k}$ gesetzt werden darf.

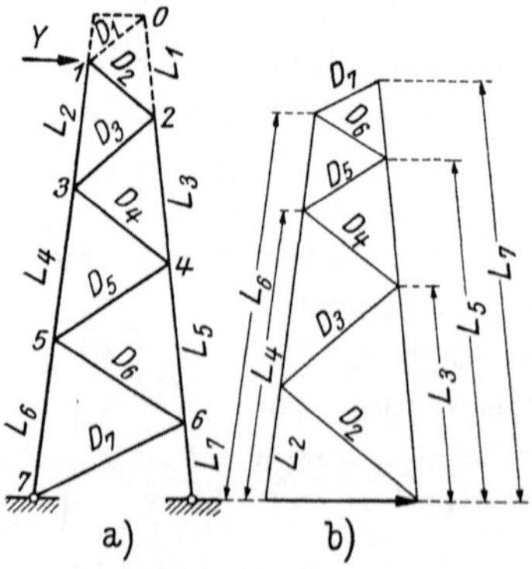

Abb. 184.

Zeichnerische Bestimmung der Stabkräfte. Für das Tragwerk nach Abb. 184a ist in Abb. 184b ein Cremona-Kräfteplan gezeichnet. In Abb. 184a sind die statisch wirksamen Stäbe durch volle Linien, die spannungslos bleibenden Stäbe durch strichlierte Linien gekennzeichnet.

Im Falle beiderseitiger Verstrebungen mittels einfacher Strebenzüge in sich kreuzender Lage ist die Kräftezerlegung für eine Wand mit der Last $\frac{1}{2} H$ durchzuführen. Der Kräfteplan liefert dann unmittelbar die Stabkräfte der Streben, während jene der Stiele durch Zusammenlegen der absoluten Werte der in jedem Felde k sich ergebenden Stielkräfte L_k' und L_k'' erhalten werden.

3. Waagrechte Belastung rechtwinkelig zur Tragwandebene. Mittig angreifende Lasten werden zu gleichen Teilen auf beide Stiele verteilt und beanspruchen diese auf Biegung mit dem Größtmoment im Einspannquerschnitt.

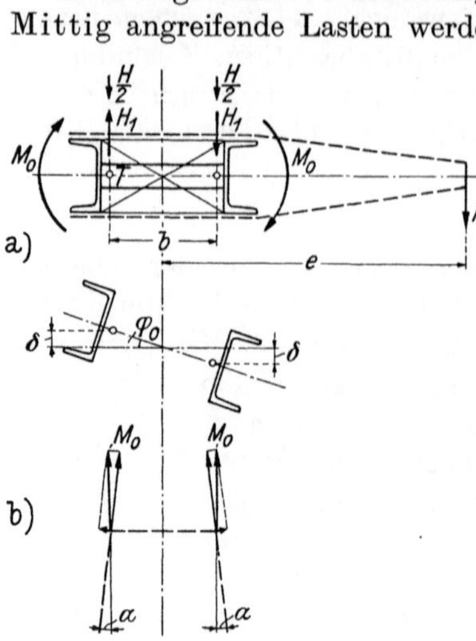

Abb. 185.

Eine außermittig am Hebelarm e angreifende Last H (Abb. 185) kann in ihrer Wirkung ersetzt werden durch eine mittige Last H und durch ein Drehmoment $H\,e$, dessen Einfluß noch besonders zu untersuchen ist. Bei den üblichen Bauformen der Flachmaste (Stielabstand b klein gegenüber der Stiellänge l) muß dabei auch der Drillungswiderstand der Stiele berücksichtigt werden. Für die folgende Untersuchung wird eine steife Verbindung der Stiele in der Ebene des belasteten Auslegers vorausgesetzt, so zwar, daß die Verbindungslinie der Schubmittelpunkte der Stielschnitte rechtwinkelig zu den Stegen verbleibt.

Flachmaste mit einwandiger Verstrebung (Schlangenband-Maste). Der Verwindungswiderstand des Schlangenbandes wird außer Betracht gelassen. Das einwirkende Drehmoment $M = H\,e$ ruft in den Stielen Einzelkräfte H_1 und Momente M_0 hervor: Abb. 185; bedeutet b die Entfernung der Schubmittelpunkte der Stielquerschnitte, gemessen in der Auslegerebene, dann ist

$$H\,e = H_1\,b + 2\,M_0,$$

oder

$$H_1 = \frac{H\,e - 2\,M_0}{b}. \tag{128}$$

Das Stielmoment zerlegen wir in ein Drehmoment M_d und in ein Biegungsmoment M_b (Abb. 185b); bezeichnet α den Neigungswinkel der Stiele gegen die Lotrechte, so gilt

$$M_d = M_0 \cos\alpha, \quad M_b = M_0 \sin\alpha, \tag{129a}$$

H_1 und M_b rufen Ausbiegungen der Stiele von der Größe

$$\delta = H_1 \frac{l^3}{3\,E\,J_x} - M_b \frac{l^2}{2\,E\,J_x}$$

hervor; mit Gl. (128) und (129a) erhält man hieraus

$$\delta = \frac{l^2}{E\,J_x}\left\{\frac{H\,e - 2\,M_0}{3\,b}\,l - \frac{1}{2}\,M_0 \sin\alpha\right\}. \tag{129b}$$

Der Verdrehungswinkel des Mastes in der Auslegerebene ist dann

$$\varphi_0 = \frac{2\,\delta}{b}$$

und daher der Drillungswinkel jedes Stieles

$$\varphi = \varphi_0 \sec\alpha = \frac{2\,\delta}{b} \sec\alpha. \tag{129c}$$

φ kann gemäß Gl. (111) aus dem Drehmoment M_d berechnet werden, und zwar ergibt sich für die Stiellänge l (zwischen Einspannquerschnitt und Ausleger):

$$\varphi = \frac{M_d}{G\,I}\,l, \tag{129d}$$

wenn I den Drillungswiderstand eines Stieles bedeutet. Aus der Gleichsetzung der Werte φ aus Gl. (129c) und (129d) erhält man mit Benützung der Gl. (129a) und (129b) und mit $\frac{E}{G} = 2{,}6$ (entsprechend einer Querdehnungszahl $\mu = 0{,}3$):

$$M_0 = \frac{H\,e}{2 + 1{,}5\,\frac{b}{l}\sin\alpha + 3{,}9\,\frac{b^2}{l^2}\cdot\frac{J_x}{I}\cos^2\alpha}. \tag{130}$$

Nach Berechnung von M_0 sind auch H_1, M_b und M_d aus den Gl. (128) und (129) bestimmbar, und es können die von diesen Wirkungsgrößen hervorgerufenen Normal- und Schubspannungen im maßgebenden Einspannquerschnitt ermittelt werden, die dann mit den Normal- und Schubspannungen zufolge anderer, gleichzeitig einwirkender Lasten (mittige Kraft H, lotrechte Lasten) zu einer Vergleichsspannung gemäß Gl. (104) zusammenzusetzen sind.

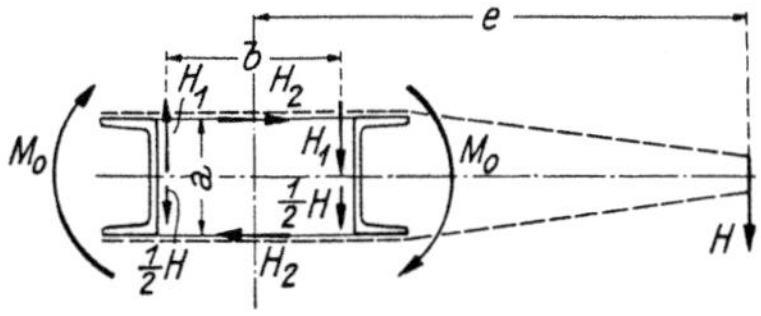

Abb. 186.

Flachmaste mit beiderseitiger Verstrebung. Bei der Verdrehung des Mastes erfahren auch die Stielflanschen als Gurte der Fachwerke der Seitenwände Verschiebungen parallel zur Mastebene. Diese Verformung der Seitenwandfachwerke kommt unter der Einwirkung von Wandlasten H_2 zustande (Abb. 186), die nun zu berücksichtigen sind. Das vom Ausleger auf den Mast ausgeübte Drehmoment $H\,e$ ruft jetzt Kräftepaare $H_1\,b$ und $H_2\,a$ sowie Stielmomente M_0 hervor; a bedeutet dabei die Querschnittshöhe der Stiele und zugleich den Abstand der Seitenwandfachwerke. Es besteht somit die Bedingung

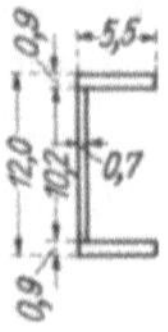

Abb. 187.

$$H\,e = H_1\,b + H_2\,a + 2\,M_0. \tag{131}$$

Um diese Wirkungsgrößen ermitteln zu können, muß noch eine weitere Elastizitätsbedingung herangezogen werden. Es liegen hier ähnliche Verhältnisse wie bei rechteckigen Gittermasten vor (s. c β), und gestützt auf die Ergebnisse der Untersuchung solcher Maste kann hier in erster Annäherung angenommen werden, daß sich die Wandlasten H_1 und H_2 so wie die Wandbreiten a und b verhalten; da aber die Netzbreite b nach unten hin zunimmt, stellen wir für b den Mittelwert b_m in Rechnung und erhalten so

$$H_2 = H_1\,\frac{b_m}{a}. \tag{132}$$

Mit Hilfe der Gl. (132) kann nun H_1 aus Gl. (131) durch $H\,e$ und M_0 ausgedrückt werden und der weitere Gang der Untersuchung erfolgt so wie für den Stab mit einwandiger Verstrebung. Das Ergebnis lautet:

$$M_0 = \frac{H\,e}{2 + 1{,}5\,\dfrac{b + b_m}{l}\sin\alpha + 3{,}9\,\dfrac{(b + b_m)\,b}{l^2}\cdot\dfrac{J_x}{I}\cos^2\alpha}, \tag{133}$$

womit dann aus Gl. (129) M_b und M_d und aus den Gl. (131) und (132) H_1 und H_2 ermittelt werden können. Meist ist α klein, so daß $\cos\alpha \doteq 1$ und $\sin\alpha \doteq 0$ und damit $M_d \doteq M_0$ und $M_b \doteq 0$ wird.

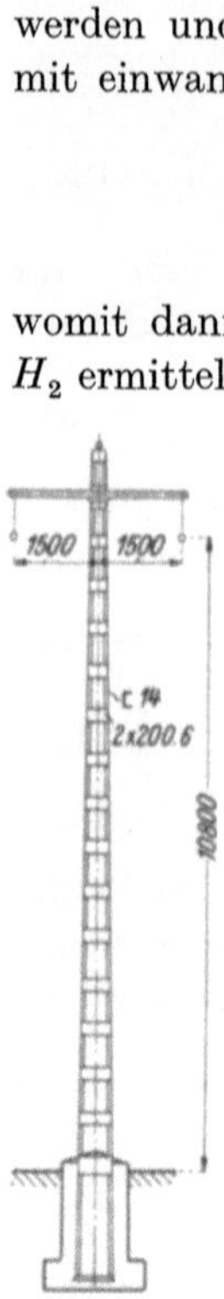

Abb. 188.

Zahlenbeispiel: Es sei: $b = 300$ mm, $b_m = 400$ mm, $l = 7200$ mm, $\sin\alpha \doteq 0$, $\cos\alpha \doteq 1$, $H\,e = 0{,}10$ tm; Stielquerschnitt [12 mit $J_x = 364\ \text{cm}^4$ und (Abb. 187) $I = \frac{1{,}12}{3}\,(10{,}2\cdot 0{,}7^3 + 2\cdot 5{,}5\cdot 0{,}9^3) = 4{,}3\ \text{cm}^4$.

Damit entsteht aus Gl. (133)

$$M_0 = M_d = \frac{0{,}10}{2 + 3{,}9\,\dfrac{700\cdot 300}{7200^2}\cdot\dfrac{364}{4{,}30}} = 0{,}03\ \text{tm};$$

jeder Stiel nimmt also zufolge seines Drillungswiderstandes schon 30% des einwirkenden Drehmoments $H\,e$ auf. Aus den Gl. (131) und (132) erhält man sodann

$$H_1 = \frac{0{,}10 - 2\cdot 0{,}03}{0{,}300 + 0{,}400} = 0{,}057\ \text{t} \quad\text{und}\quad H_2 = \frac{400}{120}\,0{,}057 = 0{,}19\ \text{t}.$$

4. Kippen der Flachmaste. Auch die Flachmaste weichen unter einer bestimmten Größe ihrer waagrechten, in der Tragwandebene wirkenden Belastung quer zu ihrer Ebene aus. Dieses Stabilitätsproblem wurde von E. Melan behandelt.[32] Nach den Ergebnissen dieser Untersuchung ist für das Auskippen die für Knicken vorgeschriebene Sicherheit zu erzielen, indem der gedrückte Stiel für die größte auftretende Druckkraft und mit einer Knicklänge gleich der 0,66fachen, zwischen Einspannung und Wirkungslinie der Mittelkraft der waagrechten Lasten gemessenen Stiellänge, auf Knicken rechtwinkelig zur

Tragwandebene bemessen wird. Dieses theoretische Ergebnis stimmt gut mit den Ergebnissen von Versuchen überein, die das seinerzeitige Elektrisierungsamt der österreichischen Bundesbahnen durchführen ließ; auf Grund dieser Versuchsergebnisse wurde in die „Besonderen Bedingnisse ... für Leitungsanlagen elektrischer Bahnen", Wien, 1924, die Bestimmung aufgenommen, daß die Stiele von Flachmasten mit einfachen Schlangenbandverbindungen oder mit Bindeblechen mit der 0,63fachen Stiellänge l, jene von Flachmasten mit beiderseitig einfacher, jedoch gekreuzt angeordneter Flachstahl- oder Winkelstahlverstrebung mit der 0,53fachen Stiellänge auf Knicken rechtwinkelig zur Mastebene zu berechnen sind.

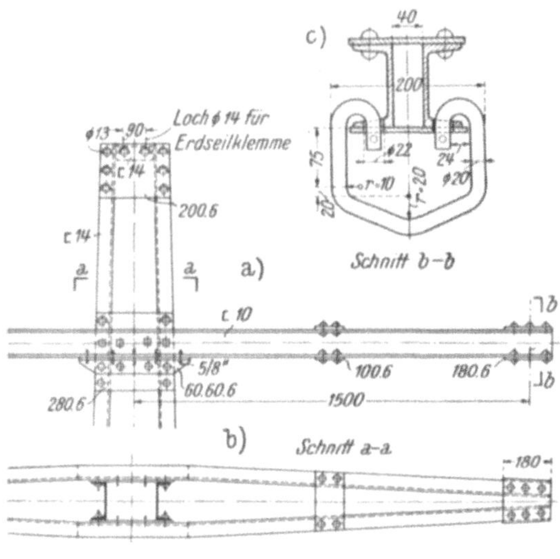

Abb. 189.

β) Rahmenartige Flachmaste.

Bauliche Durchbildung. Die beiden Stiele bestehen im allgemeinen aus einem einzelnen [- oder I-Stahl, die Riegel werden meist von Bindeblechpaaren gebildet, die durch Nietung oder Schweißung mit den Stielen biegungssteif verbunden sind. Für geschweißte Ausführungen könnten mit Vorteil die Stiele und Riegel auch aus Rohren gebildet werden; zwar sind Stiele aus Rohren schwerer als solche aus I- oder [-Stählen gleich großen Biegewiderstandes rechtwinkelig zur Mastebene. Dafür aber läßt der größere Biegewiderstand der Rohre in der Tragwandebene größere Riegelentfernungen zu, so daß die Zahl der Stabanschlüsse kleiner wird.

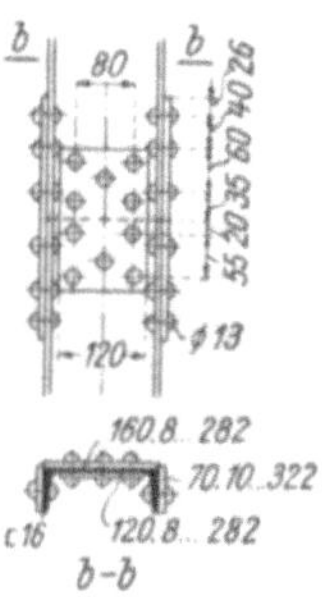

Abb. 190.

Abb. 188 zeigt einen als Tragmast dienenden Bindeblechmast einer 55-kV-Bahnstromleitung; Einzelheiten des Mastkopfes sind aus Abb. 189a—c zu ersehen, Abb. 190 zeigt einen Stielstoß. In Abb. 191 ist ein Schaftstoß im Falle abgesetzter Stielquerschnitte dargestellt. Hinsichtlich der Ausbildung geschweißter Bindeblechanschlüsse wird auf die Abb. 159—161 verwiesen.

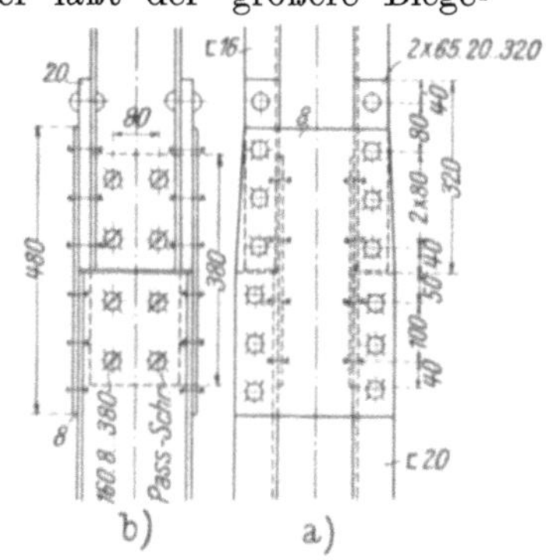

Abb. 191.

Berechnung. 1. Lotrechte Belastung. Angriffe mittiger oder außermittiger Lasten sind näherungsweise wie bei den fachwerkartigen Flachmasten zu behandeln.

2. Waagrechte Lasten in der Rahmenebene. In den einzelnen Knotenpunkten *0, 1, 2,* ... (Abb. 192) greifen die waagrechten Knotenlasten Y_0, Y_1, Y_2, ...

an. Das System ist bei n Feldern $3n$-fach statisch unbestimmt; bei Vernachlässigung der Längenänderungen der Riegel weist das symmetrische Tragwerk nur n-fache Unbestimmtheit auf. Hinsichtlich der genauen Berechnung wird auf den Absatz d verwiesen; im folgenden soll bloß ein Näherungsverfahren, das für praktische Zwecke meist ausreicht, zur Darstellung gelangen.

Diesem Näherungsverfahren liegt die Annahme zugrunde, daß die Momentennullpunkte der Stiele in den Feldmitten gelegen sind. Wir denken uns daher

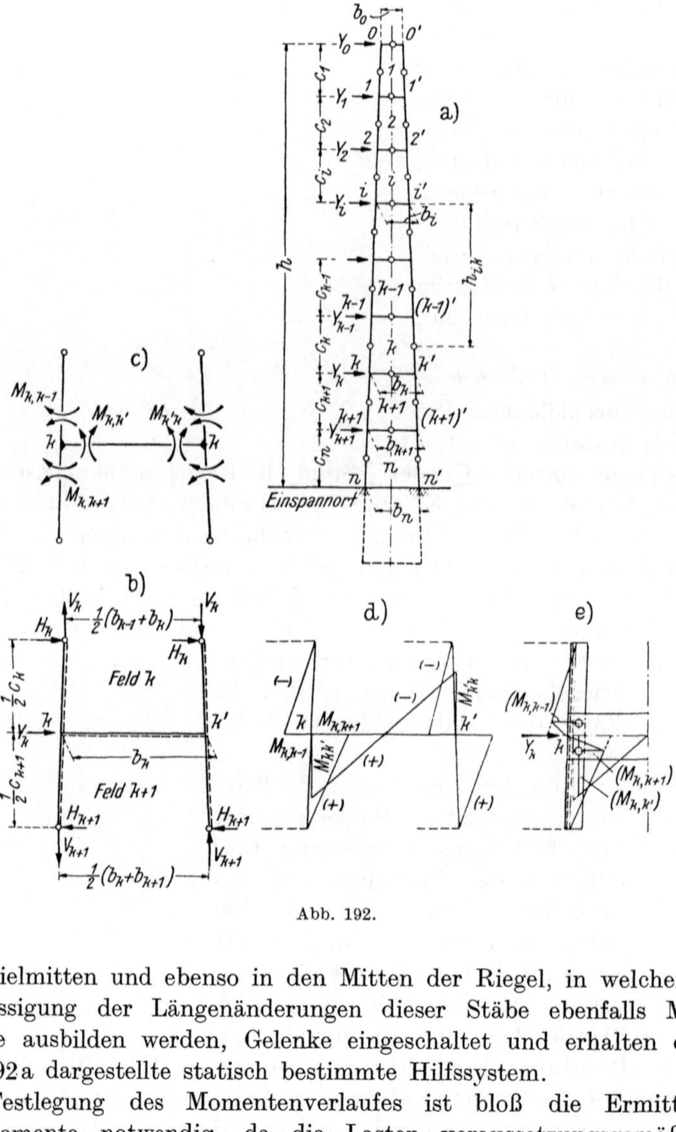

Abb. 192.

in den Stielmitten und ebenso in den Mitten der Riegel, in welchen sich bei Vernachlässigung der Längenänderungen dieser Stäbe ebenfalls Momentennullpunkte ausbilden werden, Gelenke eingeschaltet und erhalten damit das in Abb. 192a dargestellte statisch bestimmte Hilfssystem.

Zur Festlegung des Momentenverlaufes ist bloß die Ermittlung der Stabendmomente notwendig, da die Lasten voraussetzungsgemäß nur in den Knoten angreifen und alle Momentenlinien daher geradlinig verlaufen. Zur Lösung dieser Aufgabe werden für zwei beliebige, aufeinanderfolgende Paare von Stielgelenken die Seitenkräfte H und V der Gelenkdrücke ermittelt. Mit den Bezeichnungen nach Abb. 192a ergibt sich für die Querkraft des Feldes $k \ldots Q_k = \sum_{i=0}^{i=k-1} Y_i$ und hieraus für die waagrechten Seitenkräfte der Gelenkdrücke im Felde k

$$H_k = \frac{1}{2} Q_k = \frac{1}{2} \sum_0^{k-1} Y_i. \tag{134a}$$

Zur Berechnung der lotrechten Seitenkräfte dieser Gelenkdrücke wird das Biegungsmoment $\mathfrak{M}$ der äußeren Kräfte Y_i, bezogen auf einen Gelenkpunkt im Felde k gebildet: $\mathfrak{M}_k = \Sigma\, Y_i\, h_{ik}$ und hieraus folgt

$$V_k = \frac{2\,\mathfrak{M}_k}{b_{k-1} + b_k} = \frac{2 \sum_0^{k-1} Y_i\, h_{ik}}{b_{k-1} + b_k}. \tag{135a}$$

Ebenso erhält man für die Gelenke des Feldes $k+1$:

$$H_{k+1} = \frac{1}{2} \sum_0^{k} Y_i, \tag{134b}$$

$$V_{k+1} = \frac{2 \sum_0^{k} Y_i\, h_{i,\,k+1}}{b_k + b_{k+1}}. \tag{135b}$$

In Abb. 192b ist der Riegel $k - k'$ mit den anschließenden Stielhälften vom Tragwerk abgetrennt worden. An diesem Tragwerksteil greift die Knotenlast Y_k an und durch Anbringen der Seitenkräfte V_k, H_k, V_{k+1} und H_{k+1} der Gelenkdrücke wird das Gleichgewicht hergestellt. Der Momentenverlauf kann nun ermittelt werden. Die Stabmomente sollen dabei als positiv bezeichnet werden, wenn sie an den in Abb. 192b strichlierten Stabseiten Zugspannungen hervorrufen; der zugehörige positive Wirkungssinn der Stabendmomente ist aus Abb. 192c zu ersehen. Die Querkraft im Riegel $k - k'$ (zwei Bindebleche) ist

$$2\,T_k = V_{k+1} - V_k, \tag{136}$$

die Stabendmomente beim Knoten k sind aus Abb. 192b abzulesen:

$$M_{kk-1} = -H_k \frac{c_k}{2} + V_k \frac{1}{2}\left(b_k - \frac{b_{k-1} + b_k}{2}\right) =$$

$$= -\frac{1}{2} H_k\, c_k + \frac{1}{4} V_k (b_k - b_{k-1}), \tag{137}$$

$$M_{kk+1} = +\frac{1}{2} H_{k+1}\, c_{k+1} - \frac{1}{4} V_{k+1} (b_{k+1} - b_k), \tag{138}$$

$$M_{kk'} = 2\,T_k \frac{b_k}{2} = \frac{1}{2} (V_{k+1} - V_k)\, b_k. \tag{139}$$

Die Stabendmomente im Knoten k' besitzen die gleichen absoluten Werte. Bei wenig geneigten Stielen ist näherungsweise

$$M_{k,\,k-1} = -\frac{1}{2} H_k\, c_k, \tag{140}$$

$$M_{k,\,k+1} = +\frac{1}{2} H_{k+1}\, c_{k+1}. \tag{141}$$

Da an den Knoten keine Außenmomente angreifen, muß dort $\Sigma M = 0$ sein; unter Beachtung der Festlegungen für den positiven Wirkungssinn der Biegungsmomente gilt somit (Abb. 192c) für den Knoten k die Kontrollgleichung

$$M_{kk'} + M_{kk-1} - M_{kk+1} = 0. \tag{142}$$

Aus den vorstehenden Beziehungen können die theoretischen Stabendmomente berechnet werden. In Abb. 192d ist der Momentenverlauf abgetragen.

Die berechneten Endmomente müssen aber nicht als Größtmomente der Bemessung zugrunde gelegt werden, da sie nicht wirklich zustande kommen. Beachtet man beispielsweise die Übertragung der Riegelkräfte auf die Stiele im Falle zweinietiger Bindeblechanschlüsse, so erkennt man, daß das wirklich auftretende Größtmoment des Riegels durch $(M_{kk'})$ in Abb. 192e gegeben ist. Querkraft und Moment $(M_{kk'})$ des Riegels rufen in den Nieten Übertragungskräfte hervor, deren Wirkungslinien die Stielschwerachse in Punkten schneiden, die wegen des geringen Abstandes zwischen Nietrißlinie und Schwerachse des Stieles, annähernd in Höhe der Anschlußniete angenommen werden können. Bis dorthin gelten auch nur die errechneten Momentenlinien der Stiele, und die tatsächlichen Größtwerte der Stielmomente beim Knoten k sind daher durch (M_{kk-1}) und (M_{kk+1}) gegeben; sie sind wesentlich kleiner als die theoretischen Knotenmomente M_{kk-1}, bzw. M_{kk+1}. In Abb. 192e ist der wirkliche Verlauf der Momente im Bereich des Knotens k, unter Berücksichtigung der Knotenlast Y_k dargestellt.

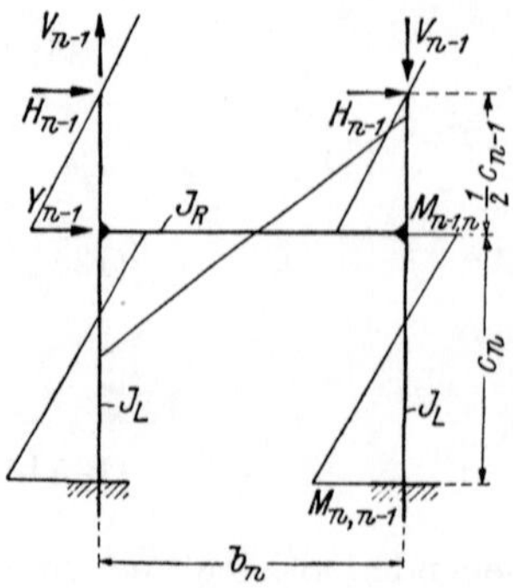

Abb. 193.

In gleicher Weise sind die Stabendmomente auch für jeden anderen Knoten und besonders auch für die Einspannknoten berechenbar. Die Längskräfte der Stiele des Feldes k ergeben sich aus

$$N_k = \pm (V_k \cos \alpha - H_k \sin \alpha), \tag{143a}$$

die des Riegels k aus

$$2\,\overline{N}_k = -\frac{1}{2}\,Y_k \tag{143b}$$

(zwei Bindebleche).

Die Querkräfte sind durch die Differenz der Stabendmomente, geteilt durch die Stablänge, gegeben.

Verschärfte Näherungsberechnung.

Es ist bekannt, daß in den Zwischenfeldern die Momentennullpunkte der Stiele tatsächlich in der Nähe der Feldmitten zur Ausbildung gelangen, hingegen aber im obersten und untersten Feld diese Nullpunkte im allgemeinen unterhalb bzw. oberhalb der Stielmitte zu liegen kommen und sich fallweise beträchtliche Abweichungen gegenüber den vorstehend getroffenen Näherungsannahmen ergeben können. Für das oberste Feld ist das meist belanglos, für das unterste Feld aber ist eine größere Abweichung des Momentennullpunktes von der Feldmitte deshalb von Bedeutung, weil das der Stielbemessung zugrunde zu legende Einspannmoment nach der Näherungsrechnung dann zu klein erhalten wird. Die Näherungsrechnung läßt sich aber auf Grund der Tatsache, daß bereits im folgenden Feld die Momentennullpunkte der Stiele schon annähernd in Höhe der Feldmitte liegen, in einfacher Weise zuschärfen, indem man das unterste Feld n für sich untersucht. In Abb. 193 ist dasselbe unter der vereinfachenden Annahme lotrecht stehender Stiele, mit den anschließenden Stielhälften des Feldes $n-1$ dargestellt. Die angreifenden Kräfte, und zwar die Gelenkdruckkomponenten H_{n-1} und V_{n-1} und die Knotenlast Y_{n-1} sind bekannt. Aus der Formelsammlung im „Taschenbuch für Bauingenieure" von Max Foerster, 5. Aufl., Berlin, Verlag v. Julius Springer, 1928, lassen sich leicht die folgenden Ausdrücke für die Stabendmomente zusammensetzen:

$$M_{n,\,n-1} = -\frac{1}{2\,(1+6\,\varkappa)}\left\{(1+3\,\varkappa)\,P\,c_n + H_{n-1}c_{n-1}\right\},$$

$$M_{n-1,\,n} = +\frac{1}{2\,(1+6\,\varkappa)}\left\{3\,\varkappa\,P\,c_n - H_{n-1}\,c_{n-1}\right\},$$

$$M_{n-1,\,(n-1)'} = \frac{3\,\varkappa}{2\,(1+6\,\varkappa)}\left\{P\,c_n + 2\,H_{n-1}\,c_{n-1}\right\}, \text{ mit}$$

$$P = Y_{n-1} + 2\,H_{n-1} \quad\text{und}\quad \varkappa = \frac{J_R}{J_L}\cdot\frac{c_n}{b_n}.$$

Zahlenbeispiel: Es sei $c_n = c_{n-1} = 760$ mm, $b_n = 500$ mm; Stielquerschnitt ⊏ 16 mit $J_L = 85{,}3$ cm⁴, Riegelquerschnitt 2 . 200 . 6 mit $J_R = 2\,\frac{0{,}6}{12}\,20^3 = 800$ cm⁴, ferner $H_{n-1} = 0{,}50$ t und $Y_{n-1} = 0{,}02$ t, daher $P = 1{,}02$ t.

Damit wird $\varkappa = \frac{800}{85{,}3}\cdot\frac{760}{500} = 14{,}2$ und weiterhin $M_{n,\,n-1} = -19{,}9$ tcm, $M_{n-1,n} = +18{,}9$ tcm und $M_{n-1,\,(n-1)'} = 37{,}9$ tcm. Nach der einfachen Näherungsrechnung ergibt sich $M_{n,n-1} = -0{,}51 \,.\, 38 = -19{,}4$ tcm gegenüber dem um 3% größeren Wert $-19{,}9$ tcm nach der verschärften Berechnung. Der Unterschied ist also unbedeutend, und ähnliche Ergebnisse sind auch für andere Bindeblechmaste zu erwarten, da nämlich bei diesen immer J_R ungleich größer als J_L ist, also $\varkappa$ groß wird. Untersucht man aber beispielsweise einen Rahmenmast aus Stahlrohren, bei welchem Stiele und Riegel gleichen Querschnitt besitzen, dann gelangt man zu wesentlich anderen Ergebnissen: Es sei beispielsweise $c_{n-1} = c_n = b_n$, $P = 2\,H_{n-1}$. Mit $J_L = J_R$ wird $\varkappa = 1$ und für das Verhältnis der Stielendmomente im letzten Feld n erhält man

$$\frac{M_{n,\,n-1}}{M_{n-1,\,n}} = \frac{(1+3\,\varkappa)\,P\,c_n + H_{n-1}c_{n-1}}{3\,\varkappa\,P\,c_n - H_{n-1}\,c_{n-1}} = \frac{9}{5};$$

der Momentennullpunkt der Stiele liegt dann in einer Entfernung $0{,}64\,c_n$ über dem Einspannquerschnitt gegenüber $0{,}5\,c_n$ nach der einfachen Näherungsrechnung, und dementsprechend ergibt sich auch das Einspannmoment um rund 28% größer.

3. Waagrechte Lasten rechtwinkelig zur Tragwandebene. Mittig angreifende Lasten verteilen sich zu gleichen Teilen auf die beiden Stiele und beanspruchen diese, im Fundament eingespannten Kragträger auf Biegung.

Außermittig angreifende Lasten H werden durch mittig angreifende Lasten und durch Drehmomente He ersetzt. Die Untersuchung des Einflusses von Drehmomenten erfolgt in gleicher Weise wie bei den verstrebten Flachmasten. Im besonderen entstehen bei Flachmasten mit beiderseitig angeordneten Bindeblechen auch wieder Kräftepaare $H_2\,a$ (vgl. Abb. 186), welche von den rahmenartigen Systemen der Seitenwände (gebildet von den halben Stielen und einfachen Bindeblechen) aufgenommen werden. Die Ermittlung der hierbei auftretenden Längskräfte und Biegungsmomente erfolgt nach dem im vorhergehenden Absatz behandelten Berechnungsverfahren.

4. Bemessung der Riegel und ihrer Anschlüsse. Nach Ermittlung der Bindeblechquerkräfte T_k aus Gl. (139) können unter gleichzeitiger Berück-

sichtigung der Längskräfte $N = -\frac{1}{4} Y_k$ (für jedes der beiden Bleche k) die Bindebleche und ihre Anschlüsse bemessen werden.

Maßgebend für die Berechnung der Bleche ist das im Anschlußquerschnitt auftretende Größtmoment $\frac{1}{2}(M_{kk'})$ (Abb. 192e). Mit der nutzbaren Fläche F_n und dem nutzbaren Widerstandsmoment W_n, berechnet für ein Bindeblech unter Abzug aller Nietlöcher des Anschlußquerschnittes, ergibt sich die größte Randdruckspannung

$$\sigma = -\left(\frac{Y_k}{4 F_n} + \frac{(M_{kk'})}{2 W_n}\right).$$

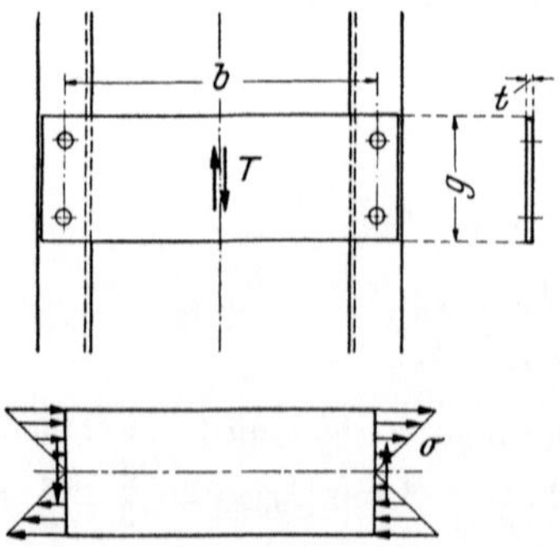

Abb. 194.

Bezüglich der Bemessung des Nietanschlusses wird auf 4 b β und hinsichtlich der Berechnung geschweißter Anschlüsse auf 5 e γ verwiesen. Die Berechnung der Anschlüsse rohrförmiger Riegel wurde unter 5 e γ behandelt.

5. Beulen der Bindebleche. Die Bindebleche der Unterteile der rahmenartigen Flachmaste weisen zuweilen schon größere Längen auf, und bei ihrer Bemessung ist dann auch auf die Erzielung einer genügend großen Sicherheit gegen Ausbeulen zu achten. Das Ausbeulen der Bindebleche wurde vom Verfasser untersucht[33] und die erhaltenen Ergebnisse sind auch durch Versuche überprüft worden.[34] Es bedeuten (Abb. 194):

b die Länge der Bindebleche, gemessen zwischen den Anschlußquerschnitten, g die Höhe und t die Stärke derselben in cm,

T die auf ein Bindeblech einwirkende Querkraft in t;

erreicht diese Kraft den kritischen Wert T_{kr}, dann beginnt das Blech auszubeulen. Bei Vernachlässigung des im allgemeinen ganz geringfügigen Einflusses der Längskraft des Bleches können für verschiedene Seitenverhältnisse $\frac{g}{b}$ die mit $\frac{b}{t^3}$ vervielfachten Werte von T_{kr} der folgenden Zahlentafel entnommen werden:

Zahlentafel 37.

Für $\frac{g}{b} =$	0,2	0,3	0,4	0,5	0,6	0,7	0,8	0,9	1,0
ist $\frac{b}{t^3} T_{\mathrm{kr}} =$	762	1169	1600	2060	2553	3082	3651	4263	4920

Die größte Anstrengung des Werkstoffes tritt bei den üblichen Seitenverhältnissen der Bleche im Anschlußquerschnitte auf, und zwar ist dort die Biegerandspannung maßgebend. Für den vollen Blechquerschnitt beträgt dieselbe

$$\sigma_{\mathrm{kr}} = \frac{T_{\mathrm{kr}} \frac{b}{2}}{W} = 3 \frac{b}{g} \cdot \frac{T_{\mathrm{kr}}}{g t}. \tag{144}$$

Ist $\sigma_{\mathrm{kr}} > \sigma_P$, dann liegt plastisches Beulen vor und der der Tafel entnommene, für unbeschränkt elastischen Werkstoff errechnete Wert T_{kr} der kritischen

Schubkraft muß dann noch auf einen Betrag T_{kr}' abgemindert werden. Das geschieht wieder näherungsweise unter Zuhilfenahme eines auf Knickung beanspruchten Vergleichsstabes, dessen Eulersche Knickspannung gleich dem aus T_{kr} errechneten σ_{kr} ist. Der Schlankheitsgrad dieses Vergleichsstabes ist daher nach Gl. (116)

$$\lambda = \pi \sqrt{\frac{E}{\sigma_{kr}}}$$

und zu diesem λ gehört nach Zahlentafel 22 eine bestimmte, vom Werkstoff abhängige, wirkliche Knickspannung σ_K, die zugleich auch als die wirkliche kritische Beulspannung aufgefaßt wird. Demnach ist der wirkliche Wert T_{kr}' der kritischen Schubkraft

$$T_{kr}' = T_{kr} \frac{\sigma_K}{\sigma_{kr}}. \tag{145}$$

Bezüglich eines Näherungsverfahrens, bei welchem die Berechnung auf Beulen auf eine solche auf Knicken rechtwinkelig zur Bindeblechebene zurückgeführt wird, muß auf den obigen Aufsatz des Verfassers verwiesen werden.

Zahlenbeispiel: Es sei $b = 680$ mm, $g = 220$ mm, $t = 6$ mm, $T = 1{,}3$ t; Baustoff St 37.12 mit $\sigma_{zul} = 1600$ kg/cm².

Der Anschluß der Bindebleche erfolgt mittels drei Nieten ⌀ 17 mm. Der nutzbare Anschlußquerschnitt würde den auftretenden Beanspruchungen auch bei einer Blechstärke von bloß 5 mm genügen, ebenso auch der Nietanschluß; man erhielte dann aber bloß eine 1,79fache Beulsicherheit. Daher $t = 6$ mm gewählt und für $\frac{g}{b} = \frac{220}{680} = 0{,}324$ aus Zahlentafel 37 $\frac{b}{t^3} T_{kr} = 1270$ entnommen, womit $T_{kr} = 4{,}03$ t erhalten wird.

Nach Gl. (144) ist dann $\sigma_{kr} = 2{,}83$ t/cm² $> \sigma_P = 2{,}073$ t/cm², so daß also plastisches Beulen vorliegt. Der Schlankheitsgrad des Vergleichsstabes ist nach Gl. (116) $\lambda = \pi \sqrt{\frac{2100}{2{,}83}} = 86$ und dazu gehört nach Zahlentafel 22 die Knickspannung $\sigma_K = 2{,}19$ t/cm². Daher ist die wirkliche kritische Schubkraft $T_{kr}' = 4{,}03 \frac{2{,}19}{2{,}83} = 3{,}12$ t und die Beulsicherheit beträgt $\nu = \frac{3{,}12}{1{,}3} = 2{,}4$.

6. Kippen der rahmenartigen Flachmaste. Die Berechnung auf Kippen kann in gleicher Weise wie bei den fachwerkartigen Flachmasten auf eine Berechnung auf Knicken zurückgeführt werden, und zwar ist der gedrückte Stiel mit der größten Druckkraft des stärkst belasteten Feldes und mit einer Knicklänge $s_K = 0{,}66\, l$ auf Knicken rechtwinkelig zur Tragwandebene zu bemessen[32]. In den „Besonderen Bedingnissen ... für Leitungsanlagen elektrischer Bahnen", Wien, 1924, hatten die österreichischen Bundesbahnen eine Knicklänge $s_K = 0{,}63\, l$ vorgeschrieben. Unter l ist hierbei der Abstand der Mittelkraft der waagrechten, in der Tragwandebene wirkenden Lasten vom Einspannquerschnitt des Mastes zu verstehen.

c) Einschäftige Gittermaste.

α) *Bauliche Gestaltung und Durchbildung.*

Allgemeines. Die Maste der Übertragungsleitungen werden vorwiegend als Gittermaste ausgeführt, besonders wenn sie größere Höhe erhalten und stärkere Kräfte aufzunehmen haben. Zumeist gelangen einschäftige Bauformen („Einständermaste") zur Anwendung. Das Bestreben, die Leitungen aus Gründen der Betriebssicherheit in gleicher Höhe zu verlegen, führt aber zu längeren Querträgern, und so sind denn neuerdings auch zweischäftige Maste, besonders im Auslande, häufiger anzutreffen. Die Notwendigkeit zur Ausführung derartiger „Portalmaste" ergibt sich vor allem dann, wenn am gleichen Gestänge mehrere Leitungssysteme verlegt werden sollen. Die Portalmaste können die bei Leiterbruch auftretenden Kräfte leichter aufnehmen als einschäftige Maste, die zu diesem Zwecke bei starr angeschlossenen Querträgern starke Seitenwandverstrebungen erhalten müssen. Trotzdem sind aber die Portalmaste, die auch höhere Grunderwerbskosten verursachen, erst bei großen Querträgerlängen wirtschaftlicher als die Einständermaste. Selbst bei weitausladenden Querträgern ist es zuweilen noch vorteilhafter, bloß die Abspann- und Kreuzungsmaste als Portale auszubilden, die Tragmaste hingegen einschäftig auszuführen und ihre Querträger beweglich an den Schaft anzuschließen (s. Abs. γ).

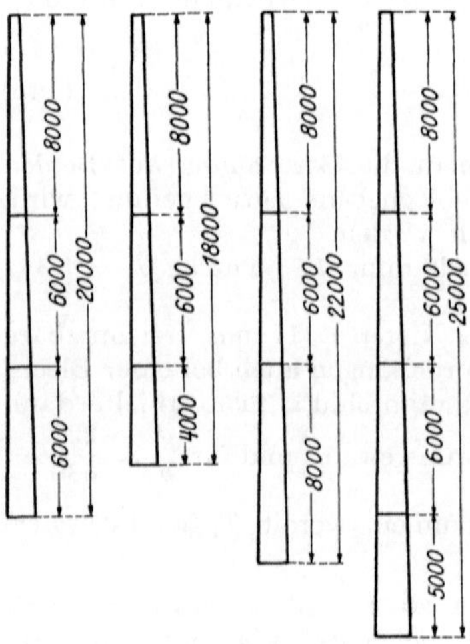

Abb. 195.

Der Schaft der Gittermaste wird meist vierseitig ausgebildet; bei einschäftigen Masten überwiegt der quadratische Querschnitt, die Schäfte der Portalgittermaste hingegen erhalten häufig auch rechteckigen Querschnitt. Die Anarbeitungskosten der Rechteckmaste sind etwas höher als die der quadratischen Maste, doch lassen sich zuweilen einige Gewichtsersparnisse erzielen. Bei einschäftigen Masten aber ist der quadratische Querschnitt mit Rücksicht auf den Angriff außermittiger Leitungszüge vorzuziehen (s. Abs. β), Vereinzelt wurden Gittermaste mit dreieckigem Querschnitt ausgeführt; sie zeichnen sich durch klares Kräftespiel auch im Falle drehender Belastung aus, sind aber bei genieteter Ausführung unwirtschaftlicher als vierseitige Maste, da eine einwandfreie Ausbildung der Stabzusammenschlüsse zum Teil nur mit Hilfe ab gebogener Knotenbleche möglich ist. Auch ist die Gestaltung der Ausleger und ihrer Anschlüsse nicht in der gleichen, einfachen Weise wie bei den vierseitigen Masten ausführbar. Sollen die Maste aber nicht aus Stabstahl, sondern aus Rohren hergestellt und ihre Stabzusammenschlüsse geschweißt werden, dann könnten Bauformen mit Dreiecksquerschnitt den Vorzug verdienen, und es ist auch zu erwarten, daß in Hinkunft dreiseitige geschweißte Rohrmaste verschiedentlich zur Anwendung gelangen werden.

Aus wirtschaftlichen Gründen ist stets anzustreben, möglichst große Teilstücke der Gittermaste in der Werkstätte vollständig fertig zu vernieten oder zu verschweißen, so daß an den Baustellen nur wenige Verbindungsschrauben einzuziehen, bzw. nur wenige Niete zu schlagen oder Schweißnähte auszuführen sind. Die vollständige Fertigstellung ganzer Mastschäfte oder sogar ganzer Maste wird allerdings nur in Ausnahmefällen, und zwar bei kleinen Masten oder bei günstig gelegenen Aufstellungsorten möglich sein. In der Regel werden die Maste nur in Teilstücken angeliefert werden können. Wie weit der Mastschaft zu unterteilen ist, hängt von seinen Abmessungen, von den Montageverhältnissen und vor allem von den Anfuhrmöglichkeiten ab. Anzustreben ist die schußweise Anlieferung. Für die Bahnbeförderung darf die Schußbreite nicht größer als 2,60 m sein. Bei Breiten bis 3,5 m können von solchen Schüssen noch zwei Seitenwände fertig genietet oder geschweißt befördert werden; bei schräger Lagerung auf den Bahnwagen darf die Wandbreite auch 3,65 m erreichen. Bei noch größeren Wandbreiten müssen jedoch alle Stäbe einzeln versandt werden. Eine solche stabweise Anlieferung kann aber auch aus Montagegründen notwendig werden, wenn zufolge der örtlichen Verhältnisse nur stabweiser Aufbau der Maste möglich ist, und sie kann auch aus wirtschaftlichen Gründen vorzuziehen sein, um die Beförderungskosten herabzusetzen.

Auch bei der Festlegung der Schußlängen ist auf die Beförderungsmöglichkeiten Rücksicht zu nehmen. Müssen beispielsweise die Schüsse auf dem Wege von der Bahnstation zur Einbaustelle auf landesüblichen Fuhrwerken durch enge, winkelige Gassen von Ortschaften gefahren werden, dann sind die Schußlängen entsprechend klein zu halten. Bei Entfall solcher Beschränkungen wählt man Schußlängen von 6—8 m, ausnahmsweise auch mehr. Zuweilen werden die unteren Schüsse kürzer als die oberen angenommen, um die Stückgewichte auszugleichen.

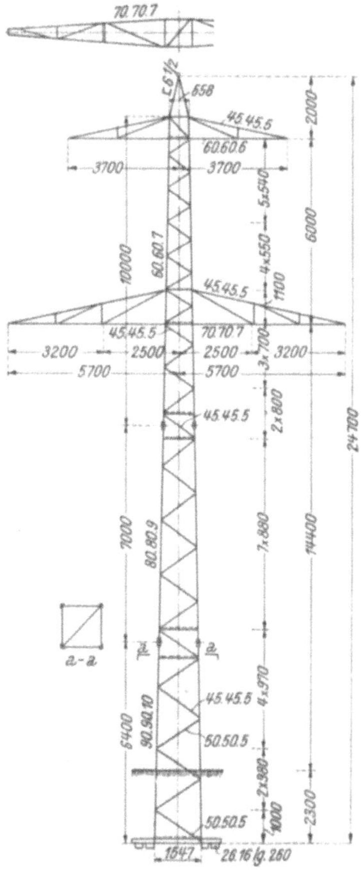

Abb. 196. Tragmast einer 100-kV-Leitung.

Bei der Planung der Maste ist zur Verringerung der Herstellungskosten eine weitgehende Vereinheitlichung der Bauformen anzustreben, so daß nur möglichst wenige Arten von Mastteilen, von jeder Art aber möglichst große Stückzahlen herzustellen sind. Besonderes Augenmerk ist vor allem der Zusammensetzung der Tragmaste zuzuwenden. Auf Grund der im Längenprofil der Leitungstrasse durchgeführten Mastausteilung wird sich meist die Notwendigkeit ergeben, neben der Regelbauform noch einige höhere und kürzere Tragmasttypen zu verwenden. Man wird dann trachten, diese Maste möglichst aus den gleichen Einheiten wie die Regelmaste zusammenzusetzen. Erhält beispielsweise der Regeltragmast eine Gesamtlänge von 20 m und sind noch um 2 m, bzw. um 5 m verlängerte und um 2 m verkürzte Tragmaste herzustellen, so kann die Unterteilung in Schüsse gemäß Abb. 195 erfolgen: Die beiden oberen Schüsse des Regelmastes werden auch für alle anderen Tragmaste verwendet, und der unterste Schuß des Regeltragmastes ist bei geringfügiger Änderung der Wandverstrebung auch für den 25-m-Mast verwendbar, so daß nur drei weitere Einheiten, nämlich die Schüsse mit 4, 5 und 8 m Länge, benötigt werden.

Es kommt auch vor, daß neben dem Regeltragmast noch eine weitere Tragmasttype verwendet werden soll, die bei gleicher Höhe einer stärkeren Belastung genügt. Man wird dann trachten, für beide Bauformen das gleiche Tragwerksnetz zu verwenden und gleichartige Stäbe beider Masttypen aus gleich breiten, bloß verschieden dicken Winkelstählen herzustellen. Dadurch wird die planliche Darstellung und auch die Ausführung der Maste vereinfacht. Ähnliche Überlegungen gelten auch für die Abspann-, Winkelabspann- und Kreuzungsmaste, die nach benachbarten Bereichen des Leitungswinkels ebenfalls gruppenweise zusammengefaßt werden können.

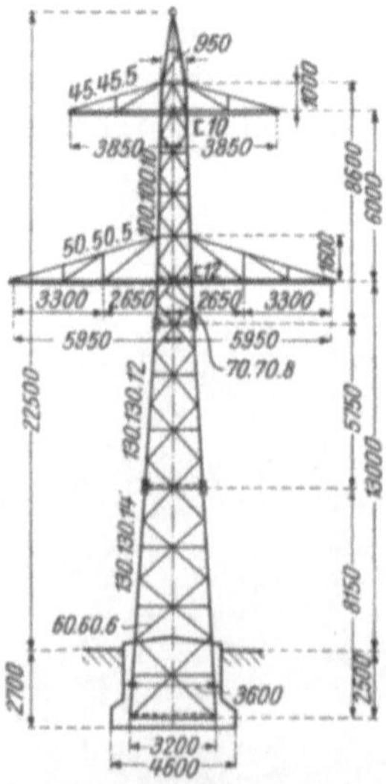

Abb. 197. Abspannmast einer 100-kV-Leitung.

Entsprechend dem Verlaufe der von waagrechten Lasten hervorgerufenen Biegungsmomente führt man den Mastschaft nicht prismatisch, sondern mit nach unten zunehmender Breite aus. Bei schwächer belasteten Masten läßt man die Stielkanten über die ganze Schafthöhe geradlinig durchlaufen; Abb. 196. Die Breitenzunahme je Längeneinheit, auch „Anzug" genannt, beträgt dann bei Tragmasten etwa 25—35 mm/m, bei Abspann- und Kreuzungsmasten etwa 50—70 mm/m. Bei stärkerer Belastung hält man die Breitenzunahme im unteren Schaftteile stärker als im oberen, so daß sich ein Knick gemäß Abb. 197 ergibt. Der Anzug des unteren Schaftteiles beträgt dann etwa 100—250 mm/m. Im Falle starker Breitenzunahme gelangt man zu „gespreizten" Bauformen (Abb. 198), die in sehr wirtschaftlicher Weise mit aufgelösten Fundamenten gegründet werden. Im stark geneigten Gelände werden die Längen der Füße verschieden groß gewählt und den Erfordernissen angepaßt: Abb. 199.

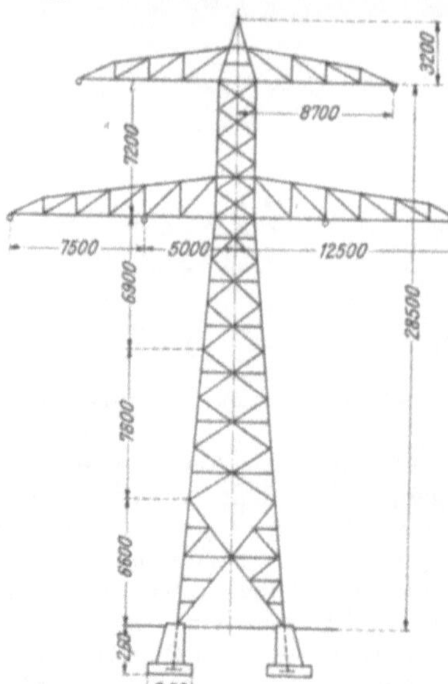

Abb. 198. Abspannmast einer 220-kV-Leitung.

Kommt aber der Schaftwinddruck stärker zur Geltung, dann kann auch eine mehrmalige Abstufung des Anzuges vorteilhaft sein: Abb. 200 (Flußkreuzungsturm). Zur Vereinfachung des Querträgeranschlusses wählt man bei den Ausführungen nach Abb. 197, 198 und 200 die oberen Schaftteile prismatisch oder versieht sie mit einem bloß kleinen Anzuge (im Falle der Überschiebung der Querträger); dadurch werden die beim Anschluß stärkerer [-Stähle sonst erforderlichen teuren Keilfutter vermieden.

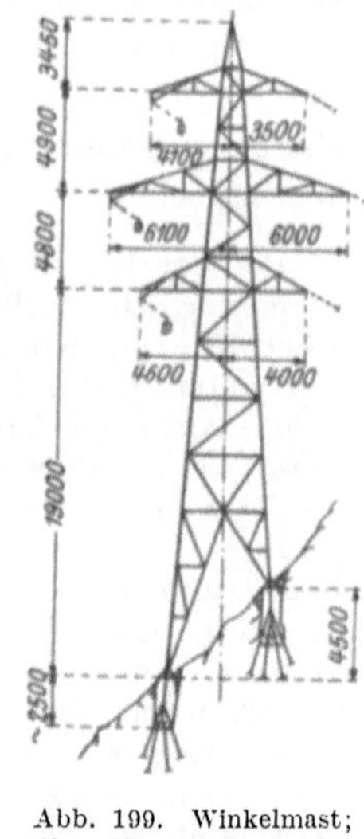

Abb. 199. Winkelmast; die Hängeketten der äußeren Leiter sind mit Gewichten ausgerüstet.

Die Kopfbreite der Maste ist so zu wählen, daß sich im Einklange mit der vorgesehenen Breitenzunahme des Schaftes wirtschaftliche Stabquerschnitte und Stabanschlüsse ergeben. Maste, die außermittige

Leitungszüge aufzunehmen haben, müssen im Bereiche der Ausleger so große Wandbreiten erhalten, daß die entstehenden Strebenkräfte noch zweckmäßige Anschlüsse ermöglichen. Man wird dabei trachten, möglichst mit einnietigen Strebenanschlüssen durchzukommen, bzw. bei stärker belasteten Masten dafür sorgen, daß nur zweinietige Anschlüsse notwendig werden; in den unteren Schüssen reichen dann ohnehin schon einnietige Anschlüsse aus, so daß Knotenbleche nur in den oberen Mastteilen erforderlich werden. Ähnliche Überlegungen gelten auch im Falle der Schweißung der Strebenanschlüsse. Anderseits darf man die Kopfbreiten nicht unnötig groß wählen, da sonst die Knicklängen der Streben zu lang werden und sich auch zu schwache Stielquerschnitte ergeben, die den Anschluß der Streben erschweren. Bei Leitungen bis 100 kV Betriebsspannung beträgt die Kopfbreite der Tragmaste etwa 300—500 mm, die der Abspann- und Kreuzungsmaste etwa 400—1000 mm. Bei den Hohlseilleitungen erhalten die Tragmaste auch Kopfbreiten von 2000 mm, die schweren Maste solche von 2500 mm und darüber.[35]

Ausfachung der Seitenwände: Nach Möglichkeit trachtet man mit einfachen Strebenzügen gemäß Abb. 196 auszukommen; Strebenneigung unter 45° bis etwa 70° gegen die Lotrechte. Diese Verstrebungsart ist für die Bemessung der Eckwinkel vierseitiger Maste auf Knickung sehr günstig (s. 4 b α). Sie besitzt aber ferner den Vorteil, daß Anhäufungen von Nieten oder Schweißnähten in den Knoten vermieden werden; auch ist sie wegen der verhältnismäßig geringeren Zahl von Stabzusammenschlüssen sehr wirtschaftlich. Aus den beiden letztgenannten Gründen wird dieses Verstrebungssystem häufig auch für Rohrmaste (Abb. 201) angewandt, obwohl beispielsweise bei einer Ausfachung nach Abb. 229a kleinere Stielquerschnitte ausreichen würden.

Für die Tragmaste von Vollseil-Leitungen genügen in der Regel die einfachen Strebenzüge; auch die schweren Maste solcher Leitungen sind vielfach noch mit Hilfe dieses Ausfachungssystems wirtschaftlich zu gestalten. Sind aber die Strebenkräfte groß, so daß mehrere Niete für die Strebenanschlüsse erforderlich werden, oder ist

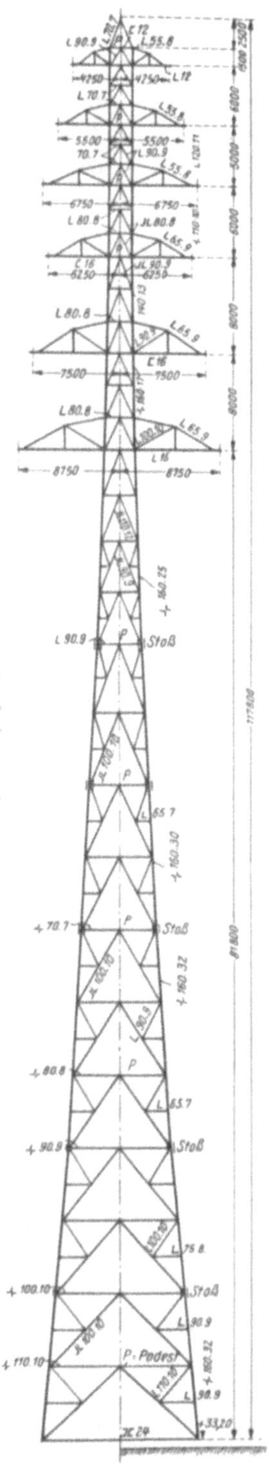

Abb. 200.* Rheinkreuzungstürme Rheinhausen—Duisburg. Kreuzungsfeld 570 m; Bespannung: 1 Erdseil 120 mm² Bronze, 6 Leitervollseile 120 mm² Bronze (25-kV-Leitungen) und 6 Hohlseile 200 mm² (220-kV-Leitungen, mit je 4 Ketten abgespannt). Stahlkonstruktion aus St 37.12.

* E. Ackermann: „Die neuen Rheinkreuzungstürme Rheinhausen—Duisburg", Stahlbau 2. Jg., H. 15 (1929).

Abb. 201. Rohrgittermast (B. B. C., Mannheim).

der Mastschaft so breit, daß bei den üblichen Strebenneigungen zu große Knotenpunktsentfernungen längs der Stiele und zu große Knicklängen der Streben entstehen, dann kann eine K-Ausfachung nach Abb. 202 gewählt werden. Wirtschaftlicher aber ist die in Abb. 197, 198 dargestellte Rhombenausfachung mit Zwischenpfosten, da sie weniger Stabzusammenschlüsse als die K-Ausfachung erfordert (ohne daß hierbei die Knicklängen der Stiele und Streben größer würden).

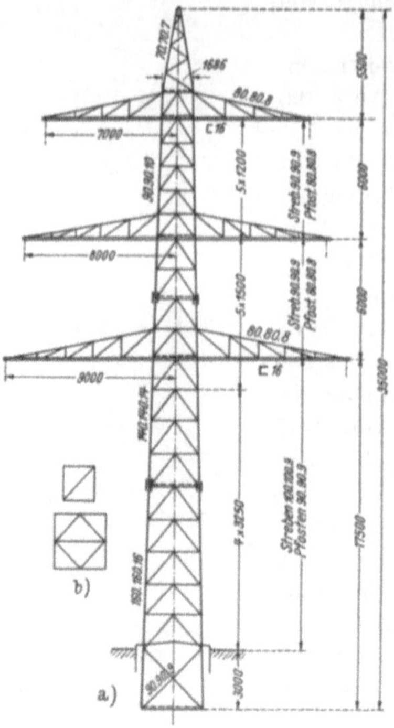

Abb. 202. Weitspannmast einer 100-kV-Leitung.

Querverbände. Die vierseitigen Maste erfordern auch Querverbände, vor allem wegen der besseren Lastverteilung im Falle außermittig wirkender Leitungszüge. Sie sind aber auch für die Knickfestigkeit des Mastes von Bedeutung[36]; das jeweils gedrückte Stielpaar bildet ja mit der zwischenliegenden Seitenwandverstrebung einen gegliederten Druckstab, dessen Widerstand auch gegen Knicken in seiner Ebene durch den räumlichen Fachwerksverband erhöht wird, soferne Verzerrungen des Schaftquerschnittes durch eine entsprechende Zahl von Querverbänden verhindert werden. Solche Querverbände werden wegen ihrer lastverteilenden Wirkung vor allem in den Ebenen der Auslegeranschlüsse vorgesehen; weitere Querverbände ordnet man an den Schaftenden und im Bereiche der Schaftstöße an. Sie bestehen im einfachsten Falle aus den vier Wandpfosten und einer innen liegenden Strebe (Abb. 196). Bei größeren Wandbreiten werden Strebenzüge eingelegt (Abb. 202b). Bei der Wahl dieser Verstrebungen ist auch auf die Möglichkeit, Zwischenpunkte der Wandstreben gegen

Ausknicken zu sichern, Bedacht zu nehmen; das gilt besonders für Ausführungen nach Abb. 197, 198.

Wahl der Stabquerschnitte. Bei Masten aus Stabstahl ist anzustreben, alle Schaftstäbe aus einfachen Winkelstählen auszuführen.

Stielquerschnitte: Reicht für die Bemessung eines Stieles der verfügbare stärkste Winkelstahl nicht aus, ist ferner eine Verbreiterung des Schaftes zwecks Herabsetzung der Stielkräfte nicht angängig, und führt auch eine Verringerung der Knicklänge durch Verkleinerung der Feldweiten nicht zum Ziele, dann muß für den Stiel ein zusammengesetzter Querschnitt gewählt werden. Am einfachsten wäre es, den Winkel des vorhergehenden Schusses beizubehalten und ihn durch aufgenietete oder aufgeschweißte Flachstähle gemäß Abb. 203a, b oder durch einen zweiten Winkel gemäß Abb. 203c zu verstärken. Wirtschaftlicher ist es aber im allgemeinen, die Stiele als mehrteilige Stäbe mit Querschnitten nach Abb. 203d oder g auszuführen. In beiden Fällen sind die Einzelwinkel durch Bindebleche (oder Bindewinkel) miteinander zu verbinden. Um den Stab als Vollstab berechnen zu können, müßten aber die Bindebleche in Entfernungen von höchstens gleich 30 $i_{\min}$ des Einzelwinkels, also in sehr kleinen Abständen, angeordnet werden. Zuweilen ist es wirtschaftlicher, diese Stäbe als zweiteilige Druckstäbe, unter Zugrundelegung größerer Bindeblechentfernungen nach Din 1050 (s. 4 a β) zu berechnen, auch wenn dann etwas stärkere Winkelquerschnitte erforderlich werden.

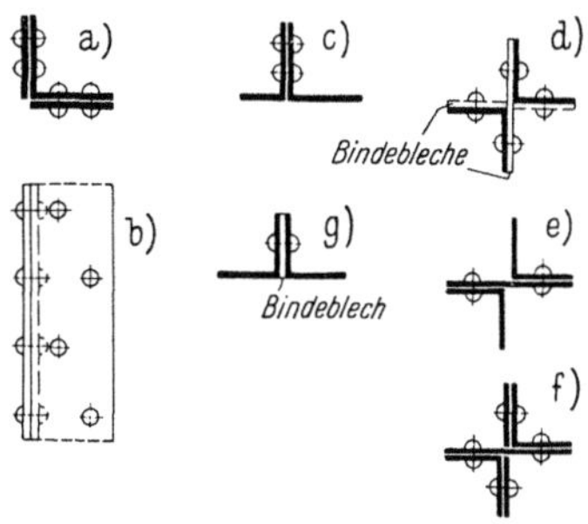

Abb. 203.

Mit Rücksicht auf die Erhaltung ist der Querschnitt nach Abb. 203d günstiger als der Querschnitt nach Abb. 203g. Die weitere Verstärkung desselben im folgenden Schusse könnte beispielsweise durch Einlegen eines Steges (Abb. 203e) und sodann durch Zugabe von zwei weiteren Flachstählen (Abb. 203f) erfolgen. Im ersteren Falle sind zwei, im letzteren vier Nietreihen erforderlich.

Die Notwendigkeit, Stiele mit zusammengesetzten Querschnitten auszuführen, tritt bei den Masten von Vollseil-Leitungen selten ein, und wenn, dann hauptsächlich nur für die unteren Mastschüsse. Aus ästhetischen Gründen wird man aber eine sprungweise Änderung der Stielbreite, die sich beim Übergang vom einfachen Winkel zum Doppelwinkel nach Abb. 203 c, d, g ergibt, nur in der Höhe eines Auslegers zulassen. Man ist dann gezwungen, zweiteilige Stiele bereits in Schüssen vorzusehen, für die noch einfache Winkel genügen würden. In solchen Fällen kann es wirtschaftlicher sein, einen zusammengesetzten Querschnitt nach Abb. 203a zu wählen, wobei allerdings zwei laufende Nietreihen notwendig werden, dafür aber der zusammengesetzte Querschnitt nur in jenen Schüssen angewandt werden muß, in welchen er wirklich erforderlich ist.

Streben: In den meisten Fällen reichen einfache Winkelquerschnitte aus. Man pflegt die Streben an der Innenseite der Eckwinkel anzuordnen, so daß ihre abstehenden Schenkel nach dem Mastinneren gekehrt sind. Das geschieht nicht bloß des besseren Aussehens wegen; eine solche Strebenlage ist auch für das Verladen günstig, und vor allem sind auch Verbiegungen bei der Beförderung leichter zu vermeiden. Von dieser Strebenanordnung wird bei der Rhombenausfachung zuweilen abgewichen. Im Falle gekreuzter Streben ist es nämlich statisch günstiger, beide Streben ungestoßen durchgehen zu lassen, so daß eine derselben außen verlegt werden muß; das ist bei lose angelieferten Streben ohne

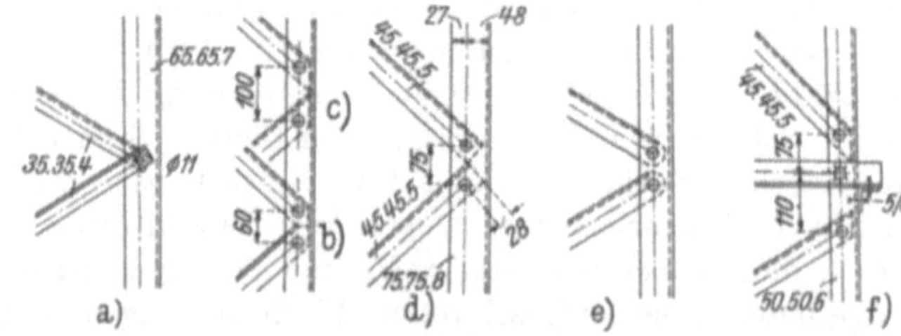

Abb. 204.

weiteres möglich. Zur Verhinderung des Scheuerns des Anstriches durch abströmendes Regenwasser werden die anliegenden Schenkel der Strebenwinkel nach abwärts gekehrt; die Maste sind dann auch leichter zu besteigen.

Wenn lange Streben mit Rücksicht auf die große Knicklänge, bzw. im Hinblick auf die Querbiegung durch Windkräfte zweiteilig ausgeführt werden, dann gelangt meist ein Stabquerschnitt nach Abb. 203g zur Anwendung. Für die Erhaltung wäre zwar der Querschnitt nach Abb. 203d günstiger, doch ist die größere Stabbreite unerwünscht; auch sind die Bindebleche länger und es sind mehr Niete notwendig.

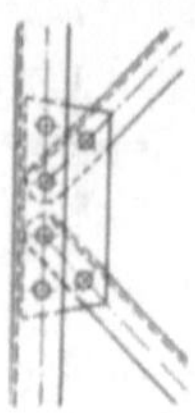

Abb. 205.

Knotenpunkte. Die Strebenanschlüsse können überwiegend einnietig, ohne Knotenbleche ausgeführt werden. Annähernd mittige Stabzusammenschlüsse sind dann nur erzielbar, wenn zusammenlaufende Streben durch einen gemeinsamen Niet angeschlossen werden. Mit einer solchen Lösung kann man sich abfinden, wenn die Streben beiderseits des Eckwinkels liegen (Abb. 204a). Ansonsten treten zu ungünstige Beanspruchungen in den Nieten auf. Meist werden aber die Streben getrennt angeschlossen; die Niete müssen dann so nahe als möglich zusammengerückt werden, damit keine zu hohen Zusatzspannungen zufolge des außermittigen Anschlusses entstehen. Die wirtschaftliche Herstellung der Maste erfordert, daß die Strebenablängung durch einen einzigen Schnitt, bei Entfall jeder weiteren Nacharbeit, erfolgen kann. Die Strebenenden dürfen daher auch nicht in die Rundung der Eckwinkel ragen, da sie sonst abgeschliffen werden müßten. Die Strebenschnitte sollen gerade Schnitte sein; wohl lassen sich auch Schrägschnitte mit der Winkelschere ebenso einfach ausführen, doch ist es im allgemeinen nicht möglich, allen Streben gleiche Neigung zu geben, so daß dann wieder eine vermehrte Zahl von Schnitten notwendig wird. Bei schwachen Eckwinkeln sind aber Schrägschnitte oder mehrfache Schnitte der Strebenenden nicht zu umgehen, wenn Vorkopflängen von 1,8 d erreicht werden sollen. Abb. 204 b zeigt einen Knoten mit zweifach geschnittenen Strebenenden, Abb. 204 c einen solchen mit schräggeschnittenen Streben, der einen größeren Nietabstand

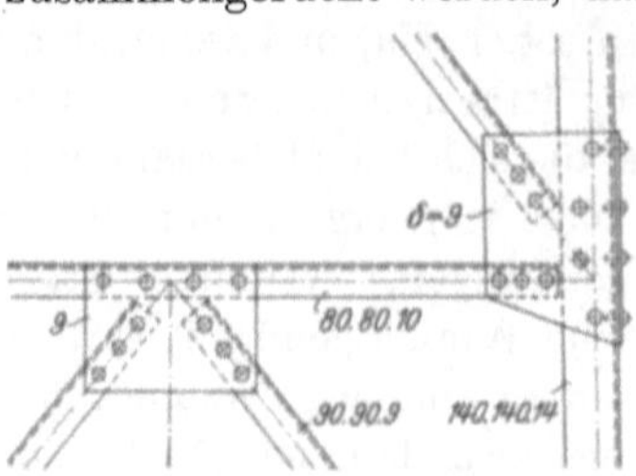

Abb. 206.

ergibt. Der Anschluß nach Abb. 204d hingegen konnte bereits mit geraden Strebenschnitten ausgeführt werden. In allen Fällen war dabei schon die Nietrißlinie des Eckwinkels gegen das freie Schenkelende hin versetzt worden (abnormales Streichmaß). In Deutschland werden die Strebenenden häufig abgerundet, und zwar wird auf einer kombinierten Loch- und Stanzmaschine mit einem Hub gelocht und abgetrennt. Abb. 204e zeigt einen solchen Strebenanschluß[35].

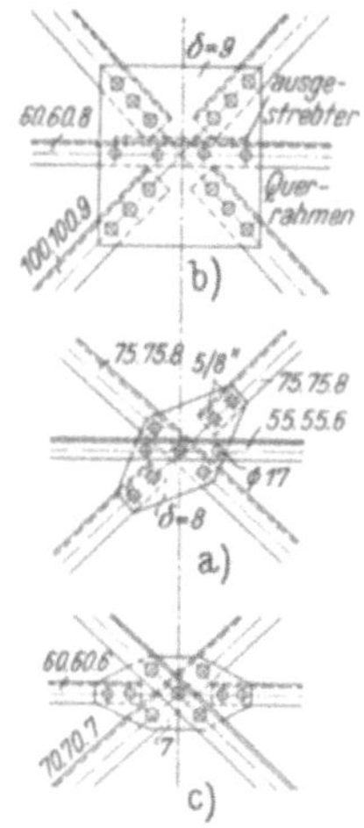

Abb. 207.

In den Mastknoten, in welchen Auslegerstäbe oder Stäbe von Querrahmen anschließen, sind ohne Verwendung von Knotenblechen größere Ausmitten der Strebenanschlüsse nicht zu vermeiden: Abb. 204f. Bei der Planung ist stets darauf zu achten, daß das Einziehen der Anschlußschrauben durch abstehende Winkelschenkel nicht behindert wird.

Zweinietige Strebenanschlüsse erfordern meist schon Knotenbleche. Zwar können in den breiteren Eckwinkeln der unteren Mastschüsse auch zwei Niete hintereinander untergebracht werden; in den oberen Schüssen ist dies aber meist nicht möglich. An Stelle von Knotenblechen können allerdings auch Hilfswinkel herangezogen werden (Abb. 210a), die mit der Strebe durch je zwei Niete verbunden werden müssen (da der Hilfswinkel unwirksam ist, sobald der Reibungsschluß in dieser Ver-

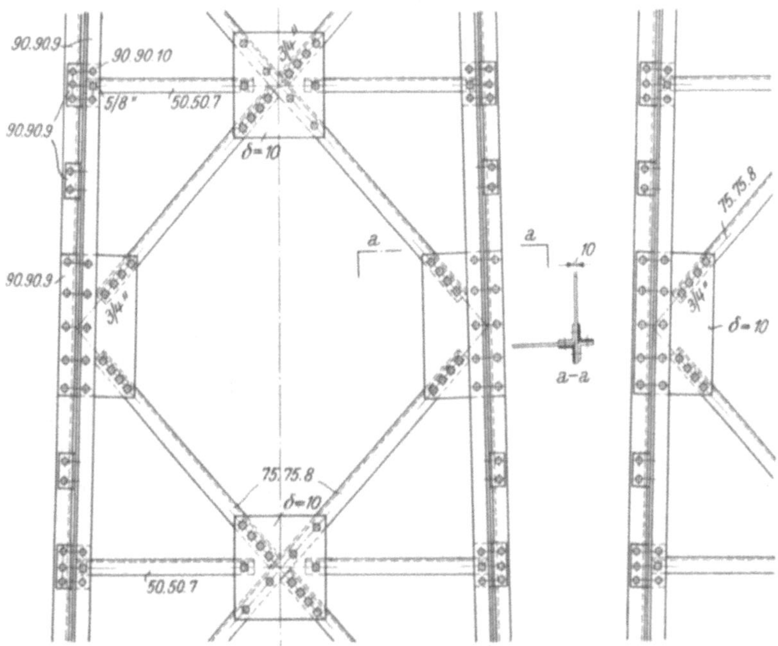

Abb. 208.

bindung überwunden wird). Müssen alle Streben eines Schusses mit schwächerem Eckwinkel zweinietig angeschlossen werden, dann zieht man Knotenbleche vor. Abb. 205 zeigt eine sehr gebräuchliche Ausführungsart, bei der unter Verzicht auf den mittigen Stabzusammenschluß möglichst an Baustoff und Nieten gespart wird. Die Abb. 206 und 212 zeigen in der Ostmark bevorzugte Ausführungen: die Knotenbleche werden außen oder auch innen

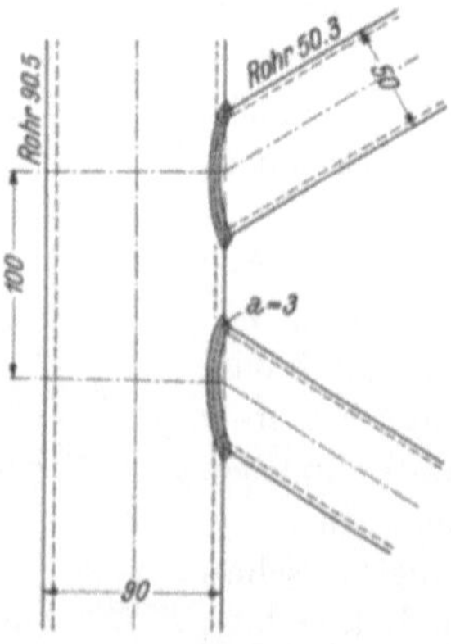

Abb. 209.

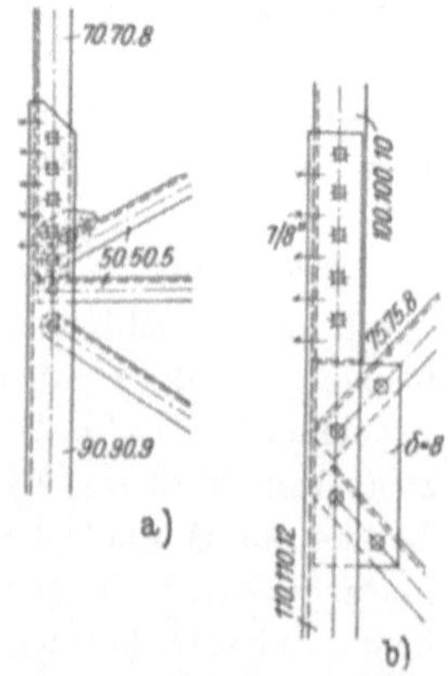

Abb. 210.

an die Eckwinkel angelegt, der Stabzusammenschluß erfolgt mittig. Abb. 206 zeigt die Knotenausbildung im Falle einer K-Ausfachung, Abb. 207 gibt Lösungen für den Kreuzungspunkt der Streben bei Rhombenausfachungen. In Abb. 208 ist ein Teil eines Mastes mit Rhombenverstrebung, dessen Stiele aus zwei über Eck stehenden Winkelstählen bestehen, dargestellt. Dieser Mast wurde stabweise angeliefert; die Knotenbleche waren mit den Stielen, die Zwischenbleche mit je einer Strebe vernietet worden. Hinsichtlich der Ausbildung der Knoten im Falle der Schweißung wird auf die Abb. 150—157 und 262 verwiesen.

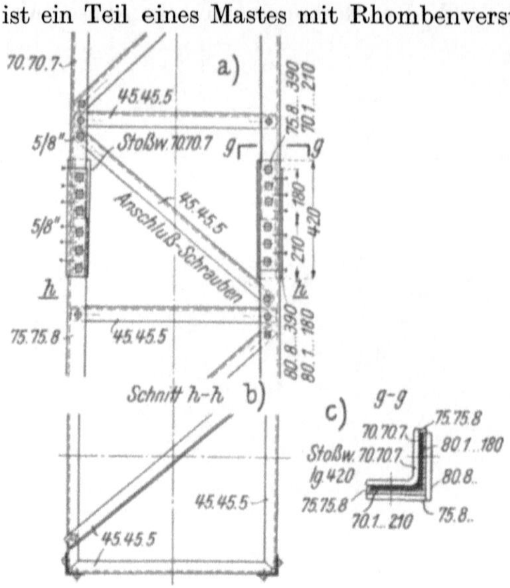

Abb. 211.

Abb. 209 zeigt einen Knotenpunkt eines geschweißten Rohrgittermastes. Für die Herstellung solcher Rohrmaste kommen nahtlose Rohre als auch geschweißte Konstruktionsstahlrohre[37] in Betracht. Gegenüber den Gittermasten aus Stabstahl ermöglichen diese Maste Gewichtsersparnisse; sie sind auch für die Erhaltung günstiger, da die Feuchtigkeit auf den glatten Flächen rasch abtrocknet.[38] Die Kosten für die Anstrichserneuerung sind demnach geringer als bei Masten aus Stabstahl, deren Werkstoff wieder billiger ist.

Schaftstöße. In Deutschland werden Überlappungsstöße (Schachtelstöße) der Eckwinkel bevorzugt. Abb. 210a zeigt einen solchen Stoß bei einnietigen Masten; wegen der niedrigeren zulässigen Spannungen der Schrauben mußten hier die

Stoßstreben mittels Hilfswinkel angeschlossen werden. Abb. 210b zeigt den Stoß eines Knotenblechmastes. Die Schraubenlöcher in den Schenkeln der Eckwinkel sind zu versetzen. Im Sinne der anzustrebenden Vereinheitlichung der Bauteile sind alle Eckwinkel in gleicher Weise gelocht, die Schraubenausteilung ist daher in jeder Wand links und rechts verschieden, aber in allen Stielen dieselbe. Im überlappten Teil des Eckwinkels des oberen Schusses muß die Kante abgerundet werden. In der Ostmark wird der verlaschte Stoß bevorzugt; er ist teurer als der Schachtelstoß, ermöglicht aber eine mittige Kraftübertragung und läßt sich auch bei jeder Stielneigung leicht zusammenbauen. Bei Masten mit einnietigen Strebenanschlüssen wird der „schwebende Stoß" vorgesehen (in Feldmitte), bei Knotenblechmasten wird der „feste Stoß" (im Knoten gelegen) ausgeführt. Die Deckung des schwebenden Stoßes erfolgt innen mittels Stoß-

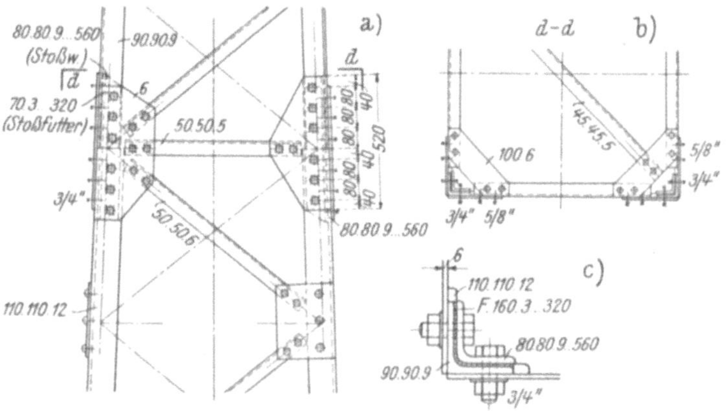

Abb. 212.

winkels mit abgerundeter Kante, außen durch Laschen aus Flachstahl. Zur Erhaltung der Anschlußebene der Streben läßt man die Innenseite der Eckwinkelschenkel bündig durchlaufen; allfällige Futter sind daher außen anzuordnen: Abb. 211a—c. In den benachbarten Knoten werden Querrahmen vorgesehen, so daß jedes Schußende gegen Verziehungen bei der Beförderung geschützt ist. Die Strebe des Stoßfeldes wird beiderseits geschraubt. Abb. 212a—c zeigt den festen Stoß eines Mastes mit außenliegenden Knotenblechen. Hier muß die Außenfläche der Eckwinkelschenkel bündig durchgehen. Stoßdeckung innen wieder mittels Stoßwinkels, außen durch die Knotenbleche. Die Anschlüsse der im Stoß zusammenlaufenden Wandstreben werden entweder beiderseits geschraubt oder an einem Ende geschraubt, an anderen aber genietet. Die Pfosten des genieteten Querverbandes sind an beiden Enden durch Schrauben anzuschließen. Dieselbe Stoßausbildung findet auch bei geschweißten Masten aus Stabstahl Anwendung.

Die Abb. 213a, b zeigen einen geschraubten Stielstoß eines geschweißten Rohrgittermastes (ausgeführt von den Benteler Werken Bielefeld für B. B. C. Mannheim). Es handelt sich um den Stoß zwischen Stielrohren 83.4 und 90.5. Die Stoßdeckung erfolgt durch zwei zylindrische Laschen. Am Ende des schwächeren Rohres ist ein Futterrohr aufgeschoben. An den Orten der Stoßschrauben sind die Stielrohre durch eingeschweißte Rohrstücke ausgesteift, durch welche die Stoßschrauben hindurchgehen.

Oberer Schaftabschluß. Wenn an den Masten bloß ein Erdleiter verlegt und dieser über der Mastmitte hinweggeführt wird, dann erhält das Schaftende noch einen zweistäbigen oder pyramidenförmigen Aufsatz. Diese „Mastspitze" ermöglicht den freien Ablauf des Erdleiters nach den beiden Anschlußfeldern. Sie bildet eine Plattform zur Auflagerung der Erdseilklemme; die Aufstandsfläche erhält in den Ecken eines Quadrates von 90 mm Seitenlänge Löcher ⌀ 14 mm für die $^1/_2$"-Befestigungsschrauben der Klemme.

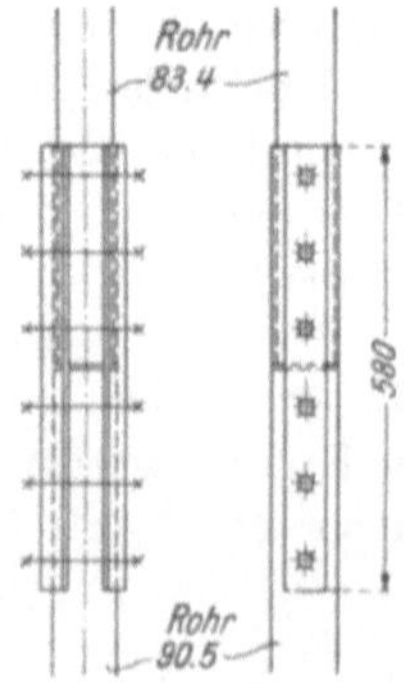

Abb. 213 a.

Die zweistäbige Mastspitze gemäß Abb. 214 gelangt meist nur bei Tragmasten zur Anwendung; sie wird getrennt angeliefert und daher mit dem Schaft durch Schrauben verbunden. Pyramidenförmige Aufsätze werden vorwiegend für Abspann- und Kreuzungsmaste vorgesehen. Sie bestehen aus vier Stielwinkeln, die mit den Eckwinkeln des Schaftes durch Schrauben, zuweilen auch durch Niete verbunden

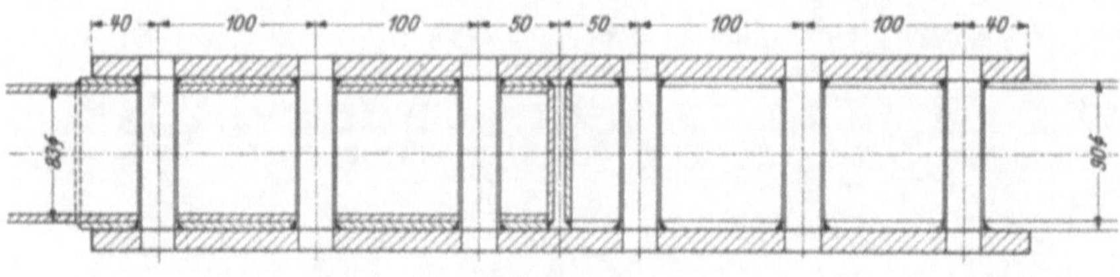

Abb. 213 b.

werden. Bei Tragmasten begnügt man sich meist mit dem Anschlusse je eines Schenkels: Abb. 261. Bei den Abspannmasten wird in der Regel auch der zweite Schenkel angeschlossen, und zwar an den entsprechenden Schenkel des Schaftwinkels oder an das auskragende Kopfblech (Abb. 215). Am oberen Ende umschließen die abgebogenen Stielwinkel zwei kurze ungleichschenkelige Winkelstähle, deren waagrechte Schenkel die Aufstandsfläche für die Erdseilklemme ergeben, oder es wird eine Blechhaube vorgesehen, die dem gleichen Zwecke dient. Bei größerer Höhe wird die Knicklänge der Stielwinkel durch eine Zwischenausfachung unterteilt. Der Übergang vom Schaft zur Spitze wird meist in der Höhe des Obergurtes des (obersten) Auslegers vollzogen. Zuweilen läßt man den Schaft nur bis zum Auslegeruntergurt reichen, so daß der Obergurt schon an den Aufsatz anzuschließen ist, der in diesem Falle dachförmig ausgebildet wird[35].

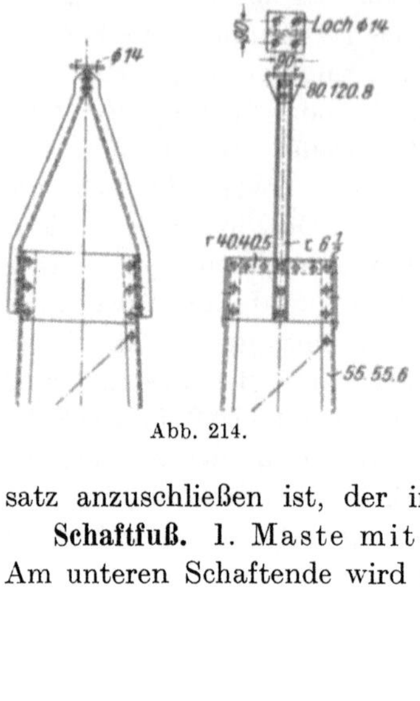

Abb. 214.

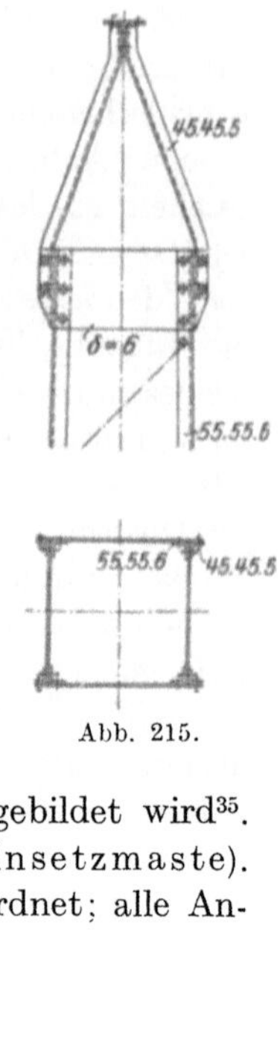

Abb. 215.

Schaftfuß. 1. Maste mit einbetoniertem Unterteil (Einsetzmaste). Am unteren Schaftende wird ein verstrebter Querrahmen angeordnet; alle Anschlußniete müssen nach unten versenkt ausgeführt werden, damit sich der aufgerichtete Mast auf der vorbereiteten Betonplatte leicht ausrichten läßt. Bei schmalen Masten können die Fußwinkel des Schaftes außen angeordnet werden (Abb. 216), bei breiteren Masten aber legt man sie nach innen, um die Schaftbreite nicht noch mehr zu vergrößern: Abb. 217 zeigt den Fußknoten eines Knotenblechmastes. Die Verstrebungen der Schaftseitenwände werden in der Regel bis zu den Fußpunkten des Schaftes herabgeführt.

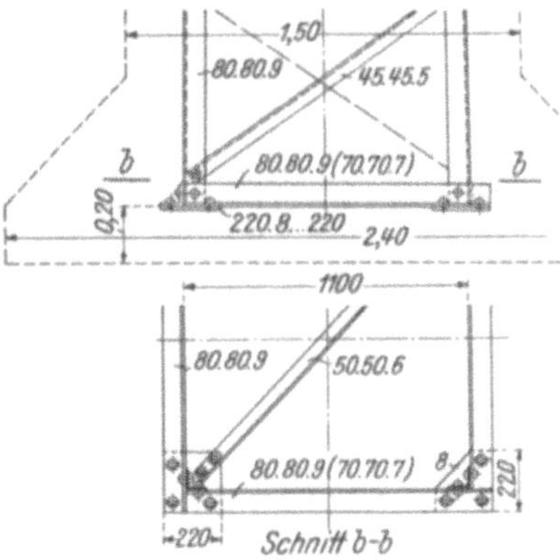

Abb. 216.

Bei den weitgespreizten Bauformen werden die vier dreiseitigen Pyramiden, in die der Schaft übergeht, nach Möglichkeit getrennt gegründet. Am einfachsten läßt man dann die Hauptstiele der Dreiseite in den Fundamentbeton hineinragen (Abb. 198). Zum Aufstützen der Schaftteile erhalten die Stielenden fußartige Verbreiterungen, die auch die Übertragung von Zugkräften sichern. Bei der Gründung in Fels sind nur verhältnismäßig schmale Löcher solcher Tiefe auszusprengen, daß die Stielzugkraft vom Stahl auf den umgebenden Beton und von diesem auf den Felsboden übertragen werden kann.

Das unmittelbare Einbetonieren von Mastteilen ermöglicht einfache Fußausbildungen. Die Betonfundamente können aber erst nach dem Aufrichten und Ausrichten der Maste hochgeführt werden; bei stärkerem Frost ist daher eine Unterbrechung der Maststellarbeiten notwendig.

2. Aufsetzmaste. Die Betonfundamente werden vor dem Aufstellen der Maste, während frostfreier Jahreszeiten hergestellt. Je nach der Bauform des Mastes und den Gründungsverhältnissen bestehen sie aus einem zusammenhängenden Betonkörper oder aus mehreren Einzelteilen. Sie werden etwa 20 cm über Erde hochgeführt, damit die Bodenfeuchtigkeit die Stahlbauteile nicht erreicht. Die Maste werden auf die Fundamente aufgesetzt; die Übertragung von Zugkräften erfolgt mittels Ankerschrauben oder Ankerstäben aus Winkel- oder Formstahl. Im letzteren Falle bietet sich die Möglichkeit, die Anker so auszubilden, daß die Maste um feste Gelenke aufgedreht werden können, wodurch das Aufrichten der Maste sehr vereinfacht wird. Eine sehr einfache Lösung ist aus Abb. 438 (S. S.W.) zu ersehen. Es handelt sich hier um eine Mastgründung mittels vier Betonpilzen. In die Aussparungen der Pilze ist je ein Anker aus Winkelstahl einbetoniert, der am auskragenden Ende die Bohrungen für den Anschluß des Schaftwinkels besitzt. Über Erde sind die Ankerwinkel aller vier Pilze durch einen ausgestrebten Querrahmen aus Winkelstahl verbunden, der die richtige gegenseitige Lage der Anker verbürgt und anderseits auch einen Teil des beim Aufdrehen des Mastes entstehenden Schubes auf die nicht unmittelbar belasteten Betonpilze überträgt. Das Aufdrehen erfolgt um Bolzen, die durch zusammengehörige Schraubenlöcher des Schaftanschlusses hindurchgesteckt sind.

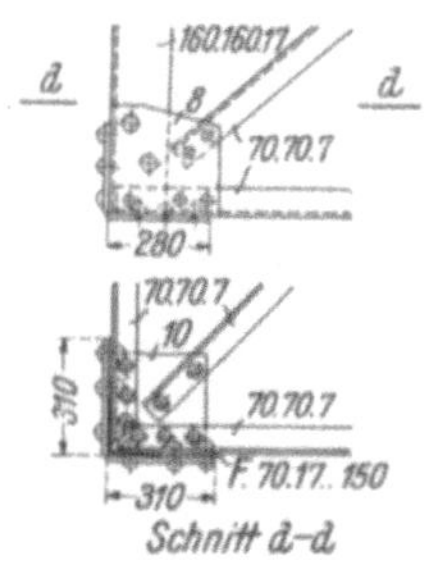

Abb. 217.

Die Abb. 218 zeigen eine ähnliche, für schwerere Maste bestimmte Ausbildungsart. Auch hier sind Anker aus Winkelstahl vorgesehen, die in Einzelfundamenten aus Beton eingebettet werden. Sie besitzen an ihren unteren Enden fußartige Verbreiterungen zur sicheren Übertragung von Zugkräften. Über Erde sind die Ankerwinkel wieder durch einen ausgestrebten Querrahmen (Abb. 218b) verbunden, der

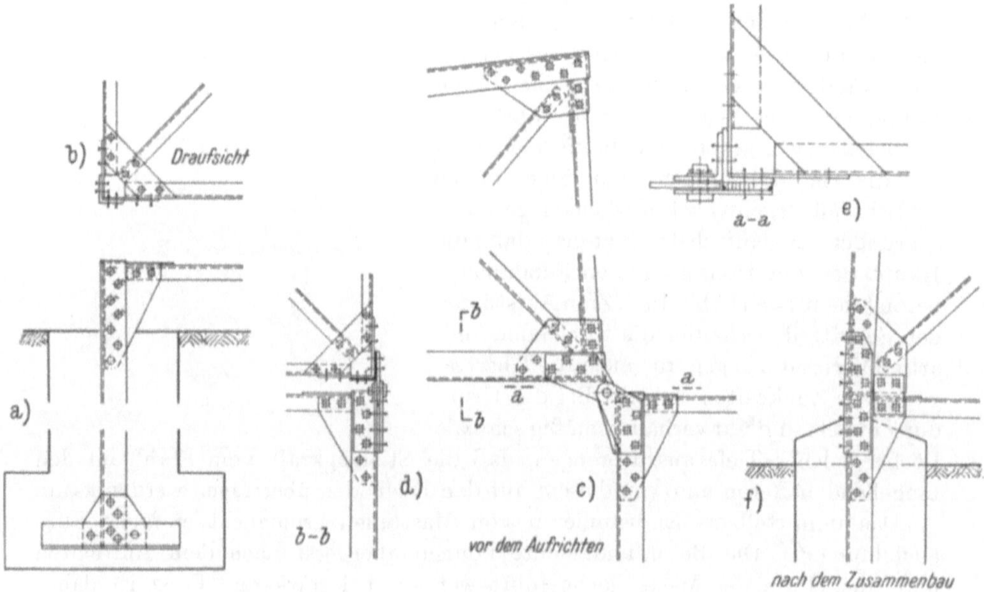

Abb. 218.

sie in der richtigen Lage zusammenschließt. Auch der Mastfuß erhielt hier einen Querrahmen, der allerdings nach dem Aufrichten des Mastes wieder abgenommen wird. Zum Aufdrehen des Mastes werden mit Benützung der Bohrungen für die Stoßschrauben des Schaftwinkels Gelenklaschen am Mastfuß und am Anker angeschraubt; am Anker ist neben der Lasche, die mit dem erforderlichen Futter verschweißt ist, noch ein entsprechend geformter Anschlußwinkel vorgesehen, so daß der Drehbolzen zweischnittig wirkt: Abb. 218e. Nach erfolgtem Aufdrehen des Mastes wird zunächst an den beiden freien Eckpunkten die Verlaschung ausgeführt, sodann werden neben den Gelenklaschen zunächst die Stöße der Knotenbleche durch Flachlaschen gedeckt und schließlich folgt nach dem Ausbau der Gelenklaschen die Verlaschung des Schaftwinkels mittels abgebogenen Stoßwinkels (Abb. 218f). Bei sorgfältiger Herstellung werden die Löcher der Stoßwinkel mit kleinerem Durchmesser vorgebohrt und erst nach dem Einheften auf volle Stärke ausgerieben. Bei sehr schweren Masten müssen die Gelenklaschen des Mastfußes noch durch Anschlußwinkel verstärkt werden, um auch im zweiten Winkelschenkel Anschlußschrauben unterbringen zu können. Zur einfacheren Handhabung werden auch Hilfswinkel und Gelenklasche mit Futter, die an den Ankern anzubringen sind, durch Zwischenfutter und Verschweißung zu einem Ganzen zusammengefügt. Bei der Bemessung der Ankerwinkel ist zu berücksichtigen, daß sie zufolge ihres Auskragens aus dem Beton und unter der Einwirkung des Schubes H auf Biegung beansprucht werden, Abb. 219. Die Kraglänge e ist daher so kurz als möglich zu halten. Allenfalls müssen Verstärkungsbleche vorgesehen werden. Man kann aber auch die Pfosten des Querrahmens zur Entlastung heranziehen. Bei biegungssteifem Anschluß entsteht näm-

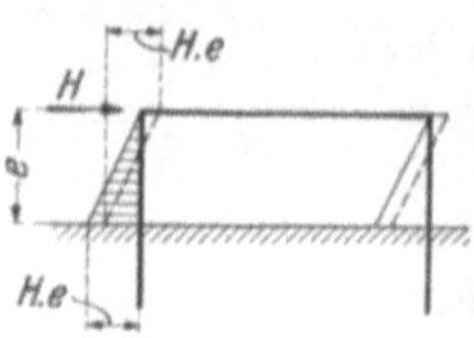

Abb. 219.

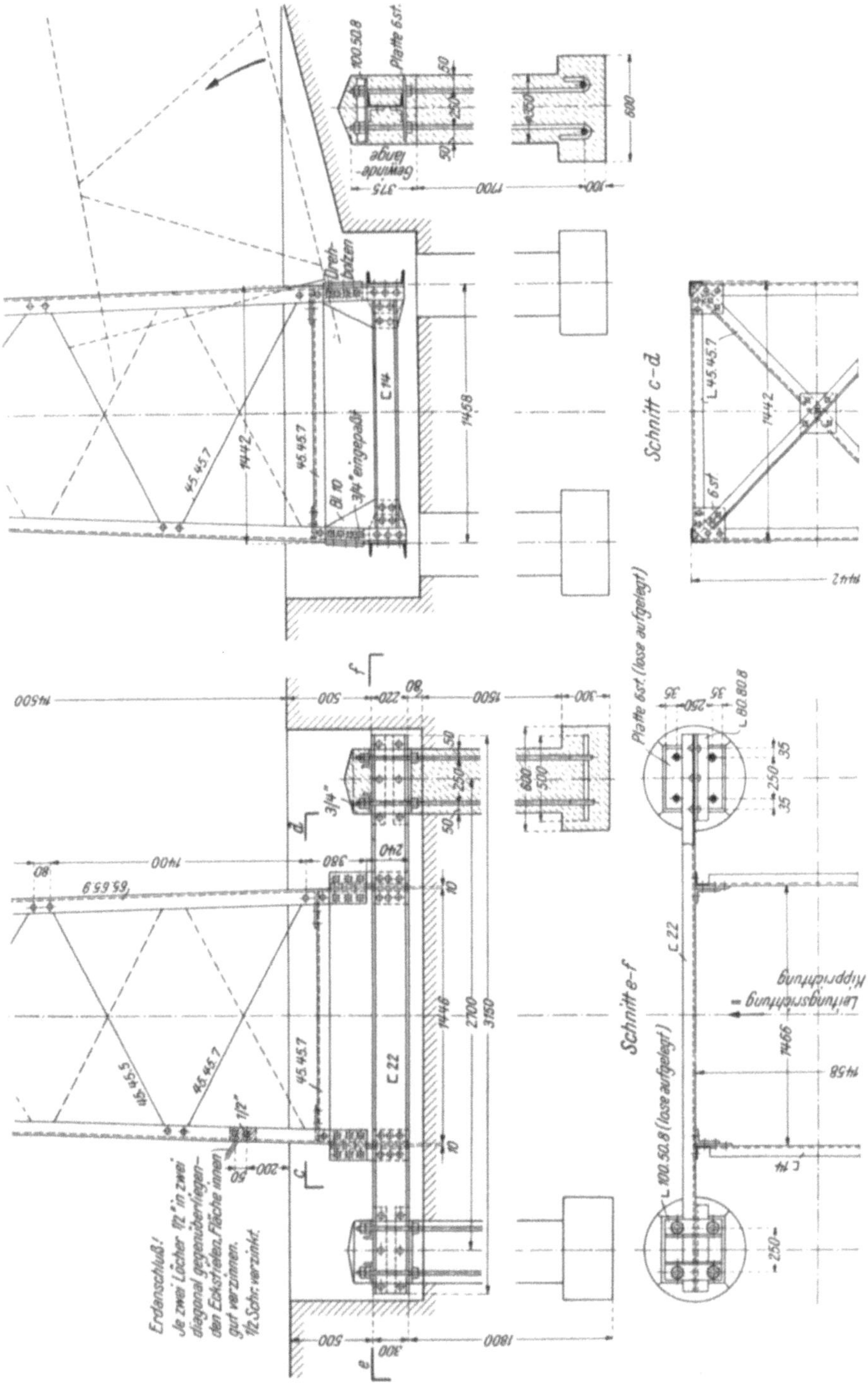
Drehbolzen
Schnitt c-d
Schnitt e-f
Platte 6 st. (lose aufgelegt)
L 100.50.8 (lose aufgelegt)
Leitungsrichtung
Kipprichtung
Erdenschluß!
Je zwei Löcher 1/2" in zwei diagonal gegenüberliegenden Eckstielen. Fläche innen gut verzinnen.
1/2 Schr. verzinkt.

Abb. 220.

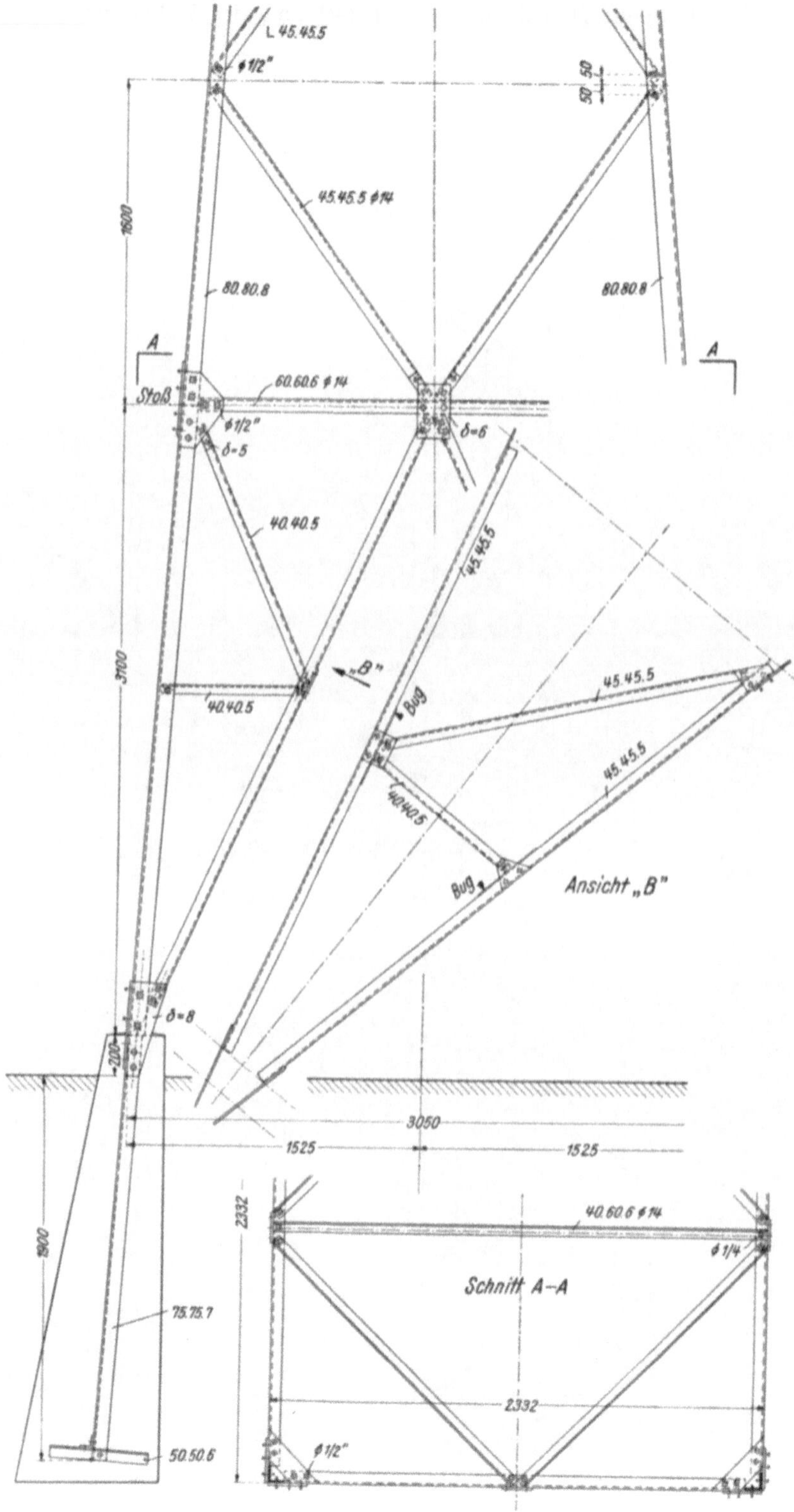
L 45.45.5
ϕ 1/2"
50 50
1600
45.45.5 ϕ 14
80.80.8
80.80.8
A
A
60.60.6 ϕ 14
Stoß
ϕ 1/2"
δ=6
δ=5
40.40.5
45.45.5
3100
„B"
40.40.5
Bug
45.45.5
45.45.5
40.40.5
Bug
Ansicht „B"
δ=8
200
3050
1525
1525
2332
40.60.6 ϕ 14
ϕ 1/4
1900
Schnitt A–A
75.75.7
2332
ϕ 1/2"
50.50.6

Abb. 221.

lich ein eingespannter Rechteckrahmen mit dem in Abb. 219 strichliert gezeichneten Momentenverlauf der Anker. Eine wesentliche Abminderung des Einspannmomentes ist aber nur erzielbar, wenn die Ankerentfernung nicht sehr groß ist und die Pfosten des Querrahmens möglichst biegungssteif ausgeführt werden; es empfiehlt sich dann, an Stelle von Winkelstählen [-Stähle für die Pfosten zu verwenden.

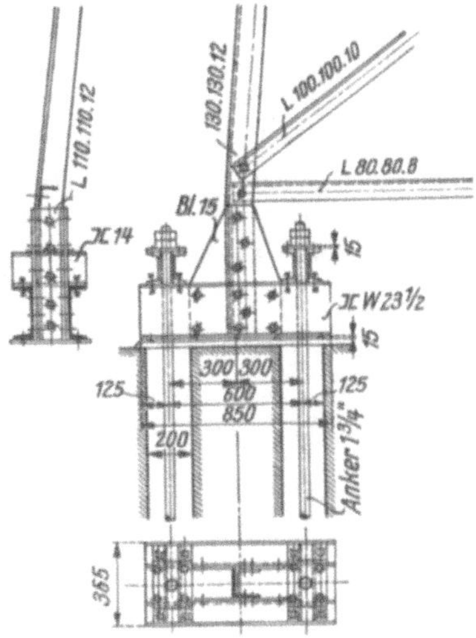

Abb. 222.

Abb. 220 zeigt die Fußausbildung eines schmäleren Tragmastes, dessen Fundament in 4 Einzelteile aufgelöst wurde (60-kV-Leitung Danzig-Einlage, A. E. G. Berlin). Zur Herabsetzung der Fundamentkräfte sind die Einzelfundamente in der Hauptbelastungsrichtung auseinandergerückt. Auch dieser Mast wurde um Bolzengelenke aufgedreht.

Gespreizte Maste werden sehr häufig als Aufsetzmaste ausgebildet. Auch der in Abb. 198 dargestellte Mast könnte so mit den Fundamenten verbunden werden, daß die Hauptstiele der Dreiseite bloß bis zur Betonoberfläche reichen und dort mit einem im Fundament eingebetteten Winkelstahl verschraubt oder vernietet werden. Die Abb. 221 zeigen den Unterteil eines gespreizten Tragmastes einer 100-kV-Leitung (Entwurf A. E. G. Union E. G., Wien),

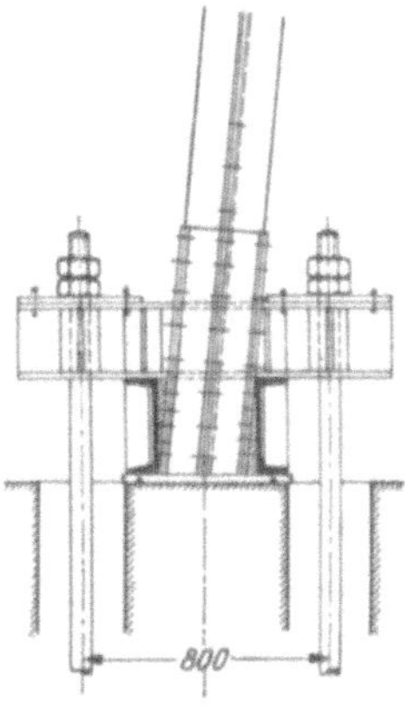

In Abb. 222 ist die Verbindung der Füße eines weitgespreizteren Mastes mit den Betonfundamenten durch Ankerschrauben hergestellt[39]. Wollte man das Abbiegen der Schaftwinkel vermeiden, dann müßten Keilfutter für den Anschluß des Stieles an den Fuß zu Hilfe genommen werden. Abb. 223 zeigt eine solche Ausführungsart (Winkelturm im Grubenfeld Zschornewitz[39]). Die Verwendung von Ankerschrauben bietet den Vorteil, daß Berichtigungen in der Höhenlage der Mastfußpunkte leicht vorzunehmen sind, während bei den steifen Ankerstäben solche Korrekturen nur in beschränktem Maße möglich sind, indem

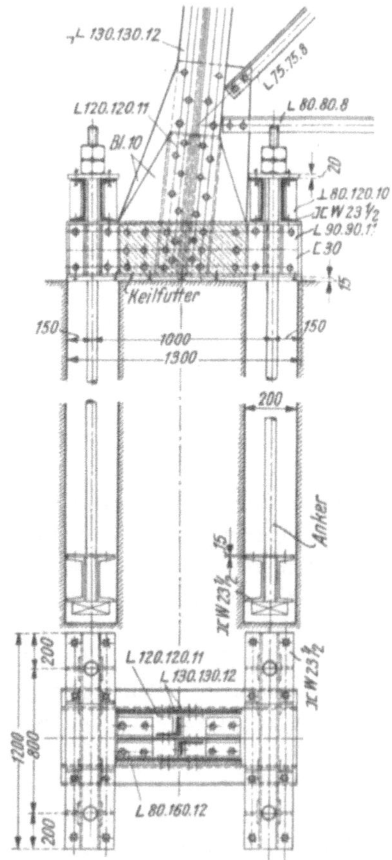

Abb. 223.

die Löcher der Stoßschrauben erst nach dem Aufrichten des Mastes auf den vollen Durchmesser aufgerieben werden. In Abb. 224 ist noch eine Fußausbildung eines gespreizten Mastes dargestellt, die sich an amerikanische Ausführungen anlehnt: An die beiden Eckwinkelschenkel werden zwei entsprechend geformte, U-förmig, mit nach unten zunehmender Öffnungsweite abgebogene Bleche A und B angeschraubt. Diese Bleche sind auf einer Grundplatte aufgeschweißt; an ihrem oberen Rande sind zwei dicke Auflagerwinkel durch Schweißung angeschlossen, gegen die sich die Muttern der Ankerschrauben stützen. Im Falle der Gründung im Felsboden werden die Ankerschrauben, die zur Erhöhung ihres Haftwiderstandes unten aufgespalten sind, in Bohrlöcher eingesetzt und vergossen. Auf dem abgeräumten, gesunden Felsboden wird zur Abgleichung und zur Verteilung der zu übertragenden Druckkraft ein kleiner Betonquader aufgeführt.

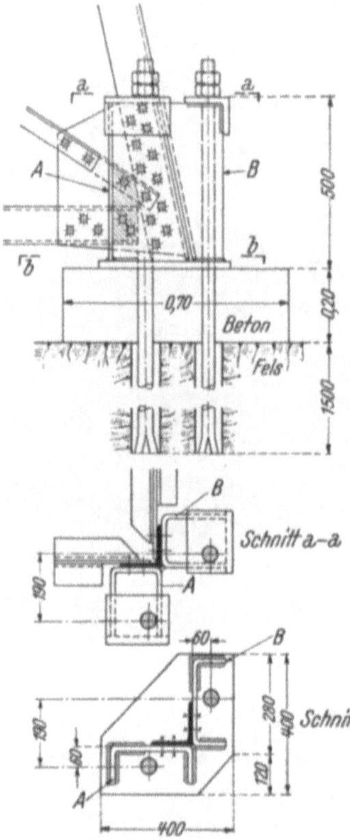

Abb. 224.

3. Plattengründung. Zufolge der tieferen Lage des Einspannquerschnittes des Schaftes sind stärkere Eckwinkel als bei einbetonierten Masten oder bei Aufsetzmasten erforderlich. Eine weitere Vermehrung des Stahlgewichtes bedingen die aus ⊏-Stählen bestehenden Schwellenträger und ihre Anschlüsse. Trotzdem ist diese Bauweise meist wirtschaftlicher als die Gründung mittels Betonfundamenten. Auch können die Maststellarbeiten zu jeder Jahreszeit, auch bei Frost, vorgenommen werden.

Die notwendige Aufstandsfläche wird durch Oberbauschwellen (16/26 cm, lang 260 cm, gegebenenfalls auch in halben Längen verwendet) oder durch fabriksmäßig oder an einem Werkplatze des Baugebietes hergestellte Eisenbetonplatten geschaffen. Abb. 225 zeigt die Gründung eines Tragmastes. Die Schwellenträger sind in der Hauptbelastungsrichtung, beim Tragmast also quer zur Leitungsrichtung, angeordnet. Da für den Anschluß des Schaftes die unmittelbare Verschraubung der Eckwinkel nicht ausreicht, sind Anschlußwinkel und Knotenbleche zu Hilfe genommen worden, die die Unterbringung der erforderlichen Zahl von Anschlußschrauben ermöglichen. Zumeist werden die Knotenbleche mit den ⊏-Trägern, die Anschlußwinkel hingegen noch mit den Eckwinkeln des Schaftes vernietet. Bei schmäleren Masten können auch noch die Knotenbleche an den Schaft genietet werden: Abb. 226. Die erforderliche Anzahl der Schwellen hängt von der Größe der zu übertragenden Kräfte ab. Damit die Schwellen statisch möglichst günstig wirken, sind sie außerhalb der Stiele anzuordnen und möglichst vom Schaft abzurücken. Da aber damit das Biegungsmoment in den ⊏-Stählen anwächst, wird unter Beachtung dieses Umstandes die jeweils günstigste Lösung zu wählen sein. Da die Schaftwinkel auch Zugkräfte auf die [-Stähle übertragen, denen das Gewicht des auf den Schwellen lastenden Erdreiches entgegenwirkt, müssen die Schwellen durch Schrauben mit den [-Stählen verbunden werden, zu welchem Zwecke an der Schwellenunterseite Flachstähle vorzusehen sind. Die unterhalb liegenden Schraubenköpfe behindern das Ausrichten des Mastes, und es kommt auch vor,

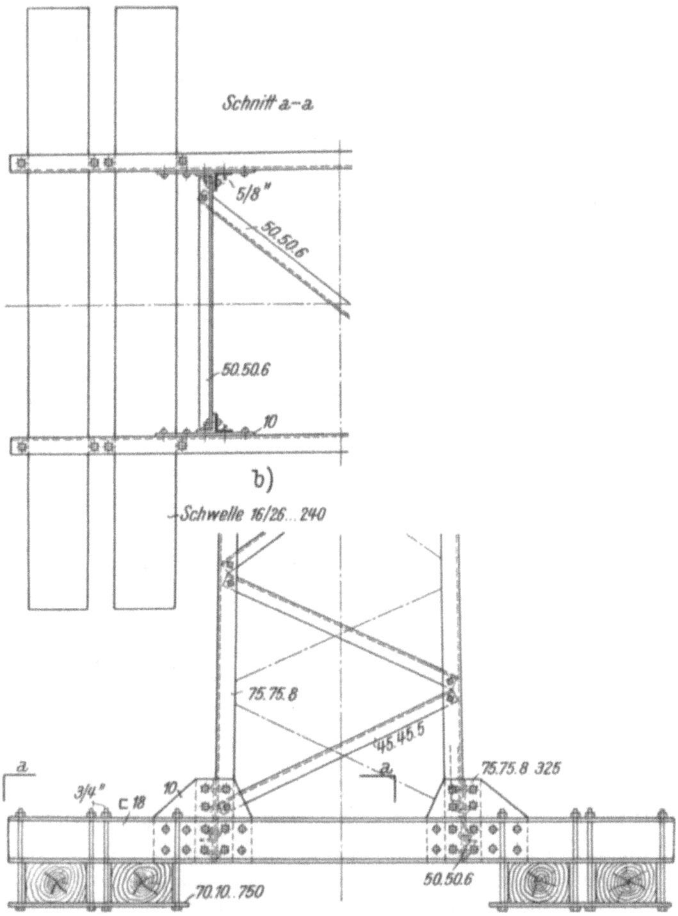

Abb. 225.

daß sie dabei abgeschert, bzw. abgerissen werden. Um dies zu vermeiden, hat man auch gekröpfte Flachstähle nach Abb. 226 verwendet; diese Ausführung ist teurer.

Der Schaft muß am unteren Ende wieder einen ausgestrebten Querrahmen erhalten; er wird unter Mitverwendung der [-Stähle ausgebildet: Abb. 225b.

Die Abb. 227 zeigen die Fußausbildung eines geschweißten Rohrgittermastes (ausgeführt von den Benteler Werken Bielefeld für B.B.C. Mannheim).

β) Berechnung.

Statische Kennzeichnung der Tragwerke. Schaft und Querträger der Einständer-Gittermaste werden im allgemeinen getrennt berechnet; dieser Vorgang bedeutet in manchen Fällen schon eine Näherung (vgl. Abs. γ). Ferner werden die Gittermaste in der Regel als Gelenkfachwerke aufgefaßt. Im Falle der Gründung mittels Betonfundamenten werden auch die Fußpunkte F in Abb. 228a und b als reibungslose Gelenke angesehen.

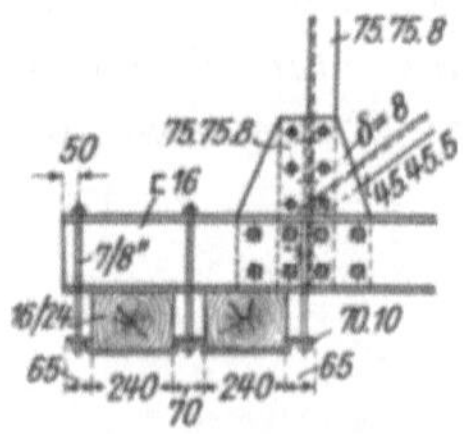

Abb. 226.

Trotz dieser vereinfachenden Annahmen, die im allgemeinen zu praktisch vollkommen ausreichenden Ergebnissen führen, sind die Maste zumeist noch immer statisch unbestimmte Systeme.

Zur Klarstellung des statischen Charakters vierseitiger Gittermaste betrachten wir zunächst das in Abb. 229a dargestellte Tragwerk. Die vier Fußpunkte sind als räumlich festgehalten anzusehen, die Seitenwände bilden statisch bestimmte ebene Fachwerke und alle Mastringe sind „offen“, d. h. unausgesteift. Ein solches Tragwerk ist statisch bestimmt. Bedeutet nämlich k die Zahl der freien Knoten, die hier durchaus räumliche Knoten sind und für die daher je drei Gleichgewichtsbedingungen angesetzt werden können, und bedeutet ferner s die Zahl der Stäbe, also auch die Zahl der unbekannten Stabkräfte, so besteht hier die Beziehung

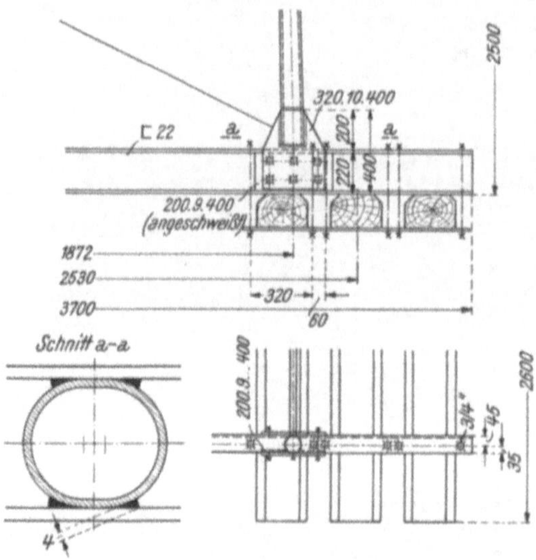

Abb. 227.

$$3\,k = s = 48,$$

d. h. zur Berechnung der 48 unbekannten Stabkräfte steht eine gleiche Zahl von Gleichgewichtsbedingungen zur Verfügung. Da sich ferner aus diesen Gleichungen, wie hier nicht erst bewiesen werden soll, die unbekannten Stabkräfte auch eindeutig berechnen lassen, ist somit das vorliegende Tragwerk statisch und daher auch kinematisch bestimmt.

Im Mastbau kommen häufig Tragwerke mit „ebenen Knoten“ vor. In solchen Knoten kann der Kräfteausgleich immer nur innerhalb einer der benachbarten Seitenwände vor sich gehen; daher vermag ein ebener Knoten auch nur solche Außenkräfte aufzunehmen, die in seiner Ebene wirken. Entfernt man beispielsweise in jeder Seitenwand des Tragwerkes Abb. 229a die Zwischenpfosten p_1, p_2 und p_3, so werden die Knoten *1*, *2* und *3* jedes Stieles zu ebenen Knoten (Abb. 229b). In diesen Knoten können nur je zwei voneinander unabhängige Gleichgewichtsbedingungen angesetzt werden. Gegenüber dem Tragwerk Abb. 229a verringert sich aber auch die Zahl der Stäbe, so daß zur Berechnung der Stabkräfte wieder die gerade erforderliche Zahl von Gleichgewichtsbedingungen aufstellbar ist. Da sich die Stabkräfte aus diesen im vorliegenden Fall wieder eindeutig ergeben, ist somit auch das Tragwerk nach Abb. 229b statisch bestimmt.

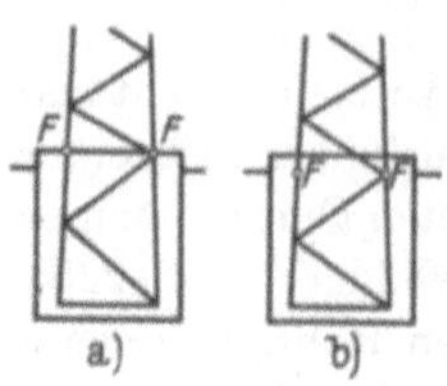

Abb. 228.

In statisch bestimmten Mastschäften ist die Stabkraftermittlung sehr einfach durchzuführen. Greift beispielsweise in einem Knoten des Mastes nach Abb. 230a eine beliebig gerichtete Last P an, so hat man sie nur nach den beiden benachbarten Seitenwänden und in Richtung des Stieles, dem der Lastangriffsort angehört, in Seitenkräfte U, V und W zu zerlegen. Die Richtungen der Kräfte U und V können in den Seitenwänden beliebig angenommen werden;

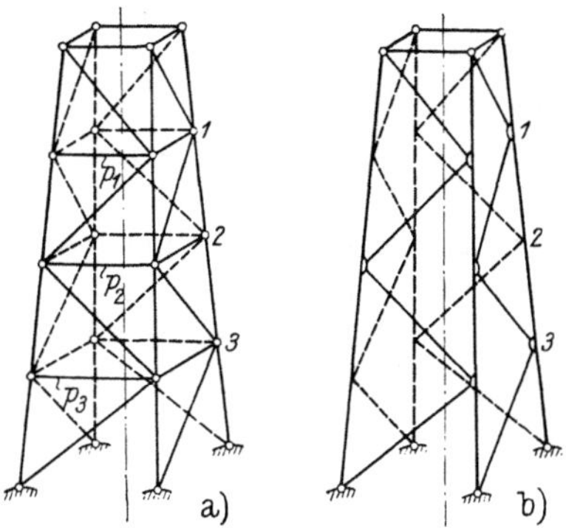

Abb. 229.

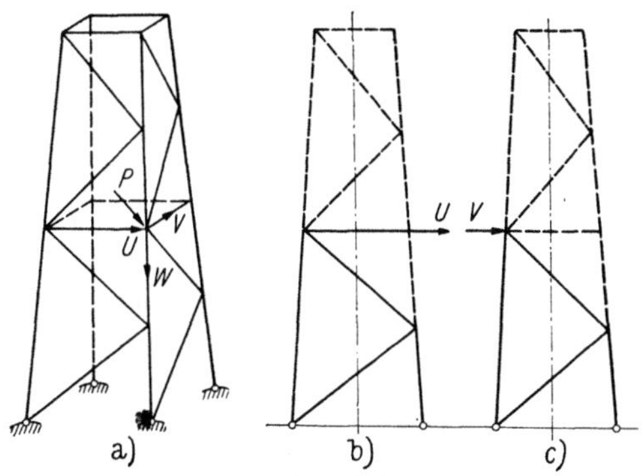

Abb. 230.

am zweckmäßigsten ist es, sie waagrecht zu wählen. Die Kräfte U und V belasten nur die bezüglichen Seitenwände, die Teilkraft W geht durch den abwärts liegenden Teil des Stieles unmittelbar in das Fundament. Man hat jetzt bloß die Zerlegung der Kräfte U und V in den beiden Seitenwänden durchzuführen, wobei nur die in Abb. 230 b und c hervorgehobenen Stäbe von Null verschiedene Stabkräfte erhalten. Um die Kräfte des gemeinsamen Stieles zu bekommen, müssen zum Stabkraftanteil W noch die aus den Teilangriffen Abb. 230 b und c sich ergebenden Kraftanteile unter Beachtung ihres Wirkungssinnes hinzugefügt werden.

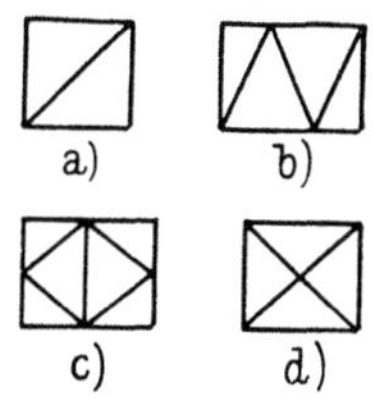

Abb. 231.

Steift man nun einzelne Ringe eines statisch bestimmten Gittermastes aus, so wird die Zahl der unbekannten Stabkräfte größer als die der verfügbaren Gleichgewichtsbedingungen, und es ist dann nicht mehr möglich, die unbekannten Stabkräfte lediglich aus Gleichgewichtsbedingungen allein zu berechnen. Der Mast ist s t a t i s c h u n b e s t i m m t geworden. Erfolgt die Aussteifung der Ringe durch einfache Streben oder Strebenzüge, die mit den Ringpfosten statisch bestimmte ebene Ringfachwerke ergeben (Abb. 231 a—c), so verursacht jeder solche Ring e i n e statische Unbestimmtheit. Werden aber in einem Ring zwei gekreuzte Streben angeordnet (Abb. 231 d), dann entsprechen demselben zwei Unbestimmtheiten. Die Aussteifung der Ringe ist auch dadurch erzielbar, daß diese zu ebenen Steifrahmen ausgestaltet werden; verstrebte Ringe sind aber wegen ihrer geringeren Nachgiebigkeit vorzuziehen (vgl. Abs. β). Sind die Seitenwände statisch unbestimmte ebene Fachwerke, dann wird dadurch der Grad der statischen Unbestimmtheit des räumlichen Systems erhöht (zweiteiliges Netzwerk nach Abb. 232 a oder Fachwerk mit gekreuzten Streben und Pfosten nach Abb. 232 b). Doch bedingt diese Art der statischen Unbestimmtheit im allgemeinen keine Erschwernis der Rechnung, da es fast immer zulässig ist, die Stabkraftermittlung in solchen Seitenwänden näherungsweise durchzuführen, indem bei bestehender Symmetrie angenommen werden darf, daß die Stabkräfte sich kreuzender Streben gleiche absolute Größe besitzen. In vielen Fällen ist diese Rechnungsannahme sogar strenge gültig; z. B. dann, wenn in Abb. 232 a und b $H_1 = H_2$ ist.

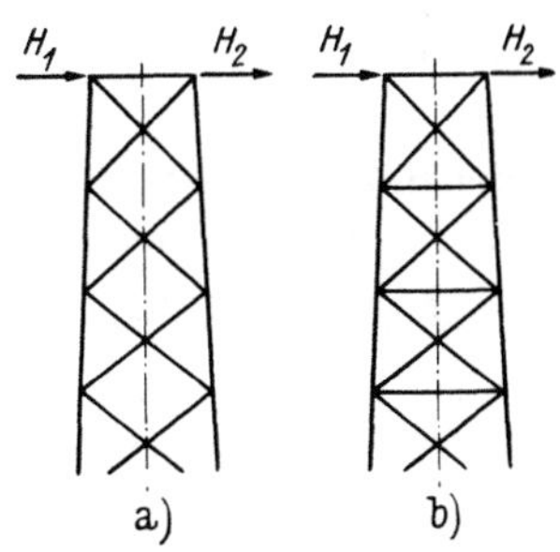

Abb. 232.

Da im allgemeinen stets einzelne Mastringe ausgesteift werden, stellen die Gittermaste — auch im Falle statisch bestimmter Seitenwandfachwerke — in der Regel statisch unbestimmte Raumfachwerke dar. Doch müssen nur einzelne Bauformen, und auch diese nur für bestimmte Belastungsarten, als statisch unbestimmte Systeme genauer berechnet werden. Für die Mehrzahl der Lastfälle genügt es so zu rechnen, als ob alle Ringe offen wären, für andere Belastungsarten wieder lassen sich einfache Formeln angeben, mit deren Hilfe eine genäherte Berechnung möglich wird.

Im folgenden wird die Stabkraftermittlung für verschiedene Belastungsarten durchgeführt. Dabei werden nur Maste mit rechteckigen (quadratischen) Querschnitten und lotrecht stehender Achse in Untersuchung gezogen. Ferner sollen gegenüberliegende Seitenwände wenigstens annähernd gleich ausgeführt sein. Zur Festlegung der einzelnen Kraftrichtungen wird ein rechtwinkeliges Achsenkreuz, dessen x- und y-Achse zu den Seitenwänden parallel laufen und dessen z-Achse mit der Mastachse zusammenfällt, herangezogen: Abb. 233.

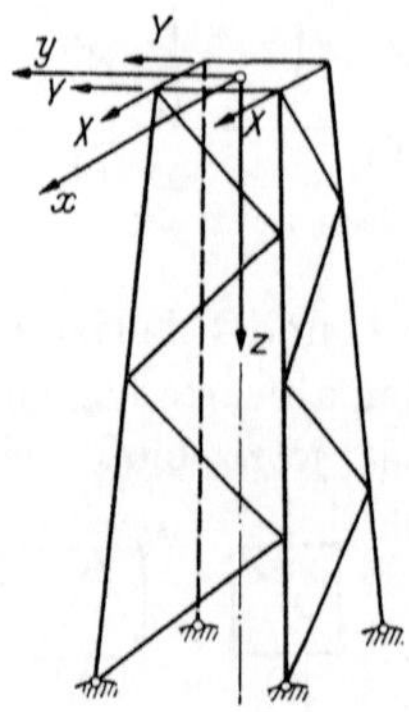

Abb. 233.

Lotrechte Belastung. a) Mittige Lasten V werden zu gleichen Teilen den Stielen zugeordnet; sind die Stiele nur wenig gegen die Lotrechte geneigt, dann dürfen diese Lasten auch schon als die Stabkräfte der Stiele angesehen werden. Bei stärkerer Neigung der Stiele hat man die Kräfte $\frac{V}{4}$ parallel zu den Ringpfosten und zu den Stielen in Seitenkräfte zu zerlegen, man erhält so als Stielkräfte $\frac{V}{4} \cdot \sec \gamma$, wenn γ den Neigungswinkel derselben gegen die z-Achse bedeutet. Gleichzeitig erhält man auch die Kräfte der Ringpfosten, während die übrigen Stäbe der Seitenwände bei statisch bestimmten Seitenwandfachwerken im Falle gleicher Neigung aller Stiele spannungslos bleiben.

b) Außermittige Lasten. Sind die Seitenwände nur wenig gegen die Lotrechte geneigt, dann kann die Stabkraftbestimmung im Aufriß der Seitenwände, so wie für fachwerksartige Flachmaste (vgl. Abs. 6 b α) vorgenommen werden. Damit erhält man allerdings nur die zur Aufrißebene parallelen Seitenkräfte der wirklichen Stabkräfte. Bei stärkeren Wandneigungen muß daher die Stabkräfteermittlung entweder in der Umlegung der Seitenwände durchgeführt werden, oder aber man bestimmt die Stabkräfte für den Aufriß und vervielfacht sie sodann mit dem jeweiligen Verhältniswert $\frac{\text{wirkliche Stablänge}}{\text{Stablänge im Aufriß}}$. Auch hier ist wieder auf jene Streben der Seitenwände zu achten, die zwischen den Querträgergurten liegen.

Mittiger Leiterzug. In den Knoten irgendeines Mastringes greifen waagrechte Außenkräfte an, deren Zerlegung für gegenüberliegende Wände gleich große Lasten X, bzw. Y (Abb. 233) ergeben möge.

Die Stabkraftbestimmung ist unmittelbar mit Hilfe dieser Wandlasten X und Y in den ebenen Fachwerken der Seitenwände ausführbar. Für die Stiele als Gurte benachbarter Seitenwände sind dann die entsprechenden Teilkräfte algebraisch zusammenzuzählen. Diese Berechnung der Stabkräfte aus den Lasten X und Y

ist unter den getroffenen Voraussetzungen hinsichtlich des Aufbaues der Tragwerke mit hinreichender Annäherung auch dann anwendbar, wenn einzelne oder sämtliche Mastringe ausgesteift sind. Die Ermittlung der Stabkräfte in den Seitenwänden kann auf verschiedenem Wege erfolgen.

a) Wird die Seitenwand in die Zeichenebene geklappt, so können die Stabkräfte in gleicher Weise wie für die fachwerksartigen Flachmaste — also auf rein rechnerischem, auf rechnerisch-zeichnerischem Wege oder durch Zeichnen eines Kräfteplanes — bestimmt werden.

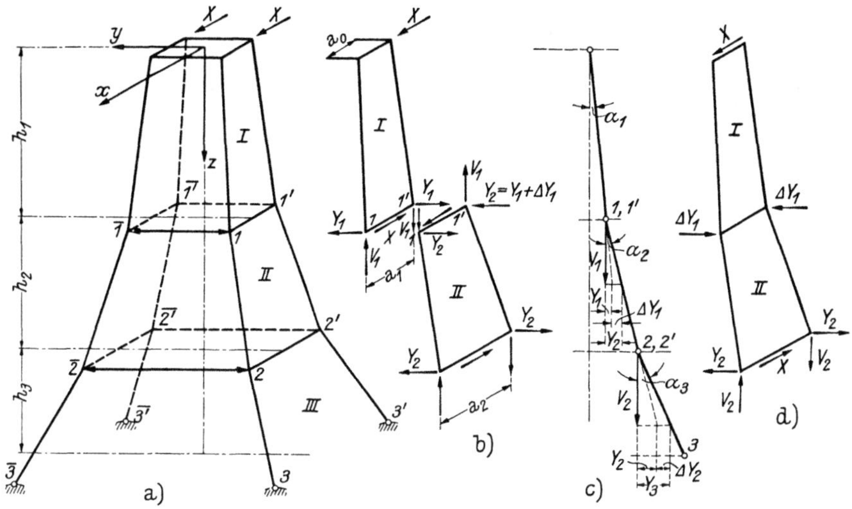

Abb. 234.

b) Führt man aber die Stabkraftermittlung im Aufriß durch, dann müssen bei stärker geneigten Wänden die erhaltenen Stabkräfte wieder mit dem zugehörigen Verhältniswert $\frac{\text{wirkliche Stablänge}}{\text{Stablänge im Aufriß}}$ vervielfacht werden.

Laufen die Stiele nicht geradlinig durch, sondern weisen sie ein- oder mehrmaligen Neigungswechsel gemäß Abb. 200 auf, dann ist auch im Falle statisch bestimmter Maste das Kräftespiel schon von dem der bisher behandelten Bauformen verschieden. Eine waagrechte Last, die in irgendeiner Seitenwand angreift, setzt nämlich nicht bloß die Stäbe der unterhalb anschließenden Wandteile, sondern auch Stäbe und Stabgruppen der übrigen Wände unter Spannung.

Die folgende Betrachtung gilt wieder nur für mittige Leitungszüge, und sie bleibt auf solche Tragwerke beschränkt, deren Stiele symmetrisch zu den xz- und yz-Ebenen verlaufen (Abb. 234). Zunächst möge auch noch vorausgesetzt werden, daß alle Mastringe offen bleiben. Die Art der Ausstrebung der Seitenwände ist für die folgende Untersuchung belanglos; daher sind auch in der Abb. 234 die Verstrebungen weggelassen.

Angenommen, am Kopfring des in Abb. 234a dargestellten Mastes greifen die beiden Lasten X an. Zufolge der bestehenden Symmetrie genügt es, die weitere Ausbreitung der in der einen Seitenwand angreifenden Last zu verfolgen. Unter der getroffenen Voraussetzung offener Mastringe wird die Fachwerksscheibe I strenge die volle Last X übernehmen und sie in den Knoten 1 und $1'$ an die unterhalb anschließende Scheibe II abgeben. Die Kräfte, durch welche die Scheibe I in 1 und $1'$ gestützt wird, denken wir uns parallel zu den Achsen x, y

und z in Seitenkräfte zerlegt: Abb. 234b. Die zu x parallelen Kräfte müssen zusammen die Angriffskraft X ergeben, die zu y und z parallelen Seitenkräfte bilden Kräftepaare $Y_1 a_1$ und $V_1 a_1$, wobei das Gleichgewicht gegen Drehen

$$V_1 = \pm X \frac{h_1}{a_1} = \pm \frac{\mathfrak{M}_1}{a_1}$$

verlangt, während die Y_1 sich aus der Bedingung ergeben, daß sie mit den V_1 zusammen je eine in der Ebene der Scheibe I wirkende Resultierende bilden müssen. Gemäß Abb. 234c, die den Schnitt y—y durch die Vorderwand zeigt, muß also

$$Y_1 = V_1 \operatorname{tg} \alpha_1$$

sein, wenn α_1 den Winkel zwischen der Scheibenebene I und der xz-Ebene bedeutet.

Die Kraft X geht nun unmittelbar von der Scheibe I zur Scheibe II über. Die Resultierenden der Gegenkräfte von V_1 und Y_1 können aber von der Scheibe II nicht aufgenommen werden, da diese Kräfte ja nicht in ihrer Ebene wirken. Um das Gleichgewicht in den Knoten 1 und $1'$ erhalten zu können, müssen also noch Kräfte $\pm \Delta Y_1$, die von den Querwänden zu äußern sind, wirksam werden, und zwar muß, wie aus Abb. 234c hervorgeht,

$$\Delta Y_1 = V_1 (\operatorname{tg} \alpha_2 - \operatorname{tg} \alpha_1) = \frac{\mathfrak{M}_1}{a_1} (\operatorname{tg} \alpha_2 - \operatorname{tg} \alpha_1) \tag{146}$$

sein, wenn $\mathfrak{M}_1$ wieder das Moment der Außenkraft X, bezogen auf die durch 1 gelegte, zu y parallele Achse bedeutet. Wegen der bestehenden Symmetrie müssen nun in den Knoten $\overline{1}$ und $\overline{1}'$ gleich große, entgegengesetzt wirkende Zusatzkräfte ΔY_1 entstehen, um auch dort die Stützkräfte der oberen Scheibe in die Ebene der unterhalb anschließenden abzulenken. Die Gegenkräfte zu diesen Zusatzkräften ΔY_1 bilden dann die Belastung der Querwände, die unter dem Kraftangriff X in den Knoten 1 entstehen; statische Bestimmtheit des Mastes vorausgesetzt, werden durch diese Querwandlasten nur die Ringpfosten 1—$\overline{1}$ und $1'$—$\overline{1}'$ in Spannung versetzt, und zwar erhält 1—$\overline{1}$ die Stabkraft $-\Delta Y_1$ (Druck), $1'$—$\overline{1}'$ aber $+\Delta Y_1$ (Zug).

In die Scheibe II werden in den Knoten 1 und $1'$ außer der Last X auch die Resultierenden aus den Kräften V_1 und $Y_1 + \Delta Y_1 = Y_2$ eingeleitet, und mit Hilfe dieser Kräfte könnte die Stabkraftermittlung in der Scheibe II durchgeführt werden. Nun ist sodann das Gleichgewicht in den Stützknoten 2 und $2'$ zu untersuchen. Es entstehen dort Stützkräfte X, $\pm V_2$ und $\pm Y_2$ (Abb. 234d). Da die nächstfolgende Scheibe III wieder nur Kräfte ihrer Ebene übernehmen kann, müssen somit Zusatzkräfte ΔY_2 entstehen, die wieder von den Querwänden zu äußern sind. Unter Beachtung der bestehenden Symmetrie hinsichtlich der xz-Ebene und der vorausgesetzten statischen Bestimmtheit des Mastes werden diese Kräfte wieder von Ringstäben geäußert, und zwar besitzt der Ringpfosten 2—$\overline{2}$ die Kraft $-\Delta Y_2$, der Stab $2'$—$\overline{2}'$ die Kraft $+\Delta Y_2$. Es ist dann

$$V_2 = \pm X \frac{h_1 + h_2}{a_2} = \frac{\mathfrak{M}_2}{a_2},$$

wenn $\mathfrak{M}_2$ das Moment der Außenkraft X, bezogen auf eine zu y parallele, durch 2 gelegte Achse bedeutet. Aus Abb. 234c folgt

$$\Delta Y_2 = V_2 (\operatorname{tg} \alpha_3 - \operatorname{tg} \alpha_2) = \frac{\mathfrak{M}_2}{a_2} (\operatorname{tg} \alpha_3 - \operatorname{tg} \alpha_2),$$

wenn α_3 den Neigungswinkel der Ebene der Scheibe III gegen die xz-Ebene bedeutet.

Allgemein erhält man für einen beliebigen Bruchpunkt n die Zusatzkraft

$$\Delta Y_n = \frac{\mathfrak{M}_n}{a_n} (\operatorname{tg} \alpha_{n+1} - \operatorname{tg} \alpha_n), \tag{147}$$

worin $\mathfrak{M}_n$ das Moment der Außenkraft, bezogen auf die durch n gehende, zu y parallele Achse und α_n und α_{n+1} die Neigungswinkel der anschließenden Wandscheiben gegen die xz-Ebene bedeuten. Es kann auch $\operatorname{tg} \alpha_n = \frac{a_n - a_{n-1}}{2 h_n}$ usw. gesetzt werden.

Damit haben wir ein Verfahren entwickelt, nach welchem die in den Bruchpunkten wirksamen Zusatzkräfte ΔY_n berechnet werden können. Ihr Wirkungssinn ist dadurch gegeben, daß bei einspringenden Ecken an der Seite der gezogenen Stiele Zugkräfte ΔY, an der Seite der gedrückten Stiele Druckkräfte ΔY in den Riegeln der Querwände auftreten müssen. Die Stabkräfte innerhalb der einzelnen Scheiben *I*, *II* und *III* können sodann nach einem der früher genannten drei Verfahren ermittelt werden.

Die Stabkräfte können auch auf folgendem Wege erhalten werden: Für den Angriff Kräfte X führt man die Stabkraftermittlung im xz-Aufriß einer der zu x parallelen Seitenwände durch, und zwar so, als wenn diese Wände einheitliche Neigung hätten. Man erhält auf diese Weise die zur xz-Ebene parallelen Seitenkräfte der gesuchten Stabkräfte. Um zu diesen selbst zu gelangen, hat man nur die gefundenen Seitenkräfte mit der jeweiligen Verhältniszahl $\frac{\text{wirkliche Stablänge}}{\text{Aufriß der Stablänge}}$ zu vervielfachen. Unter Anwendung der Gl. (147) erhält man ferner die Zusatzkräfte ΔY und mit diesen auch die Stabkräfte der bezüglichen Ringpfosten der Querwände. Zu beachten ist, daß natürlich die Ringpfosten der zu x parallelen Seitenwände nicht nur von den Lasten X, sondern, als Querwandriegel, auch Zusatzkräfte von Lasten Y der zu y parallelen Wände erhalten.

Nach demselben Verfahren sind auch zur y-Achse symmetrische Lastangriffe Y zu erledigen. Die Stabkraftbestimmung im yz-Aufriß kann dabei wieder nach einem der früher besprochenen Verfahren erfolgen.

Sind nun einzelne Mastringe ausgesteift, dann darf bei den in Betracht gezogenen symmetrischen Tragwerken und im Falle mittiger Belastungen X und Y, näherungsweise dasselbe Verfahren zur Anwendung gelangen; die so erhaltenen Ergebnisse reichen praktisch vollkommen aus. Bei den Ringpfosten wird im Falle gekreuzter Ringstreben allerdings zu ungünstig gerechnet, wenn die Zusatzkräfte ΔY in voller Größe den Ringpfosten als Stabkräfte zugeordnet werden, denn an der Äußerung dieser Knotenwiderstände beteiligen sich dann auch die Streben. Eine genauere Berechnung lohnt sich nicht.

Windbelastung des Mastschaftes. Unter der Einwirkung des Windes ergeben sich sowohl waagrechte Einzellasten, herrührend von der Windbelastung der Leitungen und der Kopfausrüstung des Mastes, als auch stetig verteilte Lasten zufolge des Windangriffes auf den Mastschaft. Die Stabkräfte, die von Einzellasten hervorgerufen werden, sind wieder nach dem unter „Mittiger Leiterzug“ beschriebenen Verfahren bestimmbar. Über den Einfluß der Windbelastung des Schaftes soll noch eine kurze Betrachtung angeschlossen werden.

Bei waagrechtem und parallel zu einem Seitenwandpaar des Schaftes gerichtetem Windangriff werden im allgemeinen auch die Windkräfte des Schaftes als waagrecht und von solcher Größe angenommen, als ob die windgetroffenen Flächen senkrecht zur Windrichtung stünden. Zumeist werden die Windlasten des Schaftes schußweise, aus der Angriffsfläche der Vorderwand und dem nach Vorschrift jeweils anzunehmenden Anteil der Rückwand, unter Zugrundelegung des zu berücksichtigenden Einheitswinddruckes w_0 kg/m² senkrecht getroffener Fläche berechnet und auf die Schußlänge gleichmäßig verteilt angenommen. Man erhält also Gleichlasten $w_1, w_2, w_3, \ldots$ in kg je m Schußhöhe für die aufeinanderfolgenden Schüsse. Die Stabkraftermittlung erfolgt dann in ganz ähnlicher Art wie bei Einzellasten. Bei statisch bestimmten Masten werden wieder nur die in der Windrichtung liegenden Seitenwände belastet, während die Ausfachungen der anderen Wände spannungslos bleiben. Unter symmetrischen Verhältnissen trifft dies praktisch auch dann zu, wenn einzelne Mastringe ausgesteift werden.

Bei stärkerer Neigung der Seitenwände müssen dann die so erhaltenen Stabkräfte wieder mit der jeweiligen Verhältniszahl $\frac{\text{wirkliche Stablänge}}{\text{Stablänge im Aufriß}}$ vervielfacht werden. In gleicher Weise ist auch zu verfahren, wenn die Neigung der Stiele wechselt. Die horizontalen Zusatzkräfte ΔY_n zur Bestimmung der bezüglichen Stabkräfte in den Ringpfosten der Querwände sind dann wieder aus Gl. (147) zu ermitteln, wobei jetzt für $\mathfrak{M}_n$ das Biegungsmoment, das von allen oberhalb n angreifenden Windlasten einer Seitenwand in n hervorgerufen wird, in Rechnung zu stellen ist. Nach Abb. 235 wäre für $n = 3$

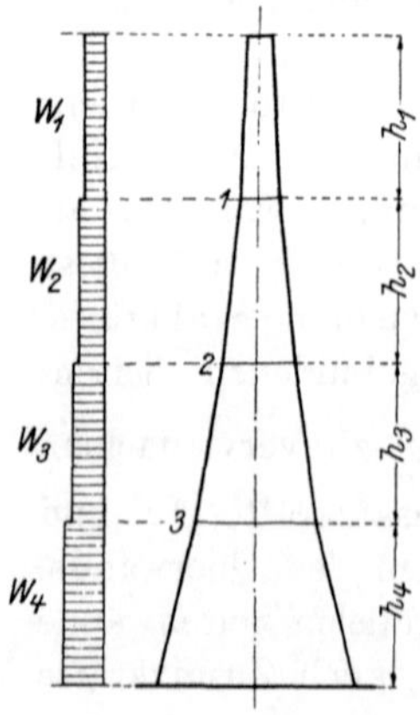

Abb. 235.

$$\mathfrak{M}_3 = \frac{w_1}{2}\, h_1\left(\frac{h_1}{2} + h_2 + h_3\right) + \frac{w_2}{2}\, h_2\left(\frac{h_2}{2} + h_3\right) + \frac{w_3}{2} \cdot \frac{h_3{}^2}{2}.$$

Sind die Mastringe nicht offen, sondern ausgesteift, dann ist bei den betrachteten Bauformen mit vollkommen ausreichender Genauigkeit derselbe Vorgang bei der Stabkräfteermittlung anwendbar.

Durchbiegung der Gittermaste unter waagrechter, mittiger Belastung. Um die Durchbiegung eines Mastes unter einer bestimmten Belastung, die in seinen Stäben Stabkräfte S_0 hervorruft, zu bestimmen, hat man allgemein am Orte (Spitze) und in Richtung der gesuchten Durchbiegung die Last „1“ anzubringen und die zugehörigen Stabkräfte S_1 zu ermitteln. Nach dem Arbeitssatze ergibt sich die gesuchte Durchbiegung zu

$$\delta = \sum S_1 \frac{S_0\, s}{E\, F}. \tag{148a}$$

Hierin bedeuten s die Stablängen, F die Stabquerschnitte und E den Elastizitätsmodul des Werkstoffes. (In gleicher Weise läßt sich auch die Mastverdrehung in bestimmter Höhenlage im Falle außermittiger Leiterzüge berechnen; man hat dann nur in vorstehender Gleichung für S_1 jene Stabkräfte einzuführen, die von einem in gleicher Höhe wirkenden Drehmoment „1“ im Maste hervorgegerufen werden).

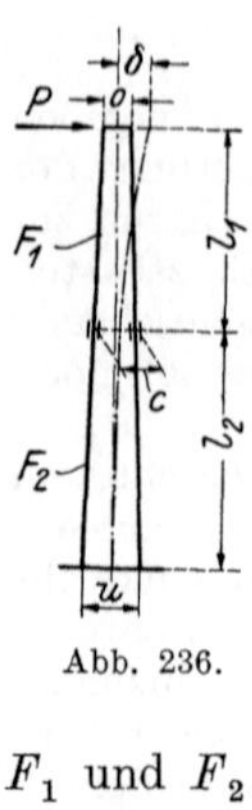

Abb. 236.

Für den praktischen Gebrauch wurden vereinfachte Näherungsformeln entwickelt:

Kammüller[6] hat für zweischüssige Gittermaste nach Abb. 236 folgende Näherungsformel für die Spitzenausbiegung, hervorgerufen von einer waagrechten, parallel zu einem Seitenwandpaar wirkenden, mittigen Last P aufgestellt:

$$\left.\begin{aligned}\delta = \frac{P}{4\,\alpha^2 E}\left[\frac{1}{F_1}\left(l_1 - \frac{o}{\alpha}\ln\frac{c}{o} + \frac{o\, l_1}{c}\right) + \right.\\ \left. + \frac{1}{F_2}\left(l_2 - \frac{o}{\alpha}\ln\frac{u}{c} + \frac{o^2\, l_2}{c\, u}\right)\right].\end{aligned}\right\} \tag{148b}$$

F_1 und F_2 bedeuten den Querschnitt eines Eckwinkels des Ober- und Unterschusses, l_1 und l_2 die Schußlängen, $\alpha \doteq \operatorname{tg}\alpha = \frac{u - o}{2\,(l_1 + l_2)}$. Bei der Herleitung dieser Gleichung wurden die Formänderungen der Wandstreben vernachlässigt und die Ausdrücke für die Stielkräfte vereinfacht.

Bürklin[40] hat Näherungsformeln unter der Annahme entwickelt, daß die Maststiele in jedem Felde voll ausgenützt seien, der Mast also einen Träger gleichen Widerstandes bilde. Die Formänderungen der Streben wurden wieder vernachlässigt. Für den Angriff der mittigen Spitzenlast P und der über die ganze Masthöhe gleichmäßig verteilten Last W (Abb. 237) ergibt sich die Ausbiegung

$$\delta = \left(\frac{3}{5} P + \frac{3}{8} W\right) \frac{l^3}{E J}. \qquad (148\,\text{c})$$

Hierin bedeutet J das Trägheitsmoment des Mastes am Einspannorte.

Außermittige Leiterzüge. 1. Gelegentlich der Untersuchung des statischen Charakters vierseitiger Gittermaste wurde festgestellt, daß die üblichen Bauformen derselben auch dann stabile Tragwerke sind, wenn alle Mastringe offen bleiben. Wenn also trotzdem immer Mastringe ausgesteift werden, so hat dies seine besonderen Ursachen: Durch diese konstruktive Maßnahme lassen sich nämlich wirtschaftliche Vorteile erzielen und gleichzeitig auch die Spannungsverhältnisse verbessern. Vor allem entstehen kleinere Stielkräfte und für die Bemessung der Eckstäbe wird der Lastfall gleichsinniger Leiterzüge maßgebend. Auch die Streben und ihre Anschlüsse sind wirtschaftlicher zu gestalten, da ihre Kräfte ausgeglichener sind. Anderseits wird die Drehungssteifigkeit des Mastschaftes erhöht und dadurch die Verwindung der Seitenwände herabgesetzt; ebenso werden auch die ungünstigen Verzerrungen der Schaftquerschnitte verhindert. Somit bewirken die Ringaussteifungen auch eine Verringerung der Nebenspannungen.

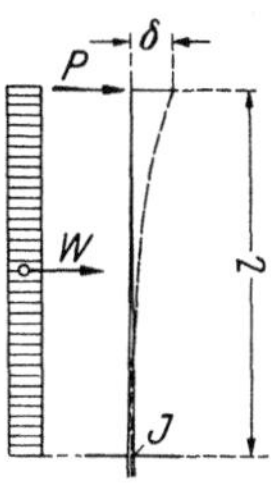

Abb. 237.

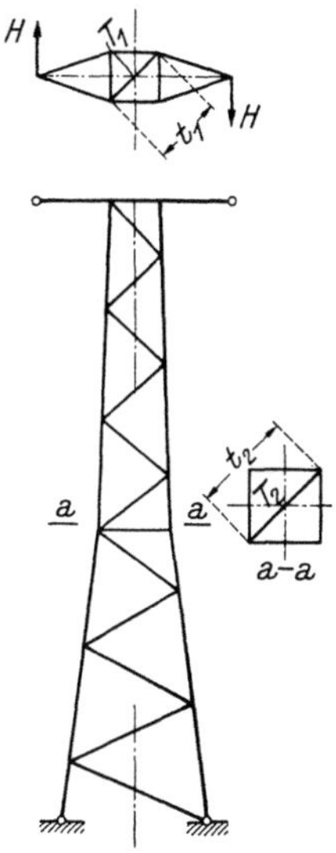

Abb. 238.

Durch die Aussteifung von Mastringen werden aber die Gittermaste statisch unbestimmt. Obzwar nun die genaue Berechnung derselben auch für den gegenständlichen Lastfall des außermittigen Leiterzuges im allgemeinen entbehrlich ist, so kommen doch Bauformen vor, bei welchen die schärfere Berechnung notwendig wird. Aus diesem Grunde und zum Verständnis der später zu besprechenden Näherungsberechnung wird zunächst das Wichtigste über die Theorie außermittig belasteter Gittermaste vorgebracht und auf die maßgebenden Verfahren zur genauen Berechnung derselben verwiesen. Dabei wird immer nur der Lastfall gegensinniger Züge berücksichtigt (Abb. 238). Liegt einseitiger Zug vor (Abb. 239 a), dann kann dieser durch eine Belastungsumgruppierung stets auf den mittigen Zug (Abb. 239 b) und auf gegensinnige Züge (Abb. 239 c) zurückgeführt werden.

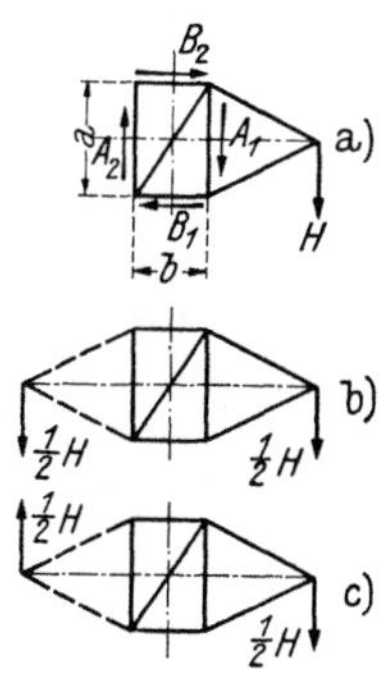

Abb. 239.

2. Zur Berechnung statisch unbestimmter Tragwerke sind bekanntlich neben den Gleichgewichtsbedingungen noch Elastizitätsgleichungen erforderlich, deren Ansatz an einem einfachen Beispiele erläutert werden soll. Abb. 238 zeigt einen Gittermast mit einem Ausleger. In der Ebene des Auslegers und in der Höhe der Bruchpunkte der Stiele liegen Mastringe, die durch einfache Streben T_1 und T_2 ausgestrebt sind. Die Seitenwände bestehen aus statisch bestimmten ebenen Fachwerken. Der Mast ist also zweifach statisch unbestimmt. Im

Sinne der Theorie statisch unbestimmter Systeme hat man jetzt ein statisch bestimmtes Grundsystem zu wählen, und es ist naheliegend, hierfür den Mast mit durchschnitten gedachten Ringstreben T_1 und T_2 heranzuziehen. Für dieses Grundsystem sind zunächst die Stabkräfte S_0 zu ermitteln, die von der gegebenen Belastung — den gegensinnigen Zügen H — verursacht werden. Sodann hat man die Stabkräfte S_1 und S_2 zu bestimmen, die von den Schnittkräften „1", wirksam an den Schnittstellen dieser überzähligen Stäbe T_1, bzw. T_2, im Grundsystem hervorgerufen werden. Diese Stabkräfte können auf zeichnerischem oder rechnerischem Wege nach einem der bereits besprochenen Verfahren ermittelt werden. Mit Einführung der Stabfestwerte $r = \frac{s}{F}$, die aus den Stablängen s und den vorerst zu schätzenden Querschnittsflächen F der Stäbe zu berechnen sind (das Dehnmaß E wurde dabei für alle Bauteile des Mastes als unveränderlich vorausgesetzt), erhält man unter der Annahme, daß alle Stabspannungen noch unterhalb der P-Grenze des Baustoffes verbleiben, die Elastizitätsgleichungen

$$\left.\begin{aligned} -\Sigma S_0 S_1 r &= T_1 \Sigma S_1^2 r + T_2 \Sigma S_1 S_2 r, \\ -\Sigma S_0 S_2 r &= T_1 \Sigma S_1 S_2 r + T_2 \Sigma S_2^2 r, \end{aligned}\right\} \tag{149}$$

aus welchen die beiden unbekannten Stabkräfte T_1 und T_2 zu ermitteln sind. Die wirklichen Kräfte der übrigen Stäbe des statisch unbestimmten Mastes sind dann aus

$$S = S_0 + T_1 S_1 + T_2 S_2 \tag{150}$$

zu erhalten. Liegt eine größere Zahl ausgesteifter Ringe vor, dann kann man auch wieder so viele Elastizitätsgleichungen ansetzen, als unbekannte Schnittkräfte T vorhanden sind.

Bei der Auflösung der Elastizitätsgleichungen ergeben sich nun die Schnittkräfte $T_1, T_2, \ldots$ aus Brüchen, deren Zähler und Nenner von kleinen Differenzen großer Zahlen gebildet werden. Die Ergebnisse sind daher mit einem verhältnismäßig großen unvermeidlichen Rechenfehler behaftet. Hat man es nur mit einem einfach statisch unbestimmten Mast zu tun, ist also beispielsweise nur die Strebe T_1 vorhanden, dann ist gegen die Anwendung des vorbeschriebenen Verfahrens auch nichts einzuwenden, da der aufgezeigte Nachteil noch nicht zur Auswirkung gelangt. Auch im vorhin betrachteten Fall zweier überzähliger Stäbe ist das Verfahren ganz gut brauchbar, da die erwähnte Fehlerempfindlichkeit der Elastizitätsgleichungen noch wenig zur Geltung kommt. Ist aber eine große Zahl von überzähligen Stäben vorhanden, dann versagt das dargelegte Verfahren wegen der Fehlerempfindlichkeit der Elastizitätsgleichungen. Es mußten daher andere Wege zur genauen Berechnung solcher Maste auf Verdrehen gesucht werden.

3. Der Verfasser[41] hat erstmalig das Verhalten statisch unbestimmter Gittermaste im Falle gegensinniger Leiterzüge eingehend behandelt, die Fehlerempfindlichkeit der Elastizitätsgleichungen aufgedeckt und die zu erwartenden, unvermeidlichen Rechenfehler zahlenmäßig erfaßt (sowie auch Ergebnisse über die Berechnung der Nebenspannungen, die bei der entstehenden Verwindung der Mastseitenwände auftreten, mitgeteilt). Unter Beibehaltung des Schaftes mit durchtrennten Ringstreben als Grundsystem konnte er ein Rechenverfahren entwickeln, das die unbekannten Schnittkräfte T ungleich schärfer als die unter 2 beschriebene Berechnungsart ergibt. Dieses Verfahren setzt unveränderliches Seitenverhältnis aller Schaftquerschnitte und paarweise gleiche Aus-

bildung der Mastseitenwände voraus. Unter Zulassung bestimmter Vereinfachungen führte dieses Verfahren zum Näherungswert

$$T = H \frac{t}{a\,b}\,(e - b) \tag{151}$$

für die Stabkraft der in den Auslegerebenen liegenden Ringstreben und weiterhin zu den Lastanteilen

$$\left.\begin{aligned} A &= H\,\frac{e}{b} = \frac{M}{2\,b}, \\ B &= H\,\frac{e}{a} = \frac{M}{2\,a} \end{aligned}\right\} \tag{152}$$

der Seitenwände, wenn $M = 2\,H\,e$ bedeutet (Abb. 240).

In der Fachliteratur finden sich verschiedene Abhandlungen, in welchen auf anderem Wege die gleichen Näherungsformeln für die Lastanteile der Seitenwände entwickelt wurden. Diese Gl. (152), die heute ganz allgemein zur näherungsweisen Berechnung auf Verdrehen beanspruchter vierseitiger Gittermaste herangezogen werden, sind auch in den Deutschen Vorschriften (VDE 0210) verankert. Ihre Anwendbarkeit ist dort an die waagrechte Aussteifung aller in Auslegerebenen gelegenen Mastringe gebunden; auch darf das Seitenverhältnis $\frac{a}{b}$ den Wert 2 nicht überschreiten. Um wirklich brauchbare Ergebnisse mit diesen Näherungsformeln zu erhalten, sind auch noch andere Einschränkungen erforderlich. Die Gl. (152) würden (im Falle gelenkiger Stabzusammençchlüsse) unter folgenden Annahmen strenge gelten:[41]

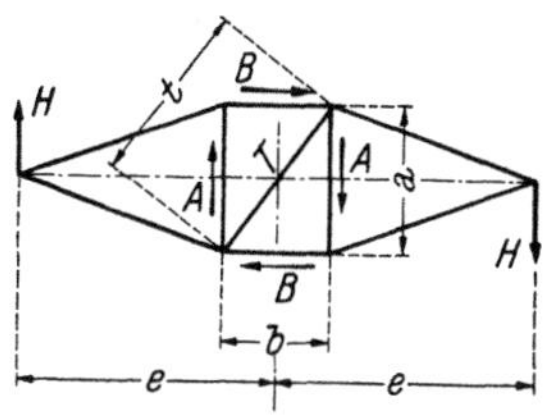

Abb. 240.

a) Aussteifung aller Mastringe, in deren Ebene außermittige Züge auf den Schaft übertragen werden,

b) gleiche Ausbildung gegenüberliegender Seitenwände,

c) unveränderliches Seitenverhältnis $\frac{a}{b}$ für alle Schaftquerschnitte,

d) die Ringstäbe (Pfosten und Streben) müßten starr sein,

e) die Querschnittsflächen der im gleichen Geschoß liegenden Streben der Wände a und b müßten sich wie die dritten Potenzen der bezüglichen Stablängen verhalten.

Wären alle angeführten Bedingungen erfüllt, dann würde jeder ausgesteifte Ring nur die Verteilung jener Lasten beeinflussen, die in seiner Ebene auf den Schaft ausgeübt werden. Ausgesteifte Ringe, die außerhalb der Auslegerebenen liegen, hätten dann auch keinerlei statische Bedeutung.

Tatsächlich sind aber nie alle angeführten Bedingungen erfüllbar. Den Voraussetzungen a, b und c könnte beim Entwurf ohne weiteres entsprochen werden. Die Bedingung d ist nie erfüllbar, da sich ja die Ringstäbe verformen, wenn sie belastet werden. Doch beeinflußt die Verformung dieser Stäbe die Ergebnisse, soweit es sich um die Stabkräfte in den Stielen und Wandstreben handelt, tatsächlich nur sehr wenig. Lediglich bei sehr kurzen Mastschäften könnte dieser Einfluß von Belang sein. Auch die Stabkräfte einfacher Ringstreben können näherungsweise aus Gl. (151) berechnet werden. Liegen gekreuzte Ringstreben vor, dann dürfen deren Stabkräfte aber nur dann halb so groß wie die der einfachen Streben angenommen werden, wenn die Ausfachungen der Seitenwände symmetrische Systeme bilden (K-Fachwerk, Rhombensystem); trifft dies nicht zu, dann bemißt man die gekreuzten Streben am einfachsten nach der größeren Stabkraft einfacher Streben, unter Berücksichtigung der verkleinerten Knicklängen. Sonst müßte man, um zutreffendere Näherungswerte für die Stabkräfte zu erhalten, auf die elastische Verformung der Ringfachwerke eingehen, was sich nicht lohnt.

Besondere Bedeutung kommt der Bedingung e zu, und die Brauchbarkeit der Ergebnisse der Näherungsrechnung hängt ganz wesentlich davon ab, in welchem Maße dieser Bedingung entsprochen wird. Bei quadratischen Masten mit gleich ausgebildeten Seitenwänden ist sie von selbst erfüllt. Bei Masten mit Rechteckquerschnitten wird aber im Falle ihrer Bemessung nach der Näherungsrechnung dieser Bedingung um so weniger entsprochen, je mehr das Seitenverhältnis von 1 abweicht. Ist beispielsweise $\frac{a}{b} = 2$, dann müßten ja bei den üblichen Strebenneigungen die Querschnittsflächen der Streben der Seitenwände a etwa vier- bis fünfmal größer sein als die Flächen der in gleicher Höhe liegenden Streben der Wände b. Nun erhalten wohl die Streben der breiteren Wände a die größeren Querschnitte, da sowohl ihre näherungsweise berechneten Kräfte, als auch ihre Knicklängen die größeren sind. Nie kommt man aber bei wirtschaftlicher Bemessung dieser Stäbe auf Grund der näherungsweise ermittelten Stabkräfte auf Flächenverhältnisse, die hier zur Erfüllung der Bedingung e notwendig wären.

Im Falle der genaueren Berechnung ist natürlich die volle Ausnützung aller Stabquerschnitte im allgemeinen nicht möglich, da ja die Stabkräfte statisch unbestimmter Fachwerke von den Flächenverhältnissen abhängen. Weicht das Seitenverhältnis $\frac{a}{b}$ von 1 erheblich ab, dann müssen die Streben der breiteren Wände sogar beträchtlich überbemessen werden, um eine günstige Verteilung der Lasten zu erzielen, und so zu verhindern, daß große Stielkräfte unter der drehenden Belastung zustande kommen. Lediglich bei den quadratischen Masten mit gleich ausgebildeten Seitenwänden können alle Strebenquerschnitte praktisch auf volle Ausnützung bemessen werden, da hier die Flächenverhältnisse die Größe der Stabkräfte kaum merklich beeinflussen. Hieraus darf aber nicht unbedingt auf die wirtschaftliche Überlegenheit quadratischer Maste geschlossen werden, da auch andere Lastfälle zu berücksichtigen sind.

Auf Grund vorstehender Betrachtung ist jedenfalls zu erkennen, daß die näherungsweise Berechnung außermittig belasteter Gittermaste unter Heranziehung der Gl. (152) bei quadratischen Bauformen wohl immer zulässig sein wird. Sind die Mastschäfte nicht allzu kurz, dann kommen die Näherungsergebnisse den genauen Ergebnissen sogar sehr nahe.[41] Bei Rechteckmasten hingegen muß das Seitenverhältnis $\frac{a}{b}$ längs des Mastschaftes unveränderlich sein; auch darf dasselbe von 1 nicht zu sehr abweichen. Die einschränkende Bestimmung $\frac{a}{b} \leqq 2$ der Vorschriften VDE 0210 ist daher sehr notwendig, eher wäre die Grenze noch näher an 1 heranzurücken. (Für Kreuzungsmaste ist nur $\frac{a}{b} = 1$ zugelassen.)

4. Neuere Verfahren zur genauen Berechnung der Gittermaste auf Verdrehen. a) Ebner[42] hat ein Verfahren zur Berechnung viergurtiger statisch unbestimmter Raumfachwerke des Flugzeugbaues veröffentlicht. Die Anwendung dieses Verfahrens zur Berechnung der Gittermaste auf Verdrehen soll im folgenden besprochen und an Hand eines Zahlenbeispieles erläutert werden. Das Verfahren von Ebner bietet nämlich die Möglichkeit, rechteckige (quadratische) Gittermaste mit beliebig vielen ausgesteiften Ringen und bei beliebig wechselnden Stielneigungen auch bei beliebig veränderlichem Seitenverhältnis $\frac{a}{b}$ als Gelenkfachwerke genau zu berechnen.

Die folgende Betrachtung bleibt auf solche Tragwerke beschränkt, bei welchen die Stiele zwischen aufeinanderfolgenden ausgesteiften Mastringen geradlinig durchgehen und symmetrisch zu den xz- und yz-Ebenen verlaufen. Die Ringe sollen durch einfache Streben ausgesteift sein. Die noch aufzustellenden Formeln betreffen ferner Gittermaste, deren Seitenwände durch einfache Strebenzüge ausgefacht werden.

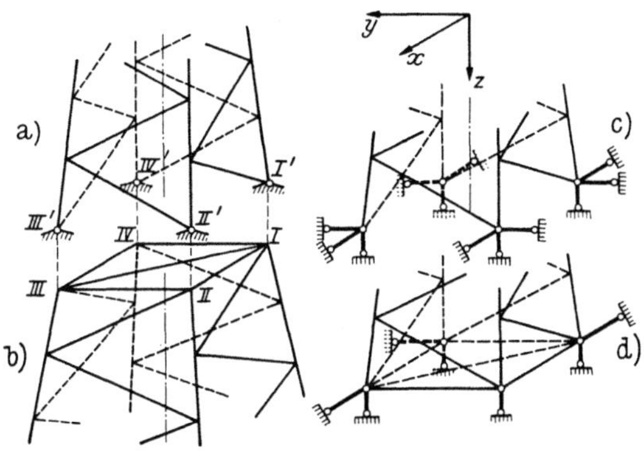

Abb. 241.

Um das von Ebner verwendete Grundsystem zu erhalten, denke man sich den Mastschaft in der Höhe jedes ausgesteiften Ringes durchschnitten. Der Ring bleibe beim jeweils abwärts gelegenen Schaftteil. Die Abb. 241a, b zeigen benachbarte Schaftstücke. Die losgelösten Knoten *I'*—*IV'* des oberen Teiles sind im gegebenen Tragwerk durch die Knoten *I*—*IV* (mit welchen sie in Wirklichkeit zusammenfallen) räumlich gestützt, was in Abb. 241c durch die Anbringung von viermal drei Lagerstäben veranschaulicht wird. Fünf von diesen Lagerstäben denke man sich hier und auch an jeder anderen Schnittstelle durch ebenso viele Stäbe ersetzt, die einen neuen ausgestrebten Ring bilden (Abb. 241d). Ebenso denke man sich auch von den zwölf Lagerstäben, die den räumlich festgehaltenen Mastfußpunkten entsprechen, fünf durch starre Stäbe ersetzt, die wieder einen ausgestrebten Ring ergeben. Alle so entstehenden Teilstücke des Schaftes, die Zellen, besitzen nunmehr je zwei ausgestrebte Querwände und bilden daher statisch bestimmte Flechtwerksträger. Um einen solchen Träger statisch bestimmt zu stützen, braucht man sechs Lagerstäbe; um daher eine Zelle mit der folgenden statisch bestimmt zu verbinden, sind auch sechs, diesen Lagerstäben entsprechende Möglichkeiten der Kraftübertragung von Zelle zu Zelle notwendig, und zwar drei in lotrechter und drei in waagrechter Richtung. In Wirklichkeit sind immer vier lotrechte Kraftübertragungen vorhanden, weshalb auch jeder ausgestrebte Zwischenring, einschließlich des gedachten Fußringes, je eine Unbestimmtheit verursacht. Schaltet man an jeder solchen Schnittstelle des Schaftes eine lotrechte Kraftübertragung aus, so wird das System statisch bestimmt.

Um ein Drehmoment, das in der Ebene irgendeines ausgestrebten Ringes angreift, nach abwärts bis zum Fundament durchzuleiten, braucht man nur die waagrechten Kraftübertragungen zwischen den Zellen; die lotrechten sind entbehrlich. Nach ihrer Ausschaltung erhält man das von Ebner benützte Grundsystem. Es ist nicht statisch bestimmt, sondern allgemeinen Lastangriffen gegenüber mehrfach instabil. Trotzdem ist es als Grundsystem hier verwendbar, da es sich der gegenständlichen Belastung gegenüber als stabil erweist. Die überzähligen Wirkungsgrößen der Rechnung sind dann die vier lotrechten Kräfte, die in den vier Ecken jedes

Zwischenringes und des Fußringes von Zelle zu Zelle und von der untersten Zelle zum Fundament durchgeleitet werden. Für jeden Ring müssen diese vier lotrechten Kräfte aus Gleichgewichtsgründen untereinander gleich groß und wechselnd gerichtet sein: Kräfte Z_k des Ringes k in Abb. 242. Sie bilden eine ,,zweifach antisymmetrische Lastgruppe".

Der Gang der Rechnung ist nun folgender: Zunächst hat man wieder die Stabkräfte S_0 des Grundsystems zu ermitteln, die durch ein in irgendeiner Ringebene wirkendes Drehmoment M (gegensinnige Züge) hervorgerufen werden. Sodann sind die Stabkräfte S_1, S_2, ... des Grundsystems zu bestimmen, die durch die Angriffe $Z_1 = 1$, $Z_2 = 1$, ... verursacht werden. Hierauf werden wieder die Last- und Beiwerte der Elastizitätsgleichungen ausgewertet, in die Gleichungen eingesetzt, deren Auflösung sodann die unbekannten Kräfte Z_1, Z_2... ergibt. Die wirklichen Stabkräfte erhält man wieder aus

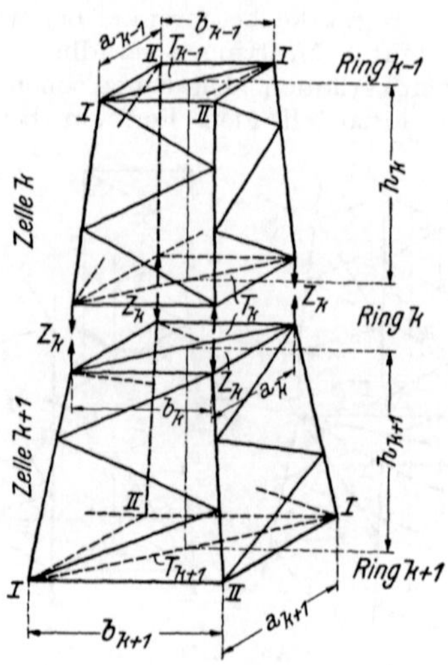

Abb. 242.

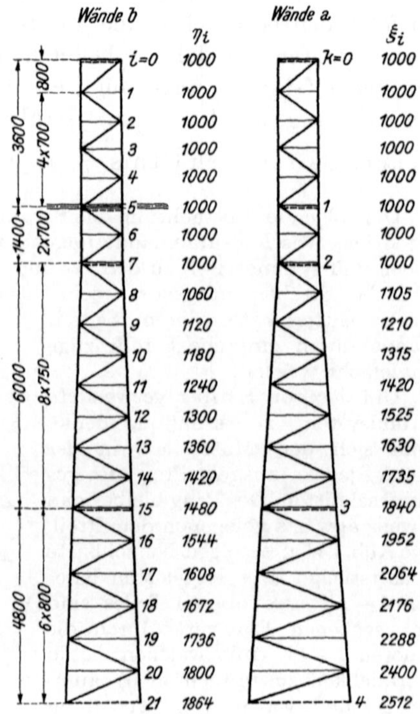

Abb. 243.

$$S = S_0 + \sum Z_k S_k.$$

Ebner hat Formeln zur Berechnung der Stabkräfte für den Fall entwickelt, daß in den Seitenwänden jeder Zelle bloß eine Strebe vorhanden ist. Im übrigen verwies er auf die Anwendung des Ersatzstabverfahrens, um bei Vorhandensein mehrerer Wandstreben die Stabkräfte der Seitenwandfachwerke ermitteln zu können. Für diesen, im Mastbau praktisch wichtigen Fall hat der Verfasser gebrauchsfertige Formeln für die Stabkräfte der Stiele und Wandstreben entwickelt.[43] Auf die Wiedergabe dieser Formeln muß hier verzichtet werden; hingegen soll noch ein Zahlenbeispiel gebracht werden*, das den Rechnungsgang nach dem Ebnerschen Verfahren erkennen läßt:

Zahlenbeispiel. Abb. 243 zeigt im Aufriß die Seitenwände a und b eines rechteckigen Gittermastes, der in Höhe der Knoten $i = 0$, 5, 7 und 15 ausgestrebte Ringe erhält. Auf diesen Mast wirkt in der Ebene des unteren Auslegers (Knoten 5) ein Drehmoment $M = 1$ tm ein. Die Seitenwände sind paarweise gleich, das Seiten-

* Im Zahlenbeispiel der Abhandlung[43] sind leider einige Druckfehler verblieben, die hier richtiggestellt werden.

Zahlentafel I.

Stäbe	Zelle	Knoten i	s cm	F cm²	r cm⁻¹	S_0 Tonnen	S_1 Tonnen	S_2 Tonnen	S_3 Tonnen	S_4 Tonnen
Stiele I	1	0–1	80,0	15,1	5,298		+0,1111			
		1–2	70,0	15,1	4,636		+0,3194			
		2–3	70,0	15,1	4,636		+0,5139			
		3–4	70,0	15,1	4,636		+0,7084			
		4–5	70,0	15,1	4,636		+0,9028			
	2	5–6	70,0	15,1	4,636	—0,3500	+0,7500	+0,2500		
		6–7	70,0	15,1	4,636	+0,3500	+0,2500	+0,7500		
	3	7–8	75,2	21,2	3,547	—0,3772		+0,8871	+0,0930	
		8–9	75,2	21,2	3,547	+0,2214		+0,7395	+0,2766	
		9–10	75,2	21,2	3,547	—0,3522		+0,5635	+0,4181	
		10–11	75,2	21,2	3,547	+0,1306		+0,4443	+0,5661	
		11–12	75,2	21,2	3,547	—0,2850		+0,3168	+0,6687	
		12–13	75,2	21,2	3,547	+0,1129		+0,2188	+0,7907	
		13–14	75,2	21,2	3,547	—0,2025		+0,1222	+0,8685	
		14–15	75,2	21,2	3,547	+0,1303		+0,0400	+0,9706	
	4	15–16	80,2	29,7	3,783	—0,1444			+0,8907	+0,1032
		16–17	80,2	29,7	3,783	+0,1157			+0,7048	+0,3047
		17–18	80,2	29,7	3,783	—0,1284			+0,5157	+0,4792
		18–19	80,2	29,7	3,783	+0,0933			+0,3572	+0,6510
		19–20	80,2	29,7	3,783	—0,1053			+0,2033	+0,7929
		20–21	80,2	29,7	3,783	+0,0892			+0,0666	+0,9410
Stiele II	1	0–1	wie für Stiele I	wie für Stiele II	5,298		—0,1111			
		1–2			4,636		—0,3194			
		2–3			4,636		—0,5139			
		3–4			4,636		—0,7084			
		4–5			4,636		—0,9028			
	2	5–6			4,636	—0,3500	—0,7500	—0,2500		
		6–7			4,636	+0,3500	—0,2500	—0,7500		
	3	7–8			3,547	—0,3163		—0,3247	—0,0970	
		8–9			3,547	+0,3726		—0,7135	—0,2669	
		9–10			3,547	—0,1634		—0,5812	—0,4313	
		10–11			3,547	+0,3217		—0,4324	—0,5510	
		11–12			3,547	—0,1154		—0,3246	—0,6850	
		12–13			3,547	+0,2450		—0,2141	—0,7739	
		13–14			3,547	—0,1185		—0,1245	—0,8854	
		14–15			3,547	+0,1591		—0,0393	—0,9593	
	4	15–16			3,783	—0,1354			—0,9057	—0,1049
		16–17			3,783	+0,1277			—0,6942	—0,3001
		17–18			3,783	—0,1020			—0,5228	—0,4859
		18–19			3,783	+0,1176			—0,3527	—0,6428
		19–20			3,783	—0,0881			—0,2057	—0,8021
		20–21			3,783	+0,0923			—0,0659	—0,9311

Zahlentafel II.

Stäbe	Zelle	Knoten i	s (cm)	F (cm²)	r (cm⁻¹)	S_0 (Tonnen)	S_1 (Tonnen)	S_2 (Tonnen)	S_3 (Tonnen)	S_4 (Tonnen)
Streben der Wände a	1	0	128,1	4,30	29,80		+0,1779			
		1	122,1	6,31	19,35		—0,1696			
		2	122,1	6,31	19,35		+0,1696			
		3	122,1	6,31	19,35		—0,1696			
		4	122,1	6,31	19,35		+0,1696			
		5								
	2	6	122,1	6,91	17,67	+0,6100	+0,4361	—0,4361		
		7	122,1	6,91	17,67	—0,6100	—0,4361	+0,4361		
	3	8	129,3	6,91	18,71	+0,6485		+0,1989	—0,1600	
		9	138,1	6,91	19,99	—0,5724		—0,1755	+0,1412	
		10	147,1	6,91	21,27	+0,5120		+0,1570	—0,1263	
		11	156,1	6,91	22,59	—0,4633		—0,1421	+0,1143	
		12	165,3	6,91	23,92	+0,4230		+0,1297	—0,1044	
		13	174,3	6,91	25,82	—0,3895		—0,1194	+0,0961	
		14	184,3	6,91	26,67	+0,3612		+0,1108	—0,0891	
		15	193,9	6,91	28,06	—0,3366		—0,1032	+0,0830	
	4	16	205,8	6,91	29,78	+0,3705			+0,2870	—0,2648
		17	216,2	6,91	31,29	—0,3470			—0,2688	+0,2480
		18	226,7	8,70	26,06	+0,3264			+0,2528	—0,2332
		19	237,2	8,70	27,26	—0,3081			—0,2386	+0,2202
		20	247,7	8,70	28,47	+0,2917			+0,2259	—0,2084
		21	258,3	8,70	29,69	—0,2771			—0,2146	+0,1980
Streben der Wände b	1	0	128,1	4,30	29,80		—0,1779			
		1	122,1	6,31	19,35		+0,1696			
		2	122,1	6,31	19,35		—0,1696			
		3	122,1	6,31	19,35		+0,1696			
		4	122,1	6,31	19,35		—0,1696			
		5								
	2	6	122,1	6,31	17,67	+0,6100	—0,4361	+0,4361		
		7	122,1	6,31	17,67	—0,6100	+0,4361	—0,4361		
	3	8	127,4	6,31	20,19	+0,5358		—0,1322	+0,1642	
		9	132,3	6,31	20,97	—0,4968		+0,1225	—0,1523	
		10	137,3	6,31	21,76	+0,4631		—0,1142	+0,1420	
		11	142,4	6,31	22,57	—0,4339		+0,1070	—0,1330	
		12	147,6	6,31	22,39	+0,4082		—0,1007	+0,1252	
		13	152,8	6,31	24,22	—0,3853		+0,0950	—0,1182	
		14	158,0	6,31	25,04	+0,3647		—0,0900	+0,1119	
		15	163,2	6,31	25,86	—0,3462		+0,0854	—0,1062	
	4	16	171,1	6,31	27,12	+0,2889			—0,2065	+0,2238
		17	176,8	6,31	28,02	—0,2748			+0,1964	—0,2129
		18	182,5	6,31	28,92	+0,2619			—0,1872	+0,2029
		19	188,3	6,31	29,83	—0,2503			+0,1789	—0,1939
		20	194,1	6,31	30,76	+0,2397			—0,1713	+0,1857
		21	199,9	6,31	31,67	—0,2299			+0,1643	—0,1781

verhältnis $\frac{a}{b}$ der Schaftquerschnitte ist veränderlich: bis zu den Knoten 7 (Ring $k =$ $= 2$) ist $\frac{a}{b} = 1$ und steigt von dort ab bis zum Endwert 1,35 am Mastfuße an. Der Schaft besteht aus vier Zellen, die Mastringe sind mittels einfacher Streben ausgefacht; das Tragwerk ist somit vierfach statisch unbestimmt. Die Bemessung der Streben erfolgte auf Grund der Ergebnisse einer Näherungsberechnung, bei der die Lastanteile der Seitenwände verhältnisgleich den mittleren Seitenverhältnissen $\frac{a}{b}$ der einzelnen Zellen angenommen wurden. Die Ringstäbe werden im folgenden als starr angesehen.

In den Zahlentafeln I und II sind die Stablängen s, die Stabquerschnitte F und die aus ihnen berechneten Stabbeiwerte r verzeichnet. Sodann sind in diesen Zahlentafeln die Stabkräfte S_0, S_1, S_2, S_3 und S_4 eingeschrieben. In der Zahlentafel III

Zahlentafel III.

$$\frac{1}{2}\sum S_0 S_1 r = -1{,}6226 \qquad \frac{1}{2}\sum S_2^2 r = +39{,}458$$
$$\frac{1}{2}\sum S_0 S_2 r = +2{,}3252 \qquad \frac{1}{2}\sum S_2 S_3 r = +3{,}699$$
$$\frac{1}{2}\sum S_0 S_3 r = +4{,}1208 \qquad \frac{1}{2}\sum S_3^2 r = +59{,}181$$
$$\frac{1}{2}\sum S_0 S_4 r = -3{,}9462 \qquad \frac{1}{2}\sum S_3 S_4 r = -8{,}739$$
$$\frac{1}{2}\sum S_1^2 r = +41{,}296 \qquad \frac{1}{2}\sum S_4^2 r = +33{,}302$$
$$\frac{1}{2}\sum S_1 S_2 r = -9{,}964$$

sind die aus diesen Stabkraftwerten berechneten Lastglieder und Beiwerte der Elastizitätsgleichungen zusammengestellt. Die Elastizitätsgleichungen lauten daher

$$\begin{aligned}
41{,}296\, Z_1 - 9{,}964\, Z_2 \qquad\qquad\qquad\qquad &= 1{,}6226\\
-9{,}964\, Z_1 + 39{,}458\, Z_2 + 3{,}699\, Z_3 \qquad\qquad &= -2{,}3252\\
3{,}699\, Z_2 + 59{,}181\, Z_3 - 8{,}739\, Z_4 &= -4{,}1208\\
-8{,}739\, Z_3 + 33{,}302\, Z_4 &= 3{,}9462
\end{aligned}$$

ihre Lösungen sind $Z_1 = +0{,}0259_5$, $Z_2 = -0{,}0553$, $Z_3 = -0{,}0506$ und $Z_4 = +0{,}1052$ t. Mit diesen erhält man beispielsweise für die Streben 1, 6, 8, 16 und 21 der Seitenwände a und b die in Zahlentafel IV ausgewiesenen Stabkräfte. Es ist zu ersehen,

Zahlentafel IV.

Stab	Streben der Wände	*a*	*b*
1	$S = S_0 + Z_1 S_1 =$	+ 0,0048	— 0,0048
6	$S = S_0 + Z_1 S_1 + Z_2 S_2 =$	+ 0,6426	+ 0,5774
8	$S = S_0 + Z_2 S_2 + Z_3 S_3 =$	+ 0,6473	+ 0,5336
16	$S = S_0 + Z_3 S_3 + Z_4 S_4 =$	+ 0,3281	+ 0,3230
21	$S = S_0 + Z_3 S_3 + Z_4 S_4 =$	— 0,2454	— 0,2569 t

daß die Ergebnisse zum Teil wesentlich von jenen abweichen, die die übliche Näherungsrechnung im vorliegenden Fall ergeben würde. So sind die Stabkräfte der Streben 6 bzw. 8 keineswegs in allen Wänden gleich groß, trotzdem dort $\frac{a}{b} = 1$ ist. Im Schaftteil mit von 1 abweichendem Seitenverhältnis erhalten wieder die Streben der breiteren Wände a wesentlich kleinere, die der Wände b dafür größere Stabkräfte, als ihnen nach dem Seitenverhältnis zukommen würden. Die Streben 21 besitzen in den breiteren Wänden sogar kleinere Stabkräfte als in den schmäleren Wänden.

Anderseits zeigt sich, daß die Stabkräfte S_0 den endgültigen Stabkräften S schon verhältnismäßig nahekommen, woraus die Zweckmäßigkeit des Berechnungsverfahrens zu erkennen ist.

b) F. Wansleben[44] hat in seiner Abhandlung „Die Berechnung von Leitungsmasten auf Verdrehen" ein Verfahren angegeben, das sich — abgesehen von der unmittelbaren Anpassung an die Bauformen der Gittermaste — vom Ebnerschen Verfahren nur dadurch unterscheidet, daß die zwischen den Zellen wirksamen, als überzählig angesehenen Längskräfte Z_k nicht lotrecht, sondern in Richtung der Stiele angenommen werden. Das Verfahren gilt nur für Maste mit unveränderlichem Seitenverhältnis $\frac{a}{b}$ und mit gerade durchlaufenden Stielen (kein Neigungswechsel). Die Ringstäbe werden als starr angesehen. Wansleben gibt gebrauchsfertige Formeln für die Durchführung der Zahlenrechnung für den Fall an, daß die Seitenwände durch einfache Strebenzüge ausgefacht werden.

Aufschlußreich sind die Ergebnisse seiner beiden Zahlenbeispiele. Sie betreffen einen Rechteckmast mit $\frac{a}{b} = 2$. Die Systemlängen der Streben der breiten Wände sind im Mittel etwa 1,6mal größer als die Längen der in gleicher Höhe liegenden Streben der schmalen Wände; die bezüglichen Flächenverhältnisse schwanken zwischen 1,31 und 1,65, während die unter 3 genannte Bedingung e, zu der auch Wansleben wieder gelangt, die Verhältniszahl $1{,}6^3 \doteq 4{,}3$ fordern würde. Daher sind auch die Abweichungen der Ergebnisse gegenüber jenen der Näherungsrechnung zum Teil schon sehr erheblich. Das gilt besonders für die unterste Zelle, da an deren unterem Ende die Querschnittsverwölbung zur Gänze verhindert wird. Die Abweichungen wachsen übrigens an, wenn die Zahl der ausgesteiften Ringe vergrößert wird. Das Verhältnis zwischen den Querkräften der Wände wechselt — im Gegensatz zur Näherungsrechnung — von Zelle zu Zelle, denn auch die außerhalb der Kraftangriffsebenen gelegenen ausgefachten Ringe beeinflussen das Kräftespiel wesentlich, wenn die Bedingung e nicht genügend erfüllt ist.

c) Wanke[45] hat Berechnungsverfahren für rechteckige Gittermaste und für Rahmenmaste entwickelt, die auch den Verdrehungswiderstand der Stiele berücksichtigen. Es werden Maste mit unveränderlichem Seitenverhältnis vorausgesetzt; ferner wird angenommen, daß die Stäbe aller Ringe starr (auch unbiegsam) seien und daß auch die Verbindung zwischen Stielen und Ringstäben derart erfolge, daß die Stiele die volle Drehung der Schaftquerschnitte mitmachen müssen. Zur Vereinfachung wird schließlich noch die Annahme gemacht, daß die Stiele geradlinig durchlaufen und nur einmaligen Querschnittswechsel aufweisen.

Die Berechnung der Gittermaste, die hier allein besprochen werden soll, wird unter Zuhilfenahme eines statisch unbestimmten Grundsystems, gebildet von dem als reines Gelenkfachwerk aufgefaßten statisch unbestimmten Mast durchgeführt. Zur Erledigung der Hilfsangriffe an diesem wird als statisch bestimmtes Grundsystem wieder der Gelenkmast mit durchtrennten Ringstreben herangezogen. Zur Vermeidung vielgliedriger und fehlerempfindlicher Elastizitätsgleichungen werden dabei an Stelle der unbekannten Schnittkräfte T_k neue unbekannte Kräfte U_k in die Rechnung eingeführt, die durch eine bestimmte Art der Verknüpfung der Schnittkräfte T_{k-1}, T_k und T_{k+1} entstehen, so zwar, daß unter dem Hilfsangriff $U_k = 1$ nur die Zellen k und $k+1$ in Spannung versetzt werden.

Nach der Vorberechnung des statisch unbestimmten Grundsystems werden sodann die Elastizitätsgleichungen aufgestellt, aus welchen für jede Zelle jene Anteile des einwirkenden Drehmomentes berechenbar sind, die auf die drillungssteif durchlaufenden Stiele entfallen.

Durch den Drillungswiderstand der Stiele werden die Seitenwände entlastet, da nicht mehr das volle Drehmoment auf die vier Wände zur Verteilung gelangt. Das Maß dieser Entlastung ist je nach dem Drillungswiderstand der Stiele verschieden. Dieser hängt nicht bloß von der Größe der Stielquerschnitte, sondern auch von ihrer Form ab: offene Querschnitte (Winkel, Doppelwinkel) besitzen einen viel kleineren Verdrehungswiderstand als geschlossene Querschnitte (Rohre, Kastenquerschnitte). Bei Verwendung von Stielen mit offenen Querschnitten (übliche Gestaltung) können die Gittermaste, soferne die Seitenwände nicht zu schmal sind, noch als Gelenkfachwerke berechnet werden; die Ergebnisse sind praktisch genügend genau. Die entstehenden Torsionsspannungen der Stiele sind eben als Nebenspannungen zu betrachten, auf deren Vorhandensein schon bei der Festlegung der zulässigen Spannungen Rücksicht genommen wurde. Wie eine Nebenspannungsberechnung[41] übrigens gezeigt hat, sind diese Zusatzspannungen, die sich zufolge der drillungssteif durchlaufenden Stiele und der nichtgelenkigen Anschlüsse ergeben, im allgemeinen viel kleiner als jene, die durch die Einseitigkeit der Strebenanschlüsse verursacht werden.

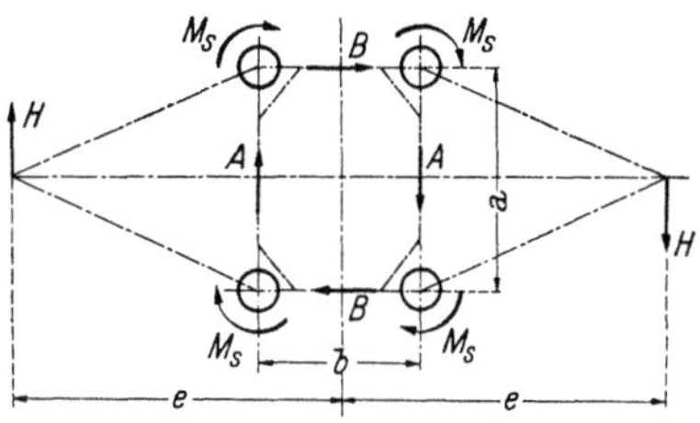

Abb. 244.

Bei Verwendung von Stielen mit geschlossenen Querschnitten (fachwerkartige Rohrmaste), vor allem aber bei den später noch zu betrachtenden räumlichen Rahmentragwerken aus Rohren sollte die Drillungssteifigkeit der Stiele zur Erfassung der Torsionsspannungen dieser Stäbe und zur wirtschaftlicheren Bemessung der Seitenwandsysteme berücksichtigt werden. Bei der konstruktiven Gestaltung der Maste wäre aber dann darauf zu achten, daß den Voraussetzungen der Rechnung (unbiegsame Ringstäbe, biegungssteife Verbindung zwischen Stielen und Ringstäben) auch möglichst entsprochen wird.

Für einen einfachen Sonderfall soll die Berechnung der Gittermaste auf Verdrehen, unter Berücksichtigung des Drillungswiderstandes der Stiele, in allgemeiner Form wiedergegeben werden. Der Untersuchung wird ein Rechteckmast zugrunde gelegt, der bloß in der Angriffsebene des Drehmomentes $M_d = 2\,H\,e$ (Abb. 244) einen ausgesteiften, als starr angesehenen Querrahmen erhält; die gleich stark bemessenen Stiele sollen mit unveränderlichem Querschnitt und mit gleichbleibender Neigung über die ganze Masthöhe durchlaufen.

Vom Moment M_d entfällt der Anteil $4\,M_s$ auf die vier Stiele, während der Anteil M_m vom Fachwerksmast mit scharnierartig zusammenstoßenden Seitenwänden, zufolge des Biegungswiderstandes der Wände aufgenommen wird. Es ist also

$$M_d = 4\,M_s + M_m. \tag{a}$$

Die Momente M_s, die von den Stielen unmittelbar übernommen werden, zerfallen wieder in ein Biegungsmoment und ein Drehmoment (vgl. die Berechnung der Flachmaste auf Verdrehen, 6 b β). Sind die Stiele nur wenig gegen die Lotrechte geneigt, was hier vorausgesetzt werden soll, dann können die Biegungsmomente vernachlässigt werden, und das Drehmoment der Stiele ist praktisch gleich M_s. Bedeutet l die Stiellänge, gemessen zwischen der Einspannung und dem Querrahmen, dann ist die von M_s hervorgerufene Stielverdrehung in Querrahmenhöhe

$$\varphi_s = \frac{M_s l}{G I},$$

wenn G den Gleitmodul und I den Drillungswiderstand (vgl. 4 d β) bezeichnen.

Bedeutet ferner φ_m den Verdrehungswinkel des „Scharniermastes" in Querrahmenhöhe, verursacht von einem Drehmoment $M = 1$, so entsteht unter dem einwirkenden Anteil M_m des Drehmomentes M_d die Verdrehung $M_m \varphi_m$, und es muß sein

$$\frac{M_s l}{G I} = M_m \varphi_m. \tag{b}$$

Dabei ergibt sich φ_m unter Anwendung der „Arbeitsgleichung" aus

$$\varphi_m = \sum \frac{S_0^2 s}{E F},$$

wenn S_0 die von $M_d = 1$ im „Scharniermast" hervorgerufenen $\left(\text{also unter den Wandlasten } A = \frac{1}{2b} \text{ und } B = \frac{1}{2a} \text{ entstehenden}\right)$ Stabkräfte bedeuten. Aus den Gl. (a) und (b) folgen die Lösungen

$$M_s = \frac{\varphi_m}{4\varphi_m + \frac{l}{G I}} M_d \quad \text{und} \quad M_m = \frac{\frac{l}{G I}}{4\varphi_m + \frac{l}{G I}} M_d. \tag{153}$$

Damit sind alle Stabkräfte und Momente des Schaftes berechenbar.

5. Näherungsweise Berechnung als Gelenkfachwerke. Es liege einseitiger Zug nach Abb. 239a vor. Das Seitenverhältnis des Schaftes sei unveränderlich.

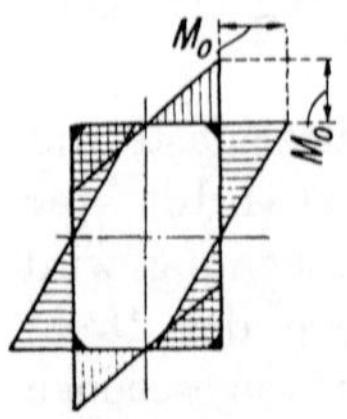

Abb. 245.

I. Laufen die Stiele geradlinig, ohne Neigungswechsel durch, dann können die Wandlasten mit Hilfe der Gl. (152) wie folgt ermittelt werden:

$$A_{1,2} = \frac{1}{2}\left(\frac{M}{b} \pm H\right), \qquad B_{1,2} = \frac{1}{2} \cdot \frac{M}{a}, \tag{154}$$

wobei $M = H e$. Im Falle der Ausstrebung des Mastringes mittels einer einfachen Strebe erhält man deren Stabkraft aus Gl. (151). Sind zwei gekreuzte Streben vorhanden, dann verfahre man wie unter Punkt 3 besprochen. Ist schließlich der Ring als geschlossener Rahmen ausgebildet (Abb. 245), dann ergeben sich die Eckmomente M_0 näherungsweise aus[41]

$$M_0 = \pm \frac{H}{8}(e - b). \tag{155}$$

Mit Hilfe der Wandlasten nach Gl. (154) können in den ebenen Fachwerken der Seitenwände die Stabkräfte ermittelt werden (vgl. 6 b α). Die Teilergebnisse für die Stiele sind unter Beachtung ihres Vorzeichens zusammenzulegen.

II. Wechselt aber die Stielneigung, dann ist es vorteilhafter, auf die beiden Teilbelastungen Abb. 239b und c überzugehen. Für die Teilbelastung nach Abb. 239b werden die Stabkräfte in der bereits erörterten Weise ermittelt. Am einfachsten durch Zeichnen eines zusammenhängenden Kräfteplanes im Aufriß der Wände a und Vervielfachung der so erhaltenen Stabkräfte der stärker geneigten Wandteile mit dem jeweiligen Verhältniswert $\frac{\text{wirkliche Stablänge}}{\text{Stablänge im Aufriß}}$. Für die Teilbelastung nach Abb. 239c und 246b aber könnte ein zusammenhängender Kräfteplan nur gezeichnet werden, wenn gleichzeitig auch die Differenzkräfte der Knoten, die von den Strebenanschlüssen der Nachbarwände herrühren, berücksichtigt werden. Einfacher ist es, jeden Schuß für sich zu behandeln. Zu diesem Zwecke denkt man sich den Schaft durch waagrechte Schnitte in Höhe der Neigungsbruchpunkte in einzelne Zellen aufgespalten. Zur Herstellung des Gleichgewichtes hat man nur waagrechte Stützkräfte anzubringen; denn die lotrechten Stützkräfte Z (vgl. Abb. 240) sind in allen Fällen, in welchen die Näherungsrechnung wirklich zulässig ist, vernachlässigbar klein. Von einem

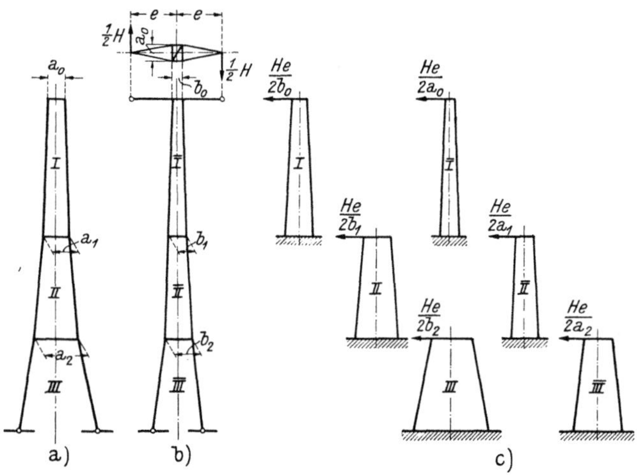

Abb. 246.

Schuß zum anderen werden demnach nur waagrechte Kräfte übertragen und diese lassen sich bei der vorausgesetzten Unveränderlichkeit des Wandbreitenverhältnisses $\frac{a}{b}$ leicht angeben (Abb. 246c): Auf die Seitenwände des unmittelbar belasteten Schusses I wirken die Lasten $\frac{H\,e}{2\,b_0}$ und $\frac{H\,e}{2\,a_0}$, auf die des folgenden Schusses II die Lasten $\frac{H\,e}{2\,b_1}$ und $\frac{H\,e}{2\,a_1}$, auf jene des Schusses III die Lasten $\frac{H\,e}{2\,b_2}$ und $\frac{H\,e}{2\,a_2}$ usw. Für die so ermittelten Wandkräfte hat man in jeder Seitenwand die Stabkräfte zu bestimmen; für die Stiele sind die Teilergebnisse aus benachbarten Wänden zusammenzulegen. Schließlich hat man die erhaltenen Stabkräfte der Teilbelastung Abb. 239c, unter Beachtung ihres Wirkungssinnes, zu jenen der Teilbelastung Abb. 239b hinzuzufügen.

γ) Querträger.

Ihre Gestaltung hängt von der Größe der Ausladung, von der Anzahl und der gegenseitigen Lage der zu stützenden Leitungen, von der Art der Isolierung derselben, von der Größe der zu übernehmenden Kräfte, von der Art des Anschlusses an den Schaft und von der Bauart des Schaftes ab. Auch auf Beförderungs- und Montageverhältnisse ist bei der Planung der Querträger Rücksicht zu nehmen.

Belastung der Querträger. Die Kräfte, die die Leitungsmaste aufzunehmen haben, wurden unter A 2 ausführlich besprochen. Soweit diese Kräfte unmittelbar an den Querträgern angreifen, sind sie auch bei der Bemessung dieser Bauglieder zu berücksichtigen. Es sei nur hervorgehoben, daß außer den lotrechten Lasten, die sich aus Eigengewichten und Zusatzlasten ergeben, in schiefen Spannfeldern auch lotrechte Seitenkräfte der Leiterzüge (s. A 2 α) auftreten, auf die besonders bei den schwächeren Tragmastquerträgern zu achten ist. Auch ist es üblich, Montagelasten, entsprechend dem Gewichte eines oder zweier Monteure samt Werkzeugen, also 100÷200 kg, wirksam am jeweils ungünstigsten Orte, in Rechnung zu stellen. Hinsichtlich der waagrechten Leitungszüge ist zu bemerken, daß nach den Deutschen Vorschriften nicht bloß die Querträger der Endmaste, sondern auch die aller übrigen Maste, an denen die Leitungen abgespannt werdeu, für die vollen einseitigen Leiterzüge zu bemessen sind. Bei den Querträgern der Tragmaste ist es im allgemeinen nicht üblich, jene Unterschiedszüge unmittelbar in Rechnung zu stellen, die sich zufolge ungleicher Vereisung (oder auch bloß zufolge ungleicher Größe der Felder innerhalb der Abspannstrecken) ergeben, trotzdem diese Kräfte bei Stützenisolatorenleitungen erhebliche Größe erlangen können (vgl. A 2 γ). Hingegen sind nach den Deutschen Vorschriften die Tragmastquerträger von Hängeisolatorenleitungen auf Leiterbruch zu bemessen (s. A 3).

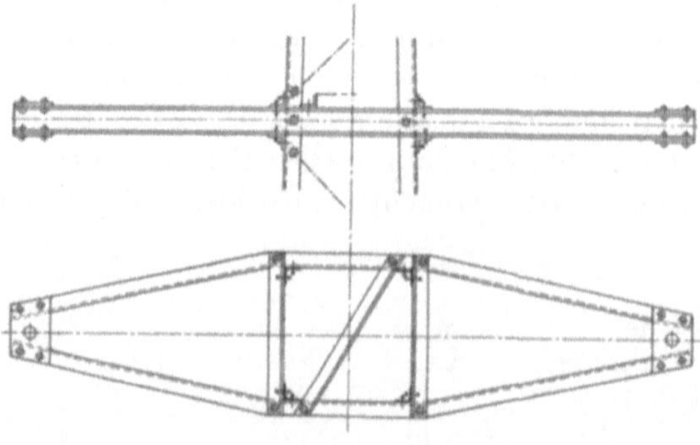

Abb. 247.

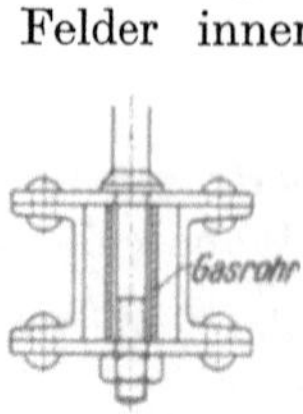

Abb. 248.

Querträger für Stützenisolatorenleitungen. 1. Querträger aus frei auskragenden [-Stählen. Bauliche Gestaltung. Die [-Stähle werden entlang des Mastschaftes geführt und mit den Eckwinkeln, nach Erfordernis auch mit Zwischenpfosten, verschraubt oder vernietet. Am Schaftrande werden sie meist abgebogen, um sie an den freien Enden zusammenführen zu können: Abb. 247.

Sind keine einseitigen Leiterzüge zu berücksichtigen, so kann der Zwischenraum an den Enden klein gehalten werden, und es genügt dann, die beiden [-Stähle durch zwei Bindebleche zu verbinden, die auch die Bohrungen für den Einbau der Isolatorenstützen besitzen (Abb. 248). Sind aber einseitige Leiterzüge aufzunehmen, dann ist auch bei der Gestaltung der Querträger auf den außermittigen Angriff dieser Kräfte Rücksicht zu nehmen. Zur Erhöhung der Verdrehungssteifigkeit des Querträgers empfiehlt es sich, den Endabstand der [-Stähle größer zu halten. Es kann sich dann die Notwendigkeit ergeben, die Bindebleche durch einen zwischengelegten [-Stahl oder durch einen eingeschweißten Steg auszusteifen.

Im Falle kleinerer Ausladungen der Querträger sind waagrechte Verstrebungen entbehrlich; die in Leitungsrichtung wirkenden waagrechten Kräfte können dann durch bloße Rahmenwirkung aufgenommen werden. Sind keine einseitigen Leiterzüge wirksam, dann reicht auch bei größeren Ausladungen die Rahmenwirkung noch aus, wenn durch zwischengeschaltete Bindebleche die Feldlängen verringert werden: Abb. 249. Ansonsten sind Verstrebungen aus Flach- oder Winkelstahl vorzusehen; um ungünstige Verdrehungsbeanspruchungen der ⊏-Stähle zu vermeiden, empfiehlt es sich, diese Verstrebungen beiderseitig, an der Ober- und Unterseite der ⊏-Stähle auszuführen.

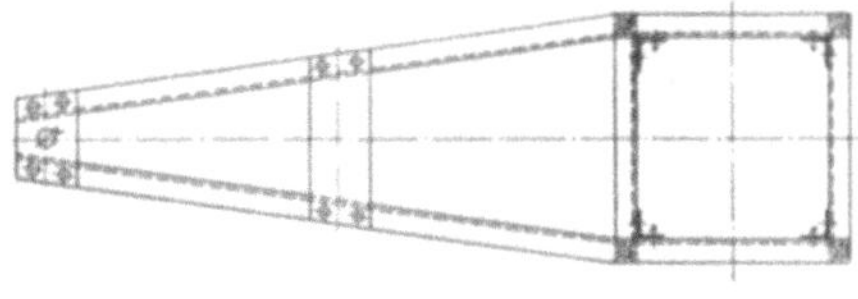

Abb. 249.

Zweiarmige Querträger werden möglichst ohne Unterteilung in einem hergestellt und müssen dann beim Zusammenbau des Mastes auf den Schaft aufgeschoben werden. Bei steiferen Querträgern kann sich dabei die Notwendigkeit ergeben, im Wege stehende Nietköpfe versenken zu müssen.

Berechnung frei auskragender ⊏-Stahlquerträger. I. Mittige lotrechte Lasten P. Die beiden ⊏-Stähle werden rechtwinkelig zur Achse x—x auf Biegung beansprucht: Abb. 250. In den Stützquerschnitten A und A' entstehen die Biegungsmomente $M = \frac{1}{2} P l \doteq \frac{1}{2} P c$.

II. Außermittige lotrechte Last P. Die am Hebelarm e_1 wirkende Last P wird ersetzt gedacht durch eine mittige Last P und durch ein Drehmoment $P e_1$, das wie unter IV zu behandeln ist.

III. Waagrechte Lasten senkrecht zur Leitungsrichtung (bzw. in Richtung der Winkelhalbierenden): Mittige Lasten W übergehen unmittelbar in die ⊏-Stähle und rufen dort Längskräfte $\pm \frac{1}{2} W \sec\alpha$ hervor. Außermittige Lasten W ergeben noch lotrechte Biegungsmomente $M_x = \pm \frac{1}{2} W e \sec\alpha$ (Abb. 250a, b).

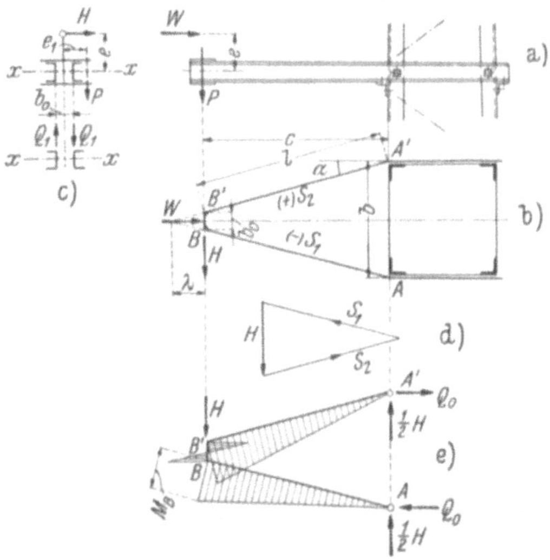

Abb. 250.

IV. Waagrechte mittige Last H in Leitungsrichtung (bzw. rechtwinkelig zur Winkelhalbierenden des Leitungswinkels). Bei strebenlosen Querträgern mit kleinen Endabständen der ⊏-Stähle pflegt man nur die Fachwerkswirkung zu berücksichtigen, die zufolge außermittigen Stabzusammenschlusses auftretenden Biegewirkungen aber außer Betracht zu lassen. Die Längskräfte S_1 und S_2 der Stiele folgen dann aus der Kräftezerlegung nach den Achsen der ⊏-Träger: Abb. 250d.

Bei größeren Endabständen sind die Querträger je nach ihrer konstruktiven Gestaltung als ebene Fachwerksträger oder als ebene Rahmenträger zu berechnen. Bilden die Verstrebungen geschlossene Fachwerke, dann sind die Kräfte der ⊏-Stähle und der Streben beispielsweise durch Zeichnen eines Kräfteplanes bestimmbar. Sind die ⊏-Stähle nur durch Bindeblechpaare, bzw. durch steif angeschlossene Riegel verbunden, dann können sie näherungsweise nach dem für Bindeblechmaste (Abs. 6 b β) entwickelten Verfahren berechnet werden.

Im folgenden soll noch die genaue Berechnung für den häufig vorkommenden Fall wiedergegeben werden, daß die Querträger einfeldrige Rahmenträger bilden; je nach der Art des Anschlusses an den Schaft sind sie dann als Zweigelenkrahmen oder als eingespannte Rahmen aufzufassen.

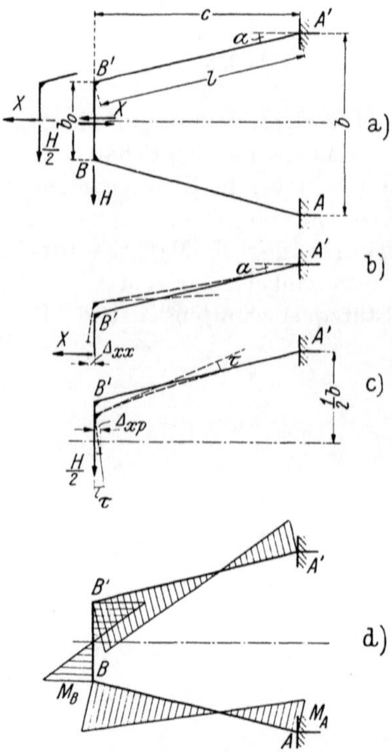

Abb. 251.

Sind die ⊏-Stähle nur mit den Schaftwinkeln verschraubt (Abb. 247), dann werden sie meist als Zweigelenkrahmen berechnet. Das System ist im vorliegenden Falle — Lastangriff in Riegelmitte, symmetrische Gestaltung — statisch bestimmt, und in den Stützpunkten A, A' entstehen die Lagerkräfte $\frac{1}{2} H$ und $Q_0 = H \frac{c}{b}$. Mit den Bezeichnungen nach Abb. 250 erhält man die waagrecht wirkenden Biegungsmomente in B, B'

$$M_B = \frac{1}{2} H c - \frac{1}{2} Q_0 (b - b_0) = \frac{1}{2} H \frac{c\,\lambda}{c + \lambda}. \qquad (156)$$

Die Längskräfte der ⊏-Stähle ergeben sich aus

$$\left.\begin{aligned} S_{1,2} &= \mp\left(\frac{1}{2} H \sin\alpha + Q_0 \cos\alpha\right) = \\ &= \mp H\left(\frac{1}{2} \sin\alpha + \frac{c}{b} \cos\alpha\right). \end{aligned}\right\} \qquad (157)$$

Werden aber die ⊏-Stähle durch mehrere, hintereinander sitzende Schrauben an den Schaft angeschlossen, so kann mit einer festen Einspannung der ⊏-Stähle gerechnet werden, wobei sich dann kleinere Eckmomente als beim Zweigelenkrahmen ergeben. Die Aufgabe ist im vorliegenden Falle einfach statisch unbestimmt.

Für die folgende Untersuchung dürfen die Längenänderungen der Stäbe vernachlässigt werden; auch soll zur Vereinfachung der ohnehin nur kurze Riegel als unbiegsam angesehen werden. Denkt man sich den Riegel in der Mitte durchschnitten (Abb. 251), so hat man zur Herstellung des Gleichgewichtes die dort wirkenden Schnittkräfte als Außenkräfte anzubringen; es sind dies die Längskräfte $\frac{1}{2} H$ und die unbekannte Querkraft X. Diese wird aus der Bedingung ermittelt, daß die gegenseitige Verschiebung der Schnittstellen verschwinden muß (eine Verdrehung tritt nicht auf, da das Biegungsmoment in Riegelmitte null ist). Diese Verschiebungen werden mit Hilfe der bekannten Formeln für die Durchbiegung und Endverdrehung eines Kragträgers, der an seinem Ende durch die Last P und durch das Moment M_0 belastet ist (Abb. 252), berechnet:

$$\delta = \frac{P l^3}{3 E J} + \frac{M_0 l^2}{2 E J}, \qquad \tau = \frac{P l^2}{2 E J} + \frac{M_0 l}{E J}. \tag{158}$$

Wegen der bestehenden Symmetrie brauchen nur die Verschiebungen einer Rahmenhälfte ermittelt zu werden, und man erhält für die Verschiebung zufolge X (Abb. 251 b)

$$\Delta_{xx} = \frac{X l}{E J_y}\left(\frac{1}{4} b_0^2 + \frac{1}{2} b_0 c \operatorname{tg}\alpha + \frac{1}{3} c^2 \operatorname{tg}^2\alpha\right)$$

und zufolge $\frac{1}{2} H$ (Abb. 251 c)

$$\Delta_{xp} = \frac{H l c}{2 E J_y}\left(\frac{1}{3} c \operatorname{tg}\alpha + \frac{1}{4} b_0\right).$$

Aus der Bedingung $\Delta_{xx} - \Delta_{xp} = 0$ folgt

$$X = \frac{1}{2} H c \frac{3 b_0 + 4 c \operatorname{tg}\alpha}{3 b_0^2 + 6 b_0 c \operatorname{tg}\alpha + 4 c^2 \operatorname{tg}^2\alpha} \tag{159}$$

und damit erhält man für das waagrechte Einspannmoment in A und für das Eckmoment in B

$$M_A = \frac{1}{2} X b - \frac{1}{2} H c, \quad \text{bzw.} \quad M_B = \frac{1}{2} X b_0, \tag{160}$$

und für die Längskräfte der [-Stähle

$$S_{1,2} = \mp\left(X \cos\alpha + \frac{1}{2} H \sin\alpha\right). \tag{161}$$

Greift H in Riegelmitte an, dann erhält die eine Riegelhälfte die Längszugkraft $\frac{1}{2} H$, die andere eine gleich große Längsdruckkraft. Liegt der Angriffspunkt von H in der Ecke B, dann entsteht im Riegel die Längszugkraft H.

V. Waagrechte, außermittige Last H. Die am Hebelarm e wirkende Kraft H ersetzt gedacht durch eine mittige Last H, die nach IV zu behandeln ist, und durch ein Drehmoment $H e$, dessen Einfluß im folgenden untersucht wird.

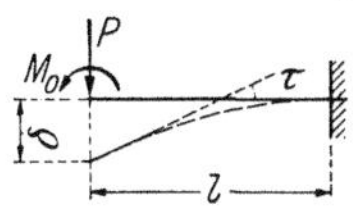

Abb. 252.

Näherungsweise Berechnung strebenloser [-Stahlquerträger. Das einwirkende Drehmoment wird unter Vernachlässigung des Drillungswiderstandes der [-Stähle und des Biegewiderstandes ihrer Flanschen durch das Kräftepaar $Q_1 b_0$ ersetzt gedacht: Abb. 250. Die Kräfte Q_1 beanspruchen die [-Stähle auf Biegung um die Achse x—x, und in den Stützquerschnitten A und A' entstehen Biegungsmomente $\pm Q_1 l = \pm H e \frac{l}{b_0}$. In gleicher Weise sind auch einseitig verstrebte Ausleger zu berechnen.

Näherungsweise Berechnung beiderseits verstrebter Querträger. Unter Vernachlässigung des Drillungswiderstandes der [-Stähle, der bei den verhältnismäßig kurzen Auslegerlängen von geringem Einfluß ist, wird das Drehmoment $H e$ durch Kräftepaare $Q_1 b_0$ und $Q_2 h$ ersetzt: Abb. 253a, b. Es ist somit

$$H e = Q_1 b_0 + Q_2 h. \tag{a}$$

Ähnlich wie bei der Berechnung beiderseits verstrebter Flachmaste auf Verdrehen (Abs. 6 b α) wird nun der Verhältniswert $\frac{Q_1}{Q_2}$ nach dem Verhältnis der Wandbreiten geschätzt. Da die Breite b der verstrebten Seitenwände veränderlich ist, wird wieder unter Zuziehung der mittleren Breite b_m

$$\frac{Q_1}{Q_2} = \frac{h}{b_m} \tag{b}$$

angenommen. Aus Gl. (a) und (b) sind Q_1 und Q_2 berechenbar. Die Kräfte Q_1 rufen wieder Biegungsmomente um die Achse x—x hervor, die Q_2 belasten

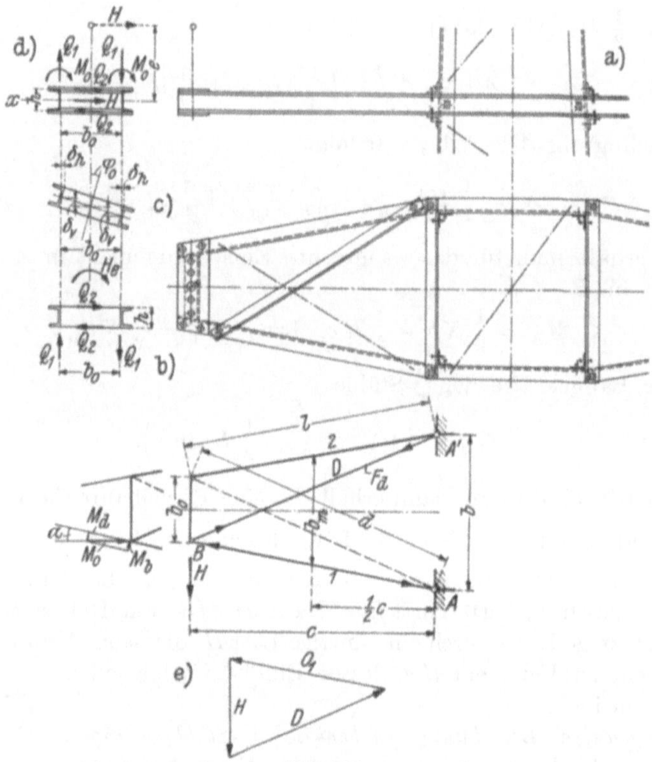

Abb. 253.

die Fachwerkswände oberhalb und unterhalb der [-Stähle, wobei die Gurte dieser Fachwerke von den halben [-Stählen gebildet werden. Die entstehenden Stabkräfte können wieder rechnerisch oder durch Zeichnen eines Kräfteplanes bestimmt werden.

Genaue Berechnung, unter Berücksichtigung des Drillungswiderstandes der [-Stähle. Sie soll für den einfachsten Fall, daß die [-Stähle beiderseits bloß durch je eine Strebe verbunden sind, wiedergegeben werden (Abb. 253). Dabei wird vorausgesetzt, daß die [-Stähle an ihren freien Enden durch einen steifen Riegel so verbunden sind, daß bei der Verdrehung unter dem Momente $H\,e$ die Verbindungslinie der Schubmittelpunkte beider [-Stähle rechtwinkelig zu den Stegen verbleibt (Abb. 253c); ferner wird angenommen, daß die [-Stähle unnachgiebig gegen Verdrehen an den Schaft angeschlossen sind. Das Moment $H\,e$ zerfällt dann nicht bloß in Kräftepaare $Q_1 b_0$ und $Q_2 h$, sondern die [-Stähle selbst übernehmen noch unmittelbar Momente M_0 (Abb. 253d). Es ist also

$$H e = Q_1 b_0 + Q_2 h + 2 M_0. \tag{162}$$

Die M_0 in Biegemomente M_b und Drehmomente M_d zerlegt, ergibt

$$M_b = M_0 \sin \alpha, \quad M_d = M_0 \cos \alpha. \tag{163}$$

Die Kräfte Q_1 und die Momente M_b rufen lotrechte Durchbiegungen δ_v der Enden der [-Stähle hervor:

$$E J_x \delta_v = \frac{1}{3} Q_1 l^3 + \frac{1}{2} M_b l^2.$$

Bei Vernachlässigung des Anteiles von M_b erhält man hieraus

$$Q_1 = E \delta_v \frac{3 J_x}{l^3}. \tag{164}$$

Die Kräfte Q_2 verursachen waagrechte Ausbiegungen δ_h der ebenen Fachwerke der Seitenwände (mit den halben [-Stählen als Gurten). Allgemein kann δ_h für jede beliebige Art der Ausfachung durch die „Arbeitsgleichung" ausgedrückt werden:

$$1 \cdot \delta_h = \Sigma S \Delta s;$$

hierin bedeuten die S die von $Q_2 = 1$ hervorgerufenen Stabkräfte eines Seitenwandfachwerkes und die Δs die von Q_2 verursachten Längenänderungen seiner Stäbe. Im vorliegenden Fall gilt für die Stäbe des oberen Fachwerkes (Abb. 253e):

S	Δs
Gurte $O_1 = -1 \dfrac{l}{b}$	$\Delta o_1 = -Q_2 \dfrac{l}{b} \cdot \dfrac{l}{E F_g} = -\dfrac{Q_2 l^2}{b E F_g}$
$O_2 = 0$	$\Delta o_2 = 0$
Strebe $D = +1 \dfrac{d}{b}$	$\Delta d = +Q_2 \dfrac{d}{b} \cdot \dfrac{d}{E F_d} = +\dfrac{Q_2 d^2}{b E F_d}$

wenn F_d den Strebenquerschnitt und F_g den Gurtquerschnitt (halber Querschnitt eines [-Stahles) bedeuten.

Somit wird

$$E \delta_h = Q_2 \left(\frac{l^3}{b^2 F_g} + \frac{d^3}{b^2 F_d} \right);$$

da nach Abb. 253c

$$\frac{\delta_v}{b_0} = \frac{\delta_h}{h} \tag{165}$$

ist, folgt aus dem vorstehenden Ausdrucke

$$Q_2 = E \delta_v \frac{\dfrac{b^2 h}{b_0}}{\dfrac{l^3}{F_g} + \dfrac{d^3}{F_d}}. \tag{166}$$

Für den Verdrehungswinkel φ gilt gemäß Gl. (111)

$$\varphi = \frac{M_d}{G I} l = \frac{M_0 l \cos \alpha}{G I}, \tag{167}$$

worin I den Drillungswiderstand eines [-Stahles und $G = \dfrac{E}{2{,}6}$ den Gleitmodul des Stahles bedeuten. Zwischen der Projektion $\varphi \cos \alpha$ des Drillungswinkels φ und den lotrechten Durchbiegungen δ_v besteht nach Abb. 253c die Beziehung $\varphi \cos \alpha = 2 \dfrac{\delta_v}{b_0}$ und damit folgt aus Gl. (167)

$$M_0 = \frac{1}{1{,}3} E \delta_v \frac{I}{b_0 l \cos^2 \alpha}. \tag{168}$$

Aus der Gleichgewichtsbedingung Gl. (162) ergibt sich dann mit den Gl. (164), (166) und (168)

$$E\,\delta_v = \frac{H\,e}{\dfrac{3\,b_0\,J_x}{l^3} + \dfrac{\dfrac{b^2\,h^2}{b_0}}{\dfrac{l^3}{F_g} + \dfrac{d^3}{F_d}} + \dfrac{2}{1{,}3}\cdot\dfrac{I}{b_0\,l\cos^2\alpha}} \tag{169}$$

und nach Berechnung von $E\,\delta_v$ sind die Unbekannten Q_1, Q_2 und M_0 aus den Gl. (164), (166) und (168) und aus M_0 die Momente M_b und M_d nach Gl. (163) bestimmbar.

Für den Sonderfall des strebenlosen Querträgers erhält man mit $F_d = 0$ und unter Vernachlässigung der waagrechten Rahmenwirkung aus den Gl. (168) und (169):

$$M_0 = \frac{H\,e}{2 + 3{,}9\,\dfrac{b_0{}^2}{l^2}\cdot\dfrac{J_x}{I}\cos^2\alpha} \tag{170}$$

und damit

$$Q_1 = \frac{H\,e - 2\,M_0}{b_0}, \tag{171}$$

während $Q_2 = 0$ wird.

Vorstehende Berechnungsverfahren setzen voraus, daß beide [-Stähle gegen Verdrehen unnachgiebig an den Mastschaft angeschlossen werden (indem beispielsweise beide Flanschen jedes [-Stahles von Anschlußwinkeln oder durchgehenden Hilfswinkeln gefaßt werden). Trifft dies nicht zu, dann darf der Drillungswiderstand der [-Stähle nicht in Rechnung gestellt werden; es ist dann $M_0 = 0$, und für den beiderseits verstrebten Querträger ist in Gl. (169) $I = 0$ zu setzen.

Beispiele für die Anwendung des genauen Berechnungsverfahrens.

1. Beispiel. Für einen frei auskragenden Querträger aus 2 × [12, der beiderseits durch je einen Winkelstahl 50 . 50 . 5 verstrebt wird, sei: $b_0 = 20$ cm, $b = 60$ cm, $c = 100$ cm, Netzlänge der Gurte $l = 102$ cm und jene der Streben $d = 108$ cm; der Ausleger habe die lotrechte Spitzenlast $P = 200$ kg und den am Hebelarm $e = 34$ cm wirkenden Leitungszug $H = 800$ kg aufzunehmen.

Für [12 ist: $J_x = 364$ cm⁴, $W_{xn} = 54{,}4$ cm³ (ein Lochabzug ⌀ 14 mm), $I = 4{,}3$ cm⁴, $I_n = 3{,}9$ cm⁴, $F = 17{,}0$ cm², $F_n = 15{,}7$ cm², $F_g = \frac{1}{2}F = 8{,}5$ cm², $F_{gn} = 7{,}3$ cm², $W_y = 11{,}1$ cm³.

Für ∟ 50 . 50 . 5 ist $F_d = 4{,}80$ cm², $i_{\min} = 0{,}98$ cm.

Aus den obenstehenden Abmessungen des Netzes folgt $\operatorname{tg}\alpha = \frac{60 - 20}{2\,.\,100} = 0{,}20$, $\alpha = 11°20'$ und $\sin\alpha = 0{,}197$, $\cos\alpha = 0{,}981$.

a) Lotrechte Belastung: Einspannmomente der [-Stähle $M = \frac{1}{2}\,0{,}20\,.\,102 =$ $= 10{,}2$ tcm, Biegerandspannung $\sigma_1 = \frac{10{,}2}{54{,}4} = 0{,}188$ t/cm².

b) Mittiger Leitungszug $H = 0{,}8$ t: Gurtkräfte $S = \pm\frac{H\,l}{2\,b} = \pm\,0{,}68$ t, bzw. Null, Strebenkräfte $D = \pm\frac{H\,D}{2\,b} = \pm\,0{,}72$ t. Längsspannung in den Gurten $\sigma_2 =$ $= \pm\frac{0{,}68}{7{,}3} = 0{,}093$ t/cm², bzw. $\sigma_2 = 0$.

c) Drehmoment $H\,e = 27{,}2$ tcm:

Aus Gl. (169)

$$E\,\delta_v = 299{,}28 \text{ t/cm}$$

und damit wird aus den Gl. (164), (166) und (168)

$$Q_1 = 0{,}308 \text{ t},\quad Q_2 = 1{,}669 \text{ t},\quad M_0 = 0{,}504 \text{ tcm}$$

und weiterhin aus den Gl. (163)

$$M_b = 0{,}099 \text{ tcm},\quad M_d = 0{,}494 \text{ tcm}.$$

Damit ergeben sich für den Einspannquerschnitt die folgenden Spannungen: aus dem lotrechten Biegungsmoment $M_A = Q_1\, l - M_b = 31{,}32$ tcm

$$\sigma_3 = \frac{31{,}32}{54{,}4} = 0{,}576\ \mathrm{t/cm^2}$$

und aus den Gurtkräften $S = -\frac{102}{60}\, 1{,}669 = -2{,}84$ t, bzw. $S = 0$,

$$\sigma_4 = -\frac{2{,}84}{7{,}3} = -0{,}389\ \mathrm{t/cm^2},\ \text{bzw. } \sigma_4 = 0;$$

ferner aus dem Drehmoment M_d, mit der größten Rechteckdicke $\delta_{max} = 0{,}9$ cm für [12, die größte Verdrehungsspannung $\tau = 1{,}12\, \frac{M_d}{I_n}\, \delta_{max} = 0{,}128\ \mathrm{t/cm^2}$.

Zufolge Q_2 entstehen noch die Strebenkräfte $D = \pm \frac{108}{60}\, 1{,}669 = 3{,}00$ t.

Die Normalspannungen der Gurte sind unter Beachtung ihres Wirkungssinnes zusammenzulegen. Im vorliegenden Falle ist der Untergurt von AB maßgebend ($\sigma_2 = \sigma_4 = 0$) und die Vergleichsspannung für Mitte Flanschrand des Einspannquerschnittes A wird

$$\sigma_{vgl} = \sqrt{(\sigma_1 + \sigma_3)^2 + 3\,\tau^2} = 0{,}796\ \mathrm{t/cm^2}.$$

Die Gesamtkraft der Streben beträgt $D = \pm\,(0{,}72 + 3{,}00) = \pm\, 3{,}72\, t$; mit der Knicklänge $s_K = 100$ cm wird $\lambda = \frac{100}{0{,}98} = 102$, dazu aus Zahlentafel VI (VDE), für St 37.12, $\omega = 2{,}46$ und daher die rechnungsmäßige Spannung $\sigma_\omega = \frac{3{,}72}{4{,}80}\, 2{,}46 = 1{,}902\ \mathrm{t/cm^2}$.

2. Beispiel. Der im 1. Beispiel behandelte Ausleger werde ohne Streben ausgeführt und habe neben der lotrechten Spitzenlast $P = 200$ kg jetzt einen einseitigen, am gleichen Hebelarm $e = 34$ cm wirkenden Leiterzug von 400 kg aufzunehmen. Es soll die Werkstoffinanspruchnahme im Einspannquerschnitt nachgewiesen werden.

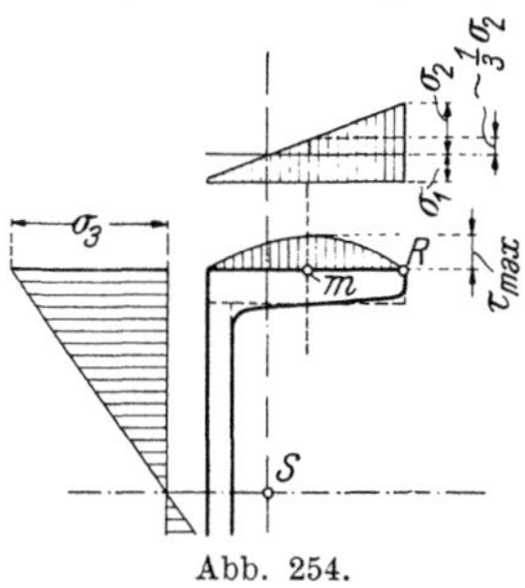

Abb. 254.

a) Lotrechte Last $P = 0{,}2$ t: $\sigma_1 = 0{,}188\ \mathrm{t/cm^2}$ Biegerandspannung wie vor.

b) Mittiger Zug $H = 0{,}40$ t: unter Zugrundelegung voller Einspannung wird aus Gl. (159) für die waagrechte Riegelquerkraft $X = 1{,}35\, H = 0{,}540$ t erhalten. Damit ergeben sich nach Gl. (160) die waagrechten Momente $M_A = -3{,}80$ tcm, $M_B = 5{,}40$ tcm, und nach Gl. (161) für die Längskräfte der [-Stähle $N = \pm\, 0{,}570$ t. Im Einspannquerschnitt A entsteht die Randspannung $\sigma_2 = \frac{0{,}570}{15{,}30} + \frac{3{,}80}{11{,}1} = 0{,}379\ \mathrm{t/cm^2}$.

c) Drehmoment $H\, e = 0{,}4 \cdot 34 = 13{,}6$ tcm: aus Gl. (170) folgt $M_0 = 0{,}960$ und aus Gl. (163) $M_b = 0{,}189$ tcm und $M_d = 0{,}942$ tcm. Aus Gl. (171) erhält man $Q_1 = 0{,}584$ t. Im Einspannquerschnitt entsteht ein lotrechtes Moment $M = 0{,}584 \cdot 102 - 0{,}189 = 59{,}38$ tcm, die zugehörige Randspannung beträgt $\sigma_3 = \frac{59{,}4}{54{,}4} = 1{,}092\ \mathrm{t/cm^2}$ und die von M_d verursachte Verdrehungsspannung beträgt $\tau_{max} = 1{,}12\, \frac{0{,}94}{3{,}9}\, 0{,}9 = 0{,}243\ \mathrm{t/cm^2}$ (Mitte Flanschrand*). Da die größte Spannung σ_2 zufolge waagrechter Biegung und die größte Verdrehungsspannung τ_{max} nicht am selben Ort auftreten (Abb. 254), ist die Vergleichsspannung für die Randpunkte R

* Hinsichtlich des genaueren Verlaufes der Schubspannungen siehe C. Weber, „Übertragung des Drehmomentes an Balken mit doppelflanschigen Querschnitten", Zeitschr. f. angewandte Mathematik und Mechanik, Bd. 6, 1926, S. 85.

und auch für die Flanschmitten m zu prüfen. Maßgebend sind die Punkte R und m des Unterflansches des gedrückten [-Stahles, da dort alle Normalspannungen gleiches Vorzeichen besitzen.

a) Randpunkt: mit $\tau = 0$ erhält man

$$\sigma_{vgl} = \sigma_1 + \sigma_2 + \sigma_3 = 1{,}659 \text{ t/cm}^2.$$

b) Flanschmitte m: dort ist die Spannung zufolge der waagrechten Biegung nur ungefähr $\frac{1}{3}\sigma_2$; damit wird

$$\sigma_{vgl} = \sqrt{\left(\sigma_1 + \frac{1}{3}\sigma_2 + \sigma_3\right)^2 + 3\,\tau_{max}^2} = 1{,}469 \text{ t/cm}^2.$$

Gegenüber dem ersten Beispiel kommt zwar der Einfluß des Drillungswiderstandes der [-Stähle schon stärker zur Geltung, er ist aber wegen der kurzen Auslegerlängen noch immer von geringerer Bedeutung.

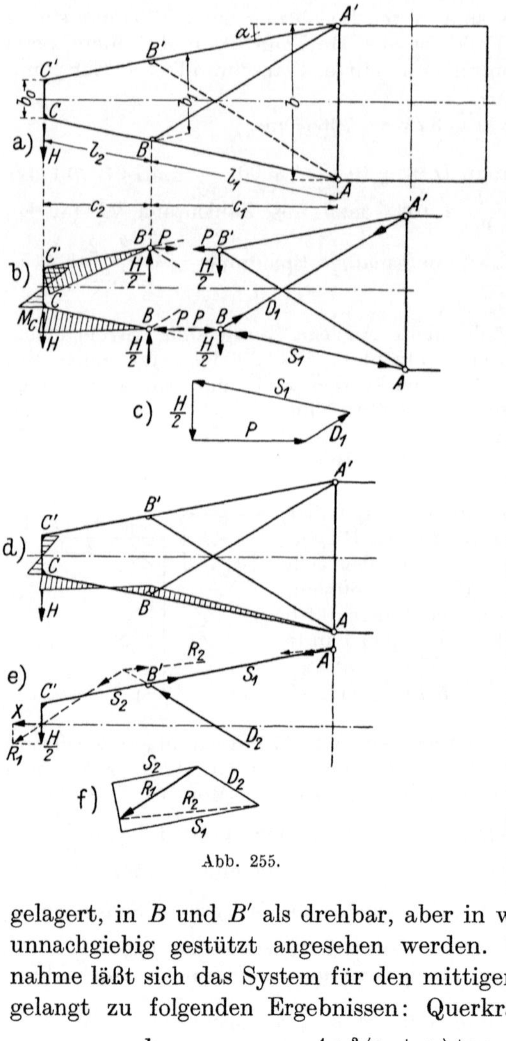

Abb. 255.

Die Näherungsberechnung ($M_0 = 0$) würde mit $Q_1 = \frac{13{,}6}{20} = 0{,}68$ t das lotrechte Einspannmoment $M = 0{,}68 \,.\, 102 = 69{,}4$ t/cm² und die zugehörige Biegerandspannung $\sigma_3' = \frac{69{,}4}{54{,}4} = 1{,}275$ t/cm² ergeben, und damit erhielte man die Gesamtspannung $\sigma_{vgl}' = 0{,}188 + 0{,}379 + 1{,}275 = 1{,}842$ t/cm² gegenüber dem strengeren Werte 1,659 t/cm².

Zuweilen wird der waagrechte Verband nicht bis ans Querträgerende geführt und das Endfeld unverstrebt gelassen (Abb. 255). In diesem Falle muß der Querträger als Rahmen wirken, um einen mittigen Zug H in den Schaft überleiten zu können. Am einfachsten wäre die näherungsweise Berechnung unter der Annahme von Gelenken in B und B' (Abb. 255b) durchzuführen. Wirtschaftlichere Ergebnisse, nämlich kleinere Eckmomente in C und C', erhält man, wenn berücksichtigt wird, daß die [-Stähle über B und B' biegungssteif durchgehen. Die [-Träger können dann in A und A' als gelenkig gelagert, in B und B' als drehbar, aber in waagrechter Richtung als annähernd unnachgiebig gestützt angesehen werden. Unter dieser vereinfachenden Annahme läßt sich das System für den mittigen Zug H leicht berechnen, und man gelangt zu folgenden Ergebnissen: Querkraft X in Riegelmitte (Abb. 255e):

$$X = \frac{1}{2} H \frac{4\,c_2^2\,(c_1 + c_2)\,\mathrm{tg}\,\alpha + b_0\,c_2\,(2\,c_1 + 3\,c_2)}{4\,c_2^2\,(c_1 + c_2)\,\mathrm{tg}^2\,\alpha + 2\,b_0\,c_2\,(2\,c_1 + 3\,c_2)\,\mathrm{tg}\,\alpha + b_0^2\,(c_1 + 3\,c_2)}, \tag{172}$$

waagrechtes Eckmoment in C

$$M_C = \frac{1}{2} X b_0, \tag{173}$$

Stützmoment in B

$$M_B = \frac{1}{2} (X b_1 - H c_2); \tag{174}$$

Momentenverlauf nach Abb. 255d.

Für den Angriff des Drehmomentes $H e$ ist die Berechnung dieses Querträgers schon umständlicher und von ihrer Wiedergabe muß abgesehen werden. Im Falle der näherungsweisen Berechnung hätte man die vom Moment $H e$ verursachten lotrechten Spitzenlasten $Q_1 = \pm \frac{H e}{b_0}$ zu ermitteln, durch die die beiden ⊏-Stähle auf Biegung beansprucht werden.

Berechnung der Querträgeranschlüsse. Einarmige Querträger. Der Anschluß der ⊏-Stähle erfolgt hauptsächlich durch Verschraubung ihres Steges mit den Eckwinkeln, allenfalls auch mit den Zwischenpfosten des Mastschaftes. Um von diesen Schrauben Zugspannungen fernzuhalten, werden häufig in die Schaftlängswände Anschlußwinkel oder durchgehende Winkelstähle gelegt, die mit den Flanschen der ⊏-Stähle verschraubt sind: Abb. 256. Diese Hilfswinkel und ihre Anschlüsse sind dann für folgende Kräfte zu bemessen: für die waagrechte Querkraft H, die sich zufolge eines einseitigen Leitungszuges oder einer gleichgerichteten Windkraft H ergibt, ferner für die Momente M_0, die bei außermittigem Angriff des einseitigen Leitungszuges entstehen und die als Kräftepaare $\frac{M_0}{h}$ (h = Profilhöhe des ⊏-Stahles) zur Übertragung gelangen und zu welchen im Falle beiderseitiger Verstrebung der Ausleger noch Wandlasten Q_2 treten. In Abb. 256b sind alle für einen ⊏-Stahlanschluß sich ergebenden Kräfte zusammengestellt. Reicht dabei ein einschraubiger Anschluß nicht aus, dann sind kleine Knotenbleche einzuschalten, um die erforderliche Zahl von Schrauben unterbringen zu können.

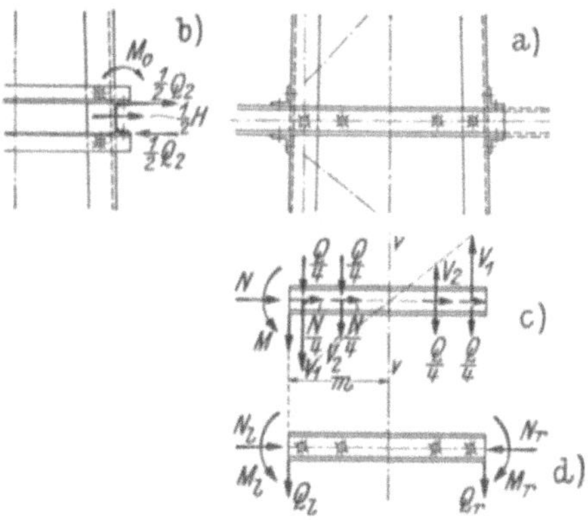

Abb. 256.

Die unmittelbare Verschraubung der ⊏-Stähle mit dem Mastschaft hat dann nur mehr für die folgenden, auf den Schaftrand bezogenen Wirkungsgrößen zu erfolgen, und zwar für die Längskraft N, für das lotrechte Biegungsmoment M und für die lotrechte Querkraft Q (Abb. 256c). Sind beispielsweise vier Anschlußschrauben vorzusehen, dann erhalten diese von den Kräften N und Q die waagrechten und lotrechten Kraftanteile $\frac{N}{4}$, bzw. $\frac{Q}{4}$; dabei müssen sie auch das auf die Schwerachse v—v des Anschlusses bezogene Biegungsmoment $M_v = M + Q m$ aufnehmen, das lotrechte Kraftanteile $V_{1,2}$ verursacht. Unter der Annahme, daß sich diese Kräfte $V_{1,2}$ wie ihre Abstände $e_{1,2}$ von der Schwerachse v—v verhalten, folgt $V_2 = V_1 \frac{e_2}{e_1}$; führt man diesen Ausdruck in die Gleichgewichtsbedingung $M + Q\,m = 2\,(V_1\,e_1 + V_2\,e_2)$ ein, so erhält man $V_1 = (M + Q\,m)\,\frac{e_1}{2\,(e_1^2 + e_2^2)}$ und die erste (stärkst belastete) Schraube erhält die Gesamtkraft

$$R = \sqrt{\left(V_1 + \frac{Q}{4}\right)^2 + \left(\frac{N}{4}\right)^2}.$$

Zweiarmige Querträger. Die in den Längswänden des Mastschaftes gelegenen Anschlußwinkel haben die gleichen Kräfte und Momente wie im Falle einarmiger Querträger zu übernehmen (vgl. Abb. 256b). Die Schrauben der Stege der ⊏-Stähle aber haben bei ungestoßen durchlaufenden oder bei zweiteiligen, mit voller Stoßdeckung (durch Flanschlaschen und Stegfutter) ausgeführten Querträgern neben den Normal- und Querkräften noch folgendes Moment zu übertragen (Abb. 256d):

$$M = M_l - M_r + (Q_l - Q_r)\,m.$$

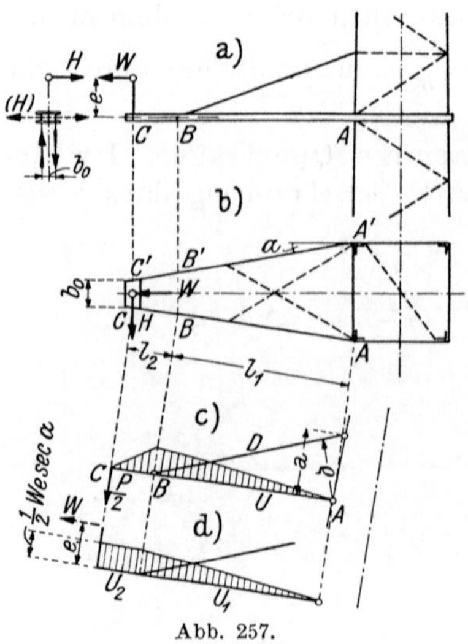

Abb. 257.

Sind die ⊏-Stähle in der Mastmitte gestoßen und bleibt der Stoß ungedeckt, dann sind die Anschlußschrauben innerhalb jeder Hälfte so wie für einarmige Querträger zu bemessen.

2. ⊏-Stahlquerträger mit Zwischenstützungen. Bei größerer Ausladung müssen den ⊏-Stählen noch Zwischenstützungen gegeben werden, da sonst zu starke Querschnitte erforderlich sind. Die Abb. 257 und 258 zeigen Ausführungen mit Zug- und Druckstreben. Diese Streben werden meist aus einfachen Winkelstählen gebildet. Kann die erforderliche Zahl von Anschlußschrauben oder Nieten nicht untergebracht werden, dann sind Knotenbleche einzuschalten. Der Anschluß der Streben an den Mastschaft erfolgt zumeist durch Verschraubung; sind mehrere Anschlußschrauben erforderlich, dann hat man auch dort Knotenbleche vorzusehen, die in der Regel mit den Streben vernietet werden. Häufig werden die Winkelstreben abgebogen und längs des Schaftes weitergeführt; sind aber tatsächlich mehrere Schrauben für den Anschluß der Winkel erforderlich, dann ist diese Ausführungsart zu meiden, da die Schrauben erst hinter der Winkelabbiegung gelegen sind.

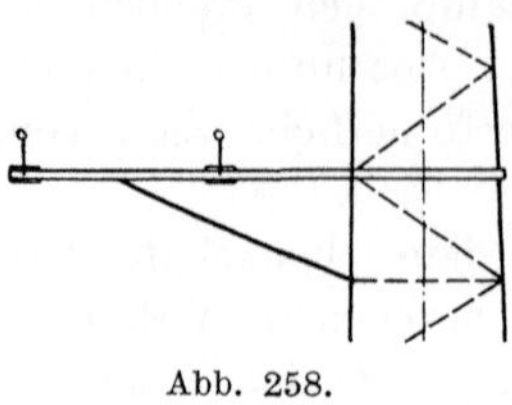
Abb. 258.

Da die Streben nicht immer bis zu den Isolatorenstützen geführt werden können, treten in den ⊏-Stählen Längskräfte und Biegungsmomente auf. Bei der Ermittlung dieser Momente werden die ⊏-Stähle in den Punkten A und A' (Abb. 257a, b) meist als gelenkig gestützt angesehen. Die lotrechte Spitzenlast P ruft dann ein Größtmoment $M_{\max} = \frac{1}{2} P\,l_2$, bezogen auf einen ⊏-Stahl, hervor (Abb. 257c). Die Stabkräfte O und U der Zugstreben und ⊏-Stärke ergeben sich aus $O = \frac{1}{2} P\,\frac{l_1 + l_2}{\varrho}$ und $U = -\frac{1}{2} P\,\frac{l_1 + l_2}{a}$.

Waagrechte Kraftangriffe W rechtwinkelig zur Leitung ergeben Biegungsmomente nach Abb. 257d und Stabkräfte $O = \frac{1}{2} W e \sec\alpha . \frac{1}{\varrho}$, $U_2 = \frac{W}{2} \sec\alpha$, $U_1 = \frac{1}{2} W \sec\alpha \left(1 - \frac{e}{a}\right)$.

Ein außermittig angreifender Leitungszug H (Abb. 257e) wird wieder durch einen

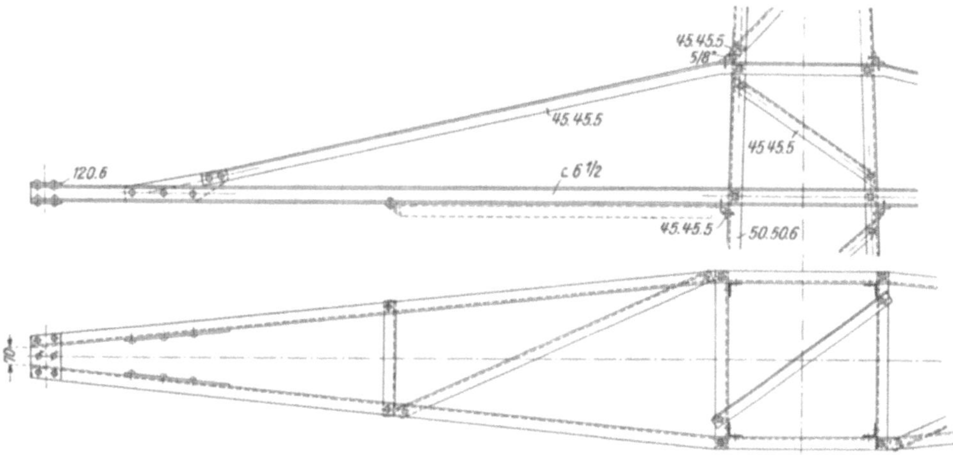

Abb. 259.

mittigen Zug und durch ein Kräftepaar, Einzelkräfte $Q_1 = \frac{H e}{b_0}$, ersetzt; die von diesen hervorgerufenen Momente und Stabkräfte sind wie für lotrechte Spitzenlasten $2 \times \frac{1}{2} P$ zu bestimmen. Dabei erhält jetzt eine Strebe Zug, die andere Druck. Bleibt nach Überlagerung der von lotrechten Lasten verursachten Zugkräfte noch Druck bestehen, dann ist auch die Knicksicherheit der Streben nachzuweisen.

Querträger für Kettenisolatorenleitungen. 1. Tragmastquerträger. Bei kleinen Ausladungen genügen auch hier wieder frei auskragende [-Stähle, um so mehr, als die Ausmitten der waagrechten Lasten kleiner als bei den Stützisolatorenleitungen sind.

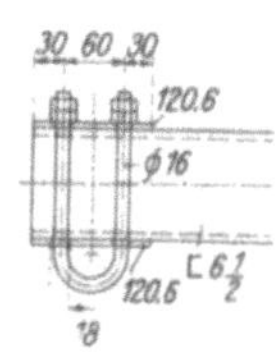

Abb. 260.

Bei größeren Ausladungen aber sind wieder Zwischenstützungen der [-Stähle erforderlich. Abb. 259 zeigt einen zweiarmigen Tragmastquerträger einer 100-kV-Leitung mit Tannenbaumanordnung. Auch dieser Querträger wird über die Mastspitze hinweg auf den Schaft aufgeschoben. Ein Versenken von Nietköpfen ist aber wegen der Verjüngung des Schaftes und auch wegen des nachgiebigen Querträgers, der sich leicht auseinanderzwängen läßt, entbehrlich. Die Auslegerspitze ist für die Befestigung eines U-Bügels nach Abb. 260 eingerichtet. Der Ausleger besitzt in der Untergurtebene einen waagrechten Verband zur Übernahme waagrechter, in der Leitungsrichtung wirkender Kräfte. Auch wird durch diesen Verband die Knicklänge der [-Stähle gegen Knicken in waagrechter Richtung unterteilt. Zuweilen erscheint es zweckmäßiger, die Verstrebung nicht bis in das stark verjüngte Endfeld fortzuführen, sondern dieses unverstrebt zu lassen, wobei dasselbe als Rahmen wirken muß. Die näherungsweise Berechnung kann wie für Abb. 255 durchgeführt werden.

Obzwar sich die ⊏-Stähle als Querträgergurte besonders eignen, werden diese Stäbe zuweilen auch aus Winkelstählen gebildet. Diese Ausführungsart hat einige Nachteile: so muß jetzt in den stehenden Seitenwänden der Querträger schon bei verhältnismäßig kleineren Ausladungen eine Ausfachung vorgesehen werden, um die Knicklänge dieser Winkelstähle auch in lotrechter Richtung hin zu verringern; man erhält daher fachwerkartige Querträger. Abb. 261 zeigt einen solchen einarmigen Querträger einer 100-kV-Leitung. Ferner ist die Ausbildung der Spitze umständlicher.

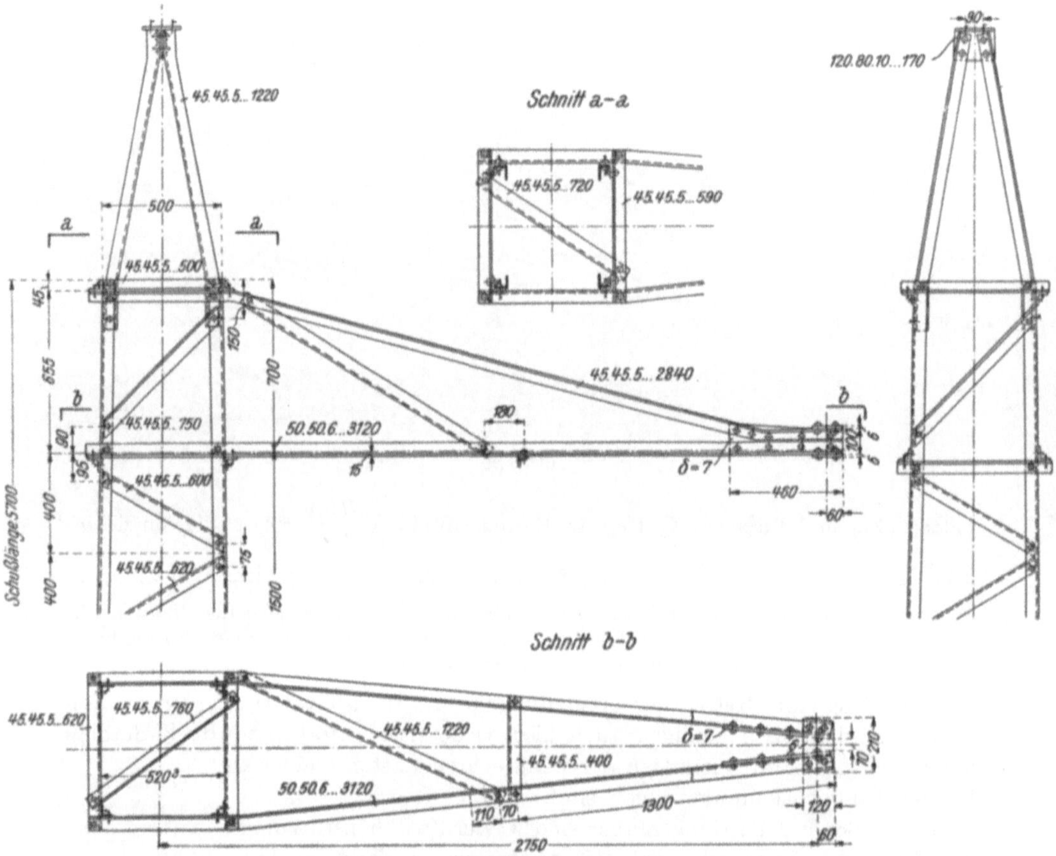

Abb. 261.

Will man wieder einen U-förmigen Hängebügel verwenden, dann ist es z. B. notwendig, die Obergurtwinkel abzubiegen. Schließlich wäre als Nachteil der Verwendung von Winkelstählen für die Untergurte noch anzuführen, daß bei Querträgern, die mehrere Leitungen zu tragen haben, die Zwischenaufhängungen schwieriger auszubilden sind. Denn unter Beibehaltung der einfachen Gestaltung, ohne Verwendung von Knotenblechen, würden sich stark ausmittige Stabzusammenschlüsse ergeben und die entstehenden Biegungsmomente, die von ⊏-Stählen leicht aufgenommen werden können, würden in Winkelstählen zu hohe Spannungen verursachen.

Bei Querträgern, die mehrere Leitungen aufzunehmen haben, ergibt sich fast stets die Notwendigkeit, die stehenden Seitenwände auszufachen. Im Falle größerer Phasenabstände treten auch in den Obergurten schon größere Kräfte auf, und es wäre dann verfehlt, diese Stäbe am Schaftanschluß abzubiegen und erst hinter der Abbiegung an den Schaft anzuschrauben. Man ordnet dann Knotenbleche an, die mit den Querträgerstäben vernietet oder verschweißt und an den Schaft angeschraubt werden (Abb. 262). Einfacher wäre es oft, diese Bleche unmittelbar an den Schaft anzunieten, doch wird davon abgesehen, da diese vorkragen-

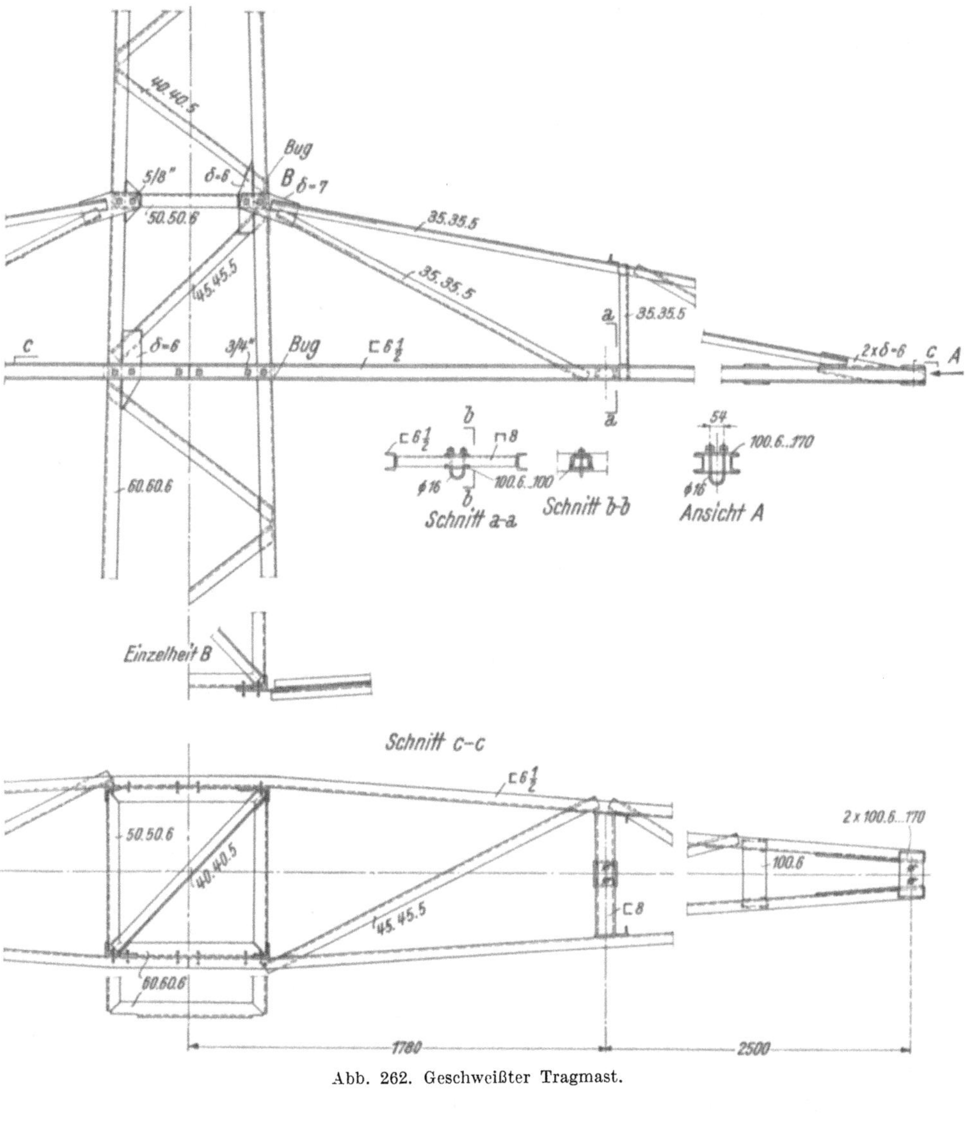

Abb. 262. Geschweißter Tragmast.

den Bleche beim Transport hinderlich sind und auch leicht beschädigt werden.

Während bei größeren Ausladungen stets ein waagrechter Verband in der Ebene der Untergurte vorzusehen ist, bleiben die Obergurte, soferne sie geradlinig durchlaufen, in der Regel unverstrebt; bloß über den Fachwerksknoten werden Pfosten angeordnet: Abb. 262.

Die Berechnung wird in ähnlicher Weise durchgeführt wie für die Querträger der Stützisolatorenleitungen; hinsichtlich der fachwerkartigen Querträger wird auf die Berechnung des Schaftes der Gittermaste verwiesen.

2. Ausleger für Abspannmaste. Auch bei diesen sind die Untergurte am besten aus [-Stählen auszuführen. Die Gestaltung der Querträgerenden und der Aufhängepunkte für weitere Leitungen hängt davon ab, welche Zwischenkonstruktionen zur Befestigung der Abspannketten herangezogen werden. Die Ausbildung dieser Bauglieder ist sehr verschieden, stets aber ist sie so zu wählen,

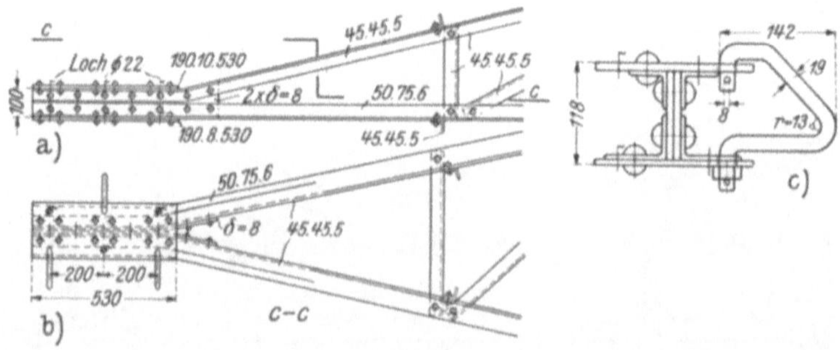

Abb. 263.

daß die Abspannketten allseits drehbar angeschlossen werden und daher bei Auslenkungen in Leitungsrichtung, oder rechtwinkelig dazu, keine Widerstände auftreten, die Biegungen in den Anschlußgliedern oder in den Aufhängeösen hervorrufen würden. Für die Leitungszüge der genormten Vollseile reichen dreiecksförmige Bügel nach Abb. 263c zumeist aus; sie bestehen aus Rundstahl ⌀ 16 ÷ 25 mm, je nach dem Öffnungswinkel und der Größe des Leitungszuges. An Stelle solcher Bügel wurden auch Zwischenstücke nach Abb. 264c, d vorgesehen, die in diesen Abmessungen für Leitungszüge bis zu 1600 kg

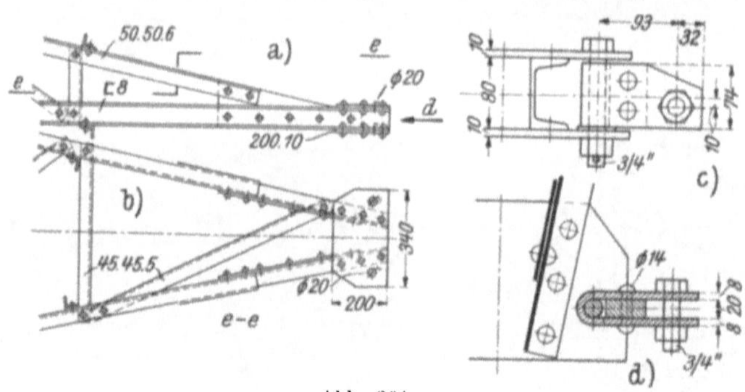

Abb. 264.

bestimmt waren. Auch besondere Schmiedestücke, die eine Cardanische Aufhängung ergeben, wurden vereinzelt zur Anwendung gebracht. Häufig werden auch U-förmige Bügel für die Befestigung von Abspannketten herangezogen, und zwar sowohl in lotrechter als auch in waagrechter Lage. Gegenüber den gleichen Baugliedern bei Tragmasten müssen sie entsprechend stärker ausgebildet sein; auch gibt man ihnen nur kleine Öffnungsweiten.

Auf die Berechnung dieser aus geraden und gekrümmten Stabteilen zusammengesetzten Bauglieder kann nicht weiter eingegangen werden; zumeist erfolgt ihre Bemessung ohnehin auf Grund von Belastungsversuchen.

Konstruktiv schwieriger ist die Ausbildung der Querträgerenden im Falle von Doppelabspannungen. In Abb. 263 ist ein aus Winkelstählen bestehender Querträger dargestellt; das Ende ist schnabelförmig ausgebildet. Die einzelnen Stäbe sind dort zusammengebogen und durch Steg- und Kopfbleche verstärkt. Es treten sehr ungünstige Biegewirkungen auf. Viel einfacher gestaltet sich die Endausbildung im Falle der Verwendung von Untergurten aus ⊏-Stählen. So hätte man bei einer Querträgerausführung nach Abb. 264 bloß die ⊏-Stähle und Kopfbleche entsprechend zu verlängern. Bei kurzen Auslegern

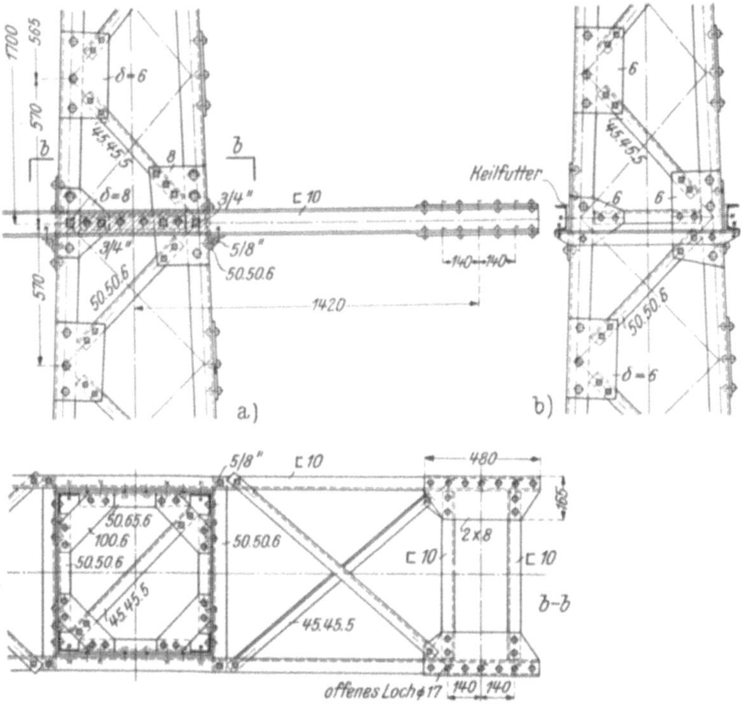

Abb. 265.

vermeidet man auch das Abbiegen der ⊏-Stähle; die Abb. 265 zeigen einen Querträger eines leichten Kreuzungsmastes, an welchen die Abspannketten mittels dreieckförmiger Bügel nach Abb. 263c befestigt sind.

Die Obergurte der fachwerkartigen Querträger werden fast ausnahmslos mittels eigener Knotenbleche an den Schaft angeschlossen: Abb. 266.

Häufig wird auch zwischen den Obergurten ein Fachwerksverband eingelegt, besonders bei längeren Querträgern. Bei der Übernahme waagrechter, in der Leitungsrichtung wirkender Kräfte wird aber im allgemeinen nur mit dem waagrechten, in Untergurthöhe liegenden Verband gerechnet. Vereinzelt wurden wohl auch beide Verbände zur Lastübernahme herangezogen, wobei näherungsweise die einwirkende Last H im Verhältnis der Dehnsteifigkeiten $\frac{E F}{l}$ der Ober- und Untergurtstäbe auf den oberen und unteren Verband aufgeteilt wurde. Gemäß Abb. 267 wäre also der Lastanteil H_o des oberen Verbandes

$$H_o = H \frac{\frac{F_o}{l_o}}{\frac{F_o}{l_o} + \frac{F_u}{l_u}}$$

und $H_u = H - H_0$ derjenige des unteren Verbandes. Bei gleichsinnigen Leitungszügen ist diese Annahme ganz gut brauchbar; nicht aber bei einseitig wirkendem Zug. Zufolge der Drillung des Schaftes eilen die Anschlußknoten der Obergurtstäbe

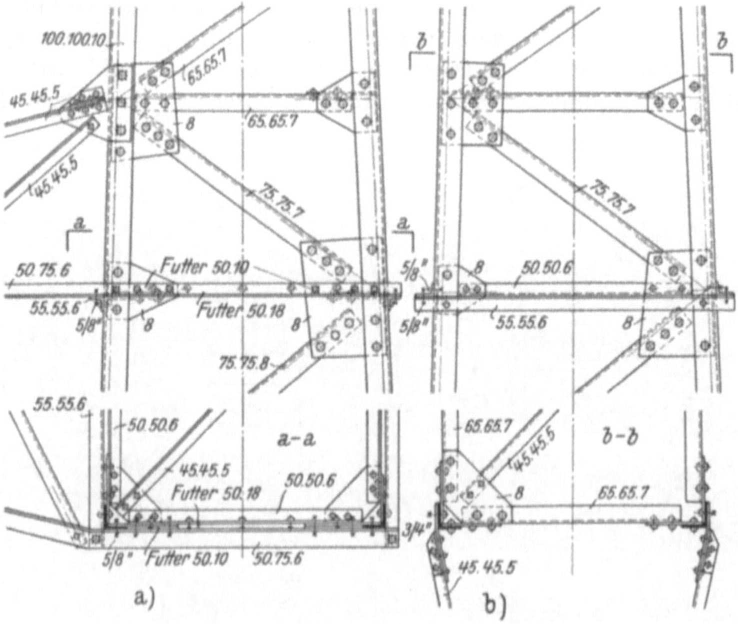

Abb. 266.

jenen der Untergurtstäbe vor, und der untere Verband erhält dann einen wesentlich größeren Lastanteil, als ihm nach obiger Näherungsannahme zukäme.

Bei den bisher besprochenen Ausführungen waren die stehenden Seitenwände der fachwerkartigen Querträger dreiecksförmig begrenzt. Bei größeren Ausladungen ist es oft zweckmäßig, die Seitenwände gemäß Abb. 268 auszu-

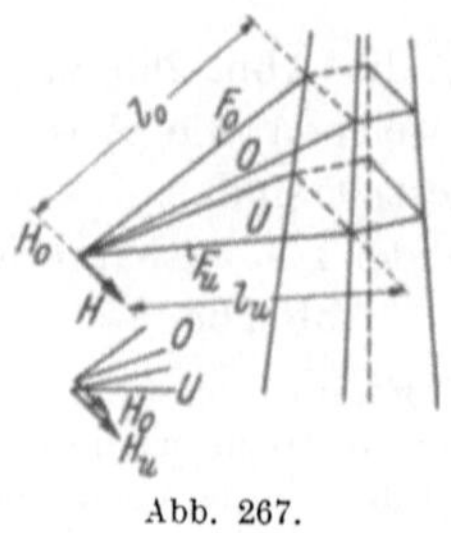

Abb. 267.

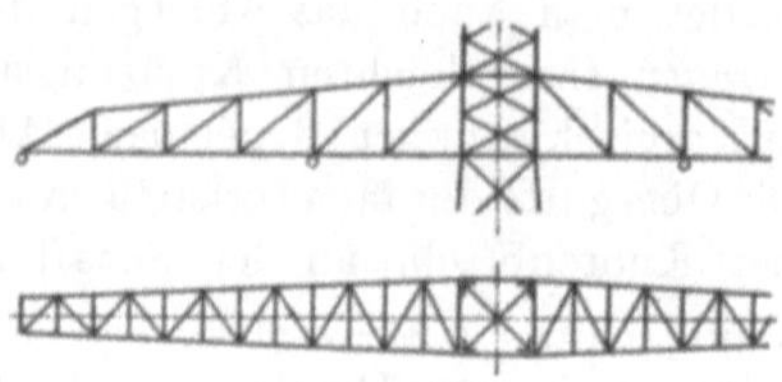

Abb. 268.

bilden und mit einer Endschräge abzuschließen, um so rascher an Fachwerkshöhe zu gewinnen; ebenso wird dann auch im Grundriß dem Querträger eine bloß geringe Verjüngung gegen das freie Ende hin gegeben, Beispiele solcher Ausführungen enthält das Buch von Taenzer;[35] diese in allen Seitenwänden ausgestrebten Querträger werden in gleicher Weise wie der Mastschaft berechnet.

Schwenkbare Ausleger. Die erforderlichen Phasenabstände, die zur Vermeidung des Zusammenschlagens von Leitungen zufolge plötzlichen Eisabfalles oder Windstoßes vorzusehen sind, können am leichtesten bei Verlegung sämtlicher Leitungen in gleicher Höhenlage eingehalten werden. Die Betriebssicherheit der Leitungsanlage erfordert aber weiterhin, daß jeder einzelne Mast wenigstens jenen Kräften standzuhalten vermag, die bei Bruch eines Leiters auftreten. Dieser Forderung könnte im Falle von Einständermasten bei den großen Querträgerlängen, welche durch die Anordnung aller Leitungen in gleicher

Abb. 269.

Höhenlage bedingt sind, nur schwer entsprochen werden; dazu müßten nämlich auch die vielen Tragmaste starke Seitenwandverstrebungen erhalten. Man war daher bestrebt, durch geeignete Vorkehrungen zu verhindern, daß das Drehmoment des einseitigen Leiterzuges auf den Schaft der Tragmaste voll zur Auswirkung gelangt. Im besonderen hat man hinsichtlich der Ausbildung der Tragmaste versucht, in der Mastachse drehbare Querträger zu verwenden, die praktisch keinerlei Drehmomente auf den Schaft übertragen konnten. Abgesehen von den höheren Kosten, sind solche Ausleger aber zu leicht beweglich. Man ist nun dazu übergegangen, jeden der Querträgerarme für sich schwenkbar an den Schaft anzuschließen und gleichzeitig die Beweglichkeit einzuschränken; vornehmlich sind es die beiden folgenden patentierten Bauweisen, die für die Ausführung von Tragmasten mit schwenkbaren Querträgern in Betracht kommen, und zwar:

1. Bauweise der A.E.G. Berlin: Sie ist durch die schräge Lage der Drehachse gekennzeichnet: Abb. 269. Pendelt der Querträgerarm unter dem Angriff eines einseitigen Leitungszuges aus, so müssen dabei die Angriffspunkte der lotrechten Lasten gehoben werden, wodurch ein Gegenmoment geweckt wird. Unter bloßen Windstößen schwingen daher die Querträger gar nicht oder doch nur wenig aus, und im letzteren Falle kehren sie in ihre Ausgangslage zurück, sobald die auslenkende Kraft zu wirken aufhört. Bei Leiterbruch aber ergibt diese mit wachsender Auslenkung ansteigende Gegenwirkung der lotrechten

Abb. 270.

Lasten eine sehr wertvolle Dämpfung der Stoßwirkung. Die übrigen Leiter erfahren daher keine wesentliche mechanische Überlastung; ihre Unterschiedszüge, die beim Auspendeln des Querträgers entstehen, mindern das Drehmoment des einseitigen Leitungszuges herab, so daß dieses nur eine beschränkte Größe erreichen kann und für die Bemessung des Mastschaftes die Normalbelastung maßgebend bleibt. Die dadurch erzielbaren Gewichtsersparnisse bei den Tragmasten können daher sehr beträchtlich sein.

Die Abb. 269 zeigt einen solchen Tragmast mit schwenkbaren Auslegern für eine Belegung mit $6 \times 120\,\text{mm}^2$ Cu (A. E. G. Union E. G., Wien). Abb. 270 stellt den Kopf eines Verdrillungstragmastes derselben Leitungsanlage dar. Die Abb. 271 zeigen den Kopf und die Schwenkausleger eines Tragmastes einer 100-kV-Leitung (Mastentwurf A. E. G. Union E. G., Wien).

2. Schwenkausleger der B.B.C. Mannheim. Auch bei dieser Ausführung wird der Verdrehungswiderstand des bloß für Normalbelastung bemessenen Tragmastes zur Stoßdämpfung herangezogen. Zu diesem Zwecke wird zwischen Mast und Querträgerarm ein Zwischenglied in Form einer Feder oder eines Stabes mit begrenztem Biege- oder Knickwiderstand eingeschaltet. Diese Zwischenglieder werden so bemessen, daß sie erst nach Erreichen der zu-

lässigen Drehbelastung des Mastes nachgeben und so den mit dem Mastschaft gelenkig verbundenen Querträgerarm zum Auspendeln freigeben. Dabei wirken die Zwischenglieder bis zum Eintritt der schließlichen Gleichgewichtslage dämpfend, indem zu ihrer Verformung Arbeit aufzuwenden ist. Die gleichzeitige Anordnung von Rutschklemmen ist nicht erforderlich.

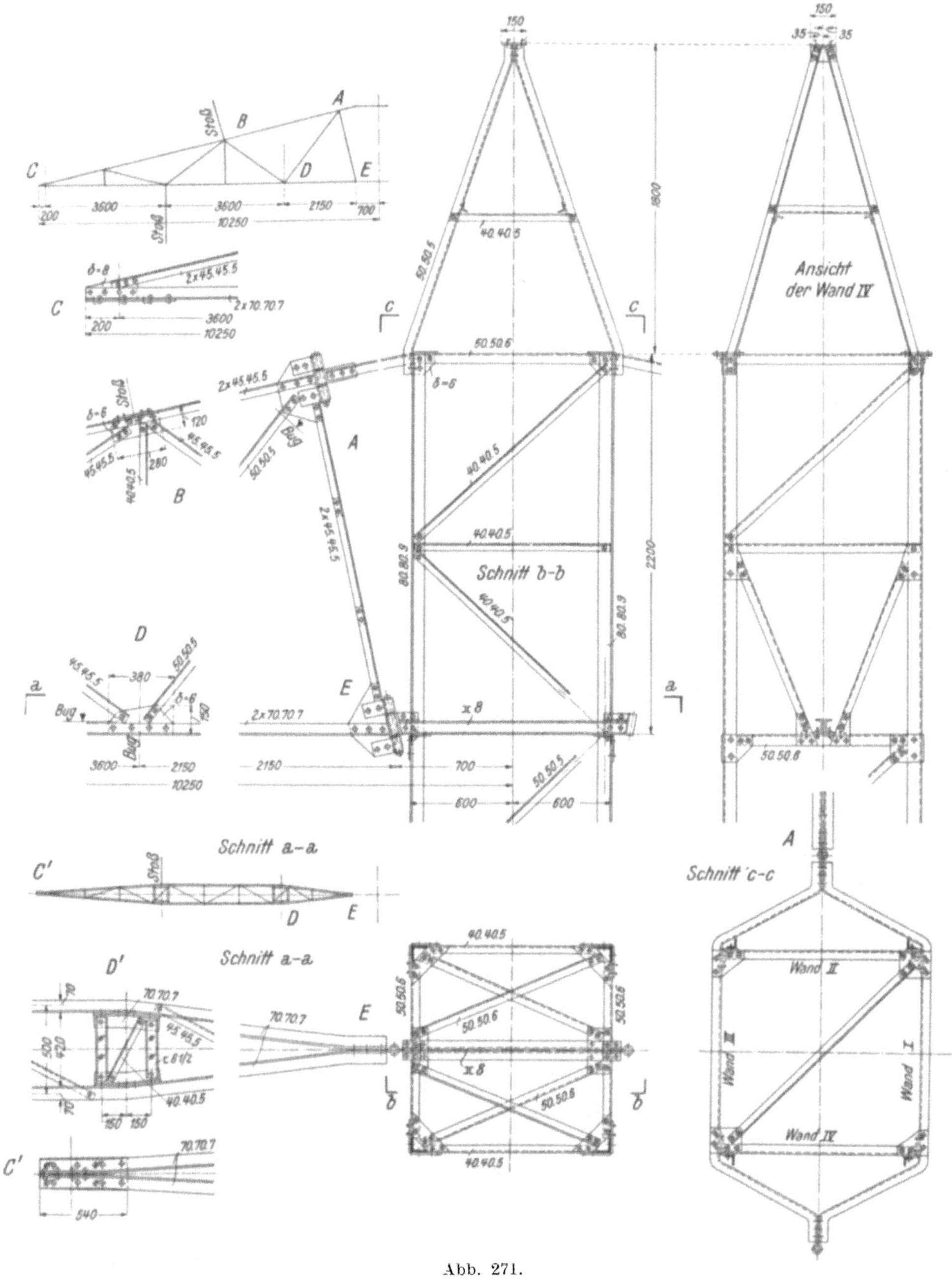

Abb. 271.

In der Abb. 272 ist der Kopf eines Tragmastes einer 60-kV-Leitung mit schwenkbarem Querträger dargestellt; die Zwischenglieder werden hier von Knickstäben gebildet.

Im Betriebe verhält sich dieser schwenkbare Querträger wie ein an den Schaft festangeschlossener Träger, da das Auspendeln erst unter einer bestimmten Größe des einseitigen Leitungszuges eintreten kann. Unterschiedszüge zufolge Temperaturwirkungen oder ungleichen Vereisungen bewirken noch keine Auslenkung. Auch während des Seilspannens sind noch keine besonderen Verankerungen erforder-

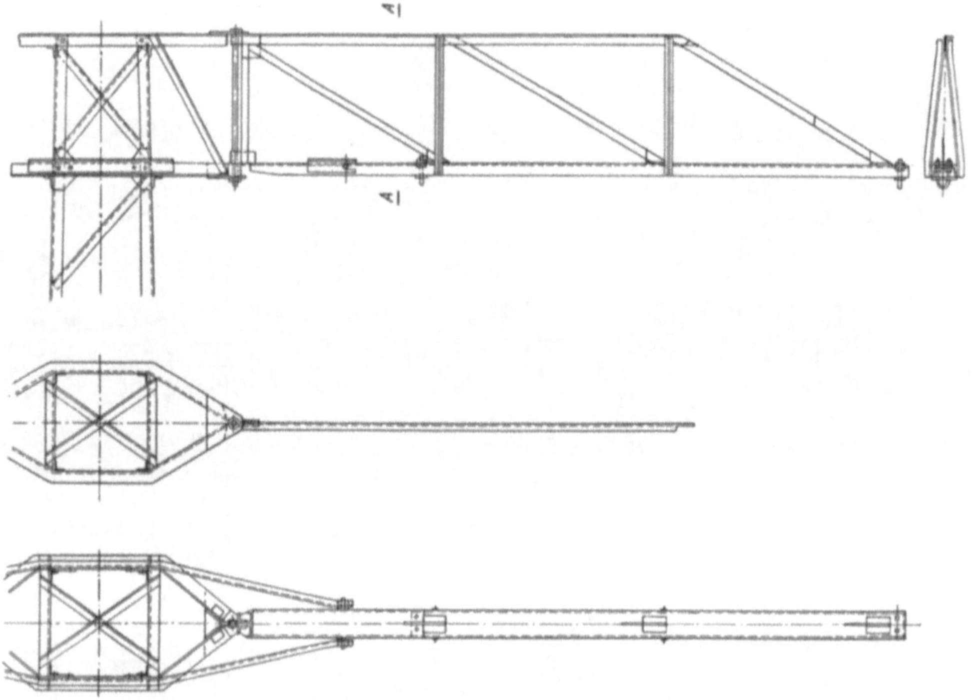

Abb. 272.

lich. Nach Eintritt eines Leiterbruches werden die Querträger wieder in ihre richtige Lage gebracht, die Knickstäbe werden wieder instandgesetzt oder gegen neue ausgewechselt.

d) Einschäftige Rahmenmaste.

α) Bauliche Durchbildung.

Die stählernen Leitungsmaste werden zuweilen als räumliche Rahmentragwerke ausgebildet. Zu ihrer Herstellung werden dann meist Stahlrohre verwendet. Zufolge ihrer günstigen Querschnittsform besitzen nämlich die Rohre nicht bloß einen verhältnismäßig hohen Knickwiderstand; sie sind auch befähigt, Biegungsmomente wechselnder Wirkungsebenen aufzunehmen. Auch ihr hoher Drillungswiderstand kann nutzbar gemacht werden.

Rohre sind allerdings teurer als gewalzte Stab- und Formstähle, aus welchen die Stahlmaste sonst hergestellt werden. Auch bereitet die Ausbildung der

Rahmenknoten im Falle der Vernietung oder Verschraubung Schwierigkeiten und wirklich einwandfreie Lösungen sind in der Anarbeitung teuer. Bei Anwendung der Schweißung aber ist es nicht nur möglich, die Rahmenknoten konstruktiv einwandfrei zu gestalten; sie können auch in wirtschaftlicher Weise hergestellt werden.

Anzustreben ist der unmittelbare Zusammenschluß der Stäbe, ohne Zuhilfenahme von Knotenblechen. Eine solche schweißgerechte Lösung weisen die in der Tschechoslowakei bei verschiedenen Freileitungen ausgeführten Rahmenmaste auf.[46] Sie sind aus nahtlosen Stahlrohren, deren Werkstoff eine Festigkeit von 55 bis 65 kg/mm² bei einer Mindestbruchdehnung von 14% besitzt,

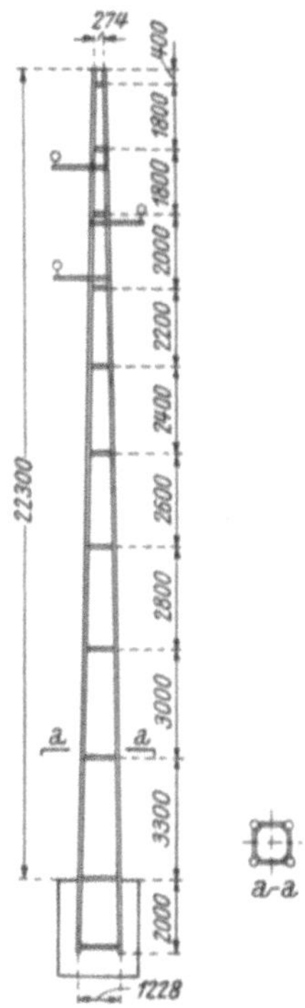

Abb. 273.

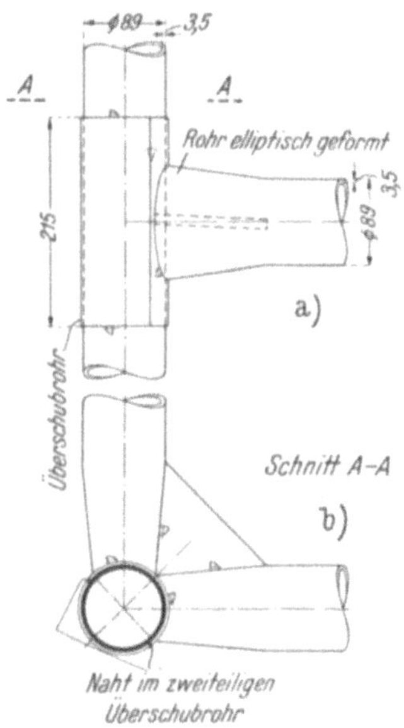

Abb. 274.

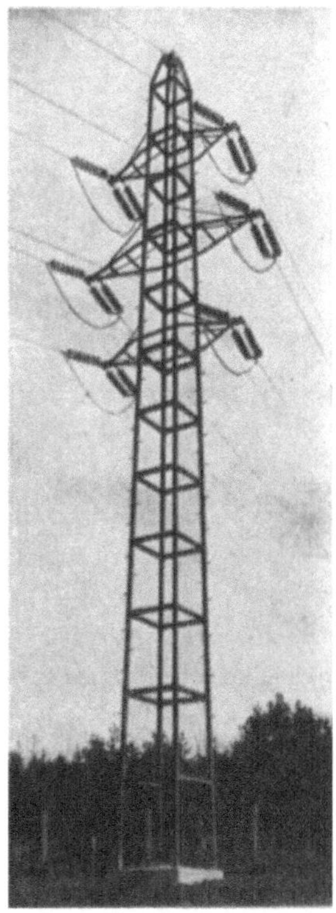

Abb. 275.

hergestellt worden. Die Maste wurden unter Verwendung ummantelter Elektroden elektrisch geschweißt. Abb. 273 zeigt die Seitenwand eines Rahmenmastes mit quadratischem Querschnitt einer 35-kV-Leitung. Einzelheiten der Knotenausbildung sind in Abb. 274 dargestellt. Stiele und Pfosten bestehen aus demselben Rohrprofil und zur Ermöglichung des Anschlusses der Pfosten mußten deren Enden elliptisch gestaltet werden; dadurch ergab sich zugleich eine erwünschte Vergrößerung ihres Widerstandsmomentes für Biegung in der Wandebene. Die Stielrohre sind in den Knoten durch Überschubrohre verstärkt worden. Um die Pfostenanschlüsse bequem ausführen zu können, wurden die Überschubrohre zweiteilig ausgebildet. An die eine Hälfte sind die Pfosten durch umlaufende Kehlnähte angeschlossen; zur besseren Aussteifung der Rahmenecken sind Eckbleche eingeschweißt worden. Die einzelnen Querrahmen können für sich zusammengeschweißt werden und dann erst wird die Verschweißung mit den Stielrohren ausgeführt. Hierauf werden dann die zweiten Hälften der Überschubrohre aufgelegt und durch Stumpfnähte mit den bereits einge-

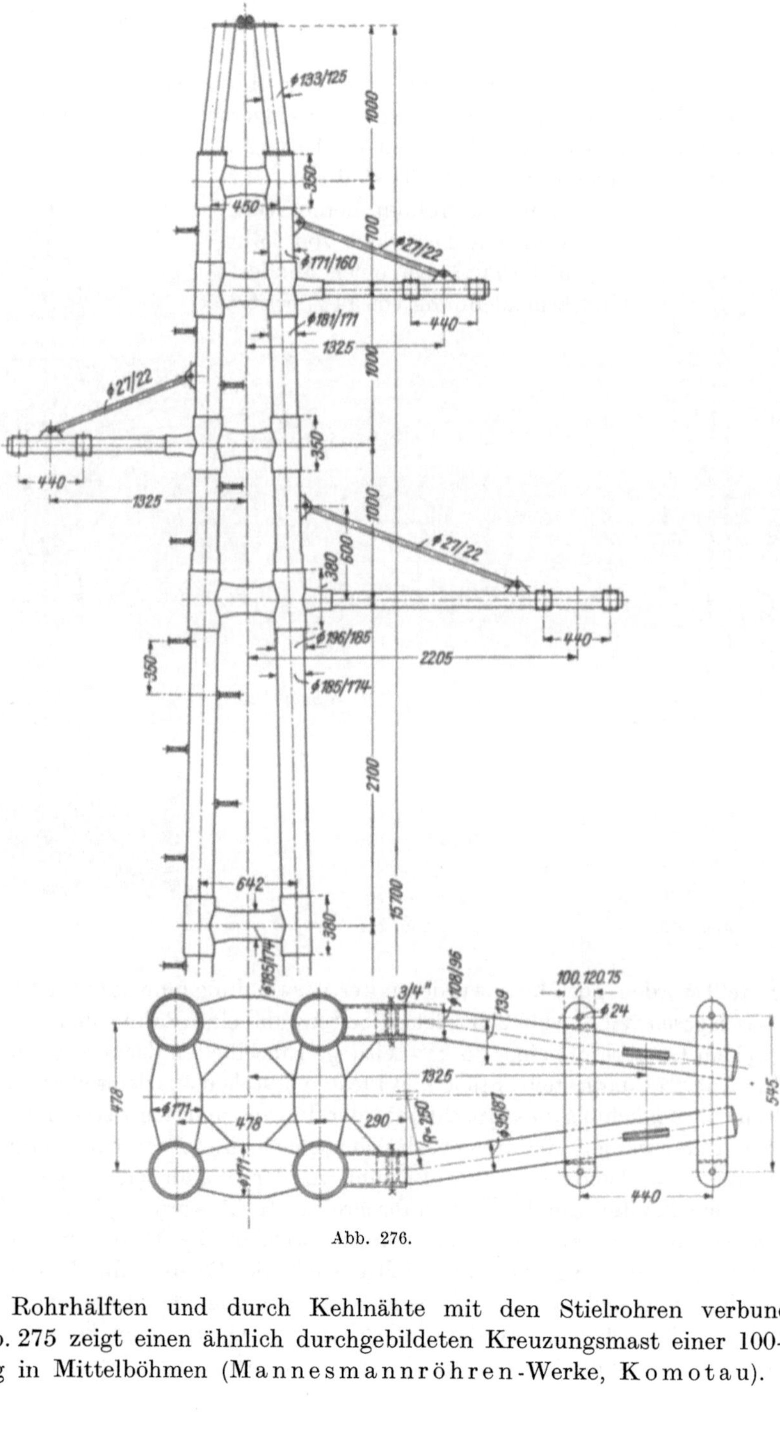

Abb. 276.

bauten Rohrhälften und durch Kehlnähte mit den Stielrohren verbunden.

Abb. 275 zeigt einen ähnlich durchgebildeten Kreuzungsmast einer 100-kV-Leitung in Mittelböhmen (Mannesmannröhren-Werke, Komotau).

Die Querträger werden entweder ebenfalls aus Rohren oder aus gewalzten Form- und Stabstählen hergestellt. Nach Möglichkeit erfolgt ihr Anschluß nur durch Anschellen an die Stielrohre.

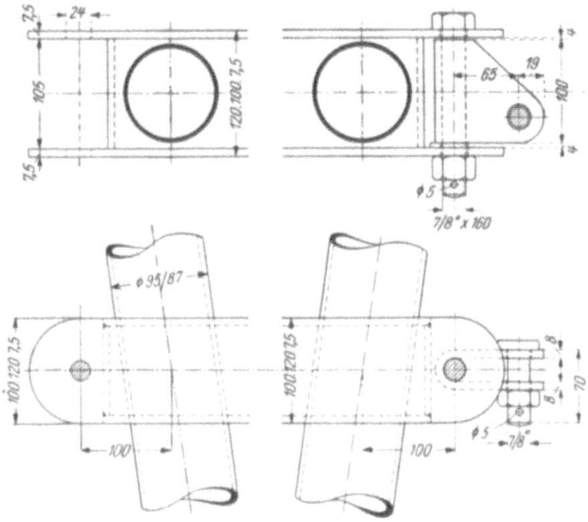

Abb. 277.

In Abb. 276 ist der Oberteil eines Kreuzungsmastes dargestellt; der oberste Querträger ist auch im Grundriß wiedergegeben. Die Abb. 277 zeigen Einzelheiten der Leiterbefestigung. Die Querträger bestehen hier ebenfalls aus Rohren. Diese Bauweise ist dem Charakter dieser Rohrmaste angepaßt und hat auch in Kreisen der Praxis vollen Beifall gefunden. Die Abb. 278 schließlich zeigt einen geschweißten Rahmenmast gespreizter Ausbildung, bei welchem das Bestreben, aus wirtschaftlichen Gründen die Zahl der Stabzusammenschlüsse möglichst zu beschränken und zugleich die Vorteile des Rohrquerschnittes auszunützen, ganz deutlich hervortritt. In den schwächer belasteten Querwänden dieses Abspannmastes konnte jeder zweite Pfosten entfallen. Auch dieser Mast erhielt Querträger aus Rohren. Die in den Abb. 276÷278 wiedergegebenen Mastkonstruktionen wurden ebenfalls von den Mannesmannröhren-Werken in Komotau entworfen und ausgeführt.

Abb. 278.

β) Berechnung der Rahmenmaste.

Mittiger Zug. Durch Zerlegung der mittig angreifenden waagrechten Last nach den Richtungen der beiden Wandpaare und Aufteilung dieser Seitenkräfte auf die einzelnen Wände wird die Berechnung des räumlichen Rahmentragwerkes zurückgeführt auf die Berechnung einzelner ebener, waagrecht belasteter Rahmenträger.

Untersuchung einer Seitenwand: waagrechte Knotenlasten H_0, H_1, H_2 ..., wirksam an den Knoten eines Stieles (Abb. 279a). Ein solcher ebener Rahmenträger ist im allgemeinsten Falle bei n-Geschossen $3\,n$-fach statisch unbestimmt. Im Leitungsbau hat man es aber meist nur mit symmetrisch ausgebildeten Rahmenträgern zu tun, deren Stiele in jedem Geschoß gleichen Querschnitt und gleiche Neigung besitzen. Denkt man sich in der betrachteten Seitenwand die Belastung H nach Abb. 279a durch die Teilbelastungen nach Abb. 279b und c ersetzt, dann können für die Teilbelastung nach Abb. 279b die Pfosten als starr angesehen werden (diese Näherung wird im allgemeinen immer erlaubt sein); diese Stäbe erhalten dann bloß Normalkräfte $N = -\frac{1}{2} H_k$, während die Stiele überhaupt spannungslos bleiben. Für die Teilbelastung nach Abb. 279c ist das ebene Rahmentragwerk bloß n-fach statisch unbestimmt. Die Zahl der Überzähligen ist auch jetzt noch beträchtlich und man muß daher trachten, das statisch bestimmte Grundsystem so zu wählen, daß nur dreigliedrige Elastizitätsgleichungen erhalten werden. Das ist auf verschiedenem Wege zu erreichen.

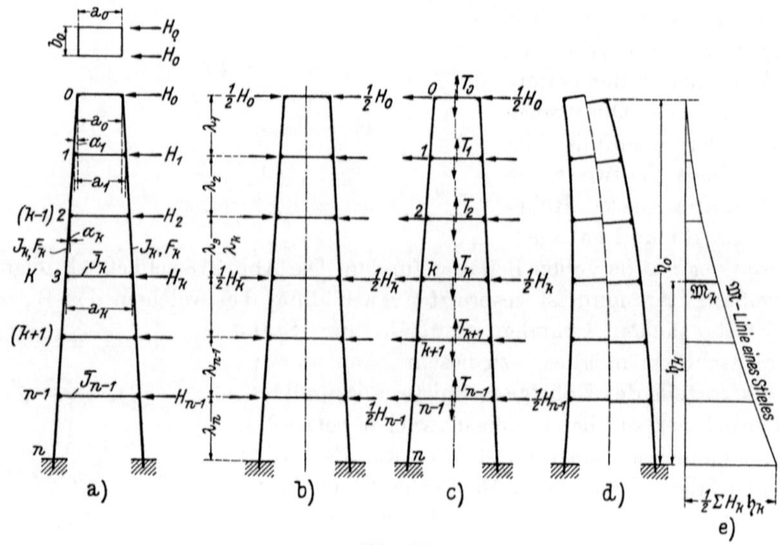

Abb. 279.

Im folgenden soll der ebene Rahmenträger mit in der Mitte durchschnittenen Pfosten als Grundsystem verwendet werden (Abb. 279c). Für diese Schnitte sind die Normalkräfte und die Biegungsmomente Null und nur die Querkräfte T bleiben unbekannt. Um nun zu dreigliedrigen Elastizitätsgleichungen zu gelangen, führen wir aber nicht die Querkräfte T selbst, sondern die folgenden Teilsummen Y derselben als Überzählige in die Rechnung ein[47]:

$$\left.\begin{array}{l} Y_1 = T_0 \\ Y_2 = T_0 + T_1 \\ \dots\dots\dots\dots \\ Y_k = T_0 + T_1 + T_2 + \dots + T_{k-1} \\ \dots\dots\dots\dots \\ Y_n = T_0 + T_1 + T_2 + \dots + T_{n-1}. \end{array}\right\} \qquad (175)$$

Unter der Teilbelastung nach Abb. 279c entstehen in beiden Stielsträngen des statisch bestimmten Grundsystems gleich große Biegungsmomente $\mathfrak{M}$ (Abb. 279d, e und 280). In den Pfosten treten keine Biegungsmomente auf; Normalkräfte entstehen überhaupt keine, weshalb diese auch keinen Beitrag zum Lastglied der Elastizitätsgleichungen ergeben.

Der Hilfsangriff $Y_k = 1$ versetzt nur die Stiele desselben Geschosses und die beiden anschließenden Pfosten k—1 und k in Spannung (Abb. 281). In den Stielen und in diesen beiden Pfosten treten Biegungsmomente m_k auf; die Stiele erhalten außerdem Normalkräfte $\pm 1 \cos \alpha_k$. Da in den Pfosten keine Normalkräfte entstehen, wird somit in der Elastizitätsgleichung für das Feld k lediglich der Beiwert von Y_k von Normalkräften abhängig sein. Daher kann die Elastizitätsgleichung für das Feld k gleich in der folgenden vereinfachten Form angeschrieben werden:

$$-\int \frac{\mathfrak{M}\, m_k}{J}\, ds = Y_{k-1} \int \frac{m_{k-1}\, m_k}{J}\, ds + Y_k \left[\int \frac{m_k^2}{J}\, ds + \int \frac{n_k^2}{J}\, ds\right] +$$

$$+ Y_{k-1} \int \frac{m_k\, m_{k+1}}{J}\, ds.$$

Der Einfluß der Querkräfte wurde dabei vernachlässigt. Mit Hilfe der den Abb. 280 und 281 zu entnehmenden Momente und Normalkräfte, verursacht

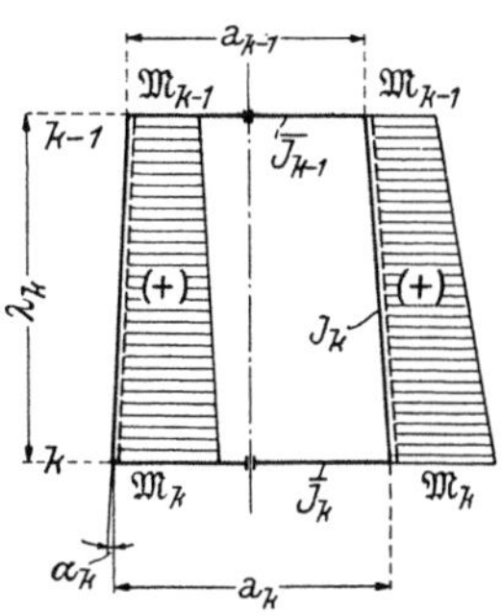

Abb. 280.

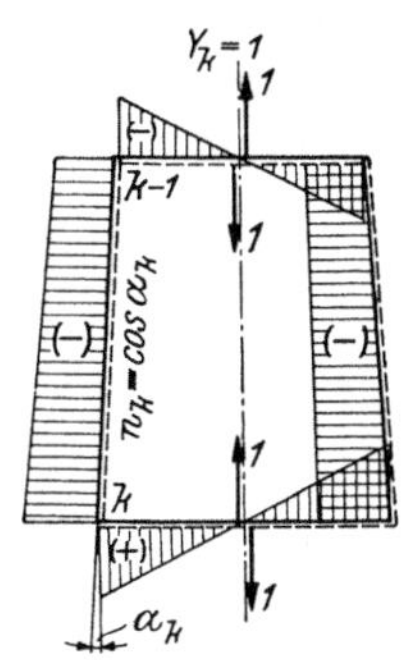

Abb. 281.

durch die Hilfsangriffe Lasten H am Grundsystem, bzw. $Y_k = 1$, können die einzelnen Integrale ausgewertet werden:

a) Zum Lastglied liefern nur die beiden Stiele des Feldes k Beiträge; daher ist

$$\int \frac{\mathfrak{M}\, m_k}{J}\, ds = 2 \int_0^{\lambda_k \sec \alpha_k} \frac{\mathfrak{M}\, m_k}{J_k}\, ds = -\frac{\lambda_k}{12\, E\, J_k \cos \alpha_k} [\mathfrak{M}_{k-1}(2\, a_{k-1} + a_k) + \mathfrak{M}_k (a_{k-1} + 2\, a_k)].$$

b) Zum Beiwert von Y_{k-1} liefert nur der Pfosten k—1 einen Beitrag; somit ist

$$\int \frac{m_{k-1}\, m_k}{J}\, ds = 2 \int_0^{\frac{1}{2} a_{k-1}} \frac{m_{k-1}\, m_k}{\bar{J}_{k-1}}\, ds = -\frac{1}{12} \frac{a_{k-1}^3}{E\, \bar{J}_{k-1}},$$

und ebenso ist

$$\int \frac{m_k\, m_{k+1}}{J}\, ds = -\frac{1}{12} \frac{a_k^3}{E\, \bar{J}_k}.$$

c) Beiwert von Y_k: Zum ersten Integral ergeben beide Stiele des Geschosses k, und die Riegel k—1 und k, Beiträge; daher ist

$$\int \frac{m_k^2}{E\, J}\, ds = \frac{1}{12} \frac{a_{k-1}^3}{E\, \bar{J}_{k-1}} + \frac{1}{12} \frac{a_k^3}{E\, \bar{J}_k} + \frac{\lambda_k}{12\, E\, J_k \cos \alpha_k} (a_{k-1}^2 + a_{k-1}\, a_k + a_k^2).$$

Zum zweiten Integral liefern nur die beiden Stiele des Geschosses k Beiträge und demnach ist

$$\int \frac{n_k^2}{F}\, ds = 2 \int_0^{\lambda_k \sec \alpha_k} \frac{\cos^2 \alpha_k}{F_k}\, ds = \frac{2 \cos \alpha_k}{F_k}\, \lambda_k.$$

Nach Einführung der vorstehenden Integralwerte in die Elastizitätsgleichung und nach Vervielfachung derselben mit $12\, J_k \cos \alpha_k$ entsteht

$$+ \lambda_k [\mathfrak{M}_{k-1}(2\, a_{k-1} + a_k) + \mathfrak{M}_k (a_{k-1} + 2\, a_k)] = - Y_{k-1} a_{k-1}^3 \frac{J_k \cos \alpha_k}{J_{k-1}} +$$
$$+ Y_k \Big[a_{k-1}^3 \frac{J_k \cos \alpha_k}{J_{k-1}} + 2\, \lambda_k (a_{k-1}^2 + a_{k-1} a_k + a_k^2) + a_k^3 \frac{J_k \cos \alpha_k}{J_k} +$$
$$+ 24 \frac{J_k \cos^2 \alpha_k}{F_k} \lambda_k \Big] - Y_k a_k^3 \frac{J_k \cos \alpha_k}{J_k}. \qquad (176)$$

Im ganzen sind bei n-Geschossen n solcher Gleichungen aufstellbar, ($k = 1, 2 \ldots n$); die erste und letzte Gleichung enthalten je zwei, alle übrigen je drei unbekannte Y. Nach Berechnung der Y ergeben sich aus den Gl. (175) die gesuchten Pfostenquerkräfte T zu

$$T_0 = Y_1,$$
$$T_1 = Y_2 - Y_1,$$
$$T_2 = Y_3 - Y_2,$$
$$\ldots\ldots\ldots\ldots$$

Ferner erhält man für die Endmomente der Pfosten (Abb. 282)

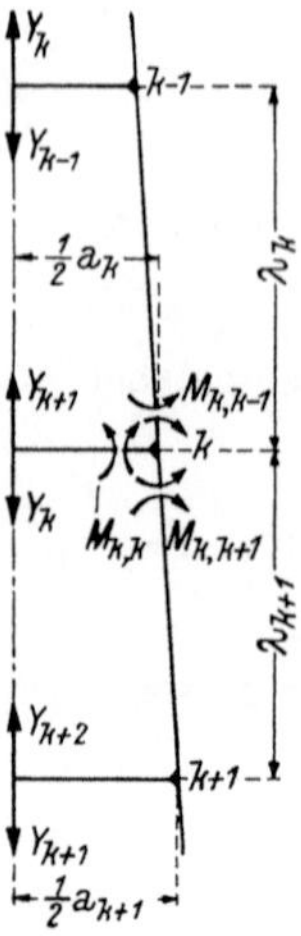

Abb. 282.*

$$M_{k,k} = \pm (Y_{k+1} - Y_k) \frac{a_k}{2} \qquad (k = 0, 1, 2 \ldots n-1) \qquad (177)$$

und für die Stielendmomente

$$\left.\begin{aligned} M_{k,k-1} &= \mathfrak{M}_k - Y_k \frac{a_k}{2} \\ M_{k,k+1} &= \mathfrak{M}_k - Y_{k+1} \frac{a_k}{2} \end{aligned}\right\} \qquad (178)$$

Schließlich entstehen noch die folgenden Normalkräfte, und zwar:

$$\left.\begin{aligned} &\text{in den Stielen} && N_k = \pm Y_k \cos \alpha_k, \\ &\text{und in den Pfosten} && N_k = -\frac{1}{2} H_h. \end{aligned}\right\} \qquad (179)$$

In Abb. 283 ist der Momentenverlauf für ein Teilstück einer Seitenwand dargestellt. Sind nur waagrechte, parallel zu den Wänden a wirkende Lasten (vgl. Abb. 279a) vorhanden, dann bleiben die Pfosten der Seitenwände b spannungslos. Die Pfosten der Wände a erhalten linear verlaufende Biegungsmomente mit den theoretischen Endwerten $\pm M_{k,k}$ und Normalkräfte $-\frac{1}{2} H_k$. Die Stiele erhalten linear verlaufende Momente mit den Endwerten $M_{k-1,k}$ und $M_{k,k+1}$ und Normalkräfte $\pm Y_k \cos \alpha_k$. Bei der Bemessung kann wieder berücksichtigt werden, daß die tatsächlich zur Wirkung gelangenden Größtmomente kleiner als die theoretischen

* Die Momentenpfeile im Stiel sind umzukehren.

Endmomente sind. Erhalten die Stiele in den Knoten Verstärkungen, wie z. B. durch Überschubrohre nach Abb. 283, dann braucht nur die Spannung am Ende des unverstärkten Rohres nachgewiesen werden, da der verstärkte Querschnitt doppelt so stark ist.

Wirken gleichzeitig auch waagrechte Lasten parallel zu den Wänden b, dann sind die zugehörigen Momente und Normalkräfte in gleicher Weise wie für die Wände a zu ermitteln und für die Stiele sind die Ergebnisse der Teilbelastungen zusammenzulegen, indem die Momente geometrisch, die Normalkräfte algebraisch addiert werden.

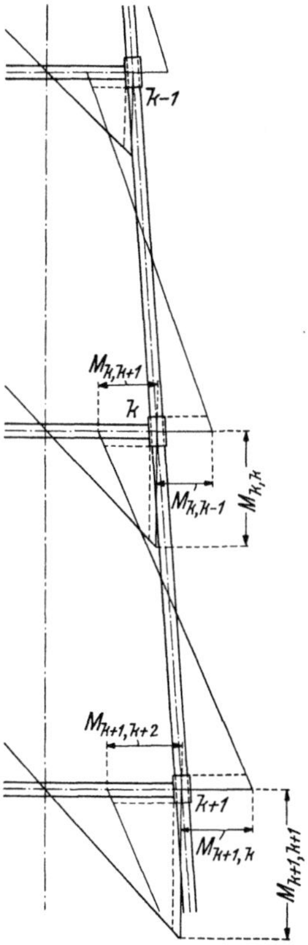

Abb. 283.

Die Bemessung der Stiele hat so zu erfolgen, daß nicht bloß die aus Normalkräften und Biegemomenten sich ergebende größte Werkstoffanstrengung innerhalb der zulässigen Grenzen verbleibt, sondern gleichzeitig auch die geforderte Sicherheit gegen Ausknicken dieser Stäbe erzielt wird. In der Praxis wird die Berechnung auf Knicken unter Zugrundelegung der größten Stieldruckkraft, mit einer Knicklänge gleich der Geschoßhöhe durchgeführt. Tatsächlich kann die Entfernung der Wendepunkte der Knicklinie auch größer als die Geschoßhöhe sein und außerdem mindern auch die gleichzeitigen Biegewirkungen die Tragfähigkeit herab. Überdies hätte man bei sehr schlanken Masten auch die Stabilität des ganzen Systems zu überprüfen, wozu äußerst zeitraubende Rechnungen erforderlich wären. Die notwendigen Ansätze sind einer Abhandlung von Mises und Ratzersdorfer[48] zu entnehmen.

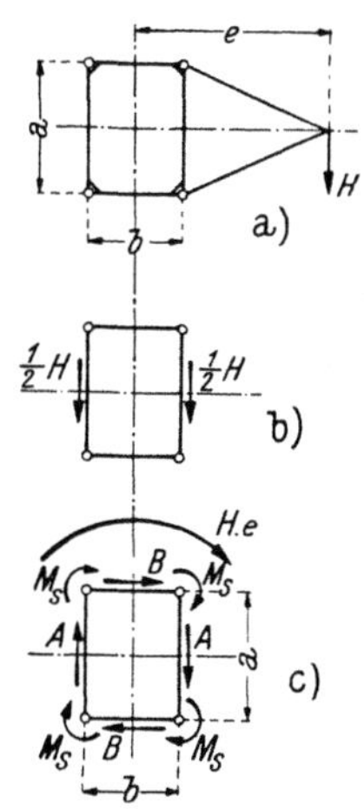

Abb. 284.

Berechnung für außermittigen Leiterzug. An Stelle der außermittig wirkenden Kraft H (Abb. 284a) werden die beiden Teilbelastungen nach Abb. 284b und c in Untersuchung gezogen. Die Teilbelastung nach Abb. 284 b ist nach dem vorstehend entwickelten Verfahren zu erledigen; es bleibt daher noch der Einfluß des Drehmomentes $H\,e$ zu untersuchen:

Wird der Querrahmen, in dessen Ebene dieses Drehmoment auf den Mastschaft einwirkt, zu einem ebenen Stiefrahmen ausgestaltet, dann könnten, falls dieser Rahmen als starr angesehen werden darf und der Drillungswiderstand der Stiele vernachlässigt wird, die auf die einzelnen Seitenwände entfallenden Wandlasten wieder aus den Näherungsgleichungen (152) berechnet werden. Dabei würde man aber im vorliegenden Falle zu ungünstig rechnen. Gegenüber den Gittermasten sind nämlich die Seitenwände nachgiebiger, die Stiele aber wegen der aufzunehmenden Biegungsmomente stärker und drillungssteifer. Daher muß dem Drillungswiderstand der Stiele ein größerer Einfluß zukommen. Das ist nun ganz besonders dann der Fall, wenn die Stiele aus Rohren hergestellt werden, also einen geschlossenen Querschnitt erhalten.

Eine genaue Berechnung solcher Rahmenmaste unter Berücksichtigung der Verdrehung der Stiele und der Nachgiebigkeit der Querrahmen hat Wanke[45] gegeben. Sie erfordert einen beträchtlichen Zeitaufwand und kommt aus diesem Grunde für die Praxis nicht in Frage. Wanke hat daher vorgeschlagen, diese Maste näherungsweise, unter der Annahme bloß eines Querrahmens zu berechnen. Dieses Verfahren ist schon bedeutend einfacher, besonders wenn der Steifrahmen noch als starr angesehen wird:

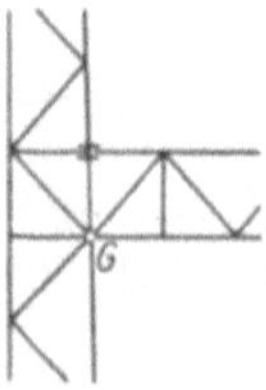

Abb. 285.

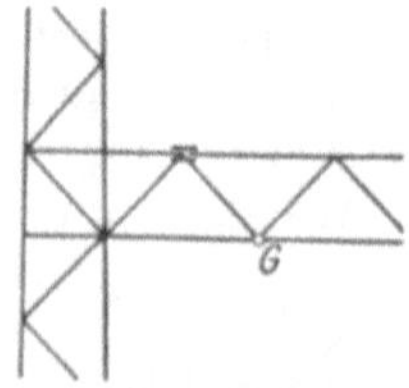

Abb. 286.

Vom einwirkenden Drehmoment $M = He$ wird dann ein vorläufig unbekannter Anteil $4\,M_s$ unmittelbar von den vier Stielen, zufolge ihrer Verdrehungssteifigkeit übernommen, während der Rest $M_m = M - 4\,M_s$ in Form von Kräftepaaren $A\,b$ und $B\,a$ in den Schaft übergeht (Abb. 284). Nach der Näherungsrechnung wären daher die Wandlasten durch

$$A = \frac{M_m}{2\,b} \quad \text{und} \quad B = \frac{M_m}{2\,a}$$

gegeben. In gleicher Weise wie für mittigen Zug können auch die von den Wandlasten A und B hervorgerufenen Biegungsmomente und Normalkräfte jeder Seitenwand ermittelt werden. Für die Stiele sind die Teilwirkungen wieder zusammenzulegen. Wir bezeichnen die sich ergebenden Biegungsmomente und Normalkräfte der Stäbe des räumlichen Systems mit $\widehat{M}$ und $\widehat{N}$.

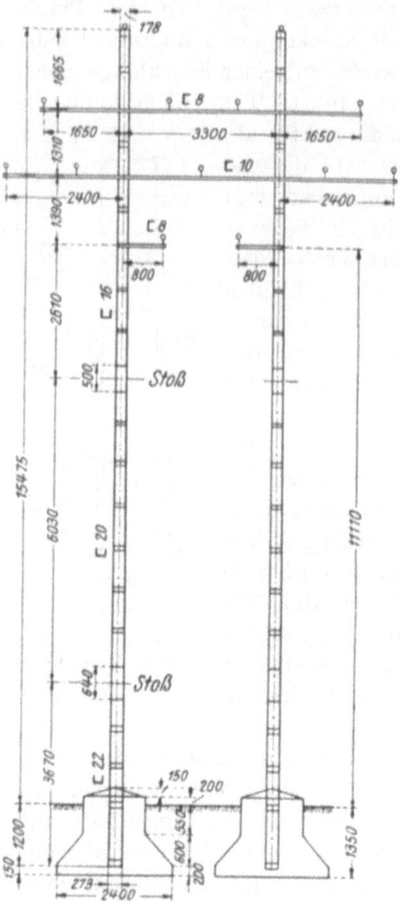

Abb. 287.

Die Verdrehung des Mastes, die in der Höhe des belasteten Querrahmens unter der Einwirkung des Momentenanteiles M_m zustandekommt, läßt sich mit Hilfe der Arbeitsgleichung ausdrücken:

$$\varphi_m = \frac{1}{M_m} \int \frac{\widehat{M}^2}{E\,J}\,ds.$$

Für die Momentenanteile M_m und M_s gelten dann, unter Beachtung der nunmehrigen Bedeutung von φ_m, die Gl. (153). Nach der Berechnung von M_m und M_s können bereits alle auftretenden Biegungsmomente und Normalkräfte der Maststäbe ermittelt werden. Die Ergebnisse der beiden Teilbelastungen — mittiger Zug H und Drehmoment He — sind schließlich zusammenzulegen. Die Anstrengung des Werkstoffes der Stiele ist aus Normalspannungen $\sigma = \frac{N}{F} + \frac{M_{res}}{W}$ und aus der Verdrehungsspannung $\tau = \frac{M_s}{W_d}$ zu berechnen; sie wird durch die Vergleichsspannung $\sigma_{\mathrm{vgl}} = \sqrt{\sigma^2 + 3\,\tau^2}$ dargestellt, deren ungünstigste Werte aufzusuchen sind.

e) Zweiständermaste (Portalmaste).

α) *Bauliche Durchbildung.*

Die beiden Ständer (Schäfte) können aus einfachen Walzträgern oder Rohren bestehen oder nach Art der Flachmaste oder der räumlichen Gittermaste ausgeführt werden. Die Querträger werden von ebenen Fachwerks- oder Rahmenträgern oder von räumlichen Gitterträgern gebildet; bei Rohrmasten können sie auch aus einem einzelnen Rohr bestehen.

Die Verbindung zwischen Querträgern und Ständern wird entweder biegungssteif ausgeführt oder die Querträger werden gewissermaßen scharnierartig an die Einzelmaste angeschlossen. Im ersteren Falle bilden Ständer und Querträger ein Tragwerkssystem, das für Lastangriffe in der Portalebene als ebener Rahmenträger wirkt. Bei scharnierartigem Querträgeranschluß bewirken aber die Querträger nur eine Verteilung der Lasten auf die beiden Ständer. Derartige Scharnieranschlüsse sind auch dann möglich, wenn Ständer und Riegel räumliche Gittersysteme bilden. Nur müssen dann die den festen Anschlußknoten *G* (Abb. 285) gegenüberliegenden Gurtstabe längsbeweglich an den Ständer angeschlossen werden, so daß praktisch kein Einspannmoment übertragen werden kann. Diese Gelenke *G* mit ihren zugehörigen längsbeweglichen Gurtanschlüssen können auch von den Ständern weg in das freie Feld verlegt werden (Abb. 286); diese Ausführungsart mit einem Querträgerstoß in *G* besitzt den Vorteil, daß der Stoß an eine Stelle kleinerer lotrechter Biegungsmomente zu liegen kommt; sie wird aber auch aus Montagegründen häufig bevorzugt.

Die Gründung der Portalmaste erfolgt im allgemeinen mittels aufgelöster Schwellen- oder Betonfundamente.

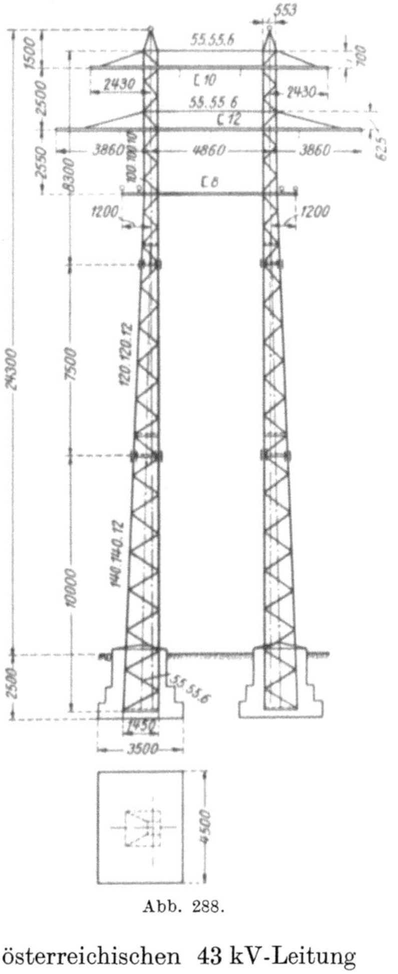

Abb. 288.

Abb. 287 zeigt einen Portaltragmast einer österreichischen 43 kV-Leitung (A. E. G.-Union E. G., Wien). Die Ständer werden von genieteten Flachmasten gebildet, die aus zwei, durch Bindebleche verbundenen [-Stählen bestehen. Diese Maste haben drei Drehstromsysteme und Leitungen für das Betriebstelephon zu tragen; über den Spitzen der Einzelmaste sind Erdseile verlegt. Abb. 288 stellt einen Bahnkreuzungsmast derselben Leitungsanlage dar; er ist als Portalgittermast ausgeführt. Abb. 289 zeigt einen geschweißten, aus Stabstahl hergestellten Weitspann-Portalgittermast der jugoslawischen Fernleitung Zasip-Jesenice (erbaut von den Österr. Brown Boveri-Werken, geschweißte Maste nach Plänen des Verfassers) dar; er ist für eine Belegung mit $6 \times 95\,mm^2$ Bronze und $1 \times 70\,mm^2$ Stahl bemessen. Die Stöße sind geschraubt.

Die Abb. 290 und 291 zeigen geschweißte Stahlrohrmaste (Tragmast und Kreuzungsmast einer 22-kV-Leitung), ausgeführt von den Mannesmannröhren-Werken in Komotau. Die Ständer bestehen aus einfachen Stahl-

Abb. 289.

rohren, bzw. aus geschweißten rahmenartigen Rohrflachmasten. Die Zusammenschlüsse mit den Querträgern sind biegungssteif ausgebildet, und für Lastangriffe in der Portalebene wirken diese Maste als ebene, zweistielige Rahmen mit eingespannten Füßen.

β) Berechnung der Portalmaste.

Die Berechnung eines rahmenartigen Mastes soll an Hand des Tragwerkes nach Abb. 292 kurz besprochen werden. Die vier Seitenwände der Riegel und Schäfte seien durch einfache Strebenzüge ausgefacht, so daß das Verstrebungssystem selbst keine Unbestimmtheit verursacht. Die Rechnung wird stets nur näherungsweise, mit mehr oder minder großer Schärfe durchgeführt. Vorhandene ausgesteifte Ringe der Schäfte und Riegel werden nur dann berücksichtigt, wenn in ihren Ebenen außermittige Lasten angreifen.

Waagrechte Lastangriffe senkrecht zur Rahmenebene (Leiterzüge und Windkräfte). Für diese Lasten kann im allgemeinen der Portalmast näherungsweise als statisch bestimmtes System berechnet werden, indem die Riegel als einfache Balkenträger — allenfalls mit Kragarmen (unterer Riegel in Abb. 292 a, b) — mit einer Stützweite gleich der Achsentfernung der Schäfte aufgefaßt werden. Die elastische Einspannung der Riegelenden in den Schäften, die durch deren Drehungswiderstand bewirkt wird, bleibt also unberücksichtigt. Die Riegel geben dann annahmegemäß ihre Lasten mittig an die Schäfte ab, so daß auch

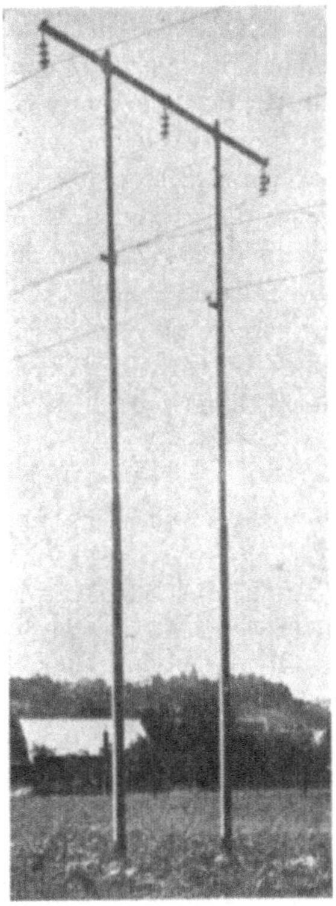

Abb. 290.

Abb. 291.

die Längswände der Schäfte je gleich große Wandlasten erhalten, während die Querwände derselben unbelastet bleiben. Selbstverständlich müssen dazu die Verstrebungen der waagrechten Riegelwände im Schaft selbst noch durch Ringstreben fortgesetzt werden (Abb. 292 b). Durch die Verformung der Riegel treten zwar auch dann in jedem Schaft ungleich große Ausbiegungen der Längswände auf und die Schäfte erfahren Verdrehungen. Sind die Riegelwände aber nicht zu nachgiebig und zu lang, dann sind auch diese Verdrehungen klein und es kann auf die schärfere Ermittlung der Lastverteilung in den Schäften verzichtet werden. Die Schäfte sind dann für sich als freistehende Tragwerke zu berechnen. Zuweilen hat man die Endstreben der waagrechten Seitenwände in die Schäfte hereingeführt und dort mittig angeschlossen (Abb. 292 c). Diese Maßnahme kann sich aber nur bei jenen Systemen als wirksam erweisen, bei welchen es gleichzeitig möglich ist, die beiden Endgurtstäbe des Riegels längsbeweglich an den Schaft anzuschließen.

Lasten, die in der Rahmenebene wirken. Für derartige waagrecht oder lotrecht gerichtete Kräfte muß das System als Rahmentragwerk genauer berechnet werden. Im allgemeinen läßt sich dabei die Stabkraftermittlung auf eine solche in ebenen Systemen zurückführen, indem Vorder- und Rückwand getrennt untersucht werden. Das ebene Rahmenfachwerk der Vorderwand des Tragwerkes Abb. 292a ist sechsfach statisch unbestimmt. Das statisch bestimmte Grundsystem kann verschieden gewählt werden. In Abb. 293a wurde der Rahmen durch einen lotrechten Schnitt in zwei gleiche statisch bestimmte Fachwerkskonsolträger mit je zwei Armen zerlegt und diese beiden Rahmenhälften ergeben zusammen das statisch bestimmte Grundsystem. Die Seitenkräfte X_1, X_2 und X_4, X_5 der Gelenkdrücke in den durchschnittenen Obergurtknoten und die Untergurtkräfte X_3 und X_6 stellen die überzähligen Wirkungsgrößen dar. Die Hilfsangriffe $X_1 = 1$, $X_2 = 1$, ... $X_6 = 1$ am Grundsystem sind einfach zu erledigen; in Abb. 293b—d sind die jeweils wirksamen Stäbe für die Angriffe $X_4 = 1$, $X_5 = 1$ und $X_6 = 1$ hervorgehoben. Auch die Stabkräfte S_0, die von den gegebenen lotrechten und waagrechten Lasten im Grundsystem hervorgerufen werden, sind leicht zu ermitteln. Bei der Durchführung der Berechnung ist auf die bestehende Symmetrie des Tragwerkes zu achten; ist die Belastung eine unsymmetrische, dann kann sie durch eine Umgruppierung stets auf eine

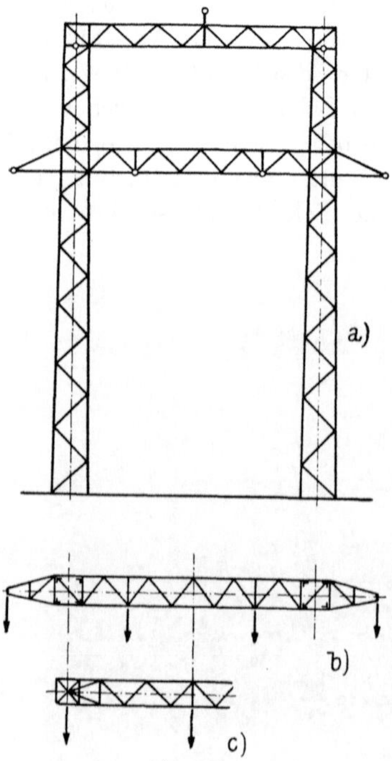

Abb. 292.

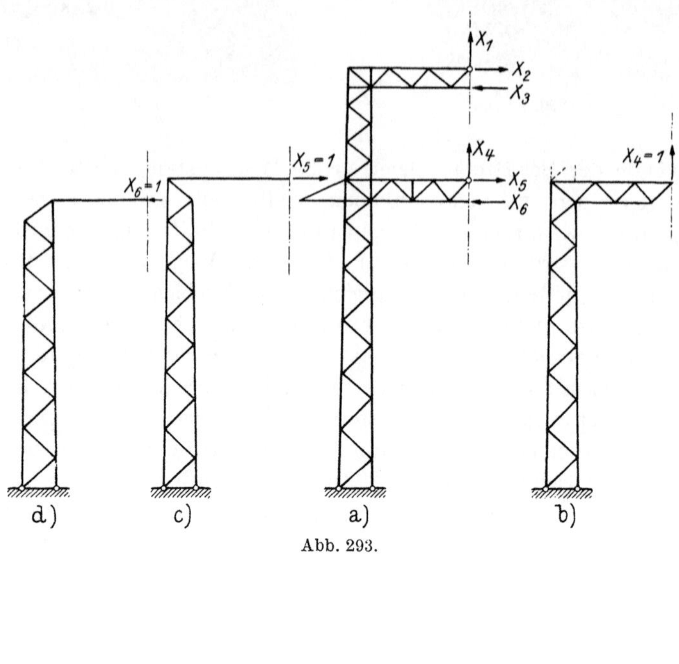

Abb. 293.

symmetrische und eine antisymmetrische Teilbelastung zurückgeführt werden. Dadurch ist eine wesentliche Vereinfachung erzielbar, wie die schematischen Darstellungen in Abb. 294 hinsichtlich der Erledigung der Lastfälle Abb. 294a u. d zeigen: für die symmetrische, lotrechte Teilbelastung des Tragwerkes nach Abb. 294b ist nämlich $X_1 = X_4 = 0$; das System ist nur vierfach statisch unbe-

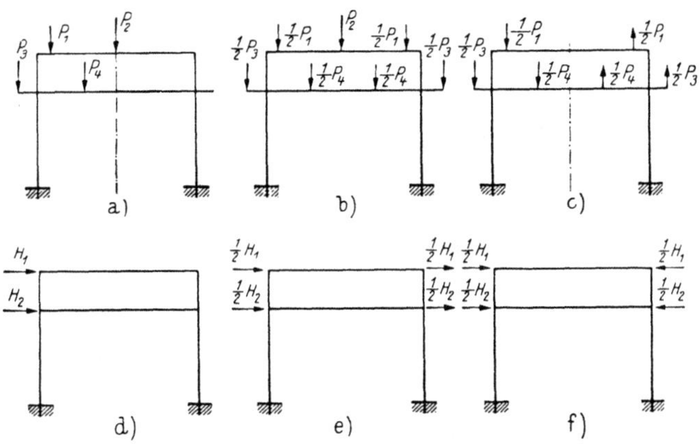

Abb. 294.

stimmt. Für die antisymmetrische lotrechte Teilbelastung nach Abb. 294c ist $X_2 = X_3 = X_5 = X_6 = 0$ und das System ist in diesem Falle nur zweifach statisch unbestimmt. Für gleichgerichtete waagrechte Lasten in symmetrischer Stellung gemäß Abb. 294e ist wieder $X_2 = X_3 = X_5 = X_6 = 0$, während für die symmetrische waagrechte Teilbelastung nach Abb. 294f wieder vierfache statische Unbestimmtheit ($X_1 = X_4 = 0$) besteht; doch kann im vorliegenden Falle auf die genaue Berechnung des Rahmens für die letzte Teilbelastung überhaupt verzichtet werden, indem man näherungsweise die Lasten auf die Riegelgurte aufteilt und die übrigen Stäbe als spannungslos betrachtet.

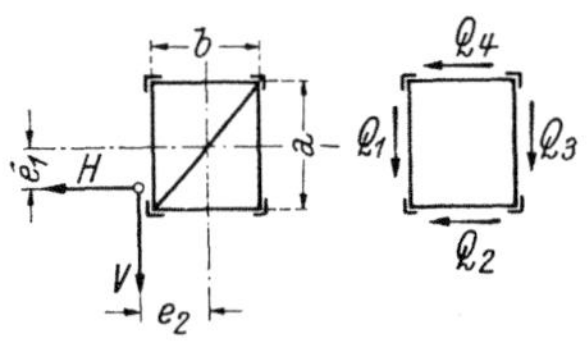

Abb. 295.

Außermittige Lasten der Riegel. Leitergewichte und Leitungszüge greifen zuweilen außermittig an den Riegeln an. Man wird die in der Wirkungsebene solcher Kräfte gelegenen Riegelringe aussteifen und kann dann die Verteilung der Lasten auf die Riegelquerwände näherungsweise mit Hilfe der Gl. (152) berechnen. Mit dem Drehmoment $M = H\,e_1 - V\,e_2$ nach Abb. 295 erhält man für die Seitenwände des Riegels die folgenden Lastanteile:

$$Q_1 = \frac{1}{2}\,V - \frac{M}{2\,b}, \quad Q_2 = \frac{1}{2}\,H + \frac{M}{2\,a}, \quad Q_3 = \frac{1}{2}\,V + \frac{M}{2\,b}, \quad Q_4 = \frac{1}{2}H - \frac{M}{2\,a}.$$

Die waagrechten Lasten Q_2 und Q_4 belasten die als Balkenträger aufgefaßten waagrechten Riegelseitenwände; diese Wände geben dann die Lasten annahmegemäß wieder mittig an die Schäfte ab. Die Stabkräfte zufolge der lotrechten Lasten Q_1 und Q_3 können näherungsweise für die Vorder- und Rückwand getrennt ermittelt werden.

Zur Berechnung des Tragwerkes nach Abb. 296. Für Belastungen, die senkrecht zur Rahmenebene wirken, ist der Rechnungsgang derselbe wie für das Tragwerk nach Abb. 292. Für Belastungen, die in der Rahmenebene wirken, können die Systeme der Vorder- und Rückwand näherungsweise wieder getrennt untersucht werden. Im Falle lotrechter Lasten werden dabei die Riegel als Balkenträger angesehen. Diese Träger geben zwar ihre Lasten nicht mittig an die Schäfte ab, doch behindern sie die Schäfte an der Ausbiegung. Es treten also wohl Biegungsmomente in den Schäften auf und diese Momente ließen sich auch leicht berechnen, doch können sie nicht bedeutend sein und sie bleiben daher meist unberücksichtigt, indem die lotrechten Auflagerkräfte der Riegelwände auf die Stiele jedes Schaftes zu gleichen Teilen aufgeteilt werden. Auch für den Angriff waagrechter, gleichgerichteter und symmetrisch wirkender Lasten sind die Stabkräfte einfach zu bestimmen, da auf jeden Schaft die Hälfte der waagrechten Lasten entfällt und keine anderen Kräfte von den Riegeln ausgeübt werden. Die Stabkräfte zufolge symmetrischer waagrechter Kräfte schließlich sind wieder nach dem bereits beim Mast Abb. 292 besprochenen einfachen Näherungsverfahren zu ermitteln.

Abb. 296.

7. Anschluß der Erdzuleitung.

Zum Anschluß der Erdzuleitung, die in der Regel aus einem verzinkten Bandstahl besteht, wird am Fuße der Stahlmaste, an einer über Erde liegenden geschützten Stelle eines Maststieles, eine verzinnte Anliegefläche vorbereitet, um den Leitwiderstand möglichst herabzusetzen (vgl. Abb. 220). Die Verschraubung erfolgt mittels zweier $^3/_8{}''$- oder $^1/_2{}''$-Schrauben, je nach der Breite des Bandstahles.

Zuweilen wird der Erdleiter nicht unmittelbar an einen Maststiel, sondern an einen kurzen, mit diesem vernieteten, verzinkten Bandstahl (Erdungsfahne) angeschraubt.

8. Rostschutz.[50, 51, 52]

a) Allgemeines. Unter dem Einfluß der Feuchtigkeit oxydiert der Stahl. Rauchgase und besonders schwefelhältige Dämpfe der Industriegebiete beschleunigen den Verrostungsprozeß. Daher muß der Stahl mit einem Schutzüberzug versehen werden, der die Luftfeuchtigkeit und Gase vollkommen fernhält und die Oberfläche des Stahles veredelt. Dieser Rostschutz muß nicht bloß widerstandsfähig gegenüber den Witterungseinflüssen (Feuchtigkeit, Regen, Schnee, Hitze, Kälte, Sonnenbestrahlung) und schädlichen Gasen sein, sondern er muß auch genügende Elastizität aufweisen, da der Temperaturdehnungskoeffizient im allgemeinen von dem des Eisens verschieden ist; schließlich ist auch eine entsprechende Widerstandsfähigkeit gegenüber mechanischen Einwirkungen zu verlangen.

Zur möglichsten Herabsetzung der Erhaltungskosten von Stahlmastleitungen ist auf die geeignete Beschaffenheit und auf die sachgemäße Aufbringung des Rostschutzüberzuges ganz besonders zu achten (man vergleiche auch die bezüglichen Bestimmungen der Vorschriften VDE 0210, § 23, Punkt a und b).

Als Schutzüberzüge kommen in Betracht: Rostschutzanstriche, Metallisierungen und Kombinationen beider. Stahlteile, die im Boden frei liegen, erhalten heiß aufgebrachte entsäuerte Teeranstriche oder es werden Asphaltanstriche aus einem Gemisch von Naturasphalt und Erdölasphalt heiß oder kalt aufgetragen. Mastteile, die einbetoniert werden, erhalten einen Kalk- oder Zementmilchanstrich (ohne vorhergehende Entrostung).

b) Entrostung. Bevor ein Farbanstrich oder ein Metallüberzug aufgebracht wird, muß der Stahl vollkommen vom Rost und Schmutz gereinigt werden. Die Walzhaut kann im allgemeinen belassen werden; bloß der Zunder ist abzuklopfen. Nur wenn die Walzstäbe vor ihrer Verarbeitung längere Zeit im Freien lagerten, muß auch die Walzhaut entfernt werden. Das Entrosten erfolgt

α) Mechanisch, und zwar: 1. im Wege der Handentrostung, durch Bearbeiten mit Spachtel, Drahtbürste, allenfalls mit Hammer und Meißel, und 2. maschinell, durch Abblasen mittels Sandstrahlgebläses; dieses Verfahren ist teurer und der Stahl wird auch angegriffen, weshalb sofort nach der Entrostung der Schutzüberzug aufgebracht werden muß, da sonst der Stahl bald wieder anrostet. Zum Entrosten werden auch eigene, elektrisch angetriebene Werkzeuge, wie Pinselbürsten, Tanzmeißel, Nietkopfbürsten usw. verwendet.

β) Chemisch, in Säurebädern (Salz- oder Schwefelsäure), in denen sich die Rostkeime auflösen. Auch hier wird der Stahl angegriffen. Durch nachfolgende Waschungen und Tauchungen werden die Säurerückstände entfernt, bzw. neutralisiert.

c) Beschaffenheit und Aufbringen des Schutzüberzuges.

α) Anstriche. Die Rostschutzfarben bestehen aus einem Bindemittel und aus dem Pigment. Als Bindemittel verwendet man Leinölfirnis, oder besser Standöl, das als Leinölstandöl durch Erhitzen von Leinöl unter möglichstem Luftabschluß bis auf etwa 300°, oder als Holzölstandöl durch Verkochen von Holzöl erhalten wird.

Für den Grundanstrich eignet sich am besten Bleimennige. Es vereinigt sich nämlich chemisch mit dem Leinöl zu Bleiseifen, die gegenüber Luft und Wasser sehr widerstandsfähig sind. Weniger günstig sind Grundanstriche aus dem billigeren Eisenoxyd, das sich durch größere Ergiebigkeit und durch Giftfreiheit auszeichnet. Es kommen natürliche und künstliche Eisenoxyde, die frei von wasserlöslichen Bestandteilen sein müssen, in Betracht.

Für den Deckanstrich können nur lichtbeständige Schutzüberzüge verwendet werden. Vor allem Eisenglimmerfarbe und Bleiweiß, dem durch entsprechende Zusätze ein grauer oder olivfarbiger Ton verliehen wird. Auch Zinkweiß und Eisenoxyd kommen als Deckfarbe in Betracht, ebenso Aluminiumbronze. Es ist mindestens ein Grund- und ein Deckanstrich erforderlich. Einen guten Rostschutz erzielt man durch Aufbringen von zwei Grund- und zwei Deckanstrichen. Die Grundanstriche bilden den eigentlichen Rostschutz, die Deckanstriche den Wetterschutz. Der erste Grundanstrich wird fast immer schon im Werk der Mastlieferfirma aufgebracht; nach dem Zusammenbau und nach dem Aufrichten der Maste wird derselbe nachgebessert, worauf dann die weiteren Anstriche aufgetragen werden.

Für 1 m^2 Grundanstrich benötigt man zirka 0,2 kg Bleiminium, für 1 m^2 Deckanstrich zirka 0,13 kg Deckfarbe.

Von großer Bedeutung für die Haltbarkeit der Anstriche ist deren sachgemäße Aufbringung auf den vollständig entrosteten Stahlflächen. Sie erfolgt meist durch Streichen mittels Pinsels. Dabei muß der vorangehende Anstrich bereits vollkommen getrocknet sein. Die Anstriche können auch nach dem „Naß-auf-Naß-Verfahren" durch Aufspritzen aufgebracht werden, wobei der vorangehende Anstrich noch nicht getrocknet sein muß. Dieses Verfahren ermöglicht daher eine Verkürzung der Anstrichszeit und damit verringert sich auch die Gefahr, mit den Anstricharbeiten, die nur bei trockenem Wetter vorgenommen werden dürfen, in Schlechtwetter hineinzukommen.

β) Metallisierung. Wegen der Schwierigkeiten der Anstricherneuerung an Leitungsmasten und wegen des Einnahmenentfalles, der mit einer Leitungsabschaltung verknüpft ist, wendet man häufig auch Metallisierungen an. Guter Anstrich hält zwar immerhin 7—12 Jahre; dann ist er unbedingt erneuerungsbedürftig, schon weil der Deckanstrich bis dahin verwittert ist. Eine Metallisierung hingegen kann auch 50 Jahre halten. Sie ist viel dauerhafter als der Anstrich und haftet auch viel besser am Eisen. Sie ist aber etwa sechsmal teurer als ein Grundanstrich mit zwei Deckanstrichen. Daher metallisiert man häufig nur die im Bereich der stromführenden Leiter gelegenen Mastteile, wie die Ausleger und Mastoberschüsse. In Gegenden, in welchen die Maste schwer zugänglich sind, kann es aber wirtschaftlicher sein, die ganzen Maste zu metallisieren.

Für die Metallisierung der Maste kommen hauptsächlich nur Verzinkungen ($^1/_{40}$—$^1/_{25}$ mm Stärke) und Verbleiungen ($^1/_5$ mm Stärke) in Frage. Seltener werden Aluminiumüberzüge aufgespritzt. Am häufigsten werden Zinküberzüge gewählt; sie sind auch hinsichtlich der galvanischen Wirkung günstig, da sich Zink dem Eisen gegenüber elektronegativ verhält, so daß zuerst das Schutzmaterial aufgezehrt und dabei die eigentliche Rostbildung verzögert wird.

Der Zinküberzug wird zumeist durch Aufspritzen aufgebracht. Zu diesem Zwecke wird ein dünner Zinkdraht von 1—1,5 mm Stärke durch eine Spritzpistole geführt und beim Austritt durch eine Gebläseflamme zum Schmelzen gebracht. Das geschmolzene Metall wird durch den Preßluftstrom als fein zerstäubter, flüssiger Metallnebel mit großer Wucht auf den zu überziehenden Mastteil, der vorher mit Hilfe eines Sandstrahlgebläses vollständig entrostet wurde, geschleudert (Schoopsches Verfahren). Es gibt auch Verfahren, bei welchen an Stelle des geschmolzenen Zinkdrahtes Zinkpulver verwendet wird.

Kleinere Bauteile, wie z. B. Schrauben, können auch galvanisiert werden. Da das Nachschneiden der Gewinde unzulässig ist, müssen dieselben schon bei der Schraubenerzeugung um etwa 0,15 mm tiefer geschnitten werden.

Nach dem Tauchverfahren können nur Bauteile solcher Größe behandelt werden, die in den verfügbaren Wannen Platz haben. Die vorherige Entrostung und Reinigung erfolgt zumeist in einem Säurebad. Leider eignen sich fertig genietete Konstruktionen nicht recht für die Tauchung, da das Zink nicht tief zwischen die aufeinanderliegenden Stahlteile eindringt. Daher sollten nur Einzelstäbe getaucht werden; diese sollte man aber nachher nicht vernieten, sondern nur verschrauben. Denn beim Schlagen der Niete brennt das Zink in der nächsten Umgebung der Nieten ab. Noch größere Schwierigkeiten ergeben sich beim verschweißen verzinkter Stahlteile.

Bei der Anwendung des Spritzverfahrens, das einen viel dünneren Überzug als das Tauchen ergibt, ist besonders auf die Erzielung einer gleichmäßigen Stärke des Überzuges zu achten; ist dieser nämlich zu dünn, so ist er porös, und ist er zu stark, dann blättert er ab.

Bei der Beförderung und beim Aufstellen der Maste wird immer der Schutzüberzug beschädigt. Bei Anstrichen ist ein Ausbessern der beschädigten Stellen leicht möglich; dabei ist auf die vorherige Reinigung und Entrostung zu achten. Bei Zinküberzügen kann man sich helfen, indem man eine leichtschmelzbare Zinnlegierung (Schmelzpunkt 110°) zum Ausbessern verwendet.

In besonders gefährdeten Gebieten ordnet man eine Verzinkung an und bringt auf dieser, zur Erhöhung des Schutzes, noch Farbanstriche auf.

C. Die Eisenbetonmaste.

1. Allgemeines.

Schon 1902 wurden die ersten Leitungsmaste aus Eisenbeton, von Hennebicque entworfen, in Frankreich errichtet. Aber erst in der Zeit nach dem Kriege konnte sich der Eisenbeton als Baustoff für Leitungsmaste durchsetzen. Besonders hinsichtlich der Ausführung von Eisenbetonmasten an der Baustelle bedurfte es langjähriger Erfahrungen, um die Herstellungsweisen so zu vervollkommnen, daß befriedigende Ergebnisse auf wirtschaftlichem Wege erzielt werden konnten. Auch galt es, das Mißtrauen, das im Mastbau dem Eisenbeton wie jedem neuen Baustoff entgegengebracht wurde, zu überwinden, und dazu mußte sich diese Bauweise dort erst bewähren.

Der Vorteil der Eisenbetonmaste liegt in ihrer weitgehenden Unempfindlichkeit gegenüber den Einflüssen der Witterung und den Einwirkungen der Rauchgase sowie der schädlichen Abgase der Industriegebiete. In dieser Hinsicht ist der Eisenbeton allen anderen Baustoffen überlegen. Nachteilig ist das verhältnismäßig große Gewicht der Eisenbetonmaste; durch dieses erhöhen sich die Beförderungs- und Aufstellungskosten, so daß auch der Anschaffungspreis meist höher ist als der der Stahlmaste. Auch nachträgliche Verstärkungen lassen sich schwer anbringen und die gänzliche Beseitigung verursacht hohe Kosten. Dafür erfordern aber Eisenbetonmaste, einwandfreie Planung und Herstellung vorausgesetzt, praktisch keine Erhaltungskosten.

In Deutschland kommt jetzt in der Zeit des Vierjahresplanes den Eisenbetonmasten erhöhte Bedeutung zu, da sie gegenüber Stahlmasten eine Stahlersparnis von rund 50% ermöglichen.

Entwurf und Herstellung von Eisenbetonmasten setzen besondere Erfahrung voraus. Ob die Vorteile, die die Eisenbetonmaste zu bieten vermögen, auch wirklich nutzbar gemacht werden können, hängt nicht bloß von der sachgemäßen Planung und von der Verwendung geeigneter Werkstoffe, sondern auch von der gewissenhaften Ausführung durch geschulte Arbeitskräfte ab.

Hinsichtlich der konstruktiven Durchbildung der Eisenbetonmaste gelten die gleichen Grundsätze wie für die anderen, den Witterungseinflüssen ausgesetzten Eisenbetonbauten. Die Wettbewerbsfähigkeit dieser Maste hängt häufig ganz wesentlich von der Erzielung möglichst geringer Mastgewichte, also auch möglichst kleiner Betonquerschnitte ab. Eine richtige Verbundwirkung ist aber nur erzielbar, wenn die Betonstege nicht zu schwach gewählt und die Längsbewehrungen nicht zu sehr zusammengedrängt werden. Auch ist stets auf eine genügende, die Korngröße der verwendeten Zuschlagstoffe berücksichtigende Überdeckung der Stahlbewehrung zu achten. Um ein Verrosten der Stahleinlagen zu verhindern, soll der Beton dieser, den Unbilden der Witterung stets ausgesetzten Bauwerke, nicht nur dicht sein, sondern auch möglichst große Zugfestigkeit und Dehnfähigkeit besitzen, besonders dann, wenn eine Bewehrung aus hochwertigem Stahl zur Anwendung gelangt.

Hinsichtlich der Berechnung und Ausführung der Eisenbetonmaste enthalten die Leitungsbauvorschriften VDE 0210 folgende Bestimmungen:

Punkt 4, Eisenbetonmaste; § 25:

a) Eisenbetonmaste müssen in der Werkstatt oder im Baugebiet fabrikmäßig von geschulten Arbeitern und aus anerkannt guten Baustoffen hergestellt werden.

b) Eisenbetonmaste und -querträger sind nach den jeweils gültigen Dinormen zu berechnen.

Bei der Berechnung können schräg zu den Hauptachsen des Querschnittes angreifende Kräfte in Richtung der Hauptachsen zerlegt werden. Die so ermittelten Einzelspannungen sind zusammenzuzählen. Die zulässigen Betondruckspannungen dürfen $^1/_5$ der nachgewiesenen Bruchfestigkeit nicht überschreiten.

c) Bei Doppelmasten sind die Einzelmaste durch kräftige Eisenbetonverbindungsstücke oder -stege so miteinander zu verbinden, daß sie statisch als Einheit wirken.

d) Für Eisenbetonmaste und -querträger, die im Schleuderverfahren oder im maschinellen Rüttelverfahren hergestellt werden, gelten folgende besondere Bestimmungen:

1. Alle Metallteile müssen mit einer Betonschicht von mindestens 1 cm bedeckt sein.
2. Sofern die Maste nicht nach allen Seiten das gleiche Widerstandsmoment haben, ist die Hauptzugrichtung durch eine Marke zu kennzeichnen.
3. Die verwendeten Baustoffe (Beton und Stahl) können bis $^1/_3$ der nachgewiesenen Bruchfestigkeit beansprucht werden, wobei der Querschnitt der Stahlbewehrung mindestens 1,6% des Betonquerschnittes betragen muß. In von Hand hergestellten Stößen dürfen die Baustoffe nur bis $^1/_4$ der nachgewiesenen Bruchfestigkeit beansprucht werden.

Damit ist erfahrungsgemäß eine mindestens dreifache Sicherheit der Gesamtkonstruktion gegen Bruch gegeben.

e) Bei den Belastungsannahmen nach § 17 c müssen Eisenbetonmaste eine mindestens zweifache Sicherheit gegen Bruch haben, die vom Lieferer an Hand von Versuchswerten nachzuweisen ist.

Für Bahnkreuzungsmaste aus Eisenbeton gelten „Besondere Bedingungen für die Berechnung, Herstellung, Lieferung und Aufstellung von Eisenbetonmasten bei Kreuzungen von Starkstromanlagen mit der Deutschen Reichsbahn" (Erlaß des Reichsverkehrsministers). Laut Verfügung des preußischen Handelsministers auch gültig für die Prüfung und Genehmigung von Starkstromkreuzungen mit Kleinbahnen und Privatanschlußbahnen.

2. Die Baustoffe.

a) Beton.

Beton ist ein Gemenge aus Sand, gröberen Zuschlagstoffen (das Steingerüst des Betons), Bindemittel (Zement) und Wasser.

α) Bestandteile des Betons.

Bindemittel: Darunter verstehen wir Stoffe, die mit Wasser angemacht erhärten. In Deutschland kommen für Eisenbeton hauptsächlich nur die normenmäßigen Zemente (Din 1164) in Betracht. Es sind dies

Portlandzement (58 ÷ 66% Kalk, 20 ÷ 26% Kieselsäure, 4 ÷ 9,5% Tonerde, 2,2 ÷ 4,5% Eisenoxyd usw.),

Eisenportlandzement (aus mindestens 70% Portlandzement und höchstens 30% gekörnter Hochofenschlacke),

Hochofenzement (aus 15 ÷ 69% Portlandzement und 85 ÷ 31% granulierter, basischer Hochofenschlacke); ferner

Hochwertige Portland-, Eisenportland- und Hochofenzemente, die sich von den vorgenannten „Handelszementen“ durch besondere Sorgfalt der Herstellung, sorgfältige Auswahl der Rohstoffe und besonders feine Mahlung unterscheiden.

Die hochwertigen Zemente sind gerade für den Mastbau von großer Bedeutung; die mit solchen Zementen erzielbare höhere Betonfestigkeit ermöglicht eine höhere Ausnützung der Baustoffe und führt daher vor allem zu kleineren Mastgewichten. Wegen der höheren Anfangsfestigkeiten des Betons sind die Maste aber auch früher versand- und aufstellbereit und man kann somit mit einer geringeren Zahl von Schalungen das Auslangen finden.

Für die Herstellung der Eisenbetonmaste können auch Tonerdezemente verwendet werden, sofern sie normalbindend und raumbeständig sind und mindestens die Normenfestigkeiten hochwertiger Zemente erreichen. Ihr Kalkgehalt ist kleiner, ihr Tonerdegehalt größer als der der genormten Zemente. Auch der bekannte französisch-englische „Ciment Fondu Lafarge“ und der ungarische Zement „Citadur“ sind Tonerdezemente.

Zement muß vor Feuchtigkeit und Zugluft geschützt trocken aufbewahrt werden. Selbst in trockenen Räumen kann die Bindekraft nach einigen Monaten nachlassen. Daher ist anzustreben, die Lagerbestände immer innerhalb vier bis sechs Wochen aufzubrauchen. Zement muß in der Originalpackung zur Baustelle gebracht werden.

Die Deutsche Zementnorm enthält Bestimmungen über Zusammensetzung, Abbindeverhältnisse, Erstarrungsbeginn (Erhärtungsbeginn), Raumbeständigkeit (Zement darf nicht treiben), Feinheit der Mahlung und Festigkeit des Zements. Für den Festigkeitsnachweis kommen neben Druckproben auch Zugproben in Betracht. Die Druckfestigkeit ist an Würfelproben, die in ganz bestimmter Weise aus 1 Gewichtsteil Zement und 3 Gewichtsteilen Normalsand herzustellen sind und deren Seitenflächen 50 cm² betragen, zu erheben. Es sind folgende Mindestfestigkeiten zu erreichen:

bei Handelszement, nach 7tägiger Erhärtung (1 Tag in Luft, 6 Tage unter Wasser .... 180 kg/cm²,
nach 28 Tagen Erhärtung (die weiteren 21 Tage an Luft bei Raumtemperatur)............... 350 kg/cm²;
bei hochwertigem Zement erhöhen sich diese Mindestfestigkeiten auf 250 kg/cm², bzw. 500 kg/cm².

Zuschlagstoffe. Nach den „Bestimmungen des Deutschen Ausschusses für Eisenbeton“ 1932, im folgenden kurz „Deutsche Bestimmungen“ genannt, sind die Zuschlagstoffe Sand, Kies, Steinschlag nach Korngröße und Herkunft wie folgt zu bezeichnen:

Zahlentafel 38.

Rückstand auf dem Sieb	Durchgang durch das Sieb	Bezeichnung			
mit Millimeter Lochdurchmesser		Natürliches Vorkommen		Zerkleinerte Stoffe	
—	1	Betonfeinsand	Betonsand	Betonfeinsand	Betonbrechsand
1	7	Betongrobsand		Betongrobsand	
7	30	Betonfeinkies	Betonkies	Betonsplitt	
30	70	Betongrobkies		Betonsteinschlag	

Betonkiessand = Gemenge von Betonsand und Betonkies.

Die Güte des Betons hängt ganz wesentlich von der Beschaffenheit der Zuschlagstoffe ab. Die Zuschlagstoffe müssen möglichst große Eigenfestigkeiten besitzen (jedenfalls größer als die zu erzielende Betonfestigkeit) und wetterbeständig sein. Weiche Sandsteine, Ziegelstücke, Anhydrit, mergelige und tonige Steine, Schiefer, verwittertes Gestein sind ungeeignet. Wegen der chemischen Angriffe ist auch Gestein, das Schwefelkies enthält, auszuscheiden. Die Zuschlagstoffe dürfen auch keine schädlichen Beimengungen enthalten, die das Erhärten des Zementes und die Festigkeit des Betons beeinträchtigen oder den Zement chemisch angreifen; sie müssen also frei von lehmigen, tonigen, pulverförmigen Beimischungen und frei von organischen Stoffen (Pflanzenreste, Humus) und von Kohlenteilchen sein. Vielfach können verunreinigte Zuschlagstoffe durch Waschen verwendbar gemacht werden.

Von besonderem Einfluß auf die Festigkeit und Dichtheit des Betons ist die Kornzusammensetzung der Zuschlagstoffe. Zur Herstellung eines dichten Betons kann dann mit einem Mindestmaß an Bindemittel das Auslangen gefunden werden, wenn das Sand-Kies-Gemenge ein Minimum an Hohlräumen besitzt und wenn dabei auch die Gesamtoberfläche aller Körner (also die vom Bindemittel zu umhüllende Gesamtfläche) einen Kleinstwert erreicht. Daher sind runde, gedrungene Körner länglich geformten vorzuziehen, da die letzteren mehr feine Bestandteile zum Ausfüllen der Hohlräume benötigen und daher mehr Bindemittel erfordern; überdies ist dann mehr Wasser zum Anmachen des Betons erforderlich, so daß dieser auch eine kleinere Festigkeit erhält. Der Kleinstwert an Hohlräumen entsteht, wenn die einzelnen Korngrößen in solchem Verhältnis zueinander stehen, daß die Körner irgendeiner Zwischengröße gerade immer die Hohlräume der Körner nächster Korngröße ausfüllen. Dann ergibt sich die dichteste Lagerung, erkennbar am hohen Raumgewicht des Gemenges.

Erfolgt das Betonieren der Maste an der Baustelle, so wird man aus wirtschaftlichen Gründen genötigt sein, die Zuschlagstoffe möglichst im Baugebiet aus Gruben oder aus Geschiebeablagerungen von Flüssen zu gewinnen. Die Körnung der Zuschlagstoffe wird dann nicht immer den zu stellenden Anforderungen entsprechen. Um die notwendigen Maßnahmen zur Erzielung des geeigneten Gemenges treffen zu können, muß die Körnung des vorhandenen Sand-Kies-Gemenges durch Aussieben ermittelt werden. Man hat dabei festzustellen, welche perzentuellen Anteile vom Gewichte des untersuchten Gemenges durch Siebe mit Maschinenweite 0,2 mm bzw. mit Lochweiten von 1, 3, 7, 15 und 30 (25) mm hindurchgehen. Mit den Ergebnissen zeichnet man die „Siebkurve", d. h. man trägt zu den verschiedenen Lochweiten als Abszissen die zugehörigen Durchgänge als Ordinaten ab und verbindet die so erhaltenen Punkte. Durch Vergleich mit Siebkurven von Gemengen geeigneter Zusammensetzung und ähnlicher Kornform ist nun zu erkennen, ob zur Verbesserung des vorhandenen Gemenges feinere oder gröbere Zuschlagstoffe beizumischen sind und welche Gewichtsmengen davon benötigt werden. Zuweilen erhält man auch durch Vermischen von Zuschlagstoffen aus zwei verschiedenen Gewinnungsorten ein Gemenge geeigneter Körnung.

In den „Deutschen Bestimmungen" sind auch zwei Siebkurven festgelegt, eine für Sand (Abb. 297) und eine für Sand-Kies-Gemenge (Abb. 298). Als besonders gut gekörnte Zuschlagstoffe gelten dann jene, deren Sieblinie zwischen den Linien A und B der Abb. 297, bzw. zwischen den Linien D und E der Abb. 298 liegt.

Zur Prüfung des in Aussicht genommenen Sand-Kies-Gemenges genügt es aber meist, bloß den Gewichtsanteil an Sand, getrennt nach Fein- und Grobsand, festzustellen. Nach den „Deutschen Bestimmungen“ soll der Sand mindestens 20% und höchstens 70% Feinsand enthalten; der Gesamtanteil an Sand soll mindestens 40% und höchstens 80% des Gewichtes des Sand-Kies-Gemenges betragen.

Wasserzusatz. Als Anmachwasser können alle in der Natur vorkommenden Wässer verwendet werden, die nicht zu sehr verunreinigt sind. Nicht verwendbar ist Wasser mit einem größeren Gehalt an schwefelsauren Salzen, Kochsalz

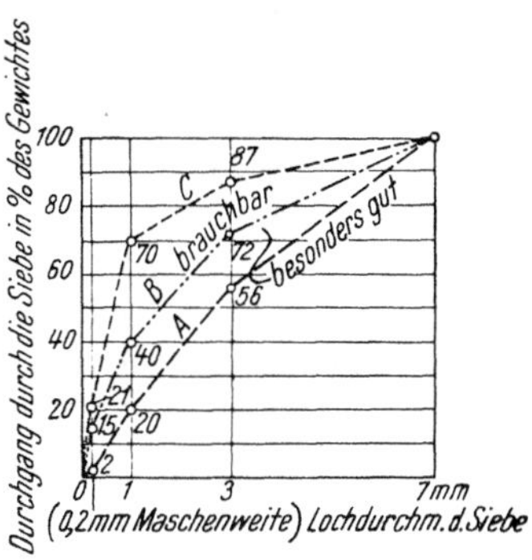

Abb. 297.

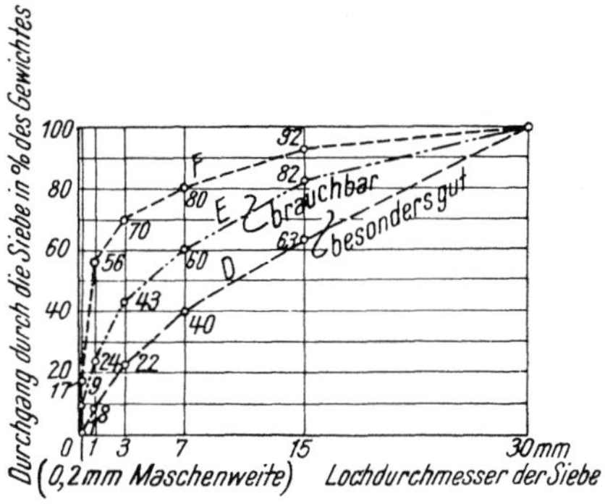

Abb. 298.

oder Magnesiumchlorid. Wasser aus Mineralquellen ist nicht geeignet. Auszuschließen sind auch ölige oder fettige Fabriksabwässer, ferner Wasser, das durch Moor, Torf oder Kohle verunreinigt ist.

Tonerdezemente dürfen nicht mit salzhältigem Wasser angemacht werden.

Um den Beton verarbeitbar zu machen, muß ihm in der Regel mehr Wasser zugesetzt werden, als zum Abbinden des Zementes erforderlich wäre. Anderseits wird man den Wasserzusatz möglichst beschränken, denn mit zunehmendem Wassergehalt sinkt die Festigkeit des Betons. Für Eisenbetonmaste muß aber der Beton so weich angemacht werden, daß er die Stahleinlagen vollständig und dicht umschließt; ein solcher Beton bildet eine teigige Masse, die sich noch durch Stampfen verdichten läßt. Der Wasserbedarf hängt aber nicht nur von der zu erzielenden „Steife“ des Betons, sondern auch vom Mischungsverhältnis, von der Körnung und Kornform der Zuschlagstoffe, von der Feuchtigkeit derselben, von der Art der Schalung und von den Witterungsverhältnissen ab. Die Größe des erforderlichen Wasserzusatzes ist durch Versuche zu bestimmen („Ausbreitprobe“ bei weichem, bzw. flüssigem Beton). Überschlägig kann für weichen Beton mit einem Wasserbedarf von 110—145 l je m^3 Beton gerechnet werden; bei flüssigem Beton erhöht sich der Bedarf auf ungefähr 145—200 l.

β) Mischungsverhältnis.

Der Zementzusatz für den Beton der Maste muß so hoch gewählt werden, daß ein ausreichend dichter Beton entsteht, der die Stahleinlagen verläßlich vor dem Verrosten schützt. Also muß so viel Zement zugesetzt werden, daß das Bindemittel alle Kornoberflächen umhüllt und noch ein Überschuß an Bindemittel verbleibt. Daher hängt der Zementbedarf auch von der Körnung und der Kornform der Zuschlagstoffe ab. Anderseits ist in den „Deutschen Bestimmungen" schon ein Mindestgehalt an Zement, nämlich 300 kg je m^3 fertigen Betons für diese, ständig den Einflüssen der Witterung ausgesetzten Bauwerke festgelegt; eine Abminderung dieses Betrages auf 270 kg ist zulässig, wenn bei der Betonbereitung Sand und Kies getrennt zugegeben werden und daher die geeignete Körnung verläßlicher zu erzielen ist. Bei der Festlegung des Mischverhältnisses empfiehlt es sich, den Zementanteil in Kilogramm anzugeben; die Zuschlagstoffe werden hingegen meist noch in Raumteilen gemessen. Das Mischwasser ist in Liter festzulegen.

Vereinzelt erfolgt auch die Vorschreibung des Zementanteiles im Raummaß (Vorschriften VDE 0210); die Umrechnung auf Kilogramm hat dann unter Zugrundelegung eines spezifischen Gewichtes des lose in Meßgefäße eingefüllten Zementes von im Mittel 1200 kg/m^3 zu erfolgen.

Da der Zement in der Regel in Säcken zu je 50 kg geliefert wird, ist es zweckmäßig, für die einzelnen Mischgänge den Verbrauch an Sand und Kies, bzw. an Sand-Kies-Gemenge so zu ermitteln, daß der zugehörige Zementbedarf ein Vielfaches von ganzen Säcken Zement beträgt. Bei einem Mischungsverhältnis von 300 kg Zement je Kubikmeter fertigen Betons würde man für einen Sack Zement im Falle der Betonbereitung aus einem Sand-Kies-Gemenge (Sand : Kies = = 1 : 1 bis 1 : 2) ungefähr 0,184 m^3 Sand-Kies-Gemenge benötigen; im Falle der getrennten Beigabe von Sand und Kies erhöht sich wegen des größeren Materialeinganges der Bedarf an Sand und Kies zusammen auf etwa 0,21—0,22 m^3, bei Verwendung von Splitt und Steinschlag auch auf etwa 0,23 m^3.

Zur genaueren Ermittlung der erforderlichen Baustoffmengen muß die „Ausbeute" des Betons, d. i. das Verhältnis zwischen dem Rauminhalt des fertigen Betons und der Summe der Rauminhalte der Einzelbaustoffe bekannt sein. Für überschlägige Ermittlungen können auch verschiedene Hilfstafeln herangezogen werden.[53–57]

γ) Zubereitung und Verarbeitung des Betons.

Das Mischen des Betons für an der Baustelle herzustellende Eisenbetonmaste kann von Hand aus und auch maschinell erfolgen. Die Verwendung einer Mischmaschine lohnt sich aber nur bei großen Masten. Mischmaschinen ermöglichen rascheres Arbeiten und liefern einen Beton gleichmäßigerer Beschaffenheit.

Für die Handmischung ist eine dichtschließende, waagrecht zu lagernde Mischbühne erforderlich, die möglichst wenig Wasser absaugen soll. Am besten eignen sich dazu drei bis vier Blechtafeln von der Größe 1000 . 2000 . 4, die mit Übergriff auf dem geebneten Boden ausgelegt werden. Zunächst sind die Zuschlagstoffe mit dem Zement so oft trocken durchzumischen (mindestens dreimal), bis das Gemenge eine gleichmäßige Färbung aufweist. Hierauf wird allmählich die erforderliche Menge Mischwasser mittels einer Brause (Gießkanne), unter ständigem Umschaufeln des Gemenges zugesetzt.

Möglichst bald nach Beendigung des Mischens (bei warmer, trockener Witterung spätestens innerhalb einer Stunde, bei kühlem Feuchtwetter spätestens innerhalb zweier Stunden) ist der Beton zu verarbeiten. Das Einbringen in die Schalung hat so zu erfolgen, daß kein Entmischen eintritt. Der Beton muß die Schalung satt ausfüllen und die Bewehrung vollkommen und dicht umschließen.

Zumeist wird weicher Beton verwendet; er wird schichtenweise eingebracht, durch Stochern durchgearbeitet und durch Stampfen verdichtet. Stets ist darauf zu achten, daß die Bewehrung in der plangemäßen Lage verbleibt. Das Verdichten des Betons wird durch Beklopfen der Schalwände mittels Holzhämmer gefördert. Auch maschinelle Rüttlung kann mit Vorteil zur Anwendung gelangen (s. 3 a α). Nach Möglichkeit ist die Arbeit so einzuteilen, daß das Betonieren in einem Zuge, ohne Unterbrechung erfolgen kann.

Die Seitenwandschalungen am Boden liegend betonierter Maste können in der Regel 24 Stunden nach Beendigung des Betonierens bereits entfernt werden. Während der ersten Tage der Erhärtung ist der Beton gegen Sonnenbestrahlung und gegen Wind (wegen des Austrocknens) zu schützen; zur Verminderung des Schwindmaßes ist er mehrere Tage hindurch feucht zu halten und bei warmer Witterung häufig mit Wasser zu besprengen. Maste, die mit Tonerdezement hergestellt wurden, sind mit besonderer Sorgfalt längere Zeit feucht zu halten.

Eisenbetonmaste erhalten keinen Verputz; allerdings sind nach dem Ausschalen häufig Nachbesserungen erforderlich.

Das Betonieren bei Frost erfordert verschiedene Schutzmaßnahmen, durch die die Baukosten erhöht werden; außerdem besteht die Gefahr einer Minderung der Betongüte. Daher sollte das Betonieren bei Frost nach Möglichkeit überhaupt vermieden werden.

Bei vorübergehendem Frost, etwa bis —3° C, kann betoniert werden, wenn das Mischwasser, bzw. die Zuschlagstoffe angewärmt werden; gleichzeitig ist der Wasserzusatz möglichst zu beschränken. Gefrorene Bauteile dürfen auf keinen Fall verarbeitet werden!

Friert der Beton beim Abbinden durch, dann erlangt er keine besondere Festigkeit. Daher wäre es beim Betonieren unter anhaltendem Frost notwendig, den Mast zu umschließen und den Innenraum zu heizen, damit der Beton abbinden und erhärten kann; derartige Maßnahmen würden aber bei den langgestreckten, freiliegenden Masten hohe Kosten verursachen.

Wenn während der ersten drei Tage nach der Mastbetonierung die Temperatur des Betons nicht unter +2° herabsinkt und wenn der Mast sodann bis zum Aufrichten frostsicher bedeckt bleibt, sind Frostschäden nicht zu befürchten.

δ) Festigkeit des Betons.

Zur Beurteilung der Festigkeit des Betons wird seine Druckfestigkeit herangezogen. Sie hängt von der Güte der einzelnen Baustoffe, vom Mischungsverhältnis, vom Wasserzusatz, von der Sorgfalt der Mischung, vom Grade der Verdichtung, von der Art der Nachbehandlung und auch von der Form und Größe der Probekörper ab.

Die Druckfestigkeit wird an Betonwürfeln bestimmter Größe, die einheitlich mit bestimmten Geräten nach einem bestimmten Verfahren hergestellt werden, ermittelt (Teil D der „Deutschen Bestimmungen"). Die Größe der Würfel richtet sich nach dem größten Korndurchmesser der Zuschlagstoffe; die Kantenlänge der Würfelproben hat zu betragen:

bei Korngrößen über 40 mm .... 30 cm,
„ „ bis 40 mm .... 20 cm.

Maßgebend für die Festlegung der zulässigen Betonspannungen ist die Würfelfestigkeit W_{b28} nach 28tägiger Erhärtung von Beton gleicher Mischung, wie er im Tragwerk vorkommt. Die „Deutschen Bestimmungen" verlangen folgende Mindestwerte für Würfel mit 20 cm Kantenlänge:

bei Handelszement .... $W_{b28} = 120$ kg/cm²,
„ hochwertigem Zement.. $W_{b28} = 160$ kg/cm²;

bei Verwendung von Würfeln mit 30 cm Kantenlänge dürfen diese Festigkeiten um 10% unterschritten werden.

Zur „Eignungsprüfung", die vor Baubeginn durchzuführen ist, werden stets Probewürfel herangezogen; für „Güte"- und „Erhärtungsproben" während der Baudurchführung können an Stelle der Probewürfel auch Probebalken verwendet werden.

Die Zugfestigkeit des Betons ist gering und beträgt bloß 15—20 kg/cm²; sie steht in keinem festen Verhältnis zur Druckfestigkeit. Durch günstige Auswahl der Zementmarke und der Zuschlagstoffe kann die Zugfestigkeit, die im übrigen auch vom Mischungsverhältnis und vom Wasserzusatz abhängt, erheblich gesteigert werden. Für die Biegezugfestigkeit erhält man fast die doppelten Werte der reinen Zugfestigkeit, wenn sie unter Zugrundelegung linearer Spannungsverteilung im Bruchquerschnitt als Randspannung aus dem Moment beim Riß rückgerechnet wird.

Scher- und Schubfestigkeit des Betons sind etwa 2,5mal größer als die Festigkeit auf reinen Zug.

Die Haftfestigkeit (Gleitwiderstand) der Bewehrungsstähle im Beton beträgt bei gutem Beton 10—12 kg/cm² der einbetonierten Oberfläche.

b) Stahl.

α) Stahlsorten.

Eisenbetonmaste erhalten im allgemeinen nur schlaffe, von Rundstählen gebildete Bewehrungen. In Deutschland sind die Durchmesser der Rundstähle für Eisenbeton in Din 488 genormt; als Baustoffe kommen in Betracht:

1. Baustahl von Handelsgüte St 00.12* (Din 1612), der annähernd die gleichen Eigenschaften wie Baustahl von Normalgüte St 37.12 besitzt, der ebenfalls zur Anwendung gelangt. Bewehrungsstähle aus St 00.12 müssen eine Mindestzugfestigkeit von $\sigma_B = 37$ kg/mm² besitzen (Werkstoffprüfung nach Din 1000), deren Nachweis fallweise verlangt wird. An der Baustelle sollen Kaltbiegeversuche (Faltversuche) ausgeführt werden: Abbiegewinkel von 180°, die lichte Schleifenbreite soll bei Rundstahl gleich dem zweifachen Durchmesser, bei Flachstahl gleich der doppelten Stärke sein; es dürfen an der Zugseite keine Risse auftreten.

2. Hochwertiger Betonstahl: Für Rundstähle mit Durchmessern bis 18 mm, über 18 bis 30 mm und über 30 mm werden Mindestzugfestigkeiten $\sigma_B = 50$, 50 und 40 kg/mm², Mindeststreckgrenzen $\sigma_F = 36$, 35 und 34 kg/mm², Mindestbruchdehnungen 20, 19 und 18% am Langstab und 24, 22.8 und 21.6% am

---

* Im Stahlbau darf St 00.12 für tragende Bauglieder nicht verwendet werden (s. B, 2 a γ).

Kurzstab verlangt. Der hochwertige Stahl ist zwecks Vermeidung von Verwechslungen mit St 00.12 besonders zu bezeichnen und gesondert zu lagern.

3. Hochwertige Sonderstähle mit Festigkeiten bis zu 120 kg/mm² finden häufig bei fabrikmäßig hergestellten Masten Verwendung (vgl. 3 b α). Die zulässigen Spannungen werden dann in Abhängigkeit von den Ergebnissen der Baustoffprüfung und der Mastbiegeversuche festgelegt.

β) Verarbeitung des Stahles.

Das Ablängen und Abbiegen der Bewehrungen von Masten, die an der Baustelle betoniert werden, erfolgt an geeigneten Lagerplätzen. Die Endhaken sind den Vorschriften gemäß auszubilden: der lichte Durchmesser der Abbiegung muß mindestens gleich dem 2,5fachen Durchmesser des Rundstahles sein. Zum Schneiden und Biegen werden besondere Maschinen verwendet, die das Bearbeiten der Stähle im kalten Zustande ermöglichen.

Sind Stöße in den Längsbewehrungen der Maste erforderlich, dann können Muffenverbindungen zur Anwendung gelangen (Kernquerschnitt für den Nachweis der Stahlspannung maßgebend); die Stöße können aber auch geschweißt werden, u. zwar unter Anwendung der elektrischen Widerstandsschweißung, doch darf die Stahlspannung an der Stoßstelle nur den 0,8fachen Betrag der sonst zulässigen Zugspannung erreichen. Die Schweißarbeiten müssen von fachkundigen Arbeitern ausgeführt werden.

Beim Stricken des Bewehrungskörpers ist auf die Einhaltung der richtigen Abstände der Bewehrungen zu achten. Beim Verschalen ist dafür zu sorgen, daß die Bewehrungen während des Betonierens in der plangemäßen Lage unverrückbar festgehalten bleiben.

Abb. 299. Tragmast der 100-kV-Leitung Ternitz—Wien.

3. Herstellungsweisen und bauliche Gestaltung.

Eisenbetonmaste werden an der Baustelle oder in Fabriken hergestellt.

Die Erzeugung an der Baustelle bietet verschiedene Vorteile. Meist ist es möglich, die Maste samt ihren Auslegern in einem Guß herzustellen. Die Höhen der Maste, die Ausladungen der Querträger und die Mastbewehrungen können den jeweiligen Erfordernissen besser angepaßt werden, wodurch eine wirtschaftlichere Ausnützung der Baustoffe erzielbar ist. Geländeschwierigkeiten sind leichter zu überwinden, da die Baustoffe auch in kleinen Mengen und die Behelfe und Schalungen in kleinen Teilstücken zu den Maststandorten herangeschafft werden können. Bei diesen Masten kommt es auch nicht so sehr auf möglichste Gewichtsbeschränkung an, da die Beförderung der fertigen Maste entfällt: daher können auch die im Eisenbetonbau sonst üblichen Abstände der Bewehrungen und die Stärken der Betonüberdeckungen leichter eingehalten werden.

Die Wettbewerbsfähigkeit dieser Bauweise hängt aber davon ab, ob geeignete Zuschlagstoffe im Bereich der zu errichtenden Leitungsanlage vorzufinden sind

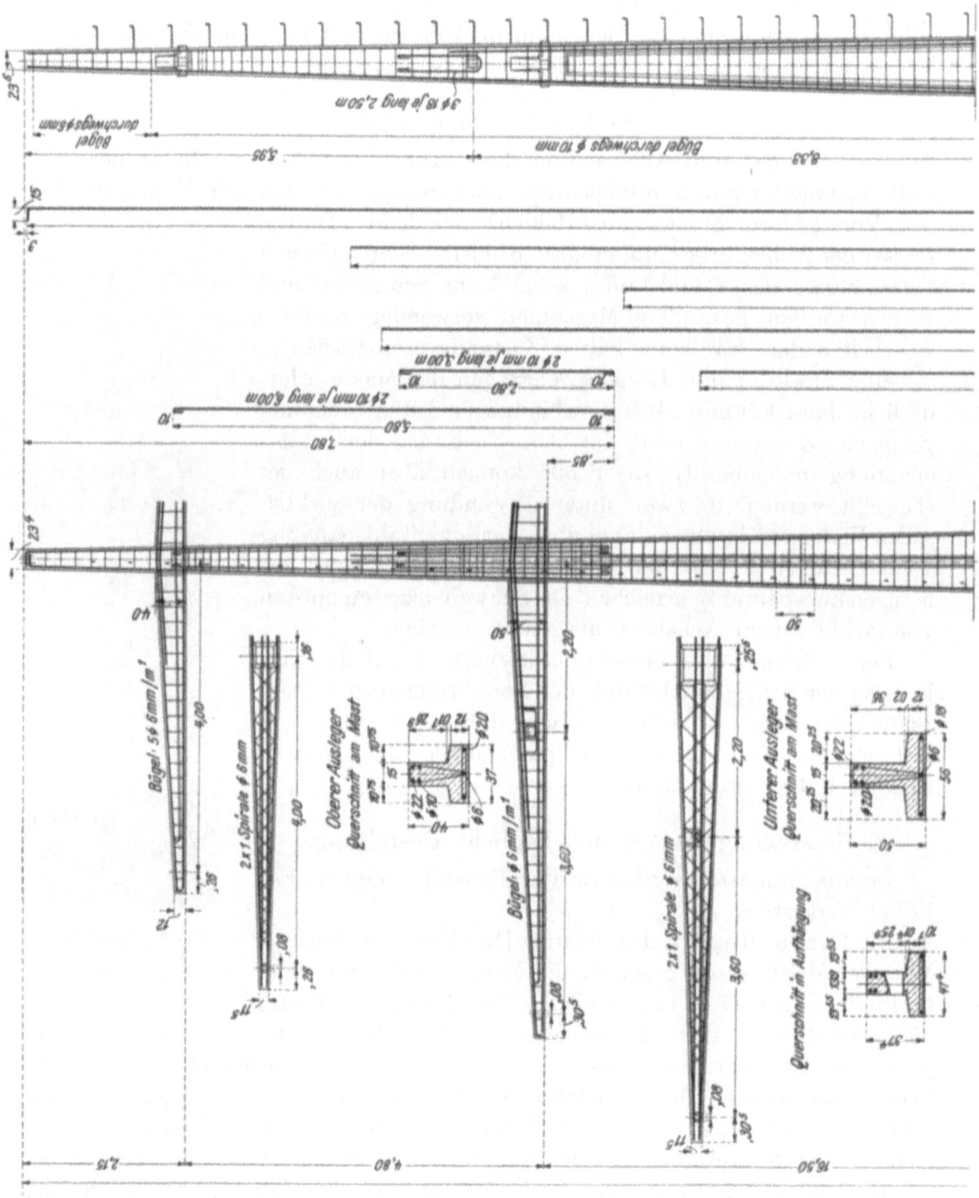
Oberer Ausleger
Querschnitt am Mast
Unterer Ausleger
Querschnitt am Mast
Querschnitt in Aufhängung

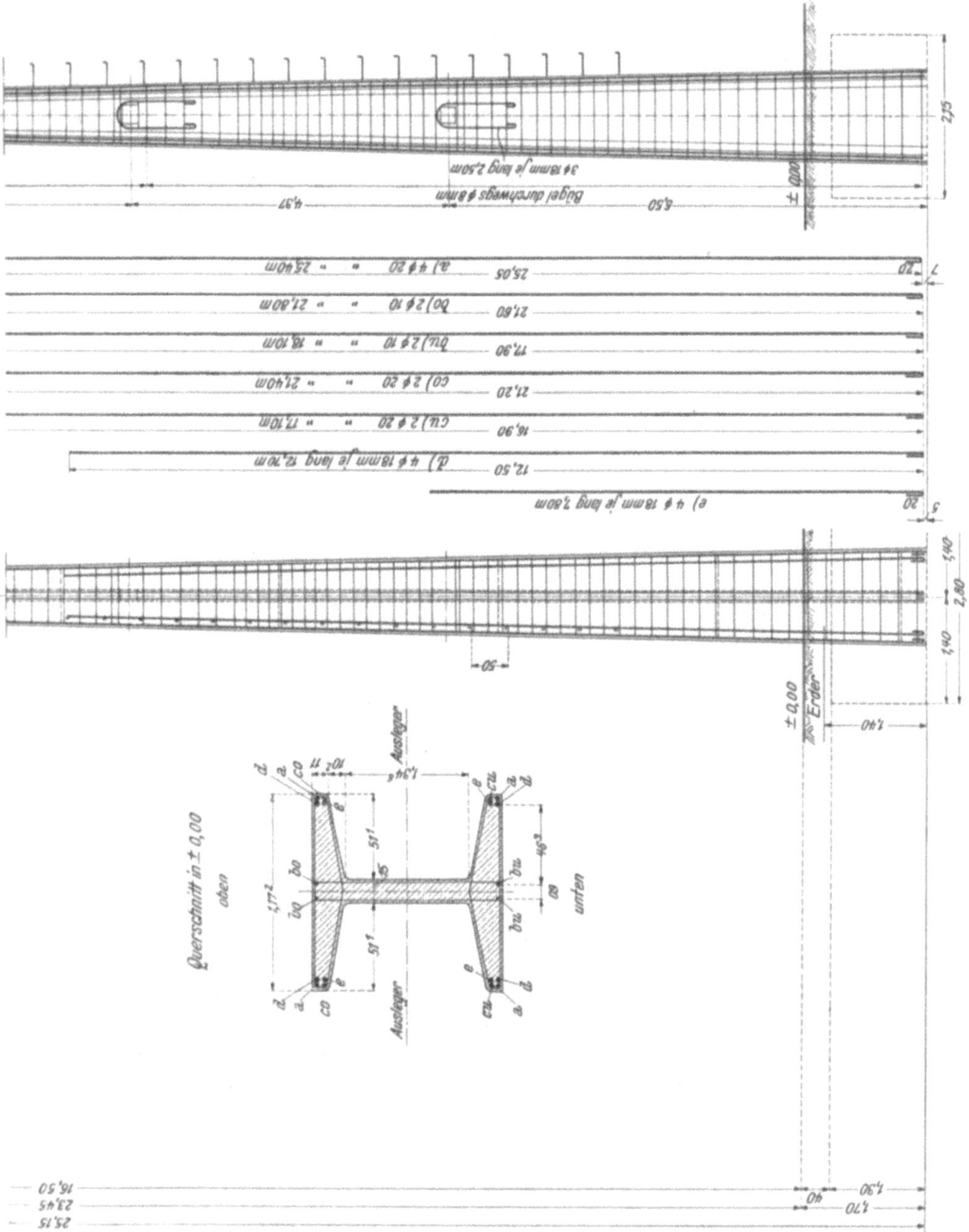

Abb. 300. Tragmast (Bauweise „Porr“) der 100-kV-Leitung Timelkam-Gunskirchen (Österr. Kraftwerke Aktienges.).

und ob auch das zur Betonbereitung erforderliche Wasser leicht und billig zu beschaffen ist. Die Einrichtungen an der Baustelle werden meist nur die Erzielung eines Betons von der Beschaffenheit üblichen Baubetons ermöglichen. Dieses Verfahren der Mastherstellung ist aber das leistungsfähigste und gerade im letzten Jahrzehnt sind nach diesem Verfahren sehr bedeutsame Mastbauten, vor allem in der Ostmark, erstellt worden.

Die Erzeugung der Maste in der Fabrik besitzt den Vorzug größerer Zuverlässigkeit. Es können Zuschlagstoffe der geeignetsten petrographischen Beschaffenheit ausgewählt und in ihrer Körnung in der zweckmäßigsten Weise abgestuft werden. Auch der Zement- und Wasserzusatz kann den Zuschlagstoffen und der Herstellungsweise des Betons richtig angepaßt werden. Es ist

Abb. 301. Tragmast der 100-kV-Leitung Arthurwerk-Annaberg (ÖKA).

somit ein Beton bester Beschaffenheit erzielbar. In der Fabrik können rationellere Arbeitsweisen zur Anwendung gelangen als an der Baustelle. Die Ausführung ist leicht zu überwachen. Auch ist eine sachgemäße Nachbehandlung der betonierten Maste viel leichter möglich als am Aufstellungsort.

Bei fabrikmäßig herzustellenden Masten muß aber besonders die Erzielung möglichst geringer Mastgewichte angestrebt werden, um den Zutransport zur Baustelle zu ermöglichen, bzw. zu verbilligen. Auch die Längen der Maste und ihrer Teilstücke unterliegen aus diesen Gründen Beschränkungen.

a) An der Baustelle ausgeführte Eisenbetonmaste.

α) Liegend betonierte Maste.

Als Beispiele für liegend betonierte Maste werden die Maste Bauweise „Porr" (Allgemeine Baugesellschaft A. Porr, Wien) ausführlicher besprochen. Porr-Maste werden vor allem in der Ostmark vielfach verwendet, gelangten aber auch sonst im Reiche, ferner in Italien und in der Tschechoslowakei wiederholt zur Anwendung. Nach diesem sehr leistungsfähigen Verfahren wurden schon bis zu 40 t schwere und bis 30 m hohe Maste für Spitzenzüge bis zu ungefähr 20 t ausgeführt und für Leitungsanlagen bis zu 110-kV-Betriebsspannung herangezogen.

Maste geringerer Höhe, mit kleineren Spitzenzügen, aber auch Tragmaste größerer Abmessungen erhalten I-förmigen Querschnitt (Abb. 299÷301). Maste mit größeren Spitzenzügen und besonders auch Abspann- und Kreuzungsmaste größerer Abmessungen werden als Hohlmaste ausgeführt. Diese Maste bilden einen hohlen, vierseitigen Pyramidenstumpf, dessen Seitenwände achteckige Aussparungen erhalten. Im obersten Teile besitzen sie meist vollen, quadratischen Querschnitt (Abb. 302÷305).

Abb. 302. Abspannmast der 100-kV-Leitung Ternitz—Wien.

Die Ausleger werden bei allen einschäftigen Porr-Masten an den Schaft angegossen. Die Längs- und Querbewehrungen der Maste bestehen aus Rundstählen aus St 37 bis St 55; in Österreich wurden besonders auch die genormten hochwertigen Baustähle herangezogen. Für die Herstellung des Mastbetons wird als Bindemittel schnellhärtender Zement verwendet, sodaß die Maste schon 4÷6 Tage nach dem Betonieren aufstellbereit sind. Der Zementbedarf wird jeweils nach dem zur Betonbereitung herangezogenen Sand-Kies-Gemenge so ermittelt, daß ein vollkommen dichter Beton entsteht. Für den Mastbeton werden nur Korngrößen bis etwa 2,5 cm zugelassen. Für den Fundamentbeton wird gewöhnlicher Betonschotter verwendet; nach Möglichkeit wird beim Aushub gewonnener Sand und Schotter zur Betonbereitung herangezogen.

Abb. 303. Weitspannmaste einer 110-kV-Bahnstromleitung über den Paß Lueg.

Bei den Masten mit I-Querschnitt werden die Längsbewehrungen hauptsächlich an den Flanschenden, also in statisch wirksamster Lage angeordnet. Die Querbewehrung besteht aus Flanschspiralen sowie aus Stegbügeln, die in lotrechten Entfernungen von etwa 150÷300 mm verlegt sind: Abb. 300. Die Querträger dieser Maste erhalten zumeist vollen quadratischen oder rechteckigen Querschnitt; die von Rundstählen gebildeten Längsbewehrungen liegen im Bereich der vier Kanten und werden von der aus Drahtspiralen bestehenden Querbewehrung umschlossen.

Die Längsbewehrung der Hohlmaste besteht aus Rundstählen bis 36 mm Stärke, deren Lage aus Abb. 304 zu ersehen ist. Die Querbewehrung besteht aus

Drahtspiralen mit 45°-Anstieg, die neben den achteckigen Aussparungen vorbeigehen; nach Erfordernis werden noch Bügel vorgesehen, die in den zwischen den Aussparungen befindlichen Querrippen zu liegen kommen (Abb. 304). Die Querträger der Hohlmaste erhalten je nach ihren Ausladungen vollen quadrati-

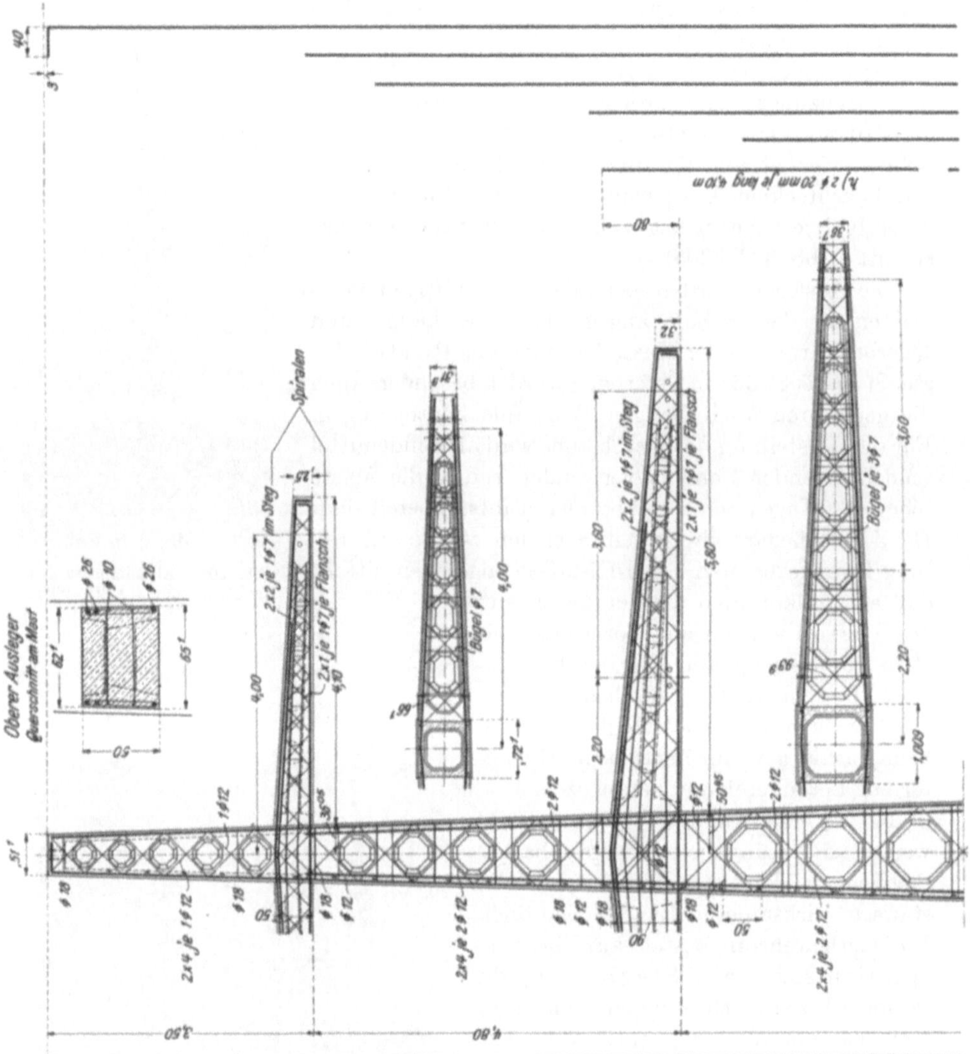

schen, bzw. rechteckigen Querschnitt, oder aber man führt sie mit I-förmigem Querschnitt aus, wobei dann im Steg Aussparungen vorgesehen werden (Abb. 304, 305). Ihre Bewehrung setzt sich wieder aus einer Längs- und Querbewehrung zusammen; die Gestaltung der letzteren hängt von der Querschnittsausbildung der Querträger ab.

Zum Besteigen der Maste werden in der Regel verzinkte Steigeisen einbetoniert (Abb. 300, 304, 305).

Die Gründung der Porr-Maste erfolgt mittels Betonfundamenten, die schon vor dem Betonieren der Maste hergestellt werden müssen und die eine Aussparung zum Einsetzen des Mastschaftes erhalten: Abb. 300, 304. Nach dem Aufrichten wird der lotrecht schwebende Mast in diese Öffnung abgesenkt und der Zwischenraum zwischen Fundamentaussparung und Mastschaft vergossen.

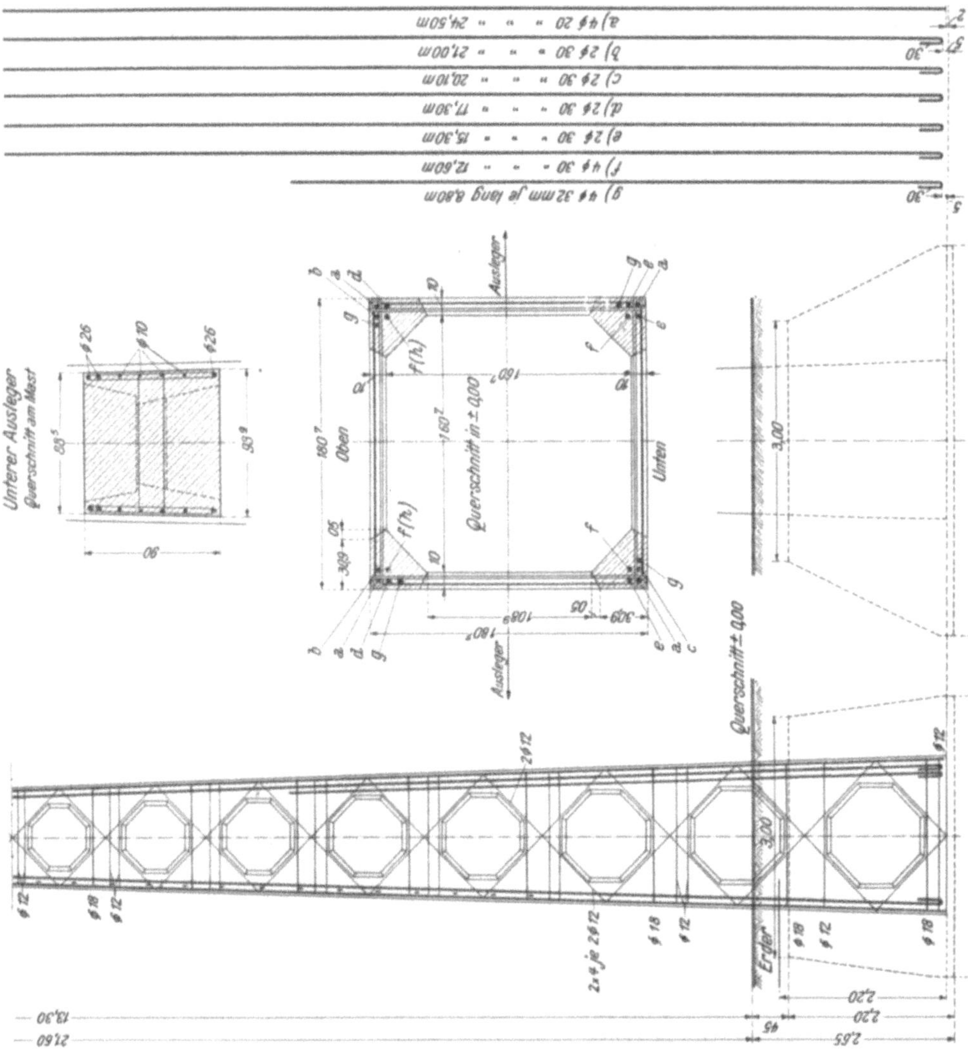

Abb. 304. Abspannmast (Bauweise „Porr") der 100-kV-Leitung Timelkam-Gunskirchen (Österr. Kraftwerke Aktienges.).

Das zur Anwendung gelangende Aufstellverfahren (3. Abschnitt, B, 3) setzt voraus, daß sich der Schwerpunkt des liegenden Mastes über der Mitte der Fundamentaussparung befindet.

Die Stahleinlagen der Maste werden an einem geeigneten Orte des Baugebietes, der als Lagerplatz dient, abgelängt und abgebogen und sodann zu den einzelnen Maststandorten verführt. Nach erfolgter Anfuhr der Zuschlagstoffe und nachdem schließlich auch die aus blechbeschlagenem Holz oder aus Blech bestehenden Schalungen herangebracht wurden, beginnt die Mastherstellung mit der Auslegung der Bodenschalung des Schaftes und der Querträger. Diese Schalung muß waagrecht liegen, weshalb vorher das Erdreich abzuebnen ist. Zuweilen ist es notwendig, einen hölzernen Rost mit Bohlenabdeckung als Unterlage für die Schalung vorzusehen. Über der Bodenschalung wird nun der Bewehrungskörper aufgebaut. Durch besondere Vorkehrungen werden die Längsbewehrungen in der plangemäßen Lage erhalten. Nach dem Stricken der Bewehrung werden die Seitenteile der Schalungen befestigt, und es kann mit der Einbringung des Betons begonnen werden.

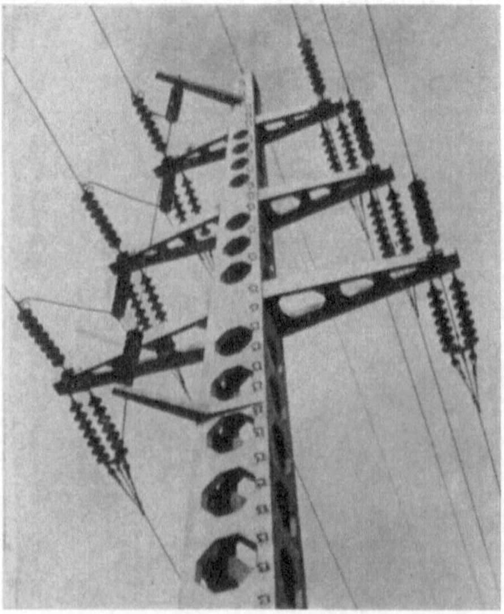

Abb. 305. Verdrillungsmast.

Das Mischen des Betons erfolgt von Hand aus oder maschinell. Der Beton wird in Schiebkarren verladen, die auf einer Holzrampe über die Schalung gefahren und dort entleert werden. Bei der Verteilung des Betons wird durch Stochern mittels Stahlstangen dafür gesorgt, daß alle Zwischenräume ausgefüllt werden. Gleichzeitig werden auch die Seitenwände mit Holzhämmern beklopft, wodurch das Entweichen der Luft erleichtert und der Beton verdichtet wird. Bereits nach Ablauf eines Tages können die Seitenwände der Schalung entfernt werden. Der nunmehr frei liegende Mast wird regelmäßig mit Wasser besprengt, um das Entstehen von Schwindrissen möglichst zu vermeiden. Nach vier Tagen ist im Falle der Verwendung schnellhärtenden Zementes die Erhärtung im allgemeinen schon soweit fortgeschritten, daß die Aufrichtung vorgenommen werden kann.

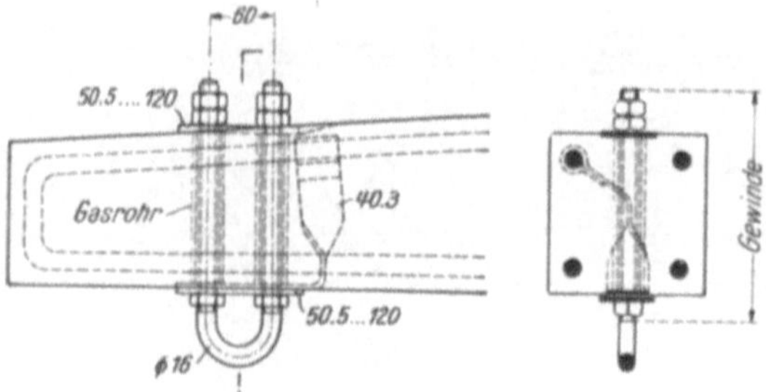

Abb. 306.

Zur Verbesserung der Betonqualität wurde in letzter Zeit das Beklopfen der Schalung maschinell, mittels eines Preßluftgerätes durchgeführt (Verfahren der „Außenrüttlung").[58]

Wie bei allen Eisenbetonmasten, ist auch bei den Porr-Masten besonders darauf zu achten, daß die aufzunehmenden Einzellasten in geeigneter Weise in den Eisenbeton eingeleitet werden. Dazu werden stählerne Zwischenkonstruktionen verwendet, die als Rostschutz meist einen Zinküberzug erhalten. Die Befestigung von Hängeketten erfolgt am einfachsten nach Abb. 306 mittels U-förmig gebogener Hängebügel aus Rundstahl, die durch Aussparungen der Querträger hindurchgehen; sie geben ihre lotrechte Last durch die an ihren Enden befindlichen Muttern an eine zwischengeschaltete Stahlplatte ab, die eine

Verteilung des Druckes herbeiführt. Die Aussparungen der Querträger werden durch einbetonierte, entsprechend abgelängte Gasrohrstücke frei gehalten, die auch bei der Übernahme waagrechter Kräfte der Hängebügel verteilend wirken. Um ein Hin- und Herbewegen der Bügel zu verhindern und damit der Gefahr einer Zermürbung des Betons vorzubeugen, werden lange Gewinde angeschnitten und die Bügel mit Hilfe eines zweiten Mutternpaares, das an der Unterseite des Querträgers anliegt, festgeklemmt.

Zur Befestigung der Abspannketten kann man beispielsweise kurze Stücke aus [-Stählen gemäß Abb. 307 an die Querträger anschrauben, die im Falle

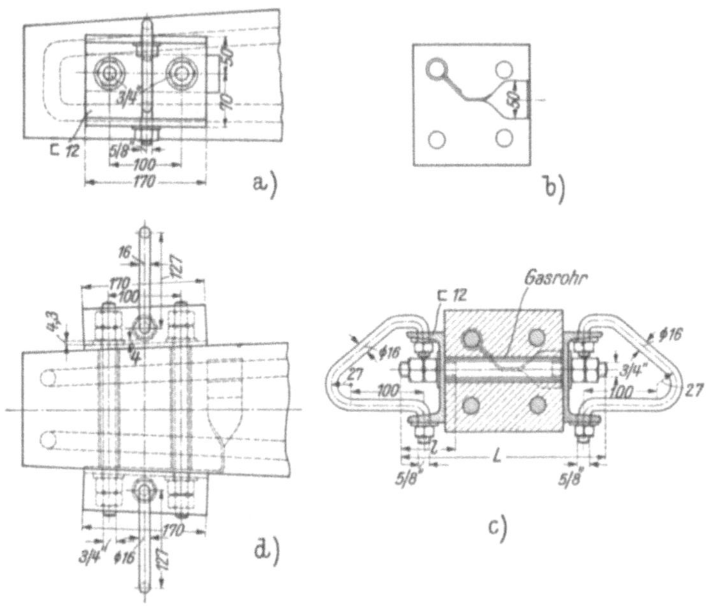

Abb. 307.

einseitiger Leitungszüge auch eine Verteilung der Kraft längs der Betonfläche bewirken; in den Flanschen dieser [-Stähle befinden sich Bohrungen zum Einsetzen der Abspannbügel. Die Aussparungen für die Durchzugsschrauben werden wieder durch einbetonierte Gasrohrstücke frei gehalten. Die in Abb. 306 und 307 dargestellten Bügel waren zum Anschluß eines 50-mm²-Kupferseiles vorgesehen worden.

Zur Festhaltung des Erdseiles dienende Hofmannsche Erdseilklemmen (s. S. 89) werden am einfachsten unmittelbar, mittels einbetonierter Schrauben an der Mastspitze befestigt. Zuweilen werden aber auch besondere, stählerne Erdseilträger am Mastkopfe angeschraubt.

Besonderes Augenmerk ist auch der Erdung aller nicht spannungsführenden Metallteile zuzuwenden. Häufig wird eine eigene Erdleitung einbetoniert, die einerseits an den Befestigungsorten der Erd- und Energieleiter, anderseits auch knapp über Boden zu Tage tritt und eine leitende Verbindung zwischen den stählernen Befestigungskonstruktionen der Leiter und dem Erder herstellt. Eine solche besondere Erdleitung im Inneren des Mastes kann durch Heranziehung der Stahlbewehrung umgangen werden. Zu diesem Zwecke werden schon beim Stricken des Bewehrungsgerippes Längsbewehrungen der Querträger und des Schaftes an den Kreuzungsstellen durch entsprechend abgebogene, mit den Bewehrungsstählen verlötete oder auch bloß verschraubte Bandstähle in leitende Verbindung gebracht. Mit der Längsbewehrung der Querträger werden nun die stählernen Anschlußkonstruktionen der Isolatorenketten leitend verbunden. Das kann beispielsweise nach Abb. 306 und 307 wieder mittels einbetonierter abgebogener Bandstähle geschehen, die die Längsbewehrung umschließen und dann längs des Auslegerrandes verlaufen, wo sie die Unterlagsplatte eines Hängebügels, bzw. die [-Stähle der Abspannbügel längs einer genügend großen Fläche berühren. Die im Randbereich des Querträgers liegenden Teile der Bandstähle werden verzinkt.

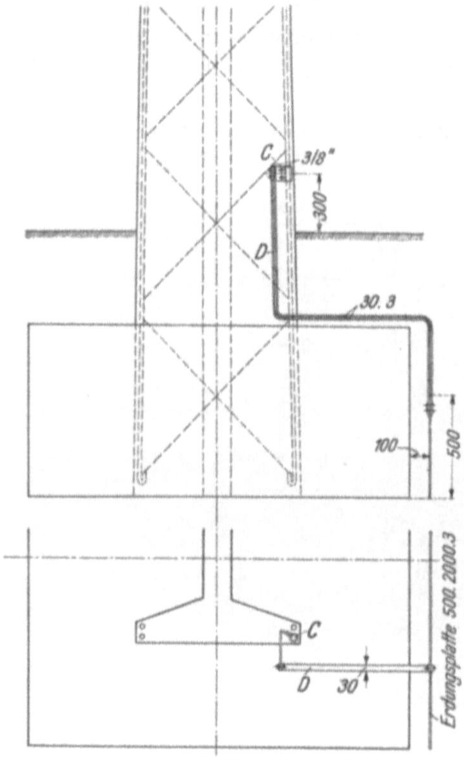

Abb. 308.

In ähnlicher Weise wird auch eine leitende Verbindung zwischen der Platte der Erdseilklemme und der Längsbewehrung des Schaftes hergestellt.

Zur Verbindung dieser Längsbewehrung mit dem Erder (s. S. 389 ff.) kann beispielsweise am Mastfuß ein verzinkter Bandstahl, der die Bewehrung leitend umschließt, aus dem Beton herausgeführt und mit der Zuleitung zum Erder verschraubt werden. Abb. 308 zeigt eine solche Ausbildungsart für einen Tragmast einer 60-kV-Leitung.

Eine Beschreibung anderer Ausführungsarten der Erdung findet sich in zwei Veröffentlichungen über Leitungsanlagen mit Porr-Masten.[59,60]

β) *Stehend betonierte Maste.*

Um das Aufrichten an der Baustelle betonierter Maste wegen des großen Gewichtes derselben zu umgehen, hat man wiederholt versucht, die Maste stehend zu betonieren, wozu kostspielige Holzgerüste erforderlich waren, so daß diese Herstellungsweise wegen ihrer Unwirtschaftlichkeit immer wieder aufgegeben wurde.

Neuerdings werden nun Eisenbetonmaste wieder stehend ausgeführt, aber nach einem Verfahren, das die Aufstellung besonderer Hilfsgerüste entbehrlich macht. Dieses Herstellungsverfahren stammt von Ing. R. Meeg, Oslo[61], und ist durch die besondere Art der Ausbildung und der Verwendung der Schalung gekennzeichnet. Weder für die Aufstellung der Schalung und des Bewehrungskörpers noch für das Betonieren selbst sind Gerüste erforderlich. Da die Baustoffe in beliebig kleinen Mengen und auch die Schalung in kurzen Teilstücken zur Baustelle herangeschafft werden können, sind die Beförderungskosten wesentlich geringer als bei fabrikmäßig erzeugten Masten, und die Transporte sind auch in schwierigem Gelände mit einfachen Mitteln zu bewerkstelligen.

Die Schalung besteht zumeist aus Holz, und eine Seitenwand ist in bestimmten Abständen mit verschließbaren Öffnungen zum Einbringen des Betons versehen. Die Schalung läßt sich leicht zusammenfügen und nach erfolgter Verwendung wieder leicht zerlegen und weiterbefördern. Sie ist dabei genügend stark, um dem Drucke des weichen Betons standzuhalten.

Diese Eisenbetonmaste erhalten quadratischen oder rechteckigen Querschnitt. Während bei fabrikmäßig hergestellten Eisenbetonmasten, aber auch bei liegend an der Baustelle betonierten Masten sparsamste Bemessung des Betonquerschnittes angestrebt werden muß, um das Gewicht der zu befördernden oder auch bloß aufzurichtenden Maste möglichst klein zu halten, entfällt diese Beschränkung bei den Masten der Bauweise Meeg. Daher kann auch auf die Verwendung hochwertiger Baustoffe verzichtet und gleichzeitig der leicht zu schalende volle Querschnitt gewählt werden. Zuweilen werden allerdings auch zur Erzeugung dieser Maste hochwertige Baustoffe herangezogen.

Die Bewehrung wird von Rundstählen gebildet; die Querbewehrung besteht aus Bügeln oder Spiralen. Schaft und Querträger werden häufig in einem Guß ausgeführt. Zuweilen werden die Querträger auch aus anderen Baustoffen, z. B. aus Stahl, hergestellt und nach dem Ausschalen des Schaftes an diesem mittels Schrauben befestigt, die durch ausgesparte, durch Gasrohrstücke frei gehaltene Löcher des Betons hindurchgesteckt werden. Auch Holzausleger gelangen zur Anwendung, deren Befestigung am Schaft unter Vermeidung durch das Holz hindurchgezogener Schrauben vorgenommen wird.

Die Bewehrung wird an einem Lagerplatze abgelängt und gebogen. Sofern es die Beförderungsverhältnisse erlauben, werden dort die Bewehrungskörper vollständig zusammengebaut und zu den Maststandorten verführt. Dort wird das Bewehrungsgerippe in die Schalung eingebaut und gleichzeitig mit ihr aufgerichtet (s. 3. Abschnitt, B, 3).

Die Gründung der Maste erfolgt mittels Betonfundamenten. Ähnlich wie bei Stahlmasten wird vorerst eine Grundplatte betoniert, auf der die Schalung nach dem Aufrichten aufsitzt.

Sobald die Schalung aufgestellt und in ihrer richtigen Lage durch Halteseile gesichert wurde, kann die von unten nach oben fortschreitende Betonierung des Schaftes beginnen. Das Einbringen des Betons erfolgt durch die verschließbaren Öffnungen der einen Seitenwand, die in solchen Entfernungen angeordnet sind, daß ein Herabfallen des halbflüssigen Mischgutes und daher auch ein Entmischen desselben vermieden bleibt.

Nach Ablauf von 3—6 Tagen können die Maste ausgeschalt werden. Nachdem die untersten Teile der Schalung entfernt sind, wird mit dem Aufbetonieren des Fundamentes begonnen. Ähnlich wie bei allen anderen Eisenbetonmasten werden die Fundamente in der Regel nicht über Erde hochgeführt; sie bleiben also zur Gänze verdeckt. Nach dem Erhärten des Fundamentbetons können die Halteseile abgenommen werden.

Die Befestigung der Leiter an Eisenbetonquerträgern kann in ähnlicher Weise wie bei den Porr-Masten erfolgen. Auch die Erdung aller nichtspannungsführenden Stahlteile ist wie bei diesen Masten ausführbar.

Die folgenden Abbildungen zeigen einige, nach diesem Verfahren von der „Elin", Akt.-Gesellschaft für elektrische Industrie, Wien, ausgeführte Eisenbetonmaste: in Abb. 309 ist ein im Hochwasserbereich stehender Tragmast mit Holzauslegern zu sehen, Abb. 310 zeigt das Bewehrungsgerippe eines solchen Tragmastes, in Abb. 311 ist der zugehörige Abspannmast wiedergegeben, der Stahlquerträger, bestehend aus zwei, durch Bindebleche verbundenen [-Stählen, erhielt; sein Fundament ist wieder zum Schutze gegen anschwimmendes Treibholz hochgezogen. Diese Maste wurden für die 60-kV-Leitung Stockerau—St. Pölten der Niederösterr. Elektrizitäts-Wirtschafts A. G. errichtet. Die Abb. 312 zeigt einen Tragmast mit angegossenem Querträger einer 35-kV-Leitung in Polen (ausgeführt von der Elin A. G.). In Abb. 452 ist das Aufrichten der Schalung mit dem eingebauten Bewehrungskörper zu sehen.

Abb. 309.

b) Fabrikmäßig hergestellte Maste.[63]

Die Herstellung in der Fabrik kann so wie an der Baustelle nach dem Stampf- und Gußverfahren erfolgen. Die fabriksmäßige Erzeugung bietet aber auch die Möglichkeit, besondere Herstellungsverfahren, wie z. B. das Schleuder- und das maschinelle Rüttelverfahren zur Anwendung zu bringen. Im folgenden werden die nach solchen Sonderbauweisen erzeugten Eisenbetonmaste näher besprochen.

Abb. 310.

α) Schleuderbetonmaste.

Geschleuderte Freileitungsmaste erhalten im allgemeinen kreisringförmigen Querschnitt und bilden hohle Zylinder oder hohle Kegelstutze mit schwachem

Abb. 311.

Abb. 312.

Anzug. Sie werden in zylindrischen, bzw. konisch geformten zweiteiligen Stahlschalungen hergestellt, indem in die untere Schalungshälfte (Abb. 313) das Bewehrungsgerippe eingebaut, die erforderliche, durch Abwiegen genau bestimmte Menge Beton eingebracht, die obere Schalungshälfte sodann aufgesetzt und die Schalung nach dem Verschließen in rasche Umdrehungen um ihre waagrecht liegende Längsachse versetzt wird. Infolge der Fliehkraft wird der Beton an die Schalwand geschleudert, längs dieser verteilt, das überschüssige Wasser ausgepreßt. Der Beton, der durch diesen Vorgang eine starke Verdich-

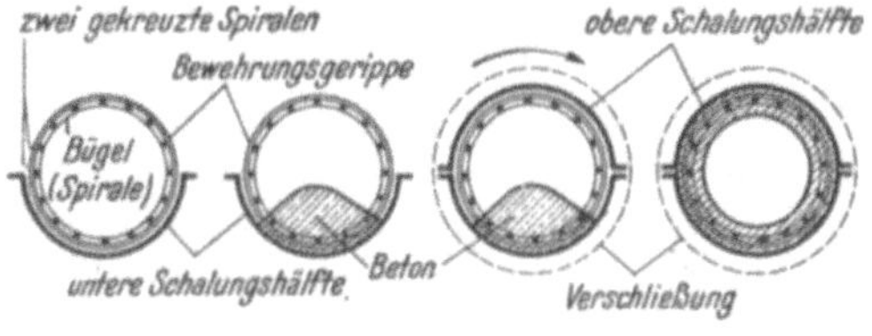

Abb. 313*.

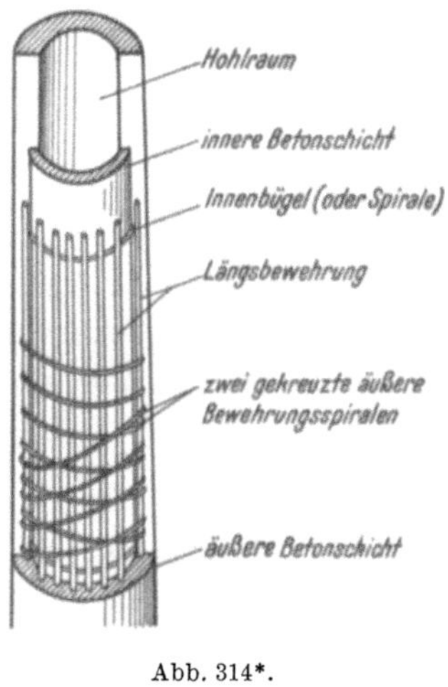

Abb. 314*.

tung erfährt, bildet einen rohrförmigen Hohlkörper mit kreisringförmigem Querschnitt, dessen Wandstärke von der eingebrachten Betonmenge abhängt (Abb. 313).

* Aus: Z. d. ÖIAV, 87. Jg. (1935), H. 25/26[69].

Bei Verwendung zylindrischer Schalungen wird eine durchaus gleichmäßige Wandstärke erhalten, bei konischen Formen nimmt die Wandstärke linear mit dem Durchmesser des Kreisringes zu.

Die Dauer der Schleuderung richtet sich nach dem Durchmesser und der Wandstärke der Maste. Sie beträgt ungefähr eine Viertelstunde. Bei Verwendung frühhochfesten Zements ist die Erhärtung nach etwa zehn Stunden so weit fortgeschritten, daß die Maste ausgeschalt werden können. Zur möglichsten Vermeidung von Schwindrissen kommen sie sodann in ein Sandbett, wo sie ständig befeuchtet werden.

Abb. 315. Tragmast (ausgeführt von Dyckerhoff und Widmann, Dresden).

Die übliche Bewehrung der Maste ist aus Abb. 314 zu ersehen[69]: Die Längsbewehrung besteht aus Rundstählen, die längs eines Kreises in gleichen Abständen, oder symmetrisch zu zwei aufeinander senkrechten Achsen ausgeteilt sind. Sie stützen sich auf innen vorgesehene Rundstahlbügel, die hauptsächlich zum leichteren Stricken des Bewehrungskörpers vorgesehen werden. An Stelle der Bügel wird innen auch eine einzelne Spirale angeordnet. Außen sind um die Längseinlagen zwei sich kreuzende Rundstahl-Spiralen gewickelt. Die Betondeckschichte beträgt mindestens 1 cm und damit ist der Abstand der Längsbewehrung von der Betonaußenfläche gegeben. Das Bewehrungsgerippe wird auf maschinellem Wege hergestellt. Die Stahleinlagen werden häufig an ihren Kreuzungsstellen verschweißt. Als Längsbewehrung wurde immer schon hochwertiger Stahl verwendet. Heute werden hochwertige Stähle mit einer Festigkeit von 100 kg/mm² und mehr herangezogen. Das ostmärkische Schleuderbetonwerk Hofmann u. Co. benützt einen Siemens-Martin-Sonderstahl mit 120 kg/mm² Festigkeit und einer 0,2%-Grenze von mindestens 74 kg/mm²; für die Herstellung des Betons werden Zuschlagstoffe aus Kalkstein oder aus Basalt verwendet.

Die Herstellungslängen der Schleuderbetonmaste sind durch die Beförderungsmöglichkeiten begrenzt. Bis 13 m lange Maste können noch auf gewöhnlichen Plattformwagen mit der Bahn versandt werden; mit Schutzwagen kann man bis 18 m lange Maste befördern. Das Ausfahren der Maste von der Bahnstation zu den Einbaustellen erfolgt am besten mittels besonderer Fuhrwerke.

Die Querträger der Schleuderbetonmaste müssen getrennt angefertigt werden. Auch sie werden meist als geschleuderte Rohre hergestellt und erhalten muffenförmige Verbreiterungen, die den Mastschaft umschließen. Sie können in der Regel erst an der Baustelle am Schaft befestigt werden; nach Möglichkeit wird man sie noch am liegenden Schaft anbringen. Zu diesem Zwecke wird der Schaft auf Holzböcken gelagert und an den Orten, an welchen die Querträger zu liegen kommen, leicht aufgerauht. Hierauf werden die Querträger, mit dem untersten beginnend, auf den Schaft aufgeschoben, am Anschlußorte in waagrechte, zur

Schaftachse winkelrechte Lage gebracht und in dieser durch leichte Hilfsgerüste aus Holzlatten gestützt. Nun werden die Ausleger mittels Holzkeilen so auf den Schaft aufgekeilt, daß die umlaufende Vergußfuge überall gleiche Stärke aufweist. Dann wird die Fuge beiderseits mit Lehm abgedichtet, so daß nur eine Eingußöffnung freibleibt. Für das Entweichen der Luft sind schon häufig Öffnungen in den Wandungen der Querträgermuffen vorgesehen. Durch die Eingußöffnung wird nun flüssiger Portlandzementmörtel 1 : 2 eingefüllt. Nach eintägiger Erhärtung kann die Lehmdichtung entfernt werden, nach drei Tagen kann man auch die unterstützenden Lattengerüste der Querträger beseitigen.

Abb. 316. Abzweigmast (ausgeführt von Dyckerhoff und Widmann, Dresden).

Bei schwächeren Querträgern kann aber der Anschluß an den Mast auch so erfolgen, daß die Querträger durch Öffnungen des Schaftes hindurchgesteckt und allenfalls durch Schrauben festgehalten werden.

Je nach der Größe der aufzunehmenden Kräfte werden die Maste aus einem einzelnen Rohr gebildet (Abb. 315) oder es werden je zwei Rohre zu einem gekuppelten Mast zusammengefaßt; um eine Verbundwirkung zu erzielen, werden die beiden Rohre in den erforderlichen Abständen durch kräftige Eisenbeton-Querstücke verbunden, durch deren kreisförmige Aussparungen die Schaftrohre hindurchgehen; die Fugen werden in ähnlicher Weise wie bei den Querträgermuffen ausgegossen (Abb. 316).

Zwei einfache oder zwei gekuppelte Rohre können schließlich auch durch geschleuderte, an der Baustelle aufmontierte Querträger zu Portalmasten ausgestaltet werden.

Die Gründung der Schleuderbetonmaste erfolgt mittels Betonfundamenten; nur leichte, als Ersatz für Holzmaste dienende Schleuderbetonmaste können bei guten Boden unmittelbar eingegraben werden. Hinsichtlich des Aufrichtens der Maste s. 3. Abschnitt, B, 3.

Zum Besteigen der Schleuderbetonmaste werden häufig Strickleitern verwendet, die man mit Wurfleinen hochzieht. Mit Hilfe von Leichtmetall-Steigeisen können sie auch unmittelbar bestiegen werden.

β) *Rüttelbetonmaste.*

Bei der Herstellung dieser Maste wird das in die Schalform eingebrachte Betongemisch mittels besonderer maschineller Einrichtungen stoßweise in Bewegung gesetzt, gerüttelt, wodurch ebenfalls ein Beton sehr hoher Festigkeit und mit einem so dichten Gefüge entsteht, daß von außen her kein Wasser in ihn einzudringen vermag. Rüttelbetonmaste weisen daher auch eine hohe Widerstandsfähigkeit gegenüber Witterungseinflüssen auf.

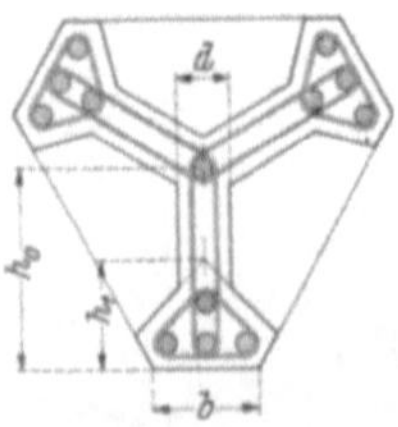

Abb. 317.

Nach diesem Verfahren wird in Deutschland beispielsweise der „Kisse-Mast" erzeugt, der im folgenden eingehender besprochen werden soll. Für die Herstellung des Kisse-Mastes werden hochwertige Spezialzemente und ein aus reinem Quarzsand und Steinschlag bestehendes Sand-Kies-Gemenge in sorgfältig abgestufter Körnung verwendet. Die Bewehrung besteht aus Rundstählen von Siemens-Martin-Stahl mit Festigkeiten bis über 90 kg/mm², bei verhältnismäßig hoher Bruchdehnung. Die feststehenden Blechschalungen werden während des Betonierens durch eine große Anzahl von Preßlufthämmern beklopft, so daß die Luft entweichen kann und eine dichte Lagerung der Zuschlagstoffe erzielt wird. Nach dem Betonieren können die Maste abbinden und erhärten, ohne daß ihre Ruhelage eine Erschütterung erfährt.

Abb. 318.

Der Kisse-Mast zeichnet sich nicht bloß durch seine hervorragenden Baustoffeigenschaften und durch die sorgfältige Herstellung, sondern auch durch seine günstige bauliche Gestaltung aus. Nach diesem Verfahren wurden bereits Maste bis zu 30 m Höhe und für Spitzenzüge bis zu 10 t erzeugt.

Der Querschnitt der Kisse-Maste und die Anordnung der Längs- und Querbewehrungen ist aus Abb. 317 zu ersehen. Der Mast besteht aus drei in der Mastachse zusammenstoßenden Stegen, die an ihren freien Enden Verdickungen aufweisen, in welchen die Längsbewehrungen liegen. Eine einzelne Längsbewehrung ist in der Mastachse verlegt. Die Längsbewehrung ist dem Momentenverlauf genau angepaßt und besteht aus Rundstählen verschiedener Stärke. Die Stöße werden maschinell durch Stumpfschweißung verbunden, die Schweißstellen werden nachträglich abgeschliffen. Die Querbewehrung, die meist von ausgeglühten Drähten aus Stahl St 37.12 gebildet und maschinell abgebogen wird, besteht aus den Spiralen der Stegverdickungen, die die Längsbewehrungen derselben umschnüren und die einzelnen Rundstähle am Ausknicken hindern, sowie aus Flachspiralen der Stege, die die Längsbewehrungen der drei Stege mit der Längsbewehrung in Mastmitte verbinden und den Schubwiderstand der Stege sichern. Abb. 318 zeigt einen Teil des Bewehrungskörpers eines Kisse-Mastes (Betonwerk L. Moll, München).

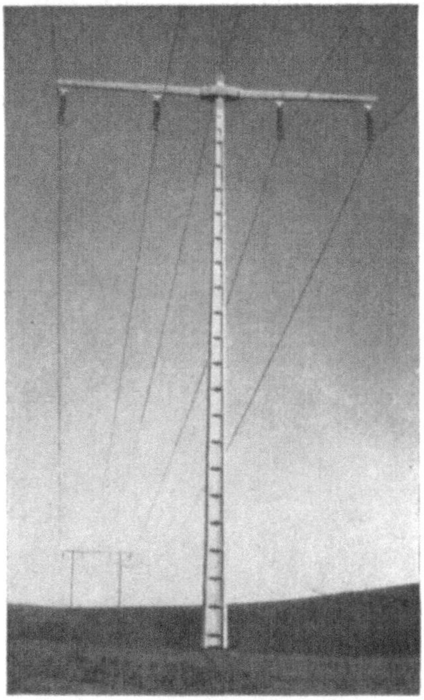

Abb. 319.

Längs des Schaftes sind in Entfernungen von etwa 1 m bewehrte Querrippen vorgesehen (Abb. 319); sie begünstigen die Verbundwirkung und steifen die von den Stegverdickungen gebildeten Längsrippen gegeneinander ab. Auch erleichtern sie das Besteigen der Maste.

Die Querträger werden ebenfalls aus Rüttelbeton hergestellt, getrennt angeliefert und am Schafte nach Möglichkeit vor dem Aufrichten desselben befestigt. Der Anschluß erfolgt in ähnlicher Weise wie bei den Schleuderbetonmasten.

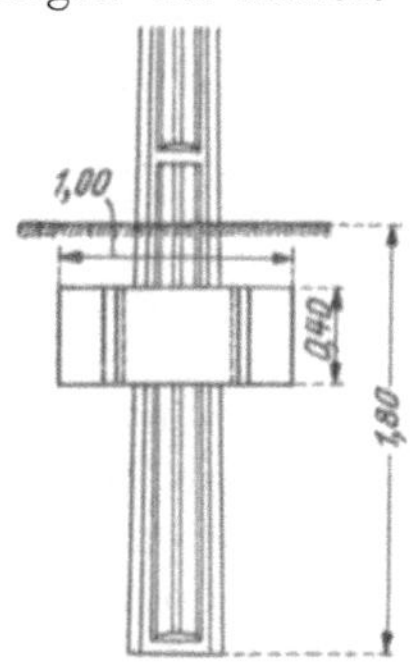

Abb. 320.

Durch die Verwendung hochwertiger Baustoffe, durch die günstige Querschnittsgestaltung und die wirtschaftliche Abstufung der Bewehrung nach dem Momentenverlauf erhalten die Kisse-Maste als Eisenbetonmaste verhältnismäßig kleine Gewichte. Selbst längere Maste können im Schwerpunkte angehoben werden, ohne daß sie dabei unter der Eigengewichtswirkung höhere Beanspruchungen erfahren als im aufgerichteten Zustande unter dem ihrer Bemessung zugrundegelegten Spitzenzuge.

Da für die Herstellung der Maste als Bindemittel hochwertige Zemente mit hohen Anfangsfestigkeiten zur Verwendung gelangen, können die Maste schon 3—4 Tage nach dem Betonieren verfrachtet und aufgerichtet werden.

Um das Besteigen der Maste zu erleichtern, sind tragbare Seitenleitern vorgesehen worden. Über Wunsch werden auch Steigeisen einbetoniert.

Kleinere Kisse-Maste, die als Ersatz für Holzmaste dienen, können wie diese unmittelbar in den Boden eingegraben werden. Zur Vergrößerung der Druckfläche im Bereiche der kleineren Erdwiderstände werden für höhere Maste auch Erddruckplatten nach Abb. 320 geliefert. Stärker belastete Maste erhalten Block- oder Stufenfundamente aus Beton.

Abb. 319 zeigt einen Tragmast der 100 kV-Leitung Wasserburg—Töging, Abb. 321 ein Tragmastportal derselben Leitungsanlage (Masthersteller Betonwerk L. Moll, München) mit einer Belegung von 6 × 150 mm² Stalu (Gröbl-

Abb. 321.

Abb. 322.

Seil) + 2 × 50 mm² Stahlseil. In Abb. 322 ist noch ein Abspannmast der 100 kV-Leitung Landshut—Treuchthlingen (B.B.C. Mannheim, Masthersteller L. Moll) zu sehen.

4. Festigkeitsberechnung der Eisenbetonmaste.

a) Eisenbeton-Vorschriften.

Der unter C 1 angeführte Punkt 4 der Leitungsbauvorschriften VDE 0210 enthält zum Teil schon Bestimmungen über die Berechnung und Ausführung von Eisenbetonmasten, vor allem auch von solchen Masten, die nach besonderen Verfahren (Schleuder- und maschinelles Rüttelverfahren) hergestellt werden. Zum Teil aber wird (§ 25, b) auf die „Bestimmungen des Deutschen Ausschusses für Eisenbeton“ verwiesen, die für die Berechnung der Eisenbetonmaste und ihrer Querträger maßgebend sind. Diese Eisenbetonvorschriften gelten auch gemäß Punkt 8 der „Besondere Bedingungen ...“ für die Berechnung gestampfter (d. h. nicht nach Sonderverfahren hergestellter) Bahnkreuzungsmaste aus Eisenbeton.

Im folgenden werden nun jene Abschnitte dieser „Deutschen Bestimmungen“ wiedergegeben, die für die Mastberechnung hauptsächlich in Frage kommen;

hinsichtlich des vollständigen Inhaltes und des genauen Wortlautes muß auf diese Vorschriften selbst und auf die Literatur[55,56,65] verwiesen werden.

Auszug aus den „Deutschen Bestimmungen“:

Rechnungsannahmen (§ 17):

Die Spannungen im Querschnitt des auf Biegung oder des auf Biegung mit Längskraft beanspruchten Körpers sind unter der Annahme zu berechnen, daß sich die Dehnungen wie die Abstände von der Nullinie verhalten. Die zulässige Spannung des Betons auf Druck, des Stahles auf Zug und die Bestimmungen über die Schubsicherung und Haftspannungen haben zur Voraussetzung, daß der Stahl alle Zugspannungen im Querschnitt aufnimmt, daß also von der Mitwirkung des Betons auf Zug abgesehen wird.

Für die Spannungsermittlung und für das Bemessen der Bauteile ist das Verhältnis der Elastizitätsmaße von Eisen und Beton zu $n = 15$ ($E_b = 140000$ kg/cm²) anzunehmen.

Bei der Berechnung der unbekannten Größen statisch unbestimmter Tragwerke und der elastischen Formänderungen aller Tragwerke ist mit einem für Zug und Druck im Beton gleich großen Elastizitätsmaß $E_b = 210000$ kg/cm² zu rechnen.

Das Trägheitsmoment ist hierbei aus dem vollen Betonquerschnitt mit oder ohne Einschluß des 10fachen Stahlquerschnittes zu ermitteln.

Außer den angreifenden Kräften, die nach den Leitungsbauvorschriften VDE § 17 anzunehmen sind, wären im Sinne der „Deutschen Bestimmungen“ bei den statisch unbestimmten Portalmasten auch Wärmeschwankungen und Schwinden zu berücksichtigen: Temperaturänderungen um ± 15—$20°$ C; Schwindwirkungen ist durch eine Temperaturabnahme um 15° C Rechnung zu tragen.

Schubsicherung.

Nach § 20 des Teiles A der „Deutschen Bestimmungen“ ist die Schubspannung τ_0 in der Nullinie bzw. im Steg ohne Rücksicht auf abgebogene Längs- oder vorhandene Querbewehrungen aus

$$\tau_0 = \frac{Q}{b\,z}$$

zu berechnen; hierin bedeutet Q die Querkraft des betreffenden Querschnittes, z den Hebelarm der inneren Kräfte (Abstand zwischen Zug- und Druckmittelpunkt) und b die entsprechende Querschnittsbreite (Steg). (Die Formel für τ_0 gilt unter der Voraussetzung unveränderlicher Querschnittshöhe; ihre näherungsweise Verwendung für Maste ist erlaubt, wenn der Schaft keine zu starke Verjüngung aufweist.)

a) Wenn $\tau_0 > 14$ kg/cm², bei Beton mit $W_{b\,28} \geqq 160$ kg/cm² $\tau_0 > 16$ kg/cm², dann genügt der Querschnitt nicht, seine Abmessungen sind zu vergrößern.

b) Wenn $\tau_0 > 4$ kg/cm² bzw. $\tau_0 > 5{,}5$ kg/cm² (bei $W_{b\,28} \geqq 160$ kg/cm²) ist, dann müssen die gesamten Schubspannungen durch außerhalb der Momentendeckung abgebogene Längsbewehrungen, oder durch Bügel, oder durch beide Bewehrungen zusammen aufgenommen werden. Die Schubsicherung ist dem Verlaufe der Querkräfte anzupassen.

c) Drehbeanspruchung und Haftspannungen (§ 21).

Bei Drehbeanspruchung ist den auftretenden Zugspannungen durch eine geeignete zusätzliche Bewehrung Rechnung zu tragen.

Die Haftspannungen brauchen nicht berechnet zu werden, wenn die Bewehrungsstähle nicht dicker als 25 mm sind.

(Bei den Leitungsmasten werden die Längsbewehrungen im allgemeinen nicht zur Übernahme von Schubspannungen abgebogen; diese Aufgabe fällt zumeist ausschließlich der Querbewehrung zu. In diesem Fall ist die Haftspannung der Längsbewehrungen aus

$$\tau_1 = \frac{Q}{u\,z}$$

zu berechnen; u = Umfang der Bewehrungen. Es ist $\tau_{1\,\mathrm{zul}} = 5$ kg/cm². Wird dieser

Wert überschritten, dann sind besondere Maßnahmen wie Querstähle u. dgl. an den Enden der Längsbewehrungen erforderlich.)

Biegung und Biegung mit Längskraft (§ 29/5).

Zahlentafel 39. Zulässige Spannungen der Stahlbewehrung.

Stahlsorte	Anwendungsbereich	Größtdurchmesser der Bewehrungsstähle mm	Mindestwürfelfestigkeit des Betons kg/cm²	$\sigma_{e\,zul}$ in Rechteckquerschnitten kg/cm²	$\sigma_{e\,zul}$ in beliebigen Querschnitten kg/cm²
Handelsstahl St 00.12	allgemein	—	120	1200	1200
	Wandstärken $\geqq 7$ cm	$\leqq 26$	160	1400	1400
Hochwertiger Betonstahl	allgemein		225	1800	1500

doch dürfen größere Stahlspannungen als 1200 kg/cm² nur dann angewandt werden, wenn folgende Bedingungen erfüllt sind: Berechnung, Durchbildung und Ausführung müssen besonders hohen Anforderungen genügen. Der Bau muß von einem Unternehmer ausgeführt werden, der eine besonders gründliche Erfahrung und Kenntnis im Eisenbetonbau besitzt. Der Unternehmer muß die Innehaltung der gewährleisteten Eigenschaften des Betons durch besondere Betriebsmaßnahmen und durch besonders sorgfältige Bauüberwachung sicherstellen.

Zulässige Betonspannungen: Nach den Leitungsbauvorschriften VDE § 25, b, wäre nur eine Betondruckspannung von $^1/_5$ der nachgewiesenen Bruchfestigkeit zulässig. Da diese Bestimmung mit dem gegenwärtigen Stand der Entwicklung des Eisenbetonbaues nicht in Einklang steht, seien die nach den „Deutschen Bestimmungen" zulässigen Spannungswerte angeführt:

Zahlentafel 40. Zulässige Randdruckspannung des Betons.

Betonart	σ_{zul} kg/cm²	erf $W_{b\,28}$ kg/cm²
Beton mit Handelszement	40	120
Beton mit hochwertigem Zement	50	160
Bei Nachweis der Würfelfestigkeit und bei Erfüllung derselben Bedingungen, die an die Zulassung höherer Stahlspannungen als 1200 kg/cm² geknüpft sind	$\frac{1}{3} W_{b\,28}$	160
jedoch nicht mehr als	65	195

Im Sinne der „Deutschen Bestimmungen" würden sich diese zulässigen Spannungen noch um 10 kg/cm² erhöhen (aber nur einmal) für:

α) rahmenartige Maste im Falle ihrer strengen Berechnung und bei Berücksichtigung der ungünstigsten Belastungsart,

β) mindestens 20 cm hohe volle Rechteckquerschnitte,

δ) fabrikmäßig hergestellte Maste.

Für rahmenartige Maste könnte, mit Genehmigung der Baupolizeibehörde, die zulässige Spannung auf $\sigma_{zul} = 75 + \frac{W_{b\,28} - 225}{9}$ erhöht werden, wenn die Würfelfestigkeit $W_{b\,28}$ wesentlich größer als 225 kg/cm² ist.

Bei dünnwandigen Masten mit Stärken unter 8 cm müßten hingegen im Sinne der Vorschriften die Tafelwerte der zulässigen Betonrandspannungen um 10 kg/cm² herabgesetzt werden.

Bei manchen Bauformen wird auch im Falle eines stärkeren Einflusses der Normalkraft der Nachweis der Knicksicherheit zu erbringen sein. Bezüglich dieser Berechnung wird auf § 27 und § 29, 3 b, der „Deutschen Bestimmungen" verwiesen.

Für die **Querschnittsbemessung** der Eisenbetonmaste und ihrer Bauteile ist vorwiegend die Beanspruchung auf Biegung oder auf Biegung mit Längskraft maßgebend. Nach den Vorschriften sind dann die Querschnittsspannungen unter der Annahme zu berechnen, daß sich die Dehnungen wie die Abstände von der Nullinie verhalten; das Verhältnis der Dehnmaße ist mit $n = \frac{E_e}{E_b} = 15$ in Rechnung zu stellen und von der Mitwirkung des Betons auf Zug ist bei der Ermittlung der Betondruck- und der Stahlspannungen, aber auch beim Nachweis der Schub- und Haftspannungen abzusehen (Spannungszustand IIb).

Für die **Bemessung der Querbewehrung**, bzw. für die Austeilung der Abbiegungen der Längsbewehrungen sind neben den Schubkräften, die gleichzeitig mit den Biegungsmomenten auftreten, vor allem auch einwirkende Drehmomente maßgebend.

Die Bewehrung der Eisenbetonmaste wird fast ausschließlich von schlaffen Einlagen gebildet. Da meist ein Wechsel des Wirkungssinnes der angreifenden Kräfte zu berücksichtigen ist, sind „doppelte Bewehrungen", bzw. allseitige Bewehrungen vorzusehen. Für drehsymmetrische Bauformen werden häufig auch ebensolche Bewehrungsanordnungen gewählt.

b) Berechnung der nach dem Stampf- und Gußverfahren hergestellten Eisenbetonmaste.

Im folgenden wird die Festigkeitsberechnung dieser Maste ganz kurz besprochen und an einzelnen Bauformen der „Porr-Maste" erläutert. Hinsichtlich der Verfahren und Behelfe zum raschen **Aufsuchen** der erforderlichen Betonquerschnitte und Bewehrungen wird auf die Literatur[53–55] verwiesen.

α) Spannungsnachweis für Biegung mit Längskraft.

Da der Einfluß der Biegungsmomente den der Längskräfte im allgemeinen weit überwiegt, ist eine getrennte Ermittlung der von beiden Einwirkungen hervorgerufenen Spannungen praktisch zulässig. Die Lage der Nullinie wird daher wie im Falle der Biegung ohne Längskraft bestimmt. Liegt schiefe Biegung vor, dann ist das Moment nach den Hauptachsenrichtungen zu zerlegen; die von den Teilwirkungen hervorgerufenen Biegespannungen dürfen nach VDE § 25b zusammengelegt werden.

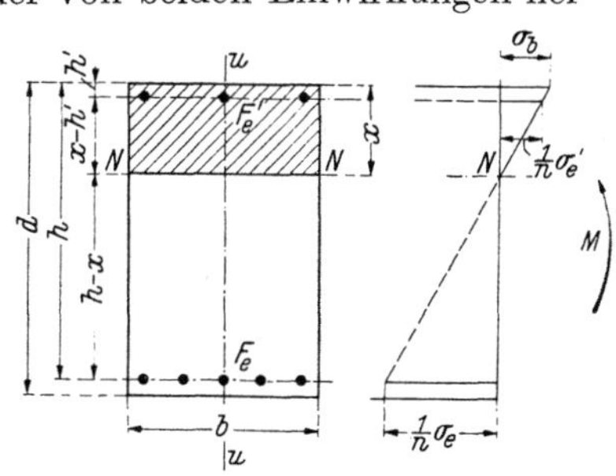

Abb. 323.

Bauteile mit Rechteckquerschnitt. Es sei der in Abb. 323 dargestellte Rechteckquerschnitt von der Breite b und der Höhe d zu überprüfen. Die aus Rundstählen bestehende Längsbewehrung ist symmetrisch zur Achse u—u angeordnet; die unteren Rundstähle (Zugbereich) haben zusammen die Querschnittsfläche F_e, die oberen (Druckbereich) die Gesamtfläche F_e'. Der Querschnitt hat eine Längskraft N und ein Moment M, dessen Wirkungsebene durch die Symmetrale u—u hindurchgeht, aufzunehmen.

Die Nullinie muß senkrecht zu u—u verlaufen. Die Spannungsermittlung wird näherungsweise getrennt durchgeführt.

Moment M: Im Sinne der vorschriftgemäßen Rechnungsannahmen verlaufen die Dehnungen und damit auch die Betonspannungen linear über die Querschnittshöhe und gleichzeitig müssen die Stahlspannungen den n-fachen Betrag der am gleichen Orte wirkenden Betonspannung besitzen (Abb. 323). Die Betonzugspannungen außer Betracht gelassen (Spannungszustand II b), erhält man aus der Gleichgewichtsbedingung — Summe aller Querschnittsspannungen gleich Null — für den unbekannten Abstand x der Nullinie vom Druckrande die Bestimmungsgleichung

$$x = r\left(-1 + \sqrt{1 + \frac{s}{r^2}}\right) \tag{180}$$

mit den Hilfsgrößen

$$r = \frac{n\,(F_e + F_e')}{b} \quad \text{und} \quad s = \frac{2\,n\,(F_e h + F_e' h')}{b}. \tag{181}$$

Die zweite Gleichgewichtsbedingung — Moment der inneren Kräfte gleich dem Angriffsmoment M — führt sodann zu den folgenden Spannungswerten

$$\left.\begin{aligned} &\text{Randspannung des Betons } \sigma_b = \frac{M}{J}\,x \text{ (Druck)},\\ &\text{Stahlspannung in } F_e \quad \sigma_e = n\,\frac{M\,(h-x)}{J} \text{ (Zug)},\\ &\text{Stahlspannung in } F_e' \quad \sigma_e' = n\,\frac{M\,(x-h')}{J} \text{ (Druck)}. \end{aligned}\right\} \tag{182}$$

wobei

$$J = \frac{1}{3}\,b\,x^3 + n\,F_e\,(h-x)^2 + n\,F_e'\,(x-h')^2 \tag{183}$$

das Trägheitsmoment des wirksamen Querschnittes bezüglich der Nullinie bedeutet.

Längsdruckkraft N: Da die Stahleinlagen mit Rücksicht auf die Gleichheit der Dehnungen wieder die n-fachen Spannungen des Betons erhalten, ergeben sich somit die von N hervorgerufenen Spannungen aus

$$\varDelta\sigma_b = \frac{N}{F_i}, \quad \varDelta\sigma_e = \varDelta\sigma_e' = n\,\frac{N}{F_i} \tag{184}$$

wobei

$$F_i = bd + n\,(F_e + F_e') \tag{185}$$

die „ideelle Querschnittsfläche" bedeutet. Diese Spannungen sind dann unter Beachtung ihres Wirkungssinnes den Biegespannungen σ_b, σ_e und σ_e' zuzuzählen und die so erhaltenen Gesamtspannungen dürfen die zulässigen Werte nicht überschreiten.

Zahlenbeispiel: Der Einspannquerschnitt eines Tragmastauslegers hat ein Moment $M = 1900$ kg m und eine Längsdruckkraft $N = 300$ kg aufzunehmen.

Gewählt: $b = d = 32$ cm, $F_e = F_e' = 6{,}28\ \text{cm}^2$ ($2 \times \varnothing\,20$ mm).

Mit $h' = 3$ cm, $h = 29$ cm wird

$$r = \frac{15}{32}\,12{,}56 = 5{,}9\,\text{cm},$$

$$s = \frac{30}{32}\,6{,}28 \,.\, 32 = 188{,}4\,\text{cm}^2 \quad \text{und}$$

$$x = 5{,}9\left(-1 + \sqrt{1 + \frac{188{,}4}{5{,}9^2}}\right) = 9{,}1\,\text{cm}.$$

Somit ist $h - x = 19{,}9$ cm, $x - h' = 6{,}1$ cm und

$$J = \frac{1}{3}\, 32 \,.\, 9{,}1^3 + 15 \,.\, 6{,}28 \,.\, 19{,}9^2 + 15 \,.\, 6{,}28 \,.\, 6{,}1^2 = 48\,790 \text{ cm}^4.$$

Damit ergeben sich die Biegespannungen

$$\sigma_b = \frac{190\,000}{48\,790}\, 9{,}1 = 35{,}4 \text{ kg/cm}^2 \text{ und } \sigma_e = 15\,\frac{190\,000}{48\,790}\, 19{,}9 = 1165 \text{ kg/cm}^2.$$

Mit $F_i = 32^2 + 2 \,.\, 15 \,.\, 6{,}28 = 1212$ cm² erhält man von der Längskraft

$$\Delta\,\sigma_b = \frac{300}{1212} = 0{,}3 \text{ kg/cm}^2, \quad \Delta\,\sigma_e = -4 \text{ kg/cm}^2.$$

Die Gesamtspannungen betragen daher $\sigma_b = 35{,}7$ kg/cm², $\sigma_e = 1161$ kg/cm².

I-förmiger Schaftquerschnitt. (Abb. 324 a). Die Bewehrung sei symmetrisch zu den Achsen u—u und v—v angeordnet, ihre Gesamtfläche sei $2\,F_e$, so daß auf jeden der beiden Flanschen der Betrag von F_e entfällt. Die Flanschbewehrungen haben die Randabstände h und h'. Die Flanschen werden als Rechtecke mit den verglichenen Höhen d_m in Rechnung gestellt (in Abb. 324 $d_m \equiv$ Randbreite).

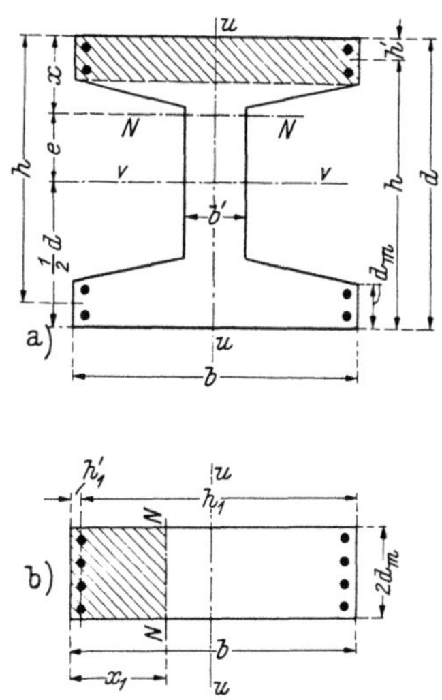

Abb. 324.

1. Die Wirkungsebene des Momentes geht durch die Symmetrale u—u. Zur Vereinfachung bleibt der im Druckbereich gelegene Teil der Stegfläche bei der Bestimmung der Nullinienlage unberücksichtigt. Der wirksame Querschnitt ist dann

$$F = b\,d_m + 2\,n\,F_e,$$

und aus der Bedingung, daß das auf die Nullinie bezogene statische Moment der wirksamen Fläche verschwinden muß,

$$b\,d_m\left(x - \frac{1}{2}\,d_m\right) = 2\,n\,F_e\left(\frac{1}{2}\,d - x\right),$$

ergibt sich der Nullinienabstand zu

$$x = \frac{b\,d_m{}^2 + 2\,n\,d\,F_e}{2\,F}. \qquad (186)$$

Damit erhält man das Trägheitsmoment des wirksamen Querschnittes

$$J = \frac{b}{3}\,[x^3 - (x - d_m)^3] + n\,F_e\,[(h - x)^2 + (x - h')^2] \qquad (187)$$

und kann nun die Biegepannungen aus $\sigma_b = \frac{M}{J}\,x$ (Randspannung des Betons), $\sigma_e = n\,\frac{M}{J}\,(h - x)$ (Spannung der Bewehrung im Zugbereich) und $\sigma_e' = n\,\frac{M}{J}\,(x - h')$ (Spannung der Bewehrung im Druckbereich) rechnen.

Wirkt auf den Querschnitt auch eine Längskraft N ein, so sind für den ideellen Querschnitt $F_i = 2\,(b\,d_m + n\,F_e) + b'\,(d - 2\,d_m)$ die von N verursachten Normalspannungen zu ermitteln und unter Beachtung ihres Wirkungssinnes näherungsweise zu den Biegespannungen hinzuzufügen.

2. Die Wirkungsebene des Momentes geht durch die Symmetrale v—v (Abb. 324 a, b). Liegt die Nullinie außerhalb des Steges, bzw. wird der in

den Druckbereich fallende Teil der Stegfläche außer Ansatz gelassen, so kann die Berechnung des I-Querschnittes auf die eines doppelt bewehrten Rechteckes nach Abb. 324b zurückgeführt werden, das aus den beiden Flanschrechtecken zusammengesetzt ist. Die Nullinienlage und die Spannungen können dann unmittelbar nach den unter 1) entwickelten Formeln berechnet werden, wenn in diesen die Größen d, b, F_e', x, h und h' durch b, $2\,d_m$, F_e, x_1, h_1 und h'_1 ersetzt werden.

Zahlenbeispiel zu 1: Es sei $b = d = 87$ cm, $d_m = 11$ cm, $b' = 15$ cm, $h' = 5{,}6$ cm, $h = 81{,}4$ cm und je Flansch $F_e = 16{,}65\ \text{cm}^2$ ($2 \times \varnothing\ 24 + 2 \times \varnothing\ 22$). Auf diesen Querschnitt wirkt die Längsdruckkraft $N = 8800$ kg und das Biegungsmoment $M = 16\,000$ kg m (Wirkungsebene durch u—u).

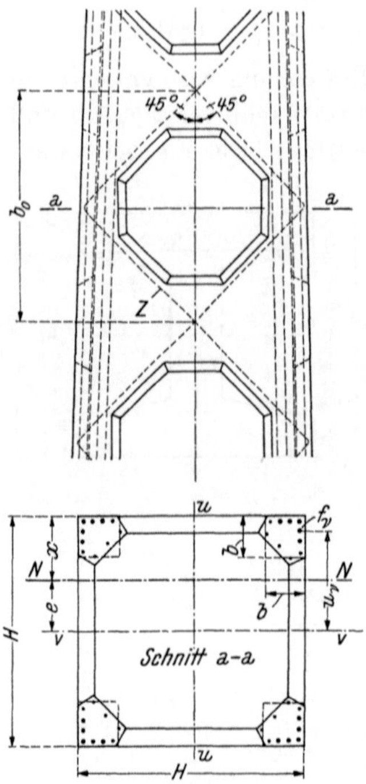

Abb. 325.

Man erhält als wirksame Querschnittsfläche $F = 87 \,.\, 11 + 2 \,.\, 15 \,.\, 16{,}65 = 1457\ \text{cm}^2$ und als ideelle Fläche $F_i = 2 \,.\, 87 \,.\, 11 + 15 \,.\, 65 + 2 \,.\, 15 \,.\, 16{,}65 = 3389\ \text{cm}^2$. Randabstand der Nullinie

$$x = \frac{87 \,.\, 11^2 + 30 \,.\, 87 \,.\, 16{,}65}{2 \,.\, 1457} = 18{,}6\ \text{cm}$$

und daraus $h - x = 62{,}8$ cm, $x - h' = 13$ cm, $x - d_m = 7{,}6$ cm und

$$J = \frac{1}{3}\, 87\,(18{,}6^3 - 7{,}6^3) + 15 \,.\, 16{,}65\,(62{,}8^2 + 13^2) = 1\,202\,200\ \text{cm}^4.$$

Moment und Längskraft ergeben die Spannungen

$$\sigma_b = \frac{1\,600\,000}{1\,202\,200}\, 18{,}6 + \frac{8800}{3389} = 27{,}4\ \text{kg/cm}^2,$$

$$\sigma_e = 15\, \frac{1\,600\,000}{1\,202\,200}\, 62{,}8 - 15\, \frac{8800}{3389} = 1214\ \text{kg/cm}^2.$$

Hohlmast-Querschnitt nach Abb. 325, Schnitt a—a. Hohlmaste werden in der Praxis näherungsweise wie Stäbe auf Biegung mit Längskraft berechnet; maßgebend sind die Schnitte a—a in Mitte der Aussparungen. Der Querschnitt besteht dort aus vier einzelnen Fünfecken, die vergleichsweise durch Quadrate ersetzt und wie ein zusammenhängender Querschnitt behandelt werden. Die Längsbewehrungen sind symmetrisch zu den Achsen u—u und v—v ausgeteilt. Auf ein Quadrat $b \times b$ entfällt ein Gesamtquerschnitt F_e, der sich aus Einzelquerschnitten f zusammensetzt, die die Abstände u von der Achse v—v besitzen. Die vom Biegungsmoment und von der Längskraft hervorgerufenen Teilspannungen werden näherungsweise wieder getrennt berechnet.

Moment: Die Wirkungsebene des angreifenden Momentes gehe durch die Symmetrale u—u, die Nullinie muß daher senkrecht zu u—u liegen. Der wirksame Querschnitt ist bei der Nullinienlage N—N nach Abb. 325 durch $F = 2\,b^2 + 4\,n\,F_e$ gegeben. Zur Bestimmung der Lage der Nullinie, die zugleich Schwerachse des wirksamen Querschnittes ist, wird jetzt das statische Moment der wirksamen Fläche für die Achse v—v angesetzt:

$$S_v = 2\,b^2\, \frac{H - b}{2} = b^2\,(H - b);$$

der Abstand e der Nullinie von v—v ergibt sich sodann aus

$$e = \frac{S_v}{F} = \frac{1}{2} \frac{b^2 (H - b)}{b^2 + 2 n F_e}.$$

Das Trägheitsmoment des wirksamen Querschnittes, bezogen auf v—v, ist

$$J_v = \frac{b}{12}\left[H^3 - (H - 2b)^3\right] + 4 n \sum f u^2,$$

wobei sich die Summe über alle Stahleinlagen eines Quadrates $b \times b$ erstreckt. Das Trägheitsmoment J für die Nullinie ist schließlich

$$J = J_v - F e^2$$

und damit erhält man die Spannungen

$$\sigma_b = \frac{M}{J}\left(\frac{1}{2} H - e\right), \quad \sigma_e = n \frac{M}{J} (_{\max} u + e),$$

$$\sigma_e' = n \frac{M}{J} (_{\max} u - e).$$

Längskraft: Mit der ideellen Fläche $F_i = 4 (b^2 + n F_e)$ ergeben sich die von N hervorgerufenen Spannungen mit den absoluten Beträgen

$$\Delta \sigma_b = \frac{N}{F_i} \quad \text{und} \quad \Delta \sigma_e = - n \Delta \sigma_b = \Delta \sigma_e'.$$

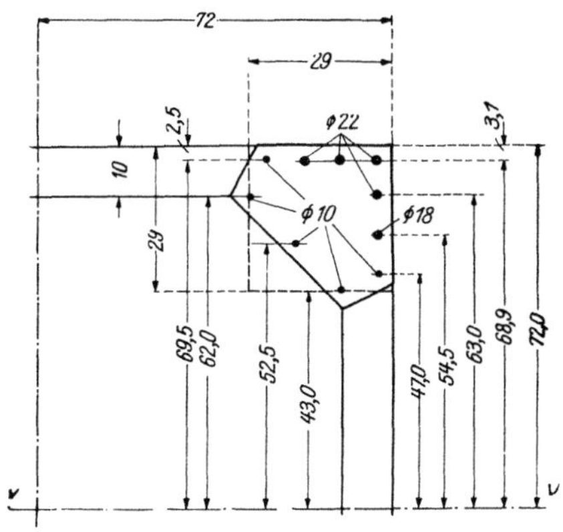

Abb. 326.

Bleiben diese Spannungen klein gegenüber den Biegespannungen, dann dürfen sie diesen überlagert werden; ansonsten müßte die Nullinienlage schon unter Berücksichtigung der Längskraft N ermittelt werden.

Zahlenbeispiel, Abb. 326: Es sei $H = 144$ cm, $b = 29$ cm, $F_e = 21{,}69$ cm² (4 ⌀ 22 + 1 ⌀ 18 + 5 ⌀ 10 mm). Auf den Querschnitt wirkt ein Moment $M = 64200$ kg m und eine Längskraft $N = 13500$ kg.

Man erhält $F = 2 \,.\, 29^2 + 4 \,.\, 15 \,.\, 21{,}69 = 2983$ cm² (wirksamer Querschnitt für Biegung), $F_i = 4 \,.\, 29^2 + 4 \,.\, 15 \,.\, 21{,}69 = 4665$ cm², $S_v = 841 \,.\, (144 - 29) = 96715$ cm³, $e = \frac{96715}{2983} = 32{,}4$ cm, Randabstand der Nullinie $x = 72 - 32{,}4 = 39{,}6$ cm.

Berechnung des Trägheitsmomentes der Bewehrungen bezüglich v—v.

Bewehrung für eine Teilfläche $b \times b$		u	u^2	$f u^2$
Stückzahl und Durchmesser mm	f cm²	cm	cm²	cm⁴
3 ⌀ 22	11,40	68,9	4747,2	54120
1 ⌀ 10	0,79	69,5	4830,3	3820
1 ⌀ 22	3,80	63,0	3969,0	15080
1 ⌀ 18	2,54	54,5	2970,3	7540
1 ⌀ 10	0,79	47,0	2209,0	1740
1 ⌀ 10	0,79	62,0	3844,0	3040
1 ⌀ 10	0,79	52,5	2756,3	2180
1 ⌀ 10	0,79	43,0	1849,0	1460
	$F_e = 21{,}69$			$\Sigma f u^2 = 88980$

Damit erhält man $J_v = \frac{29}{12}(144^3 - 86^3) + 4 \,.\, 15 \,.\, 88\,980 = 1\,108\,000 \text{ cm}^4$ und $J = 1\,108\,000 - 2983 \,.\, 32{,}4^2 = 7\,887\,000 \text{ cm}^4$ und weiterhin

$$\sigma_b = \frac{6\,420\,000}{7\,887\,000}\,39{,}6 + \frac{13\,500}{4\,665} = 32{,}2 + 2{,}9 = 35{,}1 \text{ kg/cm}^2,$$

$$\sigma_e = 15\,\frac{6\,420\,000}{7\,887\,000}\,(69{,}5 + 32{,}4) - 15\,\frac{13\,500}{4\,665} = 1244 - 43 = 1201 \text{ kg/cm}^2 \text{ (Zug)},$$

$$\sigma_e' = 15\,\frac{6\,420\,000}{7\,887\,000}\,(69{,}5 - 32{,}4) + 15\,\frac{13\,500}{4\,665} = 453 + 43 = 496 \text{ kg/cm}^2 \text{ (Druck)}.$$

Das Tragvermögen der Eisenbetonmaste wird dem Verlauf der Größtmomente und der Längskräfte durch die stetige Veränderung des Betonquerschnittes und durch die Abstufung des Bewehrungsquerschnittes angepaßt.: Abb. 300 und 304.

β) Schubsicherung.

Unter der Einwirkung der Querkräfte entstehen in den Masten Schubspannungen. Sie sind im allgemeinen nicht bedeutend und könnten häufig — mindestens in den unteren Mastteilen — vom Beton allein aufgenommen werden. Aber auch dann werden bei diesen Bauwerken stets Querbewehrungen vorgesehen. Sie erhöhen die Biegesteifigkeit und verzögern den Rißbeginn; sie dienen ferner zur Sicherung der Knickfestigkeit der gedrückten Längsbewehrungen. Den Querbewehrungen kommt aber bei Leitungsmasten auch die Aufgabe zu, den Verdrehungswiderstand der Maste zu sichern; dazu müssen diese Bewehrungen als „Umwehrungen“ ausgebildet und entsprechend stark bemessen werden.

γ) Bemessung der Eisenbetonmaste auf Verdrehen.

Gestaltung der Drehbewehrung. Nach den einschlägigen Eisenbetonvorschriften (4a) ist stets eine Drehbewehrung vorzusehen, die die entstehenden Zugkräfte aufzunehmen vermag. Sie kann aus geschlossenen Bügeln (bzw. aus flachgängigen Spiralen) oder aus fortlaufenden, unter 45° ansteigenden Spiralen bestehen. Dadurch erhält man ein räumliches Gitterfachwerk, dessen Ausfachungsstäbe teils von der Bewehrung, teils vom Beton gebildet werden, je nachdem dieselben auf Zug oder auf Druck beansprucht sind. Der Beton vermag diesen Druckwiderstand auch dann noch zu äußern, wenn sein Schubwiderstand bereits erschöpft ist. Als Rippenstäbe dieses Raumfachwerkes dienen die Längsbewehrungen der Maste; damit werden zusätzliche Längsbewehrungen auch im Falle von Bügelumwehrungen meist entbehrlich. Ferner kommen dann die Seitenwände des Raumfachwerkes nahe an die Außenwandungen des Betonkörpers zu liegen, wodurch die günstigste Wirkung erzielt wird; denn das Drehmoment ruft in den Seitenwänden des Gitterfachwerkes Querkräfte hervor, die um so kleiner ausfallen, je größer die Abstände gegenüberliegender Seitenwände sind.

Die Abstände der Bügel oder der Spiralwindungen dürfen nur so groß gewählt werden, daß die Seitenwände des Bewehrungskörpers nach dem Einlegen der gedachten Betondruckstreben noch geschlossene Fachwerke bilden. Dabei sollen aber die Betonstreben möglichst unter 45° gegen die Stabachse geneigt sein. Bei enger Teilung der Querbewehrung werden dann die Seitenwände mehrfache

Fachwerke bilden. So z. B. ergeben die Querbewehrungen in den Abb. 327a und b zweifache Systeme. Allgemein werden diese Fachwerke bei einer Höhe h_k und einer Bügelentfernung c, bzw. bei einer Entfernung t der Spiralwindungen, als $\frac{h_k}{c}$-fache, bzw. als $\frac{h_k}{t}$-fache Systeme berechnet.

Wirkt das Drehmoment immer im selben Sinne auf den Mast ein, dann ist eine Spiralbewehrung (entsprechenden Wicklungssinnes) mit 45°-Anstieg wirtschaftlicher als eine Bügelbewehrung. Bei den Leitungsmasten kann aber das Drehmoment meist den Wirkungssinn wechseln. Für Bügelbewehrungen ist dies belanglos, im Falle einer Querbewehrung mittels Spiralen müssen aber dann sich kreuzende Spiralen vorgesehen werden und damit wird der Baustoffbedarf ebenso groß wie bei Bügeln. Auch als Schubsicherung sind hier Spiralbewehrungen nur als gekreuzte Spiralen geeignet.

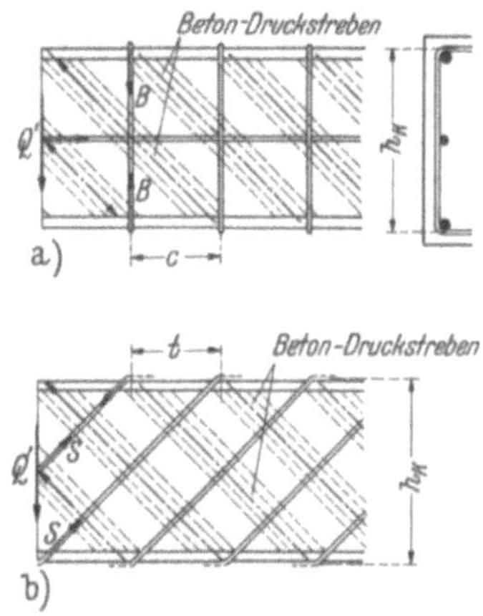

Abb. 327.

Berechnung der Drehbewehrung. In Anlehnung an die Rechenvorschrift im Falle der Schubsicherung ist auch hier zunächst nachzuweisen, daß der unbewehrte Betonquerschnitt bei Zulassung erhöhter Schubspannungen (nach den „Deutschen Bestimmungen" 14 kg/cm², bzw. 16 kg/cm² bei hochwertigem Beton) das einwirkende Drehmoment allein aufzunehmen vermag. Die Querbewehrung selbst ist sodann für die gesamten, bei der Drehungsbeanspruchung auftretenden Zugspannungen zu bemessen. Mit Zustimmung der Baubehörde wird bei Eisenbetonmasten bewährter und erprobter Bauweisen im Falle der Belastung bei Leitungsbruch wohl auch der Drehungswiderstand des Betonkernes (das ist der von der Umwehrung eingeschlossene Betonkörper) in Rechnung gestellt und die Querbewehrung nur für jenen Anteil M_{ed} des einwirkenden Drehmomentes M_d bemessen, der sich nach Abzug des Tragmomentes M_{bd} des Betonkernes (berechnet unter Zugrundelegung der nichterhöhten zulässigen Betonschubspannung) ergibt.

Zur Berechnung der Querbewehrungen hat man die vom Drehmoment in den einzelnen Seitenwänden des Bewehrungskörpers hervorgerufenen Querkräfte zu ermitteln, aus welchen sodann die Stabkräfte der Seitenwandsysteme bestimmbar sind. In den Lehrbüchern von Saliger[53] und Mörsch[54] werden Formeln für die erforderlichen Stahlquerschnitte der Drehbewehrungen entwickelt. Rausch[66] hat diese Berechnung auf beliebig gestaltete Querschnitte erweitert:

1. Bügelbewehrung: Bedeutet M_d das aufzunehmende Drehmoment, c den Abstand der Bügel (der nicht größer als der Mittelwert der in den Fachwerkswänden gemessenen Entfernungen der Längsbewehrungen sein darf), F_k den Querschnitt des Betonkernes und σ_{eb} die zulässige Stahlspannung der Bügel, dann ergibt sich der erforderliche Mindestquerschnitt F_{eb} des Bügeldrahtes aus

$$F_{eb} = \frac{M_d\, c}{2\, F_k\, \sigma_{eb}}. \tag{187}$$

2. Spiralbewehrung mit 45°-Anstieg: Bedeutet t den in Richtung der Stabachse gemessenen Abstand der Drahtwindungen (gleichen Wicklungssinnes), σ_{es} die zulässige Spannung der Spiraldrähte, dann erhält man den erforderlichen Mindestquerschnitt F_{es} der einzelnen Spiraldrähte aus

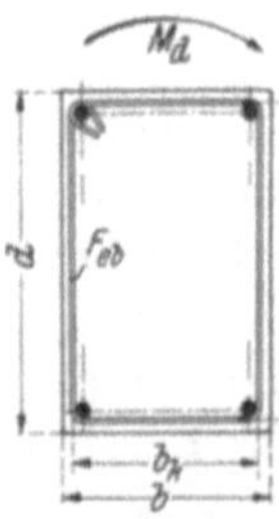

Abb. 328.

$$F_{es} = \frac{M_d\, t}{2\sqrt{2}\, F_k\, \sigma_{es}}. \tag{188}$$

Gl. (188) gilt sowohl für einsinnige als auch für gekreuzte Spiralen, denn im letzteren Falle beteiligen sich auch immer nur Spiralen eines Wicklungssinnes an der Aufnahme von Zugkräften.

Die Gl. (187) und (188) setzen prismatische Stäbe und unveränderliches Drehmoment voraus. Sie sind näherungsweise auch auf Maste üblicher Bauformen anwendbar, solange diese keine zu starke Verjüngung aufweisen, und sie sind auch bei stufenweise veränderlichem Drehmoment benützbar; im letzteren Falle ist nur darauf zu achten, daß an jeder Sprungstelle die hinzukommenden Verstärkungsspiralen noch im Bereich des kleineren Drehmomentes im Beton verankert werden.

Anwendungsbeispiele. 1. Ein Querträger mit Rechteckquerschnitt $b \times d$ erhält als Querbewehrung Bügel, die in Abständen c angeordnet sind (Abb. 328). Mit $F_k = b_k d_k$ wird der erforderliche Bügelquerschnitt nach Gl. (187):

$$F_{eb} = \frac{M_d\, c}{2\, b_k\, d_k\, \sigma_{eb}}.$$

2. Ein Mast mit quadratischem Querschnitt $b \times b$ erhält als Querbewehrung in jeder Seitenwand zwei sich kreuzende Spiralen mit 45°-Anstieg (Abb. 329). In Anlehnung an das für Porr-Maste gebräuchliche Berechnungsverfahren wird der Drehwiderstand des Betons in Rechnung gestellt:

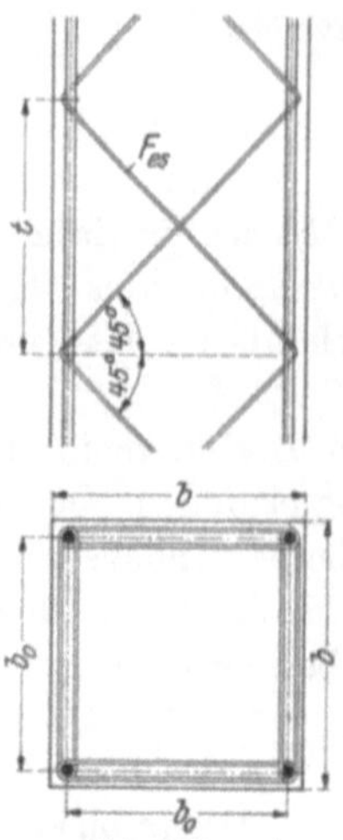

Abb. 329.

Nach Saint-Vénant[27] ist die größte Schubspannung, die von einem Drehmoment M in einem Stabe mit quadratischem Querschnitt $b_0 \times b_0$ hervorgerufen wird, $\tau_{\max} = 4{,}73 \frac{M}{b_0^3}$. Mit $\tau_{\max} = \tau_b =$ zulässige Spannung des Betons auf Schub erhält man hieraus jenen Anteil M_{bd} des einwirkenden Drehmomentes M_d, den der Betonkern $b_0 \times b_0$ aufzunehmen vermag:

$$M_{bd} = \frac{1}{4{,}73}\, b_0^3\, \tau_b.$$

Die Querbewehrung ist dann für das Drehmoment $M_d - M_{bd}$ zu bemessen und mit dem Abstande $t = b_0$ der Windungen und $F_k = b_0^2$ erhält man nach Gl. (188) als erforderlichen Drahtquerschnitt

$$F_{es} = \frac{(M_d - M_{bd})}{2\sqrt{2}\, b_0\, \sigma_{es}}.$$

3. Ein Mast mit I-förmigem Querschnitt nach Abb. 330 erhält folgende Querbewehrung: in jedem Flansch zwei sich kreuzende Spiralen ($t = b_k + d_k$), Drahtquerschnitt F_{es}, im Steg Bügel in Abständen c, Drahtquerschnitt F_{eb}; zu berechnen ist das größte Drehmoment, das dieser Querschnitt unter Berücksichtigung des Drehwiderstandes des Betons aufzunehmen vermag.

a) Tragbares Drehmoment M_{bd} des Betonkernes: mit der zulässigen Schubspannung τ_b des Betons ergibt sich[23]

$$M_{bd} = \frac{2}{9} \sum b_k d_k^2 \tau_b = \frac{2}{9} \tau_b \left[b_k' d_k'^2 + 2 (b_k - b_k') d_k^2\right];$$

b) Tragmoment M_{ed}^F aus der Mitwirkung der Spiralen eines Flansches: nach Gl. (188) erhält man mit

$$F_k = b_k d_k, \quad t = b_k + d_k,$$

$$M_{ed}^F = 2 \sqrt{2}\, b_k d_k \sigma_{es} \frac{F_{es}}{b_k + d_k};$$

c) Tragbares Drehmoment des Steges: mit $F_k = b_k' d_k'$ erhält man aus Gl. (187)

$$M_{ed}^S = 2 b_k' d_k' \sigma_{eb} \frac{F_{eb}}{c},$$

und zusammen:

$$\text{zul}\, M_d = M_{ba} + 2 M_{ed}^F + M_{ed}^S.$$

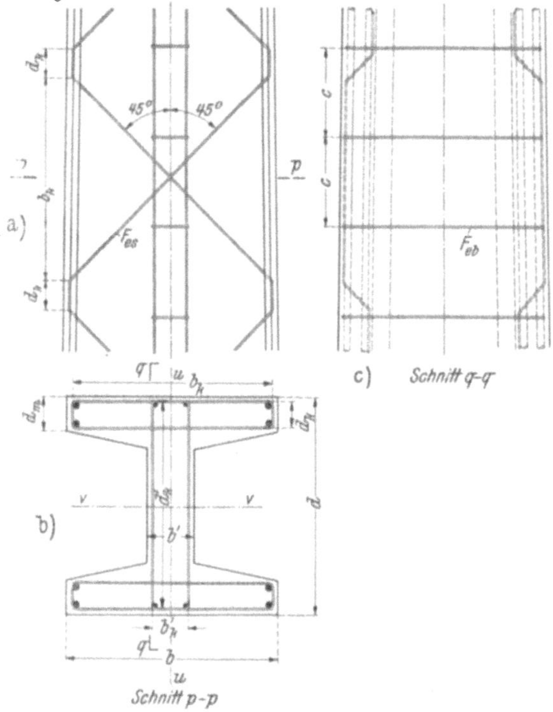

Abb. 330.

4. Hohlmastquerschnitt nach Abb. 331, Aufriß nach Abb. 325: als Querbewehrung sind in jeder Wandfläche zwei sich kreuzende Spiralen ($t = H_0$, Drahtquerschnitt F_{es}) vorgesehen. Zu berechnen ist das größte zulässige Drehmoment M_d.

Da der Querschnitt näherungsweise wie ein einheitlicher Querschnitt berechnet wird, ist $F_k = H_0^2$ zu setzen und damit erhält man aus Gl. (188)

$$\text{zul}\, M_d = 2 \sqrt{2}\, H_0 F_{es} \sigma_{es}.$$

Beanspruchung auf Verdrehen und auf Schub. Bisher wurde nur der alleinige Einfluß eines Drehmomentes berücksichtigt. Nur rühren aber diese Drehmomente meist von außermittig angreifenden Einzelkräften her, so daß auch Querkräfte auftreten und neben der Beanspruchung auf Drehen gleichzeitig auch eine solche auf Schub zustandekommt.

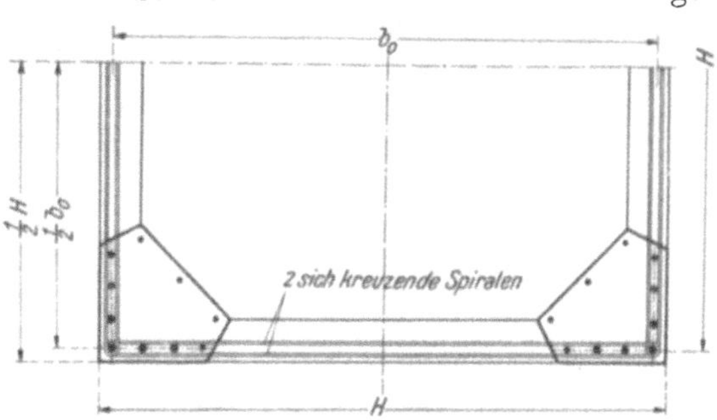

Abb. 331.

In diesem Falle darf die größte, aus der gemeinsamen Einwirkung des Drehmomentes und der Querkraft entstehende, für den unbewehrten Beton berechnete Betonschubspannung den vorschriftgemäßen, erhöhten zulässigen Wert nicht überschreiten; ansonsten wären die Abmessungen des Betonkörpers zu vergrößern. Falls die so ermittelte größte Betonschubspannung auch den normalen zulässigen Wert nicht übersteigt, sind besondere Maßnahmen entbehrlich. Im gegenteiligen Falle aber müssen wieder sämtliche Zugspannungen, und zwar sowohl jene, die bei der Beanspruchung auf Verdrehen entstehen, als auch jene Hauptzugspannungen, die sich aus dem Zusammenwirken von Biege- und Schubspannungen ergeben, von der Querbewehrung aufgenommen werden.

Die erforderlichen Drahtquerschnitte F_{eb} und F_{es} für das einwirkende Drehmoment sind durch die Gl. (187) und (188) bestimmt. Diese Querschnitte sind jetzt noch um ΔF_{eb}, bzw. ΔF_{es} zu vergrößern, damit auch die unter der Querkraftwirkung entstehenden Zugspannungen aufgenommen werden können. Die ΔF_{eb} und ΔF_{es} sind nach den für die Schubsicherung geltenden Berechnungsverfahren zu bestimmen. Dazu wären hier jene Anteile Q' der einwirkenden Querkraft Q zu ermitteln, die auf die zur Richtung von Q parallelen Seitenwände des Bewehrungskörpers entfallen. Beim I-förmigen Querschnitt nach Abb. 330 wird sich beispielsweise eine in Richtung der u-Achse wirkende Querkraft Q_u hauptsächlich nur auf die beiden, durch die Bügellängsseiten gehenden Fachwerkswände verteilen (Abb. 332), so daß auf diese ein Querkraftsanteil von je $Q_u' = \frac{1}{2} Q_u$ entfällt. Eine in Richtung der v-Achse wirkende Querkraft Q_v hingegen wird hauptsächlich von den vier Längswänden der Flanschspiralen aufgenommen werden, so daß diese Fachwerkswände einen Querkraftsanteil von je $Q_v' = \frac{1}{4} Q_v$ erhalten. Aus diesen Teilkräften Q' sind dann die Zugkräfte der Querbewehrungen als Stabkräfte bestimmbar.

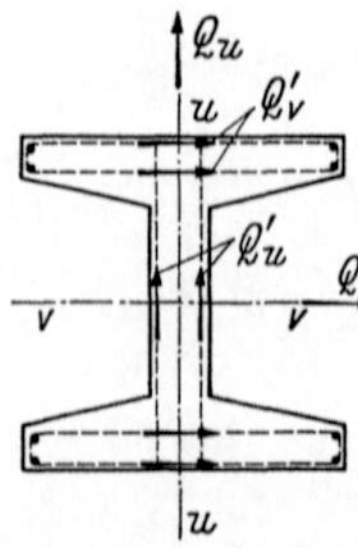

Abb. 332.

Für eine Bügelbewehrung erhält man bei einer Wandhöhe h_k und bei Bügelabständen c (Abb. 327a) die Zugkraft B der Bügel als Stabkräfte der Zwischenpfosten eines $\frac{h_k}{c}$-fachen Fachwerkes zu $B = \frac{c}{h_k} Q'$ und der erforderliche Zuwachs an Bügelquerschnitt wird daher

$$\Delta F_{eb} = \frac{B}{\sigma_{eb}} = \frac{Q' c}{h_k \sigma_{eb}}. \tag{189}$$

Im Falle der Spiralbewehrung (Abb. 327b) entsteht bei einem Abstande t der Windungen die Zugkraft

$$Z = \frac{Q' t}{h_k \sqrt{2}},$$

womit für den erforderlichen Zuwachs an Drahtquerschnitt

$$\Delta F_{es} = \frac{Q' t}{h_k \sqrt{2}\, \sigma_{es}} \tag{190}$$

erhalten wird.

c) Berechnung der Schleuder- und Rüttelbetonmaste.

α) *Schleuderbetonmaste.*

Nach den eingangs angeführten Leitungsbauvorschriften sind diese Maste so zu bemessen, daß mindestens dreifache Sicherheit gegen Bruch erzielt wird.

In den Deutschen Vorschriften sind auch zulässige Spannungen angegeben, und zwar dürfen die Einzelbaustoffe bis zu einem Drittel ihrer Festigkeit beansprucht werden, womit dann erfahrungsgemäß noch mindestens dreifache Bruchsicherheit erreicht wird.

Für die Stahlbewehrung wird also nicht die Streckgrenze oder eine Dehngrenze, sondern die Festigkeit als Bemessungsgrundlage gewählt. Nun ist das Tragvermögen schwachbewehrter Tragwerke aus Eisenbeton erschöpft, sobald die Stahlspannung die Streckgrenze erreicht oder sobald bei Bewehrungsstählen mit nichtausgeprägter Streckgrenze, aber mit ausgedehnterem plastischem Bereich die Dehnung eine bestimmte Größe erlangt. Nie aber kann bei solchen Stählen die Spannung bis zur Bruchgrenze ansteigen. Auch bei den Schleuderbetonmasten wird tatsächlich kaum eine höhere Stahlspannung beim Bruch auftreten als jene, die etwa einer Stahldehnung von 0,4% entspricht. Man würde aber unter Zugrundelegung dieser Spannungsgrenze bei der üblichen Berechnungsweise (Zustand IIb) das Tragvermögen der Schleuderbetonmaste viel zu gering einschätzen. Diese Berechnungsweise versagt hier nämlich. Die Ursache ist darin gelegen, daß weder die Betonspannungen, noch auch — bei höherer Beanspruchung — die Spannungen der im Kreise verteilten Bewehrungen linear über den Querschnitt verlaufen; auch die Wirksamkeit der Betonzugzone erlischt selbst nach starker Rißbildung nicht ganz. Daher wird das Moment der inneren Kräfte viel größer sein als der nach Zustand IIb ermittelte Rechnungswert. Das Tragvermögen solcher Maste läßt sich richtiger einschätzen, wenn die Festigkeiten beider Baustoffe der üblichen Berechnung zugrundegelegt werden.

Zur Bewehrung der Schleuderbetonmaste werden häufig Stähle mit ganz außerordentlich hohen Festigkeiten herangezogen (s. 3 b α). Bei wirtschaftlicher Ausnützung solcher Stähle treten in denselben schon unter den Gebrauchslasten sehr hohe Spannungen und daher auch größere Dehnungen auf. Es fragt sich nun, ob die hierbei entstehenden Risse im Beton nicht bereits den Bestand der Stahleinlagen dieser, ständig den Witterungseinflüssen ausgesetzten Tragwerke gefährden. Jedenfalls muß die Bloßlegung der Bewehrung und daher auch die Breite der Risse und die durch Überwindung der Haftfestigkeit im Bereiche der Bewehrung herbeigeführte Auflockerung des Betons innerhalb bestimmter Grenzen verbleiben.

Maßgebend für die Rißgefahr ist nicht der Rißbeginn, also nicht die Größe der Belastung, unter der die Risse auftreten, sondern nur die Rißbreite, bzw. das Maß der Bloßlegung der Stahlbewehrung. Der Rißbeginn hängt ja auch von vielen anderen Einflüssen ab. Im übrigen sind Rißbildungen in Eisenbetontragwerken nie vermeidbar. Feine Risse, und zwar nicht bloß Schwindrisse, sondern auch statische Risse (Haarrisse mit Breiten bis zu 0,10 ÷ 0,15 mm) treten in jedem Eisenbeton auf; erfahrungsgemäß sind sie bei dichtem Beton für die Stahlbewehrung ungefährlich[53] (im porösen Beton rosten die Stahleinlagen auch unabhängig von Rissen). Schädlich sind aber dauernd offen bleibende, klaffende Risse.

Die Risse entstehen nach Überwindung der Biegezugfestigkeit des Betons. Wie breit sich die Risse öffnen, hängt nicht nur von der Spannung, bzw. von der Dehnung der Bewehrung, die sich nach der Rißbildung und teilweisen Ausschaltung der Betonzugzone einstellt, sondern auch von der Dehnfähigkeit des Betons und von der Haftfestigkeit des Stahles im Beton ab. Ist der Haftwiderstand überwunden und sind stärkere bleibende Formänderungen eingetreten, so können sich die Risse bei der Entlastung nicht mehr schließen. Auch die Entfernungen der Risse beeinflussen die Größe der Rißbreiten.

Bis zu welcher Breite Risse noch für den Bestand des Tragwerkes ungefährlich sind, darüber gehen die Meinungen stark auseinander.

O. Graf[67] ist der Ansicht, daß bei Balken größere Rißbreiten als 0,25 mm voraussichtlich schon unzulässig seien und daß die mittlere Rißbreite etwa bloß 0,15 mm betragen dürfe.

Rengers[68] hat bei Schleuderbetonpfählen im Salzwasser bei 0,3 mm Rißbreiten schon nach einem halben Jahre einen leichten Rostanflug festgestellt.

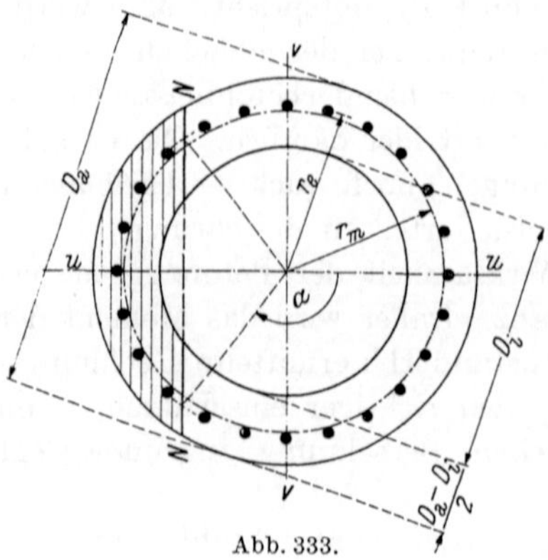

Abb. 333.

Über die Größe der zu erwartenden Risse geben die zahlreichen, für das ostmärkische Schleuderbetonwerk Hofmann u. Co., Kirchdorf, in den Jahren 1933/34 an der Technischen Hochschule in Wien ausgeführten Versuche mit Schleuderbetonmasten (Bewehrung aus Stahl St 120) Aufschluß: Im Falle der Bemessung auf dreifache Bruchsicherheit traten bei einer Mindestbewehrung von 2% im allgemeinen keine größeren Rißbreiten als 0,25 mm auf. Im Falle der Bemessung auf 4,5fache Bruchsicherheit entstanden nur höchstens 0,18 mm breite Risse; die mittleren Rißbreiten waren noch bedeutend kleiner. Aus den Ergebnissen dieser Versuche wurde gefolgert,[69] daß die Bemessung auf dreifache Bruchsicherheit im allgemeinen auch für die Bestandsicherheit der Bewehrung ausreiche. Wollte man besonders vorsichtig sein, dann müßte die Bemessung bloß so durchgeführt werden, daß sich für den dauernd einwirkenden Anteil der Gesamtbelastung eine 4,5fache Sicherheit ergibt. (Damit wäre allerdings — im Gegensatze zur Sicherheit gegen Bruch — die Sicherheit gegen Verrosten der Bewehrung erst kaum wesentlich größer als Eins).

Die praktische Berechnung der Schleuderbetonmaste erfolgt nach den gleichen Grundsätzen wie die der übrigen Eisenbetontragwerke. Für den Nachweis der Spannungen ist Zustand IIb maßgebend. Die durch die Querschnittsform bedingten Umständlichkeiten der Rechnung können durch Benützung geeigneter Hilfstafeln umgangen werden.

Um für einen vorliegenden Rohrquerschnitt die vom Biegungsmoment M und von der Normalkraft N hervorgerufenen größten Beton- und Stahlspannungen berechnen zu können, muß vorerst die Lage der Nullinie bestimmt werden. Da der Einfluß der Normalkraft unbedeutend ist, wird die Nullinienlage in der Regel wieder unter bloßer Berücksichtigung des Momentes M ermittelt. Das kann beispielsweise nach dem zeichnerischen Verfahren von Spangenberg[63] geschehen, das besonders dann heranzuziehen sein wird, wenn die äußere Querschnittsbegrenzung ein Vieleck bildet. Im Falle kreisringförmiger

Rohrquerschnitte kann ein Schaubild von Kleinlogel[63] zur Nullinienbestimmung benützt werden.

Im folgenden gelangen die von Saliger[53] für auf Biegung beanspruchte Kreisringquerschnitte angegebenen vereinfachten Berechnungsformeln und Zahlentafelwerte zur Anwendung, mit deren Hilfe auch gleich die Beton- und Stahlspannungen in einfachster Weise bestimmt werden können und die daher für praktische Berechnungen besonders geeignet sind.

Es sei (Abb. 333):

D_a der äußere und D_i der innere Rohrdurchmesser,

$r_m = \frac{D_a + D_i}{4}$ der Halbmesser des Mittelkreises,

r_e der Halbmesser jenes Kreises, längs welchen die Längsbewehrung mit dem Gesamtquerschnitt F_e verteilt ist.

Die Wandstärke des Rohres wird klein gegenüber dem Durchmesser vorausgesetzt, so daß es erlaubt ist, den Betonquerschnitt längs des Mittelkreises vereinigt zu denken. Ferner wird $r_m \doteq r_e$ gesetzt; da r_m immer ein wenig kleiner als r_e ist, bedeutet diese Näherung, daß an Stelle der Wandstärke $\frac{D_a - D_i}{2}$ der etwas kleinere Wert $d_s = 2\left(\frac{D_a}{2} - r_e\right)$ in Rechnung gestellt wird.

Aus den Gleichgewichtsbedingungen ergibt sich für den Winkel α, durch den die Nullinienlage festgelegt ist, die folgende Bestimmungsgleichung[53]:

$$\alpha - \operatorname{tg} \alpha = \pi (1 + n \mu),$$

wobei $\mu = \frac{F_e}{F_b}$ und $F_b = 2 r_m \cdot \pi \cdot d_s$.

Nach Bestimmung von α erhält man die größte Betonbiegespannung σ_m am Kreise mit r_m aus

$$M = \frac{2\pi (1 + n\mu) - 2\alpha + \sin 2\alpha}{8\pi \cos^2 \frac{\alpha}{2}} F_b \, r_m \, \sigma_m \tag{191}$$

und sodann die größte Stahlspannung aus

$$\sigma_e = n \sigma_m \operatorname{tg}^2 \frac{\alpha}{2}. \tag{192}$$

Zu diesen Biegespannungen sind noch die aus der Druckkraft N sich ergebenden Normalspannungen $\Delta \sigma_e' = -\frac{n N}{F_b + n F_e}$ und $\Delta \sigma_b = \frac{N}{F_b + n F_e}$ hinzuzufügen.

Zahlentafel 41.

$\mu =$	0,008	0,010	0,012	0,014	0,016	0,018	0,020	0,022	0,024	0,026	0,028	0,030	0,040	0,050
$\frac{M}{r_m^2 d_s \sigma_m} =$	2,07	2,25	2,41	2,55	2,68	2,80	2,92	3,05	3,17	3,30	3,43	3,55	4,09	4,64
$\frac{\sigma_e}{\sigma_m} =$	63,0	56,2	50,1	46,1	43,0	40,0	38,0	36,8	35,6	34,4	33,2	30,8	28,1	25,8

In der Zahlentafel 41 sind zu verschiedenen Bewehrungsverhältnissen $\mu = 0{,}008 \div 0{,}05$ die zugehörigen Werte der Hilfsgrößen $\frac{M}{r_m^2 d_s \sigma_m}$ und $\frac{\sigma_e}{\sigma_m}$ verzeichnet. Zum Zwecke des Spannungsnachweises für einen vorliegenden Querschnitt hat man nur dessen Bewehrungsanteil μ auszurechnen und zu diesem die zugehörigen Werte der vorstehenden Hilfsgrößen zu entnehmen, und kann aus diesem unmittelbar die Biegespannungen σ_m, bzw. σ_e bestimmen.

Die Tafelwerte können aber auch zum Aufsuchen der erforderlichen Rohrquerschnitte verwendet werden.

Für die Bemessung der Querbewehrung ist zumeist die Verdrehungsbelastung maßgebend. Es sei M_d das einwirkende Drehmoment, F_{eb} der Drahtquerschnitt jeder der beiden äußeren, flachgängigen, gekreuzten Spiralen, c der Abstand der Windungen; dann ist mit $F_k = r_m \pi^2$ nach Gl. (187) die Spannung der Stahlbewehrung[53]

$$\sigma_{eb} = \frac{M_d \cdot c}{4 \pi r_m^2 F_{eb}}.$$

β) Rüttelbetonmaste.

Auch für das Tragvermögen der auf maschinellem Wege hergestellten Rüttelbetonmaste liefert die Rechnung nach Zustand IIb dann zutreffendere Ergebnisse, wenn für beide Einzelbaustoffe die Bruchfestigkeiten in die Rechnung eingeführt werden. Nach den Deutschen Leitungsbauvorschriften VDE 0210 dürfen auch die zulässigen Spannungen dieser Maste gleich einem Drittel der Festigkeiten der Baustoffe angenommen werden, womit dann erfahrungsgemäß die geforderte dreifache Sicherheit gegen Bruch erreicht wird. Von der Wiedergabe weiterer Einzelheiten der Berechnung, die unter Berücksichtigung der besonderen Querschnittsform nach denselben Grundsätzen wie für die bisher besprochenen Bauformen durchzuführen ist, wird abgesehen.

D. Holzmaste.

1. Allgemeines.

In holzreichen Ländern, wie Schweden, Norwegen und Rußland, werden häufig auch wichtige Übertragungsleitungen mit Holzmasten ausgerüstet. In Amerika wurden Holzmaste sogar schon für Freileitungen mit Betriebsspannungen bis 165 kV ausgeführt. Besonders in gewittergefährdeten Gebieten werden dort Holzmaste bevorzugt, da sie größere Sicherheit gegen Störungen durch Blitzschläge bieten; ihre Anwendung wird auch dadurch begünstigt, daß vorzügliches Holz von geradem, fehlerfreiem Wuchs in Stärken und Längen zur Verfügung steht, in welchen europäische Hölzer kaum zu beschaffen sind.

In Deutschland hingegen wurden Holzmaste erst vereinzelt zum Bau von Freileitungen größerer Betriebsspannungen herangezogen; als Beispiele seien die 110-kV-Leitungen Schluchsee—Forbach und Rheinau—Kraftwerk Mannheim (mit 22,5—27 m hohen, in Abständen von rund 250 m stehenden Holzgittermasten) genannt. In der Regel werden aber Holzmaste nur für Leitungen mit kleinerer Betriebsspannung und mit kleineren Spannweiten verwendet.

Wirtschaftliche Lösungen mit Holzmasten sind nämlich im allgemeinen nur möglich, wenn die Maste einfach herzustellen sind und wenn dabei doch genügend große Spannweiten erzielt werden können. Dem letzteren Umstande kommt um so größere Bedeutung zu, je höher die Betriebsspannung, je höher also die Kosten für die Isolierung der Leiter an jedem Stützpunkte sind. Bei Freileitungen niedriger Betriebsspannung treten diese Kosten so weit zurück, daß schon bei Spannweiten von 50 und 60 m wirtschaftliche Ausführungen möglich sind, indem die Zwischenmaste dann als einfache Maste oder als verschraubte Doppelmaste hergestellt werden können und nur geringe Anarbeitungskosten erfordern.

Bei Leitungen höherer Betriebsspannung aber müssen im Hinblick auf die Kosten der Isolierung größere Stützweiten erreicht werden. Nun lassen sich auch noch Spannweiten von 150 und 160 m mit verhältnismäßig einfachen Holzkonstruktionen erzielen, wenn alle Leiter in gleicher Höhe verlegt und Zweiständermaste zur Anwendung gelangen. Noch größere Mastabstände bedingen aber schon Masthöhen, die nur durch Ausführung von Stielstößen zu erreichen sind. Durch diese verteuert sich die Anarbeitung und unter Berücksichtigung der geringeren Lebensdauer der Holzmaste (deren mechanische Sicherheit überdies im Laufe der Zeit eine stete Minderung erfährt) kann deren Wirtschaftlichkeit gegenüber Stahl- oder Eisenbetonmasten bereits in Frage gestellt sein.

Hinsichtlich der Berechnung und Ausführung der Holzmaste enthalten die deutschen Leitungsbauvorschriften VDE 0210 folgende Bestimmungen:

Holzmaste.

§ 20.

Allgemeines.

a) Die zugelassenen Mindestzopfstärken sind:

bei einfachen oder verstrebten Masten	15 cm,
„ A-Masten oder verdübelten Doppelmasten	10 „ ,
„ nicht verdübelten Doppelmasten	9 „ .

Für Strecken, die mit „erhöhter Sicherheit“ ausgeführt werden, für Reichsautobahnkreuzungen nach § 32 sowie für Bahn-, Post- und Wasserstraßenkreuzungen, die nach § 35 ausgeführt werden, gelten die in § 33 vorgeschriebenen Mindestzopfstärken.

Streben müssen mindestens 9 cm Zopfstärke haben.

b) Für den Schutz der Stahlteile an Holzmasten gilt § 23 a und b. Alle Schnittflächen der Hölzer sind mit heißem säurefreien Teer zu streichen oder mit einem gleichwertigen Mittel gegen Zerstörung zu schützen.

c) Bei A-Masten müssen die beiden Stangen am oberen Ende durch wenigstens einen Hartholzdübel oder eine nachweislich mindestens gleichwertige Ausführung miteinander verbunden werden. In der freien Länge ist wenigstens eine Querversteifung in der Mindeststärke des Zopfdurchmessers der einzelnen Stangen vorzusehen. Unmittelbar unter der Querversteifung und gleichlaufend mit ihr ist ein Bolzen von mindestens $^3/_4''$ einzuziehen. Am unteren Ende ist eine Zange anzuordnen, deren Hölzer in den Mast einzulassen und mit ihm durch Bolzen von mindestens $^3/_4''$ zu verbinden sind.

d) Verdübelte Doppelmaste sind je nach ihrer Länge mit 4—6 Dübeln zu versehen und zu verschrauben, und zwar einmal an beiden Enden und im übrigen auf die Mastlänge so verteilt, daß im gefährlichen Querschnitt oder in dessen Nähe keine Querschnittschwächung durch Schrauben- oder Dübellöcher verursacht wird.

Von den Verbindungsbolzen ist wenigstens je einer dicht neben den Dübeln anzuordnen. Sie müssen bei Doppelmasten bis zu 13 cm Zopfstärke mindestens $^1/_2''$, von 14/16 cm Zopfstärke $^5/_8''$ und bei stärkeren Masten $^3/_4''$ stark gewählt werden.

An Stelle der Verdübelung und Verschraubung kann auch eine andere gleichwertige Verbindung gewählt werden.

e) Holzmaste müssen gegen Fäulnis wirksam geschützt sein. Gegen Fäulnis nicht geschützte Maste sind nur in Verbindung mit Erdfüßen zulässig (sie § 30a).

Ein- oder mehrmaliger Anstrich gilt nicht als wirksamer Schutz gegen Fäulnis.

Bei Verwendung von drehwüchsigen Holzmasten ist Vorsicht geboten.

§ 21.
Festigkeitsberechnung.

a) Bei der Berechnung der Maste ist gerader Wuchs und eine Zunahme des Stangendurchmessers von 0,7 cm je Meter Stangenlänge anzunehmen.

Zur Beurteilung des geraden Wuchses von Holzmasten gilt als Anhalt, daß eine zwischen Erdaustritt und Zopfende an den Mast gelegte Schnur in keinem Punkt größeren Abstand vom Mast haben darf, als der Masthalbmesser an dieser Stelle beträgt.

b) Für einfache Tragmaste kann die Zopfstärke Z nach folgender Näherungsformel berechnet werden:

$$Z = 0{,}65\, H + k \sqrt{a \,.\, \Sigma d}.$$

Hierin ist:

H = Gesamtlänge des Mastes in Meter,
Σd = Summe der Durchmesser aller an dem Mast verlegten Leitungen in Millimeter,
a = Spannweite in Meter,
k = 0,22 für eine zulässige Biegungsspannung von 145 kg/cm² (siehe § 22),
k = 0,19 für eine zulässige Biegungsspannung von 190 kg/cm² (siehe § 22).

c) Bei A-Masten muß das in halber Knicklänge vorhandene Trägheitsmoment I in cm⁴ mindestens sein:

$$I = n \,.\, 5\, P l^2.$$

Nur bei Buchenholz ist $I = n \,.\, 3\, P l^2$ zulässig.

Hierin ist:

P = Druckkraft in Tonnen,
l = Knicklänge in Meter,
n = Knicksicherheit.

Als Knicklänge gilt bei eingegrabenen Masten die Entfernung von Mitte Dübel bzw. Schraubenbolzen bis zur halben Eingrabetiefe.

d) Bei Doppelmasten ist das doppelte Widerstandsmoment eines einfachen Mastes einzusetzen, wenn die Ausführung § 20d nicht entspricht. Bei Doppelmasten, die dieser Bestimmung entsprechen, darf das 3fache Widerstandsmoment des einfachen Mastes eingesetzt werden, wenn die Kraftrichtung in der durch die beiden Stangenachsen gehenden Ebene liegt.

e) Für die nach § 17c für Belastung bei Leitungsbruch zu berechnenden Holzgittermaste gelten die in § 23e angegebenen Formeln.

§ 22.
Zulässige Spannungen.

a) Holzmaste sind im übrigen so zu bemessen, daß die nachstehenden Spannungen nicht überschritten werden:

	Nadelhölzer kg/cm²	Harthölzer kg/cm²
1. Zug, Druck in der Faserrichtung und Biegung	145	190
2. Druck quer zur Faserrichtung	35	50
3. Abscheren in der Faserrichtung	18	20
4. Abscheren senkrecht zur Faserrichtung	30	40

Hierbei ist für Nadelholz eine Bruchfestigkeit von 550 kg/cm², für Hartholz eine solche von 850 kg/cm² angenommen. Für die Knicksicherheit n ist die Zahl 4 einzusetzen.

b) Bei der Berechnung von Holzgittermasten nach § 17c dürfen die unter a, 1 bis 4, angegebenen zulässigen Spannungen um 50% erhöht werden. Bei den auf Knicken zu berechnenden Stäben ist 3fache Knicksicherheit ausreichend.

§ 30.

Mastfüße.

Erdfüße für Holzmaste müssen aus einem Werkstoff bestehen, der von Fäulniserregern nicht angegriffen werden kann (Stahl, Eisenbeton od. dgl.), oder aus Holz sein, das gegen Fäulnis wirksam geschützt ist. Die zulässigen Spannungen für die Werkstoffe des Fußes und der Verbindung zwischen Fuß und Mast dürfen nicht überschritten werden (s. §§ 22—25). Mast und Fuß sind so zu verbinden, daß der Luftzutritt zum Holz möglichst wenig behindert wird.

2. Baustoffe.[72, 73, 74]

Für den Aufbau der Maste wird vorwiegend Nadelholz verwendet, das sich durch seinen schlanken, geraden Wuchs auszeichnet. In Deutschland kommen Kiefer und Lärche, sowie Fichte und Tanne in Betracht. Verschiedene Bauteile der Maste werden auch aus Laubhölzern, und zwar aus Eiche, Buche und Esche hergestellt.

Die Festigkeitseigenschaften des Holzes sind vielerlei Einflüssen unterworfen; sie wechseln auch bei gleichem Holz von Stamm zu Stamm und sind selbst innerhalb desselben Stammes verschieden.

Vor allem hängt die Festigkeit von den Wachstumsbedingungen ab. Die zur Verarbeitung gelangenden Holzarten zeigen im Stammquerschnitt ringartige Zonen verschiedener Beschaffenheit, die Jahresringe. Dabei sind die aufeinanderfolgenden Zonen abwechselnd hell und dunkel gefärbt. Das hängt damit zusammen, daß die klimatischen Bedingungen im Frühjahr andere sind als im Sommer und Herbst. Hieraus ergibt sich der Unterschied zwischen dem Frühholz und dem Spätholz. Das letztere ist viel fester als das Frühholz; an Stäbchen wurden Festigkeiten bis zu 5000 kg/cm² Zug beobachtet. Nun ist die mittlere Werkstoffestigkeit keineswegs aus der Summe der Einzelfestigkeiten des Früh- und Spätholzes bestimmbar, da der innere Widerstand des Frühholzes vorzeitig überwunden wird. Je größer aber der mengenmäßige Anteil des Spätholzes am Gesamtholz ist, desto größer ist auch dessen Festigkeit. Dieser Anteil hängt nun von den Wachstumsbedingungen, also vom Klima, von der Bodenbeschaffenheit, von der Sonnenbestrahlung, von den Windverhältnissen und von der Dichte des Waldbestandes ab.

Aus dem Stamm herausgearbeitete Holzteile besitzen aber auch je nach ihrer Lage im Stamme verschiedene Eigenschaften. Nicht das gesamte Holz eines Stammes nimmt am Leben des Baumes teil, sondern hauptsächlich nur das äußere, jüngere Splintholz, während das meist dunkler gefärbte Kernholz, in welchem im Laufe der Zeit verschiedene Stoffe, wie Harz, Gummi, Gerbstoffe, Mineralien und Farbstoffe abgelagert werden, sich kaum am Saftstrom beteiligt. Die Eigenschaften des Splint- und Kernholzes sind demnach auch mehr oder weniger verschieden, und besonders im frischen Holz ist das Splintholz fester als das Kernholz. Der schwächste Teil aber ist das von den innersten Jahresringen umschlossene Herz des Stammes.

In hohem Maße hängt die Festigkeit des Holzes von seinem Feuchtigkeitsgehalt ab. Die Festigkeitszunahme vom frischen bis zum lufttrockenen Zustande kann auch 100% betragen! Festigkeitsangaben ohne gleichzeitige Bezugnahme auf den Feuchtigkeitsgehalt sind daher praktisch wertlos. Mit abnehmendem Feuchtigkeitsgehalt nimmt aber die Festigkeit nicht ständig zu; bei sehr kleinem Feuchtigkeitsgehalt kann sie auch wieder abnehmen, wie O. Graf[75] hinsichtlich der Zug- und Scherfestigkeit von Fichten- bzw. Kiefernholz nachgewiesen hat. Der Feuchtigkeitsgehalt beeinflußt auch die Größe des Dehnmaßes: feuchte Holzkonstruktionen biegen sich unter gleichen Lasten stärker aus als trockene. Vom Feuchtigkeitsgehalt hängt natürlich auch das Raumgewicht ab, und es ist zu unterscheiden das Grüngewicht des frischen Holzes, das Lufttrockengewicht und das Darrgewicht des im Trockenofen vom Wasser befreiten Holzes. Lufttrockenes Holz besitzt im Mittel einen Feuchtigkeitsgehalt von 15%.

Beim Übergang vom frischen in den lufttrockenen Zustand tritt Schwinden auf, das nach verschiedenen Richtungen hin verschieden groß ist. In der Längsrichtung beträgt das Schwindmaß 0,1%, in radialer Richtung 3—5% und in der Richtung des Umfanges 6—10%. Zufolge der Verschiedenheit der beiden letztgenannten Schwindmaße treten beim Austrocknen des Holzes innere Spannungen auf, durch welche die Schwindrisse verursacht werden.

Die Leitungsmaste sind ständig den Einflüssen der Witterung ausgesetzt und daher schwankt ihr Feuchtigkeitsgehalt innerhalb bestimmter Grenzen. Dieser Feuchtigkeitswechsel mindert die Güte des Holzes (vgl. 7).

Da die Festigkeit des Holzes mit seiner Dichtheit zunimmt, besitzen bei gleichem Feuchtigkeitsgehalt Hölzer mit dem größeren Raumgewicht auch höhere Festigkeiten. Das spezifische Gewicht des Holzes ohne Hohlräume beträgt 1,5—1,56 t/m^3; das Raumgewicht lufttrockenen Fichtenholzes kann zu 0,4 t/m^3, das des Eichenholzes zu 0,9 t/m^3 angenommen werden.

Die Festigkeit der hölzernen Bauteile hängt auch von der Ästigkeit und von der Art des Wuchses ab. Das wird erklärlich, wenn man berücksichtigt, daß das Holz kein isotroper Baustoff ist und sein Gefüge und seine Festigkeit nach verschiedenen Richtungen hin verschieden sind. Die Zug-, Druck- und Biegefestigkeit des Holzes in Faserrichtung ist ungleich größer als quer zur Faser, und im letzteren Falle besteht bei Holzteilen, die aus dem Stamm herausgeschnitten wurden, wieder ein Unterschied, ob die Beanspruchung in radialer Richtung oder in Richtung des Stammumfanges erfolgt. Die kleinsten Festigkeiten ergeben sich in radialer Richtung. Damit ist nun leicht zu erklären, daß ästiges Holz, selbst bei festgewachsenen Ästen und trotz der an sich größeren Festigkeit des Astholzes, kleineres Tragvermögen aufweist als astfreies Holz. Denn an jeder Aststelle entsteht eine Ungleichmäßigkeit im Faserverlauf; treten am astfreien Holz nur Normalspannungen in Faserrichtung auf, so werden unter der gleichen Belastung an Orten von Ästen auch quer zu den Fasern gerichtete Spannungskomponenten auftreten, und dadurch ergibt sich die Minderung des Tragvermögens. Noch ungünstiger verhält sich drehwüchsiges Holz (bei welchem also die Fasern nicht geradlinig, sondern schraubenlinienförmig verlaufen). Bei Holzbalken, die aus solchen drehwüchsigen Stämmen herausgearbeitet werden, liegen dann die Fasern nicht parallel zur Trägerachse, sie werden daher an den Seitenwänden durchschnitten, und schon das Auftreten von Schwindrissen kann zu gefährlichen Minderungen der wirksamen Holzquerschnitte führen.

3. Baustoffprüfung.

Zur Prüfung der Festigkeit des Holzes werden häufig bloß Druckproben ausgeführt. Man verwendet dazu würfelförmige Probekörper, die in der Faserrichtung gedrückt werden. Die Zerstörung erfolgt durch Ausknicken der Holzfasern. Die Festigkeitswerte sind von der Größe dieser Würfel abhängig; so besitzen Würfel mit 20 cm Kantenlänge nur etwa 80% der Festigkeit von Würfeln mit 12 cm Kantenlänge. Die Druckfestigkeit größerer Prüfkörper (Prismenfestigkeit) ist etwa drei Viertel der Würfelfestigkeit.

Die Druckfestigkeit des Holzes quer zur Faser ist bei Nadelholz nur $^1/_8$ bis $^1/_{11}$, bei Eichenholz rund $^1/_3$ der Druckfestigkeit in Faserrichtung. Die Querdruckfestigkeit wird größer, wenn der Druck nicht auf die ganze Länge des Holzes, sondern nur auf einen beschränkten Teil derselben ausgeübt wird (Schwellendruck).

Die Zugfestigkeit ist schwerer zu ermitteln. Die Versuche werden an Flach- oder Rundstäben ausgeführt, die Zerstörung erfolgt aber häufig durch Überwindung der Scherfestigkeit. In Faserrichtung ist die Zugfestigkeit größer als die Druckfestigkeit. Mit zunehmender Neigung der Kraftrichtung gegen die Faserrichtung nimmt die Zugfestigkeit rascher ab als die Druckfestigkeit, und sie wird daher auch stärker als diese durch Ästigkeit oder Drehwuchs herabgesetzt. Größere Probekörper ergeben eine geringere Zugfestigkeit als kleinere.

Die Scherfestigkeit parallel zur Faser beträgt etwa $^1/_6$—$^1/_8$, für größere Probekörper höchstens $^1/_7$—$^1/_{10}$ der Druckfestigkeit. Für Abscheren senkrecht zur Faserrichtung ist die Festigkeit wesentlich größer.

Die Biegefestigkeit liegt im allgemeinen zwischen der Druck- und Zugfestigkeit. Trotzdem die Druckfestigkeit kleiner als die Zugfestigkeit ist, beginnt doch die Zerstörung von Biegeproben häufig an der Zugseite. Die Ursache liegt darin, daß bei starker Beanspruchung des Holzes das Dehnmaß für Zug wesentlich größer ist als das für Druck. Daher sind die Biegespannungen keineswegs verhältnisgleich dem Abstande von der Nullinie, und sie verlaufen daher nicht gerade über den Querschnitt, sondern gemäß Abb. 334 nach einer gekrümmten Linie. Werden somit die Randspannungen nach der elementaren Biegungstheorie aus $\sigma = \frac{M}{W}$ bestimmt, so erhält man damit die Randdruckspannung zu groß, die Randzugspannung aber zu klein.

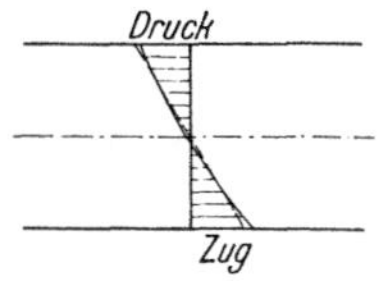

Abb. 334.

Die Biegefestigkeit hängt wieder von der Größe der Probestäbe ab; um genaueren Aufschluß über die Festigkeit von Masten zu erlangen, müßten Prüfkörper annähernd gleich großer Abmessungen untersucht werden.[76]

In der Zahlentafel 42 sind Mittelwerte der Festigkeiten für lufttrockenes Nadel- und Eichenholz wiedergegeben.[77]

Zahlentafel 42.

Holzart	Festigkeit kg/cm² für				
	Zug	Druck	Biegung	Scheren parallel zur Faser	Druck quer zur Faser
Nadelholz	730	330	550	65	40—70
Eichenholz	920	400	620	75	120—150

4. Grundlagen für die Festigkeitsberechnung hölzerner Bauteile.

Für die Ermittlung des Eigengewichtes hölzerner Maste sind im Sinne der Din 1074 (hölzerne Straßenbrücken) — die Vorschriften VDE 0210 enthalten keine Angaben — folgende Raumgewichte in Rechnung zu stellen:

für Fichten- und Tannenholz ..... 700 kg/m³,
,, Lärchen- und Kiefernholz .... 750 ,, ,
,, Buchen- und Eichenholz...... 1000 ,, .

Hinsichtlich der zulässigen Spannungen wird auf VDE 0210, § 22 verwiesen. Über zulässige Druckspannungen für Druck schräg zur Faserrichtung (Winkel $\alpha°$) sind keine Festlegungen getroffen. Es empfiehlt sich in solchen Beanspruchungsfällen gemäß Din 1052 (Bestimmungen für die Ausführung von Bauwerken aus Holz im Hochbau) die zulässigen Spannungen durch Zwischenschaltung zwischen dem zulässigen Druck in Faserrichtung ($\alpha = 0$) und rechtwinkelig zur Faserrichtung ($\alpha = 90°$) zu ermitteln. Mit den zulässigen Spannungswerten nach VDE 0210, § 22 erhält man für Nadelholz $\sigma_{zul} = 145 - \frac{145 - 35}{90} \alpha° = 145 \times \times (1 - 0{,}0084\, \alpha°)$, für Eiche und Buche $\sigma_{zul} = 190\,(1 - 0{,}0088\, \alpha°)$. Wird beispielsweise Nadelholz unter 30° gegen die Faserrichtung gedrückt, so ist $\sigma_{zul} = 145\,(1 - 0{,}252) = 108$ kg/cm².

a) Bemessung der Zugstäbe.

Beim Nachweis der Zugspannungen sind im gefährlichen Querschnitt und in dessen Nähe alle Verschwächungen durch Dübel, Schrauben, Einkämmungen usw. zu berücksichtigen.

b) Bemessung der Druckstäbe.

α) *Mittiger Kraftangriff.*

Nach VDE 0210 ist nach der Euler-Formel Gl. (87) bzw. (88) zu rechnen. Aus Gl. (87) folgt mit $E = 100000$ kg/cm² für Nadelholz und mit $\pi^2 \doteq 10$, $S_K = \nu S$ (S_K = Knicklast, S = Gebrauchslast):

$$J_{\text{erf}} = 10\, \nu\, S\, s_K^2, \tag{193}$$

worin S in t und die Knicklänge s_K in m einzusetzen sind; J_{erf} wird dann in cm⁴ erhalten. Die Knicksicherheit ist nach VDE 0210 mit $\nu = 4$ anzunehmen.

Für A-Maste enthält § 21 c der VDE 0210 die folgende Berechnungsformel für das erforderliche Trägheitsmoment (in cm⁴) der Stiele:

$$J_{\text{erf}} = 5\, \nu\, S\, l^2, \tag{194}$$

gültig für Nadelholz. Hierin bedeutet l die Entfernung zwischen Dübelmitte und halber Eingrabetiefe in Meter. J_{erf} bezieht sich auf den Querschnitt in Mitte der Höhe l. Diese Formel Gl. (194) geht aus Gl. (193) hervor, wenn als Knicklänge $s_K = \frac{l}{\sqrt{2}}$ in Rechnung gestellt wird. Zu diesem Werte s_K gelangt man für Knicken in der Mastebene, wenn der Querriegel außer Betracht bleibt und der gedrückte Stiel in halber Eingrabetiefe als starr eingespannt und am Dübel geführt angesehen wird; es liegt dann der Knickfall nach Abb. 120c, mit $s_K \doteq 0{,}7\, l \doteq \frac{l}{\sqrt{2}}$, vor. Aber auch für Knicken aus der Ebene erhält man praktisch die gleiche Knicklänge: es ist nämlich nach B, 6 b α (Kippen der Flachmaste): $s_K = 0{,}66\, l \doteq \frac{l}{\sqrt{2}}$.

Nun gilt aber die Euler-Formel Gl. (87) wieder nur für Schlankheiten $\lambda \geqq \lambda_P$, wobei für Holz $\lambda_P = 100$ anzunehmen ist. Für kleinere Schlankheiten liefert diese Formel zu günstige Ergebnisse. Es sei daher die Berechnungsweise nach Din 1052 wiedergegeben, nach welcher im Sinne Tetmajers[8] der Verlauf der Knickspannungslinie im Bereich der unelastischen Knickung geradlinig angenommen wird; es gilt für $\lambda \leqq 100$:

$$\left.\begin{array}{ll} \text{für Nadelholz} \ldots\ldots\ldots & \sigma_K = 300 - 2\lambda \text{ kg/cm}^2, \\ \text{,, Eiche und Buche} \ldots\ldots\ldots & \sigma_K = 375 - 2\lambda \text{ kg/cm}^2, \end{array}\right\} \tag{195}$$

während für $\lambda \geqq 100$ die σ_K aus Gl. (88) wie folgt zu berechnen sind:

$$\left.\begin{array}{ll} \text{für Nadelholz } (E = 100000 \text{ kg/cm}^2) \ldots\ldots & \sigma_K = \dfrac{1000000}{\lambda^2} \text{ kg/cm}^2, \\ \text{,, Eiche und Buche } (E = 125000 \text{ kg/cm}^2) \ldots & \sigma_K = \dfrac{1250000}{\lambda^2} \text{ kg/cm}^2. \end{array}\right\} \tag{196}$$

Im übrigen gelangt wieder das ω-Verfahren zur Anwendung [s. B, 4 b α, Gl. (90 a)]. Die auf Grund einer zulässigen Spannung auf reinem Druck von 80 kg/cm² (Nadelholz) bzw. 100 kg/cm² (Hartholz) und einer von $\nu = 3{,}75$ ($\lambda = 0$) bis $\nu = 5{,}25$ ($\lambda = 200$) geradlinig ansteigenden Knicksicherheit ermittelten Knickziffern ω sind in der Zahlentafel 43 verzeichnet. Würde man beispielsweise Druckstäbe aus Nadelholz nach diesem Verfahren und mit der in den VDE 0210 festgelegten zulässigen Spannung von 145 kg/cm² bemessen, dann erhielte man bei $\lambda = 0$ nur eine Knicksicherheit von $\frac{80}{145} 3{,}75 = 2{,}07$ und bei $\lambda = 200$ eine solche von $\nu = 2{,}9$, gegenüber der vorgeschriebenen vierfachen Sicherheit. Tatsächlich liefert aber die in den VDE-Vorschriften festgelegte Berechnungsweise nach der Euler-Formel bei kleineren Schlankheiten noch weit kleinere Sicherheiten: so wird z. B. für $\lambda = 40$ und im Falle der Bemessung auf vierfache Sicherheit tatsächlich nur eine Sicherheit von 1,4 erreicht, wie man sich durch Ausrechnen der zu $\lambda = 40$ gehörigen σ_K aus Gl. (196) und (195) leicht überzeugen kann.

Zahlentafel 43.

λ	ω	$\frac{\Delta\omega}{\Delta\lambda}$	λ	ω	$\frac{\Delta\omega}{\Delta\lambda}$
					0,083
0	1,00		110	4,43	
		0,009			0,093
10	1,09		120	5,36	
		0,011			0,103
20	1,20		130	6,39	
		0,013			0,114
30	1,33		140	7,53	
		0,014			0,125
40	1,47		150	8,78	
		0,018			0,136
50	1,65		160	10,14	
		0,022			0,148
60	1,87		170	11,62	
		0,027			0,160
70	2,14		180	13,22	
		0,035			0,173
80	2,49		190	14,95	
		0,046			0,185
90	2,95		200	16,80	
		0,065			
100	3,60				
		0,083			

β) *Außermittiger Kraftangriff.*

Stäbe, die erheblich außermittig gedrückt werden oder die neben der mittigen Druckkraft S noch ein Biegungsmoment M aufzunehmen haben, müssen nach Din 1052 folgenden Bedingungen entsprechen:

$$\left.\begin{array}{ll} \text{Nadelholz} \ldots\ldots\ldots\ldots & \sigma = \omega \dfrac{S}{F} + \dfrac{8}{10}\dfrac{M}{W_n} \leqq \sigma_{\text{zul}}, \\ \text{Eiche und Buche} \ldots\ldots & \sigma = \omega \dfrac{S}{F} + \dfrac{10}{11}\dfrac{M}{W_n} \leqq \sigma_{\text{zul}}. \end{array}\right\} \quad (197)$$

Dabei ist wieder (vgl. B, 4 b β), ohne Rücksicht auf die Richtung der Ausbiegung, der jeweilige Größtwert von ω in Rechnung zu stellen. Das Moment M und das nutzbare Widerstandsmoment W_n sind auf die Achse des unverschwächten Querschnittes zu beziehen.

c) Bemessung auf Biegung beanspruchter Stäbe.

Die Spannungen sind für den gefährlichen Querschnitt, unter Berücksichtigung der Verschwächungen durch Dübel, Schrauben, Einkämmungen usw., nachzuweisen.

d) Bemessung von Holzstäben auf Verdrehen.

Für Holzstämme mit dem Durchmesser d gelten wieder die Gl. (106) ÷ (108), für Rechteckquerschnitte $a \times b$ $(a > b)$ ist[23] $\tau_{\max} = \dfrac{9}{2}\dfrac{M_d}{a\,b^2}$ und für den quadratischen Querschnitt $a \times a$ gilt[27] $\tau_{\max} = 4{,}73 \frac{M_d}{a^3}$. Die errechneten größten Schubspannungen dürfen den zulässigen Wert für Abscheren parallel zur Faserrichtung nicht überschreiten.

e) Bemessung von Holzstäben im Falle zusammengesetzter Beanspruchung.

Es besteht keine Möglichkeit, aus dem Zusammenwirken von Normalspannungen (zufolge der Längskraft und der Biegungsmomente) und Schubspannungen (zufolge der Querkräfte und Drehmomente) ein Maß für die Anstrengung des anisotropen Baustoffes Holz abzuleiten. Es bleibt daher im allgemeinen nichts anderes übrig, als gleichartige Spannungen für sich zusammenzufassen und nachzuweisen, daß die zugehörigen, für die gleiche Beanspruchungsrichtung gegenüber der Faserlage gültigen zulässigen Spannungen nicht überschritten werden. Anderseits ist beispielsweise bekannt, daß die Scherfestigkeit parallel zur Faserrichtung ganz wesentlich herabgesetzt wird, wenn rechtwinkelig zur Scherfläche gleichzeitig Zugspannungen auftreten. In solchen Fällen empfiehlt es sich, nur die halben Werte der sonst zulässigen Spannungen in Rechnung zu stellen.

5. Verbindungsmittel.

Die Stiele der Holzmaste bestehen fast ausnahmslos aus Rundhölzern; in gleicher Ebene mit den Stielen liegende Streben und Riegel werden ebenfalls aus Rundhölzern, sonst aus Halbhölzern gebildet. Kanthölzer gelangen nur vereinzelt, hauptsächlich bloß für Zangen zur Anwendung. Daher kommen auch für den Zusammenbau der Holzmaste vorwiegend nur Bolzen- und Holzdübelverbindungen in Betracht und die erforderlichen Holzverbindungen werden zimmermannsmäßig ausgeführt. Neuere Holzbauweisen haben im Bau von Leitungsmasten kaum noch Anwendung gefunden.

a) Bolzenverbindungen.

Die Kraftübertragung erfolgt rechtwinkelig zur Bolzenachse und die Art der Verteilung der Kraft längs der Lochwand hängt wesentlich von der Biegesteifigkeit des Bolzens ab. Da eine einwandfreie Berechnung der auftretenden Spannungen nicht möglich ist, wird die Bemessung auf Grund der Ergebnisse von Versuchen durchgeführt.[78]

Bei den Bolzenversuchen hat sich gezeigt, daß bei angezogenen Muttern die Kraftübertragung anfangs hauptsächlich durch Reibung erfolgt. Unter größeren Lasten wird dann die Kraftübertragung durch die Biegesteifigkeit des Bolzens bewirkt und schließlich kommt dann nach Eintritt stärkerer Bolzenverformungen auch eine Seilwirkung zustande, so daß die Schraubenbolzen noch auf Zug beansprucht werden.

Nach Din 1052 werden ein- und zweischnittige Bolzenverbindungen unter der Annahme gleichmäßiger Verteilung der Kraft längs der Lochwandprojektion (also für den durchschnittlichen Wert des Leibungsdruckes) bemessen, und zwar unter Zugrundelegung bestimmter zulässiger Leibungsdrücke, deren Größe vom Schlankheitsverhältnis $\lambda = \frac{l}{d} = \frac{\text{Holzdicke}}{\text{Bolzendurchmesser}}$ abhängt. In Zahlentafel 44 sind diese zulässigen Leibungsdrücke verzeichnet. Für Mittelhölzer mit Laschen aus Stahl kann der Leibungsdruck noch um ein Viertel vergrößert werden. Dabei ist die zulässige Spannung für Druck in der Faserrichtung nach Din 1052 bloß 80 kg/cm² für Nadelholz, während nach VDE 0210 145 kg/cm² zugelassen sind. Größere Leibungsdrücke wird man aber auch im Mastbau kaum zulassen dürfen, da sonst die Bolzen zu hoch beansprucht werden. Die Tafelwerte gelten auch nur für Kraftübertragungen in Faserrichtung. Schließt die Kraftrichtung mit der Faserrichtung den spitzen Winkel $\alpha°$ ein, dann sollten die zulässigen Leibungsdrücke noch mit dem Abminderungsbeiwert $(1 - 0{,}0084\,\alpha°)$ vervielfacht werden (vgl. 4).

Zahlentafel 44.

Zulässiger Lochleibungsdruck, gleichgerichtet zur Faser, in kg/cm² bei Bolzenverbindungen

Schlankheitsverhältnis λ	zweischnittig		einschnittig
	Mittelholz	Seitenholz	
4	80	50	40
5	75	43	40
6	60	36	35
7	51	30	30
8	45	25	25
9	40	21	21
10	36	19	19
11	33	17	17
12	30	16	16
13	28	15	15
14	26	14	14
15	24	13	13

Die Biegespannungen in den Bolzen (Abb. 335) können unter Berücksichtigung des Momentenverlaufes für den Bolzenabschnitt des Mittelholzes aus $M_{\max} = \frac{P\,a}{10}$ und für die Bolzenabschnitte der Seitenhölzer aus $M_{\max} \doteq \frac{P\,b}{12}$ berechnet werden.

Bei der Bemessung der Bolzenverbindungen ist auch auf die Einhaltung einer genügend großen Vorkopflänge v der angeschlossenen Hölzer (Abb. 336) zu achten. Im Falle der rechnerischen Bestimmung aus $v_{\text{erf}} = \frac{P}{2\,b\,\tau_{\text{zul}}}$ soll aber für τ_{zul} nicht der volle Wert der zulässigen Spannung für Abscheren des Holzes in der Faserrichtung eingesetzt werden, da der Bolzen eine Keilwirkung verursacht und daher auch Zugspannungen quer zur Faser auftreten; es empfiehlt sich, nur mit dem halben Wert der zulässigen Scherspannung zu rechnen.

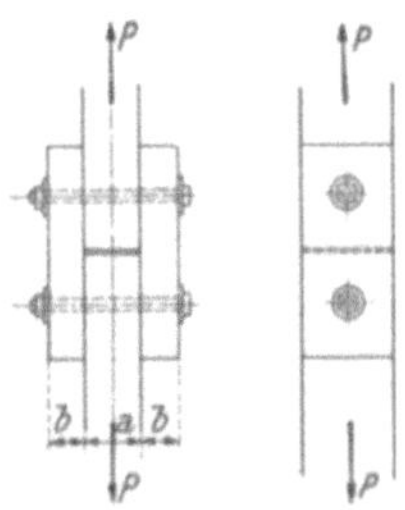

Abb. 335.

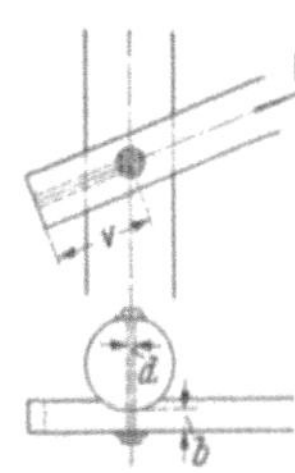

Abb. 336.

Zwischen dem Holz und dem Schraubenkopf und der Schraubenmutter ist je eine Unterlagsscheibe (Din 440) einzulegen. Die zu verbindenden Hölzer sollen sich immer längs einer Fläche berühren. Hat man eine Strebe an einen Rundholzstiel anzuschließen, so muß daher zur Schaffung einer solchen Berührungsfläche das Strebenholz entsprechend ausgenommen werden. Die Bohrlöcher für die Bolzen sollen möglichst genau passen; der Bohrloch durchmesser darf höchstens um 2 mm größer als der Bolzendurchmesser sein.

b) Dübelverbindungen.

Für den Zusammenschluß von Rundhölzern kommen hauptsächlich nur Rechteckdübel aus Hartholz (Eiche, Weißbuche, Esche) in Betracht. Sie werden so zwischen die Rundhölzer eingelegt, daß Hirnholz gegen Hirnholz drückt. Die von einem Rundholz zum anderen zu übertragende Längsschubkraft T greift am

Dübel außermittig an (Abb. 337). Um die Dübel am Aufkippen zu hindern, müssen daher gleichzeitig Schraubenbolzen vorgesehen werden. Diese werden auf Zug beansprucht, und sie üben auf die Rundhölzer Druckkräfte aus, die als Rei-

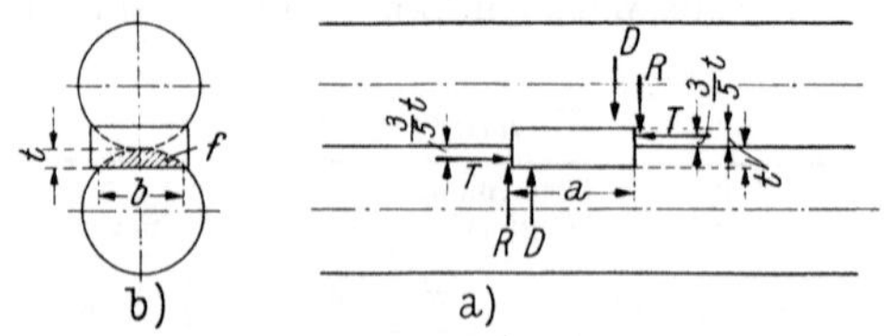

Abb. 337.

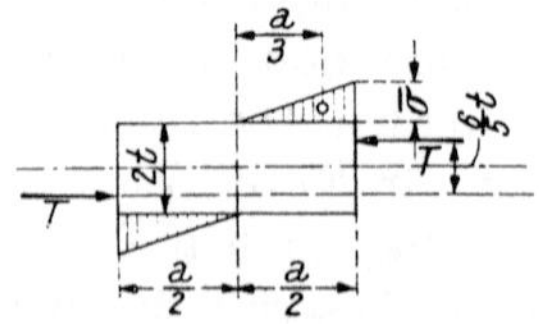

Abb. 338.

bungskräfte R, bzw. als Querdruckkräfte D auf den Dübel übertragen werden und diesen im Gleichgewichte halten. Der Holzdübel wird also innerhalb der Flächen $f = \frac{2}{3}\, b\, t$ (Abb. 337, 338) mit

$$\sigma = \frac{3}{2}\,\frac{T}{b\,t} \tag{198}$$

auf Druck in Faserrichtung, sodann durch die Kräfte T mit

$$\tau = \frac{T}{a\,b} \tag{199}$$

auf Abscheren parallel zur Faserrichtung und schließlich durch die Kräfte D, bei Vernachlässigung der Reibungskräfte R, auf Druck senkrecht zur Faserrichtung beansprucht. Nach Din 1052 ist die letztgenannte Beanspruchung nur im Falle $a < 5\,t$ nachzuweisen. Zur Berechnung dieser Spannung hat man zunächst D aus der Gleichgewichtsbedingung gegen Drehen $D\,\frac{2}{3}\,a = T\,\frac{6}{5}\,t$ zu ermitteln und erhält damit

$$\bar{\sigma} = \frac{2\,D}{\frac{a}{2}\,b} = \frac{36\,T\,t}{5\,a^2\,b}. \tag{200}$$

Sind die Rundhölzer abgearbeitet, so wird $f \doteq b\,t$ und daher (Abb. 339)

$$\sigma = \frac{T}{b\,t} \tag{198a}$$

und

$$\bar{\sigma} = \frac{6\,T\,t}{a^2\,b}. \tag{200a}$$

Zuweilen werden bei bearbeiteten Stabzusammenschlüssen auch andere Holz- oder Metalldübel zu Hilfe genommen, die bei den neueren Holzbauweisen zur Anwendung gelangen. Als Beispiel soll der Ringdübel von Tuchscherer noch kurz besprochen werden. Er besteht aus einem kreisförmig gebogenen Flachstahl (Abb. 340), der an seinen Enden eine Nut und einen in diese passenden Zahn besitzt. Regelausführung: $b = 0{,}2\,D$, $\delta = 0{,}04\,D$. In die zu verbindenden Hölzer wird eine kreisringförmige Nut maschinell eingefräst, in die der Dübel genau hineinpaßt. Zwischen den Dübelenden verbleibt ein kleiner Zwischenraum, so daß der Dübel den Formänderungen des Holzes beim Schwinden desselben zu folgen vermag. Im Mittelpunkt des Dübels wird ein Schraubenbolzen durch die Hölzer gezogen.

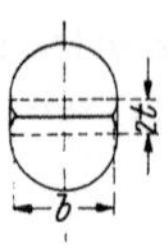

Abb. 339.

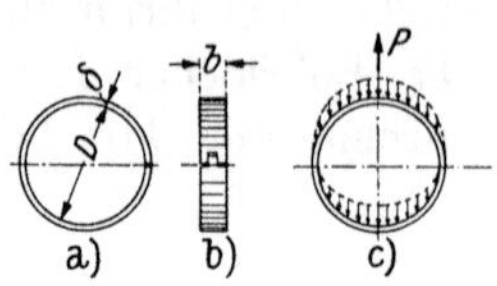

Abb. 340.

In Abb. 341 ist ein zweischnittiger Dübelanschluß dargestellt. Auf einen Dübel entfällt die Kraft P, die zur Hälfte auf das Vorholz, zur Hälfte auf den Holzkern übertragen wird (Abb. 340c). Bedeutet σ_l den durchschnittlichen Wert des Lochwanddruckes, τ die im Holzkern auftretende Scherspannung parallel zur Faserrichtung, dann erhält man aus den zulässigen Spannungswerten $\sigma_{l,\,\mathrm{zul}}$ und τ_{zul} als Tragvermögen eines Dübels

$$P_{\mathrm{zul}} = 2\,D\,\frac{b}{2}\,\sigma_{l,\,\mathrm{zul}} \quad \text{bzw.} \quad P_{\mathrm{zul}} = 2\,\frac{\pi\,D^2}{4}\,\tau_{\mathrm{zul}};$$

der kleinere Wert ist maßgebend. Die Vorkopflänge ist dabei so zu bemessen, daß innerhalb der wirksamen Scherfläche 1—2—3—4—5 (Abb. 341) die zulässige Spannung für Abscheren parallel zur Faserrichtung nicht überschritten wird; auf eine solche Scherfläche entfällt der Kraftanteil $\frac{1}{2}\,P$.

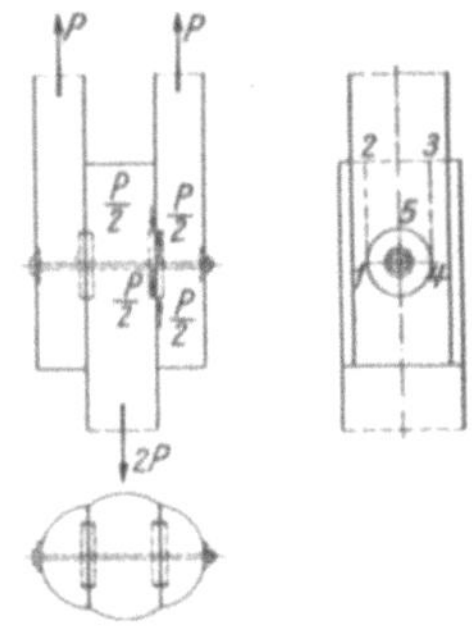

Abb. 341.

6. Bauliche Durchbildung und Berechnung.

a) Einfache Maste.

α) Bauliche Durchbildung. Einfache Maste bestehen aus einer einzelnen Holzstange, die unmittelbar in den Boden eingegraben oder mittels Erdfußes (s. 7) gegründet wird (Abb. 342). Falls gebogene Isolatorenstützen ausreichen, werden sie unmittelbar an die Holzstangen geschraubt; ansonsten sind Querträger vorzusehen, die aus Holz oder Stahl hergestellt werden. Die Abb. 343 zeigen die stählerne Kopfausrüstung der Tragmaste einer 25-kV-Leitung (A. E. G. Union E. G., Wien). Es handelt sich um eine einfache Drehstromleitung ohne Erdleiter, bei der

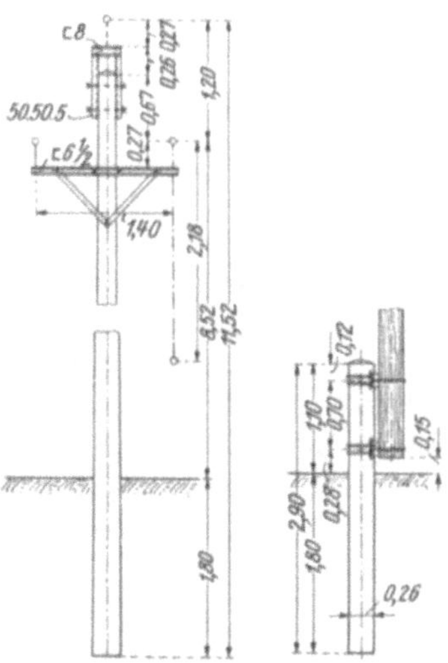

Abb. 342.

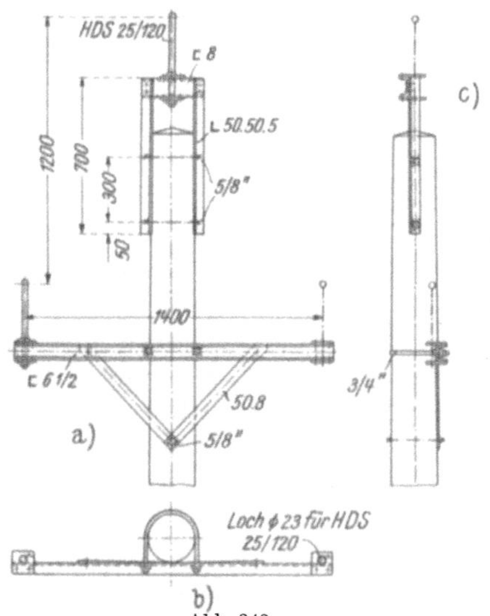

Abb. 343.

ein Energieleiter über den Mastspitzen hinweggeführt wird. Der Querträger besteht aus einem einfachen [-Stahl, der an den Mastschaft angeschellt ist. Die vorgesehenen Flachstahlstreben sollen das Schiefstellen des Querträgers im Falle ungleicher Belastung der Kragarme verhindern. Die Isolatorenstützen werden durch die Bohrungen angenieteter kleiner Knotenbleche hindurchgezogen, sind also seitlich der [-Stähle in statisch günstiger Lage (Schubmittelpunkt) angeordnet. Als Träger der Isolatorenstütze des über der Mastspitze verlegten Leiters ist ein Stahlrahmen vorgesehen, dessen Stiele aus einfachen Winkelstählen bestehen, die an das obere Stangenende angeschraubt sind; den Riegel des Rahmens bildet ein [-Stahl, an dessen Flanschen wieder kleine Knotenbleche zum Einziehen der Isolatorenstütze angenietet sind.

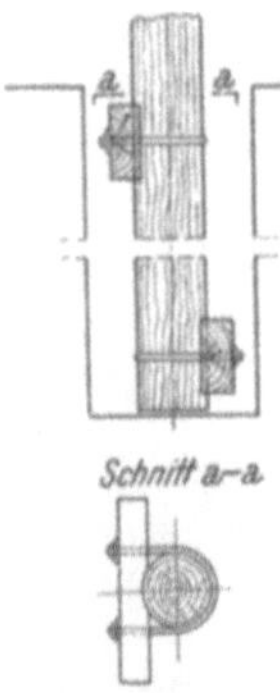

Abb. 344.

Die Gründung der Maste durch unmittelbares Eingraben setzt guten Boden voraus; sonst müssen noch besondere Vorkehrungen zur Verbesserung der Einspannung durch Verbreiterung der wirksamen Druckflächen getroffen werden. Man umgibt zu diesem Zwecke die Holzstange mit einer Steinpackung, vor allem am Fußende und nahe der Erdoberfläche; oder man füllt die Mastgrube mit Schotter aus, den man lagenweise gut einstampft. Zuweilen werden auch Querzangen gemäß Abb. 344 angeschellt.

Die einfachen Maste können in der Regel nur als Tragmaste Verwendung finden; in Winkelpunkten müßte meist schon eine Abstrebung vorgesehen werden, da die freistehenden Holzstangen die Abtriebskräfte nicht mehr aufzunehmen vermögen. Als Streben kommen hölzerne Druckstreben in Betracht. Zugstreben (Anker) aus Drahtseil sind in Deutschland nicht erlaubt (VDE 0210, § 27 f); sie müßten auch isoliert werden.

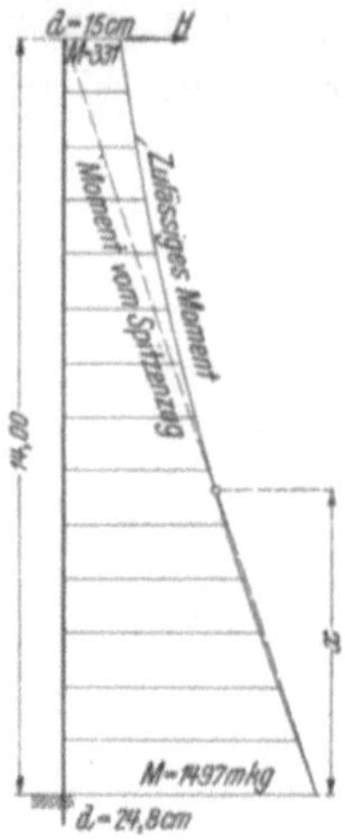

Abb. 345.

β) Berechnung. Die Vorschriften VDE 0210 enthalten eine Näherungsformel (§ 21 b), nach der die erforderliche Zopfstärke der Holzstangen berechnet werden kann; dieselbe darf die in den §§ 20 und 33 festgelegten Mindestwerte nicht unterschreiten.

Im Falle der Durchführung der Festigkeitsberechnung wird bei eingegrabenen Masten meist angenommen, daß sie in halber Eingrabetiefe starr eingespannt seien. In diesem gedachten Einspannquerschnitt treten unter den maßgebenden Lastfällen in der Regel auch die größten Biegungsmomente auf und die Bemessung der Holzstangen wird nach dem dort erforderlichen Stangendurchmesser vorgenommen. Die Zopfstärke ergibt sich aus dem Durchmesser des Einspannquerschnittes unter Zugrundelegung einer bestimmten Zunahme des Stangendurchmessers je Einheit der Stangenlänge. Nach den Vorschriften VDE 0210 ist diese Durchmesservergrößerung mit 0,7 cm/m in Rechnung zu stellen.

Allerdings muß nicht immer jener Querschnitt, in dem das größte Biegungsmoment auftritt, auch der gefährliche Querschnitt sein. Abgesehen davon, daß auch noch Längskraftspannungen zu berücksichtigen sind, können sich die Momentenlinie der einwirkenden Lasten und die Linie der zulässigen Momente, bei gleichen Endwerten im Einspannungsquerschnitte, überschneiden. Abb. 345 diene als Beispiel; es handelt sich dort um einen 14 m hohen Mast mit 15 cm Zopfstärke, der an der Spitze durch eine waagrechte Kraft belastet wird; die zul. Momente sind für eine Randbiegespannung von 100 kg/cm² berechnet. Allerdings liegt hier ein außergewöhnlicher Fall vor, doch kann eine derartige Überschneidung der Momentenlinien auch bei kürzeren Masten zustande kommen, wenn außermittige lotrechte Lasten Momentenbeiträge ergeben.

Die auf den Mastschaft unmittelbar ausgeübten Windkräfte werden unter Zugrundelegung des Stangendurchmessers d_m in halber freier Höhe ermittelt; bei einem Winddruck von w_0 kg/m² ist dann nach VDE 0210 der Winddruck je Meter Stange $w = 0{,}5 \cdot d_m \cdot w_0$ kg/m, wobei d_m in Meter einzusetzen ist. Die Bemessung der Holzstangen erfolgt nach der größten Randdruckspannung,

$$\sigma = \frac{N}{F} + \frac{M}{W},$$

die sich aus der Längsdruckkraft N und aus dem Biegungsmoment M ergibt. Hierbei ist $F = \frac{1}{4}\pi d^2$ und $W = \frac{\pi d^3}{32}$, wenn d den Stangendurchmesser des gefährlichen Querschnittes bedeutet. Wirken Momente in verschiedenen Ebenen, so sind sie geometrisch zusammenzusetzen.

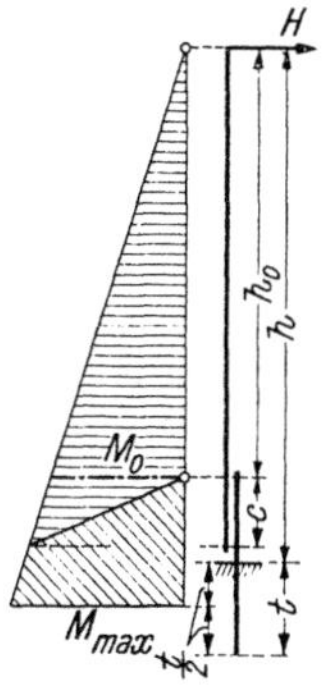

Abb. 346.

Die einwirkenden Querkräfte rufen auch Schubspannungen hervor, die ihren Größtwert $\tau_{max} = \frac{4}{3} \cdot \frac{Q}{F}$ jeweils in der Schwerachse des Querschnittes erreichen und der den zulässigen Wert für Abscheren parallel zur Faser nicht überschreiten darf.

Die Ermittlung einer Anstrengung aus dem Zusammenwirken von Normal- und Schubspannungen ist bei Holz, wegen der Anisotropie dieses Baustoffes, nicht möglich (s. 4 e).

Die Standfestigkeit eingegrabener Holzmaste kann nach VI, C 4 nachgeprüft werden; in der Regel wird kein Nachweis verlangt, wenn die Eingrabetiefe mindestens ein Sechstel der freien Masthöhe beträgt.

Für die Erdfüße gilt wieder der Querschnitt in halber Eingrabetiefe als Einspannquerschnitt (Abb. 346), sofern nicht die genauere Berechnung nach VI, C 4 vorgenommen wird, die zu günstigeren Ergebnissen führt; das Größtmoment tritt nämlich in einem höhergelegenen Querschnitt auf und ist daher kleiner als das für halbe Eingrabetiefe errechnete Einspannmoment.

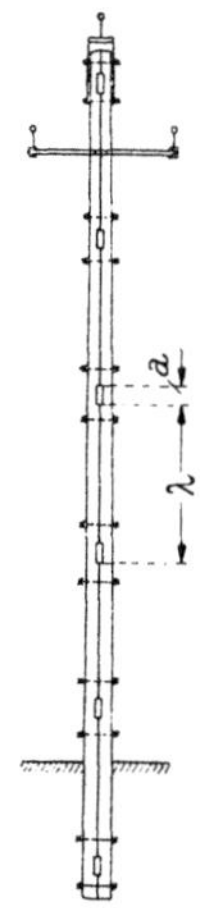

Abb. 347.

b) Doppelmaste.

α) Bauliche Durchbildung. Diese Maste bestehen aus zwei Holzstangen, die meist unmittelbar nebeneinandergestellt werden. Die Verbindung erfolgt entweder durch bloße Verschraubung oder durch Verdübelung und Verschraubung (Abb. 347). Als Dübel kommen mit Rücksicht auf den kreisförmigen Querschnitt der Einzelteile hauptsächlich nur Holzdübel nach Abb. 337 zur Anwendung, die aus Hartholz (Eiche, Buche, Esche) hergestellt und so eingelegt werden, daß ihre Faserrichtung parallel zur Mastachse verläuft, also Hirnholz gegen Hirnholz drückt.

Die Kopfausrüstung wird dem Verwendungszweck entsprechend ausgeführt: dienen die Doppelmaste als Tragmaste, dann können die Querträger häufig noch von einzelnen Holzbalken oder [-Stählen gebildet werden; im Falle der Verwendung als Abspannmaste wird die Kopfausrüstung ähnlich wie bei den A-Masten (c) gestaltet.

Die Doppelmaste werden so angeordnet, daß ihre Ebene mit der Wirkungsebene der größeren Biegungsmomente zusammenfällt: als Tragmaste werden sie daher rechtwinkelig zur Leitungsrichtung gestellt, an Winkelpunkten wird ihre Ebene in die Winkelhalbierende gelegt und als Abspannmaste stellt man sie mit ihrer Ebene in die Leitungsrichtung.

Bei gutem Boden können die Maste wieder unmittelbar eingegraben oder mit Hilfe von Erdfüßen gegründet werden; bei Verwendung eines Ritterpfostens für Doppelmaste (7 c β) müssen die beiden Holzstangen mit entsprechend großem Zwischenraum verlegt werden, da sich beide an das Schleuderbetonrohr anlegen. Die Verbindung zwischen den beiden Einzelstangen erfolgt dann mit Hilfe von Holzklötzen und Verschraubungen.

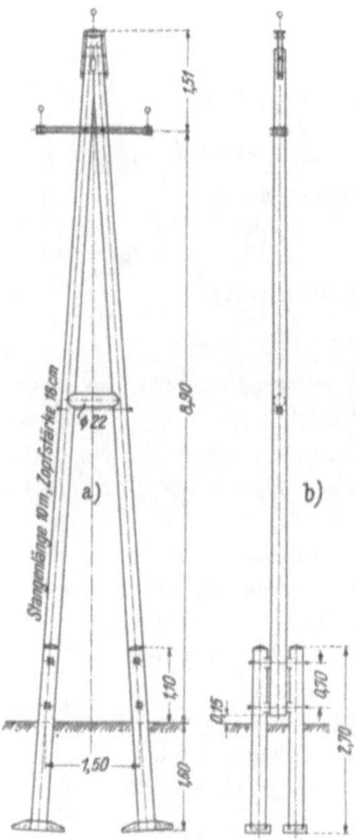

Abb. 348.

Verdübelte Maste werden heute seltener ausgeführt, da ihre Anarbeitung teuer ist; oft zieht man es vor, stärkere Hölzer zu verwenden und sie dann bloß zu verschrauben.

β) Berechnung. Nach den Vorschriften VDE 0210 darf im Falle der Biegungsbeanspruchung in der Ebene der Doppelmaste mit dem dreifachen Widerstandsmoment der Einzelstange gerechnet werden, wenn die Verdübelung und Verschraubung den Bedingungen des § 20d (s. D 1) entspricht; ansonsten ist, so wie für Biegung rechtwinkelig zur Mastebene, bloß das doppelte Widerstandsmoment der Einzelstange in Rechnung zu stellen. Diese Bestimmung stützt sich auf die Ergebnisse von Versuchen (bei voller Verbundwirkung wäre ohne Rücksicht auf Verschwächungen durch Schraubenlöcher oder Dübeleingriffe das Widerstandsmoment des Gesamtquerschnittes gleich dem fünffachen Widerstandsmoment der Einzelstange).

Die Berechnung der Verdübelung wird in der Regel so durchgeführt, als wäre die Verbundwirkung eine vollkommene. Diese Berechnungsweise ist etwas zu ungünstig, denn bei nachgiebigem Verbund haben die Dübel auch kleinere Schubkräfte zu übertragen.

Bedeutet t die Eingriffstiefe der Dübel (die je nach der Stangenstärke mit $3 \div 5$ cm gewählt wird), b ihre wirksame Breite (Abb. 337) und a ihre Länge, dann hat ein Dübel bei einer Dübelentfernung λ (Abb. 347) die Schubkraft

$$T = \frac{Q\,S}{J}\,\lambda \qquad (201)$$

aufzunehmen. Hierin bedeutet Q die größte Querkraft des betreffenden Mastquerschnittes (meist wird hierfür gleich die größte Querkraft des Mastes in Rechnung gestellt), $S = \frac{\pi\,d^2}{4} \cdot \frac{d}{2} = \frac{\pi\,d^3}{8}$ das statische Moment der Querschnittsfläche einer

Stange, bezogen auf die Schwerachse des Gesamtquerschnittes und $J = \frac{5}{64}\,\pi\,d^4$ das auf die gleiche Achse bezogene Trägheitsmoment des Gesamtquerschnittes.

Gemäß Gl. (198) ist die Pressung zwischen Hirnholz und Hirnholz $\sigma = \frac{3}{2} \cdot \frac{T}{b\,t}$, für welche, wegen des „Verbeißens" der Hölzer, meist ein kleinerer Wert als die zulässige Spannung des Stangenholzes für Druck und Biegung als zulässig angesehen wird. Die Scherspannung im Dübel ist nach Gl. (199) zu berechnen; sie darf die zulässige Spannung des Dübelholzes für Abscheren parallel zur Faser nicht überschreiten. Die Scherspannung in den Stangenhölzern beträgt $\tau = \frac{T}{b\,(\lambda - a)}$ und diese darf nicht größer sein als die zulässige Spannung des Stangenholzes für Abscheren parallel zur Faser. Der Nachweis der Querpressung nach Gl. (200) entfällt im allgemeinen, da fast stets $a > 5\,t$ (Regellänge $a \approx 8\,t$) gewählt wird (vgl. 5b).

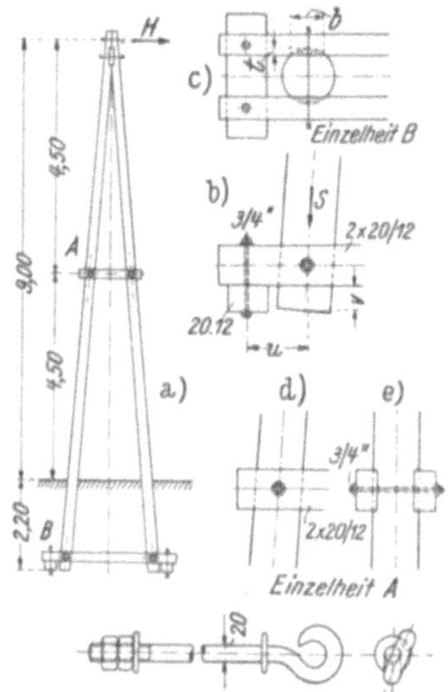

Abb. 349. Prelldrahtmast.

Nach den Vorschriften VDE 0210 braucht die Verdübelung nicht berechnet zu werden, wenn ihre Ausführung den Bestimmungen des § 20d entspricht.

Die auf die Holzstangen unmittelbar einwirkenden Windkräfte sind für Windangriff rechtwinkelig zur Mastebene und, sofern der Zwischenraum zwischen den Stangen kleiner als der Stangendurchmesser verbleibt, gemäß $w = w_0\;0{,}8\,d_m$ in kg/m zu berechnen; hierin bedeutet w_0 den Winddruck in kg je m² rechtwinkelig getroffener Fläche und d_m den Stangendurchmesser in halber freier Höhe, ausgedrückt in Meter. Bei größerem Zwischenraum ist aber der Winddruck wie für zwei einzelne Stangen zu ermitteln. Für Windwirkung in der Mastebene ist der Winddruck wie für einen einfachen Mast zu bestimmen.

c) A-Maste.

α) Bauliche Durchbildung. Die A-Maste bestehen aus zwei gegeneinander geneigten Holzstangen, die am Zusammenschlußorte durch einen oder zwei Hartholzdübel verbunden und verschraubt sind: Abb. 348, 349. Da die Berührungsflächen abgearbeitet werden müssen, können an Stelle der Holzdübel auch Dübelkonstruktionen der neueren Holzbauweisen Anwendung finden.

In halber freier Höhe wird in der Regel ein eingepaßter Querriegel aus Rundholz mit unterhalb angeordneter Durchzugsschraube vorgesehen (Abb. 348) oder die beiden Holzstangen werden durch ein angeschraubtes Zangenpaar verbunden (Abb. 349).

Da die A-Maste gegenüber waagrechten Kräften ihrer Ebene tragfähiger sind als gegenüber Kräften, die rechtwinkelig zur Mastebene wirken, stellt man sie als Tragmaste immer rechtwinkelig zur Leitungsrichtung und als Winkelmaste in die Halbierende des Leitungswinkels; als Abspann- oder Kreuzungsmaste hingegen werden sie so angeordnet, daß ihre Ebene in die Leitungsrichtung fällt.

Bei gutem Boden können die A-Maste unmittelbar eingegraben werden (Abb. 349). In diesem Falle verbindet man die unteren Stangenenden durch ein in sie eingelassenes Zangenpaar und ordnet zur Verbreiterung der Aufstandsfläche beiderseits eine kurze Schwelle an, die mit den Zangen verschraubt wird und gegenüber Zugkräften als Ankerplatte wirkt. Günstiger ist wieder die Gründung mit Erdfüßen (Abb. 348); mit Rücksicht auf die zu übertragenden Achsialkräfte erhalten die Erdfüße Erdplatten (7 c α und 7 d). Die Verbindungsschrauben der Holzkonstruktion werden im allgemeinen nicht schwächer als $^3/_4''$ gewählt. Zur Vermeidung des Einpressens der Köpfe und Muttern der Schrauben sind Unterlagsplatten von mindestens 50 mm Durchmesser und 5 mm Stärke vorzusehen.

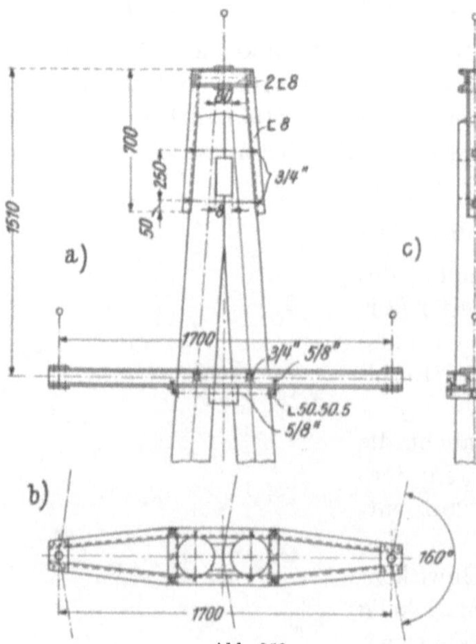

Abb. 350.

Die Gestaltung der Kopfausrüstung hängt vom Mastbild, von der Stellung der Maste in der Leitungstrasse und von der Größe der zu übernehmenden Kräfte ab. Die Abb. 350 zeigt die stählerne Kopfausrüstung eines Winkelmastes (Abb. 348) einer 25-kV-Leitung (A. E. G.-Union E.G., Wien). Die Isolatorenstütze über der Mastspitze wird wieder von einem stählernen Rahmen getragen, der wegen der aufzunehmenden Abtriebskräfte stärker als beim Tragmast (Abb. 343) ausgebildet ist. Der Querträger besteht aus zwei ⊏-Stählen, die an ihren Enden zusammengeführt und durch Bindeblechpaare verbunden sind, welche die Isolatorenstützen tragen. Der Anschluß an den Mast erfolgt durch Verschraubung.

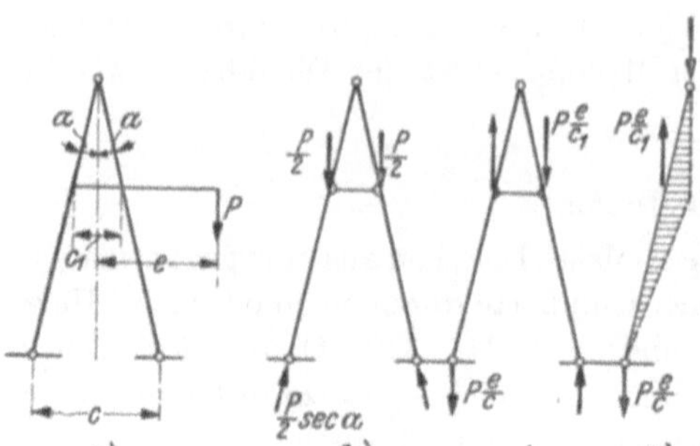

Abb. 351.

Hinsichtlich der konstruktiven Durchbildung der als Kreuzungsmaste dienenden A-Maste wird auf die Musterentwürfe des Deutschen Reichspostministeriums verwiesen.

β) Berechnung. Lotrechte Belastung nach Abb. 351 a. Sie wird in Teilbelastungen nach Abb. 351 b und c zerlegt, für die sich folgende Stabkräfte und Momente ergeben:

$$\text{Teilbelastung nach Abb. 351 b:}\quad S_1 = 0,\ S_2 = -\frac{1}{2} P \sec \alpha,\ M = 0.$$

Teilbelastung nach Abb. 351 c: $S_1 = \mp P e \frac{c - c_1}{c\, c_1} \cos \alpha$, $S_2 = \pm P \frac{e}{c} \cos \alpha$,

$$M_{\max} = P \frac{e\,(c - c_1)}{2\,c}.$$

S_1 bedeutet die Stabkraft der oberen, S_2 die der unteren Stielabschnitte.

Die Zusammenlegung liefert $S_{\max} = -\frac{1}{2} P \sec \alpha \left(1 + \frac{2\,e}{c} \cos^2 \alpha\right)$ (wofür bei kleinem Winkel α auch $S_{\max} = -\frac{1}{2} P \left(1 + \frac{2\,e}{c}\right)$ gesetzt werden kann) und $M_{\max} = P \frac{e\,(c - c_1)}{2\,c}$.

Mittige waagrechte Lasten rechtwinkelig zur Mastebene. Jede Stange ist für den entfallenden halben Lastanteil als Kragträger mit dem Einspannquerschnitt in halber Eingrabetiefe zu berechnen. Im Falle der Gründung mit Erdfüßen tritt das größte Moment an den oberen Schellen auf.

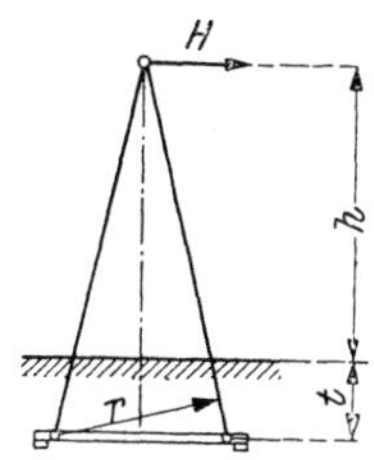

Abb. 352.

Waagrechte Lasten in der Mastebene wirksam. Der A-Mast wird als Zweistabeck aufgefaßt. Die bestehende Ausmitte an der Mastspitze, die bei den üblichen Dübelanschlüssen unvermeidlich ist, bleibt in der Regel unberücksichtigt. Der Mast wird ferner in der Höhe der Fußzangen als gelenkig gelagert angesehen. Zwar besteht auch für den vorliegenden Kraftangriff eine Einspannung der Holzstangen (bzw. der Erdfüße) im Boden, doch soll sie nicht in Rechnung gestellt werden; wegen der Nachgiebigkeit des eingestampften Bodens käme sie ja erst bei größerer Spitzenauslenkung zur Geltung, besonders wenn die Lasten nahe der Spitze angreifen.

Für Lastangriff an der Spitze (Abb. 352) entstehen die Stabkräfte

$$S = \pm H \frac{h + t}{r};$$

bei Vernachlässigung der Ausmitte an der Spitze sowie der Einspannung im Boden treten keine Biegungsmomente auf.

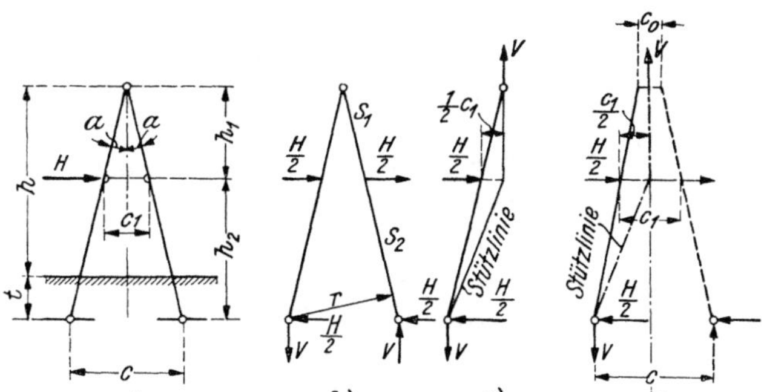

Abb. 353.

Einzellasten innerhalb der freien Höhe verteilen sich zu annähernd gleichen Teilen auf die beiden Stiele, wenn diese in der Höhe des Lastangriffes durch einen Riegel (Querträger) verbunden sind (Abb. 353). Es entstehen die

Stützkräfte $\frac{1}{2} H$ und $V = \pm H \frac{h_2}{c}$ und die Stabkräfte $S_1 = \pm V \cos\alpha$ und $S_2 = \pm \left(V \cos\alpha + \frac{1}{2} H \sin\alpha\right) \doteq \pm H \frac{h_2}{c}$; das größte Moment ist $M_{\max} = \frac{1}{2} V c_1 = \frac{1}{2} H \frac{h_1 h_2}{h_1 + h_2}$.

Unter Berücksichtigung der Ausmitte c_0 (Abb. 353 d) erhielte man $M_{\max} = \frac{1}{2} V c_1 = \frac{1}{2} H h_2 \frac{c_1}{c}$ und als Momente der Stangenenden $M_0 = \pm \frac{1}{2} H h_2 \frac{c_0}{c}$.

Windbelastung des Holzmastes, wirksam in der Mastebene (Abb. 354). Nach den Vorschriften VDE 0210 ist die Windkraft wie folgt zu berechnen: als windgetroffene Fläche gilt das Rechteck $\frac{1}{2} h d_m$, wenn d_m den Stangendurchmesser in halber freier Höhe bedeutet. Unter Zugrundelegung eines Winddruckes von w_0 kg/m² entfällt auf die vordere Stange die Kraft $W = \frac{1}{2} w_0 d_m h$ (in kg, wobei h und d_m in Meter einzuführen sind), während für die rückwärtige Stange 0,5 W in Rechnung gestellt wird. Richtiger wäre es, auch für diese Stange die volle Kraft W anzunehmen; die gesamte Windkraft beträgt dann 2 W und sie ruft die Stabkräfte $S \doteq \pm \frac{2W}{c}\left(\frac{1}{2} h + t\right) \sec\alpha$ hervor.

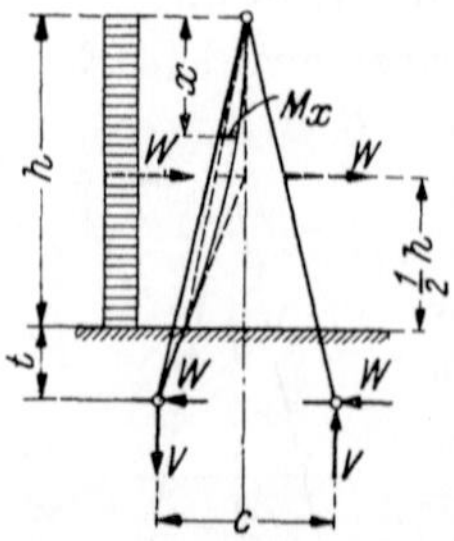

Abb. 354.

Außerdem treten auch Biegungsmomente auf: die Querkraft an der Spitze ist $V = 2W \frac{\frac{1}{2} h + t}{c}$ und innerhalb der freien Masthöhe entsteht in beliebigem Abstande x von der Spitze ein Moment $M_x = V \frac{x}{h+t} \times \frac{c}{2} - \frac{W}{h} \cdot \frac{x^2}{2}$; das Größtmoment tritt in $x = h \frac{\frac{1}{2} h + t}{h + t}$ auf. In halber Eingrabetiefe ist $M = W \frac{h t}{4(h+t)}$.

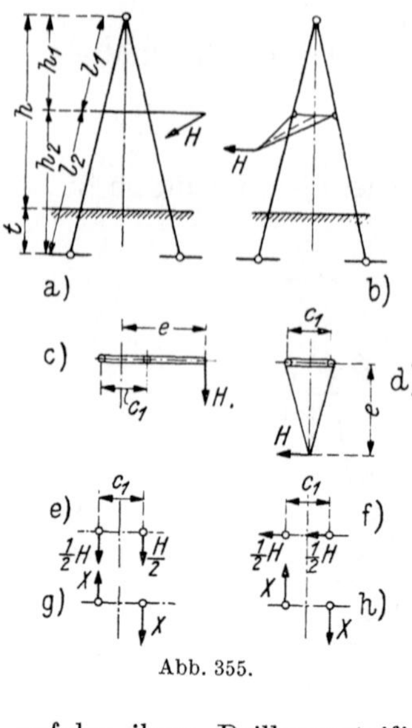

Abb. 355.

Außermittige waagrechte Lasten. Der außermittige Leiterzug (oder Winddruck) H läßt sich jeweils durch eine mittige Kraft H gleicher Richtung und durch ein Drehmoment $H e$ (Abb. 355) ersetzen. Die mittigen Lastangriffe sind wie vor zu behandeln, so daß noch der Einfluß des Drehmomentes zu untersuchen verbleibt.

Ähnlich wie bei stählernen Flachmasten (V, B, 6 b β) wird das Drehmoment nur zum Teil als Kräftepaar auf den Mast übertragen, während der übrige Teil desselben unmittelbar von den Stielen, zufolge ihrer Drillungssteifigkeit, übernommen wird. Die beiden Stiele werden demnach durch die Einzelkräfte des Kräftepaares auf Biegung und durch den entfallenden Anteil des Drehmomentes auf Verdrehen beansprucht. In diesem Sinne haben V. Petroni und E. Nather die Berechnung der A-Maste auf Verdrehen unter der Annahme starrer Fußeinspannungen der Stiele durchgeführt.[79] Die Rechnung zeigte, daß die Stiele einen erheblichen Anteil des einwirkenden Drehmomentes unmittelbar übernehmen. Durch die starke Nachgiebigkeit der Fußeinspannungen werden allerdings diese Momentenanteile eine bedeutende Minderung erfahren; die Holzstangen sind ja bloß durch die Fußzangen gegen Verdrehen festgehalten und die Endmomente werden durch je eine Schraube in die Zangen geleitet. Bei größeren Momenten müssen daher im Stangenholz hohe Leibungsdrücke quer zur Faserrichtung auftreten.

Aus diesen Gründen soll im folgenden angenommen werden, daß die Festhaltungen der Stangen keine Drehmomente übernehmen können. Das Drehmoment He (Abb. 356) wird dann als Kräftepaar $X c_1$ auf den Mast übertragen; die biegenden Kräfte $X = H \frac{e}{c_1}$ rufen Größtmomente $M_{\max} = X \frac{l_1 l_2}{l_1 + l_2} = X \frac{h_1 h_2}{h_1 + h_2}$ hervor. (Von der Berücksichtigung der Einspannung im Boden wurde wieder abgesehen, da die Ausbiegungen begrenzt sind). Im Spitzenknoten entstehen die waagrechten Auflagerkräfte $X \frac{h_2}{h_1 + h_2}$; die übliche Verdübelung und Verschraubung ist aber zur Vermittlung des Kräfteausgleiches wenig geeignet. Sind A-Maste für außermittige Leitungszüge zu bemessen, dann wären besondere Vorkehrungen (wie z. B. geschweißte Blechschuhe) notwendig, um eine einwandfreie Kraftübertragung von einer Stange zur anderen zu ermöglichen.

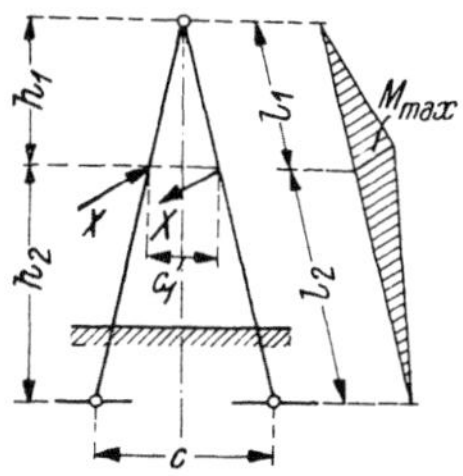

Abb. 356.

Bemessung der Stangenquerschnitte. Maßgebend ist entweder die größte Randdruckspannung $\sigma = \frac{S}{F} + \frac{M}{W}$ oder die Knicksicherheit. Für den Nachweis der Randspannung zufolge Längsdruckkraft und Biegung kommt vor allem der Einspannquerschnitt in halber Eingrabetiefe, bzw. der Stangenquerschnitt in Höhe der oberen Befestigungsschelle der Erdfüße in Betracht; in Sonderfällen kann aber auch ein Querschnitt in Höhe eines Querträgeranschlusses maßgebend sein.

Nach den Vorschriften VDE 0210, § 21c, muß der in Mitte zwischen halber Eingrabetiefe und Dübel gelegene Stangenquerschnitt mit Rücksicht auf die Knickfestigkeit des Mastes ein Mindestträgheitsmoment (cm⁴) von $J = 5 \nu S l^2$ erhalten; bei Buchenholz genügt $J = 3 \nu S l^2$. Hierin bedeutet S die Stabkraft in Tonnen, l den Abstand zwischen halber Eingrabetiefe und Mitte Kopfdübel in Metern, und $\nu = 4$ den verlangten Sicherheitsgrad. Hinsichtlich weiterer Einzelheiten wird auf 4 b α verwiesen. Zu bemerken ist, daß in der Vorschrift nur die Eulersche Knicklast berücksichtigt wird. Tatsächlich reicht hier diese Berechnungsweise im allgemeinen aus, indem die Grenzschlankheit $\lambda = 100$ kaum je bedeutend unterschritten wird; im übrigen ist der verlangte Sicherheitsgrad verhältnismäßig hoch, so daß die Abminderung der Knicklast im Falle unelastischer Knickung für die in Betracht kommenden Schlankheiten reichlich gedeckt erscheint.

Bemessung der Verdübelung. Die Abb. 357 a, b zeigen das statisch wirksame System im Falle eines waagrechten Kraftangriffes H, H in der Mastebene. In Riegelmitte entsteht die Querkraft $V = 2H \frac{h_2}{c}$ und sie ruft in den theoretischen Rahmenecken O_1 und O_2 (Abb. 357 c) die Momente $M_0 = \frac{1}{2} V c_0$ hervor.

Der Dübel muß die Kraft V von einer Stange zur anderen übertragen. Am Dübel greifen diese Kräfte außermittig an, weshalb ohne Hinzutritt weiterer Kräfte kein Gleichgewicht möglich ist; es wird vielmehr eine Bewegung gemäß Abb. 357 d angestrebt. Diese Bewegung wird durch die Kopfschrauben verhindert, die somit zur Aufrechterhaltung des Gleichgewichtes unentbehrlich sind. Im folgenden soll die Untersuchung für den Fall weitergeführt werden, daß bloß eine Schraube, und zwar in Mitte des Dübels, vorhanden ist. Sie erhält eine Zugkraft Z, und gleichzeitig entstehen jetzt Reibungskräfte R in den Sitzflächen des Dübels und auch Querpressungen an den Seitenflächen desselben. Wird von

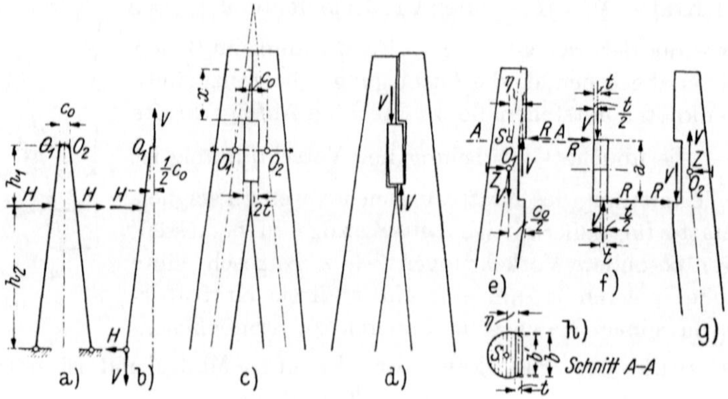

Abb. 357.

den letzteren abgesehen, dann erfordert das Gleichgewicht am Dübel (Abb. 357 f), daß $R = V \frac{t}{a}$ ist. Diese Kräfte R sind nur durch den Schraubenzug Z möglich geworden. Mit Rücksicht auf das Gleichgewicht am Stangenvorkopf (Abb. 357 e) muß $Z = R$ sein. Damit wird nicht bloß das Gleichgewicht gegen waagrechte Verschiebung, sondern auch das gegen Drehen wieder hergestellt: das Eckmoment $M_0 = \frac{1}{2} V c_0$ bleibt erhalten, trotzdem V nicht in Riegelmitte angreift. Unter Berücksichtigung der Reibungskraft R erhält man nämlich als Eckmoment $M_0 = V\left(\frac{1}{2} c_0 - \frac{1}{2} t\right) + \frac{1}{2} R a$ und mit Einführung des berechneten Wertes R übergeht M_0 in $\frac{1}{2} V c_0$.

Für die Bemessung der Verdübelung ist die Größe der Kraft V maßgebend, die in der Sitzfläche mit der mittleren Breite b' (Abb. 357 h) die Druckspannung in Faserrichtung $\sigma = \frac{V}{b' t}$ hervorruft; diese Spannung soll wegen des Verbeißens der Hölzer nicht bis zum vollen Betrage der zulässigen Druckspannung des Stangenholzes in Faserrichtung ansteigen. Dieselbe Kraft beansprucht auch den Dübel auf Abscheren, und es muß $\tau = \frac{V}{a b} \leqq \tau_{zul}$ für Abscheren des Dübelholzes parallel zur Faserrichtung sein. Der Stangenvorkopf wird ebenfalls auf Abscheren beansprucht; unter Berücksichtigung des Faserverlaufes kann die Scherfläche nur die Seitenlänge x (Abb. 357 c) aufweisen und es muß $\tau = \frac{V}{b' x} \leqq \tau_{zul}$ für Abscheren des Stangenholzes parallel zur Faser sein. Im verschwächten Stangenquerschnitt A—A wirkt die Längskraft V sowie das Biegungsmoment $V\eta$, und es darf die hieraus sich ergebende Randspannung den zulässigen Wert für Zug und Druck in Faserrichtung nicht überschreiten.

Anschluß der Stangenhölzer an die Fußzangen. Zur Entlastung der Schraubenverbindung werden die hölzernen Zangen in die Stangenhölzer um ein Maß t eingelassen (Abb. 349 c). Dadurch entstehen zwei kreissegmentförmige Aufstandsflächen von je $f \doteq \frac{2}{3}\, b\, t$. Bedeutet σ_{zul} die zulässige Druckspannung des Zangenholzes quer zur Faserrichtung, so vermögen die beiden Flächen f einen Anteil $S_0 = \frac{4}{3}\, b\, t\, \bar{\sigma}_{zul}$ der einwirkenden Längsdruckkraft S_{max} der Stange zu übertragen. Ist $S_{max} > S_0$, dann muß die Schraube den restlichen Teil von S_{max} übernehmen. Hinsichtlich der Bemessung der Verschraubung wird auf 5a verwiesen. Die Übertragung einer Zugkraft S_0 durch die unteren Aufsitzflächen f erfordert eine genügend große Vorkopflänge v der Stange, und es ist $v_{erf} = \frac{S_0}{2\, b\, \tau_{zul}}$, wenn τ_{zul} sich auf Abscheren des Stangenholzes in Faserrichtung bezieht.

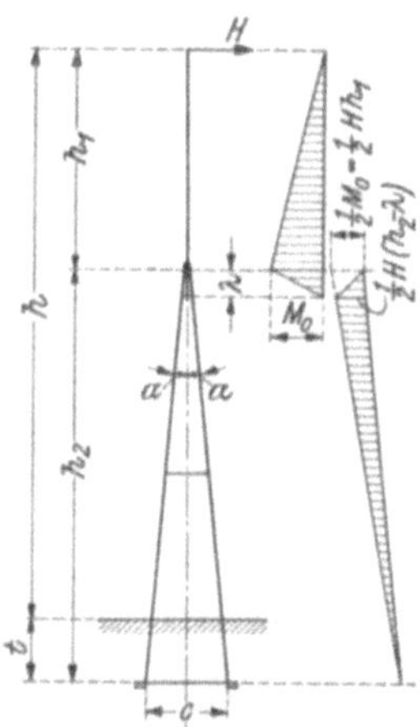

Abb. 358.

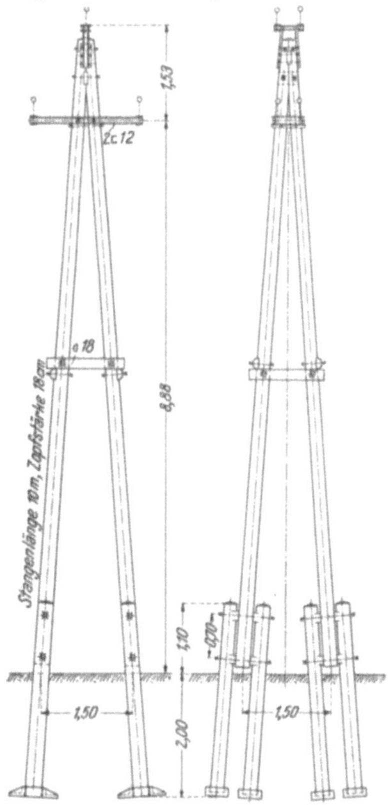

Abb. 359.

Die Zangenhölzer werden auf Biegung beansprucht: $M_{max} \doteq S_{max}\, u$. Die Gründung wird als Plattenfundament berechnet (VI C 3).

d) Etagenmaste.

Ihr Unterteil gleicht einem A-Mast; die beiden geneigten Stangen umfassen aber eine einzelne Holzstange, die den Mastoberteil bildet und welche die Kopfausrüstung trägt: Abb. 358. Der Stoß zwischen Ober- und Unterteil muß biegungssteif ausgebildet sein, so daß die obere Stange sowohl in Leitungsrichtung als auch rechtwinkelig dazu im Unterteil eingespannt wird. Für mittige Lasten rechtwinkelig zur A-Ebene wirkt das System als Kragträger, dessen Einspannquerschnitt im Falle der Gründung durch Eingraben in halber Eingrabetiefe angenommen werden darf. Waagrechte Lasten der Mastebene werden teils durch den Biegewiderstand, teils durch die Fachwerkswirkung aufgenommen. So ruft

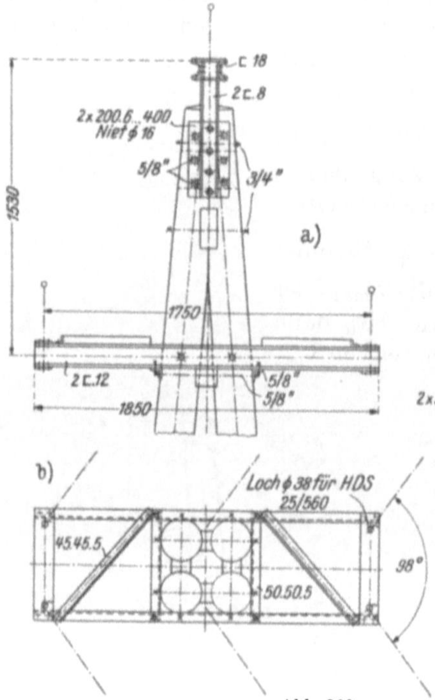

Abb. 360.

beispielsweise die Spitzenlast H des Mastes im oberen Stangenholz ein Größtmoment $M_0 = H\,h_1$, in den Stangen des Unterteiles die Größtmomente $H\,\frac{h_2 - \lambda}{2}$ und die Stabkräfte $S = \pm H\,\frac{h_1 + h_2}{c}\sec\alpha$ hervor. Die Bemessung der gedrückten Stange des Unterteiles sollte in Anbetracht der größeren Biegungsmomente gemäß Gl. (197) erfolgen, wobei das Moment in Mitte der Knicklänge in Rechnung zu stellen wäre.

e) Pyramidenmaste.

α) Bauliche Durchbildung. Die pyramidenförmigen Holzmaste werden drei- oder vierstielig ausgeführt und bilden im Grundriß ein gleichseitiges Dreieck bzw. ein Rechteck. Am häufigsten kommen vierstielige Maste zur Anwendung, da sich bei diesen der Spitzenknoten einfacher gestalten läßt.

Die Höhen der Pyramidenmaste sind im allgemeinen innerhalb solcher Grenzen gelegen, daß die Stiele ungestoßen durchlaufen können. Sie werden innerhalb der freien Höhe, vor allem in den Ebenen von Querträgeranschlüssen durch Riegel verbunden; Verstrebungen der Seitenwände werden nicht vorgesehen, so daß die Stiele auch Biegungsbeanspruchungen erfahren.

In Abb. 359 ist ein Winkelabspannmast einer 25-kV-Leitung dargestellt, der als vierstieliger Pyramidenmast ausgebildet ist (A. E. G.-Union E. G., Wien); er besteht aus zwei A-Masten, die gegeneinander geneigt und wieder durch eine Verdübelung und Verschraubung verbunden sind. Die konstruktive Gestaltung ist daher sehr einfach und die Maste sind auch leicht zusammenzubauen. Aus Abb. 360 ist auch die stählerne Kopfausrüstung zu ersehen: die Isolatorenstütze über der Mastspitze wird wieder von einem stählernen Rahmen getragen; der Querträger bildet ein ebenes Fachwerk, dessen Gurte aus [-Stählen bestehen.

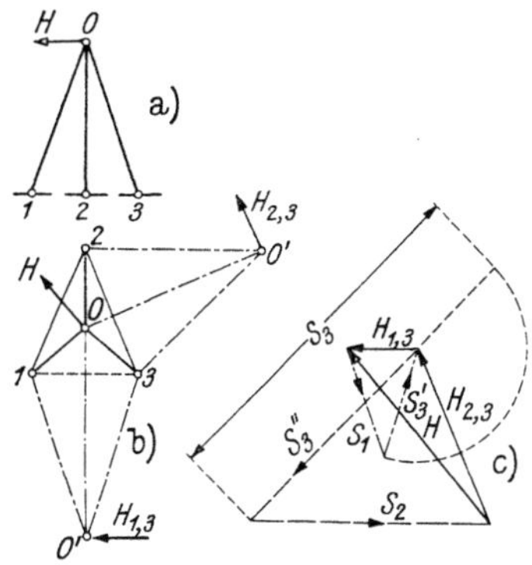

Abb. 361.

Die Gründung der Pyramidenmaste kann durch unmittelbares Eingraben erfolgen, wobei Fußzangen und Unterlagsschwellen zur Verbreiterung der Aufstandsflächen und zur Erzielung von Ankerwirkungen vorgesehen werden. Günstiger ist wieder die Gründung mit Erdfüßen (Abb. 359), die zur Übertragung der Achsialkräfte Erdplatten erhalten.

β) Berechnung. Im folgenden wird die Berechnung der Pyramidenmaste ganz kurz behandelt und bloß die Ermittlung der Stabkräfte und Momente zufolge waagrechter Lasten durchgeführt.

I. Dreistielige Maste.

Waagrechter Kraftangriff an der Spitze. Die waagrechte Spitzenlast H (Abb. 361) wird nach zwei Seitenwänden 0—1—3 und 0—2—3 hin in Seitenkräfte $H_{1,3}$ und $H_{2,3}$ zerlegt. In den Umlegungen dieser Seitenwände werden sodann die Stabkräfte aus Kräfteplänen ermittelt, und man erhält so aus $H_{1,3}$ die Stabkräfte S_1 und S_3', aus $H_{2,3}$ die Kräfte S_2 und S_3''. Die Kraft S_3 im gemeinsamen Stab 0—3 ergibt sich aus der Zusammenlegung der Teilkräfte S_3' und S_3'', wobei der Wirkungssinn zu beachten ist. Das Verfahren gilt für dreistielige Maste beliebiger Querschnitte. Die Weiterzerlegung der Seitenkräfte $H_{1,3}$ und $H_{2,3}$ kann auch auf rechnerischem Wege, wie bei den A-Masten erfolgen.

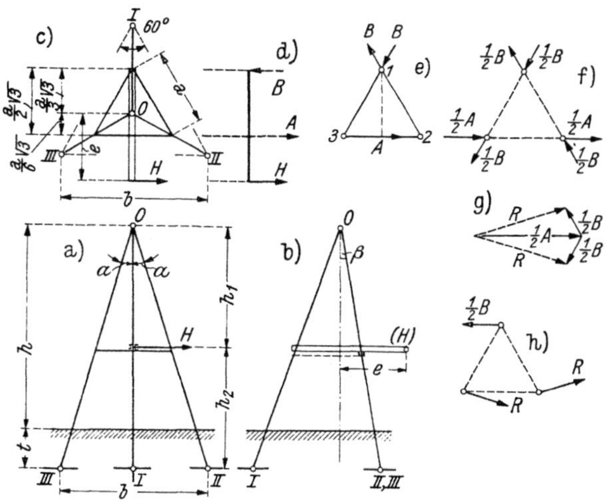

Abb. 362.

Außermittiger waagrechter Kraftangriff. Der Grundriß des Mastes bilde ein gleichseitiges Dreieck. An der Spitze des Querträgers (Abb. 362) greife die waagrechte Kraft H an, die parallel zu einer Seitenwand wirkt; in der Höhe des Querträgeranschlusses seien die Stiele durch Riegel verbunden.

Der Querträger übt auf den Mast die Kräfte A und B aus (Abb. 362d), die in den Maststielen Stabkräfte und Biegungsmomente hervorrufen. Die Kraft A verteilt sich auf die Stiele 2 und 3, die Kraft B zerlegen wir parallel zu 1—2 und 1—3 in die Seitenkräfte B, die wieder auf je zwei Stiele verteilt werden (Abb. 362e, f). Die Teilkräfte jedes Stieles zusammengesetzt, erhält man die biegenden Kräfte $\frac{1}{2} B$ und R der Stiele (Abb. 362g und h), aus welchen die Biegungsmomente berechnet werden können, indem man die Stiele als Träger auf zwei Stützen auffaßt. Die Stabkräfte ergeben sich zu

$$S_{\mathrm{I}} = 0,\quad S_{\mathrm{II}} = -H\,\frac{h_2}{c}\,\sec\alpha \,.\, \sec\beta = -S_{\mathrm{III}}.$$

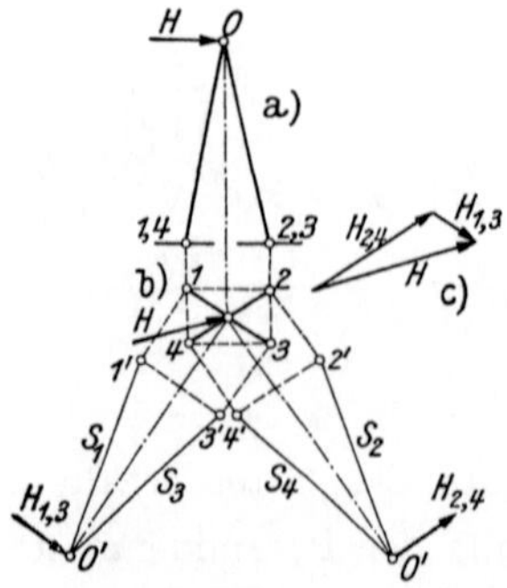

Abb. 363.

II. Vierstielige Maste mit Rechteckquerschnitt.

Waagrechte Spitzenlast. Unter Zugrundelegung gelenkiger Stabzusammenschlüsse besteht im Falle der Symmetrie der Anlage statische Bestimmtheit. Die einwirkende Kraft H (Abb. 363) wird dann parallel zu den Diagonalebenen in waagrechte Seitenkräfte $H_{1,3}$ und $H_{2,4}$ zerlegt und die Stabkraftermittlung sodann rechnerisch oder mit Hilfe eines Kräfteplanes in der Umlegung durchgeführt: Stabkräfte S_1 bis S_4. Man hätte auch H parallel zu den Seitenwandpaaren zerlegen und dann die Stabkraftermittlung durchführen können, doch müßte man dann noch die Stabkraftanteile aus den Teilbelastungen zusammenlegen.

Waagrechte außermittige Last: Abb. 364. Der in der Querträgerebene gelegene Querrahmen des Mastes sei ausgestrebt. Die außermittige Kraft H

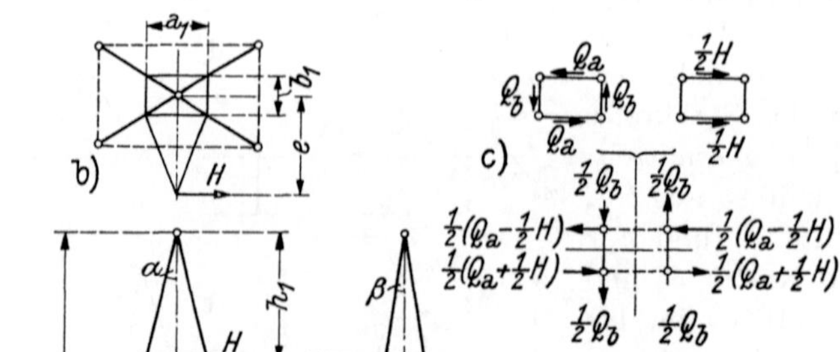

Abb. 364.

wird durch eine mittige Kraft H gleicher Richtung und durch ein Kräftepaar He ersetzt. Die mittige Kraft ruft in den parallel liegenden Seitenwänden Einzelkräfte $\frac{1}{2} H$ hervor, das Drehmoment He verursacht Wandlasten Q_a und Q_b, für die näherungsweise $Q_a = \frac{H\,e}{2\,b_1}$ und $Q_b = \frac{H\,e}{2\,a_1}$ gesetzt werden darf. Jede Wandlast wird auf die beiden Stiele der Wand verteilt, womit sich das Lastschema nach Abb. 364c ergibt. Die Zusammensetzung dieser Teilkräfte führt zu den biegenden Kräften R_1 und R_2 der Abb. 364d; aus diesen können die Biegungsmomente der Stiele berechnet werden (Stiele als Träger auf zwei Stützen aufgefaßt). Um jetzt noch die Stabkräfte zu erhalten, beachte man, daß die vom Drehmoment hervorgerufenen Stabkräfte Null sind, nachdem sich die anteiligen Kräfte aus der Belastung benachbarter Seitenwände aufheben. Von der mittigen Last H aber ergeben sich die Stabkräfte $S = \pm \frac{H\,h_2}{2\,a} \sec\alpha \,.\, \sec\beta$.

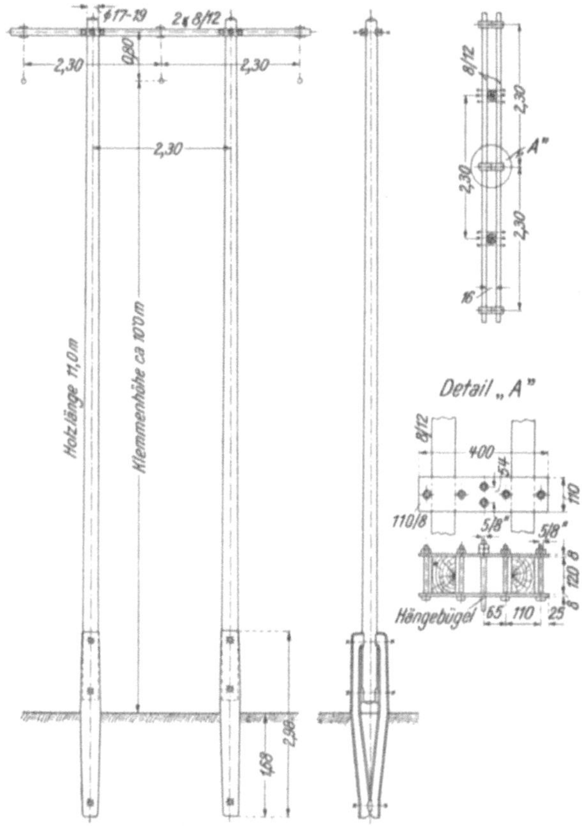

Abb. 365.

f) Portalmaste und ebene Fachwerksmaste.

α) Bauliche Durchbildung. Hölzerne Rahmenmaste, in einfachster Weise aus zwei Holzstielen und einem hölzernen oder stählernen Riegel gebildet, ermöglichen es, schon mit 11—12 m langen Holzstangen verhältnismäßig größere Spannweiten zu erzielen, ohne die Stiele stoßen zu müssen. Diese Maste, an welchen auch die Leiter in gleicher Höhe verlegt werden können, sind sehr einfach herzustellen und als Tragmaste für Leitungen mit schwächerer Belegung sehr geeignet. Nachteilig ist wie bei allen Portalmasten der erhöhte Aufwand für Grundeinlösungen. Derartige Holzmaste werden daher häufig in solchen Gebieten holzreicher Länder verwendet, in welchen die Grundeinlösung geringere Kosten verursacht.

Hölzerne Portalmaste sind aber auch in Deutschland verschiedentlich zur Anwendung gekommen. Als Beispiel seien die Maste der 60-kV-Leitung Steyr—Amstetten (A. E. G.-Union E. G., Wien) genannt. In Abb. 365 ist ein Portaltragmast dieser Fernleitung dargestellt. Mit Holzstangen von 11,5 m Länge konnte eine Regelspannweite von 160 m erreicht werden (Belegung 3 × 50 mm² Cu). Der Querträger besteht aus zwei Kanthölzern; unter Vermeidung von Durchschraubungen sind dieselben durch Bindebleche zusammengeschlossen, in welchen sich die Bohrungen zum Einhängen der U-förmigen Bügel der Hängeketten befinden.

Der Anschluß der Querträger an die Maststiele erfolgt mittels je einer Durchzugsschraube und zwei Klemmschrauben. Zur Gründung der Maste wurden Ritterzangen (7 c α) herangezogen.

Die Winkelmaste dieser Leitungsanlage wurden ebenfalls aus Holz hergestellt. Abb. 366 zeigt einen Winkelmast, der als verstrebtes Portal ausgebildet ist. Der Unterteil wirkt als Rahmen, die Erdfüße haben daher auch unter dem Angriff von waagrechten Lasten der Mastebene Biegungsmomente zu übernehmen; diese Momente müssen auch bei der Bemessung der Holzstiele berücksichtigt werden. Der Querträger besteht wieder aus zwei Kanthölzern; die Bindebleche, in welchen die Abspannbügel sitzen, sind angeklemmt und zugleich in die Hölzer eingelassen, um in Richtung der Auslegerachse wirkende waagrechte Kräfte übertragen zu können.

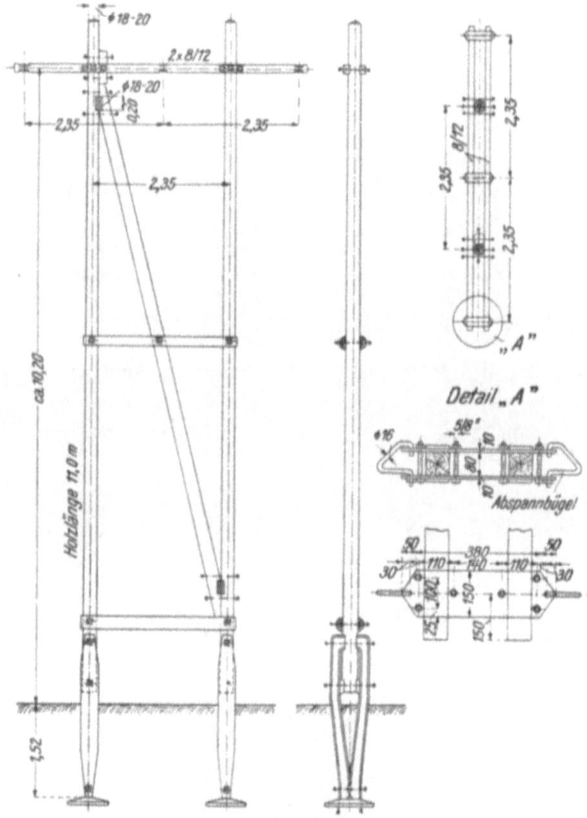

Abb. 366.

Der Winkelmast nach Abb. 367 hingegen ist als ebenes Fachwerk ausgebildet. Der Querträger besteht aus zwei [-Stählen, die an den Befestigungsorten der Leiter durch Bindebleche verbunden sind, in welchen die Abspannbügel sitzen. Um die Kräfte, die vom Querträger auf die Maststiele übertragen werden, auf mehrere Anschlußschrauben verteilen zu können, sind Zwischenbleche eingeschaltet worden. Die Gründung des Mastes erfolgte wieder mittels Ritterzangen, wobei die der äußeren Stiele wegen der zu übertragenden Längskräfte Erdplatten erhielten.

In Amerika wurden hölzerne Portalmaste für Leitungen bis zu 165 kV Betriebsspannung ausgeführt; allerdings stehen dort geeignete Hölzer größerer Abmessungen zur Verfügung.

Auch in Rußland gelangen hölzerne Portalmaste häufig zur Anwendung[80]. In Abb. 368 a ist ein Portalmast einer russischen 110-kV-Leitung dargestellt. Er ist mittels hölzerner Erdfüße gegründet und der Zusammenschluß zwischen Stielen und Erdfüßen ist derart durchgebildet, daß sich die ersteren bei Eintritt eines Leiterbruches, unter der Einwirkung des einseitigen Zuges schief stellen. Durch diese Mastneigung wird im Verein mit der Auslenkung der Hängeketten die Größe

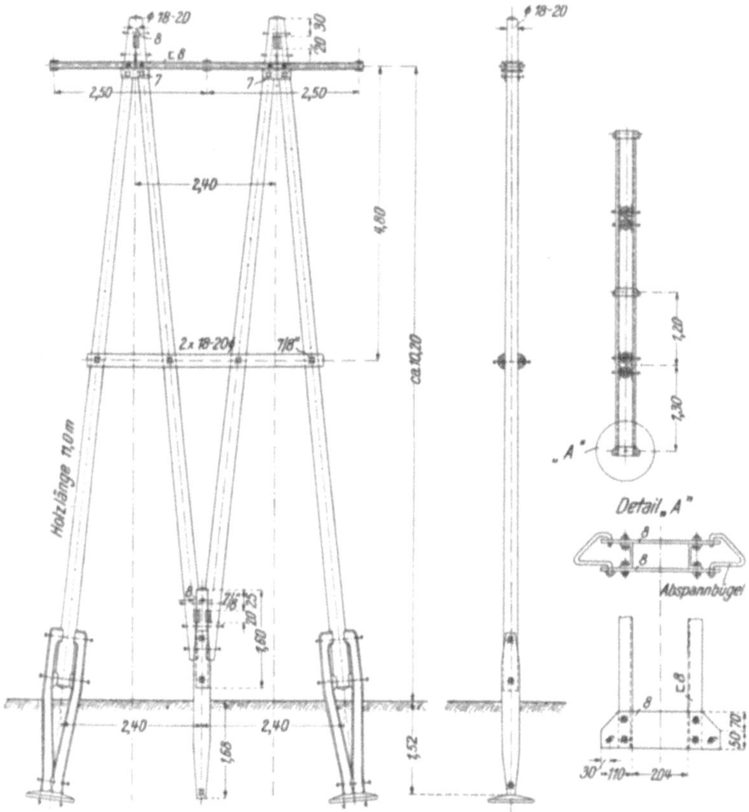

Abb. 367.

des einseitigen Zuges stark herabgesetzt und der Mast vor dem Umbruche bewahrt. Diese Verbindung zwischen Stielen und Erdfüßen wird durch Drahtumwicklungen (16 Windungen bei 4 mm Drahtstärke) hergestellt; die Anspannung erfolgt mittels eines durchgesteckten Schraubenbolzens (Abb. 368 b). Nach einem Leiterbruch muß die Schiefstellung der Maste wieder behoben werden, was leicht zu bewerkstelligen ist. Mit diesen Masten wurden Spannfeldlängen von 170—175 m erreicht.

β) Berechnung. Portalmaste nach Abb. 365 werden als Rahmenträger mit eingespannten Stielen (Einspannquerschnitt der Stiele, bzw. der Erdfüße in halber Eingrabetiefe) und gelenkig angeschlossenen Querträgern berechnet. Waagrechte Lasten, die in der Höhe eines Querträgers in der Mastebene wirken, verteilen sich praktisch zu gleichen Teilen auf die beiden

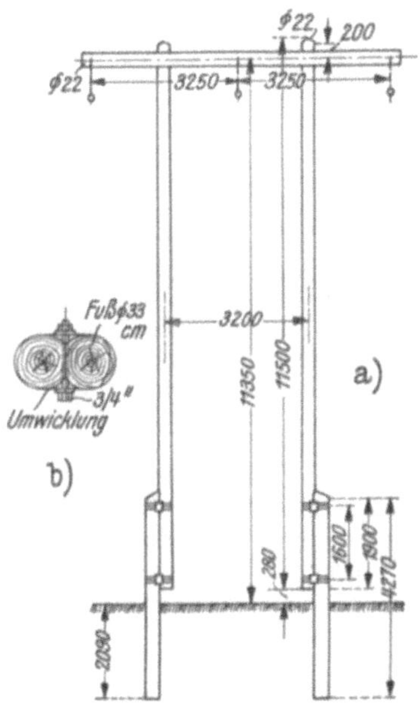

Abb. 368.

Stiele, die die Lasten als Kragträger übernehmen; Momentenverlauf nach Abb. 369. Auch gegenüber Lasten, die rechtwinkelig zur Mastebene gerichtet sind, wirken die Stiele als Kragträger.

In gleicher Weise werden auch bei den verstrebten Masten rechtwinkelig zur Mastebene gerichtete Kräfte in den Boden geleitet, während waagrechte Lasten der Mastebene durch Fachwerkswirkung übernommen werden; hierbei entstehen Biegungsmomente nur insoweit, als es sich um unvollständige Fachwerke oder um Lastangriffe außerhalb der Knotenpunkte handelt.

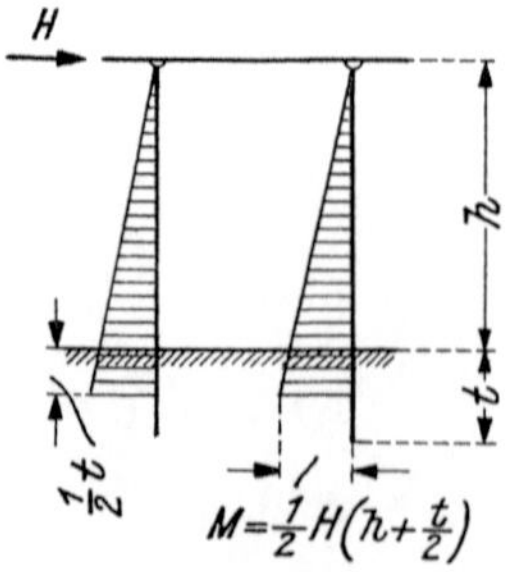

Abb. 369.

g) Gittermaste.

Hölzerne Gittermaste sind in Deutschland bis zu 27 m Höhe und für Leitungen bis 110 kV Betriebsspannung ausgeführt worden. Die Herstellung erfolgte zimmermannsmäßig, die Stiele wurden aus Rundhölzern, die Streben und Zangen aus Halbhölzern gebildet; zum Teil wurden die Streben auch aus Rundstählen mit eingebauten Spannschlössern hergestellt. Die erforderlichen Stöße der Stiele sind verlascht worden, die Stabzusammenschlüsse wurden verschraubt. Die Querträger sind als stählerne Fachwerksträger ausgebildet worden; im Anschluß an den Mastschaft wurden Flachstähle zwischengeschaltet, um wieder die Kräfte mittels mehrerer Schrauben in das Holz leiten zu können. Die ausgeführten Gittermaste stellen zum Großteil nur unvollständige Fachwerke dar; sie bilden eigentlich teilweise verstrebte Stabwerke, bei welchen der Biegewiderstand der Stiele in sehr ausgiebiger Weise wirksam werden muß.

Von der Wiedergabe konstruktiver Einzelheiten wird abgesehen. Übrigens erscheint die Wirtschaftlichkeit derartiger hölzerner Fachwerkstürme bei statisch einwandfreier Gestaltung und sorgfältiger Durchbildung kaum gegeben, wie schon aus der wenig häufigen Anwendung derselben zu erkennen ist.

7. Erdfüße für Holzmaste.

Die Zerstörung des Holzes wird nicht bloß durch Pilz- und Insektenbefall, sondern vor allem auch durch die Bodenfeuchtigkeit herbeigeführt. An der Erdaustrittsstelle sind die eingegrabenen Holzstangen bald feucht, bald trocken; durch das Aufsaugen der Nässe quillt das Holz, durch die nachfolgende Austrocknung unter Wind und Sonnenschein schwindet es. Diese im Wechsel der Witterung aufeinanderfolgenden Prozesse verursachen innere Spannungen; in den äußeren Schichten des Holzes sind dieselben weit größer als in den inneren, so daß es zu einer Sprengung der äußeren Holzschichten kommt. Es entstehen vor allem Längsrisse in der Richtung des Stammes, später lösen sich auch die Jahresringe voneinander ab.

Diese Schwindrisse bilden nun wieder einen Hauptherd für den Angriff pflanzlicher und tierischer Holzzerstörer. Denn die Risse dringen tiefer in das Holz ein als die Imprägnierung; daher können sich die Pilze im Inneren ansetzen und die Bodenfeuchtigkeit sorgt für günstige Entwicklungsbedingungen.

Diese gefährdete Zone reicht nur bis etwa 40 cm unter die Erdoberfläche, und man hat versucht, diesen verhältnismäßig kurzen Abschnitt besonders zu schützen und hat Ummantelungen, ausgegossen mit Asphalt, Pech usw., vorgesehen. Diese Vorkehrungen versagten aber, weil das Holz dort erstickt. Nur wenn Luft und Licht zu allen Holzteilen Zutritt haben, kann eine vorzeitige Zerstörung des Holzes vermieden werden.

Es wurden daher eigene Erdfüße aus anderen Werkstoffen, vor allem aus Eisenbeton entwickelt, die man unmittelbar in die Erde einsetzt, während die Holzstangen oberhalb der Erdoberfläche enden und daher nicht mehr mit der Bodenfeuchtigkeit in Berührung kommen. Damit wird eine Hauptquelle vorzeitiger Holzzerstörung ausgeschaltet. Während unmittelbar eingegrabene, nicht imprägnierte Holzstangen nach 4—5 Jahren vermorscht sind, kann die mittlere Lebensdauer durch Imprägnierung auf 12—25 Jahre erhöht werden; bei Verwendung von Erdfüßen kann sie auch auf 30—40 Jahre ansteigen. Durch die Verwendung von Erdfüßen wird ferner die Betriebssicherheit erhöht, denn bei eingegrabenen Masten erfolgt ja die Zerstörung gerade an den höchstbeanspruchten Stellen des Mastes. Man kann daher auch eher zum Weitspannsystem übergehen, um so mehr, als der höchstbeanspruchte Stangenquerschnitt beträchtlich höher zu liegen kommt und auch kleinere Stangenlängen ausreichen.

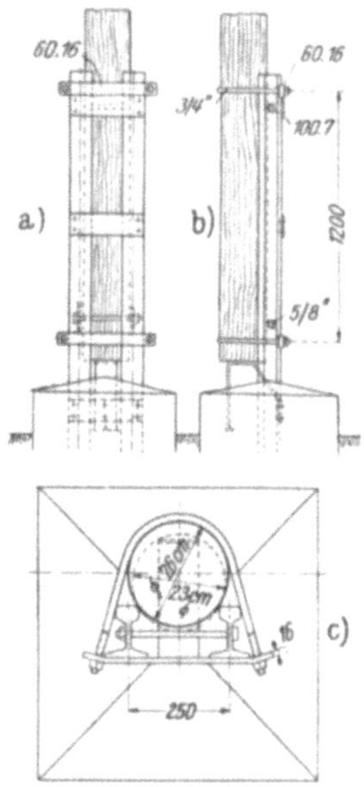

Abb. 370.

Die Erdfüße müssen so gestaltet werden, daß auch bei wechselnder Holzstärke ein sicherer Anschluß der Stangen möglich ist, der sowohl Biegungsmomente als auch Längs- und Querkräfte zu übertragen vermag. Die konstruktive Durchbildung ist ferner so zu wählen, daß sich nirgends Niederschlagswasser ansammeln kann, daß Luft und Licht zum Holz Zutritt haben und das feucht gewordene Holz rasch wieder zu trocknen vermag.

Es wurden verschiedene Bauarten entwickelt; die bekannteren sollen im folgenden kurz besprochen werden:

a) Hölzerne Erdfüße.

Die Erdfüße der Fa. Gebrüder Himmelsbach in Freiburg sind in Deutschland wiederholt verwendet worden. Sie bestehen aus einem sehr festen und widerstandsfähigen Hartholz, das nach einem besonders wirksamen Verfahren imprägniert wird.

b) Erdfüße aus einbetonierten Walzträgern.

An zwei, aus einem Blockfundament auskragenden [-Stählen wird die Holzstange angeschellt. Wegen des auszuführenden Betonfundamentes sind diese Erdfüße verhältnismäßig teuer. Der gleiche Nachteil haftet auch den Füßen aus einbetonierten (Alt-)Schienen an; in Abb. 370 ist ein Schienen-Erdfuß dargestellt.

c) Eisenbeton-Erdfüße System Ritter (Fritz Nitzsche, Karlsruhe).

Diese unter Patentschutz stehenden Konstruktionen haben auch im Auslande vielfach Anwendung gefunden. Es sind zwei Ausführungsformen zu unterscheiden:

α) Die Ritterzangen. Sie sind in Deutschland auch für Bahn- und Postkreuzungen zugelassen und dienen zur Gründung von einfachen Masten und von Doppelmasten (Abb. 371). Sie werden in fünf verschiedenen Stärken, entsprechend einem zulässigen Biegungsmoment am Erdaustritt von 500—3000 kg/m ausgeführt. Für fachwerkartige Maste, wie A-Maste, Etagenmaste, drei- und vierseitige Bockmaste, werden die Ritterzangen noch mit einer Erdplatte versehen (Abb. 366), die eine verbreiterte Aufstandsfläche ergibt und anderseits auch als Anker-

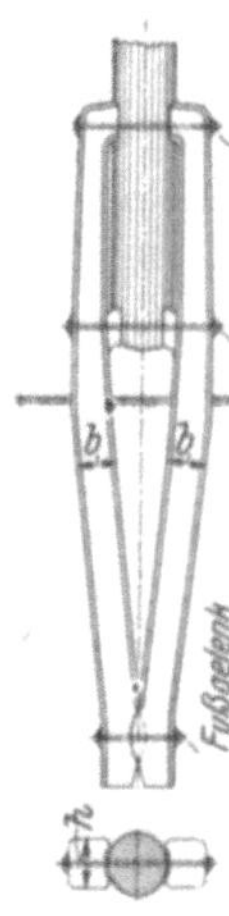

Abb. 371.

platte wirkt. Die Erdplatten bestehen aus Eisenbeton, erhalten kreuzweise Bewehrung und sind mit einbetonierten Ankern versehen. Sie werden in verschiedenen Abmessungen zur Übertragung von Längskräften von 4000—10500 kg ausgeführt (Aufstandsflächen 50/70—70/110 cm).

Ritterzangen sind schon für Leitungen bis 60 kV Betriebsspannung und für Spannfeldlängen bis zu 340 m verwendet worden. Die Maste werden von Klauen gefaßt (Abb. 371), die ihre Festhaltung bewirken; außerdem werden Bolzen durchgezogen. Die Herstellung der Ritterzangen erfolgt auch an Werksplätzen des Baugebietes.

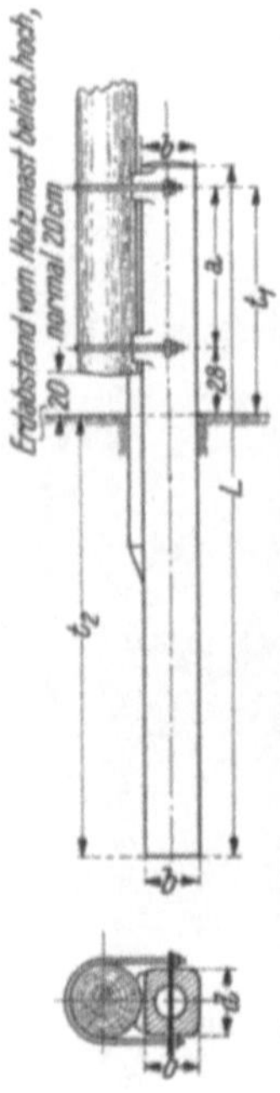

Abb. 372.

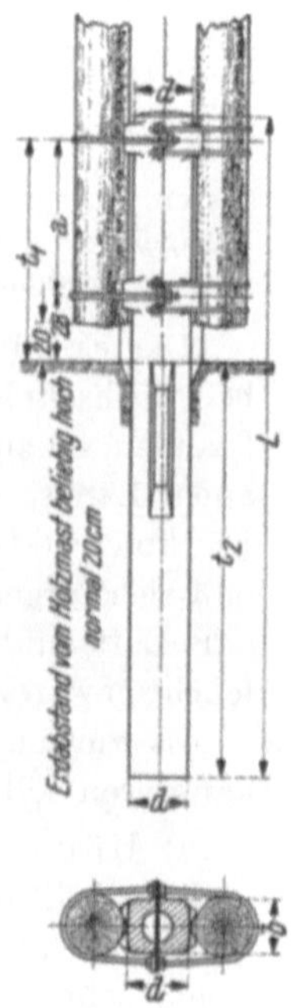

Abb. 373.

β) Die Ritterpfosten bestehen aus Schleuderbeton und kommen für die Gründung von einfachen Masten und Doppelmasten in Betracht (Abb. 372 und 373). Sie sind in Deutschland für Postkreuzungen zugelassen und ermöglichen die Ausführung von Kreuzungsdoppelmasten an Stelle der größere Bodenflächen beanspruchenden A-Maste. Der Mastfuß für einfache Maste wird in fünf verschiedenen Stärken hergestellt, entsprechend einem zulässigen Biegungsmoment (am Erdaustritt) von 1500—4000 kgm. Der Fuß für Doppelmaste wird in zwei Stärken erzeugt, und zwar für ein zulässiges Biegungsmoment von 3000, bzw. 4000 kgm.

d) Schleuderbeton-Erdfüße des Portlandzementwerkes Hofmann u. Co., Linz.

Diese Schleuderbetonrohre werden einzeln (Pfostenbauweise) oder doppelt (Zangenbauweise) angeordnet:

Pfostenbauweise: Die Holzstange wird einseitig an das Eisenbetonrohr mittels Rundstahlschellen angeschlossen (Abb. 342, 374). Diese Schellen liegen in der Höhe der Backen, die aus dem Rohr heraustreten und an welche sich die Holzstange anlehnt. An Stelle der Rundstahlschellen können auch Drahtseilschlingen zur Anwendung gelangen.

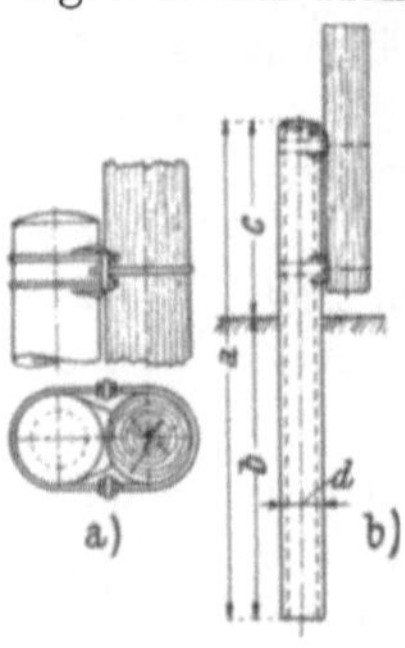

Abb. 374.

Zangenbauweise: Die Holzstange wird von zwei in der Kraftebene liegenden Schleuderbetonrohren gefaßt und in Backenhöhe mit den Rohren verschraubt (Abb. 348, 359). Bei fachwerkartigen Masten erhalten die Füße Erdplatten zur Übertragung der Längskräfte. Diese bestehen aus Eisenbeton und besitzen eine, dem äußeren Rohrdurchmesser angepaßte Öffnung, in die das Rohr eingesetzt und durch Ausgießen des Zwischenraumes festgehalten wird.

Es werden Rohre fünf verschiedener Abmessungen für die Pfostenbauweise, entsprechend einem zulässigen Biegungsmoment von 600—2000 kgm (am Erdaustritt) und zwei Typen für die Zangenbauweise für ein zulässiges Moment von 2000 und 3000 kgm erzeugt. Die Abmessungen (Abb. 374) betragen: $a = 2{,}4$—$2{,}9$ m, $b = 1{,}4$—$1{,}8$ m, $d = 22$—26 cm.

8. Holzschutz.

Das volkswirtschaftliche Interesse erfordert es, das Holz so zu behandeln, daß eine möglichst lange Lebensdauer erzielt und daher jede Holzverschwendung vermieden wird.

Für den Mastbau kommen Schutzstoffe in Betracht, die teils organischer, teils anorganischer Natur sind. Zur ersteren Gruppe gehört das Steinkohlenteeröl, das bei der Destillation des Steinkohlenteeres bei einer Temperatur über 200° gewonnen wird; zur zweiten Gruppe zählen verschiedene wasserlösliche Salze und Salzgemische, und zwar Zink-, Quecksilber-, Kupfer- und Fluorverbindungen.

Früher verwendete Schutzmaßnahmen, wie das Ankohlen, das Auftragen von luft- und wasserundurchlässigen Anstrichen, das Umhüllen mit Schutzschichten aus Teer oder Asphalt haben sich nicht bewährt.

Wirksame Schutzstoffe haben folgenden Anforderungen zu genügen:

a) Sie müssen genügend hohe Giftwirkung aufweisen, um die Entwicklung sowohl von holzzerstörenden Pilzen als auch von tierischen Schädlingen mit Sicherheit zu verhindern.

b) Höhere Lebewesen und Pflanzen dürfen durch sie nicht geschädigt werden.

c) Sie müssen genügend tief in das Holz eindringen und möglichst lange im Holz verbleiben und während dieser Zeit ihre Giftwirkung beibehalten.

d) Sie dürfen die physikalischen Eigenschaften des Holzes nicht ungünstig beeinflussen und auch die metallischen Verbindungsmittel der Holzkonstruktionen nicht angreifen.

e) Sie müssen leicht und billig zu beschaffen und sowohl für frisches als auch für trockenes Holz anwendbar sein; sie dürfen die Imprägnieranlagen und Apparaturen nicht angreifen und zerstören.

Die verschiedenen Imprägnierungsverfahren. a) Häufig wird die Teerölimprägnierung unter Druck und Luftleere im Imprägnierzylinder (Verfahren von Rüping) angewandt. Zu dieser Druckimprägnierung wird entweder Teeröl allein oder im Gemisch mit Mineralölen herangezogen. Die Imprägnieranstalten sind über das ganze Reich verteilt, so daß die Frachtkosten in erträglichen Grenzen verbleiben. Dieses Schutzmittel wirkt nicht bloß durch seinen hohen Gehalt an Phenol, das einen sehr wichtigen pilztötenden Bestandteil darstellt, sondern auch durch seinen wasserabweisenden Inhalt. Die Lebensdauer des Holzes kann um so länger erstreckt werden, je gleichmäßiger durchtränkbar die Holzart ist. Das Imprägniermittel dringt gut in das Splintholz ein, der Verbrauch an Teeröl ist dabei ein sparsamer; es haftet auch gut im Holze.

Das Verfahren eignet sich jedoch nur für Kiefer und Lärche, nicht aber für Tanne und Fichte. Nachteilig ist ferner, daß das zu imprägnierende Holz lufttrocken sein muß. Der Schutz gegen tierische Zerstörer ist nicht immer sehr wirksam. Als weiterer Nachteil ist der Verlust an wirksamen Bestandteilen durch Verdunstung anzuführen. Auch wird der Schutzmantel durch Trockenrisse durchbrochen, so daß sich Feuchtigkeit im Inneren des Stammes ansammeln kann.

b) Das Saftverdrängungsverfahren nach Boucherie mit Kupfersulfat. Die saftfrischen Holzstangen werden in der Längsrichtung unter Druck, durch Saftverdrängung getränkt. Das $CuSO_4$ dringt gut ein und trotz der leichten Löslichkeit im Wasser haftet es verhältnismäßig gut im Holze. Die Statistik der Deutschen Reichspost weist sehr günstige Ergebnisse aus. Heute verfügen wir über Ersatzstoffe aus Salzgemischen, die noch wirksamer sind als $CuSO_4$, das übrigens für Maste im kalkhältigen Boden nicht verwendet werden darf, da es dort chemische Umwandlungen erfährt, durch welche die Giftwirkung für Pilze verloren geht. $CuSO_4$ greift auch Stahl an und ist nicht gegen alle Pilze gleich wirksam.

c) Tränkung mit Sublimat (Kyanisierung). Die Tränkung erfolgt in offenen Behältern, ohne Anwendung von Druck oder Luftleere. Das Kesselverfahren ist ja nicht anwendbar, da das $HgCl_2$ den Stahl angreift. Das zu imprägnierende Holz muß vollständig trocken sein. Der Schutzstoff weist hohe Giftigkeit gegenüber Pilzen und Insekten auf und zeichnet sich durch seine gute Bindung an das Holz aus. Die Eindringtiefe ist aber gering, weshalb Trockenrisse gefährlich sind, da sich im Inneren

Feuchtigkeit ansetzt und Keimlinge eindringen können. Es greift auch die Stahlbestandteile an. Dieser Schutzstoff kommt übrigens in Deutschland derzeit aus devisentechnischen Gründen nicht in Betracht.

d) Unter den neueren Schutzstoffen sind die Wolman-Salze an erster Stelle zu nennen. Sie bestehen aus Fluor-Verbindungen, denen bestimmte Salze beigemischt sind. Die Fluorverbindungen sind sehr gute Schutzmittel; sie besitzen aber den Nachteil, leicht ausgewaschen zu werden. Das wird nun durch beigemischte Salze, vor allem durch Chromsalze verhindert. Das Salzgemisch geht auf der Holzfaser eine chemische Verbindung ein, die praktisch ein wasserunlösliches Schutzsalz bildet. Die erfolgreichsten Salzgemische sind das Tanalith-U und das Triolith-U. Sie greifen den Stahl nicht an und können daher im Kesseldruckverfahren angewandt werden. Auch werden demnach die stählernen Verbindungsmittel und die Isolatorenstützen nicht geschädigt. Sie zeichnen sich nicht bloß durch ihre hohe Pilzwidrigkeit aus, sie verhindern auch mit Sicherheit die Entwicklung tierischer Holzzerstörer (selbst der Termiten). Die physikalischen Eigenschaften des Holzes erfahren keine Änderung, und sie sind für höhere Lebewesen und Pflanzen unschädlich, nur bei den arsenhaltigen Salzgemischen (Bezeichnung mit A) ist Vorsicht geboten. Von besonderer Bedeutung ist, daß mit Tanalith-U nach dem Saftverdrängungsverfahren auch Tanne und Fichte so gut wie nach keinem anderen Verfahren durchtränkt werden können, so daß nunmehr auch diese Holzarten im Leitungsbau häufiger zur Anwendung gelangen dürften.

Die Imprägnierung mit Wolman-Salzen kann nach folgenden Verfahren vorgenommen werden:

α) Nach dem Kesseldruckverfahren. Es ist das eines der sichersten und zugleich raschesten Verfahren, um dem Holze die erforderliche Imprägniersalzmenge einzuverleiben. Doch kann nur lufttrockenes, gut entrindetes Holz, bastrein geschält, zugelassen werden. Fichte und Tanne können wegen des besonderen Aufbaues ihrer Holzkörper nicht durch eine Druckimprägnierung geschützt werden.

β) Nach dem Tränkverfahren. Dieses wird an Stelle des Kesseldruckverfahrens dann angewendet, wenn die Beförderung zu einer bestehenden Anlage oder die Errichtung einer eigenen Anlage zu hohe Kosten verursachen. Bei diesem Verfahren dringen die Salze entsprechend den Gesetzen der Diffusion in das Holz ein. In einem Bottich wird eine Lösung des Salzgemisches hergestellt und in diese wird das Holz so eingelegt, daß die Lösung von allen Seiten zum Holz Zutritt besitzt. Das Holz soll 2 kg Salz je Festmeter aufnehmen. Das Verfahren dauert 6—10 Tage. Im Falle der Erwärmung der Lösung durch Heizschlangen kann die Dauer des Prozesses auf 4—6 Stunden herabgesetzt werden.

γ) Das Saftverdrängungsverfahren ist für die Imprägnierung von Leitungsmasten besonders wichtig. Es eignet sich auch für Fichten- und Tannenholz. Bei diesem von Boucherie entwickelten Verfahren wird der Saft durch den statischen Druck der Imprägnierflüssigkeit aus dem frischen, in der Rinde befindlichen Holz verdrängt und durch Imprägnierflüssigkeit ersetzt. Die Maste werden in schwacher Neigung gelagert. In einem etwa 10 m höher liegenden Bottich wird die Imprägnierflüssigkeit zubereitet und durch Rohrleitungen dem Fußende der Maste zugeführt. Das Holz soll möglichst saftfrisch zur Imprägnierung kommen und wird daher in der Rinde belassen. Die Imprägnierung ist beendet, wenn am Zopfende Salzlösung von der halben Konzentration wie im Bottich abtropft. Die Dauer der Imprägnierung beträgt 6—10 Tage, je nach der Holzart und Holzfrische. Die imprägnierten Stangen werden dann noch 14—21 Tage in der Rinde gelagert und dann noch etwa 4 Wochen getrocknet. In 6—8 Wochen nach dem Fällen des Holzes stehen demnach einbaufähige Masthölzer zur Verfügung. Bei diesem Verfahren werden 3 kg Tanalith-U je Festmeter Holz verbraucht. Ein großer Vorteil des Verfahrens ist darin gelegen, daß man an keine ortsfesten Imprägnieranstalten gebunden ist. Wo die Beförderungskosten für das Holz zu hoch sind, kann eine solche Anlage an Ort und Stelle errichtet werden; die zugehörigen Behelfe sind leicht heranzuschaffen.

Das Deutsche Reichspostministerium betrachtet Imprägnierungen mit Wolman-Salzen, ausgeführt nach dem Kesseldruck-, Saftverdrängungs- oder auch Trogtränkungsverfahren als im Sinne der Vorschriften für Starkstrom-Freileitungen „anerkannte Verfahren“.

δ) Die Wolman-Salze werden auch noch in anderer Weise angewandt, wie z. B. nach der Bohrlochmethode. Von dieser Art der Imprägnierung wird dann Gebrauch gemacht, wenn die Maste schon eingebaut sind. Die Salze werden hierbei trocken, in fertig gepreßten Patronen verarbeitet. Im Holz werden in bestimmten Abständen, z. B. alle 50 cm, Löcher gebohrt (Tiefe gleich drei Viertel der Holzstärke), die Patronen eingesetzt und zugespitzte Dübel eingetrieben. Die Patronen platzen dabei und die Salze werden an die Lochwand gepreßt. Nach und nach lösen sich dann die Salze und diffundieren in das Holz. Dieses Verfahren ist vor allem deshalb von Bedeutung, weil nach diesem das Holz an den Bearbeitungsstellen (Holzverbindungen, Schraubenlöcher) geschützt werden kann.

Zum Schutze teerölimprägnierter oder kyanisierter Maste gegen vorzeitige Zerstörung werden auch Schutzwickelungen vorgesehen. Diese bestehen aus einem Gewebe, in welches Schutzsalz, beispielsweise Tanalith-U, trocken eingenäht wird. Dieses Gewebe wird an der gefährdeten Stelle, am Erdaustritt um den Mast gelegt und nach außen hin wasserdicht geschützt. Die infolge der Saugwirkung aufsteigende Feuchtigkeit löst das Schutzsalz auf und die so entstehende Lauge dringt in das Holz ein.

Die Wirksamkeit der Imprägnierungen mit Wolman-Salzen hängt wesentlich von der Güte der Ausführung ab.

Literaturverzeichnis.

1. Flachsbart O.: Modellversuche über die Belastung von Gitterfachwerken durch Windkräfte. Der Stahlbau. 7. Jg. (1934), H. 9, 10.
2. Flachsbart O. u. H. Winter: Modellversuche über die Belastung von Gitterfachwerken durch Windkräfte. Der Stahlbau. 8. Jg. (1935), H. 8, 9, 10.
3. Katzmayr R.: Winddruck auf Ingenieurbauten. Z. d. Ö. I. A. V. 82. Jg. (1930), Heft 21/22, 23/24.
4. Katzmayr R. u. H. Seitz: Winddruck auf Fachwerkstürme von quadratischem Querschnitt. Der Bauingenieur. 15. Jg. (1934), H. 21/22.
5. Gauster W.: Über den Seilriß bei elektrischen Freileitungen. E. u. M. 46. Jg. (1925), H. 42.
6. Kammüller: Die Beanspruchung der Leitungsmaste bei Seilriß. Der Stahlbau. 1. Jg. (1928), H. 12, S. 133.
7. Stötzner O.: Die Belastungsverhältnisse für stählerne Gittermaste bei Leitungsbruch. ETZ. 53. Jg. (1932), S. 127.
8. Tetmajer L. v.: Die Gesetze der Knickungs- und der zusammengesetzten Druckfestigkeit. Leipzig-Wien: Deuticke. 1903.
9. Engesser F.: Die Knickfestigkeit gerader Stäbe. Zentralbl. d. Bauverw. Bd. 11 (1891), S. 483, und Über Knickfragen. Schweiz. Bauztg. Bd. 26 (1895), S. 24.
10. Kármán Th. v.: Untersuchungen über die Knickfestigkeit. VDI-Forschungsheft Nr. 81 (1910).
11. Rein W.: Berichte des Ausschusses für Versuche im Stahlbau. Ausgabe B, Heft 4. Berlin: Julius Springer. 1930.
12. Krohn R.: Zulässige Beanspruchung von Flußeisen in Bauwerken. Zentralbl. d. Bauverw. 37. Jg. (1917), Nr. 69, 70.
13. Bleich F.: Theorie und Berechnung der eisernen Brücken. Berlin: Julius Springer. 1924.
14. Girkmann K.: Knickfestigkeit der Eckstäbe von Raumtragwerken mit ebenen Knoten. Z. d. VDI. Bd. 72 (1928), Nr. 18.
15. Girkmann K.: Knickfestigkeit der Pfosten von K-Fachwerken. Z. d. VDI. Bd. 73 (1929), Nr. 17.
16. Bleich F. u. H. Bleich: Die Stabilität räumlicher Stabverbindungen. Z. d. ÖIAV. 80. Jg. (1928), S. 345.
17. Bleich H.: Das Ausknicken der Eckstiele von Gittermasten. Der Bauingenieur. 17. Jg. (1936), S. 557.

18. Chwalla F.: Sitz.-Ber. d. Wiener Ak. d. Wiss. 1927; HDI-Mitt. d. Hauptver. deutscher Ingenieure i. d. Tschechoslowakischen Republik, 1933.
19. Ježek K.: Die Festigkeit von Druckstäben aus Stahl. Wien: Julius Springer. 1937.
20. Chwalla E.: Die Stabilität zentrisch und exzentrisch gedrückter Stäbe aus Baustahl. Sitz.-Ber. d. Wiener Ak. d. Wiss., 1928.
Der Stahlbau. 7. Jg. (1934), H. 21—23.
Das Tragvermögen gedrückter Baustahlstäbe mit krummer Achse und zusätzlicher Querbelastung. Der Stahlbau. 8. Jg. (1935), S. 43, 53.
21. Hartmann Fr.: Knickung, Kippung, Beulung. Wien: Franz Deuticke, 1937.
22. Schaper G.: Grundlagen des Stahlbaues. 6. Aufl. Berlin: W. Ernst u. S. 1933.
23. Föppl A.: Vorl. über Techn. Mechanik. III. Bd., 10. Aufl. Berlin: G. B. Teubner. 1927.
24. Föppl A.: Versuche über die Verdrehungssteifigkeit der Walzeisenträger. Sitz.-Ber. d. bayr. Ak. d. Wiss. 1921, S. 296.
25. Prandtl L.: Kipperscheinungen. Diss. München. 1899; s. a. 27.
26. Timoschenko S.: Einige Stabilitätsprobleme aus der Elastizitätstheorie. Z. f. Math. 1910, S. 360; s. a. 27.
27. Föppl A. u. L. Föppl: Drang und Zwang. Bd. II, 2. Aufl. München u. Berlin: R. Oldenbourg. 1928.
28. Krummel K.: Zur Bestimmung der Tragfähigkeit von I-Trägermasten. Elektr. Bahnen. V. Bd. (1929), S. 257.
29. Stüssi F.: Die Stabilität des auf Biegung beanspruchten Trägers. Abh. d. int. Verein. f. Brücken- u. Hochbau. III. Bd. (1935), S. 401.
Über exzentrisches Kippen. Schweiz. Bauz. 105. Bd. (1935), S. 123.
30. Der P-Träger als Leitungsmast. Zeitschr.: Der P-Träger. 4. Jg. (1933), Nr. 1.
31. Morenz M.: Walzprofile für Maste von Nieder- und Mittelspannungsleitungen. E. u. M. 56. Jg. (1938), S. 37.
32. Melan E.: Die Berechnung von Flachmasten unter Berücksichtigung der Knickgefahr senkrecht zur Kraftebene. ETZ. 42. Jg. (1921), S. 1197.
33. Girkmann K.: Ausbeulen von Bindeblechen. Der Stahlbau. 7. Jg. (1935), H. 24.
34. Girkmann K.: Versuche über das Ausbeulen von Bindeblechen. Zeitschr.: Die Stahlbautechnik. 1936, Nr. II.
35. Taenzer W.: Eiserne Gittermaste für Starkstrom-Freileitungen. Berlin: J. Springer. 1930.
36. Föppl L.: Über das Ausknicken von Gittermasten, insbesondere von hohen Funktürmen. Zeitschr. f. angew. Math. u. Mech., 13. Bd. (1933), S. 1.
37. Platzer L.: Hochspannungsleitungsmaste aus geschweißten Stahlrohren. Der Autogenschweißer. X. Jg. (1937), Nr. 10.
38. Rixe H.: Rohrmaste. ETZ. 54. Jg. (1933), H. 14.
39. Schultz E.: Stahltürme von 41 und 50 m Höhe für Starkstromfreileitungen. Der Stahlbau. 3. Jg. (1930), H. 8.
40. Bürklin A.: Durchbiegung von Gittermasten. ETZ. 41. Jg. (1920), S. 252.
41. Girkmann K.: Eisengittermaste belastet durch wechselseitig wirkende Seilzüge. Diss. Wien, 1924.
42. Ebner H.: Zur Berechnung statisch unbestimmter Raumfachwerke. Der Stahlbau. 5. Jg. (1932), H. 1, 2; s. a. 138. DVL-Bericht, Luftfahrtforschung 5 (1929), H. 2.
43. Girkmann K.: Zur Berechnung der Gittermaste auf Verdrehen. E. u. M. 55. Jg. (1937), H. 34, 35.
44. Wansleben: Die Berechnung von Leitungsmasten auf Verdrehen. Der Stahlbau. 5. Jg. (1932), H. 24.
45. Wanke J.: Berechnung von gegliederten Masten und Türmen auf Verdrehen. Der Stahlbau. 9. Jg. (1936), H. 25, 26.
46. Wanke J.: Geschweißte Stahlrohrmaste. Der Stahlbau. 5. Jg. (1932), H. 1.
47. Wanke J.: Zur Berechnung von strebenlosen gegliederten Tragwerken. Der Stahlbau. 8. Jg. (1935), H. 22, 23.

48. Mises R. v. u. J. Ratzersdorfer: Die Knicksicherheit von Rahmentragwerken. Z. f. angew. Math. u. Mech. 6. Bd. (1926), S. 181.
49. Sturzenegger P.: Maste und Türme in Stahl. Berlin: W. Ernst u. Sohn. 1929.
50. Schröder: Die Unterhaltung von Stahlbauten. Die Bautechnik. 9. Jg. (1931), H. 52.
51. Brodersen: Schutzanstriche für stählerne Brücken und bei Betonbauten. Die Bautechnik. 14. Jg. (1936), H. 43.
52. Schuhmann R.: Schutz der Bauwerke gegen Korrosion. Z. d. ÖIAV. 86. Jg. (1936), H. 13/14.
53. Saliger R.: Der Eisenbeton. 6. Aufl. Leipzig: Alfred Kröner. 1933.
54. Mörsch E.: Der Eisenbetonbau. Stuttgart: Konrad Wittwer.
55. Handbuch f. Eisenbetonbau. 4. Aufl., III. Bd. Berlin: W. Ernst u. Sohn.
56. Beton-Kalender 1938. Berlin: W. Ernst u. Sohn.
57. Hütte, des Ingenieurs Taschenbuch. III. Bd., 26. Aufl. Berlin: W. Ernst u. Sohn.
58. Nitsch V.: Der Bau der 100000-V-Leitung Wegscheid—Timelkam der Oeka. E. u. M. 54. Jg. (1936), H. 46, 47.
59. Riedlinger K.: Die 55/110-kV-Übertragungsleitung über den Paß Lueg. ETZ. 51. Jg. (1930), H. 36, 38.
60. Schlögl J.; Die 100000-V-Freileitung Ternitz-Wien. E. u. M. 49. Jg. (1931), H. 17.
61. Meeg R.: Freileitungsmaste aus Eisenbeton. Beton u. Eisen. 30. Jg. (1931), H. 22.
62. Knepler F.: Leitungsmaste aus Eisenbeton. Baumarkt. 1937, Nr. 9.
63. Handbuch f. Eisenbetonbau. 4. Aufl., IX. Bd. Berlin: W. Ernst u. Sohn.
64. Heuser L. u. R. Burget: Freileitungsbau mit Schleuderbetonmasten. München u. Berlin: R. Oldenbourg.
65. Bestimmungen des Deutschen Ausschusses für Eisenbeton. 1932. 4. Aufl. v. 1936. Berlin: W. Ernst u. Sohn.
66. Rausch E.: Berechnung des Eisenbetons gegen Verdrehen und Abscheren. Berlin: Julius Springer. 1929.
67. Graf O.: Über die Bedingungen für die Größe der zulässigen Anstrengung von Eiseneinlagen in Eisenbetonplatten und in Eisenbetonbalken. Beton u. Eisen. 34. Jg (1935), H. 9.
68. Rengers N. J.: Der Einfluß der Rißbreite auf den Angriff durch Rost. Beton u. Eisen. 34. Jg. (1935), H. 10.
69. Abeles P.: Über die Verwendung hochwertiger Baustoffe im Eisenbeton. Beton u. Eisen. 34. Jg. (1935), H. 8, 9.
Schleuderbetonmaste für Bahnfahrleitungen. Beton u. Eisen. 34. Jg. (1935), H. 15.
Maste und Mastfüße aus Schleuderbeton. Z. d. ÖIAV. 87. Jg. (1935), H. 25/26.
70. Bortsch R.: Plastizitätstheorie und Rostgefahr. Beton u. Eisen. 33. Jg. (1934), H. 14.
71. Saliger R.: Erprobung eines Eisenbetonmastes. E. u. M. 44. Jg. (1923), S. 707.
72. Seitz H.: Grundlagen des Ingenieurholzbaues. Berlin: Julius Springer. 1925.
73. Gesteschi Th.: Der Holzbau. Handbuch f. Bauingenieure, herausgegeben von R. Otzen. Berlin: Julius Springer. 1926.
74. Baumann R.: Das Holz als Baustoff. München: C. W. Kreidel. 1927.
75. Graf O.: Wie können die Eigenschaften der Bauhölzer mehr als bisher nutzbar gemacht werden? Zeitschr. Holz. 1. Jg. (1937), H. 1/2.
76. Gaber: Versuche an hölzernen Leitungsmasten. Z. d. VDI. 78. Bd. (1934), H. 48.
77. Melan J.: Der Brückenbau. I. Bd. Wien: Fr. Deuticke. 1910.
78. Graf O.: Untersuchungen über die Widerstandsfähigkeit von Schraubenverbindungen in Holzkonstruktionen. Zeitschr.: Der Bauingenieur. 3. Jg. (1922), S. 100 u. 141.

79. Petroni V. u. E. Nather: Berechnung von Holz-A-Masten auf Verdrehung. Z. d. ÖIAV. 88. Jg. (1936), H. 37/38.
80. Suschkin N. I. u. A. A. Glazunoff: Neue Konstruktionen von Kraftübertragungsleitungen. Gesamtbericht Zweite Weltkraftkonferenz. Berlin 1930, XIV. Bd.

VI. Die Gründung der Maste.

A. Allgemeines.

Die Festhaltung der Leitungsmaste im Erdboden, die durch unmittelbares Eingraben der Maste, meist aber mittels besonderer Gründungskörper bewirkt wird, hat so zu erfolgen, daß die an den Masten angreifenden Kräfte ohne Überanstrengung der Werkstoffe und des Baugrundes in den Boden geleitet werden können. Auch dürfen die Fußeinspannungen und die Gründungskörper keine unzulässig großen Bewegungen ausführen, durch welche die Betriebssicherheit der Leitungsanlage gefährdet würde.

Da die Gründungskosten einen erheblichen Anteil der Gesamtkosten für die Mastherstellungen erreichen können, ist der Planung und Ausführung der Fundamente besondere Sorgfalt zuzuwenden. Besonders bei Höchstspannungsleitungen sind daher gründliche Vorarbeiten notwendig, um die Fundamente mit der gebotenen Sicherheit, zugleich aber in wirtschaftlichster Weise entwerfen zu können. Zuweilen sind dazu auch eingehendere, bodenphysikalische Untersuchungen[1] notwendig, wobei an entnommenen Bodenproben Beschaffenheit, Korngröße, spezifisches Gewicht, Porenziffer, Wassergehalt, Dichte, Struktur, Konsistenz und Durchlässigkeit der Bodenschichten zu erheben sind und fallweise auch der Einfluß der Austrocknung auf die Festigkeit untersucht werden muß.

Reicht der tragfähige Boden bis in die Nähe der Erdoberfläche, dann wird eine Flachgründung vorgesehen, wobei die Fundamente mindestens bis zur frostfreien Tiefe (mind. 0,8 m) herabzuführen sind. Zur Festlegung der zulässigen Bodenpressung begnügt man sich bei leichteren Masten in der Regel mit der Erhebung der Bodengattung, der Lagerungsverhältnisse, der voraussichtlichen Mächtigkeit der tragfähigen Schichten und der Höhenlage des Grundwasserspiegels. Bei Sandböden ist besonders die Lagerungsdichte zu beachten; sie ist für die Festigkeit von größerer Bedeutung als die Korngröße. Die notwendigen Erhebungen sind an Geländeaufschlüssen des Baugebietes (Sandgruben, Steinbrüche, Ziegelteiche usw.) und an Gründungen vorhandener Bauwerke zu pflegen; vor allem sind auch Probegrabungen auszuführen.

Auf Grund der Untersuchungsergebnisse kann sodann die zulässige Bodenpressung für die jeweiligen Bodengattungen unter Berücksichtigung der einschlägigen Vorschriften festgelegt werden. Bei schweren Fundamenten wird in zweifelhaften Fällen die zulässige Erdpressung auch auf Grund der Ergebnisse von Probebelastungen ermittelt. Diese Versuche werden am besten an der Fundamentsohle selbst ausgeführt. Hierbei wird ein Stempel mit einer Druckfläche von rund 1000 cm² in den Boden gepreßt und die Einsenkung beobachtet. Als zulässige Erdpressung wird häufig der halbe Betrag jenes bezogenen Druckes gewählt, nach dessen Überschreitung die Einsenkungen rasch anzuwachsen beginnen. Oder aber es wird die Pressung festgestellt, unter der die Eindrückung des Bodens 1 cm erreicht und die Hälfte dieser Pressung als zulässige Bodenbeanspruchung angenommen. Die Versuchsergebnisse sind abhängig von der Größe der Druckfläche; kleinere Stempelflächen ergeben scheinbare höhere Festigkeiten. Die Probebelastung führt auch aus anderen Gründen nicht immer zu richtigen Erkenntnissen. Bei Lehmboden beispielsweise müßte die Last längere Zeit auf den Boden einwirken, um Aufschluß über die wirklichen Setzungen, die sich nur nach und nach ausbilden, zu erhalten; bei der üblichen Dauer der Probebelastung wird oft nur ein Bruchteil derselben erfaßt. Bei Sand wieder liegt der Sitz der Setzungen etwa in einem Abstande gleich der halben Breite der Stempelfläche unterhalb der Druckfläche. Bei der Probebelastung wird demnach der Einfluß jener Schichten, in welchen die Setzungen unter dem Drucke eines breiteren Fundamentes hauptsächlich vor sich gehen, gar nicht zur Geltung kommen.

Die Bodenbeschaffenheit kann längs der Leitungstrasse starkem Wechsel unterworfen sein. Aus wirtschaftlichen Gründen ist es aber nicht möglich, im Zuge der Vorarbeiten an jedem Maststandorte den Boden aufzuschließen; die Probegrabungen können nur an einzelnen Stellen vorgenommen werden. Man wird dann für jede Masttype einige Fundamentkörper festlegen, deren Abmessungen den in Betracht kommenden Bodenverhältnissen angepaßt sind, und die endgültige Entscheidung erst beim Ausheben der Mastgruben treffen.

Nicht immer liegt der tragfähige Boden so nahe der Erdoberfläche, daß die Ausführung von Flachgründungen möglich, bzw. wirtschaftlich ist. Es müssen dann Tiefgründungen vorgesehen werden. Derartige Gründungen erweisen sich auch dann als notwendig, wenn die Gefahr von Unterwaschungen flachgegründeter Fundamente besteht. Als Tiefgründungen kommen für Leitungsmaste hauptsächlich Pfählungen und Brunnengründungen in Betracht. Besonders Pfahlgründungen werden häufig angewendet.

Hinsichtlich der Gründung der Maste enthalten die Leitungsbauvorschriften VDE 0210 folgende Bestimmungen:

Fundierung der Maste.

§ 27.

Allgemeines.

a) Die Maste sind derart im Boden zu befestigen, daß bei den in Betracht kommenden Bodenverhältnissen eine ausreichende Standsicherheit vorhanden ist und unzulässige Bewegungen des Mastes vermieden werden. Diese Bestimmung gilt als erfüllt, wenn die Bodenbefestigung den folgenden Forderungen entspricht:

b) Einfach- und Doppelmaste müssen, soweit sie nicht eine Fundierung durch Druckplatten oder Erdfüße erhalten, bei Boden mittlerer Beschaffenheit mindestens auf $^1/_6$ ihrer Gesamtlänge, jedoch nicht weniger als 1,6 m in dem Boden eingegraben und gut verrammt werden.

Unmittelbares Einbetonieren von Holzmasten ist unzulässig.

In gutem Boden und bei geringer Belastung wird bei Einfachmasten im allgemeinen ein hinreichend tiefes Eingraben und Feststampfen des Bodens genügen. In weichem Boden und bei größerer Belastung ist dagegen eine besondere Befestigung durch vorgelegte Schwellen oder durch Plattenfüße unerläßlich. Dieses gilt besonders für Betonmaste und lange Maste anderer Art.

Eingegrabene Maste sind einige Zeit nach Auflegen der Leitungen nachzustampfen.

c) Gittermaste müssen Betonfundamente, Platten-, Schwellenfüße oder Druckplatten erhalten, die so groß bemessen sind, daß die Bodenpressung den jeweils zulässigen Wert nicht überschreitet.

d) Für Fundamente, die hart an oder in Böschungen, in Überschwemmungsgebieten stehen oder dem Einfluß des Grundwassers unterliegen, sind Maßnahmen zu treffen, die eine genügende Standsicherheit gewährleisten.

e) Bei Verwendung von Platten-, Schwellen- oder sonstigen Fundamenten, bei denen der untere Mastteil nicht vollständig mit Beton umgeben ist, sind die in der Erde liegenden Stahlteile gemäß § 23 a und b gegen Zerstörung zu schützen. Holzschwellen sind gegen Fäulnis wirksam zu schützen.

f) Mastanker sind nicht zulässig, weil sie zu Betriebsstörungen und Unfällen Anlaß geben können.

g) Das Überbauen von Fernmeldekabeln und Starkstromkabeln durch Maste und Mastfundamente ist unzulässig.

§ 28.

Berechnung der Fundierung.

a) Die Fundamente sind nach einem geeigneten, anerkannten Verfahren zu berechnen. Dabei sind bei außergewöhnlich großen Fundamenten, bei Fundamenten für Rohr- und Betonmaste, sowie bei Fundamenten mit Fußplatten, bei denen die Auskragung der Fußplatte größer ist als ihre Dicke, die inneren Spannungen zu berücksichtigen.

b) Bei der Berechnung darf das Gewicht des Betons mit höchstens 2000 kg/m³, das des bewehrten Betons mit höchstens 2200 kg/m³ eingesetzt werden. Das Gewicht des auflastenden Erdreiches ist im Mittel mit 1600 kg/m³ anzunehmen, wenn nicht örtliche Ermittlungen einen anderen Wert ergeben haben.

§ 29.

Ausführung der Fundamente.

S. 3. Abschnitt, C.

§ 30.

Mastfüße.

(S. V, D 1).

Din 1054 enthält hinsichtlich der zulässigen Bodenpressungen die folgenden, auszugsweise wiedergegebenen Bestimmungen (Zahlentafel 45):

Zahlentafel 45. Zulässige Bodenpressung in kg/cm².
(Gründung in frostfreier Tiefe in Schichten von mind. 2 m Mächtigkeit.)

A. Nichtgewachsener Boden, je nach seiner Beschaffenheit	0,2—2,0
B. Gewachsener Boden:	
a) Feinsand	1,5
b) Mittelsand, festgelagerter trockener Ton, Lehm, sowie Kies mit Schichten von geringem Sandgehalt	3,0
c) Grobsand, Kies, fester trockener Mergel	4,5
d) Fester Fels: $^2/_3$ der für das betreffende Gestein nach Din 1053 festgesetzten zulässigen Druckspannung.	

Wenn bei der Berechnung der Kantenpressung alle Belastungseinflüsse berücksichtigt werden (trifft bei Leitungsmasten zu), dann dürfen die vorstehenden Werte bei gewachsenem Boden um $^1/_3$ erhöht werden.

Liegt die Gründungssohle tiefer als 2 m unter Gelände (wie z. B. bei Pfeiler- und Brunnengründungen), dann darf die zulässige Belastung um die Pressung erhöht werden, die durch die dauernd über der Sohle lagernden Bodenmassen ausgeübt wird.

B. Bauliche Gestaltung der Gründungen.

Maßgebend für die Wahl der Gründungsart und für die Durchbildung der Fundamente sind die Bodenverhältnisse, die Größe der zu übertragenden Kräfte und Momente, sowie die Bauweise und Bauform der Maste.

Wie unter V bereits hervorgehoben wurde, können Maste geringerer Höhe und Belastung, wie z. B. hölzerne Einfach-, Doppel- und A-Maste, ferner Maste aus einzelnen Stahlrohren oder leichte Eisenbetonmaste, bei gutem Baugrund unmittelbar in den Boden eingegraben werden. Eine Verbesserung der Einspannung kann durch Anschellen von Holzzangen (Abb. 344), bzw. durch den Einbau von Druckkörpern aus Beton (Abb. 319) herbeigeführt werden. Auch an die Stiele eingegrabener hölzerner A-Maste werden zuweilen unterhalb der Erdoberfläche Holzschwellen angeschraubt, um die Einspannung gegenüber Kraftangriffen rechtwinkelig zur Mastebene zu verbessern. Hinsichtlich der Maßnahmen zur Übertragung der aus Fachwerkwirkungen sich ergebenden Längskräfte hölzerner A- und Bockmaste wird auf V, D 6 verwiesen. Die bei Holzmasten immer häufiger zur Anwendung gelangenden und vereinzelt auch bei Masten aus einfachen Walzträgern in Verwendung gezogenen, meist aus Eisenbeton- oder Schleuderbeton hergestellten Erdfüße werden zwar hauptsächlich zur Verlängerung der Lebensdauer der Maste vorgesehen (V, D 7); sie bewirken aber auch eine Verbesserung der Einspannung im Boden, soferne sie größere Breiten als die Maste aufweisen. Bei fachwerkartigen Masten ergeben die den Erdfüßen unterlegten Fußplatten eine Verbreiterung der Aufstandsfläche und sie wirken zugleich als Ankerplatte gegenüber Zugkräften.

Bei höheren, bzw. stärker belasteten Masten sind aber weitergehende Vorkehrungen zur Verankerung der Maste im Boden erforderlich. Im folgenden sollen zunächst die verschiedenen Arten der Flachgründungen besprochen werden; bauliche Einzelheiten derselben wurden bereits unter V im Zusammenhange mit der Fußausbildung der Maste behandelt.

Bei stählernen Gittermasten werden häufig Plattengründungen ausgeführt (Abb. 225 ÷ 227), da sie wirtschaftlicher als Betonfundamente sind. Die Aufstandsflächen werden von imprägnierten Holzschwellen (ganze oder halbe Oberbauschwellen) oder auch von fabrikmäßig, bzw. an einem geeigneten Orte des Baugebietes erzeugten Eisenbetonplatten gebildet. Vereinzelt wurden auch Tafeln aus verzinktem Trägerwellblech verwendet. Bei weit gespreizten Masten erhält jeder einzelne Stiel sein eigenes Schwellenlager. Die Verankerung der Maste wird durch die lotrechten Erdwiderstände an der gedrückten Aufstandsfläche im Verein mit dem Gewichte des auflastenden Erdreiches bewirkt. Die waagrechten Querkräfte werden durch die Reibung, zum Teil auch durch seitlichen Druck auf das Erdreich in den Boden geleitet. Hinsichtlich der konstruktiven Durchbildung wird auf V, 6 c α verwiesen.

Günstiger für die Erhaltung der Stahlmaste sind aber Betonfundamente, durch welche die Stahlteile dem Einfluß der Bodenfeuchtigkeit entzogen werden. Stahlmaste beschränkterer Breite sowie auch Eisenbetonmaste werden mittels eines einzelnen block- oder stufenförmigen Betonfundamentes gegründet. Bei den Stahlmasten muß der Betonkörper aus dem oben angeführten Grunde bis über die Erde reichen; bei den Eisenbetonmasten hingegen bleiben die Fundamente meist in der Erde versenkt, so daß eine geringere Bodenfläche in Anspruch genommen wird. Bei den block- und stufenförmigen Fundamenten beteiligen sich sowohl die seitlichen Erdpressungen als auch die Pressungen an der Sohle an der Übernahme der einwirkenden Biegungsmomente. Bei schmalen Fundamenten überwiegt die Wirkung der seitlichen Einspannung, bei breiten Fundamenten werden die Momente zum größeren Teile an der Sohle übertragen. Wie die Verbindung zwischen Mast und Fundament erfolgen kann, wurde unter V, 6 c α besprochen.

An Stelle von Betonblöcken werden auch bewehrte Betonrohre als Gründungskörper verwendet. Die Dyckerhoff und Widmann A. G. liefert Schleuderbetonrohre, die nach dem Verfahren der Brunnengründung in den Boden versenkt werden;[17] die Befestigung der Gittermaste erfolgt mittels einbetonierter Stahlbolzen.

Bei breiteren Masten werden Sparfundamente ausgeführt: Ein Teil des Betonkernes, der bei der großen Fundamentbreite nur durch sein Gewicht zu wirken braucht, wird durch eine Steinpackung, durch Schotter oder Magerbeton ersetzt, um so Ersparnisse zu erzielen.

Wirtschaftlicher aber sind bei breiten und besonders bei gespreizten Masten aufgelöste Fundamente, wobei jeder Stiel für sich ein eigenes block- oder stufenförmiges Fundament erhält. Hinsichtlich der Verankerung der Maste in diesen Fundamenten wird auf V, 6 c α verwiesen. Aufgelöste Fundamente haben den Nachteil, daß durch ungleiche Setzungen Zusatzspannungen in die Mastkonstruktion eingetragen werden. Im allgemeinen sind aber Stahlmaste derartigen Setzungen gegenüber verhältnismäßig wenig empfindlich und durch örtliches Fließen des Werkstoffes paßt sich das Tragwerk den geänderten Stützungsbedingungen an. Ist mit verschieden großen Setzungen zu rechnen, dann muß vor allem untersucht werden, ob nicht durch die entstehenden Zusatzkräfte Druckstäbe an die Knickgrenze gelangen. Bei schweren Masten werden die Eisenbeton-Einzelfundamente durch bewehrte Verbindungsriegel zu einem auch im lotrechten Sinne steifen Ring verbunden, um die Auflagerpunkte des Mastes in gleicher Ebene und in unveränderlichen Abständen zu erhalten.

Zuweilen werden aufgelöste Fundamente auch schon bei verhältnismäßig schmäleren Stahlmasten vorgesehen. Zur Herabsetzung der Fundamentkräfte hat man die Einzelfundamente in der Hauptbelastungsrichtung auch weiter auseinandergerückt[2] (Bauweise der AEG.). Dann können die Maststiele nicht unmittelbar in den Einzelfundamenten verankert werden, weshalb entsprechend kräftige Unterlagsträger zur Abfangung des Mastes erforderlich sind (vgl. Abb. 220). Damit der Boden über den Einzelfundamenten bebaut werden kann, hat man die Unterfangungsträger einen halben Meter tief unter die Erdoberfläche versenkt. Für leichtere Maste werden die Einzelfundamente als Eisenbetonkörper auch an einem Werkplatze des Baugebietes erzeugt, von dort zu den Maststandorten gefahren und in den Boden eingebaut. Auch die verschiedentlich zur Anwendung gelangten Pilzfundamente sind in dieser Weise hergestellt und in die im Schutze eines stählernen Senkrohres ausgehobenen Baugruben eingesetzt worden. Abb. 438 zeigt die aus den Betonpilzen auskragenden Ankerwinkel, die zum Anschluß der Maststiele dienen.

Einzelfundamente für schwere Maste müssen aber in den Baugruben selbst hergestellt werden.

Im Falle der Gründung im Felsboden muß das verwitterte Gestein abgeräumt werden; im übrigen ist aber der erforderliche Ausbruch auf ein Mindestmaß zu beschränken. Am einfachsten sind dann Aufsetzmaste zu gründen. Der in Abb. 199 dargestellte Winkelmast der 50-kV-Leitung Guttanen—Innertkirchen[3] (Schweiz) erhielt blockförmige Einzelfundamente, wobei zur Verankerung gegen Zug noch an den Fundamentsohlen Bohrlöcher abgesenkt wurden, in die man Rundstahlanker einbetoniert hat. Die Bohrlöcher wurden unter Verwendung eines tragbaren Kompressors mittels Druckluft gebohrt. Eine einfache Gründung eines gespreizten Mastes ist in Abb. 224 dargestellt.

Bei schlechterem Baugrund erweist sich oft eine breite Flachgründung noch wirtschaftlicher als eine bis zu einer tragfähigeren Bodenschicht reichende Tiefgründung. Man hat aber in solchen Fällen auch die Tragfähigkeit der oberen Schichten künstlich verbessert, um mit schwächeren Gründungskörpern das Auslangen zu finden. Es gibt verschiedene Verfahren zur Herbeiführung einer solchen künstlichen Bodenverfestigung. Bei Kiesboden und bei grobem Sand läßt sich eine Verfestigung dadurch erzielen, daß man Zementmilch durch Spritzrohre in den zu behandelnden Boden einpreßt. Dieses Verfahren ist nicht anwendbar, wenn der Boden feinere Bestandteile enthält und vor allem versagt dasselbe dann, wenn der Boden lehm- oder tonhaltig ist. Schwierigkeiten ergeben sich ferner, wenn der Boden Bestandteile enthält, die den Zement angreifen, oder wenn Grundwasserströmungen vorhanden sind, die den Zement auswaschen.

Besser ist das Verfestigungsverfahren von Joosten.[4] Bei diesem werden mit Hilfe von Spritzrohren und geeigneten Pumpen nacheinander zwei Lösungen in den Boden eingepreßt. Das erste Mittel bildet einen Kieselsäureträger, der mit dem Boden keine chemische Verbindung eingeht, sondern nur zur Wasserverdrängung dient und die Bodenteilchen mit einer dünnen Haut umgibt. Beim Einpressen des zweiten Mittels, einer Salzlösung, treten beide Mittel augenblicklich in Reaktion, wobei sich ein kolloidales Kieselsäure-Gel bildet. Die Anwendung des Verfahrens auf Sandböden führt zu einer Versteinerung derselben und die Festigkeit wird so groß wie die eines mittelharten Sandsteines. Gleichzeitig ergibt sich auch eine Abdichtung des Bodens. Die Wirksamkeit des Verfahrens wird wieder herabgesetzt, wenn der Boden lehmige oder tonige Bestandteile enthält.

Bei tieferer Lage des tragfähigen Baugrundes ist aber die Ausführung einer Tiefgründung nicht zu umgehen. Meist werden die Leitungsmaste dann auf Pfählen gegründet. Diese können aus Holz, Stahl oder Eisenbeton bestehen. Holzpfähle sind leicht zu beschaffen und billig. In Deutschland wird meist Kiefernholz, sodann auch Lärchen- und Tannenholz verwendet. Tannenholz zersplittert aber leichter beim Rammen. Die Holzstämme werden meist mit Teeröl getränkt. Am unteren Pfahlende wird eine vierseitige Spitze angearbeitet; zuweilen wird auch ein stählerner Pfahlschuh angebracht, der aus zwei im Kreuzungspunkte verschweißten Bandstählen mit ausgeschmiedeter Spitze besteht und den man an den Pfahl annagelt. Zur Verhinderung der Beschädigung des Pfahlkopfes beim Rammen wird am oberen Pfahlende ein stählerner Ring aufgezogen. Bleiben die Holzpfähle dauernd unter Wasser, dann ist ihre Lebensdauer eine sehr große. Sie müssen daher unterhalb der Grenze wechselnder Wasserstände enden und hieraus ergeben sich konstruktive Schwierigkeiten bei der Verankerung der Maste. Zufolge ihrer beschränkten Stärke und der verhältnismäßig geringeren Baustoffestigkeiten können Holzpfähle auch nur kleinere Biegungsmomente aufnehmen. Im Seewasser wird Holz vom Bohrwurm befallen. Schließlich besteht bei größeren Rammtiefen die Gefahr des Aufstauchens der Pfähle. Daher werden Pfähle aus Stahl oder Eisenbeton bevorzugt.

Stahlpfähle besitzen vor allem den Vorteil, daß die stählernen Maste in einfachster Weise mit den Pfahlköpfen verschraubt werden können. Ferner ist es leicht möglich, die Pfähle durch Riegel zu einem biegungssteifen Rahmen zu verbinden, wodurch in wirksamer Weise die Größtmomente an den Einspannorten herabgesetzt werden. Die Pfähle werden als Schraubenpfähle oder als Rammpfähle verwendet. Die Schraubenpfähle sind gegenüber Rammhindernissen empfindlicher, weshalb es vorgezogen wird, die Pfähle einzurammen. Zuweilen werden Schienen, Rohre oder gewalzte Träger als Pfähle verwendet; die letzteren rollen sich aber beim Auftreffen auf Findlinge oder Baumstämme leicht ein, da die Biegesteifigkeit rechtwinkelig zur Stegebene gering ist. Am besten eignen sich Pfähle mit kastenförmigem Querschnitt, wie z. B. die Kastenpfähle von Larssen, Krupp oder die Union-Kastenpfähle. In Abb. 375a und b sind die Querschnitte der Larssen- bzw. Union-Pfähle dargestellt. Die Pfähle werden aus zwei zusammengeschweißten, gewalzten Bohlen gebildet. Zumeist genügt es, unter jedem Stiel eines Gittermastes je einen solchen Pfahl zu rammen. Diese Bohlen werden aus Stählen mit Festigkeiten von 37÷44, 45÷52 und 50÷60 kg/mm² erzeugt. Auch gekupferte Stähle gleicher Festigkeit (Cu-Zusatz 0,25÷0,35%), die rostbeständiger sind, finden Anwendung. Schließlich wird zur Herstellung der Bohlen auch „Resista-Stahl" herangezogen, der neben anderen Zusätzen auch etwa 0,4% Cu-Zusatz enthält; seine Festigkeit beträgt 50÷67 kg/mm², bei einer verhältnismäßig hohen Mindestbruchdehnung.

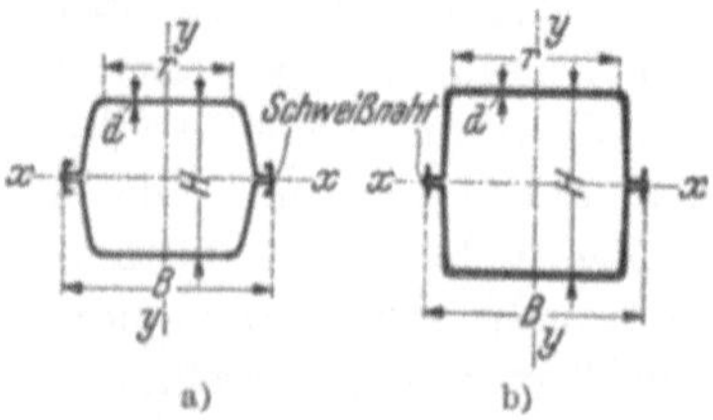

Abb. 375.

Abb. 376.

Zum Einrammen der Pfähle für Leitungsmaste müssen leichte und leicht beförderbare Rammen verwendet werden. Das Gewicht des Rammbären soll mindestens gleich dem 1- bis 1,5fachen Pfahlgewicht sein. Bei Verwendung von Rammen mit Fallbären sind Rammhauben vorzusehen. Sie bestehen aus einer Stahlhaube, die eine Ausfütterung aus Hartholz erhält; dieses Holzfutter wird so eingelegt, daß der Rammbär in Faserrichtung aufschlägt.

Die Lebensdauer der Stahlpfähle ist eine verhältnismäßig hohe, wenn die Pfähle dauernd unter Wasser stehen oder gänzlich vom Boden umhüllt sind. Auch in säurehaltigem Wasser und im Moorwasser haben sich die Stahlpfähle bewährt und ebenso wurden auch im Seewasser günstige Erfahrungen gemacht. Rostgefährdet ist vor allem der im Bereich wechselnder Wasserstände gelegene Teil der Pfähle. Zur Erhöhung der Lebensdauer erhalten die Pfähle Anstriche. Ganz im

Wasser stehende Pfähle werden mit säurefreien Teer- oder Asphaltfarben gestrichen, wobei der erste Anstrich gleich nach dem Walzen aufgebracht wird, um ein allfälliges Anrosten von vornherein auszuschließen. Nach dem Einrammen muß an den zugänglichen Stellen der Anstrich ausgebessert werden. Nach Ablauf einer bestimmten Zeit (im Süßwasser nach 3÷6 Jahren, im Seewasser nach 2÷3

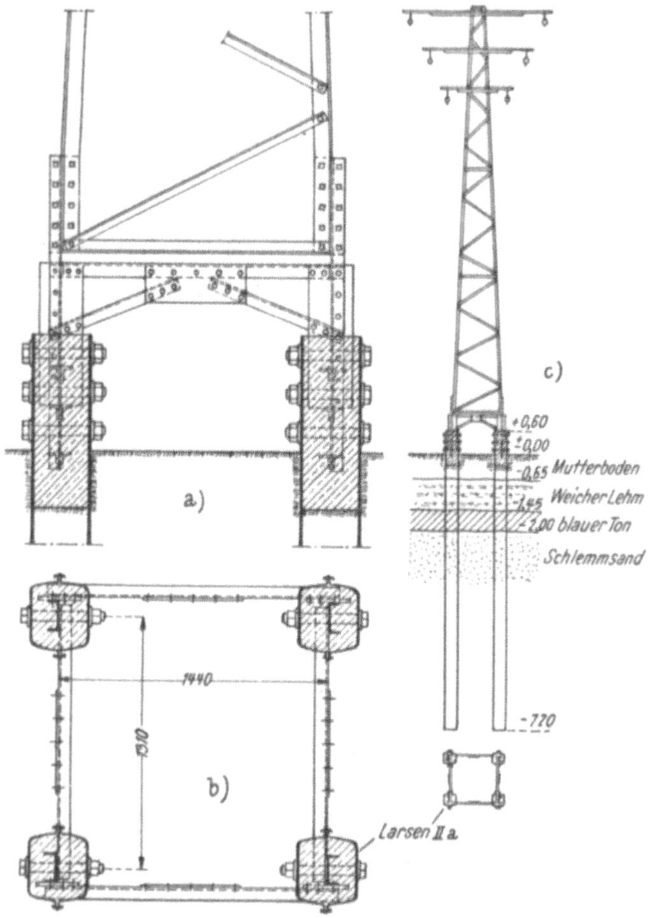

Abb. 377.

Jahren) ist der Anstrich zu erneuern. Die Rostbildung wird durch Cu-Zusatz wesentlich verzögert. Beim Rosten bildet sich nämlich eine hauchdünne, festhaftende Schutzschicht aus Kupfer, die sich aus dem Cu-Gehalt des Stahles ständig erneuert und die den Fortschritt des Rostens stark hemmt. Der Cu-Zusatz wirkt vor allem dort günstig, wo die Pfähle dem Luftzutritt sowie wechselnden Wasserständen ausgesetzt sind. Er schützt also gerade jene Pfahlteile, die am meisten gefährdet sind. Pfähle aus Resista-Stahl besitzen eine um rund 50% höhere Lebensdauer als Pfähle aus gewöhnlichem Stahl.

Abb. 376 zeigt den Fuß eines Flußkreuzungsmastes (Hunte-Kreuzung). Aus Abb. 377 ist die Ausbildung des Kopfrahmens der Pfähle und die Verbindung zwischen den Pfahlköpfen und dem Fuß eines Gittermastes der 20-kV-Leitung Wiesmoor-Aurich dargestellt (Gründungstiefe 7,2 m). Der Mastanschluß wird durch Anker bewirkt, die aus [- und Flachstählen zusammengesetzt sind. Diese Anker werden erst nach dem Aufkippen und Ausrichten des Mastes, unter Verwendung schnellhärtenden Zementes in die Pfahlköpfe einbetoniert und zusätzlich durch Schrauben gesichert. Der Anschluß liegt über Erde, man braucht keine Mastgrube auszuheben und die Verschraubungen sind zugänglich und können jederzeit nachgesehen werden. Das Rammen der hier vorgesehenen Larssen-Pfähle (Bohlen-Profil IIa) erfolgte durch den Bauherrn (Nordwestdeutsche Kraftwerke A. G. Hamburg) selbst. Hierbei wurde eine besonders leichte und einfach ausgebildete, bloß 600 kg schwere Delmag-Explosionsramme verwendet, die rasch von einem Maststandort zum nächsten gefahren werden konnte.

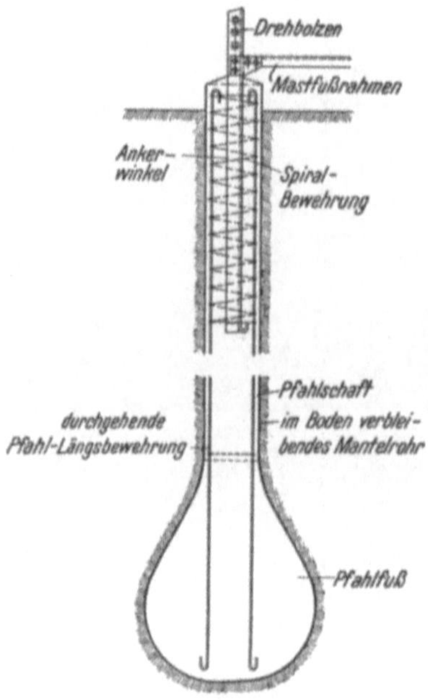

Abb. 378.

An Stelle der gegliederten Querriegel nach Abb. 377 sind auch entsprechend kräftige [-Stähle verwendet worden und statt der Anker aus [- und Flachstahl genügen oft einzelne Winkelstähle[5]. Der Kopfrahmen wird im Gegensatz zu Abb. 377 b meist ausgestrebt.

Eisenbetonpfähle werden als Fertigpfähle gerammt oder als Ortpfähle unmittelbar im Boden, im Schutze eines eingerammten oder eingebohrten Stahlrohres, erzeugt.

Die Eisenbeton-Fertigpfähle erhalten quadratischen, rechteckigen, kreis- oder kreisringförmigen Querschnitt; sie sind schwerer zu rammen als Stahlpfähle, da die Reibung eine größere ist. Sie werden beim Rammen leicht beschädigt und auch die Bodenreibung kann gefährliche Rißbildungen verursachen. Falls der Boden oder das Grundwasser schädliche Beimengungen enthalten, sind zur Sicherung der Lebensdauer der Pfähle noch besondere Vorkehrungen notwendig.

Häufiger finden daher Ortpfähle Verwendung, zu deren Herstellung verschiedene Verfahren entwickelt wurden. Die Betonpfähle Bauart „Mast" werden im Schutze eines eingerammten Stahlrohres, das im Boden verbleibt, erzeugt. Auch die „Simplex-Pfähle" werden mit Hilfe eines eingerammten Stahlrohres, das aber wiedergewonnen wird, hergestellt. Zu den Ortpfählen, die mit Hilfe eingebohrter Schutzrohre erzeugt werden, gehören u. a. die „Aba-Lorenz-Pfähle", die „Straußpfähle" und die „Preßbetonpfähle" Bauart Wolfsholz. Das Einbohren der Schutzrohre bietet den Vorteil, daß genauer Aufschluß über die Beschaffenheit der durchfahrenen Bodenschichten erlangt wird. Zur Gründung von Leitungsmasten wurden die Aba-Lorenz-Pfähle wiederholt verwendet. Die Mantelrohre derselben werden mittels Bohrverfahrens, unter Belasten und Drehen auf die erforderliche Tiefe in den Boden eingetrieben. Notwendige Stöße der Rohre werden verschweißt. Nach dem Anfahren der tragfähigen Bodenschicht wird in dieser noch ein Banquettfuß mittels besonderer Bohrwerkzeuge herausgeschnitten (Abb. 378). Dieser Fuß bewirkt eine erhebliche Steigerung der Tragfähigkeit der Pfähle hinsichtlich achsialer Druck- oder Zugkräfte. Als weiterer Vorteil des Verfahrens ist anzuführen, daß das im Boden verbleibende Mantelrohr den Pfahlbeton vor aggressiven Bodenschichten und vor schädlichen Beimengungen des Grundwassers schützt; auch wirkt das Rohr als Umschnürung des Betons. Für die Gründung leichterer Maste genügt es, unter jedem Stiel einen Aba-Lorenz-Pfahl anzuordnen. Da die Pfähle durch die einwirkenden Querkräfte des Mastes auch auf Biegung beansprucht werden, ist neben der durchgehenden Zugbewehrung noch eine besondere Bewehrung vorzusehen. Im oberen Teil des Pfahlschaftes wird ein Ankerwinkel einbetoniert, dessen auskragender Teil mit den erforderlichen Bohrungen für den Anschluß der Stielwinkel des Mastes versehen ist. Leichtere Maste können um einen durchgesteckten Drehbolzen aufgekantet

Abb. 379.

werden (vgl. Abb. 378). Um die Mastquerkräfte und vor allem auch den beim Aufdrehen entstehenden Schub auf alle vier Pfähle gleichmäßig zu verteilen, wird ein ausgestrebter oder in den Ecken ausgesteifter, kräftiger Stahlrahmen angeordnet, der die einzelnen Ankerwinkel verbindet und zugleich die richtige Lage derselben sichert. Abb. 379 zeigt das Lorenz-Fundament für einen Tragmast einer 100-kV-Leitung. Für schwerere Maste müssen auch mehr Pfähle vorgesehen werden; man ordnet dann einzelne Pfähle schräg an, um die anfallenden Querkräfte durch Fachwerkwirkung, unter möglichster Vermeidung von Biegebeanspruchungen aufnehmen zu können. So hat man bei der Gründung von Tragmasten einer 220-kV-Leitung im Moorboden je zwölf Pfähle verwendet, von welchen vier lotrecht, die übrigen schräg angeordnet sind. Mit Rücksicht auf das stark ansteigende Grundwasser wurde der Mastsockel hochgezogen; die Maststiele übertragen aber ihre Kräfte unmittelbar auf die Pfähle. Abb. 380 zeigt die Gründung eines gespreizten Flußkreuzungsmastes (Kreuzungstragmast) einer 110-kV-Leitung mittels aufgelöster Fundamente, die unterhalb des Erdbodens durch kräftige, bewehrte Betonriegel zur Sicherung des gegenseitigen Abstandes der Mastfußpunkte verbunden sind. Die Fundamentkörper sind mit Rücksicht auf das Hochwasser emporgezogen worden. Wegen der auftretenden Biegungsmomente erhielten die Pfähle außer der durchgehenden Zugbewehrung noch eine besondere, in den Schaftoberteilen angeordnete Bewehrung.

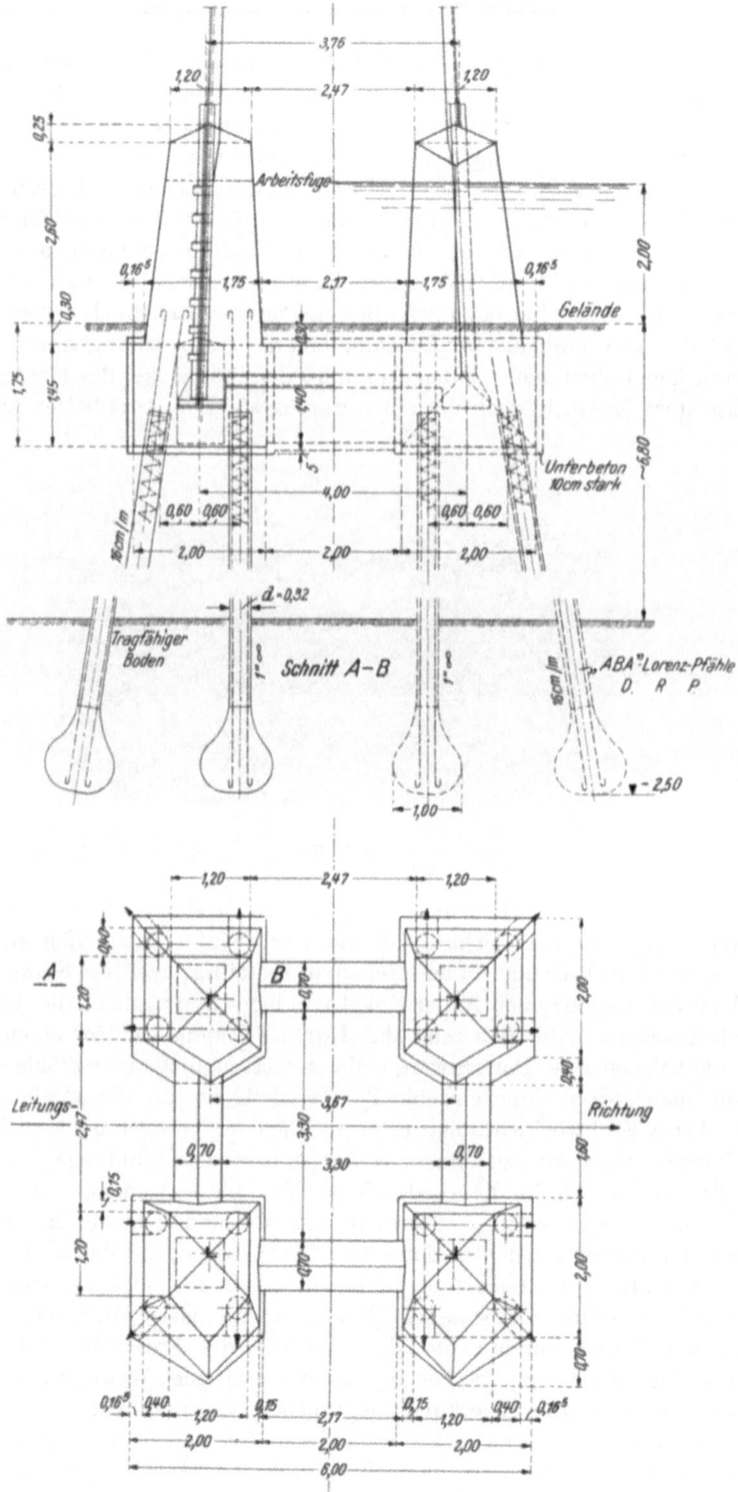

Arbeitsfuge
Gelände
Unterbeton
10cm stark
Tragfähiger
Boden
Schnitt A–B
„ABA"-Lorenz-Pfähle
D. R. P.
Leitungs-
Richtung

Abb. 380.

C. Berechnung der Gründungen.

1. Block- und stufenförmige Betonfundamente.

a) Der seitliche Erdwiderstand bleibt unberücksichtigt.

Die Anwendung dieses ältesten, nach Mohr[6] benannten Berechnungsverfahrens kommt dann in Betracht, wenn es sich um seicht gegründete Fundamentkörper größerer Breite handelt, da bei diesen der Einfluß des seitlichen Erdwiderstandes gegenüber jenem der Pressungen an der Sohle stark zurücktritt. Auch wird man diese Berechnungsweise dann wählen, wenn die Fundamente nicht allseits von gutem Boden umgeben sind. Bei schmäleren Fundamenten aber liefert das Berechnungsverfahren zu ungünstige Ergebnisse, und zwar ist das Verfahren um so weniger geeignet, je größer das Verhältnis zwischen Eingrabetiefe und Fundamentbreite wird.

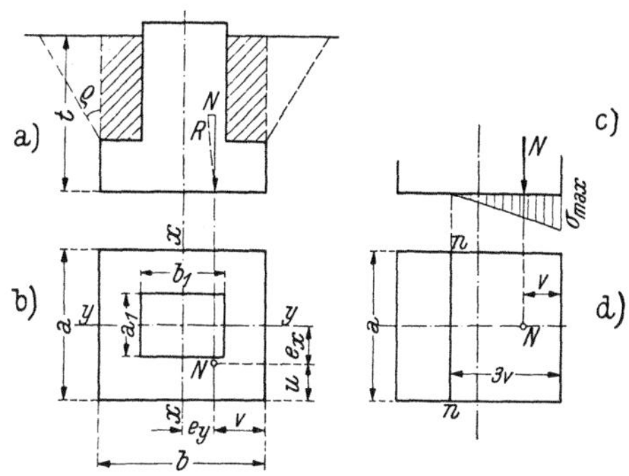

Abb. 381.

Beim Mohrschen Verfahren bleibt nämlich der seitliche Erdwiderstand gänzlich unberücksichtigt; wohl aber wird bei Stufenfundamenten das Gewicht des am Plattenvorsprung auflastenden Erdprismas in Rechnung gestellt. Um auch den seitlichen Erdwiderstand näherungsweise zu erfassen, hat man den auflastenden Erdkörper durch schräge, unter dem natürlichen Böschungswinkel ϱ gegen die Lotrechte geneigte Ebenen abgegrenzt (Abb. 381 a) und den Winkel je nach Bodenart mit $\varrho = 20$—$30°$ angenommen. Wenn auch auf diesem Wege in bestimmten Fällen geeignetere Fundamentabmessungen erhalten wurden, so kann doch eine derartige Berechnungsweise, bei der ein seitlicher Erdwiderstand durch das Gewicht eines willkürlich abgegrenzten Erdkörpers ersetzt wird, zu keinen allgemein brauchbaren Ergebnissen führen.

Die folgende Wiedergabe des Mohrschen Verfahrens bleibt auf Fundamente mit rechteckigen Querschnitten beschränkt. Die Rechnung stützt sich auf die Annahme, daß die Fundamentsohle eben bleibt und daß die entstehenden Sohlenpressungen verhältnisgleich den Eindrückungen der Sohle in den Boden verlaufen. Auf Grund dieser Voraussetzungen ergibt sich die lineare Verteilung der Erdpressungen über die Sohlenfläche. Doch wird nur dann die ganze Fläche Druckkräfte übertragen, wenn die Mittelkraft aus den lotrechten und waagrechten Lasten des Mastes und aus den Gewichten des Betons und des auflastenden Erdkörpers im Kern der Sohlenfläche angreift. Das ist mit Bezug auf Abb. 381 b dann der Fall, wenn die Koordinaten e_x und e_y des Angriffspunktes der Bedingung $\frac{e_x}{a} + \frac{e_y}{b} \leqq \frac{1}{6}$ genügen. Liegt der Angriffspunkt außerhalb des Kernes, dann bildet sich in der Sohlenfläche eine Nullinie aus, die den wirksamen, Druck übertragenden Teil der Fläche vom unwirksamen, sich abhebenden Teil scheidet. Je nach der Lage des Angriffspunktes ist die wirksame Fläche ein Dreieck, Viereck oder Fünfeck.

Nullinienlage und größte Eckpressung sind aus den Gleichgewichtsbedingungen bestimmbar; doch ist die unmittelbare Berechnung nur möglich, wenn die

Druckfläche ein Dreieck oder Viereck bildet. Für den einfachen Fall achsrechter Belastung gemäß Abb. 381 c, d erhält man

$$\sigma_{\max} = \frac{2\,N}{3\,a\,v}. \tag{202}$$

Bei fünfeckiger Druckfläche lassen sich aber die unbekannten Bestimmungsstücke der Nullinie in den nach diesen Größen nichtlinearen Gleichgewichtsbedingungen nicht mehr trennen und die Gleichungen könnten nur durch Probieren aufgelöst werden.

K. Pohl[7] hat Zahlentafeln ausgerechnet, mit deren Hilfe die Ermittlung der größten Eckpressung in jedem Falle, gleichgültig ob die Druckfläche ein Dreieck, Viereck oder Fünfeck bildet, in einfachster Weise möglich ist: Man hat zunächst wieder die Lage des Angriffspunktes der Mittelkraft zu bestimmen und erhält aus Momentengleichungen um die Achsen x—x und y—y der Sohle die Koordinaten $e_y = \frac{M_x}{N}$ und $e_x = \frac{M_y}{N}$ (zu den Momenten liefern nur die waagrechten Kräfte sowie außermittige lotrechten Lasten der Maste Beitragswerte). Die größte Eckpressung ergibt sich dann aus

$$\sigma = \mu \frac{N}{F}. \tag{203}$$

wenn $F = a\,b$ die Sohlenfläche bedeutet; der Beiwert μ ist für die vorliegenden Verhältniswerte $\frac{e_x}{a}$ und $\frac{e_y}{b}$ aus der Zahlentafel 46 (auszugsweise wiedergegeben) zu entnehmen. Soll mindestens die halbe Sohlenfläche Spannungen übertragen, dann dürfen nur die rechts, bzw. unterhalb der Staffellinie A—A verzeichneten μ-Werte verwendet werden.

b) Berechnung unter Berücksichtigung des seitlichen Erdwiderstandes.

Selbst unter Zugrundelegung idealisierter Bodeneigenschaften ergeben sich bei der Ermittlung des Verlaufes und der Größe der Erdpressungen Schwierigkeiten, da die Gleichgewichtsbedingungen allein zur Lösung dieser Aufgabe nicht hinreichen. Ein allgemein gültiges Berechnungsverfahren müßte aber auch die jeweiligen physikalischen Eigenschaften des Bodens berücksichtigen, die für verschiedene Bodenarten sehr wesentlich voneinander abweichen. Ein Berechnungsverfahren, das diesen Anforderungen voll entspricht, konnte bisher noch nicht entwickelt werden.

Die älteren Berechnungsformeln von H. Fröhlich[8] waren rein empirischer Natur. Sie stützten sich auf die Ergebnisse von Versuchen, die von der Deutschen Reichspost zusammen mit einigen Industrieunternehmungen im Jahre 1913 ausgeführt wurden. H. Fröhlich hat dabei die Mohrsche Gleichung für die zulässige waagrechte Last freistehender Bohlwände so berichtigt, daß die Rechnungswerte genügende Übereinstimmung mit den zulässigen Spitzenzügen der Versuchsmaste ergaben. Als zulässig wurden hierbei jene Züge angesehen, unter welchen die Auslenkung der 6 m hohen Versuchsmaste 100 mm betrug.

Gegen diese Formeln von H. Fröhlich sind von verschiedenen Seiten[9, 17] Einwände erhoben worden. Vor allem wurde bemängelt, daß sich diese Formeln bloß auf die Ergebnisse von Versuchen stützen, die in einem Boden bestimmter Beschaffenheit (Raumgewicht $\gamma_e = 2180$ kg/m^3, nat. Böschungswinkel $\varrho = 34°$) und mit Fundamenten gleichbleibender Gründungstiefe (2 m) und verhältnismäßig geringer Breite

Zahlentafel 46: Werte μ nach Pohl.[7]

$\frac{e_y}{b}$ \ $\frac{e_x}{a}$	0,40	0,38	0,36	0,34	0,32	0,30	0,28	0,26	0,24	0,22	0,20	0,18	0,16	0,14	0,12	0,10	0,08	0,06	0,04	0,02	0,00
0,40	37,50	31,25	26,78	23,44	20,83	18,75	17,04	15,62	14,42	13,37	12,45	11,62	10,87	10,18	9,558	8,985	8,455	7,964	7,506	7,076	6,667
0,38	31,25	26,04	22,32	19,53	17,36	15,62	14,20	13,02	12,02	11,15	10,38	9,684	9,057	8,486	7,965	7,487	7,046	6,637	6,255	5,896	5,556
0,36	26,78	22,32	19,13	16,74	14,88	13,39	12,17	11,16	10,30	9,553	8,895	8,300	7,763	7,274	6,827	6,417	6,039	5,689	5,362	5,054	4,762
0,34	23,44	19,53	16,74	14,65	13,02	11,72	10,65	9,766	9,014	8,359	7,783	7,263	6,793	6,365	5,974	5,615	5,284	4,978	4,691	4,422	4,167
0,32	20,83	17,36	14,88	13,02	11,57	10,42	9,470	8,681	8,013	7,430	6,918	6,456	6,038	5,658	5,310	4,991	4,697	4,425	4,170	3,931	3,704
0,30	18,75	15,62	13,39	11,72	10,42	9,375	8,523	7,812	7,211	6,687	6,226	5,810	5,434	5,092	4,779	4,492	4,227	3,982	3,753	3,538	3,333
0,28	17,04	14,20	12,17	10,65	9,470	8,523	7,748	7,102	6,556	6,079	5,660	5,282	4,940	4,629	4,345	4,084	3,843	3,620	3,412	3,216	3,030
0,26	15,62	13,02	11,16	9,766	8,681	7,812	7,102	6,510	6,009	5,573	5,189	4,842	4,528	4,243	3,983	3,743	3,523	3,318	3,128	2,948	2,778
0,24	14,42	12,02	10,30	9,014	8,013	7,211	6,556	6,009	5,547	5,145	4,789	4,470	4,180	3,917	3,676	3,455	3,252	3,063	2,887	2,721	2,564
0,22	13,37	11,15	9,553	8,359	7,430	6,687	6,079	5,573	5,145	4,773	4,444	4,147	3,880	3,636	3,413	3,202	3,019	2,844	2,681	2,527	2,381
0,20	12,45	10,38	8,895	7,783	6,918	6,226	5,660	5,189	4,789	4,444	4,137	3,863	3,615	3,389	3,183	2,993	2,818	2,655	2,502	2,359	2,222
0,18	11,62	9,684	8,300	7,263	6,456	5,810	5,282	4,842	4,470	4,147	3,863	3,608	3,378	3,169	2,979	2,803	2,640	2,488	2,346	2,211	2,083
0,16	10,87	9,057	7,763	6,793	6,038	5,434	4,940	4,528	4,180	3,880	3,615	3,378	3,165	2,972	2,795	2,632	2,481	2,340	2,207	2,082	1,960
0,14	10,18	8,486	7,274	6,365	5,658	5,092	4,629	4,243	3,917	3,636	3,389	3,169	2,972	2,793	2,629	2,478	2,337	2,206	2,081	1,960	1,840
0,12	9,558	7,965	6,827	5,974	5,310	4,779	4,345	3,983	3,676	3,413	3,183	2,979	2,795	2,629	2,477	2,336	2,205	2,080	1,960	1,840	1,720
0,10	8,985	7,487	6,417	5,615	4,991	4,492	4,084	3,743	3,455	3,202	2,993	2,803	2,632	2,478	2,336	2,204	2,080	1,960	1,840	1,720	1,600
0,08	8,455	7,046	6,039	5,284	4,697	4,227	3,843	3,523	3,252	3,019	2,818	2,640	2,481	2,337	2,205	2,080	1,960	1,840	1,720	1,600	1,480
0,06	7,964	6,637	5,689	4,978	4,425	3,982	3,620	3,318	3,063	2,844	2,655	2,488	2,340	2,206	2,080	1,960	1,840	1,720	1,600	1,480	1,360
0,04	7,506	6,255	5,362	4,691	4,170	3,753	3,412	3,128	2,887	2,681	2,502	2,346	2,207	2,081	1,960	1,840	1,720	1,600	1,480	1,360	1,240
0,02	7,076	5,896	5,054	4,422	3,931	3,538	3,216	2,948	2,721	2,527	2,359	2,211	2,082	1,960	1,840	1,720	1,600	1,480	1,360	1,240	1,120
0,00	6,667	5,556	4,762	4,167	3,704	3,333	3,030	2,778	2,564	2,381	2,222	2,083	1,960	1,840	1,720	1,600	1,480	1,360	1,240	1,120	1,000

A — A, B — B (Grenzlinien in der Tafel)

(1,35—1,88 m) ausgeführt wurden. Daher mußten diese Formeln für gleichgestaltete Gründungskörper wie im Versuchsfalle bei besserem Boden zu reichliche, bei schlechterem Boden aber zu geringe Abmessungen ergeben. Daß ferner der Einfluß des jeweiligen Verhältnisses zwischen Fundamentbreite und Gründungstiefe nicht richtig zum Ausdruck kommen konnte, hat dann auch die Erfahrung gelehrt; es zeigte sich, daß diese Formeln für kleinere Fundamente unwirtschaftliche, für Fundamente größerer Breite aber unzureichende Abmessungen lieferten.

Gegenüber den empirischen Formeln von H. Fröhlich bedeutete das für Blockfundamente entwickelte Berechnungsverfahren von Andrée[10] schon einen wesentlichen Fortschritt. Andrée ist auf die Verteilung der Erdpressungen näher eingegangen, wobei allerdings ziemlich willkürliche Annahmen hinsichtlich der Lage der Momentan-Drehachse des Fundaments sowie bezüglich der elastischen Nachgiebigkeit des Bodens in verschiedener Tiefe zu Hilfe genommen wurden.

Für die Berechnung von Betonfundamenten hat auch Dörr[14] ein Verfahren angegeben, wobei er von den Ergebnissen seiner theoretischen Untersuchungen über die Standsicherheit eingegrabener Maste ausging.[11]

Bedeutungsvoller waren die Fortschritte, die Sulzberger[15] in der Behandlung des gegenständlichen Problems zu erzielen vermochte. Sulzberger konnte die Ergebnisse von Versuchen verwerten, die im Jahre 1923 im Auftrage der Kommission zur Überprüfung der schweizerischen Bundesvorschriften durchgeführt wurden. Die seiner Berechnungsweise zugrunde liegenden Anforderungen und Anschauungen sind folgende: Die Fundamente sollen unter der ungünstigsten in Betracht zu ziehenden Belastung der Maste nur eine verhältnismäßig engbegrenzte Lagenveränderung erfahren. Als Höchstmaß gilt eine Schiefstellung 1 : 100. Der Boden wird als elastisch-plastischer Körper aufgefaßt, in welchem bei Lagenveränderungen des Fundamentes verhältnisgleiche Widerstandskräfte entstehen. Den Maßstab für diese Kräfte bildet die „Baugrundziffer“ (Druckelastizitätsmodul) der Grubenwände, bzw. die „Bettungsziffer“ der Grubensohle; das sind jene Drücke je Quadratzentimeter, die eine Eindringung von 1 cm hervorrufen. Die Baugrundziffer wird von Null an linear mit der Tiefe wachsend angenommen; in beliebiger Tiefe wird sie innerhalb der in Frage kommenden Pressungen als unveränderlich angesehen.

Zur Aufstellung seiner Berechnungsformeln ermittelt Sulzberger zunächst den Verlauf und das Gegenmoment der seitlichen Erdwiderstände für eine kleine Schiefstellung des Fundaments. Dabei nimmt er an, daß die Momentan-Drehachse solange in der Sohlenfläche liegt, als die Reibung dort nicht überwunden wird, nach Überwindung der Sohlenreibung rückt sie nach aufwärts, wie auch die Versuche zeigten. (Auch bei den Versuchen der Deutschen Reichspost wurde diese Erscheinung beobachtet.) Hierauf berechnet er das Gegenmoment der Widerstände an der Sohle. (Die Mittelkraft dieser Widerstände ist unveränderlich und gleich der gesamten lotrechten Belastung, wenn die Wandreibungskräfte vernachlässigt werden.) Das gesamte Gegenmoment der Erdwiderstände ergibt sich sodann aus der Zusammenlegung der zu gleichen Drehwinkeln gehörigen Gegenmomente der seitlichen Widerstände und der Widerstände an der Sohle.

Die Bemessung der Fundamente erfolgt nach der als zulässig betrachteten Schiefstellung 1 : 100 (und nicht nach zulässigen Erdpressungen). Die Anwendung des Verfahrens setzt die Kenntnis der Baugrundziffern des betreffenden Bodens voraus, die durch Belastungsversuche festzustellen oder auf Grund einer Schätzung anzunehmen sind.

Als Nachteil des Verfahrens von Sulzberger ist anzuführen, daß sich die wahren Werte der Baugrundziffern praktisch kaum ermitteln lassen. Auch in der Festlegung einer zulässigen Schiefstellung liegt eine gewisse Willkür (allerdings ist auch die Festlegung einer zulässigen Bodenpressung keine eindeutige Maßnahme).

Kleinlogel[16, 17] hat ein Verfahren zur Berechnung von Betonfundamenten aufgestellt, das vor allem zur Überprüfung bereits gewählter Abmessungen dient. Diese Berechnungsweise führt deshalb zu verläßlicheren Ergebnissen, weil einerseits die auftretenden Kräfte vollständig erfaßt und sodann auch verschiedene Annahmen über die Verteilung der Erdpressungen berücksichtigt werden, die die Wirklichkeit einschließen. Die Untersuchungen von Kleinlogel zeigen, daß der seitliche Erdwiderstand in der Regel nicht voll ausgenützt werden kann. Diese Feststellung soll im Hinblick auf die willkürlichen Voraussetzungen anderer Berechnungsverfahren besonders hervorgehoben werden.

Weitere Berechnungsweisen, die seither bekannt wurden, knüpfen an Sulzberger an, streben nur nach einer Vereinfachung seines Verfahrens.

Th. Müller[18] hat ein Verfahren für stufenförmige Fundamente angegeben, das parabolischen Verlauf der seitlichen Erdpressungen (Momentan-Drehachse in $^2/_3$ der Tiefe) und geradlinigen Verlauf der Sohlpressungen voraussetzt. Die Bemessung erfolgt auf Grund zulässiger Bodenpressungen, deren Größe mit der Tiefe linear anwachsend vorausgesetzt wird. Gegen das Verfahren von Müller ist eingewendet worden,[8] daß es für Böden mit hoher zulässiger Pressung einen rechnungsmäßigen Verlauf der Erdpressungen ergibt, der wenig wahrscheinlich ist.

Stötzner[19] hat in Anlehnung an das Verfahren von Sulzberger eine Berechnungsweise unter der Annahme entwickelt, daß die Momentan-Drehachse in Höhe der Stufenoberkante liegt und daß die Baugrundziffer innerhalb der unteren Hälfte des aufgehenden Fundamentteiles unveränderlich ist und auch im Bereiche der Stufe einen festen Wert besitzt.

Süberkrüb[20] rechnet das tragbare Moment der Fundamente aus den zulässigen Bodenpressungen. Dabei werden die zulässigen Werte der seitlichen Erdpressungen wieder linear mit der Tiefe ansteigend vorausgesetzt und die Zusammendrückungen des Bodens verhältnisgleich den Abständen von der Momentan-Drehachse (gewählter Höhenlage) angenommen. Damit ergibt sich wieder längs der Seitenwände ein parabolischer, längs der Sohle ein geradliniger Spannungsverlauf: Das größte zulässige Gegenmoment des Fundamentes wird erreicht, wenn die Bodenpressung bis zu ihrem zulässigen Wert ansteigt. Je nach der Gestaltung des Fundamentes erlangt zuerst eine seitliche Erdpressung oder aber die Kantenpressung an der Sohle ihren zulässigen Höchstwert. Auch bei diesem Verfahren ist neben der Willkürlichkeit verschiedener Annahmen wieder die unzulängliche Berücksichtigung der physikalischen Eigenschaften des Bodens zu bemängeln.

H. Fröhlich hat in der 3. Auflage seines Buches (1936)[8] Näherungsformeln für block- und stufenförmige Betonfundamente entwickelt, die sich grundsätzlich von seinen älteren empirischen Formeln unterscheiden. Da die Berechnungsweise von Fröhlich in Deutschland sehr häufig zur Anwendung gelangt, soll sie im folgenden eingehender besprochen werden:

α) *Bemessungsformeln.*

Die Herleitung der Formeln erfolgt in ähnlicher Weise und unter ähnlichen Annahmen wie die der oben genannten Verfahren. Fröhlich geht von der Überlegung aus, daß unzulässige Fundamentbewegungen solange ausgeschlossen sind, als die zulässige Bodenpressung an der Fundamentsohle nicht überschritten wird. Als Grenzwert der waagrechten Erdpressungen hingegen wird der passive Erddruck angesehen. Da die Reibungskräfte an den Seitenwänden wieder vernachlässigt werden, müssen die seitlichen Erdpressungen längs der lotrechten Wände waagrecht gerichtet sein; auch muß die lotrechte Last, bestehend aus dem Gewicht des Mastes und den anteiligen Gewichten der Leitungen sowie dem Gewicht des Fundamentkörpers zur Gänze in der Sohle übertragen werden. Aus der Größe dieser Last und der zulässigen Kantenpressung ergibt sich wieder ein bestimmter, geradliniger Spannungsverlauf in der Sohle und damit ist auch die waagrechte Entfernung der Momentan-Drehachse vom Sohlenrande bestimmt. Ihre Höhenlage hängt davon ab, ob die in der Sohle wirksame waagrechte Kraft kleiner als die größte, mögliche Sohlenreibung ist oder ob diese bereits überwunden wird. Im ersteren Fall liegt die Drehachse in der Sohle, im letzteren Fall rückt sie nach aufwärts. Durch die Höhenlage der Drehachse ist wieder der Verlauf der seitlichen Erdpressungen bestimmt, so daß deren Gegenmoment ermittelt werden kann; der Anteil der seitlich anschließenden Erdschichten an der Widerstandsäußerung wird hierbei näherungsweise berücksichtigt.

Fröhlich nimmt sodann an, daß die Gegenmomente der seitlichen Widerstände sowie der Widerstände an der Sohle gleichzeitig ihren Höchstwert erreichen.

Die von Fröhlich entwickelten Formeln betreffen zwei verschiedene Fälle: im Falle I ist die Sohlenreibung noch nicht überwunden; die Drehachse liegt in der Sohle und die seitlichen Pressungen wirken nur auf die Vorderwand des Fundamentes (Abb. 382a, c). Im Falle II ist die Sohlenreibung überwunden

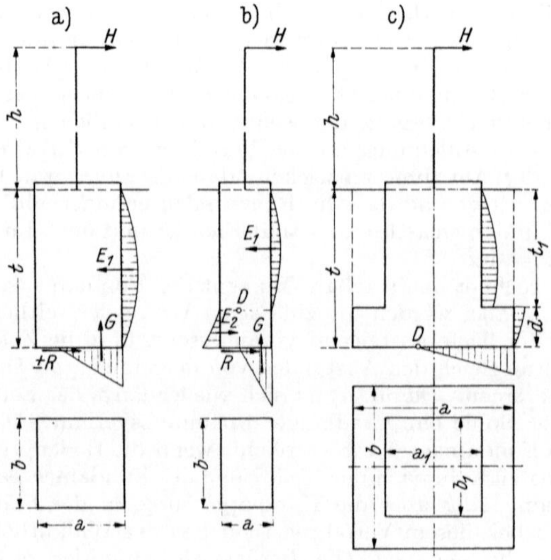

Abb. 382.

und die seitlichen Pressungen erstrecken sich über Teile der Vorder- und Rückwand; die Momentan-Drehachse liegt oberhalb der Sohle (Abb. 382b).

Blockfundamente.

Fall I: Bedingung

$$\frac{6\,(H + \mu\,G)}{b\,t^2} \geqq k; \tag{204}$$

Abmessungen aus

$$H\,(h + t) = \frac{1}{2}\left(a - \frac{4\,G}{3\,\sigma\,b}\right) G + \frac{1}{12}\,k\,b\,t^3. \tag{205}$$

Fall II: Bedingung

$$\frac{6\,(H + \mu\,G)}{b\,t^2} < k; \tag{206}$$

Abmessungen aus

$$H\left(h + \frac{3}{4}\,t\right) = \frac{1}{2}\left(a - \frac{4\,G}{3\,\sigma\,b}\right) G + \frac{1}{24}\,k\,b\,t^3 + \frac{1}{4}\,\mu\,G\,t. \tag{207}$$

Stufenfundamente.

Fall I: Bedingung

$$\frac{8\,(H + \mu\,G)}{b_1\,t^2\,[1 + \xi\,\eta^2\,(3 - 2\,\eta)]} \geqq k; \tag{208}$$

Abmessungen aus

$$H\,(h + t) = \frac{1}{2}\left(a - \frac{4\,G}{3\,\sigma\,b}\right) G + \frac{1}{16}\,k\,b_1\,t^3\,[1 + \xi\,\eta^3\,(4 - 3\,\eta)]. \tag{209}$$

Für Fall II ergibt sich eine vielgliedrige Beziehung zur Berechnung der Fundamentabmessungen b oder t, auf deren Wiedergabe verzichtet werden kann, da Fall II bei Stufenfundamenten kaum vorkommt.

In den vorstehenden Gleichungen bedeuten:

$$k = \gamma_e \operatorname{tg}^2\left(45^\circ + \frac{1}{2}\varrho\right), \tag{210}$$

γ_e Raumgewicht des Bodens,

ϱ natürlicher Böschungswinkel desselben,

H angreifende, waagrechte Zugkraft (bzw. Resultierende aller waagrechten Kräfte) des Mastes,

h ihr Höhenabstand von der Erdoberfläche,

G die gesamte lotrechte Belastung (Gewicht des Mastes samt Kopfausrüstung und anteiligem Gewicht der Leitungen + Gewicht des Betonfundamentes + Gewicht des auflastenden Erdprismas [bei Stufenfundamenten]),

μ Beiwert für die Reibung zwischen Fundament und Erde (abhängig von der Art des Bodens, vom Feuchtigkeitsgehalt desselben und von der Rauhigkeit der Wand: s. Zahlentafel 48),

σ zulässige Kantenpressung für die betreffende Bodenart (s. Zahlentafel 45),

$$\left.\begin{aligned} \xi &= \frac{b - b_1}{b_1} \quad \text{(Abb. 382 c)}, \\ \eta &= \frac{d}{t} = \frac{t - t_1}{t}. \end{aligned}\right\} \tag{211}$$

Nachdem an die Seitenwände des aufgehenden Teiles der Stufenfundamente eingestampftes Erdreich anliegt, ist bei der Herleitung der Gl. (209) nur mit dem $^3/_4$fachen Betrage des passiven Erddruckes gerechnet worden.

Das Glied $\xi\eta^3(4 - 3\eta)$ in Gl. (209) entspricht dem Anteil der Plattenvorsprünge am Erdwiderstande. Zumeist ergibt sich $\xi < 0{,}75$ und $\eta < 0{,}4$, so daß die Erhöhung des Erdwiderstandes durch die Plattenvorsprünge gering ist. Bei kleineren Fundamenten kann dieses Zusatzglied vernachlässigt werden.

Auswertung der Gl. (205), (207), (209):

Die Tiefe t der Blockfundamente wird meist nach der Bodenbeschaffenheit gewählt und aus Gl. (205) bzw. (207) kann dann die erforderliche Breite b ermittelt werden. Erhält man eine zu große Breite b, dann muß t größer gewählt oder ein Stufenfundament vorgesehen werden. Der Anteil des Fundamentgewichtes an der lotrechten Gesamtlast G ist vorerst zu schätzen. Nach Berechnung von b, bzw. t wird dann G berichtigt und die Rechnung im Notfalle wiederholt.

Bei den Stufenfundamenten wählt man b_1 nach der Mastbreite und t nach der Bodenbeschaffenheit und nach der Größe der aufzunehmenden Kräfte und Momente. Die Plattenstärke d wird in Abhängigkeit von b so angenommen, daß $d \geqq \frac{b - b_1}{2}$. Aus der Gl. (209) kann dann b als einzige Unbekannte berechnet werden. Das Buch von Fröhlich (3. Aufl.) enthält Kurventafeln (gültig für Fall I) zur raschen Ermittlung der Abmessungen der Stufenfundamente.

β) Sicherheit gegen Umsturz.

Fröhlich ging von der Kreyschen[21] Untersuchung freistehender Spundwände aus und fügte in die Gleichgewichtsbedingungen die lotrechten Lasten und die

Sohlenreibung ein; unter Zuziehung weiterer Annahmen gelangte er zu dem folgenden Ausdrucke für die Sicherheit gegen Umsturz

$$\nu = \frac{\frac{1}{2} a\, G + \frac{1}{12} k\, (b + t)\, t^3 + \frac{2}{3} \mu\, G\, t}{H \left(h + \frac{1}{3} t\right)} . \qquad (212)$$

Diese Formel gilt für Block- und Stufenfundamente; im letzteren Fall ist in G auch das Gewicht des am Plattenvorsprung auflastenden Erdreiches einzurechnen.

γ) *Sonderfälle.*

Berechnung für beliebige waagrechte Lastrichtung.

Für diesen Fall empfiehlt Fröhlich auf Grund der Ergebnisse der Versuche v. J. 1913 die zulässige Belastung H und die Umsturzsicherheit wieder aus den Gl. (205), (207), (209) bzw. (212) zu ermitteln.

Fundamente im geneigten Gelände.

Fröhlich schlägt vor, bei der Ermittlung der Fundamentabmessungen in den Gl. (205), (207), (209) die verminderte Tiefe t' (Abb. 383) an Stelle von t in Rechnung zu stellen und daher auch mit einem verminderten Wert k zu rechnen. Aus einer Zahlentafel des Buches von Fröhlich können zu verschiedenen Winkeln β und für verschiedene Böschungswinkel ϱ die zugehörigen Werte k entnommen werden.

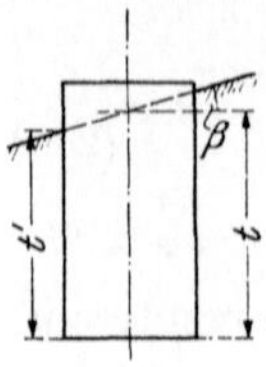

Abb. 383.

Fundamente im Wasser.

Reichen die Fundamente in das Grundwasser oder wird das Gelände zeitweilig überflutet, dann ist bei der Bemessung derselben der Auftrieb in Rechnung zn stellen. Die Gl. (204)÷(212) bleiben in Geltung, doch ändern sich einige Zahlenwerte:

1. Die lotrechte Last G ist um den Auftrieb des unter Wasser tauchenden Teiles des Betonfundamentes zu verringern.

2. Gleiches gilt auch für das Gewicht des am Plattenvorsprunge auflastenden Erdprismas: Beträgt beispielsweise das Raumgewicht des trockenen Bodens $\gamma_e = 1{,}8\ t/m^3$ und enthält der Boden 65% feste Bestandteile, dann ergibt sich ein Auftrieb von $-0{,}65\ t/m^3$ und das wirksame Raumgewicht beträgt $1{,}80 - 0{,}65 = 1{,}15\ t/m^3$.

3. Die zulässige Bodenpressung darf für verschiedene Bodenarten, wie Lehm und Ton, im Falle der Durchnässung nur mit einem kleineren Werte in Rechnung gestellt werden.

4. Die Größe des seitlichen Erdwiderstandes wird ebenfalls beeinflußt, denn das Erdgewicht und der natürliche Böschungswinkel werden kleiner und dadurch erfährt auch k eine Verringerung.

5. Die Ziffer μ der Sohlenreibung wird bei Mergel, Ton und Lehm unter Wasser verringert und kann praktisch bis auf Null sinken.

6. Wegen der Herabsetzung der inneren Reibung schlägt Fröhlich vor, den Klammerausdruck $(b + t)$ des mittleren Zählergliedes in Gl. (212) durch $b + \frac{2}{3} t$ zu ersetzen (durch den Summanden t, bzw. $\frac{2}{3} t$ wird die Mitwirkung der quer zur Wirkungsebene des Momentes gelegenen Erdschichten berücksichtigt).

In der Zahlentafel 47 sind für verschiedene Bodenarten die Raumgewichte γ_e und die natürlichen Böschungswinkel *ϱ (entnommen aus „Hütte" III., 26. Aufl., S. 83) sowie die Rechnungswerte k (ermittelt von Fröhlich) zusammengestellt; in der Zahlentafel 48 sind die Reibungsziffern μ für die Reibung zwischen Fundament und Boden (entnommen aus Brennecke-Lohmeyer: Der Grundbau. I. Bd., Verlag: W. Ernst u. Sohn) verzeichnet.

Zahlentafel 47.

Bodenart	γ_e t/m³	ϱ^0	$\mathrm{tg}^2\left(45 + \frac{\varrho}{2}\right)$	k t/m³
Dammerde: trocken	1,4	35—40	3,7 —4,62	5,2 —6,45
natürlich feucht	1,6	45	5,86	9,36
gesättigt naß	1,8	27	2,66	4,79
Sand: trocken	1,58—1,65	30—35	3,03—3,70	4,79—6,1
natürlich feucht	1,8	40	4,62	8,3
gesättigt naß	2,0	25	2,48	4,96
Lehmboden: trocken	1,5	40—46	4,62—6,12	6,93—9,18
naß	1,9	20—25	2,03—2,48	3,86—4,71
Tonerde: trocken	1,6	40—50	4,62—7,62	7,4—12,2
naß	2,0	20—25	2,03—2,48	4,06—4,96
Kies: trocken	1,8—1,85	35—40	3,7 —4,62	6,65—8,54
naß	1,86	25	2,48	4,61
Gerölle: eckig	1,8	45	5,86	10,54
rundlich	1,8	30	3,03	5,45

Zahlentafel 48.

Bodenart	μ bei glattem Mauerwerk	μ bei rauhem Mauerwerk
Schlick	0,05	0,1
Fester Schlamm	0,1	0,2
Nasser Ton- und Lehmboden	0,2	0,3
Sand: trocken	0,6	0,7
naß	0,3	0,5
Kies: grob oder fein	0,4	0,5

Zahlenbeispiel zum Berechnungsverfahren von Fröhlich:

Es sei $H = 8{,}5\,t$, $h = 11{,}8$ m, Gewicht des Mastes samt Kopfausrüstung und anteiligem Gewicht der Leitungen $G_m = 5{,}4$ t. Das Fundament steht im mittelfeinen Sandboden und soll als quadratisches Stufenfundament ausgeführt werden. Auf Grund einer Vorberechnung wurden die aus Abb. 384 ersichtlichen Abmessungen gewählt, die nun zu überprüfen sind.

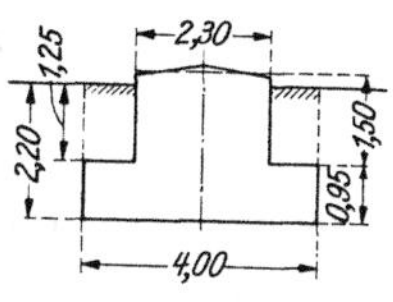

Abb. 384.

Für mittelfeinen Sand soll eine Bodenpressung von 2 kg/cm² zugelassen werden; nach Din 1054 darf dann mit einer Eckpressung $\sigma_{\text{zul}} = \frac{4}{3}\,2 = 2{,}67$ kg/cm² $= 26{,}7$ t/m² gerechnet werden. Nach Zahlentafel 47 ist $k = 4{,}8$ t/m² und nach Zahlentafel 48 ... $\mu = 0{,}5$ (Beton als rauhes Mauerwerk angesehen). Betongewicht (mit $\gamma_b = 2{,}0$ t/m³) ... $2{,}0\,(2{,}3^2 \,.\, 1{,}5 + 4{,}0^2 \,.\, 0{,}95) = 46{,}3$ t, Gewicht des auflastenden Erdprismas (mit

* In kohärenten Böden ist aber die Größe des natürlichen Böschungswinkels von der Schüttungshöhe abhängig.

$\gamma_e = 1{,}6$ t/m³) ... $1{,}6\,(4{,}0^2 - 2{,}3^2)\,.\,1{,}25 = 21{,}4$ t. Somit beträgt die gesamte lotrechte Last $G = 5{,}4 + 46{,}3 + 21{,}4 = 73{,}1$ t.

Aus Gl. (209) wird nun zur Überprüfung die erforderliche Sohlenbreite $a = b$ gerechnet: Mit $\xi = \frac{4{,}0 - 2{,}3}{2{,}3} = 0{,}74$ und $\eta = \frac{0{,}95}{2{,}20} = 0{,}43$ erhält man für Fall I ...
$8{,}5\,(11{,}8 + 2{,}2) = \frac{1}{2}\left(b - \frac{4\,.\,73{,}1}{3\,.\,26{,}7\,.\,b}\right) 73{,}1 + \frac{1}{16}\,4{,}8\,.\,2{,}3\,.\,2{,}2^3\,[1 + 0{,}74\,.\,0{,}43^3\,(4 - 3\,.\,0{,}43)]$; die Auflösung nach der erforderlichen Plattenbreite ergibt $b = 3{,}95$ m, gegenüber dem angenommenen Wert $b = 4{,}0$ m.

Ohne Berücksichtigung des Gliedes mit ξ und η hätte man $b = 3{,}97$ m erhalten. Daß tatsächlich Fall I vorliegt, zeigt die Ausrechnung der Gl. (208); man erhält
$\frac{8\,(8{,}5 + 0{,}5\,.\,73{,}1)}{2{,}3\,.\,2{,}2^2\,[1 + 0{,}74\,.\,0{,}43^2\,(3 - 2\,.\,0{,}43)]} = 25{,}0 > 4{,}8.$

Die Sicherheit gegen Umsturz beträgt nach Gl. (212):

$$\nu = \frac{\frac{1}{2}\,73{,}1\,.\,4{,}0 + \frac{1}{12}\,4{,}8\,(4{,}0 + 2{,}2)\,2{,}2^3 + \frac{2}{3}\,0{,}5\,.\,73{,}1\,.\,2{,}2}{8{,}5\left(11{,}8 + \frac{1}{3}\,2{,}2\right)} = 2{,}1.$$

c) Beanspruchung der Betonfundamente.[17, 22]

Bei der Gestaltung und Bemessung der Betonfundamente ist auch darauf zu achten, daß deren innere Spannungen die zulässigen Werte nicht überschreiten. Für den Nachweis dieser inneren Spannungen werden die Fundamentkörper näherungsweise als Stäbe betrachtet, deren Stützung durch die Erdwiderstände und die Reibungskraft an der Sohle und durch die seitlichen Erdwiderstände erfolgt. Bei Stufenfundamenten ist allerdings von der Berücksichtigung der seitlichen Erdwiderstände abzusehen.

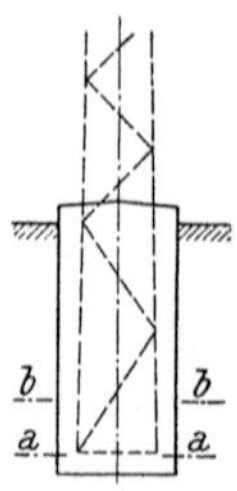

Abb. 385.

Einsetzmaste. Bei Blockfundamenten ist vor allem darauf zu achten, daß im unbewehrten Querschnitt a—a (Abb. 385) keine unzulässig große Biegezugspannungen auftreten; sonst dürfte der unterhalb des Mastfußes gelegene Teil des Fundamentes überhaupt nicht berücksichtigt werden. Für den oberhalb a—a liegenden Fundamentteil bilden die eingebetteten Maststiele in der Regel eine ausreichende Bewehrung. Abb. 386 zeigt den Momentenverlauf für ein Blockfundament (für das Beispiel 1 von Fröhlich[8]) berechnet; Momentan-Drehachse in der Sohle gelegen). Zufolge des langsamen Anstieges des Biegungsmomentes reichen die vorhandenen Haftlängen meist aus, um bis zu beliebigen Zwischenquerschnitten hin die Eintragung jener Zugkraft zu ermöglichen, die bei Ausschluß der Betonzugspannungen in den Stielen der Zugseite auftreten müßte. Die im Beton entstehenden Schubspannungen und die schiefen Hauptzugspannungen bleiben im allgemeinen genügend klein.

Auch bei Stufenfundamenten ergeben die Maststiele in der Regel eine ausreichende Bewehrung für den oberen Fundamentteil. Zu achten ist vor allem auf die Spannungsverhältnisse im Übergangsquerschnitt c—c (Abb. 387a) und im Anschlußquerschnitt d—d des Plattenvorsprunges. Der Querschnitt c—c ist zwar noch durch die Stiele bewehrt; zunächst bleibt aber diese Bewehrung praktisch unwirksam, da die Stiele, wie Kleinlogel[17] gezeigt hat, schon im oberen Teil des Fundamentes ihre Kräfte an den Beton abgeben. Es entstehen dann im Schnitt c—c verhältnismäßig hohe Biegezugspannungen. Wird nun die Biegezugfestigkeit des Betons überwunden, dann müssen die Maststiele der Zugseite die gesamte Zugkraft übernehmen. Das ist aber nur möglich, wenn diese Kräfte noch unterhalb c—c durch Haftspannungen oder durch Ankerwirkung des Mastfußes in den Beton eingetragen werden können. Im allgemeinen ist die vorhandene Haftlänge immer zu klein; ist auch der Anschluß der Stiele an die Fußwinkel zu schwach, um die erforderliche Ankerwirkung der letzteren zu ermöglichen, dann muß zwecks Vergrößerung der Haftlängen der Übergangsquerschnitt durch schrägen Abschluß der Fußplatte (Abb. 387 b) höher gelegt werden. Genügt dies nicht, dann sind besondere Rundstahlbewehrungen zur Verbindung der Platte mit dem aufgehenden Teil des Fundamentes vorzusehen.

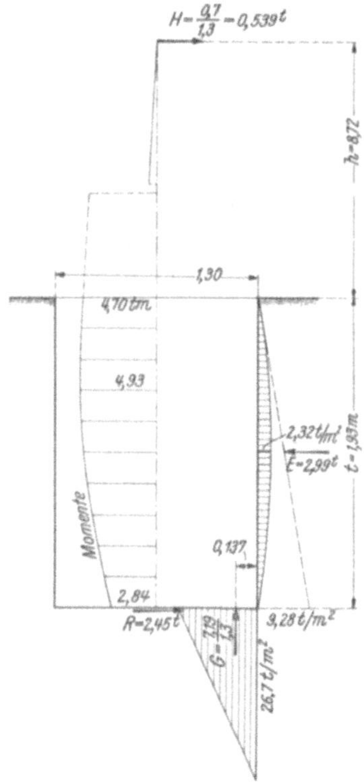

Abb. 386.

Im Anschlußquerschnitt der Platte können sich ebenfalls unzulässig große Biegezugspannungen ergeben. Man wird dann die Querschnittshöhe gemäß Abb. 387 b vergrößern oder auch dort besondere Bewehrungen anordnen. In jedem Falle der Zugabe besonderer Bewehrungen muß aber ein dichter Beton zur Anwendung gelangen; sonst rosten die Bewehrungsstähle an und sprengen den Beton.

Aufsetzmaste.

Für diese gelten die gleichen Überlegungen: die Ankerstähle, bzw. Ankerschrauben müssen genügend weit herabreichen und unterhalb des Übergangsquerschnittes c—c der Stufenfundamente genügende Haftlänge oder eine entsprechende Verankerung aufweisen. Sonst sind wieder besondere Bewehrungen zur Sicherung des Überganges erforderlich; diese müssen in der Platte in ausreichendem Maße verankert sein und auch genügend hoch emporgeführt oder unmittelbar mit den eingebetteten Mastankern verbunden werden.

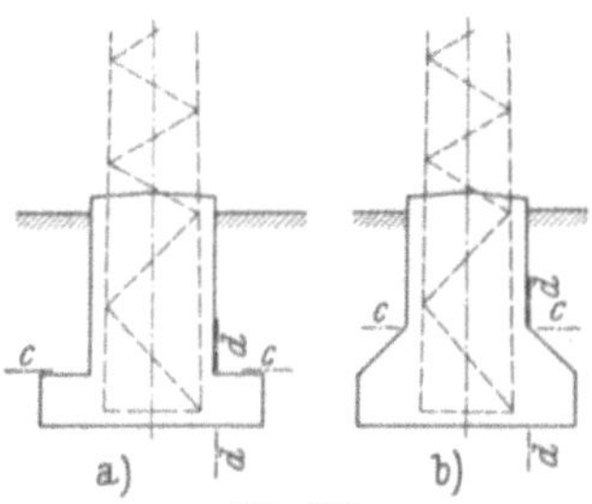

Abb. 387.

Fundamente für Eisenbetonmaste.

Im allgemeinen werden die Mastbewehrungen nicht in die Fundamentkörper übergeführt; man setzt vielmehr die Maste in eine Aussparung der vorbereiteten Fundamente ein oder man betoniert die Fundamente erst nach dem Aufrichten der Maste um dieselben auf. In beiden Fällen ergibt sich häufig die Notwendigkeit, die Fundamentwandungen mit unschnürenden Bewehrungen zu versehen, da zu große Biegezugspannungen im Beton auftreten.

2. Aufgelöste Fundamente.

Wird unter jedem Maststiel ein einzelnes, block- oder stufenförmiges Betonfundament angeordnet, so ist eine viel bessere Ausnützung des Baustoffes als bei einheitlichen Fundamentkörpern möglich, da die Maste auf die Teilfundamente nur Einzelkräfte, aber keine Momente übertragen. Diese Einzelkräfte sind allerdings schräg gerichtet, und da stets mehrere Lastfälle in Betracht kommen, ist es im allgemeinen nicht möglich, die Fundamente so zu gestalten, daß sie nur achsial beansprucht werden. Doch gelingt es in der Regel, ihre Form so auszumitteln, daß für die gedrückten Fundamente die Resultierende aller einwirkenden Kräfte im Kern der Sohlenfläche angreift. Die Fundamente erfahren dann unter der einwirkenden Druckkraft nur verhältnismäßig kleine Drehungen, so daß der seitliche Erdwiderstand außer Betracht bleiben darf und die Fundamente als freistehend, unter Berücksichtigung des Gewichtes des am Plattenvorsprung auflastenden Erdprismas berechnet werden können (vgl. 1a). Die Abb. 388 zeigen zwei charakteristische Ausbildungsarten der Einzelfundamente gespreizter Maste.

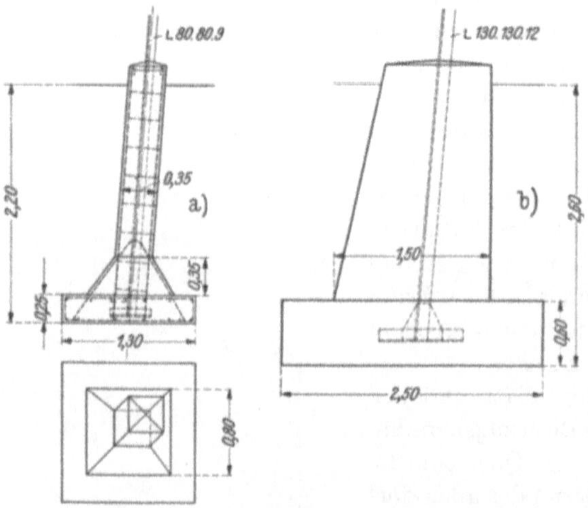

Abb. 388.

Eine besondere Untersuchung ist noch für den Fall der Zugbeanspruchung erforderlich. Der von der waagrechten Kraft H des Mastes hervorgerufenen Zugkraft Z wirkt entgegen (Abb. 389): der Anteil $^1/_4\, G_m$ des Mastgewichtes, das Gewicht G_b des Fundamentes und das Gewicht G_e des auflastenden Erdprismas, ferner die Reibungskraft R_e längs der Seitenwände des Erdprismas (das die Zugkraft herauszuscheren bestrebt ist) und schließlich die Reibung R_b längs der Seitenwände der Fundamentplatte. Die auftretenden Reibungskräfte ergeben sich aus dem auf die Reibungsflächen einwirkenden „Ruhedrucke" des Bodens und aus den Ziffern $\mu_e = \operatorname{tg} \varrho$ für die gleitende Reibung zwischen Erde und Erde und μ_b für die Reibung zwischen Erde und Beton. Für den Ruhedruck in der Tiefe t gilt[1] $p = \zeta_0 \gamma_e t$, wenn ζ_0 die Ziffer des Ruhedruckes und γ_e das Raumgewicht des Bodens bedeuten. Hierbei besteht zwischen ζ_0 und dem Winkel ϱ_0 der inneren Reibung der Ruhe der folgende Zusammenhang:

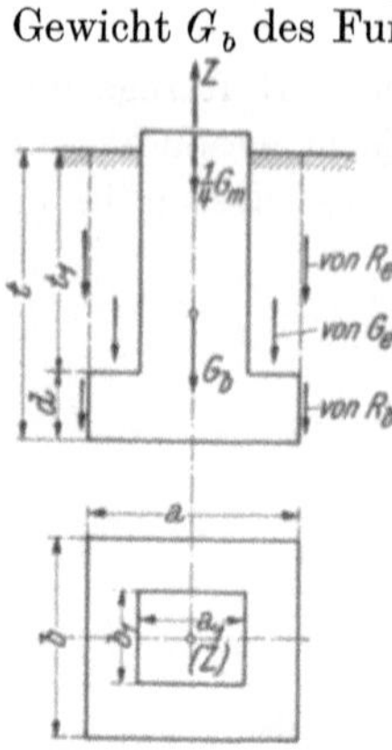

Abb. 389.

$$\zeta_0 = \operatorname{tg}^2\left(45° - \frac{\varrho_0}{2}\right). \tag{213}$$

Für ζ_0 gibt Terzaghi (Erdbaumechanik, S. 195) folgende Versuchswerte an: für Ton ($\varrho_0 = 8°$) ... $\zeta_0 = 0{,}75$, für Sand ($\varrho_0 = 24°$) ... $\zeta_0 = 0{,}42$. In Sandboden wird man kaum mit einem größeren Wert ζ_0 als 0,5 rechnen dürfen; nur bei lagenweiser Einstampfung in die abgeböschte Baugrube dürfte eine Erhöhung auf 0,65 bis 0,75 angängig sein. Im feuchten Ton und Lehm kann die Ziffer des Ruhedruckes auch bedeutend größer als 0,75 sein; andererseits ist bei kohärenten Böden folgendes zu beachten: Die Gründungstiefe der Mastfundamente ist in der Regel kaum wesentlich größer als 2 m, so daß die Fundamentkörper zum Großteil im Bereich der Temperatur- und Feuchtigkeitsschwankungen des Bodens liegen. In Trockenzeiten bilden sich nun in kohärenten Böden Schrumpfrisse, die auch bis zu den Fundamentplatten herabgehen können. Im Bereich der Schrumpfrisse ist aber der Ruhedruck Null. Man wird daher aus Sicherheitsgründen bei trockenem Lehm- oder Tonboden nur mit einem verminderten durchschnittlichen Ruhedruck rechnen dürfen.

Nach Ermittlung von ζ_0 erhält man beispielsweise für das Fundament nach Abb. 389 die folgenden Reibungskräfte:

Reibung zwischen Erde und Erde $R_e = \zeta_0 \gamma_e t_1^2 (a + b) \mu_e$ (214)

Reibung zwischen Erde und Beton $R_b = \zeta_0 \gamma_e (t^2 - t_1^2) (a + b) \mu_b$. (215)

Th. Müller[23] und H. Fröhlich[2] setzen, unabhängig von der Bodenart, für gewachsenen Boden $\zeta_0 = 1$ und für eingestampftes Erdreich $\zeta_0 = 0{,}8$. Die Ziffer $\mu_e = \operatorname{tg} \varrho$ der gleitenden Reibung wird näherungsweise aus dem „natürlichen Böschungswinkel" ϱ berechnet, die Ziffer μ_b der Wandreibung kann aus Zahlentafel 48 entnommen werden.

Die Sicherheit gegen Eintritt stärkerer Bewegungen ergibt sich nun unter Berücksichtigung aller Gegenwirkungen zu

$$\nu = \frac{\frac{1}{4} G_m + G_b + G_e + R_e + R_b}{Z} \tag{216}$$

und es muß $\nu \geqq 1$ sein.

Will man noch die Sicherheit gegen Herausziehen des Fundamentes, also gegen Umsturz des Mastes, ermitteln, so ist zu berücksichtigen, daß bei größerer Bewegung der Boden verspannt wird und der Druck auf die Reibungsflächen sich dem passiven Erddruck nähert.[13] Führt man zur Berechnung der Reibungsgrößen jetzt nach dem Vorschlag Fröhlichs den 0,9fachen Betrag des passiven Erddruckes ein, so erhält man mit der Ziffer

$$\zeta = \operatorname{tg}^2\left(45^\circ + \frac{\varrho}{2}\right) \tag{217}$$

desselben die Reibungskräfte

zwischen Erde und Erde $R'_e = 0{,}9\, \zeta \gamma_e t_1^2 (a + b) \mu_e$ (218)

und zwischen Erde und Beton $R'_b = 0{,}9\, \zeta \gamma_e (t^2 - t_1^2) (a + b) \mu_b$. (219)

Die Sicherheit gegen Umsturz beträgt dann

$$\nu' = \frac{\frac{1}{4} G_m + G_b + G_e + R_e' + R_b'}{Z}. \tag{220}$$

Bei großen Reibungskräften ist aber noch zu untersuchen, ob die Erdpressung an der Oberseite des Plattenvorsprunges nicht zu groß wird. Bei Vernachlässigung der Wandreibung längs des aufgehenden Fundamentteiles beträgt diese Pressung $\sigma = \frac{G_e + R_e'}{a\,b - a_1 b_1}$; sie ist begrenzt durch den passiven Erddruck, unter welchem der Boden oberhalb der Druckfläche stehen kann. Th. Müller[23] hat diese Druckaufnahmsfähigkeit des Bodens nach oben hin für auf Zug beanspruchte Tragpfähle mit verbreitertem Fuß auf Grund der klassischen Erddrucktheorie rechnerisch erfaßt (wobei wieder nur die innere Reibung berücksichtigt werden konnte); die Übertragung seines Ergebnisses auf den vorliegenden Fall führt zu der größtmöglichen Pressung $\sigma_{\max} = \gamma_e t_1 \frac{\operatorname{tg}^3\left(45^\circ + \frac{\varrho}{2}\right)}{\operatorname{tg}\left(45^\circ - \frac{\varrho}{2}\right)}$ und auf die Stufe kann demnach eine größte Druckkraft $p' = (a\,b - a_1\,b_1)\,\sigma_{\max}$ einwirken. Ist nun diese Kraft kleiner als $G_e + R'_e$, so ist in Gl. (220) $G_e + R'_e$ durch P' zu ersetzen. Der tatsächlich einwirkende Druck unter der Zugkraft Z beträgt bei Vernachlässigung von $R_b \ldots P = Z - \frac{1}{4} G_m - G_b$ und diese Kraft darf nur einen Bruchteil von P' erreichen. Th. Müller rechnet mit $P \leqq \frac{1}{1{,}5} P'$.

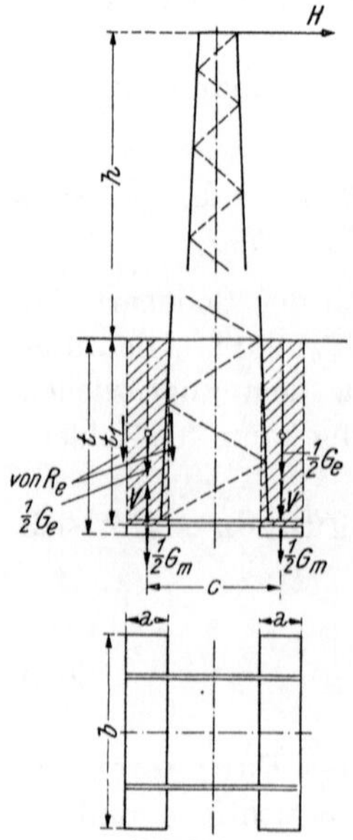

Abb. 390.

Bei Betonfundamenten ohne Stufe (Querschnitt $a \,.\, b$, Gründungstiefe t) kommt als einzige Reibungskraft die Wandreibung $R_b = \zeta_0 \gamma_e t^2 (a + b) \mu_b$, bzw. $R'_b = 0{,}9\, \zeta \gamma_e t^2 \times \times (a + b)\, \mu_b$ zur Wirkung.

Hinsichtlich der in aufgelösten Fundamenten auftretenden inneren Spannungen gelten die gleichen Überlegungen wie für einheitliche Fundamente.

3. Plattenfundamente.[8]

a) Waagrechte Belastung nach Abb. 390.

Bedeutet c den Abstand der Plattenmitten, dann ruft das Moment $M = H\,(h + t)$ an jeder Platte eine lotrechte Kraft $V = \pm H \frac{h + t}{c}$ hervor. Auf beide Platten wirkt dann noch das Gewicht G_m des Mastes samt Fußkonstruktion und anteiligem Gewicht der Leitungen, sowie das Gewicht $G_e = 2\,\gamma_e\, a\, b\, t_1$ der auflastenden Erdprismen.

Die Bodenpressung unter der Platte der Druckseite beträgt daher

$$\sigma = \frac{H \frac{h + t}{c} + \frac{1}{2} G_m + \frac{1}{2} G_e}{a\, b} \tag{221}$$

und es muß $\sigma \leqq \sigma_{\text{zul}}$ sein.

Auf der Zugseite wirkt der lotrechten Zugkraft $V = H \frac{h + t}{c}$ der Anteil $\frac{1}{2} G_m$ des Mastgewichtes, das Erdgewicht $\frac{1}{2} G_e$ und die Reibungskraft R_e entgegen, die längs der Seitenwände des Erdprismas auftritt. Für den Beginn der Bewegung ist diese Reibungskraft wieder aus dem Ruhedrucke des Bodens mit der Ziffer ζ_0 nach Gl. (213a) und der Ziffer $\mu_0 = \operatorname{tg} \varrho$ der gleitenden Reibung zu berechnen. Die Umfangsfläche des Erdprismas ist $2\,(a + b)\, t_1$; die Reibung beträgt daher

$$R_e = \zeta_0\, \gamma_e\, t_1^2\, a\, b \operatorname{tg} \varrho \tag{222}$$

und die Sicherheit gegen Eintritt stärkerer Bewegungen ist

$$\nu = \frac{\frac{1}{2} G_m + \frac{1}{2} G_e + R_e}{H \frac{h + t}{c}}. \tag{223}$$

Während der Bewegung verspannt sich der Boden und der Druck im Erdreiche nähert sich dem passiven Erddrucke. Führt man jetzt zur Berechnung der Reibungsgröße wieder den 0,9fachen Betrag des passiven Erddruckes ein, so erhält man

$$R_e' = 0{,}9\,\zeta\,\gamma_e\,t_1\,(a + b)\,\mathrm{tg}\,\varrho, \tag{224}$$

wobei ζ nach Gl. (217) zu ermitteln ist. Die Sicherheit gegen Umsturz wird dann

$$\nu' = \frac{\frac{1}{2}\,G_m + \frac{1}{2}\,G_e + R_e'}{H\,\frac{h+t}{c}}. \tag{225}$$

b) Waagrechter Zug H parallel zur Plattenlängsrichtung.

Die Berechnung erfolgt wie für ein freistehendes Fundament: auf jede Platte entfällt das Moment $\frac{1}{2}\,M = \frac{1}{2}\,H\,(h + t)$ und die lotrecht nach abwärts gerichtete Kraft $\frac{1}{2}\,(G_m + G_e)$. Hinsichtlich des Nachweises der Kantenpressung wird auf 1a verwiesen.

Dieses Berechnungsverfahren ist insofern zu ungünstig, als über den vom Boden sich abhebenden Teilen der Platten auch Reibungskräfte in den zugehörigen Abschnitten der Seitenwände der auflastenden Erdprismen auftreten, die außer Betracht geblieben sind. Will man diese Kräfte berücksichtigen, so kann das von Fröhlich[8] für Fundamente mit einer Platte aufgestellte Berechnungsverfahren (das die Reibungskräfte ähnlich wie die Dörrsche Berechnungsweise für Stufenfundamente erfaßt) zur Anwendung gelangen.

Hinsichtlich der näherungsweisen Berechnung der Plattenfundamente für beliebig gerichtete waagrechte Belastung der Maste muß auf die gleiche Quelle verwiesen werden.

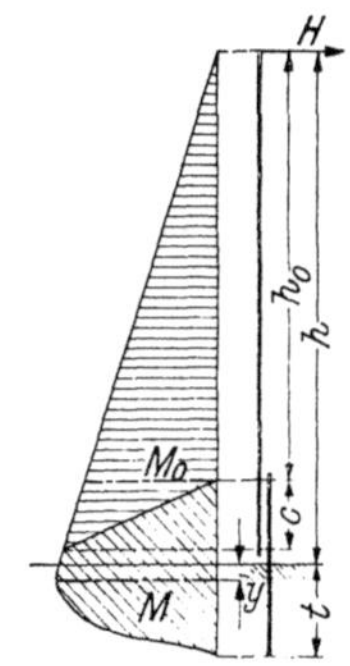

Abb. 391.

4. Gründung mit Erdfüßen.

a) Einfach- und Doppelmaste.

Die Erdfüße dieser Maste werden hauptsächlich auf Biegung beansprucht und ihre Standfestigkeit wird durch den seitlichen Erdwiderstand bewirkt, während das Gegenmoment der längs der kleinen Sohlflächen verteilten Erdwiderstände und Reibungskräfte ohne Bedeutung ist. Diese Erdfüße stellen demnach einen Grenzfall der Blockfundamente dar.

H. Dörr[11, 14] hat die Standfestigkeit eingegrabener Maste und Erdfüße untersucht und als Grenzwert des seitlichen Erdwiderstandes den passiven Erddruck in Rechnung gestellt; hierbei wurde auch[14] der Widerstand der seitlich anschließenden, durch Reibung zur Mitwirkung gebrachten Erdschichten erfaßt. Für die Größe des zulässigen waagrechten Spitzenzuges H (bzw. der Mittelkraft der angreifenden waagrechten Kräfte) erhielt Dörr mit den vorstehend verwendeten Bezeichnungen (Abb. 391)

$$H_{\mathrm{zul}} = \frac{b + \varkappa\,t}{\nu} \cdot \frac{k\,t^3}{11{,}75\,h + 9{,}84\,t}; \tag{226}$$

hierin bedeuten ν den verlangten Sicherheitsgrad und b die Brustbreite des Mastes oder des Erdfußes; die Hilfsgröße k ist wieder nach Gl. (210) zu beberechnen. Durch den Beiwert

$$\varkappa = \frac{2 \operatorname{tg} \varrho}{3 \operatorname{tg}\left(45^\circ + \frac{1}{2}\varrho\right)} \tag{227}$$

wird die Mitwirkung der seitlichen Erdschichten berücksichtigt; für verschiedene Werte ϱ des natürlichen Böschungswinkels ist $\varkappa$ aus der Zahlentafel 49 zu entnehmen.

Zahlentafel 49.

$\varrho =$	25°	30°	35°	40°	45°
$\varkappa =$	0,198	0,222	0,243	0,261	0,276

Das größte Biegungsmoment tritt in der Entfernung

$$y = \sqrt{\frac{H_{zul}}{(b + \varkappa t)(\gamma_e + k)}} \tag{228}$$

unterhalb der Erdoberfläche auf und beträgt (für $H = H_{zul}$)

$$M_{max} = H_{zul}(h + y) - \frac{y^3}{6} \cdot \frac{b + \varkappa t}{\nu} k. \tag{229}$$

Diese Formeln wurden unmittelbar für einen eingegrabenen Stab mit Rechteckquerschnitt (Breite b rechtwinkelig zur Wirkungsebene des Momentes) abgeleitet; sie können auch für Stäbe mit kreisförmigem Querschnitt verwendet werden, wenn an Stelle b der Durchmesser d eingeführt wird. Die Standfestigkeit ist dann noch etwas größer als beim Stab mit Rechteckquerschnitt, da durch die radialen Pressungen eine breitere Erdschicht zur Widerstandsleistung herangezogen wird.

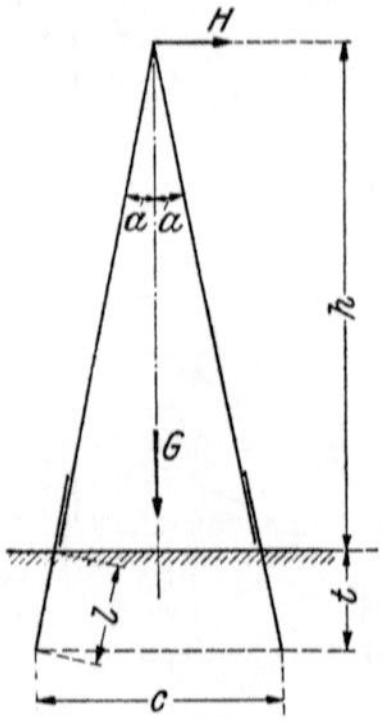

Abb. 392.

Als Sicherheitsgrad wählt Dörr bei kohärenten Böden $\nu = 1{,}3 - 1{,}4$, bei kohäsionslosen Böden $\nu = 1{,}5$.

b) A-Maste.

Hinsichtlich waagrechter Belastungen rechtwinkelig zur A-Ebene wird auf die unter a) erörterte Berechnungsweise verwiesen. Waagrechte Züge in der A-Ebene rufen in den Masten und ihren Erdfüßen Achialkräfte hervor und es handelt sich nun darum, wie die Zugkraft in den Boden geleitet werden kann.

α) Erhält der A-Mast keine Fußplatten (Abb. 392), so kann die Zugkraft nur durch Reibung in den Boden übertragen werden. Die Berechnung kann nun in ähnlicher Weise wie für auf Zug beanspruchte Einzelfundamente durchgeführt werden. Der Zugkraft $Z = H \frac{h + t}{c} \sec \alpha$ wirkt entgegen: vom Gewicht G_m des Mastes samt Erdfüßen und dem anteiligen Gewicht der Leitungen die Kraft $\frac{1}{2} G_m \sec \alpha$ und ferner die Reibung längs des Mastes bzw. Erdfußes $R_e = \frac{1}{2} \zeta_0 \gamma_e l^2 u \mu_b$; sie wurde wieder aus dem Ruhedrucke berechnet. Ferner bedeutet u den Umfang des Mast- bzw. Erdfußquerschnittes und μ_b die Ziffer der Reibung zwischen Mast oder Erdfuß und Erde. Die Sicherheit gegen Eintritt stärkerer Bewegungen beträgt dann

$$\nu = \frac{\frac{1}{2} G_m \sec \alpha + \frac{1}{2} \zeta_0 \gamma_e l^2 u \mu_b}{H \frac{h + t}{c} \sec \alpha}, \tag{230}$$

und es muß $\nu \geqq 1$ sein.

Für die Ermittlung der Sicherheit gegen Umsturz wird die Wandreibung wieder aus dem 0,9fachen passiven Erddruck berechnet; damit erhält man $R_e' = \frac{1}{2} 0{,}9 \zeta \gamma_e l^2 u \mu_b$ und die Sicherheit beträgt daher

$$\nu' = \frac{\frac{1}{2} G_m \sec \alpha + \frac{1}{2} 0{,}9 \zeta \gamma_e l^2 u \mu_b}{H \frac{h + t}{c} \sec \alpha}. \tag{231}$$

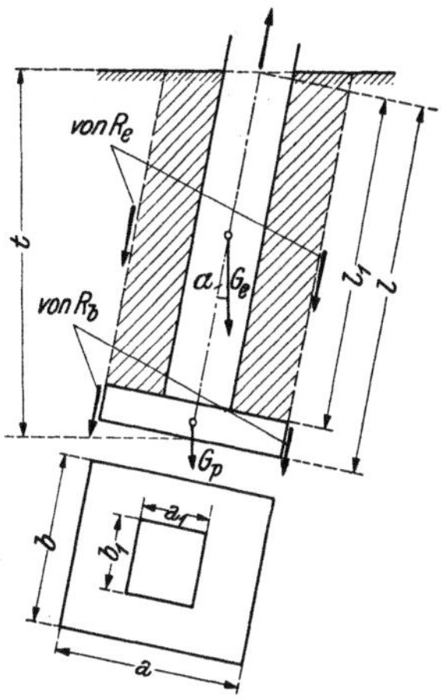

Abb. 393.

Für rechteckigen Erdfußquerschnitt $a \cdot b$ ist $u = 2(a + b)$ und für kreisförmigen Querschnitt (Durchmesser d) gilt $u = \pi d$.

β) Wird eine Fußplatte vorgesehen (Abb. 393), dann wirkt der Zugkraft Z entgegen: der Gewichtsanteil $\frac{1}{2} G_m \sec \alpha$ des Mastes samt Erdfüßen (ohne Platten) und Leitungen, sodann die Kraft $G_p \cos \alpha$ vom Gewicht G_p einer Fußplatte, ferner vom Gewicht des strichlierten Erdprismas der Anteil $G_e \cos \alpha = \gamma_e (a b - a_1 b_1) l_1 \cos^2 \alpha$, sodann die Reibungskraft R_e längs der äußeren Seitenwände des Erdprismas und die Reibungskraft R_b zwischen den Seitenwänden der Fußplatte und dem Boden. Aus dem Ruhedruck berechnet, ist:

$$R_e = \zeta_0 \gamma_e l_1^2 (a + b) \mu_e \tag{232}$$

$$R_b = \zeta_0 \gamma_e (l^2 - l_1^2)(a + b) \mu_b \tag{233}$$

und die Sicherheit gegen Eintritt stärkerer Bewegungen wird

$$\nu = \frac{\frac{1}{2} G_m \sec \alpha + (G_p + G_e) \cos \alpha + R_e + R_b}{H \frac{h + t}{c} \sec \alpha}. \tag{234}$$

Für die Ermittlung der Sicherheit gegen Umsturz werden die Reibungskräfte wieder aus dem 0,9fachen passiven Erddruck berechnet:

$$R_e' = 0{,}9 \zeta \gamma_e l_1^2 (a + b) \mu_e \tag{235}$$

$$R_b' = 0{,}9 \zeta \gamma_e (l^2 - l_1^2)(a + b) \mu_b \tag{236}$$

und man erhält

$$\nu' = \frac{\frac{1}{2} G_m \sec \alpha + (G_p + G_e) \cos \alpha + R_e' + R_b'}{H \frac{h + t}{c} \sec \alpha}. \tag{237}$$

Bei Erdfüßen oder Platten mit kreisförmigem Querschnitt sind die bezüglichen Umfangswerte in die Formeln einzuführen.

Die Gründung pyramidenförmiger Maste wird in gleicher Weise berechnet.

5. Pfahlgründungen.

Zur Anwendung gelangen sowohl „Reibungspfähle“ als auch „Tragpfähle“. Bei den ersteren erfolgt die Kraftübertragung zum Teil durch die Wandreibung, zum Teil durch den Verdrängungswiderstand an der Pfahlspitze; je nach der Beschaffenheit des Bodens und nach der Art der Einbringung der Pfähle überwiegt die Wandreibung oder der Spitzenwiderstand. Bei den Tragpfählen, wie z. B. bei den Aba-Lorenz-Pfählen, erfolgt die Kraftübertragung hauptsächlich am verbreiterten Fuß; die Wandreibung am glatten Mantelrohr ist ja verhältnismäßig gering. Bei diesen Pfählen muß daher die ganze Achsialkraft durch den Schaft geleitet werden, der daher entsprechend zu bemessen ist.

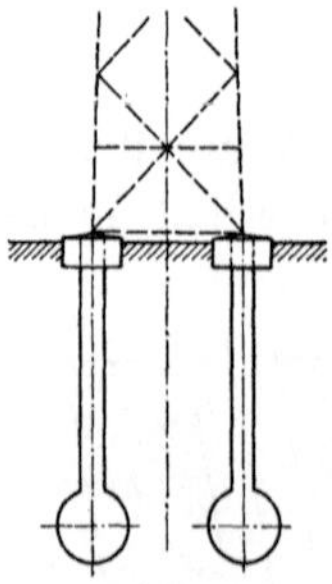

Abb. 394.

Die zulässige Achsialkraft gerammter Pfähle wird aus empirischen Formeln, auf Grund von Probebelastungen oder auf rechnerischem Wege aus den Bodenziffern ermittelt. Die Rammformeln (von Rankine, Eytelwein, Weißbach, Brix u. a.) können keine befriedigenden Ergebnisse liefern, da der dynamische Eindringungswiderstand mit dem statischen nicht identisch ist und weil außerdem in diesen Rammformeln die physikalischen Eigenschaften der Böden nicht berücksichtigt werden. Probebelastungen kommen im Leitungsbau wegen der Umständlichkeit und wegen der Kosten kaum in Frage. Es bleibt also noch die Möglichkeit der rechnerischen Bestimmung der Tragkraft.

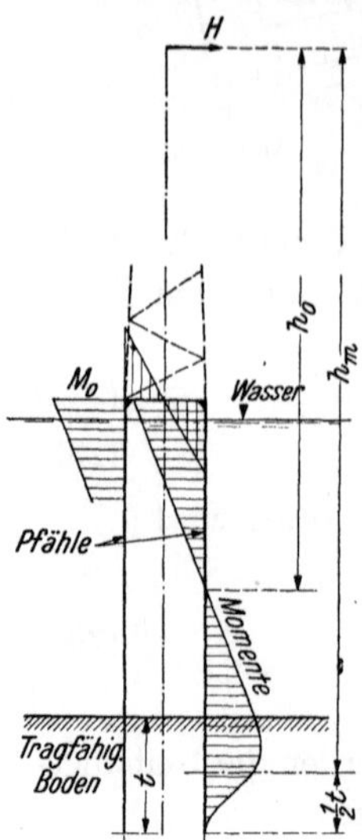

Abb. 395.

Auf Einzelheiten der Rechnung einzugehen, ist im Rahmen dieses Buches nicht möglich; es muß vielmehr auf die Literatur, vor allem auf die „Erdbaumechanik“ von Terzaghi (S. 263) verwiesen werden. Die Berechnungsweisen von Dörr[12] für Reibungspfähle und von Th. Müller[23] für Tragpfähle stützen sich auf die klassische Erddrucktheorie, die aber bloß die innere Reibung erfaßt, während andere Eigenschaften der Böden, wie Lagerung, Korngröße, Schuppengehalt, Bindigkeit und Wassergehalt unberücksichtigt bleiben.

Hinsichtlich der in den Pfählen auftretenden inneren Spannungen ist noch folgendes zu bemerken: Nach Möglichkeit ordnet man die Pfähle so an, daß sie vorwiegend achsial beansprucht werden. Bei den Pfahlgründungen leichterer Maste ist aber eine Fachwerkswirkung nicht erzielbar, da nur vier Pfähle angeordnet werden, die alle annähernd lotrecht stehen müssen. In diesem Falle rufen die waagrechten Mastkräfte erhebliche Biegungsmomente hervor, deren Verlauf von der Bodenbeschaffenheit und von der Art der Verbindung der Pfahlköpfe abhängt. Ist der den Pfahl umgebende Boden befähigt, wesentliche seitliche Widerstände zu äußern, so verlaufen die Biegungsmomente im Pfahl ähnlich wie nach Abb. 391. Werden die Pfahlköpfe steif verbunden, so daß eine Rahmenwirkung entsteht, so ergeben sich kleinere Pfahlmomente. Zur Herabsetzung der Biegungsmomente der Pfähle hat ferner Th. Müller[23] vorgeschlagen, an den Pfahlköpfen Betonblöcke gemäß Abb. 394 vorzusehen, durch welche ein Teil der waagrechten Kräfte des Mastes in den Boden geleitet und so von den Pfahlschäften ferngehalten wird. Können die oberen Bodenschichten nur unbedeutende seitliche Widerstände äußern (wie Schlamm- und Moorboden), dann kommt ein wesentlich ungünstigerer Momentenverlauf zustande, und zwar ähnlich dem eines Pfahles, der bis zum tragfähigen Boden hin im Wasser freisteht. In Abb. 395 ist der Momentenverlauf für ein solches Pfahlpaar, das an den Köpfen eine steife Querverbindung erhielt, dargestellt. Das größte Eckmoment M_0 erhält man näherungsweise auf Grund der Annahme, daß der Kopfriegel starr ist und daß die Pfähle in halber Rammtiefe starr eingespannt sind; es ist dann $M_0 = \frac{1}{4} H h_m$, wenn H die auf das Pfahlpaar entfallende waagrechte Kraft des Mastes bedeutet; die Achsialkräfte der beiden Pfähle ergeben sich dann aus $V = \pm H \frac{h_0}{c}$ (Momentennullpunkt in der Mitte zwischen Kopfriegel und halber Einrammtiefe).

Literaturverzeichnis.

1. Terzaghi K. v.: Erdbaumechanik auf bodenphysikalischer Grundlage. Leipzig-Wien: Fr. Deuticke. 1925.
2. Rier W.: Mastbauarten und Gründungen. ETZ. 57. Jg. (1936), S. 1384.
3. Dietrich W.: 50-kV-Hochspannungs-Freileitungen Guttanen—Innertkirchen. Schweiz. Bauztg., Bd. 97 (1931), Nr. 25.
4. Weber H.: Das chemische Bodenverfestigungs- und Abdichtungsverfahren. Siemens-Zeitschrift, Nov. 1934, S. 383.
5. Klaus F.: Neuartige Gründung von Freileitungsmasten in wenig tragfähigem Boden. ETZ. 58. Jg. (1937), H. 13.
6. Mohr O.: Abhandlungen aus dem Gebiete der Techn. Mechanik. 3. Aufl. Berlin: W. Ernst u. Sohn. 1928.
7. Pohl K.: Zahlentafeln zur Bestimmung der Nullinie und der größten Eckpressung im Rechteckquerschnitt bei Lastangriff außerhalb des Kerns und Ausschluß von Zugspannungen. Der Eisenbau, 9. Jg. (1918), H. 10, S. 211.
8. Fröhlich H.: Beitrag zur Berechnung von Mastfundamenten. 3. Aufl. Berlin: W. Ernst u. Sohn. 1936.
9. Knepler F.: Bemessung von Blockfundamenten für Leitungsmaste mit Rücksicht auf deren Standfestigkeit. E. u. M., 48. Jg. (1930), H. 27.
10. Andrée W.: Zur Berechnung von Mastfundamenten. Der Eisenbau, 11. Jg. (1920), H. 12, S. 210.
11. Dörr H.: Die Standsicherheit der Masten und Wände im Erdreich. Berlin: W. Ernst u. Sohn. 1922.
12. Dörr H.: Die Tragfähigkeit der Pfähle. Berlin: W. Ernst u. Sohn. 1922.
13. Dörr H.: Der Widerstand von Pfahlböcken. Der Bauingenieur, 4. Jg. (1923), H. 21.
14. Dörr H.: Von den Füßen der Leitungsmaste. Die Bautechnik, 2. Jg. (1924), H. 5, 6 u. 7.
15. Sulzberger G.: Die Fundamente der Freileitungstragwerke und ihre Berechnung. Bull. d. Schweiz. Elektrotechn. Ver., 1925 (H. 10), 1927 (H. 6); s. a. 1922 (H. 10), 1924 (H. 5, 7).
16. Kleinlogel A.: Zur Frage der Berechnung von Mastgründungen großer Abmessungen unter schwierigen Bodenverhältnissen. VDI-Forschungsheft Nr. 295 (1927).
17. Kleinlogel A.: Handbuch für Eisenbetonbau, Bd. IX, 2. Kap.
18. Müller Th.: Vorschlag zur Berechnung von Mastfundamenten. ETZ, 50. Jg. (1929), H. 45, S. 1613.
19. Stötzner O.: Die Berechnung abgestufter Blockfundamente für Freileitungsmaste. Der Stahlbau, 2. Jg. (1929), H. 19, S. 149.

20. Süberkrüb M.: Die Gründung von Masten für Freileitungen und für Bahnfahrleitungen und Bahnspeiseleitungen. Berlin: Julius Springer. 1932.
21. Krey H.: Erddruck, Erdwiderstand und Tragfähigkeit des Baugrundes. 5. Aufl. Berlin: W. Ernst u. Sohn. 1936.
22. Hajnal-Kónyi: Zur Frage der Berechnung abgestufter Blockfundamente. Der Stahlbau, 5. Jg. (1932), H. 25, S. 198.
23. Müller Th.: Über Pfähle im Freileitungsbau. Die Bautechnik, 10. Jg. (1932), H. 54, S. 725; Zuschriften u. Erwiderung s. Die Bautechnik, 11. Jg. (1933), H. 14, S. 197.

VII. Die elektrischen Kennwerte der Freileitung.

Als solche seien nicht nur jene Werte verstanden, welche die elektrische Kraftübertragung und deren Wirkungsgrad bestimmen (die Komponenten des Wellenwiderstandes, d. s. Ohmscher Widerstand, Ableitung, Selbstinduktionskoeffizient, Betriebskapazität, ferner die Koronaverluste), sondern auch die die Leistungsfähigkeit der Leitung kennzeichnende natürliche Leistung sowie die die Betriebsbedingungen bestimmenden Größen (der Schutzwert des Erdseiles und der Erdungswiderstand der Maste).

Bezüglich des Widerstandes sei auf den Unterabschnitt II, A 3 verwiesen. Die Ableitung als Folge der Endlichkeit des Isolationswiderstandes der Leiterbefestigung ist eine von der Trockenheit der Isolatoren abhängige, innerhalb weiter Grenzen schwankende Größe, die jedoch bei den üblichen Isolationswerten gegenüber den drei anderen Komponenten des Wellenwiderstandes praktisch von untergeordneter Bedeutung ist und bei der Lösung von Aufgaben der elektrischen Kraftübertragung stets vernachlässigt werden kann.

A. Die Kennwerte der Übertragung.

1. Der Selbstinduktionskoeffizient.

Die in einem Leiter durch die Selbstinduktionswirkung erzeugte Spannung e_s wird als Änderung des Feldes nach der Zeit definiert und ist gleichzeitig der Änderung des Stromes nach der Zeit verhältnisgleich. Die dieses Verhältnis bestimmende Zahl L wird als Selbstinduktionskoeffizient bezeichnet und ist eine durch das Leitergebilde gegebene Größe.

Aus

$$e_s = -\frac{d\Phi}{dt} \cdot 10^{-8}\,\text{V} = -L\frac{dJ}{dt}$$

folgt

$$L = \frac{\Phi}{J} \cdot 10^{-8}\,\text{H}.$$

Der Selbstinduktionskoeffizient ist somit auch durch das vom Strom $J = 1$ A gebildete Feld definiert. Er wird in H/km oder in mH/km ausgedrückt.

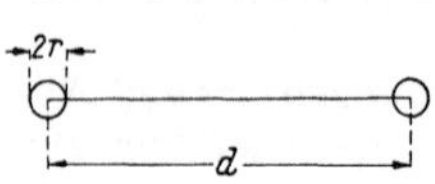

Abb. 396. Leiterschleife.

Der Selbstinduktionskoeffizient einer Leiterschleife (Abb. 396) errechnet sich bekanntlich aus den teils innerhalb, teils außerhalb der Leiter verlaufenden Kraftlinien der Leiterfelder zu:[1]

$$L = \left(4 \ln\frac{d}{r} + 1\right) \cdot 10^{-4}\,\text{H/km} \tag{238}$$

und es ergibt sich je Leiter

$$L' = \left(2 \ln \frac{d}{r} + 0{,}5\right) . 10^{-4}\ \mathrm{H/km} \tag{239}$$

bzw. bei Übergang auf Briggsche Logarithmen

$$L' = \left(4{,}6 \lg \frac{d}{r} + 0{,}5\right) . 10^{-4}\ \mathrm{H/km}. \tag{240}$$

Der Selbstinduktionskoeffizient der symmetrisch angeordneten Drehstromleitung (Abb. 397) läßt sich ermitteln, indem diese auf eine einphasige Leiterschleife zurückgeführt wird: Führt der Zweig *1* den Höchststrom J, so werden

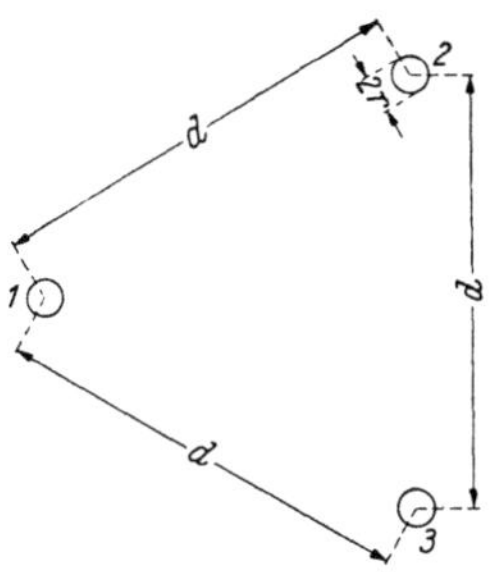

Abb. 397. Symmetrisches Drehstromsystem.

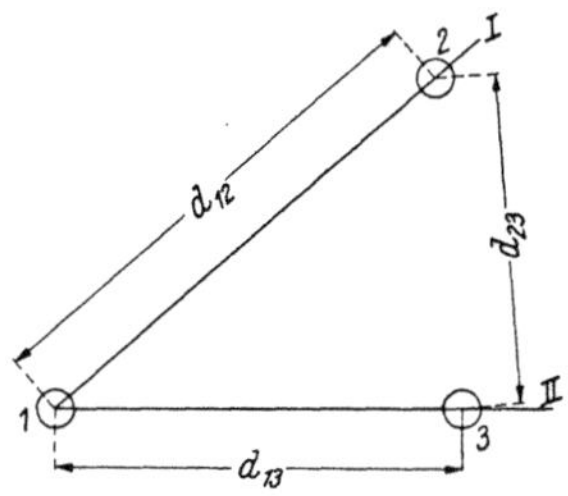

Abb. 398. Unsymmetrisches Drehstromsystem.

die Zweige *2* und *3* in entgegengesetzter Richtung von je dem halben Strom und die durch Zusammenlegung der Zweige *2* und *3* gebildete Leiterschleife vom Strom J durchflossen; der Selbstinduktionskoeffizient je Zweig läßt sich daher nach Gl. (239), bzw. Gl. (240) errechnen.

Die Ermittlung des Selbstinduktionskoeffizienten einer unsymmetrisch angeordneten Drehstromeinfachleitung (Abb. 398) kann durch das Aufspalten des Drehstromsystems in die zwei Leiterschleifen *I* und *II* erfolgen: Der Selbstinduktionskoeffizient der vom Strom $\frac{J}{2}$ durchflossenen Leiterschleife *I* ergibt sich aus Gl. (240) je Leiter zu

$$L_{\mathrm{I}}' = \left(2{,}3 \lg \frac{d_{12}}{r} + 0{,}25\right) . 10^{-4}\ \mathrm{H/km}$$

analog für die Leiterschleife *II*

$$L_{\mathrm{II}}' = \left(2{,}3 \lg \frac{d_{13}}{r} + 0{,}25\right) . 10^{-4}\ \mathrm{H/km}$$

und daher insgesamt für den Leiter *1*

$$L_1' = L_{\mathrm{I}}' + L_{\mathrm{II}}' = \left(2{,}3 \lg \frac{d_{12} \cdot d_{13}}{r^2} + 0{,}5\right) . 10^{-4}\ \mathrm{H/km}. \tag{241}$$

Durch zyklische Vertauschung der Phasenabstände lassen sich die gleichen Werte für die anderen zwei Leiter ermitteln. Für die in einer Ebene angeordneten Leiter eines Drehstromeinfachsystems (Abb. 399) ergibt sich für die Phasen *1* und *3*

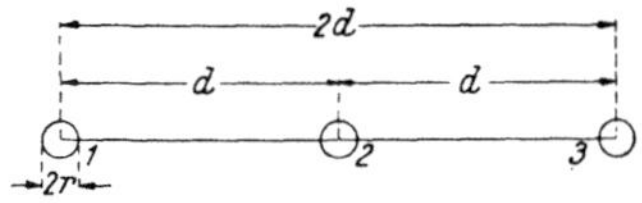

Abb. 399. Drehstromsystem in einer Ebene.

$$L_1' = L_3' = \left(2{,}3 \lg \frac{2\,d^2}{r^2} + 0{,}5\right) . 10^{-4}\ \mathrm{H/km} = \left(4{,}6 \lg \frac{d\sqrt{2}}{r} + 0{,}5\right) . 10^{-4}\ \mathrm{H/km}$$

und für die Phase 2

$$L_2' = \left(4{,}6 \lg \frac{d}{r} + 0{,}5\right) . 10^{-4} \text{ H/km}.$$

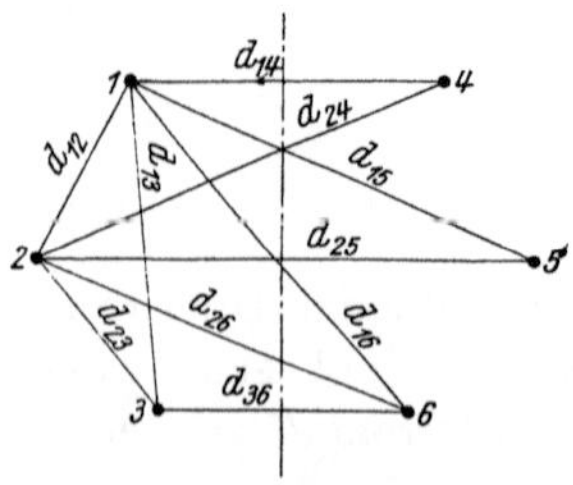

Abb. 400. Drehstromdoppelleitung.

Näherungsweise kann die Bestimmung des Selbstinduktionskoeffizienten eines unsymmetrisch angeordneten Drehstromsystems mit Hilfe der Gl. (240) erfolgen, falls unter d das geometrische Mittel der Phasenabstände

$$d = \sqrt[3]{d_{12} . d_{13} . d_{23}} \tag{242}$$

verstanden wird (Abb. 398).

Für eine Drehstromdoppelleitung, deren Systeme symmetrisch zur Gestängeachse angeordnet sind (Abb. 400), lassen sich die Selbstinduktionskoeffizienten unter Berücksichtigung der gegenseitigen Einwirkung wie folgt ermitteln:

$$\left.\begin{aligned} L_1' &= \left(4{,}6 \lg \frac{\sqrt{d_{12} . d_{13} . d_{15} . d_{16}}}{r . d_{14}} + 0{,}5\right) . 10^{-4} \text{ H/km}, \\ L_2' &= \left(4{,}6 \lg \frac{\sqrt{d_{21} . d_{23} . d_{24} . d_{26}}}{r . d_{25}} + 0{,}5\right) . 10^{-4} \text{ H/km}, \\ L_3' &= \left(4{,}6 \lg \frac{\sqrt{d_{31} . d_{32} . d_{34} . d_{35}}}{r . d_{36}} + 0{,}5\right) . 10^{-4} \text{ H/km}. \end{aligned}\right\} \tag{243}$$

Das Nomogramm Abb. 401 läßt den Selbstinduktionskoeffizienten in mH/km nach Gl. (240) auf Skala III links unmittelbar ablesen, falls der Phasenabstand d auf Skala I mit dem Wert von r auf II verbunden wird. Diesem Rechenbilde sind gleichzeitig auf Skala III rechts die induktiven Widerstände bei 50 Per/s je Kilometer Leiterlänge zu entnehmen. Es gibt gleichzeitig über den Mittelwert des induktiven Widerstandes, welcher den Berechnungen der elektrischen Kraftübertragung (s. Einleitung) zugrunde gelegt werden kann, Aufschluß: Da im allgemeinen die Phasenabstände mit zunehmender Leiterstärke infolge der hierbei üblichen größeren Mastabstände größer werden, weisen die induktiven Widerstände einen von 0,4 Ω/km wenig abweichenden Wert auf.

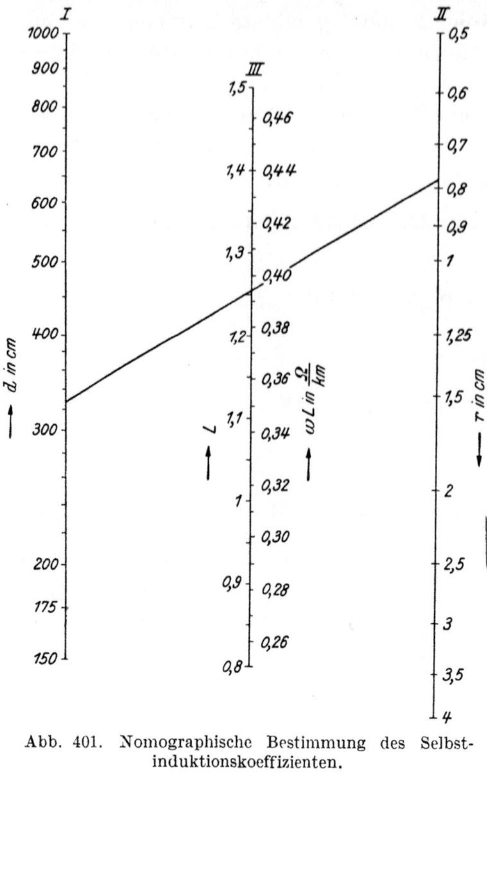

Abb. 401. Nomographische Bestimmung des Selbstinduktionskoeffizienten.

Wird die Einwirkung der Systeme aufeinander vernachlässigt, so kann das Nomogramm Abb. 401 auch für Doppelleitungen verwendet werden. Hierbei gilt für d der geometrische Mittelwert nach der Gl. (242).

Für die in Abb. 104 dargestellte Leiteranordnung (Halbmesser der Leiterseile 0,785 cm) errechnet sich auf Grund der Gleichungen (5):

$$L_1' = 1{,}213\ \mathrm{mH/km} \text{ bzw. } \omega L_1' = 0{,}381\ \Omega/\mathrm{km},$$
$$L_2' = 1{,}265\ \mathrm{mH/km} \quad ,, \quad \omega L_2' = 0{,}398\ \Omega/\mathrm{km},$$
$$L_3' = 1{,}345\ \mathrm{mH/km} \quad ,, \quad \omega L_3' = 0{,}423\ \Omega/\mathrm{km},$$
$$\text{im Mittel } L' = 1{,}274\ \mathrm{mH/km}.$$

Wird auf die gegenseitige Beeinflussung der Systeme nicht Rücksicht genommen, so ergibt sich bei dem mittleren Phasenabstand $d = \sqrt[3]{3{,}3 \,.\, 3{,}25 \,.\, 3{,}25} = 3{,}27$ m mit Hilfe des Rechenbildes Abb. 401:

$$L' = 1{,}255\ \mathrm{mH/km} \ [\text{nach Gl. (240a) } 1{,}256\ \mathrm{mH/km}]$$

und

$$\omega L' = 0{,}394 \quad \Omega/\mathrm{km} \ (\text{gerechnet } 0{,}394\ \Omega/\mathrm{km}).$$

Die angeführten Gleichungen sind auch für Hohlseile anwendbar, deren unterschiedliche innere Feldverteilung keinen praktisch fühlbaren Einfluß ausübt.

Die Ungleichheiten der Selbstinduktivitäten und daher der induktiven Spannungsabfälle in den Zweigen eines Drehstromsystems können durch das Verdrillen der Leitung behoben werden (s. Punkt 5a).

2. Die Betriebskapazität.

Jeder Leiter eines Übertragungssystems bildet mit der Erde und den in seinem Einflußbereich verlaufenden Leitern — zumindest mit den Leitern desselben Gestänges — Kondensatoren und wird daher von Ladeströmen durchflossen, deren Größe von Proportionalitätsfaktoren, der Erdkapazität und den Teilkapazitäten abhängt. Diese Kapazitätswerte treten nicht selbständig in Erscheinung (ausgenommen die Erdkapazität in einem erdschlußbehafteten, nicht gelöschten Netz), sondern in deren Gesamtwirkung, die sich durch die Betriebs- oder Netzkapazität, d. i. jener Kapazitätswert, der den Ladestrom der Leitung bestimmt, ausdrücken läßt.

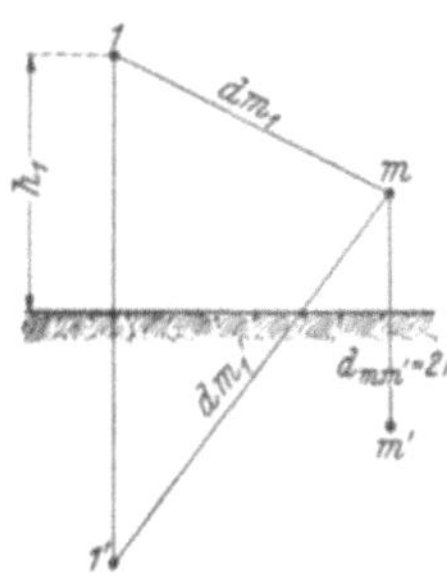

Abb. 402. Spiegelbilder.

Die rechnerische Erfassung der Kapazitätsgrößen vermittelt die von Maxwell geschaffene Vorstellung von den elektrischen Spiegelbildern eines Leitungsgebildes, zufolge welcher zwischen den Ladungen der n Leiter dieses Gebildes und dem Potential des m^{ten} Leiters die Beziehung besteht

$$V_m = u_{m1} Q_1 + u_{m2} Q_2 + \ldots + u_{mm} Q_m + \ldots + u_{mn} Q_n, \tag{244}$$

hierbei sind die Größen u die Maxwellschen Potentialkoeffizienten (Abb. 402)

$$u_{m1} = 2 \ln \frac{d_{m1}'}{d_{m1}},$$
$$u_{mm} = 2 \ln \frac{2\, h_m}{r}.$$

Für die n Leiter können n solcher Gleichung aufgestellt werden, die sich wie folgt umformen lassen:

$$Q_m = C_{m1}(V_m - V_1) + C_{m2}(V_m - V_2) + \ldots + \\ + C_{mm} V_m + \ldots + C_{mn}(V_m - V_n). \tag{245}$$

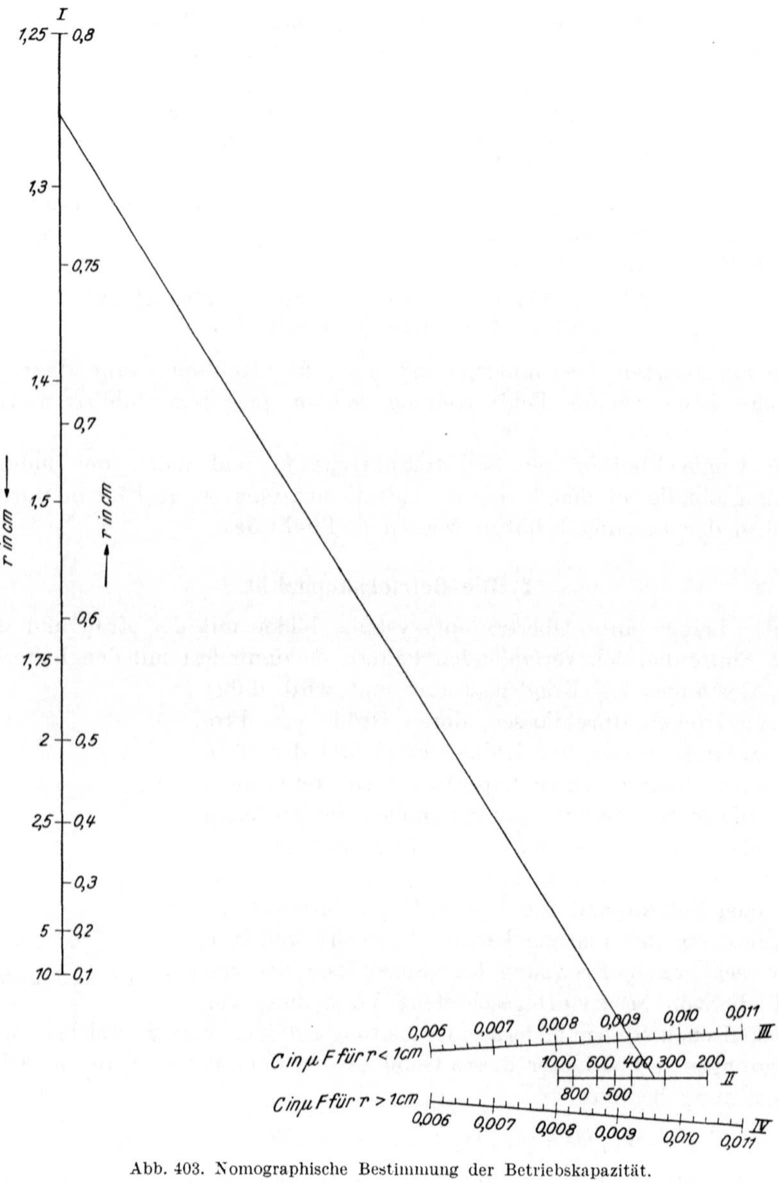

Abb. 403. Nomographische Bestimmung der Betriebskapazität.

Hierbei bedeutet

C_{mm} die Erdkapazität des Leiters m,

C_{mn} die gegenseitige Teilkapazität der Leiter m und n.

Die Größe der Betriebskapazität kann aus diesen Ausdrücken, unter Berücksichtigung der System- und Phasenzahl und der Beziehungen, welche zwischen den Potentialen bestehen, ermittelt werden.

Ein weiteres Eingehen in die Handhabung dieser Gleichungen zwecks Gewinnung der Kapazitätsgrößen kann hier unterbleiben, es sei auf die erschöpfende Behandlung aller dieser Fragen durch Willheim[2] und auf die anschließend daran gebrachten Anwendungsbeispiele verwiesen. Auf dem von Willheim begangenen Wege ist es möglich, die Kapazitätsgrößen eines jeden Leiters des Gebildes genau zu erfassen und die den Projektanten einer Freileitung hauptsächlich interessierenden Unterschiede der Betriebskapazitäten der einzelnen Zweige und hiermit die etwaige Notwendigkeit des Verdrillens der Leitung zu beurteilen.

Angenähert läßt sich der Mittelwert der Betriebskapazität von Drehstromeinfach- und -mehrfachleitungen mit oder ohne Erdseil mit Hilfe der Gleichung

$$C = \frac{1}{18 \ln \frac{d}{r}} \, \mu\text{F/km} \tag{246}$$

errechnen (r Leiterhalbmesser, d mittlerer Phasenabstand).

Das Nomogramm (Abb. 403) gestattet die rasche Ermittlung der Betriebskapazität: Die Verbindungsgerade des Wertes r auf Skala I und d auf Skala II läßt, je nachdem ob der Halbmesser des Leiters kleiner oder größer als 1 cm ist, die Betriebskapazität auf III oder IV ablesen. Dieses Nomogramm gibt gleichzeitig Aufschluß über den Mittelwert der Betriebskapazität, der der Beurteilung der Kraftübertragungsverhältnisse (s. Einleitung) zugrunde gelegt werden kann: In dem üblichen Bereich der Phasenabstände und bei den hierbei verwendeten Leiterstärken weicht die Betriebskapazität nicht merklich von 0,009 μF/km ab.

Für das in Abb. 104 dargestellte Mastbild ergibt sich aus diesem Nomogramm der Mittelwert der Betriebskapazität zu 0,0092 μF/km.

Nach dem angedeuteten genauen Verfahren lassen sich die Betriebskapazitäten der drei Zweige zu 0,00922, 0,009285, 0,008635 (im Mittel 0,00905 μF/km) ermitteln.

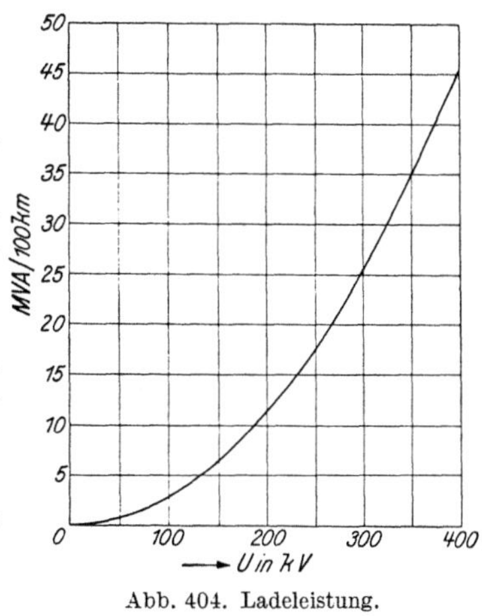

Abb. 404. Ladeleistung.

Die Betriebs- oder Netzkapazität läßt den Ladestrom J_c einer jeden Phase errechnen. Dieser ergibt sich aus der Beziehung

$$J_c = \frac{U}{\sqrt{3}} \cdot \omega C \text{ A/km} \tag{247}$$

(U verkettete Spannung in V, C in F/km).

Die Verschiedenheit der Ladeströme infolge Ungleichheit der Betriebskapazitäten der einzelnen Phasen verursacht ungleiche Spannungsabfälle in diesen und verzerrt zusätzlich das Spannungsdreieck. Die praktische Gleichheit der Ladeströme und der Spannungen kann wieder durch das Verdrillen der Leitungen erzwungen werden.

Die Ladeströme bewirken die kapazitive Belastung des Kraftwerkes, wobei sich die Ladeleistung aus der Beziehung

$$N_c = \sqrt{3} \cdot J_c \cdot U \cdot 10^{-3} = U^2 \cdot \omega C \cdot 10^{-3} \text{ kVA/km} \tag{248}$$

ermitteln läßt. Der Abb. 404 können die Ladeleistungen für 100 km Drehstromeinfachleitung in Abhängigkeit von der Betriebsspannung entnommen werden. Die dort eingetragenen Leistungen wurden mit dem vorangeführten Mittelwert der Betriebskapazität errechnet und sind gegebenenfalls mit ihrem genauen Wert in Übereinstimmung zu bringen.

Das Verhalten einer im Betrieb stehenden Freileitung wird durch ihre Erdkapazitätsgröße stark beeinflußt. Diese und die Betriebsspannung sind die Kriterien für die Anordnung einer Löscheinrichtung. Die Erdkapazität als Kennwert der Freileitung ist nur im Zusammenhang mit dem Erdschlußproblem von Interesse und seine Besprechung kann hier unterbleiben. Es sei nur auf die Fachliteratur verwiesen.[2,3]

3. Die Koronaverluste.[4]

Wird die einem Leiter aufgedrückte Spannung allmählich gesteigert, so setzen beim Überschreiten der elektrischen Festigkeit der Luft die Koronaerscheinungen ein, die anfangs nur durch Messungen festzustellen sind und bei fortgesetzter Spannungssteigerung als Glimmerscheinungen wahrnehmbar werden. Durch den verursachten Energieentzug beeinflussen sie den Wirkungsgrad der Übertragung. Unter sonst gleichen Voraussetzungen ist die Feldstärke eines Leiters vom Krümmungshalbmesser der Oberfläche, bzw. vom Abstand der Leiter untereinander abhängig, die Koronaerscheinung läßt sich daher durch entsprechende Gestaltung der Leiteroberfläche (Glätte, Durchmesser) und Bemessung der Phasenabstände beeinflussen, bzw. vermeiden. Beim Entwurf des Mastbildes ist jedoch auf die Koronaerscheinungen nur bei Höchstspannungen — etwa von 100 kV aufwärts — Rücksicht zu nehmen, da die üblichen, durch die mechanische Festigkeit bedingten Leiterquerschnitte und die durch die Betriebssicherheit bedingten Phasenabstände der Leitungen geringerer Spannungen stets koronasicher sind.

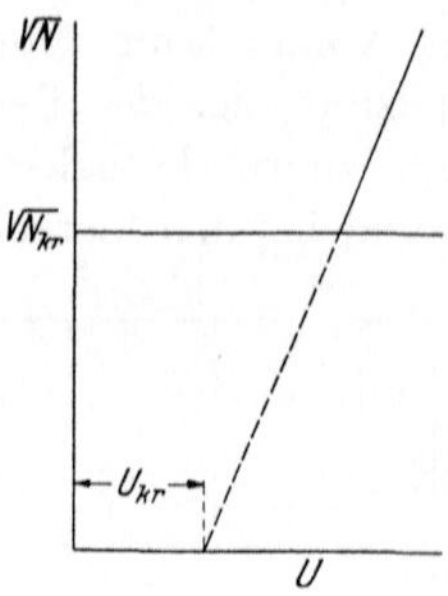

Abb. 405. Koronaverluste.

Die Koronaerscheinungen sind starken zeitlichen Schwankungen unterworfen, da sie außer von den erwähnten Einflußgrößen u. a. in weiten Grenzen von der Feuchtigkeit und der Zusammensetzung der Luft, vom Luftdruck, der Form der Spannungskurve, in engen Grenzen von der Lufttemperatur usw. abhängen. Es kann auf das gänzliche Unterdrücken der Koronaerscheinungen verzichtet werden, sobald die unter den ungünstigsten Voraussetzungen zeitlich begrenzt auftretenden Koronaverluste innerhalb wirtschaftlich tragbarer Grenzen verbleiben.

Wird die verkettete Spannung der Drehstromleitung, bei welcher die Koronaerscheinungen erstmalig einsetzen — die kritische Spannung —, mit U_{kr} bezeichnet, so besteht nach Peek zwischen dem Leistungsverlust N, der verketteten Betriebsspannung U und U_{kr} die Beziehung (Abb. 405)

$$\sqrt{N} = k\,.\,(U - U_{\mathrm{kr}}). \tag{249}$$

Hierbei bedeutet k einen von der Leiterstärke, dem Phasenabstand, dem Luftdruck und der Lufttemperatur usw. abhängigen Festwert. Die nachträglich durchgeführten Versuche, insbesondere Potthoffs und Mathiesens, ergaben, daß die Peeksche Verlustgleichung nur ab einem als kritischer Verlust zu bezeichnenden Werte N_{kr} richtig ist, daß jedoch darunter die von Peek vermutete lineare Abhängigkeit zwischen $\sqrt{N}$ und der Spannung keinesfalls gewahrt ist. Es ist daher nicht möglich, aus den im Bereich oberhalb der kritischen Verlustleistung gemessenen Koronaverlusten auf die kritische Spannung zu schließen. Die Versuche Potthoffs haben ergeben, daß die Größenordnung der kritischen

Leistungsverluste in kW/km etwa gleich dem Durchmesser des Leiters in mm ist, daß daher die Peeksche Verlustgleichung (249) nur für einen Bereich gilt, in welchem die Glimmverluste wirtschaftlich nicht mehr tragbar sind. Unterhalb des kritischen Verlustwertes sind die Einwirkungen der Einflußgrößen äußerst verwickelt. Die zu ihrer Erfassung angestellten Versuche lassen wohl Schlüsse über die Bedeutung der einzelnen Einflußgrößen zu, sie haben jedoch diese nicht in einem solchen Maße zu klären vermocht, daß ein vollständiger Ausdruck für die quantitative Erfassung der Koronaverluste aufgestellt werden könnte. In Ermangelung einer solchen Beziehung sei empfohlen, das Mastbild nach der folgenden von Peek aufgestellten Gleichung für die kritische Spannung zu entwerfen, bzw. zu überprüfen. Diese Gleichung kann nicht den Anspruch auf vollständiges Erfassen aller Einflüsse erheben, sie bietet jedoch die Gewähr dafür, daß bei den mit ihr in Übereinstimmung gebrachten Mastbildern die Koronaverluste innerhalb der wirtschaftlich tragbaren Grenzen verbleiben. Nach Peek läßt sich die kritische Spannung aus der folgenden Beziehung ermitteln:

$$U_{\mathrm{kr}} = \sqrt{3} \,.\, 21{,}1 \,.\, r \,.\, 2{,}3 \left(\lg \frac{d}{r}\right) . \, m_1 \,.\, m_2 \,.\, \delta, \tag{250}$$

hierbei bedeutet

r den Leiterhalbmesser in cm,
d den Phasenabstand in cm,
m_1 einen vom Zustand der Leiteroberfläche abhängigen Faktor, und zwar:
$m_1 = 1$ für blanke Drähte,
$m_1 = 0{,}88$—$0{,}98$ für rauhe Drähte,
$m_1 = 0{,}72$—$0{,}89$ für Seile,
m_2 einen vom Feuchtigkeitsgrad der Luft abhängigen Faktor, und zwar:
$m_2 = 1$ bei trockenem Wetter,
$m_2 = 0{,}8$ bei nassem Wetter (Schnee, Nebel usw.),
δ einen den Luftdruck und die Temperatur berücksichtigenden Faktor, für welchen Peek angibt

$$\delta = \frac{3{,}92 \,.\, b}{273 + t},$$

wobei b den Barometerstand in cm Quecksilbersäule und t die Lufttemperatur bedeuten.

Unter der Annahme von Mittelwerten für die Temperatur und die von Peek festgelegten Koeffizienten vereinfacht sich die Gl. (250) wie folgt:

für Vollseile und schönes Wetter $U_{\mathrm{kr}} = 0{,}97\, b \,.\, r \lg . \frac{d}{r}$,

für Vollseile und schlechtes Wetter $U_{\mathrm{kr}} = 0{,}78\, b \,.\, r \lg . \frac{d}{r}$,

für Hohlseile und schönes Wetter $U_{\mathrm{kr}} = 1{,}08\, b \,.\, r \lg . \frac{d}{r}$,

für Hohlseile und schlechtes Wetter $U_{\mathrm{kr}} = 0{,}87\, b \,.\, r \lg . \frac{d}{r}$.

Für die rasche Beurteilung der Abhängigkeit der kritischen Spannung von den bedeutendsten Einflußgrößen wurde das Nomogramm Abb. 406 entwickelt

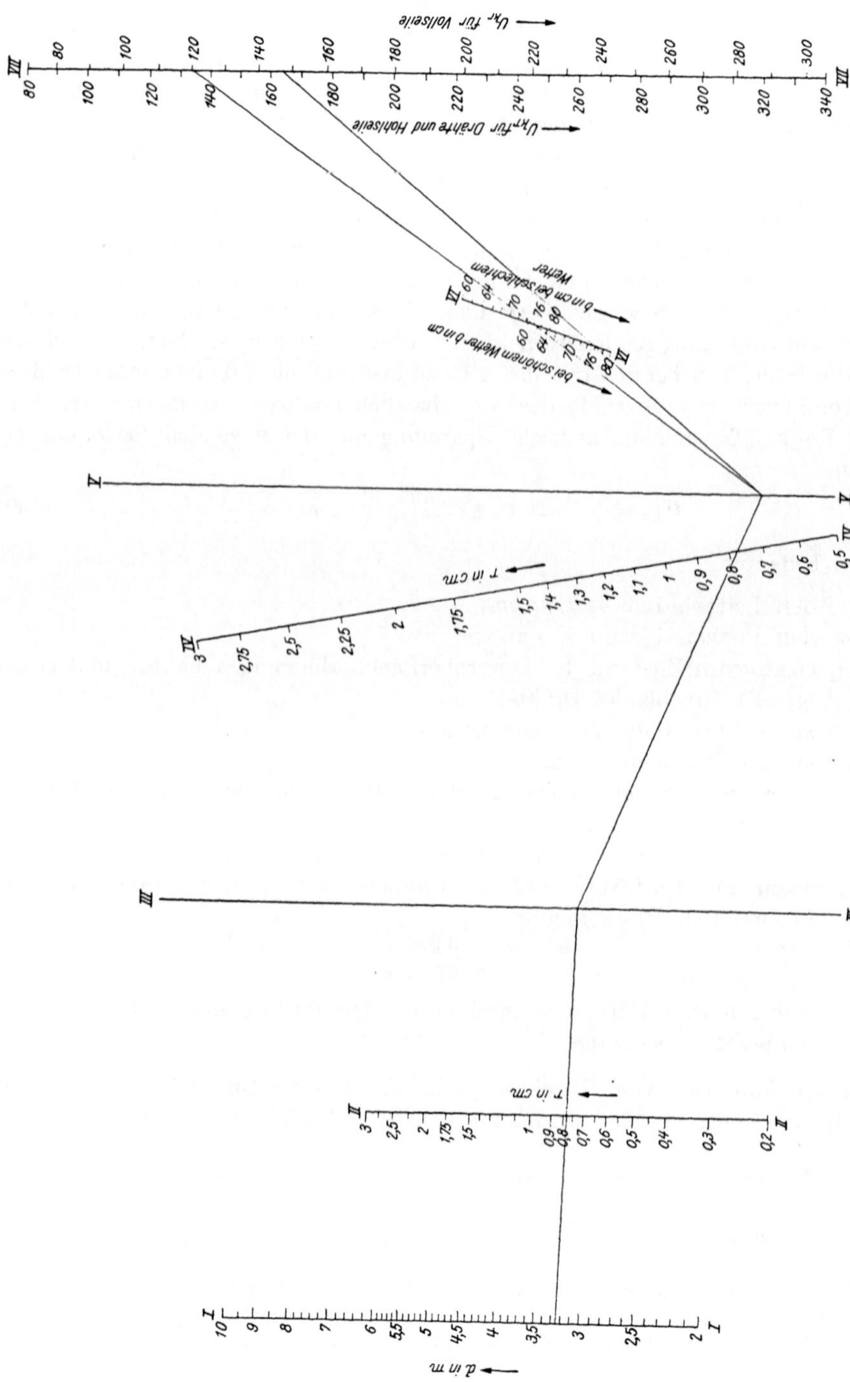

Abb. 406. Nomogramm zur Bestimmung der kritischen Spannung.

(s. auch Lit. 49 zu V): Wird der Wert d auf Skala I mit r auf Skala II verbunden, so ergibt sich auf III ein Schnittpunkt, der, mit r auf IV verbunden, einen Punkt auf V ergibt. Dieser mit dem Wert von b auf Skala VI, links, verbunden ergibt auf VII die kritische Spannung bei schönem Wetter, und zwar links für Drähte und glatte Hohlseile, rechts für Vollseile. In gleicher Art kann die kritische Spannung bei schlechtem Wetter ermittelt werden, falls der rechte Maßstab von VI herangezogen wird. Das Rechenbild ermöglicht auch die Ermittlung des koronasicheren Phasenabstandes, der bei gegebener Betriebsspannung und Leiterstärke jeweils einzuhalten ist.

Für das in Abb. 104 dargestellte Mastbild einer 100-kV-Leitung ($r = 0{,}785$ cm, $d = 327$ cm) ergibt der im Rechenbild eingezeichnete Linienzug, daß bei normalem Luftdruck je nach dem Wetter die kritische Spannung zwischen 120 und 148 kV liegt. Die rechnerische Ermittlung nach Gl. (250) ergibt

bei trockenem Wetter	128—158 kV,
bei nassem Wetter	102—126 kV.

Das entwickelte Mastbild kann daher beibehalten werden.

Der Energieentzug durch Ausstrahlung bei Spannungen über der kritischen hat die Spannungsabsenkung der auftretenden Überspannungsstöße bis zur Koronagrenze zur Folge und mildert in sehr fühlbarem Maße die Auswirkungen der Überspannungen. Es darf angenommen werden, daß bereits nach einer Lauflänge von 2 km die Wanderwellen bis auf eine ungefährliche Spannungshöhe abgebaut und unschädlich gemacht wurden. Überspannungsschäden in Werken sind daher stets nur auf Blitzschläge in unmittelbarer Nähe zurückzuführen.

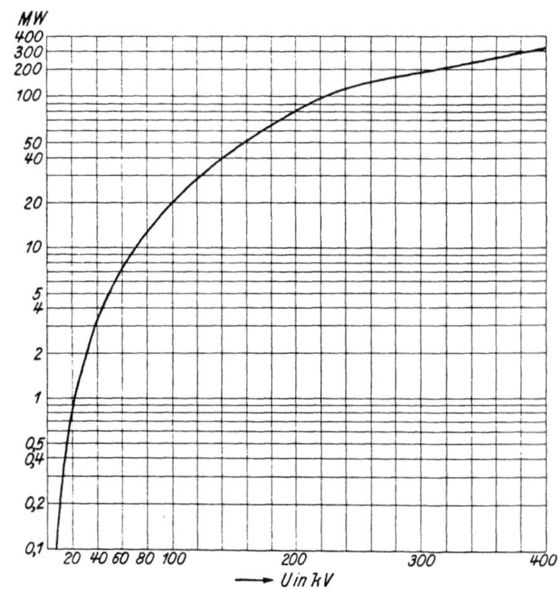

Abb. 407. Natürliche Leistung.

4. Die natürliche Leistung.

Die Leistungsfähigkeit einer Leitung kann auf Grund der von Rüdenberg[5,6] definierten natürlichen Leistung N_n beurteilt werden, d. i. jene Leistung, bei welcher nur vorwärtslaufende Strom- und Spannungswellen entlang der Leitung auftreten; hierbei erfolgt die Übertragung mit einem der Einheit praktisch gleichen Leistungsfaktor. Sie läßt sich aus der Bedingung

$$\frac{U}{\sqrt{3} \cdot J} = Z = \sqrt{\frac{L}{C}}$$

(Z Wellenwiderstand) zu

$$N_n = \frac{U^2}{Z}$$

errechnen. Infolge des wesentlich kleineren Wellenwiderstandes der Kabelleitungen beträgt deren natürliche Leistung (s. Einleitung) das Vielfache jener der Freileitungen.

Abb. 407 läßt die natürliche Leistung einer Drehstromeinfachleitung in Abhängigkeit von der Übertragungsspannung unter der Voraussetzung der ermittelten Durchschnittswerte für L und C erkennen.

5. Mittel zur Beeinflussung dieser Kenngrößen.

Durch die Enge des Bereiches bedingt, in welchem sich Selbstinduktionskoeffizient und Betriebskapazität bei den üblichen Ausführungsformen der Freileitungen bewegen, ist eine fühlbare Beeinflussung dieser Kennwerte und der

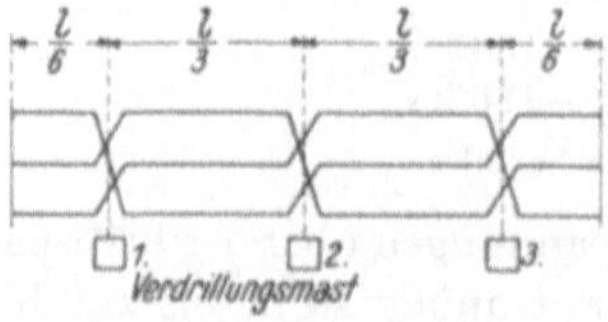

Abb. 408. Verdrillungsschema.

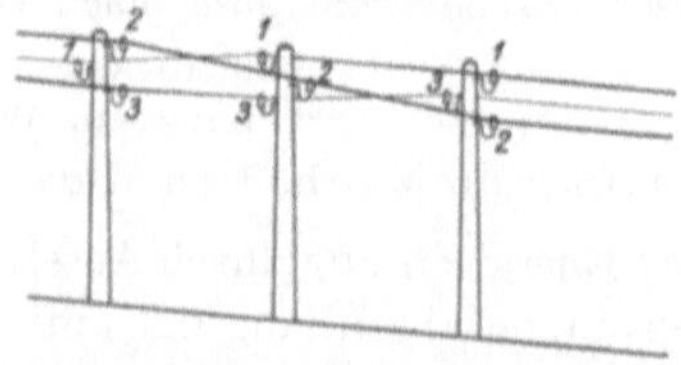

Abb. 409. Verdrillung im freien Felde.

durch sie bestimmten natürlichen Leistung durch die Gestaltung des Mastbildes bei Verwendung der üblichen Leiterformen nicht möglich. Zufolge der Verschiedenheit der Abstände der Leiter von der Erde, vom Erdseil, untereinander und von den Leitern der Umgebung sind einerseits die Betriebskapazitäten der einzelnen Zweige verschieden, anderseits treten Beeinflussungserscheinungen in benachbarten Leitungen auf. Die anzustrebende Gleichheit dieser Abstände kann durch geeignete Änderung der Lage der Phasen im Zuge der Leitung erzwungen werden (Verdrillung); die natürliche Leistung und die Koronaanfangsspannung können durch die Verwendung von Bündelleitern erhöht werden.

Abb. 410. Verdrillungsmast.

a) **Das Verdrillen der Freileitungen.** Durch den Wechsel der Lage der Leiter an den in gleichen Abständen (etwa in $^1/_6$, $^1/_3$, $^1/_3$ Länge vom Endpunkt, s. Abb. 408) vorgesehenen Verdrillungsmasten erfährt die Freileitung eine vollständige Drehung um ihre horizontale Achse; die Phasenanordnung an den Werken bleibt unverändert. Leitungen großer Länge werden gegebenenfalls zwei- oder mehrmals vollständig verdrillt.

Die kürzeste Leitungslänge, bei welcher sich das Verdrillen der Leitungen empfiehlt, läßt sich nicht eindeutig angeben. Bedeutende Leitungen von etwa 500 kVkm aufwärts sollen grundsätzlich verdrillt werden.

Um bei Doppelleitungen die gegenseitige Einwirkung auszuschalten, muß zusätzlich das zweite System in jedem Leitungsdrittel vollständig verdrillt werden. Es ergeben sich somit neun Verdrillungsmaste. Diese umständliche Art der Verdrillung ist jedoch im allgemeinen nur bei nicht synchron betriebenen Systemen notwendig.

Die Verdrillung einfacher Holzmastleitungen ist ohne besondere Verdrillungsmaste im freien Felde ausführbar (Abb. 409). Die Spannweite dieser Felder ist hierbei tunlichst klein zu wählen, um Leiterberührungen zu vermeiden.

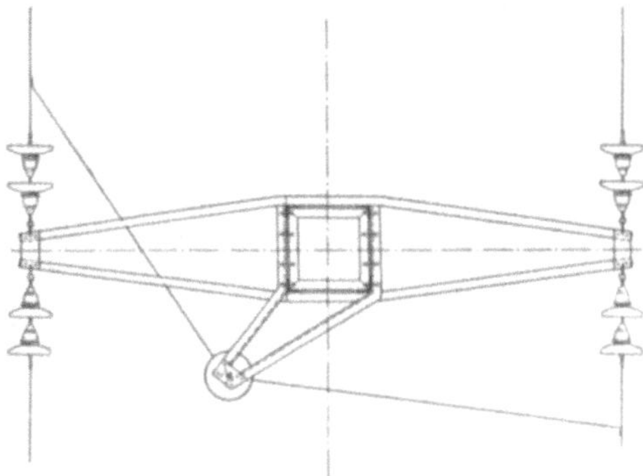

Abb. 411. Verdrillungsmast.

Die Überbrückung der am Verdrillungsmast abgespannten Leiter läßt sich gewöhnlich nur bei der Tonnenform *o* (Abb. 102) durch Überbrückungsbügel ohne weitere Befestigung am Mast durchführen. Soweit die Leiter des zu verdrillenden Systems auf nur einer Seite des Mastschaftes angeordnet sind, lassen sich die erforderlichen Befestigungspunkte für die Überbrückungsbügel durch Hängeketten, die an oder zwischen den Auslegern angeordnet sind, bilden. Abb. 410 zeigt einen solchen Verdrillungsmast der S. S.W. Abb. 270 läßt das Verdrillen von horizontal angeordneten Leitersystemen erkennen. Werden bei dieser Anordnung der Leiter einzelne oder alle Leiter an zwei hintereinander angeordneten Abspannketten abgespannt, so können die Überbrückungsbügel zwischen den Ketten befestigt werden. Sind die zu verdrillenden Leiter an beiden Seiten des Mastschaftes angeordnet, so sind Hilfsausleger vorzusehen (Abb. 411), an oder zwischen welchen die Hängeketten für die Befestigung der Überbrückungsbügel angebracht werden.

Abb. 412. Bündelleiter.

b) **Die Bündelleiter.** Markt und Mengele haben nachgewiesen, daß der Wellenwiderstand einer Freileitung durch das Aufspalten eines jeden Phasenleiters in mehrere Leiter eine fühlbare Verminderung erfährt und regen die Verwendung von Bündelleitern (Abb. 412) an.[7] Der geringere Wellenwiderstand ist sowohl auf die Erhöhung der Betriebskapazität als besonders auf die Verringerung des Selbstinduktionskoeffizienten zurückzuführen. Wird mit a_1 der mittlere gegenseitige Abstand der n Leiter eines Bündels (im Falle der Abb. 412 ist $a_1 = \sqrt[3]{a \,.\, a \,.\, a\sqrt{2}}$) und mit r der Halbmesser eines jeden Leiters des Bündels bezeichnet, so weist der Bündelleiter die gleiche Selbstinduktivität auf wie ein Ersatzleiter mit dem wirksamen Radius

$$r_1 = r^{\frac{1}{n}} \,.\, a_1^{\frac{n-1}{n}}.$$

Durch die Verwendung von Bündelleitern kann bei gleicher Übertragungsspannung die natürliche Leistung um etwa 50% gesteigert werden. Gleichzeitig ergibt sich, wie durch Versuche bestätigt, eine wesentliche Erhöhung der kritischen

Spannung. Auf die von Markt und Mengele vorgeschlagene Ausführungsform wird bei weiterer Steigerung der Übertragungsspannung, bzw. -leistungen zurückgegriffen werden müssen.

B. Die Kennwerte des Betriebes.

1. Der Schutzwert des Erdseiles.

Die Schutzwirkung des Blitzseiles besteht

1. in der Milderung der Einwirkung des elektrischen Erdfeldes auf die Freileitung beim Zusammenbruch desselben durch Blitzschläge abseits der Leitungsanlage,
2. in der Ablenkung der Blitzströme von den spannungsführenden Teilen (blitzauffangende Wirkung) und
3. in der Vermeidung der „rückwärtigen Mastüberschläge".

Zu 1: Das Spannungsgefälle des durch die geladenen Wolken und die Erde als Kondensatorflächen gebildeten Erdfeldes weist Werte auf, die sich in einem sehr weiten Bereich ändern: Bei gewitterfreiem Wetter beträgt es 100—150 V/m, bei Blitzschlägen wird die Durchbruchfestigkeit der Luft von etwa 25 kV/cm erreicht. Die Endlichkeit des Isolationswertes der Leiter hat das Auftreten von Ladungen auf denselben zur Folge, welche Veränderungen unterworfen sind, sobald sich das elektrische Erdfeld selbst ändert. Am fühlbarsten werden diese Veränderungen beim Verschwinden des Erdfeldes durch Blitzentladungen abseits der Leitung, wodurch die durch das Erdfeld gebundenen Ladungen frei werden und als Wanderwellen auftreten. Diese Erscheinung kann jedoch bestenfalls in Mittelspannungsnetzen geringer Isolationsfestigkeit zu Betriebsstörungen Veranlassung geben. Zur Beleuchtung der quantitativen Beeinflussung der sich hierbei in der Leitung abspielenden Vorgänge durch die Erdseile seien die Versuche Steins[8] angeführt:

Unter der Annahme der Homogenität des Erdfeldes hat Stein die Feldverteilung an einem Mast einer Drehstromdoppelleitung ohne und mit zwei Erdseilen experimentell nachgebildet und aus dem Verlauf der Äquipotentialflächen, bzw. dem Feldlinienbild des Versuchsmodelles auf den Schutzwert der Seile geschlossen. Ausgehend von der Definition des Schutzwertes in Prozent:

$$\varrho\,\% = \frac{Q - \varkappa \,.\, Q_g}{Q} \,.\, 100,$$

wobei Q die Ladung, bzw. die Anzahl der Feldlinien des Systems ohne Erdseil, Q_g jene des Systems mit Erdseilen, $\varkappa$ das Verhältnis der mittleren Erdkapazität der Leiter ohne Erdseile zu jener mit Erdseilen bedeuten, ergaben die Untersuchungen Steins einen Schutzwert von 25%, d. h. bei Blitzschlägen in der Nähe der Leitung tritt an den Leitern etwa 75% jener Spannung auf, die beim Fehlen der Erdseile auftreten würde.

Petersen[9] definiert den Schutzwert eines Seiles in Prozent wie folgt:

$$\varrho\,\% = \frac{U - U_g}{U} \,.\, 100,$$

wobei U_g die Spannung des erdgeschützten Leiters, U jene des ungeschützten Leiters beim Verschwinden des Erdfeldes bedeuten. Petersen deutet den

Rechnungsvorgang zur Ermittlung dieser Spannungsgrößen an, und zwar mit Hilfe der Maxwellschen Potentialgleichungen. Die Schwierigkeit der Beurteilung des Schutzwertes auf diesem Wege besteht in der Unsicherheit im Schätzen der Größe der Wolkenladung.

Zu 2: Voraussetzung für die blitzauffangende Wirkung des Schutzseiles ist dessen zweckmäßige Anordnung gegenüber den zu schützenden Leitern, dessen ausreichende Leitfähigkeit und niederohmige Erdung (s. 2). Die amerikanische Praxis verlegt deshalb fallweise Blitzseile aus Kupfer oder Aluminium, während die europäische Praxis so gut wie ausschließlich Eisenseile verwendet.

Die Erfassung der blitzauffangenden Schutzwirkung des Erdseiles durch einen konkreten Wert und dessen Vorausbestimmung für ein gegebenes Mastbild ist durch die unvollständige Kenntnis der sich vor und während des Blitzeinschlages abspielenden Vorgänge nicht ohne weitgehende Annahmen über diese möglich. Der Erfassung der Schutzwirkung durch einen „Schutzwert" kann deshalb nur eine vergleichende Bedeutung zugebilligt werden.

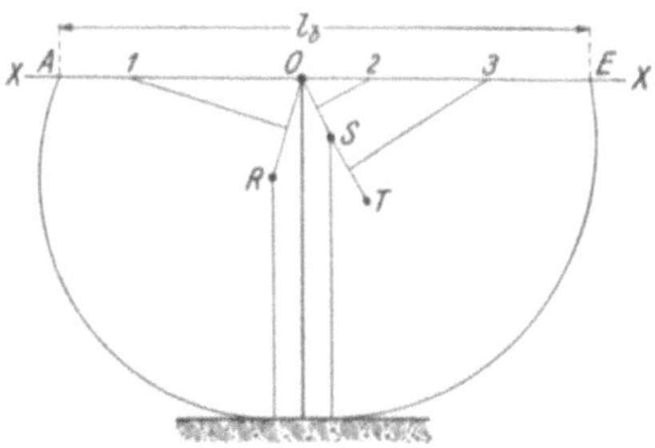

Abb. 413. Blitzeinzugsgebiet.

Schwaiger[10] ermittelt das gesamte Blitzeinzugsgebiet l_b (Abb. 413) in der Höhe des Blitzseiles durch Festlegung der äußersten Punkte A und B, die gleiche Abstände vom Erdboden und von den Leitern aufweisen. Die Annahme, daß das Blitzeinzugsgebiet und hiermit auch die Blitzanfälligkeit mit zunehmender Leitungshöhe zunimmt, stimmt mit den gemachten Beobachtungen überein. Schwaiger setzt den Blitzkopf in der Spur XX festgehalten voraus. Soweit dieser im Bereich *12* festgehalten ist, ist seine Ablenkung durch das Erdseil O gewährleistet (die Punkte *1* und *2* sind von O und R, bzw. O und S gleich weit entfernt), von dem in der Strecke *23* festgehaltenen Blitzkopf wird die Annahme gemacht, daß er das Arbeitsseil S gefährdet usw. Das Verhältnis der Strecken *23*, *3E*, *1A* usw. zu *1 b* ergibt nach Schwaiger die Blitzanfälligkeit der Leiter S, T, bzw. R. Das Ergebnis der durch Schwaiger erfolgten Durchrechnungen der wichtigsten Mastbilder beweist bei gleichem Bodenabstand deren praktische Gleichwertigkeit in diesem Belange.

Zu 3: Ein großer Prozentsatz der auf die Blitzeinwirkungen zurückzuführenden Isolationsdurchbrüche an Freileitungen mit Blitzseilen, bei welchen keine Spuren unmittelbarer Blitzeinschläge wahrnehmbar sind, sind nach Schwenkhagen auf folgende Ursache zurückzuführen: Das sich nach erfolgtem Blitzschlag in ein Erdseil oder unmittelbar in den Mast an diesem ausbildende Spannungsgefälle, welches sich aus dem Produkt aus Blitzstromstärke und Erdungswiderstand beurteilen läßt, kann bei nicht ausreichend niederohmigem Erdungswiderstand den Isolationswert der Freileitung überschreiten und Durchschläge zwischen Mast und Leiter verursachen. Die auf diesem Wege zustande gekommenen Überschläge werden als rückwärtige Mastüberschläge bezeichnet.

Voraussetzung für die Beherrschung dieses Gefahrenmomentes ist das tunlichst niederohmige Erden der Maste und hiermit mittelbar des Erdseiles. Bei ungünstigen Bodenverhältnissen, welche das unmittelbare Erden nicht gestatten, erfolgt dieses im Wege des Blitzseiles, das aus diesem Grunde auch als Erdseil bezeichnet wird.

Die durch das Erdseil ausgeübte Schutzwirkung gegen rückwärtige Mastüberschläge läßt sich unter Vernachlässigung zahlreicher äußerst verwickelter Nebenerscheinungen wie folgt erläutern:[11]

Wird das Blitzseil der in Abb. 414 dargestellten Leitung vom Blitz getroffen, so nimmt es ein der Blitzspannung entsprechendes Potential an. Um das Blitzseil herum bilden sich Äquipotentialflächen aus, in welchen die Leiter der Freileitung verlaufen, und es wird hierdurch ihr Potential gehoben. In der Abb. 414 liegen z. B. die Leiter *1* und *4* im Bereich zwischen 70 und 60%, die Leiter *2* und *5* zwischen 60 und 50%, die Leiter *3* und *6* im Bereich niedrigeren Potentials. Durch die Hebung des Leiterpotentials wird der Potentialunterschied zwischen diesem und dem Mast — letzterer hat hierbei das Potential des vom Blitz getroffenen Erdseiles — vermindert und die Gefahr eines Überschlages verkleinert. Diese Gefahr ist für jene Leiter, deren Potential im geringsten Ausmaße gehoben wurde, also für die vom Erdseil entferntesten Leiter, am größten.[12] Die Leiter *3* und *6* weisen unter der Annahme, daß sie in der Äquipotentialfläche 45% eingebettet sind, einen Potentialunterschied von 55% gegenüber dem Mast auf. Hierdurch wird scheinbar die Überschlagsfestigkeit des Isolators von $U_ü$ auf $\frac{U_ü}{0,55} = 1,8\, U_ü$ gehoben, d. h. bei Verwendung eines Erdseiles kann dem Isolator etwa die 1,8fache Spannung aufgedrückt werden, ehe er überschlägt. Der Faktor 1,8 wird als Schirmfaktor bezeichnet. Dieser Faktor kann jedoch nur zu Vergleichszwecken unter bestimmten Voraussetzungen über Abstände zwischen Erd- und Arbeitsleitern, bzw. vom Erdboden, herangezogen werden. Abb. 414 läßt erkennen: 1. Durch Anordnung eines zweiten oder dritten Erdseiles wird der Schutz der Leitung erhöht; 2. bei gleicher Höhe der Arbeitsleiter über Erdboden ist das Blitzseil um so wirksamer, je näher es zu den Arbeitsleitern verläuft; 3. bei gleichem Abstand zwischen Arbeitsleitern und Erdseil ist letzteres um so wirksamer, je geringer der Erdabstand dieser Leiter ist.

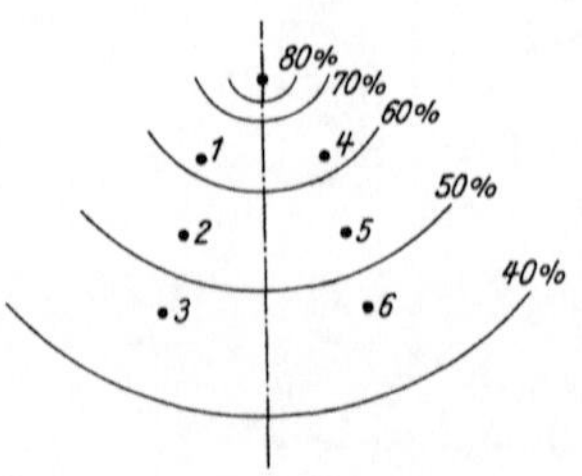

Abb. 414. Schutzwirkung des Erdseiles.

Blitzschläge in Holzmastleitungen ohne Erdseil erzeugen infolge des hohen Isolationswiderstandes des Holzes besonders hohe Überbeanspruchungen, welche die Zersplitterung ganzer Mastreihen zur Folge haben können. Es ist daher ratsam, auch bei Holzmastleitungen ein Erdseil vorzusehen. Von diesem muß besonders niederohmige Erdung verlangt werden (s. Punkt 2). Hierbei ist keinesfalls auf die durch das Holz gebildete zusätzliche Isolation zu verzichten. Die an jedem Holzmast vorzusehende Erdung des Erdseiles hat nicht die Querarme zu umfassen, bzw. falls Arbeitsleiter und Erdseil auf gemeinsamen Querträgern befestigt sind, ist letzteres isoliert zu verlegen. Nach den Vorschlägen der Studiengesellschaft für Höchstspannungsanlagen kann die Erdleitung in einem angemessenen Abstand von der Mastspitze mit dem Erdseil verbunden und erst unterhalb der Querarme am Holzmast befestigt werdem.[13]

Wiederholte Beobachtungen haben ergeben, daß die nachträgliche Anbringung eines Erdseiles einen fühlbaren Rückgang der Störungsfälle zur Folge hat.[14] Das Verlegen eines Erdseiles läßt sich in allen Fällen wirtschaftlich rechtfertigen. Das Verlegen mehrerer Erdseile wird bei weitauslegenden Querträgern als notwendig beurteilt.

2. Der Masterdungswiderstand.

Um mit der Masterdung das durch die rückwärtigen Mastüberschläge gebildete Gefahrenmoment zu beherrschen, muß von ihr ein bestimmter, durch die Blitzstromstärke und die Überschlagsfestigkeit der Isolatoren definierter Stoßwiderstandswert vorausgesetzt werden. Zahlenmäßig wird der Masterdungswiderstand stets nur als Gleichstromwiderstand ausgedrückt — die Ermittlung des Stoßwiderstandes setzt Einrichtungen voraus, die dem die Leitungsüberwachung besorgenden Techniker nicht zur Verfügung stehen —. Die Beurteilung der Güte der Masterdung durch den Gleichstromwiderstand setzt voraus, daß die Stärke der Blitzströme bekannt ist und daß aus dem Gleichstromwiderstand auf sein Verhalten bei Stoßbeanspruchungen geschlossen werden kann.

Die durch Schwenkhagen gegebene Erklärung der rückwärtigen Mastüberschläge regte eingehende Untersuchungen der Blitzerscheinungen an. Die Voraussetzungen hierfür wurden erst durch die Bereitstellung geeigneter Meßbehelfe, insbesondere der magnetischen Stahlstäbchen, geschaffen, mit welchen sich in einfacher Weise Messungen an den im Betrieb stehenden Freileitungen durchführen lassen (s. vierter Abschnitt). Diese Messungen ergaben folgende Häufigkeitsverteilung der Blitzstoßstromwerte in Stahlmasten, in Prozent der Gesamtzahl der Einschläge:[15]

Blitzströme	von	5—10 kA	in	30 %	der	Fälle,
„	„	10—20 „	„	38 %	„	„ ,
„	„	20—30 „	„	18 %	„	„ ,
„	„	30—40 „	„	9,5 %	„	„ ,
„	„	40—50 „	„	2 %	„	„ ,
„	„	50—60 „	„	1 %	„	„ ,
„	„	60—70 „	„	0,75%	„	„ ,
„	„	70—90 „	„	0,75%	„	„ .

Ist die Stoßfestigkeit der Leitung bekannt, so vermittelt die Kenntnis der Blitzstromstärken, bzw. deren Häufigkeit jenen Ohmwert, der von einem Erder gefordert werden muß, um bei sämtlichen Blitzeinschlägen oder einem bestimmten Prozentsatz derselben keine rückwärtigen Mastüberschläge auftreten zu lassen. Hierzu sei vorerst die Annahme gemacht, daß der Stoßwiderstand vom gemessenen Gleichstromwiderstand praktisch nicht abweicht.

Soll z. B. für die sechsgliedrigen Isolatorenketten (Stoßfestigkeit etwa 720 kV, Abb. 64) der erforderliche Erderwiderstand ermittelt werden, damit Blitzstromstöße bis 45 kA zu keinen rückwärtigen Mastüberschlägen führen, so ergibt sich der erforderliche Erderwiderstand zu $\frac{720}{45} = 16\ \Omega$. Bei Verwendung solcher Erderwiderstände wird in 98% aller Blitzeinschläge kein rückwärtiger Mastüberschlag auftreten.

Desgleichen kann für einen Erder von bekanntem Übergangswiderstand der Prozentsatz der Blitzeinschläge ermittelt werden, welche zu rückwärtigen Mastüberschlägen führen müssen.

Wird z. B. die gleiche Leitung mit Erdern von 12 Ω ausgerüstet, so können Blitzströme von

$$\frac{720}{12} = 60\,\text{kA}$$

erfaßt werden, ohne daß rückwärtige Mastüberschläge zu erwarten sind; aus der vorstehenden Zahlentafel kann gefolgert werden, daß dann in 99% aller Fälle kein derartiger Überschlag auftreten wird.

Bei Stahlmastleitungen ist stets anzustreben, die Erder soweit niederohmig auszuführen, daß Blitzstromstärken womöglich bis 60 kA, zumindest jedoch solche bis 40 kA zu keinen rückwärtigen Mastüberschlägen führen. Wesentlich geringere Erdungswiderstände sind bei Holzmastleitungen auch mit Rücksicht auf die geringeren Überschlagsfestigkeiten der Isolatoren zu fordern. Abb. 415 läßt den Widerstandsbereich erkennen, der nach Grünewald[16] bei Holzmasten in Abhängigkeit von den Abständen der Leiter vom Mast anzustreben ist.

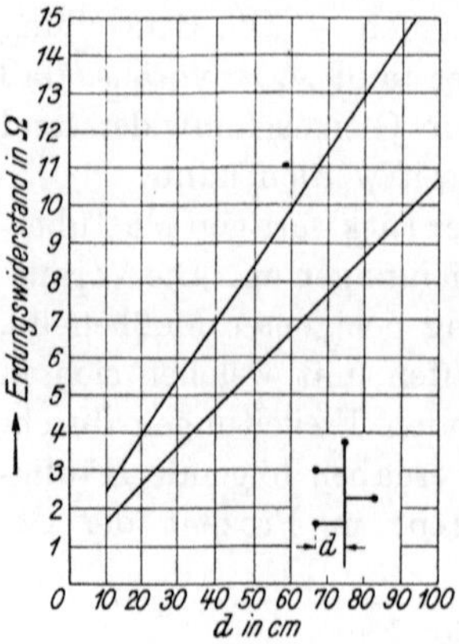

Abb. 415. Erdungswiderstände für Holzmaste.

Die Erder werden entweder als **konzentrierte** Erder, die in den tieferen Erdschichten verlegt werden, oder als **verteilte** Erder, die in den oberen Erdschichten eingegraben werden, ausgeführt. Zu den ersteren zählen die **Plattenerder** und die **Rohrerder**, zu den letzteren die **Strahlen-** oder **Banderder** und die **Bodenseile**.

Die Plattenerder werden entweder als Erdplatten oder als Erdnetze aus verzinktem Stahl hergestellt. Sie sollen womöglich keine geringere Oberfläche als 1 m² aufweisen.

Die Eingrabstelle und -tiefe ist jeweils so zu bestimmen, daß die Verlegung in gut leitenden Erdschichten erfolgt. Anzustreben ist die Verlegung im Grundwasser in einer solchen Tiefe, daß die Erder den Schwankungen desselben entzogen werden. Die Plattenerder werden am zweckmäßigsten in senkrechter Lage eingegraben, um Hohlraumbildungen, die in der horizontalen Lage leichter auftreten können, zu vermeiden.

Von den Abmessungen des Rohrerders beeinflußt hauptsächlich seine Länge und nur in geringem Maße sein Durchmesser die Wirksamkeit. Es sollen deshalb stets Rohrerder von mindestens 5 m Länge verwendet werden. Das Eintreiben erfolgt durch übliche Schlagwerkzeuge; um hierbei Beschädigungen des Rohres zu vermeiden, ist für die Aufnahme der Schlagwirkung am Rohrende eine pilzförmige, das Rohr innen und außen umfassende Kappe zu verwenden.

Gelingt es nicht, in nächster Umgebung der Mastgründung gut leitende Erdschichten ausfindig zu machen, so wird sich die Notwendigkeit ergeben, entweder den Erder in mehr oder weniger großer Entfernung vom Mast zu verlegen oder mehrere Erder anzuordnen. Im letzteren Falle ist zwischen den Erdern ein tunlichst großer Abstand zu wählen, um die gegenseitige Beeinflussung zu vermeiden (bei Rohrerdern womöglich gleich deren Länge). Um die durch das Ausheben der Grube geschaffene Eingrabtiefe auszunützen, können die Rohrerder in den Ecken der Grubensohle eingetrieben werden. Ist auch auf diesem Wege keine gute Erdung zu erhalten, so wird sich der Erdwiderstand des Mastes auf jenen Wert beschränken müssen, der durch die Verbindung mit den geerdeten Nachbarmasten im Wege des Erdseiles gegeben ist. Auf das Erden mit konzentrierten Erdern der Stahlmaste mit Schwellenfundamenten kann im Falle vorzüglicher Leitfähigkeit der Erdschichten verzichtet werden. Aus den überraschenden, fallweisen Wahrnehmungen, daß die Erdungswiderstände von Stahlmasten mit Betonfundamenten mit und ohne Erder gleiche Werte aufweisen, darf nicht die Folgerung gezogen werden, daß auf das Erden der Stahlmaste mit Betongründungen im Falle gut leitender Erdschichten von Haus aus verzichtet werden kann.[15]

Die Strahlenerder können als Einstrahlenerder (Abb. 416), Zwei- (*b*) oder Mehrstrahlenerder (*c*—*d*) ausgeführt werden. Um die gegenseitige Beeinflussung der Strahlen eines Mehrstrahlenerders auf ein Minimum zu beschränken, sollen die Strahlen beim Mast gleiche Winkel untereinander bilden. Zur Hebung der Wirksamkeit der Strahlenerder können gegebenenfalls deren freie Enden untereinander verbunden werden. Als Material für die Strahlenerder ist gut verzinktes Eisen von mindestens 50 mm Breite und 3 mm Stärke zu verwenden.

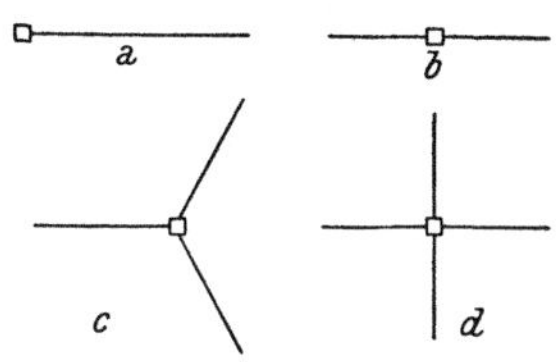

Abb. 416. Strahlenerder.

Die Bodenseile werden für die leitende Verbindung der Maste untereinander bei gleichzeitiger Erdung verlegt. Sie werden entweder aus Bandeisen ähnlicher Abmessungen oder aus verzinktem Stahlseil hergestellt — Stärke nicht weniger als 70 mm² —.

Die Wirksamkeit der verteilten Erder wird durch die Eingrabtiefe nur wenig beeinflußt. Es ist daher ausreichend, sie in etwa 1—1,2 m Tiefe zu verlegen, um zu vermeiden, daß das Einfrieren oder Austrocknen der Erdschichten ihre Wirksamkeit vermindert.

Infolge der Abhängigkeit der Güte eines Erders von der Leitfähigkeit der Erdschichten ist es nicht ohne weiteres möglich, den Erdübergangswiderstand einer herzustellenden Erdung im voraus richtig zu beurteilen. Er kann vielmehr erst nach Fertigstellung auf Grund von Messungen ermittelt werden. Es ist daher von Haus aus damit zu rechnen, daß nachträglich einzelne Masterdungen verbessert werden müssen.

Nach Henney[17] lassen sich die Widerstandswerte aus dem natürlichen Wassergehalt des Bodens, aus seiner chemischen Zusammensetzung, insbesondere der Art und Menge der gelösten Bodensalze, aus den grundsätzlich erfaßbaren Werten für den Niederschlag, aus der Verdunstung des Bodens und dem Durchfluß unter Berücksichtigung der Verteilung auf die einzelnen Monate des Jahres vorausbestimmen. Die von ihm an Probeerdern gemessenen und rechnerisch vorausbestimmten Widerstandswerte ergaben gute Übereinstimmung.

Wie Laboratoriumsversuche zeigten, weisen die konzentrierten und die Strahlenerder geringer Ausdehnung (bis etwa 20 m Strahlenlänge) einen von dem mit der Widerstandsmeßbrücke gemessenen Widerstand nur wenig abweichenden und von der Steilheit der abzuleitenden Ströme praktisch unabhängigen Stoßwiderstand auf. Bei den konzentrierten Erdern rufen die abgeleiteten Ströme entsprechend der Stromdichte und dem spezifischen Leitungswiderstand der Erde eine elektrische Feldverteilung hervor, die, falls sie sich bis zur Erdoberfläche auswirkt, als Schrittspannung die Lebewesen gefährden kann. Bei den verteilten Erdern mit langen Strahlen (über 20 m) erfolgt das Ausbreiten und Ableiten der durch den Blitz zugeführten Elektrizitätsmengen unter Schwingungs- und Dämpfungserscheinungen, die, analog der Fortleitung des elektrischen Stromes in Freileitungen, durch die elektrischen Kenngrößen, unter welchen der Einfluß der Ableitung vorherrscht, bestimmt sind. Die durch Beobachtungen bestätigten Berechnungen Aigners[18] zeigen, daß die gestreckten Leiter einen von der Stirn der Stoßstromwelle abhängigen Scheinwiderstand aufweisen, der bei unendlich steilen Wellen den Wert des Wellenwiderstandes, bei verschwindender Steilheit des Stromanstieges dem Gleichstromwiderstand des Bodenseiles zustrebt. Grünewald und Zaduk[15] haben gefunden, daß unter den Strahlenerdern gleicher Länge des verlegten Erderbandes und gleichen gemessenen Widerstandes der Vierstrahlenerder den geringsten, der Einstrahlenerder den größten Anfangswiderstand aufweist. Durch die hohe Kapazität der Bodenseile gegenüber dem Erdseil ist das erstere durch einen wesentlich geringeren Wellenwiderstand gekennzeichnet, der es für die Ableitung von Wanderwellen wesentlich geeigneter gestaltet. Mit dem Strahlenerder verglichen, scheint der Scheinwiderstand des unendlich lang gedachten Bodenseiles anfänglich doppelt so groß als jener der mehrstrahligen Erder, so daß sich betriebstechnisch das Bodenseil zu Beginn der Ableitungserscheinungen ungünstiger verhält als der Strahlenerder. Nach Rückkehr der an den Enden der Strahlen reflektierten Wellen zum Mast ist jedoch der Widerstand des Strahlenerders größer als jener des Bodenseiles. Der Strahlenerder ist ferner im Vorteil bei steilen Stoßwellen und je besser der Boden leitet. In schlecht leitendem Boden dürfte hingegen das Bodenseil günstiger sein.

Nach Auffassung der Studiengesellschaft für Höchstspannungsanlagen sind Bodenseile nur dann wirksam, wenn der Erdungswiderstand der Maste 100 Ω nicht überschreitet.

Literaturverzeichnis.

1. Fraenckel: Theorie der Wechselströme. Berlin: Julius Springer. 1930.
2. Willheim: Das Erdschlußproblem in Hochspannungsnetzen. Berlin: Julius Springer. 1936.
3. Oberdorfer: Der Erdschluß und seine Bekämpfung. Wien: Julius Springer. 1930.
4. Potthoff u. Mathiesen: Koronaverluste an Seilen bei Wechselspannung. ETZ 1935, H. 1, S. 3; enthält ausführliche Literaturangabe.
5. Rüdenberg: Das Verhalten elektrischer Kraftwerke und Netze beim Zusammenschluß. ETZ 1929, H. 27, S. 970.
6. Rüdenberg: Elektrische Hochleistungsübertragung auf weite Entfernung. Berlin: Julius Springer. 1932.
7. Markt u. Mengele: Drehstromfernübertragung mit Bündelleitern. E. u. M. 1932, H. 50, S. 293.
8. Stein: Der Schutzwert des Erdseiles bei Hochspannungsfreileitungen. S. Z. 1925, H. 8, S. 301.
9. Petersen: Der Schutzwert von Blitzseilen. ETZ 1914, H. 1, S. 1.
10. Schwaiger: Die Blitzanfälligkeit von Leitungsanlagen. E. u. M. 1937, H. 31, S. 369.
11. Müller-Hillebrand: Die Einwirkung unmittelbarer Blitzentladungen auf Hochspannungsnetze und ihre Bekämpfung. ETZ 1931, H. 23, S. 722; enthält ausführliche Literaturangabe.
12. Sporn: 1927 Lightning experience on the 132-kV Transmission Lines of the American Gas and Electric Company. A. J. E. E. 1929, H. 2, S. 122.

13. Grünewald: Gewittergefährdung und Gewitterschutz von Freileitungsanlagen. El.-Wirtsch. 1935, H. 21, S. 454.
14. Modernization of Transmission Lines. A. J. E. E. 1936, H. 1, S. 12.
15. Grünewald u. Zaduk: Zur Frage der Erdung von Freileitungsmasten im Hinblick auf Gewittereinwirkungen. ETZ 1936, H. 38, S. 1079, und H. 39, S. 1108.
16. Grünewald: Erdseile bei Freileitungen und ihre Erdung. ETZ 1936, H. 48, S. 1373.
17. Die Vorausbestimmung des Ausbreitungswiderstandes von Starkstromerdern. (Diss. K. A. Henney. T. H. Berlin.) ETZ 1938, H. 2, S. 45.
18. Aigner: Das Verhalten gestreckter Erder bei Stoßbeanspruchungen. ETZ 1933, H. 51, S. 1233.

VIII. Die elektrische und mechanische Sicherheit der Freileitungen.

A. Allgemeines; die sich aus den behördlichen Vorschriften ergebenden Sicherheiten.

Infolge der Gefährdung der Freileitungen durch zwei ihrem Wesen nach verschiedene Arten von Beanspruchungen sind zwei Sicherheiten derselben zu unterscheiden: die elektrische und die mechanische.

In elektrischer Beziehung gewährleistet eine Freileitung einen vollkommen störungsfreien Betrieb, falls sie außer die betriebsmäßig auftretenden elektrischen Größen auch alle Überbeanspruchungen ohne über- oder durchzuschlagen zu ertragen vermag. Der Beurteilung der elektrischen Sicherheit einer Freileitung sollten daher die Überbeanspruchungen atmosphärischen Ursprunges zugrunde gelegt werden. Von dem geringen Einfluß, den die Höhe der Leiter über Erdboden auf die Gefährdung durch diese Überspannungen ausübt, abgesehen, werden sämtliche Freileitungen, unabhängig von der Betriebsspannung, durch solche Überspannungen praktisch gleicher Eigenschaften beansprucht. Hieraus wäre die Notwendigkeit zu folgern, sämtliche Freileitungen, soweit diese die anzustrebende einfache Sicherheit gegen Überspannungen atmosphärischen Ursprunges aufweisen sollen, unabhängig von der Betriebsspannung zu isolieren. Eine solche Forderung ist wirtschaftlich nicht tragbar, da die Überspannungen atmosphärischen Ursprunges 1 Million Volt und mehr, also das 100fache der Betriebsspannung bei einer 10-kV-Leitung und nur das fünffache bei einer 200-kV-Leitung erreichen können. Die Vorschriften beschränken sich daher auf die Forderung nach betriebsspannungsabhängigen Festigkeiten, die mit abnehmender Betriebsspannung relativ höher sind; da jedoch die Gefährdung der Isolatoren durch die Überspannungen atmosphärischen Ursprunges mit abnehmender Betriebsspannung — infolge der hierbei üblichen geringeren Masthöhen — nicht in gleichem Maße abnimmt, sind die Leitungen geringerer Betriebsspannung — die Mittelspannungsleitungen — durch diese Überspannungen in höherem Maße gefährdet als die Hochspannungsleitungen.

Die Beurteilung der elektrischen Festigkeit einer Leitung bedingt Rücksichtnahme auf das Material der Ausleger und Maste: Ist dieses Holz und sind die Ausleger, bzw. Stützen nicht geerdet, so wird die Isolation durch jene des Holzes erhöht. Ein Mittel zur Hebung der elektrischen Festigkeit von Stahlmastleitungen ist, Ausleger aus Holz zu verwenden. Soll eine Leitung, die teils als Holzmastleitung mit ungeerdeten Isolatorenträgern und teils als Stahlmastleitung ausgeführt ist, gleiche elektrische Festigkeit aufweisen, so sind die Stahlmaste mit Ketten entsprechender Größe und Gliederanzahl auszurüsten.

Die Erzielung eines von mechanischen Störungen freien Betriebes würde erfordern, daß die Freileitungen solcherart errichtet werden, daß unter den ungünstigsten Einwirkungen kein Bauteil versagt (keine unzulässige Verformung, Ausknicken, Bruch usw.). Mit Rücksicht auf etwaige Materialfehler, Montageungenauigkeiten usw. darf das Material hierbei nicht bis zu jener Grenze, bei welcher dieses Versagen auftritt, beansprucht werden, es muß vielmehr ein gewisses Sicherheitsintervall freigelassen werden. Auch hier schalten die Vorschriften mit Rücksicht auf wirtschaftliche Tragbarkeit die katastrophalen Belastungen bei der Erwägung der zu fordernden Sicherheiten aus und begnügen sich, die zulässige Materialbeanspruchung für Normaleisgewichte vorzuschreiben. Konstruktive Maßnahmen trachten die Auswirkungen ausnahmsweise vorkommender Eisstärken einzudämmen (Anordnung von Abspannmasten usw.). Außerdem sehen sie die Anwendung besonderer Maßnahmen in jenen Abschnitten der Freileitung vor, welche zu besonders starker Eisbildung neigen. Hierüber sowie über die Stärke der beobachteten durchschnittlichen und katastrophalen Eislasten sei in dem folgenden Unterabschnitt gesprochen.

Zusammenfassend kann gesagt werden, daß eine absolute Störungsfreiheit der Freileitungen mit wirtschaftlichen Mitteln nicht erreicht werden kann und daß mit fallweisem Auftreten von Störungen gerechnet werden muß. Werden die durch die Vorschriften gegebenen elektrischen und mechanischen Festigkeiten der Freileitungen miteinander verglichen, so ergibt sich im allgemeinen, daß die mechanische Festigkeit größer ist als die elektrische. Die Unvermeidbarkeit von Störungsfällen läßt es angezeigt erscheinen, die Festigkeiten der Teile einer Leitungsanlage (Stationen und Leitungen), bzw. deren Bauteile (Leiter, Querarme usw.) derart abzustufen, daß die auftretenden Schäden erzwungenermaßen nur jene Teile erfassen, deren Instandsetzung verhältnismäßig leicht und rasch durchführbar ist und daher die kürzeste Unterbrechung der Stromlieferung bedingen (s. C).

B. Die Berücksichtigung der klimatischen und meteorologischen Bedingungen beim Entwurf der Freileitungen.[1]

Der durch die Vorschriften festgelegte Temperaturbereich schließt die zu erwartenden äußersten Werte ein, Überschreitungen desselben müssen im allgemeinen den Entwurfsarbeiten nicht zugrunde gelegt werden: Eine etwaige Unterschreitung der Tiefsttemperatur nach VDE von — 20° ist für die hauptsächlich nach dem Weitspannsystem gebauten Hochspannungsleitungen (Spannweiten größer als die kritische) unbedenklich; die etwaige Überschreitung der Höchsttemperatur von + 40° läßt bei den üblichen Bodenabständen keine unzulässigen Näherungen der Leiter an den Erdboden befürchten.

Die Frage, ob die Windkraft durch die Vorschriften richtig erfaßt ist, bedingt gleichzeitige Berücksichtigung des Abminderungskoeffizienten; letzterer wird oft als zu gering, die Windkraft als zu hoch angesetzt beurteilt, gemeinsam erfassen jedoch diese zwei Werte die tatsächliche Wirkung zweifellos richtig.

Soweit durch die Vorschriften nicht ohnehin bedingt, ist die Windkraft beim Entwurf turmartiger, die üblichen Masthöhen überschreitender Konstruktionen höher einzusetzen, da erfahrungsgemäß diese mit zunehmendem Bodenabstand zunimmt. Das unter dem Einfluß der Windkraft zustande kommende Ausschwingen der Leiter ist nach dem unter IV, A angegebenen Verfahren (Entwurf von Schwingungsbildern) unbedingt zu untersuchen und die sich etwaig als notwendig erweisende Vergrößerung der Leiterabstände gegenüber den vorschriftsmäßigen vorzunehmen. Zur Vermeidung von betriebsgefährdenden Näherung der ausschwingenden Ketten an den geerdeten Mast können die Auslegerenden nach unten gebogen ausgeführt werden (Abb. 417; eine ähnliche Ausführung stellt die Abb. 199 dar); ferner kann die Kettenaufhängung mit Hilfe von Bügeln in V-Form erfolgen (Abb. 418); diese werden unterhalb der Querarme derart gelagert, daß sie in der Leitungsrichtung schwingen können; durch die tiefe Aufhängung der Ketten ist deren Näherung an die Querarme beim Ausschwingen senkrecht zur Leitungsrichtung unbedenklich.

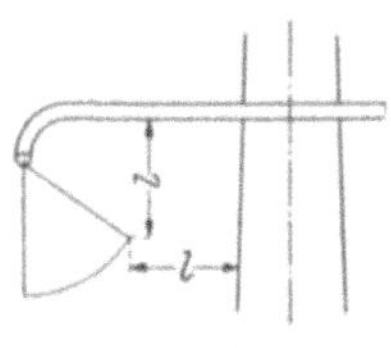
Abb. 417. Gebogene Ausleger.

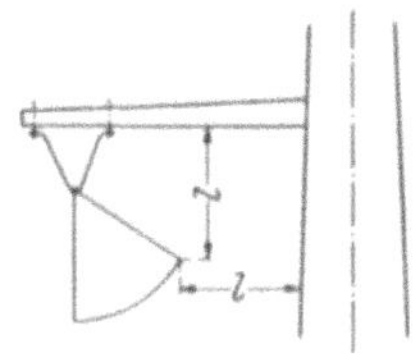
Abb. 418. Kettenaufhängung mittels Bügel.

Mit Rücksicht auf den fiktiven Charakter der von den Vorschriften festgelegten **Eislasten** erscheint es angezeigt, die im Zuge der Leitung zu erwartenden tatsächlichen Eislasten vorauszubestimmen und die Festigkeit der Freileitungen diesen jeweils anzupassen. Ebenso wie die mittlere Regenmenge kennzeichnet die mittlere Stärke des Eisansatzes ein jedes Gebiet; gemäß ihrem Charakter als Mittelwert kann sie mehr oder weniger ausgeprägte Schwankungen im gesamten betrachteten Gebiet erfahren. Darüber hinaus treten fallweise, oft nur in eng begrenzten Zonen des betrachteten Gebietes Eisbildungen auf, die ein Vielfaches des Mittelwertes betragen können. Es wurden bereits Eislasten von 40 cm Stärke beobachtet (Abb. 419),[2] deren Gewicht bis zu 50 kg/m betrug, also die 70fache Last nach VDE für ein Vollseil von 150 mm² und die 110fache Last für ein Seil von 25 mm²; die Hülse kann aus nahezu kompaktem Eis oder aus mehr oder weniger dicht zusammengefügten Eiskristallen (Schnee, Rauhreif) von stark schwankendem spezifischem Gewicht (0,13—0,89) bestehen.[2,3,4] Für die Ermittlung der Eislasten geben die Florakarten gewisse Anhaltspunkte, da der Eisansatz ebenso wie die Flora durch die klimatischen Bedingungen bestimmt wird.[5,6] Aus solchen Karten kann aber nicht auf die zu erwartende Stärke des Rauhreifansatzes geschlossen werden, sie können nur für das zweckmäßige Unterteilen des gesamten, von der Freileitung in Anspruch genommenen Gebietes in solche gleicher Eisansatzbildung herangezogen werden und lassen bei quantitativ erfaßten Eisansätzen auf jene Gebiete schließen, für welche die gleiche Eislast gilt. Messungen der auftretenden Eislast sind nur dann verläßlich, wenn sie

Abb. 419. Katastropheneis.

sich auf einen ausreichend langen Zeitraum erstrecken, der in der Praxis des Leitungsbaues nur in den seltensten Fällen zur Verfügung steht. Sie sind an Leitern gleicher Länge wie die geplanten Spannweiten und nicht an unbeweglich befestigten Körpern vorzunehmen, da die Erschütterungen, welchen die Leiter durch den Wind ausgesetzt sind, das Entstehen der Eishülse etwas hemmen. Sie haben sich nicht auf die Feststellung des Durchmessers der Eishülse zu beschränken, sondern vielmehr die Eisgewichte zu erfassen. Werden die Messungen nicht an Leitern des zu verlegenden Querschnittes vorgenommen, so ist das zu erwartende Eisgewicht unter der Annahme zu errechnen, daß sich das Eis im Verhältnis der $1{,}5^{\text{ten}}$ Wurzel aus d (Leiterdurchmesser) ansetzt.[7] Wird dem Entwurf der Leitung eine erhöhte Eislast zugrunde gelegt, so erfahren die Baukosten eine Vermehrung, bedingt durch die höheren und stärkeren Maste, es vermindern sich jedoch infolge der selteneren Störungsfälle die Instandhaltungskosten und der Verdienstentgang aus der Stromlieferung. Es ergibt sich daher für den Bauherrn, bzw. den Konstrukteur einer Freileitung die Aufgabe, durch Gegenüberstellung der Baumehrkosten und der Instandhaltungsminderkosten jenes Eisgewicht, bzw. Eisreißlast vorzuschreiben, bzw. zu errechnen, welche die Leitungsanlage störungsfrei ertragen muß. Eine solche Anlage wird nach Krautt[1] den „wirtschaftlichen Sicherheitsgrad" aufweisen.

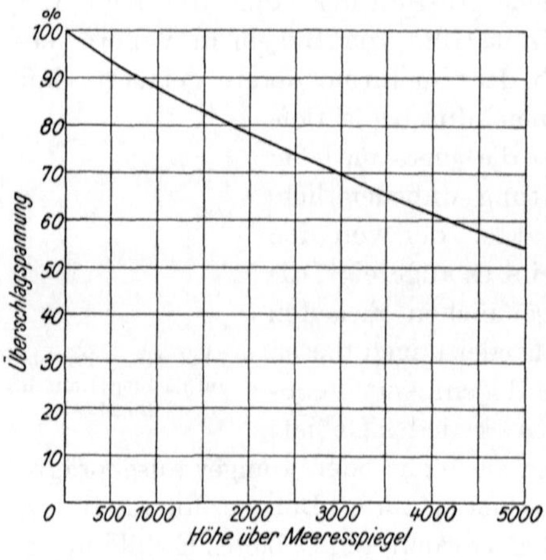

Abb. 420. Überschlagsfestigkeit.

Bemerkenswert ist der von Koetzold[7] eingeschlagene Weg zur Vorausbestimmung der auftretenden Eislasten: Aus dem Verhalten der in dem betretenen Gebiet verlegten Leitungen sind über die aufgetretenen Eisgewichte Rückschlüsse zu ziehen. Sind deren Querschnitte, Zugbeanspruchungen, Festigkeiten der Leiterwerkstoffe und die Spannweiten bekannt, so können die Eisreißlasten errechnet werden, und je nachdem, ob diese Leitungen Störungen aufwiesen oder nicht, kann gefolgert werden, daß die zu erwartenden Eisgewichte größer oder kleiner als diese Eisreißlasten sein werden.

In noch höherem Maße ist die Feststellung der Zonen mit Katastropheneisbildung, sowie die quantitative Erfassung dieses Eisansatzes schwierig. Diese können gegebenenfalls durch Erkundigungen an Ort und Stelle in Erfahrung gebracht werden. Konnten diese Zonen nicht zur Gänze ermittelt werden, so wird sich die Notwendigkeit ergeben, an den dem Betrieb übergebenen Leitungen nachträglich Änderungen vorzunehmen, die im vierten Abschnitt besprochen werden sollen.

Um eine im Entwurfstadium befindliche Leitung für die Aufnahme ungewöhnlich starken Eisansatzes geeignet zu gestalten, können je nach dessen Höhe eines oder mehrere der folgenden Mittel angewandt werden:

1. Die besonders gefährdeten Streckenteile einer sonst mit Stützenisolatoren zu bauenden Leitung sind mit Hängeisolatoren auszurüsten, wodurch sich die Züge der Spannfelder mit verschiedener Eislast ausgleichen können;

2. Ausrüstung der Hängeketten mit Rutschklemmen (s. II, C 4), die gemeinsam mit der Nachgiebigkeit der Ketten ungleiche Zugspannungen der Leiter ausgleichen. Ähnlich wie Rutschklemmen wirken Tragketten, die sich auf den Auslegern selbsttätig verschieben können, über welche die Patentliteratur berichtet;

3. Anordnung von Schwenktraversen, die ebenfalls die Leiterzüge ausgleichen.

Wirksamer als diese Mittel sind die folgenden zwei, die auch gleichzeitig mit den voraufgezählten angewandt werden können:

4. Die Seile werden unter Zugrundelegung einer verminderten Ausgangsspannung gespannt, die sich ergebenden größeren Durchhänge müssen hierbei in Kauf genommen werden; notfalls ist die Spannweite zu verringern;

5. Verlegung eines stärkeren Leiters.

Schließlich erfordert der Luftdruck infolge der Beeinflussung der Überschlagsfestigkeit der Isolatoren Berücksichtigung beim Entwurf einer Freileitung. Soweit diese Seehöhen über 1000 m erreichen, ist die Wahl der Isolatoren unter Berücksichtigung der von Kleinstück[8] angegebenen Verminderung deren Überschlagsfestigkeit gemäß Abb. 420 zu treffen. Verlaufen längere Leitungsstrecken in derartigen Seehöhen, so ist gegebenenfalls die Koronafestigkeit der Leitung nach Rechenbild Abb. 406 zu überprüfen und es sind notfalls Vorkehrungen zu Erhöhung zu treffen (insbesondere durch Änderung der Leiterabstände).

C. Die Abstufung der Sicherheiten der Teile einer Leitungsanlage.

Es ist stets anzustreben, daß die durch elektrische Überbeanspruchungen verursachten Schäden von den empfindlicheren Teilen der Anlage — den Stationen — ferngehalten werden. Die Vorschriften des VDE lassen eine Abstufung der Sicherheiten der Werke und der Freileitung zu, indem sie es freistellen, die elektrische Festigkeit der letzteren nach der milderen Gl. (58) (s. II, B 3a) zu bestimmen, während die Stationsisolatoren eine durch die schärfere Gl. (57) gegebene elektrische Mindestfestigkeit aufweisen müssen. Aus den Ausführungen des Unterabschnittes II, B 3d geht hervor, daß eine solche Abstufung nur dann wirksam ist, wenn die Stationsisolatoren — Durchführungs- und Stützisolatoren, Transformatordurchführungen — und die Transformatoren eine Stoßkennlinie aufweisen, die höher liegt als jene der Freileitungsisolatoren. Estorff[9] hat die Stoßfestigkeit der Stationsisolatoren üblicher Bauart mit jener der Freileitungsisolatoren verglichen und festgestellt, daß die ersteren um etwa 30—50% geringere Stoßfestigkeiten als die letzteren bei Anwendung der schärferen Gl. (57) aufweisen und daß dieser Unterschied bei Anwendung der milderen Gl. (58) für die Freileitungsisolatoren etwa 20—40% beträgt. Die angestrebte Abstufung ist daher nur zu erreichen, wenn in den Stationen Isolatoren Verwendung finden, die infolge geeigneter Formgebung oder zweckmäßiger Bauart (z. B. Mehrrohrdurchführungen der Hermsdorf-Schomburg Isolatoren Ges.) eine hohe Stoßfestigkeit aufweisen. Bei ihrer Beurteilung ist zu berücksichtigen, daß in den Kopfstationen die einlaufenden Wanderwellen eine Spannungsverdoppelung erfahren. Der angedeutete Weg zur Erzielung einer Abstufung gewährleistet keine absolute Wirksamkeit, da die Stoßdurchschlagsfestigkeit der Umspanner eine mit der Anzahl der erfolgten Spannungsstöße abnehmende Größe ist.

Soll die angestrebte Abstufung durch künstliche Schwächung der Freileitungsisolatoren erzielt werden, so ist es ausreichend, einen verhältnismäßig kurzen Streckenteil — in einem Umkreis von etwa 3 km — hierfür in Aussicht zu nehmen, da, wie bereits hervorgehoben, die Koronaerscheinung eine rasche Dämpfung der Stoßwellen bewirkt. Derartige Mittel sind: Einbau von Schutzarmaturen (s. Punkt II, C 5), Verwendung von Isolatoren geringerer Festigkeit. Schließlich ist auf besonders niederohmige Erdung dieses Leitungsteiles zu achten.

Der Gefahr der Verlegung des schwächsten Punktes der Leitung in die Stationen wird durch die Verwendung von Überspannungsschutzgeräten mit spannungsabhängigem Widerstand am wirksamsten begegnet.

Als Beispiel eines solchen Gerätes sei der Kathodenfallableiter der S.S.W. angeführt. Abb. 421 läßt die durch einen solchen Ableiter für 110 kV Nennspannung bewirkte Spannungsabsenkung erkennen (Abszisse: die Höhe der einfallenden Sprungwelle; Ordinate: die in der Station auftretende Spannung). Unter der Einwirkung der durch die Reflexionserscheinungen in der Station auf die doppelte Höhe gehobenen Sprungwelle würde die Stationseinrichtung unter der durch a dargestellten Spannung stehen; bei Verwendung des Kathodenfallableiters steht die Stationseinrichtung im Augenblick des Eintreffens der Sprungwelle unter der Einwirkung der durch b dargestellten Spannung, 3 μs hierauf vermindert sich die Spannungshöhe auf die Werte von c. Beträgt z. B. die Höhe der Wanderwelle 800 kV, so wird diese durch den Kathodenfallableiter auf etwa 350 kV herabgesetzt; eine solche Spannung ist für die bei 100 kV Betriebsspannung verwendeten Durchführungs- und Stützisolatoren ungefährlich.

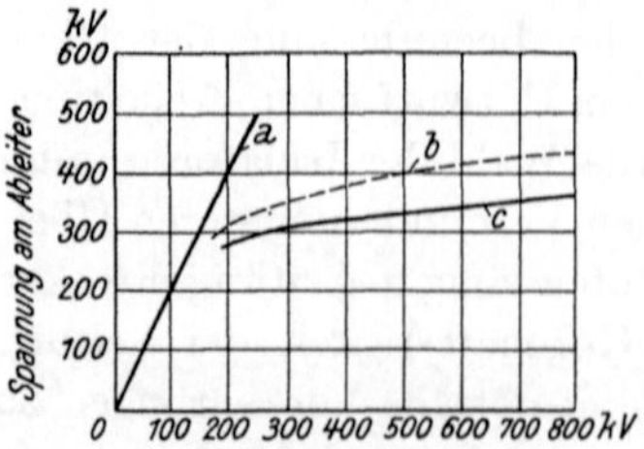

Abb. 421. Schutzwirkung der Kathodenfallableiter.

Die Mittel zur Erhöhung der mechanischen Sicherheit einzelner Leitungsteile wurden bereits unter B besprochen. Instandsetzungskosten und Verdienstentgang durch die Stromunterbrechung sind ein Minimum, wenn sich die Beschädigungen auf einen Leiterriß beschränken. Unter den Beschädigungen des Mastes sind jene, welche nur den Ausleger erfassen, am raschesten zu beheben. Am schwierigsten lassen sich Beschädigungen des Mastschaftes und des Fundamentes beheben.

Literaturverzeichnis.

1. Krautt: Die Berücksichtigung der klimatischen und meteorologischen Bedingungen bei dem Entwurf und der Ausführung von Kraftübertragungsfreileitungen. E. u. M. 1932, H. 2, S. 32.
2. Leitungen, die starker Rauhreifbildung unterworfen sind. B. B. C.-Mitt. 1936, H. 12, S. 275.
3. Brock: Über Rauhreifschäden in Hochspannungsnetzen. E. u. M. 1935, H. 45, S. 529.
4. Ein außerordentlich seltener Fall von Rauhreifstörungen bei einer spanischen 35-kV-Leitung. ETZ 1934, H. 40, S. 983.
5. Wald: Über die Vorausbestimmung der Rauhreifgebiete auf Grund der geobotanischen Karte. E. u. M. 1934, H. 17, S. 193.
6. Groß: Über Rauhreifgebiete und Geobotanik. E. u. M. 1936, H. 50, S. 600.
7. Koetzold: Über Rauhreiferfahrungen im deutschen Mittelgebirge und ihre Anwendung bei Freileitungsneubauten. ETZ 1937, H. 1, S. 1, und H. 2, S. 34.
8. Kleinstück: Überschlagsspannung und Höhe über dem Meere. ETZ 1914, H. 36/37, S. 975.
9. Estorff: Beitrag zur Frage des elektrischen Sicherheitsgrades. ETZ 1937, H. 20, S. 525.

IX. Die Einwirkung der Hochspannungsfreileitungen auf Stark- und Schwachstromleitungen bei Gleichlauf und Näherungen.

A. Die Einwirkung auf Starkstromleitungen.

Diese besteht in dem Zustandekommen von Beeinflussungsspannungen, die die Isolation zusätzlich beanspruchen und von Einflußströmen, die den Nullpunkt des beeinflußten Systems, je nachdem ob dieses gelöscht oder ungelöscht ist, in einem mehr oder weniger fühlbaren, bzw. betriebsstörenden Maß verlagern.

Dem zu entwickelnden Näherungsverfahren für die quantitative Erfassung dieser Beeinflussungen sei die Annahme zugrunde gelegt, daß die Leiter des be-

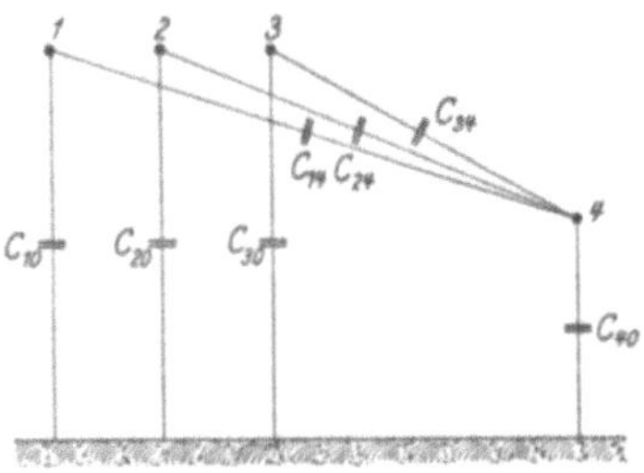

Abb. 422. Gegenseitige- und Erdkapazitäten.

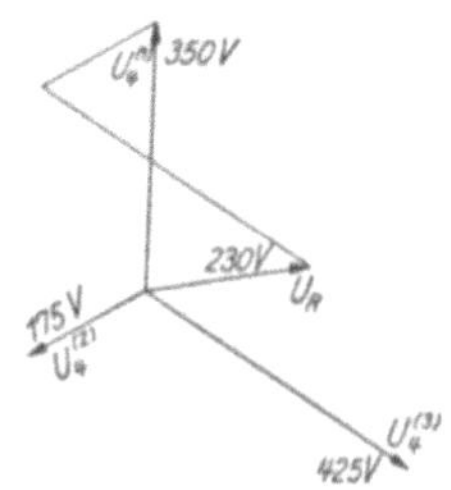

Abb. 423. Beeinflussungsspannung.

einflußten Systems räumlich im Punkt 4 (Abb. 422) zusammenfallen (d. h. daß die beeinflußten Leiter gleiche Gegenkapazitäten gegenüber jedem der beeinflussenden Leiter aufweisen). Es seien folgende Bezeichnungen verwendet:

l_h = Länge der beeinflussenden Leitung,
l_n = Länge der beeinflußten Leitung,
l = Länge des Gleichlaufes,
$U_{ph} = \frac{U}{\sqrt{3}}$ Phasenspannung des beeinflussenden Systems
J_e = Erdschlußstrom des beeinflußten Systems.

Unter der Einwirkung eines jeden Leiters des beeinflussenden Systems, z. B. 1, nimmt das beeinflußte System eine Spannung, z. B. $U_4^{(1)}$ an, die sich aus der Beziehung ergibt

$$\frac{U_{ph}}{\frac{1}{l \cdot \omega C_{14}} + \frac{1}{l_n \cdot \omega C_{40}}} = \frac{U_4^{(1)}}{\frac{1}{l_n \cdot \omega C_{40}}} \tag{251}$$

oder näherungsweise

$$U_4^{(1)} = U_{ph} \cdot \frac{l \cdot \omega C_{14}}{l_n \cdot \omega C_{40}}, \tag{252}$$

d. h. je weiter die beeinflußte Leitung über die Gleichlauflänge reicht, desto geringer ist die Beeinflussungsspannung.

Die Spannungen $U_4^{(1)}$ bis $U_4^{(3)}$ sind infolge der Verschiedenheit der Gegenkapazitäten verschieden groß (Abb. 423). Die Summe dieser Spannungen ergibt die Spannung U_R, unter deren Einwirkung die beeinflußten Leiter im Gleichlaufbereich stehen. Diese Spannung und der aus den teils in Serie, teils parallel geschalteten kapazitiven Widerständen $\frac{1}{l \cdot \omega C_{(1-3)4}}$, $\frac{1}{l_h \cdot \omega C_{(1-3)0}}$ und $\frac{1}{3\, l_n \cdot \omega C_{40}}$ gebildete Widerstand R bestimmen den Einflußstrom J_0. Der Widerstand R ergibt sich auf Grund einer einfachen Umrechnung aus

$$\frac{1}{R} = 3\, l_n \cdot \omega C_{40} + \sum_{n=1}^{n=3} \frac{l_h \cdot \omega C_{n0} \cdot l \cdot \omega C_{n4}}{l_h \cdot \omega C_{n0} + l \cdot \omega C_{n4}} \tag{253}$$

oder näherungsweise

$$\frac{1}{R} = 3\, l_n \cdot \omega C_{40} + \sum_{n=1}^{n=3} l \cdot \omega C_{n4} \tag{254}$$

und der Einflußstrom

$$J_0 = l \cdot U_R \cdot \frac{1}{R}. \tag{255}$$

Dieser bewirkt eine Verlagerung des Nullpunktes des ungelöschten Netzes von

$$v\,\% = 100 \cdot \frac{J_0}{J_e}. \tag{256}$$

Ist das Netz gelöscht und beträgt der Reststrom $n\%$, so tritt eine Verlagerung

$$v_0' = 10000\, \frac{J_0}{n\, J_e} \tag{257}$$

auf.

Tritt im beeinflußten System an einer Phase, z. B. 3, ein satter Erdschluß auf, so nehmen die Leiter *1* und *2* die verkettete Spannung U gegen Erde an. Die Leitung *4* steht hierbei unter der Einwirkung der zwei Spannungen $U_4^{(1)}$ und $U_4^{(2)}$, die sich aus den Beziehungen ergeben

$$\left.\begin{aligned} \frac{U}{\frac{1}{l \cdot \omega C_{14}} + \frac{1}{l_n \cdot \omega C_{40}}} &= \frac{U_4^{(1)}}{\frac{1}{l_n \cdot \omega C_{40}}}, \\ \frac{U}{\frac{1}{l \cdot \omega C_{24}} + \frac{1}{l_n \cdot \omega C_{40}}} &= \frac{U_4^{(2)}}{\frac{1}{l_n \cdot \omega C_{40}}} \end{aligned}\right\} \tag{258}$$

oder näherungsweise

$$\left.\begin{aligned} U_4^{(1)} &= U \cdot \frac{l \cdot \omega C_{14}}{l_n \cdot \omega C_{40}}, \\ U_4^{(2)} &= U \cdot \frac{l \cdot \omega C_{24}}{l_n \cdot \omega C_{40}}, \end{aligned}\right\} \tag{259}$$

deren Summe die Spannung U_R ergibt (Abb. 423).

Die gegenseitigen Teilkapazitäten C_{14}, C_{24} und die Erdkapazitäten C_{40}, C_{10} und C_{20} ergeben den resultierenden Widerstand R, wobei

$$\frac{1}{R} = 3\, l_n \cdot \omega C_{40} + \sum_{n=1}^{n=2} \frac{l_h \cdot \omega C_{n0} \cdot l \cdot \omega C_{n4}}{l_h \cdot \omega C_{n0} + l \cdot \omega C_{n4}} \tag{260}$$

oder näherungsweise

$$\frac{1}{R} = 3\, l_n \cdot \omega C_{40} + \sum_{n=1}^{n=2} l \cdot \omega C_{n4} \tag{261}$$

und der Beeinflussungsstrom, die Nullpunktsverlagerung bei gelöschtem und ungelöschtem beeinflußten Netz läßt sich auf Grund der Gl. (255), (256) und (257a) errechnen.

Es sei die Einwirkung der in Abb. 424 gezeichneten 220-kV-Leitung (Gesamtlänge $l_h = 100$ km, die eingetragenen Erdabstände sind die den Berechnungen zugrunde zu legenden mittleren Abstände, die den Durchhang der Leitung bereits berücksichtigen, Durchmesser der Leiter 42 mm) auf die Leitung *4* (Drehstromleitung 35 kV, Gesamtlänge $l_n = 15$ km, $l_n = 15$ km, Leiterdurchmesser 9 mm, Erdschlußstrom 1,6 A, Länge des Gleichlaufes $l = 0{,}75$ km) zu errechnen.

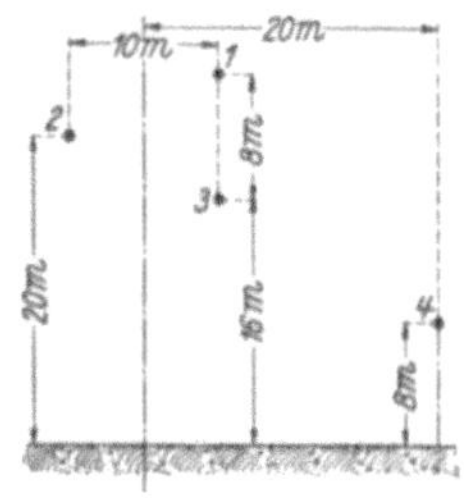

Abb. 424. Einwirkung einer Hochspannungsleitung.

Die Ermittlung der Kapazitätswerte bei gesundem 220-kV-System ergibt (s. VII, A 2):

$$C_{10} = 0{,}0035\ \mu\mathrm{F/km}, \quad C_{23} = 0{,}0011\ \mu\mathrm{F/km},$$
$$C_{12} = 0{,}0016\ \mu\mathrm{F/km}, \quad C_{24} = 0{,}00015\ \mu\mathrm{F/km},$$
$$C_{13} = 0{,}0016\ \mu\mathrm{F/km}, \quad C_{30} = 0{,}0051\ \mu\mathrm{F/km},$$
$$C_{14} = 0{,}00031\ \mu\mathrm{F/km}, \quad C_{34} = 0{,}00038\ \mu\mathrm{F/km},$$
$$C_{20} = 0{,}00487\ \mu\mathrm{F/km}, \quad C_{40} = 0{,}00562\ \mu\mathrm{F/km}$$

und die Errechnung der Influenzspannungen nach Gl. (252) (Abb. 423)

$$U_4^{(1)} = 350\ \mathrm{V},$$
$$U_4^{(2)} = 175\ \mathrm{V},$$
$$U_4^{(3)} = 425\ \mathrm{V},$$

deren resultierende Influenzspannung (Restspannung) sich zu $U_R = 230$ V ergibt.

Diese Spannung ist unbedenklich.

Der resultierende Widerstand nach Gl. (254) ergibt sich zu

$$\frac{1}{R} = 80 \,.\, 10^{-6}$$

und der Beeinflussungsstrom nach Gl. (255) zu

$$J_0 = 0{,}014\ \mathrm{A}.$$

Es beträgt die Verlagerung der 35-kV-Leitung bei ungelöschtem Netz nach Gl. (256)

$$v = 0{,}875\%.$$

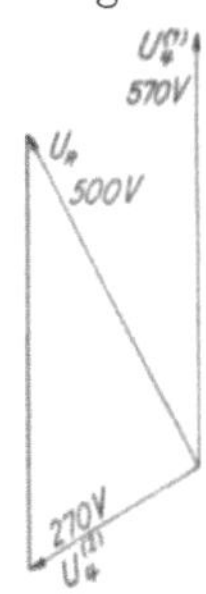

Abb. 425. Beeinflussungsspannung.

Wird das beeinflußte System gelöscht vorausgesetzt und beträgt der Reststrom 10%, so errechnet sich die Verlagerung nach Gl. (257) zu

$$v' = 8{,}75\%.$$

Diese ist unbedenklich.

Tritt am beeinflußten System, z. B. an der Phase 3, ein satter Erdschluß auf, so ergeben sich folgende geänderte Kapazitätswerte:

$$C_{10} = 0{,}007\ \mu\mathrm{F/km}, \quad C_{20} = 0{,}006\ \mu\mathrm{F/km},$$
$$C_{12} = 0{,}00015\ \mu\mathrm{F/km}, \quad C_{24} = 0{,}000165\ \mu\mathrm{F/km},$$
$$C_{14} = 0{,}00035\ \mu\mathrm{F/km}, \quad C_{40} = 0{,}00675\ \mu\mathrm{F/km}.$$

Die Influenzspannungen errechnen sich nach Gl. (259) zu

$$U_4^{(1)} = 570\ \mathrm{V},$$
$$U_4^{(2)} = 270\ \mathrm{V}$$

und die Restspannung (Abb. 425) ergibt sich zu

$$U_R = 500\ \mathrm{V}.$$

Der resultierende Widerstand nach Gl. (261) ergibt sich aus

$$\frac{1}{R} = 95,5 \,.\, 10^{-6}.$$

Hieraus

$$J_0 = 0,036 \text{ A}$$

und

$$v = 2,25\%,$$
$$v' = 22,5\%.$$

Diese Verlagerung kann noch zugelassen werden.

B. Die Einwirkung auf Schwachstromleitungen.

Die Kleinheit der Betriebsgrößen einer Schwachstromanlage, die relativ niedrige Isolation und die Art der Bedienung der letzteren durch das Personal bedingen die Klärung der Frage, bei welcher Gleichlauflänge und Abstand die Einwirkung der elektrischen und magnetischen Felder einer Hochspannungsfreileitung solche Anlagen gefährden. Diese Felder bringen die Spannungssicherungen zum Ansprechen, womit Knallgeräusche verbunden sind, die sich gesundheitsschädlich auswirken können, indem sie Funktionsstörungen des Nervensystems verursachen. (Dem Weg, die Knallgeräusche durch Erhöhung der Ansprechspannung der Spannungssicherungen und der Blitzableiter zu vermeiden, steht die Forderung nach Ableitung tunlichst geringer atmosphärischer Entladungsmengen und niedriger Überspannungen entgegen.) Ist das Starkstromsystem vollkommen oberwellenfrei und sind Strom- und Spannungsdreieck vollkommen symmetrisch, so lassen sich die Einwirkungen durch Verdrillung der beiden Leitungen zur Gänze ausschalten. Die Störungen durch Oberwellen können jene der Grundwelle auch dann überschreiten, wenn die ersteren nur einen geringen prozentuellen Wert ausmachen. Der Störwert der verschiedenen Frequenzen ist verschieden, das Ohr erweist sich den Frequenzen im Bereich der Sprechströme (etwa 5000) besonders empfindlich.

Die Störfähigkeit einer Starkstromanlage wird nach ihrer „Störspannung“ beurteilt,[1] d. i. diejenige Spannung der Frequenz 800, die, an Stelle der wirklichen Spannung auf die Starkstromleitung wirkend, in einer benachbarten Fernsprechleitung die gleiche Störung erzeugt wie die wirkliche Spannung mit allen ihren Oberschwingungen.

Die Stärke der Geräusche in einer Fernsprechleitung wird durch die „Geräuschspannung“ gemessen, d. i. diejenige EMK der Frequenz 800, die, zwischen Leitung und Endapparat geschaltet, im letzteren den gleichen Lautstärkeeindruck hervorruft wie die Leitungsgeräusche. Am stärksten ist die Einwirkung, wenn die Unsymmetrie der Starkstromleitung gegenüber der Schwachstromleitung (die Restspannung, Abb. 423) durch den Erdschluß einer oder zweier Phasen verstärkt wird, oder wenn das Auftreten eines Kurzschlusses oder eines Doppelerdschlusses das magnetische Feld verstärkt.

Die Beurteilung der Einwirkungen auf Schwachstromleitungen bedingt vor allem die Kenntnis jener Einflußspannungen, bzw. -ströme, die sich wahrnehmbar und störend auswirken. Bei Fernsprecheinzelleitungen kann mit Rücksicht auf die Unempfindlichkeit der dort verwendeten Handfernhörer die Störungsarbeit mit höchstens $^6/_{100}$ J zugelassen werden, bei hochwertigen Kopfhörern soll die durch diese abfließende Arbeit nicht mehr als $^2/_{100}$ J betragen. Das entspricht bei 100 V induzierter Spannung und bei 500 Ω Widerstand der Kopfhörer und der Leitung einem Strom von 200 mA, obwohl der normale Betriebsstrom bloß 1 mA beträgt und Störungsströme von $^1/_{20}$ mA bereits wahrnehmbar sind.

Die rechnerische Verfolgung der sich in der Schwachstromanlage abspielenden Vorgänge bedingt mit Rücksicht auf die Kleinheit der zuzulassenden Störgrößen Berücksichtigung aller Einflußgrößen, wie Veränderlichkeit der Leiterabstände (Durchhänge), vorhandene geerdete Bauteile und Leitungen (Telegraphenleitungen), Schirmwirkung vorhandener Gebäude, Bäume usw. Es würde den Rahmen dieses Buches überschreiten, die hierzu einzuschlagenden Wege auch nur anzudeuten. Ebenso sei es auch unterlassen, jene Maßnahmen zu erwähnen, die, an der Schwachstromanlage angewandt, die Gefährdung herabsetzen. Auf das Eingehen in die exakte quantitative Erfassung kann um so mehr verzichtet werden, als der VDE die „Leitsätze für Maßnahmen an Fernmelde- und an Drehstromanlagen im Hinblick auf gegenseitige Näherungen" (VDE 0228/1925, s. ETZ, Jahrg. 46, 1925, H. 30, S. 1126, und H. 40, S. 1527) ausgearbeitet hat, die, auf Vereinfachungen fußend, die Gefährdung der Schwachstromanlage durch eine räumlich definierte Starkstromleitung beurteilen lassen und den Projektanten der Freileitung in die Lage versetzen, die Zulässigkeit einer Näherung zu beurteilen und die Möglichkeit auszuschalten, daß der Besitzer der Schwachstromleitung etwaige Mängel seiner Anlage oder deren Betriebsführung, selbst wenn sie mit der Starkstromanlage in keinem Zusammenhang stehen, auf die letztere zurückführt.

Die Leitsätze fußen auf den die Beeinflussungserscheinungen erfassenden Maxwellschen Potentialgleichungen, für welche weitgehende Vereinfachungen zugelassen werden. (Mittelwerte für die Abstände der beeinflussenden Leiter untereinander und von deren Spiegelbildern, für die beeinflußten Leiter untereinander, Festwerte für wenig veränderliche Größen, wie Wirkung der stromführenden geerdeten Leiter der Umgebung, vereinfachte Ausdrücke für Gegeninduktivität, Kapazitätsgrößen bei z Drähten des Schwachstromstranges, übliche Verhältnisse für a — Abstand der zwei Leitungen in m —, b und c — deren Höhen in m —, Vernachlässigung der Durchhänge usw.) Sie setzen die angegebenen Grenzwerte für die in die Fernsprechleitung übertragene Arbeit voraus und lassen Geräuschspannungen von 0,01 V bei 5000 Per. zu; die Ansprechspannung der Blitzableiter wird mit 300 V angenommen. Unter solchen Voraussetzungen werden für die hauptsächlichsten Störungsfälle durch Influenz und Induktion in den verschiedenen Schwachstromleitungen (Fernsprecheinzel- und -doppelleitungen, Eisenbahnblockleitungen) Störziffern, bzw. Gefährdungszahlen festgelegt, für welche Höchstwerte angegeben werden, unter welchen der Gleichlauf als zulässig zu werten ist, und es werden Abstände, bzw. Gleichlauflängen vorgeschrieben, bei deren Über-, bzw. Unterschreitung eine Untersuchung der Beeinflussung unterbleiben kann. Es sei auf die Ausführungen Klewes hingewiesen, welche diese Ziffern, bzw. Zahlen begründen. Bei deren Ermittlung sind bestehende Gleichläufe einzubeziehen.

Nachfolgend seien unter Angabe der jeweiligen Betriebsvoraussetzungen die nachzuweisenden Gefährdungs-, bzw. Störungszahlen und die Bereiche, innerhalb welcher dieser Nachweis zu erbringen ist, angeführt:

Zahlentafel 50.

Gefährdung durch	Nullpunkt der Ds-Anlage	Zustand der Ds-Anlage	Schwachstrom-Leitung	Gefährdungszahl, bzw. Störungszahl	Zugelassener Höchstwert (Klammerwert bei besonderen Maßnahmen)	Untersuchungsbereich	Anmerkung
Knallgeräusche durch Influenz	isoliert	erdschlußbehaftet	Fernsprechdoppelleitung	$f = \frac{l v^2}{z+3}$	50 (100)	$\frac{1}{3}\sqrt{U}$	$v = \frac{U}{400} \cdot \frac{b c}{a^2 + b^2 + c^2} \cdot p \cdot q \cdot r$ $p = 0{,}75$ wenn Erdseil vorhanden $p = 1$ wenn kein Erdseil $q = 0{,}7$ bei geschlossener Baumreihe in der Nähe der Ds-Linie $q = 1$ bei fehlendem Baumschutz $r = 0{,}7$ bei geschlossener Baumreihe in der Nähe der Fernmeldeleitung $r = 1$ bei fehlendem Baumschutz l = Länge der Näherung (Projektion der Fernmeldeleitung auf die Drehstromleitung) U = Betriebsspannung in V
			Fernsprecheinzelleitung		150 (300)		
	geerdet		Fernsprechdoppelleitung	$g = 0{,}7\, \omega\, J \frac{l}{\sqrt{a}}$	100000 (250000)	1000 m	
			Fernsprecheinzelleitung		25000 (250000)		
			Eisenbahnblockleitung (Rückleitung Erde)		12500		
Störung des Betriebes (Störströme im Fernhörer durch Oberwellen)	isoliert oder geerdet	fehlerfrei	Fernsprechdoppelleitung	$s = U d \frac{l}{a^2 + b^2 + c^2}$	400	$\frac{1}{6}\sqrt{U d l_s}$	Störungszahlen können durch Verdrillen herabgesetzt werden
			Fernsprecheinzelleitung	$s' = \frac{U d}{z+3} \cdot \frac{l}{a^2 + b^2 + c^2}$	6	$2\sqrt{U d}$	
	isoliert	erdschlußbehaftet	Fernsprechdoppelleitung	$s_e = \frac{U l}{a^2 + b^2 + c^2}$	25	$\frac{3}{5}\sqrt{U l_s}$	l_s = Störungslänge $d = \sqrt[3]{d_{12} \cdot d_{13} \cdot d_{23}}$

Literaturverzeichnis.

1. Klewe: Neue Untersuchungen über die Einwirkung von Starkstromleitungen auf Fernmeldeanlagen. Zweite Weltkraftkonferenz Berlin 1930, Bericht 35.
2. Klewe: Über die Prüfung der Zulässigkeit von Näherungen zwischen Fernmeldeleitungen und oberirdischen Drehstromleitungen. ETZ 1927, H. 7, S. 197, und H. 8, S. 238.

X. Die Nachrichtenübermittlung.

Der Entwurf einer Hochspannungsfreileitungsanlage hat sich auf die Bereitstellung der Mittel für die Verständigung zwischen den Kraftwerken zwecks planmäßiger Abwicklung des Betriebes (Lastaufteilung, Spannungs- und Frequenzregelung usw.) zu erstrecken. Insbesondere ist zwecks wirksamer Abwicklung des Instandhaltungsdienstes der Freileitungen für eine jederzeit betriebsbereite Verständigungsmöglichkeit zwischen den die auftretenden Fehler wahrnehmenden, den die Behebung der Fehler veranlassenden Stellen und den sie behebenden Organen Vorsorge zu treffen. Hierbei sollen die letzteren sowie auch das die Leitungsbegehung besorgende Aufsichtspersonal in der Lage sein, von tunlichst vielen Stellen der Leitung aus Berichte zu erstatten und Weisungen entgegenzunehmen. Hand in Hand mit der Bereitstellung solcher Verständigungsmittel ist auch für die Verwendungsmöglichkeit etwaig geplanter Fernwirkanlagen (Fernmeß-, Fernzähl-, Fernmelde-, Fernsteuer-, Fernregel- oder Hochfrequenzselektivschutzeinrichtungen) Vorsorge zu treffen.

Die angedeuteten Aufgaben können entweder durch das Heranziehen der Hochspannungsleiter für die Übertragung der Sprechströme und Impulse (Hochfrequenztelephonie) oder durch die Bereitstellung eigener Leiter (Niederfrequenztelephonie) gelöst werden. Im letzteren Fall werden werkeigene Leiter, die entweder am Hochspannungsgestänge (Hochspannungstelephonie) oder auf gesondertem, tunlichst außerhalb der Einflußzone der Hochspannungsleiter verlaufendem Gestänge verlegt werden, herangezogen; schließlich kann die Nachrichtenübermittlung mit Hilfe gemieteter Leiter- oder Kabelpaare erfolgen.[1–4]

Die Hochfrequenztelephonie verwendet die aus der Funktechnik bekannten Sende- und Empfangseinrichtungen und kann sich nur bei großen Entfernungen der Sprechstellen (etwa ab 40 km) neben der Niederfrequenztelephonie wirtschaftlich behaupten. Der Anschluß an die Hochspannungsleiter erfolgt mittels Koppelkondensators (Ölpapier-, Hartpapier- oder Porzellankondensatoren) über die Koppel- und Trennfilter, die nur die zu übertragenden Trägerfrequenzen durchlassen. Die Sendeeinrichtung besteht aus Röhrensendern zur Erzeugung der Hochfrequenz, die gegebenenfalls in einem Vorverstärker verstärkt wird, dem Modulator, der die Hochfrequenz mit der über einen Vorverstärker zugeführten Sprachfrequenz moduliert, und dem Hochfrequenzverstärker. Der Empfangszweig besteht aus Empfangsfiltern, Pegelregelung, Hochfrequenzverstärker und Gleichrichterstufe, welcher einerseits der Rufverstärker, anderseits über eine Begrenzungskette der Sprachverstärker folgt. Die Abhängigkeit der Übertragungsgüte von Rauhreif und Nebel, welche die Dämpfung der Hochspannungsleitungen für die hochfrequenten Wellen erhöhen,[5] wird durch die neuzeitliche Pegelregeleinrichtungen in weitem Maße ausgeschaltet.

Die Speisung der Hochfrequenzgeräte erfolgt aus dem Wechselstromnetz. Der Leistungsbedarf beträgt etwa 400 VA bei 10-W-Sendeleistung. Gleichrichter liefern die erforderliche Anodenspannung und den Röhrenheizstrom. An das Gerät können sowohl Einzelteilnehmer als auch Vermittlungsstellen angeschlossen werden. Der Betrieb der Fernwirkanlagen ist in Sprechpausen oder unter Verwendung besonderen Zubehörs während des Sprechverkehrs möglich. Die

Abb. 426. Hochspannungsfernsprecher.

Reichweite eines solchen Gerätes wird durch die Eigenschaften der Leitung und durch die Zahl der Überbrückungsstellen beeinflußt. Größenordnungsmäßig liegt sie bei 100 km. Jede praktisch vorkommende Entfernung kann bei Verwendung von Zwischenverstärkern beherrscht werden. Die A. E. G. erzeugt ein **tragbares** Hochfrequenzgerät, bei dem die Kupplung mittels Seilantenne erfolgt. Das Gerät wird durch einen von Hand aus angetriebenen Generator gespeist.

Die Hochspannungstelephonleitungen sind zwecks Vermeidung unterschiedlicher Beeinflussung der zwei Drähte und der damit verbundenen Ausgleichserscheinungen sorgfältig zu verdrillen. Sie sind an Isolatoren mit tunlichst hoher Isolationsfestigkeit — für Hochspannungen — zu verlegen, damit sich etwaige

Ungleichheiten der Isolationsfestigkeiten infolge der Witterungseinflüsse nicht zu stark bemerkbar machen. Sie lassen sich in dem selbsttragenden Luftkabel mit dem Erdseil vereinigen (s. II, A 1). Die Hochspannungstelephonie verwendet Geräte, die den gleichen Aufbau wie die gewöhnlichen Tisch- und Wandgeräte aufweisen, deren Wicklungen den ihnen vorgeschalteten Schutzeinrichtungen angepaßt werden. Diese Einrichtungen bestehen aus:

dem Schutztransformator, der, für hohe Sättigung ausgelegt, die Wirkung hochvoltseitiger Überspannungen von den Niederspannungsgeräten fernhält; er wird nur bei Inanspruchnahme der Fernsprecheinrichtung eingeschaltet;

der Erdungsspule für die dauernde Ableitung der Influenzspannungen;

den Überspannungsschutzgeräten, wie Kathodenfallableiter, Flachbanddrosseln, Hörnerableiter mit Blasmagnet, Grobsicherungen und -spannungsableiter, Plattenfunkenstrecken, Luftleerableiter usw. auf der Oberspannungsseite des Schutztransformators, Feinsicherungen, Luftleerableiter usw. auf der Niederspannungsseite.

Die Hochspannungsfernsprechgeräte werden in den üblichen Schaltungen angewandt: Vermittlungseinrichtungen an Stellen mit strahlenartiger Anordnung der Fernsprechleitungen, Fernsprecheinrichtungen für zwei Richtungen mit Durchsprechschaltung, Verwendung besonderer Verstärkereinrichtungen usw. Für das Sprechen von der Strecke aus sind zwei Anordnungen zu unterscheiden: Die Schutzeinrichtungen sind an bestimmten Masten fest angeordnet, das Begehungsorgan ist nur mit dem Fernsprechgerät ausgerüstet (Abb. 426) oder Ausrüstung der Begehungsmannschaft mit Fernsprechgerät samt Schutzeinrichtung, das Zuschalten erfolgt an jedem beliebigen Punkt der Leitung mittels besonderer Drahtaufleger. Die neuzeitlichen Hochspannungsfernsprechanlagen lassen das Fernsprechen auch im Erdschlußfalle der Hochspannungsleitungen mit praktisch ausreichender Güte zu und lassen je nach der Verständigungsmöglichkeit auf den Zustand der Hochspannungsleitung schließen. Sie lassen ebenfalls den Betrieb von Fernwirkanlagen zu. Sie eignen sich für Übertragungsspannungen bis 60 kV und haben ebenfalls praktisch unbegrenzte Reichweite.

Werkeigene, an gesondertem Gestänge verlegte Leitungen lassen, soweit sie der Einwirkung der Hochspannungsleitungen entzogen sind, die Verwendung gewöhnlicher Geräte in den Werken und bei der Begehung zu.

Die von der Postverwaltung gemieteten Leitungen müssen auch nach Betriebsschluß zur Verfügung stehen (dauerndes Durchschalten in den Postvermittlungsstellen). Es ist Vorsorge zu treffen, daß Störungen womöglich durch den Mieter zu beheben sind, bzw. daß der Besitzer diese mit größter Beschleunigung behebt.

Literaturverzeichnis.

1. Fischer: Über Verständigungsmittel zwischen Kraftwerken. S. Z. 1930, H. 6, S. 380.
2. Fischer: Der Betriebsfernsprecher für Überlandwerke. Mitt. d. Vereinigg. d. El.-Werke Nr. 354/55 und 363/64, Februar, Juni und Juli 1924.
3. Wolman: Hochfrequenztelephonie über Starkstromleitungen. Schw. Bauzeitung 1934, Nr. 14, S. 154.
4. AEG: E-W-Telephonie. Berlin: Norden G. m. b. H.
5. Kaden u. Brückensteinkuhl: Die Ableitungsverluste von Freileitungen bei Rauhreif. ETZ 1934, H. 47, S. 1146.

Zweiter Abschnitt.

Die Vorarbeiten im Gelände.

Die Festlegung der Leitungstrasse und der Maststandorte im Gelände setzt vermessungstechnische Kenntnisse voraus, wie die Handhabung der Trassierungsgeräte, die rechnerische Auswertung der Ablesungen usw. Diese Arbeiten sind unter Rücksichtnahme auf die zu schaffenden Betriebsbedingungen — Möglichkeit der Leitungsüberwachung, Gefährdung der Leitung durch atmosphärische Einwirkungen, durch Lawinen usw. —, auf die Erweiterungsmöglichkeiten und auf die Bedingungen für die Errichtung — Zufuhr und Zusammenbau der Bauteile usw. — durchzuführen. Sie vermitteln die Unterlagen für den Entwurf jener Bauteile, die infolge ungewöhnlicher Geländeverhältnisse, gekreuzter Objekte usw., von den für die laufende Strecke in Aussicht genommenen abweichen müssen; sie lassen die benötigte Materialmenge und die Montagekosten beurteilen und ermöglichen die Erfüllung der Vorschriften rechtlicher Natur für die Erlangung der Baubewilligung und der Leitungsrechte. Die Durchführung dieser Vorarbeiten ist gewöhnlich an die Erteilung einer besonderen behördlichen Bewilligung geknüpft (landespolizeiliche Genehmigung).

Diese als Trassierung zu bezeichnenden Vorarbeiten lassen sich in folgende Teilarbeiten gliedern:

Ausgehend von den gegebenen Festpunkten der Freileitung — sofort oder zu einem späteren Zeitpunkt zu verbindende Kraftwerke und anzuschließende Stromabnehmer — wird vorerst an Hand von Übersichtskarten — Generalstabskarten — der allgemeine Verlauf der Trasse festgelegt (Unterabschnitt II);

Die in Aussicht genommene Trasse wird hierauf ausgepflockt (Vortrassierung, Unterabschnitt III);

Das Trassenprofil wird aufgenommen und gezeichnet (Unterabschnitt IV);

Es werden die Maststandorte festgelegt und ausgepflockt (Unterabschnitt V).

Vorerst seien die gebräuchlichen Trassierungsbehelfe beschrieben.

I. Die Trassierungsbehelfe und deren Handhabung.

Der wichtigste Behelf ist der Tachymeter-Theodolit.

Im Vergleich zu der Gesamtheit der mit diesem Gerät ausführbaren vermessungstechnischen Arbeiten stellt die Trassierung eine relativ einfache Arbeit dar, so daß es ausreichend ist, einen Tachymeter-Theodolit zu verwenden, der für Tachymetrie, Kataster und Absteckung bestimmt ist; von den zusätzlichen Einrichtungen eines solchen Gerätes kann die Bussole fallweise die Trassierungsarbeiten erleichtern.

Die Trassierungsarbeiten setzen hauptsächlich folgende Eigenschaften des Theodolits voraus:

Gute Optik wegen der üblichen langen Visuren, keine Kollimationsfehler, damit die ausgesteckten Punkte, bzw. die nach wiederholtem Wechsel des Gerätestandortes gewonnenen Verlängerungen eine vollkommene Gerade ergeben, durchschlagbares Fernrohr — um die Zielgerade in beiden Richtungen beobachten zu können —, robuste Ausführung und leichte, rasche und bequeme Handhabung. Das Messen von Längen, Horizontal- und Höhenwinkeln muß unter tunlichster Ausschaltung von Bedienungsfehlern, auch unter ungünstigen Beleuchtungsverhältnissen durch leicht vorzunehmende Ablesungen möglich sein.

Als ein für die Trassierungsarbeiten geeignetes Gerät sei nachfolgend der einfachste Theodolit — Th IV — der Firma Carl Zeiss in Jena beschrieben und seine Verwendungsmöglichkeiten nur so weit sie bei Trassierungsarbeiten üblicherweise verwertet werden, hervorgehoben. Obwohl auch einfachere Geräte für diese Arbeiten ausreichen, sei mit Rücksicht auf die geforderte gute Fernrohr- und Ableseoptik dieser Theodolit aus den zahlreichen Erzeugnissen der deutschen optischen Industrie herausgegriffen.

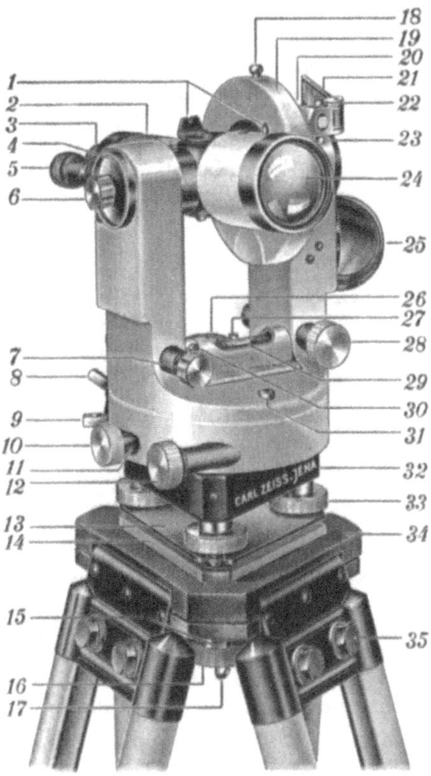

Abb. 427. Theodolit IV der Firma Zeiss in Jena.

Auf dem Dreifuß (*32*) (Abb. 427) ruht drehbar gelagert die Theodolitalhidade mit den Fernrohrstützen, die als geschlossener Hohlkörper ausgebildet ist. Zwischen diesen Stützen ist das Fernrohr (*24*) kippbar angeordnet. Es hat bei 28facher Vergrößerung eine Objektivöffnung von 35 mm und ist mit zwei Fernrohrdioptern (*1*) (Kimme und Korn) ausgerüstet. Die Strichschärfe wird durch Drehen des äußeren Rändelringes der Okularmuschel (*3*) erzielt, die vorhandene Dioptrienteilung erleichtert als Merkteilung das Wiedereinstellen bei Beobachterwechsel. Das Fokussieren erfolgt mit dem Rändelring (*2*) durch Verschieben einer Negativlinse im Innern des Fernrohres. Die Strichkreuze sind sehr fein auf Glas gezogen und erscheinen tiefschwarz. Zur Fernrohrkippung dienen die Klemmschraube (*6*) und die Feineinstellschraube (*7*) und zur Drehbewegung der Alhidade die Klemmschraube (*10*) und die Feinzielschraube (*12*). Der Ausschnitt (*11*) läßt erkennen, ob sich die Schraube (*12*) in der Mittelstellung befindet. Der Dreifuß (*32*) ruht mittels dreier gerändelter Fußschrauben (*33*) auf der Grundplatte (*14*) des Dreifußes, die auf die Kopfplatte des Stativs (*34*) aufgesetzt wird. Die Federplatte (*13*) dient zur Verbindung von Instrument und Stativ. Instrument und Dreifuß sind durch Steckzapfen und Steckhülse so verbunden, daß das Instrument gegen eine Zieltafel ausgetauscht werden kann und daß diese zwangläufig genau zentriert wird (Polygonausrüstung mit Zwangszentrierung). Höhen- und Horizontalwinkel werden an Teilkreisen abgelesen, die auf Spezialglas aufgetragen sind. Wegen der helleren Bilder und der klareren Teilung dieser Kreise ist ein leichteres Ablesen als bei Metallkreisen möglich. Der Horizontalkreis sitzt, von außen nicht zugängig, mit Reibung auf dem Unterbau, der Vertikalkreis befindet sich im Schutzgehäuse (*19*). Beide Kreise werden am Okular (*5*) abgelesen. Hierdurch wird das Herumeilen des Beobachters an verschiedene Stellen, Zeit- und Genauigkeitsverluste durch die damit eventuell verbundenen Erschütterungen (Bodenschwankungen) oder unbeabsichtigtes Berühren des Stativs vermieden. Horizontalkreis und Alhidade können durch Schließen der Kreisklemme (*9*) miteinander verbunden werden. Der Auslösehebel (*8*) dient zum Lösen dieser Verbindung. Diese Einrichtung ermöglicht das direkte Messen orientierter Richtungen durch mechanische Richtungsübertragung von Standpunkt zu Standpunkt. An der Alhidade ist ein dreh- und kippbarer Beleuchtungsspiegel (*25*) angebracht, der nach der Richtung des günstigsten Lichteinfalles eingestellt werden kann. Bei Arbeiten in der Dämmerung (im Walde) können durch eine angeklemmte Taschenlampe die verschiedenen Kreisstellen und die Höhenindexlibelle beleuchtet werden. Das Gerät ist mit einer Dosenlibelle (*26*) für rasches allgemeines Vorhorizontieren und mit einer Röhrenlibelle (*29*) für das feine Horizontieren ausgerüstet, Teil (*27*) ist die Justierschraube für die Dosenlibelle, Teil (*30*) jene der Röhrenlibelle. Zum Horizontieren des Vertikalkreismikroskops dient die Höhenindexlibelle (*20*) samt Ablesespiegel (*21*). Die Teile (*22*) und (*23*) sind die Justierschrauben, (*28*) die Einspielschraube dieser Libelle. Das Gerät kann zusätzlich mit einer Bussole ausgerüstet werden, am Lagerring (*4*) und am Halteknopf (*18*) kann entweder eine Schmalkalder-Vollkreisbussole mit Lupenablesung oder an einer Fernrohrstütze eine Röhrenbussole befestigt werden. Die Röhrenbussole ist der Kreisbussole vorzuziehen, da sie die Kippbewegung des Fernrohres nicht beeinträchtigt (die Kreisbussole muß vor dem Durchschlagen des Fernrohres ausgeklinkt, ausgeschwenkt und nach dem Durchschlagen wieder eingeklinkt werden). Außerdem weist die Röhrenbussole eine größere Richtgenauigkeit auf. Sie ist in der Bedienung sehr einfach: Beim Koinzidieren der Bilder beider Nadelenden zeigt die Nadel die Richtung des magnetischen Meridians an und gibt die Möglichkeit, den Horizontalkreis zu orientieren.

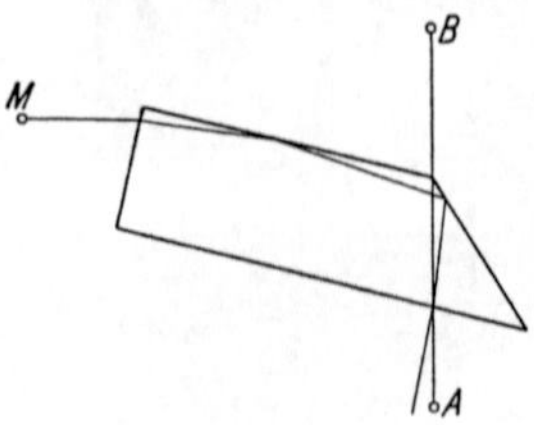

Abb. 428.

Die Anzugschraube (*16*) ist mit einem Stengelhaken (*17*) für den Zentrierstock oder -senkel versehen, sie kann auch gegen eine solche für optisches Lot und Schnurlot ausgewechselt werden.

Teil (*31*) ist ein Widerlager für die Festhaltevorrichtung im Behälter, (*35*) eine Schraube zum Nachziehen der Verbindung zwischen Holzstrebe und Stativbeinfassung, die Sechskantschrauben (*15*) ermöglichen, den Gang der Beine zu regeln. Das Stativ hat in der Kopfplatte eine große Öffnung, die ein Verschieben des Instruments innerhalb eines Kreises von 50 mm Durchmesser und damit ein bequemes Zentrieren zuläßt.

An das Fernrohr läßt sich eine Nivellierlibelle anbringen, auf welche bei Trassierungsarbeiten nicht verzichtet werden kann.

Vor der Besprechung der Handhabung dieses Gerätes seien als weitere Trassierungsbehelfe erwähnt:

Die Meßlatte: Diese dient zur optischen Messung von Entfernungen und Höhenunterschieden. Für die Trassierungsarbeiten ist es ausreichend, eine Latte für senkrechtes Aufstellen womöglich von 4 m Länge zu verwenden. Ist die Latte mit keiner Libelle ausgerüstet, so kann seitlich ein Senklot angebracht werden, mit welchem der Meßgehilfe die senkrechte Lage der Latte leicht und ausreichend genau überprüfen kann. Die Meßlatte trägt eine Zentimeterteilung, eine schwarze Dezimeter- und mitunter rote Meterbeschriftung. Sie wird meistens zusammenklappbar ausgeführt.

Die Fluchtstäbe: Die übliche Länge der Fluchtstäbe ist 2 m, esempfiehlt sich, besonders in unebenem Gelände, auch solche von 3 m Länge bereitzustellen. Sie werden rot und weiß gestrichen; die Farbenteilung beträgt 20, 25 oder 50 cm.

Das Winkelprisma: Dieses dient für Kleinaufnahmen nach rechtwinkligen Koordinaten (Lagepläne von Kreuzungen mit Bahnen u. dgl.) und ermöglicht das Einmessen von Punkten, indem diese durch Ordinaten und Abszissen bezüglich der Trassenlinie festgelegt werden. Das Gerät wird in der Trasse aufgestellt, durch Spiegelwirkung kann die zur Trasse senkrecht verlaufende Richtung festgelegt werden. Hierzu dient ein Glasprisma von fünfeckigem oder trapezförmigem Querschnitt (Abb. 428): Der vom Punkt M in der Trassenrichtung kommende Lichtstrahl wird am, bzw. im Glaskörper derart gebrochen, bzw. reflektiert, daß er von dem in A vorausgesetzten Auge des Beobachters gesehen wird. Gleichzeitig sieht der Beobachter hinter das Prisma und kann in senkrechter Richtung zur Leitungstrasse Punkte, z. B. B, festlegen, deren Abstand vom Gerät mit dem Meßband ermittelt wird. Werden zwei Prismen übereinandergelegt, so ist es auch möglich, Winkel von 180° abzustecken, bzw. Zwischenpunkte in eine gegebene Flucht einzuschalten (Abb. 429). Für derartige Arbeiten läßt sich besonders vorteilhaft das Kipplodis Gerät von C. Zeiss, Jena, verwenden, auf das in diesem Zusammenhang hiermit nur kurz hingewiesen sei.

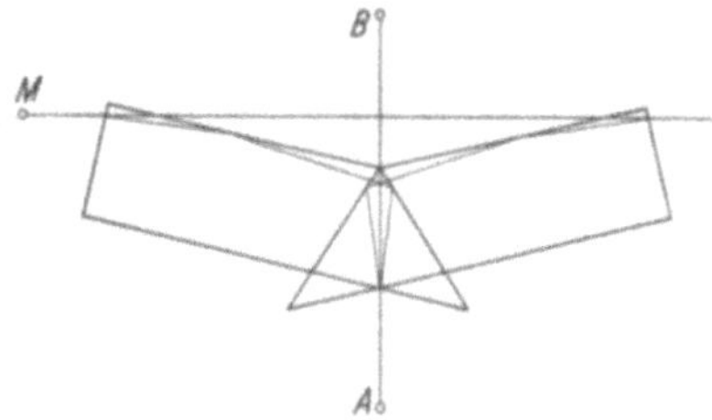

Abb. 429.

Die Winkeltrommel (Kreuzscheibe): Diese besteht aus einem metallischen Hohlzylinder mit je zwei parallel zur Zylinderachse vorgesehenen Schlitzen in zwei senkrechten Richtungen. Bei Aufstellung des Gerätes in der Trasse (Zylinderachse vertikal, zwei Schlitze in der Trassenrichtung) kann mit Hilfe der anderen zwei Schlitze die senkrechte Richtung der Trasse nach beiden Seiten ausgesteckt werden.

Die sonstigen bei den Trassierungsarbeiten verwendeten Behelfe bedingen keine nähere Beschreibung. Sie werden im Zuge der Besprechung dieser Arbeiten aufgezählt.

Das Aufstellen des Theodolits. Es ist vorerst das Stativ ohne Gerät derart aufzustellen, daß sich die Kopfplattenöffnung tunlichst senkrecht über dem Aufstellungspunkt und die Stativplatte in einer möglichst horizontalen Lage befindet; letztere Bedingung kann in unebenem Gelände am leichtesten dadurch erfüllt werden, daß ein Stativ mit ausziehbaren Beinen verwendet wird, oder bei einem Stativ mit starren Beinen dadurch, daß zwei Stativbeine in einer Schichtenlinie aufgestellt werden und die Neigung des dritten Beines so eingestellt wird, daß visuell die angestrebte Grobhorizontierung erreicht wird. Die Stativbeine werden nunmehr gleichmäßig und genügend fest in den Boden gedrückt, um ein Verschieben zu vermeiden. Das Gerät wird hierauf aus dem Behälter gehoben und auf die Stativplatte gesetzt. Die im Bügel der Stativplatte befestigte Anzugschraube ist hierauf sofort durch die Grundplatte (*14*) hindurch in das Mutterstück der Federplatte (*13*) zunächst lose einzudrehen. Der Objektivdeckel kann nunmehr abgenommen werden. Das Gerät wird hierauf zentriert. Bezüglich des Zentrierens mit starrem Lot, bzw. des optischen Zentrierens sei auf die vom Erzeuger des Gerätes herausgegebenen Sonderbeschreibungen verwiesen. Nach erfolgtem Zentrieren muß die Anzugschraube mäßig angezogen werden. Das Gerät wird hierauf nach Angabe der Dosenlibelle (*26*) durch Drehen der Fußschrauben rasch grob und nach Angabe der Röhrenlibelle (*29*) genau horizontiert, wobei die Röhrenlibelle in eine parallele Lage zu zwei Fußschrauben zu bringen und durch gegengleiches Drehen derselben einzuspielen ist; hierauf wird sie in eine um 90° geänderte Lage gebracht und mit der dritten Fußschraube ebenfalls eingespielt. Ablesemikroskop und Fern rohr sind nun, wie eingangs geschildert, auf Strich-, bzw. Bildschärfe einzustellen.

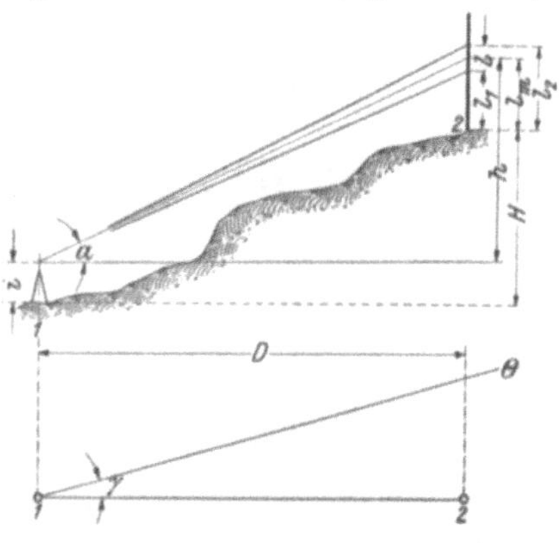

Abb. 430. Messung mit dem Theodolit.

Messungen mit dem Theodolit. Sollen waagrechter Abstand D, Höhenunterschied H und Horizontalwinkel γ der Verbindungsgeraden *12* gegenüber einer willkürlichen Richtung, z. B. Θ, gemessen werden (Abb. 430), so wird in einem Punkt,

z. B. *1*, das Gerät, in *2* die Meßlatte aufgestellt. Am Gerät werden im Okular (*5*) die Horizontalrichtung Θ und hierauf die Richtung *12* abgelesen, aus deren Differenz sich der Winkel γ ergibt, am Vertikalkreis kann der Winkel α unmittelbar abgelesen werden, im Fernrohrokular werden mit Hilfe des Strichkreuzes, bzw. der Horizontalstriche die Lattenhöhen l_1, l_m und l_2 abgelesen und dahingehend überprüft, daß der Wert l_m das arithmetische Mittel von l_1 und l_2 ergibt.

Die Ablesestellen des Horizontalkreises und des Vertikalkreises sind im Okular (*5*) gleichzeitig sichtbar (Abb. 431). Diejenige Zahl, deren Strich innerhalb der Mikroskopskala liegt, gibt die ganzen Grade an. Die zugehörigen Minuten werden an der Minutenskala unter Benützung dieses Teilstriches als Index abgelesen. Schließlich können noch Bruchteile der Minuten geschätzt werden. Vor der Ablesung am Vertikalkreis ist die Höhenindexlibelle mit der Schraube (*28*) einzuspielen. Abb. 431 zeigt das Gesichtsfeld im Ableseokular in halber Größe. Die Ablesung ergibt im Horizontalkreis 327° 07′8 und im Vertikalkreis 271° 48′6. Soll der Horizontalwinkel auf eine bestimmte Zielrichtung, z. B. Θ, bezogen werden, so ist die Alhidade so lange zu drehen, bis die Horizontalablesung Null ergibt [Feineinstellung mit Klemme (*12*)], mit Hilfe des Klemmhebels (*9*) werden Alhidade und Horizontalkreis fest verbunden, mit dem Fernrohr in Richtung Θ gezielt und auf den Auslösehebel gedrückt. Bei einer weiteren Drehung der Alhidade nimmt der Horizontalkreis an der Drehung nicht teil, jede beliebig eingestellte Richtung ergibt den zugehörigen Horizontalwinkel, z. B. die Richtung (*12*) den gewünschten Winkel γ.

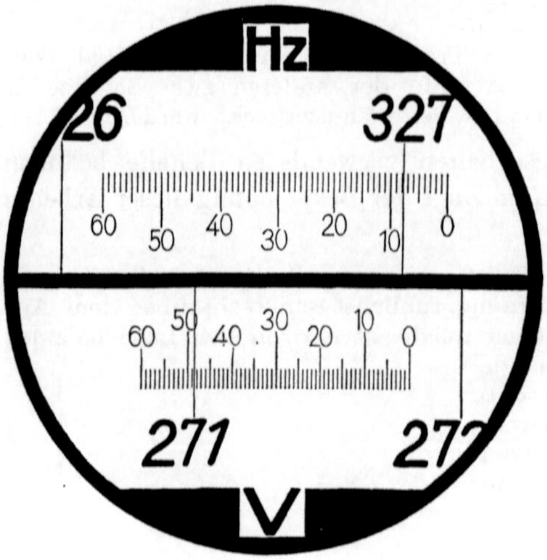

Abb. 431. Gesichtsfeld im Ableseokular.

Mit l sei der Unterschied $l_1 - l_2$ der Lattenablesung an den Distanzstrichen im Fernrohr bezeichnet. Bei horizontaler Visur ($\alpha = 0$) ist

$$D = K \,.\, l + c,$$

wobei K die Multiplikationskonstante durch das Verhältnis der Gesamtbrennweite des Objektivs und den Abstand der beiden Distanzstriche gegeben ist. Diese Abstände werden stets derart gewählt, daß sich für K eine runde Zahl (gewöhnlich $K = 100$) ergibt. Die Additionskonstante c ist durch den Abstand zwischen dem vorderen Objektivbrennpunkt und der Kippachse bedingt und kann, soweit sie nicht ohnehin durch besondere Vorkehrungen ausgeglichen wird, bei Trassierungsarbeiten meist vernachlässigt werden. Sie sei nachfolgend außer Betracht gelassen.

Ist α von 0 verschieden, so ist

$$D = K \,.\, l \,.\, \cos^2 \alpha. \tag{262}$$

Ferner ist (Abb. 430)

$$h = \frac{1}{2} K \,.\, l \,.\, \sin 2\alpha. \tag{263}$$

Wird mit i die Höhe des Instruments bezeichnet, die mit dem jedem Gerät beigegebenen Meßband (oder der Teilung am Zentrierstock) ermittelt werden kann, so ergibt sich der gesuchte Höhenunterschied H zwischen *1* und *2* zu

$$H = i + h - l_m. \tag{264}$$

In Gl. (264) ist h bei positivem Winkel α mit positivem Vorzeichen, bei negativem Winkel α mit negativem Vorzeichen einzusetzen. Ergibt H einen positiven Wert, so bedeutet dieses, daß der Punkt *2* höher liegt als der Standort des Gerätes. Ergibt Gl. (264) einen negativen Wert für H, so liegt Punkt *2* tiefer als Punkt *1*.

Die Werte $l \cdot \cos^2 \alpha$ und $\frac{1}{2} l \cdot \sin 2\alpha$ können mit eigenen Rechenschiebern, Tachymeterquadranten oder Zahllentafeln (Jordan, Prokes) usw. ermittelt werden (s. IV, Beispiel).

Justieren des Theodolits. Etwaige im Zuge der Arbeiten auftretende Ungenauigkeiten in den Messungen mit dem Theodolit können durch nachträgliche Justierungen behoben werden. Diesbezüglich sei auf die Maßnahmen hingewiesen, die durch den Geräteerzeuger angegeben werden. Es sei nochmals betont, daß bei Trassierungsarbeiten insbesondere das Beheben von Kollimationsfehlern wichtig ist, weil meist nur in einer Fernrohrlage gemessen wird.

II. Die Festlegung des allgemeinen Trassenverlaufes.

Dieser wird vorerst in großen Zügen mit Hilfe von Landkarten bestimmt, indem ein mehr oder weniger breiter Geländestreifen festgelegt wird, in welchem nachträglich die genaue Trasse ausgesteckt werden soll. Als für diese Festlegung maßgebend seien folgende anzustrebende Eigenschaften der Trasse erwähnt:

1. tunlichst geringe Länge, zwecks Verminderung der Anschaffungskosten und der Verluste in der Leitung;

2. tunlichst lange gerade Streckenteile und flache Winkel der Bruchpunkte;

3. zu vermeiden sind nach Möglichkeit Kreuzungen und Parallellauf mit Bahnen und Fernmeldeleitungen, bzw. wo erstere nicht zu umgehen sind, ist tunlichst rechtwinkeliges Kreuzen anzustreben;

4. ferner sind zu vermeiden: besiedelte Gebiete, Grundstücke, die hohe Kosten der Leitungsrechte bedingen (Wälder, Obstgärten usw.), Gegenden, in welchen die Leitungen chemischen Einflüssen ausgesetzt sind (Nähe von Hochöfen, Rostöfen usw.), Gefahrenzonen (Überschwemmungsgebiete), Gegenden mit ungewöhnlich starker Rauhreifbildung und großer Gewitterhäufigkeit. In Ländern mit ausgebautem Gewitterbeobachtungsdienst stehen dem trassierenden Techniker Gewitterbeobachtungskarten zur Verfügung, aus welchen er die Gebiete großer Gewitterhäufigkeit ersehen kann. Zweifellos herrscht zwischen der Gewitterhäufigkeit und der geologischen Beschaffenheit der Gebiete ein Zusammenhang, der jedoch nicht so weit erfaßt ist, um dem Praktiker einen eindeutigen Rat für die Trassenwahl geben zu können;

5. günstige Bodenverhältnisse für die Herstellung von normalen Fundamenten;

6. zu vermeiden sind merkliche Höhenunterschiede im Zuge der Leitung zur Verminderung der Errichtungskosten und zur tunlichsten Verhinderung von Betriebsstörungen; in den Tälern sind die Leitungen tunlichst am geschützten Abhang unter Ausschaltung des durch Erdrutschungen gebildeten Gefahrenmoments anzuordnen;

7. Verlauf der Leitung in der Nähe von Straßen, um die Materialzufuhr bei der Errichtung zu erleichtern; tunlichst gute Begehbarkeit, um die Leitungsaufsicht und die Instandsetzung leicht zu gestalten;

8. die Trassenführung hat den möglichen Erweiterungen (Einbinden von Kraftwerken, Schaffung neuer Anschluß- oder Abzweigstellen) Rechnung zu tragen.

Liegen außer den Endpunkten der Leitung noch bestimmte Punkte oder mehr oder weniger eng begrenzte Gebiete fest, durch welche die Leitung geführt werden muß (Abzweigpunkte oder Umspannstellen usw.), so kann der Trassenverlauf jedes Leitungsabschnittes zwischen diesen festliegenden Punkten, bzw. zwischen diesen und den Endpunkten der Leitung gesondert bestimmt werden.

Zweckmäßigerweise werden in die Karten die zu umgehenden Zonen (überschwemmungs-, gewitter-, rauhreif- und lawinengefährdete Zonen usw.) kenntlich gemacht und außer den schon eingezeichneten Bahnlinien auch die Autobahnen und die Fernmeldeleitungen eingetragen. Der betrachtete Leitungsabschnitt ist notfalls weiter zu unterteilen, wobei ein solcher Unterabschnitt höchstens 20—25 km betragen soll. Die Endpunkte der neugewonnenen Abschnitte sind in eine Detailkarte (etwa 1 : 25000) zu übertragen; in dieser ist der mehr oder weniger enge Geländestreifen einzugrenzen.

Das Anschließen von Freileitungen an Kraftwerke oder Umspannstellen, die sich innerhalb des Stadtbereiches befinden, bedingt, die Leitung im Stadtbild zu führen. Die Vorurteile, die sich einer solchen Leitungsführung entgegenstellen, können als überwunden betrachtet werden. So führt die 100-kV-Leitung Friedrichsfelde—Moabit, die den von Golpa, bzw. Trattendorf gelieferten Strom von der Schaltstation Friedrichsfelde nach dem Kraftwerk Moabit fortleitet, durch die Straßen Berlins. Hierbei handelt es sich jedoch um keinen seltenen Ausnahmefall, da Hochspannungsleitungen bereits in vielen Städten — Moskau, Graz usw. — anzutreffen sind.

Nur in den seltensten Fällen wird das Bestimmen der Trasse in großen Zügen eine eindeutige Lösung ergeben, es werden sich stets mehrere Lösungen als möglich erweisen, von welchen eine jede Vor- und Nachteile aufweisen wird. Die endgültige Wahl ist auf Grund von eingehenden Überlegungen und Vergleichen zu treffen.

III. Die Vortrassierung.

Für das Auspflocken der Trasse im festgelegten Geländestreifen gelten ebenfalls die unter II aufgezählten Gesichtspunkte. Zweckmäßigerweise sind vor Inangriffnahme dieser Arbeiten, auch bei erhaltener behördlicher Bewilligung, die Grundbesitzer hiervon zu verständigen, um Auseinandersetzungen wegen des Betretens der Grundstücke aus dem Wege zu gehen.

Dem mit der Durchführung der Trassierung betrauten Techniker ist ein Hilfstrupp für das Einvisieren und das Einschlagen der Pflöcke beizugeben (3—4 Mann unter Führung eines später beim Bau zu beschäftigenden Richtmeisters). Dieser Trupp ist mit einem Feldstecher, einigen Fluchtstäben, Trassierungspflöcken, Hacke und Nägeln auszurüsten. Es sind mit ihm Zeichen für das Aufstellen, Geradestellen und Einvisieren der Fluchtstäbe und der Meßlatte zu vereinbaren, die ihm vom Gerät aus am zweckmäßigsten mit einer Fahne gegeben werden.

In dem Geländestreifen sind die Winkelpunkte (an besonders angezeichneten Punkten, wie Richtungsänderung des Geländestreifens, höherliegende Punkte usw.) festzulegen und jede Strecke zwischen zwei Winkelpunkten wie folgt vorzutrassieren: die Winkelpunkte werden durch Trassierstangen kenntlich gemacht; das Gerät ist in einem Winkelpunkt aufzustellen, falls von diesem aus der nächste sichtbar ist; im Gegenfalle ist es in einem Zwischenpunkt aufzustellen, von welchem aus beide Winkelpunkte (nach Durchschlagen des Fernrohres) eingesehen werden können. Ist ein solcher nicht ausfindig zu machen, so muß die Trassenrichtung durch Versuche ermittelt werden (Aufstellen des Gerätes an einem Zwischenpunkt, von welchem vermutet wird, daß er im Zuge der Trasse liegt, Fernrohr auf den sichtbaren Winkelpunkt einstellen, durchschlagen, einen Punkt mit guter Sicht für weitere Verlängerungen einvisieren, das Gerät an diesem und eine Trassierstange am bisherigen Standort des Gerätes aufstellen usw.). Sollte die Trasse nicht zu jener Stelle führen, die für den Winkelpunkt in Aussicht genommen war, so ist die Vortrassierung zu wiederholen (Verlegung des Ausgangspunktes um eine der Abweichung der Trasse vom Winkelpunkt proportionale Strecke). Nach erfolgtem Aufstellen des Gerätes in der nunmehr festliegenden Trasse hat der Hilfstrupp die Strecke vom Winkelpunkt gegen das Gerät abzugehen und in angemessenen Abständen und an wichtigen und charakteristischen Stellen (vor und nach gekreuzten Wegen usw.) Punkte einfluchten zu lassen (nach erfolgtem Einvisieren mittels Trassierstange sind an diesen Pflöcke einzuschlagen; gegebenenfalls ist über Weisung des das Gerät bedienenden Technikers der genaue Punkt der ebenen Pflockoberfläche nach neuerlichem Eintrassieren mit einem einzuschlagenden Nagel kenntlich zu machen, und zwar an jenen Stellen, die vermutlich Maststandorte sein werden). Hierauf wird das Fernrohr durchgeschlagen und der Hilfstrupp in entgegengesetzter Richtung entsandt (falls der nächste Winkelpunkt vom Gerät aus sichtbar ist, bis zu diesem, sonst bis zu einem Punkt, von welchem aus die weitere Sicht gewährleistet ist). Dieser Punkt wird einvisiert, ausgepflockt und durch eine Trassierstange kenntlich gemacht. Der Hilfstrupp geht nunmehr die Strecke gegen das Gerät ab und legt wie vor einige Punkte fest. Hierauf wird beim bisherigen Standort des Gerätes eine Trassierstange aufgestellt. Ist die Strecke bis zum ersten Winkelmast vortrassiert, so dient diese Trassierstange für die Winkelmessung am ersten Winkelmast. Im Gegenfalle gibt sie die Richtung für die Verlängerung des vortrassierten Leitungsteiles an (nach erfolgtem Aufstellen des Gerätes am letzten ausgepflockten Punkt). In dieser Art wird der vortrassierte Leitungsteil bis zum Winkelpunkt verlängert.

Im Zuge dieser Arbeiten sind die Horizontalwinkel der Winkelpunkte mit dem Theodolit zu messen.

Der fertiggestellte Leitungsabschnitt muß hierauf begangen werden. Wird die ausgesteckte Trasse als zweckmäßig erkannt, so sind die bisher eingeschlagenen Hilfspflöcke mit fortlaufenden Zahlen zu beschriften.

Soll eine Gerade in unübersichtlichem Gelände (Wald usw.) ausgesteckt werden, so ist es am zweckmäßigsten, die Trassenrichtung mit Hilfe des mit einer Bussole (womöglich Röhrenbussole) ausgerüsteten Theodolits einzuschlagen, indem vorher der Winkel zwischen dieser Richtung und dem magnetischen Meridian auf der Karte festgestellt wurde. Zwecks Vermeidung von Waldschäden muß die Trasse durch fallweise Parallelverlegung durch Polygonzüge usw. ermittelt werden. Diese Verfahren sind bei beschleunigten Arbeiten stets mit Ungenauigkeiten verbunden. Solche Abschnitte sind nach dem der Errichtung der Leitung vorangehenden Freilegen der Leitungstrasse einer neuerlichen Trassierung zu unterziehen.

IV. Die Aufnahme und das Zeichnen des Trassenprofils.

Wirtschaftliche Austeilung der Maste (kleinste Anzahl und Höhe, geringe Grundablöse) kann nur auf Grund einer Trassenprofilzeichnung erfolgen. Die erforderlichen Aufnahmen sind mit Hilfe des an den Hilfspflöcken aufzustellenden Theodolits zu machen: einzumessen sind außer den bereits ausgepflockten nur solche Punkte, die für die Wahl der Maststandorte und für die Beurteilung der Bodenabstände der Leiter von Interesse sind (Parzellengrenzen, Wege, Bodenerhebungen, Niveauänderungen usw.). Es sei besonders hervorgehoben: das Einmessen und Aufzeichnen unwichtiger Punkte bedeutet eine wertlose Mehrarbeit. Hierbei wird sich die Notwendigkeit ergeben, den Standort des Gerätes öfters zu wechseln. Der Hilfstrupp begeht, mit Meßlatte ausgerüstet, die Trasse zum Gerät; an den einzumessenden Punkten, die er nach den ihm erteilten Weisungen selbst bestimmt, bzw. die ihm vom Gerät aus bei den durch die Bewegung des Trupps erkennbaren Neigungsänderungen der Trasse durch optische oder akustische Zeichen vorgeschrieben werden, ist die Meßlatte aufzustellen, einzuvisieren, und es sind am Gerät die Ablesungen zu machen. Im Zuge dieser Arbeiten sind einzelne Punkte — insbesondere die Winkelpunkte — im Gelände einzumessen und ebenso wie die bereits ermittelten Winkel in die Katasterpläne einzutragen. Bei weit ausladenden Masten wird sich bei senkrecht zur Leitungsrichtung geneigtem Gelände fallweise die Notwendigkeit ergeben, auch Querprofile in einem solchen Ausmaß aufzunehmen und zu zeichnen, daß der kleinste Abstand der Auslegerenden von Erde beurteilt werden kann. Da bei der Einmessung solcher Querprofilpunkte auch Horizontalwinkel abgelesen werden müssen und dadurch die Auswertung der Beobachtungen umständlich wird, zieht man es häufig vor, die Querprofile nachträglich ohne Instrument durch „Staffeln" aufzunehmen.

Bei der Aufnahme des Längsprofils hat der das Gerät bedienende Techniker ein Protokoll zu führen, aus welchem zu ersehen sind: Standort des Gerätes, Instrumentenhöhe, ferner für jeden einzumessenden Punkt: eventuelle Lage dieses Punktes (Nummer des Hilfspflockes), die drei Lattenablesungen (notfalls reichen zwei Ablesungen aus), Vertikalwinkel. Das folgende Beispiel läßt ein solches Protokoll und die nach Beendigung der Aufnahme vorgenommene Durchrechnung erkennen.

Zahlentafel 51. Niederschrift.

Standort des Gerätes: Hilfspflock 136; Instrumentenhöhe: 1,31 m.

Visur	Horizontalwinkel	Höhenwinkel	Lattenablesungen l_1 l_m l_2	l	D	h	H
Hilfspflock 141	0° 0′ 0″	+ 4° 16′	362, 239,5, —	245	243,7	+ 18,18	+ 17,095
Pkt. zw. 140—141	0° 0′ 0″	+ 3° 27′	317, 204,5, 92	225	224,2	+ 13,52	+ 12,785
Hilfspflock 140	0° 0′ 0″	+ 2° 55′	300, 202,5, 105	195	194,5	+ 9,91	+ 9,195
Hilfspflock 139	0° 0′ 0″	+ 2° 18′	218, 149, 80	138	137,7	+ 5,53	+ 5,40
Pkt. zw. 138—139	0° 0′ 0″	+ 1° 35′	260, 195, 130	130	129,9	+ 3,59	+ 2,95
Hilfspflock 138	0° 0′ 0″	— 1° 25′	215, 164, 113	102	101,9	— 2,52	— 2,85
Pkt. zw. 137—138	0° 0′ 0″	— 3° 25′	212, 174, 136	76	75,7	— 4,52	— 4,95
Hilfspflock 137	0° 0′ 0″	— 2° 15′	253, — 204	49	48,9	— 1,92	— 2,895
Pkt. zw. 136—137	0° 0′ 0″	0° 0′	161, 146, 131	30	30	0	— 0,15

Das so errechnete Trassenprofil ist nunmehr aufzutragen, am zweckmäßigsten auf pausfähigem Millimeterpapier. Es empfiehlt sich, verschiedene Maßstäbe für das Auftragen der horizontalen Abstände und der Höhen zu wählen, wobei die letzteren etwa vier bis fünfmal größer erscheinen sollen (Abb. 432, in welcher im Längenmaßstab 1 : 5000 und Höhenmaßstab 1 : 1000 die Aufnahmen laut Niederschrift und ein sich anschließender Trassenteil zeichnerisch dargestellt sind). Im Trassenprofil sind die Winkelpunkte kenntlich zu machen und die Winkel einzutragen.

Wird die Aufnahme eines Linienzuges von mehreren Arbeitspartien durchgeführt, so empfiehlt es sich, alle Partien in der gleichen Leitungsrichtung arbeiten zu lassen.

Zur Erlangung des Einverständnisses der Bahn- und Postbehörden, deren Objekte zu kreuzen, sind Lagepläne und Längsschnitte einzureichen. Diese müssen die Lage der Kreuzungsmaste gegenüber den gekreuzten Objekten (Bahnen, Fernmeldeleitungen) und den Winkel unter welchem die Kreuzung erfolgt, sowie die grundsätzliche Ausführung erkennen lassen. In die Lagepläne sind die Grenzen des Bahngrundes, die Kilometersteine, sonstige Leitungen, Gebäude, Wege, Parzellengrenzen usw. einzuzeichnen. Die Längsschnitte müssen die größten Durchhänge der Leiter, deren Abstände von der Schienenoberkante, von den gekreuzten Leitungen und untereinander erkennen lassen. Die Aufnahmen für den Lageplan können außer mit Theodolit und Meßlatte auch mit Winkelprisma oder Winkeltrommel und Meßband gemacht werden. Hiezu wird eine Handskizze an Ort und Stelle angefertigt. Das endgültigen Auftragen erfolgt entweder mittels Winkelmessers oder mittels Auftrageapparates (kreisförmiger Transporteur mit drehbarem Auftragelineal). Die Längsschnitte werden in der vorbeschriebenen Art aufgenommen und gezeichnet.

V. Die Bestimmung der Maststandorte; Stützpunktverzeichnis.

Die Austeilung der Maste erfolgt an Hand des Trassenprofils und der Katasterpläne, wobei jeder Leitungsabschnitt zwischen zwei Winkelpunkten gesondert behandelt wird. Es ist zu trachten, die der Berechnung der Maste zugrunde zu legenden größten Spannweiten tunlichst voll auszunützen und die Mastaufstellung auf tunlichst weniger wertvollen Grundstücken in Aussicht zu nehmen, um an Grundablöse zu sparen. Ferner soll mit tunlichst niedrigen Masten das Auslangen gefunden werden. Die Mastausteilung erfolgt im Trassenprofil mit Hilfe einer durchsichtigen Durchhangsschablone (aus Zelluloid o. dgl.), die in den gleichen Maßstäben zugeschnitten wird (Abb. 432) in welcher diese Schablone die Bestimmung der Maste *76* und *77* andeutet) und in welcher die Durchhangslinie d, hierzu parallel im geforderten Bodenabstand die Linie e und im Abstand gleich der Höhe über Erdboden des untersten Leiters des normalhohen Mastes die Linie n eingezeichnet sind. Die Abb. 432 zeigt die Handhabung der Schablone: bei deren Auflegen, bzw. Verschieben ist auf vertikale Lage der Achse *II* zu achten, die Kurve n läßt die günstigste Lage des Mastes erkennen, um diesen tunlichst niedrig zu halten, bzw. die notwendigen Abweichungen von der normalen Höhe beurteilen; der Abb. 432 ist zu entnehmen, daß der Mast *76* als normal-

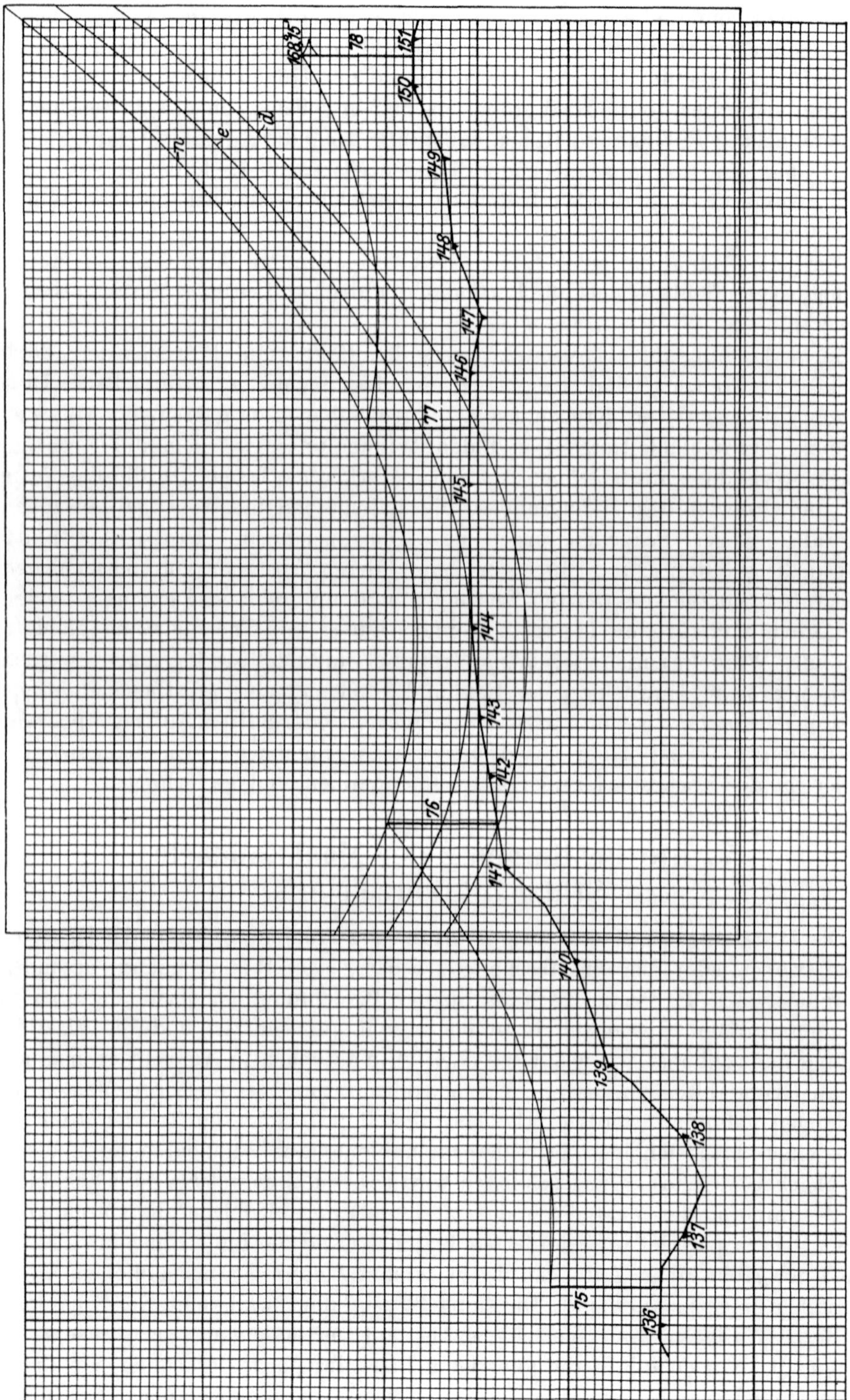

Abb. 432. Zeichnen des Trassenprofils.

hoher, Mast 77 als um 1 m gekürzter Mast ausgeführt werden kann. Gleichzeitig kann durch Verschieben der Schablone beurteilt werden, wie weit eine Änderung der Standpunkte eine Verbesserung der Mastausteilung zur Folge haben kann. Nach Festlegung der Maststandorte und der Masthöhen läßt sich mit der Schablone die Durchhangslinie einzeichnen. Bei der Mastausteilung ist auf die Möglichkeit, die Maste zusammenzubauen, zu erzeugen (Betonmaste) und aufzustellen, Rücksicht zu nehmen. Es ist zu berücksichtigen, daß die an Berglehnen zur Aufstellung gelangenden Maste eine dem Ebnen der Aufrichtestelle entsprechend größere Länge aufweisen müssen. Die Kreuzungsmaste sind in Übereinstimmung mit den Lageplänen (s. IV) auszupflocken. In Sonderfällen wurden im Bereich zwischen den Abspannmasten Zwischenmaste vorgesehen, um die angestrebten Erdabstände mit Abspannmasten normaler Höhe zu erzielen (RWE-Kreuzung bei Koblenz, bei welcher die Kreuzungsmaste normale Höhe aufweisen, die Zwischenmaste als Tragtürme von 121,5 bzw. 126,5 m Höhe ausgebildet wurden).

Die Zweckmäßigkeit der in Aussicht genommenen Lage der Stützpunkte ist im Gelände zu überprüfen und hierauf die definitive Auspflockung vorzunehmen, wobei etwaige Abweichungen im Trassenprofil und im Katasterplan vorzumerken sind.

Diese Auspflockung erfolgt mit Hilfe des Theodolits, wobei dieser an einem der nächstgelegenen Hilfspflöcke aufgestellt wird. Der Abstand zwischen Gerät und dem im Trassenprofil festgelegten Maststandort wird im Gelände mit dem Meßband eingemessen.

Die Mastpflöcke sind durch einen besonderen Anstrich kenntlich zu machen, um sie von den Hilfspflöcken unterscheiden zu können und mit fortlaufenden Nummern (den späteren Mastnummern) zu versehen.

Die behördlichen Vorschreibungen verlangen stets den Nachweis der Besitzer der benützten und der überspannten Grundstücke. Die Kenntnis dieser Grundbesitzer ist dem Leitungseigentümer schon deshalb erwünscht, um die Frage der Leitungsrechte mit diesen unmittelbar klären zu können. Ihre Ermittlung erfolgt aus den behördlichen Eintragungen, die bei den Gemeindeverwaltungen eingesehen werden können.

Mit der Durchführung der vorgeschilderten Arbeiten wurden die Unterlagen geschaffen, um einerseits die Eingaben an die Behörden für die Genehmigung des Leitungsbaues verfassen und anderseits die Ausführung der Leitung festlegen und den genauen Materialbedarf bestimmen zu können.

Der Materialbedarf wird an Hand des Stützpunktverzeichnisses ermittelt. Dieses hat sämtliche Angaben — Masttype, -ausrüstung, Spannweite — zu enthalten. Für den in der Abb. 432 gezeichneten Trassenteil kann dieses Verzeichnis etwa wie in Zahlentafel 52 angelegt werden.

In die Rubrik „Anmerkung“ sind insbesondere Vormerkungen über die sich als notwendig ergebenden Ausführungen der Fundamente auf Grund der Wahrnehmungen über die Bodenfestigkeit zu machen.

Die geschilderten Trassierungsarbeiten setzten Spannfelder nach dem Weitspannsystem und unebenes, unübersichtliches Gelände voraus. Treffen diese Voraussetzungen nicht vollauf zu, so können die Arbeiten vereinfacht werden: bei kurzen Spannweiten kann sich die Aufnahme des Längenprofils auf jene

Zahlentafel 52.

Stützpunkt Nr.	Gemeinde, Parzellen Nr.	Leitungswinkel	Spannweite	Leiter	Masttype: Tragmaste: normale Länge	um 1 m verkürzt	um 1 m verlängert	um 2 m verlängert	Winkelmaste*: für den kleinsten Winkel bis 140°: normale Länge	um 1 m verlängert	für 141 bis 159°: normale Länge	um 1 m verlängert	für 160 bis 179°: normale Länge	um 1 m verlängert	Sondermast	Isolatorenketten: normale Tragmast-hängekette	Tragmastdoppelketten	Winkelmasteinfach-hängekette	Winkelmasteinfach-abspannkette	Winkelmastdoppel-abspannkette	Sonderketten	Anmerkung
75		180°			1											3						
			99																			
76		180°			1											3						
			85																			
77		180°				1										3						
			80																			
78		168° 15′											1						6			
Summe...																						

Streckenteile beschränken, die keine unmittelbare Bestimmung der Maststandorte zulassen, in ebenem Gelände kann auf diese Aufnahme gänzlich verzichtet werden. Es ist jedoch keinesfalls ratsam — von kurzen Teilgeraden abgesehen —, auf das endgültige Auspflocken der Maststandorte mit dem Theodolit zu verzichten, da selbst bei gewissenhaftester Auspflockung mit freiem Auge Ungenauigkeiten auftreten, die sich bei längeren Leitungsstrecken bei der Mastaufstellung nicht richtigstellen lassen.

* Die zu entwickelnden Winkelmasttypen werden zweckmäßig unter Berücksichtigung der Häufigkeit der jeweils vorkommenden Winkel festgelegt.

Dritter Abschnitt.

Die Montage der Freileitungen.[1,2]

I. Allgemeines.

Die Errichtung einer Freileitung setzt außer der einwandfreien Ausführung der Montagearbeiten auch eine diesen vorangegangene und während derselben fortlaufend zu leistende organisatorische Tätigkeit voraus, durch welche die erforderlichen Mittel für die Ingangsetzung und die reibungslose Durchführung der Arbeiten bereitgestellt und deren folgerichtige Abwicklung gewährleistet wird. Zur Durchführung dieser Arbeiten sind eingehende Materialkenntnisse, gründliche theoretische Kenntnisse der zu beherrschenden Kräfte und ausreichende praktische Erfahrung erforderlich.

Die zu ergreifenden organisatorischen Maßnahmen sind durch den Bezug der Bauteile aus verschiedenen Werken und durch ihre zeitlich verschobene Verwertung, ferner durch die räumliche Ausdehnung der Arbeitsstätten, durch die Verschiedenartigkeit der Behelfe usw. bedingt und müssen die unbehinderte Abwicklung aller verschiedenen, zum Teil ineinandergreifenden Einzelarbeiten und die Errichtung der Leitung in wirtschaftlichster Weise innerhalb der verfügbaren Bauzeit ermöglichen. Die bereitzustellenden Geräte können in Anbetracht des weiten Bereiches, in welchem sich die Gewichte der Bauteile und die zu beherrschenden Kräfte bewegen, nicht auf Einheitstypen zurückgeführt werden, sondern sind im allgemeinen für jeden Einzelfall zu berechnen, zu entwerfen und herzustellen. Die Inangriffnahme der Arbeiten ist erst möglich, sobald alle Voraussetzungen rechtlicher Natur für die Durchführung der Arbeiten, für die Inanspruchnahme der fremden Grundstücke für das Errichten von Leitungsstützpunkten, bzw. für das Überspannen erfüllt sind.

Nach Vornahme der besprochenen Vorarbeiten im Gelände kann unter Verwertung der gelegentlich dieser Arbeiten gepflogenen Erhebungen die Ausführung der Freileitung in allen Einzelheiten festgelegt werden; ungeklärt bleibt mitunter die Ausführung einzelner Fundamente, über die gegebenenfalls erst nach dem Ausheben der Mastgrube entschieden werden kann. Es können somit die Bauteile erzeugt, bzw. in Auftrag gegeben werden.

II. Die Organisierung der Montagearbeiten.

Von wesentlicher Bedeutung ist die Zeitdauer, die für die Durchführung des Baues zur Verfügung steht. Sie ist meist knapp bemessen, auch wenn die Leitung an ein erst zu errichtendes Kraftwerk anzuschließen ist, da die Flüssigmachung der erforderlichen Geldmittel so weit als nur möglich hinausgeschoben wird.

Ausgehend von dieser verfügbaren Bauzeit, wird ein Bauprogramm für die zeitliche Abwicklung der verschiedenen Teilarbeiten ausgearbeitet. Zur besseren Übersicht wird dieses, wie bei Bauarbeiten üblich, zeichnerisch dargestellt indem jede Einzelarbeit als Funktion des Ortes (Abszisse) und der Zeit (Ordinate) abgetragen wird. Jeder Einzelarbeit entspricht dann ein zusammenhängender oder aus Einzelästen bestehender Linienzug, je nachdem, ob diese Arbeit nur von einer einzelnen oder von mehreren, gleichzeitig eingesetzten Arbeitskolonnen ausgeführt wird. Die Einzelarbeiten, die das Bauprogramm zu umfassen hat, sind von der Ausführung der Leitung abhängig und von Fall zu Fall festzulegen. Für eine Leitung mit Stahlmasten und Betonfundamenten wird das Bauprogramm beispielsweise folgende Teilarbeiten umfassen müssen:

1. Nachtrassierung.
2. Ausheben der Mastgruben.
3. Anfuhr der Maste von den Bahnstationen.
4. Zusammenbau der Maste.
5. Kiesanfuhr.
6. Maststellen:
   a) Einsetzen der Erdanker,
   b) Transport der Stellgeräte,
   c) Aufrichten.
7. Anfuhr der Schalung, des Zements und des Mischwassers.
8. Herstellung der Betonfundamente.
9. Anfuhr der Isolatoren und Armaturen.
10. Transport der Geräte und der Baustoffe für den Seilzug.
11. Auslegen und Spannen der Leiter.
12. Fertigstellungsarbeiten.

Für alle Einzelarbeiten muß der tägliche, bzw. wöchentliche Arbeitsfortschritt unter Berücksichtigung der zum Einbau gelangenden Baustoffe und Bauteile, der örtlichen Verhältnisse und der in Aussicht genommenen Montagebehelfe und Arbeitsweisen auf Grund der Erfahrung und unter Zugabe eines entsprechenden Sicherheitszuschlages für Verzögerungen durch Schlechtwetter usw. richtig geschätzt werden. Dabei ergeben sich für verschiedene Teilarbeiten verschieden große Arbeitsfortschritte. Zur vollen Ausnützung der verfügbaren Bauzeit ist es notwendig, eine möglichste Übereinstimmung des Zeitbedarfes wenigstens für bestimmte Teilarbeiten herbeizuführen. Das kann vor allem dadurch geschehen, daß für jene Arbeiten, die einen verhältnismäßig größeren Zeitaufwand erfordern, mehrere Arbeitskolonnen eingesetzt und leistungsfähigere Behelfe herangezogen werden. Zuweilen ist es zweckmäßig, die Leitungsanlage in mehrere Baulose zu unterteilen, die gleichzeitig, bzw. zu bestimmten, entsprechend gewählten Zeitpunkten in Angriff genommen werden.

Aus dem Bauprogramm lassen sich die den verschiedenen Lieferwerken vorzuschreibenden Fertigstellungstermine für alle Bauteile ableiten, bei deren Ermittlung auf den Bahn- oder Schiffstransport und auf die Zufuhr zu den Lagern, bzw. Materialsammelplätzen usw. Rücksicht zu nehmen ist. Sollten die Lieferwerke diese Lieferfristen nicht einhalten können und ist eine Beschleunigung der Bauarbeiten, welche die spätere Lieferung der Bauteile zuläßt, nicht möglich, so muß die Lieferung auf zwei oder mehr Werke aufgeteilt werden.

Zur Vorbereitung der Baudurchführung sind ferner folgende Maßnahmen zu treffen:

1. Regelung der Übernahme der Bauteile in den Werken der Lieferfirmen;
2. Auswahl und Bereitstellung der erforderlichen Werkzeuge und Geräte;
3. Bereitstellung von Beförderungsmitteln (Kraftwagen, Motorräder, Fahrräder);

4. Entsendung des Personals für die Bauführung (Bauleiter, technisches und kaufmännisches Hilfspersonal, Monteure);

5. Bereitstellung geeigneter Büroräume samt Einrichtung (Telephon) für die Bauleitung;

6. Bereitstellung von Unterkünften für das zu entsendende Personal, allenfalls Vorkehrungen zu dessen Verpflegung;

7. Beschaffung geeigneter Lagerräume für die Werkzeuge und Geräte sowie für die Baustoffe und Bauteile; Vorsorge für die Ausrüstung mit Feuerlöschapparaten, Vorkehrungen zur Diebstahlsverhütung, Versicherung;

8. Vorkehrungen für die Übernahme des Materials in den Bahnhöfen, für das Abladen und die Zufuhr desselben zu den Lagerräumen, Lagerplätzen oder Einbaustellen;

9. Vorkehrungen für die schrittweise Aufnahme und Einstellung von Hilfsarbeitern;

10. Beschaffung von Sand, Kies und Mischwasser für die Betonbereitung und Vorkehrungen für die Anfuhr dieser Stoffe.

Während des Baues sind die erzielten Arbeitsfortschritte laufend mit den im Bauprogramm vorgesehenen zu vergleichen. Zu diesem Zweck sind vom Bauführer Wochenberichte einzuholen, welche dem Bauherrn und der ausführenden Unternehmung die Möglichkeit geben, einen solchen Vergleich anzustellen. Hierzu eignet sich wieder die zeichnerische Darstellung, indem die geleisteten Arbeiten als Funktion des Ortes (Mastnummer) und der Zeit (Arbeitswoche) laufend abgetragen werden. Weichen Bauprogramm und Baufortschritt voneinander fühlbar ab, so müssen Maßnahmen getroffen werden, um die Rückstände aufzuholen, wie Verstärkung oder Neueinsatz von Arbeitspartien, Heranziehung leistungsfähigerer Behelfe, im äußersten Falle Einschaltung von Überstunden.

III. Die Durchführung der Montagearbeiten.

Zunächst ist eine Nachtrassierung vorzunehmen, bei der etwaig fehlende Pflöcke ersetzt und jene Trassenberichtigungen und Verschiebungen von Maststandpunkten durchgeführt werden, an die die Bewilligung zur Errichtung der Freileitung geknüpft wurde. Zweckmäßigerweise werden gleichzeitig weitere Hilfspflöcke für das genaue Einrichten der Maste in der richtigen Flucht, bzw. Lage eingeschlagen, und zwar bei Tragmasten in der Leitungsflucht vor und hinter dem Mast, bei Winkelmasten wird die Winkelhalbierende durch je einen Pflock beiderseits des Mastes kenntlich gemacht.

Ferner ist für die ausreichende Freilegung der Leitungstrasse (Ausästen, Baumfällen) Sorge zu tragen. Für den Zutransport der Bauteile zu den Maststandpunkten sind zuweilen neue Fahrwege anzulegen, bzw. Brückenverstärkungen durchzuführen.

A. Das Ausheben und Herrichten der Mastgruben.[3]

Nach Din 1962 werden die Bodengattungen in folgende fünf Gruppen eingeteilt:

1. Schlammiger Boden, Treibsand;
2. leichter Boden: loser Boden, Muttererde, Sand;

3. mittlerer Boden: festgelagerter Lehm, kiesiger Lehm, leichter Ton;
4. fester Boden: schwerer Lehm mit Trümmern, fester Ton, Grubenkies mit Ton, fester Mergel, lange lagernder Bauschutt, schiefriger Fels;
5. Fels.

Zum Lösen des Bodens (Ausheben der Mastgrube) eignen sich folgende Behelfe:

Für 1: Schöpfgefäße u. dgl.;
,, 2: Schaufel und Spaten;
,, 3: wie 2, auch Hacke und Spaten;
,, 4: wie 3, hierzu noch Keile, allenfalls auch Sprengschüsse;
,, 5: Lösen nur durch Sprengarbeit wirtschaftlich möglich.

Im Falle der Bodengestaltungen 1—4 erfolgt der Aushub der Mastlöcher stets händisch, da der maschinelle Bodenaushub infolge der Transportkosten für die schweren Geräte nicht wirtschaftlich gestaltet werden kann. Das Herstellen der Bohrlöcher für das Sprengen erfolgt oft mit Hilfe von Bohrmaschinen.

Das Herrichten der Mastgrube hängt von der Standfestigkeit des Bodens ab. Soweit es diese gestattet, wird die Mastgrube als offene Grube hergerichtet, im Gegenfalle muß sie ausgeschachtet werden. Für das Herrichten der Mastgrube ist ferner maßgebend, ob sie im Trockenen verbleibt oder ob sie in das Grundwasser reicht. In allen Fällen sind die Abmessungen der Mastgrube auf das Mindestmaß zu beschränken, nicht nur, um die Kosten für den Aushub und das Wiederauffüllen niedrig zu halten, sondern auch, weil das zugestampfte Erdreich niemals seine frühere Dichte erreicht.

Im Trockenen werden im stechbaren (festgelagerten) Boden die Grubenwände senkrecht ausgeführt, die Mastgruben der unmittelbar eingegrabenen Holz- und Betonmaste werden zwecks leichteren Aufrichtens der Maste zuweilen abgeschrägt oder abgetreppt. Die verläßliche Ausführung der Stampfarbeit bedingt, daß bei eingegrabenen Masten der Abstand zwischen Mast und Grubenwand 0,3—0,4 m beträgt. Durch sorgfältiges Verkeilen kann das Einspannen verbessert und das Schiefstellen des Mastes vermieden werden. Auch die Abmessungen der Mastlöcher für Maste mit Schwellen- oder Betonstufenfundamenten sind möglichst zu beschränken. Bei unzureichender Standfestigkeit des Bodens muß die Grube gepölzt werden (durch einige waagrechte, gegeneinander abgestützte Holzbohlen) oder auch vollständig eingefaßt werden, um die Aushubarbeiten möglichst zu begrenzen und der Mastgrube die beabsichtigte Form geben zu können. Hierdurch wird auch die Gefährdung des Arbeiters durch die einbrechenden Erdmassen vermieden.

In allen Fällen sind die Absteifungen der Holzbohlen derart anzuordnen, daß sie weder die Aushubarbeiten noch das Aufrichten der Maste zu sehr behindern (Anordnung von Kränzen an den Grubenwänden). Die Mastgruben können waagrecht oder lotrecht verzimmert werden. Die waagrechte Verzimmerung setzt voraus, daß die Grube bis auf die Tiefe einer Bohlenbreite frei abgeschachtet werden kann und ist billiger; die lotrechte Verzimmerung ist infolge des erforderlichen Nachtreibens der Bohlen mit Holzhämmern oder Rammen umständlicher und im trockenen Erdreich meist entbehrlich. Abb. 433 zeigt schematisch den Vorgang beim Ausschachten einer waagrecht verzimmerten Mastgrube:

1. Graben, soweit freies Abschachten möglich (Tiefe T_1).

2. Einziehen der Bohlen Bo_1 (angenommen drei aneinanderliegende Bohlen je Wand), Abmessungen etwa 25 × 6 cm, Bohlenlänge der Mastgrube angepaßt.

3. Einziehen der Brusthölzer Br_1 (zwei je Wand), d. s. Kanthölzer, Stärke den Abmessungen der Grube angepaßt, meist 12—16 cm.

4. Anordnung der Steifen S_1, d. s. Rund- oder Kanthölzer.

5. Graben bis T_2.

6. Einziehen der Bohlen Bo_2 (angenommen drei aneinanderliegende Bohlen je Wand), Fassen durch die Brusthölzer Br_2 (wieder zwei je Wand), Setzen der Steifen S_2 (wieder insgesamt acht).

7. Entfernen der Steifen S_1 und der Brusthölzer Br_1.

8. Graben bis T.

9. Einziehen der Bohlen Bo_3 (angenommen wieder drei aneinanderliegende Bohlen je Wand), Fassen durch die Brusthölzer Br_3 (wieder zwei je Wand), Setzen der Steifen S_3 (wieder insgesamt acht).

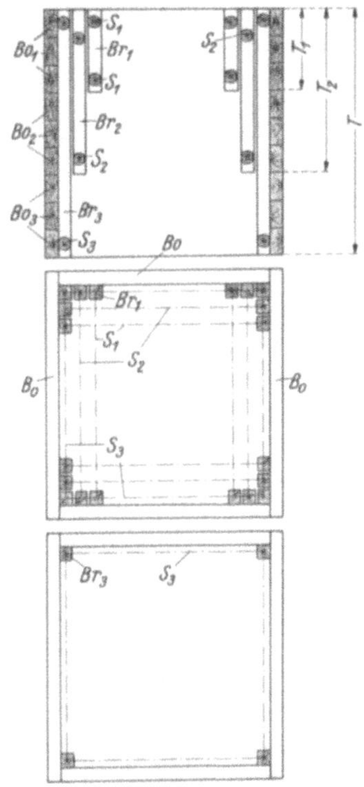

Abb. 433. Waagrechte Verzimmerung einer Mastgrube.

Den Endzustand zeigt der untere Grundriß der Abb. 433.

Gegebenenfalls können die waagrechten Bohlen in Abständen untereinander angeordnet werden, wobei mit zunehmender Tiefe diese zu verringern sind.

Bei der lotrechten Zimmerung werden Bohlen der gleichen Abmessungen verwendet, die Gurthölzer werden aus 6—10 cm starken Bohlen, die Steifen wieder aus Rund- oder Kantholz hergestellt.

Mastgruben im Grundwasser bedingen eine von der Stärke des Grundwasserandranges abhängige Wasserhaltung. Oft ist die offene Wasserhaltung mit einer oder mehreren händisch oder maschinell betriebenen Pumpen ausreichend.

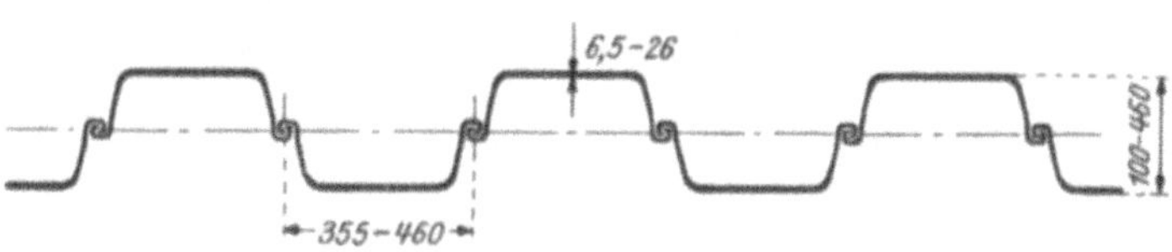

Abb. 434. Larssen-Spundwände.

Bei größerem Wasserandrang kann die erwähnte vollständige Ausschachtung bei lotrechter Verzimmerung angewandt werden, wobei es mitunter ausreicht, die Fugen auf der Wasserseite durch Asche, Fichtennadelgrus, Sägespäne, letztere mit Sand, Lehm und pulverförmigem, ungelöschtem Kalk gemischt zu dichten. Ansonsten sind Spundwände zu verwenden, die aus Holz, Eisen oder Beton hergestellt werden. Üblich sind die Holzspundbohlen mit quadratischer als auch mit Keilspundung, deren Spitzen stets angeschärft werden.

Größere Lebensdauer weisen die stählernen Spundwände auf, die vor allem bei großen Mastgruben, wie bei Flußkreuzungstürmen usw., zur Einfassung der Baugrube mit Vorteil zur Anwendung gelangen können. Abb. 434 stellt die gewalzte, wellenförmige stählerne Spundwand der Bauart Larssen dar.

Das ausgegrabene Erdreich ist in allen Fällen in genügender Entfernung von der Mastgrube zu lagern, damit der Erddruck an den Mastgrubenwänden hierdurch keine Vergrößerung erfährt und die Mastgrube nicht verunreinigt wird. Bei der Ablagerung des ausgehobenen Erdreiches ist auch darauf zu achten, daß dieses das Aufrichten der Maste nicht behindert.

Das Zuschütten und Zustampfen der Mastgruben erfolgt vorwiegend händisch unter Verwendung von Erdstößeln.

Fester Fels kann in wirtschaftlicher Weise nur durch Sprengen[4] gelöst werden. Zuweilen ist auch schon bei festem Boden eine Auflockerung durch einzelne Sprengschüsse zweckmäßig.

Für den Transport, für die Lagerung und die Handhabung der Sprengstoffe bestehen besondere Vorschriften, die genauestens einzuhalten sind. Die Ausführung der Sprengarbeiten wird häufig Fachleuten übertragen.

Die mit den Sprengarbeiten verbundenen Gefahren werden durch Verwendung der „Sicherheitssprengstoffe", wie Ammonit, Nitrodynammon und anderer Ammon-Salpeter-Sprengstoffe, die gegen Schlag, Stoß, Reibung und Feuer weniger empfindlich sind als die anderen brisanten Sprengstoffe, herabgemindert. Auch Frost wirkt auf diese pulverförmigen Sprengstoffe weniger schädlich ein. Für den Transport, für die Aufbewahrung und Handhabung der Sicherheitssprengstoffe werden auch verschiedene Erleichterungen zugelassen. Um diese Sprengstoffe zur Explosion zu bringen, bedarf es eines Initiators (Sprengkapsel).

Außer diesen Sprengstoffen wird vielfach auch das wenig sprengkräftige Schwarzpulver verwendet. Es eignet sich aber nur für Sprengungen im Trockenen, bei festem, dichtem Boden und in weicherem Fels. Im zerklüfteten Gestein bläst die Ladung leicht aus. Auf gute Verdämmung der Bohrlöcher mittels Lehmpfropfen, Sand u. dgl. ist besonders zu achten. Das Schwarzpulver wird unmittelbar durch eine Zündschnur zur Explosion gebracht.

Für Sprengungen im festen Fels wird zuweilen auch Dynamit (plastische Masse) herangezogen, doch ist die Handhabung viel gefährlicher als die der Sicherheitssprengstoffe. Auch Dynamit wird mit einer Zündkapsel zur Explosion gebracht.

Als Kriterium für die Sprengwirkung dient die Detonationsgeschwindigkeit der Sprengstoffe; diese beträgt bei Schwarzpulver ca. 300 m/s, beim Ammonit ca. 3000 m/s und beim Dynamit ca. 5000 m/s. Schwarzpulver wirkt mehr auflockernd, die brisanten Sprengstoffe weisen eine mehr zermalmende Wirkung auf.

Die Sicherheitssprengstoffe und Dynamit werden in Form von Patronen verwendet. Das sind Hülsen aus Pappendeckel, bzw. aus imprägniertem Papier, deren Durchmesser sich nach dem Bohrloch richtet und deren Länge von der Größe der Füllung abhängt.

Die Sprengkapseln besitzen etwa 6 mm Durchmesser; ihre Länge richtet sich nach der Menge der eingefüllten Zündmasse, deren Gewicht zwischen 0,3 und

3 g schwankt. Die hochexplosible Füllung ist hygroskopisch, weshalb die Kapseln trocken aufzubewahren sind. Bei der Handhabung ist besondere Vorsicht geboten, beim Herunterfallen auf den Boden explodieren sie!

Als Zündschnüre kommen für das Aussprengen von Mastlöchern hauptsächlich nur solche mit Schwarzpulverseele und einer Abbrenngeschwindigkeit von 1 cm/s zur Anwendung. Zum Sprengen unter Wasser wird die Guttapercha-Zündschnur verwendet.

Beim Sprengen mit Zündkapseln wird die Zündschnur in den Hals der Kapsel eingeführt, wobei sie keinen Druck auf den Besatz derselben ausüben darf. Die Festhaltung erfolgt durch leichtes Einklemmen des Kapselhalses. Dazu verwendet man besondere „Kapselzangen", deren Griffe in abgestumpften Kupferdornen endigen, die bei Dynamit zum Eindrücken der erforderlichen Höhlung für die Kapsel dienen. Die Kapsel muß aus dem Dynamit noch etwas herausragen; sonst setzt nämlich die Zündschnur das Dynamit noch vor Einleitung der Explosion in Brand, wodurch die Wirkung des Schusses bedeutend herabgesetzt wird (Auskocher).

Das Herstellen der Bohrlöcher erfolgt meist händisch (ein- oder zweimännig) mittels Bohrer und Schlögel. Die Steinbohrer haben eine Länge von 0,4—1,3 m, der Schaft ist meist vier- oder achteckig und 20—35 mm stark; die Schneide besitzt Meißl-, Kreuz- oder Z-Form. Für das Sprengen der Mastlöcher kommt wohl auch maschinelle Bohrung, vor allem mittels Preßluftbohrhämmer, in Betracht; der Antrieb des Preßluftaggregates kann beispielsweise durch den Benzinmotor eines zu Transporten in Verwendung stehenden Schleppers erfolgen.

Hinsichtlich der Zahl, Anordnung und Tiefe der Sprenglöcher lassen sich keine starren Regeln angeben. Die Durchführung der Sprengarbeit ist vielmehr durch den Sprengleiter auf Grund seiner Erfahrung festzulegen. Ankerlöcher werden mittels eines zentral angeordneten Bohrloches ausgesprengt; erforderlichenfalls wird dieses schrittweise vorgetrieben und ausgesprengt. Auch das Aussprengen kleinerer Mastgruben kann häufig in dieser Art erfolgen. Bei breiteren Mastlöchern wird man nach einem zentral angeordneten Ausbruchsschuß mehrere, entsprechend verteilte Nachbruchsschüsse und schließlich, zur Erzielung der beabsichtigten Form der Mastgrube, noch Eckschüsse ausführen müssen.

Der Sprengstoffbedarf hängt von der Lage des Schusses, von der Brisanz des Sprengmittels und von der Beschaffenheit des Gesteins ab. Die Ladung wird so knapp bemessen, daß möglichst nur ein Auflockern und Lösen, aber kein Auswerfen des Sprenggutes eintritt. Allgemein kann das Gewicht L in Kilogramm der erforderlichen Lademenge eines freiflächigen Schusses berechnet werden aus

$$L = \alpha \beta g w^3 = k w^3.$$

Hierin bedeuten:

α = Streuungsbeiwert (für vollauszuschießende Trichter ist $\alpha = 1$); er beträgt im vorliegenden Fall bloßer Lockerungsschüsse (Quetschminen) $\alpha = \frac{1}{4}$ bis $\frac{1}{5}$;

β = Sprengmittelbeiwert, und zwar ist für Schwarzpulver $\beta = 1$;
für die brisanten Sprengstoffe gilt: für festen Boden $\beta = 0{,}6 \div 0{,}9$,
für mittleren und festen Fels $\beta = 0{,}4 \div 0{,}75$;

g = Gesteinsbeiwert: für festes Erdreich $g = 2{,}0 \div 3{,}0$,
für mittleren Fels $g = 3{,}0 \div 4{,}5$,
für festen Fels $g = 4{,}5 \div 7{,}0$;

w = „Vorgabe“ = Länge der kürzesten Widerstandslinie in Meter (Abb. 435);
k = Ladewert.

Im verspannten Gestein ist zur Erzielung gleicher Sprengwirkung eine zwei- bis dreimal stärkere Ladung als bei freiflächigen Schüssen erforderlich.

Der Aufwand an Bohrlöchern und der Bedarf an Sprengmitteln ist verhältnismäßig groß, da es sich vorwiegend um Schüsse im verspannten Gestein handelt.

Die Durchführung der Sprengarbeiten erfordert die Vorkehrung weitgehender Sicherheitsmaßnahmen, wie Absperrung der durch Steinwurf gefährdeten Zone. Der verantwortliche Sprengleiter hat die Sprengstelle als letzter zu verlassen und als erster wieder zu betreten und für die sachgemäße Entfernung nicht explodierter Patronen zu sorgen.

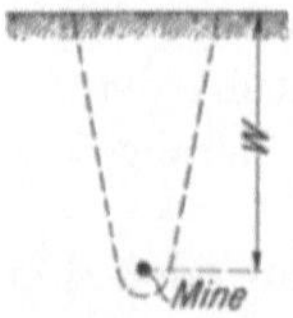

Abb. 435. Anordnung der Sprengladung.

B. Das Aufrichten der Maste.

1. Holzmaste.

Einfach- und Doppelmaste werden rechtwinkelig zu einer Seitenwand des vierseitigen Mastloches, mit dem Fuße über dem letzteren, auf dem Boden aufgelegt. Zur Sicherung des Grubenrandes, um welchen das Aufdrehen erfolgt, kann ein Rundholz unterlegt werden. Das Aufrichten wird vereinfacht, wenn man diese Seitenwand der Mastgrube abschrägt oder abtreppt (vgl. Abb. 439). An die Gegenwand der Mastgrube werden Holzbohlen gelehnt, längs welchen beim Aufrichten des Mastes der Fuß nach abwärts gleitet.

Zuerst wird von Hand aus angehoben, hierauf wird der Mast mit Hebegabeln oder ähnlichen Geräten gefaßt und weiter aufgedreht (vgl. 2b). Zur Schonung des Holzes empfiehlt es sich, an Stelle der mit einer Spitze versehenen Hebegabeln Doppelstangen zu verwenden, die an ihren Enden durch Hanfstricke verbunden sind.

In ähnlicher Weise erfolgt auch das Aufrichten der A-Maste. Bei längeren Masten müssen aber leichte Aufstellvorrichtungen herangezogen werden.

Nach dem Aufrichten und Ausrichten des Mastes ist das ausgehobene Erdreich schichtenweise in die Mastgrube einzubringen und gut zu verstampfen. Es empfiehlt sich, ausgehobene Steine dazu zu verwenden, um den Mast am Fuße und knapp unterhalb der Erdoberfläche gegen die Grubenwände fest zu verkeilen.

Holzmaste mit Erdfüßen werden in gleicher Weise aufgerichtet, nachdem die Füße schon an den liegenden Mast angebaut wurden.

2. Stahlmaste.

Das Aufstellen der Stahlmaste kann auf folgende Art vorgenommen werden: durch Aufkippen der zusammengebauten Maste, durch Anheben derselben im Schwerpunkte, durch schußweisen Aufbau, durch Aufbau in einzelnen Wänden und Stäben und durch stabweisen Aufbau.

Die jeweils anzuwendende Art des Aufstellens der Maste wird durch die Abmessungen und Gewichte derselben, durch die Anfuhrmöglichkeiten, durch die örtlichen Verhältnisse an den Maststandorten und schließlich auch durch Rücksichtnahme auf vorhandene, in Verwendung zu ziehende Geräte bestimmt.

Zur Vereinfachung und Beschleunigung der Mastmontage ist einerseits anzustreben, möglichst große Teilstücke der Maste schon vollkommen vernietet oder verschweißt zur Baustelle zu bringen und anderseits die Maste möglichst im ganzen aufzurichten. Das ist allerdings nicht immer durchführbar. Abgesehen davon, daß sehr hohe Maste nicht mehr in dieser Weise gestellt werden können, gestatten es oft auch die örtlichen Verhältnisse nicht, den Mast am Boden liegend vollständig zusammenzubauen; es können dann allenfalls nur die Unterteile im ganzen aufgekippt werden, die übrigen Schüsse müssen aber getrennt hochgezogen und schrittweise an den bereits stehenden Unterteilen

Abb. 436. Aufkippen eines Eisengittermastes.

angebaut werden. Zuweilen ist auch das nicht möglich und man wird dann trachten, wenigstens einzelne Wände und Querrahmen im zusammengebauten Zustande hochzuziehen und nur die restlichen Stäbe einzeln einzubringen. Im äußersten Falle muß schließlich stabweise aufgebaut werden.

Bei sehr hohen und daher auch sehr breitfüßigen Masten hingegen ist es notwendig, mit dem stabweisen Aufbau zu beginnen, während die höher gelegenen, schlankeren Schüsse oft wieder im ganzen hochgezogen und angebaut werden können.

Stets sind im Lieferwerk an allen Einzelteilen, einschließlich der Stoßlaschen, Futter und der Verpackungen für die Schrauben jene notwendigen Bezeichnungen anzubringen, die es ermöglichen, die Teile der Maste an der Baustelle so aneinanderzureihen, wie dies im Werk beim Aufbohren der Löcher der Stoßschrauben, bzw. beim probeweisen Zusammenbau gelegentlich der Übernahme geschehen ist. Dadurch wird die klaglose Durchführung der Mastmontage gesichert.

a) Das Aufkippen der Maste. Die aufzukippenden Maste werden auf dem Boden liegend zusammengebaut. Maste mit Schwellenfundamenten oder einzubetonierende Maste läßt man schon entsprechend weit in die Mastgrube hineinragen. Um auch die Ausleger an den liegenden Schaft bereits anschließen zu können, legt man Maste der geraden Leitungsstrecke in der Leitungsflucht, Winkelmaste aber senkrecht zur Winkelhalbierenden aus.

Abb. 437. Aufkippen eines Eisengittermastes mit Hilfsbock. (S. S. W.)

Am einfachsten sind Maste aufzukippen, die an Betonfundamenten aufgeschraubt werden. Dann können nämlich die Köpfe der einzubetonierenden Fußanker und die Enden der Maststiele, bzw. die Fußrahmen so ausgebildet werden, daß ein Aufdrehen um Bolzengelenke möglich wird (Abb. 218 und 220). Die Abb. 436 und 437 zeigen das Aufrichten solcher Maste. In Abb. 438 ist die Ausbildung der Gelenke im Falle einer Gründung mittels Einzelfundamenten zu sehen; es handelt sich hier um „Pilzfundamente" (vgl. erster Abschnitt, VI). Die aus den Betonpilzen austretenden Winkelstähle sind untereinander durch einen ausgestrebten Querrahmen verbunden, der den Zweck hat, die beim Aufkippen entstehende waagrechte Kraft auf alle vier Einzelfundamente zu verteilen. Der Querrahmen verbürgt zugleich genaues Zusammenpassen.[1]

Abb. 438. Befestigung des Mastes an Pilzgründungen. (S. S. W.)

Aber auch Maste mit Schwellenfundamenten sowie einzubetonierende Maste sind verhältnismäßig einfach aufzukippen. Nur muß dann der Mastfuß eine solche Abstützung erfahren, daß der beim Aufdrehen entstehende Schub in den Boden geleitet werden kann. Bei leichten Masten genügt es, wenn zu diesem Zwecke an die Vorderwand der Mastgrube lotrecht stehende Holzbohlen gelehnt werden, gegen die sich der Mastfuß stützt und längs welchen er zugleich nach abwärts gleitet. Das Aufrichten wird noch erleichtert, wenn man die rückwärtige Wand der Mastgrube abschrägt oder abtreppt: Abb. 439 (schematische Darstellung).

Das Aufkippen selbst kann bei leichteren Masten mittels gabelförmiger Stangen, „Schwalben“ und ähnlichen einfachen Behelfen erfolgen. Abb. 436 zeigt diese Art des Aufrichtens (Mast einer 55-kV-Leitung).

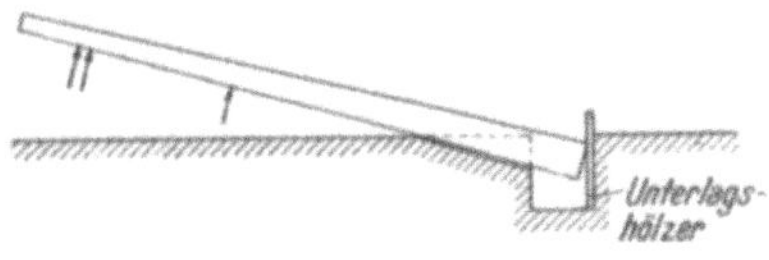

Abb. 439. Aufkippen eines Holzmastes.

Zum Aufkippen höherer, bzw. schwererer Maste werden aber besondere, mit Seilwinden und Flaschenzügen ausgerüstete Stellgeräte herangezogen. Die zur Anwendung gelangende Seilwinde kann unmittelbar auf den Boden aufgesetzt und in diesem oder an einem bereits hergestellten Betonfundament verankert werden. Zur Verbesserung des Ablaufwinkels des Windenseiles am Maste wird ein hölzerner oder stählerner Hilfsbock zwischengeschaltet: Abb. 440.[1] Nach Möglichkeit wird man diesen unmittelbar oder mit Hilfe von Unterlagsträgern auf das vorhandene Betonfundament aufstützen. Abb. 437 zeigt das Aufdrehen eines Mastes einer 220-kV-Leitung mittels eines stählernen Hilfsbockes.[1] Bei Masten mit Schwellenfundamenten oder bei einzubetonierenden Masten ist es zweckmäßig, den Hilfsbock auf den Mastfuß aufzusetzen;[1] die Belastung, die dieser Bock durch die Ablenkung des Windenseiles erfährt, begünstigt nämlich das Aufkippen, so daß der vom Windenseil auszuübende Zug kleiner wird. Durch geeignete Maßnahmen muß verhindert werden, daß der Hilfsbock während des Aufrichtens des Mastes nach erfolgter Entlastung umfällt; daher hängt man ihn mittels eines Hilfsseiles an den Mast an, wobei auch ein Flaschenzug zum Umlegen des Bockes zwischengeschaltet werden kann.

Abb. 440. Aufkippen mittels Hilfsbockes. (S. S. W.)

Sehr häufig wird die Seilwinde an einem fahrbaren, mit Bremsvorrichtung ausgestatteten Stellbock fest aufmontiert. Das Maststellen mit diesem Gerät soll daher noch etwas eingehender besprochen werden.

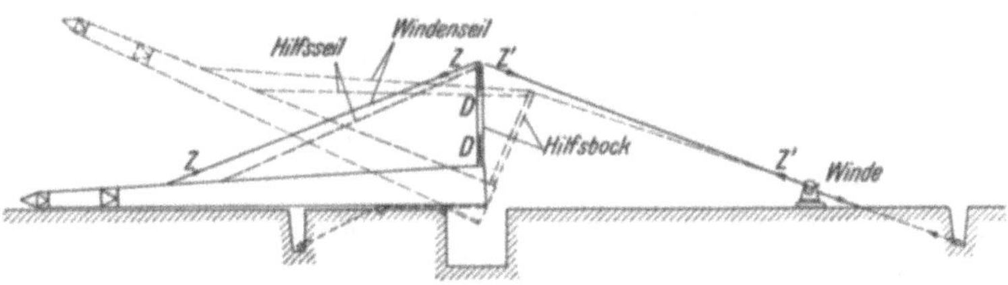

Abb. 441. Auf den Mast aufgestellter Hilfsbock.

Der Bock wird meist aus Holz hergestellt und A-förmig ausgebildet. Zum Stellen schwerer Maste werden wohl auch stählerne Geräte benutzt; um sie möglichst leicht zu halten, führt man sie dann als räumliche Fachwerke aus.

Die Abb. 442 und 445 geben im Grund- und Aufriß eine schematische Übersicht der allgemeinen Anordnung im Falle der Verwendung eines hölzernen Bockes. Der aufzukippende Mast liegt zusammengebaut am Boden auf, unterstützt durch einige Unterlagshölzer. Die belastete Kante der Mastgrube wird durch ein Rundholz B—B (Abb. 442) gesichert, um welches das Aufkippen erfolgt. Um ein Abgleiten dieses Rundholzes zu verhindern, wird dasselbe beiderseits der Mastgrube in Bodenschlitze eingelegt und durch eingeschlagene Pflöcke festgehalten; zuweilen wird auch eine Abstempelung gegen die gegenüberliegende Grubenwand ausgeführt.

Am Mastfuße werden beiderseits bei C (Abb. 442 und 445) Fußanker angeschlossen; sie bestehen aus Ketten oder starken Seilen und haben den beim Anheben des Mastes entstehenden Schub aufzunehmen. Sie sind im Boden durch entsprechend tief eingegrabene Rundhölzer (Erdanker) festgehalten (Abb. 445). In diese Ankerseile oder Ketten werden starke Spannschlösser eingebaut, um den Abstand zwischen dem Mastfuß C und dem Rundholz B während des Aufdrehens des Mastes verändern zu können. Zuweilen werden auch Flaschenzüge zu diesem Zwecke herangezogen.

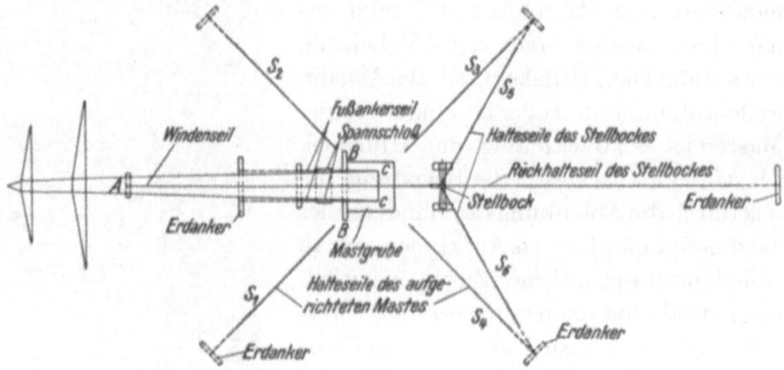

Abb. 442. Anordnung des Stellbockes.

In beiden Diagonalrichtungen der quadratisch gedachten Mastgrube werden noch weitere Erdanker eingegraben, um jene vier Halteseile S_1 bis S_4 anschließen zu können, die später den Mast während der Herstellung des Betonfundamentes in richtiger Lage zu halten haben. Von diesen vier Halteseilen werden übrigens die beiden rückwärtigen S_1 und S_2 schon während des Mastaufdrehens in Verwendung genommen, um seitliche Bewegungen des Mastes zu verhindern. Dazu müssen sie mäßig angespannt bleiben und entsprechend dem fortschreitenden Aufkippen des Mastes ständig nachgelassen werden. Den Zutransport und den Einbau aller erforderlichen Erdanker besorgt eine besondere Arbeitspartie, die der Maststellkolonne vorausarbeitet und die auch die frei gewordenen Erdanker wieder ausgräbt und sie nach neuen Verwendungsorten bringt.

Im erforderlichen Abstande vom Rande der Mastgrube, etwa 2—3 m von diesem entfernt, wird nun der Stellbock aufgerichtet. Er ist in Abb. 445 in lotrechter Lage gezeichnet; meist gibt man ihm aber eine Neigung nach rückwärts, schon um ein Überhängen bei einem Nachgeben der Anker zu vermeiden. Der Stellbock wird nach rückwärts durch ein Rückhalteseil gehalten, das seine Zugkraft mittels eines kräftigen Erdankers in den Boden überträgt. Mastachse, Bockachse und Rückhalteseil müssen in einer Vertikalebene liegen, zu der die Bockebene senkrecht stehen soll. An Stelle des einen Rückhalteseiles werden zuweilen auch deren zwei vorgesehen.

Am Holzbock ist eine Seilwinde in entsprechender Höhenlage aufmontiert. Am Kopfe des Stellbockes wird ein Gehänge befestigt, um dessen Seilrolle das Windenseil geschlungen ist. Dieses faßt nun den Mast in einem oberhalb des Mastschwerpunktes gelegenen Punkte A. Das kann unmittelbar geschehen, es kann aber auch zur Herabsetzung des Windenzuges ein Flaschenzug gebildet und bei A eine Flasche zwischengeschaltet werden. Im einfachsten Falle wird diese, wie aus Abb. 445 ersichtlich, aus einer einfachen Seilrolle bestehen, die mittels Kette oder Seilschlinge, allenfalls unter Verwendung eines Unterlagsholzes, an den Mast angehängt wird. Die am Kopfe des Stellbockes befindliche Seilrolle ist dann zwischen Flachstählen D—E gelagert, die an der Manschette des Mastkopfes oder an dem dort eingezogenen Knotenbleche drehbar befestigt sind und an deren Enden E das Windenseil angeschlossen ist. Der Stellbock muß auch in seitlicher Richtung durch Halteseile S_5 und S_6 gesichert werden; am einfachsten werden diese Hilfsseile an den Erdankern zweier Masthalteseile befestigt (Abb. 442). Um ein Einpressen der Bockstiele in den Boden hintanzuhalten, setzt man die Stiele häufig auf Unterlagshölzer auf; mittels einfacher Beschläge können die Bockfüße drehbar mit diesen druckverteilenden Hölzern verbunden werden.

Der Stellbock selbst wird auch mit Hilfe seiner Seilwinde aufgerichtet. Zu diesem Zwecke wird er zunächst so angefahren, daß beim Herabdrehen desselben die Füße am beabsichtigten Orte auf den Boden zu stehen kommen. Durch vorgeschlagene Pflöcke werden die Bockfüße gegen Verschieben gesichert, worauf das Windenseil, bzw. die Mastseilrolle bei A am Mast zu befestigen ist (Abb. 445). Durch Betätigung der Winde wird nun der Stellbock aufgerichtet. Hat er die vorgesehene Schräglage erreicht, dann wird das Rückhalteseil an seinem Erdankerseile geklemmt, die seitlichen Halteseile werden angespannt. Bei weiterer Betätigung der Seilwinde wird dann der Mast selbst angehoben. Hat er jene Zwischenlage erreicht, bei der der Mastfuß durch Nachlassen der Spannschlösser der Fußanker in annähernd richtiger Lage auf die bereits betonierte und erhärtete Fundamentplatte abgelassen werden kann, so wird das Anheben unterbrochen und die Mastfußkante in dieser Weise auf die Betonplatte aufgesetzt. Bei der weiteren Betätigung der Winde kantet dann der Mast weiter auf, bis der ganze Fußrahmen auf der Betonplatte aufliegt.

Während der letzten Phase des Aufkantens ist ganz besonders auf die ständige Anspannung der beiden rückwärtigen Halteseile zu achten, damit nicht der Mast vornüber fällt; zuweilen gelangt noch ein besonderes Rückhalteseil zur Anwendung, das, um einen starken Pflock geschlungen, stetig nachgelassen wird. Nach Beendigung des Aufkippens werden alle vier diagonal verlaufenden Halteseile angespannt und es folgt jetzt das Umlegen des Stellbockes durch Nachlassen des Windenseiles. Dabei müssen die rückwärtigen Halteseile des Mastes den entstehenden Zug aufnehmen können. Sobald die Räder des Bockes den Boden berühren, wird der Anschluß des Windenseiles am Mast gelöst und der Bock kann zum nächsten Verwendungsort gebracht werden.

Nun ist noch der aufgestellte Stahlmast auszurichten. Die erforderlichen Verschiebungen und Drehungen des Mastfußes auf der Betonplatte werden mit Hilfe von Brechstangen, Wagenwinden und ähnlichen Behelfen vorgenommen. Durch Absenkelung nach den beiden Achsrichtungen hin wird sodann noch die lotrechte Lage überprüft und wenn nötig durch Unterkeilen, unter gleichzeitigem Anspannen und Nachlassen der Halteseile berichtigt; dabei werden die notwendigen Verlängerungen und Verkürzungen der Halteseile mit Hilfe der eingebauten leichten Spannschlösser bewerkstelligt. Ist die richtige Lage des Mastes erreicht, so kann nun sofort mit der Herstellung des Betonfundamentes begonnen werden.

Zur Herabminderung der Beförderungskosten wird man die Stellgeräte so leicht als möglich ausführen. Es wäre im allgemeinen unzweckmäßig, einen so stark bemessenen Stellbock zu verwenden, mit dem man alle Maste der Leitung

Abb. 443. Aufkippen mit zwei Stellböcken.

aufkippen könnte. Es empfiehlt sich vielmehr, für Tragmaste und anderseits für Abspann- und Kreuzungsmaste verschieden starke Stellböcke zu verwenden. Zuweilen kann auch mit einer einzigen leichten Type das Auslangen gefunden werden, wenn man zum Aufkippen der Abspann- und Kreuzungsmaste immer zwei solcher Stellböcke heranzieht. Abb. 443 zeigt das Aufkippen eines schweren Mastes (Weitspannmast, zugleich Kreuzungs- und Verdrillungsmast) einer österreichischen 100-kV-Leitung mit zwei Holzstellböcken (AEG-Union E. G., Wien).

Die Zugkraft, die mit solchen hölzernen Stellgeräten ausgeübt werden kann, ist durch die Abmessungen der Holzstangen und durch die verhältnismäßig geringere Festigkeit dieses Baustoffes beschränkt. Bei Leitungen mit schweren Masten werden zuweilen auch stählerne Geräte zum Aufkippen der Maste herangezogen; um ihr Gewicht möglichst klein zu halten, führt man sie meist als räumliche Fachwerke aus.

Aufkippen von Portalmasten. Diese Maste werden zuweilen im ganzen, erforderlichenfalls unter Einsatz von zwei Stellböcken aufgekippt. Häufiger richtet man aber die Stiele einzeln auf, zieht dann die Querträger hoch und baut sie an die Stiele an. Die Montage der Querträger muß noch vor dem Zuschütten der Mastgruben bzw. vor der Aufführung der Betonfundamente erfolgen, damit allfällige Unstimmigkeiten durch Verschieben der Stiele berichtigt werden können. Abb. 444 zeigt das Hochziehen des Querträgers eines Portalmastes.[1]

Berechnung des Stellgerätes. Die ungünstigsten Spannungen treten im Stellgerät im allgemeinen zu Beginn des Anhebens auf. Ihre Ermittlung soll für die Anordnung des Gerätes nach Abb. 445 kurz erörtert werden.

Zunächst sind die Züge der einzelnen Seile zu bestimmen. Das geschieht am einfachsten auf zeichnerischem Wege. Allerdings ist das unmittelbare Zeichnen eines Kräfteplanes nicht ohne weiteres möglich, da die Richtungen der Zugseile von der jeweiligen Gleichgewichtslage der Flachschienen D—E abhängen. Am einfachsten ist es, diese Gleichgewichtslage zunächst zu schätzen und so die Seilrichtungen festzulegen, so daß der Kräfteplan gezeichnet werden kann. Man bekommt dann auch die diesen Seilrichtungen entsprechende, richtige Gleichgewichtslage der Flachschienen D—E und muß, falls diese von der angenommenen Lage zu sehr abweicht, eine Korrektur des Kräfteplanes durchführen, indem man von der neuen Gleichgewichtslage D—E ausgehend die zugehörigen Seilrichtungen bestimmt und die Kräftezerlegung wiederholt. Diese Annäherung genügt dann bereits.

Abb. 444. Hochziehen eines Querträgers.

Der Vorgang beim Zeichnen des Kräfteplanes ist folgender: Die Richtung des im Schwerpunkt S angreifenden Gewichtes G des Mastes (samt angebauten Auslegern) wird mit der Wirkungslinie des Zuges Z_M, die mit der Winkelhalbierenden der Seilrichtungen Z_o und Z_u zusammenfällt, zum Schnitt gebracht und G nach den Richtungen Z_M und L (Abb. 445a) zerlegt; man erhält so im Kräfteplan Abb. 445b die Größe der gleichbezeichneten Kräfte. Nach Umkehrung des Wirkungssinnes der Kraft L wird diese parallel zu den lotrechten Stützkräften V in B und parallel zu den beiden Zügen Z_F der Fußanker weiterzerlegt. Aus der Zugkraft Z_M werden sodann die Seitenkräfte Z_o und Z_u erhalten; damit ist auch schon der Windenzug Z_W gegeben, denn es ist $Z_o = Z_u = Z_W$. Die beiden Kräfte Z_o und Z_W bilden eine Resultierende R, die durch den Mittelpunkt der Bockrolle geht. R und Z_u ergeben die Mittelkraft T, die in D in die Manschette des Stellbockkopfes eingetragen wird.

Nun kann auch die Gleichgewichtslage der Flachschienen D—E überprüft werden: die an diesen angreifenden Kräfte Z_u, R und T müssen unter sich im Gleichgewicht stehen; zeichnet man daher durch D die Wirkungslinie der Kraft T parallel zu der im Kräfteplan erhaltenen Kraftrichtung, so muß diese Gerade bei richtig gewählter Lage von D—E durch den Schnittpunkt der Kraftrichtungen Z_u und R gehen (Abb. 445c). Oder aber man zerlegt R in zwei durch D und E gehende, zu R parallele Seitenkräfte R_D und R_E; dann muß die aus Z_u und R_E gebildete Resultierende U die Richtung D—E besitzen (im vorliegenden Fall ist $D—O = O—E$ und daher $R_D = R_E = \frac{1}{2} R$). Weicht nun die Richtung von U von der angenommenen Richtung D—E zu sehr ab, dann ist die bereits eingangs besprochene Richtigstellung der Zeichnung Abb. 445a, c und des Kräfteplanes durchzuführen.

Die durch D gelegte Wirkungslinie der Kraft T (Abb. 445c) schneidet das verlängerte Rückhalteseil im Punkt X, in dem nun die Zerlegung von T parallel zum

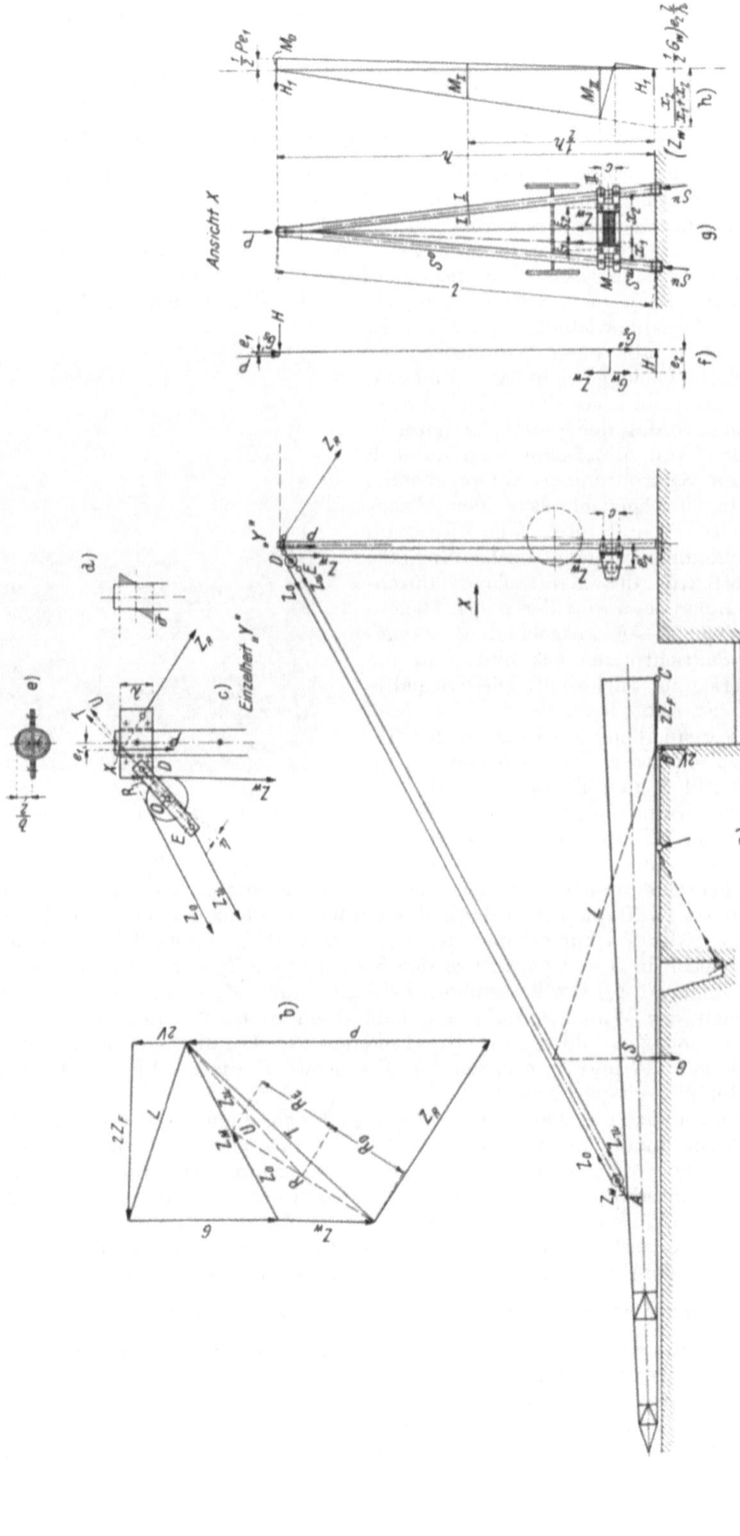

Abb. 445. Bemessung und Verwendung des Stellbockes.

Rückhalteseil und zur Bockebene durchzuführen ist. Aus dem Kräfteplan erhält man so den Zug Z_R des Rückhalteseiles und die Spitzenlast P des Bockes.

Damit sind auch alle am Bock angreifenden Kräfte bekannt. Es sind dies zunächst die am Hebelarm e_1 (Abb. 445c, f) wirkende Spitzenlast P und der Windenzug Z_W, der in der Mitte der Windentrommel angreifen möge (Abb. 445g). Der Bock ist dann symmetrisch belastet und beide Stiele erhalten gleiche Kräfte und Biegungsmomente. Die Richtung des Windenzuges Z_W ist gegen die Bockebene meist nur wenig geneigt, so daß die zur Bockebene parallele und am Hebelarm e_2 (Abb. 445a, f) wirkende Seitenkraft des Windenzuges praktisch gleich Z_W ist. Das Gleichgewicht gegen Drehen erfordert, daß an den Bockenden noch waagrechte, senkrecht zur Bockebene gerichtete Kräfte H (Abb. 445f) wirksam werden. Die am Kopf des Bockes entstehende Kraft H ruft noch zusätzliche Kräfte im Rückhalteseil und im Bock selbst hervor. Da diese Zusatzkräfte aber klein sind und bei vorherrschendem Windenmoment (d. h. bei $Z_W \cdot e_2 > P \cdot e_1$) sowohl eine Verringerung des Zuges im Rückhalteseil als auch eine Verminderung der Stabkräfte der Bockstiele verursachen, bleiben sie im folgenden außer Betracht. Zu berücksichtigen sind aber noch die Eigengewichte. Man kann sich den entsprechenden Anteil G_s' des Gewichts G_s des Stellbockes an der Bockspitze, und den Rest G_s'' in der Höhe der Seilwinde angreifend denken und das Gewicht G_W der Winde am Hebelarm e_2 wirken lassen (Abb. 445f).

Die Stabkräfte im Stellbock sind leicht anzugeben: Zerlegt man die Spitzenlast $P + G_s'$ nach den Richtungen der Bockstiele, so erhält man für die oberhalb der Winde gelegenen Abschnitte die Stabkräfte $S^o = \frac{1}{2}(P + G_s')\frac{l}{h}$ (Druckkräfte positiv bezeichnet), wenn l die Systemlänge der Bockstiele und h die Systemhöhe des Bockes bedeuten (Abb. 445g). In der Höhe der Winde greift die Last $G_s'' + G_W - Z_W$ an, so daß in den untersten Teilen der Bockstiele die Stabkräfte

$$S^u = \frac{1}{2}(P + G_s + G_W - Z_W)\frac{l}{h}$$

entstehen.

Nun sind noch die Biegungsmomente der Bockstiele zu ermitteln. Die Zerlegung der Angriffsmomente $P e_1$ und $(Z_W - G_W)\, e_2$ ergibt die Teilmomente $\frac{1}{2}\cdot\frac{l}{h} P e_1$ und $\frac{1}{2}\cdot\frac{l}{h}(Z_W - G_W)\, e_2$, mit deren Hilfe der Momentenverlauf abgetragen werden kann. An den Enden jedes Stieles treten dabei die früher genannten waagrechten Stützkräfte $\frac{1}{2} H = \frac{1}{2h}[(Z_W - G_W)\, e_2 - P e_1]$ auf.

Bisher ist vorausgesetzt worden, daß das Windenseil von der Trommelmitte abgeht. Ungünstigere Spannungsverhältnisse entstehen aber, wenn dieses Seil, entsprechend der strichpunktierten Lage in Abb. 445g von einem Trommelrand abläuft. Der dem Windenseil näher liegende Stiel erhält jetzt oberhalb der Winde eine größere Druckkraft als früher, und zwar steigt sie näherungsweise auf

$$S_1^o \approx \frac{x_2}{x_1 + x_2}(P + G_s)\frac{l}{h}$$

an; auch erhält dieser Stiel jetzt größere Biegungsmomente, da sich sein Anteil vom Windenmoment auf

$$M \approx \left(Z_W \frac{x_2}{x_1 + x_2} - \frac{1}{2} G_W\right) e_2 \frac{l}{h}$$

erhöht. Der Momentenverlauf für den stärker belasteten Stiel ist in Abb. 445h dargestellt. Die waagrechte Stützkraft am Fuße dieses Stiels ist

$$H_1 = \frac{1}{h}\left[\left(Z_W \frac{x_2}{x_1 + x_2} - \frac{1}{2} G_W\right) - \frac{1}{2} P e_1\right].$$

Die Bemessung des Bockes hat nun wie folgt zu geschehen:

1. Der stärker belastete Stiel ist mit der Druckkraft S_1^o und unter näherungsweiser Berücksichtigung der gleichzeitigen Querbiegung auf Knicken zu bemessen; Knick-

länge l, Moment in halber Stabhöhe M_{I} (Abb. 445h). Es muß

$$\sigma = \frac{S_1{}^o}{F_{\mathrm{I}}}\,\omega + \frac{M_{\mathrm{I}}}{W_{\mathrm{I}}} \leqq \sigma_{\mathrm{zul}},$$

wobei sich die Fläche F_{I} und das Widerstandsmoment W_{I} auf den in halber Höhe gelegenen Stangenquerschnitt I beziehen; ω bedeutet den Knickbeiwert zu der aus l berechneten Schlankheit $\lambda = \frac{l}{i}$.

2. Das größte Biegungsmoment ist M_{II} im Querschnitt II (Abb. 445h). Hier ist auf Druck und Biegung zu rechnen, wobei auf die Schwächung des Holzquerschnittes durch die Schraube und durch ein allfälliges Einlassen der hölzernen Windenträger zu achten ist. Es muß

$$\sigma = \frac{S_1{}^o}{F_{\mathrm{II}}} + \frac{M_{\mathrm{II}}}{W_{\mathrm{II}}} \leqq \sigma_{\mathrm{zul}},$$

wobei sich F_{II} und W_{II} auf den geschwächten Stangenquerschnitt II beziehen, und $S_1{}^o$ wieder die größte Druckkraft der stärker belasteten Stange bedeutet.

3. Die Randdruckspannung im Stangenquerschnitt unter der Manschette, berechnet aus $\sigma = \frac{S_1{}^o}{F_o} + \frac{1}{2} P e_1 \frac{1}{W_o}$, darf den hierfür zugelassenen Wert nicht überschreiten. F_o und W_o gelten für den in Höhe des unteren Manschettenrandes gelegenen Querschnitt einer der dort abgearbeiteten Holzstangen.

4. Auch die Querpressungen des Holzes innerhalb der Manschette sind zu berücksichtigen; zu übertragen ist das Biegungsmoment $P e_1$; die kleine zusätzliche waagrechte Kraft, die zufolge der ausmittigen Belastung des Bockes entsteht, wird wieder vernachlässigt. Unter Zugrundelegung einer über die Manschettenhöhe λ geradlinigen Spannungsverteilung (Abb. 445c, d) erhält man bei der gesamten Breite b (Abb. 445e) des Holzquerschnittes die mittlere Randpressung $\bar{\sigma} = \frac{6 P e_1}{b \lambda^2}$, die den für Druck senkrecht zur Faser zugelassenen Wert nicht überschreiten darf.

5. Befestigungsschrauben der Winde: nächst dem stärker belasteten Stiel ist das zu übertragende Teilmoment (Abb. 445g):

$$M = \left(\frac{\xi_2}{\xi_1 + \xi_2} Z_W - \frac{1}{2} G_W\right) e_2$$

und die untere Schraube erhält daher bei einer Schraubenentfernung c die Zugkraft $Z = \frac{M}{c}$, nach der der Kernquerschnitt der Schraube zu bemessen ist. Auch die Bemessung der hölzernen Windenträger und ihrer Anschlüsse ist unter Verwendung der bereits ermittelten Kräfte durchführbar.

6. Beanspruchung der Flachschienen der Kopfrolle: Im geschwächten Querschnitt O (Abb. 445c) jeder Schiene wirkt neben der Normalkraft $\frac{1}{2} T$ noch das Biegungsmoment $\frac{1}{2} R_E \cdot \eta$ (im vorliegenden Fall ist $D—O = O—E$ und daher das Moment $\frac{1}{4} R \eta$). Die Zugrandspannung des Querschnittes durch O darf den für Stahl zugelassenen Wert nicht überschreiten. (Bei E, O und D werden die Flachstähle meist durch Bleibleche verstärkt.)

7. Für die Bemessung der Bolzenverbindungen und der sonstigen Anschlüsse sind alle maßgebenden Kräfte ermittelt; es sind dies: für den Anschluß der Mastrolle die Kraft Z_M, für den Anschluß des Zugseiles bei E der Zug Z_u, für den Bolzen der Mastrolle die Kraft R, für den Anschluß des Gehänges an die Manschette bei D die Kraft T, für den Anschluß des Rückhalteseiles der Zug Z_R, für die Fußanker der Zug Z_F.

8. Aus den Kräften S_u und H_1 können auch die unter den Bockstielen auftretenden Erdpressungen berechnet werden.

Wenn während des Aufdrehens des Mastes Winddrücke einwirken, so treten im Stellgerät noch weitere Zusatzspannungen auf, die aus den anzunehmenden Windkräften leicht zu berechnen sind. Wirkt der Wind senkrecht zur Bockebene, und zwar von rückwärts, so vergrößert sich dadurch der Zug im Winden- und Rückhalteseil und auch die Stabkräfte und Biegungsmomente des Bockes wachsen an. Wirkt der Wind parallel zur Bockebene, dann beteiligt sich auch ein seitliches Halteseil des Stellbockes an der Ableitung der Windkräfte.

Ähnlich wie hier die Untersuchung des Kräftespiels für den ersten Augenblick des Anhebens des Mastes durchgeführt wurde, kann sie auch für beliebige Zwischenstellungen vorgenommen werden. Mit fortschreitender Aufdrehung des Mastes werden die Spannungen in den Seilen und im Stellbocke kleiner; nur am Mastkopf sind auch größere Biegespannungen und Querpressungen des Holzes als in der Anfangslage möglich, da das Moment $P e_1$, trotz der kleiner werdenden Kraft P, durch das Anwachsen der Ausmitte e_1 nach der Rückseite des Bockes hin den Anfangswert auch überschreiten kann.

Günstigere Spannungsverhältnisse am Mastkopf ergeben sich, wenn an Stelle der in Abb. 445a, c verwendeten festen Manschette ein drehbar gelagertes Knotenblech eingesetzt wird, in das das Gehänge der Kopfrolle und die Laschen des Rückhalteseiles eingebolzt sind. Mittels [- und Flachstählen kann hierbei die vom Knotenblech übertragene Kraft auf mehrere Schrauben verteilt in die Stangenhölzer geleitet werden.

b) Das Anheben der Maste. Diese Art des Aufrichtens ist bei Stahlmasten weniger gebräuchlich.

Der aufzustellende Mast wird am Boden liegend so zusammengebaut, daß sich sein Schwerpunkt über der Mitte des Mastloches befindet. Im einfachsten Falle wird dann seitlich der Mastgrube ein hölzerner, *A*-förmiger Stellbock — zuweilen genügt auch eine einzelne Holzstange — aufgerichtet und in überhängender Lage durch ein Rückhalteseil gehalten und durch Hilfsseile gesichert. Am Kopfe des Bockes ist ein Zuggehänge angebracht, der untere Teil trägt eine Seilwinde. Das Windenseil bzw. die untere Flasche des zwischengeschalteten Flaschenzuges faßt den Mast knapp oberhalb seines Schwerpunktes. Während des Anhebens läßt man den Mastfuß längs unterlegten Holzbohlen gleiten, bis der Mast schließlich über der Mastgrube frei schwebt und in diese abgesenkt werden kann. Hierauf wird der Mast wieder ausgerichtet und von vier diagonal ablaufenden Halteseilen in seiner richtigen Lage erhalten, bis die Mastgrube zugeschüttet, bzw. das herzustellende Betonfundament erhärtet ist.

Über die vorstehend beschriebene Einrichtung zum Anheben der Maste gibt auch Abb. 452 Aufschluß, die das Aufrichten der Schalung und der eingebauten Bewehrung eines Eisenbetonmastes, System Meeg, zeigt.

Zum Anheben schwererer Maste muß an Stelle des einseitig angeordneten Holzbockes ein den Mast umschließendes leichtes Hilfsgerüst aus Holz oder Stahl zur Anwendung gelangen. Ein ähnliches Aufrichtverfahren für Eisenbetonmaste, System Porr, wird unter 3 eingehender besprochen.

c) Schußweiser Aufbau. Konnte wegen beschränkter örtlicher Verhältnisse oder aus sonstigen Gründen nur ein Teil des Mastschaftes aufgekippt oder durch Anheben aufgerichtet werden, dann müssen die restlichen Schüsse und die Ausleger, falls nicht stabweiser Aufbau zur Anwendung gelangt, einzeln hochgezogen und schrittweise an den bereits stehenden Mastteil angebaut werden.

Das Aufziehen der Schüsse geschieht mittels hölzerner oder stählerner Hilfsgerüste, die am stehenden Mastteil befestigt werden und die am oberen Ende ein Gehänge tragen. Das Hochziehen der Bauteile erfolgt mittels einer am Boden gelagerten Seilwinde, unter Zwischenschaltung eines Flaschenzuges. Am unteren Ende der anzuhebenden Bauteile befestigt man Hanfstricke oder leichte Stahlseile, um ein Anschlagen an den stehenden Mastteil vermeiden zu können. Ist der Schuß genügend hoch emporgezogen, dann wird sein unteres Ende von Hand aus oder mittels der angehängten Hilfsseile so verschwenkt, daß nach

Abb. 446. Schußweiser Aufbau.

erfolgtem Nachlassen des Windenseiles zwei Eckwinkel mit den Enden der entsprechenden Stäbe des stehenden Mastteiles durch Dorne und einzelne Heftschrauben verbunden werden können. Durch weiteres Nachlassen des Windenseiles wird auch die Verschraubung der beiden anderen Eckwinkelstöße ermöglicht. Sind alle Stoßschrauben eingezogen und angespannt, so kann die Aufziehvorrichtung höher verlegt werden, worauf der nächste Schuß, bzw. die Ausleger in gleicher Weise zum Einbau gelangen. Abb. 446 zeigt den schußweisen Aufbau eines Gittermastes.

d) Stabweiser Aufbau. Für diese Art des Mastaufbauens genügen verhältnismäßig leichte Behelfe. Häufig wird eine einzelne Holzstange („Nadel“) zum Hochziehen und zum Einbau der Stäbe verwendet; sie wird in der Achse oder an einer Seitenwand des bereits stehenden Mastteiles angebracht und erforderlichenfalls noch durch Seile abgespannt. Diese Stange trägt am freien Ende ein Gehänge zum Aufziehen der Stäbe. Die zur Verwendung gelangende Seilwinde wird wieder am Boden gelagert. An den hochzuziehenden Bauteilen hängt man Stricke oder leichte Stahlseile an, um die notwendigen seitlichen Bewegungen bewirken zu können. Zur Beschleunigung des Arbeitsfortschrittes werden zumeist zwei solcher Aufziehvorrichtungen an gegenüberliegenden Mastseitenwänden angebracht und daher auch zwei Seilwinden zum Hochziehen der Bauteile vorgesehen. Mit fortschreitendem Aufbau des Mastes müssen diese Aufziehvorrichtungen immer höher verlegt werden, wozu bei diesen leichten Behelfen nur wenig Zeit benötigt wird. Abb. 447 zeigt den stabweisen Aufbau eines Flußkreuzungsmastes.

Abb. 447. Stabweiser Aufbau.

Das Aufziehen und der Einbau der Stäbe ist einfacher durchzuführen, wenn schwenkbare Holznadeln zur Verwendung gelangen. In diesem Falle stützen sich diese Holzstangen allseits drehbar auf den schon stehenden Mastteil auf, während ihr freies Ende, das wieder ein Gehänge trägt, durch Seile abgespannt wird. Eine vollkommenere Form solcher Montagebehelfe stellen die aus zwei Holzstangen gebildeten leichten Derrick-Krane dar. Diese Schwenkkrane bestehen aus einem Mittelbaum, der mit dem schon stehenden Mastteil durch Verschraubungen und Seilabspannungen fest verbunden ist, und aus einem Schwenkarm, dessen freies Ende durch Seile gehalten wird. Die Betätigung des Schwenkarmes erfolgt durch eine leichte, am Mittelbaum aufmontierte Winde. Der Schwenkarm trägt am freien Ende wieder ein Zuggehänge, die Stäbe werden mittels einer am Boden gelagerten, meist händisch betriebenen Seilwinde aufgezogen. Man verwendet entweder zwei Derricks, die in gegenüberliegenden Mastseitenwänden angebracht sind, oder es wird bloß ein solcher zentral angeordneter Schwenkkran vorgesehen. Für den letzteren Fall wurden sehr zweckmäßige maschinelle Einrichtungen zum raschen Höherverlegen des Kranes entwickelt.

Zuweilen wird der Aufbau der Maste auch mittels eines seitlich am Boden stehenden Montagemastes durchgeführt. Entsprechend dem Baufortschritt wird dieser, aus einem leichten räumlichen Gitterfachwerk bestehende, allseits abgespannte Hilfsmast durch Anbau weiterer Schüsse verlängert. Man verwendet auch Montagemaste, die um ihre Längsachse drehbar sind. Ihr Fuß steht auf einem Stahlgußlager auf, ihr oberes Ende ist in einem allseits verankerten Ring drehbar gelagert. Der Fußpunkt des drehbaren Schwenkarmes kann am Montagemast in beliebiger Höhenlage aufgestützt werden.

3. Eisenbetonmaste.[5,6,7,8]

Leichte Maste, die als Ersatz für Holzmaste dienen und nach Möglichkeit wie diese auch unmittelbar, ohne besonderes Fundament, in den Boden eingegraben werden, können meist auch wie Holzmaste mittels Schwalben aufge-

Abb. 448. Anheben eines Kisse-Mastes.

richtet werden. Zur Erleichterung des Aufstellens wird wieder eine Seitenwand der Mastgrube abgeschrägt oder abgetreppt (vgl. Abb. 439).

Schwerere, an der Baustelle liegend betonierte oder fabriksmäßig erzeugte

Abb. 449. Anheben eines Eisenbetonmastes.

Maste werden mit Hilfe von Stellgeräten durch Aufkippen oder Anheben aufgerichtet. Zum Aufkippen der Eisenbetonmaste werden aber meist keine Fußanker herangezogen; man stützt vielmehr den Fuß des Mastes auf die Mast-

Abb. 450. Anheben eines Eisenbetonhohlmastes.

grubenwand unter Zwischenschaltung druckverteilender Hölzer auf. Stets ist darauf zu achten, daß während des Aufkippens oder Anhebens die Eisenbetonmaste keine Überlastung unter der Eigengewichtswirkung erfahren. Das gilt besonders für die nach dem Stampf- und Gußverfahren hergestellten Maste, bei welchen sich auch zusätzliche Bewehrungen meist nicht vermeiden lassen. Bei den verhältnismäßig leichteren, nach dem Schleuder- oder maschinellen Rüttelverfahren erzeugten Masten hingegen muß im allgemeinen erst im Falle größerer Mastlänge die Hubkraft zwecks Ausschaltung der Momentenspitze längs des Schaftes verteilt werden. Abb. 448 zeigt das Anheben eines Kisse-Mastes (Betonwerk L. Moll).

Abb. 451. Anheben eines Eisenbetonmastes.

Zum Aufrichten von Eisenbetonmasten großer Gewichte sind besondere Behelfe entwickelt worden. Im folgenden wird das Aufrichten der Eisenbetonmaste System Porr, besprochen. Die Maste werden knapp oberhalb ihres Schwerpunktes gefaßt, wobei man die

Hubkraft mittels besonderer Hilfskonstruktionen auf eine größere Länge des Schaftes verteilen muß. Bei Tragmasten wird dazu ein stählernes Hängewerk vorgesehen (Abb. 449), bei den Hohlmasten wird eine aus zwei stählernen Gitterträgern und den erforderlichen Querträgern und Querverbindungen gebildete, den Mastschaft umschließende „Wiege" angewendet (Abb. 450). Durch die Verteilung der Hubkraft ist es möglich, mit bloß wenigen zusätzlichen Bewehrungen das Auslangen zu finden. Diese Hilfsgeräte sind so gestaltet, daß die Maste bis in die lotrechte Lage angehoben und in dieser frei schwebend gehalten werden können.

Bei Anwendung dieses Aufstellverfahrens müssen die Maste in solcher Lage betoniert werden, daß sich ihr Schwerpunkt über der Mitte der Mastgrube befindet. Die Betonfundamente sind schon vorher herzustellen; sie besitzen eine Aussparung, in die der Mastschaft abgesenkt wird.

Abb. 452. Anheben einer Meeg-Mastschalung.

Die zum Anheben der Maste in Verwendung stehenden Geräte sind verschieden stark ausgebildet: Die Abb. 449 und 451 zeigen das Anheben eines Tragmastes einer 60-kV-Leitung. Das Stellgerüst besteht aus Stahlrohren, das Hochziehen des Mastes erfolgt mittels Kettenflaschenzügen. Mit dem gleichen Gerät konnten auch die als Hohlmaste ausgeführten Abspann- und Kreuzungsmaste dieser Leitungsanlage aufgerichtet werden.

Für sehr schwere Porr-Maste werden stählerne Gittertürme verwendet, die auf einem stählernen Rahmen stehen, der sich auf das Mastfundament aufstützt. Das Anheben erfolgt mittels Druckwasserpressen, die an den Gittertürmen angebracht sind. Das Druckwasser wird in Pumpen erzeugt, deren Antrieb durch einen Benzinmotor erfolgt. Pumpensatz und Motor sind auf einem Wagen aufmontiert. Die Abb. 450 zeigt das Aufrichten eines Hohlmastes der 100-kV-Leitung Ternitz—Wien. Mit fortschreitendem Anheben nähert sich der auf der Bodenschalung gleitende Mastfuß immer mehr der Mastgrube, bis der Mast schließlich frei schwebt und in die ausgesparte Öffnung des Betonfundamentes abgelassen werden kann. Nach erfolgtem Ausrichten wird er durch Halteseile gesichert und nun kann der Zwischenraum zwischen Mastschaft und Fundament ausbetoniert werden.

Bei der 100 kV-Leitung Ternitz—Wien wurden bei gutem Wetter wöchentlich mit jedem der in Verwendung genommenen leichten Stellgeräte 5 bis 6 Tragmaste (Einzelgewicht 19 bis 22 t) und mit dem schweren Gerät 3 bis 6 Hohlmaste (Einzelgewicht 27 bis 34 t) aufgestellt.

Aufstellung der Schalung und Bewehrung der Meeg-Maste.[8] Wie im ersten Abschnitt unter V, C, 3 a β bereits besprochen wurde, werden diese Maste stehend ohne Zuhilfenahme von Gerüsten betoniert. Um dies zu ermöglichen, wird die entsprechend kräftige Holzschalung mit dem eingebauten Bewehrungsgerippe, ähnlich wie ein Stahlmast, durch Aufkippen oder Anheben aufgerichtet.

Abb. 452 zeigt das Aufrichten der Schalung eines Tragmastes mit anzugießendem Ausleger. Ein fertiggestellter Mast gleicher Bauart war bereits in Abb. 312 zu sehen.

C. Herstellung der Betonfundamente.[9]

Die Betonfundamente für Holz-, Stahl- und fabrikmäßig erzeugte Eisenbetonmaste werden in der Regel von der Leitungsbauunternehmung selbst ausgeführt. Lediglich besonders zu gestaltende, bewehrte Betonfundamente, die zuweilen für einzelne Sondermaste vorzusehen sind, werden von Bauunternehmungen entworfen und hergestellt.

Hinsichtlich der Ausführung der Betonfundamente besagen die Leitungsbauvorschriften VDE 0210, § 29, folgendes:

a) Der Beton soll aus gutem Zement, reinem Sand und reinem Kies oder Schotter hergestellt werden. Auf einen Raumteil Zement sollen höchstens neun Raumteile sandiger Kies oder vier Raumteile Sand und acht Raumteile Schotter kommen. Bei stark sandhaltigem Kies ist eine fettere Mischung zu wählen. Den Zement teilweise durch eine entsprechend größere Menge Traß zu ersetzen, ist zulässig, wenn dadurch die Güte des Betons nicht beeinträchtigt wird. Die Baustoffe dürfen keine erdigen Bestandteile enthalten.

b) Besteht das Fundament aus einer Grundplatte und einem erst nach dem Aufstellen des Mastes zur Ausführung kommenden Oberteil, so darf die Grundplatte bei der Fundamentberechnung nur dann berücksichtigt werden, wenn sie mit dem Oberteil durch ausreichend bemessene Stahleinlagen (z. B. St 37 oder St 48) verbunden wird.

c) Die Richtlinien für die Ausführung von Bauwerken aus Beton im Moor, in Moorwässern und ähnlich zusammengesetzten Wässern (aufgestellt vom Deutschen Ausschuß für Eisenbeton, Verlag von W. Ernst und Sohn, Berlin) sind zu beachten.

Mit den mageren Mischungen, die die Vorschriften im Hinblick auf die im allgemeinen verhältnismäßig geringere Beanspruchung der Fundamente zulassen, kann kein dichter Beton hergestellt werden. In den Fundamentbeton werden aber Stahlteile, wie die Unterteile von Stahlmasten, Ankerschrauben, stählerne Mastfüße, und jene schwachen Bewehrungen, die allfällig zur Verbindung der Fundamentplatte mit dem aufgehenden Fundamentkörper dienen, eingebettet. Diese Stahleinlagen müssen vor dem Verrosten im Magerbeton bewahrt werden. Solange die Fundamente nicht im Grundwasser stehen, genügt es im allgemeinen, die Stahlteile mit Zementmilch einzuschlemmen. Zuweilen ergibt sich die Gelegenheit, die Stahleinlagen mit fetterem Beton zu umhüllen, wie z. B. beim Ausgießen der Kanäle der Ankerschrauben.

Ragen die Fundamente aber unter den Grundwasserspiegel oder enthält der Boden Bestandteile, die den Beton chemisch angreifen, dann müssen die Fundamente aus dichtem Beton hergestellt werden.

Hinsichtlich der Bestandteile des Betons ist ergänzend zum ersten Abschnitt V, C, 2 a α folgendes zu bemerken:

Als Bindemittel kommen meist nur die gewöhnlichen Normenzemente (Handelszemente) in Betracht. Die Verwendung hochwertiger Zemente bietet nur in besonderen Fällen Vorteile. Nach den Leitungsbauvorschriften darf ein Teil des Zements durch Traß (feingemahlener Tuffstein vulkanischen Ursprunges) ersetzt werden. Da Traß (Din DVM 1043) so wie alle hydraulischen Zuschläge nicht allein, sondern nur in Verbindung mit dem beim Abbinden des Zementes frei werdenden Kalk erhärtet, so kann auch immer nur eine bestimmte, von der Zementmenge und vom Kalkgehalt des Zements abhängige Menge Traß abbinden, während ein allfälliger Überschuß an Traß nur als porenfüllender Zuschlagstoff zu wirken vermag (der allerdings auch die Widerstandsfähigkeit des Betons gegen chemische Angriffe erhöht). Ein wesentlicher Teil des Zementes kann also nur dann durch Traß ersetzt werden, wenn der Zement einen höheren Kalkgehalt besitzt; bei beabsichtigtem Traßzusatz wird daher Portlandzement zu wählen sein.

Bezüglich der erforderlichen Beschaffenheit der Zuschlagstoffe und hinsichtlich der Bedeutung einer geeigneten Kornabstufung für die Güte des Betons wird auf den ersten Abschnitt V, C, 2 a α verwiesen. Für den Fundamentbeton sind aber gröbere Zuschläge verwendbar und erwünscht; es können auch einzelne größere, feste Steine, die beim Aushub der Mastgrube abgesondert wurden, in den Beton eingebettet werden. Dazu müssen solche Steine erforderlichenfalls vorerst gereinigt werden. Jedenfalls sind sie aber, um eine Bindung mit dem Magerbeton herbeizuführen, unmittelbar vor dem Einbetten in den Beton mit Zementmilch einzuschlemmen und dann sachgemäß zu verteilen und zu umschließen; dabei darf die Zementmilch noch nicht getrocknet sein.

Nach den VDE-Vorschriften ist das mindeste noch zulässige Mischungsverhältnis — in Raumteilen — Zement: Sand: Kies = 1:4:8, bzw. Zement: Sand-Kies-Gemenge = 1:9. Rechnet man den Zementanteil unter Zugrundelegung eines spezifischen Gewichtes von 1200 kg/m³ in Kilogramm um, so entfallen bei obigen Mindest-Mischverhältnissen auf einen Sack Zement (50 kg) 0,167 m³ Sand + 0,333 m³ Kies, bzw. auf einen Sack Zement 0,378 m³ Sand-Kies-Gemenge. Darnach kann der Bedarf an Zuschlagsstoffen für die einzelnen Mischgänge ermittelt werden.

Um bei gegebenen Mischungsverhältnissen den Gesamtbedarf an Baustoffen für die Herstellung einer bestimmten Anzahl von Kubikmetern fertigen Betons bestimmen zu können, muß man die „Ausbeute" des Betons kennen. Sie hängt von der Beschaffenheit der einzelnen Baustoffe ab und beträgt bei getrennter Beigabe von Sand und Kies im Mittel etwa 0,65, bei Verwendung eines Sand-Kies-Gemenges etwa 0,85. Zur überschlägigen Ermittlung des Baustoffbedarfes können auch verschiedene Tafelwerte herangezogen werden; die nachstehenden Angaben sind dem Beton-Kalender 1938, S. 177—178, entnommen:

Baustoffbedarf für 1 m³ fertigen Betons.

1. Sand und Kies getrennt, im Verhältnis 1:2 zugegeben:

Zahlentafel 53.

Betonmischung (RT) Z:S:K	Zement kg	Sand m³	Kies m³
1 : 2 : 4	270	0,450	0,900
1 : 2,5 : 5	222	0,450	0,900
1 : 3 : 6	180	0,450	0,900
1 : 3,5 : 7	156	0,450	0,900
1 : 4 : 8	135	0,450	0,900

2. Sand und Steinschlag getrennt, im Verhältnis 1:1,5 zugegeben:

Zahlentafel 54.

Betonmischung (RT) Z : S : St	Zement kg	Sand m^3	Steinschlag m^3
1 : 2,5 : 3,75	260	0,540	0,810
1 : 3 : 4,5	216	0,540	0,810
1 : 3,5 : 5,25	186	0,540	0,810
1 : 4 : 6	163	0,540	0,810
1 : 5 : 7,5	130	0,540	0,810

3. Verwendung von Sand-Kies-Gemenge:

Zahlentafel 55.

Betonmischung (RT) Z : S-K-G	Zement kg	Sand-Kies-Gemenge m^3
1 : 5	270	1,125
1 : 6	230	1,160
1 : 7	200	1,180
1 : 8	180	1,200
1 : 9	160	1,210

Wasserzusatz: Fundamente, die keine oder nur schwache zusätzliche Bewehrungen erhalten, werden in der Regel aus erdfeuchtem Beton hergestellt; es wird also nur so viel Wasser zugegeben, daß die Hand beim Kneten des Betons gerade noch sichtbar naß wird. Der erforderliche Wasserzusatz ist am besten versuchsweise festzustellen („Eindringprobe"); er beträgt etwa 70 bis 100 l je Kubikmeter Beton. Für Fundamente, die in das Grundwasser ragen, wird der Beton „nasser als erdfeucht" zubereitet. Eine solche Steife des Betons wird häufig auch für Fundamente im Trockenen wegen der zu umschließenden Stahlteile bevorzugt.

Bei der Ermittlung der erforderlichen Baustoffmengen sind noch Zuschläge für Verluste vorzusehen. Besonders ist auch ein solcher Zuschlag von etwa 5—10% für den Zement wegen der Verluste beim Transport, bei der Lagerung und Verarbeitung (Verstaubung) zu berücksichtigen. Auch für das Anmachwasser sind Zuschläge für Verdunstung und für Aufsaugung durch die Mischbühne notwendig. Bei kleineren Fundamenten sind die Verluste verhältnismäßig größer als bei größeren.

Das Mischen des Betons erfolgt bei kleineren Fundamenten von Hand aus. Die Verwendung einer Mischmaschine lohnt sich erst bei sehr großen Fundamenten. Die Handmischung wird auf einer Mischbühne vorgenommen, die man am besten aus drei einzelnen Blechtafeln 2000 . 1000 . 4 mm zusammensetzt. Zuerst werden die Zuschlagstoffe mit Zement trocken vermischt, worauf erst Anmachwasser beigegeben wird. Soll dem Zement Traß zugesetzt werden, dann sind diese beiden Stoffe zuerst für sich trocken zu mischen und dann erst mit den Zuschlagstoffen zu vereinigen und solange trocken durchzumischen, bis das Gemenge eine gleichmäßige Färbung aufweist. Hierauf wird allmählich unter ständigem Umschaufeln des Gemenges Anmachwasser mittels Brause zugesetzt. Das Mischgut ist möglichst bald nach seiner Zubereitung zu verarbeiten, bei trockener, warmer Witterung spätestens nach einer Stunde, bei nasser, feuchter Witterung spätestens nach zwei Stunden.

Mit erdfeuchter Mischung läßt sich die größte Betonfestigkeit erzielen; mit wachsendem Wasserzusatz nimmt die Betonfestigkeit ab. Anderseits ist aber im Falle erdfeuchter Mischung die Güte des Betons ganz wesentlich von der Sorgfalt der Ausführung abhängig. Erdfeuchter Beton kann auch nur dort verwendet werden, wo eine ausreichende Verdichtung möglich ist. Beton solcher Steife wird in Schichten von 15—20 cm Höhe in die Mastgrube bzw. in die Schalformen eingebracht und mittels 10—17 kg schweren Stampfern solange verdichtet, bis sich an der Oberfläche Wasser zeigt und dieselbe eine zusammenhängende Fläche bildet. Besonders gut ist an den Rändern bzw. längs der Schalungswände und in den Ecken zu stampfen. Die einzelnen Schichten Beton sind frisch auf frisch zu verarbeiten; vor dem Aufbringen einer neuen Schicht ist die Oberfläche der letzten Schicht noch vor dem Erstarren aufzurauhen. Arbeitsunterbrechungen sind nach Möglichkeit zu vermeiden. Muß eine solche Unterbrechung eintreten, dann ist vor dem Weiterbetonieren die Oberfläche des bereits erstarrten Betons mit Stahlbesen abzukehren, einzukerben und sodann mit Zementbrei einzuschlämmen.

Um den seitlichen Erdwiderstand in vollem Maße für die Fundamente nutzbar machen zu können, muß unmittelbar an den gewachsenen Boden anbetoniert werden. Bei Stufenfundamenten ist dies aber nur im Bereich der Platte möglich, der obere verjüngte Fundamentteil muß hingegen verschalt werden.

Diese Schalung wird in der Regel aus vier Holzwänden zusammengesetzt, die mit den erforderlichen Beschlägen versehen sind und die man durch Hakenverbindungen oder Verbolzungen und Versplintungen zusammenschließt und durch Anschlagleisten in der richtigen gegenseitigen Lage erhält. Die Verbindungen der Schalwände müssen leicht herzustellen und leicht zu lösen sein. Die Schalbretter sind so stark zu halten, daß sie dem auftretenden Schalungsdruck standzuhalten vermögen. Bei der Herstellung dieser Behelfe ist auf ihre oftmalige Wiederverwendung Rücksicht zu nehmen.

Vor dem Zusammenbau sind die Schalungswände zu reinigen, anhaftende Reste alten Betons sind zu entfernen. Vor dem Einbringen des Betons werden die Schalwände mit Wasser genäßt.

Die über Tag liegenden Teile der Betonfundamente werden zur besseren Wasserabweisung aus einem fetteren Beton hergestellt. Früher hat man diese Fundamentteile auch verputzt (1 Raumteil Zement + 2—3 Raumteile gemischtkörnigen Sand bis höchstens 3 mm Korngröße, Glattstrich aus 1 RT Zement + 1 RT Sand). Bei der Gestaltung der oberen Begrenzungsfläche des Fundamentes ist besonders darauf zu achten, daß die aus dem Beton heraustretenden Stahlteile den Wasserabfluß nirgends behindern.

Nach Erhärtung des Betons bzw. des Verputzes ist bei den Stufenfundamenten in den Hohlraum zwischen Fundament und Mastgrubenwand Aushubmaterial schichtenweise einzubringen und gut zu verstampfen. Mit Rücksicht auf die unvermeidlichen Setzungen ist dieses eingestampfte Material längs der Fundamentwände über den gewachsenen Boden hinaus aufzufüllen.

Fundamente, die unter das Grundwasser ragen, müssen stets aus dichtem Beton hergestellt werden. Für diesen ist eine geeignete Zementsorte auszuwählen, die Zuschlagstoffe müssen einen ausreichend großen Anteil feinkörniger Bestandteile enthalten, allenfalls muß noch Traß zugesetzt werden. An Zement ist für dichten Beton mindestens 240 kg je Kubikmeter Beton erforderlich.

Nach Möglichkeit wird unter „Wasserhaltung" (offene Wasserhaltung oder Grundwassersenkung) im Trockenen betoniert. Der Beton wird nasser als erdfeucht angemacht, damit er beim Stampfen beweglicher ist und eine gleichmäßig geschlossene Masse bildet. Die Wasserhaltung darf nicht zu früh abgebrochen werden, sonst wird Zement ausgelaugt.

Ist die offene Wasserhaltung nicht möglich und eine Grundwassersenkung zu unwirtschaftlich, dann muß wohl unter Wasser betoniert werden. Dabei werden die Bindemittel immer mehr oder weniger vom Wasser ausgelaugt, und man muß daher schon aus diesem Grunde einen fetten Beton verwenden, der einen Überschuß an Bindemittel besitzt. Meist wird der Beton als weicher Beton zubereitet. Das Einbringen muß so erfolgen, daß keine Entmischung eintritt und nur möglichst wenig Bindemittel ausgespült werden. Dazu verwendet man bei den verhältnismäßig kleinen Abmessungen der Mastgruben meist Kasten oder Gefäße, in welchen der Beton bis zum Arbeitsort unter Wasser gebracht und durch Kippen der Gefäße entleert wird. Über die zu treffenden Vorkehrungen beim Betonieren unter Wasser vgl. Din 1047.

Betonieren bei Frost soll nach Möglichkeit vermieden bleiben. Es erfordert besondere Vorsichtsmaßnahmen, die bereits im ersten Abschnitt V, C, 2 a γ behandelt wurden. Bei den Fundamenten liegen die Verhältnisse im Vergleich zu den Betonmasten insofern günstiger, als der Beton mit einem geringeren Wasserzusatz angemacht werden kann und anderseits Baugruben und Fundamente viel leichter gegen Frosteinwirkung zu schützen sind als die langgestreckten, frei am Boden gelagerten Maste.

Die Mastfundamente sind in weit höherem Maße chemischen Einwirkungen ausgesetzt als die Maste selbst. Außerdem wäre auch der Magerbeton der Fundamente solchen Angriffen gegenüber viel weniger widerstandsfähig als der dichte Mastbeton. Daher ist schon vor der Herstellung der Fundamente zu erheben, ob der Boden oder das Grundwasser schädliche Beimengungen enthalten. Eine Gefahr für die Betonfundamente bedeuten vor allem schädliche Salze, die im Grund- oder Oberflächenwasser gelöst enthalten sind und die auch im Wasser gelöst im umgebenden Erdreich vorkommen können. Der Angriff ist besonders dann gefährlich, wenn durch Strömung des Grundwassers ständig neue Salze an den Beton herangespült werden. Zu solchen schädlichen Salzen gehören die Salze der Schwefelsäure (Gips, Glaubersalz und Bittersalz), ferner Salze des Schwefelwasserstoffes, Salze der Salzsäure, vor allem Magnesiumchlorid, sowie auch Ammoniumsalze. Zu den schädlichen Stoffen zählen ferner freie Säuren, wie z. B. freie Humussäure und freie, angreifende Kohlensäure, die im Moorwasser vorkommen. Auch pflanzliche und tierische Stoffe, wie Fette und Öle, können auf den Beton zerstörend einwirken, da sich bei ihrer Zersetzung Fettsäure bildet.

Zum Schutze gegen solche Angriffe ist der Beton vor allem möglichst dicht auszuführen. Ein solcher wasserundurchlässiger Beton ist auch im Meerwasser beständig, solange dieses keinen größeren Gehalt an Schwefelkies aufweist. Je nach der Art der schädigenden Stoffe kann auch die Zementsorte ausgewählt werden, die gegenüber diesen Stoffen am widerstandsfähigsten ist.

Während der Herstellung der Fundamente müssen die schädlichen Stoffe ferngehalten werden, bis der Beton erhärtet ist. Es ist also im Trockenen zu betonieren, wozu allenfalls eine dichte Einschließung der Mastgrube durch Spundwände notwendig wird. Auch muß verhindert werden, daß der Beton von der Sohle her angegriffen wird, weshalb zunächst an der Sohle eine Schutzschicht aufzubringen ist. Über zu treffende Vorkehrungen siehe auch „Richtlinien für die Ausführung von Bauwerken aus Beton im Moor, in Moorwässern und ähnlich zusammengesetzten Wässern" des Deutschen Ausschusses für Eisenbeton.

D. Die Montage der Isolatoren.

Der Zusammenbau zu Ketten erfolgt am zweckmäßigsten beim Mast. Es erübrigt sich, den Ausführungen des ersten Abschnittes II, B, bzw. den Abb. 82 bis 85 etwas darüber hinzuzufügen.[10]

Die Stützenisolatoren werden in der Werkstätte an den Stützen befestigt, die Isolatoren mit geraden Stützen werden an den armierten Masten knapp vor oder nach dem Aufrichten der Maste montiert, die Isolatoren mit Hakenstützen sind unbedingt vor dem Aufrichten der Maste in diese einzuschrauben.

Das Befestigen der Isolatoren auf den Stützen.[11] Die Verschiedenheit der Wärmedehnungszahlen des Isolatorenporzellans und des Eisens der Stützen läßt es ratsam erscheinen, die Verbindung zwischen diesen beiden Teilen mit einem ausreichend nachgiebigen Mittel herzustellen. Aus diesem Grunde ist das Ausgießen dieses Zwischenraumes mit Zement, Gips, Bleiglätte und Glyzerin usw. in Deutschland nicht üblich; derartige Mittel sind auch dann nicht anzuwenden, wenn sie die gleiche Ausdehnungsziffer wie das Porzellan und keinerlei Treibwirkung aufweisen.

Das gebräuchlichste Verfahren ist das Aufhanfen der Isolatoren, das, soweit es richtig angewandt wird, in jeder Beziehung zufriedenstellt.

Der in die Aussparung des Porzellanisolators einzuführende Teil der Stütze wird mit einem Polster aus langfaserigen Hanfsträhnen umgeben. Um Verschiebungen dieses Polsters zu vermeiden, wurde die Stütze mit Einkerbungen versehen. Der Hanfpolster darf weder zu fest sein, um das Porzellan nicht unnötig zu beanspruchen, noch zu locker, um das Schiefstellen der Isolatoren zu bewirken. Die mit dem Hanfpolster umgebene Stütze ist ausreichend tief in das Stützenloch einzuführen, ohne daß die Stütze den Boden der Aussparung berührt. Zu diesem Zweck ist vor dem Einführen der Stütze die Tiefe, bis zu welcher dieses erfolgen kann, durch eine Marke am Isolator kenntlich zu machen. Die obere Stirnfläche der Stütze ist mit Hanf zu umgeben. Der Hanfpolster soll nur bis zur Unterkante der Aussparung reichen und dort glatt abgeschlossen sein. Es ist unbedingt zu vermeiden, daß Hanffasern wegstehen. Zur Vermeidung von Rundfunkstörungen durch Entladungen im Stützenloch ist dieses innen mit einem leitenden Anstrich zu versehen (z. B. Graphit-Wasserglas), ferner ist der Hanfpolster leitfähig zu machen (z. B. durch Eintauchen in Mennige). Um gleichzeitig das Einführen der Stütze in den Isolator zu erleichtern, kann der Hanfpolster in ein Gemisch aus Leinöl und Mennige getaucht werden. Das Aufdrehen der Porzellanisolatoren auf die Stütze kann bei kleinen Isolatoren (bis etwa 15 kV) von Hand aus erfolgen. Hierbei ist die Stütze etwa in einem Schraubstock fest einzuspannen. Größere Isolatoren bedingen die Verwendung einer Aufziehkluppe.

Das Aufhanfverfahren bedingt eine gewisse Fertigkeit, um einerseits dem Hanfpolster die richtige Festigkeit zu geben und anderseits das Aufdrehen des Isolators auf die hanfumwickelte Stütze mit der richtigen Kraft zu bewerkstelligen. Das Verfahren ist rasch und mit verhältnismäßig billigen Mitteln anwendbar und hierdurch allen weiteren Verfahren überlegen.

Unter diesen sei das Aufschrauben des Isolators mit Hilfe eines Bleikopfes auf der Stütze erwähnt. Der Bleikopf wird mit Hilfe einer dem Porzellangewinde genau nachgebildeten Matrize hergestellt. Dieses Verfahren hat sich wohl bewährt, wird sich jedoch infolge der Umständlichkeit und der hohen Kosten nicht einführen.

Unter dem Druck der Schwierigkeiten der Hanfbeschaffung sind in der Kriegs- und Nachkriegszeit teerimprägnierte Papierhülsen für die Befestigung der Isolatoren auf den Stützen verwendet worden. Da diesem Verfahren heute die Voraussetzungen entzogen sind, erübrigt es sich, dieses eingehender zu besprechen. Als Ersatzmittel haben sich die Papierhülsen bewährt. Die Schwierigkeiten bestehen hauptsächlich darin, den Papierlagen die im allgemeinen konische Form des Zwischenraumes zwischen Stütze und Isolator zu geben.

Diese Aufzählung der Befestigungsmöglichkeiten erhebt keinen Anspruch auf Vollständigkeit. Die zahlreichen sonstigen angewandten Verfahren weisen jedoch keinerlei Vorteile gegenüber dem Aufhanfverfahren auf, und es soll auf deren Besprechung verzichtet werden.

E. Das Auslegen und Spannen der Leiter.

Die Seile werden stets auf Trommeln aufgerollt angeliefert. Die Ringverpackung ist nur bei geringer Lieferlänge (für Kreuzungsfelder usw.) üblich. Die Volldrähte (z. B. für Fernsprechleiter) werden hingegen gewöhnlich in Ringen angeliefert.

Das Abrollen der Drahtringe erfolgt mit Hilfe von einfachen ortsfesten oder fahrbaren Drahthaspeln, das Ausziehen durch einen oder mehrere Helfer.

Die Seiltrommeln sind mit den Anfahrwagen, für welche bei stärkeren Leitern hauptsächlich motorisch angetriebene verwendet werden, bis zur Verwendungsstelle heranzuführen. Das Rollen der Trommeln ist auf das Mindestmaß zu beschränken; ist längeres Rollen nicht zu umgehen, so ist die Verschalung der Trommel zu entfernen und letztere in der der Seilaufwicklung entgegengesetzten Richtung zu rollen.

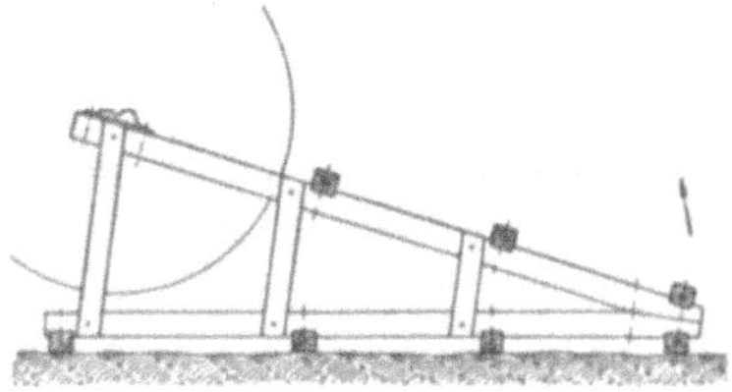

Abb. 453. Abrollbock.

Soweit es sich um Querschnitte bis etwa 70 mm² handelt, werden für das Abrollen des Seiles von der Kabeltrommel allgemein einfache Böcke aus Holz verwendet, die zweckmäßigerweise an Ort und Stelle gezimmert werden, wobei nur für die Bereitstellung der Welle samt einfachen Lagern und Stellringen vorzusorgen ist. Um das Heben der Kabeltrommel samt Welle in die Lager der Böcke zu erleichtern, können diese nach Abb. 453 ausgeführt werden; der Bock wird soweit um A gedreht, bis seine Lager die Trommelwelle fassen können, beim Zurückführen in die bestimmungsgemäße Lage trägt der Bock die Welle und die auf ihr drehbar gelagerte Trommel. Die Verwendung einer einheitlichen

Trommeltype für die Leiter desselben Gestänges erleichtert das Auslegen. Die Trommel ist so zu lagern, daß der Leiter oben abläuft. Das Ausziehen der Leiter erfolgt durch ein oder mehrere Zugtiere. Hierbei ist das Seil einer Überprüfung zu unterziehen und schadhaft erkannte Stellen herauszuschneiden. Es sind womöglich mehrere Leiter gleichzeitig auszulegen. Unabhängig von Werkstoff und Querschnitt sind die Leiter über Rollen und keinesfalls über die Ausleger oder Stützen zu führen. Für kleine Querschnitte reichen gewöhnliche Rollen aus Holz, in einfachen Trägern aus Rundeisen gelagert, vollkommen aus. Zur tunlichsten Beherrschung der Seilabrollgeschwindigkeit muß die Trommel abgebremst werden können — etwa mit einer einfachen Hebelpresse oder nur mit einem Holzbrett, das gegen den Trommelrand gepreßt wird —.

Abb. 454. Mast mit Rollen.

Durch die vorbeschriebenen einfachen Behelfe wird der Seilabrollvorgang nur mangelhaft beherrscht, und es läßt sich durch sie das Schleifen der Leiter nicht vermeiden. Es sollte stets angestrebt werden, ausnahmslos alle Leiter schleiffrei auszulegen, selbst wenn die Gattung des Bodens das Schleifen unbedenklich erscheinen läßt (homogener, weicher Boden, keine chemische Einwirkung des Bodens auf das Seil usw.), da stets mit vorhandenen harten, scharfkantigen Körpern (Steine, Hölzer usw.) gerechnet werden muß, welche die Oberfläche des Seiles aufrauhen und einzelne Litzen, bzw. den Zinküberzug beschädigen können.

Das schleiffreie Auslegen bedingt die Verwendung besonderer Auslegegeräte, die gewöhnlich nur bei starken Leitern herangezogen werden.[12,13] Hierbei erfolgt das Auslegen mit Hilfe eines Vorseiles (Stahlseiles) und einer Motorseilzugwinde. Die Länge des Vorseiles muß zumindest jener des Abspannbereiches gleich sein. Die Trommeln und die Trommelböcke werden am Anfang des Abspannbereiches (Trommelplatz), die Motorseilzugwinde mit dem auf ihr aufgerollten Vorseil am Ende dieses Bereiches (Windenplatz) in Stellung gebracht. Verwendet werden wieder Montagerollen, die vor Beginn der Auslegearbeiten an allen Querarmen anzubringen sind.

Die Rollen müssen ausreichend große Rillen aufweisen, um nicht nur die Seile, sondern auch deren Verbindungsarmaturen durchzulassen. Je größer der Rollendurchmesser, desto geringer die Biegungsbeanspruchung des Seiles und desto genauer das Spannen, besonders bei großer Anzahl gleichzeitig gespannter Felder. Weniger empfehlenswert ist es für die hier betrachteten stärkeren Leiter, die Rollen aus Holz herzustellen, da sich dieses verziehen kann. Metallische Rollen erden selbsttätig das Seil und schalten somit die Gefährdung des Arbeiters bei Berührung des Seiles mit einem spannungsführenden Leiter aus. Am besten eignet sich Silumin und Aluminium. Die Rollen müssen auf den Achsen ohne besondere Reibung laufen und sind tunlichst mit selbsttätiger Schmierung zu versehen. Sie sind mittels Seiles oder Kette am Ausleger zu befestigen, das ausreichende Länge aufweisen muß, um durch tunlichst starkes Schiefstellen das Auftreten unzulässiger Reibungskräfte erkennen zu lassen. Am zweckmäßigsten werden für jede Masttype (Tragmast, Winkelmast, Abspannmast) eigene Rollentypen verwendet, die unter Rücksichtnahme auf das Leitergewicht und den fallweise ausgeübten Leiterzug zu dimensionieren sind. Abb. 454 zeigt einen mit Rollen ausgerüsteten Mast.[1]

Das Vorseil wird mit Hilfe eines oder mehrerer Zugtiere ausgezogen und sofort in die Rollen gelegt. Am Trommelplatz angelangt, wird es mit dem auszulegenden Seil drehfest verbunden. Hierzu reichen gewöhnlich Ziehstrümpfe aus (Drahtgeflechte, die sich durch das Ausziehen an die Seile festklemmen), notfalls sind Belastungshebel zu verwenden, die sich beim Durchhang durch die Rolle an das Seil anlegen und durch die Rollen hindurchgehen. Durch das Aufrollen des Vorseiles auf der Seilzugwinde wird das Seil über die Rollen ausgelegt.

Abb. 455. Bremsvorrichtung.

Durch Anpassung der ausgeübten Zugkraft an den durch die ausgelegte Seillänge gegebenen Widerstand kann das Auslegen bei gleichbleibender Geschwindigkeit schleiffrei erfolgen. Die Überwindung fallweiser Hindernisse im Zuge des Auslegens erfordert, daß die Seile abgebremst werden können. Zu diesem Zweck ist vor der Trommel eine Bremsvorrichtung — für die Aufnahme des vollen Leiterzuges geeignet — vorzusehen. Abb. 455 zeigt die von den S.S.W. verwendete Bremsvorrichtung.[1] Die A.E.G. vereinigt diese Bremse und den Trommelbock in ein Gerät (Bremsmaschine).[13] Abb. 456 zeigt die Seilzugwinde der S.S.W.[1]

Ist das von der Trommel abgezogene Seil kürzer als der Abspannbereich, so ist dieses mit dem Seil einer zweiten Trommel mit den in Aussicht genommenen Verbindern endgültig zu verbinden, soweit die Rollen diese aufnehmen können. Im Gegenfalle sind die erwähnten Ziehstrümpfe zu verwenden.

Sind im Zuge der auszulegenden Strecke Objekte zu kreuzen, deren Berührung mit den Leitern vermieden werden muß, so empfiehlt es sich, entsprechende Gerüste aufzuführen[1] (Abb. 457).

Das nunmehr ausgezogene Seil wird am Abspannmast des Windenplatzes endgültig abgespannt, das Zuspannen erfolgt vom Trommelplatz aus. Bezüglich der Montage der bei Kettenisolatoren verwendeten Abspannarmaturen sei auf den Unterabschnitt II, C des ersten Abschnittes sowie auch auf die von der Firma Hofmann den Armaturen beigegebenen Montageanweisungen verwiesen. Die Abstandhalter der Doppelabspannketten müssen senkrecht zur Leiterrichtung angeordnet sein; zu diesem Zweck ist eine der Ketten mittels Gabellaschen zu verlängern. Das Abspannen an Stützenisolatoren erfolgt gemäß Abb. 86 (rechts einfache Abspannung, links Doppelabspannung).

Abb. 456. Seilzugwinde.

Mit der gleichen Sorgfalt wie die Übertragungsleiter sind auch die Erdleiter auszulegen. Lassen sich an den Erdseilträgern keine Rollen anbringen, so sind diese am nächstgelegenen Querarm aufzuhängen.

Abb. 457. Gerüst.

Um die Abwicklung der Auslegearbeiten mit dem geringsten Aufwand an Personal, Zeit und Werkzeug durchzuführen, seien nachfolgend einige Vereinfachungen angedeutet:

Ausziehen mehrerer Seile mit nur einem Vorseil und einer Motorzugwinde;

Befestigung der Rollen mittels besonderer Vorrichtungen an den Isolatorenketten und gleichzeitiges Aufziehen von Isolatorenkette, Rolle und Vorseil (eventuell Erden der Rollen durch Überbrücken der Ketten);

Beibehaltung des Windenplatzes für zwei Abspannbereiche;
aufeinanderfolgende Verwendung der Rollen an den Auslegern desselben Mastes;
Verwendung von transportablen Rohrböcken[13] (Abb. 458) für Straßenkreuzungen u. dgl.

Spannfelder mit einem von der laufenden Strecke abweichenden Leiterquerschnitt (Kreuzungsfelder usw.) werden zweckmäßig durch eine eigene Kolonne montiert.

Abb. 458. Transportabler Rohrbock.

Die reibungslose Abwicklung der Auslegearbeiten und in noch hervorragenderem Maße die noch zu besprechenden Spannarbeiten bedingen, daß Winden- und Trommelplatz sich ständig gegenseitig Mitteilungen übermitteln können und laufend über die Vorgänge im Abspannbereich unterrichtet werden. Hierzu ist ein Nachrichtenrelais aufzustellen, oder es ist für telephonische Verbindung Vorsorge zu treffen.

Soweit das ausgelegte Seil nicht mit den endgültigen Verbindern, sondern mit Ziehstrümpfen verbunden ist, sind die ersteren nach Herablassen des Seiles anzubringen und das Seil wieder in die Rollen zu legen. Hierauf wird der Leiter mit dem der Montagetemperatur entsprechenden Zug zugespannt.

Es wird fallweise die Meinung geäußert, daß durch das „Vorrecken" des Seiles nachträgliches Vergrößern des Durchhanges vermieden wird. Obwohl der Nachweis, daß dieser Vorgang Vorteile beinhaltet, nicht eindeutig erbracht ist, ist er keinesfalls schädlich und kann ohne Bedenken bis zur Höchstbeanspruchung des Leiters angewandt werden. Das Vorrecken erfolgt unter Beobachtung der Zugkraft mittels Zugmessers (Dynamometers), die hierbei anzuwendende Zugkraft läßt sich aus Querschnitt und zugelassenem spezifischem Höchstzug an Ort und Stelle leicht ermitteln. Abb. 459 zeigt einen Zugmesser von Schäffer und Budenberg, Magdeburg-Buckau.

Abb. 459. Zugmesser.

Das endgültige Zuspannen erfolgt stets unter Beobachtung des Durchhanges, stärkere Leiter werden gewöhnlich vorher unter Beobachtung der Zugkraft mittels Zugmessers mit dem errechneten, der Montagetemperatur entsprechenden Leiterzug vorgespannt.

Den folgenden drei Tafeln können die Durchhänge der Reinaluminium-,

Aldrey- und Stahlaluminiumseile üblicher Querschnitte für gebräuchliche Spannweiten bei 0, 10, 20, 40°, bzw. —5° mit Zusatzlast, unter Zugrundelegung der Höchstbeanspruchungen nach VDE entnommen werden. Die Werte dieser Tafeln wurden den vom Verlag Jäger, Berlin N 31, Brunnenstraße 106a, herausgegebenen Durchhangstafeln entnommen, die für kleine Abstufungen der Spannweite bis zur Grenzspannweite und für den gesamten vom VDE festgelegten Temperaturbereich errechnet und für jeden Leiterquerschnitt einzeln erhältlich sind. Es sei auch auf die von Krautt[14] herausgegebenen Durchhangstafeln verwiesen.

Für das Spannen schwacher Leiter werden handbetätigte Flaschenzüge, für starke Seile motorisch oder von Hand aus betriebene Winden verwendet.

Die Seile werden durch besondere Klemmen gefaßt, die sich beim Anziehen gegen das Seil selbsttätig pressen und deren Backen mitunter mit Holz ausgefüttert sind. Die Griffflächen sollen tunlichst glatt sein und eine Mindestlänge vom 15fachen Seilaußendurchmesser aufweisen. Abb. 460 zeigt eine Klemme der Armaturenfabrik Pfisterer, Stuttgart-Untertürkheim.

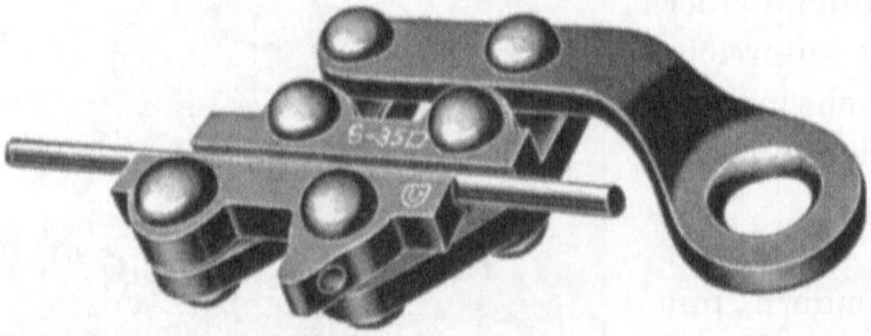

Abb. 460. Spannklemme.

Die Befestigung der Flaschenzüge an den Abspannmasten in der Höhe der abzuspannenden Leiter ist nicht günstig, da der für das Spannen erforderliche Zug nur schwer aufgebracht werden kann. An dem dem Abspannmast folgenden Tragmast sind die Flaschenzüge nur dann zu befestigen, wenn dieser für die Aufnahme der Zugkraft an der Angriffsstelle entsprechend dimensioniert ist. Im Gegenfalle ist für jeden Flaschenzug ein Holzpflock in die Erde zu schlagen und der Flaschenzug knapp an der Einspannstelle des Pflockes zu befestigen. Die Regulierwinde, bzw. der Pflock für die Befestigung des Flaschenzuges sind in der jeweiligen Richtung des Seiles in ausreichendem Abstand vom Abspannmast anzuordnen, um Überbeanspruchungen seiner Querarme zu vermeiden. Die Zugkraft beim Seilspannen ist allmählich zu steigern, stoßweises Spannen verursacht das „Tanzen" der Seile.

Der Durchhang beim Spannen soll in einem tunlichst in der Mitte des Abspannbereiches liegenden Spannfeld beobachtet werden, da das Aufliegen der Seile in den Rollen und die damit verbundene Reibung die Gleichheit des Seilzuges über den ganzen Abspannbereich beeinflussen kann.

Das Bayernwerk verfährt bei der Montage des schwingungsdämpfenden Stahlaluminiumseiles (Abb. 11) wie folgt: Das Vorseil wird mit der Stahlseele mittels Kerbverbindern, mit dem Aluminiummantel mittels Ziehstrumpfes verbunden. An dem am Windenplatz angelangten Seilende wird wie vor die Abspannklemme (Konusabspannklemme, Abb. 93) nach Freilegen der Stahlseele endgültig montiert und eingehängt. Das Abbremsen erfolgt derart, daß sich der richtige Durchhang annähernd einstellt. Nach dem Anzeichnen der Stelle, an welcher die Abspannklemme zu montieren sein wird, wird das Seil herabgelassen, die Stahlseele freigelegt (durch Durchsägen des Aluminiummantels), hochgezogen und hierauf allein gespannt, bis sich der einzustellende Durchhang einspielt. Im Falle großer Abspannbereiche kann hierbei nach 0,5—1 m Rutschweg der Stahlseele das Aluminiumseil mitgespannt werden. Nunmehr wird mittels Montageklemme und Flaschenzug (mit Zugkraftmesser) der Aluminiummantel gefaßt, die Stahlseele an der Winde solange nachgelassen, bis der Zugkraftmesser den im Aluminiummantel einzustellenden Zug einspielt. Das Seil wird zwecks Anbringung der Klemme herabgelassen und unter gleichzeitiger Einhaltung errechneter Werte für die Züge im Stahlseil und im Aluminiummantel (nach 5% Überziehen) endgültig zugespannt.

Zahlentafel 56. Durchhang. Werkstoff: Reinaluminium.
Zugelassener Höchstzug $\sigma_{max} = 8$ kg/mm². Festwerte nach VDE.

Nennquerschnitt in mm²	Grenzspannweite in m	Kritische Spannweite in m	Spannweite in m	Durchhang in m bei				
				—5° + Eis	0°	10°	20°	40°
25	60	35	40	0,54	0,11	0,15	0,21	0,43
			45	0,68	0,17	0,23	0,32	0,57
			50	0,84	0,24	0,33	0,46	0,73
			55	1,015	0,35	0,47	0,62	0,90
			60	1,205	0,51	0,66	0,81	1,09
35	80	44	50	0,675	0,175	0,23	0,32	0,58
			60	0,97	0,32	0,42	0,56	0,87
			70	1,32	0,56	0,72	0,89	1,21
			75	1,515	0,72	0,90	1,08	1,41
			80	1,72	0,91	1,10	1,28	1,61
50	110	55	60	0,775	0,24	0,31	0,41	0,70
			70	1,05	0,38	0,49	0,63	0,97
			80	1,375	0,58	0,74	0,92	1,29
			90	1,735	0,87	1,06	1,27	1,65
			100	2,145	1,23	1,45	1,66	2,06
			110	2,595	1,66	1,89	2,11	2,51
70	140	68	70	0,885	0,32	0,40	0,52	0,84
			80	1,155	0,46	0,58	0,74	1,11
			90	1,46	0,65	0,82	1,01	1,41
			100	1,805	0,91	1,11	1,33	1,75
			120	2,60	1,61	1,85	2,09	2,54
			140	3,535	2,51	2,77	3,02	3,48
95	190	81	100	1,49	0,71	0,87	1,07	1,50
			120	2,15	1,20	1,43	1,675	2,16
			140	2,925	1,88	2,15	2,42	2,935
			160	3,815	2,72	3,015	3,30	3,83
			180	4,83	3,71	4,01	4,30	4,85
			190	5,38	4,26	4,56	4,85	5,40
120	230	93	100	1,325	0,635	0,775	0,955	1,38
			120	1,905	1,03	1,245	1,48	1,97
			140	2,59	1,59	1,85	2,13	2,66
			160	3,385	2,30	2,595	2,89	3,46
			180	4,28	3,16	3,47	3,77	4,36
			200	5,285	4,12	4,45	4,77	5,37
			215	6,11	4,93	5,26	5,58	6,19
			230	6,99	5,81	6,14	6,46	7,07

Zahlentafel 57. Durchhang. Werkstoff: Aldrey.
Zugelassener Höchstzug $\sigma_{max} = 12\ kg/mm^2$. Festwerte nach VDE.

Nennquerschnitt in mm²	Grenzspannweite in m	Kritische Spannweite in m	Spannweite in m	Durchhang in m bei —5° + Eis	0°	10°	20°	40°
25	490	53	50	0,565	0,095	0,11	0,13	0,215
			60	0,805	0,145	0,17	0,205	0,35
			70	1,09	0,265	0,33	0,43	0,73
			80	1,425	0,335	0,41	0,52	0,855
			90	1,805	0,505	0,635	0,805	1,21
			100	2,23	0,78	0,965	1,18	1,63
35	660	66	60	0,66	0,135	0,155	0,185	0,30
			70	0,88	0,19	0,22	0,265	0,43
			80	1,15	0,265	0,315	0,385	0,625
			90	1,455	0,375	0,445	0,55	0,875
			100	1,795	0,515	0,625	0,775	1,18
			120	2,58	0,98	1,19	1,43	1,93
			140	3,515	1,76	2,04	2,32	2,85
50	880	82,5	80	0,93	0,235	0,275	0,325	0,505
			100	1,43	0,41	0,48	0,58	0,89
			120	2,06	0,685	0,815	0,99	1,44
			140	2,805	1,12	1,33	1,58	2,14
			160	3,66	1,77	2,06	2,36	2,97
			180	4,63	2,64	2,97	3,30	3,92
			200	5,72	3,69	4,03	4,37	5,00
70	1150	102,8	80	0,81	0,235	0,275	0,325	0,505
			100	1,205	0,37	0,43	0,51	0,765
			120	1,73	0,58	0,68	0,815	1,20
			140	2,355	0,89	1,05	1,25	1,76
			160	3,08	1,33	1,56	1,83	2,43
			180	3,895	1,93	2,23	2,55	3,22
			200	4,81	2,71	3,06	3,41	4,11
			220	5,82	3,64	4,02	4,39	5,10
95	—	121,5	100	1,045	0,365	0,42	0,50	0,75
			120	1,435	0,52	0,605	0,71	1,04
			140	1,95	0,765	0,89	1,05	1,48
			160	2,545	1,085	1,26	1,48	2,02
			180	3,22	1,50	1,74	2,02	2,65
			200	3,975	2,04	2,34	2,67	3,37
			220	4,81	2,70	3,05	3,42	4,18
			250	6,21	3,93	4,34	4,75	5,56
120	—	139	140	1,73	0,715	0,825	0,965	1,36
			160	2,255	0,99	1,15	1,34	1,84
			180	2,855	1,34	1,55	1,79	2,39
			200	3,525	1,78	2,04	2,34	3,02
			220	4,265	2,31	2,63	2,98	3,73
			240	5,075	2,95	3,32	3,71	4,51
			260	5,955	3,70	4,12	4,54	5,38
			280	6,905	4,55	5,00	5,44	6,31
			300	7,93	5,50	5,97	6,43	7,32

Zahlentafel 58. Durchhang. Werkstoff: Stahlaluminium.
Zugelassener Höchstzug $\sigma_{max} = 11$ kg/mm². Festwerte nach VDE.

Nr.	Grenz-spann-weite in m	Kritische Spann-weite in m	Spannweite in m	Durchhang in m bei				
				—5° + Eis	0°	10°	20°	40°
25	300	46,2	50	0,58	0,14	0,17	0,21	0,37
			60	0,835	0,23	0,29	0,36	0,59
			70	1,135	0,38	0,47	0,59	0,87
			80	1,48	0,60	0,74	0,89	1,21
			90	1,875	0,93	1,10	1,27	1,60
			100	2,31	1,34	1,53	1,70	2,03
35	420	66,5	60	0,665	0,20	0,24	0,29	0,48
			70	0,905	0,30	0,35	0,44	0,68
			80	1,18	0,43	0,52	0,64	0,94
			90	1,495	0,61	0,74	0,90	1,24
			100	1,845	0,87	1,03	1,21	1,58
			120	2,655	1,57	1,78	1,99	2,38
			140	3,615	2,50	2,72	2,93	3,33
50	600	71,5	80	0,97	0,35	0,43	0,52	0,78
			100	1,52	0,66	0,79	0,94	1,30
			120	2,185	1,14	1,33	1,53	1,95
			140	2,975	1,82	2,05	2,28	2,72
			160	3,885	2,68	2,92	3,17	3,63
			180	4,915	3,69	3,94	4,19	4,65
			200	6,07	4,83	5,08	5,33	5,80
70	820	85	80	0,84	0,335	0,395	0,475	0,72
			100	1,29	0,57	0,67	0,80	1,13
			120	1,855	0,93	1,09	1,27	1,68
			140	2,525	1,43	1,65	1,87	2,33
			160	3,30	2,10	2,35	2,60	3,10
			180	4,175	2,91	3,18	3,45	3,97
			200	5,15	3,86	4,14	4,41	4,94
			220	6,235	4,92	5,20	5,48	6,02
95	1120	101	100	1,11	0,515	0,605	0,720	1,03
			120	1,595	0,81	0,95	1,11	1,50
			140	2,17	1,21	1,40	1,61	2,06
			160	2,83	1,73	1,96	2,21	2,72
			180	3,58	2,38	2,65	2,92	3,46
			200	4,42	3,15	3,44	3,73	4,30
			220	5,35	4,03	4,34	4,64	5,22
			250	6,91	5,54	5,86	6,18	6,78
120	—	121	140	1,875	1,08	1,24	1,43	1,87
			160	2,455	1,50	1,71	1,94	2,44
			180	3,10	2,03	2,28	2,55	3,09
			200	3,83	2,66	2,94	3,24	3,82
			220	4,635	3,38	3,70	4,01	4,62
			250	5,98	4,66	4,99	5,33	5,97
			280	7,50	6,13	6,48	6,83	7,49
			300	8,615	7,21	7,57	7,92	8,60

Solange der Durchhang kleiner ist als die Masthöhe, ist unmittelbare Beobachtung des jeweiligen Durchhanges durch am Mast horizontal und unbeweglich angebrachte Holzlatten möglich (Abb. 461). Der mit Hilfe eines Feldstechers mit Fadenkreuz den Durchhang am Mast beobachtende Richtmeister gibt durch Zeichen bekannt, sobald das Seil seinen Sehstrahl in der Verbindung der Richtlatten tangiert.

Lassen sich an den Masten des Beobachtungsfeldes nicht die dem Durchhang gleichen Abstände in senkrechter Richtung abstecken, so kann das Einspielen des Durchhanges mit Hilfe des Tachymeter-Theodolits, und zwar von jeder beliebigen, eine gute Sicht des gesamten Spannfeldes bietenden Stelle erfolgen. Nachteilig ist hierbei die notwendig werdende umständliche Rechenarbeit und

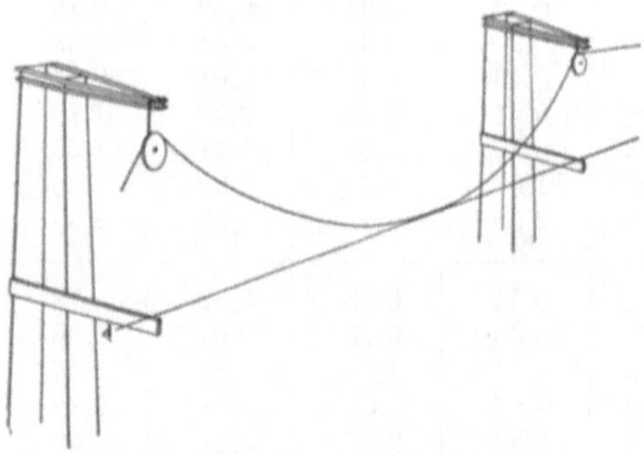

Abb. 461. Beobachtung des Durchhangs.

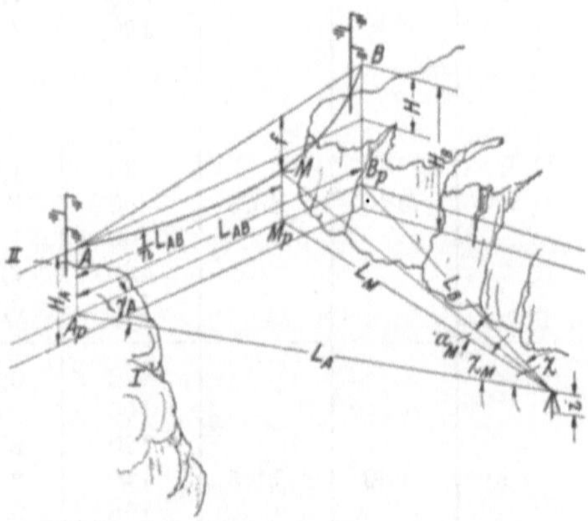

Abb. 462. Einspielen des Durchhangs mit dem Theodosit.

die sich hieraus ergebende Möglichkeit von Rechenfehlern.[15] Erfolgt das Einspielen von dem in Abb. 462 eingezeichneten Tachymeter-Theodolit mit der Instrumentenhöhe i über der Bezugsebene I aus, so sind vorerst die horizontalen Abstände L_A und L_B bis zu den Aufhängepunkten des in der Ebene II einzuspielenden Leiters, der Horizontalwinkel χ und die Höhenunterschiede H_A und H_B, bzw. H zu ermitteln. Aus L_A und L_B errechnet sich die horizontale Spannweite L_{AB} zu

$$L_{AB} = \sqrt{L_A{}^2 + L_B{}^2 - 2\, L_A\, L_B \cos \chi}$$

und der Horizontalwinkel χ_A aus

$$\sin \chi_A = \frac{L_B}{L_{AB}} \sin \chi.$$

Soll das Seil in solcher Art gespannt werden, daß sich in einem bestimmten Punkt M der angestrebte Durchhang f ergibt, so lassen sich die einzustellenden Winkel α_M und χ_M, unter welchen der Tachymeter-Theodolit den Punkt M erfaßt, aus der bekannt vorausgesetzten Länge der Horizontalprojektion des Bogens AM, d. i. $\frac{1}{n} L_{AB}$, wie folgt errechnen:

$$\operatorname{tg} \chi_M = \frac{\frac{1}{n} L_{AB} \sin \chi_A}{L_A - \frac{1}{n} L_{AB} \cos \chi_A},$$

$$\operatorname{tg} \alpha_M = \frac{H_A + \frac{H}{n} - f}{L_M},$$

hierbei ist

$$L_M = \frac{\frac{1}{n} L_{AB} \sin \chi_A}{\sin \chi_M}.$$

Diese Winkel sind einzustellen und das Seil so zu spannen, daß es das Fadenkreuz schneidet.

Wird das Gerät in der Leitungsflucht im Punkt P aufgestellt (Abb. 463), so kann das Spannen unter Heranziehung des Winkels α, unter welchem der Sehstrahl die Durchhangslinie berührt, erfolgen. Gegebenenfalls kann der der jeweiligen Montagetemperatur t entsprechende Winkel α zeichnerisch ermittelt werden.

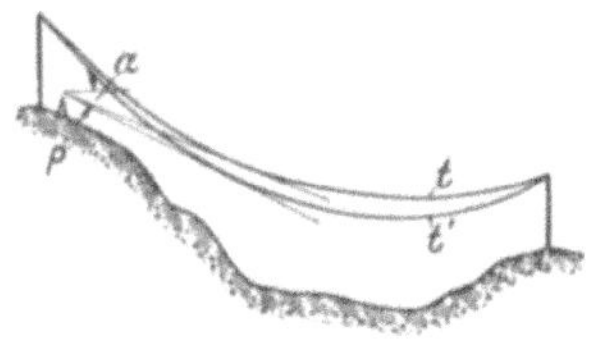

Abb. 463. Einspielen des Durchhanges.

Die Kontrolle des Durchhanges eines Leiters, bzw. des Zuges in ihm läßt sich auch durchführen, indem der Leiter in Querschwingungen versetzt wird. Voraussetzung hierfür ist, ein solches Schwingen leicht zustande zu bringen. Sie trifft nur selten vollständig zu, und es hat sich diese Methode in der Praxis nicht recht durchgesetzt. Noch schwieriger ist es, die Spannung im Seil durch Längsschwingungen zu überprüfen, indem aus der Dauer der Fortleitung der Schwingung auf den Seilzug geschlossen wird, da es sich hierbei stets um sehr kurze Beobachtungszeiten handelt.

Es ist nicht ratsam, sich mit dem Einregeln nur eines Seiles zu begnügen und die anderen nach diesem visuell einspielen zu lassen, da sich auf diesem Wege ungleiche Durchhänge und Züge ergeben können.

Um den Leiter am Abspannmast des Trommelplatzes abspannen zu können, ist vom ersteren aus am Seil die Stelle zu bezeichnen, an welcher die Abspannklemme befestigt werden muß, der Leiter herunterzulassen, die Abspannklemme zu befestigen, der Leiter samt dieser hochzuziehen, dort zu überziehen und nach dem Einhängen der Armatur langsam nachzulassen.

Die Leiterabfälle sind zu sammeln und nicht auf der Baustelle zu belassen, da sie das weidende Vieh gefährden.

F. Die Fertigstellungsarbeiten.

Soweit es sich um verhältnismäßig kurze Hängeketten handelt, können geschickte Monteure das Herausnehmen der Seile aus den Rollen, das Einklemmen in die Armaturen, das Herablassen der Rollen und das Befestigen allfälliger Schutzarmaturen vom Querarm aus bewerkstelligen. Bei längeren Ketten werden diese Arbeiten mit Hilfe von Montageleitern ausgeführt; verzinkte Maste und Holzmaste werden hierdurch geschont. An den mit Abspannketten ausgerüsteten Masten sind für die Befestigungsarbeiten der Leiter und für die Herstellung der Seilschlaufen Montagebühnen anzubringen. Die Abmessungen, die Art und die Mittel der Befestigung derselben sind der Form und der Festigkeit des Querarmes, bzw. den Gewichten und Längen der Ketten jeweils anzupassen;

Schwingbühnen setzen die Beanspruchung der Querarme herab. Für einfache Arbeiten, insbesondere Nacharbeiten, reichen oft Hängesitze aus.

Bei der Überführung der Seile aus den Rollen in die Klemmen ist auf senkrechte Lage der Ketten besonders zu achten. Etwaig vorzusehende Wickelbänder sind jetzt anzubringen.

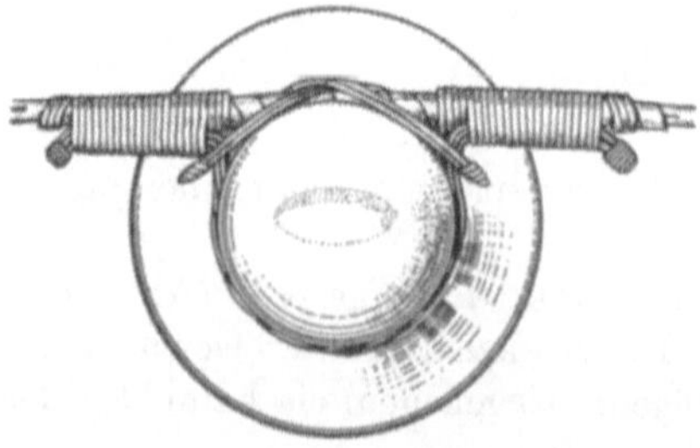
Abb. 464. Verstärkter Seilbügelbund.

Die Ausführungen des ersten Abschnittes (II, C) lassen unmittelbar den Vorgang beim Einklemmen der Seile in die Hängearmaturen erkennen. Es sei daher hier nur die Befestigung der Seile an den Stützenisolatoren besprochen und bezüglich der Kettenarmaturen auch hier auf die von der Firma Hofmann diesen, soweit erforderlich, beigegebenen Montageanweisungen verwiesen.

Die Befestigung des Leiters an der Kopfrille des Stützenisolators, deren Anordnung auf das Bestreben zurückzuführen ist, das elektrische Feld am Isolator symmetrisch zu gestalten, wird nur selten angewandt, da sie gegenüber der Befestigung an der Halsrille elektrisch keinen fühlbaren Vorteil bringt und

Abb. 465. Wickelband-Bügelbund.

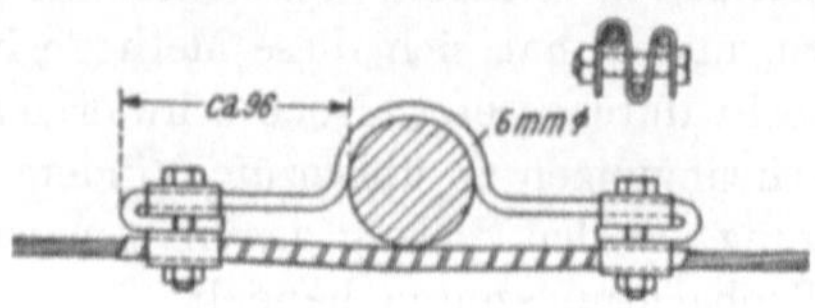

Abb. 466. Bügelbund mit S-Klemme.

mechanisch nur nachteilig ist (etwaige Unterschiedszüge im Leiter verursachen leichter ein Scheuern des Drahtes als bei Befestigung an der Halsrille).

Das Befestigen erfolgt entweder mittels Bindedrahtes (Drahtbunde) oder Bügeln (Bügelbunde). Letztere Befestigungsart ist mechanisch widerstandsfähiger und koronasicherer. In allen Fällen sind Befestigungsteile aus dem gleichen Werkstoff wie die Leiter zu verwenden und die Leiter so anzubringen, daß beim Loslösen des Befestigungsteiles der Leiter nicht auf den Boden fallen kann (d. h. bei Tragmasten an der dem Mast zugewendeten Isolatorenseite), bzw. am Isolator verbleibt (d. h. bei Winkelmasten an der dem Winkel abgekehrten Seite). Als Drahtbunde werden die vom Ortsnetzbau her bekannten angewandt (einfacher und verstärkter Kreuzbund usw.).

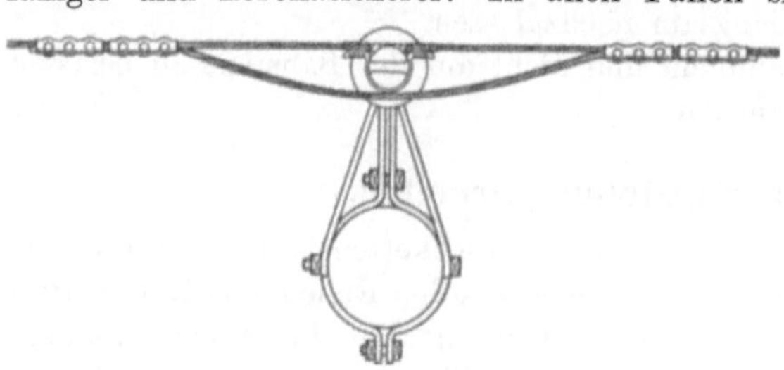
Abb. 467. Sicherheitsbügel mit Bleiseil.

Die Bügel der Bügelbunde werden aus Seil des gleichen Querschnittes oder aus Rundstäben hergestellt (serienmäßige Herstellung in der Werkstätte mittels Schablone). Abb. 464 zeigt einen verstärkten Seilbügelbund. Das Aluminiumseil wird vor Anbringung des Bügels mit einem Winkelband umwickelt. Beim Anbringen des Bügels wird das Seil etwas durchgebogen, um fest am Isolator anzuliegen. Seil und Bügel werden durch Drahtbunde verbunden. Abb. 465 zeigt einen nur mittels Wickelbandes hergestellten Wickelband-Bügelbund für Aluminiumseilbefestigung. Die Verbindung zwischen Seil und Bügel kann auch durch Klemmen erfolgen. Abb. 466 zeigt den Bügelbund mit S-Klemmen nach den Schutzrechten der S.S.W. (S. Lit. 15, S. 54).

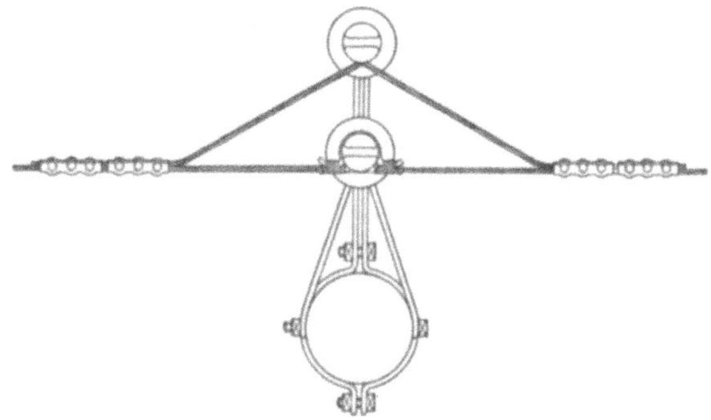

Abb. 468. Doppelaufhängung.

Die VDE-Vorschriften sehen zur Erhöhung der Sicherheit die Leiterbefestigung mit Sicherheitsbügeln oder die Doppelaufhängung vor. Erstere ist aus Abb. 467 zu ersehen, das Beiseil liegt lose am Isolator an. Abb. 468 zeigt die Doppelaufhängung eines Aluminiumseiles mittels gespanntem und um den zweiten Isolator herumgeschlungenen Beiseiles. Letzteres kann auch mittels Bügelbundes am Hilfsisolator befestigt werden.

Als weitere Fertigstellungsarbeiten seien erwähnt:

das Anschließen der Erdungsleitung an den Mast; hierbei ist auf besonders innige und beständige Verbindung zu sehen;

die Befestigung des Erdseiles in der Erdseilklemme;

das Zuspannen etwaiger Prelleiter;

das Streichen der Maste;

das Verputzen der Betonfundamente;

die Anbringung der Nummern- und Warnungstafeln, für welche keinesfalls blankgescheuerte Nägel oder gewöhnliche Eisenschrauben verwendet werden sollen, sondern verzinkte Eisen- oder Messingschrauben;

die Anbringung etwaiger Stachelkränze usf.

Literaturverzeichnis.

1. Bürklin: Bau von Starkstromleitungen. ETZ 1936, H. 48, S. 1381.
2. Chauvet: Montage des lignes électriques aériennes. Paris: Drunod. 1936.
3. Brennecke-Lohmayer: Der Grundbau. Erster Band. Berlin: W. Ernst u. Sohn. 1927.
4. Örley: Tabellensammlung zu den Vorlesungen über Straßen-, Eisenbahn- und Tunnelbau. Techn. Hochschule Wien.
5. Riedlinger: Die 55/110-kV-Übertragungsleitung über den Paß Lueg. ETZ 1930, H. 36, S. 1262, und H. 38, S. 1333.
6. Schlögl: Die neue 100000-V-Freileitung Ternitz—Wien der Wiener städtischen Elektrizitätswerke. E. u. M. 1931, H. 17, S. 313.
7. Nietsch: Der Bau der 100000-V-Leitung Wegscheid—Timelkam der Öka. E. u. M. 1936, H. 46, S. 545, und H. 47, S. 561.
8. Handler: Die 60-kV-Übertragungsleitung St. Pölten—Stockerau und das Umspannwerk Stockerau der Newag. E. u. M. 1938, H. 1, S. 1.

9. Handler: Beton-Kalender, Taschenbuch für den Beton- und Eisenbetonbau 1938. Berlin: W. Ernst u. Sohn.
10. Nefzger: Zubehörteile für die Verlegung von Hochspannungsfreileitungen an Stützen- und Hängeisolatoren. ETZ 1936, H. 48, S. 1394.
11. Weicker: Die Befestigung der Stützen in Freileitungsisolatoren. Hescho-Mitt. 1929, H. 47/48, S. 1497.
12. Fuchs u. Rieks: Herstellung und Verlegung der ersten Hohlseilleitung für 220/380 kV. S. Z. 1927, H. 10, S. 648.
13. Malamud: Montage von 220- und 380-kV-Leitungen. A. E. G.-Mitt. 1927, H. 1, S. 11.
14. Krautt: Durchhangstabellen für Starkstromfreileitungen. Wien: Im Selbstverlage des Verfassers. 1932.
15. Weil: Durchhangsbestimmungen bei bestehenden Freileitungen mit Hilfe des Universalnivellierinstrumentes. E. u. M. 1935, H. 22, S. 258.

Vierter Abschnitt.

Die Freileitungen im Betrieb.[1,2]

I. Ursachen von Betriebsstörungen und Mittel zu deren Vermeidung.

A. Der Eisbehang der Leiter.

Das Kapital VIII des ersten Abschnittes ließ die Betriebsstörungen, die der Eisbehang der Leiter verursachen kann, erkennen: Leiterrisse, Beschädigungen der Mastausleger, Mastverdrehungen (Abb. 469) und -brüche. Außer den dort aufgezählten Mitteln, die bei der Errichtung der Freileitungen oder nachträglich angewandt, diese für die Aufnahme ungewöhnlicher Eislasten geeignet gestalten können, stehen dem Betriebsfachmann noch folgende zur Vermeidung von Betriebsstörungen zur Verfügung:

Abb. 469. Verdrehter Mast.

1. Das Abklopfen des Leiterbehanges mit Isolierstangen. Von diesen wird außer ausreichender elektrischer Sicherheit auch genügende Länge gefordert, damit die abfallenden Eismassen den Bedienungsmann in seiner Tätigkeit nicht hemmen. Sie setzen begehbare Leitungen voraus. Abb. 470 zeigt die von der Fränkisches Überlandwerk A. G. in Nürnberg entwickelte und seit 1923 mit Erfolg verwendete Eisabklopfstange.

2. Das Abstreifen der Eislast mit besonderen Vorrichtungen (z. B. mit dem vom Nore-Kraftwerk entwickelten Eismesser[3]). Diese Mittel setzen ebenfalls begehbare Leitungen voraus und gefährden außerdem die Klemmen. Erschwert wird ihre Verwendung gegebenenfalls durch die Notwendigkeit, beim Befestigen der Vorrichtung an den Leitern diese spannungslos zu machen und den Mast zu besteigen.

3. Das Abheizen des Eisansatzes. Dieses Mittel ist nur in Betriebs-

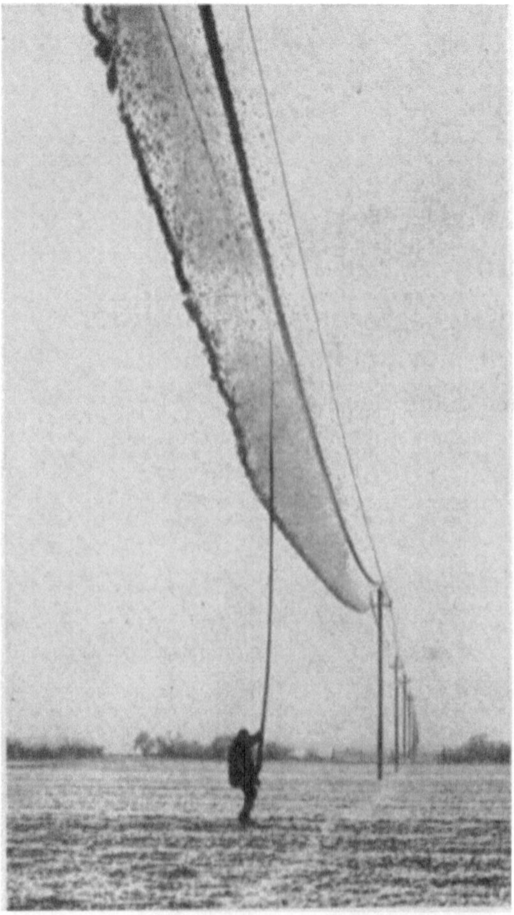

Abb. 470. Die Eisabklopfstange des Fränkischen Überlandwerkes.

pausen anwendbar, bzw. bei Doppelleitungen in Zeiten geringer Belastung. Es ermöglicht das vollkommene Entfernen der Eishülse in einer verhältnismäßig kurzen Zeit (bei den stärksten gebräuchlichen Leitern in etwa einer halben Stunde). Es bedingt jedoch die Bereitstellung geeigneter Heizstromerzeuger, die — von Ausnahmsfällen abgesehen, bei welchen die Leitung schon hinter der eisbehafteten Stelle kurzgeschlossen werden kann — die gesamte Leitungslänge abheizen müssen. Da die Schneelasten aller Leiter nicht gleichzeitig abfallen, beinhaltet dieses Mittel die Gefahr, daß bei dessen Anwendung Berührungen übereinander angeordneter Leiter auftreten.

Nach den Versuchen Halbachs[4] ist für die Erzielung einer Übertemperatur von $t°$ in einem Leiter von d cm Durchmesser und dem spezifischen Widerstand $w\ \Omega/\text{mm}^2/\text{km}$ der Strom

$$J = 222 \sqrt{\frac{t}{w}} \, . \, d^{1,2}$$

erforderlich. Auf Grund dieses, durch Versuche und durch die Praxis bestätigten Ausdruckes ergeben sich folgende erforderliche Strombelastungen der betrachteten vier Leiterwerkstoffe, um in diesen die anzustrebende Übertemperatur von 40° zu erreichen:

Zahlentafel 59. Abheizstromstärken.

Querschnitt in mm²	Leitermaterial			
	Kupfer	Rein-aluminium	Aldrey	Stahl-aluminium
35	240	180	175	165
50	300	225	220	205
70	355	270	260	245
95	440	335	320	305
120	500	380	365	350
150	580	440	425	400
185	660	500	480	455
240	750	570	550	520

Hieraus lassen sich die erforderlichen Spannungen, die Wirk- und Scheinleistungen ermitteln, die Halbach für die üblichen Kupfer- und Aluminiumseile errechnet hat.

Die Anwendung des Eisabheizverfahrens erfordert Rücksichtnahme auf die thermische Festigkeit des Leiterwerkstoffes und auf die Belastbarkeit der im Heizstromkreis befindlichen Geräte.

4. Die betriebstechnischen Nachteile einer auf einen Leiterriß sich beschränkenden Störung können durch Bereitstellung eines Reservephasenleiters verringert werden. Dieser erleichtert außerdem die Überprüfung und Instandsetzung der Leitung. Seine hohen Anschaffungskosten lassen sich jedoch im allgemeinen nur dann rechtfertigen, wenn die Hilfsphase zu einem späteren Zeitpunkte Hauptphase eines weiteren Übertragungssystems werden soll.[5]

Die durch das Zusammenschlagen der beim Abfallen der Eislast emporschnellenden Leiter auftretenden kurzzeitigen, als Wischer bezeichneten Kurzschlüsse gefährden den Betrieb in wesentlich geringerem Maße als die bei ungleichem Eisbehang übereinander angeordneter Leiter sich eventuell ausbildenden Kurzschlußlichtbögen, die An- und Durchbrennungen am Leiter verursachen. Aldrey erweist sich diesen gegenüber weniger empfindlich als das Kupfer; die geringste Empfindlichkeit weist der Stahl auf. Schließlich kann ungleicher Eisbehang zu satten Kurzschlüssen und zur Entfestigung der Leiter führen. Zur Vermeidung dieser Erscheinungen empfiehlt es sich, für rasches Abschalten der Leitung durch den Leistungsschalter im Kraftwerk oder Umspannwerk Vorsorge zu treffen.

B. Die Windkraft.

1. Das Ausschwingen der Leiter.

Dieses kann wieder zur Lichtbogenbildung und zu satten Kurzschlüssen führen. Erweisen sich die Leiterabstände im Betrieb als zu gering, um diese Erscheinungen zu vermeiden, so läßt sich unter den aufgezählten Maßnahmen am leichtesten das Belasten der Leiter mit Gewichten nachträglich anwenden.

2. Die Schwingungserscheinungen.[6,7]

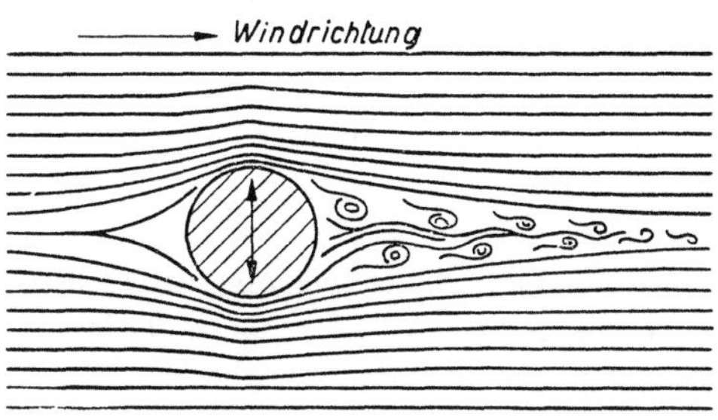

Abb. 471. Schwingungsanregung durch gleichmäßigen Wind.

Ein betriebsmäßig zugespannter Leiter ist ein saitenähnliches Gebilde, das in Schwingungen versetzt werden kann, falls es durch eine geeignete Kraft hierzu angeregt wird. Eine solche Kraft wird durch gleichmäßig vorbeistreichende Winde gebildet (Abb. 471). Durch die Reibung zwischen der vorüberziehenden Luft und dem Leiter werden regelmäßig oben und unten Wirbel abgelöst, die hinter dem Leiter eine sogenannte Wirbelallee bilden. Die Wirbel üben abwechselnd nach oben und nach unten gerichtete Kräfte auf den Leiter aus und regen ihn zu Schwingungen an. Bei gleichbleibender Windgeschwindigkeit erfolgt die Wirbelbildung mit der Frequenz f_w, die nach

Kármán und Rubach der Windgeschwindigkeit v_w direkt, dem Seildurchmesser d verkehrt proportional ist und sich hiermit durch

$$f_w = C \cdot \frac{v_w}{d}$$

ausdrücken läßt. Für C ergaben die Versuche Schwenkhagens den Wert 0,195 (v_w in cm/sek, d in cm).

Stimmt die Frequenz der Wirbelbildung mit einer Frequenz des Seiles f_s überein, so kann das Seil in Schwingungen geraten. Die Wellenfortpflanzungsgeschwindigkeit in cm/sek eines mit σ kg/cm² gespannten Seiles des spezifischen Gewichtes γ kg/cm³ ist

$$v_s = \sqrt{\frac{\sigma \cdot g}{\gamma}}$$

(g = Erdbeschleunigung 981 cm/sek²). Wird mit $2\,l_s$ die Wellenlänge des Seiles bezeichnet, so ist

$$v_s = 2\,f_s \cdot l_s.$$

Bei Gleichheit der zwei Frequenzen beträgt die Wellenlänge

$$l_s = \frac{v_s}{2\,f_s} = \sqrt{\frac{\sigma \cdot g}{\gamma}} \cdot \frac{d}{2\,C \cdot v_w}.$$

Gleichheit der zwei Frequenzgrößen ist jedoch für das Entstehen der Schwingungen nicht ausreichend; die Bedingungen, die noch zusätzlich erfüllt sein müssen, dürften mit den mechanischen Eigenschaften der Seile und der Aufhängung zusammenhängen. Sie sind jedoch dermalen noch nicht vollständig erfaßt, so daß es nicht möglich ist, mit Bestimmtheit vorauszusagen, ob an einem Spannfeld Schwingungen auftreten werden oder nicht.

Gegenüber dem Wind als Schwingungserreger treten alle übrigen Kraftwirkungen, die gegebenenfalls derartige Schwingungen anregen können, an Bedeutung zurück. Als solche seien erwähnt: in der Leitungsrichtung wirkende Winde, die die Maste in Schwingungen versetzen, senkrechte Luftströmungen, elektromagnetische Kraftwirkungen paralleler Leiter, abfallende Schneelasten usw.

Die Gefährdung des Seiles durch die Schwingungen besteht in dem Auftreten von Wechselbiegebeanspruchungen, die sich den statischen Beanspruchungen — Leiterzug und Druckbeanspruchung durch die Klemmvorrichtung der Armatur — überlagern und die, ohne einen absolut hohen Betrag zu erreichen, durch das zeitlich ausgedehnte Auftreten zu Ermüdungsbrüchen mit der ihnen charakteristischen Erscheinung der stumpfen, fließkegellosen Bruchstellen führen. (Abb. 472). Außerdem wird der Leiter durch die Verlängerung, die er beim Ausschwingen erfährt, zusätzlich auf Zug beansprucht (s. auch Seiten 21, 25 und 26).

Die Schwingungsbrüche treten ausschließlich an den Aufhängestellen der Leiter auf, da in der Spannfeldmitte die Beanspruchung des Seiles durch seine Nachgiebigkeit sehr stark herabgesetzt wird.

Maßgebend für die Leiterbeanspruchung durch die Schwingungen ist außer der Anzahl der Wechselbiegungen auch der Krümmungsradius des durchgebogenen Seiles an der Einspannstelle und die Energie der Schwingung. Nachgiebige Klemmen vergrößern den Krümmungshalbmesser und vermindern die Biegungsbeanspruchung des Leiters an der Einspannstelle.

Nach Schwenkhagen läßt sich die Antriebskraft P, die der Wind auf den Leiter ausübt, durch

$$P = k \cdot v_w^2 \cdot d$$

ausdrücken, d. h. sie ist vom spezifischen Gewicht des Leiters unabhängig; da das Verhalten des Leiters durch das Verhältnis zwischen Antriebskraft P und dem Leitergewicht bestimmt wird, neigen die leichteren Leiter stärker zur Schwingungsbildung als die schweren.

Die Schwingungsenergie wird an den Aufhängepunkten teils reflektiert, teils in das Nachbarfeld fortgepflanzt, teils durch das Versetzen der Isolatoren und

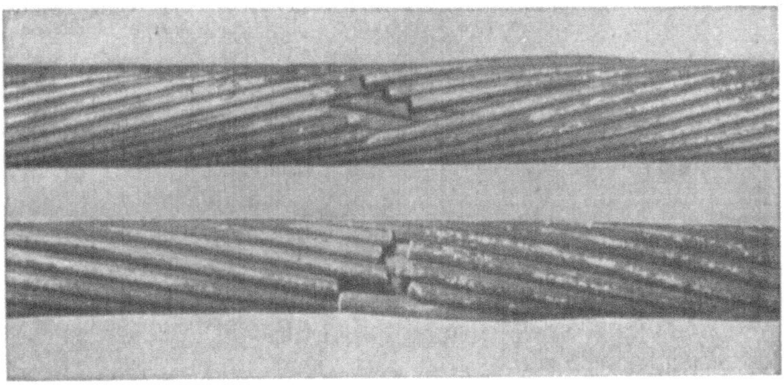

Abb. 472. Ermüdungsbrüche.

Maste in Schwingungen dem Seil entzogen. Am stärksten wird das Seil durch den zurückgeworfenen Teil der Energie gefährdet; durch die Fortpflanzung der Schwingungsenergie auf das Nachbarfeld wird diese größtenteils in Seil- und Luftreibung umgesetzt, so daß sich die Schwingung totlaufen kann. Nachteilige Auswirkungen des Übertragens der Schwingungsenergie auf die Isolatorenketten wurden nur an Hewlettisolatoren beobachtet, deren Seilschlingen Ermüdungsbrüche aufweisen. Alle anderen Isolatorenbauarten können als schwingungsfest bezeichnet werden.

Die Leiterschwingungen sind eine spezifische Erscheinung des Weitspannsystems; sie treten sowohl als stehende Schwingungen wie auch als Schwebungen auf. Sie wurden zum erstenmal an Reinaluminiumleitungen wahrgenommen und erforscht und mit großer Zähigkeit als Beweis für die Uneignung des Aluminiums und seiner Abarten als Leiterwerkstoff ins Treffen geführt. Diese Beweisführung ist jedoch durch die zahlreichen, größtenteils einfachen und preislich leicht erschwinglichen Mittel, die zur Beherrschung dieses Gefahrenmomentes zur Verfügung stehen, nicht mehr stichhaltig. Die auch an Kupfer- und Bronzeleitern zu beobachtenden Schwingungserscheinungen gefährden diese in wesentlich geringerem Maße, da sie einerseits bedeutend seltener auftreten und anderseits diese Leiterwerkstoffe eine wesentlich größere Schwingungsfestigkeit aufweisen. Schwingungsfestigkeitsversuche, die an Stahlaluminiumseilen von 100 mm² und an Kupferseilen von 35 und 50 mm² ausgeführt wurden, ergaben beim ersteren Schwingungsbrüche nach 20—30 Millionen Schwingungen, bei dem wesentlich schwächeren Kupferseil jedoch erst nach 50 Millionen Schwingungen. Es wurden Schwingungen in dem weiten Bereich der Windgeschwindigkeit von 0,1 bis 7 m/sek beobachtet, deren sekundliche Frequenz zwischen 5 und 120 schwankte. Als vollkommen schwingungsfest sind die Hohlseile zu bezeichnen.

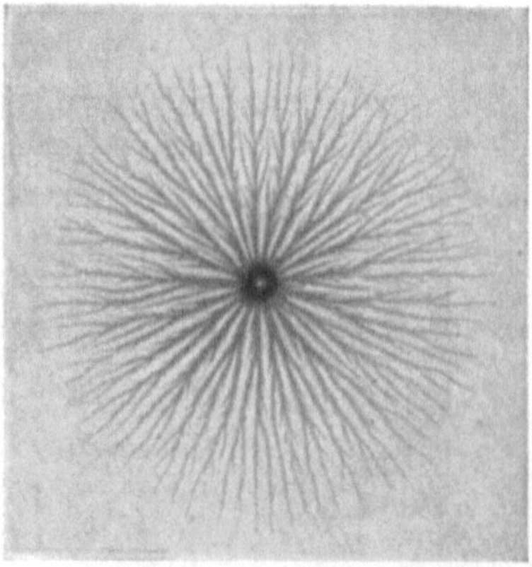

Abb. 473. Positives Klydonogramm.

Die bisherigen Ausführungen weisen die Wege, die zur Verminderung der Schwingungsgefährdung zu begehen sind, und deuten die konstruktiven Maßnahmen an, die zu schwingungsdämpfenden Armaturen und Leitern führen (s. erster Abschnitt, II, C 6), und zwar:

1. Herabsetzung der statischen Beanspruchung der Leiter;

2. Vergrößerung des Krümmungshalbmessers an der Einspannstelle bei gleichzeitiger Vergrößerung des Trägheitsmomentes des Seiles durch Wickelbandagen und Dämpfungsbeilagen;

3. bewegliche Gestaltung der Aufhängepunkte, um Reflexionen an diesen zu vermeiden und die Fortpflanzung der Schwingungsenergie zu ermöglichen (pendelnde Klemmen);

4. Entzug der Schwingungsenergie durch besondere Vorrichtungen (Schwinghebeldämpfer, Stockbridgedämpfer);

5. Vermeidung von Kerbwirkungen an den Klemmen, harten Einbettungen der Leiter usw.

Bei dem in Abb. 11 dargestellten schwingungsfreien Seil weisen das Aluminiumhohlseil und die mit ihm lose gekoppelte Stahlseele verschiedene Wellenfortpflanzungsgeschwindigkeiten auf, so daß sich Schwingungen nicht ausbilden können.

Abb. 474. Negatives Klydonogramm.

Es wurde vorgeschlagen, die Schwingungssicherheit der Seile durch deren Ausführung mit unsymmetrischem, etwa dreieckähnlichem Querschnitt zu erreichen. Durch die aufgezählten Mittel zur Schwingungsbekämpfung erübrigt es sich, an die Überwindung der beträchtlichen Schwierigkeiten, welche die Erzeugung solcher Leiter ergeben würde, zu schreiten.

Außer den geschilderten, durch den Wind angeregten Schwingungserscheinungen wurden an den Leitern fallweise Schwingungen mit wesentlich größerer Wellenlänge und Amplitude bei wesentlich kleinerer Frequenz beobachtet. Solche Schwingungen — oft als „Tanzen“ der Leitung bezeichnet — werden durch das Abfallen des Eisbehanges angeregt und sind infolge ihres bedeutend selteneren Auftretens von wesentlich geringerer Bedeutung als die besprochenen, durch den Wind erzeugten Schwingungen.

Die Erkenntnis der Ursache der Schwingungserscheinungen, die Erfassung der Gesetze der Schwingungsbildung und des Einflusses, den hierbei die als Veränderliche auftretenden Größen ausüben, die Beurteilung der Wirksamkeit der Schutzarmaturen und deren Vervollkommung erfolgte auf Grund eingehender Versuche deutscher und amerikanischer Forscher. Diesbezüglich sei auf die Literatur verwiesen.[8–14]

C. Überspannungen und -ströme als Folge von Schaltvorgängen.

Änderungen des Schaltzustandes eines Wechselstromkreises bewirken nicht den allmählichen Übergang der Betriebsgrößen von einem Zustand in den anderen, den Ausgangsgrößen überlagern sich vielmehr Ausgleichsgrößen, durch welche die Anlage einer elektrischen Überbeanspruchung ausgesetzt wird. Die die

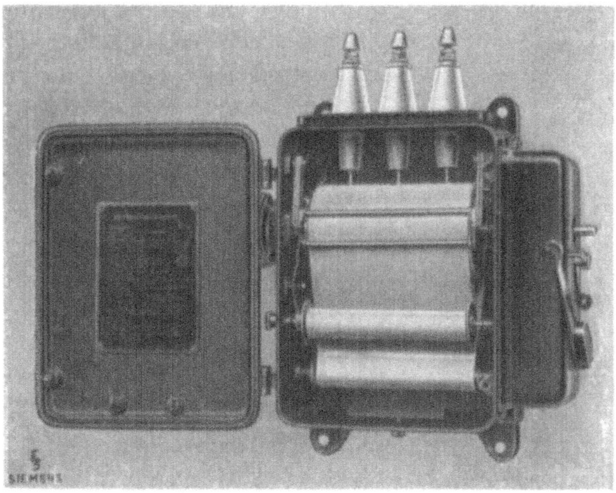

Abb. 475. Klydonograph.

Schaltvorgänge bestimmenden Gesetze sind erfaßt und die Veränderlichen, welche die Ausgleichsgrößen bestimmen — besonders die Zeitkonstante des Stromkreises, der Phasenwinkel im Augenblick des Schaltvorganges — bekannt, die quantitative Beurteilung solcher Vorgänge ist im allgemeinen möglich.

Als Schaltzustandsänderung einer Anlage kann auch das Auftreten eines Phasenerdschlusses aufgefaßt werden. Ist eine Erdschlußlöscheinrichtung nicht vorhanden, welche Voraussetzung wohl nur mehr bei Leitungen geringer Länge und Übertragungsspannung zutrifft, so bewirken die dabei auftretenden Rückzündungserscheinungen ebenfalls eine Überbeanspruchung der Anlage, indem im Augenblick des Abreißens des Erdschlußlichtbogens, also im Augenblick des Nullwertes des Erdschlußstromes, die den Maximalwert beherrschende Spannung die Leitung auflädt und deren Spannung hebt. Durch die Wiederholung der Rückzündungen kann die Überspannung betriebsgefährdende Werte erreichen.

Zu den Schaltüberspannungen sind schließlich auch jene zu zählen, die als Resonanzspannungen jeweils zusammengeschalteter Kapazitäten und Selbstinduktivitäten der Leitungsanlage auftreten. Die quantitative Erfassung dieser Überspannungen ist nicht immer leicht möglich.

Eine eingehendere Berücksichtigung dieser Erscheinungen kann aus folgendem Grunde unterbleiben: außer durch diese werden die Leitungsanlagen durch wesensähnliche Erscheinungen beansprucht, d. s. die atmosphärischen Einwirkungen, welche in den Leitungen wesentlich höhere Überspannungen erzeugen. Die durch dieses Gefahrenmoment geforderte Festigkeit der Anlage gewährleistet die Beherrschung der durch die Schaltvorgänge hervorgerufenen Beanspruchungen.

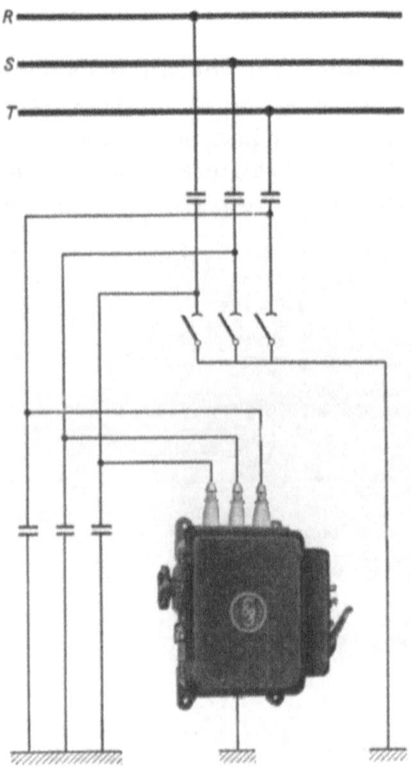

Abb. 476. Schaltung des Klydonographen.

D. Die Blitzeinwirkungen.

1. Meßbehelfe.

Es wäre irrig, aus der Häufigkeit und dem Umfang der aufgetretenen Störungen auf die Häufigkeit und die Höhe der atmosphärischen Einwirkungen Rückschlüsse ziehen zu wollen; diese bedingen Rücksichtnahme auf den jeweiligen Zustand der Freileitungen (s. III).

Dem Forscher, bzw. Praktiker, stehen mehrfach Geräte, bzw. Vorrichtungen zur Verfügung, um die Vorgänge in der Leitung bei solchen Einrichtungen zu erfassen. Der Kathodenstrahloszillograph ist wegen seiner umständlichen Handhabung und der hohen Anschaffungskosten an erster Stelle das Gerät des Forschers und wird vom Praktiker für die laufende Überwachung der Leitungsanlagen nur selten verwendet. Schließlich wird der Wert der mit dem Kathodenstrahloszillographen gemachten Aufnahmen dadurch beeinträchtigt, daß diese stets in einem Werk oder Unterwerk erfolgen, also in geraumer Entfernung von dem Schauplatz der Vorgänge, so daß diese nur nach den unterwegs erfahrenen beträchtlichen Umbildungen erfaßt werden können. Am leichtesten kann die laufende Leitungsüberwachung mit dem nach den Patenten der Westinghouse Comp. von den S.S.W. gebauten Klydonographen erfolgen.[15] Der Klydonograph gibt außer über die Spannungshöhe und Polarität auch über die Häufigkeit solcher Einwirkungen fehlerlosen Aufschluß; hierdurch und infolge seiner leichten Handhabung und Auswertung ist er heute das vollkommenste Gerät für die Leitungsüberwachung, das in keinem Betriebe fehlen sollte.

Der Klydonograph beruht auf folgendem Prinzip: Wird eine gleichmäßig fortbewegte lichtempfindliche Schichte einer konstanten, fallweise durch Überspannungen gestörten Betriebsspannung ausgesetzt, so zeigt sich nach erfolgtem Entwickeln ein durch die Betriebsspannung erzeugter fortlaufender Streifen; die Überspannungen lassen hingegen die „Lichtenbergschen Figuren“ (Abb. 473,

474) erkennen. Der Klydonograph besteht im wesentlichen (Abb. 475) aus einer geerdeten Walze, auf welcher der lichtempfindliche Film abrollt. Die Laufdauer des Filmes beträgt vier Wochen, zu gewitterreicher Jahreszeit kann seine Ablaufgeschwindigkeit durch einen Hebel vervierfacht werden. Auf dem Film ruhen mit leisem Druck die Elektroden, die über geeignete Spannungsteiler an das zu beobachtende Netz angeschlossen werden (Abb. 476). Der Film kann bei Tageslicht eingelegt und ausgewechselt werden. Aus den *Lichtenbergschen* Figuren wird auf Polarität, Höhe, Dauer und Häufigkeit der Überspannungen geschlossen. Eine Zeitmarkierung läßt Tag und Stunde, zu welcher jede Störung des regelmäßigen Betriebes aufgetreten ist, erkennen. Die Angaben des Klydonographen gelten mit einer Genauigkeit von 15—25%.

Abb. 477 läßt einen Ausschnitt aus einem entwickelten Film erkennen.

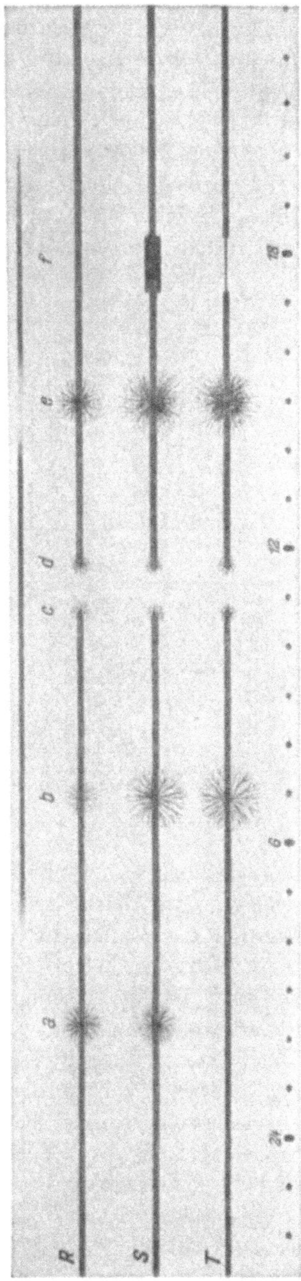

Abb. 477. Ausschnitt aus einem entwickelten Film.

Ein höchst einfacher, praktisch ausreichend genauer und außerdem billiger Behelf zur quantitativen Beurteilung der Blitzströme steht dem Betriebsfachmann in den über Vorschlag *Toeplers* von der Studiengesellschaft für Höchstspannungsanlagen verwendeten *magnetischen Stahlstäbchen* zur Verfügung.[16] Werden die Maste oder die Erdseile vom Blitzstrom durchflossen, so bildet sich um diese das elektromagnetische Feld des Blitzstromes aus, dessen magnetisierende Wirkung als Kriterium für die Blitzstromstärke herangezogen werden kann. Von den Probekörpern muß hohe Remanenz und stromabhängige Magnetisierung vorausgesetzt werden. Die von der Studiengesellschaft für Höchstspannungsanlagen verwendeten Stahlstäbchen bestehen aus Chrom-Kohlenstoff-Stahl mit rund 3% Chromgehalt. Sie werden als Bündel aus 0,2 mm starkem gehärtetem Stahl von 6 cm Länge, 0,5 cm Gesamtdurchmesser, hergestellt und in Glasröhrchen eingeschmolzen. Die Unterteilung des Querschnittes der Stahlstäbchen erfolgte über Vorschlag *Aigners*, um den remanenten Magnetismus vom zeitlichen Verlauf des magnetisierenden Stromes unabhängig zu machen. Hierdurch ist es möglich, die Nacheichung mit Gleichstrom vorzunehmen. Diese besteht im Entmagnetisieren und in einer neuerlichen Magnetisierung mit Gleichstrom, wobei aus der angewandten Gleichstromstärke auf die Höhe des Blitzstromes gefolgert wird. Mit diesen Stäbchen lassen sich Stromstärken von 500—160000 A Scheitelwert messen. Um diesen breiten Bereich sicher zu beherrschen, empfiehlt es sich, 2—3 Stahlstäbchen je Meßstelle in ungleicher Entfernung vom Blitzstromleiter anzubringen. Die Meßgenauigkeit dürfte 15—20% betragen und ist für diese Zwecke vollkommen ausreichend. Die einfache Anbringung und leichte Nacheichung ermöglicht die Vornahme der Messungen in großem Umfang: im Jahre 1934 wurden in verschiedenen Netzen 24000 Stahlstäbchen durch die Studiengesellschaft für Höchstspannungsanlagen eingebaut und untersucht.

Mit deren Hilfe ist es auch möglich, die Polarität der Blitzströme festzustellen. Werden daher, wie von Grünewald vorgeschlagen, Stahlstäbchen gleichzeitig

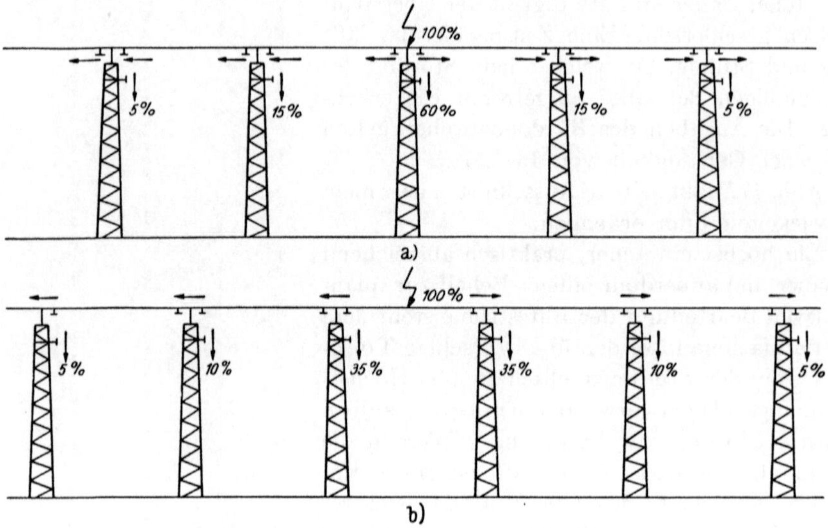

Abb. 478. Blitzstrommessungen mit Stahlstäbchen.

an den Mast und am Erdseil angebracht, so kann die Einschlagstelle, wie aus Abb. 478a und b, leicht zu ersehen, ermittelt werden.

Werden die Messungen nicht nur an dem unmittelbar betroffenen Mast, bzw. an den das betroffene Spannfeld begrenzenden Masten vorgenommen, sondern auf die Nachbarmaste und -spannfelder ausgedehnt, so kann die Blitzstromaufteilung ermittelt werden (Abb. 478, a und b).

Die Blitzstrommessungen sind nur unter der Voraussetzung verläßlich, daß die Stahlstäbchen von nur einem Blitzstromstoß beeinflußt werden. Bei mehreren gleichgerichteten Stromstößen läßt das Stahlstäbchen auf den Scheitelwert des höchsten Stromes schließen; nach entgegengesetzt gerichteten Stromstößen werden die Meßergebnisse zweifelhaft. Die erfolgte Magnetisierung eines Stahlstäbchens läßt sich mit Hilfe eines vorbeigeführten Kompasses feststellen.

Als weitere Behelfe, die Störvorgänge im Netz aufzuzeigen, seien die Störungsschreiber (Spannungs-, Strom- und Leistungsschnellschreiber) erwähnt, die jedoch vorwiegend zur Erfassung von Unstetigkeiten der Betriebsgrößen herangezogen werden und die in der Leitung zu suchenden Ursachen der Störungen nicht unmittelbar beurteilen lassen.

2. Die induktiven Blitzeinwirkungen.

Nach einer von Matthias[17] verfaßten Gegenüberstellung von in unmittelbarer Nähe der Freileitungen nachgewiesenermaßen vorgekommenen Blitzeinschlägen und den gleichzeitig beobachteten Störungen an den Leitungen haben die induktiven Einwirkungen als Quelle wahrnehmbarer Leitungsstörungen nur für Leitungen bis etwa 20 kV Betriebsspannung praktische Bedeutung.

Mit dem durch die unmittelbaren Blitzeinschläge gebildeten Gefahrenmoment verglichen, haben schließlich auch die Vorgänge in Leitungen größerer Länge und merklicher Höhenunterschiede, die durch die Verschiedenheit der Potentialflächen des Erdfeldes, in welchem sich die Leitung befindet, ausgelöst werden, praktisch nur untergeordnete Bedeutung.

3. Die unmittelbaren Blitzeinschläge.

Die mit Hilfe der aufgezählten Geräte von deutschen und amerikanischen Forschern gewonnenen Ergebnisse über die Stromstärken im Blitzkanal ergaben gute Übereinstimmung. Sie können wie folgt zusammengefaßt werden: Etwa die Hälfte der Blitzschläge weisen maximale Stromstärken von 10 kA auf, bei etwa einem Drittel der Blitzschläge liegen die Höchststromwerte zwischen 10 und 30 kA, nur etwa ein Sechstel der Blitzeinschläge weisen höhere Höchststromstärken im Blitzkanal (bis etwa 100 kA) auf. 86% aller Blitze kommen aus negativ geladenen Wolken.

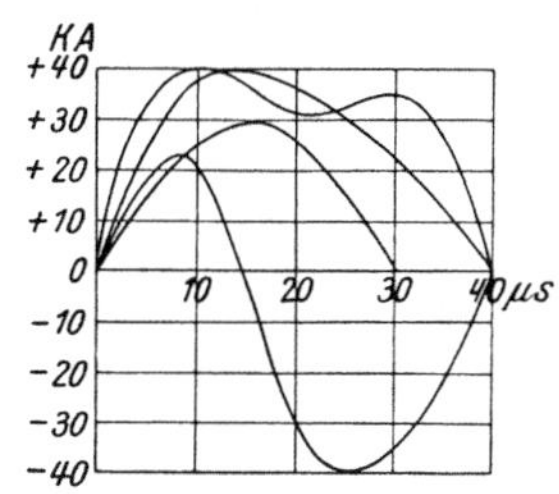

Abb. 479. Formen der Blitzstromwellen.

Die angegebenen Stromwerte lassen die Größenordnung der entlang des Mastes auftretenden Spannungen, bzw. die Gefährdung durch rückwärtige Mastüberschläge beurteilen. Ist die Freileitung nicht mit einem Erdseil ausgestattet, so ist mit den hier angegebenen Blitzstromstärken in dem betroffenen Maste zu rechnen. Besitzt die Freileitung hingegen ein Erdseil, so sind die die Maste durchfließenden Blitzstromstärken entsprechend kleiner, da der Blitzstrom über das Erdseil zu den Nachbarmasten abfließt. Es kann hierbei mit der in Abb. 478 a und b, angegebenen durchschnittlichen Stromverteilung bei Mast- und Erdseileinschlägen gerechnet werden.[18]

Maßgebend für die Störwirkung ist nicht nur die maximale Höhe dieser Stromstärken, sondern auch die Blitzstromsteilheit, welche bei gegebenem Erdungswiderstand die Anstiegsteilheit der Stoßspannungen bestimmt. Die Anstiegsteilheiten der Blitzstromstärken betragen nach Berger[19,20] in der Mehrzahl der Fälle zwischen 5 und 20 kA/μs, seltener höhere Werte bis 40 kA/μs, nach Norinder[21] am häufigsten 1—6 kA/μs, seltener höhere Werte bis 30 kA/μs. Die Dauer des Stromstoßes beträgt nach den Beobachtungen Norinders fast ausschließlich 10—30 μs. Nach Norinder weisen die Blitzstromwellen in der Mehrzahl der Fälle die in der Abb. 479 dargestellten Formen auf.

Für die durch die Blitzstromsteilheit und den Erdungswiderstand der Maste bestimmte Steilheit der Stoßspannungen wurden Werte gefunden, die in einem sehr breiten Bereich schwanken (5—1000 kV/μs). Dieser ist zum Teil auch auf die Verschiedenheit der Wirkungsweise des Erdungswiderstandes bei den Wanderwellenvorgängen, die durch die Blitzeinwirkungen eingeleitet werden, zurückzuführen.

Nach der Auffassung Norinders beträgt die in Blitzschlägen geführte Gesamtladung maximal 2 C, währenddem von anderen Forschern wesentlich höhere Werte angegeben wurden.[22]

Abb. 480 läßt die Ausbildung einer Wanderwelle, deren Höhe und räumliche Ausdehnung nach den Berechnungen Norinders erkennen. Ausgehend von der aufgenommenen Blitzstromwelle und der Ladung im Einschlagpunkt, errechnet Norinder die dargestellten Wanderwellenkurven, die die bekannten Formen aufweisen. Der hierbei ermittelte Spannungshöchstwert von 10 MV der Stoßwelle steht nicht im Widerspruch zu den mit dem Kathodenstrahloszillographen beobachteten Spannungshöchstwerten von 500—1000 kV, sondern läßt nur die Wirkung der Dämpfung, welcher die Stoßwelle auf dem Wege von der Einschlagstelle zur Beobachtungsstelle unterzogen wird, erkennen.

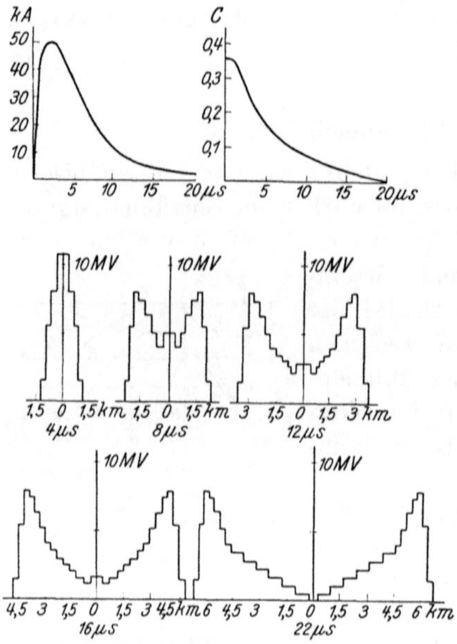

Abb 480. Ausbildung einer Wanderwelle.

4. Mittel zur Vermeidung von Betriebsstörungen durch Blitzentladungen.

a) Das Blitzseil und die Masterdung. Der Masterdungswiderstand ändert sich mit der Jahreszeit und erreicht in den Sommermonaten seinen Höchstwert. Der Widerstand der Rohrerder ist geringeren Schwankungen unterworfen als jener der Strahlenerder. Es ist anzustreben, die im ersten Abschnitt VII, B 2 angegebenen Widerstandswerte auch in den Sommermonaten einzuhalten. Erweist sich das Blitzseil im Betrieb als durch die Masterdungen nicht genügend niederohmig geerdet, so müssen weitere Erder vorgesehen werden. Werden Rohrerder zur Hebung der Wirksamkeit von Strahlenerdern verwendet, so sind diese nicht an den Endpunkten der Strahlen, sondern in der Umgebung des Mastes in gut leitende Erdschichten einzutreiben. Sollen sie vorhandene Rohrerder wirksam gestalten, so sind ausreichende Abstände zwischen allen Erdern vorzusehen, um gegenseitige Beeinflussungen zu vermeiden. Als weiteres Mittel zur Hebung der Wirksamkeit der Erder wurde deren Wartung (etwa durch Tränken mit Salzwasser) vorgeschlagen. Hierdurch kann der Erder jedoch nur zeitlich begrenzt verbessert werden, da der Boden die Salze durch Auswaschung verliert.

b) Sonstige Mittel. Die Widerstandsfähigkeit gegen die Blitzeinwirkungen der dem Betrieb übergebenen Leitungen läßt sich durch Schutzarmaturen erreichen, die sich größtenteils nachträglich anbringen lassen. Die durch die Blitzschäden eingeleitete Lichtbogenbildung läßt sich durch die Erdschlußlöscheinrichtungen sehr wirksam bekämpfen.

In dem Bestreben, die Folgen aufgetretener Fehler auf den gestörten Leitungsteil zu beschränken, wurden die selektiv wirkenden Relais entwickelt, die nur den kranken Leitungsteil abschalten und die Fortführung des Betriebes mit gesunden Leitungsteilen zulassen.[23]

5. Die häufigsten Schäden der Blitzeinwirkungen; Rückschlüsse auf die Störungsursache.

An den nicht durchschlagsicheren, bzw. an den Schirmen und Tellern der durchschlagsicheren Isolatoren entstehen durch die Stoßwellen mechanische Beschädigungen, und zwar sehr feine Haarrisse, solange die Stoßwellen infolge des Entladeverzuges keine Durchschläge oder Überschläge verursachen. Diese Beschädigungen sind mit freiem Auge nicht sichtbar und beeinträchtigen vorerst nicht die elektrische Festigkeit der Isolatoren. Sie werden erst nach geraumer Zeit, und zwar nach erfolgtem Füllen der Haarrisse mit Wasser, Tau usw. durch die hierbei eingetretene verminderte elektrische Widerstandsfähigkeit wahrnehmbar. Durch fortgesetztes Auftreffen von Stoßwellen können die sich verstärkenden Haarrisse das Abspringen von Teilen der Schirme und Teller, bei Stützenisolatoren das Abspringen des Kopfteiles zur Folge haben. Durch diese Haarrisse sind die Voraussetzungen für das Durchschlagen — bei Ersatzfrequenzen, bei welchen die Überschlagsfestigkeit höher liegt als die Durchschlagsfestigkeit — und für das Überschlagen der Isolatoren gegeben. Die Energie der Wanderwelle bewirkt die Zertrümmerung des Isolators bei Durchschlägen und seine mehr oder minder starke Zerstörung bei Überschlägen (eventuell Abspringen der Teller und Schirme, Verschmorungen und Anbrennungen an den Armaturteilen usw.).

Abb. 481. Durch den Erdschlußlichtbogen beschädigte Kappenisolatoren.

Dem hiermit eingeleiteten Erdschlußlichtbogen folgt in ungelöschten Netzen der von der Anlage gespeiste Lichtbogen nach, der eine weitere Zerstörung des Isolators zur Folge haben kann.

Bei Verwendung genügend fester Isolatoren ist es möglich, auch nach aufgetretener Erdung des Netzes und den durch den Erdschlußlichtbogen erfolgten Zerstörungen den Betrieb provisorisch bis zur nächsten Betriebspause fortzuführen. Hierzu eignen sich auch die nicht unbedingt durchschlagsicheren Kappenisolatoren, da bei diesen der Isolatorkern stets intakt bleibt, keine Kappenrisse auftreten und die Bleilegierung, welche die Kappe mit dem Porzellan verbindet, nicht schmilzt. Abb. 481 zeigt einen durch den Erdschlußlichtbogen beschädigten Isolator, der bis zur nächsten Betriebspause im Betrieb belassen werden konnte.

Durch die hohen Stromstärken dieser Lichtbogen können An- und Durchbrennungen oder mehr oder weniger starke Entfestigungen der Leiter erfolgen.

Die gleichen Erscheinungen treten bei unmittelbaren Blitzschlägen in die Leiter auf, die in Einzelfällen auch an blitzseilgeschützten Leitungen zu beobachten sind und auf unterirdische Flußläufe und auf die geologische Beschaffenheit des Untergrundes zurückgeführt werden können.[24] Die meisten Störungsfälle sind jedoch auf rückwärtige Mastüberschläge zurückzuführen.

Abb. 482. Durch Blitzschlag zerstörter Holzmast.

Blitzschläge in Betonmastleitungen können bei mangelhafter Erdung der Bewehrungseisen das stoßartige Verdampfen der eingeschlossenen Feuchtigkeit zur Folge haben, wodurch größere oder kleinere Betonstücke herausgesprengt werden können. Ebenso können die Betonfundamente der Stahlmaste bei mangelhafter Erdung aus dem gleichen Grunde Sprengungen erfahren. Abb. 482 zeigt einen durch Blitzschlag zerstörten Holzmast. Die Zersplitterung ist wieder auf explosionsartiges Verdampfen der sich dochtartig aufsaugenden Erdfeuchtigkeit zurückzuführen. Wesentlich widerstandsfähiger gegen unmittelbare Blitzeinschläge sind die mit Betonfüßen u. dgl. versehenen und daher lufttrockenen Holzmaste.

Die geschilderten, durch Blitzentladungen verursachten Schäden lassen ersehen, daß einerseits gleiche Wirkungen auf verschiedene Ursachen zurückgeführt werden können und daß anderseits gleiche Ursachen verschiedene Wirkungen auszulösen vermögen. Die Ursache eines jeden Störungsfalles läßt sich aus diesem Grund nicht immer leicht feststellen; erschwert wird die restlose Klärung durch die kurze Dauer der Vorgänge, durch die Abwicklung in gewöhnlich unbeobachteten Teilen der Anlage und schließlich durch das Bestreben, die Störung ohne jede Verzögerung, also auch nicht durch jene, die gegebenenfalls durch die Feststellung der Störungsursache verursacht werden könnte, zu beheben. Diese Feststellung muß zwecks Erfassung etwaiger Mängel der Anlage in jedem Einzelfall angestrebt werden. Hierzu seien nachfolgend einige der wichtigsten Zusammenhänge zwischen Ursache und Auswirkung gegenübergestellt:

Beschädigungen der Leiter (An- und Durchbrennungen, Entfestigungen):

in größerer Entfernung von den Ketten,

einphasig:	Blitzschlag in den Leiter,
zweiphasig:	Überschlag (Wahrscheinlichkeit gering) oder Berührung durch Zusammenschlagen (Wahrscheinlichkeit größer).
in mäßiger Entfernung von der Kette:	Blitzschlag in den Leiter oder Abwandern des Lichtbogens von der Kette, es ist daher nachzusehen, ob sich die Beschädigung des Leiters nicht bis zur nächsten Kette erstreckt.

(Leiterrisse ohne Entfestigung sind nicht auf Blitzeinwirkungen zurückzuführen und lassen auf Materialmängel oder mechanische Überbeanspruchung, wie schlechte Montage, katastrophale Eislast usw. schließen.)

Die Untersuchung hat sich nicht auf den beschädigten Leiter zu beschränken, sie hat sich vielmehr auf sämtliche Leiter des Gestänges zu erstrecken.

Beschädigungen der Isolatoren:

Absprengen von Isolatorteilen ohne Brandspuren:	Stoßspannungen ohne Durchschlag oder Überschlag.
Brandspuren, Verschmorungen, Glasurverletzungen (mit oder ohne Absprengen von Isolatorteilen):	Überschläge.
Zertrümmerung der Isolatoren mit Brandspuren:	Durchschläge,
ohne Brandspuren:	Materialmängel, bzw. mangelhafte Befestigung an den Stützen.

Beschädigungen des Mastes:

Zerstörung oder Aussplittern des Holzmastes:	Unmittelbarer Blitzschlag.

Angestellte Beobachtungen über die Häufigkeit der Gewitterstörungsfälle ergaben eine stark ungleichmäßige Verteilung über das ganze Jahr, welche einerseits auf das Auftreten von 85% aller Gewitter zwischen Mai und September und von 15% zwischen Oktober und April, anderseits auf die stärkeren Gewitterentladungen der Frühjahrsmonate zurückzuführen ist. Mehrfach gemachte Beobachtungen lassen vermuten, daß die Häufigkeit der Gewitterstörungen in den Morgenstunden am größten ist.

Die Tatsache, daß Beschädigungen nicht feststellbar sind und die dennoch die vorläufige Weiterführung des Betriebes zulassen, bedingt die dauernde Überwachung des Zustandes der Isolatoren (s. II).

E. Sonstige Störungsursachen.

Als weitere Ursachen von Betriebsstörungen sei die durch Vögel eingeleitete Lichtbogenbildung zwischen Leiter und Stütze, bzw. Querarm, sowie — in geringerem Maße — die nach dem Abfliegen der auf den Leitern aufgesetzten Vogelscharen vorkommenden Berührungen durch das Emporschnellen des Leiters hervorgehoben. Mit zunehmender Übertragungsspannung nimmt die erste Gefahr rasch ab, sie ist bei Verwendung von Stützenisolatoren wesentlich größer als bei Hängeisolatoren. Die angewandten, bzw. vorgeschlagenen Mittel zur Ausschaltung beziehen sich deshalb auch hauptsächlich auf die Stützenisolatoren, und zwar: die Herstellung der Hakenstützen aus Profileisen, die das Aufsitzen der Vögel vermeiden, bzw. erschweren, z. B. Quadrateisen statt Rundeisen, die Verwendung besonders weit ausladender, bzw. schiefgestellter Querträger (Abb. 166), die Anbringung eines isolierenden Belages am Querträger, z. B. eines Holzbelages, die Anbringung von Stachelkämmen, die Verkleidung des Leiters mit einer genügend weit ausladenden Isolierhülse. Unter diesen Mitteln läßt sich die Anbringung eines isolierenden Belages am Träger am leichtesten nachträglich anbringen.[25]

Die Isolatoren sind fallweise Beschädigungen böswilliger Art ausgesetzt (Steinwürfe, Flintenschüsse). Diese Fehlerquelle kann wohl zur Gänze nicht ausgeschaltet werden. Die Verwendung von farbigen Isolatoren dürfte sie etwas vermindern. An besonders gefährdeten Stellen empfiehlt sich die Verwendung steinwurfsicherer Isolatoren. Desgleichen ist das Gefahrenmoment der zufälligen Überbrückung des Leiters durch Äste, Strohhalme usw. praktisch nicht auszuschalten und bedingt die periodische Begehung der Leitungen.

II. Die laufende Leitungsüberwachung.

Durch diese sollen die an der Leitungsanlage auftretenden Mängel, noch bevor sie sich betriebsstörend auswirken, erkannt werden. Sie bezweckt vor allem, das richtige Bild über den jeweiligen Isolationszustand zu gewinnen, und hat auch die Überprüfung des mechanischen Zustandes der Leitungsanlage zu umfassen.

Abb. 483. Absuchspiegel.

Abb. 484. Hochspannungsfehlersucher.

Die Überprüfung der Isolatoren kann im, bzw. außer Betrieb erfolgen. Im Betrieb können Mittelspannungsisolatoren durch Absuchspiegel nach Glasurverletzungen, Sprüngen usw. untersucht werden. Abb. 483 zeigt den von Jaroslaw Berlin-Weißensee erzeugten Spiegel; dieser läßt sich durch Drehen eines Handgriffes am unteren Ende der 2 m langen Isolierstange einstellen.

Für die elektrische Prüfung der unter Spannung stehenden Isolatoren können folgende Kriterien herangezogen werden: 1. der vom Leiter durch den Isolator zur Erde übergehende Strom, der durch Telephonhörer abgehört werden kann; 2. die Potentialdifferenz im Erdreich und 3. die auf jedes Glied einer Kette entfallende Teilspannung. Unter diesen Kriterien hat sich das letztere als das für die Isolatorenprüfung geeignetste erwiesen. Das Verhältnis der Teilspannung eines Kettengliedes zur Gesamtspannung ist von der Kapazität der Glieder abhängig. Ein beschädigtes Glied gilt bei der Spannungsaufteilung als mehr oder weniger kurzgeschlossen und es entfällt daher auf dieses ein geringerer Spannungsanteil. Die Spannungsmeßstange der Siemens und Halske A. G. vergleicht die Spannungsanteile der Glieder der Kette durch das Anlegen einer verstellbaren Kugelfunkenstrecke an die Klöppel des Isolators; die Ansprechspannung der Kugelfunkenstrecke wird durch eine Skala am Handgriff angezeigt. Die A. E. G. hat ein Störsuchgerät entwickelt, das die Entladungen des als Sender wirkenden beschädigten Isolators mittels Hochfrequenzempfängers wahrnimmt.[26] (Abb. 484).

Abb. 485. Megohmmeter.

Das Vorhandensein von Isolatorensprüngen läßt sich oft ohne besondere Hilfsmittel durch hierbei auftretende knisternde und knatternde Geräusche feststellen. Diese gestatten wohl nur die fallweise Feststellung des Mastes, an welchem sich der schadhafte Isolator befindet. Oft sind Isolatorenschäden von ungewöhnlichen Entladeerscheinungen begleitet, wie z. B. das Glimmen einzelner Kettenglieder.

Außer Betrieb wird die Messung der Isolationsfestigkeit eines Isolators mit dem Isolationsmesser vorgenommen.[27] Mit Rücksicht auf die Höhe des zu messenden Widerstandes und auf die zu fordernde Genauigkeit soll hierfür nur ein **Präzisions-Megohmmeter** verwendet werden. Abb. 485 zeigt den von der Siemens und Halske A. G. gebauten Präzisions-Megohmmeter, Abb. 486 dessen Schaltbild.

Es besitzt ein dreispuliges Dauerfeld-Kreuzspul-Meßwerk, bestehend aus den im Spannungspfad hintereinander angeordneten Spulen a_1 und a_2, die entgegengesetzte Richtkräfte ausüben, und der in Reihe mit dem zu messenden Isolationswiderstand geschalteten Spule *b*. Das Meßwerk gibt den Quotienten Spannung: Strom, also die zu messende Widerstandsgröße an. Durch die Anordnung eines magnetischen Nebenschlusses mit entgegengesetzt wirkendem Feld, in dessen Bereich die Spule a_2 bei kleinem zu messendem Isolationswiderstand tritt und eine gleichsinnige Richtkraft wie die Spule a_1 ausübt, wird der Meßbereich wesentlich vergrößert. An die Klemmen *1* und *2* wird der zu messende Isolationswiderstand angeschlossen, die Klemme *3* ist ein Drehknopf für die Einstellung des Meßbereiches; durch das Zuschalten des Widerstandes R_3 bzw. R_4 parallel zur Stromspule *b* wird der Meßbereich auf $^1/_{10}$ bzw. $^1/_{100}$ herabgesetzt. Die Klemme *4* dient zum Anschluß einer Kriechstromableitung. Die Spannung des Erzeugers beträgt 500, 1000, bzw. 2500 V, der Meßbereich 1000, 2000, bzw. 10000 Megohm.

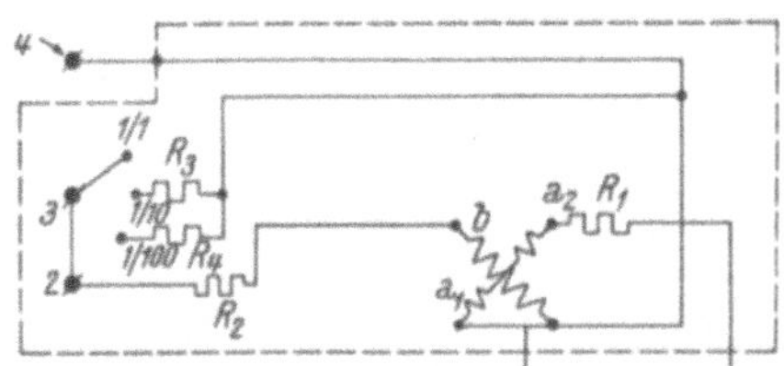

Abb. 486. Schaltbild des Megohmmeters.

Die Feststellung eines ausreichenden Isolationswiderstandes ist keinesfalls der Beweis für das Fehlen von Haarrissen, die, wie bereits erwähnt, in trockenem Zustand keine wahrnehmbare Widerstandsverminderung verursachen, sondern erst nach dem Feuchtwerden.

Schließlich können Sprünge an Isolatoren durch bloßes Abklopfen mit einem metallischen Gegenstand, z. B. einem Schlüssel, festgestellt werden.

Es empfiehlt sich, die Isolatoren der 220-kV-Leitungen zumindest alle zwei Jahre, jene der 110-kV-Leitungen alle zwölf Monate und die Isolatoren geringerer Spannung in entsprechend engeren Zeitabschnitten einer Überprüfung zu unterziehen.

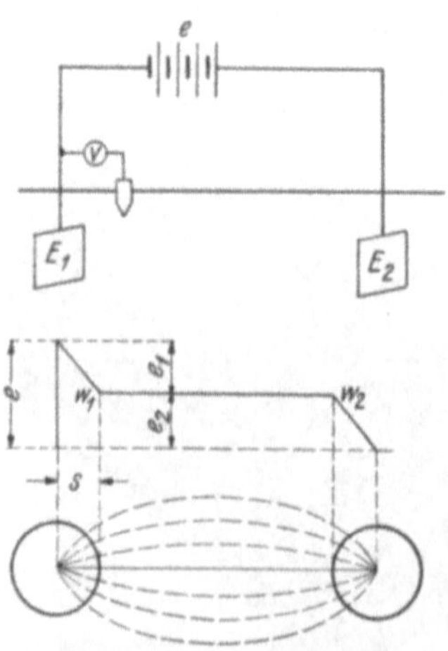

Abb. 487. Erdwiderstand.

Außer den Isolatoren sind auch die zeitlichen Änderungen ebenfalls ausgesetzten Erdungen periodisch zu überprüfen. Hierzu dient der Erdungsmesser.[28]

Das nähere Eingehen in den Meßvorgang des Erdwiderstandes bedingt vorerst die Festlegung der zu messenden Größe. Erfaßbar ist nur der Widerstand der Erde zwischen zwei Erdern. Wird an die Erder E_1 und E_2 (Abb. 487) eine Stromquelle, z. B. eine Batterie gelegt, so ergibt sich der in dieser Abbildung dargestellte Potentialverlauf. Dieser zeigt in W_1 und W_2 ausgeprägte Wendepunkte. Bedeutet s den Abstand des Wendepunktes vom Erder und J den im Erdreich fließenden Strom, so werden die Erdwiderstände R_1, bzw. R_2 der Erder E_1, bzw. E_2 durch die Größen

$$R_1 = \frac{e_1}{J}$$

bzw.

$$R_2 = \frac{e_2}{J}$$

definiert. Der Meßvorgang des Erdwiderstandes setzt daher einen zweiten Erder voraus. Abb. 488 zeigt den von der Siemens und Halske A. G. gebauten Erdungsmesser und Abb. 489 dessen Schaltung.

Der Magnetgenerator MG speist den Transformator B, der mit Abzweigungen versehen

Abb. 488. Erdungsmesser.

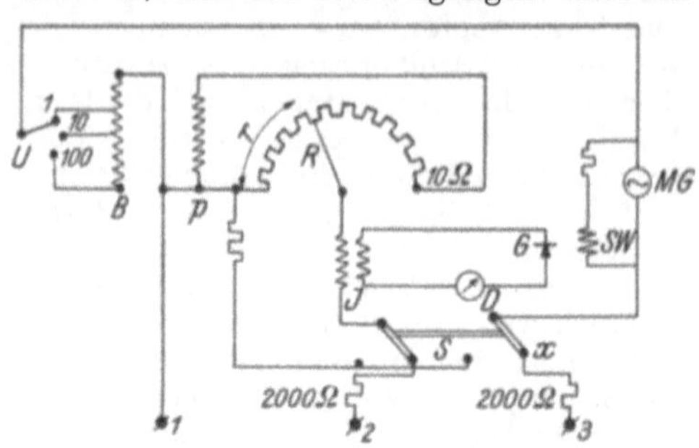

Abb. 489. Schaltung des Erdungsmessers.

ist, durch welche sich drei Meßbereiche 1 : 10 : 100 ergeben. Im Hauptstromkreis liegen die Primärwicklung des Transformators B, der zu messende Erder (an *1* angeschlossen) und der an *3* angeschlossene Hilfserder, im Sekundärkreis der Kompensationswiderstand R von 10 Ohm; es ergeben sich hiermit drei Meßbereiche

(10, 100 und 1000 Ohm). Als Meßgerät dient ein hochempfindliches Drehspulinstrument *D*, das über den Schwingkontaktgleichrichter *G* gespeist wird, dessen Steuerwicklung am Generator liegt. Der Isoliertransformator vermeidet die Beeinflußbarkeit des Meßgerätes durch fremde Gleichströme. Der Umschalter *S* dient zur Kontrolle des Gerätes unter Heranziehung eines Vergleichswiderstandes. Den Hilfserdern werden Dämpfungswiderstände von 2000 Ohm vorgeschaltet. Die Messung erfolgt nach Einstellung des Umschalters *U* nach der Größenordnung des zu messenden Widerstandes durch das Verstellen des Druckknopfes *R* während des Drehens der Kurbel, bis sich das Instrument auf Null einspielt.

Die Überprüfung soll sich nicht auf den Erdungswiderstand bei gelöster Verbindung mit dem Mast beschränken, sondern diese einschließen, zu welchem Zweck die Verbindung mit dem Erdseil gelöst werden muß. (Abheben des Erdseiles oder Lösen der Verbindung zwischen isolierter Erdseilbefestigung und Mast.)

Die laufende Leitungsüberwachung hat schließlich zu umfassen:

die Überprüfung der Maste und Fundamente (senkrechte Lage der Maste, Einsinken der Mastfüße usw.);

die Überprüfung des Schutzanstriches der Stahlmaste (alle ein bis zwei Jahre);

die Reinigung der der Beschmutzung besonders ausgesetzten Isolatoren; diese ist etwa alle sechs Monate vorzunehmen und kann entweder mit reinem Wasser, mit stark verdünnter Salzsäure (bei Braunkohlenflugasche) oder mit benzingetränkten Lappen (bei Kohlenstaub) erfolgen;

die fallweise Kontrolle des Durchhanges, besonders bei Kreuzungen mit Leitungen jeder Art. Von den bei der Besprechung des Spannens der Seile aufgezählten Verfahren zum Einspielen des Durchhanges ist im Betrieb nur das Messen mit dem Theodolit anwendbar. Außer mit diesem läßt sich die Überprüfung des Durchhanges mit Höhenunterschiedsmeßgeräten durchführen, die bei ausreichender Genauigkeit die rasche Ermittlung der Durchhänge zulassen (z. B. der Teletop der Zeiß-Werke in Jena, der Freileitungsdurchhangmesser der Askania-Werke Berlin).

Außer diesen fallweisen Überprüfungen der Leitungsanlage ist für deren Begehung in wesentlich kürzeren Zeitabständen Vorsorge zu treffen, die den Zweck hat, augenfällige Störungsursachen, wie Isolatorenbeschädigungen, Äste oder Drachen in der Leitung usw. zu melden. Diese Begehungen können auch durch minder geschultes Personal vorgenommen werden.

III. Die Störungsaufzeichnungen und ihre Auswertung.

Die periodischen Untersuchungen reichen nicht aus, um den Zustand der Leitungsanlage, bzw. die zeitlichen Veränderungen, welchen die im Betrieb stehenden Freileitungen unterworfen sind, zu erfassen. Ein richtiges Bild hierüber können nur Untersuchungen im Anschluß an vorgekommene Störungsfälle vermitteln. Durch diese ist festzustellen, ob die Störungen auf vereinzelte Material-, Konstruktions- oder Montagefehler zurückzuführen sind, ob die Bauteile in ihrer Gesamtheit oder ein Teil derselben die geforderten Eigenschaften nicht aufweisen, oder ob Veränderungen der Bauteile oder der Anordnung zum Störungsfall führten. Es sind z. B. im Falle eines Leiterrisses an Probestücken derselben Lieferung Untersuchungen anzustellen, ob dieser auf eine ausnahmsweise geringere

Festigkeit des Seiles oder auf allgemein mangelhafte Ausführung zurückzuführen ist, bzw. es ist zu untersuchen, ob der Leiterriß nicht etwa infolge mangelhafter Montage (zu starkes Spannen), katastrophaler Eislast oder Schwächung der Seilfestigkeit (vorangegangener Kurzschluß) auftrat usw. Aus diesen Untersuchungen kann auf die erforderlichen Umarbeiten, bzw. Auswechslungen geschlossen werden, durch welche die Möglichkeit weiterer Störungen tunlichst zur Gänze ausgeschaltet oder auf das geringste Maß eingeschränkt werden kann. Im Falle von Isolatorenschäden sind der Leitung Isolatoren der gleichen Lieferung zu entnehmen und einer eingehenden Untersuchung zu unterziehen. Es wird sich sehr oft herausstellen, daß der Störungsfall auf Mängel der ganzen Isolatorenlieferung zurückzuführen ist, wie etwa Treibwirkung durch falsche Anbringung der Armaturteile. In solchen Fällen sind alle Isolatoren dieser als mangelhaft erkannten Lieferung auszutauschen. Gleichzeitig ist eine gründliche Überprüfung der Erdungen vorzunehmen und notfalls deren Verbesserung zu veranlassen. Erreicht trotz günstiger Erdungswiderstände die Anzahl der Isolatorenschäden ein unerwünschtes Maß, ohne daß Mängel an diesen beobachtet werden konnten, so ist die Isolatorentype als solche den gegebenen Betriebsbedingungen nicht in dem erwünschten Maße gewachsen, und es ist zu erwägen, ob sie nicht gegen eine stärkere Type auszutauschen ist.

Der angedeutete Aufgabenkomplex bedingt die Organisierung eines verläßlich arbeitenden Störmeldedienstes und die Führung einer Störungsstatistik, deren Zweck jedoch nicht darin zu verkennen ist, daß irgend welches statistisches Material mehr oder weniger übersichtlich aufgehäuft wird, sondern daß diese den jeweiligen Zustand der Anlage und die Wege zu deren Verbesserung erkennen läßt.[29]

Mit der Führung der Störungsstatistik ist eine zentrale Stelle zu betrauen, welcher die einheitlich verfaßten Meldungen über jeden vorgekommenen Störungsfall vorzulegen sind. Hierzu werden am zweckmäßigsten Vordrucke verwendet, aus welchen folgende Angaben, bzw. Einzelheiten des Störungsfalles zu ersehen sein müssen:

1. Leitungsteil, Betriebsspannung, Baujahr, eventuelle zwischenzeitig durchgeführte Auswechslungen der Bauteile;
2. Beschreibung der Leitung an der beschädigten Stelle (Mastbild, Leiterstärke und -werkstoff, Kettenbild usw.);
3. Ort der aufgetretenen Beschädigungen (in Spannfeldmitten, an Masten, deren genaue Lage);
4. Zeitpunkt (Tag und Stunde) und Wetterverhältnisse;
5. Aufzählung der beschädigten Teile (Isolatoren, Leiter, Ausleger usw.);
6. Umfang der aufgetretenen Beschädigungen;
7. etwaige an den Nachbarmasten gemachte Beobachtungen;
8. Erdungswiderstand, Art der Messung;
9. Umfang der erforderlich gewesenen Instandsetzungsarbeiten;
10. Dauer der Störung.

Ohne die angedeuteten Untersuchungen darf aus der Anzahl der eingelangten Störmeldungen kein Rückschluß über den Zustand der Anlage gezogen werden. Sie sei vorerst als Zahl der „scheinbaren Störungsfälle“ aufgefaßt.

Werden alle jene Störungsfälle außer Betracht gezogen, die auf die durch die Untersuchungen festgestellten und behebbaren Mängel der Leitungsanlage zurückzuführen waren, so verbleibt eine gewöhnlich wesentlich kleinere Anzahl von Störungsfällen, die „wirkliche Störungszahl", die allein auf Einwirkungen höherer Gewalt zurückzuführen ist und welche allein den Zustand der Anlage, bzw. deren Gewittergefährdung richtig beurteilen läßt. Die wirkliche Störungszahl ist außer von dem Zustand der Anlage auch von der Gewitterhäufigkeit, den Schwankungen des Grundwasserspiegels (Beeinflussung der Erdungsverhältnisse), der geologischen Beschaffenheit des Untergrundes usw. abhängig und wird für die gleiche Leitung auch bei unverändertem Zustand derselben, auf das Jahr als Zeiteinheit bezogen, verschiedene Werte aufweisen. Desgleichen werden diese Zahlen identisch ausgeführter, örtlich getrennter Leitungen im gleichen Zeitabschnitt verschieden sein. Auf die gleiche Leitungslänge und einen bestimmten Zeitabschnitt bezogen, lassen die wirklichen Störungszahlen Vergleiche benachbarter Leitungen gleicher oder verschiedener Spannungen zu.

Die bei Einhaltung der von Staat zu Staat verschiedenen Vorschriften zu erzielenden spezifischen wirklichen Störungszahlen lassen ferner die Strenge dieser miteinander vergleichen.

Werden die spezifischen Störungszahlen auf 100 km und ein Jahr bezogen, so lassen sich bei den nach den Vorschriften des VDE gebauten Leitungen wirkliche Störungszahlen zwischen 0,5 und 2 erreichen. Das Bestreben einer jeden Betriebsführung muß darin bestehen, diese Werte keinesfalls zu überschreiten.

Literaturverzeichnis.

1. Calliess: Freileitungsbetrieb. ETZ 1936, H. 48, S. 1372.
2. Grünewald: Aufklärung von Betriebsvorfällen in Hochspannungsnetzen. ETZ 1937, H. 40, S. 1077.
3. Strand: Das Entfernen von Eis- und Schneelasten an Kraftleitungen. ETZ 1934, H. 20, S. 491.
4. Halbach: Die elektrische Rauhreif-Abheizung von Freileitungen. ETZ 1933, H. 2, S. 33.
5. Kyser: Das 100/50/10-kV-Umspannwerk Jena der Thüringischen Landeselektrizitätsversorgungs-A. G., Thüringenwerk. S. Z. 1929, H. 2, S. 6 und H. 3, S. 144.
6. Lehr: Schwingungstechnik. Berlin: Julius Springer. 1930.
7. Föppl: Grundzüge der technischen Schwingungslehre. Berlin: Julius Springer. 1931.
8. Varney: Notes on the Vibration of Transmission-Line Conductors. A.I.E.E. 1926, H. 10, S. 953.
9. Varney: The Vibration of Transmission-Line Conductors. A.I.E.E. 1928, H. 5, S. 353.
10. Maass: Mechanische Schwingungen von Hochspannungsfreileitungen. Wiss. Veröffentl. d. Siemens-Konzerns 1931, H. 1, S. 153.
11. Maass: Beobachtungen über das Auftreten und Versuche zur Bekämpfung der mechanischen Freileitungsschwingungen. E. u. M. 1934, H. 2, S. 13.
12. Engel: Elektrodynamische Schwingungseinrichtungen zur Prüfung von Leitungsseilen. S. Z. 1931, H. 11, S. 489.
13. Nefzger: Die Leitungsschwingungen, Versuche zur Lösung der Klemmenfrage. Technische Mitteilungen der Firma J. W. Hofmann, Kötzschenbroda-Dresden, März 1932.

14. Feister: Messungen von Schwingungen an Freileitungen. El.-Wirtsch. 1936 H. 4, S. 83.
15. Müller-Hillebrand: Überspannungsregistrierung mit dem Klydonographen. S. Z. 1927, H. 8/9, S. 547.
16. Grünewald: Die Messung von Blitzstromstärken an Blitzableitern und Freileitungsmasten. ETZ 1934, H. 21, S. 505 und H. 22, S. 536.
17. Rüdenberg: Elektrische Hochleistungsübertragung auf weite Entfernung. Berlin: Julius Springer. 1932.
18. Zaduk: Neuere Ergebnisse der Blitzstromstärkenmessungen an Hochspannungsleitungen. ETZ 1935, H. 17, S. 475.
19. Berger: Resultate der Gewittermessungen in den Jahren 1934/35. Bull. Schw. El.-Verein 1936, H. 6, S. 145.
20. Grünewald: Gewittermessungen an Hochspannungsleitungen in der Schweiz. ETZ 1936, H. 36, S. 1029.
21. Müller: Blitzströme. ETZ 1936, H. 15, S. 415.
22. Eachron u. Morris: The Lightning Stroke: Mechanism of Discharge. Gen. El. Rev. 1936, H. 10, S. 487.
23. Schleicher: Die moderne Selektivschutztechnik und die Methoden zur Fehlerortung in Hochspannungsanlagen. Berlin: Julius Springer. 1936.
24. Lehmann: Über die Ursachen der Häufung von Blitzeinschlägen an bestimmten Stellen von Hochspannungsleitungen. ETZ 1932, H. 41, S. 980.
25. Weicker: Gesichtspunkte für die Wahl der Größe von Freileitungsisolatoren. Hescho-Mitt. 1922, H. 1/2, S. 3.
26. Kahle: Der Hochspannungsfehlersucher. AEG-Mitt. 1937, H. 3.
27. Skirl: Elektrische Messungen. Berlin und Leipzig: Walter de Gruyter & Co. 1936.
28. Pflier: Der Siemens-Erdungsmesser, Ausführung 1933. S. Z. 1933, H. 1/2, S. 12.
29. Koetzold: Kritische Betrachtung und Auswertung von Gewitterstörungsstatistiken für Freileitungsnetze. ETZ 1936, H. 16, S. 433.

Anhang.

Bestimmungen für die Ausführung der Freileitungen in der laufenden Strecke nach den Vorschriften

des Deutschen Reiches (**D**),
Polens (**P**),
der Schweiz (**S**),
der Tschechoslowakei (**T**).

(Der nachfolgende Auszug berücksichtigt nicht jene Bestimmungen, welche die mit erhöhter Sicherheit zu erfolgende Ausführung der Leitungen bei Entlangführung und Kreuzungen mit Bahnen, Stark- und Schwachstromleitungen, Wasserstraßen, Reichsautobahnen, verkehrsreichen Fahrwegen, bei Führung durch Großstädte und besiedelte Gebiete und bei Verlegung mehrerer Leitungen auf gleichem Gestänge regeln.)

In Geltung befindliche Vorschriften.

D: Vorschriften des Verbandes Deutscher Elektrotechniker E.V. (VDE).

VDE 0210/1936: Vorschriften für den Bau von Starkstrom-Freileitungen V.S.F. Gültig ab 1. I. 1930, hierzu
VDE 0210a/1936: Änderungen, gültig ab 7. I. 1937.
VDE 0210a/1937: Änderungen, gültig ab 24. IX. 1937.
VDE 0210b/1937: Änderungen, gültig ab 3. XII. 1937.
VDE 0210c/I. 1938: Änderungen, gültig ab 11. II. 1938.
VDE 0210U/1937: Umstellvorschriften für den Bau von Starkstrom-Freileitungen.
Gültig ab 15. IX. 1937 (s. ETZ Jg. 58 [1937], H. 36, S. 996), hierzu Änderungen, gültig ab 3. XII. 1937 (s. ETZ Jg. 58 [1937], H. 48, S. 1304).
VDE 0111/1932: Leitsätze für den elektrischen Sicherheitsgrad von Starkstromanlagen mit Betriebsspannungen von 1000 V und darüber L. S. G.
Gültig ab 1. I. 1932.
VDE 0176/1932: Spannungsnormen für Starkstromanlagen über 100 V.
Gültig ab 1. I. 1932.
VDE 0446/1929: Leitsätze für die Prüfung von Isolatoren aus keramischen Werkstoffen für Spannungen von 1000 V an.
Gültig ab 1. VII. 1929.
VDE 0446U/1937: Umstellvorschriften für die Prüfung von Isolatoren aus keramischen Werkstoffen für Spannungen von 1000 V an.
Gültig ab 15. IX. 1937 (s. ETZ Jg. 58 [1937], H. 36, S. 995).
VDE 0447/1926: Leitsätze für die Prüfung von Hochspannungsisolatoren mit Spannungsstößen.
Gültig ab 1. VII. 1926.
VDE 0141/1924: Leitsätze für Schutzerdungen in Hochspannungsanlagen.
Gültig ab 1. I. 1924.
VDE 0430/1926: Regeln für Spannungsmessungen mit der Kugelfunkenstrecke in Luft.
Gültig ab 1. VII. 1926.
VDE 0450/1933: Leitsätze für die Prüfung mit Spannungsstößen.
Gültig ab 1. I. 1935.

VDE 0228/1925: Leitsätze für Maßnahmen an Fernmelde- und an Drehstromanlagen im Hinblick auf gegenseitige Näherungen.
Gültig ab 1. X. 1925.

VDE 0214/1925: Merkblätter für Verhaltungsmaßregeln gegenüber elektrischen Freileitungen.
Gültig ab 1. X. 1925.

VDE 0215/1927: Merkblatt über die Zerstörung von Holzmasten durch Käferlarven.
Gültig ab 1. VII. 1927.

VDE 0215a/1936: Nachtrag, gültig ab 1. I. 1937.

Verwaltungs-Vorschriften der Reichsbahn, Reichspost und Reichswasserstraßen-Verwaltung für Kreuzungen mit fremden Starkstromanlagen.

Technische Bestimmungen für Kreuzungen und Näherungen zwischen Reichsautobahnen und Starkstrom-Freileitungen.

P: Verordnungen des Ministers für öffentliche Arbeiten vom 26. IV. 1932.

Technische Vorschriften für elektrische Starkstrom-Freileitungen;
Technische Vorschriften für Kreuzungen und Näherungen
(Monitor Polski Nr. 116, Pos. 146 vom 23. V. 1932).

S: Verordnungen des Schweizerischen Bundesrates.

Verordnung über die Erstellung, den Betrieb und den Unterhalt von elektrischen Starkstromanlagen. Vom 7. VII. 1933.

Verordnung über die Parallelführungen und Kreuzungen elektrischer Leitungen unter sich und mit Eisenbahnen. Vom 7. VII. 1933.

(Elektrische Anlagen, 2. Auflage, herausgegeben vom eidgen. Post- und Eisenbahndepartement 1933.)

Normen des SEV und VSE unter Mitwirkung der EW und der elektrischen Industrie.

Normen für Spannungen und Spannungsprüfungen, 1. Auflage (in Umarbeitung).

T: Vorschriften des Elektrotechnický Svaz Československý, Teil XI (ESČ) 1936. Verlag ESČ.

Vorschriften und Erläuterungen für Kreuzungen von Starkstromleitungen mit staatlichen oder von der Staatsverwaltung erhaltenen Schwachstromleitungen. Prag 1923.

Vorschriften zum Schutze der staatlichen oder in staatlicher Instandhaltung stehenden Schwachstromleitungen gegen die Einwirkung parallellaufender Drehstromleitungen. Prag 1923.

Zugelassene, bzw. empfohlene Übertragungsspannungen.

(Die fetten Ziffern bedeuten Vorzugsspannungen.)

D: 3, **6**, 10, **15**, 20, **30**, 45, **60**, 80, **100**, 150, **200**, 300, 400 kV.
S: 3,7, 6,4, 8,8, 11, 19, 37, 50, 64, 110, 150, 220 kV.
T: 6, 22, 60, 100 kV.

Übliche Leiterquerschnitte in mm².

Drähte: 6, 10, 16.
Seile: 10, 16, 25, 35, 50, 70, 95, 120, 150, 185, 240 (in **D** = auch 300 — Din VDE 8201 —, in **T** auch 300 — ESC Norm 46a).
T: (nur für Eisenseile) 20, 30, 50, 80, 100, 130, 190.

Zugelassene Leiterquerschnitte in mm².

Kupfer und Bronzedrähte:
D, **P**: 10, 16 bei Spannweiten bis 80 m (geringerer Bronzequerschnitt nur bei

Fernmeldeleitern zulässig); **S**: 19,6—50; **T**: 16, 25 (Fernsprechleiter min. 350 kg).

Aluminiumdrähte (und Legierungen):

D, P, S, T: nicht zugelassen.

Aluminiumseile (und Legierungen):

D, P, T: min. 25; **S**: Mindestzerreißfestigkeit 560 kg.

Stahlaluminiumseile:

D: min. 16; **P**: min. 380 kg, **S**: min. 560 kg, **T**: min. 640 kg Festigkeit.

Stahldrähte:

D, P: nicht zugelassen; **S**: min. 19,6; **T**: nur für Fernsprechleiter bis 120 m, min. 350 kg Festigkeit.

Stahlseile:

D, P, T: min. 16; **S**: min. 19,6.

Ausführung der Seile.

D: Vollseile und Stahlaluminiumseile, s. erster Abschnitt II B.

P: Vollseile bis 50 mm^2 7 Drähte
70—120 „ 19 „
150—240 „ 37 „
Drallänge 11—14facher Seildurchmesser.

T: Vollseile bis 50 mm^2 7 Drähte
50—120 „ 19 „
150—240 „ 37 „
240—300 „ 61 „

Zahlentafel 60. Belastungsannahme für den Nachweis der Festigkeit der Leiter und der Durchhänge.

Zusatzlast d = Leiterdurchmesser in mm	Winddruck in kg/m^2	Abminderungs-koeffizient	Belastungsannahme
D: $0{,}18\sqrt{d}$ kg/m	125	0,5	—20° ohne Eis — 5° mit „ +40°
P: $0{,}155\sqrt[1{,}55]{d}$ kg/m	125	0,5	—25° ohne Eis — 5° mit „ +40°
S: 2 kg/m	100	0,5	tiefste Ortstemperatur ohne Eis, ohne Wind (Mindestwerte): bis 1000 m .... —20° „ 1500 „ .... —25° über 1500 „ .... —30° 0° mit Eis ohne Wind für $d > 4$ cm: 0° ohne Eis mit Wind
T: bis 50 mm^2 0,45 kg/m über 50 „ 0,65 kg/m kritische Aneisung $(2 + 0{,}01\,q)$ kg/m (q = Querschnitt in mm^2)	125	0,6	— 5° mit Normaleis — 5° ohne Eis mit Wind +40° ohne Wind — 5° mit krit. Aneisung (hierbei darf 90% der Prüffestigkeit nicht überschritten werden; gilt auch für Fernmeldeleiter)

Zahlentafel 61. Mechanische und elektrische Festwerte der Leiterwerkstoffe.

	Kupfer				Bronze					Aluminium		Aldrey		Stahl-aluminium	Stahl verzinkt			
	Draht mm²		Seil Litzen		I		II	III		Litzen		Litzen			Festigkeit kg/mm²			
	bis 20	über 20	7—19	über 19	Draht	Seil		Draht	Seil	bis 19	über 19	19	37		40	70	120	150
	Prüffestigkeit kg/mm²																	
D	40				50		60	70		18		30			40	70	120	150
P	40									18								
S	40	38	42—6%	42—8%					65—10%	19—6%	18—8%	30—4%	30—5%				120—2%	
T	40				50			70		16								
	Dauerzugfestigkeit kg/mm²																	
D	30				40		50	62		12		24		20	32	56	90	110
	Zulässiger Höchstzug kg/mm²																	
D	12		19		24		30	35		8		12		11	50% der Dauerzugfestigkeit			
P	12		19		Drähte 35%, Seile 50% der Prüffestigkeit					8		Drähte 35%, Seile 50% der Prüffestigkeit						
S	27	25	28						43	12		18		13 im Alum.			80	
T	18		20		22,5	25		31,5	35	8				50%	35% der Festigkeit			

Eigengewicht kg/cm³

D	8,9 . 10^{-3}				8,9 . 10^{-3}		8,65 . 10^{-3}			2,7 . 10^{-3}		2,7 . 10^{-3}		3,45 . 10^{-3}	7,8 . 10^{-3}			
P	8,9 . 10^{-3}									2,73 . 10^{-3}								
S	8,9 . 10^{-3}		9 . 10^{-3}						8,7 . 10^{-3}	2,75 . 10^{-3}		2,75 . 10^{-3}					7,9 . 10^{-3}	
T	8,9—9 . 10^{-3}				8,65-9 . 10^{-3}			8,65—9 . 10^{-3}		2,7 . 10^{-3}					7,8—8 . 10^{-3}			

Leitfähigkeit

D	56				36					34,5—34,8		30		34,8				
P	55									32								

Elastizitätsmaß kg/mm²

D	13000				13000					5600		6000		7500	19200	19600	20000	
S	13000	12500	11000	10000					11000	5500	5200	6000	5700				18500	
T	11000—13000				11000 bis 13000			11000—13000		5400—5600					18000—20000			

Wärmedehnungszahl je 1° C

D	1,7 . 10^{-5}				1,7 . 10^{-5}		1,66 . 10^{-5}			2,3 . 10^{-5}		2,3 . 10^{-5}		1,95 . 10^{-5}	1,23 × × 10^{-5}	1,1 . 10^{-5}		
S	1,7 . 10^{-5}								1,67 × × 10^{-5}	2,3 . 10^{-5}		2,3 . 10^{-5}					1,15 . 10^{-5}	
T	1,65—1,7 . 10^{-5}				1,65 bis 1,7 . 10^{-5}			1,65—1,7 . 10^{5}		2,3 . 10^{-5}					1,1 . 10^{-5}			

Vorschriften für schräge Spannfelder.

D: Die Leiterbeanspruchung an den Aufhängepunkten darf bei doppeltem Normaleis max. die Dauerzugfestigkeit erreichen.

Vorschriften für die Anordnung von Abspannmasten.

D, P, T: alle 3 km.

Isolatoren.

Elektrische Festigkeit: s. Abb. 56.
Prüfungen: s. erster Abschnitt II B.

D: Stützenisolatoren: Mindestbruchlast
Abspannketten: bei gebleiten Isol. 1_h Prüflast } soll 2,5facher Leiterhöchstzug sein
bei gekitteten Isol. Dauerlast } soll 1,85facher Leiterhöchstzug sein
} jedoch max. 90% der Nennlast des Leiters

P: mechanische Festigkeit 90% der Prüffestigkeit des Leiters.

T: durch den Leiterzug beanspruchte Isolatoren: 1,5fache Zugkraft bei Katastropheneis. Bei Mehrfachaufhängung ist der auf einen Isolator, bzw. Kette entfallende Zug um 20% zu erhöhen;
durch das Gewicht beanspruchte Isolatoren: doppeltes Gewicht bei kritischer Aneisung;
Belastungsprobe an allen Tragketten: mit Gewicht des Leiters bei 0,65 kg/m Aneisung + 20%.

Stützen.

D: Abstand zwischen Leiter und Bauteilen:

bei Isolation nach 1,1 (2,2 U + 20) ..... $0{,}1 + \frac{U}{150}$,

„ „ „ 1,1 (2 U + 10) ..... $0{,}1 + \frac{U}{190}$ (min. 0,2 m).

T: Abstand des Isolators vom Ausleger bei 10 kV .... 4 cm, darüber 1 cm/5 kV mehr.

Stützenausführungsformen nach VDE.

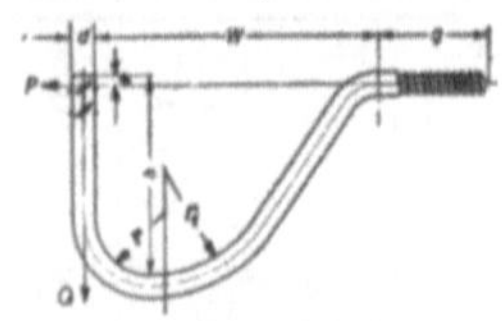

Abb. 490.

Zahlentafel 62. Gebogene Isolatorenstützen (Abb. 490, Maße in mm)
nach Din VDE 8041 für Isolatoren HD
„ „ „ 8043 „ „ HW
„ „ „ 8045 „ „ VHD und VHW.

Für Isolator	Stützenbezeichnung	g^2	W	d	e	h	r	r_1	Gew. Innendurchmesser	Zulässige Belastung kg P	Q
HD 6	HDS 6 e[1]	120	310	22	+10	150	45	95	17	112	52
HD 6, 10, 15	HDS 6/15 E	120	310	25	+11	210	60	140	20	115	76
HD 20	HDS 20 E	120	310	25	+14	250	80	155	20	100	76
HD 25	HDS 25 E	120	350	26	+18	285	80	180	21	100	76
HW 6, 10	HWS 6/10 e[1]	120	310	22	— 3	115	41	100	17	130	52
HW 6, 10, 15	HWS 6/15 E	120	310	25	— 8	190	57	140	20	116	77
HW 20	HWS 20 E	120	310	25	— 8	230	77	155	20	98	77
HW 25	HWS 25 E	120	350	28	—17	250	100	150	23	124	96
VHD, VHW 10, 15	VHS 10/15 e[1]	120	310	25	—30	150	57	140	20	125	76
VHD, VHW 15	VHS 15 E	120	310	25	—30	170	60	140	20	115	76
VHD, VHW 20	VHS 20 E	120	310	25	—35	200	80	155	20	100	76
VHD, VHW 25	VHS 25 E	120	350	26	—40	230	80	180	21	95	76

Werkstoff St 37.12.

[1] Nur zulässig, wenn nicht geerdet. [2] Gewindelänge 200 mm kürzer.

Zahlentafel 63.

Gerade Isolatorenstützen

(Abb. 491, Maße in mm)

nach Din VDE 8040 für Isolatoren HD

„ „ VDE 8042 „ „ HW

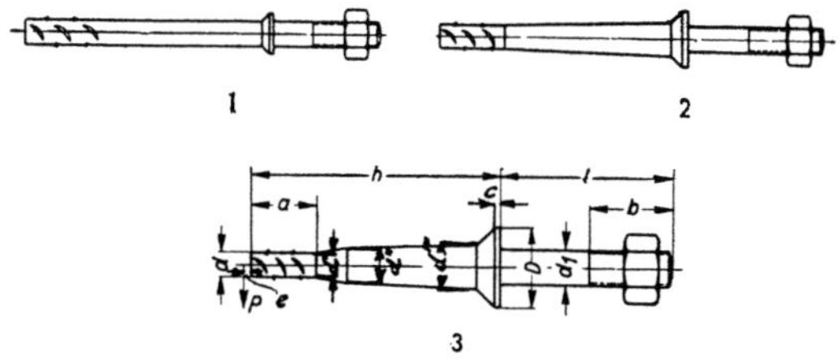

Abb. 491. Gerade Stütze.

Für Isolator	Stützen-bezeichnung	Aus-führung	l	h	b	D	d	d'	d''	d'''	d_1 Zoll	e	a	c	Zul. Belastung P in kg
	HDS 6a[1]	1	105		65	40		—	—	—	$^7/_8$		—	4	130
HD 6	HDS 6b[1]	2	105	150	65	45	22	23	—	29	$^7/_8$	10	50	5	300
	HDS 6c[1]	3	135		75	55		25	30	36	$1^1/_8$		50	6	600
HD 6, 10	HDS 6/10a[1]	1	105	175	65	40	22	—	—	—	$^7/_8$	10	—	4	105
	HDS 6/20 A	1	105		65	40	25	—	—	—	1		—	4	110
HD 6, 10, 15, 20	HDS 6/20 B	2	135	250	75	55	24	25	—	33	1	12	65	6	300
	HDS 6/20 C	3	170		80	60	24	27	35	44	$1^3/_8$		65	6	600
	HDS 25 A	1	135		75	45		—	—	—	$1^1/_8$		—	5	135
HD 25	HDS 25 B	2	135	285	75	60	28	28	—	37	$1^1/_8$	18	80	6	300
	HDS 25 C	3	170		80	65		28	38	46	$1^3/_8$		80	6	600
	HDS 30 A	1	135		75	50		—	—	—	$1^1/_4$		—	5	175
HD 30	HDS 30 B	2	135	325	75	55	32	32	—	39	$1^1/_4$	25	90	6	300
	HDS 30 C	3	170		80	65		32	39	48	$1^1/_2$		90	7	600
	HDS 35 A	1	150		75	55		—	—	—	$1^3/_8$		—	6	210
HD 35	HDS 35 B	2	150	355	75	70	35	35	—	50	$1^1/_2$	20	95	7	600
	HDS 35 C	3	170		80	90		38	52	63	$1^7/_8$		95	9	1120
	HWS 6/10a[1]	1	100		60	35		—	—	—	$^3/_4$		—	4	230
HW 6, 10	HWS 6/10b[1]	2	105	115	65	45	25	25	—	28	$^7/_8$	2	45	5	300
	HWS 6/10c[1]	2	105		65	55		27	—	35	1		45	6	600
	HWS 6/15 A	1	105		65	40		—	—	—	1		—	4	125
HW 6, 10, 15	HWS 6/15 B	2	135	200	75	55	25	25	—	34	1	5	55	6	300
	HWS 6/15 C	3	150		75	60		28	35	42	$1^1/_4$		55	6	600
	HWS 20 A	1	135		75	45		—	—	—	$1^1/_8$		—	5	140
HW 20	HWS 20 B	2	135	225	75	55	28	28	—	37	$1^1/_8$	10	65	6	300
	HWS 20 C	3	170		80	65		31	40	46	$1^3/_8$		65	7	600
	HWS 25 A	1	150		75	50		—	—	—	$1^1/_4$		—	5	182
HW 25	HWS 25 B	2	150	250	75	60	32	32	—	38	$1^1/_8$	17	75	6	300
	HWS 25 C	3	170		80	65		33	40	46	$1^3/_8$		75	7	600
	HWS 30 A	1	150		75	50	32	—	—	—	$1^1/_4$		—	5	160
HW 30	HWS 30 B	2	150	275	75	55	32	32	—	40	$1^1/_4$	25	85	6	300
	HWS 30 C	3	170		80	70	35	35	42	48	$1^3/_8$		85	7	600
	HWS 35 A	1				55	35	—	—	—	$1^3/_8$		—	6	210
HW 35	HWS 35 B	2	170	305	80	70	38	38	—	50	$1^1/_2$	30	95	7	600
	HWS 35 C	3				85	38	41	52	58	$1^3/_4$		95	9	840

Werkstoff St 37.12.

[1] Nur zulässig auf nicht geerdeten Konsolen.

Zahlentafel 64. Gerade Isolatorenstützen (Abb. 491, Maße in mm) nach Din VDE 8044 für Isolatoren VHD und VHW.

Für Isolator	Stützen-bezeichnung	Ausführg.	l	h	b	D	d	d'	d'''	d_1 Zoll	a	c	VHD e	VHD P in kg	VHW e	VHW P in kg
VHD, VHW 10	VHS 10a[1]	1	105	150	65	40	22	—	—	7/8	—	4	27	102	20	106
VHD, VHW 10, 15	VHS 10/15 A	1	105	170	65	40	25	—	—	1	—	4	40	124	30	130
	VHS 10/15 B	2	135	170	75	50	25	26	34	1	57	5	40	300	30	300
VHD, VHW 20	VHS 20 A	1	105	205	65	40	25	—	—	1	—	4	43	105	30	110
	VHS 20 B	2	135	205	75	55	25	27	36	1	62	6	43	300	30	300
VHD, VHW 25	VHS 25 A	1	135	230	75	45	28	—	—	1 1/8	—	5	50	130	37	135
	VHS 25 B	2	135	230	75	60	28	29	37	1 1/8	70	6	50	300	37	300
VHD, VHW 30	VHS 30 A	1	135	280	75	50	32	—	—	1 1/4	—	5	50	163	35	170
	VHS 30 B	2	135	280	75	55	32	32	40	1 1/4	85	6	50	300	35	300
VHD, VHW 35	VHS 35 A	1	150	320	75	55	35	—	—	1 3/8	—	6	55	187	42	195
	VHS 35 B	2	150	320	75	80	35	38	52	1 1/2	90	8	55	600	42	600

Werkstoff 37.12.

Leitungsverbinder.

D, P, S, T: 90% der Festigkeit des Leiters.

Zahlentafel 65. Klöppelbolzen nach Din VDE 8060 (Abb. 492).

Nennmaß	Klöppelbolzen d	Zulässige Abweichung	D	Zulässige Abweichung	c	Zulässige Abweichung	r	r_1 ca.	r_2
11	11,7	— 0,9	22,5	— 0,9	9	— 0,9	35	3,5	1,5
16	16,8	— 1	32	— 1	13,5	— 1	50	5,5	2
20	20,8	— 1	40,5	— 1	16	— 1	60	6	2,5
24	25	— 1,2	48,5	— 1,2	18	— 1,2	75	6,5	3

Maße in mm.

Zahlentafel 66. Klöppelpfannen nach Din VDE 8060 (Abb. 492).

Nennmaß	Klöppelpfannen a	Zulässige Ab-weichung	b	Zulässige Ab-weichung	e	Zulässige Ab-weichung	h	Zulässige Ab-weichung	r	r_2	r_3	r_4	D_1	für Splint-höhe ca.
11	12,3	+ 1,2	24	+ 1,5	10,5	+ 1,5	15	+ 1,5	35	1,5	5	4,5	28	5
16	17,5	+ 1,4	33,5	+ 1,8	15	+ 1,8	23	+ 1,8	50	2	7	6,5	40	7,5
20	21,8	+ 1,6	42	+ 2	18	+ 2	25,5	+ 2	60	2,5	8	7	48	7,5
24	26,2	+ 1,8	50	+ 2,5	20	+ 2	30	+ 2	75	3	9	7,5	57	9

Maße in mm.

[1] Nur zulässig auf nichtgeerdeten Konsolen.

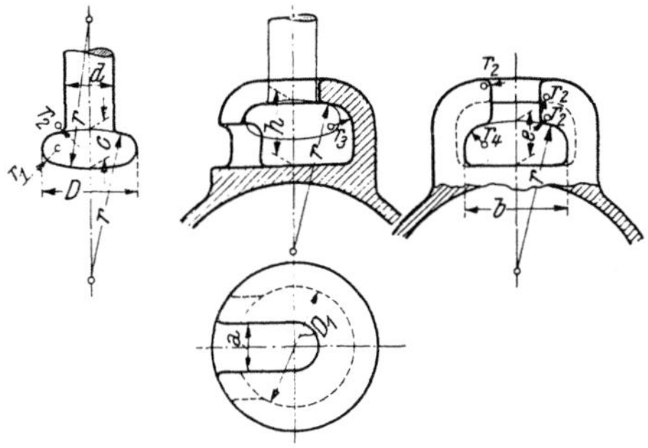

Abb. 492.

Grenzspannweiten.

D: bei 2fachem Normaleis darf die Leiterbeanspruchung in den Aufhängepunkten die Dauerzugfestigkeit nicht überschreiten.

Zahlentafel 67.

Nennquerschnitt mm²	Grenzspannweiten										
	Kupfer m	Bronze			Aluminium m	Aldrey m	Stahlaluminium m	Stahl mit Prüffestigkeit in kg/mm²			
		Bz I m	Bz II m	Bz III m				40 m	70 m	120 m	150 m
10	100	190	270	450	—	—	—	340	580	1000	1200
16	160	300	400	690	—	—	200	500	860		
25	240	470	610	1050	60	490	300	730			
35	350	700	890		80	660	420	960			
50	540	1000			110	880	600				
70	800				140	1150	820				
95					190		1120				
120					230						
150					290						
185					360						

P: bei der beobachteten Tiefsttemperatur (max. —40°) ohne Eis und bei —5° mit doppeltem Normaleis Leiterzug höchstens

im Kupfer .... 34 kg/mm²,
im Aluminium .... 12 kg/mm²,
in anderen Werkstoffen .... 100% der Dauerfestigkeit.

T: max. Spannweite $< 4{,}9\,q \sqrt{\dfrac{0{,}9\,\sigma_{Pr} - \sigma}{\left[\left(\dfrac{g_r\,kr}{0{,}9\,\sigma_{Pr}}\right)^2 - \left(\dfrac{g_r}{\sigma}\right)^2\right] E}}$.

Abstände der Leiter untereinander.

D: alle Leiter außer Aluminium und Abarten

$$0{,}75\sqrt{f} + \frac{U}{150}\ (f \text{ Druckhang bei } +40°),\ \text{min. } 0{,}8\ \text{m};$$

Aluminium und Abarten $\sqrt{f} + \dfrac{U}{150}$, min. 1 m;

Abstand ausgeschwungener Leiter $\dfrac{U}{150}$, min. 0,2 m.

P: für Kupfer $7{,}5\sqrt{f_{\max}} + \frac{U}{1500}$ (U in V), min. 1 m;

Aluminium und Leg. $10\sqrt{f_{\max}} + \frac{U}{1500}$, min. 0,8 m.

S: bis 5 kV ... 55 cm, bis 10 kV ... 60 cm, darüber 0,75 cm/kV, mehr bei Anordnung senkrecht übereinander 20% größere Abstände.

T: alle Leiter (außer Aluminium und Abarten)

$$25 + 5\sqrt{f} + U \text{ in cm, } U \text{ in kV, } f \text{ bei } -5^\circ \text{ und Normaleis;}$$

Aluminium und Abarten

$$25 + 7\sqrt{f} + \mathrm{U}.$$

Abstände der Leiter von geerdeten Bauteilen.

D: unter 15 kV ... 0,2 m, ab 15 kV ... $0{,}1 + \frac{U}{150}$;

bei ruhender Hängekette $0{,}1 + \frac{U}{150}$;

bei ausgeschwungener Hängekette $\frac{U}{150}$.

P: bis 15 kV ... 0,2 m, darüber $10 + \frac{U}{1500}$.

S: bis 5 kV ... 6 cm, darüber 0,4 cm/kV mehr.

T: 5 cm + 0,75 cm/kV beim Ausschwingen um 45° (min. 20 cm);
bei Stützenisolatoren mit geerdeter Stütze min. 15 cm,
„ „ „ nicht geerdeter Stütze min. 10 cm.

Abstände der Leiter vom Erdboden, bzw. Bauwerken.

D: vom Erdboden im wegsamen Gelände 6 m (geringe Geländeunebenheiten bleiben unberücksichtigt), bei befahrenen Wegen 7 m; von Bauwerken: senkrecht 3 m (bei Kettenisolatoren bei gerissenem Nachbarfeld, bzw. bei eisbehaftetem Kreuzungsfeld und eisfreien Nachbarfeldern), seitlich bei ausgeschwungenem Leiter 3 m. Alle diese Abstände sind bei $U > 100$ kV um $\frac{U - 100}{150}$ in m zu vergrößern.

P: vom Erdboden auf freier Strecke 6 m, bei befahrenen Wegen 7 m (unabhängig vom Werkstoff, bei Katastropheneis 4,5, bzw. 5 m).

S: bis 70 kV bei 0° mit Eis vom Erdboden: nicht befahrenes Gebiet 6 m, befahrenes Gebiet 6,5 m, Straßen 7 m, seitlich in allen Fällen 5 m;
über 70 kV 1 cm/kV mehr.

T: senkrecht und seitlich (bei um 45° ausgeschwungenem Leiter) 5 m, in nicht zugänglichem Gebiet 3 m, bei Straßen 6 m, von Bauwerken (unter gleichen Voraussetzungen) 3 m; bei Hängeketten um Kettenlänge mehr; über 33 kV Abstände um 1 cm/kV vergrößern, die Erdabstände, mit Ausnahme der befahrenen Wege, nur um 0,5 cm/kV.

Vorschriften für Holzmaste.

Imprägnierung.

D: unerläßlich, ausgenommen bei Verwendung von Erdfüßen; Schnittflächen mit Teer u. dgl. streichen.

P: für eingegrabene Teile unerläßlich.

S: unerläßlich, ausgenommen besonders widerstandsfähiges Holz (Kastanie, Lärche usw.).

T: unerläßlich, ausgenommen Lärche und Eiche, ausgenommen bei Verwendung von Erdfüßen.

Eingrabtiefe.

D: $^1/_6$ der Gesamtlänge (min. 1,6 m).

P: min. 1,6 m.

S: min. 1,3 m bei 8-m-Masten (über Boden), darüber je Meter Mehrlänge 0,1 m.

T: $^1/_6$ der Länge (min. 1,5 m) bei mittlerer Bodenfestigkeit,
$^1/_8$ „ „ bei felsigem Boden.

Mindestzopfstärke in cm.

D: Einfachmaste 15, A-Maste, verdübelte Doppelmaste 10, nicht verdübelte Doppelmaste 9.

S:

bis	8	9—10	11—12	13—14	15—22 m Gesamtlänge,
Zopfstärke	11	12	13	14	15 cm.

T: Einfachmaste 17, Winkelmaste 18, Doppel- und A-Maste 13.
Der Festigkeitsnachweis erübrigt sich, wenn die Zopfstärke z folgenden Beziehungen entspricht:

Σd = Summe aller Leiterdurchmesser in mm,
A = arithmetischer Mittelwert der Spannweiten,
H = mittlere Höhe der Leitung am Mast.

D: s. erster Abschnitt, V, D.

T: Tragmaste: Tanne, Fichte, Kiefer usw.

$$z = \sqrt[3]{70\,H^2 + 0{,}5\,A\,.\,\Sigma d\,.\,H} - 0{,}75\,H$$

Lärche, Eiche, Buche usw.

$$z = \sqrt[3]{50\,H^2 + 0{,}4\,A\,.\,\Sigma d\,.\,H} - 0{,}75\,H.$$

Zulässige Beanspruchungen im Holz in kg/cm^2.

D: s. erster Abschnitt, V, D.

S: Weich- und Hartholz (in der Faserrichtung): Zug und Druck 100, Biegung 150, Abscherung 15.

	Fichte, Tanne, Kiefer[1]		Lärche, Eiche, Buche[2]	
	normal	erhöht	normal	erhöht
T: Zug, Druck in der Faserrichtung, Biegung	145	220	190	290
Druck, senkrecht zur Faser	35	55	50	75
Abscherung, in der Faserrichtung	18	27	20	30
„ senkrecht zur Faserrichtung	30	45	40	60
Knicksicherheit	4	3	4	3

Unterlagen für die Mastberechnung.

Windkraft (auf ebene Flächen) in kg/m^2.

D, P: 125 bis 40 m Höhe, 150 bis 100, 175 bis 150, 200 bis 200 m Höhe, 250 darüber.

T: 125.

S: 100 (bei Höhen über 30 m 25% mehr).

[1] Holzarten mit 500 kg/cm^2 Zug- und Druckfestigkeit in der Faserrichtung.
[2] „ „ 800 kg/cm^2 „ „ „ „ „ „

Abminderungskoeffizient für runde Bauteile.

D, P: 0,5.
S: 0,7.
T: 0,6.

Winddruck auf Doppelmaste.

D: 1,8 × Winddruck auf einen Mast.
P: 1,5 × „ „ „ „
T: 1,6 × „ „ „ „

Widerstandsmoment eines Doppelmastes in seiner Ebene.

D, T: wenn ausreichend fest zusammengebaut 3fach, sonst 2fach.

Winddruck auf die rückwärtigen Gittermastflächen.

D, P, T: 50%.
S: $F = F_e - \frac{F_0^2}{F_e}$ (F wirksame Fläche, F_e Gesamtfläche, F_0 Fläche der Öffnungen).

Berechnung der A-Maste.

T: Trägheitsmoment in Mastmitte mind.
$J = 5\,n\,P\,l^2$, bei Buchenmasten $J = 3\,n\,P\,l^2$
(P = Druck in t, l = Länge in m von Dübelmitte bis zur halben Eingrabtiefe, n = Knicksicherheit).

Zulässige Beanspruchung im Stahl in kg/cm²; Mindeststärke.

D: s. erster Abschnitt, V, B und Nachtrag S. 503.
Für hochwertigere Stahlsorten kann die Zug-, Druck- und Biegungsbeanspruchung im Verhältnis der Bruchfestigkeiten erhöht werden (max. 65% der Streckgrenze).

	Zug	Druck	Biegung	Abscherung	Lochleibungsdruck
S: Flußstahl	1800	1800	1800	1440	3600
Nieten und eingepaßte Schraubenbolzen	1600	—	—	1600	3600
Verbindungs- und Ankerschrauben	1200	—	1600	1200	2700
Bolzen	1400	—	1800	1400	3300
Mannesmannmaste	2600	2600	2600	—	—

Mindeststärken: Flacheisen 4 mm, Profileisen 40 mm Breite.

T: (für 35—45 kg/mm² Festigkeit, darüber 30% mehr)

	normal	erhöht
Zug, Druck, Biegung	1500	2200
Schrauben auf Zug	850	1000
Nieten u. Schrauben auf Abscherung	1200	2000
Lose Schrauben auf Abscherung	900	2000
Lochleibungsdruck:		
Schrauben, Nieten	2400	4800
lose Schrauben	1800	3500

Kleinster Nietdurchmesser 13 mm, Profileisenmindeststärke 4 mm.

Knickformeln.

S: für Bauteile aus Flußeisen:

zul. $\sigma_k = 1370 - 5 \, . \, \frac{l}{i}$ kg/cm² für $\frac{l}{i} = 10 - 106$

zul. $\sigma_k = 9{,}4 \, . \, 10^6 \, . \left(\frac{i}{l}\right)^2$ kg/cm² für $\frac{l}{i} > 106$

für Bauteile aus Holz:

$\sigma_k = 98 - 0{,}65 \, . \, \frac{l}{i}$ kg/cm² für $\frac{l}{i} = 10 - 100$

$\sigma_k = 3{,}3 \, . \, 10^5 \left(\frac{i}{l}\right)^2$ kg/cm² für $\frac{l}{i} > 100$

l = freie Knicklänge (bei Nietenbefestigung $0{,}8\,l$), i = Trägheitshalbmesser in cm.

T: $c = \frac{\text{Druckbeanspruchung}}{\text{Knickbeanspruchung}}$

$$c = \frac{1{,}15}{1 - 0{,}00411 \frac{l}{i}} \quad \text{für } \frac{l}{i} < 100$$

$$c = \frac{\left(\frac{l}{i}\right)^2}{5120} \quad \text{für } \frac{l}{i} > 100.$$

Masttypen, Belastungsannahmen.

D: s. erster Abschnitt V.

S: Masttypen: a) Tragmaste, b) Abspannmaste, c) Winkelmaste.

ad a: 1. Wenn im Zuge der Leitung Abspannmaste vorgesehen sind: in der Leitungsrichtung: Winddruck und 5% des Leiterzuges (bei Erdseil gleicher Festigkeit wie der stärkste Leiter nur 2%);

2. wenn im Zuge der Leitung keine Abspannmaste: wie im Fall 1, hierzu noch in der Mastachse wirkend Maxzug jenes Leiters, der das größte Biegungsmoment verursacht, oder jener Leiterzug, der bei Bruch das ungünstigste Torsionsmoment erzeugt.

ad b: In der Mastachse wirkend einseitig bei 1—2 Leitern 100%, bei 3, 4, 5, 6 und mehr Leitern 75, 60, 50, 40% des Höchstzuges (bei Endmasten 100%), oder es wirkt auf den Mast der Zug eines oder zweier Leiter (die das ungünstigste Torsionsmoment hervorrufen).

ad c: Wie a und b, hierzu noch Leiterzüge bei 0° ohne Eis und Winddruck auf Mast und Leiter oder größte Leiterzüge. Bei Winkeln unter 175°: senkrecht zur Winkelhalbierenden wirken 15% des Höchstzuges oder Winddruck auf Mast und Ausrüstung senkrecht zur Winkelhalbierenden, sowie in gleicher Richtung 15% des Zuges bei 0° ohne Eis.

T: Masttypen: a) Starre Maste, b) Tragmaste, c) Abspannmaste, d) Winkelmaste, e) Abspannwinkelmaste, f) Endmaste.

ad a: 1. Senkrecht zur Leitungsrichtung: Winddruck auf halbe Nachbarfelder;

2. in der Leitungsrichtung: $^1/_5$ des Leitungszuges bei —5° und Normaleis oder Winddruck in der Leitungsrichtung und $^1/_5$ des Leitungszuges bei —5° ohne Eis mit Wind;

3. Stahl- und Betonmaste: Verdrehung bei ungünstigstem Riß eines Leiters, der im unbeschädigten Feld mit halbem Zug bei —5° und Normaleis wirkt; erhöhte Beanspruchung zugelassen;

4. Maste über 12 m Höhe oder Spannweite über 120 m: Gewichtsbelastung berücksichtigen; erhöhte Beanspruchung zugelassen.

ad b: 1. Senkrecht zur Leitungsrichtung: wie a 1;
2. in der Leitungsrichtung: Winddruck auf Mast; bei Masten über 10 m: $^1/_4$ des Winddruckes auf die halben Nachbarfelder in der Leitungsrichtung wirkend;
3. Stahl- und Betonmaste: wie a 3;
4. Maste über 12 m Höhe, bzw. 120 m Spannweite: wie a 4.

ad c: 1. Senkrecht zur Leitungsrichtung: wie a 1;
2. in der Leitungsrichtung: Winddruck auf Mast, $^2/_3$ des Zuges bei —5° ohne Eis mit Wind oder gleicher Zug bei —5° mit Eis (mind. Differenzzug bei nur einem normal vereisten Spannfeld);
3. Stahl- und Betonmaste: Verdrehung bei ungünstigstem Riß eines oder zweier Leiter im gleichen Feld; erhöhte Beanspruchung zugelassen;
4. Maste über 12 m Höhe oder Spannweiten über 120 m: wie a 4;
5. Stahl- und Betonmaste: Differenzzüge bei kritischer Aneisung, Gewichte; erhöhte Beanspruchung zugelassen.

ad d: 1. In der Richtung des resultierenden Leiterzuges: Leiterzug bei —5° mit Eis oder —5° ohne Eis mit Wind;
2. senkrecht hierzu: bei —5° ohne Eis mit Wind;
3. Stahl- und Betonmaste: Verdrehung bei ungünstigstem Riß eines Leiters bei —5° und Eis, bei Stützenisolatoren volle Zugkraft des unversehrten Leiters, bei Kettenisolatoren halber Zug; erhöhte Beanspruchung zugelassen;
4. Maste über 12 m Höhe oder Spannweiten über 120 m: Leiterzüge und Gewichte bei kritischer Aneisung; erhöhte Beanspruchung zugelassen.

ad e: 1. In der Richtung des resultierenden Leiterzuges: wie d 1;
2. in der Leitungsrichtung: $^2/_3$ des Leitungszuges bei —5° und Wind, Winddruck auf den Mast senkrecht auf die Resultierende oder $^2/_3$ des Leiterzuges bei —5° mit Eis;
3. Stahl- und Betonmaste: wie c 3;
4. Maste über 12 m Höhe, bzw. 120 m Spannweite: wie a 4.

ad f: 1. Senkrecht zur Leitungsrichtung: Winddruck auf halbes Spannfeld;
2. in der Leitungsrichtung: voller Zug bei —5° mit Eis oder bei —5° ohne Eis mit Wind;
3. Stahl- und Betonmaste: wie c 3;
4. Maste über 12 m Höhe oder über 120 m Spannweite: wie a 4.

Berechnung der Ausleger.

S: Tragmaste und Winkelmaste (unter 175°): $^4/_5$ des Leitungszuges bei 0° mit Eis ohne Wind;
Winkelmaste, gleichzeitig Abspannmaste: maximaler Leitungszug;
Abspannmast: einseitiger Höchstzug.

T: Starre, Trag- und Winkelmaste:
a) Differenzzüge, Gewichte; bei auf Verdrehung zu berechnenden Masten: einseitiger halber Zug bei —5° und Eis;
b) bei Masten über 12 m Höhe, bzw. 120 m Spannweite: Gewichte bei kritischer Aneisung, bei Winkelmasten resultierender Leiterzug bei kritischer Aneisung.

Abspann-, Winkel- und Endmaste:
a) Einseitiger Zug, Gewichte bei Normaleis, bei Winkelmasten auch resultierender Leiterzug bei —5° mit Normaleis;
b) bei Masten über 12 m Höhe, bzw. 120 m Spannweite: wie 1 b.

Fundamente.

	Spezifisches Gewicht		Böschungswinkel
	Beton	Erdreich	
D	2	1,6	
T	2,2	1,8	30°

Betonmischung.

D: 1 : 9 oder 1 : 4 : 8.

T: 1 : 9.

Zulässiger Bodendruck in kg/cm².

D: s. erster Abschnitt, VI.

T: Weicher Lehm, sehr feuchter kleinkörniger Sandboden 1
Ton (Letten), mittelfester und mäßig feuchter Lehm 2
Mergel, fester Lehm, trockener, wenig lehmiger Sandboden............... 4
Festgelagerter Grobsand, Kies oder Schotter 6

Sicherheiten gegen Umsturz.

S: 1,5fach.

Rechnungsvorgang; Formeln für die spez. Bodenpressung.

D: s. erster Abschnitt, VI.

T: Spez. Bodenpressung:

$$k = \frac{Q}{a \cdot b} + \frac{6\,M_1}{a\,b^2} \text{ für } \frac{Q}{a\,b} \geqq \frac{6\,M_1}{a\,b^2} \text{ oder } k = \frac{2\,Q}{3\,a \cdot u}$$

spez. Seitendruck: $k = \frac{12\,M_2}{h^2 \cdot a}$;

hierbei ist:

$Q = \Sigma$ der Gewichte,
$M_1 =$ Moment bezogen auf Fundamentsohle,
$M_2 =$ „ „ „ $^2/_3$ Fundamenttiefe,
$b =$ Fundamentlänge in Richtung der Momentenebene,
$a =$ Breite senkrecht dazu,
$h =$ Fundamenttiefe,
$u = \frac{b}{2} - \frac{M_1}{Q}$.

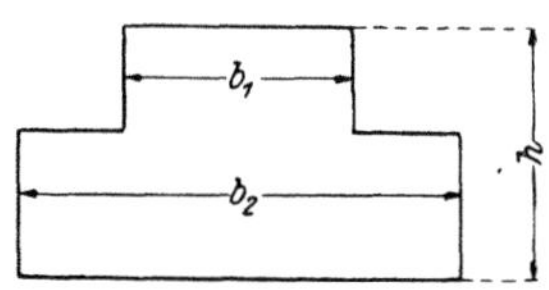

Abb. 493. Viereckiges Fundament.

Viereckige Fundamente (Abb. 493) für Bodenpressungen bis 3 kg/cm²:

$$b_2^3 - \frac{188\,(h + b_1)}{h + 94}\,b_2^2 + \frac{188\left(h + \frac{1}{2}\,b_1\right)}{h + 94}\,b_1\,b_2 = \frac{M \cdot 10^6}{5{,}95 \cdot h\,(h + 94)}.$$

Erdungen.

D: Stahl- und Betonmaste mit Stützenisolatoren sind zu erden, bei mehrgliedrigen Kappen- und ein- und mehrgliedrigen Vollkernisolatoren kann Erdung unter bestimmten Voraussetzungen entfallen. Stützenisolatoren der Holzmaste sind nicht zu erden (an Fahrwegen stärkere verwenden).

S: Zu erden sind Metall- und Eisenbetonmaste, bei den letzteren auch die Isolatorenträger.

T: Zu erden sind: Eisen- und Eisenbetonmaste (bei vorhandenem Erdseil etwa alle 500 m);
nicht zu erden sind: Isolatorenträger der Holzmaste.

Mindestquerschnitte der Erdleiter in mm².

S: Mindestleitfähigkeit von 16 Cu.
T: 20 Cu oder Fe bei Spannungen bis 50 kV, darüber 35 Cu oder 50 Fe.

Erdungswiderstände.

S: Womöglich nicht mehr als 20 Ohm.
T: Max. 15 Ohm (womöglich ohne Erdseil, notfalls mit diesem).

Überprüfung des Leitungszustandes.

D: Erdung jährlich einmal messen, Ergebnisse aufzeichnen.
S: Periodische Überprüfung gefordert; hierüber sind Aufzeichnungen zu führen.
T: Periodische Überprüfung gefordert.

Nachtrag.

Neufassung des § 24 der VDE-Vorschriften gemäß VDE 0210a/1937.

Die in der Vorschrift a) enthaltene Tafel IV (Buchseite 124) wird wie folgt geändert:

Tafel IV.

1	2	3
Handelsbaustahl, Flußstahl St 37.12 (Normalgüte) nach DIN 1050	Normalbelastung (Spalte 2 in Tafel III) kg/cm²	Belastung bei Leitungsbruch (Spalte 3 in Tafel III) kg/cm²
Zug- und Biegungsspannung σ_{zul}	1600	2000
Zugspannung von gedrehten Schraubenbolzen	1100	1500
Zugspannung von gewöhnlichen (rohen) Schraubenbolzen	1100	1500
Scherspannung der Niete	1600	2000
Scherspannung der eingepaßten Schraubenbolzen	1280	1600
Scherspannung der rohen Schraubenbolzen	1100	1400
Lochleibungsdruck der Niete und der eingepaßten Schraubenbolzen	4000	5000
Lochleibungsdruck der rohen Schraubenbolzen	2500	3100

Der zweite Absatz der Vorschrift a) erhält folgenden Wortlaut:

Bei gedrehten und bei rohen Schrauben ist für die Zugspannung der Kernquerschnitt maßgebend. Bei Baugliedern, die auf Zug oder Biegung beansprucht werden, ist die Schwächung des Querschnittes durch Bohrung zu berücksichtigen. Bei Ermittlung der Zugspannung von Streben aus Winkelstahl, die mit nur einem Niet oder mit nur einer Schraube angeschlossen sind, ist nur der Querschnitt des genieteten Schenkels nach Abzug der Schwächung durch Bohrung in Rechnung zu setzen. Für die Scherspannung und den Lochleibungsdruck gilt bei Nieten und eingepaßten Schraubenbolzen der Bohrungsdurchmesser, bei rohen Schrauben der Schaftdurchmesser.

Die Vorschrift f) (Buchseite 126) erhält nachstehende Neufassung:

f) Bei mehrteiligen Druckstäben darf der Schlankheitsgrad jedes Einzelstabes nicht größer als 50 sein. Bei Anordnung von Bindeblechen sind diese mindestens in den Drittelpunkten der Gesamtknicklänge und an den Stabenden vorzusehen. Werden zweiteilige Stäbe aus L-Stahl an ein gemeinsames Knotenblech angeschlossen, so sind besondere Bindebleche an den Stabenden nicht erforderlich. Jedes Bindeblech ist an jedem Einzelstab mit mindestens zwei Nieten anzuschließen, an den Stabenden ist bei jedem dieser Anschlüsse ein Niet mehr anzuordnen. Mehrteilige Druckstäbe mit Vergitterungen müssen an den Stabenden ebenfalls Bindebleche erhalten. Eingepaßte Schrauben dürfen nur an Stellen verwendet werden, an denen sich aus baulichen Gründen kein Niet schlagen läßt. Ist der Abstand zwischen den Schwerpunkten größer als die Querschnittshöhe in Richtung der stofffreien Achse, so dürfen die Bindebleche oder Vergitterungen und ihre Anschlüsse nur mit dem 0,8fachen der sonst zulässigen Spannung beansprucht werden.

Entspricht die bauliche Ausbildung mehrteiliger Druckstäbe den vorstehenden Festsetzungen, so dürfen diese Stäbe nach den folgenden Regeln berechnet werden:

Mehrteilige Druckstäbe sind für das Ausknicken um die Stoffachse x wie ein einteiliger Druckstab zu behandeln. Für das Ausknicken um die stofffreie Achse y ist bei n-Einzelstäben der ideelle Schlankheitsgrad mit $\lambda_i = \sqrt{\lambda_y^2 + \frac{n}{2} \cdot \lambda_1^2}$ anzunehmen, wobei λ_y der Schlankheitsgrad des Gesamtstabes für die y-Achse ist. λ_1 ist der Schlankheitsgrad des Einzelstabes mit der Knicklänge s_{K_1} für die zur y-Achse gleichlaufende Achse 1 des Einzelquerschnittes. Als Knicklänge s_{K_1} ist bei Vergitterungen die Netzlänge, bei Bindeblechen ihr Mittenabstand zu nehmen.

Bei mehrteiligen Stäben mit zwei stofffreien Achsen ist der Schlankheitsgrad λ_y für die Achse des Gesamtstabes und der Schlankheitsgrad λ_1 für die Achse des Einzelstabes zu ermitteln, für die sich das kleinste Trägheitsmoment ergibt.

Bei ungleichen Querschnitten der Einzelstäbe ist für λ_1 der Einzelquerschnitt mit dem kleinsten Trägheitsmoment I_1 maßgebend.

Die Abmessungen und Anschlüsse der Vergitterungen und Bindebleche sind für eine Querkraft Q zu bemessen, die vom Schlankheitsgrad λ_y und dem Wert $\frac{F \cdot \sigma_{zul}}{\omega_y}$, bei Querschnitten mit 2 stofffreien Achsen außerdem noch vom Schlankheitsgrad des Gesamtstabes für die zweite stofffreie Achse und dem dazugehörenden Wert $\frac{F \cdot \sigma_{zul}}{\omega}$ abhängt. Die Werte von Q sind aus Tafel VIa zu entnehmen, für $\lambda > 40$ sind Zwischenwerte geradlinig einzuschalten.

Tafel VIa.

1	2	3	4	5	6	7
	Q in % von $\frac{F \cdot \sigma_{zul}}{\omega}$					
bei λ bis	40	80	120	150	200	250
für St 37.12 und Handelsbaustahl	1	2	4	6	10	14

Hierzu ist folgendes zu bemerken: Durch diese Vorschriftänderung wird nunmehr auch „Handelsbaustahl“, und zwar unter den gleichen Bedingungen wie St 37.12 (Normalgüte), zur Herstellung der Stahlmaste zugelassen. Demgemäß ist auf Buchseite 129 in Zeile 31 „könnten“ durch „können“ zu ersetzen und der letzte Satz dieses Absatzes (Zeile 39/40) entfällt.

Die Erhöhung der zulässigen Scherspannung für Niete und rohe Schrauben (geänderte Tafel IV) ist in den Zahlentafeln 32—35 (Buchseite 162/163) bereits berücksichtigt.

Durch die Neufassung des Punktes f) wird die Berechnungsvorschrift für mehrteilige Druckstäbe gänzlich geändert und der DIN 1050 angeglichen. Demgemäß entfällt auf Buchseite 144, Absatz „Zweiteilige Druckstäbe“, der Hinweis auf die Voraussetzungen, unter welchen diese Stäbe bisher auch für Knicken um die stofffreie Achse wie einteilige Stäbe berechnet werden durften. Die Wiedergabe der Bemessung der Bindebleche und Vergitterungen auf Buchseite 147 bleibt in Geltung, doch ist die Größe der Querkraft Q nach Zahlentafel 28 (Buchseite 149) anzunehmen. Das auf Seite 148/149 angegebene Berechnungsverfahren für zweiteilige Druckstäbe nach DIN 1050 entspricht nunmehr auch der geänderten VDE-Vorschrift. Der Hinweis auf die frühere Berechnungsweise auf Buchseite 197, Zeile 17—25, entfällt.

Manzsche Buchdruckerei, Wien IX.

GPSR Compliance

The European Union's (EU) General Product Safety Regulation (GPSR) is a set of rules that requires consumer products to be safe and our obligations to ensure this.

If you have any concerns about our products, you can contact us on ProductSafety@springernature.com

In case Publisher is established outside the EU, the EU authorized representative is:

Springer Nature Customer Service Center GmbH
Europaplatz 3
69115 Heidelberg, Germany

Batch number: 10584556

Printed by Printforce, the Netherlands